EUROPA-FACHBUCHREIHE
für metalltechnische Berufe

Prüfungsbuch Metall

Heinzler   Ignatowitz   Kinz   Vetter

26. neu bearbeitete Auflage

Technologie
Technische Mathematik
Technische Kommunikation
Wirtschafts- und Sozialkunde

- Fragen mit Antworten und Erklärungen
- Testaufgaben mit Auswahlantworten
- Rechenaufgaben mit Lösungen
- Prüfungseinheiten zu Lernprojekten
- Lösungen der Testaufgaben und Prüfungseinheiten

VERLAG EUROPA-LEHRMITTEL · Nourney, Vollmer GmbH & Co. KG
Düsselberger Straße 23 · 42781 Haan-Gruiten

Europa-Nr.: 10269

Die Autoren des Prüfungsbuchs Metall:

Heinzler, Max	Dipl.-Ing. (FH), Studiendirektor	Wangen im Allgäu
Ignatowitz, Eckhard	Dr.-Ing., Studienrat	Waldbronn
Kinz, Ullrich	Oberstudienrat	Groß-Umstadt
Vetter, Reinhard	Studiendirektor	Ottobeuren

Lektorat und Leitung des Arbeitskreises:
Dr. Eckhard Ignatowitz

Bildbearbeitung:
Zeichenbüro des Verlages Europa-Lehrmittel, Leinfelden-Echterdingen

Das vorliegende Buch wurde auf der **Grundlage der neuen amtlichen Rechtschreibregeln** und unter Berücksichtigung des lernfeldorientierten Lehrplans der Kultusministerkonferenz (KMK) für den Ausbildungsberuf Industriemechaniker(in) erstellt.

26. Auflage 2005
Druck   5 4 3 2 1
Alle Drucke derselben Auflage sind parallel einsetzbar, da sie bis auf die Korrektur von Druckfehlern untereinander unverändert sind.

ISBN 3-8085-1256-3

Umschlaggestaltung unter Verwendung eines Fotos der Firma Alzmetall / Altenmarkt

© 2005 by Verlag Europa-Lehrmittel, Nourney, Vollmer GmbH & Co. KG, 42781 Haan-Gruiten
http://www.europa-lehrmittel.de
Satz: RK Text, B. Krüger, 42799 Leichlingen, Mail: bk-dtp@gmx.de
Druck: Tutte Druckerei GmbH, 94121 Salzweg/Passau

Das PRÜFUNGSBUCH METALL in der vorliegenden 26. Auflage bezieht sich auf die Lerninhalte der 54. Auflage FACHKUNDE METALL.

Das PRÜFUNGSBUCH METALL ergänzt die FACHKUNDE METALL durch eine systematische Lernzielkontrolle des dort behandelten Lernstoffs.

Es kann aber auch mit **anderen Fachbüchern** gleicher Zielsetzung benutzt werden und ist zur Begleitung des **lernfeldorientierten Unterrichts** geeignet.

Das PRÜFUNGSBUCH METALL dient zur Kenntnisfestigung vor **Klassenarbeiten** in Berufs- und Fachschulen sowie zur Vorbereitung auf **Zwischen- und Abschlussprüfungen** für Facharbeiter, Techniker und Meister des Berufsfeldes Metall.

Die Themenbereiche oder Aufgaben, die Inhalt der Zwischenprüfung sein können, sind am Rand mit einem blau unterlegten ZP gekennzeichnet.

Der Inhalt des Buches umfasst den gesamten Prüfungsstoff für metalltechnische Berufe. Der Schwerpunkt der Inhalte liegt auf dem Sachgebiet **Technologie**. Daneben enthält das Buch auch Aufgaben zur **technischen Mathematik**, zur **technischen Kommunikation (Arbeitsplanung)** und zur **Wirtschafts- und Sozialkunde**.

Der gesamte Inhalt der Teile I bis IV ist nach Sachgebieten gegliedert und erlaubt damit ein gezieltes Vorbereiten auf einzelne Wissensbereiche.

Teil I   Technologie

Teil I enthält alle **Wiederholungsfragen** aus der 54. Auflage der FACHKUNDE METALL und zusätzlich **ergänzende Fragen** sowie am Ende jedes Großkapitels **Testaufgaben** mit Auswahlantworten. Zu den Fragen sind, farblich abgesetzt, die Antworten gegeben. Zusätzliche Erläuterungen und eine reichhaltige Ausstattung mit Bildern vertiefen den Lernerfolg.

Teil II   Technische Mathematik

Teil II enthält im ersten Abschnitt Aufgaben mit ausgearbeiteten Lösungsvorschlägen. Der zweite Abschnitt besteht aus Testaufgaben mit Auswahllösungen.

Teil III   Technische Kommunikation (Arbeitsplanung)

Teil III enthält Fragen mit Antworten zu einem **Lernprojekt** sowie Testaufgaben mit Auswahlantworten.

Teil IV   Wirtschafts- und Sozialkunde

Teil IV besitzt für jedes Thema einen Block aus Fragen mit ausgearbeiteten Antworten sowie einen Block aus Testaufgaben mit Auswahlantworten.

Teil V   Prüfungseinheiten

Dieser Teil besteht aus **neun Prüfungseinheiten**.

Acht dieser Prüfungseinheiten sind in einen Teil 1 Testaufgaben mit Auswahlantworten und einen Teil 2 mit ungebundenen Fragen untergliedert. Die Prüfungseinheiten sind in Aufbau und Inhalt den Prüfungsrichtlinien der Ausbildungsordnungen sowie den **Abschlussprüfungen der PAL** (Prüfungsaufgaben- und Lehrmittelentwicklungsstelle, Stuttgart) angeglichen.

Eine zusätzliche integrierte Prüfungseinheit enthält an einem Lernprojekt gestellte Aufgaben aus den Sachgebieten Technologie, technische Mathematik und technische Kommunikation.

Teil VI   Lösungen

In Teil VI sind die Lösungen zu den Testaufgaben der Teile I bis IV sowie zu den Prüfungseinheiten von Teil V enthalten.

Die Prüfungseinheiten und die Lösungen sind perforiert und können aus dem Buch leicht herausgetrennt werden. Die Prüfungseinheiten sind deshalb auch als **Klassenarbeiten** und zur Vorbereitung auf die Zwischen- und Ausbildungs-Abschlussprüfungen verwendbar.

Die im hinteren inneren Buchumschlag eingefügte **Punkte-Noten-Tabelle** und ein **Umrechnungsschlüssel**, der den Schlüsseln der Industrie- und Handelskammern entspricht, geben dem Lernenden die Möglichkeit, seine Leistungen sofort selbst zu kontrollieren und auch zu bewerten.

Frühjahr 2005   Die Autoren

Inhaltsverzeichnis

Teil I   Aufgaben zur Technologie

I

II

III

IV

V

VI

Teil II   Aufgaben zur Technischen Mathematik

I

II

III

IV

V

VI

Bewertungsrichtlinien: hintere, innere Umschlagseite

Teil I   Aufgaben zur Technologie

 Längenprüftechnik

1.1 Größen und Einheiten

Fragen zu Größen und Einheiten

1 Welche Basisgrößen sind im Internationalen Einheitensystem festgelegt?

Im Internationalen Einheitensystem SI (System International) sind folgende Basisgrößen festgelegt:

- die Länge l
- die Masse m
- die Zeit t
- die thermodynamische Temperatur T
- die elektrische Stromstärke I
- die Lichtstärke I_v

2 Welches ist die Basiseinheit der Länge?

Die Basiseinheit der Länge ist das Meter (m).

Ein Meter ist die Länge des Weges, den das Licht im luftleeren Raum in einer 299 729 458stel Sekunde durchläuft.

3 Welche Bedeutung hat der Vorsatz „Mikro" vor dem Namen der Einheit?

„Mikro" bedeutet Millionstel.

So ist z.B. 1 Mikrometer (μm) der millionste Teil eines Meters.

Weitere Vorsätze für physikalische Einheiten sind:

Vorsatz		Faktor		
M	Mega	millionenfach	10^6	= 1 000 000
k	Kilo	tausenfach	10^3	= 1 000
h	Hekto	hundertfach	10^2	= 100
da	Deka	zehnfach	10^1	= 10
d	Dezi	Zehntel	10^{-1}	– 0,1
c	Zenti	Hundertstel	10^{-2}	= 0,01
m	Milli	Tausendstel	10^{-3}	= 0,001
μ	Mikro	Millionstel	10^{-6}	– 0,000 001

4 Was gibt die Masse eines Körpers an?

Die Masse eines Körpers gibt seine Materiemenge an.

Die Masse eines Körpers ist unabhängig vom Ort, an dem sich der Körper befindet.

5 Welche Basiseinheit hat die Masse?

Die Basiseinheit der Masse ist das Kilogramm (kg).

6 Wie groß ist die Gewichtskraft eines Körpers mit der Masse 1 kg?

Ein Körper mit der Masse 1 kg hat die Gewichtskraft 9,81 Newton (9,81 N).

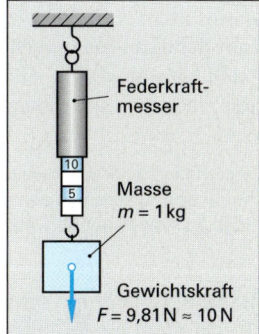

7 Welches ist die gebräuchlichste Temperatureinheit?

Die gebräuchlichste Einheit der Temperatur ist das Grad Celsius (°C)

8 Was versteht man unter der Periodendauer?

Unter Periodendauer versteht man die Zeitdauer eines regelmäßig sich wiederholenden Vorgangs.

Beispiel: Die Schwingungsdauer eines Pendels oder die Umdrehung einer Schleifscheibe sind Vorgänge mit Periodendauer.

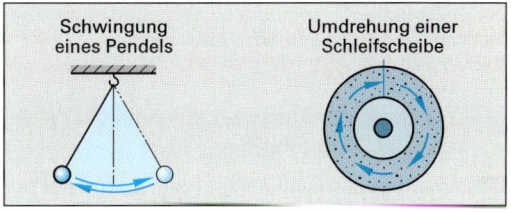

9 Was versteht man unter der Frequenz und in welcher Einheit wird sie angegeben?

Die Frequenz gibt an, wie viele regelmäßig sich wiederholende Vorgänge in der Sekunde stattfinden. Die Basiseinheit ist 1/Sekunde (1/s) oder Hertz (Hz). 1/s = 1 Hz

Die Umdrehungsfrequenz n (auch Drehzahl genannt) ist die Anzahl der Umdrehungen je Sekunde oder Minute.

1.2 Grundlagen der Längenprüftechnik

Fragen aus Fachkunde Metall, Seite 17

1 Wie wirken sich systematische und zufällige Messergebnisse auf das Messergebnis aus?

Systematische Abweichungen machen den Messwert unrichtig, d.h. sie weichen in einer Richtung vom richtigen Messwert ab.

Zufällige Abweichungen machen den Messwert unsicher, d.h. sie schwanken um den richtigen Wert.

Systematische Messabweichungen können ausgeglichen werden, wenn Größe und Richtung bekannt sind. Zufällige Abweichungen sind nicht ausgleichbar.

2 Wie kann man systematische Messabweichungen einer Messschraube ermitteln?

Die systematische Messabweichung einer Messschraube wird ermittelt, indem man Endmaße mit der Messschraube misst und die Abweichungen der Anzeige mit dem richtigen Wert der Endmaße vergleicht.

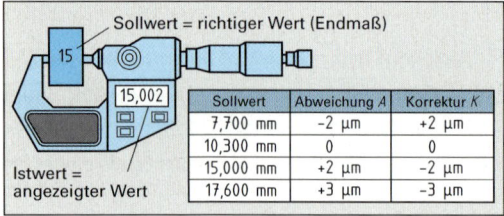

Sollwert = richtiger Wert (Endmaß)

Istwert = angezeigter Wert

Sollwert	Abweichung A	Korrektur K
7,700 mm	–2 µm	+2 µm
10,300 mm	0	0
15,000 mm	+2 µm	–2 µm
17,600 mm	+3 µm	–3 µm

Die Differenz vom angezeigten Wert und dem Endmaßwert ist die systematische Abweichung A.

3 Warum ist das Messen dünnwandiger Werkstücke problematisch?

Dünnwandige Werkstücke werden beim Messen durch die Messkraft elastisch verformt. Der angezeigte Messwert ist kleiner als das tatsächliche Werkstückmaß.

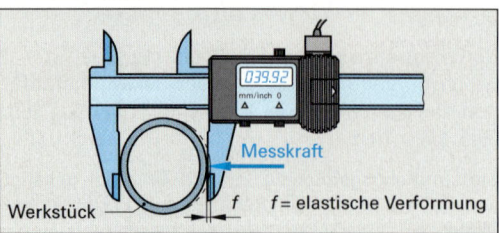

Messkraft

Werkstück — f f = elastische Verformung

4 Warum können durch das Abweichen von der Bezugstemperatur bei Messgeräten und Werkstücken Messabweichungen entstehen?

Wenn Messgerät und Werkstücke aus unterschiedlichen Werkstoffen bestehen, führen Abweichungen von der Bezugstemperatur wegen der unterschiedlichen Ausdehnungskoeffizienten zu Messabweichungen.

Bei der Bezugstemperatur von 20 °C sollen alle Messgeräte, Lehren und die Werkstücke in der vorgeschriebenen Toleranz liegen.

5 Worauf können systematische Abweichungen bei Messschrauben voraussichtlich zurückgeführt werden?

Systematische Abweichungen bei Messschrauben werden z.B. durch zu große Messkraft, durch Abweichungen der Gewindesteigung, durch gleichbleibende Abweichungen von der Bezugstemperatur und durch Abnutzung der Messflächen verursacht.

Die zufälligen Abweichungen, die z.B. durch Schmutz, einen Grat oder Schwankungen der Messkraft entstehen, können in ihrer Größe und Richtung nicht erfasst werden.

6 Warum wird beim Messen in der Werkstatt der angezeigte Messwert als Messergebnis angesehen, während im Messlabor oft der angezeigte Wert korrigiert wird?

Werkstattmessgeräte werden so ausgewählt, dass im Verhältnis zur Werkstücktoleranz die Messabweichungen vernachlässigbar sind. Im Messlabor müssen bei der Überwachung (Kalibrierung) von Messgeräten die systematischen Abweichungen korrigiert und die zufälligen Abweichungen so klein wie möglich gehalten werden.

7 Welche Vorteile hat die Unterschiedsmessung und Nulleinstellung bei Messuhren?

Wenn die Messuhr mit einem Endmaß, dessen Nennmaß möglichst nahe bei der zu prüfenden Messgröße liegt, auf Null gestellt wird, werden systematische Messabweichungen durch die Temperatur, die Maßverkörperung im Messgerät und die Messkraft (beim Messen mit Stativen) stark verkleinert.

Die Messabweichung ist deshalb sehr klein.

8 Warum ist bei Aluminiumwerkstücken die Abweichung von der Bezugstemperatur messtechnisch besonders problematisch?

Aluminium hat gegenüber Stahl, aus dem die Maßverkörperungen z.B. von Messschiebern und Messschrauben bestehen, einen größeren Längenausdehnungskoeffizienten. Dies bedeutet, dass sich die Maße von Werkstück und Maßverkörperung unterschiedlich ändern, wenn die Bezugstemperatur nicht eingehalten wird.

Beim Messen von Werkstücken aus Stahl ist die Abweichung von der Bezugstemperatur weniger problematisch: Werkstück und Messgerät besitzen etwa den gleichen Längenausdehnungskoeffizienten. Deshalb ist die Messabweichung minimal.

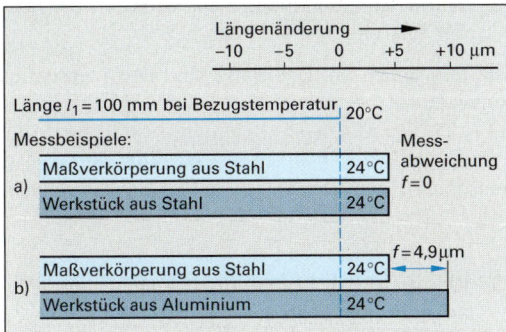

9 Wie groß ist etwa die Längenänderung eines Parallelendmaßes (l = 100 mm, α = 0,000 016 1/°C), wenn es durch Handwärme von 20 °C auf 25 °C erwärmt wird?

Die Längenänderung beträgt

$\Delta l = l_1 \cdot \alpha \cdot \Delta t; \quad \Delta t = 25\ °C - 20\ °C = 5\ °C$

$\Delta l = 100\ \text{mm} \cdot 0,000\ 016\ 1/°C \cdot 5\ °C$

$\Delta l = 0,008\ \text{mm} = 8\ \mu m$

10 Wie viel Prozent der Werkstücktoleranz darf die Messunsicherheit U höchstens betragen, damit sie beim Prüfen vernachlässigt werden kann?

Die Messunsicherheit darf höchstens 10% der Maß- oder Formtoleranz betragen.

Messverfahren mit einer wesentlich kleineren Unsicherheit sind unnötig teuer. Eine größere Messunsicherheit würde dazu führen, dass zu viele Werkstücke nicht mehr eindeutig als „Gutteil" oder „Ausschuss" zu erkennen wären, wenn die Maße im Bereich der Toleranzgrenzen liegen.

11 Welche Messunsicherheit U ist bei einer mechanischen Messuhr (Skw = 0,01 mm) zu erwarten?

Die Messunsicherheit beträgt bei Messgeräten mit Skalenanzeige 1 Skalenteilungswert, entsprechend 0,01 mm.

Diese Messunsicherheit gilt nur, wenn die Messuhr kalibriert ist, normale werkstattübliche Messbedingungen vorliegen und ein qualifizierter Prüfer die Messung ausführt.

Ergänzende Fragen zu Grundlagen der Längenprüftechnik

12 Was versteht man unter Prüfen?

Durch Prüfen kann man feststellen, ob ein Prüfgegenstand den geforderten Maßen und geometrischen Formen entspricht.

Prüfen wird unterteilt in Messen und Lehren.

13 Werkstückmaße können durch Messen oder Lehren geprüft werden. Worin besteht der Unterschied?

Messen ist das Vergleichen einer Messgröße, z.B. einer Länge oder eines Winkels, mit einem Messgerät. Lehren ist das Vergleichen einer Form oder Länge mit einer Lehre.

14 Was versteht man unter der Messunsicherheit?

Als Messunsicherheit bezeichnet man zufällige und nicht erfassbare systematische Abweichungen.

Bei Werkstattmessungen mit richtig ausgewählten und geprüften Messgeräten bleiben die Abweichungen innerhalb der zulässigen Grenzen.

15 Wie entstehen Messabweichungen durch Parallaxe beim Ablesen eines Messschiebers?

Messabweichungen durch Parallaxe entstehen, wenn der Beobachter unter schrägem Blickwinkel abliest.

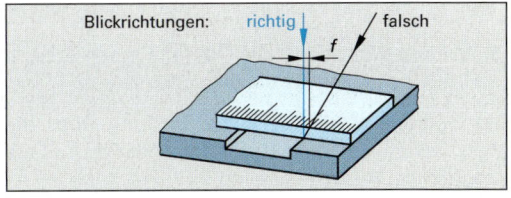

1.3 Längenprüfmittel

Maßstäbe, Lineale, Winkel, Lehren

Fragen aus Fachkunde Metall, Seite 19

1   Warum haben Haarlineale und Haarwinkel geläppte Prüfschneiden?

Die Prüfschneiden von Haarlinealen und Haarwinkeln müssen eine besonders hohe Geradheit besitzen, die durch Läppen am besten zu fertigen ist.

2   Warum eignet sich das Prüfen mit Lehren nicht zur Qualitätslenkung, z.B. beim Drehen?

Zur Qualitätslenkung benötigt man Prüfmittel, die Messwerte liefern. Durch die Lage der Messwerte innerhalb der Toleranz lässt sich der Fertigungsprozess steuern.

Lehren ergibt keine Messwerte. Das Prüfergebnis ist Gut oder Ausschuss.

3   Warum entspricht eine Grenzrachenlehre nicht dem Taylorschen Grundsatz?

Nach dem Taylorschen Grundsatz soll die Gutseite der Lehre so ausgebildet sein, dass Maß und Form des Prüfstücks geprüft werden können.

Mit der Grenzrachenlehre kann nur das Maß, nicht aber die Form geprüft werden.

4   Woran erkennt man die Ausschussseite eines Grenzlehrdornes?

Die Ausschussseite eines Grenzlehrdornes erkennt man an der roten Farbkennzeichnung, am kurzen Prüfzylinder und am eingravierten oberen Grenzabmaß.

Die Ausschussseite ist außerdem mit dem Wort „Ausschuss" gekennzeichnet.

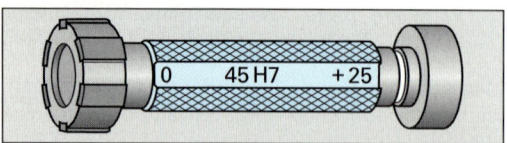

5   Warum verschleißt die Gutseite einer Grenzlehre schneller als die Ausschussseite?

Die Gutseite gleitet bei jeder Prüfung über die Messflächen des Werkstücks, die Ausschussseite lediglich bei Ausschussteilen.

Endmaße, Messschieber und Messschrauben

Fragen aus Fachkunde Metall, Seite 24

1   Aus welchen Endmaßen lässt sich das Maß 97,634 mm zusammensetzen?

Das Maß 97,634 mm wird aus folgenden Endmaßen zusammengesetzt:

1,004 mm + 1,030 mm + 1,600 mm + 4 mm + 90 mm.

Man beginnt mit der letzten Ziffer des Maßes, d.h. mit dem kleinsten Endmaß.

2   Worin unterscheiden sich Parallelendmaße der Toleranzklasse „K" und „0"?

Die Toleranzen der Endmaße sind beim Genauigkeitsgrad „K" kleiner.

Endmaße mit dem Genauigkeitsgrad „K" werden zum Kalibrieren anderer Endmaße, solche mit dem Genauigkeitsgrad „0" zum Kalibrieren von Messgeräten verwendet.

3   Warum dürfen Stahlendmaße nicht tagelang angesprengt bleiben?

Es besteht die Gefahr, dass sie kalt verschweißen.

Stahlendmaße sollten höchstens 8 Stunden angesprengt bleiben.

4   Welchen Vorteil hat das Nullstellen der Anzeige bei elektronischen Messschiebern?

Durch das Nullstellen der Anzeige an beliebiger Stelle werden viele Messungen einfacher.

Die Differenz der Messgröße zu einem bekannten Einstellwert oder der Unterschied zwischen zwei Messwerten muss nicht mehr berechnet werden; er wird direkt angezeigt.

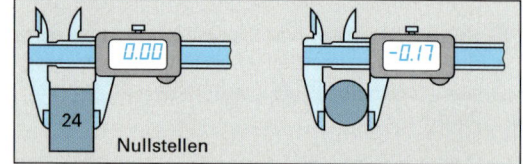

5   Warum sollte man die Messspindel einer Messschraube nicht zu schnell an das Werkstück herandrehen?

Durch zu schnelles Herandrehen wird das Messergebnis verfälscht.

Ergänzende Fragen zu Endmaßen, Messschiebern und Messschrauben

6 Welche Vorteile haben Endmaße aus Keramik?

Endmaße aus Keramik besitzen eine stahlähnliche Wärmedehnung und eine hohe Verschleißfestigkeit. Sie sind korrosionsbeständig, benötigen keine besondere Pflege und verschweißen nicht.

7 Welchen Vorteil haben Messschieber mit Rundskale?

Die Anzeige auf der Rundskale kann im Vergleich zur Noniusanzeige schneller und sicherer abgelesen werde.

Die Grobanzeige der Schieberstellung erfolgt am Lineal, die Feinanzeige an der Rundskale.

8 Mit einem digital anzeigenden Messschieber sollen Abstände von Bohrungen mit gleichem Durchmesser gemessen werden. Welcher Messvorgang ist am zweckmäßigsten?

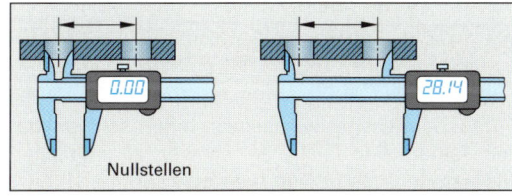

Nullstellen

Zunächst wird der Durchmesser einer Bohrung gemessen und die Anzeige auf Null gestellt. Anschließend wird der größte Abstand der Bohrungen gemessen.

9 Welche Eigenschaften besitzen Endmaße aus Hartmetall?

Endmaße aus Hartmetall haben einen 20fach höheren Verschleißwiderstand und eine um 50% geringere Wärmedehnung als Stahlendmaße.

10 Welche Messungen können mit Messschiebern durchgeführt werden?

Mit Messschiebern können Innen-, Außen- und Tiefenmessungen durchgeführt werden.

Der Messschieber ist wegen der vielseitigen Messmöglichkeiten und der einfachen Handhabung das wichtigste Messgerät in Metall verarbeitenden Betrieben.

11 Welche Vorteile besitzen Messschieber mit elektronischer Ziffernanzeige?

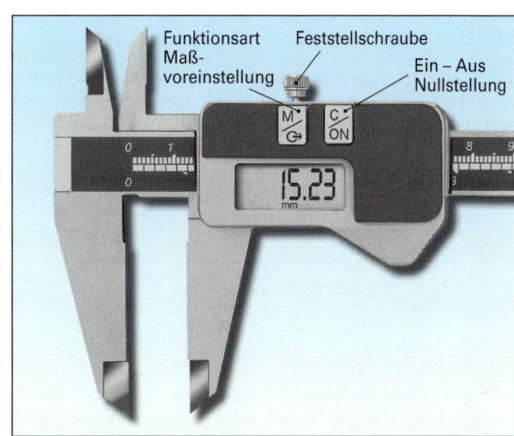

Messschieber mit elektronischer Ziffernanzeige zeigen die Messwerte durch Leuchtziffern an. Dadurch werden Ablesefehler vermieden.

Durch Tasten lassen sich außerdem die Anzeige auf Null stellen und Messwerte speichern.

12 Wie können Messabweichungen beim Messen mit Bügelmessschrauben entstehen?

Messabweichungen können durch Fehler entstehen, die im Messgerät ihre Ursache haben, wie z.B. Steigungsfehler und Spiel in der Messspindel, Unparallelität und Unebenheit der Messflächen.

Weitere Ursachen sind Fehler in der Anwendung, z.B. Verkanten des Werkstücks, Aufbiegen des Bügels durch zu hohe Messkraft, Abweichen von der Bezugstemperatur, Schmutz oder Grat am Werkstück sowie Ablesefehler.

13 Welche Arbeitsregeln gelten für das Messen mit Messschiebern?

Für das Messen mit Messschiebern gelten folgende Arbeitsregeln:

- Die Mess- und Prüfflächen sollen sauber und gratfrei sein.
- Ist die Ablesung an der Messstelle erschwert, klemmt man den Schieber fest und zieht den Messschieber vorsichtig ab.
- Messabweichungen durch Temperatureinflüsse, zu hohe Messkraft (Kippfehler) und schräges Ansetzen des Messschiebers sollten vermieden werden.

14 Welche Aufgabe hat die Kupplung der Messschraube?

Die Kupplung der Messschraube begrenzt die Messkraft auf 5 bis 10 N.

Infolge der geringen Steigung der Messspindel wird die Drehkraft verstärkt, sodass ohne Kupplung sehr große Messkräfte wirksam würden.

15 Wie kann das Abweichungsdiagramm einer Bügelmessschraube ermittelt werden?

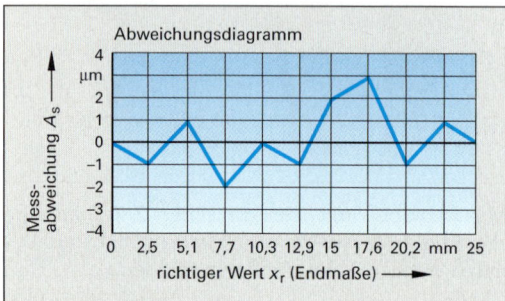

Das Abweichungsdiagramm wird durch Prüfung der systematischen Abweichungen im ganzen Messbereich ermittelt. Dabei werden die Abweichungen der Anzeige von den z.B. durch Endmaße vorgegebenen Sollwerten ermittelt und in ein Diagramm übertragen.

Die Sollwerte sind so zu wählen, dass die Messspindel bei verschiedenen Drehwinkeln geprüft wird.

16 Eine Bügelmessschraube mit dem Messbereich bis 25 mm zeigt den Messwert 17,60 mm an. Aus dem Abweichungsdiagramm (Aufgabe 15) ist die Abweichung von der Anzeige zu entnehmen und das richtige Maß des Werkstückes anzugeben.

Beim Messwert 17,60 mm weicht die Anzeige um + 3 μm vom Sollwert ab. Damit beträgt das Werkstückmaß 17,597 mm.

Um das Werkstückmaß zu erhalten, müssen positive Abweichungen vom Messwert subtrahiert, negative Abweichungen zum Messwert addiert werden.

17 Aus welchen wesentlichen Teilen besteht die Bügelmessschraube?

Wesentliche Teile sind Bügel mit Amboss, Skalenhülse, Messspindel, Skalentrommel und Kupplung.

Damit die Messkraft einen bestimmten Wert nicht überschreitet, besitzen Messschrauben eine Kupplung.

Innenmessgeräte, Messuhren, Fühlhebelmessgeräte, Feinzeiger

Fragen aus Fachkunde Metall, Seite 28

1 Warum kann mit Innenmessschrauben mit 3-Linien-Berührung präziser gemessen werden als mit 2-Punkt-Berührung?

Innenmessgeräte mit 3-Linien-Berührung zentrieren sich selbst und richten sich in der Bohrung aus.

Bei Innenmessgeräten mit 2-Punkt-Berührung muss die Ausrichtung senkrecht zur Mittellinie der Bohrung durch eine Pendelbewegung gefunden werden.

2 Warum soll mit Messuhren nur in einer Bewegungsrichtung des Messbolzens gemessen werden?

Die mechanische Übersetzung der Messbolzenbewegung verursacht eine Reibung, die bei hineingehendem Messbolzen größer ist und dadurch die Messkraft erhöht. Aus diesem Grund werden bei hineingehendem und herausgehendem Messbolzen unterschiedliche Werte angezeigt.

3 Warum eignen sich Fühlhebelmessgeräte gut zum Zentrieren und zur Rundlaufprüfung von Bohrungen?

Fühlhebelmessgeräte besitzen einen schwenkbaren Taster, der leicht an schwer zugänglichen Messstellen positioniert werden kann.

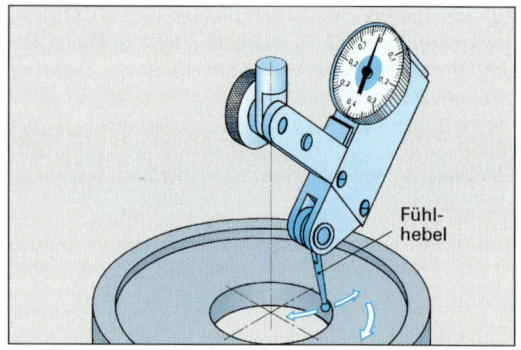

Fühlhebel

4 Warum sind bei Rundheits- und Rundlaufprüfungen Feinzeiger günstiger als Messuhren?

Mit Feinzeigern sind Rundheits- und Rundlaufabweichungen genauer feststellbar als mit Messuhren.

5 Eine elektronische Messuhr zeigt bei einer Rundlaufprüfung den Höchstwert + 12 µm und den Kleinstwert – 2 µm an.
Wie groß ist die Rundlaufabweichung?
($f_L = M_{wmax} = M_{wmin}$)

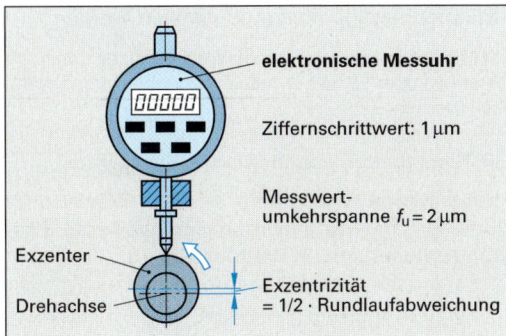

$f_L = M_{wmax} - M_{wmin} = 12 \text{ µm} - (- 2 \text{ µm}) = 14 \text{ µm}$

Ergänzende Fragen zu Messuhren und Feinzeigern

6 Mit einer Messuhr soll das Werkstückmaß 30 mm geprüft werden. Wie wird die Messung durchgeführt?

Das Werkstückmaß wird mit Hilfe eines Endmaßes eingestellt. Dabei wird die Messuhr auf Null gestellt. Beim Prüfen der Werkstücke kann der Maßunterschied zum eingestellten Maß direkt abgelesen werden.

Im Gegensatz zur Absolutmessung treten bei der Unterschiedsmessung durch den kleinen Messbolzenweg auch kleinere Messabweichungen auf.

7 Wie wird bei Messuhren der Messbolzenweg in eine drehende Bewegung umgewandelt und vergrößert?

Die Umwandlung der Bewegung erfolgt durch Zahnstange und Zahnrad, die Vergrößerung durch ein Zahnradgetriebe.

22 Welches sind die genauesten mechanischen Längenmessgeräte?

Die genauesten mechanischen Längenmessgeräte sind die Feinzeiger (Feintaster) mit einem Skalenteilungswert von meist 1 µm.

Feinzeiger besitzen ein Hebelsystem, das über Zahnradsegmente und Ritzel die Messbolzenbewegung auf den Zeiger überträgt.

Pneumatische, elektronische und optoelektronische Messgeräte, Multisensortechnik in Koordinatenmessgeräten

Fragen aus Fachkunde Metall, Seite 35

1 Welche Vorteile haben pneumatische Messungen?

Die Vorteile pneumatischer Messungen sind:
- Die Messkraft durch die Druckluft ist meist vernachlässigbar klein
- Sicheres und schnelles Messen mit hoher Wiederholgenauigkeit
- Die Druckluft reinigt die Messstellen von anhaftenden Kühlschmierstoffen, Öl oder Läpppaste.

2 Warum wirken sich bei der Dickenmessung mit induktiven Messtastern Formabweichungen des Werkstücks nicht aus?

Zur Dickenmessung werden zwei Messtaster verwendet, zwischen denen sich z.B. das zu messende Blech befindet. Infolge der nur punktartigen Berührung der Messtaster an der Messstelle haben Formabweichungen keinen Einfluss auf den Messwert.

3 Warum können mit Wellenmessgeräten Durchmesser genauer gemessen werden als Längen?

Das Messen von Durchmessern ist genauer, weil das Messergebnis nicht durch die Bewegung des Messschlittens beeinflusst wird.

4 Mit welchem Messgerät kann die Positionsgenauigkeit von Werkzeugmaschinen geprüft werden?

Die Positionsgenauigkeit wird mit dem Laser-Interferometer geprüft.

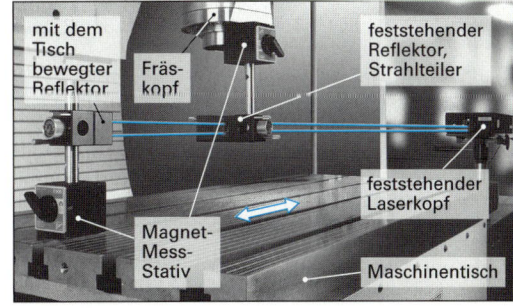

5 Welche Vorteile haben optische Formmessungen auf Koordinatenmessgeräten gegenüber den berührenden (taktilen) Tastsystemen?

Optische Sensoren tasten in der gleichen Zeit 20mal mehr Punkte an als berührende (taktile) Taster.

Das optisch erfasste Bild wird in Form digitalisierter Bildpunkte (Pixel) im Bildspeicher abgelegt.

6 Welche Vorteile hat das Scannen gegenüber der Einzelpunktmessung?

Beim Scannen kann die Oberfläche des Messobjektes viel schneller erfasst werden, weil je Sekunde bis zu 200 Messpunkte ertastet werden können.

Die Genauigkeit von Formprüfungen nimmt beim Scannen mit der Punktdichte zu.

Ergänzende Fragen zu elektronischen und optoelektronischen Messgeräten und Multisensortechnik in Koordinatenmessgeräten

7 Wie wird bei der optoelektronischen Längenmessung der Prüfgegenstand erfasst?

Bei der optoelektronischen Längenmessung wird der Prüfgegenstand mit Lichtstrahlen berührungslos erfasst.

Beispiel: Optoelektronische Wellenmessgeräte erfassen nach dem Schattenbildverfahren Profile von Rundteilen (Bild). Durch die parallelen Lichtstrahlen entsteht am Empfänger ein Schattenbild, dessen Maße dem Werkstück entsprechen.

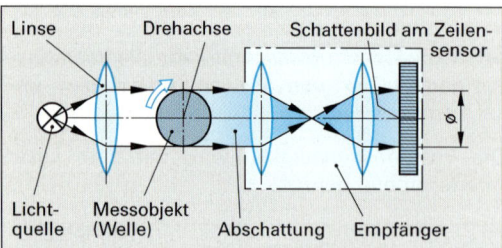

Linse Drehachse Schattenbild am Zeilensensor

Licht- Messobjekt Abschattung Empfänger
quelle (Welle)

8 Welche Antastmöglichkeiten gibt es bei vertikalen Längenmessgeräten?

Das Antasten kann durch starres Antasten, durch dynamisches Antasten sowie durch messendes Antasten erfolgen.

Vertikale Längenmesser sind durch das eingebaute Wegmesssystem ihrer Funktion nach Einkoordinaten-Messgeräte.

9 Welche Vorteile haben Koordinatenmessgeräte?

Im Vergleich zu konventionellen Prüfverfahren entfällt bei Koordinatenmessgeräten das Ausrichten der Werkstücke. Gekrümmte Flächen können formgeprüft werden. Der Messablauf kann bei Koordinatenmessgeräten automatisiert werden.

Mit Messprogrammen kann die Werkstücklage durch Antasten weniger Punkte ermittelt und im Rechner gespeichert werden.

10 Wie arbeiten pneumatische Messgeräte?

Pneumatische Messgeräte erfassen Druck- oder Durchflussänderungen in Abhängigkeit vom Strömungswiderstand an der Messdüse.

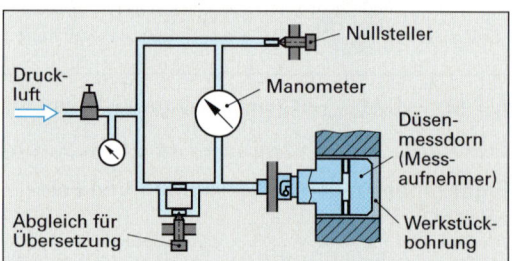

Nullsteller

Druck- Manometer
luft

Düsen-
messdorn
(Messaufnehmer)

Abgleich für Werkstück-
Übersetzung bohrung

Durch einen veränderten Staudruck am Messwertaufnehmer, hervorgerufen durch Maßabweichungen, wird am Manometer eine Druckdifferenz bzw. an einem Durchflussmessgerät eine Änderung der durchströmenden Luftmenge angezeigt.

11 Welche Vorteile besitzen Messgeräte mit induktivem Messsystem?

Die elektronische Längenmessung mit induktiven Messtastern weist folgende Vorteile auf:
- hohe Empfindlichkeit
- relativ großer Anzeigebereich
- kleine Messabweichung
- die kleinen Messtaster können nahe beieinander an schwer zugänglichen Stellen eingebaut werden
- Möglichkeit, zwei Messwerte durch Summen- oder Differenzbildung miteinander zu vergleichen
- Verwendung des Messsignals zum Sortieren, Klassieren und Protokollieren

8 Welches sind die wichtigsten Bauteile bei Messgeräten mit optoelektronischen Messsystemen?

Die wichtigsten Bauteile sind der Glasmaßstab mit inkrementaler Teilung und der Messkopf.

Der Messkopf misst durch Zählen der Einzelsignale den Verfahrweg.

1.4 Oberflächenprüfung

Fragen aus Fachkunde Metall, Seite 39

1 Wie kann die Rauheit durch Tast- oder Sichtvergleich geschätzt werden?

Beim Schätzen der Rauheit werden Oberflächen-Vergleichsmuster verwendet.

Voraussetzung für die Vergleichbarkeit der Werkstückoberfläche mit dem Vergleichsmuster sind gleiche Werkstoffe und ein gleiches Fertigungsverfahren, z.B. Drehen.

2 Warum wird bei Rautiefen Rz < 3 µm eine dünne Tastspitze mit einem Spitzenradius von 2 µm empfohlen?

Mit dem Spitzenradius von 2 µm können kleine Profiltäler besser ertastet werden.

Die ideale Form der Tastspitze ist ein Kegel (60° oder 90°) mit gerundeter Spitze.

3 Welche Funktionseigenschaften eines Motorzylinders können aufgrund einer Materialanteilkurve beurteilt werden?

Aufgrund der Materialanteilkurve können im Profilspitzenbereich die Einlaufzeit, im Kernbereich die Schmiergleiteigenschaft und im Riefenbereich die Speicherfähigkeit für Schmieröl beurteilt werden.

Ideal sind wenig Profilspitzen, ein großer Materialanteil im Kernbereich und ausreichend Riefen zum Speichern des Schmieröls.

4 Ein Werkstück wurde mit 0,2 mm Vorschub gedreht. Mit welcher Grenzwellenlänge λ_c und mit welcher Gesamtmessstrecke ln ist die Oberfläche zu prüfen?

Grenzwellenlänge und Gesamtmessstrecke können Richtwerttabellen entnommen werden: In der Spalte „Rillenbreite" (Tabelle) wird die Zeile gesucht, die den Vorschub 0,2 enthält. In den Spalten λ_c und ln können die Werte abgelesen werden.

Rillenbreite RSm mm	Rz, Rmax µm	Ra µm	λ_c mm	lr/ln mm
> 0,04 ... 0,13	> 0,1 ... 0,5	> 0,02 ... 0,1	0,25	0,25/1,25
> 0,13 ... 0,4	> 0,5 ... 10	> 0,1 ... 2	0,8	0,8/4
> 0,4 ... 1,3	> 10 ... 50	> 2 ... 10	2,5	2,5/12,5

Tabellenwerte: λ_c = 0,8 mm; ln = 4 mm

5 Worauf ist die leichte Schräglage des ungefilterten D-Profils im Bild zurückzuführen?

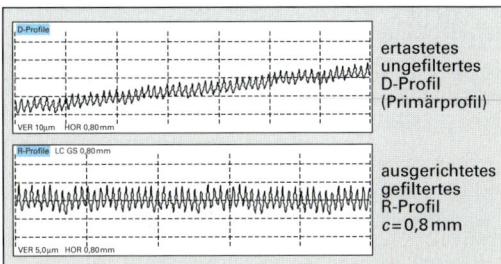

ertastetes ungefiltertes D-Profil (Primärprofil)

ausgerichtetes gefiltertes R-Profil c = 0,8 mm

Das Profil besitzt eine Schräglage, weil über die Neigungseinstellung im Vorschubgerät die Bezugsebene parallel zur Werkstückoberfläche ausgerichtet wurde.

Bei zu starker Schräglage muss die Bezugsebene besser ausgerichtet werden.

6 Welches Profil in der Tabelle besitzt die besten Funktionseigenschaften für ein Gleitlager?

Tabelle: Oberflächenprofile

Rmax µm	Rz µm	Profilform	Materialanteilkurve Abbott-Kurve
1	1		
1	1		
1	0,4		
1	1		

Das zweite Profil von oben ist für ein Gleitlager am besten geeignet: Es besitzt nur flache Profilspitzen, einen hohen Materialanteil sowie ausreichend Riefen für die Ölaufnahme.

Ergänzende Fragen zur Oberflächenprüfung

7 Welche Ursachen können Welligkeit und Rautiefe eines Drehteils haben?

Welligkeit wird z.B. verursacht durch Schwingungen des Werkzeugs oder des Werkstücks, große Rautiefe durch die Form der Werkzeugschneide, durch große Zustellung oder großen Vorschub.

Welligkeit und Rauheit bewirken eine Abweichung des Werkstücks von der geometrisch idealen Form.

8   Welche Anteile des Istprofils sind beim Rauheitsprofil (R-Profil) herausgefiltert?

Beim Rauheitsprofil werden die Welligkeitsanteile herausgefiltert.

Rauheit entsteht beim Spanen durch den Vorschub und die Spanbildung.

9   Welches Tastsystem ist im Bild dargestellt und welche Vorteile und Nachteile hat es?

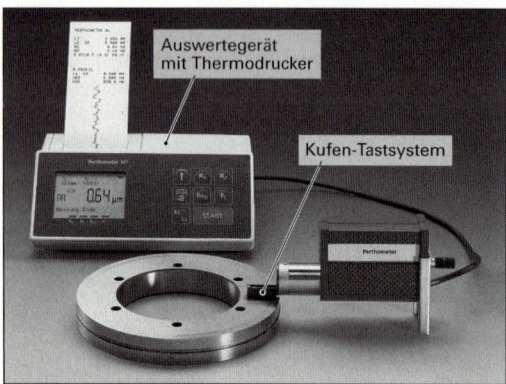

Das Bild zeigt ein tragbares Messgerät mit Kufen-Tastsystem und einem Auswertegerät mit Thermodrucker.

Das Gerät ist tragbar und somit überall einzusetzen. Nachteilig ist, dass es wegen der fehlenden mechanischen Geradführung nur die Rautiefe voll erfasst, die Welligkeit durch die Gleitkufe teilweise „ausfiltert" und Formabweichungen nicht erfassen kann.

10 Welcher Oberflächenmesswert ändert sich durch einen vom Messgerät erfassten Kratzer auf einer polierten Oberfläche am meisten?

Die stärkste Veränderung durch den Kratzer erfährt der Wert *Rmax*.

Rmax ist die größte Einzelrautiefe innerhalb der Gesamtmessstrecke.

11 Wie unterscheiden sich die Begriffe „wirkliche Oberfläche" und „Istoberfläche"?

Die wirkliche Oberfläche weist fertigungsbedingte Abweichungen von der geometrisch idealen Oberfläche auf. Die Istoberfläche ist die messtechnisch erfasste Oberfläche.

12 Wie arbeiten Oberflächenmessgeräte nach dem Tastschnittverfahren?

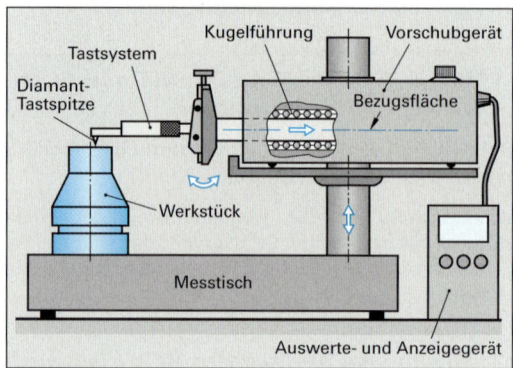

Die Gestaltabweichungen der Oberfläche werden mit einer Diamantspitze erfasst.

Ein Vorschubgerät führt das Tastsystem über die Oberfläche. Dabei werden Lageänderungen der Tastspitze in elektrische Signale umgewandelt und an das Anzeigegerät oder den Profilschreiber weitergeleitet.

13 An welcher Stelle einer Werkstückoberfläche müssen die Rauheitskenngrößen ermittelt werden?

Die Messungen müssen an der Stelle der Oberfläche durchgeführt werden, an der die schlechtesten Messwerte zu erwarten sind.

Bei periodischen Profilen, z.B. bei Drehprofilen, muss die Tastrichtung senkrecht zur Rillenrichtung gewählt werden.
Bei aperiodischen Profilen mit wechselnder Rillenrichtung, wie sie z.B. beim Schleifen oder Läppen entstehen, ist die Tastrichtung beliebig.

14 Wie wird die zulässige gemittelte Rautiefe nach DIN ISO 1302 in einer Zeichnung angegeben?

Unter dem Querstrich des entsprechenden Sinnbilds trägt man das Kurzzeichen und den entsprechenden Wert ein.

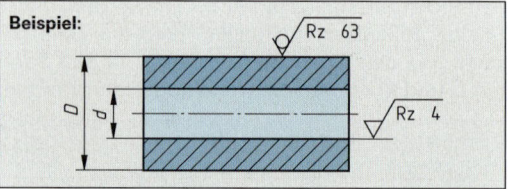

Außendurchmesser *D*: spanlos hergestellte Oberfläche mit gemittelter Rautiefe kleiner oder gleich 63 µm.

Innendurchmesser *d*: spanend hergestellte Oberfläche mit gemittelter Rautiefe kleiner oder gleich 4 µm.

1.5 Toleranzen und Passungen

Fragen aus Fachkunde Metall, Seite 47

1 Wie wird bei den ISO-Toleranzen die Lage der Toleranzfelder zur Nulllinie angegeben?

Die Lage der Toleranzfelder zur Nulllinie wird durch das Grundabmaß angegeben.

Das Grundabmaß ist das der Nulllinie am nächsten liegende Abmaß.

2 In einer Zeichnung steht für die Maße ohne Toleranzangabe der Hinweis: ISO 2768 – f. Welche Grenzmaße darf das Nennmaß 25 haben?

Allgemeintoleranzen für Längenmaße						
Toleranz-klasse	Grenzabmaße in mm für Nennmaßbereich in mm					
	0,5 bis 3	über 3 bis 6	über 6 bis 30	über 30 bis 120	über 120 bis 400	über 400 bis 1000
f fein	± 0,05	± 0,05	± 0,1	± 0,15	± 0,2	± 0,3
m mittel	± 0,1	± 0,1	± 0,2	± 0,3	± 0,5	± 0,8
c grob	± 0,2	± 0,3	± 0,5	± 0,8	± 1,2	± 2
v sehr grob	–	± 0,5	± 1	± 1,5	± 2,5	± 4

Die Grenzmaße sind 24,9 mm und 25,1 mm.

3 Wovon hängt die Größe der Toleranz ab?

Die Toleranzgröße bei ISO-Toleranzangaben hängt vom Toleranzgrad und vom Nennmaß ab.

4 Welche Passungsarten unterscheidet man?

Man unterscheidet Spielpassungen, Übermaßpassungen und Übergangspassungen.

Bei Übergangspassungen kann Spiel oder Übermaß auftreten.

5 Wodurch unterscheiden sich die Passungssysteme „Einheitsbohrung" und „Einheitswelle"?

Beim Passungssystem Einheitsbohrung werden alle Bohrungsmaße mit dem Grundabmaß H, beim Passungssystem Einheitswelle alle Wellen mit dem Grundabmaß h gefertigt.

6 In einer Gesamtzeichnung ist die Passung ∅ 40H7/m6 eingetragen. Erstellen Sie mithilfe eines Tabellenbuches eine Abmaßtabelle und berechnen Sie das Höchstspiel und das Höchstübermaß.

Passmaß	ES, es μm	EI, ei μm
∅ 40H7	+ 25	0
∅ 40m6	+ 25	+ 9

$$P_{SH} = G_{oB} - G_{uW} = 40{,}025 \text{ mm} - 40{,}009 \text{ mm}$$
$$= \mathbf{0{,}016 \text{ mm}}$$

$$P_{ÜH} = G_{uB} - G_{oW} = 40{,}000 \text{ mm} - 40{,}025 \text{ mm}$$
$$= \mathbf{-0{,}025 \text{ mm}}$$

7 Für die Laufrolle mit Lagerdeckel (Bild) sind zu bestimmen:

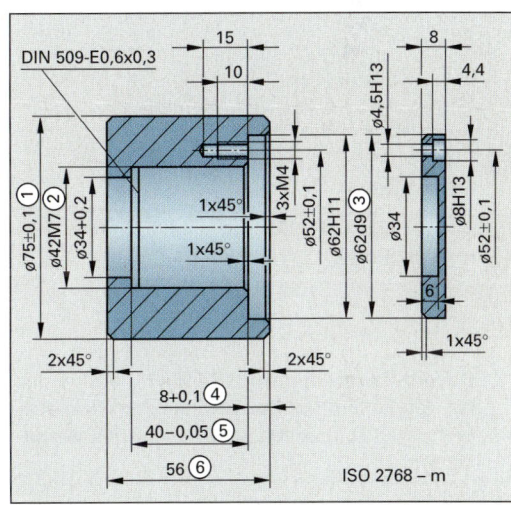

a) die Höchst- und Mindestmaße sowie die Toleranz für die sechs gekennzeichneten Maße (Bild oben).

Nr.	Werkstückmaß	Höchstmaß	Mindestmaß	Toleranz
1	∅76±0,1	75,1	74,9	0,2
2	∅42M7	42,000	41,975	0,025
3	∅62d9	61,900	61,826	0,074
4	8 + 0,1	8,1	8,0	0,1
5	40 – 0,05	40,00	39,95	0,05
6	56	56,3	55,7	0,6

b) das Höchst- und Mindestspiel für die Passung des Deckels in der Laufrolle

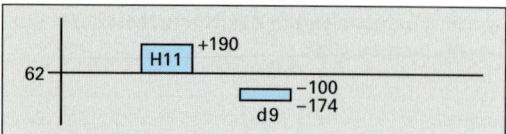

$P_{SH} = G_{oB} - G_{uW} = 62{,}190$ mm $- 61{,}826$ mm
$= \mathbf{0{,}364}$ **mm**

$P_{SM} = G_{uB} - G_{oW} = 62{,}000$ mm $- 61{,}900$ mm
$= \mathbf{0{,}100}$ **mm**

c) das Höchstspiel und das Höchstübermaß zwischen dem Außenring des einzubauenden Wälzlagers und der Bohrung 42M7 der Laufrolle. Der Außendurchmesser des Wälzlagers ist mit 42-0,011 toleriert.

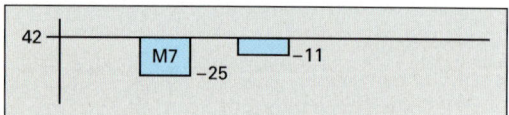

$P_{SH} = G_{oB} - G_{uW} = 42{,}000$ mm $- 41{,}989$ mm
$= \mathbf{0{,}011}$ **mm**

$P_{ÜH} = G_{uB} - G_{oW} = 41{,}975$ mm $- 42{,}000$ mm
$= \mathbf{-0{,}025}$ **mm**

8 Bei der Zahnradpumpe (Bild) sind einige der für den Zusammenbau und die Funktion notwendigen Toleranzen und Passungen eingetragen.

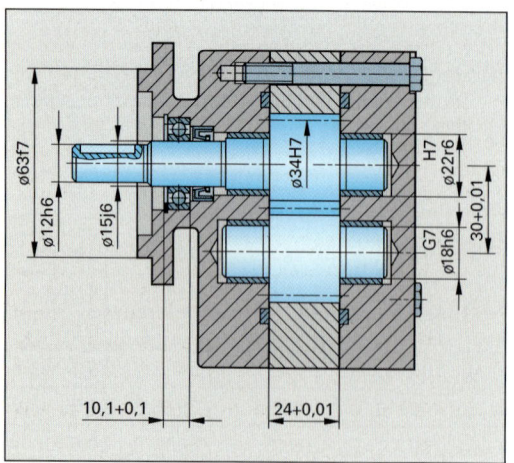

Berechnen Sie die Toleranzen, die Grenzmaße sowie das Höchst- und Mindestspiel bzw. das Höchst- und Mindestübermaß für

a) ⌀ 18G7 (Gleitlager) /h6 (Welle)

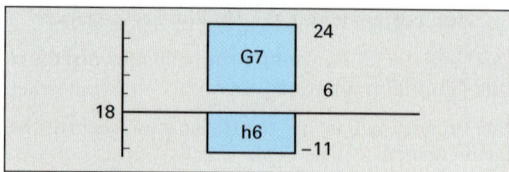

Toleranz Bohrung:
$T_B = ES - EI = 24$ µm $- 6$ µm $= 18$ µm

Grenzmaße Bohrung:
$G_{oB} = N + ES = 18$ mm $+ 0{,}024$ mm $= 18{,}024$ mm
$G_{uB} = N + EI = 18$ mm $+ 0{,}006$ mm $= 18{,}006$ mm

Toleranz Welle:
$T_W = es - ei = 0 - (-11$ µm$) = 11$ µm

Grenzmaße Welle:
$G_{oW} = N + es = 18$ mm $+ 0$ mm $= 18{,}000$ mm
$G_{uW} = N + ei = 18$ mm $+ (-0{,}011$ mm$) = 17{,}989$ mm

Höchstspiel:
$P_{SH} = G_{oB} - G_{UW} = 18{,}024$ mm $- 7{,}989$ mm
$= 0{,}035$ mm

Mindestspiel:
$P_{SM} = G_{uB} - G_{oW} = 18{,}006$ mm $- 18$ mm $= 0{,}006$ mm

b) ⌀ 22H7 (Deckel)/r6 (Gleitlager)

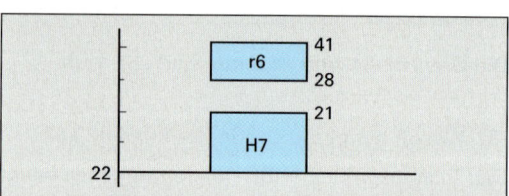

Toleranz Bohrung:
$T_B = ES - EI = 21$ µm $- 0$ µm $= 21$ µm

Grenzmaße Bohrung:
$G_{oB} = N + ES = 22$ mm $+ 0{,}021$ mm $= 22{,}021$ mm
$G_{uB} = N + EI = 22$ mm $+ 0$ mm $= 22{,}000$ mm

Toleranz Welle:
$T_W = es - ei = -41$ µm $- 28$ µm $= 13$ µm

Grenzmaße Welle:
$G_{oW} = N + es = 22$ mm $+ 0{,}041$ mm $= 22{,}041$ mm
$G_{uW} = N + ei = 22$ mm $+ 0{,}028$ mm $= 22{,}028$ mm

Höchstübermaß:
$P_{ÜW} = G_{uB} - G_{oW} = 22$ mm $- 22{,}041$ mm
$= -0{,}041$ mm

Mindestübermaß:
$P_{ÜW} = G_{oB} - G_{uW} = 22{,}021$ mm $- 22{,}028$ mm
$= -0{,}007$ mm

c) 24 + 0,01 (Platte)/24 − 0,01 (Zahnräder)

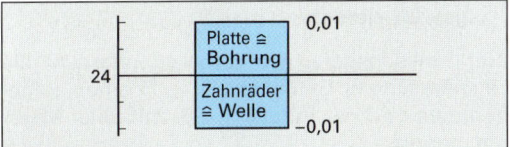

Toleranz Platte:
$T = ES − EI = 0,01\ mm − 0\ mm = 0,01\ mm$

Grenzmaße Platte:
$G_{oB} = N + ES = 24\ mm + 0,01\ mm = 24,01\ mm$
$G_{uB} = N + EI = 24\ mm + 0\ mm = 24,00\ mm$

Toleranz Zahnräder:
$T = es − ei = 0 − (− 0,01\ mm) = 0,01\ mm$

Grenzmaße Zahnräder:
$G_{oW} = N + es = 24\ mm + 0\ mm = 24,00\ mm$
$G_{uW} = N + ei = 24\ mm + (− 0,01\ mm) = 23,99\ mm$

Höchstspiel:
$P_{SH} = G_{oB} − G_{uW} = 24,01\ mm − 23,99\ mm = 0,02\ mm$

Mindestspiel:
$P_{SM} = G_{uB} − G_{oW} = 24\ mm − 24\ mm = 0$

d) ⌀12h6 (Welle)/ ⌀12H7 (Riemenscheibe)

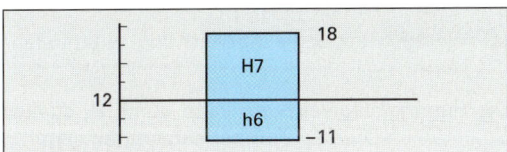

Toleranz Bohrung:
$T = ES − EI = 18\ \mu m − 0\ \mu m = 18\ \mu m$

Grenzmaße Bohrung:
$G_{oB} = N + ES = 12\ mm + 0,018\ mm = 12,018\ mm$
$G_{uB} = N + EI = 12\ mm + 0\ mm = 12,000\ mm$

Toleranz Welle:
$T = es − ei = 0 − (− 11\ \mu m) = 11\ \mu m$

Grenzmaße Welle:
$G_{oW} = N + es = 12\ mm + 0\ mm = 12,000\ mm$
$G_{uW} = N + ei = 12\ mm + (− 0,011\ mm) = 11,989\ mm$

Höchstspiel:
$P_{SH} = G_{oB} − G_{uW} = 12,018\ mm − 11,989\ mm$
$= 0,029\ mm$

Mindestspiel:
$P_{SM} = G_{uB} − G_{oW} = 12\ mm − 12\ mm = 0$

9 Für welche Anwendungsgebiete werden hauptsächlich die Toleranzgrade 5 … 11 verwendet?

Diese Toleranzgrade werden hauptsächlich im Werkzeug-, Maschinen- und Fahrzeugbau verwendet.

Ergänzende Fragen zu Toleranzen und Passungen

10 Was versteht man unter Austauschbau?

Austauschbau bedeutet, dass Werkstücke unabhängig von ihrer Herstellungsart und Herstellungszeit ohne Nacharbeit ausgetauscht werden können.

Für diesen Austauschbau sind Passungen erforderlich.

11 Wie wird nach ISO die Lage eines Toleranzfeldes zur Nulllinie angegeben?

Die Lage des Toleranzfeldes wird durch Buchstaben angegeben. Für Bohrungen verwendet man große Buchstaben von A bis Z, für Wellen kleine Buchstaben von a bis z.

Für die Toleranzgrade 6 bis 11 wurden die Toleranzen um die Grundabmaße ZA, ZB und ZC bzw. za, zb und zc erweitert. Außerdem gibt es für alle Nennmaße Toleranzklassen, die symmetrisch zur Nulllinie liegen und mit JS bzw. js bezeichnet werden.

12 Wie viel Toleranzgrade werden in der ISO-Normung unterschieden?

Man unterscheidet 20 Toleranzgrade, welche mit den Zahlen 01, 0, 1 bis 18 angegeben werden.

Je größer die Zahl ist, desto größer ist die Toleranz.

13 Welche Toleranzgrade sind für Passmaße im Maschinenbau bestimmt?

Für Passmaße im Maschinenbau verwendet man die Toleranzgrade 5 bis 11 (Tabelle).

Anwendungsgebiete der ISO-Toleranzgrade							
ISO-Toleranzgrade	5	6	7	8	9	10	11
Anwendungsgebiete	Werkzeugmaschinen, Maschinen- und Fahrzeugbau						
Fertigungsverfahren	Reiben, Drehen, Fräsen, Schleifen, Feinwalzen						

Die Toleranzgrade 01, 0, 1 bis 4 werden im Lehrenbau, die Toleranzgrade 12 bis 18 für Schmiede- und Gussteile verwendet.

14 Wie werden nach DIN die Allgemeintoleranzen in Zeichnungen angegeben?

Der Hinweis auf die Allgemeintoleranzen erfolgt meist im Schriftfeld in der Spalte „Zulässige Abweichung" z.B. durch die Angabe „ISO 2768-m".

Man unterscheidet bei den Allgemeintoleranzen vier Toleranzklassen:
fein (f), mittel (m), grob (c) und sehr grob (v).

1.6 Form- und Lageprüfung

Fragen aus Fachkunde Metall, Seite 60

1 Welche Rundlaufabweichung muss mit der Toleranz verglichen werden, wenn der Rundlauf in mehreren Messebenen gemessen wurde?

Die größte Rundlaufabweichung ist mit dem Toleranzwert t_L zu vergleichen.

Der Toleranzwert t_L ist der Abstand zwischen zwei gedachten koaxialen Zylindern, deren Achsen mit den Bezugsachsen übereinstimmen.

2 Worin unterscheidet sich eine Rundheits- von einer Rundlaufmessung?

Bei der Rundheitsmessung wird geprüft, ob sich die Kreisform innerhalb zweier konzentrischer Kreise mit demselben Mittelpunkt befindet. Bei der Rundlaufmessung wird die Abweichung des Rundlaufs zur Bezugsachse geprüft.

3 Warum ist das sorgfältige Ausrichten der Bezugsachse vor einer Rundlaufmessung wichtig?

Die Messgenauigkeit wird erheblich verbessert, wenn die Bezugsachsen sorgfältig im μm-Bereich ausgerichtet sind.

4 Beim Schleifen eines Zylinders entsteht eine leicht tonnenförmige Abweichung (Bild). Liegt die Zylinderform aufgrund der gemessenen Durchmesser noch in der Toleranz von 0,01 mm?

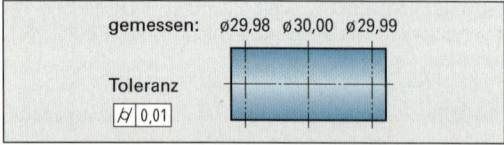

gemessen: ø29,98 ø30,00 ø29,99

Toleranz
╱/ 0,01

Die Zylinderform muss zwischen zwei koaxialen Zylindern liegen, die voneinander einen radialen Abstand von 0,01 mm haben. Mit $D = 30,000$ mm ($R = 15,000$ mm) und $d = 29,98$ mm ($r = 14,99$ mm) beträgt die maximale Abweichung 0,01 mm; die Zylinderform liegt somit gerade noch innerhalb der Toleranz.

5 Mit welchem Messverfahren kann der Rundlauf einer Getriebewelle funktionsgerecht geprüft werden?

Zur funktionsgerechten Prüfung werden die Lagerzapfen der Getriebewelle in Prismen aufgenommen und der Rundlauf, z.B. mit einer Messuhr, geprüft.

6 Auf dem Formmessgerät wird an einer gedrehten Buchse eine Rundheitsabweichung von 7 μm gemessen (Bild).

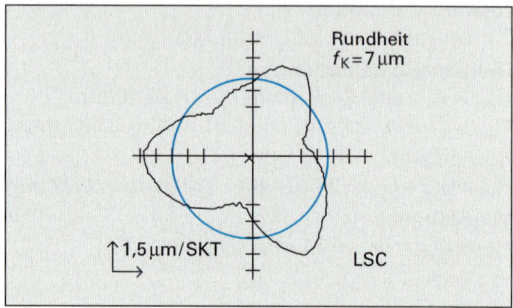

Rundheit
$f_K = 7$ μm

↑1,5 μm/SKT   LSC

a) Wodurch kann die Abweichung entstanden sein?

Die Rundheitsabweichung kann durch zu starkes Spannen im Dreibackenfutter entstanden sein.

b) Welche Anzeigeänderung ist bei einer Rundheitsabweichung von 7 μm bei einer Dreipunktmessung mit einem 90°-Prisma zu erwarten?

Wird die Buchse in einem 90°-Prisma gemessen, so ist die Anzeigenänderung doppelt so groß wie die Rundheitsabweichung. Sie beträgt demnach 14 μm.

7 Welche Arbeitsregeln müssen beim Gewindemessen mit der Dreidrahtmethode beachtet werden?

Beim Gewindemessen mit der Dreidrahtmethode sind folgende Arbeitsregeln zu beachten:

- Bei der Wahl der Messeinsätze und Messdrähte sind die Gewindesteigung und der Flankenwinkel zu berücksichtigen.

- Messeinsätze und Drahthalter müssen leicht verdrehbar sein, damit sie sich in Steigungsrichtung einstellen können.

8　Wie kann die Übereinstimmung eines Werkstückkegels mit der Kegellehre sichtbar gemacht werden?

Auf den Werkstückkegel wird ein dünner Fettkreidestrich in axialer Richtung aufgetragen. Anschließend wird die auf den Werkstückkegel gesteckte Kegellehrhülse gegen das Werkstück verdreht. Wenn der Kreidestrich gleichmäßig verwischt ist, stimmen die Formen überein.

Ergänzende Fragen zur Form- und Lageprüfung

9　Welche Fertigungseinflüsse führen zu Form- und Lageabweichungen?

Form- und Lageabweichungen bei der Fertigung werden z.B. verursacht durch Schneidstoffverschleiß, Bearbeitungswärme, Werkzeugführung, Eigenspannungen im Werkstück, Spannkräfte, Abdrängkräfte und falsche Aufspannung.

Die Maß- und Formabweichungen von Werkstücken beeinflussen die Fügbarkeit mit anderen Bauteilen stärker als die Oberflächengüte.

10　Warum soll man Form- und Lageabweichungen an möglichst vielen Stellen des tolerierten Elementes messen?

Alle Stellen des tolerierten Elementes müssen sich innerhalb der Toleranzzone befinden.

Wird nur an wenigen Stellen gemessen, so besteht die Gefahr, dass sich Teile des Elementes außerhalb der Toleranzzone befinden.

11　Wie können Kegelabweichungen gemessen werden?

Kegelabweichungen sind am einfachsten mit pneumatischen Messgeräten feststellbar.

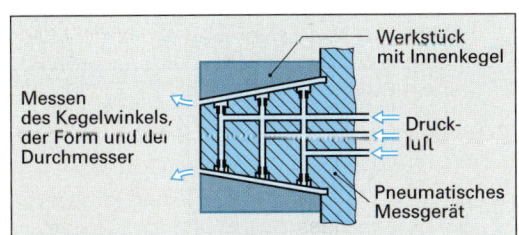

Messen des Kegelwinkels, der Form und der Durchmesser — Werkstück mit Innenkegel — Druckluft — Pneumatisches Messgerät

Kegelmessgeräte sind mit Feinzeigern oder induktiven Tastern ausgerüstet und messen entweder den Kegelwinkel oder zwei Prüfdurchmesser in festgelegtem Abstand.

12　Warum genügt es nicht, Präzisionsgewinde nur mit Lehren zu prüfen?

Gewindelehren prüfen nur die Austauschbarkeit von Gewinden.

Ein Gewinde, das „lehrenhaltig" ist, kann trotzdem Durchmesser- und Flankenwinkelfehler aufweisen, die sich auf die Flankenberührung ungünstig auswirken.

13　Welche Abweichungen eines Elementes von seiner geometrisch idealen Form werden mit Formtoleranzen begrenzt?

Formtoleranzen begrenzen die Abweichungen in Bezug auf die Geradheit ihrer Achsen, die Ebenheit ihrer Flächen, die Rundheit der Umlauflinien ihrer Oberflächen und die Exaktheit ihrer Form.

Formtoleranzen können deshalb in Flachform-, Rundform- und Profilformtoleranzen eingeteilt werden.

14　Was versteht man unter dem Begriff „Toleranzzone"?

Die Toleranzzone ist der Bereich, innerhalb dessen sich alle Punkte eines geometrischen Elementes (z.B. Linie, Fläche) befinden müssen.

Die Toleranzzone für eine Fläche z.B. befindet sich zwischen zwei gedachten Ebenen, die im Abstand t parallel zueinander verlaufen. Alle Punkte der Werkstückoberfläche müssen zwischen diesen beiden Ebenen liegen.

15　Mit welchen Messgeräten können die Ebenheit und die Parallelität geprüft werden?

Zum Prüfen der Ebenheit können z.B. Haarlineale oder Planglasplatten verwendet werden.

Die Parallelitätsprüfung erfolgt mit anzeigenden Messgeräten, wie z.B. Messuhr oder Feinzeiger (Bild).

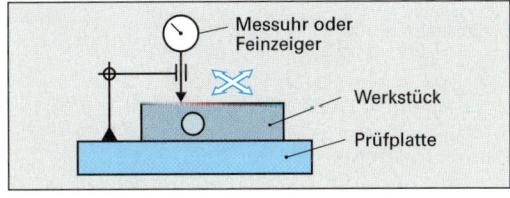

Messuhr oder Feinzeiger — Werkstück — Prüfplatte

16　Wozu dienen Haarlineale?

Haarlineale dienen zum Prüfen der Ebenheit von Flächen.

Dazu wird ein Haarlineal in verschiedene Richtungen über die ganze Fläche geführt. Unebenheiten werden durch einen Lichtspalt sichtbar.

16 Für welche Winkel gibt es zur Winkelprüfung Formlehren?

Am gebräuchlichsten sind 90°-Winkel. Daneben gibt es feste Winkel mit 45°, 60° und 135°.

Der Form nach unterscheidet man Flachwinkel, Anschlagwinkel und Haarwinkel. Sonderformen der festen Winkel sind die Schleiflehren für Werkzeuge.

17 Durch welche Bestimmungsgrößen sind Gewinde festgelegt?

Die Bestimmungsgrößen für Gewinde sind:
- Außendurchmesser (Nenndurchmesser)
- Flankendurchmesser
- Kerndurchmesser
- Steigung
- Flankenwinkel

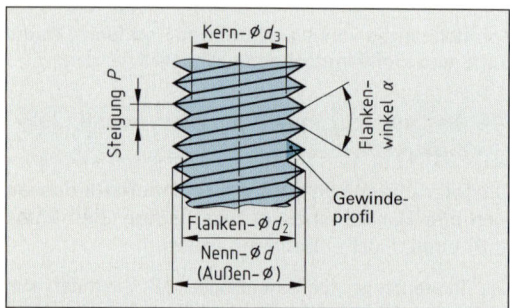

Flankendurchmesser, Flankenwinkel und Steigung sind entscheidend für die Güte eines Gewindes.

18 Welchen Nachteil hat das Prüfen von Gewinden mit Gewindelehren?

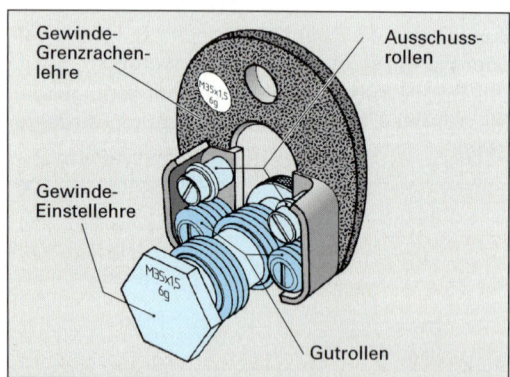

Mit Gewindelehren wird die Gängigkeit eines Gewindes geprüft. Lehrenhaltige Gewinde können Fehler aufweisen, die mit einer Gewindelehre nicht feststellbar sind: Steigungs-, Durchmesser- und Flankenwinkelfehler.

Die Gewindeprüfung durch Lehren ist jedoch sehr einfach.

19 Welche Gewindelehren unterscheidet man?

Für Außengewinde unterscheidet man Gewindelehrringe und Gewinde-Grenzrachenlehren, für Innengewinde Gewindelehrdorne und Gewinde-Grenzlehrdorne (Bild).

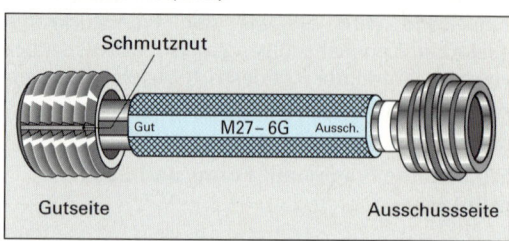

Gewinde-Grenzrachenlehren und Gewinde-Grenzlehrdorne besitzen eine Gut- und eine Ausschussseite.

20 Wie können Steigungsprüfungen bei Gewinden durchgeführt werden?

Steigungsprüfungen können mit Gewindeschablonen, mit Messschiebern oder Gewindemessgeräten mit Feinzeigern sowie mit Koordinatenmessgeräten durchgeführt werden (Bild).

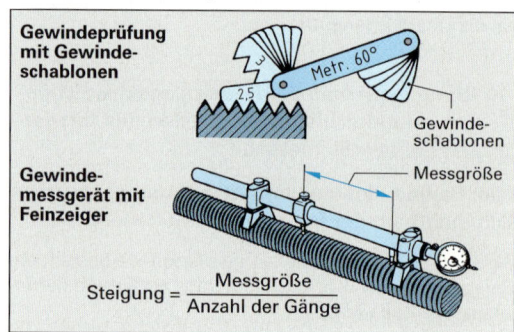

$$\text{Steigung} = \frac{\text{Messgröße}}{\text{Anzahl der Gänge}}$$

Mit Gewindeschablonen wird auf Lichtspalt geprüft. Mit Messschiebern oder Gewindemessgeräten misst man den Abstand mehrerer Gewindegänge und teilt den Messwert durch die Anzahl der Gewindegänge.

21 Welche Bedeutung hat folgende Zeichnungsangabe?

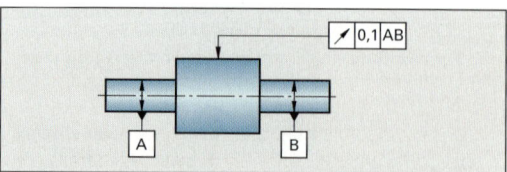

Bei Drehung um die gemeinsame Bezugsachse A−B darf die Rundlaufabweichung in jeder senkrechten Messebene $t = 0,1$ mm nicht überschreiten.

Die angegebene Lagetoleranz ist eine Lauftoleranz.

1.7 Qualitätsmanagement

Fragen aus Fachkunde Metall, Seite 69

1 Welche Vorteile hat eine Stichprobenprüfung gegenüber einer 100%-Prüfung?

Die Vorteile der Stichprobenprüfung sind: weniger monotone Arbeit, geringere Kosten, geringere Datenmengen, einzig sinnvolles Verfahren bei zerstörender Prüfung.

2 Welches Ziel hat die statistische Prozesslenkung?

Die statistische Prozesslenkung hat das Ziel, einen vor Serienanlauf optimierten Fertigungsprozess durch Stichproben zu kontrollieren und beim Auftreten von Störungen die optimierte Fertigung wieder herzustellen.

Die statistische Prozesslenkung senkt bei großen Stückzahlen die Prüfkosten erheblich.

3 Welche Maßnahmen sind zu ergreifen, wenn im Prozessverlauf ein Mittelwert die Eingriffsgrenze überschreitet?

Bei Überschreitung der Eingriffsgrenzen müssen alle seit der letzten Stichprobe gefertigten Teile einer 100 %-Prüfung unterzogen und die Störgröße beseitigt werden.

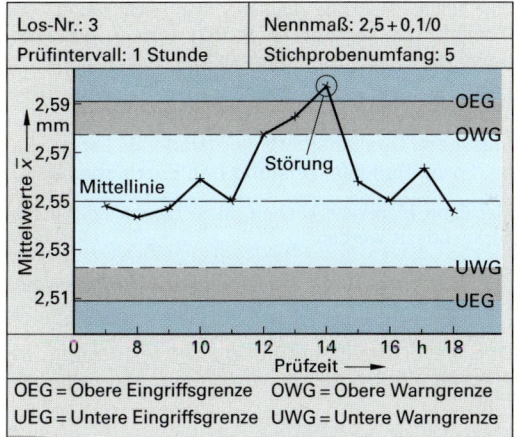

Los-Nr.: 3	Nennmaß: 2,5 + 0,1/0
Prüfintervall: 1 Stunde	Stichprobenumfang: 5

OEG = Obere Eingriffsgrenze   OWG = Obere Warngrenze
UEG = Untere Eingriffsgrenze   UWG = Untere Warngrenze

4 Mit welcher Regelkarte kann man die Lage der Merkmalswerte und mit welcher die Streuung überwachen?

Die Merkmalswerte werden mit der Spannweitenkarte, die Streuung mit der Standardabweichungskarte überwacht.

5 Welche Maßnahmen sind zu ergreifen, wenn die Mittelwertkarte einen Trend anzeigt?

Beim Auftreten eines Trends (Bild) muss der Fertigungsprozess unterbrochen und die Ursache ergründet werden.

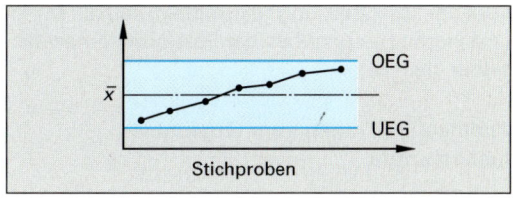

Ursache eines Trends können z.B. der Wärmegang der Maschine oder Werkzeugverschleiß sein.

6 Warum kann auch eine Störung vorliegen, wenn die Werte auf der Regelkarte zu nahe an der Mittellinie liegen?

Ursache für die Lage der Werte nahe der Mittellinie (Bild) könnte z.B. sein: Unfähigkeit des Prüfmittels, ein ungeeignetes Messverfahren oder fehlende messtechnische Qualifikation des Anlageführers.

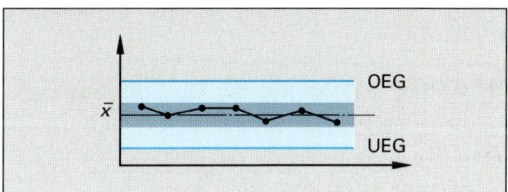

Fragen aus Fachkunde Metall, Seite 70

1 Welches Ziel haben Fähigkeitsuntersuchungen?

Durch Fähigkeitsuntersuchungen wird gewährleistet, dass durch den Fertigungsprozess Qualitätsprodukte erzeugt werden.

2 Welche 5-M-Einflüsse auf die Fertigungsstreuung durfen sich bei der Untersuchung der Maschinenfähigkeit nicht ändern?

Während der Untersuchung dürfen sich Mensch, Material, Fertigungsmethode, Messmethode und die Maschinentemperatur nicht ändern.

Zur Untersuchung der Maschinenfähigkeit werden mindestens 50 Teile in Folge gefertigt.

3   Warum muss bei Fähigkeitsuntersuchungen die Messunsicherheit des Prüfverfahrens gegenüber der geforderten Toleranz vernachlässigbar klein sein?

Um die Fertigungsstreuung möglichst ohne Einfluss der Messstreuung zu ermitteln, soll die Messunsicherheit gegenüber der Toleranz vernachlässigbar klein sein.

Ergänzende Fragen zum Qualitätsmanagement

4   Welche Störeinflüsse können im Fertigungsprozess auftreten?

Störeinflüsse im Fertigungsprozess sind z.B. Mitarbeiterwechsel, Wärmegang der Maschine, Verschleiß und Materialwechsel.

Das Langzeitverhalten eines Fertigungsprozesses wird durch die Prozessfähigkeit beschrieben.

5   Welche Aufgabe hat die Qualitätsüberwachung?

Die Qualitätsüberwachung soll den Nachweis erbringen, dass festgelegte Qualitätsforderungen erfüllt sind.

6   Welche Vorteile hat die Qualitätsregelkarte (Bild) bei der Fertigungsüberwachung?

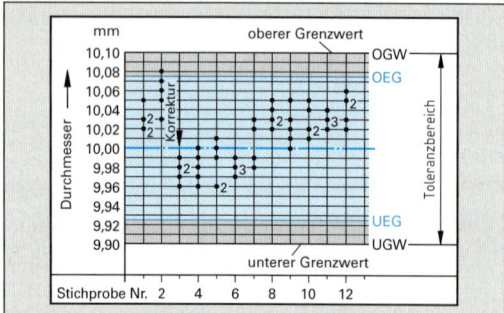

Durch die Qualitätsregelkarte kann die Fertigung einfach und wirkungsvoll überwacht werden.

Die Qualitätsregelkarte zeigt den zeitlichen Verlauf der Merkmalswerte, den jeweiligen Ist-Zustand der Qualität (z.B. den Durchmesser) und das Auftreten von systematischen Einflüssen (Störgrößen).

7   Woraus entsteht Produktqualität?

Produktqualität entsteht aus Arbeitsqualität.

Fehlervermeidung ist wirtschaftlicher als Fehlerbeseitigung.

8   Welche Stichprobenfolge im Bild zeigt einen „Trend" und welche einen „Run" an?

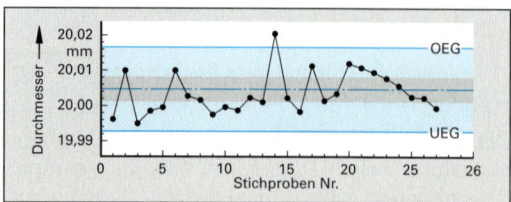

Einen Trend zeigt die Stichprobenfolge bei den Stichproben von 21 bis 27, einen Run bei den Stichproben von 7 bis 13.

Unter einem Trend versteht man 7 hintereinander steigende oder fallende Werte. Bei einem Run liegen 7 hintereinander liegende Werte oberhalb oder unterhalb der Mittellinie.

9   Wovon hängen die Marktchancen eines Produktes hauptsächlich ab?

Die Marktchancen eines Produktes hängen hauptsächlich von der Gebrauchstauglichkeit, der Qualität, dem Preis bzw. dem Preis-Leistungsverhältnis, dem Liefertermin und dem Kundendienst ab.

10   Welche Aufgabe hat die Qualitätslenkung?

Durch die Qualitätslenkung wird der Produktionsprozess überwacht und gesteuert, um eine gleich bleibend hohe Produktqualität sicherzustellen.

Zur Qualitätslenkung bedient man sich häufig der Methode der statistischen Prozesslenkung, die Stichprobenergebnisse zur Produktlenkung einsetzt.

11   Was sind messbare Qualitätsmerkmale?

Messbare Qualitätsmerkmale sind z.B. Länge, Lage, Form, Rautiefe, Leistung und Energiebedarf.

Messbare Merkmale können durch Lehren oder Messgeräte erfasst werden.

12   Was wird durch die Qualitätsprüfung festgestellt?

Durch die Qualitätsprüfung wird festgestellt, inwieweit ein Produkt die Qualitätsforderungen erfüllt.

Die Qualitätsprüfung umfasst die Prüfplanung, die Prüfausführung und die Prüfdatenverarbeitung.

13   Was wird bei der Prüfplanung festgelegt?

Bei der Prüfplanung werden z.B. die Prüfmittel und die Prüfhäufigkeit festgelegt.

Prüfanweisungen beschreiben Art und Umfang der durchzuführenden Prüfungen.

Testfragen zur Längenprüftechnik

Größen und Einheiten

TL 1 | Bei welcher Temperatur liegt angenähert der absolute Nullpunkt?

a) 0 °C   b) 273 K
c) 273 °C   d) 0 K
e) 100 °C

TL 2 | Welche der angegebenen Einheiten ist *keine* Basiseinheit im Internationalen Einheitensystem SI?

a) Meter
b) Ampere
c) Newton
d) Kelvin
e) Sekunde

Grundlagen der Längenprüftechnik

TL 3 | Was versteht man unter Prüfen?

Unter Prüfen versteht man ...
a) das Honen und Läppen
b) das Messen und Lehren
c) das Feinbohren und Feindrehen
d) das Rollieren
e) das Polieren und Schwabbeln

TL 4 | Was versteht man unter Messen?

Messen ist ...
a) das Feststellen von absolut genauen Größen
b) ein zahlenmäßiges Vergleichen einer unbekannten Größe mit einer Einheit
c) das Ermitteln der Nennmaße mit Messzeugen
d) das Lehren von Abmaßen
e) das Ermitteln von Übermaßen

TL 5 | Wie groß ist die genormte Bezugstemperatur in der Messtechnik?

a) 0 °C   b) 10 °C
c) 15 °C   d) 20 °C
e) 25 °C

TL 6 | Was versteht man unter Lehren?

Beim Lehren ...
a) erhält man Zahlenwerte
b) stellt man das Maß mit einem Messschieber fest
c) vergleicht man ein unbekanntes Maß mit einer Einheit
d) stellt man fest, ob das Prüfobjekt die geforderten Bedingungen in Bezug auf Größe und Form erfüllt
e) vergleicht man eine unbekannte Größe mit einer Einheit

Längenprüfmittel

TL 7 | Wozu benötigt man unter anderem Parallelendmaße?

a) Kontrollieren anderer Messgeräte
b) Messen der Endgeschwindigkeit
c) Messen der Rautiefen
d) Begrenzen des Quervorschubes bei Drehmaschinen
e) Messen der Enddrehzahl

TL 8 | Wofür eignen sich Grenzrachenlehren?

Grenzrachenlehren eignen sich zum ...
a) Messen von Wellen
b) Messen von Bohrungen
c) Prüfen von Wellen
d) Prüfen von Bohrungen
e) Feststellen der Wellentoleranz

TL 9 | Was ist beim Gebrauch einer Grenzrachenlehre zu beachten?

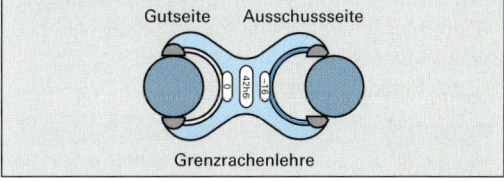
Grenzrachenlehre

a) Die Grenzrachenlehre muss Handwärme haben.
b) Die Gutseite darf nicht über das Werkstück gehen.
c) Die Ausschussseite muss über das Werkstück gehen.
d) Gut- und Ausschussseite müssen über das Werkstück gehen.
e) Keine der genannten Antworten ist richtig.

TL 10   Wozu dient der Nonius?

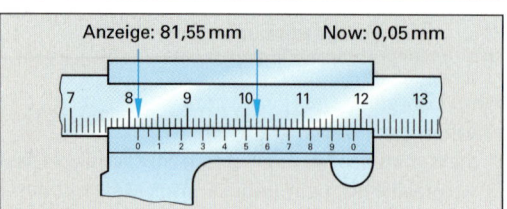

Anzeige: 81,55 mm   Now: 0,05 mm

Er dient ...
a) zum Messen von Kegeln
b) als Hilfsmaßstab auf einem Messzeug
c) als Hilfsgerät zum Messen von Zylindern
d) als Hilfsgerät zum Messen von Rundungen
e) zum Messen von Drehzahlen

TL 11   Wie erreicht man eine Ablesegenauigkeit von 0,1 mm auf einem Messschieber?

Durch einen ...
a) 9-teiligen Nonius auf 10 mm Länge
b) 19-teiligen Nonius auf 20 mm Länge
c) 10-teiligen Nonius auf 9 mm Länge
d) 49-teiligen Nonius auf 45 mm Länge
e) 49-teiligen Nonius auf 50 mm Länge

TL 12   Wozu dient die Kupplung an der Messschraube?

Sie dient zum ...
a) Begrenzen der Messkraft
b) Einstellen auf einen bestimmten Wert
c) Ausrichten der Messschraube
d) Ausgleich der Wärmedehnung
e) Anschluss an einen Rechner

TL 13   Wozu benutzt man Messuhren?

a) Zum Einstellen der Messzeit
b) Zum Durchführen von Vergleichsmessungen
c) Zum Messen von Schnittgeschwindigkeiten
d) Zum Messen der Drehzahl
e) Zum Feststellen des Nennmaßes

TL 14   Welche Eigenschaften besitzen Feinzeiger nicht?

a) Sie sind die genauesten mechanischen Längenmessgeräte.
b) Sie besitzen meist einen Skalenteilungswert von 1 µm.
c) Sie besitzen meist einen Anzeigebereich von 10 µm.
d) Sie besitzen einen Zeigerausschlag von 360°.
e) Sie eignen sich zur Prüfung der Rundheit.

TL 15   Welches Prüfmittel eignet sich *nicht* zum Messen?

a) Messschieber
b) Maßstab
c) Messuhr
d) Feinzeiger
e) Grenzrachenlehre

Oberflächenprüfung

TL 16   Was bedeutet die Zeichnungsangabe?

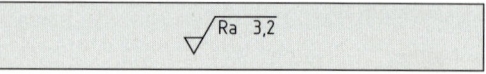

Ra   3,2

a) Größte zulässige Rockwellhärte: 3,2 N/mm^2
b) Größter zulässiger Mittenrauwert: 3,2 µm
c) Größte zulässige gemittelte Rautiefe: 3,2 µm
d) Größter zulässiger Radius: 3,2 mm
e) Keine der genannten Antworten ist richtig

TL 17   Welche Antwort zum Bild ist richtig?

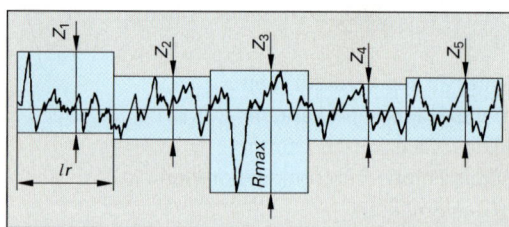

a) Die Werte Z_1 ... Z_5 zeigen die Glättungstiefe der Einzelmessstrecken.
b) Der Wert Z_3 entspricht dem Mittenrauwert.
c) Aus den Werten Z_1 ... Z_5 kann die gemittelte Rautiefe berechnet werden.
d) Die maximale Rautiefe ist der fünfte Teil der Einzelrautiefen Z_1 ... Z_5.
e) Die gemittelte Rautiefe entspricht der Hälfte des Wertes aus größter Einzelrautiefe (Z_3) und kleinster Einzelrautiefe (Z_4).

TL 18   Welcher Faktor hat bei spanender Fertigung keinen Einfluss auf die Oberflächenrauheit?

a) Der Schneidstoff
b) Der Schneidenradius
c) Die Kühlschmierung
d) Der Spanwinkel
e) Die Toleranz

TL 19 | Welche Abbott-Kurve entspricht etwa dem gezeigten Oberflächenprofil?

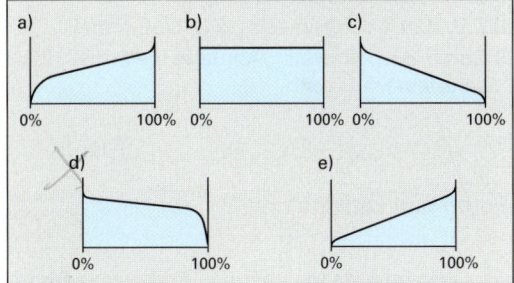

Toleranzen und Passungen

TL 20 | Auf einer Zeichnung ist das Maß 70 eingetragen. Wie wird dieses Maß bezeichnet?

a) Istmaß
b) Höchstmaß
c) Mindestmaß
d) Nennmaß
e) Übermaß

TL 21 | Auf der Zeichnung steht die Angabe ⌀ 70H7. Was erkennt man am Buchstaben H?

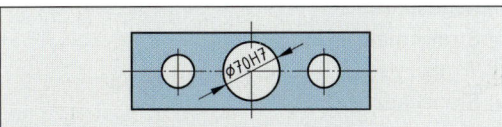

a) Die Größe der Rautiefe
b) Die Lage des Toleranzfeldes zum Istmaß
c) Das Grundabmaß der Bohrung
d) Die Größe der zulässigen Toleranz
e) Den Toleranzgrad der Bohrung

TL 22 | Welche Passung gehört zum ISO-Passungssystem Einheitswelle?

a) F8/h6
b) P8/d9
c) H7/f7
d) H7/g6
e) D7/r6

TL 23 | Welche Aussage über das ISO-Passungssystem Einheitsbohrung ist *falsch*?

a) Alle Bohrungen erhalten das Grundabmaß H
b) Das Mindestmaß der Bohrung entspricht dem Nennmaß
c) Das Höchstmaß der Bohrung entspricht dem Nennmaß plus Toleranz
d) Das Mindestmaß der Bohrung ist kleiner als das Nennmaß
e) Das Höchstmaß der Bohrung ist größer als das Nennmaß

TL 24 | Welche Aussage zum Wellenmaß (ISO-Passsystem Einheitswelle) ist richtig?

a) oberes Grenzabmaß = 0
b) unteres Grenzabmaß = 0
c) Nennmaß = Mindestmaß
d) Nennmaß < Mindestmaß
e) Nennmaß > Höchstmaß

TL 25 | Welche Buchstaben kennzeichnen beim ISO-Passungssystem Einheitswelle die Bohrungen für Spielpassungen?

a) A bis H
b) J bis K
c) M bis N
d) P bis R
e) S bis ZC

TL 26 | Was versteht man bei den Passungen unter „Toleranzklasse"?

a) Benennung für eine Kombination eines Grundabmaßes mit einem Toleranzgrad
b) Größe des Spieles
c) Qualität des Werkstoffes
d) Angabe der Passungsverhältnisse der gefügten Teile
e) Größe des Aufmaßes

TL 27 | Was bedeuten bei ISO-Toleranzkurzzeichen die Großbuchstaben?

a) Lage des Wellentoleranzfeldes zur Nulllinie
b) Lage des Bohrungstoleranzfeldes zur Nulllinie
c) Toleranzklasse
d) Größe der Toleranzen
e) Größe der Abmaße

TL 28 Wie groß ist das Höchstspiel der Paarung Bohrung ⌀ 63 (Abmaße: + 0,25; + 0,1) mit der Welle ⌀ 63 (Abmaße: – 0,1; – 0,25)?

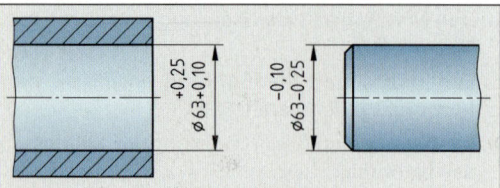

a) 0,1 mm   b) 0,25 mm
c) 0,3 mm   d) 0,35 mm
e) 0,5 mm

TL 29 Wie groß ist die Toleranz bei der Maßangabe ⌀ 20 +0,018/−0,003?

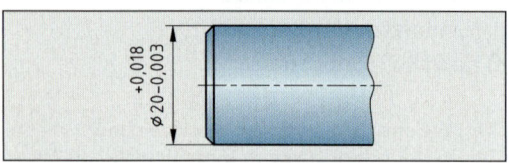

a) 0,005 mm   b) 0,006 mm
c) 0,011 mm   d) 0,021 mm
e) Keine der genannten Antworten ist richtig

TL 30 Wie groß ist das Höchstübermaß der Passung ⌀ 30H7/r6 (H7: 0; + 0,021; r6: + 0,041; + 0,028)?

a) 0,006 mm   b) 0,021 mm
c) 0,025 mm   d) 0,028 mm
e) Keine der genannten Antworten ist richtig

TL 31 Welche Passungsart ergibt die Angabe ⌀ 40H7/f7?

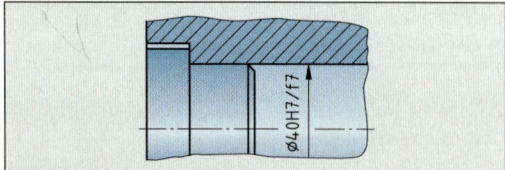

a) Übergangspassung
b) Übermaßpassung
c) Spielpassung
d) Feinpassung
e) Grobpassung

TL 32 Wie werden Allgemeintoleranzen nach DIN ISO 2768 auf der Zeichnung angegeben?

a) Auf der Zeichnung erfolgt keine Angabe.
b) Jedes Maß der Zeichnung erhält die Zusatzangabe + 0,2 mm.
c) Jedes Maß der Zeichnung erhält die Zusatzangabe ± 0,1 mm.
d) Z.B. durch den Hinweis „ISO 2768-mittel".
e) Durch den Hinweis „Abmaße nach ISO 2768 sehr fein".

Form- und Lageprüfung

TL 33 Welche Aussage über das Prüfen von Form- und Lagetoleranzen ist richtig?

a) Die Ebenheit einer Fläche kann nur mit einem Haarlineal geprüft werden.
b) Die Winkligkeit kann mit einer Planglasplatte geprüft werden.
c) Bei der Winkelprüfung wird die Lage von Kanten und Flächen geprüft.
d) Mit Richtwaagen können Steilkegel geprüft werden.
e) Mit festen Winkeln können nur Winkelabweichungen über 2° festgestellt werden.

TL 34 Mit welchem Messgerät werden im allgemeinen Winkel übertragen?

a) Zentrierwinkel
b) Kegellehre
c) Streichmaß
d) Winkelmesser
e) Sinuslineal

TL 35 Welche Aussage zur Gewindeprüfung ist *falsch*?

a) Gewindelehren prüfen die Austauschbarkeit von Gewinden.
b) Der Gewindegrenzlehrdorn besitzt eine Gutseite und eine Ausschussseite.
c) Mit Gewinde-Gutlehrringen wird die Aufschraubbarkeit auf das Gewinde geprüft.
d) Gewinde-Ausschusslehrringe sind rot gekennzeichnet und schmaler ausgeführt als Gutlehrringe.
e) Gewinde-Grenzrachenlehren besitzen Prüfbacken.

TL 36 | Wozu benötigt man einen Kegellehrdorn?

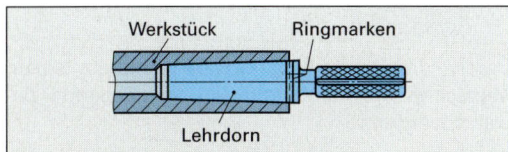

Werkstück   Ringmarken

Lehrdorn

a) Zum Messen von Außenkegeln
b) Zum Messen von Innenkegeln
c) Zum Prüfen der Werkzeugkegel von Spiralbohrern
d) Zum Prüfen von Innenkegeln
e) Zum Prüfen der Werkzeugkegel von Fräsern

TL 37 | Wozu können Kegellehrhülsen verwendet werden?

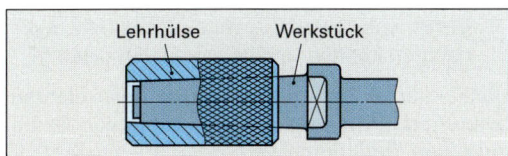

Lehrhülse   Werkstück

a) Zum Prüfen von Innenkegeln bei Werkstücken
b) Zum Messen der Außenkegel von Spiralbohrern
c) Zum Messen von Formabweichungen von Innen- und Außenkegeln
d) Zum Prüfen der Werkzeugkegel von Fräsern
e) Zum Messen der Kegelabweichung

Qualitätsmanagement

TL 38 | Welches Prüfmittel kann bei der Prüfung der Werkstückmaße (Bild) verwendet werden?

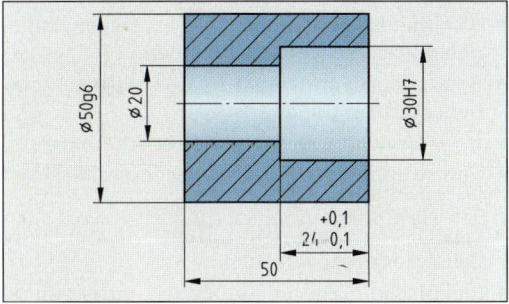

∅ 50g6
∅ 20
∅ 30H7
+0,1
24 −0,1
50

a) ∅ 50g6: Messschieber
b) ∅ 20: Grenzrachenlehre
c) ∅ 30H7: Grenzlehrdorn
d) 24+0,1/−0,1: Innenmessschraube
e) 50: Grenzrachenlehre

TL 39 | Welche Aussage über die Stichprobenprüfung im Vergleich zur 100%-Prüfung ist *falsch*?

Bei der Stichprobenprüfung ...
a) sind die Kosten geringer
b) werden alle Werkstücke geprüft
c) ist der Prüfumfang geringer
d) sind die anfallenden Datenmengen geringer
e) ist die Anwendung zerstörender Prüfverfahren möglich

TL 40 | Welches ist kein messbares Qualitätsmerkmal?

a) Die Länge eines Werkstücks
b) Die Form eines Werkstücks
c) Die Funktion einer Maschine
d) Die Rautiefe einer Werkstückoberfläche
e) Die Leistung einer Maschine

TL 41 | Welche Aussage zur Qualitätsplanung ist richtig?

Zur Qualitätsplanung gehört *nicht* die ...
a) Auswahl der Qualitätsmerkmale
b) Endprüfung eines Werkstücks
c) Festlegung der zulässigen Merkmalswerte
d) Prüfung, ob die Qualitätsmerkmale eindeutig definiert sind
e) Freigabe von Erstmustern

TL 42 | Welche Aussage über die dargestellten Bilder ist richtig?

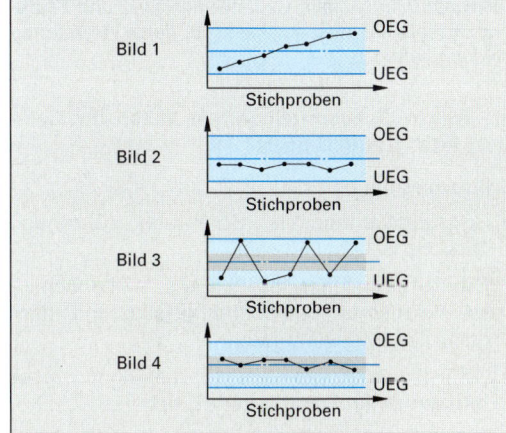

Bild 1   OEG / UEG   Stichproben
Bild 2   OEG / UEG   Stichproben
Bild 3   OEG / UEG   Stichproben
Bild 4   OEG / UEG   Stichproben

a) Die Bilder 1 und 3 zeigen einen Run
b) Die Bilder 1 und 2 zeigen einen Middle Third
c) Die Bilder 2 und 4 zeigen einen Trend
d) Die Bilder 1 und 4 zeigen einen Run
e) Die Bilder 3 und 4 zeigen einen Middle Third

2 Fertigungstechnik

2.1 Arbeitssicherheit

Fragen aus Fachkunde Metall, Seite 73

1 Welche Sicherheitszeichen unterscheidet man?

Bei den Sicherheitszeichen unterscheidet man Gebotszeichen, Verbotszeichen, Warnzeichen und Rettungszeichen.

Gebotszeichen sind rund und blau-weiß
Verbotszeichen sind rund und weiß-rot-schwarz
Warnzeichen sind dreieckig und gelb-schwarz
Rettungszeichen sind quadratisch oder rechteckig und grün-weiß

2 Wodurch werden beim Arbeiten Gefahren für Gesicht und Augen verhindert?

Durch Schutzbrillen, Schutzschilder und Schutzschirme kann die Gefahr für Gesicht und Augen verhindert werden.

Jeder Betriebsangehörige muss die Unfallverhütungsvorschriften kennen und genau beachten.

3 Wodurch können Unfälle verursacht werden?

Unfälle können durch menschliches oder technisches Versagen verursacht werden.

Unfallursachen durch menschliches Versagen sind z.B. Unkenntnis der Gefahr, Gedankenlosigkeit und Leichtsinn. Technisches Versagen kann z.B. durch Werkstoffermüdung auftreten.

4 Welche Schutzmaßnahmen gelten für elektrische Betriebsmittel?

Schutzmaßnahmen sind:

- Schutzisolierung: Alle Spannung führenden Teile müssen isoliert sein.
- Schutzmaßnahmen im TN-System: Alle Gehäuse elektrischer Betriebsmittel sind mit dem Schutzleiter PE verbunden.
- Schutzkontakt: Alle elektrische Anschlüsse müssen einen Schutzleiter PE haben.
- Schutztrennung: Das elektrische Betriebsmittel ist durch einen Transformator vom Stromkreis getrennt.
- Schutzschalter: Jedes elektrische Betriebsmittel muss durch einen Schutzschalter abgesichert sein.

Ergänzende Fragen zur Arbeitssicherheit

5 Welchen Zweck hat die Unfallverhütung am Arbeitsplatz?

Durch Unfallverhütung am Arbeitsplatz sollen Menschen und Einrichtungen vor Schaden bewahrt werden.

Berufsgenossenschaften erlassen für jeden Berufszweig Unfallverhütungsvorschriften, die zu beachten sind.

6 Wie sehen Verbotszeichen aus?

Verbotszeichen sind rund und zeigen die verbotene Handlung als schwarzes Schild auf weißem Grund mit roter Umrandung.

Ein roter Querbalken durchkreuzt die verbotene Handlung.

7 Durch welche vorbeugenden Sicherheitsmaßnahmen können Unfälle vermieden werden?

Unfälle können durch Beseitigung der Gefahren, durch Abschirmen und Kennzeichnen von Gefahrenstellen und durch Verhinderung der Gefährdung vermieden werden.

Jeder Mitarbeiter eines Betriebes ist verpflichtet, an der Verhütung von Unfällen mitzuarbeiten.

8 Wie heißen einige Gebote der Unfallverhütung?

- Beim Arbeiten an Maschinen und bewegten Teilen muss eng anliegende Schutzkleidung getragen werden.
- Räder, Spindeln, Wellen und ineinander greifende Teile sind abzudecken, damit niemand erfasst wird.
- Sicherheitseinrichtungen und Schutzvorrichtungen dürfen nicht entfernt werden.
- Beschäftigte mit langen Haaren müssen Kopfbedeckungen tragen.
- Beim Schleifen ist eine Schutzbrille zu tragen.
- Ventile und Anschlüsse an Sauerstoffflaschen sind frei von Fett und Öl zu halten.
- Gasflaschen sind beim Transport mit einer Schutzkappe zu versehen.
- Elektrische Sicherungen dürfen nicht geflickt werden.
- Jede Verletzung ist sofort fachgerecht zu versorgen. Bei schweren Verletzungen muss ein Arzt aufgesucht werden.

Unfälle verhüten ist besser als Unfälle vergüten!

2.2 Gliederung der Fertigungsverfahren

Fragen aus Fachkunde Metall, Seite 75

1 Welche Hauptgruppen werden bei den Fertigungsverfahren unterschieden?

Die Hauptgruppen der Fertigungsverfahren sind Urformen, Umformen, Trennen, Fügen, Beschichten und Stoffeigenschaft ändern.

2 Beschreiben Sie je ein Verfahren einer Hauptgruppe.

Hauptgruppe Urformen, Verfahren Gießen: Eine Metallschmelze wird in Formen gegossen, wo sie erstarrt.

Hauptgruppe Umformen, Verfahren Tiefziehen: Eine Blechronde wird mit einem Stempel durch eine Matrize gezogen.

Hauptgruppe Trennen, Verfahren Fräsen: Mit einem Fräswerkzeug werden Späne abgehoben und dadurch die Werkstückform erzeugt.

Hauptgruppe Fügen, Verfahren Verschrauben: Mit einer Schraube werden zwei Werkstücke verbunden.

Hauptgruppe Beschichten, Verfahren Elektrotauchlackieren: Autokarosserien werden unter der Wirkung einer elektrischen Spannung mit einem Lack überzogen.

Hauptgruppe Ändern der Stoffeigenschaft, Verfahren Härten: Durch Erwärmen und Abschrecken werden Werkstücke aus Stahl gehärtet.

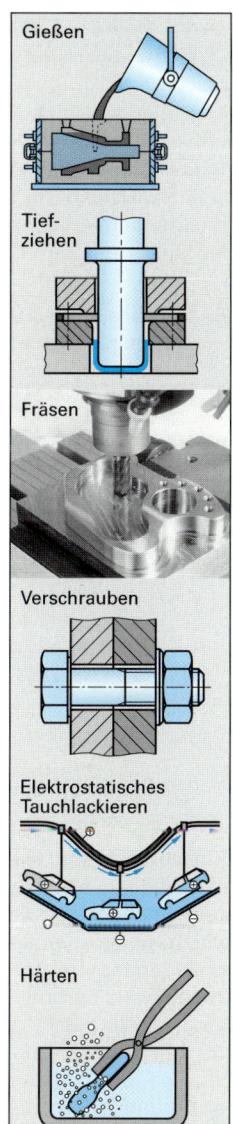

Gießen

Tiefziehen

Fräsen

Verschrauben

Elektrostatisches Tauchlackieren

Härten

Ergänzende Fragen zur Gliederung der Fertigungsverfahren

3 Welche Fertigungsverfahren gehören zur Hauptgruppe Trennen?

Zur Hauptgruppe Trennen zählen z.B. Schneiden, Drehen, Bohren, Sägen, Schleifen und Abtragen.

4 Welche Fertigungsverfahren gehören zur Hauptgruppe Fügen?

Zur Hauptgruppe Fügen zählen z.B. Verschrauben, Kleben, Löten, Schweißen, Einpressen und Eingießen.

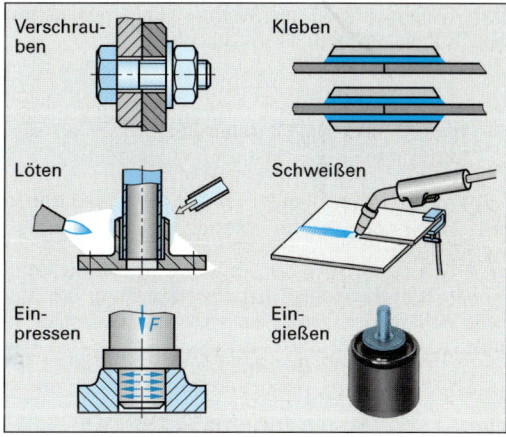

Verschrauben

Kleben

Löten

Schweißen

Einpressen

Eingießen

5 Durch welche Fertigungsverfahren wird der Stoffzusammenhalt vergrößert?

Fertigungsverfahren, die den Stoffzusammenhalt vergrößern, sind z.B. Schweißen, Löten, Verschrauben, Lackieren und Galvanisieren.

6 Zu welcher Hauptgruppe gehören die Fertigungsverfahren Druckumformen und Zugumformen?

Diese Fertigungsverfahren gehören zur Hauptgruppe Umformen.

7 Wie können die Stoffeigenschaften eines festen Körpers geändert werden?

Die Stoffeigenschaften können geändert werden durch Umlagern, Aussondern oder Einbringen von Stoffteilchen.

Ein Umlagern von Stoffteilchen findet statt z.B. beim Härten, ein Aussondern beim Entkohlen und ein Einbringen beim Nitrieren.

2.3 Gießen

Fragen aus Fachkunde Metall, Seite 81

1 Aus welchen Gründen werden Werkstücke durch Gießen hergestellt?

Werkstücke werden gegossen, wenn ihre Herstellung durch andere Fertigungsverfahren unwirtschaftlich oder nicht möglich ist oder wenn besondere Eigenschaften des Gusswerkstoffs, wie z.B. gute Gleiteigenschaften, ausgenutzt werden sollen.

Beim Gießen wird flüssiger Werkstoff in Formen gegossen. Dort erstarrt er zu einem Gussstück.

2 Warum sind die Modellmaße größer als die Maße des herzustellenden Gussstücks?

Die Modellmaße müssen größer sein, weil das in die Form gegossene Metall beim Abkühlen schwindet.

Würde das Schwindmaß bei der Herstellung des Modells nicht berücksichtigt, so wäre das Gussstück zu klein.

3 Wozu benötigt man beim Gießen Kerne?

Kerne dienen zum Aussparen von Hohlräumen oder Hinterschneidungen in Gussstücken (Bild).

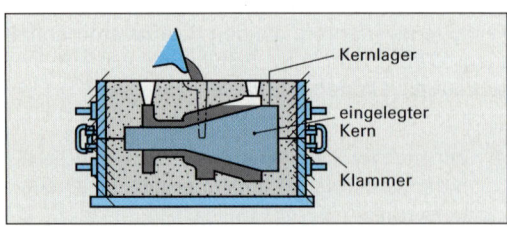

Die Kerne werden in den Kernlagern befestigt und fixiert.

4 Wodurch unterscheiden sich maschinengeformte Gussstücke von handgeformten?

Maschinengeformte Gussstücke sind maßgenauer als handgeformte und besitzen eine bessere Oberfläche.

Maschinenformen ist erst bei mittleren Stückzahlen wirtschaftlich.

5 Wie werden die Formen für das Vakuumformen hergestellt?

Zuerst wird eine Kunststofffolie auf die Modellhälfte gelegt und durch Erwärmen mit Wärmestrahlung formbar gemacht. Sie schmiegt sich durch den angelegten Unterdruck an die Modelloberfläche an. Formsand wird durch Vibrieren vorverdichtet und nach dem Abdecken mit einer zweiten Folie fertigverdichtet.

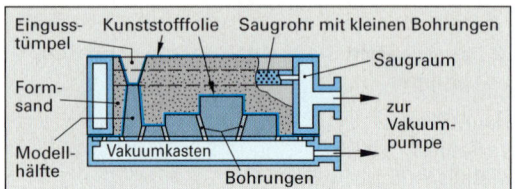

Nach dem Abschalten des Unterdrucks im Vakuumkasten wird der Formkasten abgehoben. Die zweite Formhälfte wird gleichermaßen hergestellt. Anschließend werden beide Formhälften miteinander verklammert und unter Beibehaltung des Unterdrucks im Formkasten abgegossen.

6 Welches Gießverfahren eignet sich zur Herstellung dünnwandiger Werkstücke aus NE-Metallen bei großen Stückzahlen?

Das geeignetste Verfahren ist das Druckgießen (Bild).

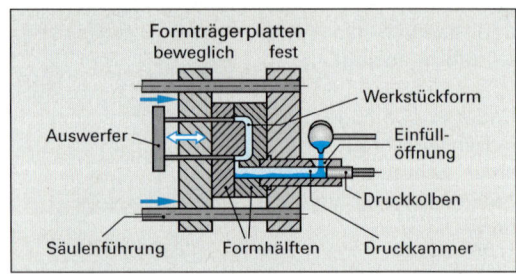

7 Wie werden Gussstücke durch Feingießen hergestellt?

Zunächst werden die aus Wachs oder Kunststoff spritzgegossenen Modelle zu einer Modelltraube zusammengesetzt. Durch Tauchen in einer Aufschlämmung aus keramischer Masse und anschließendes Trocknen erhält die Traube einen Überzug aus Keramik-Rohmasse. Nach dem Trocknen wird das Wachs durch Ausschmelzen entfernt. Die nun hohle Form aus Keramik-Rohmasse wird bei etwa 1000 °C gebrannt. Dadurch wird sie zu Keramik und erhält die zum Gießen erforderliche Festigkeit.

8 Welche Fehler können beim Einformen, Gießen und Erstarren von Gussstücken auftreten?

Fehler, die beim Einformen vorkommen können, sind Schülpen und versetzter Guss.

Fehler beim Gießen und Erstarren sind Schlackeneinschlüsse, Gashohlräume (Gasblasen), Lunker, Seigerungen und Gussspannungen.

Ergänzende Fragen zum Gießen

9 Was versteht man in der Gießereitechnik unter einem Modell?

Ein Modell ist eine um das Schwindmaß vergrößerte Nachbildung des fertigen Gussstücks (Bild). Es wird zur Herstellung einer Gießform benötigt.

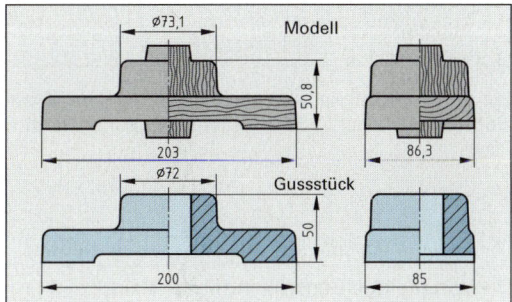

10 Warum besitzt eine Form außer dem Einguss meist auch Speiser?

Durch Speiser kann beim Gießen die Luft entweichen und beim Erstarren die Flüssigkeitsschwindung der in der Form abkühlenden Schmelze ausgeglichen werden. Dadurch werden Lunker vermieden.

Die Querschnitte der Speiser müssen so groß sein, dass in ihnen das flüssige Metall zuletzt erstarrt.

11 Wie erfolgt das Schleudergießen?

Beim Schleudergießen wird das flüssige Metall in eine sich schnell drehende Stahlform gegossen.

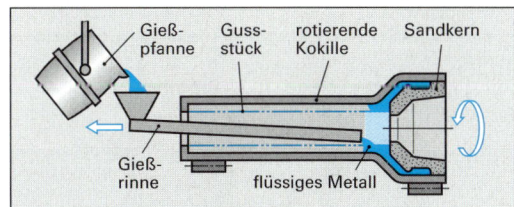

Durch die Fliehkraft wird das Gießmetall gleichmäßig an der Innenwand der Form verteilt. Dort erstarrt es.

2.4 Umformen

Fragen aus Fachkunde Metall, Seite 88

1 Wie wird die gestreckte Länge von Biegeteilen ermittelt?

Die gestreckte Länge von Biegeteilen entspricht der Länge der neutralen Faser und wird durch Addieren der Teilstücke ermittelt (Bild).

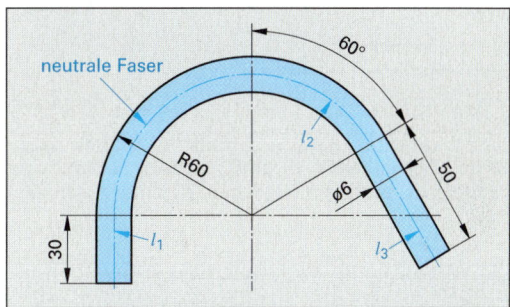

2 Warum darf der Biegeradius nicht zu klein gewählt werden?

Bei zu kleinem Biegeradius bilden sich in der Biegezone Risse. Außerdem kann es zu Querschnittsänderungen kommen.

Der Mindestbiegeradius ist vom Werkstoff und von der Blechdicke abhängig und wird Tabellen entnommen.

3 Wovon hängt der Überbiegungswinkel beim Biegen ab?

Der Überbiegungswinkel hängt vom Werkstoff und dem Verhältnis Biegeradius zur Blechdicke ab.

Beim Biegen muss das Werkstück um die Größe der elastischen Rückfederung nach dem Biegen überbogen werden.

4 Aus welchen Bauteilen bestehen Tiefziehwerkzeuge?

Tiefziehwerkzeuge bestehen aus der Ziehmatrize, dem Niederhalter und dem Ziehstempel.

Eine Zentrierung hält den Zuschnitt in der richtigen Position.

5 Welche Fehler können an Ziehteilen auftreten?

Ziehfehler sind Risse am Boden, Falten und Ziehriefen.

Verursacht werden Ziehfehler durch das Ziehwerkzeug, den Ziehvorgang oder den zu ziehenden Werkstoff.

6 Was versteht man unter dem maximalen Ziehverhältnis eines Bleches?

Das maximale Ziehverhältnis ist das höchstzulässige Durchmesserverhältnis zweier aufeinander folgender Züge.

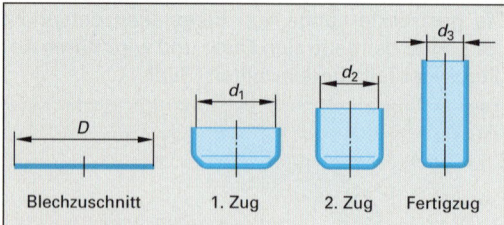

| Blechzuschnitt | 1. Zug | 2. Zug | Fertigzug |

Ist das Ziehverhältnis zu groß, so muss in zwei oder mehreren aufeinander folgenden Zügen gezogen werden.

7 Wovon hängt das maximale Ziehverhältnis ab?

Das maximale Ziehverhältnis hängt ab von der Festigkeit des Werkstoffs, der Blechdicke, dem Stempel- und Ziehkantenradius, der Niederhalterkraft und dem verwendeten Schmiermittel.

8 Welche Vorteile hat das hydromechanische Tiefziehen gegenüber dem konventionellen Tiefziehen?

Das hydromechanische Tiefziehen (Bild unten) besitzt gegenüber dem konventionellen Tiefziehen folgende Vorteile:

● Das erreichbare Ziehverhältnis ist wegen der Gefügeumformung im Blech im Bereich des Ziehwulstes größer.

● Die Änderung der Blechdicke an den Bodenradien ist sehr gering. Damit können auch sehr kleine Radien gezogen werden.

● Die äußere Oberfläche der Ziehteile ist besser, weil keine Reibungsspuren einer Matrize auftreten.

● Die Fertigungskosten sind geringer, weil die Werkzeugkosten geringer und weniger Ziehstufen erforderlich sind.

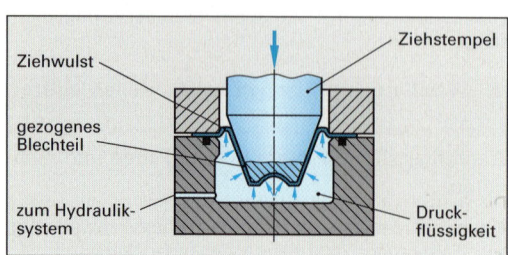

Fragen aus Fachkunde Metall, Seite 92

1 Wovon hängt die Schmiedetemperatur ab?

Die Schmiedetemperatur richtet sich nach dem Werkstoff. Bei unlegierten Stählen ist die Schmiedetemperatur vom Kohlenstoffgehalt abhängig (Bild).

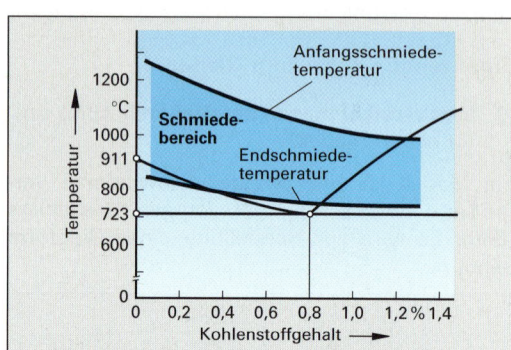

Bei zu hoher Schmiedetemperatur verbrennt der Werkstoff, unterhalb der Endschmiedetemperatur bilden sich Risse.

2 Welche Vorteile hat das Gesenkschmieden?

Die Vorteile des Gesenkschmiedens sind:

● Geringer Werkstoffverlust

● Günstiger Faserverlauf

● Herstellung schwieriger Formen möglich

● Hohe Wiederholgenauigkeit

Beim Gesenkformen wird das Schmiedestück in einem zweiteiligen Gesenk aus einem Rohteil geschlagen.

3 Nennen Sie einige typische Werkstücke, die durch Gesenkschmieden hergestellt werden.

Durch Gesenkschmieden werden z.B. Achsschenkel (Bild), Kurbelwellen, Nockenwellen, Pleuelstangen und Schraubenschlüssel hergestellt.

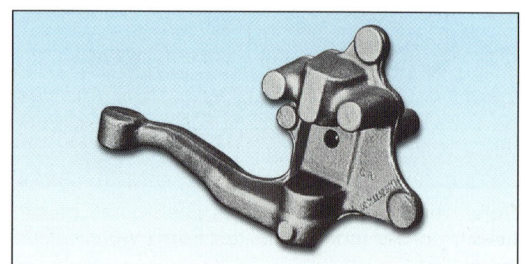

4 Wodurch unterscheiden sich Gewinde, die durch Gewindeformen hergestellt wurden, von geschnittenen Gewinden?

Beim Gewindeformen wird der Werkstoff lediglich plastisch umgeformt; sein Faserverlauf ist deshalb nicht unterbrochen. Die Festigkeit des Werkstoffs wird durch die plastische Umformung erhöht (Bild). Die Belastbarkeit solcher Gewinde ist deshalb höher als bei geschnittenen Gewinden.

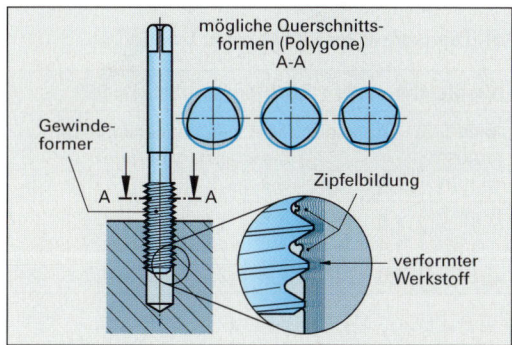

Das Gewindeformen eignet sich für Werkstoffe mit geringer Zugfestigkeit, die dadurch im verfomten Bereich eine höhere Festigkeit erhalten.

5 Welche Werkstoffe eignen sich zum Fließpressen?

Zum Fließpressen eignen sich Stahl mit geringem Kohlenstoffgehalt, z.B. C10, Aluminium und Aluminiumlegierungen, Kupfer und weiche Cu-Zn-Legierungen sowie Zinn und Blei.

Ergänzende Fragen zum Umformen

6 Wie verhalten sich die Werkstoffe beim Umformen?

Die Werkstoffe setzen dem Umformen einen Verformungswiderstand entgegen. Um eine dauernde Formänderung der Werkstücke zu erreichen, müssen sie plastisch verformt werden.

7 Welche Vorteile bietet das Umformen?

Beim Umformen wird der Faserverlauf im Werkstück nicht unterbrochen; die Festigkeit des Werkstoffs wird erhöht. Es können schwierige Formen mit guter Oberflächenqualität und engen Toleranzen hergestellt werden.

Beim Umformen wird der Werkstoff in eine andere geometrische Form gebracht.

8 In welchem Bereich des Spannungs-Dehnungs-Diagramms erfolgt das Umformen?

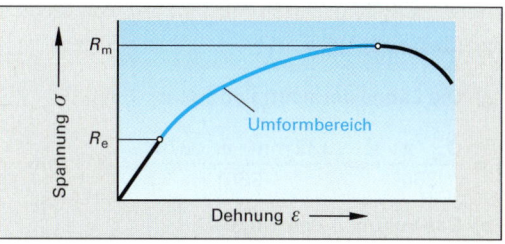

Das Umformen erfolgt zwischen der Streckgrenze R_e und der Zugfestigkeit R_m.

Werkstoffe mit niedriger Streckgrenze und hoher Dehnung lassen sich deshalb besonders gut umformen.

9 Welche Unterschiede bestehen zwischen Warmumformen und Kaltumformen?

Warmumformen erfolgt im Bereich der Schmiedetemperatur. Mit kleinen Umformkräften sind große Formänderungen erreichbar.
Beim Kaltumformen werden große Umformkräfte benötigt. Die erreichbaren Formänderungen sind verhältnismäßig klein.

Durch Warmumformen werden Festigkeit und Dehnung des Werkstoffs nicht verändert. Kaltumformung dagegen bewirkt durch Gefügeänderung eine Erhöhung der Festigkeit und eine Verringerung der Dehnung.

10 Welchen Zweck hat das Zwischenglühen beim Kaltumformen?

Durch Zwischenglühen wird die beim Kaltumformen entstandene Kaltverfestigung beseitigt.

Beim Zwischenglühen (Rekristallisationsglühen) wird das durch die Kaltverformung verzerrte Gefüge wieder in einen unverzerrten Zustand zurückgeführt.

Ergänzende Fragen zum Biegen

11 Was versteht man beim Biegen unter der neutralen Faser eines Werkstücks?

Die neutrale Faser ist diejenige Werkstückfaser, die beim Biegen weder gestreckt noch gestaucht wird.

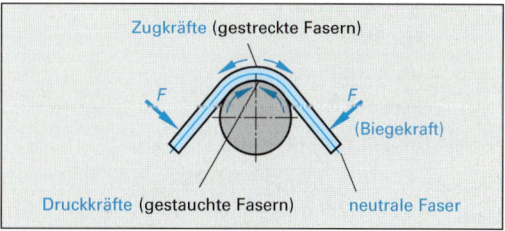

Die neutrale Faser liegt bei großem Biegeradius ungefähr in der Mitte des Werkstücks, bei kleinem Biegeradius ist sie zur Innenseite verschoben.

12 Ein Rundstab (d = 8 mm) aus Aluminium wird zu einem 3/4-Ring mit dem Außendurchmesser D = 140 mm gebogen.

Zu berechnen sind:

a) Die Länge der neutralen Faser

$$l = \frac{D_m \cdot \pi \cdot a}{360°} = \frac{132\,mm \cdot \pi \cdot 270°}{360°} = \mathbf{311\ mm}$$

b) Das Volumen des Ringes

$$V = A \cdot l \qquad V = \frac{d^2 \cdot \pi}{4} \cdot l$$

$$V = \frac{(8\ mm)^2 \cdot \pi}{4} \cdot 311\,mm = \mathbf{15633\ mm^3}$$

c) Die Masse des Rings

$$m = V \cdot \varrho$$
$$m = 15{,}633\ cm^3 \cdot 2{,}7\ g/cm^3 = \mathbf{42{,}2\ g}$$

13 Das Rahmenprofil (Bild) aus DC04 soll durch Biegen hergestellt werden.

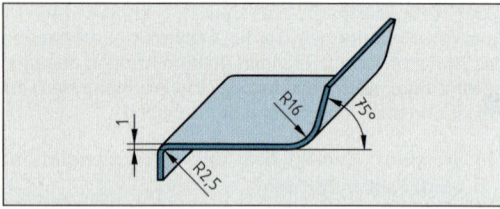

Zu ermitteln sind:

a) Das Verhältnis $r_2 : s$

$r_2 : s = 2{,}5\ mm : 1\ mm = 2{,}5$ (links)
$r_2 : s = 16\ mm : 1\ mm = 16$ (rechts)

b) Der Rückfederungsfaktor k_R

$k_R = 0{,}99$ (links) $k_R = 0{,}96$ (rechts)

c) Die Winkel α_1 am Werkzeug

$$\alpha_{1\ links} = \frac{a_2}{k_R} = \frac{90°}{0{,}99} = 90{,}9°$$

$$\alpha_{1\ rechts} = \frac{a_2}{k_R} = \frac{75°}{0{,}96} = 78{,}1°$$

d) Die Radien am Werkzeug

r_1 $= k_R \cdot (r_2 + 0{,}5 \cdot s) - 0{,}5 \cdot s$
$r_{1\ links}$ $= 0{,}99 \cdot (2{,}5\ mm + 0{,}5 \cdot 1\ mm) - 0{,}5 \cdot 1\ mm$
$= \mathbf{2{,}47\ mm}$
$r_{1\ rechts}$ $= 0{,}96\ (16\ mm + 0{,}5 \cdot 1\ mm) - 0{,}5 \cdot 1\ mm =$
$= \mathbf{15{,}34\ mm}$

14 Für einen Fensterrahmen soll das Profil (Bild) aus EN AW-Al MgSi gebogen werden.

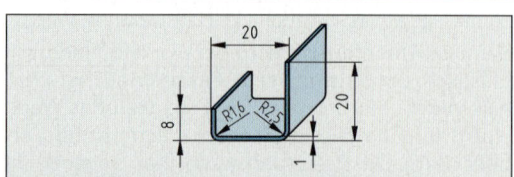

Zu bestimmen sind:

a) Die gestreckte Länge nach Tabelle

Ausgleichswerte v für Biegewinkel $\alpha = 90°$							
Biege-radius r in mm	Ausgleichswert v je Biegestelle in mm für Blechdichte s in mm						
	0,4	0,6	0,8	1	1,5	2	2,5
1	1,0	1,3	1,7	1,9	–	–	–
1,6	1,3	1,6	1,8	2,1	2,9	–	–
2,5	1,6	2,0	2,2	2,4	3,2	4,0	4,8

$L = l_1 + l_2 + l_3 - n_1 \cdot v_1 - n_2 \cdot v_2$
$L = (8 + 20 + 20)\ mm - 1 \cdot 2{,}4\ mm = \mathbf{43{,}5\ mm}$

b) Das Verhältnis $r_2 : s$

$r_{2\ links} : s = 1{,}6\ mm : 1\ mm = \mathbf{1{,}6\ mm}$
$r_{2\ rechts} : s = 2{,}5\ mm : 1\ mm = \mathbf{2{,}5\ mm}$

c) Die Rückfederungsfaktoren nach Tabelle

Rückfederungsfaktoren k_R								
Werkstoff der Biegeteile	Verhältnis $r_2 : s$							
	1	1,6	2,5	4	6,3	10	16	25
	Rückfederungsfaktor k_R							
DC 04	0,99	0,99	0,99	0,98	0,97	0,97	0,96	0,94
EN AW-Al CuMg1	0,98	0,98	0,98	0,98	0,97	0,97	0,96	0,95
EN AW-Al SiMgMn	0,98	0,98	0,97	0,96	0,95	0,93	0,90	0,86

$k_{R\ links} = 0{,}98$ $k_{R\ rechts} = 0{,}97$

d) Die Winkel α_1 am Werkzeug

$$\alpha_1 = \frac{a_2}{k_R} = \frac{90°}{0{,}99} = \mathbf{91{,}83°}\ \text{(links)}$$

$$\alpha_1 = \frac{a_2}{k_R} = \frac{90°}{0{,}97} = \mathbf{92{,}78°}\ \text{(rechts)}$$

e) Die Rundungen r_1 am Werkzeug

$r_1 = k_R \cdot (r_2 + 0{,}5 \cdot s) - 0{,}5 \cdot s$
$r_{1\ links}$ $= 0{,}98 \cdot (1{,}6 + 0{,}5 \cdot 1)\ mm - 0{,}5 \cdot 1\ mm = \mathbf{1{,}56\ mm}$
$r_{1\ rechts}$ $= 0{,}97 \cdot (2{,}5 + 0{,}5 \cdot 1)\ mm - 0{,}5 \cdot 1\ mm = \mathbf{2{,}41\ mm}$

Ergänzende Fragen zum Tiefziehen

15 Ein Becher aus DC04 mit dem Innendurchmesser d = 120 mm soll aus einer Ronde (Zuschnitt) mit dem Durchmesser D = 260 mm tiefgezogen werden (Bild).

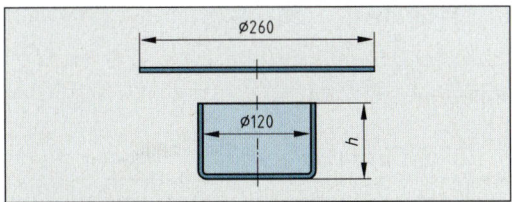

Zu bestimmen sind:

a) Das erreichbare Ziehverhältnis $\beta_{1\,max}$

Werkstoffe zum Tiefziehen			
	erreichbares Ziehverhältnis		
	β_1 max (1. Zug)	β_2 max (2. Zug)	
Ziehwerkstoff		ohne	mit Zwischenglühen
DC01	1,8	1,2	1,6
DC04	2,0	1,3	1,7
EN AW-Al Mg1 w	1,85	1,3	1,75

$\beta_{1\,max}$ = 2 (nach Tabelle)

b) Die Anzahl der notwendigen Züge ohne Zwischenglühen nach Tabelle

$$\beta_1 = \frac{D}{d_1} \qquad d_1 = \frac{D}{\beta_1} = \frac{260 \text{ mm}}{2} = \textbf{130 mm}$$

$$\beta_2 = \frac{d_1}{d_2} = \frac{130 \text{ mm}}{120 \text{ mm}} = \textbf{1,08}$$

Möglich wäre ein Ziehverhältnis β_2 = 1,3. Damit sind nur 2 Züge erforderlich.

c) Die Höhe des Bechers

$$A_1 = \frac{D^2 \cdot \pi}{4} \qquad A_2 = \frac{d^2 \cdot \pi}{4} + d \cdot \pi \cdot h$$

$$A_2 = A_1$$

$$\frac{d^2 \cdot \pi}{4} + d \cdot \pi \cdot h = \frac{D^2 \cdot \pi}{4}$$

$$h = \frac{\dfrac{D^2 \cdot \pi}{4} - \dfrac{d^2 \cdot \pi}{4}}{d \cdot \pi} = \frac{\dfrac{(260 \text{ mm})^2 \cdot \pi}{4} - \dfrac{(120 \text{ mm})^2 \cdot \pi}{4}}{120 \text{ mm} \cdot \pi}$$

$$= \textbf{110,8 mm}$$

16 Die Abdeckhaube (Bild) aus EN AW-AlMg1 w soll durch Tiefziehen hergestellt werden.

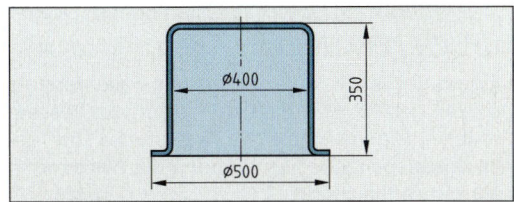

Wie groß sind:

a) Der Durchmesser des Zuschnittes

$$A_1 = \frac{d^2 \cdot \pi}{4} + d_1 \cdot \pi \cdot h$$

$$A_1 = \frac{(50 \text{ cm})^2 \cdot \pi}{4} + 40 \text{ cm} \cdot \pi \cdot 35 \text{ cm}$$

$$A_1 = 6361,7 \text{ cm}^2$$

$$A_2 = A_1 \qquad\qquad A_2 = \frac{D^2 \cdot \pi}{4}$$

$$D = \sqrt{\frac{4 \cdot A_2}{\pi}} = \sqrt{\frac{4 \cdot 6361,7 \text{ cm}^2}{\pi}} = \textbf{90 cm}$$

b) Das erreichbare Ziehverhältnis β_1

$\beta_{1\,max}$ = 1,85 (nach Tabellenbuch)

c) Die Anzahl der notwendigen Züge

$$\beta_1 = \frac{D}{d_1}; \quad d_1 = \frac{D}{\beta_1} = \frac{900 \text{ mm}}{1,85} = 486 \text{ mm}$$

$$\beta_2 = \frac{d_1}{d_2} = \frac{486 \text{ mm}}{400 \text{ mm}} = \textbf{1,22}$$

Möglich wäre ein Ziehverhältnis von 1,3 (ohne Zwischenglühen). Damit sind nur 2 Züge erforderlich.

17 Ein durch Tiefziehen hergestellter Napf zeigt am Boden Risse, ein anderer am oberen Ende der Zarge senkrechte Falten. Welche Ursachen können für diese Fehler vorliegen?

Ursache für Bodenreißer können sein: Zu enger Ziehspalt, zu große Niederhalterkraft, zu kleine Rundungen an der Ziehmatrize und am Stempel, zu hohe Ziehgeschwindigkeit, zu großes Ziehverhältnis.

Ursache für die senkrechten Falten können sein: Zu weiter Ziehspalt, zu kleine Niederhalterkraft, zu große Rundungen an der Ziehmatrize.

Ergänzende Fragen zum Schmieden

18 Wodurch kommen die guten Festigkeitseigenschaften gesenkgeschmiedeter Werkstücke zustande?

Wegen des nicht unterbrochenen Faserverlaufs besitzen gesenkgeschmiedete Werkstücke bessere Festigkeitseigenschaften als Werkstücke, bei denen durch spanende Formgebung die Werkstofffasern zerschnitten sind.

Durch Gesenkschmieden lassen sich Werkstücke herstellen, die höchsten Beanspruchungen gewachsen sind.

19 Welche Vorteile bietet das Gesenkformen?

Durch Gesenkformen können kompliziert geformte, hochbeanspruchte Werkstücke maßgenau und kostengünstig hergestellt werden.

Die Werkstoffverluste beim Gesenkformen sind gering.

20 Wodurch unterscheidet sich das Freiformen vom Gesenkformen?

Während beim Freiformen der Werkstoff beim Umformvorgang frei fließen kann, ist er beim Gesenkformen ganz oder zu einem wesentlichen Teil durch das Gesenk umschlossen. Gesenkgeformte Werkstücke sind deshalb form- und maßgenau.

Freiformen wird bei der Herstellung von Einzelstücken und zum Vorformen von Gesenkschmiedestücken angewandt.

21 Warum darf unterhalb der Endschmiedetemperatur nicht mehr geschmiedet werden?

Die Formbarkeit wird durch die niedrige Temperatur so gering, dass der Werkstoff beim Schmieden Risse bekommt.

Das Schmieden soll grundsätzlich von der Ausgangstemperatur bis zur Endtemperatur durchgehend erfolgen. Dadurch erhält man ein besonders feinkörniges Gefüge.

22 Der Kopf von Zylinderschrauben wird aus Stangenmaterial durch Kaltverformung hergestellt (Bild). Wie groß ist die Ausgangslänge l_1 des Stangenmaterials für die gezeigte Schraube?

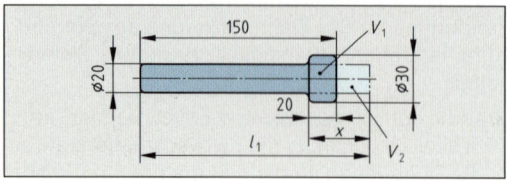

Das Volumen des Schraubenkopfes (V_1) ergibt sich durch Umformen der Länge x des Stangenmaterials. Dieser Stangenabschnitt hat dasselbe Volumen wie der Schraubenkopf ($V_1 = V_2$).

$$V_1 = \frac{D^2 \cdot \pi}{4} \cdot h = \frac{(30 \text{ mm})^2 \cdot \pi}{4} \cdot 20 \text{ mm}$$

$$= 14137 \text{ mm}^3 \qquad V_1 = V_2$$

$$V_2 = \frac{d^2 \cdot \pi}{4} \cdot x$$

$$x = \frac{4 \cdot V_2}{d^2 \cdot \pi} = \frac{4 \cdot 14137 \text{ mm}^3}{(20 \text{ mm})^2 \cdot \pi} = 45 \text{ mm}$$

$$l_1 = 130 \text{ mm} + 45 \text{ mm} = \textbf{175 mm}$$

23 Eine Rolle wird gratfrei und ohne Abbrand in einem Gesenk warmgepresst. Welche Länge l_1 muss das Rohrstück mit dem Durchmesser 60 mm haben?

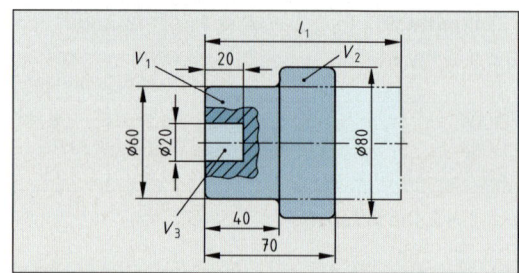

$$V = V_1 + V_2 - V_3$$

$$V_1 = \frac{d^2 \cdot \pi}{4} \cdot h = \frac{(60 \text{ mm})^2 \cdot \pi}{4} \cdot 40 \text{ mm}$$

$$= 113097 \text{ mm}^3$$

$$V_2 = \frac{D^2 \cdot \pi}{4} \cdot h = \frac{(80 \text{ mm})^2 \cdot \pi}{4} \cdot 30 \text{ mm}$$

$$= 150797 \text{ mm}^3$$

$$V_3 = \frac{d_1^2 \cdot \pi}{4 \cdot h} = \frac{(20 \text{ mm})^2 \cdot \pi}{4} \cdot 20 \text{ mm} = 6283 \text{ mm}^3$$

$$V = 113097 \text{ mm}^3 + 150797 \text{ mm}^3 - 6283 \text{ mm}^3$$
$$= 257611 \text{ mm}^3$$

$$V = \frac{d^2 \cdot \pi}{4} \cdot l_1$$

$$l_1 = \frac{4 \cdot V_1}{d^2 \cdot \pi} = \frac{4 \cdot 257611 \text{ mm}^3}{(60 \text{ mm})^2 \cdot \pi} = \textbf{91 mm}$$

2.5 Schneiden

Fragen aus Fachkunde Metall, Seite 97

1 Wie verläuft der Trennvorgang beim Scherschneiden?

Beim Eindringen der Schneiden verformt sich der Werkstoff zunächst elastisch. Anschließend wird ein Teil der Querschnittsfläche durchschnitten. Danach wird der Restquerschnitt abgeschert.

Beim Schneidvorgang entstehen Einziehrundungen.

2 Für die Halterung von Lichtmaschinen in Kraftfahrzeugen werden 1 mm dicke Blechteile aus Baustahl (R_m = 520 N/mm²) ausgeschnitten. Wie groß muss der Schneidspalt des Werkzeuges sein (Schneidplattendurchbruch mit Freiwinkel)?

Die maximale Scherfestigkeit beträgt

$\tau_{aB\,max} = 0,8 \cdot R_{m\,max} = 0,8 \cdot 520\,N/mm^2 = 416\,N/mm^2$

Aus einem Tabellenbuch wird abgelesen:

u = 0,04 mm

3 Wie können Scherschneidwerkzeuge nach ihrer Führungsart eingeteilt werden?

Nach der Führungsart unterscheidet man Schneidwerkzeuge ohne Führung und Schneidwerkzeuge mit Führung.

Die Führung der Schneidwerkzeuge kann durch eine Führungsplatte, durch eine Schneidplatte oder durch Säulen erfolgen.

34 Welche Scherschneidwerkzeuge eignen sich zum Herstellen von …

a) runden Scheiben mit einer Bohrung?

Zur Herstellung eignet sich ein Folgeschneidwerkzeug.

b) Werkstücken, bei denen die Außenkontur genau zur Bohrung liegen muss?

Solche Werkstücke werden mit Gesamtschneidwerkzeugen hergestellt.

c) Werkstücken mit gratfreier Schnittfläche?

Werkstücke mit gratfreier Schnittfläche werden mit Feinschneidwerkzeugen gefertigt.

d) Werkstücken mit gebogenen Bereichen?

Zur Herstellung solcher Werkstücke werden Folgeverbundwerkzeuge benutzt.

Fragen aus Fachkunde Metall, Seite 101

1 Welche Aufgabe hat die Vorwärmflamme beim autogenen Brennscheiden?

Mit der Vorwärmflamme wird der Stahl an der Anschnittstelle auf Zündtemperatur erwärmt.

Die Zündtemperatur von Stahl liegt bei etwa 1200 °C.

2 Welche Strahlschneidverfahren eignen sich für das Trennen von unlegiertem Stahl?

Unlegierte Stähle können durch autogenes Brennschneiden (Bild), Laserstrahlschneiden und Wasserstrahlschneiden getrennt werden.

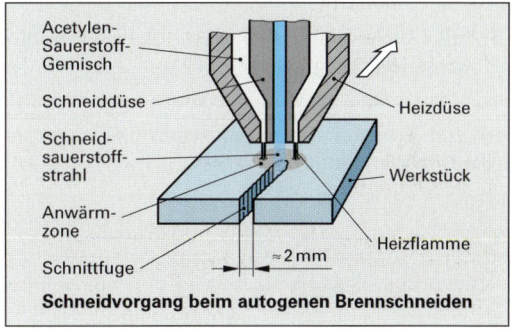

Acetylen-Sauerstoff-Gemisch
Schneiddüse
Schneid-sauerstoff-strahl
Anwärm-zone
Schnittfuge
Heizdüse
Werkstück
≈2 mm
Heizflamme

Schneidvorgang beim autogenen Brennschneiden

Das am besten geeignete Verfahren hängt von der Werkstoffdicke und der gewünschten Schneidkantenqualität ab.

3 Woran erkennt man die richtige Schneidgeschwindigkeit beim autogenen Brennschneiden?

Bei richtiger Schneidgeschwindigkeit ergeben sich fast senkrechte Schnittriefen.

Bei schrägen Riefen ist die Schneidgeschwindigkeit zu hoch, bei einem Schlackenbart an der Schnittunterkante zu niedrig.

4 Mit welchen Schneidverfahren können die folgenden Werkstoffe geschnitten werden: Nichtrostender Stahl, EN AW AlCuMg3, Schaumstoffe, Keramik?

Plasma-Schmelzschneiden:	Nichtrostender Stahl, EN AW-AlCuMg3
Laserstrahlschneiden:	Nichtrostender Stahl, EN AW-AlCuMg3, Schaumstoffe, Keramik
Wasserstrahlschneiden:	Nichtrostender Stahl, EN AW-AlCuMg3, Schaumstoffe

5 Welche Sicherheitsregeln müssen beim Plasma-Schmelzschneiden eingehalten werden?

Es sind folgende Sicherheitsregeln einzuhalten:

- Schutz vor Lärm (durch Schneiden im Wasserbad oder durch Einspritzen von Wasser in den Plasmastrahl)
- Schutz vor giftigen Gasen (durch Absaugen)
- Schutz vor ultravioletter Strahlung (durch Schutzgläser und Abdeckungen).

Ergänzende Fragen zum Schneiden

6 Für welche Werkstoffe wird das Laserstrahl-Schneiden eingesetzt?

Das Laserstrahl-Schmelzschneiden (Bild) eignet sich zum Trennen von metallischen und nichtmetallischen Werkstoffen.

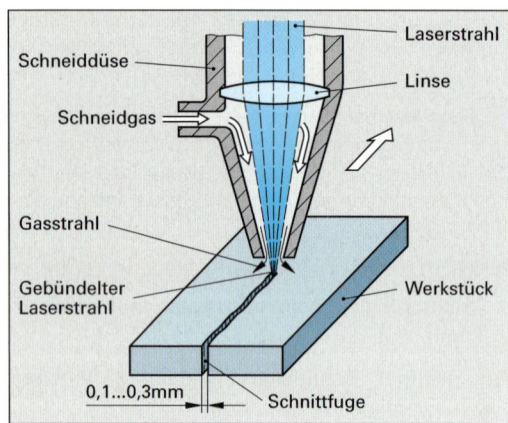

Durch die Bündelung des Laserstrahls auf einen Durchmesser von 0,1 bis 0,2 mm entsteht eine hohe Energiedichte, die den zu schneidenden Werkstoff schnell auf Schmelztemperatur bringt.

7 Worin besteht der Unterschied zwischen dem Laserstrahl-Schmelzschneiden und dem Laser-Brennschneiden?

Beim Laserstrahl-Schmelzschneiden wird der durch den Laserstrahl geschmolzene Werkstoff durch ein inertes Gas, meist Stickstoff oder Argon, aus der entstehenden Schnittfuge geblasen. Beim Laser-Brennschneiden erwärmt der Laserstrahl den Werkstoff auf Entzündungstemperatur. Dieser verbrennt im gleichzeitig zugeführten Sauerstoffstrahl, der auch die Oxide aus der Trennfuge bläst.

8 Wie wird der Werkstoff beim Wasserstrahl-Schneiden getrennt?

Beim Wasserstrahl-Schneiden trägt ein unter hohem Druck (4000 bar) stehender 0,1 ... 0,5 mm dünner Wasserstrahl den Werkstoff in der Schnittfuge ab. Zur Verstärkung der Abtragwirkung ist dem Wasser meist ein Strahlmittel, z.B. Quarzsand, beigegeben.

Das Schneidwasser wird durch eine Pumpe auf einen Druck von etwa 4000 bar gebracht und einem Schneidkopf zugeleitet. In diesem wird es mit dem Strahlmittel vermischt und mit hoher Druckenergie auf die Schnittfuge gespritzt.

9 Welche Werkstoffe können durch Wasserstrahl-Schneiden getrennt werden?

Durch Wasserstrahl-Schneiden können Metalle, NE-Metalle, Kunststoffe, Verbundwerkstoffe, aber auch laminierte Werkstoffe und Textilien getrennt werden.

10 Für welche Werkstoffe eignet sich das Plasma-Schmelzschneiden besonders?

Das Plasma-Schmelzschneiden eignet sich besonders zum Trennen von legierten Stählen und NE-Metallen.

Bei diesen Metallen sind die Schmelztemperaturen der entstehenden Oxide höher als die der Metalle selbst. Deshalb können diese Metalle nicht durch Autogenes Brennschneiden getrennt werden.

11 Wovon hängt die Oberflächengüte der Schnittfuge beim Autogenen Brennschneiden ab?

Die Oberflächengüte der Schnittfuge ist abhängig ...

- vom Abstand zwischen Düse und Schnittoberkante.
- von der Größe der Schneiddüse.
- vom Sauerstoffdruck.
- von der Vorschubgeschwindigkeit.

Die Oberflächengüte der Schnittfuge entspricht etwa der beim Sägen und Hobeln.

12 Wie werden Laserstrahlen erzeugt?

Laserstrahlen werden mithilfe von Gaslaser oder von Festkörperlaser erzeugt.

Durch Fokussieren des Laserstrahls (Bündeln) auf eine sehr kleine Fläche des Werkstücks entsteht eine hohe Energiedichte.

2.6 Spanende Fertigung

 Spanende Formgebung von Hand

1 Welchen Zweck hat das Anreißen?

Durch Anreißen werden Zeichnungsmaße vor der Bearbeitung auf das Werkstück übertragen.

2 Was ist beim Anreißen zu beachten?

- Die Anrisslinien sind gut sichtbar anzubringen
- Die Maße müssen genau übertragen werden
- Die Werkstücke dürfen nicht beschädigt werden.

3 Welche Anreißwerkzeuge gibt es und wozu werden sie verwendet?

- Anreißplatte als Unterlage
- Reißnadel aus Stahl, Hartmetall oder Messing sowie Bleistift zum Zeichnen von Linien
- Zirkel zum Zeichnen von Kreisen und zum Abtragen von Teilstrecken
- Körner zum Kennzeichnen von Lochmitten und Linien
- Parallel- und Höhenreißer zum Anreißen von Linien parallel zur Anreißplatte

4 Wozu verwendet man Meißel?

Meißel werden zur Spanabnahme und zum Trennen von Werkstoffen verwendet.

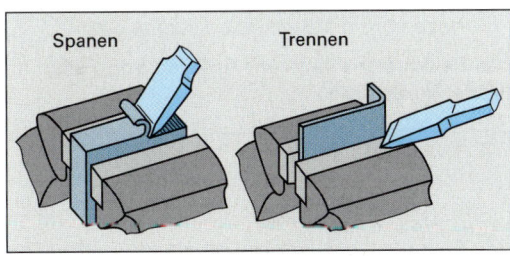

Zum Abheben von Spänen wird der Meißel schräg, zum Trennen von Werkstoffen rechtwinklig zum Werkstück gehalten.

5 Wozu dient der Kreuzmeißel?

Kreuzmeißel werden zum Ausmeißeln schmaler Nuten verwendet.

Der Kreuzmeißel hat eine kurze Schneide, die quer zum Schaft liegt.

6 Warum ist die richtige Neigung des Meißels zum Werkstück wichtig?

Durch die Meißelneigung werden Span- und Freiwinkel festgelegt.

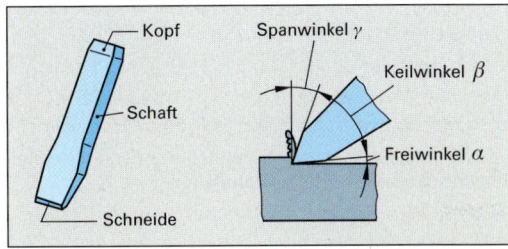

Eine zu flache Neigung führt zum Austreten des Meißels aus dem Werkstück, eine zu steile Neigung zum tiefen Eindringen des Meißels in den Werkstoff.

7 Was ist beim Ansägen eines Werkstückes mit der Bügelsäge zu beachten?

Das Ansägen soll unter kleinem Winkel und mit geringer Kraft erfolgen. Durch Anfeilen mit der Dreikantfeile kann das Ansägen erleichtert werden.

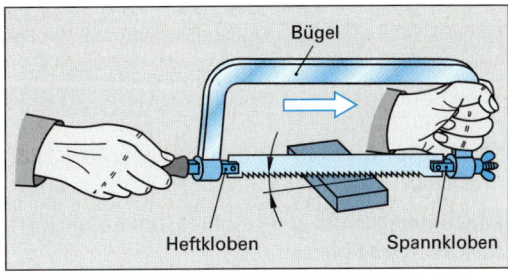

8 Wie wird bei Sägeblättern die Zahnteilung angegeben?

Angegeben wird die Zahl der Zähne je 25,4 mm (1 inch) Sägeblattlänge.

Eine große Zähnezahl entspricht einer feinen Zahnteilung.

9 Welche Zahnteilung verwendet man beim Sägen dünnwandiger Werkstücke?

Für dünnwandige Werkstücke ist eine feine Zahnteilung (große Zähnezahl) erforderlich.

Eine zu grobe Zahnteilung führt bei dünnwandigen Teilen zum Einhaken und Ausbrechen der Zähne. Es sollen mindestens 3 Zähne gleichzeitig im Eingriff sein.

10 Was versteht man unter einem geschränkten Sägeblatt?

Ein Sägeblatt, dessen Zähne abwechselnd nach links und rechts ausgebogen sind (Bild).

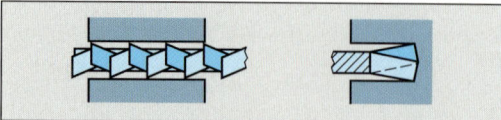

Das Schränken dient zur Sicherstellung des Freischneidens bei Sägen mit großer Zahnteilung.

11 Welche Teile unterscheidet man bei der Feile?

Das Feilenblatt, die Angel und den Feilengriff, auch Feilenheft genannt (Bild).

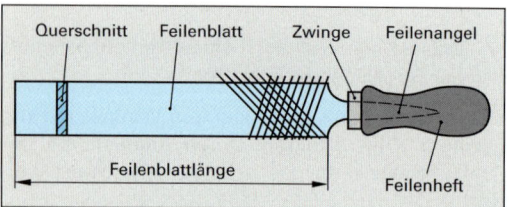

Auf dem gehärteten Feilenblatt befinden sich die Zähne der Feile. Die Feilenblattlänge ist das Nennmaß der Feile.

12 Welche Hiebarten unterscheidet man bei Feilen?

Man unterscheidet den Einhieb, den Kreuzhieb und den Raspelhieb.

Die Hiebart wird nach dem zu feilenden Werkstoff gewählt.

13 Weshalb werden Feilen kreuzhiebig gehauen?

Durch den Kreuzhieb sind die Zähne in Richtung der Feilenachse seitlich versetzt. Dadurch erfolgt ein gleichmäßiger Werkstoffabtrag. Riefenbildung und einseitiges Feilen werden vermieden.

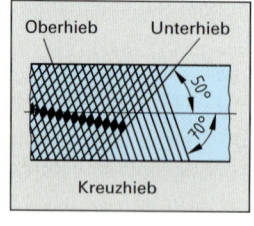

Man unterscheidet den Unterhieb und den Oberhieb, die beide mit unterschiedlichem Winkel schräg zur Achse der Feile verlaufen und sich kreuzen (Bild).

14 Welche Unterschiede bestehen zwischen gehauenen und gefrästen Feilen?

Gehauene Feilen haben einen negativen Spanwinkel; sie wirken schabend (Bild). Gefräste Feilen haben einen positiven Spanwinkel bei meist großer Zahnteilung; sie wirken schneidend (Bild).

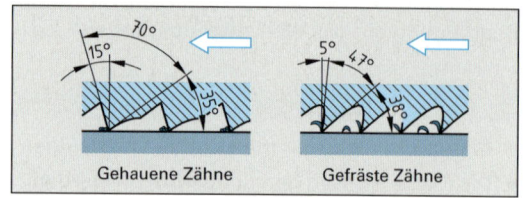

Gehauene Zähne   Gefräste Zähne

Gefräste Feilen werden zur Bearbeitung weicher Werkstoffe, wie Holz oder Kunststoffe, verwendet.

15 Welche Regeln gelten für die Auswahl der Feilen nach der Hiebzahl?

- Grober Hieb für weiche Werkstoffe, grobe Bearbeitung (Schruppen) oder große Feillänge.
- Feiner Hieb für harte Werkstoffe, feine Bearbeitung (Schlichten) oder kurze Feillänge.

Die Hiebzahlen werden mit Nummern von 1 bis 8 bezeichnet Je größer die Hiebzahl, desto feiner ist der Feilenhieb.

Werkstattfeilen haben Hiebnummern von 1 bis 4.

Präzisionsfeilen werden mit Hiebnummern von 1 bis 8 gefertigt.

16 Wozu wird der Reifkloben verwendet?

Der Reifkloben dient zum Anfeilen von Fasen an flache Werkstücke.

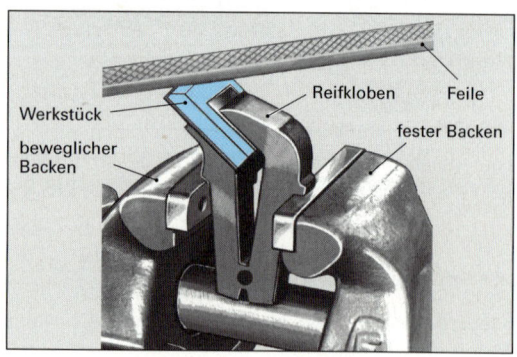

Der Reifkloben hat schräge Backen und wird in den Schraubstock gespannt.

2.6.1 Grundlagen der spanenden Fertigung mit Maschinen

Werkzeugschneide

1 Welche Eigenschaften müssen die Schneiden von Werkzeugen besitzen?

Die Werkzeugschneiden müssen hart, verschleißfest und ausreichend zäh sein. Sie sind keilförmig ausgebildet.

Für den Einsatz an Maschinen müssen die Werkzeugschneiden auch bei höheren Temperaturen verschleißfest sein.

2 Warum muss jede Werkzeugschneide einen Freiwinkel haben?

Ohne Freiwinkel würde die Freifläche des Werkzeugs auf der bearbeiteten Werkstückoberfläche stark reiben (Bild).

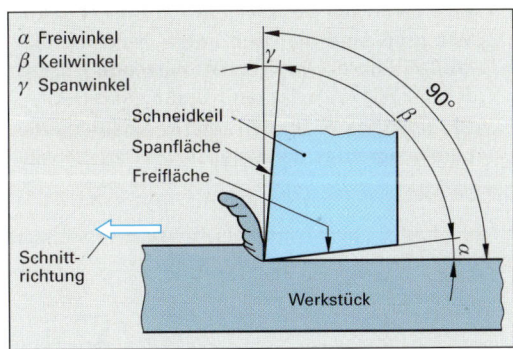

3 Für welche Werkstoffe muss ein großer Span- und ein großer Freiwinkel gewählt werden?

Weiche Werkstoffe, z.B. Aluminium, erfordern einen großen Span- und Freiwinkel.

Ein großer Span- und Freiwinkel verringert den Keilwinkel und damit die Standfestigkeit der Schneide.

4 In welchen Fällen wird ein kleiner oder negativer Spanwinkel gewählt?

Bei harten und spröden Werkstoffen, wie z.B. Hartguss, und bei spröden Schneidstoffen, z.B. Schneidkeramik.

Ein kleiner oder negativer Spanwinkel und ein kleiner Freiwinkel führen zu einem großen Keilwinkel und damit zu kompakten, bruchsicheren Schneiden.

5 Wie heißen die wichtigsten Winkel an der Werkzeugschneide?

Die wichtigsten Winkel sind Freiwinkel α, Keilwinkel β und Spanwinkel γ.

Die Größe der Winkel richtet sich vor allem nach dem zu bearbeitenden Werkstoff und dem Bearbeitungsverfahren.

6 Wie groß ist der Spanwinkel γ, wenn der Keilwinkel β = 68° und der Freiwinkel α = 10° betragen?

$\gamma = 90° - \alpha - \beta = 90° - 10° - 68° = $ **12°**

Freiwinkel, Keilwinkel und Spanwinkel betragen zusammen immer 90°.

7 Welche Flächen bilden den Schneidkeil an einem Werkzeug?

Die Werkzeugschneide wird durch die Kante zwischen der Spanfläche und der Freifläche gebildet (Bild). Werkzeuge können Haupt- und Nebenschneiden besitzen.

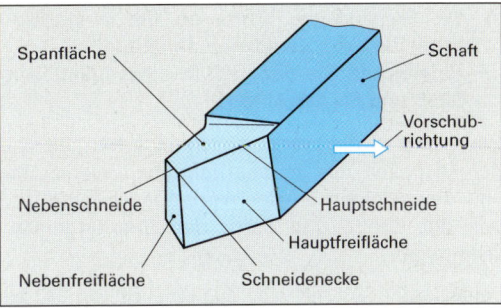

Die Hauptschneide weist in Vorschubrichtung. Zwischen Haupt- und Nebenschneide liegt die Schneidenecke.

8 Wovon hängt die erforderliche Größe des Keilwinkels ab?

Von der Härte und Festigkeit des zu bearbeitenden Werkstoffs. Für harte Werkstoffe sind große, für weiche Werkstoffe kleine Keilwinkel erforderlich.

Weiche Werkstoffe setzen dem Eindringen der Schneide nur geringen, harte Werkstoffe dagegen großen Widerstand entgegen.

9 Welche Regel gilt für die Wahl des Spanwinkels?

Der Spanwinkel wird um so größer gewählt, je weicher der Werkstoff ist.

Ein großer Spanwinkel begünstigt die Spanbildung, verringert aber die Stabilität der Schneidkante.

10 Nennen Sie die wichtigsten Einflüsse auf die Zerspanbarkeit der Werkstoffe.

Die wichtigsten Einflüsse sind Festigkeit, Zähigkeit und Härte des Werkstoffs.

Diese Eigenschaften bestimmen die Größen von Schnittgeschwindigkeit, Vorschub, Zustellung sowie die Wahl des Schneidstoffs, seiner Schneidengeometrie und des Kühlschmierstoffs.

11 Nach welchen Kriterien wird die Bewertung der Zerspanbarkeit vorgenommen?

Bewertungsgrößen der Zerspanbarkeit sind die
- Maß- und Oberflächengüte am Werkstück
- Spanbildung und Schnittkraft
- Standzeit und Verschleiß des Werkzeugs

Die Einsatzbereiche der Schneidstoffe und die Richtwerte für die Zerspanung werden nach diesen Kriterien in Versuchen ermittelt.

Kräfte an der Werkzeugschneide

1 Wovon sind die Kräfte an der Werkzeugschneide beim Zerspanen abhängig? Vergleichen Sie dazu z.B. die Festigkeit von S235 und EN AW-Al Mg3.

Die Kräfte an der Werkzeugschneide hängen von der Festigkeit des zu bearbeitenden Werkstoffs, von den Winkeln an der Werkzeugschneide und von der Größe und Form des Spanungsquerschnitts ab.

Der Baustahl S235 hat eine Zugfestigkeit von 340 bis 470 N/mm², die Aluminiumlegierung EN AW-Al Mg3 nur 180 N/mm². Daher sind die Kräfte zum Zerspanen von EN AW-Al Mg3 erheblich geringer.

2 Wie groß sind die trennenden Kräfte F_1 und F_2 bei dem Messerschneidwerkzeug im Bild?

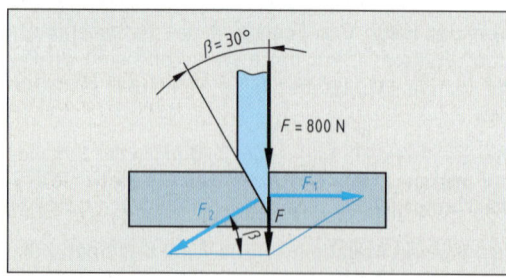

$$\tan \beta = \frac{F}{F_1} \qquad F_1 = \frac{F}{\tan 30°} = \frac{800 \text{ N}}{0,577} = \textbf{1386 N}$$

$$\sin \beta = \frac{F}{F_2} \qquad F_2 = \frac{F}{\sin 30°} = \frac{800 \text{ N}}{0,5} = \textbf{1600 N}$$

3 Die Schnittkraft F_c und die Vorschubkraft F_f am Zahn eines Sägeblattes (Bild) sind rechnerisch zu bestimmen, wenn die Eindringkraft $F = 3500$ N beträgt.

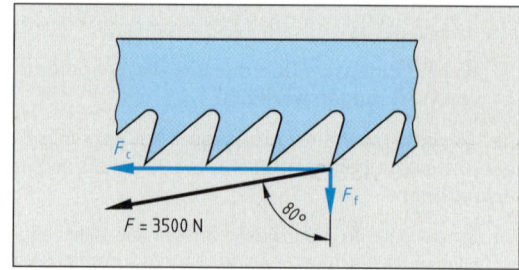

$$\sin \alpha = \frac{F_c}{F} \qquad \cos \alpha = \frac{F_f}{F}$$

$F_c = F \cdot \sin 80° = 3500 \text{ N} \cdot 0,9848 = \textbf{3447 N}$
$F_f = F \cdot \cos 80° = 3500 \text{ N} \cdot 0,17365 = \textbf{608 N}$

4 Auf die Wendeschneidplatte eines Drehmeißels wirkt eine Zerspankraft $F = 5500$ N (Bild). Wie groß sind die nach unten wirkende Teilkraft F_1 und die waagerecht wirkende Teilkraft F_2? Der Winkel zwischen F und F_1 ist $\alpha = 20°$. Die Teilkräfte F_1 und F_2 sind in einem Kräfteparallelogramm darzustellen und zu berechnen.

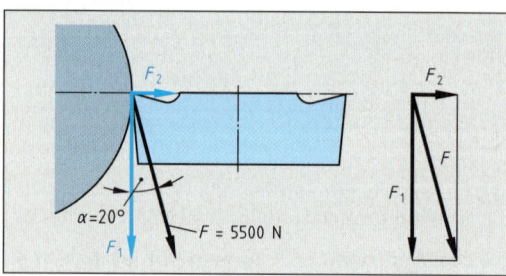

$$\sin \alpha = \frac{F_2}{F} \qquad \cos \alpha = \frac{F_1}{F}$$

$F_1 = F \cdot \cos 20° = 5500 \text{ N} \cdot 0,9397 = \textbf{5168 N}$
$F_2 = F \cdot \sin 20° = 5500 \text{ N} \cdot 0,3420 = \textbf{1881 N}$

5 Durch welche Bewegungen zwischen Werkzeugschneide und Werkstück wird beim Senken eine stetige Spanabnahme ermöglicht?

Schnittbewegung und Vorschubbewegung ergeben zusammen den Weg der Werkzeugschneide und damit eine stetige Spanabnahme.

Schneidstoffe

Fragen aus Fachkunde Metall, Seite 106

1   Warum ist die Schnittgeschwindigkeit beim Einsatz von HSS niedriger als bei HM?

Schnellarbeitsstahl (HSS) hat gegenüber Hartmetall (HM) eine geringere Verschleißfestigkeit und (Warm-) Härte (Bild). Schnittgeschwindigkeiten, wie sie bei Hartmetall-Schneidstoffen üblich sind, würden eine HSS-Schneide beschädigen.

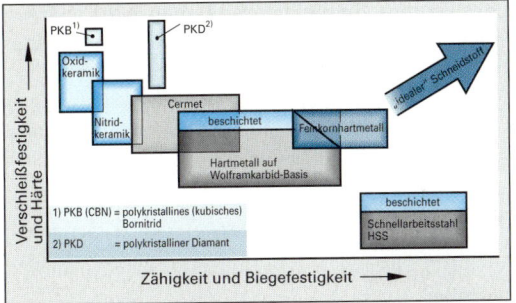

2   Worin unterscheiden sich die HM-Sorten P20 und K20 sowie die Sorten P01 und P60?

P20 und K20 gehören unterschiedlichen HM-Hauptgruppen an. Die Hauptgruppe P steht für die Zerspanung langspanender Werkstoffe, die Hauptgruppe K für die Zerspanung kurzspanender Werkstoffe.

Die Anhängezahl hinter den Buchstaben für die HM-Hauptgruppen gibt Auskunft über die jeweilige Verschleißfestigkeit. Eine kleine Anhängezahl (z.B. 01) steht dabei für eine höhere, eine große Anhängezahl (z.B. 50) für eine niedrigere Verschleißfestigkeit.

3   Welche Vorteile hat Mischkeramik gegenüber Oxidkeramik?

Mischkeramik (Al_2O_3 mit TiC) ist zäher als Oxidkeramik und besitzt eine bessere Widerstandsfähigkeit gegen Temperaturwechsel.

4   In welchen Fällen ist die Verwendung von PKD als Schneidstoff vorteilhaft?

Mit polykristallinem Diamant (PKD) beschichtete Werkzeuge eignen sich besonders für die Feinbearbeitung von Nichteisenmetallen und ihren Legierungen sowie von Verbundwerkstoffen und Hartstoffen.

Zum Zerspanen von eisenhaltigen Werkstoffen, wie den Stählen und Eisengusswerkstoffen, ist Diamant ungeeignet, weil Stahl aus dem Diamantgitter Kohlenstoff aufnimmt und dadurch starken Werkzeugverschleiß (Diffusionsverschleiß) verursacht.

Ergänzende Fragen zu den Schneidstoffen

5   Welche Schneidstoffe werden zum Spanen von Metallen eingesetzt?

Zum Zerspanen von Metallen werden Schnellarbeitsstahl, beschichtete und unbeschichtete Hartmetalle, Schneidkeramik, Diamant und polykristalline Schneidstoffe eingesetzt.

Die Auswahl richtet sich vor allem nach dem zu spanenden Werkstoff und danach, welcher Schneidstoff eine geforderte Spanarbeit am wirtschaftlichsten erfüllen kann.

6   Was versteht man unter der Warmhärte eines Schneidstoffs?

Unter der Warmhärte versteht man die Härte bei höheren Temperaturen.

Die Schneidstoffe haben unterschiedliche Warmhärten (Bild).

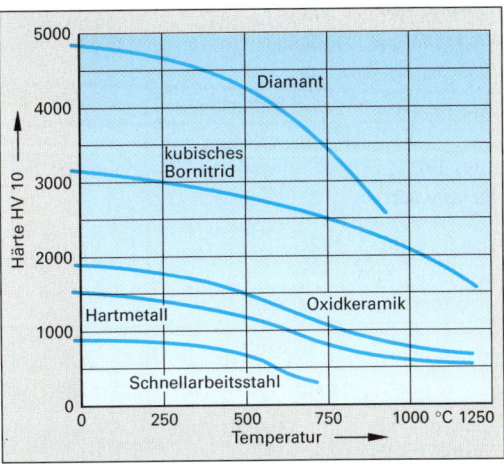

Wegen der beim Spanen entstehenden Wärme müssen die Schneidstoffe auch noch bei hohen Temperaturen eine ausreichende Härte besitzen.

7   Welche Hartmetallsorten eignen sich besonders für die Schlichtbearbeitung von Stahl und Gusseisen?

Für die Schlichtbearbeitung von Stahl und Gusseisen sind vor allem Feinkorn-Hartmetalle und Cermets geeignet.

Diese Schneidstoffe sind verschleißfester als normale Hartmetalle und kantenfester als Schneidkeramik.

8 Für welche Werkzeuge verwendet man hauptsächlich Schnellarbeitsstahl?

Für Werkzeuge, die aufgrund ihrer geringen Größe, ihrer außergewöhnlichen Form oder ihres großen Spanwinkels den Einsatz von Wendeschneidplatten nicht zulassen.

Beispiele sind Bohrer, Fräser, Profilwerkzeuge oder Werkzeuge für die Bearbeitung thermoplastischer Kunststoffe.

9 Welche Einteilung gibt es bei den Hartmetallen für die spanende Bearbeitung?

Die Hartmetalle werden in die Zerspanungs-Hauptgruppen P, M und K eingeteilt (Tabelle). Diese werden weiter nach ihrer Verschleißfestigkeit und Zähigkeit in die Anwendungsgruppen 01 bis 50 unterteilt.

Tabelle: Hauptgruppen der Hartmetalle

Hauptgruppe		Anwendung	Eigenschaft	
P für langspanende Werkstoffe, z.B. Stahl, Temperguss	01	Schlichten	Verschleißfestigkeit zunehmend ↑	Zähigkeit zunehmend ↓
	10			
	20	Kopierdrehen		
	30			
	40			
	50	Schruppen		
M für lang- und kurzspanende Werkstoffe, z.B. rostfreier Stahl, Automatenstahl	10	Schlichten	Verschleißfestigkeit zunehmend ↑	Zähigkeit zunehmend ↓
	20	Kopierdrehen		
	30			
	40	Schruppen		
K für kurzspanende Werkstoffe, z.B. Gusseisen, NE-Metalle, gehärteter Stahl	10	Schlichten	Verschleißfestigkeit zunehmend ↑	Zähigkeit zunehmend ↓
	20	Kopierdrehen		
	30			
	40	Schruppen		

10 Aus welchen Stoffen besteht Schneidkeramik?

Schneidkeramik besteht entweder aus reinem Aluminiumoxid (Al_2O_3) oder aus einer Mischung von Aluminiumoxid mit metallischen Hartstoffen, z.B. Titancarbid oder Titancarbonitrid (Mischkeramik).

Mischkeramik besitzt eine höhere Temperaturwechselbeständigkeit als reine Oxidkeramik.

11 Wovon ist die Härte und Zähigkeit der Hartmetallsorten abhängig?

Härte und Zähigkeit hängen von unterschiedlichen Gehalten der harten Carbide und des weichen Bindemetalls Cobalt ab.

Hohe Anteile von TiC, WC und TaC bewirken hohe Härte und Verschleißfestigkeit. Mit zunehmendem Cobaltgehalt nimmt die Zähigkeit zu.

12 Welche Vorteile haben beschichtete Schneidstoffe in der Zerspantechnik?

Beschichtete Schneidstoffe haben eine höhere Verschleißfestigkeit und damit eine höhere Standzeit. Sie bilden keine Aufbauschneide.

Sowohl Schnellarbeitsstähle als auch Hartmetalle können mit einer mehrlagigen Schicht aus Titancarbid, Titannitrid und Aluminiumoxid beschichtet werden.

13 Welche Vor- und Nachteile besitzt Schneidkeramik?

Vorteile:

Große Warmhärte und Verschleißfestigkeit

Nachteile:

Große Sprödigkeit und geringe Temperatur-Wechselbeständigkeit

Schneidkeramik kann bei gleichmäßigen Schnittbedingungen und ohne Kühlschmierung bei sehr hohen Schnittgeschwindigkeiten eingesetzt werden.

14 Wie sind polykristalline Schneidstoffe aufgebaut?

Sie bestehen aus einer Hartmetallunterlage, auf die zuerst eine dünne Metallschicht (Lot) aufgebracht wird. Darauf wird eine 0,5 bis 1,5 mm dicke Schicht aus polykristallinem Diamant (PKD) oder polykristallinem Bornitrid (PKB) aufgesintert (Bild).

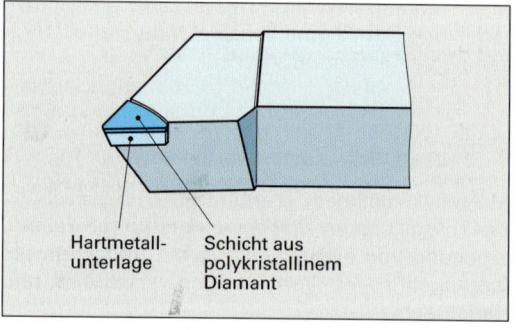

Hartmetallunterlage   Schicht aus polykristallinem Diamant

Kühlschmierstoffe

Fragen aus Fachkunde Metall, Seite 109

1 Wozu enthalten Emulsionen Zusätze?

Emulsionen enthalten Zusätze (Additive), um ihre Eigenschaften zu verbessern.

Als Zusätze werden Emulgatoren, Korrosionsschutzmittel, Konservierungsstoffe und Hochdruckzusätze verwendet.

2 Welche gesundheitlichen Probleme können bei unsachgemäßem Umgang mit Kühlschmierstoffen auftreten?

Bei unsachgemäßem Umgang mit Kühlschmierstoffen können Hautreizungen und Allergien auftreten. Das Wasser und das Öl der Kühlschmierstoffe wirken auf die Haut entfettend. Eventuell vorhandene Konservierungsstoffe (Biozide) können Allergien auslösen.

3 Welche Anforderung wird bei der Trockenbearbeitung an den Schneidstoff gestellt?

Bedingt durch die fehlende Kühlung muss der Schneidstoff bei der Trockenbearbeitung über eine sehr große Warmhärte verfügen.

Ergänzende Fragen zu Kühlschmierstoffen

4 Welche Aufgaben haben Kühlschmierstoffe?

Hauptaufgaben sind die Verminderung der Reibung zwischen Werkzeug und Werkstück, der Abtransport der Spanungswärme und das Fortspülen der Späne aus dem Arbeitsbereich.

Durch den Einsatz geeigneter Kühlschmierstoffe werden die Standzeit und das Zeitspanungsvolumen erhöht und die Güte der erzeugten Oberflächen verbessert.

5 Wodurch wird die Auswahl der Kühlschmierstoffe bestimmt?

Die Auswahl eines Kühlschmierstoffs richtet sich nach dem Fertigungsverfahren, der Schnittgeschwindigkeit, dem verwendeten Schneidstoff und dem zu zerspanenden Werkstoff.

Zusätzlich ist auf die Gesundheits- und Umweltverträglichkeit sowie auf die erforderliche Entsorgung zu achten.

6 In welchen Fällen werden vorwiegend wassermischbare Kühlschmierstoffe verwendet?

Wassermischbare Kühlschmierstoffe werden bei Zerspanungsaufgaben verwendet, bei denen die Kühlwirkung wichtiger ist als die Schmierwirkung.

7 Welche Arten von Kühlschmierstoffen gibt es?

– Nicht wassermischbare Kühlschmierstoffe (Mineralöle)

– Öl-in-Wasser-Emulsionen

– Mineralölfreie Lösungen, z. B. Soda in Wasser.

8 Worin besteht der wesentliche Unterschied zwischen wassermischbaren und nicht wassermischbaren Kühlschmierstoffen?

Wassermischbare Kühlschmierstoffe bestehen aus Öl-in-Wasser-Emulsionen oder aus Lösungen von anorganischen Stoffen, wie Soda oder Natriumnitrid in Wasser. Bei den wassermischbaren Kühlschmierstoffen überwiegt die Kühlwirkung des Wassers.

Nicht wassermischbare Kühlschmierstoffe (Schneidöle) bestehen aus Mineralölen mit Zusätzen. Bei ihnen steht die Schmierwirkung im Vordergrund.

Wassermischbare Kühlschmierstoffe werden daher vorwiegend bei hohen Schnittgeschwindigkeiten, nicht wassermischbare Kühlschmierstoffe bei großen Schnittkräften verwendet.

9 Vergleichen Sie die in der folgenden Tabelle aufgeführten Kühlschmierstoffe mit denen, die in Ihrem Tabellenbuch angegeben sind.

Tabelle: Kühlschmierstoffe für das Bohren, Aufbohren und Senken	
Werkstoff	**Kühlschmierstoff**
Stahl, Kupfer, Zink, Al und Al-Legierungen, Cu-Legierungen	wassermischbare Kühlschmierstoffe
Mn-Stahl > 10 % Mn	Schneidöl oder trocken
Grauguss, Temperguss	trocken oder wassermischbare Kühlschmierstoffe
Mg- und Mg-Legierungen, Duroplaste, faserverstärkte Kunststoffe	Druckluft
Ti- und Ti-Legierungen	Schneidöl
Thermoplaste	wassermischbare Kühlschmierstoffe oder Wasser

Tabellen für einzelne Bearbeitungsverfahren sind meist ausführlicher als allgemeine Tabellen.

10 Was muss bei der Entsorgung der Kühlschmierstoffe beachtet werden?

Verbrauchte Kühlschmierstoffe müssen sachgerecht entsorgt werden. Dazu gehört das Abscheiden von feinen Metall- und Feststoffteilchen in Filtern sowie das Trennen des Ölanteils aus dem Kühlschmierstoff. Die anfallenden Filterkuchen, Ölschlämme und das restliche Öl-Wasser-Gemisch sind durch Fachbetriebe zu entsorgen.

11 Wie viel Prozent der Fertigungskosten werden üblicherweise durch den Einsatz von Kühlschmierstoffen verbraucht?

Die (Gesamt-) Kosten für den Einsatz von Kühlschmierstoffen (einschließlich Pflege und Entsorgung) an den Fertigungskosten sind teilweise höher als die Werkzeugkosten und betragen üblicherweise zwischen 7 und 11 Prozent (Bild).

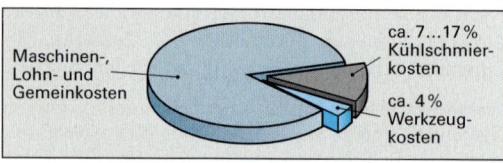

Maschinen-, Lohn- und Gemeinkosten

ca. 7...17 % Kühlschmierkosten

ca. 4 % Werkzeugkosten

12 Was versteht man unter Minimalmengenschmierung?

Unter Minimalmengenschmierung versteht man die Zuführung sehr geringer Mengen eines Schmierstoffes zur Zerspanstelle.

Schmiermittelzufuhr bei Minimalmengenschmierung:

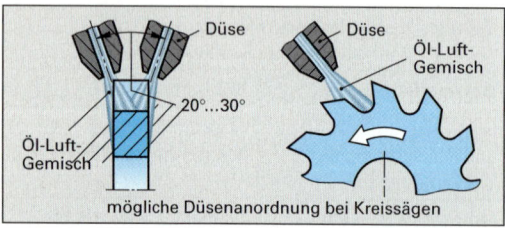

Düse

Düse

Öl-Luft-Gemisch

20°...30°

Öl-Luft-Gemisch

mögliche Düsenanordnung bei Kreissägen

13 Welche Vorteile hat die Minimalmengenschmierung?

Vorteile dieses Verfahrens sind:

● Geringer Schmiermittelverbrauch

● Sauberes Arbeitsumfeld, keine gesundheitliche Gefährdung der Mitarbeiter, geringe Umweltbelastung

● Trockene Werkstücke und saubere Späne, die nicht gereinigt werden müssen

● Keine Pflege- und Entsorgungskosten des Kühlschmiermittels notwendig

● Meist höhere Standzeit der Werkzeuge

2.6.2 Sägen

ZP

Fragen aus Fachkunde Metall, Seite 109

1 Wonach richtet sich die Auswahl der Zahnteilung von Sägeblättern?

Die Zahnteilung bei der Auswahl von Sägeblättern richtet sich hauptsächlich nach dem zu bearbeitenden Werkstoff (Bild). Eine grobe Zahnteilung ist bei weicheren Werkstoffen, eine feine Zahnteilung bei härteren Werkstoffen zu wählen.

Auch dünnwandige Werkstücke erfordern die Auswahl eines fein geteilten Sägeblattes.

Tabelle: Zahnteilung von Sägeblättern zum Sägen verschiedener Werkstoffe	
Zahnteilung	**Werkstoffe**
16 Zähne je Inch ≙ grob	Aluminium, Kupfer Kunststoffe
22 Zähne je Inch ≙ mittel	unlegierte Baustähle, CuZn-Legierungen
32 Zähne je Inch ≙ fein	Legierte Stähle, Stahlguss

2 Für welchen Einsatz eignen sich die verschiedenen Sägemaschinen?

Zum Sägen von Halbzeugen bis zu einem Durchmesser von 500 mm werden häufig die kostengünstigen **Bügelsägemaschinen** eingesetzt.

Eine **Bandsägemaschine** zeichnet sich durch eine schmale Schnittfuge und damit geringe Werkstoffverluste aus. Sägebänder mit Schneiden aus Hartmetall lassen auch das Sägen von legierten Stählen zu.

Kreissägemaschinen eignen sich für das Sägen von Halbzeugen bis zu einem Durchmesser von ca. 140 mm. Sägeschnitte mit Kreissägeblättern weisen eine relativ geringe Rautiefe auf.

Ergänzende Frage zum Sägen

3 Wodurch erreicht man das Freischneiden von Sägeblättern?

Bandförmige Sägeblätter werden geschränkt oder gewellt, Metallkreissägeblätter hohlgeschliffen, gestaucht oder mit Zahnsegmenten versehen.

Gewellte Blätter sind besonders bei feinen Zahnteilungen zweckmäßig.

2.6.3 Bohren, Senken, Reiben

Bohren

Fragen aus Fachkunde Metall, Seite 118

1 Wovon hängt beim Bohren die Wahl der Schnittgeschwindigkeit ab?

Die Schnittgeschwindigkeit v_c richtet sich nach dem Bohrertyp bzw. dem Bohrverfahren, dem Werkstoff des Werkstücks und der geforderten Arbeitsqualität. Man wählt sie aus Tabellen aus.

Tabelle: Schnittwertempfehlung für Spiralbohrer aus HSS bei Bohrtiefen bis 3 × Bohrerdurchmesser

Werkstoff des Werkstücks Zugfestigkeit R_m	v_c in m/min[1]	f in mm für Bohrungs-Ø			Kühlung[2]
		2...5	5...10	10...16	
Stahl $R_m < 700$ N/mm²	25...30	0,10	0,20	0,28	E
Stahl $R_m < 700...1000$ N/mm²	15...30	0,07	0,12	0,20	E
Stahl $R_m < 1000$ N/mm²	10...15	0,05	0,10	0,15	E, S
Grauguss 120 ... 260 HB	25...30	0,14	0,25	0,32	E, M, T
Aluminium-Legierung kurzspanend	40...50	0,12	0,20	0,28	E, M
Thermoplaste $R_m < 700...1000$ N/mm²	25...30	0,14	0,25	0,36	T

[1] Bei beschichteten Werkzeugen kann die Schnittgeschwindigkeit um 20 bis 30 % erhöht werden.
[2] E = Emulsion (10 – 12 %), S = Schneidöl, M = Minimalmengenschmierung, T = trocken, Druckluft

2 Welche Bohrbedingungen erfordern beim Bohren eine Änderung der Schnittgeschwindigkeit oder des Vorschubs?

Bei schrägem Bohrerein- bzw. austritt, bei einer unregelmäßigen Werkstückoberfläche, beim Bohren in Vorbohrungen und beim Bohren in Querbohrungen sind die Schnittgeschwindigkeit bzw. der Vorschub anzupassen.

3 Bei welchen Bohrtiefen ist der Spiralbohrer das meist verwendete Werkzeug?

Für das Bohren im Durchmesserbereich bis 20 mm und bei Bohrtiefen bis 5 mal Bohrerdurchmesser ist der Spiralbohrer das am häufigsten verwendete Werkzeug.

4 Wie groß ist der Spitzenwinkel beim Spiralbohrer für Stahl?

Der Spitzenwinkel beträgt 118° (Bild).

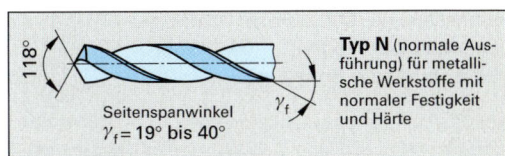

Typ N (normale Ausführung) für metallische Werkstoffe mit normaler Festigkeit und Härte

Seitenspanwinkel $\gamma_f = 19°$ bis 40°

5 Durch welche Maßnahmen kann ein starker Hauptschneidenverschleiß verringert werden?

In vielen Fällen kann ein starker Hauptschneidenverschleiß durch Verringern der Schnittgeschwindigkeit und/oder des Vorschubs vermieden werden.

Weitere Abhilfemaßnahmen sind:
Einen verschleißfesteren Werkzeugwerkstoff wählen, die Kühlmittelzufuhr verbessern und die Stabilität von Werkzeug und Werkstück erhöhen.

6 Warum werden große Bohrer ausgespitzt?

Das Ausspitzen verringert die Länge der Querschneide und ergibt eine kleinere Vorschubkraft.

Die verbleibende Restlänge der Querschneide soll mindestens 10% des Bohrerdurchmessers betragen, damit die Bohrerspitze nicht ausbricht.

7 Welche Vorteile haben beschichtete Spiralbohrer?

Bei beschichteten HSS-Spiralbohrern ist die Standzeit wesentlich größer als bei unbeschichteten. Außerdem ist die erreichbare Oberflächengüte besser. Beschichtete HSS-Spiralbohrer sind für alle Werkstoffe mit Ausnahme von verschleißend wirkenden faserverstärkten Kunststoffen (z.B. glasfaserverstärkte Kunststoffe) verwendbar.

8 Welche Vorteile haben Vollhartmetallbohrer?

Vollhartmetallbohrer eignen sich auch für das Bohren harter und verschleißender Werkstoffe. Sie besitzen eine hohe Standzeit trotz hoher Schnittgeschwindigkeiten. Ihre große Steifigkeit erlaubt das Anbohren von Werkstücken ohne vorheriges Zentrierbohren bzw. ohne das Verwenden von Bohrbuchsen.

9 Wozu dient das Aufbohren?

Das Aufbohren dient zur Fertig- oder Feinbearbeitung vorgebohrter Bohrungen (Bild). Aufbohrwerkzeuge verbessern die Maß-, Form- und Lagegenauigkeft sowie die Oberflächengüte von Bohrungen.

Aufbohren

10 Welche Vorteile haben die Tiefbohrverfahren?

Während beim Bohren mit Spiralbohrern die Bohrtiefe maximal 5 mal Bohrerdurchmesser beträgt, lassen sich beim Tiefbohren, bei nur geringem Bohrungsverlauf, Bohrtiefen bis 100 mal Bohrerdurchmesser fertigen.

Durch die Kühlschmierung an der Wirkstelle kann ein hohes Zeitspanungsvolumen erzielt werden. Außerdem wird eine hohe Maßgenauigkeit und Oberflächengüte (bis IT 8 und bis $Rz = 2$ μm) erreicht.

Ergänzende Fragen zum Bohren

11 In welche Typen werden die Bohrwerkzeuge nach dem zu bearbeitenden Werkstoff eingeteilt?

Die Bohrwerkzeuge werden in die Werkzeugtypen N, H und W eingeteilt.

Die verschiedenen Typen dienen zum Bearbeiten von metallischen Werkstoffen mit *normaler* Festigkeit und Härte, für *harte* und kurzspanende Werkstoffe und für *weiche* und langspanende Werkstoffe.

12 Warum sollen große Löcher vorgebohrt werden?

Das Vorbohren verhindert ein Verlaufen des Bohrers und verringert die Vorschubkraft.

Der Durchmesser des Vorbohrers soll mindestens so groß sein wie die Querschneide des Bohrers, mit dem fertig gebohrt wird.

13 Worauf ist beim Einspannen von Bohrern mit kegeligem Schaft zu achten?

Zu achten ist auf unbeschädigte, saubere Schäfte, Reduzierhülsen und Aufnahmekegel.

Schon eine geringe Verschmutzung führt zum Schlagen des Bohrers und zur Beschädigung der Schäfte, Reduzierhülsen oder Spindeln.

14 Woran ist der Bohrertyp H zu erkennen?

Der Spitzenwinkel ist 118°, der Seitenspanwinkel 10° bis 19° (Bild).

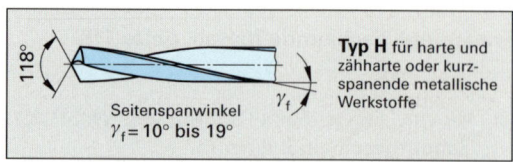

Typ H für harte und zähharte oder kurzspanende metallische Werkstoffe

118°

Seitenspanwinkel $\gamma_f = 10°$ bis 19°

Durch den kleinen Seitenspanwinkel ergibt sich ein großer Keilwinkel.

15 Welche Schneiden unterscheidet man beim Spiralbohrer?

Man unterscheidet die beiden Hauptschneiden, die beiden Nebenschneiden und die Querschneide.

Die Querschneide verbindet die beiden Hauptschneiden an der Bohrerspitze.

16 Wie wird der Winkel zwischen den beiden Hauptschneiden des Spiralbohrers bezeichnet?

Der Winkel zwischen den Hauptschneiden ist der Spitzenwinkel.

Die Größe des Spitzenwinkels richtet sich nach dem Bohrertyp.

17 Wie prüft man den richtigen Anschliff des Spiralbohrers?

Zum Prüfen dienen feste oder verstellbare Schleiflehren.

Zum genauen Anschleifen der Spiralbohrer verwendet man meist besondere Schleifeinrichtungen.

18 Wozu werden Bohrer mit Wendeschneidplatten verwendet?

Bohrer mit Wendeschneidplatten (Bild) dienen zum Bohren ins Volle mit hoher Schnittgeschwindigkeit.

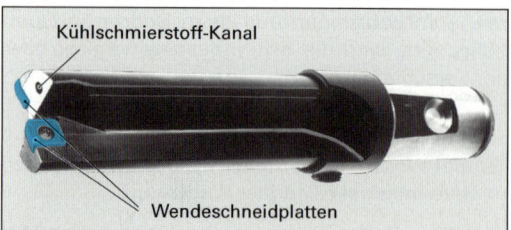

Kühlschmierstoff-Kanal

Wendeschneidplatten

Wegen der Bruchgefahr für die Schneiden darf nicht vorgebohrt werden. Die Kühlschmiermittelzufuhr erfolgt meist von innen an die Bohrerspitze.

19 Welche verschiedenen Bohrwerkzeuge gibt es?

Man unterscheidet Spiralbohrer, Kleinstbohrer, NC-Anbohrer, Kurzstufenbohrer, Zentrierbohrer, Aufbohrer (Spiralsenker), Bohrer mit Wendeschneidplatten und Tiefbohrer.

Der Spiralbohrer ist das meist verwendete Bohrwerkzeug zum Bohren ins Volle.

20 Welche Drehzahlen sind nach dem gezeigten Drehzahlschaubild zum Bohren der Durchmesser 5 mm, 8 mm, 10 mm und 15 mm bei Schnittgeschwindigkeit von 16 m/min erforderlich?

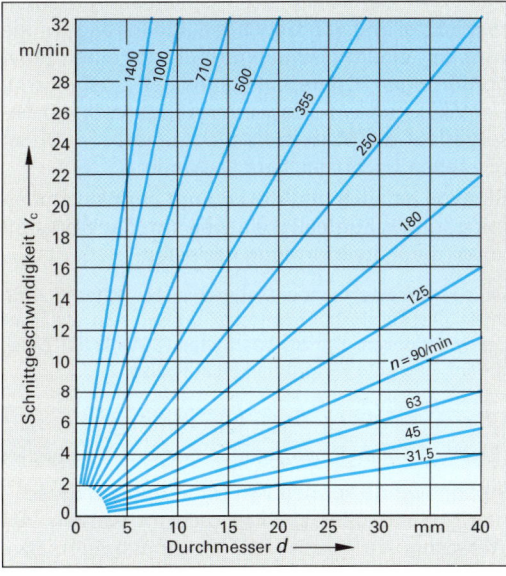

d	5 mm	8 mm	10 mm	15 mm
n	1000/min	710/min	500/min	355/min

21 An dem Maschinengehäuse aus EN-GJL-200 (Bild) sollen die Kernlochbohrungen für die Gewindebohrungen M10 gebohrt werden.

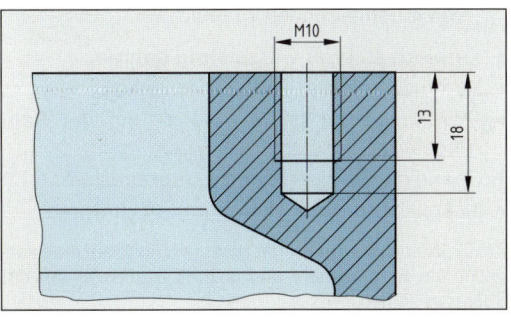

a) Mit welchem Bohrerdurchmesser muss das Gewindekernloch gebohrt werden?

Der Bohrerdurchmesser für das Bohren eines Gewindekernlochs M 10 beträgt 8,5 mm.

b) Wie groß müssen Schnittgeschwindigkeit und Vorschub nach der Tabelle gewählt werden?

Richtwerte für Spiralbohrer aus HSS			
Werkstoff	Bohr-tiefe	v_c m/min	f in mm je Umdrehung für $d = 4$ bis 10 mm
Stahl $R_m < 700$ N/mm²	bis 5 · d	32	0,08 ... 0,16
	5 ... 10 · d	25	0,06 ... 0,12
Stahl $R_m > 700$ N/mm²	bis 5 · d	20	0,08 ... 0,16
	5 ... 10 · d	16	0,06 ... 0,12
Stahl $R_m > 1000$ N/mm²	bis 5 · d	12	0,05 ... 0,1
	5 ... 10 · d	10	0,04 ... 0,08
Gusseisen $R_m < 300$ N/mm²	bis 5 · d	16	0,1 ... 0,2
	5 ... 10 · d	12,5	0,08 ... 0,16
Temperguss und Kugelgraphitguss	bis 5 · d	20	0,1 ... 0,2
	5 ... 10 · d	16	0,08 ... 0,16
Al-Legierungen	bis 5 · d	63	0,12 ... 0,25
	5 ... 10 · d	50	0,1 ... 0,2

Die Einstellwerte für den Kernlochdurchmesser $d = 8,5$ mm sind gemäß Tabelle:

$v_c = 16$ m/min; $f = 0,1 ... 0,2$ mm;

c) Für eine Bohrmaschine mit stufenlosem Drehzahlbereich ist die Drehzahl zu berechnen.

$$n = \frac{v_c}{\pi \cdot d} = \frac{16 \text{ m/min}}{\pi \cdot 0,0085 \text{ m}} = \textbf{600/min}$$

d) Welche Drehzahl ergibt sich nach dem Drehzahlschaubild von Frage 20?

$n = 500$/min

e) Wie groß ist die Vorschubgeschwindigkeit v_f in m/min?

$v_f = n \cdot f = 600$/min · 0,15 mm = **90 mm/min** bzw.
$v_f = n \cdot f = 500$/min · 0,15 mm = **75 mm/min**

f) Welchen Weg muss der Bohrer mit selbsttätigem Vorschub mindestens zurücklegen?

$l = L + 0,3 \cdot d = 18$ mm + 0,3 · 8,5 mm = **20,55 mm**

Gewindebohren

Fragen aus Fachkunde Metall, Seite 120

1 Warum werden Gewindekernlöcher angesenkt?

Durch das Ansenken der Gewindekernlöcher erreicht man, dass der Gewindebohrer besser anschneidet und die außen liegenden Gewindegänge nicht herausgedrückt werden.

Kernlöcher für Durchgangsgewinde werden von beiden Seiten mit einem 90° Kegelsenker angesenkt.

2 Was versteht man unter Aufschneiden beim Gewindebohren?

Unter Aufschneiden versteht man das Verdrängen des Werkstoffs beim Gewindeschneiden. Gewindebohrer z.B. verdrängen den Werkstoff nach innen. Dadurch wird die Bohrung kleiner.

Kernlöcher müssen so groß wie zulässig gebohrt werden, da sonst der Gewindebohrer klemmt und bricht.

3 Wann werden Maschinengewindebohrer eingesetzt?

Mit Maschinengewindebohrern (Bild) werden Gewinde in einem Schnitt und bei Grundlöchern bis dicht an den Grund geschnitten. Mit ihnen lässt sich eine hohe Spanleistung erzielen.

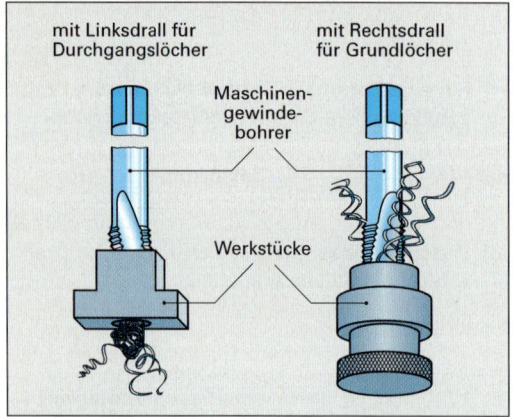

mit Linksdrall für
Durchgangslöcher

mit Rechtsdrall
für Grundlöcher

Maschinen-
gewinde-
bohrer

Werkstücke

4 Worauf ist beim Schneiden von Gewinden in Grundlöcher zu achten?

Die Kernlöcher müssen tiefer als die nutzbare Gewindelänge gebohrt werden, da das Gewinde nicht bis auf den Grund der Bohrung geschnitten werden kann. Auf die Entfernung der Späne ist besonders zu achten.

5 Wann verwendet man den 2-teiligen Gewindebohrersatz?

Man verwendet einen 2-teiligen Gewindebohrersatz für Feingewinde und Whitworth-Rohrgewinde wegen der geringeren Gewindetiefe als bei Regelgewinden.

Ergänzende Fragen zum Gewindebohren

6 Was versteht man unter Gewindeformen und welchen spezifischen Vorteil bietet dieses Verfahren?

Das Gewindeformen ist ein spanloses Verfahren zur Herstellung von Gewinden. Ein Innengewinde wird mit einem Gewindeformer, der einen polygonförmigen Querschnitt aufweist, ausgeformt. Der Werkstoff wird dabei verdrängt. Weil der Faserverlauf des Werkstoffs nicht unterbrochen ist, entstehen hochbelastbare Gewinde.

Sinnvoll ist auch die Anwendung bei Werkstoffen mit geringer Zugfestigkeit, weil sich der Werkstoff durch die Kaltverformung verfestigt.

Da das umzuformende Material nicht entfernt wird, muss der Kernlochdurchmesser größer sein als beim Gewindebohren. Der zu bearbeitende Werkstoff muss zudem eine gute Verformbarkeit aufweisen.

7 Wie können Innengewinde hergestellt werden?

Innengewinde können von Hand und auf Maschinen gebohrt oder spanlos geformt werden. Als Werkzeuge verwendet man Gewindebohrersätze, Einschnitt-Gewindebohrer, Maschinengewindebohrer oder Spanlos-Gewindeformer.

Größere Innengewinde können auch mit dem Gewindedrehmeißel, dem Gewindestrehler oder mit Wirbelwerkzeugen auf der Drehmaschine gefertigt werden.

8 Welche Arbeitsregeln sind beim Herstellen von Innengewinden zu beachten?

- Kernloch so groß wie zulässig bohren.
- Kernloch beidseitig mit 90° ansenken.
- Gewindebohrer genau in Richtung der Bohrungsachse ansetzen.
- Späne durch Zurückdrehen öfter brechen.
- Ausreichend (Kühl-) Schmierstoff zuführen.

Bei Grundlochbohrungen ist zusätzlich noch auf eine ausreichende Kernlochtiefe und gründliches Entfernen der Späne zu achten.

Senken

Fragen aus Fachkunde Metall, Seite 121

1 Welche Vorteile bieten Senker mit auswech-selbaren Führungszapfen?

Auswechselbare Führungszapfen erleichtern das Nachschleifen der Senker und ermöglichen den Einsatz der Senker bei verschiedenen Bohrungs-durchmessern (Bild).

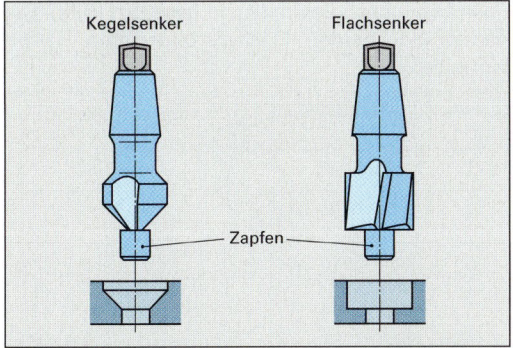

Führungszapfen werden bei Flach- und Kegelsenkern verwendet.

2 Wozu können Kegelsenker verwendet werden?

Kegelsenker dienen zum Profilsenken kegeliger Schrauben- und Nietlöcher und zum Entgraten von Bohrungen (Bild).

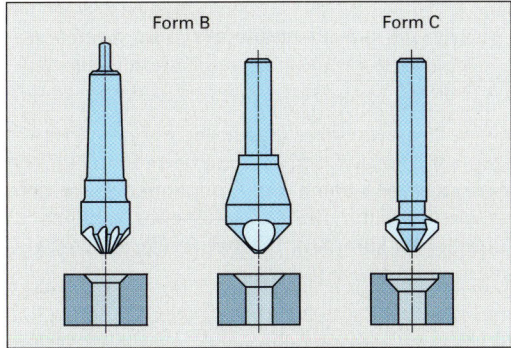

Die häufigsten Spitzenwinkel der Kegelsenker sind 60° zum Entgraten und 90° für Senkschrauben.

Ergänzende Fragen zum Senken

3 Wozu werden Senkwerkzeuge verwendet?

Senkwerkzeuge dienen zum Herstellen von ebe-nen Auflageflächen (Plansenken und Planeinsen-ken) sowie zur Herstellung von kegeligen oder profilierten Senkungen (Profilsenken).

Reiben

Fragen aus Fachkunde Metall, Seite 123

1 Wie unterscheiden sich Schnittgeschwindig-keit und Vorschub beim Reiben und Bohren?

Die Schnittgeschwindigkeit beim Reiben ist we-sentlich niedriger, der Vorschub größer als beim Bohren.

Richtwerte für die unterschiedlichen Werkstoffe können Tabellen entnommen werden.

2 Wodurch unterscheidet sich eine Handreib-ahle von einer Maschinenreibahle?

Handreibahlen haben einen langen, kegeligen An-schnitt und am Schaftende einen Vierkant zur Auf-nahme des Windeisens. Der Anschnitt der Ma-schinenreibahlen ist kurz, der Schaft zylindrisch oder kegelig.

Handreibahlen haben eine gute Führung in der vorgefer-tigten Bohrung, mit Maschinenreibahlen können auch Grundlöcher gerieben werden.

3 Welche Vorteile haben Reibahlen mit Links-drall?

Durch den Linksdrall kann die Reibahle nicht in die Bohrung hineingezogen werden. Die Spanab-fuhr erfolgt in Vorschubrichtung.

Für Grundlöcher dürfen Reibahlen mit Linksdrall nicht verwendet werden.

4 Warum verwendet man Reibahlen mit gera-der Zähnezahl und ungleicher Teilung?

Die gerade Zähnezahl erleichtert das Messen des Durchmessers, durch die ungleiche Teilung sollen Schwingungen, Rattermarken und Kreisformfeh-ler vermieden werden.

Die Teilung ist so ausgeführt, dass sich immer zwei Schneiden gegenüber liegen.

Ergänzende Fragen zum Reiben

5 Was versteht man unter Reiben und was ist der Zweck des Reibens?

Reiben ist ein Aufbohren mit geringer Spanungs-dicke.

Es dient zur Herstellung passgenauer Bohrungen bis IT 5 und der Erzielung einer hohen Ober-flächengüte

Es kann nur ein geringes Aufmaß entfernt werden.

6 Wie groß kann die Reibzugabe gewählt werden?

Reibzugaben müssen so gewählt werden, dass eine Mindestspanungsdicke gegeben ist, aber keine Überlastung durch zu große Spanabnahme erfolgt. Je nach Bohrungsdurchmesser beträgt sie 0,1 bis 0,5 mm, bei Schälreibahlen bis zu 0,8 mm

Bei zu großer Reibzugabe wird die Bohrung unsauber. Die Reibahle neigt zum Festfressen.

7 Wozu werden Kegelreibahlen verwendet und welche Besonderheit weisen sie auf?

Kegelreibahlen werden zum kegeligen Profilreiben von Bohrungen verwendet, die z.B. für die Aufnahme von Kegelstiften dienen (Bild).

Kegelreibahlen spanen über die gesamte Einsatzlänge der Schneiden.

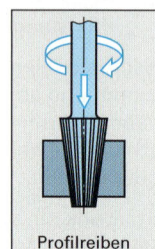
Profilreiben

8 Welche Werkzeuge sind für die Bearbeitung der Bohrungen des nachstehend dargestellten Auflagewinkels erforderlich?

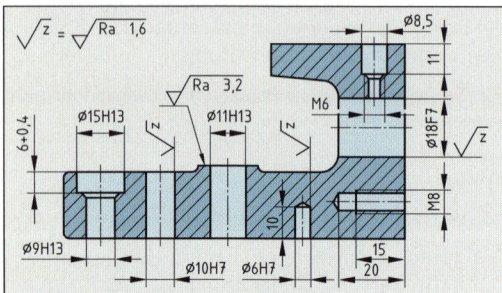

Spiralbohrer: ∅ 9 für Senkung
    ∅ 9,7 für Bohrung 10H7
    ∅ 11 für Bohrung ∅ 11
    ∅ 5,8 für Bohrung 6H7
    ∅ 6,8 für Kernloch M8
    ∅ 6 und ∅ 17,8 für Bohrung 18F7
    ∅ 5 für Kernloch M6
    ∅ 8,5 für Freibohrung bei M6

Senker: Flachsenker ∅ 15 mit Zapfen ∅ 9
    Flachsenker ∅ 16 mit Zapfen ∅ 11
    Kegelsenker 90° für Fasen, Gewinde-Bohrungen und zum Entgraten

Maschinenreibahlen: ∅ 6H7, ∅ 10H7, ∅ 18F7,

Gewindebohrer: M6, M8

2.6.4 Drehen

Drehverfahren

Fragen aus Fachkunde Metall, Seite 128

1 Durch welche Flächen wird der Schneidkeil des Drehmeißels begrenzt?

Der Schneidkeil des Drehmeißels wird durch die Spanfläche und die Freifläche begrenzt (Bild). Die Kanten der beiden Flächen bilden die Hauptschneide.

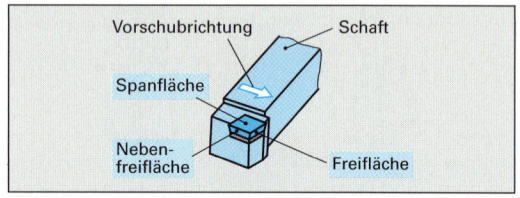
Vorschubrichtung   Schaft
Spanfläche
Neben-freifläche   Freifläche

2 Berechnen Sie die theoretische Rautiefe beim Drehen, wenn der Eckenradius 0,4 mm und der Vorschub 0,15 mm betragen?

$$R_{th} = \frac{f^2}{8 \cdot r}$$

$$R_{th} = \frac{(0,15 \text{ mm})^2}{8 \cdot 0,4 \text{ mm}} = 0,007 \text{ mm} = \textbf{7 µm}$$

3 Wie ist der Einstellwinkel des Drehwerkzeugs zu verändern, wenn Vibrationen auftreten?

Kleine Einstellwinkel erzeugen an der Wirkstelle eine hohe Passivkraft, die eine hohe Stabilität von Werkstück, Maschine und Aufspannung erfordert. Ist die Stabilität nicht ausreichend, kann es zu Vibrationen kommen. Folglich ist der Einstellwinkei zu vergrößern (bis 90°).

4 Warum werden beim Schlichten meist kleine Eckenradien verwendet?

Beim Einsatz größerer Eckenradien wird die Abdrängkraft für das Werkzeug und das Werkstück durch die größere Passivkraft F_P stärker. Dies kann zu Schwingungen und damit zu einer Verschlechterung der Oberflächengüte führen.

Größere Eckenradien ermöglichen bei gleichem Vorschub höhere Oberflächengüten. Trotzdem werden beim Schlichten meist kleine Eckenradien eingesetzt, da in der Regel auch mit kleinem Vorschub gedreht wird.

5 Unter welcher Voraussetzung kann die Wendeschneidplatte auch beim Schlichten einen großen Eckenradius haben?

Bei stabilen Arbeitsbedingungen (an der Maschine, am Werkzeug und am Werkstück) kann der Eckenradius auch beim Schlichten größer sein.

6 Wie sollte die Schneidkante der Wendeschneidplatte ausgeführt sein, wenn ein Werkstück aus schwer zerspanbarem Stahl und mit Schnittunterbrechung gedreht wird?

Die Schneidkante einer Wendeschneidplatte (Bild) sollte für eine solche Bearbeitung mit Fase und Verrundung ausgeführt sein (Ausführung S).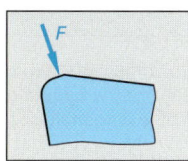

Eine solche Schneidkantenausführung erhöht jedoch die Schnittkraft, die Temperatur an der Schneide und die Ratterneigung.

7 Welchen Vorteil bietet ein negativer Neigungswinkel des Werkzeughalters?

Bei unterbrochenem Schnitt verlegt ein negativer Neigungswinkel (– 4° bis – 8°) den Erstkontakt zwischen Werkstück und Werkzeug von der Schneidenecke weg (Bild). Dadurch wird die Gefahr von Schneidkantenausbrüchen vermindert.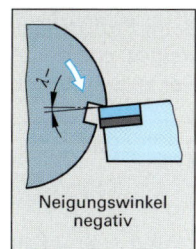

Neigungswinkel negativ

8 Warum sollte beim Schlichten von Bohrungen ein positiver Neigungswinkel des Werkzeughalters vorgesehen werden?

Positive Neigungswinkel lenken den Span von der Werkstückoberfläche weg. Deshalb sollten beim Schlichten und bei Innendreharbeiten neutrale oder positve Neigungswinkel gewählt werden, damit die Werkstückoberfläche nicht durch Späne beschädigt wird.

9 Ermitteln Sie den jeweils kleinsten und größten Einstellwinkel beim Kopierdrehen des Einstichs im Bild rechts oben.

Der größte Einstellwinkel ist am 30°-Kegel vorzufinden und beträgt dort:
Größter Einstellwinkel = 93° + 30° = 123°
Der kleinste Einstellwinkel ist an der Planfläche vorzufinden und beträgt dort:
Kleinster Einstellwinkel = 93° – 90° = 3°

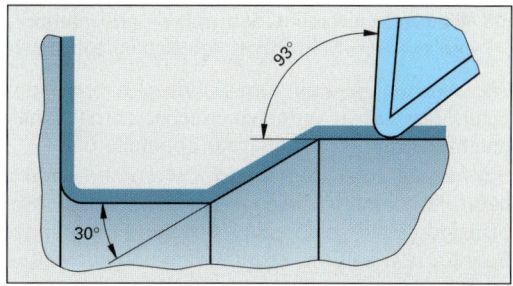

10 Bei welchem Einstellwinkel ist die Passivkraft am kleinsten?

Bei einem Einstellwinkel von 90° ist die Passivkraft am kleinsten.

Eine kleine Passivkraft hat eine geringe Durchbiegung des Drehteils und eine geringe Ratterneigung zur Folge. Sie ist deshalb bei Schlichtbearbeitungen und bei Innendreharbeiten anzustreben.

11 Wodurch wird die Bildung unterschiedlicher Spanarten beeinflusst?

Die Bildung unterschiedlicher Spanarten wird vor allem durch den Werkstoff beeinflusst (Bild).

Reißspäne entstehen beim Drehen von spröden Werkstoffen. Kleine Spanwinkel und niedrige Schnittgeschwindigkeit begünstigen ebenfalls deren Bildung.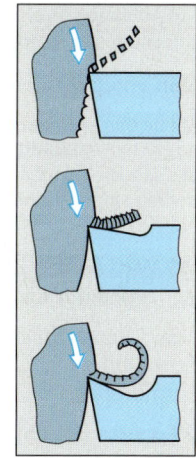

Scherspäne bilden sich beim Drehen von zäheren Werkstoffen bei mittleren Spanwinkeln und niedriger Schnittgeschwindigkeit.

Fließspäne entstehen bei langspanenden Werkstoffen, vor allem bei hoher Schnittgeschwindigkeit und großen Spanwinkeln.

12 Warum sind lange Späne beim Drehen unerwünscht?

Lange Späne ergeben ein großes Spanvolumen und lassen sich schlecht aus dem Arbeitsraum der Maschine abführen. Sie behindern die Werkzeuge und können zu Beschädigungen der Werkstückoberfläche führen. Außerdem wird die Verletzungsgefahr durch die scharfen Späne erhöht.

Bei zu kleinen Spänen besteht die Gefahr, dass die Filter der Kühlschmieranlage zugesetzt werden. Deshalb sind beim Drehen kurze Wendel- oder Spiralspäne anzustreben.

13 Wodurch unterscheiden sich Wendeschneid-platten zum Schruppen von Schlichtplatten?

Wendeschneidplatten zum Schruppen bzw. zum Schlichten haben unterschiedliche, dem jeweiligen Einsatzgebiet angepasste Spanleitstufen.

Schlichtplatten erzeugen auch bei kleiner Schnitttiefe und kleinem Vorschub günstige Späne. Bei Schruppplatten sind zur Erzielung günstiger Spanformen größere Schnitttiefen und Vorschübe erforderlich (Bild).

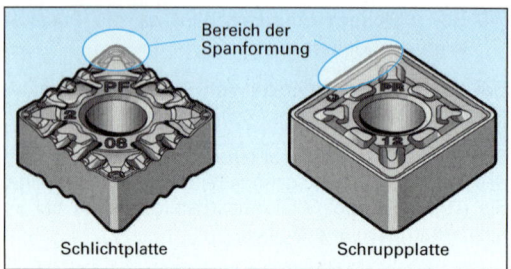

Schlichtplatte   Schruppplatte

Ergänzende Fragen zu Grundlagen des Drehens

14 Welche Drehverfahren unterscheidet man nach der Richtung des Vorschubs?

Man unterscheidet Längsdrehen und Querdrehen.

Mit beiden Drehverfahren können zylindrische oder ebene Flächen am Drehteil erzeugt werden. Vorwiegend werden jedoch beim Längsdrehen zylindrische, beim Querdrehen ebene Flächen erzeugt.

15 Wie werden die Drehverfahren nach der erzeugten Werkstückform unterteilt?

Man unterscheidet Runddrehen, Plandrehen, Schraubdrehen, Unrunddrehen, Profildrehen und Formdrehen.

Die genaue Bezeichnung eines Verfahrens setzt sich aus der Benennung der Vorschubrichtung und der erzeugten Werkstückform zusammen, z.B. Längs-Runddrehen oder Quer-Plandrehen.

16 Welcher Unterschied besteht zwischen Runddrehen und Plandrehen?

Beim Runddrehen wird am Werkstück die Mantelfläche eines Zylinders, beim Plandrehen die ebene Deckfläche (Planfläche) des Zylinders erzeugt.

Bei beiden Verfahren kann die Vorschubrichtung längs oder quer zur Drehachse sein. Bevorzugt wird jedoch zum Runddrehen die Vorschubrichtung längs, zum Plandrehen quer zur Drehachse eingestellt.

17 Wie werden die Drehverfahren nach der Lage der Bearbeitungsstelle unterteilt?

Man unterscheidet Außen- und Innendrehen (Bild).

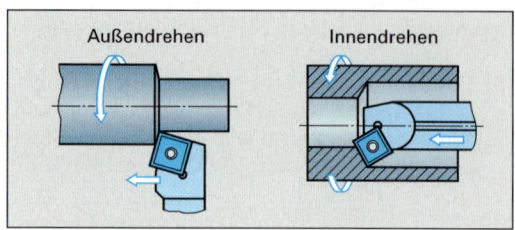

Außendrehen   Innendrehen

Im Gegensatz zum Bohren kann beim Innendrehen eine sehr kleine Lagetoleranz der Bohrungsmitte zur Außenfläche eingehalten werden.

18 Wodurch unterscheiden sich Formdrehen und Profildrehen?

Beim Formdrehen wird die Kontur des Werkstücks durch die Steuerung der Vorschubrichtung erzeugt (Bild).

Beim Profildrehen wird die Form des Profilwerkzeuges auf der Werkstückoberfläche abgebildet. Der Vorschub ist längs oder quer zur Drehachse.

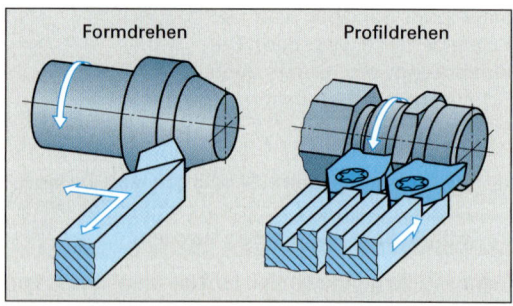

Formdrehen   Profildrehen

Die Vorschubsteuerung beim Formdrehen kann durch Einstellen an der Drehmaschine (Kegeldrehen), durch Nachformsteuerung oder durch numerische Steuerung des Vorschubs geschehen.

19 Welche Folgen hat ein kleiner Einstellwinkel beim Längsdrehen?

Durch Vergrößerung der Spanungsbreite und Verringerung der Spanungsdicke wird die Standzeit des Drehmeißels erhöht.

Gleichzeitig steigt die Passivkraft an. Bei ausreichend stabilem Drehteil werden Einstellwinkel von 45° bis 75° gewählt.

20 Welche Spanformen sind günstig und welche sind ungünstig?

Kurze Wendelspäne, Spiralspäne und Bröckelspäne sind günstig, Band- und Wirrspäne sowie lange Wendelspäne sind ungünstig (Bild).

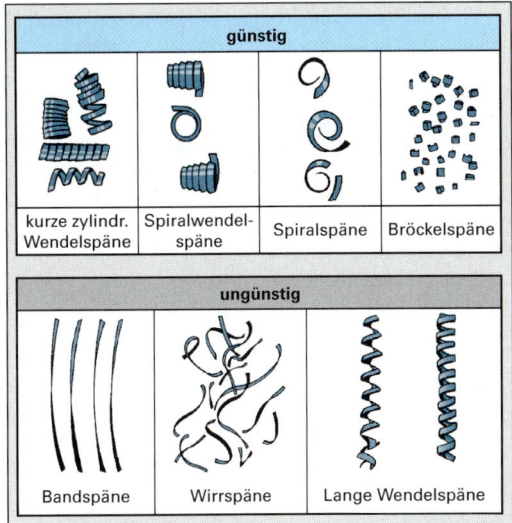

21 Bei welchen Werkstoffen und Schnittdaten entstehen Reißspäne?

Reißspäne entstehen bei spröden Werkstoffen, niedrigen Schnittgeschwindigkeiten und großer Schnitttiefe.

Auch ein kleiner oder negativer Spanwinkel begünstigt die Bildung von Reißspänen.

22 Unter welchen Bedingungen entstehen Fließspäne und warum sind sie beim Drehen oftmals erwünscht?

Fließspäne entstehen bei langspanenden Werkstoffen, vor allem wenn hohe Schnittgeschwindigkeiten und große Spanwinkel gewählt werden. Da der Zerspanungsvorgang gleichmäßig und ohne größere Schnittkraftschwankungen abläuft, ist die dabei erzielte Oberflächengüte meist hoch, weshalb beim Drehen unter Umständen Fließspäne in Kauf genommen werden.

23 Durch welche konstruktive Maßnahme an Wendeschneidplatten kann die Spanform beeinflusst werden?

Die Spanform kann durch die Ausgestaltung einer Spanformstufe beeinflusst werden. Mittlerweile werden eine Vielzahl unterschiedlicher Spanformstufen genutzt.

Ergänzende Fragen zu Verschleiß und Standzeit beim Drehen

24 Was versteht man unter der Standzeit eines Werkzeugs?

Als Standzeit bezeichnet man die Zeit des Werkzeugeingriffs bis zum Erreichen des zulässigen Verschleißes.

Das Ende der Standzeit ist beim Schlichten an der schlechten Oberfläche und an Maßabweichungen des Werkstücks erkennbar, beim Schruppen an den Verschleißauswirkungen an der Werkzeugschneide.

25 Welche Schnittgeschwindigkeit ist aus wirtschaftlichen Erwägungen als günstig anzusehen?

Aus wirtschaftlichen Erwägungen sollte eine Schnittgeschwindigkeit gewählt werden, die so hoch ist, dass die Aufbauschneidenbildung vermieden wird (Bild). Sie sollte aber auch nicht zu hoch gewählt werden, damit sich der Verschleiß durch Oxidation und Diffusion in Grenzen hält.

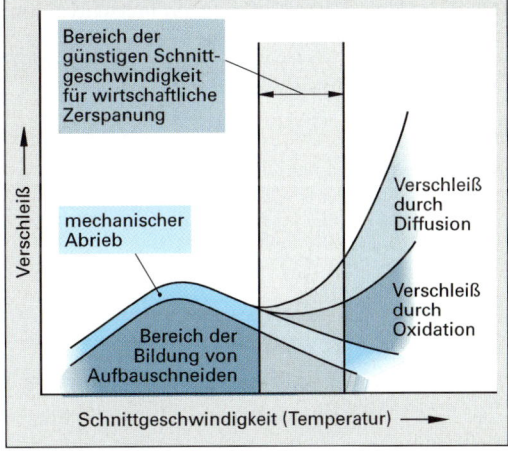

26 Welche drei hauptsächlichen Verschleißarten unterscheidet man?

Die hauptsächlich auftretenden Verschleißarten sind: Freiflächenverschleiß, Kolkverschleiß und Kantenverschleiß.

27 Was kann die Folge übermäßiger Verschleißerscheinungen sein?

In Folge übermäßiger Verschleißerscheinungen kann es zum Schneidkantenbruch kommen.

Ein gleichmäßiger Verschleißfortschritt ist normal. Plattenbruch durch zu starke Verschleißauswirkungen ist aber in jedem Fall zu vermeiden.

28 Welchen Einfluss hat der Freiflächenverschleiß (Bild) auf den Zerspanungsvorgang und dessen Ergebnis?

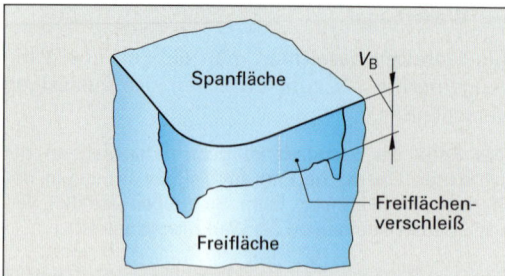

Der Freiflächenverschleiß beeinflusst die Maßgenauigkeit und die Oberflächengüte des bearbeiteten Werkstückes. Darüber hinaus führt er zu höheren Temperaturen an der Schneide und zum Ansteigen der Schnittkräfte.

29 Wie entsteht eine Aufbauschneide?

Vor allem bei kleiner Schnittgeschwindigkeit können sich an der Spanfläche, aber auch an der Freifläche kleine Werkstoffteilchen festschweißen, die dann eine Aufbauschneide bilden (Bild).

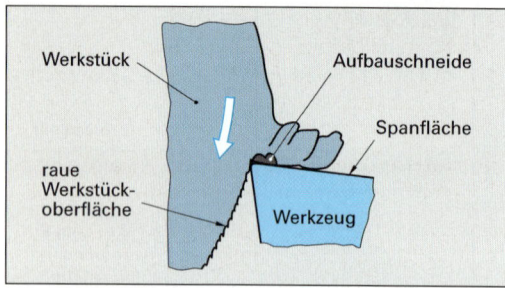

30 Wie kann die Aufbauschneidenbildung verringert werden?

Die Bildung einer Aufbauschneide kann verringert werden durch

- Erhöhung der Schnittgeschwindigkeit,
- Einsatz von beschichteten Schneidstoffen,
- glatte, geläppte Spanflächen und
- reichlich Verwendung von Kühlschmiermittel.

Ergänzende Fragen zu Drehwerkzeugen

31 Welche Vorteile bieten Wendeschneidplatten?

Wendeschneidplatten werden nicht nachgeschliffen. Sie können ohne Umspannen des Werkzeuges maßgenau gewendet oder ausgewechselt werden.

Wendeschneidplatten sind daher sehr wirtschaftlich.

32 Warum ist die Schneidenecke des Drehmeißels gerundet?

Die Eckenrundung verringert die Rauheit der Werkstückoberfläche und die Bruchgefahr des Drehmeißels.

Die Wendeschneidplatten haben genormte Eckenrundungen von 0,4 bis 2,4 mm.

33 Wie werden Wendeschneidplatten bezüglich ihrer Schneidrichtung eingeteilt?

Die Lage der Hauptschneide zum Schaft bestimmt die Schneidrichtung (Bild). Man unterscheidet die Ausführungen R (rechtsschneidend), L (linksschneidend) und N (neutral).

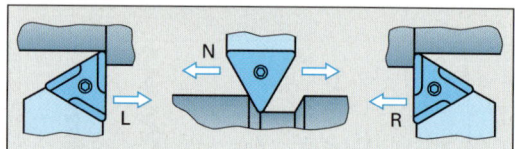

34 Woran erkennt man einen rechten Drehmeißel?

Rechte Drehmeißel schneiden von rechts nach links, wenn sich das Drehwerkzeug vor der Drehmitte befindet, und von links nach rechts, wenn sich das Drehwerkzeug hinter der Drehmitte befindet.

Ist das Werkzeug nicht eingespannt, so liegt die Hauptschneide rechts, wenn der Schneidkopf zum Betrachter zeigt.

35 Wozu werden Drehmeißel mit runden Wendeschneidplatten verwendet?

Sie dienen zum Breitschlichtdrehen und zum Formdrehen.

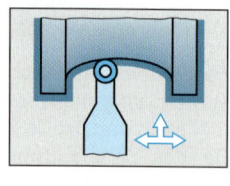

Die runde Form führt zu einer Glättung der bearbeiteten Fläche durch den großen Schneidenradius. Der Einstellwinkel ist in jeder Vorschubrichtung gleich groß.

36 Welcher Einstellwinkel ist zum Drehen rechtwinkliger Absätze erforderlich?

Der Einstellwinkel muss mindestens 90° sein, z.B. 90° bis 107°.

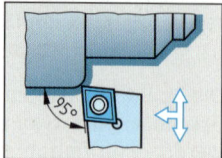

Mit Einstellwinkeln über 90°, z.B. 95°, lässt sich ein Absatz in einem Zug längs- und querdrehen.

37 Welchen Vorteil besitzen Drehmeißel mit einem Einstellwinkel von 107,5°?

Mit diesem Drehmeißel lässt sich die Kontur eines Werkstückes mit Fasen, Rundungen und Freistichen in einem Arbeitsgang fertigdrehen (Bild).

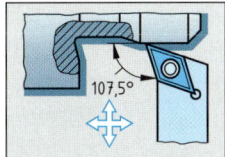

Wegen des kleinen Spitzenwinkels von 55° bis 35° sind die Schneidplatten für große Spanungsquerschnitte nicht geeignet.

38 Wie werden Wendeschneidplatten mit Bohrungen befestigt?

Die Wendeschneidplatten werden mit Hilfe eines Hebelspannsystems oder eines Schraubspannsystems im Werkzeughalter befestigt (Bild).

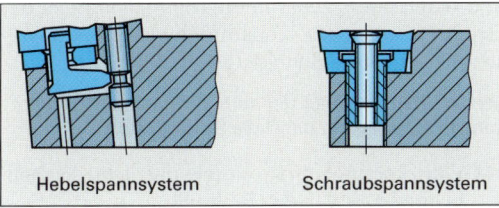

Hebelspannsystem   Schraubspannsystem

Ergänzende Fragen zu den Schnittdaten beim Drehen

39 Wie sind Vorschub und Schnittgeschwindigkeit beim Schlichten (Fertigdrehen) zu wählen?

Zum Schlichten wählt man einen kleinen Vorschub und eine hohe Schnittgeschwindigkeit. Eine Ausnahme bildet das Breitschlichtdrehen, bei dem mit sehr kleinen Einstellwinkeln und großem Vorschub geschlichtet wird.

Der Vorschub darf 0,05 mm nicht unterschreiten, weil sonst das Werkzeug drückt und der Verschleiß stark zunimmt.

40 Welche Einflussgrößen sind bei der Wahl der Schnittgeschwindigkeit zu berücksichtigen?

Die Wahl der Schnittgeschwindigkeit hängt vom Werkstoff, vom Schneidstoff, der Kühlschmierung, der verlangten Oberflächengüte und der Leistungsfähigkeit der Drehmaschine ab.

Richtwerte für die Wahl der Schnittgeschwindigkeit werden Tabellen entnommen und nach Richtwertgleichungen der Werkzeughersteller berechnet.

41 Wie kann die an der Drehmaschine einzustellende Drehzahl ermittelt werden?

Die Drehzahl wird aus der Schnittgeschwindigkeit und dem Werkstückdurchmesser errechnet oder aus einem Diagramm (Maschinentafel) entnommen.

$$n = \frac{v_c}{\pi \cdot d}$$

42 Wonach richtet sich die Einstellung des Vorschubes beim Drehen?

Der Vorschub f in mm (mm je Umdrehung) wird in Abängigkeit von der Leistungsfähigkeit der Drehmaschine und von der verlangten Oberflächengüte gewählt. Je größer der Vorschub ist, desto größer werden das Zeitspanungsvolumen Q und die Rautiefe R_t und desto kleiner wird die spezifische Schnittkraft k_c.

Daher wählt man zum Vordrehen einen möglichst großen Vorschub, zum Fertigdrehen einen Vorschub, mit dem sich die verlangte Oberflächengüte noch erreichen lässt.

43 In welchem Verhältnis sollen beim Drehen Schnitttiefe und Vorschub stehen?

Das Verhältnis $a_p : f$ soll zwischen 4:1 und 10:1 liegen.

Mit diesem Verhältnis der Einstellwerte lässt sich eine gute Spanbildung erreichen.

44 Wodurch werden Form und Größe des Spanungsquerschnittes A bestimmt?

Die Form des Spanungsquerschnittes A wird durch den Einstellwinkel $\varkappa$ sowie durch das Verhältnis von Vorschub f und Schnitttiefe a_p bestimmt (Bild).

Die Größe des Spanungsquerschnittes kann aus dem Produkt von Vorschub mal Schnitttiefe berechnet werden.

$$A = a_p \cdot f$$

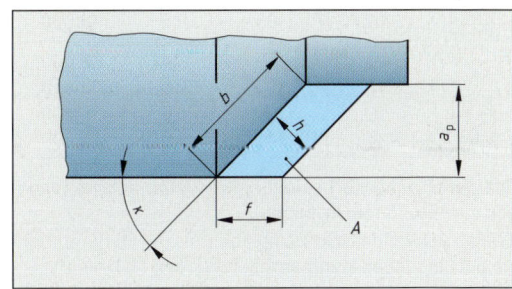

Größe und Form des Spanungsquerschnittes haben wesentlichen Einfluss auf die Schnittkraft beim Drehen.

45 Welche Einstellwerte werden zum Schruppen (Vordrehen) an der Drehmaschine gewählt?

Geschruppt (vorgedreht) wird mit möglichst großem Vorschub. Schnitttiefe und Schnittgeschwindigkeit richten sich nach der Leistungsfähigkeit der Maschine.

Ziel ist, ein möglichst großes Zeitspanungsvolumen bei ausreichender Standzeit zu erreichen.

46 Wie groß sind die Schnittwerte für das Vordrehen einer rohen Welle aus C45E (Ck 45) mit beschichteten Hartmetall-Schneidplatten zu wählen?

Nach Tabelle 3 (Frage 50) ist für den Werkstoff C45E bei $a_p = 4$ mm und $f = 0,63$ mm eine Schnittgeschwindigkeit von $v_c = 202$ m/min zulässig.

Wegen der Walzhaut der rohen Welle muss ein Korrekturfaktor berücksichtigt werden (Tabelle 1). Daraus ergibt sich

$$v_c = 0,75 \cdot 202 \text{ m/min} \approx \textbf{150 m/min.}$$

Tabelle 1: Korrekturfaktoren für Schnittgeschwindigkeits-Richtwerte

Einfluss auf Zerspanung	Korrekturfaktor
Schmiede-, Walz- oder Gusshaut	0,7 … 0,8
Unterbrochener Schnitt	0,8 … 0,9
Innendrehen	0,75 … 0,85
Wenig stabiles Werkstück	0,8 … 0,95
Sehr stabiles Werkstück	1,05 … 1,2
Schlechter Maschinenzustand	0,8 … 0,95
Sehr guter Maschinenzustand	1,05 … 1,2

Tabelle 2: Zulässige Schneidenbelastung für Wendeschneidplatten

Schneidplatte Form mm	Größe l mm	Schnitttiefe a_p mm	Vorschub f mm	Schnittkraft F_c N
C	9	6	0,4	5 000
	12	8	0,6	10 000
	16	10	0,8	16 000
S	9	7	0,4	5 000
	12	9	0,6	10 000
	15	12	0,8	16 500
	19	14	1,0	23 000

Die Werte in Tabelle 1 sind für eine wirtschaftliche Standzeit von $T = 15$ min ermittelt.

Für die verwendete Schneidplatte muss noch die zulässige Schneidenbelastung ermittelt werden (Tabelle 2).

Außerdem sind die Leistungsfähigkeit der Maschine und die Stabilität der Einspannung zu überprüfen (Aufgabe 50).

Ergänzende Fragen zu Kräften und Leistung beim Drehen

47 Aus welchen Teilkräften setzt sich die Zerspankraft F zusammen (Bild)?

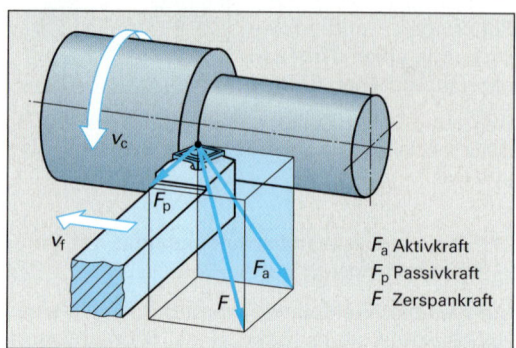

F_a Aktivkraft
F_p Passivkraft
F Zerspankraft

Die Zerspankraft F setzt sich aus der Passivkraft F_p und Aktivkraft F_a zusammen. Die Aktivkraft ist das Ergebnis aus dem Zusammenwirken von Vorschubkraft F_f und Schnittkraft F_c.

Den größten Anteil an der von der Maschine aufzubringenden Leistung hat dabei die Schnittkraft F_c.

48 Was versteht man unter der spezifischen Schnittkraft k_c beim Drehen?

Die spezifische Schnittkraft k_c ist die Kraft, die zum Zerspanen eines Werkstoffes mit der Spanungsbreite $b = 1$ mm, dem Vorschub $f = 1$ mm und dem Einstellwinkel $\kappa = 90°$ erforderlich ist.

Aus der spezifischen Schnittkraft und dem Spanungsquerschnitt lässt sich die erforderliche Schnittkraft F_c errechnen.

49 Welcher Zusammenhang besteht zwischen der Schnittgeschwindigkeit und den Kräften beim Drehen?

Bei einer Erhöhung der Schnittgeschwindigkeit steigen im Bereich der Aufbauschneide die Schnittkraft F_c, die Vorschubkraft F_f und die Passivkraft F_p an (Bild). Bei einer weiteren Erhöhung der Schnittgeschwindigkeit gehen die Kräfte wieder zurück.

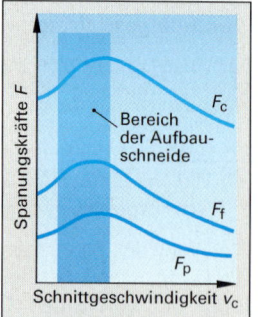

Die vorhandene Maschinenleistung lässt sich daher mit einer hohen Schnittgeschwindigkeit besser nutzen als mit niedriger Schnittgeschwindigkeit. Gleichzeitig werden Form- und Maßfehler geringer.

50 Wie groß sind Schnittgeschwindigkeit v_c, Drehzahl n, Schnittkraft F_c und Antriebsleistung P_e zum Drehen von von Werkstücken aus 9SMn28 zu wählen: Durchmesser d = 120 mm; Schnitttiefe a_p = 4 mm; Vorschub f = 0,4 mm; Einstellwinkel $\varkappa$ = 75°; Maschinenwirkungsgrad η = 0,8 und Werkzeuge mit beschichteten Hartmetall-Schneidplatten?

Tabelle 3: Richtwerte für das Drehen mit Wendeschneidplatten HC-P20

Werkstoff	Schnitt-tiefe a_p	Schnittgeschwindigkeit v_c in m/min bei Vorschub f in mm			
	mm	0,16	0,25	0,40	0,63
C15E (Ck 15) 15S10 9SMn28	1	474	447	420	–
	2	442	417	392	–
	4	412	389	366	345
E295 (St 50) C45E (Ck 45) 34CrMo4	1	335	300	267	–
	2	311	278	247	–
	4	288	258	229	202

Schnittgeschwindigkeit v_c = 366 m/min (Tabelle 1)

$$n = \frac{v_c}{\pi \cdot d} = \frac{366 \text{ m/min}}{\pi \cdot 0,12 \text{ m}} = \textbf{971/min}$$

Berechnung des Spanungsquerschnitts A:
$A = a_p \cdot f = 4 \text{ mm} \cdot 0,4 \text{ mm} = 1,6 \text{ mm}^2$

Berechnung der Spanungsdicke h:
$h = f \cdot \sin \chi = 0,4 \text{ mm} \cdot 0,9659 = 0,386 \text{ mm} \approx 0,4 \text{ mm}$

Tabelle 4: Richtwerte für die spez. Schnittkraft k_c beim Drehen

Werkstoff	spez. Schnittkraft k_c in N/mm² für die Spanungsdicke h in mm				
	0,1	0,16	0,3	0,5	0,8
E295 (St 50)	2995	2600	2130	1845	1605
C35E (Ck 35)	2700	2380	1990	1750	1540
C60E (Ck 60)	2805	2530	2185	1970	1775
9SMn28	1985	1820	1615	1485	1365
16MnCr5	2795	2425	1990	1725	1495

Spez. Schnittkraft $k_c \approx 1550$ N/mm² (Tabelle 4)
Berechnung der Schnittkraft F_c
$F_c = k_c \cdot A = 1550 \text{ N/mm}^2 \cdot 1,6 \text{ mm}^2 = \textbf{2480 N}$
Berechnung der Antriebsleistung P_e

$$P_e = \frac{F_c \cdot v_c}{\eta} = \frac{2480 \text{ N} \cdot 366 \frac{\text{m}}{\text{min}}}{0,8 \cdot 60 \frac{\text{s}}{\text{min}}} = 18910 \frac{\text{N} \cdot \text{m}}{\text{s}} \approx \textbf{19 kW}$$

Ergänzende Fragen zum Gewindedrehen und zur Innenbearbeitung beim Drehen

51 Wie müssen Gewindedrehmeißel eingestellt werden?

Gewindedrehmeißel müssen genau auf Werkstückmitte und rechtwinklig zur Drehachse eingestellt werden.

Eine ungenaue Einstellung des Gewindedrehmeißels führt zu Formfehlern an den Gewindeflanken.

52 Wie erfolgt die Zustellung beim Gewindeschneiden auf einer CNC-Drehmaschine?

Die Gewindeherstellung erfolgt in mehreren Durchgängen, wobei auf CNC-Maschinen meist die modifizierte Flankenzustellung angewendet wird (Bild). Mit deren Hilfe wird eine bessere Spanbildung erreicht.

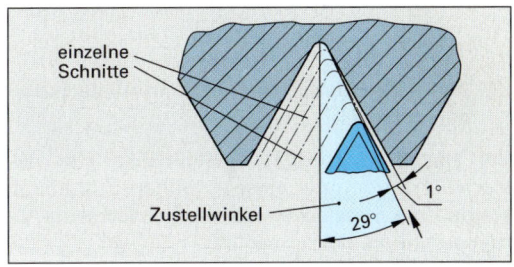

einzelne Schnitte

Zustellwinkel

29° 1°

53 Mit welchen Bauteilen wird auf einer konventionellen Drehmaschine der Vorschub beim Gewindedrehen erzeugt?

Der Vorschub beim Gewindedrehen erfolgt durch Wechselräder, Leitspindel und Schlossmutter.

Die Größe des Vorschubs muss in einem genauen Verhältnis zur Werkstückumdrehung stehen. Daher sind Keilriemen und Rutschkupplungen beim Vorschubantrieb nicht zulässig.

54 Welche Regeln sind bei der Werkzeugauswahl für die Innenbearbeitung zu beachten?

Folgende Regeln gilt es zu beachten:
- Der Einstellwinkel ist möglichst groß zu wählen (90°), um die Passivkraft klein zu halten.
- Für das Fertigdrehen sind Wendeschneidplatten mit positivem Spanwinkel zu verwenden.
- Bei einer Bearbeitung mit nur geringer Schnitttiefe ist ein kleiner Eckenradius vorzusehen.
- Es ist das Werkzeug mit dem größtmöglichen Schaftdurchmesser zu verwenden.

Ergänzende Fragen zum Außen-Stechdrehen, zum Hartdrehen und zum Rändeln

55 Was versteht man unter Einstech-, was unter Abstechdrehen?

Durch Einstechen werden beim Drehen Nuten in Werkstücken hergestellt (Bild). Beim Abstechdrehen wird das Werkstück vom Stangenmaterial getrennt.

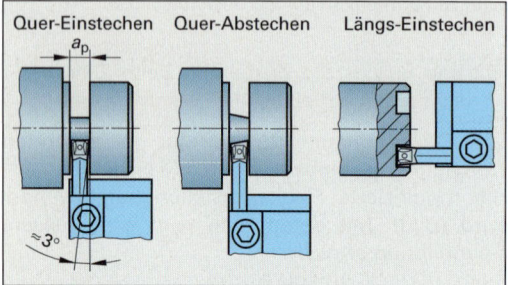

56 Welche Probleme können beim Abstechdrehen auftreten?

Bei einem zu großem Einstellwinkel der Abstechwerkzeuge oder einer zu hohen Schnittkraft werden die Planflächen durch die Werkzeug-Abdrängung hohl oder gewölbt.

Beim Abstechen mit konstanter Schnittgeschwindigkeit erhöht sich die Drehzahl mit kleiner werdendem Werkstückdurchmesser bis zur Grenzdrehzahl. Damit die Zentrifugalkraft nicht zum vorzeitigen Wegbrechen des Werkstücks führt, muss der Abstechvorgang mit kleinerer Drehzahl und einem Vorschub unter 0,1 mm beendet werden.

57 Was versteht man unter Hartdrehen und welche Vorteile weist dieses Verfahren auf?

Beim Hartdrehen werden gehärtete Werkstücke durch Drehen fertig bearbeitet. Als Schneidstoffe werden hierfür Schneidkeramik oder polykristallines Bornitrid (PKB) verwendet.

Durch Hartdrehen kann teilweise das Schleifen ersetzt werden.

Die Maschineninvestitionen und die Werkzeugkosten für das Hartdrehen sind gegenüber dem Schleifen niedriger. Die Aufbereitung und Entsorgung der Kühlschmiermittel wird kostengünstiger oder entfällt bei einer möglichen Trockenbearbeitung ganz.

58 Wie sind die Schneidkanten an Wendeschneidplatten beim Hartdrehen beschaffen, um der Gefahr von Kantenausbrüchen entgegenzuwirken?

Die Gefahr von Kantenausbrüchen an der Werkzeugschneide wird durch eine kleine Schutzfase an der Schneidkante deutlich verringert (Bild).

Bei unterbrochenem Schnitt ist eine Wendeschneidplatte mit größerem Fasenwinkel einzusetzen.

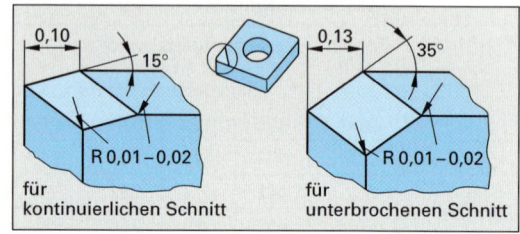

59 Was ist beim Rändeln zu beachten?

Zum Rändeln wählt man eine niedrige Drehzahl, einen großen Vorschub und verwendet reichlich Kühlschmierung.

Beim Rändeln wird die Werkstückoberfläche entweder durch Rändelräder spanlos umgeformt oder spanabhebend durch Rändelfräswerkzeuge hergestellt.

60 Wie groß ist die Hauptnutzungszeit zum Plandrehen des Deckels (Bild) in einem Schnitt mit $v_c = 400$ m/min, $f = 0,15$ mm und $l_a = 3$ mm? (Schnittgeschwindigkeit konstant)

Formeln:

$$L = \frac{d - d_1}{2} + l_a$$

$$d_m = \frac{d + d_1}{2}$$

$$t_h = \frac{\pi \cdot d_m \cdot L \cdot i}{n \cdot f}$$

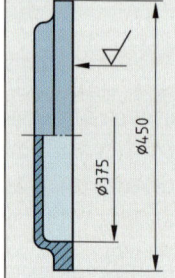

$$L = \frac{450 \text{ mm} - 375 \text{ mm}}{2} + 3 \text{ mm} = 40,5 \text{ mm}$$

$$d_m = \frac{450 \text{ mm} + 375 \text{ mm}}{2} = 412,5 \text{ mm}$$

$$t_h = \frac{\pi \cdot 0,4125 \text{ m} \cdot 40,5 \text{ mm} \cdot 1}{400 \frac{\text{m}}{\text{min}} \cdot 0,15 \text{ mm}} = \textbf{0,87 min}$$

Werkzeug- und Werkstück-Spannsysteme

Frage aus Fachkunde Metall, Seite 140

1 Warum muss beim Querdrehen die Schneidkante des Drehwerkzeuges genau auf Mitte gestellt werden?

Die Schneidkante des Drehwerkzeugs muss auf Mitte eingestellt werden, da Abweichungen Änderungen der wirksamen Winkel an der Schneide verursachen (Bild). Eine Einstellung über der Mitte verkleinert den Freiwinkel, das Werkzeug drückt. Eine Einstellung unter der Mitte erzeugt beim Abstechen einen Butzen.

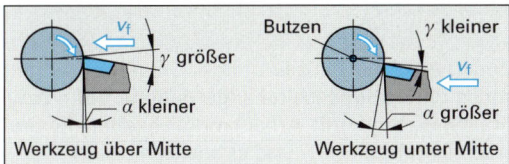

Werkzeug über Mitte · Werkzeug unter Mitte

Ergänzende Fragen zu Werkzeug- und Werkstückspannsystemen beim Drehen

2 Welche Vorteile bietet der Spannkopf gegenüber der Spannzange?

Beim Spannkopf liegen die Spannsegmente, die durch Gummi elastisch miteinander verbunden sind, über die gesamte Länge an der (Kegel-) Hülse an. Dadurch erfolgt die Spannung gleichmäßig über die gesamte Länge des Spannkopfes. Durch einen Spannkopf können größere Maßbereiche überbrückt werden als durch eine Spannzange.

3 Welche Drehteile werden im Dreibackenfutter gespannt?

Runde oder regelmäßig geformte 3- und 6-kantige Werkstücke sowie rundes Roh- (Stangen-) material werden im Dreibackenfutter gespannt (Bild).

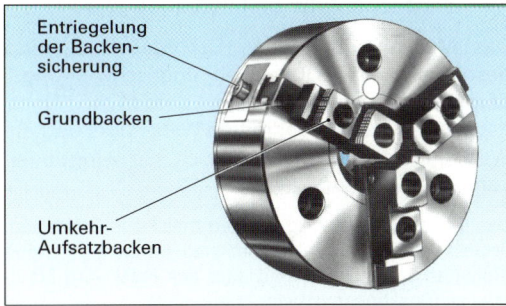

Entriegelung der Backensicherung
Grundbacken
Umkehr-Aufsatzbacken

4 Welche Unfallverhütungsmaßnahmen sind beim Spannen im Drehmaschinenfutter zu beachten?

- Die Spannbacken dürfen nicht weit aus dem Futter vorstehen.
- Der Schlüssel des Drehmaschinenfutters ist immer abzuziehen.
- Längere Drehteile müssen mit der Zentrierspitze und evtl. mit dem Setzstock abgestützt werden.

5 Wozu werden weiche Aufsatzbacken verwendet?

Mit weichen Aufsatzbacken werden Beschädigungen der Werkstücke vermieden. Durch Ausdrehen der Backen erreicht man eine sehr gute Rundlaufgenauigkeit und eine geringe Verformung der Werkstücke durch die Spannkraft.

Ein Absatz in der Ausdrehung ergibt einen Längsanschlag und erlaubt eine genaue Einhaltung der Drehlänge.

6 Wie werden die Backen der Spannfutter bewegt?

Die Backenbewegung kann durch Planspiralen, Keilstangen oder Keilhaken erfolgen (Bild).

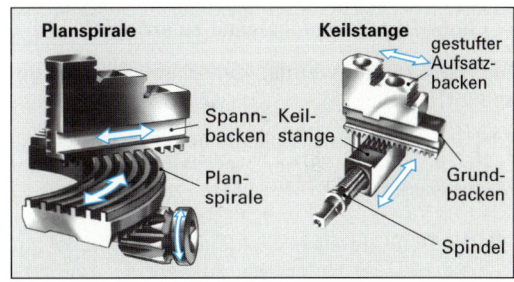

Planspirale · Keilstange · gestufter Aufsatzbacken · Spannbacken · Keilstange · Planspirale · Grundbacken · Spindel

Planspiralen ergeben geringere Spannkräfte und schlechteren Rundlauf als Keilstangen. Keilhaken werden vorwiegend für Kraftspannfutter verwendet.

7 Welche Spannmittel sind besonders für sehr hohe Drehzahlen geeignet?

Für sehr hohe Drehzahlen sind besonders Spannzangen und Stirnmitnehmer geeignet.

Bei diesen Spannmitteln ist die Fliehkraft auch bei hohen Drehzahlen gering, weil sie einen kleinen Durchmesser und eine geringe Masse haben.

Bei Backenfuttern werden bei hohen Drehzahlen die Backen durch die Fliehkraft nach außen gezogen; dadurch lässt die Spannkraft nach. Für sie muss daher ein Fliehkraftausgleich vorhanden sein.

8 Was ist beim Einsetzen der Zentrierspitzen zu beachten?

Zentrierspitzen und deren Aufnahmen sind vor dem Einsetzen sorgfältig zu reinigen.

Verunreinigungen bewirken, dass die eingestellten Werkstückdurchmesser nicht stimmen und beim Umspannen der Werkstücke Lagefehler entstehen.

9 Welche Teile werden in die Pinole des Reitstocks gespannt?

Feste und mitlaufende Zentrierspitzen sowie Bohr-, Senk- und Reibwerkzeuge.

Die Werkzeuge werden in den Innenkegel der Pinole eingesetzt. Der Reitstock ist auf dem Drehmaschinenbett längs und quer verstellbar, die Pinole kann von Hand oder hydraulisch längs verschoben werden.

10 Welche Zentrierspitzen eignen sich zum Drehen schnell rotierender oder schwerer Werkstücke?

Hierzu eignen sich mitlaufende Zentrierspitzen.

Bei mitlaufenden Zentrierspitzen besteht keine Reibung und damit keine Erwärmung oder Abnutzung zwischen Zentrierspitze und Zentrierbohrung.

11 Welche Einspannung wird gewählt, um bei einer beidseitig zu bearbeitenden Welle eine hohe Rundlaufgenauigkeit zu erzielen?

Die Werkstücke werden zwischen Spitzen gespannt.

Zum Spannen zwischen Spitzen müssen die Werkstücke beidseitig zentriert werden. Die Übertragung des Drehmoments erfolgt durch Mitnehmer.

12 Die Bohrung eines Stehlagers soll parallel zu der ebenen Unterseite ausgedreht werden. Wie kann dieses Teil hierzu auf der Drehmaschine gespannt werden?

Die Spannung kann mit Hilfe eines Spannwinkels auf der Planscheibe erfolgen (Bild).

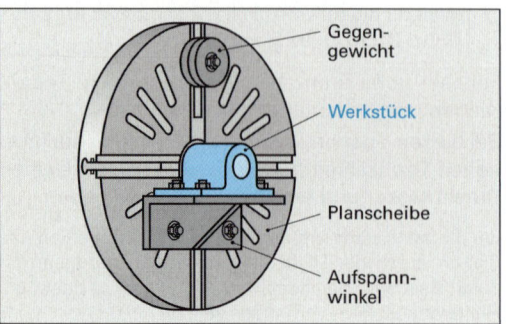

Gegengewicht

Werkstück

Planscheibe

Aufspannwinkel

Drehmaschinen

Fragen aus Fachkunde Metall, Seite 143

1 Nach welchen Merkmalen können Drehmaschinen eingeteilt werden?

Drehmaschinen werden meist nach der Art ihres Maschinenbettes (z.B. Flachbett- oder Schrägbettdrehmaschine), nach der Lage ihrer Spindel (z.B. Senkrecht-Drehmaschine) oder der Anzahl der Spindeln (z.B. Mehrspindeldrehmaschine) eingeteilt.

2 Welche Einrichtungen muss eine CNC-Drehmaschine zum außermittigen Bohren besitzen?

Zur Fertigung außermittiger Querbohrungen muss die Drehmaschine angetriebene Bohr- bzw. Fräswerkzeuge mit Arbeitsmöglichkeiten in drei Achsrichtungen (x, y und z) besitzen (Bild).

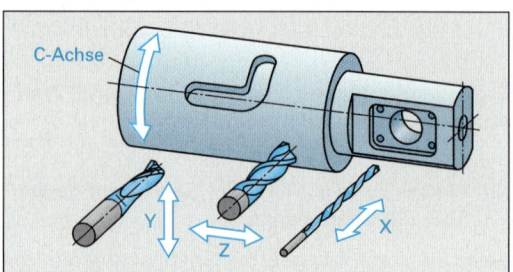

C-Achse

Y

Z

X

Ergänzende Fragen zu Drehmaschinen

3 Welches sind wichtige Kenngrößen einer Drehmaschine?

Wichtige Kenngrößen sind der maximale Drehdurchmesser und die größte Drehlänge des Werkstückes, die maximale Antriebsleistung und Spindeldrehzahl sowie die Anzahl der Werkzeugträger mit den verfügbaren Werkzeugschlitten.

4 Welche Anforderungen werden an das Maschinenbett einer Drehmaschine gestellt?

Das Maschinenbett einer Drehmaschine muss besonders verwindungssteif und schwingungsdämpfend ausgeführt sein, damit die Oberflächenqualität des gedrehten Werkstücks und die Werkzeugstandzeit nicht durch Schwingungen verringert werden.

Das Maschinenbett wird deshalb meist aus Gusseisen, dessen Hohlräume mit kunstharzgebundenem Granit (Polymerbeton) gefüllt sind oder aus massivem Mineralguss (Reaktionsharzbeton) hergestellt.

5 Welches sind die Hauptbaugruppen einer Universaldrehmaschine?

Die Hauptbaugruppen sind Gestell, Drehmaschinenbett, Spindelstock, Werkzeugschlitten und Reitstock (Bild).

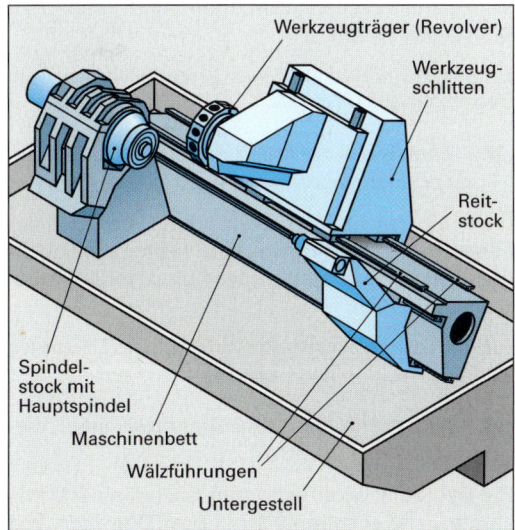

Werkzeugträger (Revolver)
Werkzeug-schlitten
Reit-stock
Spindel-stock mit Hauptspindel
Maschinenbett
Wälzführungen
Untergestell

Das Drehmaschinenbett ruht auf dem Gestell und trägt auf seinen Führungsbahnen die übrigen Baugruppen.

6 Wie muss die Arbeitsspindel gelagert sein?

Die Lagerung der Arbeitsspindel muss besonders stabil und spielfrei sein.

Hierzu dienen kräftige, nachstellbare Präzisionswälzlager, die regelmäßig auf richtige Einstellung und Vorspannkraft überprüft werden müssen.

7 Aus welchen Baugruppen besteht der Werkzeugschlitten?

Der Werkzeugschlitten besteht aus Schlosskasten, Bettschlitten, Planschlitten, Oberschlitten und Spannvorrichtung.

Der Werkzeugschlitten ermöglicht den Längs- und Quervorschub der Werkzeuge beim Drehen.

8 Wie sind die Führungen bei Schrägbettmaschinen angeordnet?

Die Führungen liegen hinter der Drehachse und sind schräg angeordnet. Es sind meist kunststoffbeschichtete Flachführungen, die mit einer Abdeckung versehen sind.

Die Anordnung ermöglicht einen ungehinderten Zugang zum Arbeitsraum und bewirkt einen guten Abfluss der Späne.

9 Weshalb ist die Drehrichtung der Arbeitsspindel bei Schrägbettmaschinen meist nicht im Uhrzeigersinn?

Wenn die Werkzeuge hinter Drehmitte mit ihrer Schneide nach oben eingespannt sind, muss die Drehrichtung gegen den Uhrzeigersinn sein.

In Ausnahmefällen, z.B. beim Gewindedrehen und Gewindebohren, muss die Drehrichtung umgekehrt werden.

10 Was versteht man unter Frontdrehmaschinen?

Bei Frontdrehmaschinen sind die Bedienungselemente gegenüber der Planseite der Drehteile angeordnet. Sie besitzen keinen Reitstock. Bei großen Frontdrehmaschinen ist das Maschinenbett quer zur Drehachse angeordnet.

11 Wozu dienen Karusselldrehmaschinen?

Auf Karusselldrehmaschinen werden große, sperrige Werkstücke bearbeitet, die sich an Maschinen mit horizontaler Spindel nur schwer spannen und ausrichten lassen (Bild).

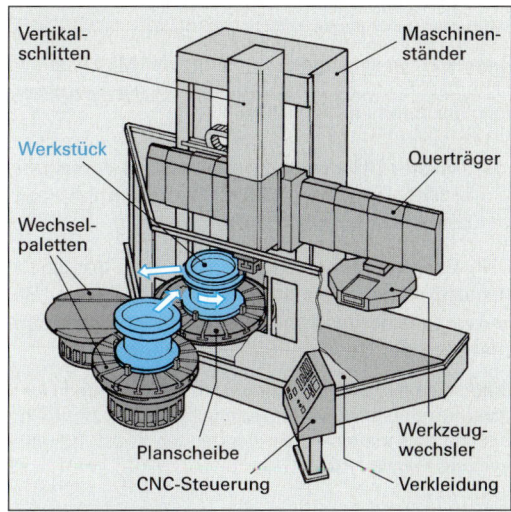

Vertikal-schlitten
Maschinen-ständer
Werkstück
Querträger
Wechsel-paletten
Werkzeug-wechsler
Planscheibe
CNC-Steuerung
Verkleidung

12 Wie können Drehautomaten gesteuert werden?

Die Steuerung von Drehautomaten kann mechanisch, hydraulisch oder numerisch erfolgen.

Mechanische Drehautomaten besitzen meist mehrere Werkzeugschlitten und werden nur in der Großserienfertigung verwendet.

Ergänzende Fragen zu CNC-Drehmaschinen

13 Welche Konstruktionsmerkmale weisen CNC-Drehmaschinen auf?

CNC-Drehmaschinen haben eine besonders stabile Konstruktion, hohe Antriebsleistung mit stufenloser Drehzahlregelung, regelbare Vorschubantriebe, einen geschlossenen Arbeitsraum und einen Mehrfachhalter für Drehwerkzeuge.

Für die Steuer- und Regelaufgaben wird die CNC-Steuerung zusammen mit einer Hydraulikanlage verwendet.

14 Welche Drehteile lassen sich vorteilhaft auf numerisch gesteuerten Drehmaschinen herstellen?

Herstellbar sind Drehteile auch mit nicht zylindrischen Formen, wie Kegel, Profileinstiche oder Rundungen (Bild).

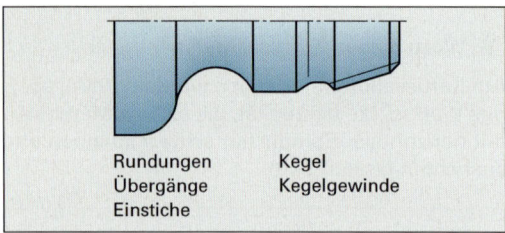

Rundungen   Kegel
Übergänge   Kegelgewinde
Einstiche

Diese Formen sind ohne Umrüstung der Maschine und ohne besondere Profilwerkzeuge durch die Bahnsteuerung der Vorschübe herstellbar.

15 Welcher Unterschied besteht beim Vorschubantrieb zwischen CNC-Drehmaschinen und Universaldrehmaschinen?

CNC-Drehmaschinen besitzen für jede Vorschubrichtung einen gesteuerten Antriebsmotor. Bei Universaldrehmaschinen wird der Vorschubantrieb von der Hauptspindel abgeleitet.

Durch die gleichzeitige Steuerung von Längs- und Quervorschub einer CNC-Drehmaschine lassen sich ohne Umrüstung und mit einfachen Werkzeugen Kegel, Rundungen und Kugeln fertigen.

16 Wie wird die Arbeitsspindel von CNC-Drehmaschinen angetrieben?

Zum Antrieb von CNC-Drehmaschinen dienen Gleichstrommotore oder frequenzgeregelte Drehstrommotore. Der Antriebsmotor der Arbeitsspindel muss stufenlos regelbar sein und eine hohe Leistung bereitstellen.

Mit stufenlosen Antrieben kann die jeweils günstigste Schnittgeschwindigkeit eingestellt werden.

17 Worauf ist beim Programmieren eines Konturzuges zum Fertigdrehen zu achten?

Der Einstellwinkel des Drehmeißels ändert sich mit der Vorschubrichtung. Bei sehr kleinen Einstellwinkeln wird die Spanungsdicke zu gering, die Späne brechen nicht mehr und können zu Störungen führen.

Ein Einstellwinkel von 107° beim Längsdrehen geht beim Querdrehen auf 17° zurück.

18 Warum muss der Arbeitsraum von CNC-Drehmaschinen geschlossen werden können?

Die völlig geschlossene Verkleidung ist wegen der hohen Drehzahlen zum Schutz vor herausfliegenden Spänen und spritzender Kühlschmierflüssigkeit erforderlich.

Ein Kontaktsicherheitsschalter verhindert das Einschalten der Maschine bei offener Schiebetür.

19 Wozu wird bei CNC-Drehmaschinen die Hydraulik verwendet?

Die Hydraulik wird meist zum Spannen der Werkstücke in Kraftspannfuttern, zum Bewegen von Reitstock und Lünette sowie zum Werkzeugwechsel (Revolverkopf) verwendet.

Zur Erzeugung eines einstellbaren Hydraulikdruckes ist an der Maschine ein Hydraulikaggregat erforderlich.

20 Welche Bearbeitungsmöglichkeiten bieten angetriebene Werkzeuge bei CNC-Maschinen?

Drehteile können in einer Einspannung zusätzlich mit Nuten, Querbohrungen, Lochkreisen und Anfräsungen versehen werden (Bild).

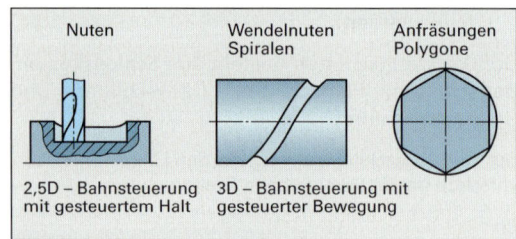

Nuten   Wendelnuten   Anfräsungen
    Spiralen   Polygone

2,5D – Bahnsteuerung   3D – Bahnsteuerung mit
mit gesteuertem Halt   gesteuerter Bewegung

Damit kann häufig die Bearbeitung auf weiteren Maschinen eingespart werden.

21 Welche Vorteile besitzen Drehautomaten?

Der Fertigungsablauf erfolgt selbsttätig. Meist sind mehrere Werkzeuge gleichzeitig im Eingriff.

Die Steuerung des Ablaufes kann mechanisch, hydraulisch, pneumatisch, elektrisch oder elektronisch erfolgen.

2.6.5 Fräsen

Zerspanungsgrößen

Fragen aus Fachkunde Metall, Seite 145

1 Welche Wirkungen ergeben sich aus dem unterbrochenen Schnitt beim Fräsen?

Beim Fräsen ändern sich wegen des unterbrochenen Schnitts die Schnittkraft wie auch die Temperatur an der Fräserschneide.

Jede Schneide ist nur bei einem Teil einer Fräserumdrehung im Eingriff.

2 Warum sollte eine möglichst große Schnittgeschwindigkeit gewählt werden?

Hohe Schnittgeschwindigkeiten ergeben kleine Schnittkräfte, hohe Oberflächengüten und ein großes Zeitspanungsvolumen (Bild).

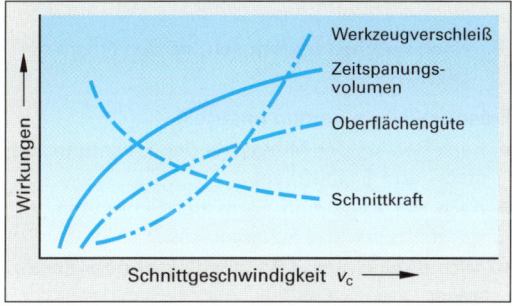

Nachteilig ist der größere Werkzeugverschleiß.

3 Warum muss beim Nutenfräsen mit großen Schnitttiefen der Vorschub f_z erhöht werden?

Während die Spanungsdicke h und damit auch die Schneidenbelastung beim Stirnfräsen eine feste Größe darstellt, ist sie beim Umfangsfräsen (also auch beim Nutenfräsen) schwer anzugeben. Man erreicht beim Umfangsfräsen nur dann ausreichende Spanungsdicken, wenn der Vorschub je Zahn f_z erhöht wird (Tabelle).

Erhöhung des empfohlenen Vorschubes je Zahn f_z beim Nutenfrasen in Abhängigkeit von der Schnitttiefe a_e

a_e =	$1/3 \cdot d$	$1/6 \cdot d$	$1/8 \cdot d$	$1/10 \cdot d$	$1/20 \cdot d$
Vor-schub	empfoh-lener Vor-schub f_z	Erhöhung des Vorschubes f_z			
		15 %	30 %	45 %	100 %
f_z mm	z.B. 0,25	0,29	0,32	0,36	0,5
h_m mm	0,11	0,11	0,11	0,11	0,11

4 Mit einem Planfräser (d = 100 mm) mit sechs Hartmetall-Schneidplatten soll ein 80 mm breites Werkstück fertig gefräst werden (v_c = 300 m/min, f_z = 0,1 mm). Wie groß sind n, v_f und Q, wenn a_p = 3 mm beträgt?

$$n = \frac{v_c}{\pi \cdot d} = \frac{300 \text{ m/min}}{\pi \cdot 0,1 \text{ m}} = \textbf{955/min}$$

$$f = f_z \cdot z = 0,1 \text{ mm} \cdot 6 = \textbf{0,6 mm}$$

$$v_f = f_z \cdot z \cdot n = 0,1 \text{ mm} \cdot 6 \cdot 955 / \text{min} = \textbf{573 mm/min}$$

$$\sin \frac{\varphi_s}{2} = \frac{a_e}{d} = \frac{80 \text{ mm}}{100 \text{ mm}} = 0,8; \qquad \varphi_s = \textbf{106,3°}$$

$$z_e = \frac{\varphi_s \cdot z}{360°} = \frac{106,3° \cdot 6}{360°} = \textbf{1,8}$$

$$Q = a_p \cdot a_e \cdot v_f = 3 \text{ mm} \cdot 80 \text{ mm} \cdot 573 \frac{\text{mm}}{\text{min}} = \textbf{137,5} \frac{\text{cm}^3}{\text{min}}$$

Ergänzende Fragen zu den Zerspangrößen beim Fräsen

5 Wie ermittelt man die Vorschubgeschwindigkeit v_f beim Fräsen?

Die Vorschubgeschwindigkeit beim Fräsen wird aus dem Zahnvorschub f_z, der Zähnezahl z und der Drehzahl n des Fräsers berechnet.

$$v_f = f_z \cdot z \cdot n$$

Die Vorschubgeschwindigkeit wird in mm/min angegeben und an der Maschine eingestellt.

6 Warum sollen die Richtwerte für den Zahnvorschub f_z unter normalen Fräsbedingungen nicht überschritten werden?

Mit der Vergrößerung des Zahnvorschubs wachsen Spanungsdicke und Schnittkraft und damit der Werkzeugverschleiß.

Richtwerte für den Zahnvorschub können Tabellen entnommen werden.

7 Was versteht man unter dem Zeitspanvolumen Q und worüber gibt es Auskunft?

Das Zeitspanvolumen Q gibt das abgetragene Werkstoffvolumen in Kubikzentimeter pro Minute an und ist ein Maß für die Wirtschaftlichkeit eines spanenden Fertigungsverfahrens.

Fräswerkzeuge

Fragen aus Fachkunde Metall, Seite 149

1   Warum sind Schaftfräser wendelgezahnt?

Durch die Wendelzahnung werden die Späne vom Werkstück weggeführt (Bild).

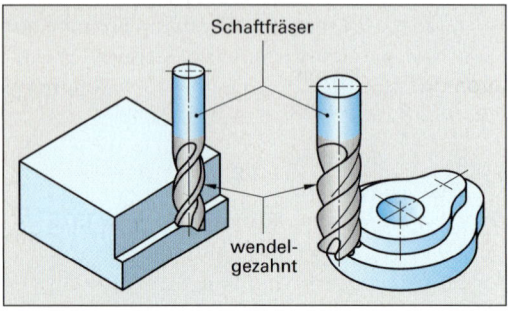

Wendelgezahnte Schaftfräser besitzen meist einen Rechtsdrall.

2   Welche Vorteile haben Schaftfräser aus Vollhartmetall gegenüber Schaftfräsern aus HSS?

Schaftfräser aus Vollhartmetall haben gegenüber Schaftfräsern aus HSS eine höhere Steifigkeit und Standzeit. Ihr Einsatz ist somit auch bei der Hochgeschwindigkeitsbearbeitung (HSC) und der Hartbearbeitung möglich.

3   Warum sind Kammrisse ein typischer Fräserverschleiß?

Kammrisse sind kleine Risse senkrecht zur Schneidkante (Bild). Sie sind die Folge von häufigen Temperaturwechseln (Wärmewechselbelastung), die typisch sind für einen unterbrochenen Schnittverlauf. Durch andauerndes Dehnen und Schrumpfen wird hierbei der Schneidstoff ermüdet.

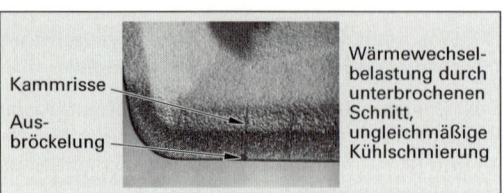

4   Welche Vor- und Nachteile haben Steilkegelaufnahmen?

Steilkegelaufnahmen (Bild) sind durch ihren großen Kegelwinkel gut in den Spindelkopf einführbar und mit geringer Kraft wieder lösbar.

Ihre Nachteile sind die geringe Steifigkeit und die nicht exakte axiale Fräserlage.

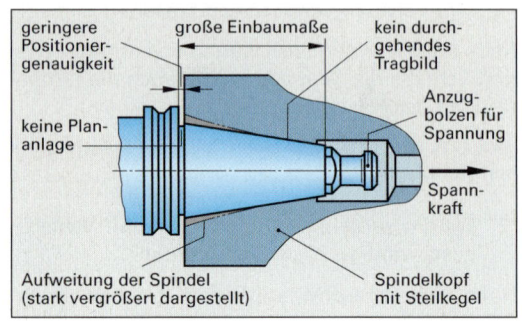

Ergänzende Fragen zu Fräswerkzeugen

5   Nach welchen Merkmalen werden Fräser eingeteilt?

Fräswerkzeuge werden unterteilt
● nach der Art der Mitnahme des Fräsers in Aufsteck- und Schaftfräser
● nach der Lage und Form der Schneiden, z.B. Walzenfräser und Scheibenfräser
● nach dem Zweck, z.B. Nutenfräser oder Schlitzfräser

6   Welche Vorteile bringt beim Fräsen der Einsatz von Hartmetall-Wendeschneidplatten?

Mit Hartmetall-Wendeschneidplatten (Bild) lassen sich höhere Schnittgeschwindigkeiten als mit Schnellarbeitsstahl erzielen. Es stehen mehrere Schneiden je Platte zur Verfügung.

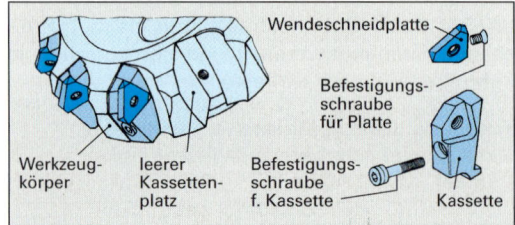

Bei Fräsköpfen mit Kassetten lassen sich in den gleichen Grundkörper unterschiedliche Wendeschneidplatten einsetzen. Damit ist eine einfache Anpassung der Werkzeuge an verschiedene Fräsarbeiten, z.B. Schruppen und Schlichten, möglich.

7 Welche Fräsertypen unterscheidet man nach dem zu spanenden Werkstoff?

Man unterscheidet die Fräsertypen W (weich), N (normal) und H (hart und zäh).

Die Typen besitzen unterschiedliche Zahnteilungen und Schneidenwinkel.

Der Typ W wird für weiche Werkstoffe, z.B. Aluminium und Kupfer eingesetzt, der Typ N für Werkstoffe bis zu R_m = 1000 N/mm², der Typ H für höhere Festigkeiten.

Anwendungsgruppe	Werkstoffbereiche	Werkzeug
N	Stahl und Gusseisen mit normaler Festigkeit	
H	Harte, zähharte oder kurzspanende Werkstoffe	
W	Weiche, zähe oder langspanende Werkstoffe	

8 Welcher Unterschied besteht zwischen Hartmetall-Wendeschneidplatten zum Vorfräsen (Schruppen) und zum Fertigfräsen (Schlichten)?

Zum Vorfräsen verwendet man Platten mit einem Eckenradius, zum Fertigfräsen Platten mit Planfase oder Breitschlichtfase (Bild).

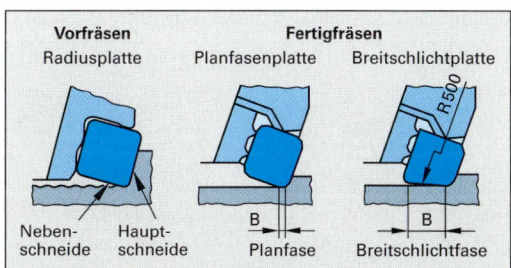

Vorfräsen	Fertigfräsen	
Radiusplatte	Planfasenplatte	Breitschlichtplatte

Neben-schneide Haupt-schneide Planfase Breitschlichtfase

Platten mit Plan- oder Breitschlichtfase haben eine große Eckenrundung. Der Vorschub je Fräserumdrehung muss kleiner sein als die Breite der Schlichtfase.

9 Welche Anforderungen werden an die Fräseraufnahme gestellt?

Die Anforderungen an das Spannsystem sind:
- Hohe Plan- und Rundlaufgenauigkeit
- Hohe Wiederholgenauigkeit beim Werkzeugwechsel
- Hohe Steifigkeit
- Eignung für hohe Drehzahlen durch geringes Gewicht und kleine Baugröße

10 Welche Verschleißformen treten beim Fräsen an den verwendeten Wendeschneidplatten auf und welche Ursachen haben sie?

Plattenbrüche entstehen bei mechanischer Überbeanspruchung der Schneidplatte. Diese kann z.B. hervorgerufen werden durch zu spröden Schneidstoff, zu großen Vorschub oder durch schlechten Sitz der Platten im Fräserkörper

Kantenausbröckelungen kommen bei sehr verschleißfesten und daher spröden Schneidkanten vor. Ursachen können zu hohe Schnittkräfte, Temperaturschwankungen, eine ungünstige Fräserposition oder auch ein zu schwacher Schneidkeil bei stark positiver Schneidengeometrie sein.

Freiflächenverschleiß ist die „normale" Verschleißart und lässt sich nicht vermeiden. Der mechanische Abrieb ist besonders hoch, wenn die Härte des Fräswerkzeugs sich nur wenig von der Härte des Werkstücks unterscheidet, z.B. wenn ein Werkstück aus Stahl mit einem unbeschichteten HSS-Werkzeug gefräst wird.

Kerbverschleiß wird durch Werkstücke mit einer harten Werkstückrandzone (z.B. mit einer Schmiede- oder Gusshaut) verursacht.

Aufbauschneiden bilden sich bei der Stahlbearbeitung, indem Werkstoffteilchen mit der Werkzeugschneide verschweißen. Durch entsprechende Beschichtungen kann die Aufbauschneidenbildung deutlich verringert werden.

Kammrisse sind die Folge von häufigen Temperaturwechseln. Sie ermüden den Schneidstoff durch dauerndes Dehnen und Schrumpfen. Kammrisse zeigen sich als kleine Risse senkrecht zur Schneidkante.

11 Mit einem Fräskopf mit Hartmetall-Wendeschneidplatten (d = 250 mm, 18 Schneiden) wird an einem Gehäuse eine Fläche von 560 mm Länge und 180 mm Breite geschlichtet. Gegeben sind: v_c = 160 m/min; f_z = 0,1 mm; i = 1; $l_a = l_u$ = 1,5 mm. Zu berechnen sind n, f, L und t_h.

$$n = \frac{v_c}{\pi \cdot d} = \frac{160 \text{ m/min}}{\pi \cdot 0{,}25 \text{ m}} = \textbf{204 / min}$$

$$f = f_z \cdot z = 0{,}1 \text{ mm} \cdot 18 = \textbf{1,8 mm}$$

$$L = l + d + l_a + l_u$$
$$= 560 \text{ mm} + 250 \text{ mm} + 1{,}5 \text{ mm} + 1{,}5 \text{ mm} = \textbf{813 mm}$$

$$t_h = \frac{L \cdot i}{n \cdot f} = \frac{813 \text{ mm} \cdot 1}{204 \text{ / min} \cdot 1{,}8 \text{ mm}} = \textbf{2,2 min}$$

Fräsverfahren

Fragen aus Fachkunde Metall, Seite 154

1 Wodurch können beim Konturfräsen im Gleichlauf am Werkstück Formabweichungen entstehen?

Beim Gleichlauffräsen wird der Schaftfräser durch die Kraftrichtung vom Werkstück weg gedrängt (Bild). Die Schnittkräfte führen beim Konturfräsen im Gleichlauf zu elastischen Verformungen am Schaftfräser und an dünnwandigen Werkstücken. Dadurch können Maß- und Formabweichungen entstehen.

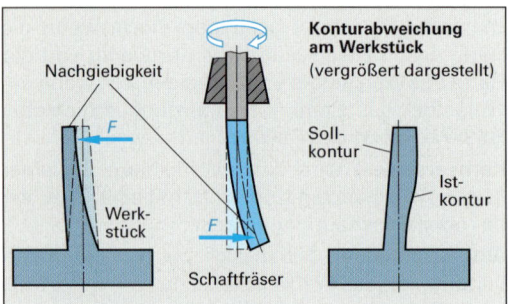

2 Warum werden zum Planfräsen vorzugsweise Fräser mit einem Einstellwinkel von 45° und mit weiter Teilung gewählt?

Planfräser mit einem Einstellwinkel von 45° haben relativ große Spanwinkel und benötigen deshalb nur eine relativ geringe Antriebsleistung der Fräsmaschine.
Bei Fräswerkzeugen mit weiter Teilung sind weniger Schneiden im Eingriff, was die Schnittkräfte begrenzt. Dies ist bei Werkzeugen mit langer Auskragung oder auch bei kleinen Maschinen mit begrenzter Stabilität und Antriebsleistung von Vorteil.

3 Eine 80 mm breite Fläche soll plan gefräst werden. Welchen Durchmesser sollte der Planfräser mindestens haben?

Beim Planfräsen sollte der Fräserdurchmesser etwa das 1,2fache bis 1,5fache der Schnittbreite betragen, um die Schneiden beim Eintritt in das Werkstück vor Kantenausbrüchen und beim Austritt vor Plattenbruch durch extreme Druckentlastung zu schützen.
Bei einer 80 mm breiten Fläche ergibt sich ein Durchmesser des Fräsers von 96 mm bis 120 mm.

4 Warum ist beim Planfräsen die außermittige Fräserposition zum Werkstück vorteilhaft?

Im Gegensatz zur mittigen Lage des Fräskopfs werden bei einer außermittigen Lage Vibrationen vermieden. Die Abdrängkraft auf den Fräser ist hierbei immer auf eine Seite gerichtet, während sie bei mittiger Lage wechselt (Bild).

Die wechselnde Richtung der Zerspankraft bei mittiger Fräserlage kann Vibrationen (Rattern) auslösen, wenn die Fräsmaschine oder auch das Werkzeug nur eine geringe Steifigkeit aufweisen.

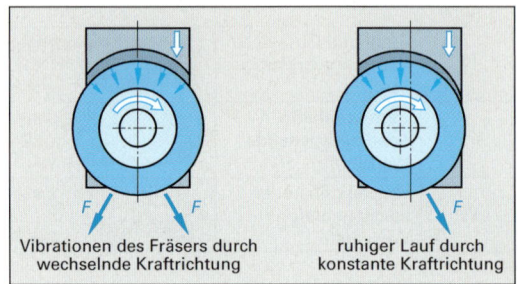

Vibrationen des Fräsers durch wechselnde Kraftrichtung | ruhiger Lauf durch konstante Kraftrichtung

Ergänzende Fragen zu Fräsverfahren

5 Wie unterscheidet sich das Umfangs-Planfräsen vom Stirn-Planfräsen?

Beim Umfangs-Planfräsen liegt die Fräserachse parallel zur Bearbeitungsfläche, beim Stirn-Planfräsen steht sie senkrecht dazu (Bild).

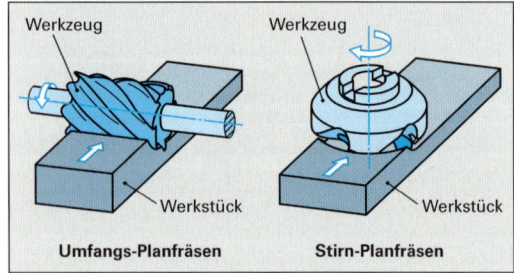

Umfangs-Planfräsen | **Stirn-Planfräsen**

Beim Stirn-Planfräsen erfolgt die Spanabnahme vorwiegend durch die Hauptschneiden (Umfangsschneiden) des Fräsers. Die Nebenschneiden glätten die gefräste Oberfläche.

6 Wie unterscheiden sich die Schnitt- und Vorschubbewegungen beim Gleichlauffräsen und Gegenlauffräsen?

Beim Gleichlauffräsen sind die Schnittbewegung des Werkzeugs und die Vorschubbewegung des Werkstücks gleichgerichtet, beim Gegenlauffräsen sind sie entgegengesetzt.

7 In welche Gruppen werden die Fräsverfahren nach der gefertigten Werkstückfläche unterteilt?

Die Fräsverfahren werden in Planfräsen, Rundfräsen, Schraubfräsen, Wälzfräsen, Profilfräsen und Formfräsen unterteilt.

Nach der Lage der Fräserachse wird noch unterteilt in Umfangs- und Stirnfräsen, nach der Vorschubrichtung in Gleich- und Gegenlauffräsen.

8 Wie unterscheiden sich die Spanformen beim Umfangs- und beim Stirnfräsen?

Beim Umfangsfräsen sind die Späne kommaförmig, beim Stirnfräsen sichelförmig mit geringem Dickenunterschied.

Wegen der gleichmäßigeren Spanungsdicke und der größeren Zahl von Zähnen, die gleichzeitig im Eingriff sind, ist das Stirnfräsen wirtschaftlicher als das Umfangsfräsen.

9 Warum ist das Stirn-Planfräsen wirtschaftlicher als das Umfangs-Planfräsen?

Beim Stirn-Planfräsen lässt sich ein größeres Zeitspanungsvolumen erreichen als beim Umfangs-Planfräsen.

Gründe:
- Es sind stets mehr Zähne gleichzeitig im Eingriff.
- Durch die höhere Werkzeugsteifigkeit können größere Kräfte übertragen werden.
- Durch den Einsatz von Wendeschneidplatten lassen sich höhere Schnittgeschwindigkeiten erreichen.

10 Welche Vorteile hat das Stirn-Planfräsen gegenüber dem Umfangs-Planfräsen?

Die Vorteile des Stirn-Planfräsens sind:
- ruhiger Lauf durch den gleichzeitigen Eingriff mehrerer Zähne und Kraftausgleich für Gleich- und Gegenlauf (Bild)
- große Werkzeugsteifigkeit
- große mittlere Spanungsdicke und damit hohes Zeitspanungsvolumen
- einfacher Einsatz von Wendeschneidplatten

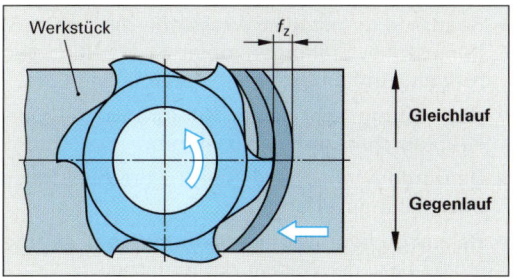

11 Welche Vorteile hat beim Umfangsfräsen das Gleichlauffräsen gegenüber dem Gegenlauffräsen?

Beim **Gleichlauffräsen** wird das Werkstück auf die Unterlage gedrückt (Bild). Spandicke und Schnittkraft sind beim Eintritt des Fräserzahns in das Werkstück am größten und verringern sich während der Bildung des Kommaspans. Dadurch lässt sich eine hohe Oberflächengüte erzielen.

Beim **Gegenlauffräsen** sind die Schnittkraft und die Spandicke am Ende des Kommaspans am größten (Bild). Dadurch wird das Werkstück hochgezogen. Beim Eintritt des Fräserzahns gleitet die Freifläche des Fräserzahns über die Oberfläche. Dies ergibt einen erhöhten Freiflächenverschleiß.

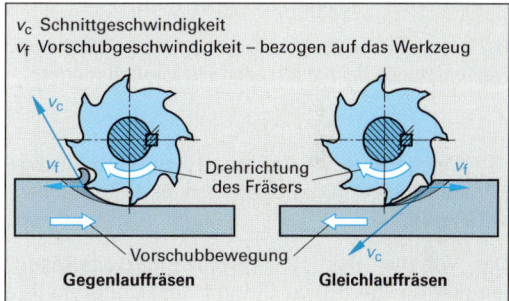

v_c Schnittgeschwindigkeit
v_f Vorschubgeschwindigkeit – bezogen auf das Werkzeug

Gegenlauffräsen ist nur vorteilhaft, wenn das Werkstück harte und verschleißend wirkende Randzonen aufweist. Für das Gleichlauffräsen muss der Tischantrieb spielfrei und gegen Mitziehen gesichert sein.

12 Was versteht man unter Formfräsen und welche Besonderheit weisen die hierbei eingesetzten Werkzeuge auf?

Beim Formfräsen (auch Kopier-, Profil- oder Gesenkfräsen genannt) werden durch Fräsbearbeitungen und/oder Bohrbearbeitungen komplizierte Außenformen und Kammern gefertigt (Bild).

Als Fräswerkzeuge werden beispielsweise Kugelschaftfräser sowie Schaftfräser mit runden Wendeschneidplatten eingesetzt. Sie ermöglichen die Fräsbearbeitung in allen Vorschubrichtungen.

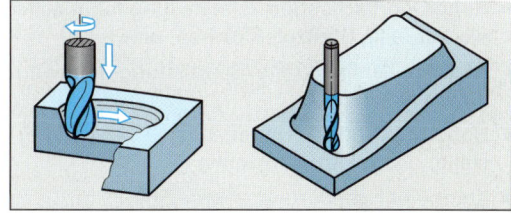

Hochgeschwindigkeitsfräsen (HSC-Fräsen) und Fräsmaschinen

Fragen aus Fachkunde Metall, Seite 159

1 Wie beeinflusst die Trockenbearbeitung die Standzeit von Fräswerkzeugen?

Das Fräsen mit Kühlschmierstoffen führt an den Werkzeugschneiden zu dauerndem Wechsel zwischen sehr hohen und relativ niedrigen Temperaturen mit der Folge von Kammrissen. Bei der Trockenbearbeitung ist die Temperatur höher, die Temperaturwechsel an der Werkzeugschneide sind aber weniger schroff. Dadurch wird die Standzeit der Fräswerkzeuge erhöht.

Die Trockenbearbeitung ist mit modernen Fräsern und Fräsmaschinen bei nahezu allen Werkstoffen möglich.

2 Welche Vorteile hat das Hochgeschwindigkeitsfräsen gegenüber dem herkömmlichen Fräsen?

Die Vorteile des Hochgeschwindigkeitsfräsens (englisch: **H**igh **S**peed **C**utting = **HSC**) haben ihre Ursache in der wesentlich höheren Schnittgeschwindigkeit gegenüber herkömmlichen Fräsverfahren (Bild).

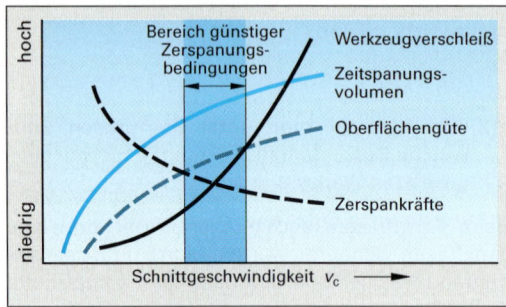

Durch die Anwendung des Hochgeschwindigkeitsfräsens ergeben sich folgende Vorteile:

● Hohes Zeitspanungsvolumen (Bearbeitung von Formen, Gesenken, usw.)

● Hohe Oberflächengüte (Herstellung feinmechanischer Teile, Spritzgießformen, usw.)

● Niedrige Zerspankräfte (Bearbeitung dünnwandiger Werkstücke)

● Hohe Maß- und Formgenauigkeit bei der Herstellung von Präzisionsteilen

● Keine Kühlschmierung erforderlich

3 Wie sollen beim Hochgeschwindigkeitsfräsen (HSC) Schnittgeschwindigkeit, Vorschub und Zustellung gewählt werden?

Beim Hochgeschwindigkeitsfräsen sollten die Schnittgeschwindigkeiten fünf- bis zehnmal höher sein als beim üblichen (konventionellen) Fräsen. Kennzeichnend ist auch die Erhöhung des Vorschubes je Zahn und eine kleine radiale Schnitttiefe a_e des Schaftfräsers.

Die axiale Schnitttiefe a_p liegt meist im Bereich von 0,2 bis 5 mm.

4 Warum werden im Werkzeugbau vor allem Universal-Fräsmaschinen eingesetzt?

Im Werkzeug- und Formenbau werden möglichst universell einsetzbare Fräsmaschinen benötigt. Diese zeichnen sich durch folgende Merkmale aus:

● Schnelles, einfaches Umrüsten

● Schwenkbarer Fräskopf

● Verschiedene Tischvarianten

● Am Fräskopf ausfahrbare Pinole

Laserbearbeitung

1 Was versteht man unter Laserbearbeitung?

Unter Laserbearbeitung versteht man die materialabtragende oder schneidende Bearbeitung von Werkstoffen mit Hilfe eines gebündelten Laserstrahls.

Laserlicht ist eine energiereiche Lichtart. Der Name **LASER** ist eine Abkürzung aus dem Englischen für **L**ight **A**mplification by **S**timulated **E**mission of **R**adiation. Übersetzt heißt das: Lichtverstärkung durch angeregte Strahlungsemission.

2 Welche Vorteile hat die Laserbearbeitung?

Die Laserbearbeitung hat folgende Vorteile:

● Bearbeitung fast aller Werkstoffe möglich, z.B. Kunststoffe, Stahl, gehärteter Stahl, NE-Legierungen, Grafit, Hartmetall, Keramik und Glas.

● Bearbeitung sehr feiner Konturen mit Laserstrahldurchmessern ab 0,04 mm.

● Berührungsfreies und somit verschleißfreies Bearbeitungsverfahren.

● Relativ geringe Wärmebeeinflussung des Werkstücks bzw. der Werkstückoberfläche.

2.6.6 Schleifen

**Schleifkörper, Schleifeinflüsse,
Schleifverfahren, Schleifmaschinen**

Fragen aus Fachkunde Metall, Seite 172

1 Welche Rautiefe kann mit der Körnung 60 etwa erreicht werden?

Die erreichbare Rautiefe Rz beträgt 8 ... 1,5 μm

Körnungen und Rautiefen beim Schleifen			
Rautiefe Rz in μm	20 ... 8	8 ... 1,5	1,5 ... 0,3	0,3 ... 0,2
Körnung	8 ... 24	30 ... 60	70 ... 220	230 ... 1200

2 Welche Aufgabe hat die Bindung einer Schleifscheibe?

Die Bindung hat den Zweck, die einzelnen Körner zu einem Schleifkörper zusammen zu fügen (Bild). Sie hält die Körner an der Schleiffläche fest.

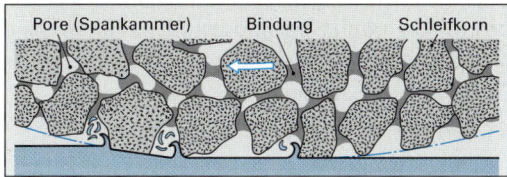
Pore (Spankammer) — Bindung — Schleifkorn

3 Welche Vorteile haben keramische Bindungen beim Profilschleifen?

Scheiben mit keramischer Bindung haben Porenräume und sind gut abrichtbar.

Profilschleifscheiben werden durch Abrichten in die gewünschte Form gebracht.

4 Was versteht man unter der Härte einer Schleifscheibe?

Unter der Härte einer Schleifscheibe versteht man den Widerstand der Bindung gegen das Ausbrechen der Schleifkörner.

Die Bindungshärte wird mit den Buchstaben A (äußerst weich) bis Z (äußerst hart) gekennzeichnet.

5 Warum ist der Verschleiß auch von der Scheibenhärte abhängig?

Der Verschleiß von Schleifscheiben entsteht durch das Brechen und Ausbrechen der Körner. Weiche Scheiben haben einen größeren Verschleiß als harte, da sie die Körner leichter ausbrechen lassen.

6 Warum verwendet man für harte Werkstoffe weiche Schleifscheiben und für weiche Werkstoffe harte Schleifscheiben?

Beim Schleifen von harten Werkstoffen splittern die Körner stärker als bei weichen Werkstoffen. Die Bindung muss die stumpf gewordenen Körner rechtzeitig freigeben, damit neue Körner zum Einsatz kommen (Selbstschärfung).

Bei weichen Werkstoffen erfordern die dickeren Späne eine größere Kornhaltekraft, also härtere Schleifscheiben.

7 Warum werden beim Bohrungs- und Tiefschleifen offenporige Schleifscheiben empfohlen?

Die Poren des Gefüges bilden Spankammern und fördern die Kühlung (Bild). Dies ist besonders bei großen Kontaktlängen erforderlich, wie sie beim Bohrungs- und Tiefschleifen auftreten.

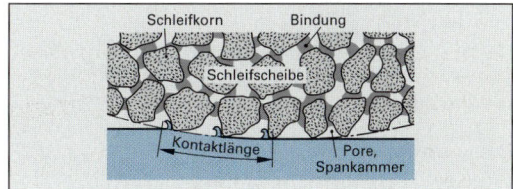
Schleifkorn — Bindung — Schleifscheibe — Kontaktlänge — Pore, Spankammer

8 Warum müssen Schleifscheiben abgerichtet werden?

Durch Abrichten werden die Schleifscheiben in die gewünschte Form gebracht und geschärft.

Das Abrichten geschieht mit Stahlrollen, einem Schärfblock oder einem Einzeldiamanten.

9 Welche Unfallverhütungsvorschriften sind beim Prüfen und Aufspannen von Schleifscheiben zu beachten?

- Durch eine Klangprobe unmittelbar vor dem Spannen wird die Schleifscheibe auf Risse geprüft.
- Die Schleifscheibe muss sich leicht auf die Spindel schieben lassen.
- Die Mindestdurchmesser der Flansche sind einzuhalten.
- Zwischen den Flanschen und der Schleifscheibe müssen elastische Zwischenlagen sein.
- Vor dem ersten Lauf muss die Scheibe ausgewuchtet werden.
- Jede neu gespannte Schleifscheibe muss mindestens 5 min mit der höchstzulässigen Drehzahl Probe laufen.

10 Welche Auswirkungen hat eine große Schleifwärme auf das Werkstück?

Bei einer zu hohen Schleiftemperatur entstehen Maßabweichungen und Risse durch Ausdehnen und nachfolgendes Schrumpfen der Werkstücke.

Durch die übermäßige Erwärmung der Werkstückoberfläche entstehen Gefügeveränderungen, die meist zur Verringerung der Oberflächenhärte führen.

Eine zu große Erwärmung kann durch kleine Zustellung, kleine Kontaktlänge, ein geringes Geschwindigkeitsverhältnis, weiche Schleifscheiben und intensive Kühlschmierung vermieden werden.

11 Welchen Vorteil hat das abschnittsweise Einstechschleifen (oberes Bild) gegenüber dem Längsschleifen (unteres Bild)?

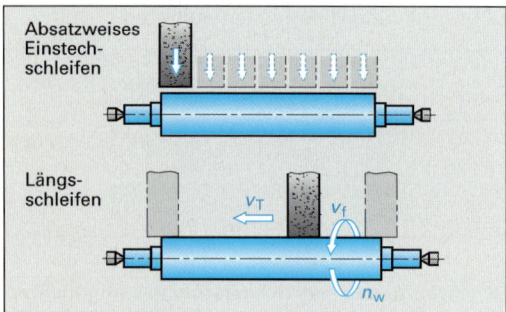

Das Einstechschleifen ist durch das hohe Zeitspanvolumen sehr wirtschaftlich.

Nach dem Einstechschleifen auf Fertigmaß wird das Werkstück durch Längsschleifen ohne Zustellung geglättet.

Ergänzende Fragen zum Schleifen

12 Welche Vorteile hat das Schleifen gegenüber anderen spanenden Fertigungsverfahren?

Vorteile des Schleifens sind gute Bearbeitbarkeit harter Werkstoffe, hohe Maß- und Formgenauigkeit und hohe Oberflächengüte.

Die Maßabweichungen beim Schleifen liegen im Bereich von IT 5 bis 6, die Oberflächengüte bei $R_z = 1 \ldots 3 \, \mu m$.

13 Für welche Werkstoffe ist Edelkorund als Schleifmittel geeignet?

Edelkorund eignet sich zum Schleifen von zähen und harten Stählen.

Edelkorund und Normalkorund sind die am häufigsten verwendeten Schleifmittel.

14 Welcher Gruppe der Fertigungsverfahren Trennen ist das Schleifen zugeordnet?

Schleifen ist Spanen mit geometrisch unbestimmter Schneide.

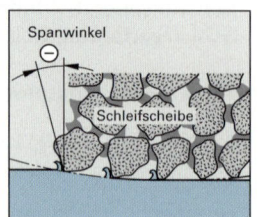

Durch die unterschiedliche Form und Lage der Körner entstehen verschieden große, meist negative Spanwinkel (Bild).

15 Mit welchen Schleifmitteln können Hartmetalle bearbeitet werden?

Hartmetalle können mit Siliciumcarbid und Diamant bearbeitet werden.

Wegen ihrer Härte können Hartmetalle nicht mit Korundscheiben geschliffen werden.

16 Wie werden die Körnungen der Schleifscheiben angegeben?

Körnungen werden durch Zahlen angegeben.

Die Zahlen entsprechen der Maschenzahl des Siebes je 25,4 mm (1 inch), durch das die jeweilige Körnung gesiebt wurde.

Für Diamant und Bornitrid kann die Korngröße auch in µm angegeben werden.

17 Was versteht man unter der Körnung einer Schleifscheibe?

Unter der Körnung versteht man die Korngröße des gemahlenen Schleifmittels.

Von der gewählten Korngröße hängen die Oberflächengüte und die Schleifzeit ab.

18 Welche Ursachen hat der Verschleiß am Schleifkorn?

Mikroverschleiß wird verursacht durch Abnutzung und Absplitterung der Körner. Makroverschleiß entsteht durch Kornbruch und Kornausbruch (Bild).

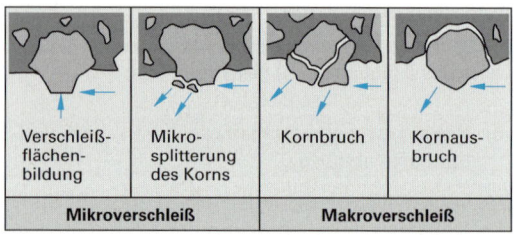

Durch das Splittern und Ausbrechen der Körner bilden sich neue Schneidkanten (Selbstschärfung der Schleifscheibe).

19 Wonach richtet sich die Auswahl des Schleifscheibengefüges?

Das Gefüge muss um so offener sein, je größer die Zustellung und die Vorschubgeschwindigkeit sind.

Die Spankammern müssen so groß sein, dass sie die beim Werkzeugeingriff auf der ganzen Kontaktlänge entstehenden Späne aufnehmen und anschließend wieder herausschleudern können.

20 Welche Arten von Bindungen werden hauptsächlich verwendet?

Die hauptsächlich verwendeten Bindungen sind die keramische Bindung (V), die Kunstharzbindung (B), die Metallbindung (M), die galvanische Metallbindung (G) und die Gummibindung (R).

Art und Menge des verwendeten Bindemittels beeinflussen den Härtegrad und den Verwendungszweck der Schleifkörper.

21 Wie werden die Schleifverfahren unterteilt?

Nach der Vorschubrichtung unterteilt man in Längs- und Querschleifen, nach der Wirkfläche in Umfangs- und Seitenschleifen und nach der Lage und Form der zu erzeugenden Fläche in Planschleifen, Rundschleifen, Formschleifen und Profilschleifen.

Daneben kann noch nach der Schnittgeschwindigkeit in Hochgeschwindigkeitsschleifen, nach der Zustellung in Pendel- und Tiefschleifen unterteilt werden.

22 Wie groß sollen beim Außen-Rundschleifen der Längsvorschub und die Zustellung sein?

Der Längsvorschub f wird zum Vorschleifen auf $2/3$ ... $3/4$ der Scheibenbreite eingestellt, beim Fertigschleifen auf $1/4$ ... $1/3$. Die Zustellung a beträgt zum Vorschleifen 0,01 ... 0,04 mm, zum Fertigschleifen 0,005 ... 0,01 mm.

Am Ende des Fertigschleifen werden meist noch ein bis zwei Durchgänge ohne Zustellung ausgeführt.

23 Wie wird der Härtegrad von Schleifscheiben angegeben?

Der Härtegrad von Schleifscheiben wird durch die Buchstaben von A bis Z angegeben.

Schleifscheiben von A bis D sind äußerst weich, E bis G sehr weich, H bis K weich, L bis O mittel, P bis S hart, T bis W sehr hart und X bis Z äußerst hart.

24 Wozu dienen die Pappscheiben an den Seitenflächen der Schleifscheiben?

Die elastischen Pappscheiben sollen die Unebenheiten der Schleifscheiben ausgleichen und ein gleichmäßiges Anliegen der Flansche gewährleisten (Bild).

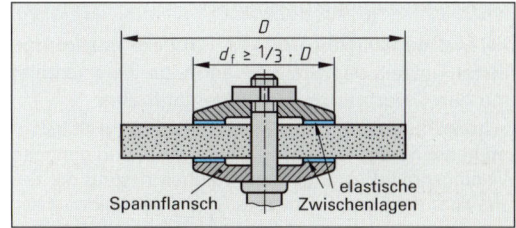

Ohne elastische Zwischenlagen können vorstehende Körner in die Scheibe gedrückt werden. Dies kann zum Zerspringen der Scheibe führen.

25 Welche Einstellgrößen sind bei Schleifarbeiten festzulegen?

Bei Schleifarbeiten sind festzulegen (Bild):
- die Umfangsgeschwindigkeit v_s (Arbeitsgeschwindigkeit) der Schleifscheibe
- die Vorschubgeschwindigkeit v_f
- der Vorschub f (Quer- oder Längsvorschub)
- die Zustelltiefe a_e (Arbeitseingriff)

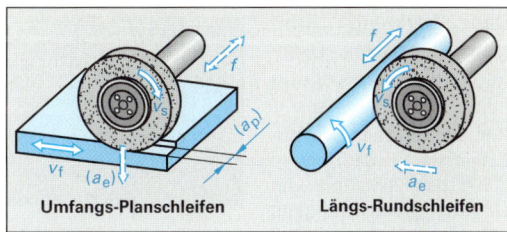

Umfangs-Planschleifen   Längs-Rundschleifen

26 Welche Vorteile bieten CNC-gesteuerte Rundschleifmaschinen?

Beim CNC-Schleifen können mit nur einer Scheibenform unterschiedliche Werkstückformen bahngesteuert geschliffen werden (Bild). Auch das Profilieren von Schleifscheiben wird durch das bahngesteuerte Abrichten sehr flexibel, d.h. mit einem Diamantabrichter können an Schleifscheiben unterschiedliche Profile geformt werden.

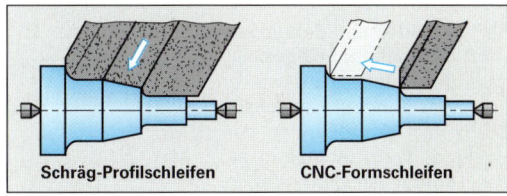

Schräg-Profilschleifen   CNC-Formschleifen

2.6.7 Feinbearbeitung

Honen und Läppen

Fragen aus Fachkunde Metall, Seite 178

1 Welche Motoreigenschaften werden durch die Maßgenauigkeit und die Rautiefe der Kolbenlaufbahn beeinflusst?

Die Maßgenauigkeit und die Rautiefe bestimmen die Einlaufzeit, das Gleitverhalten, die Gasdichtheit und den Ölverbrauch der Kolbenlaufbahn.

Zu hohe Rautiefe und zu geringe Maßgenauigkeit bewirken hohen Verschleiß, hohen Ölverbrauch und geringen Wirkungsgrad. Bei zu geringer Rauheit besteht die Gefahr, dass der Schmierfilm abreißt und der Kolben frisst.

2 Welche Forderungen werden an Feinbearbeitungsverfahren gestellt?

Feinbearbeitungsverfahren sollen die folgenden Eigenschaften erbringen:

- Hoher Traganteil bei Gleit- und Dichtflächen
- Kleine Rautiefen zur Erhöhung des Traganteils und der Verschleißfestigkeit
- Hohe Maß-, Form- und Lagegenauigkeit
- Keine Schädigung der Werkstückrandzone durch Bearbeitungsdruck oder -wärme.

3 Wie entstehen die gekreuzten Bearbeitungsriefen beim Honen?

Das Werkzeug führt gleichzeitig eine Dreh- und eine Hubbewegung aus.

Der Winkel der Bearbeitungsriefen (Bild) wird durch das Verhältnis von Umfangsgeschwindigkeit und Axialgeschwindigkeit bestimmt.

4 Wodurch kann eine tonnenförmige Zylinderabweichung beim Langhubhonen korrigiert werden?

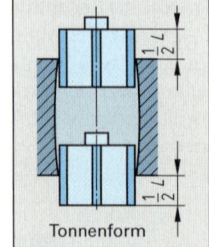

Tonnenform

Die Hublänge wird so weit vergrößert, dass die Honsteine oben und unten jeweils etwa die Hälfte ihrer Länge aus der Bohrung austreten (Bild).

Bei zylindrischen Bohrungen wird der Hub so eingestellt, dass die Hohnsteine etwa $^1/_3$ aus der Bohrung austreten. Durch die Vergrößerung der Hublänge wird der Abtrag an den Bohrungsenden größer.

5 Welche Wirkung hat ein großer Anpressdruck auf den Läppvorgang?

Mit steigendem Anpressdruck werden der Werkstoffabtrag und die Kornsplitterung größer.

6 Warum muss beim Läppen ein gleichmäßiger Scheibenabtrag erreicht werden?

Von der Ebenheit der Läppscheibe wird die Ebenheit der geläppten Werkstücke bestimmt.

Gekrümmte Läppscheiben ergeben auch gekrümmte Läppflächen.

Ergänzende Fragen zu Honen und Läppen

7 Was versteht man unter Honen?

Honen ist ein Feinbearbeitungsverfahren mit Honsteinen aus gebundenem Schleifmittel. Beim Honen besteht ständige Flächenberührung und es wird gleichzeitig eine axiale und eine radiale Bewegung ausgeführt.

Typisch für das Honen sind die sich unter einem bestimmten Winkel kreuzenden Bearbeitungsriefen.

8 Welche Verfahren werden beim Honen unterschieden?

Man unterscheidet das Langhub- und das Kurzhubhonen.

Das Kurzhubhonen wird auch als Superfinish-Verfahren bezeichnet.

9 Wie erfolgt das Kurzhubhonen?

Die Honsteine schwingen auf dem Werkstück quer zu den Riefen der Vorbearbeitung. Sie werden mit 10 bis 40 N/cm² gegen das sich drehende Werkstück gedrückt.

Durch die kurzen, schnellen Hübe werden Rauheit und Welligkeit beseitigt.

10 Welche Schleifmittelarten werden zum Honen verwendet?

Zum Honen werden vorwiegend Diamant und Bornitrid in den Korngrößen von 20 bis 100 μm verwendet.

Die Körner müssen auch bei den kleinen Anpressdrücken, die zum Honen angewandt werden, splittern und ausbrechen können, damit die Honsteine selbstschärfend wirken.

11 Für welche Werkstücke ist das Kurzhubhonen geeignet?

Durch Kurzhubhonen werden vorwiegend zylindrische Außenflächen, z.B. Lagerzapfen von Wellen, bearbeitet (Bild).

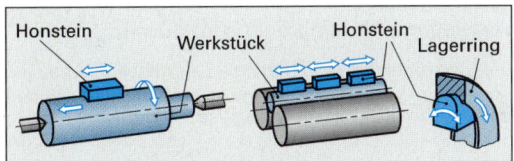

Auch die Laufbahnen von Wälzlagern können durch Kurzhubhonen feinbearbeitet werden.

12 Weshalb werden beim Honen von Gleit- und Führungsflächen keine extrem kleinen Rauheitswerte angestrebt?

Bei zu kleinen Rauheitswerten haftet der Schmierstoff nicht genügend an der Werkstückoberfläche; die Schmierung setzt aus.

Beim Honen dieser Flächen wird meist eine gemittelte Rautiefe Rz = 1 bis 4 µm angestrebt (Bild).

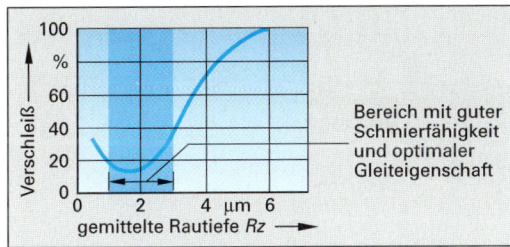

13 Wodurch unterscheidet sich das Honen vom Läppen?

Beim Honen werden Leisten aus gebundenem Schleifmittel verwendet. Es entstehen gekreuzte Bearbeitungsriefen mit guter Haftung für Schmierstoffe.

Beim Läppen bewirken lose auf der Werkstückoberfläche abrollende Körner den Abtrag. Es entstehen Flächen mit ungerichteten Bearbeitungsspuren und sehr großer Maß- und Oberflächengüte.

14 Was versteht man unter Läppen?

Läppen ist ein Feinbearbeitungsverfahren, bei dem mit nicht gebundenem Korn und formübertragenden Werkzeugen gearbeitet wird.

Die Körner des Läppmittels rollen zwischen dem Läppwerkzeug und dem Werkstück ab und hinterlassen in diesem kraterförmige Vertiefungen.

15 Welche Stoffe werden als Läppmittel verwendet?

Als Läppmittel werden Korund, Siliciumcarbid, Bornitrid und Diamant in Korngrößen von 5 bis 100 µm verwendet.

Das Läppmittel wird mit Wasser, Öl oder Pasten vermischt zum Läppen verwendet.

16 Wie lassen sich Oberflächengüte und Werkstoffabtrag beim Läppen beeinflussen?

Je kleiner die Korngröße ist, desto geringer sind die Rautiefe und der Werkstoffabtrag (Bild).

Ein hoher Anpressdruck vergrößert den Werkstoffabtrag und den Kornverschleiß. Je höher die Läppgeschwindigkeit ist, desto größer wird der Werkstoffabtrag.

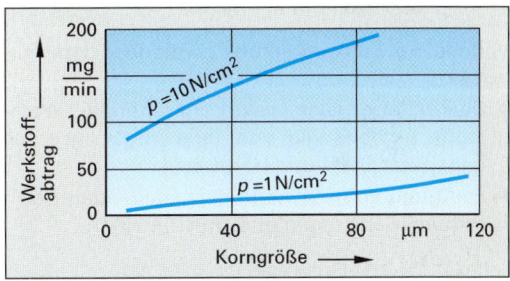

17 Wie erfolgt das Planparallelläppen?

Beim Planparallelläppen werden gleichzeitig zwei parallele Werkstückflächen zwischen zwei Läppscheiben bearbeitet.

Typische Anwendungsbeispiele sind Abstandsringe, Dichtungsscheiben und Parallelendmaße.

18 Wie müssen die Abrichtringe verteilt werden, damit eine konvexe bzw. eine konkave Läppscheibe wieder eben wird?

Zur Wiederherstellung der Ebenheit werden die Läppscheiben abgerichtet (Bild).

Bei einer konvex veränderten Läppscheibe werden die Abrichtringe in Stufen von 2,5 mm nach innen verstellt, bis wieder Ebenheit erreicht ist.

Bei einer konkaven Läppscheibe werden die Abrichtringe nach außen verstellt.

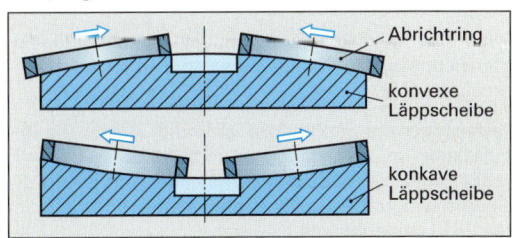

2.6.8 Funkenerosives Abtragen

Funkenerosives Senken und Schneiden

Fragen aus Fachkunde Metall, Seite 182

1 Welche Werkstoffe können durch funkenerosives Abtragen bearbeitet werden?

Durch funkenerosives Abtragen können alle metallischen Werkstoffe bearbeitet werden.

Das Verfahren wird vorwiegend für die Bearbeitung von Werkstücken aus gehärtetem Stahl oder Hartmetall verwendet.

2 Welche Vorteile besitzt das Senkerodieren z.B. gegenüber dem Fräsen?

Vorteile des Senkerodierens gegenüber dem Fräsen sind:

- Bearbeitung aller elektrisch leitender Werkstoffe, unabhängig von ihrer Härte, wie z.B gehärteter Stahl und Hartmetall.
- Fertigung von schwierig herzustellenden Hohlformen, Senkungen und Durchbrüchen.

3 Wovon hängen Maß- und Formgenauigkeit beim Senkerodieren ab?

Die Maß- und Formgenauigkeit wird durch die am Generator eingestellten Größen bestimmt. Dies sind vor allem die Stromstärke und die Impulsdauer (Bild).

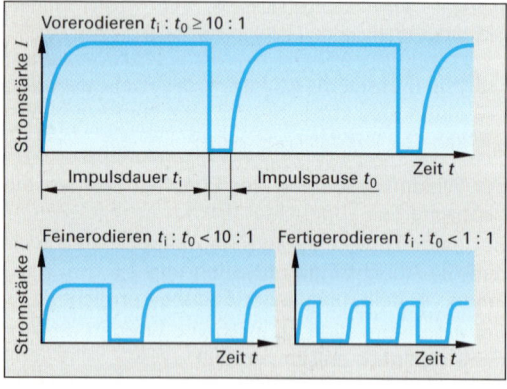

Mit der Stromstärke und der Impulsdauer steigt die abgetragene Werkstoffmenge. Deshalb sind sie beim Vorerodieren groß.

Je niedriger die Stromstärke ist und je kleiner die Impulsdauer im Verhältnis zur Impulspause ist, desto größer sind die Maß- und Formgenauigkeit sowie die Oberflächengüte. Deshalb werden sie beim Feinerodieren und Fertigerodieren eingesetzt.

4 Welche Werkstoffe werden für die Elektroden beim Senk- bzw. Drahterodieren verwendet?

Zum Senkerodieren werden Elektroden aus Grafit, Kupfer, Wolfram-Kupfer- und Kupfer-Zink-Legierungen verwendet. Beim Drahterodieren kommt wegen des geringen Drahtverschleißes vorwiegend Messingdraht zum Einsatz.

Die Elektrodenwerkstoffe müssen elektrisch leitend sein und einen hohen Schmelzpunkt sowie einen kleinen elektrischen Widerstand aufweisen.

5 Wodurch unterscheidet sich das Senkerodieren vom Drahterodieren?

Beim Senkerodieren wird mit einer Formelektrode eine Vertiefung oder ein Durchbruch gefertigt. Beim Drahterodieren werden mit Hilfe einer Drahtelektrode Durchbrüche ausgeschnitten (Bild).

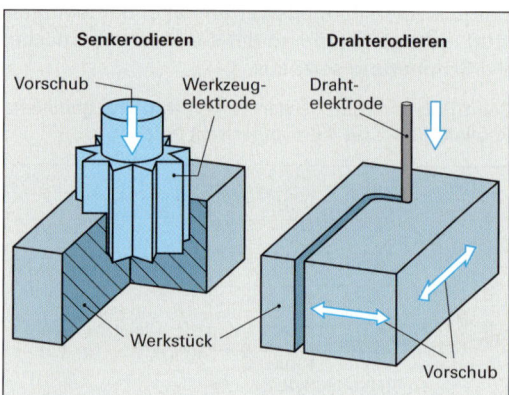

Ergänzende Frage zum Senkerodieren

6 Welchen Vorteil bieten numerische Steuerungen beim funkenerosiven Senken?

Durch den Einsatz numerischer Steuerungen können mit einfachen Elektrodenformen schwierige Werkstückformen hergestellt werden (Bild).

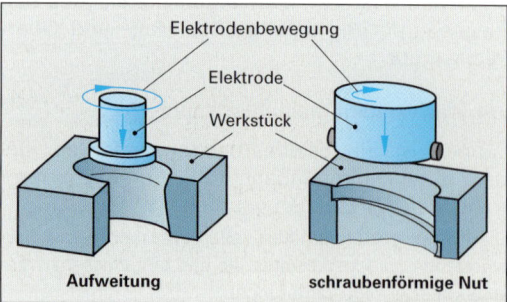

2.6.9 Vorrichtungen und Spannelemente an Werkzeugmaschinen

Fragen aus Fachkunde Metall, Seite 189

1 Welche Vorteile hat der Einsatz von Vorrichtungen in der spanenden Fertigung?

Vorrichtungen führen zu einer wirtschaftlicheren Fertigung durch

- Verkürzung der Fertigungszeit, insbesondere der Vorbereitungszeit (Anreißen) und der Nebenzeiten für das Spannen und Prüfen
- Verbesserung der Wiederholgenauigkeit
- einfache Bearbeitungsmöglichkeiten für schwierig geformte Werkstücke

2 Welche Anforderungen werden an Spannvorrichtungen für Werkzeugmaschinen gestellt?

- Sicheres Spannen des Werkstücks
- Geringe Werkstückverformung und hohe Wiederholgenauigkeit
- Einfache, schnelle und sichere Handhabung
- Leichter Austausch, Vielseitigkeit und Wiederverwendbarkeit der Elemente
- Möglichst geringe Vorrichtungskosten

3 Welchen Vorteil hat die Dreipunktauflage beim Spannen von Werkstücken?

Das Werkstück liegt an jedem dieser Punkte sicher auf und ist eindeutig bestimmt (Bild).

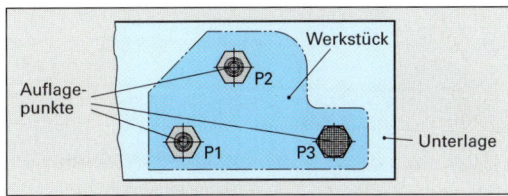

Für die Position der Punkte ist zu beachten, dass der Werkstückschwerpunkt innerhalb der durch die Auflagepunkte begrenzten Zone liegt.

4 Warum wird beim Spannen mit Flachspannern das Werkstück gleichzeitig auf den Maschinentisch gedrückt?

Durch die Schrägstellung der Spannschraube wird das Werkstück beim Spannen gegen die Anlage und gleichzeitig auf den Maschinentisch gepresst. Dies bewirkt eine nach unten gerichtete Spannkraft.

5 Erläutern Sie das Spannen nach dem Kniehebelprinzip.

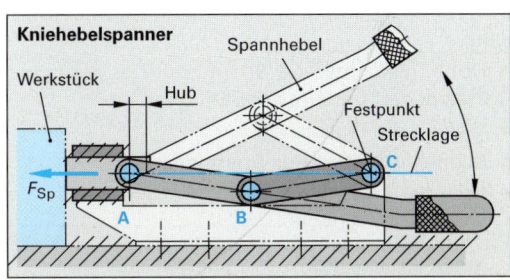

Festpunkt der Kniehebel-Spannvorrichtung ist der Gelenkpunkt C. Durch Bewegen des Spannhebels wird das Gelenk B nach oben und unten, das Gelenk A horizontal verschoben (Bild).

Kniehebelspanner erreichen die größte Spannkraft, wenn die Gelenke A, B und C fluchten. Nach dem Überschreiten der Strecklage besteht Selbsthemmung.

6 Welche Vorteile hat der Einsatz von pendelnden Auflagen?

Pendelnde Auflagen passen sich der Werkstückform an. Sie erlauben ein Spannen ohne Verformung des Werkstücks und ohne Beschädigung der Oberfläche.

Pendelnde Auflagen bestehen meist aus abgeflachten, drehbar gelagerten Kugeln.

7 Welche Vorteile hat das magnetische Spannen?

Durch magnetisches Spannen können Werkstücke schnell, sicher und verzugsarm gespannt und an fünf Seiten bearbeitet werden.

Magnetisierte Werkstücke müssen nach dem Spannen entmagnetisiert werden.

8 Warum erlaubt das Spannen mit Elektro-Dauermagnetspannplatten besonders hohe Bearbeitungsgenauigkeit?

Während der Bearbeitung des Werkstücks ist die Dauermagnetspannplatte stromlos und erwärmt sich daher nicht. Es entstehen somit keine Maß- und Formfehler durch eine Wärmedehnung des Werkstücks und der Spannvorrichtung.

Das Spannen wird durch die Magnetisierung der Pole eingeleitet und durch deren Entmagnetisierung beendet.

9 Welche Vorteile haben hydraulische Spannsysteme?

Die Vorteile hydraulischer Spannsysteme (Bild) sind:

- Hohe, gleichmäßige Spannkraft bei geringem Platzbedarf und großer Steifigkeit
- Vielseitiger Einsatz
- Schneller Aufbau des Spanndrucks
- Spanndruck einstellbar

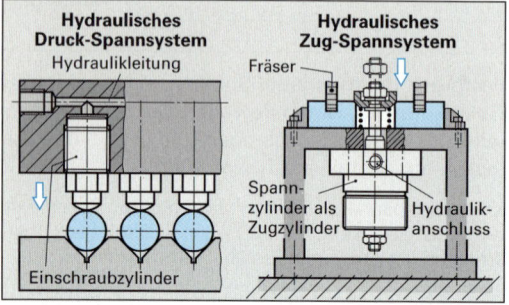

10 Warum ist gerade in der Serienfertigung das hydraulische Spannen vorteilhaft?

Die Werkstücke können schnell und einfach mit gleich bleibender Spannkraft gespannt werden.

Die Spannkraft kann über die Maschinensteuerung eingestellt und überwacht werden.

11 In welchen Fällen werden Schwenkzylinder zum Spannen eingesetzt?

Schwenkzylinder (Bild) werden eingesetzt, wenn die Spannpunkte während des Einlegens und Herausnehmens des Werkstücks frei sein müssen.

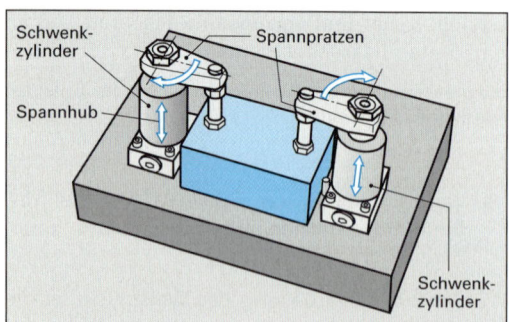

12 Für welche Einsatzzwecke eignen sich Baukastenvorrichtungen besonders?

Baukastensysteme eignen sich besonders für kleine Serien oder Einzelstücke, da sie sich schnell an die Werkstückform anpassen lassen.

Ergänzende Fragen zu Vorrichtungen und Spannelementen an Werkzeugmaschinen

13 Welche Aufgaben haben Vorrichtungen und Spannelemente?

Sie sollen Werkstücke in einer genau bestimmten, eindeutig wiederholbaren Lage festhalten.

Sie dienen außerdem zur Bearbeitung an Werkzeugmaschinen, zum Prüfen von Werkstücken und als Hilfsmittel bei der Montage.

14 Welche mechanischen Spanneinrichtungen unterscheidet man?

Spannschrauben mit Spanneisen und Spannunterlagen, Flachspanner, Kniehebel- und Exzenterspanner sowie Maschinenschraubstöcke.

15 In welche Systeme werden Baukastenvorrichtungen unterteilt?

Bei den Baukastenvorrichtungen unterscheidet man zwischen Nutsystemen und Bohrungssystemen (Bild).

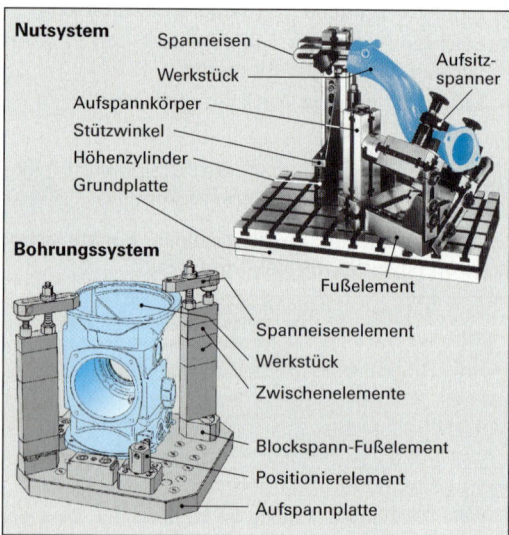

Bei Bohrungssystemen sind die Spannelemente an vorbestimmten Punkten zu befestigen. Bei Nutsystemen ist eine Verstellung der Spannelemente in zwei verschiedenen Richtungen möglich.

16 Wie können Höhenunterschiede beim Spannen mit Spanneisen ausgeglichen werden?

Mit Treppenböcken oder Schraubböcken.

Treppenböcke gleichen die Höhe in groben Stufen aus, Schraubböcke sind stufenlos einstellbar.

2.6.10 Fertigungsbeispiel Spannpratze

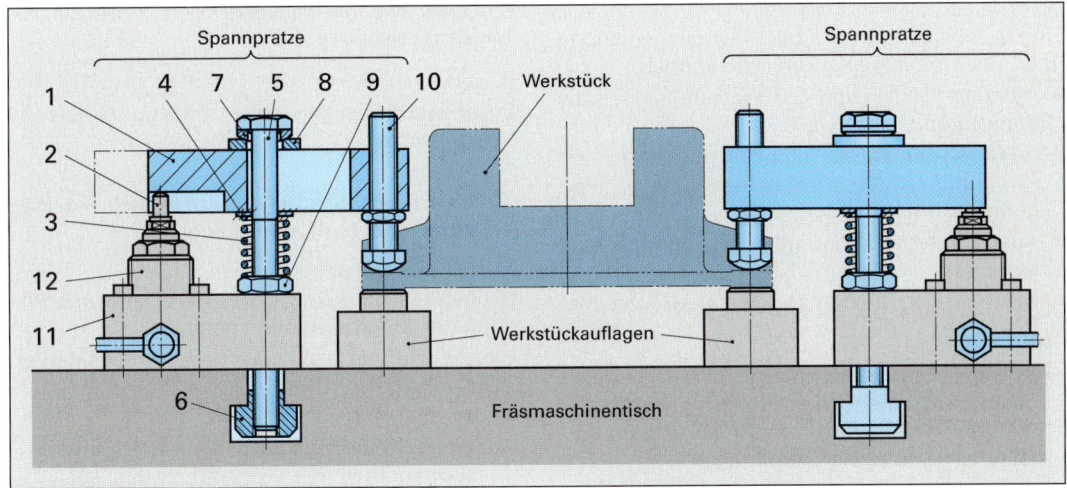

Stückliste zur Spannpratze

Pos.	Menge	Benennung	Norm-Kurzbezeichnung z.B. Werkstoff
1	1	Spannpratze	C45E
2	1	Druckschraube	16MnCr5
3	1	Druckfeder	DIN 2098 – 1,6 × 15 × 70
4	1	Scheibe	ISO 7090 – 13 –200HV
5	1	Sechkantschraube	ISO 4014 – M12 × 130-8.8
6	1	Mutter	DIN 508 – M12 × 25
7	1	Kugelscheibe	DIN 6319 – C13
8	1	Kegelpfanne	DIN 6319 – D13
9	1	Sechskantmutter	ISO 6768 – M12
10	1	Spannschraube	16MnCr5
11	1	Grundkörper	S235JR(St 37-2)
12	1	Einschraubzylinder	⌀ 16 × 12

Fragen aus Fachkunde Metall, Seite 193

1 Warum wird die Spannschraube (Pos. 10) aus dem Stahl 16MnCr5 gefertigt?

Der legierte Finsatzstahl 16MnCr5 kommt zum Einsatz, da er durch Vergüten im Kern hohe Festigkeit und Zähigkeit und durch Einsatzhärten große Oberflächenhärte im Druckkopfbereich besitzt. Diese Eigenschaften muss die Spannschraube haben, um den wechselnden Druckbelastungen und der Flächenpressung im Kopfbereich beim Spannen der Werkstücke standhalten zu können.

2 Welche Angaben sind in einem Arbeitsplan enthalten?

Der Arbeitsplan enthält die einzelnen Arbeitsvorgänge in der Reihenfolge der Fertigung mit den dazu erforderlichen Werkzeugen, Vorrichtungen und Maschinen.

Neben den einzelnen Arbeitsvorgängen werden weitere Angaben aufgenommen, wie die Auftrags-Nummer, die Benennung des Werkstücks, die zu fertigende Stückzahl (Losgröße) sowie der Fertigungstermin. Jeder Arbeitsgang wird durch den Ausführenden auf dem Arbeitsplan abgezeichnet und die benötigten Zeiten werden eingetragen.

3 Erstellen Sie den Arbeitsplan für die Herstellung der Spannschraube (Pos. 10).

Arbeitsplan		Bearbeiter:
Auftrags-Nr.: XYZ		Datum:
Benennung: Spannschraube		Losgröße: 10
Werkstoff und Erzeugnisform:		
Sechkant DIN 176 – 16 MnCr5 – 20		Gewicht: 0,2 kg
Abmessungen: 72 × 20		Termin:
Nr.	Arbeitsvorgang	Werkzeug
10	Runddrehen auf 11,8 mm	Drehmeißel
20	Anfasen 45°	Drehmeißel
30	Gewindeschneiden	Schneideisen M12
40	Abstechen	Stechdrehmeißel
50	Runden der Kuppe	Drehmeißel
60	Vergüten und Einsatzhärten	

4 Welche Kenntnisse muss ein Sachbearbeiter in der Fertigungsplanung haben?

Ein Sachbearbeiter in der Fertigungsplanung muss über folgende Kenntnisse verfügen:

- Auswahl des geeigneten Werkstoffes für die Werkstücke.
- Auswahl der jeweils sinnvoll einzusetzenden Fertigungsverfahren (Maschinen- bzw. Fertigungsschritte).
- Auswahl der Vorrichtungen und Spannelemente.
- Auswahl der benötigten Werkzeuge und Maschinen.

5 Warum werden die hydraulischen Spannelemente mit einer Schnellkupplung versehen? Vergleichen Sie dazu die Darstellung im Kapitel „Hydraulische Steuerungen".

Bei hydraulischen Spannelementen müssen die Hydraulikschläuche relativ häufig gelöst werden Deshalb werden die Schläuche und die Anschlüsse der hydraulischen Spannelemente mit Schnellverschlusskupplungen ausgerüstet (Bild).
Die Schnellverschlusskupplung sperrt die Anschlüsse beim Lösen der Schläuche ab, sodass kein Hydrauliköl auslaufen und keine Luft in das Hydrauliksystem eindringen kann.

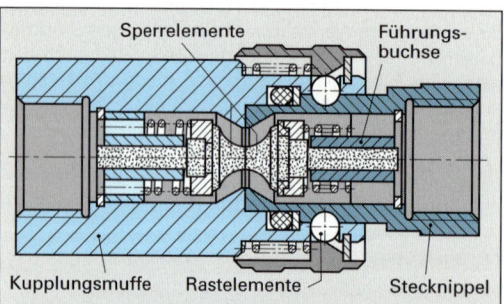

Sperrelemente — Führungsbuchse
Kupplungsmuffe — Rastelemente — Stecknippel

6 Wovon hängen die einzustellende Drehzahl n und der Vorschub f_z beim Fräsen ab? Begründen Sie Ihre Meinung mithilfe eines Tabellenbuches.

Die einzustellende Drehzahl n und der Vorschub je Fräserzahn f_z hängen beim Fräsen hauptsächlich von der Art und vom Durchmesser des Werkzeugs (Fräsers) ab. Daneben haben der Werkstoff des zu bearbeitenden Werkstücks und die Bearbeitungsbedingungen (z.B. Schruppen – schwere Bearbeitungsbedingungen – oder Schlichten – leichte Bearbeitungsbedingungen) Bedeutung.
Diese Zusammenhänge lassen sich z.B. aus einem Tabellenbuch entnehmen.

Bei der Optimierung des Fräsprozesses spielen die gewünschte Standzeit des Werkzeugs bzw. der Werkzeugverschleiß und die geforderte Oberflächengüte des Werkstücks eine Rolle.

Ergänzende Fragen zum Fertigungsbeispiel Spannpratze

7 In welchen Schritten vollzieht sich die Planung einer Fertigungsaufgabe?

Ausgehend von der technischen Zeichnung des zu fertigenden Bauteils wird zuerst eine grobe Planung der Arbeitsvorgänge gemacht.
Hiermit wird dann ein detaillierter Arbeitsplan erstellt.

8 Woher erhält man die geeigneten Spanungsbedingungen der auszuführenden spanenden Fertigungsverfahren?

Richtwerte für die Spanungsbedingungen können aus Tabellenbüchern entnommen werden.

Mit den dort abgelesenen Werten werden dann die Drehzahlen der Arbeitsspindel entweder berechnet oder aus Diagrammen abgelesen (Bild).

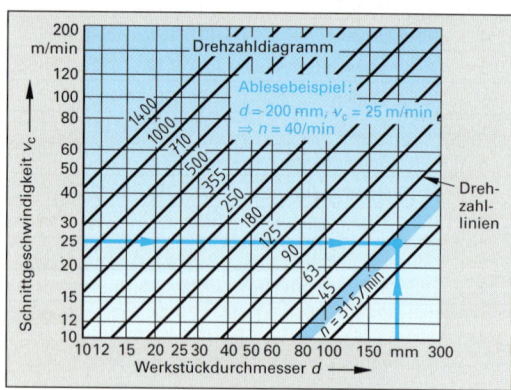

9 Welche Möglichkeiten der Einsparung gibt es bei den Fertigungskosten?

Einsparungsmöglichkeiten ergeben sich durch:

- Auswahl eines geeigneteren Ausgangsmaterials, z.B. eines vorgefertigten Rohteils.
- Einsatz leistungsstärkerer Werkzeugmaschinen, z.B. mit größerer Antriebsleistung und CNC-Steuerung.
- Einsatz von Vorrichtungen, z.B. zum Aufspannen mehrerer Werkstücke.
- Vergabe von Teilaufträgen, wie z.B. zum Einsatzhärten, an Spezialfirmen.

2.7 Fügen

2.7.1 Fügeverfahren (Übersicht)

1 Welche Verbindungen sind formschlüssige Verbindungen?

Formschlüssige Verbindungen sind Passfeder-, Keilwellen-, Stift-, Bolzen-, Passschrauben- und Nietverbindungen.

2 Wie werden Kräfte oder Drehmomente beim kraftschlüssigen Fügen übertragen?

Beim kraftschlüssigen Fügen werden Kräfte oder Drehmomente durch Reibungskräfte übertragen, die durch das Aufeinanderpressen von Bauteilen entstehen.

3 Welche Verbindungen zählen zu den kraftschlüssigen Verbindungen?

Zu den kraftschlüssigen Verbindungen zählen:

- Schraubenverbindungen
- Klemmverbindungen
- Kegelverbindungen
- Einscheibenkupplungen

4 Wie erfolgt die Kraftübertragung beim stoffschlüssigen Fügen?

Beim stoffschlüssigen Fügen werden Kräfte oder Drehmomente durch die Kohäsions- und Adhäsionskräfte zwischen den Werkstoffteilchen übertragen.

Beispielsweise wird bei der aus zwei Teilen gefügten Lenkspindel (Bild) das Drehmoment von der Gabel über die Schweißnaht auf die Schneckenwelle übertragen.

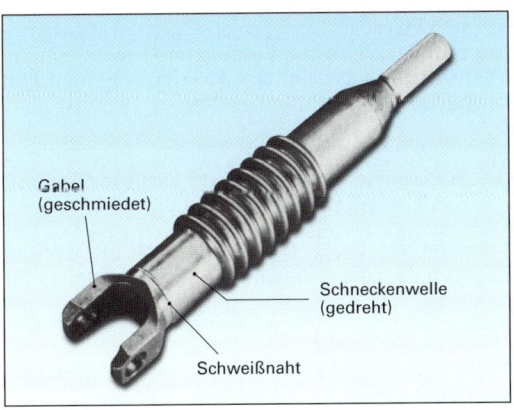

Gabel (geschmiedet)

Schneckenwelle (gedreht)

Schweißnaht

2.7.2 Press- und Schnappverbindungen

Fragen aus Fachkunde Metall, Seite 198

1 Welche Arbeitsregeln sind beim Anwärmen von Werkstücken für eine Pressverbindung zu beachten?

Beim Anwärmen der Werkstücke sind

- die vorgeschriebenen Anwärmtemperaturen genau einzuhalten.
- große, sperrige Teile gleichmäßig zu erwärmen.
- wärmeempfindliche Teile (z.B. Dichtungen) vor dem Erwärmen zu entfernen.

2 In welchen Fällen werden Pressverbindungen durch Kühlen angewendet?

Pressverbindungen werden durch Kühlen hergestellt, wenn Außenteile wegen ihrer Größe, ihrer Form oder wegen möglicher Gefügeänderungen nicht erwärmt werden können.

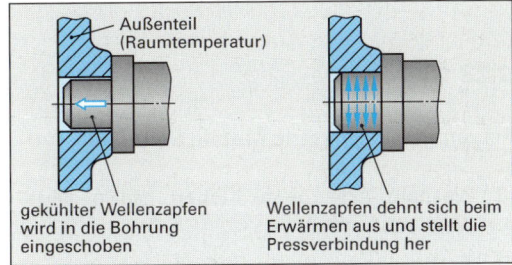

Außenteil (Raumtemperatur)

gekühlter Wellenzapfen wird in die Bohrung eingeschoben

Wellenzapfen dehnt sich beim Erwärmen aus und stellt die Pressverbindung her

3 Wie wird eine kegelige Pressverbindung mithilfe des Hydraulikverfahrens hergestellt?

Durch eine in die Bohrung eingearbeitete Ringnut wird Maschinenöl zwischen die Passflächen gepresst (Bild). Die Bauteile verformen sich dabei elastisch und können mit geringem Kraftaufwand gegeneinander verschoben werden.

Das Hydraulikverfahren wird z.B. zur Montage und Demontage von großen Wälzlagern verwendet (Bild).

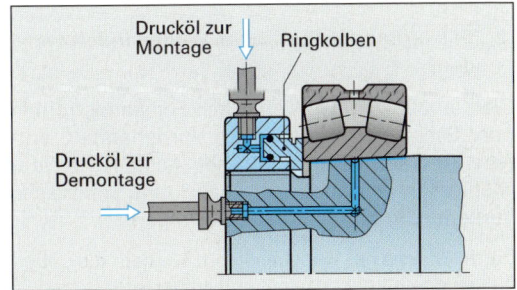

Drucköl zur Montage

Ringkolben

Drucköl zur Demontage

4 Wodurch unterscheiden sich lösbare und unlösbare Schnappverbindungen?

Bei unlösbaren Schnappverbindungen besitzen beide Fügeteile auf der Ausrückseite Planflächen (Bild). Eine Trennung nach erfolgtem Fügen ist deshalb nicht mehr möglich.

Bei lösbaren Schnappverbindungen hat zumindest ein Bauteil in Löserichtung z.B. eine steile Schräge. Mit Kraftaufwand können die Bauteile wieder auseinander gezogen werden.

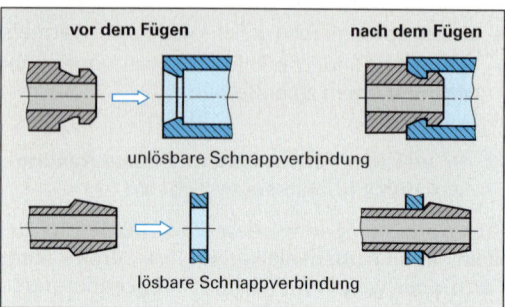

vor dem Fügen   nach dem Fügen

unlösbare Schnappverbindung

lösbare Schnappverbindung

2.7.3 Kleben

Fragen aus Fachkunde Metall, Seite 200

1 Weshalb sind beim Kleben große Fügeflächen wichtig?

Die Festigkeit der Klebstoffe ist gegenüber der Festigkeit metallischer Werkstoffe gering. Die geringere Festigkeit wird durch große Fügeflächen ausgeglichen.

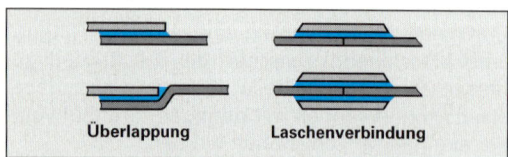

Überlappung   Laschenverbindung

Die Überlappungslänge muss etwa 5- bis 20mal so groß wie die Bleckdicke sein.

2 Wie müssen Klebeflächen vorbehandelt werden?

Die Klebeflächen werden durch Feinsandstrahlen oder Schmirgeln mechanisch vorbehandelt, entfettet und sorgfältig getrocknet. Anstelle der mechanischen Vorbehandlung kann eine chemische Vorbehandlung durch beizen erfolgen.

Durch chemische Vorbehandlung werden die Oberflächen gleichzeitig gereinigt und aufgeraut.

Ergänzende Fragen zum Kleben

3 Wovon hängt die Festigkeit einer Klebeverbindung ab?

Die Festigkeit einer Klebeverbindung ist abhängig von der

- Klebstoffart (Kohäsionskräfte)
- Vorbehandlung der Klebeflächen (Adhäsionskräfte zwischen Klebstoff und Fügeflächen)

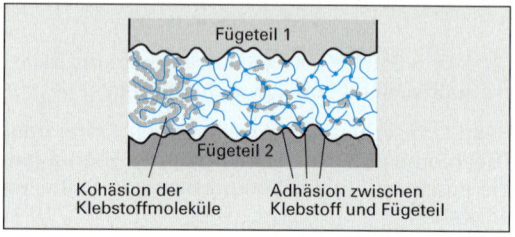

Fügeteil 1

Fügeteil 2

Kohäsion der   Adhäsion zwischen
Klebstoffmoleküle   Klebstoff und Fügeteil

4 Wozu dienen Klebeverbindungen?

Klebeverbindungen dienen vorwiegend zum Fügen von Konstruktionsteilen, zum Sichern von Schrauben und zum Dichten von Fügeflächen.

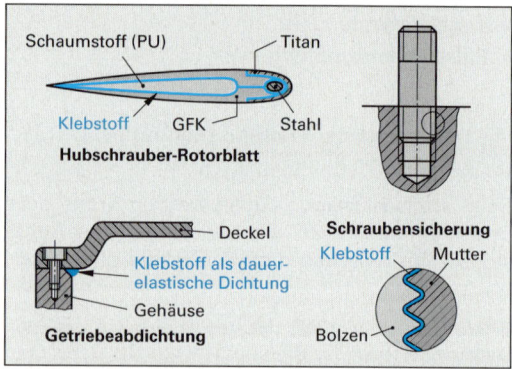

Schaumstoff (PU)   Titan

Klebstoff   GFK   Stahl

Hubschrauber-Rotorblatt

Deckel

Schraubensicherung

Klebstoff als dauerelastische Dichtung

Klebstoff   Mutter

Gehäuse

Getriebeabdichtung   Bolzen

Klebeverbindungen werden z.B. im Flug- und Fahrzeugbau zum Befestigen von Bremsbelägen, im Maschinenbau zum Befestigen von Buchsen und Lagern, zum Sichern von Schrauben und zum Abdichten von Gehäusen verwendet.

5 Für welche Werkstoffe sind Klebeverbindungen geeignet?

Klebeverbindungen sind besonders für wärmebehandelte Leichtmetallteile oder Stahlteile, für Schichtstoffe, Kunststoffe sowie Reibbeläge geeignet.

Durch Klebeverbindungen lassen sich sowohl gleiche als auch verschiedene Werkstoffe fügen.

2.7.4 Löten

Fragen aus Fachkunde Metall, Seite 206

1 Was versteht man unter Löten?

Löten ist ein stoffschlüssiges Fügen und Beschichten von Bauteilen mithilfe eines geschmolzenen Zusatzmetalls, dem Lot.

Die Werkstoffe der zu fügenden Teile (Grundwerkstoffe) werden vom Lot benetzt, ohne geschmolzen zu werden. Zwischen Lot und Grundwerkstoff tritt eine Legierungsbildung ein (Bild).

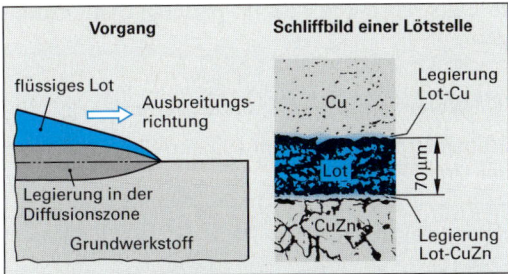

2 Welche Anforderungen können an eine Lötnaht gestellt werden?

Lötnähte müssen entweder fest oder dicht oder leitfähig für Wärme und elektrischen Strom sein.

Für Konstruktionsteile ist besonders die Festigkeit der Verbindung wichtig, im Behälterbau die Dichtheit, in der Elektrotechnik die elektrische Leitfähigkeit.

3 Was versteht man unter der Arbeitstemperatur eines Lotes?

Die Arbeitstemperatur ist die niedrigste Oberflächentemperatur des Werkstückes, bei der das Lot benetzt, fließt und mit dem Grundwerkstoff legiert (Bild).

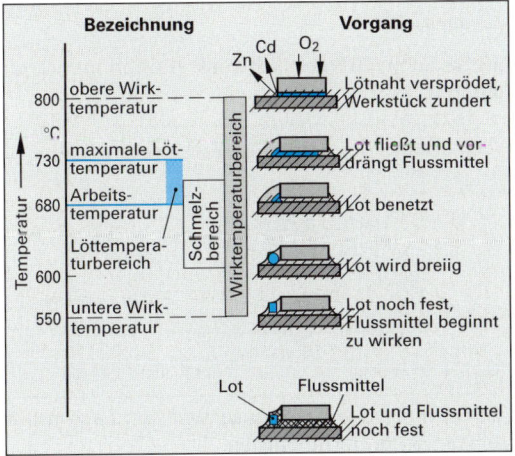

4 Wodurch unterscheidet sich das Weichlöten vom Hartlöten?

Weich- und Hartlöten unterscheiden sich in der Arbeitstemperatur. Sie liegt beim Weichlöten unter 450 °C, beim Hartlöten darüber.

Die Bezeichnung Weichlöten kommt von der geringeren Festigkeit der überwiegend verwendeten Zinn-Blei-Lote.

5 Welche Aufgaben haben Flussmittel?

Flussmittel haben die Aufgabe, an der Lötstelle Oxide zu lösen und weitere Oxidation zu verhindern.

Anstelle von Flussmitteln können auch Schutzgase oder Vakuum zum Verhindern der Oxidbildung verwendet werden.

6 Warum müssen Flussmittelreste meist entfernt werden?

Flussmittelreste können Korrosion verursachen.

Je nach Flussmittelart kann mit warmem Wasser, durch Lösungsmittel oder mechanisch gereinigt werden. Nicht korrodierend wirkende Flussmittel, wie z.B. Kollophonium, können an der Lötstelle verbleiben.

Ergänzende Fragen zum Löten

7 Was bedeutet die Bezeichnung S-Sn50Pb49Cu1?

Es handelt sich um ein Zinn-Blei-Kupfer-Weichlot mit 50 % Zinn, 49 % Blei und 1 % Kupfer.

8 Welcher Unterschied besteht zwischen Lötspalt und Lötfuge?

Wenn der Zwischenraum zwischen den Fügeteilen kleiner als 0,25 mm (in Ausnahmefällen kleiner als 0,5 mm) ist, so wird er als Lötspalt bezeichnet. Ist er größer als 0,5 mm, so heißt er Lötfuge (Bild).

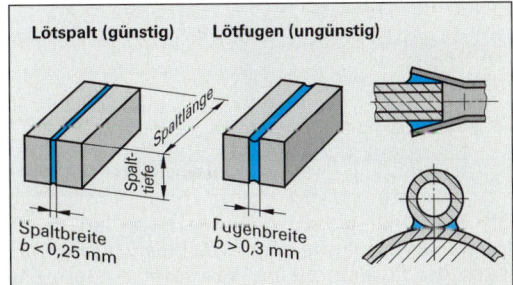

Die Breite des Zwischenraumes ist für das Eindringen des Lotes in den Spalt entscheidend. Nach Möglichkeit sollte die Lötstelle stets als Lötspalt ausgeführt werden, weil hierbei durch Kapillarwirkung das Füllen des Spaltes mit flüssigem Lot begünstigt wird.

2.7.5 Schweißen

Lichtbogenhandschweißen

Fragen aus Fachkunde Metall, Seite 211

1 Welche Stromquellen eignen sich für das Lichtbogenhandschweißen?

Für das Lichtbogenhandschweißen eignen sich als Schweißstromquellen der Schweißtransformator, der Schweißgleichrichter und der Schweißumformer.

Schweißtransformatoren erzeugen Wechselstrom, Schweißgleichrichter und Schweißumformer Gleichstrom. Neben diesen Stromquellen gibt es auch Schweißstromquellen, die wahlweise Gleichstrom oder Wechselstrom erzeugen.

2 Welche Kriterien sind bei der Auswahl einer Stabelektrode zu beachten?

Wichtige Eigenschaften einer Stabelektrode sind: Mechanische Kennwerte des Kerndrahtwerkstoffs, chemische Zusammensetzung, Umhüllungstyp und Ausbringung.

3 Welche Aufgabe hat die Umhüllung der Stabelektrode beim Schweißen?

Die Umhüllung entwickelt beim Abschmelzen Gase, die den Lichtbogen stabilisieren und den flüssigen Werkstoffübergang sowie das Schmelzbad gegen die umgebende Luft abschirmen.
Die abschmelzende Umhüllung schwimmt als Schlacke auf der Schweißnaht und verhindert eine schnelle Abkühlung.

4 Wie kann die Blaswirkung beim Lichtbogenhandschweißen verringert werden?

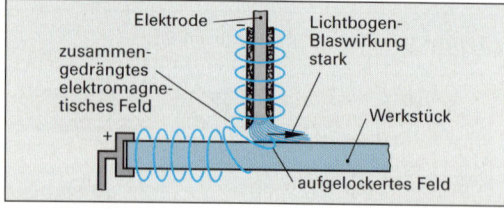

Die Blaswirkung kann verringert werden durch Neigen der Elektrode gegen die Blasrichtung, Verlegen der Polklemme am Werkstück, Ändern der Schweißrichtung, Verwendung dickumhüllter Elektroden und Schweißen mit Wechselstrom.

Je länger der Lichtbogen ist, desto stärker ist die Blaswirkung. Am Werkstückrand und in Polnähe ist sie am größten.

Ergänzende Fragen zum Lichtbogenhandschweißen

5 Wie entsteht ein Lichtbogen?

Ein Lichtbogen entsteht, wenn die negativ gepolte Stabelektrode und das positiv gepolte Werkstück zunächst durch Berühren kurzgeschlossen und anschließend so auseinander gezogen werden, dass zwischen ihnen ein geringer Abstand vorhanden ist. Der beim Kurzschließen einsetzende Stromfluss erfolgt nach dem Abheben der Elektrode vom Werkstück durch eine kurze Luftstrecke und bewirkt dadurch den Lichtbogen.

6 Woraus bestehen Stabelektroden?

Stabelektroden bestehen aus dem Kerndraht und der Umhüllung (Bild).

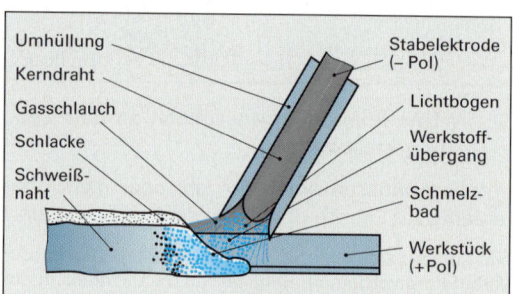

Der Kerndraht ergibt beim Schweißen die Schweißnaht. Die Umhüllung entwickelt beim Abschmelzen Gase, die den Lichtbogen stabilisieren und das Schmelzbad gegen die umgebende Luft abschirmen. Sie enthält meist Legierungselemente, welche die Festigkeit und Zähigkeit der Schweißnaht verbessern.

7 Wie werden große Schweißfugen geschweißt?

Große Schweißfugen schweißt man in mehreren Lagen (Bild).

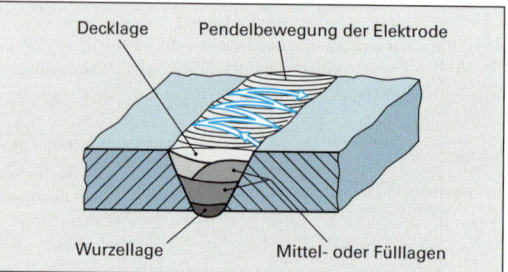

Die Schlacke der zuvor geschweißten Lage muss vollständig entfernt werden.

Schutzgasschweißen

Fragen aus Fachkunde Metall, Seite 214

1 Welche Vorteile hat das Schutzgasschweißen gegenüber dem Lichtbogenhandschweißen?

Beim Schutzgasschweißen werden der Lichtbogen und das Schmelzbad durch ein Schutzgas gegen die Atmosphäre abgeschirmt. Dadurch können endlose, nicht umhüllte Drahtelektroden als Zusatzwerkstoff verwendet werden.

2 In welchen Fällen wird beim WIG-Schweißen mit Wechselstrom und in welchen mit Gleichstrom geschweißt?

Wechselstrom wird meist zum Schweißen von Leichtmetallen, Gleichstrom zum Schweißen von legierten Stählen, NE-Schwermetallen und deren Legierungen eingesetzt.

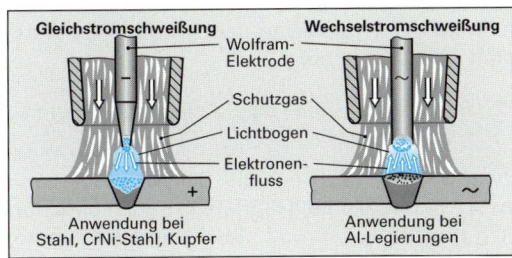

In der positiven Halbwelle des Wechselstromes fließen die Elektronen vom Werkstück zur Wolframelektrode und reißen dabei die hochschmelzende Oxidschicht des Leichtmetalls auf.

3 Wodurch unterscheidet sich das WIG- vom MIG- und MAG-Schweißen?

Beim WIG-Schweißen brennt der Lichtbogen zwischen der nicht abschmelzenden Wolfram-Elektrode und dem Werkstück, während er beim MIG- und MAG-Schweißen zwischen einer abschmelzenden Drahtelektrode und dem Werkstück brennt.

Bei allen Schutzgasschweißverfahren werden Lichtbogen und Schmelzbad durch ein Schutzgas gegen die Atmosphäre abgeschirmt.

4 Für welche Anwendungen ist das Plasmaschweißen geeignet?

Das Plasmaschweißen eignet sich z.B. zum Schweißen dicker Bleche. Durch die Energiekonzentration können sie praktisch ohne Nahtfuge mit oder ohne Zusatzwerkstoff geschweißt werden.

Ergänzende Fragen zum Schutzgasschweißen

5 Wie funktioniert das Plasmaschweißen?

Im Plasma-Schweißbrenner wird ein Gasstrom vom Lichtbogen einer Wolfram-Elektrode so stark erhitzt und dadurch ionisiert, dass er den Plasmazustand erreicht. Er tritt scharf gebündelt als heißer Plasma-Gasstrahl auf das Schweißgut und schmilzt es in einer schmalen Wärmeeinflusszone auf.

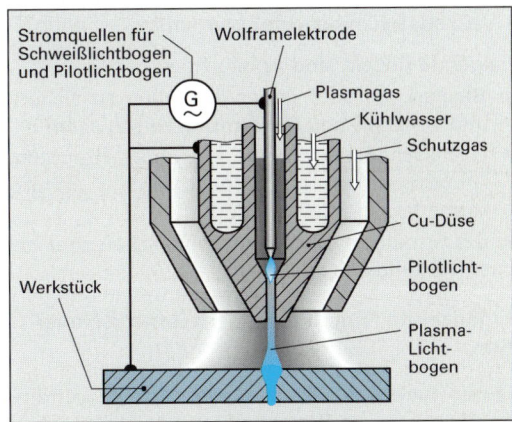

Gasschmelzschweißen

Fragen aus Fachkunde Metall, Seite 216

1 Welche Gasdrücke werden für die Schweißflamme an den Arbeitsmanometern eingestellt?

An den Arbeitsmanometern der Gasflaschen werden folgende Drücke eingestellt:
- 2,5 bar an der Sauerstoff-Gasflasche
- 0,25 bis 0,5 bar an der Acetylen-Gasflasche

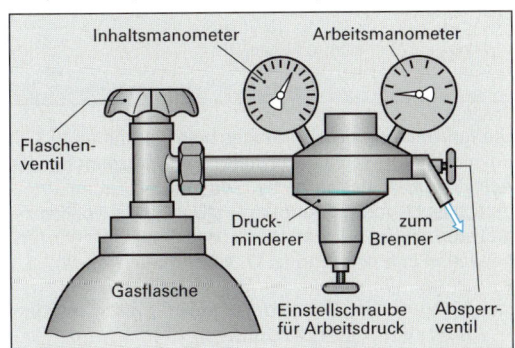

Das Inhaltsmanometer der Gasflasche zeigt den Druck in der Gasflasche an. Dieser Druck wird durch den Druckminderer, der sich zwischen dem Inhalts- und dem Arbeitsmanometer befindet, auf den erforderlichen Arbeitsdruck reduziert.

2 In welchen Fällen wird nach links, in welchen nach rechts geschweißt?

Die Nachlinks-Schweißung wird bis 3 mm Blechdicke, die Nachrechts-Schweißung über 3 mm Blechdicke angewandt.

Beim Nachlinks-Schweißen liegt das Schmelzbad außerhalb der höchsten Temperaturzone.

3 Welche Regeln müssen beim Umgang mit Gasflaschen beachtet werden?

Folgende Regeln sind zu beachten:

- Gasflaschen sind gegen Umfallen zu sichern und vor Stoß und Erwärmung zu schützen.
- Gasflaschen dürfen nur mit abgeschraubtem Druckminderer und aufgeschraubter Schutzkappe transportiert werden.
- Die Armaturen der Sauerstoffflaschen sind frei von Öl und Fett zu halten.

Ergänzende Fragen zum Gasschmelzschweißen

4 In welchem Mischungsverhältnis werden Acetylen und Sauerstoff verwendet?

Bei der normalen Einstellung der Flamme werden Acetylen und Sauerstoff im Volumenverhältnis 1:1 gemischt.

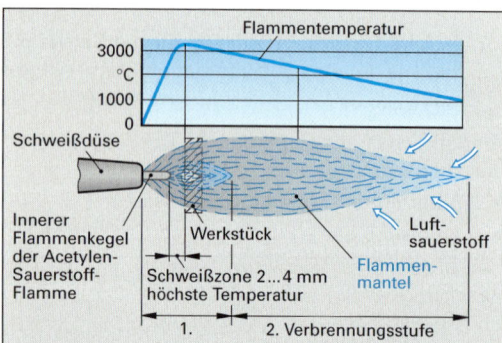

Die Verbrennung des Gemisches bei Verhältnis 1 : 1 ist unvollständig, weil zur vollständigen Verbrennung des Acetylengases das 2,5fache Sauerstoffvolumen erforderlich ist (1. Verbrennungsstufe). Der für die vollständige Verbrennung noch fehlende Sauerstoff wird der umgebenden Luft entnommen (2. Verbrennungsstufe).

5 Nennen Sie Anwendungsbeispiele für die Acetylen-Sauerstoffflamme.

Die Acetylen-Sauerstoffflamme wird vorwiegend zum Schweißen im Rohrleitungsbau, aber auch zum Wärmen, z.B. beim Löten, Biegen, Richten, Härten, Brennschneiden und Flammspritzen, eingesetzt.

Strahlschweißen, Pressschweißen, Prüfen von Schweißverbindungen

Fragen aus Fachkunde Metall, Seite 219

1 Welche Vorteile hat das Laserstrahlschweißen gegenüber dem Metall-Lichtbogenschweißen?

Die Vorteile des Laserstrahlschweißens sind:

- Für fast alle Werkstoffe und Werkstoffkombinationen einsetzbar
- Hohe Vorschubgeschwindigkeit
- Kleine Nahtbreite
- Geringer Verzug
- Gut automatisierbar

2 Warum sind beim Laserstrahlschweißen große Vorschubgeschwindigkeiten möglich?

Der stark gebündelte Laser-Schweißstrahl hat eine hohe Energiedichte und schmilzt den Werkstoff sehr schnell auf.

3 Beschreiben Sie den Ablauf des Punktschweißens.

Zwei aufeinander liegende Bleche werden mit zwei wassergekühlten Kupferelektroden punktförmig zusammengedrückt. Kurzfristig fließt ein hoher Strom von einer Elektrode durch die Bleche zur anderen Elektrode. Durch den hohen elektrischen Widerstand an der Pressstelle der Bleche entsteht ein kurzer Lichtbogen. Es bildet sich ein linsenförmiger Schweißpunkt.

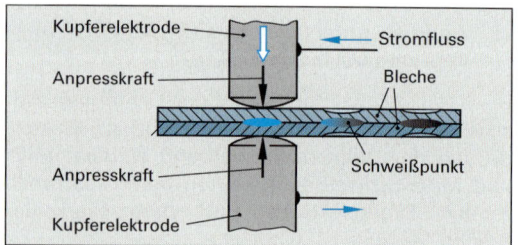

4 Welche geometrische Form müssen die Werkstücke beim Reibschweißen haben?

Die Werkstücke müssen zylinderförmig sein (Bild).

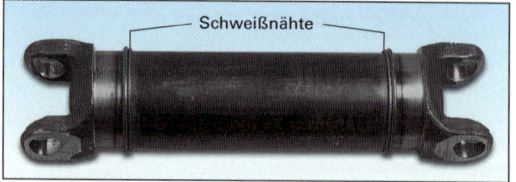

5 Ordnen Sie die in Tabelle 1 aufgeführten Schweißverfahren den in Tabelle 2 genannten Hauptgruppen der Schweißverfahren zu.

Tabelle 1: Schweißverfahren			
Verfahren, Kurzzeichen, Kennnummer			
a	Lichtbogenhandschweißen	E	111
b	MIG-Schweißen	MIG	131
c	MAG-Schweißen	MAG	135
d	WIG-Schweißen	WIG	141
e	Plasma-Schweißen	WP	15
f	Gasschweißen	G	311
g	Laserstrahlschweißen		751
h	Punktschweißen	RP	21
i	Reibschweißen	FR	42

Tabelle 2: Einteilung der Schweißverfahren (nach ISO 4063, Auswahl)	
Hauptgruppe	**Schweißverfahren**
Lichtbogen-schweißen	Lichtbogenhandschweißen
	Schutzgasschweißen
	Plasmaschweißen
	Unterpulverschweißen
Gasschmelz-schweißen	Autogenschweißen
Pressschweißen	Punktschweißen
	Reibschweißen
Widerstands-schweißen	Punktschweißen
	Buckelschweißen
	Rollennahtschweißen
	Abbrennstumpfschweißen
Strahlschweißen	Laserstrahlschweißen
	Elektronenstrahlschweißen
Andere Schweißverfahren	Bolzenschweißen

Schweißverfahren → Hauptgruppe

a) Lichtbogenhand-
   schweißen → Lichtbogenschweißen
b) MIG-Schweißen → Lichtbogenschweißen
c) MAG-Schweißen → Lichtbogenschweißen
d) WIG-Schweißen → Lichtbogenschweißen
e) Plasma-Schweißen → Lichtbogenschweißen
f) Autogenschweißen → Gasschmelz-
                schweißen
g) Laserstrahl-
   schweißen → Strahlschweißen
h) Punktschweißen → Pressschweißen
i) Reibschweißen → Pressschweißen

6 Beschreiben Sie den Ablauf der Prüfung von Schweißnähten mit Röntgenstrahlen.

Das zu prüfende Bauteil wird in den Strahlengang einer Röntgenröhre gebracht. Mit einer Röntgenkamera wird das Durchstrahlungsbild der Schweißnaht aufgenommen und auf einen Monitor ausgegeben. Fehlerstellen in der Schweißnaht sind als hellere Stellen erkennbar.

Röntgenstrahlen durchdringen Stahl bis 80 mm, Aluminium bis 400 mm Dicke.

7 Welche Fehler einer Schweißnaht können mithilfe der Biegeprobe festgestellt werden?

Mit der Biegeprobe können Bindefehler und Schlackeneinschlüsse in der Schweißnaht festgestellt werden.

Die Schweißnaht wird im Schraubstock oder unter einer Presse so gebogen, dass die Nahtwurzel in der Zugzone liegt (Bild).

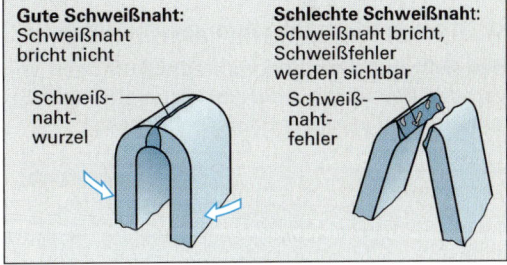

Gute Schweißnaht: Schweißnaht bricht nicht — Schweißnahtwurzel

Schlechte Schweißnaht: Schweißnaht bricht, Schweißfehler werden sichtbar — Schweißnahtfehler

Ergänzende Fragen zu Pressschweißen und Prüfen von Schweißverbindungen

8 Welche Schweißverfahren zählen zu den Widerstandspressschweißverfahren?

Zu den Widerstandspressschweißverfahren zählen das Punkt-, das Buckel-, das Rollennaht- und das Abbrennstumpfschweißen.

Beim Widerstandspressschweißen müssen die Schweißmaschinen-Einstelldaten Strom, Zeit und Druck auf den Werkstoff und die Abmessungen der Schweißstelle abgestimmt sein.

9 Welche zerstörungsfreien Schweißnahtprüfungen gibt es?

Zerstörungsfreie Schweißnahtprüfungen sind das Farbeindringverfahren, das Magnetpulververfahren, die Ultraschallprüfung und die Durchstrahlungsprüfung mit Röntgen- und Gammastrahlen.

2.8 Beschichten

Fragen aus Fachkunde Metall, Seite 223

1 Mit welchen Verfahren erhält ein Stahlbauteil einen Haftgrund für das Beschichten?

Stahlbauteile erhalten durch Phosphatieren einen Haftgrund für das Beschichten.

2 Welche Vorteile hat das elektrostatische Pulverbeschichten gegenüber dem Spritzlackieren?

Die Vorteile des elektrostatischen Pulverbeschichtens sind:

● Umweltfreundliches Beschichten ohne Freisetzen von Lösungsmittel.
● Allseitige Beschichtung und gute Haftung.
● Wiederverwendung des Overspraypulvers.

3 Wozu setzt man das Auftragsschweißen ein?

Das Auftragsschweißen wird zum Auftragen von Verschleißschichten oder zur Reparatur und Erneuerung abgenutzter Bauteile eingesetzt.

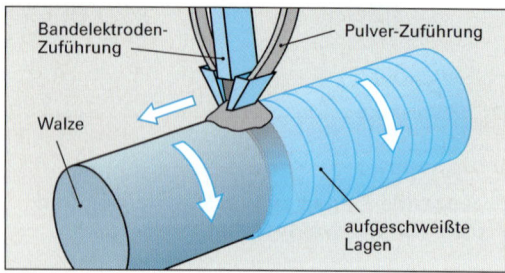

4 Welche Metallbeschichtungen werden bevorzugt durch Galvanisieren hergestellt?

Durch Galvanisieren werden hauptsächlich Nickel- und Chromschichten aufgetragen.

Nickel- und Chromschichten werden auf dekorativen Bauteilen oder auf Verschleißteilen aufgebracht.

5 Welche Schichten fertigt man mit Plasmaspritzen?

Durch Plasmaspritzen werden Metall- und Keramikbeschichtungen mit Verschleiß- und Gleiteigenschaften aufgetragen.

Ein mehrmaliger Auftrag nach Abnutzung der Schicht ist möglich.

6 Welche Bauteile werden CVD-beschichtet?

CVD-beschichtet werden vor allem Werkzeuge und Wendeschneidplatten. Deren Oberflächen werden mit Hartstoffschichten aus Titancarbid, Titannitrid und Aluminiumoxid überzogen.

Mikroprozessoren und optische Gläser werden mit Metallen und Metalloxiden CVD-beschichtet.

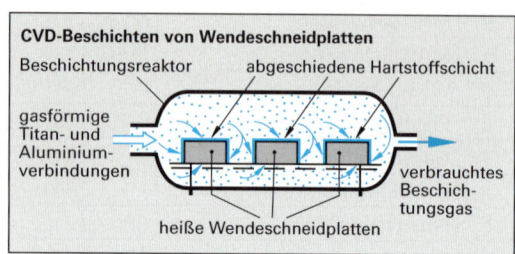

Ergänzende Fragen zum Beschichten

1 Weshalb werden Werkstücke beschichtet?

Werkstücke werden zum Korrosionsschutz, zur Verminderung des Verschleißes, zur Vorbereitung auf nachfolgende Verfahren und zur Verbesserung des Aussehens beschichtet.

In der Elektrotechnik dient das Beschichten auch zur elektrischen Isolation von Bauteilen.

2 Welche Vorteile hat das elektrostatische Lackieren gegenüber dem Spritzlackieren und dem Hochdruckspritzen?

Beim elektrostatischen Lackieren wird der feinneblig zerstäubte Lack durch die elektrostatische Anziehung allseitig auf das Werkstück aufgetragen (Bild). Der Lackauftrag ist, im Gegensatz zum Spritzlackieren, an Ecken und Kanten besonders dick.

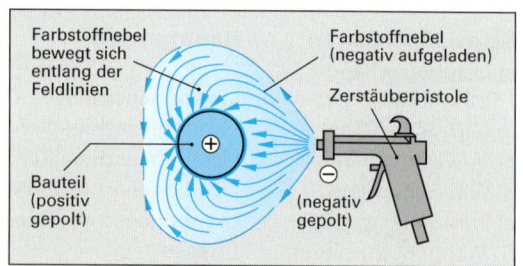

Durch elektrostatisches Lackieren lassen sich auch gegliederte Bauteile mit schwer zugänglichen Bauteilbereichen, wie z.B. Gehäuse und Gestelle aus Profilen, gleichmäßig beschichten. Der Lackverlust (Overspray) ist gering.

2.9 Fertigungsbetrieb und Umweltschutz

Fragen aus Fachkunde Metall, Seite 226

1 Erläutern Sie die Forderung beim Umgang mit Schadstoffen: Vermeiden – Vermindern – Verwerten – Entsorgen.

Beim Einsatz und Umgang mit Schadstoffen sollte folgende Rangfolge der Umwelt-Schutzmaßnahmen eingehalten werden:

1. Schadstoffe sollten möglichst vermieden werden.
2. Wenn möglich, sollte die Menge der Schadstoffe vermindert werden.
3. Technisch nicht vermeidbare Schadstoffe sollten mehrfach verwertet werden.
4. Die unvermeidbaren Schadstoffe müssen nach Gebrauch sachgemäß entsorgt werden.

2 Welche Entsorgungsaufgaben gibt es bei spanenden Fertigungsanlagen?

- Der Kühlschmierstoffnebel muss abgesaugt und abgeschieden werden.
- Die Metallspäne müssen aus dem Arbeitsbereich der Maschine entfernt und anschließend entölt werden. Die entölten Späne sind zu recyceln, der abgetrennte Kühlschmierstoff wird aufgearbeitet.
- Verbrauchter Kühlschmierstoff muss gereinigt und wieder verwertet werden. Der Kühlschmierstoffschlamm wird auf Sondermülldeponien entsorgt.

3 Warum müssen Abgase aus Schweißereien und Härtereien gereinigt werden?

Abgase aus Schweißereien enthalten schwermetallhaltige Feinstäube sowie Stickoxid- und Kohlenmonoxidgase.

Abgase aus Härtereien können zusätzlich mit Dämpfen und Aerosolen von giftigen Härtesalzen und ätzenden Säuren durchsetzt sein.

Diese Schadstoffe müssen aus den Abgasen abgeschieden werden, da sie die Umwelt schädigen würden.

4 Nennen Sie einige umweltbelastende Abfälle in Metallbetrieben, die gesammelt und entsorgt werden müssen.

Umweltbelastende Abfälle sind verbrauchte Öle (Altöle), Rückstände von Entfettungs- und Reinigungsmitteln, verbrauchte Härtesalze, Filterrückstände, Kühlschmierstoffschlamm, Lackschlamm.

Ergänzende Frage zum Umweltschutz

5 Welche Reinigungsstufen durchläuft Abwasser?

Die Reinigung von Abwässern aus metallverarbeitenden Betrieben erfolgt in aufeinander folgenden Reinigungsstufen (Bild unten).

- Grobklärung
- Abscheiden von Ölrückständen
- Neutralisieren der Säuren und Laugen, Entgiften der Salze
- Ausfällen und Abscheiden der Niederschläge
- Entgiften der Reststoffe

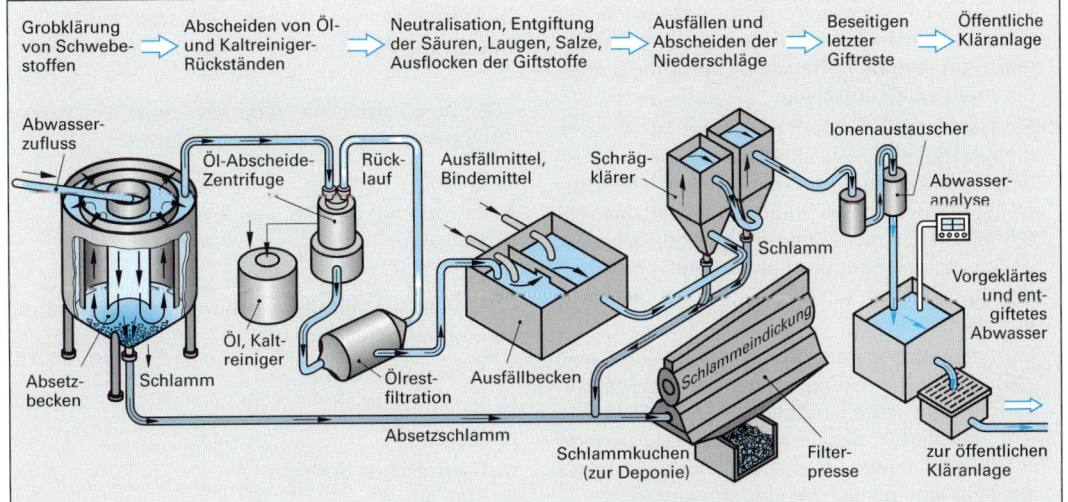

Grobklärung von Schwebestoffen ⇒ Abscheiden von Öl- und Kaltreiniger-Rückständen ⇒ Neutralisation, Entgiftung der Säuren, Laugen, Salze, Ausflocken der Giftstoffe ⇒ Ausfällen und Abscheiden der Niederschläge ⇒ Beseitigen letzter Giftreste ⇒ Öffentliche Kläranlage

Abwasserzufluss

Öl-Abscheide-Zentrifuge

Rücklauf

Ausfällmittel, Bindemittel

Schrägklärer

Ionenaustauscher

Abwasseranalyse

Schlamm

Vorgeklärtes und entgiftetes Abwasser

Öl, Kaltreiniger

Absetzbecken

Schlamm

Ölrestfiltration

Ausfällbecken

Schlammeindickung

Absetzschlamm

Schlammkuchen (zur Deponie)

Filterpresse

zur öffentlichen Kläranlage

Testfragen zur Fertigungstechnik

Arbeitssicherheit

TF 1 | Welche Aussage über die Unfallverhütung ist *falsch*?

a) Verkehrswege stets freihalten!

b) Mängel an Maschinen und Werkzeugen sofort dem Vorgesetzten melden!

c) Beim Schleifen Schutzbrille tragen!

d) Sauerstoffflaschen sind frei von Fett und Öl zu halten!

e) Bei kleinen blutenden Wunden die Wunde sofort unter einen Wasserstrahl halten!

TF 2 | Welche Art von Kennzeichen sind *keine* Sicherheitskennzeichen?

a) Gebotszeichen

b) Vorsichtszeichen

c) Warnzeichen

d) Rettungszeichen

e) Verbotszeichen

TF 3 | Welcher der folgend beschriebenen Unfälle ist durch *technisches* Versagen verursacht?

a) Ein Schweißer „verblitzt" sich beim Schweißen die Augen, weil er ohne Schweißbrille arbeitet.

b) Ein hydraulisch gespanntes Werkstück wird durch Abfallen des Hydraulikdruckes aus der Spanneinrichtung gerissen und verletzt den Bediener der Maschine.

c) Ein Arbeiter verwendet zum Antrieb seiner Handschleifmaschine ein beschädigtes Verlängerungskabel. Beim Berühren des Kabels erleidet er einen Stromschlag.

d) Ein Gabelstapler verliert bei seiner Fahrt durch die Werkhalle Öl, weil eine Hydraulikleitung undicht ist. Der Staplerfahrer, der vom Ölverlust weiß, vermeidet aus Bequemlichkeit das Abschranken des mit Öl verunreinigten Hallenbodens bzw. das Säubern des Bodens. Ein Arbeiter, der die Ölspur nicht beachtet, rutscht aus und verletzt sich.

e) Ein Arbeiter der Reparaturabteilung füllt, weil kein geeignetes Gefäß vorhanden ist, Maschinenöl in eine leere Limonadenflasche. Sein Kollege, der glaubt, dass in der Flasche Limonade sei, nimmt einen kräftigen Schluck. Er muss anschließend ärztlich behandelt werden.

Gliederung der Fertigungsverfahren

TF 4 | Welches Fertigungsverfahren gehört *nicht* zur Hauptgruppe Fügen?

a) Schrauben

b) Auftragschweißen

c) Weichlöten

d) Schmelzschweißen

e) Hartlöten

TF 5 | Zu welcher Hauptgruppe der Fertigungsverfahren gehört das Drehen?

Zur Hauptgruppe ...

a) Urformen   b) Fügen

c) Trennen   d) Beschichten

e) Umformen

TF 6 | Welche Aussage zu den Fertigungsverfahren ist richtig?

Der Zusammenhalt des Werkstoffs wird durch ...

a) Urformen verkleinert

b) Trennen beibehalten

c) Schweißen vergrößert

d) Umformen geschaffen

e) Fügen beibehalten

TF 7 | Bei welchem Verfahren wird der Werkstoff getrennt?

a) Aufdampfen   d) Tiefziehen

b) Abtragen   e) Lackieren

c) Galvanisieren

TF 8 | Durch welches Verfahren wird ein Werkstück *nicht* plastisch umgeformt?

a) Walzen   d) Abkanten

b) Extrudieren   e) Gesenkformen

c) Tiefziehen

TF 9 | Welches Verfahren gehört *nicht* zur Hauptgruppe Beschichten?

a) Auftragsschweißen

b) Galvanisieren

c) Lackieren

d) Thermisches Spritzen

e) Aufkohlen

Gießen

TF 10 Welche Aussage zum Gießen ist richtig?

a) Dauerformen werden verwendet, wenn Gussstücke aus Gusseisen hergestellt werden müssen.

b) Verlorene Formen bestehen meist aus Nichteisenmetallen.

c) Alle Oberflächen der Gussstücke müssen spanend bearbeitet werden.

d) Das Schwindmaß ist vom Modellwerkstoff abhängig.

e) Mit Kernen werden Hohlräume oder Hinterschneidungen in Gussstücken ausgespart.

TF 11 Aus welchem Grund wird das Zylinderkurbelgehäuse (Bild) durch Gießen hergestellt? Welche Aussage ist *falsch*?

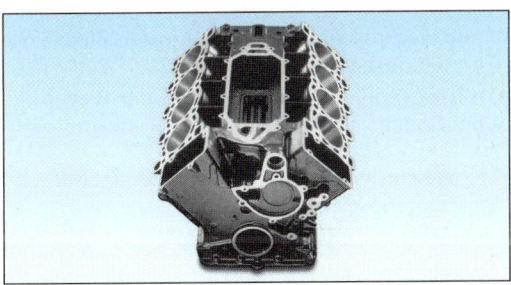

a) Die Herstellung der Gehäuse-Geometrie wäre durch ein anderes Verfahren nicht möglich.

b) Schwingungen, die beim Lauf des Motors auftreten, werden durch den Gusswerkstoff gedämpft.

c) Die guten Gleiteigenschaften des Gusswerkstoffes sind für die Zylinderlaufflächen von großer Bedeutung.

d) Durch das Herstellverfahren Gießen ergibt sich für das Zylinderkurbelgehäuse die geringste Zerspanung bei der Fertigbearbeitung.

e) Das Zylinderkurbelgehäuse muss wegen der Ölhaftung eine raue Oberfläche aufweisen.

TF 12 Bei welchem Gießverfahren werden Modelle benötigt?

a) Druckgießen

b) Feingießen

c) Kokillengießen

d) Schleudergießen

e) Stranggießen

TF 13 Welche Werkstoffe eignen sich *nicht* für Druckgussteile?

a) Aluminiumlegierungen

b) Gusseisen

c) Magnesiumlegierungen

d) Kupferlegierungen

e) Zink

TF 14 Welche Aussage trifft für das Formmaskenverfahren zu?

a) Es ist nicht für alle gießbaren Werkstoffe geeignet.

b) Es ist nicht für die Herstellung von Hohlkörpern geeignet.

c) Die Gussteile sind rau und wenig maßhaltig.

d) Die Gussteile haben saubere Oberflächen und gute Maßhaltigkeit.

e) Die Formmaske kann mehrfach verwendet werden.

TF 15 Welche Antwort zu Fehlern beim Gießen und Erstarren ist *falsch?*

a) Schlackeneinschlüsse werden durch unzureichendes Entschlacken der Schmelze und durch ein falsches Eingusssystem verursacht.

b) Gashohlräume entstehen, wenn Gase im erstarrenden Metall nicht mehr entweichen können.

c) Lunker bilden sich vor allem dann, wenn das Gussstück überall dieselbe Wanddicke aufweist.

d) Seigerungen sind Entmischungen einer Schmelze.

e) Gussspannungen ergeben sich z.B. durch unterschiedliche Wanddicken.

TF 16 Welche Aussage zum Feingießen ist *falsch?*

a) Beim Feingießen verwendet man verlorene Formen.

b) Das Modell wird aus einem niedrigschmelzenden Werkstoff hergestellt.

c) Mehrere Modelle werden zu einer Modelltraube zusammengesetzt.

d) Die Modelltraube erhält einen feinkeramischen Überzug.

e) Der Keramiküberzug verbleibt nach dem Erstarren des Gusswerkstoffs als Korrosionsschutz auf dem Gussstück.

Umformen

TF 17 | Welche Aussage über das Umformen ist *falsch?*

Durch Umformen ...

a) wird der Faserverlauf des Werkstoffs nicht unterbrochen.
b) vermindert sich die Festigkeit des Werkstoffs.
c) tritt kein Werkstoffverlust auf.
d) sind auch schwierige Formen herstellbar.
e) erreicht man eine gute Maß- und Formgenauigkeit.

TF 18 | Welches Umformverfahren ist im Bild dargestellt?

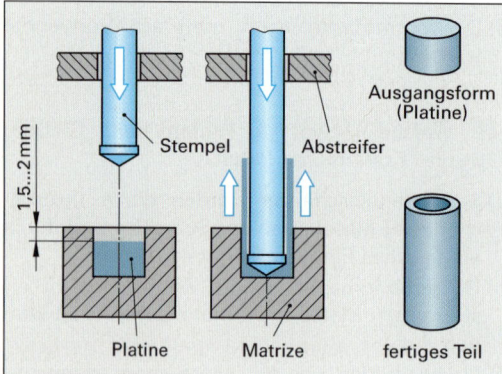

a) Hohlstrangpressen
b) Rückwärts-Fließpressen
c) Vorwärts-Fließpressen
d) Vorwärts-Rückwärts-Fließpressen
e) Rohrpressen

TF 19 | Welche Aussage zum Biegen ist *falsch?*

a) Als Biegeradius bezeichnet man den an der Innenseite des Biegeteils liegenden Radius nach dem Biegen.
b) Der Stempelradius hängt von der Größe des zu biegenden Blechteiles ab.
c) Um Risse zu vermeiden, darf der Biegeradius nicht beliebig klein sein.
d) Der Stempelradius ist etwas kleiner als der Radius am gebogenen Werkstück.
e) Der Mindestbiegeradius ist vom zu biegenden Werkstoff und von der Blechdicke anhängig.

TF 20 | Was versteht man unter Tiefziehen?

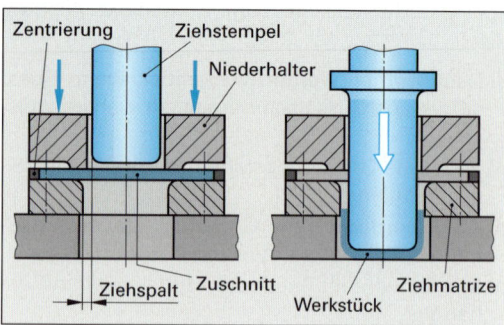

Das Formen eines Hohlkörpers aus einem Blechzuschnitt ...

a) ohne beabsichtigte Änderung der Blechdicke.
b) mit wesentlicher Verringerung der Blechdicke am Boden.
c) mit wesentlicher Verringerung der Blechdicke an der Zarge.
d) mit wesentlicher Verringerung der Blechdicke an der gesamten Oberfläche.
e) mit wesentlicher Vergrößerung der Blechdicke am Boden.

TF 21 | Welche Aussage zum Innenhochdruckformen ist *falsch?*

a) Beim Innenhochdruckformen werden Rohre durch Aufweiten mit Druckflüssigkeiten in Hohlkörper umgeformt.
b) Durch Innenhochdruckformen können schwierig geformte Werkstücke aus einem Stück hergestellt werden.
c) Das Innenhochdruckformen eignet sich nicht für die Serienfertigung.
d) Innenhochdruckgeformte Bauteile besitzen eine hohe Steifigkeit.
e) Durch Innenhochdruckformen können strömungsgerechte Querschnittsübergänge hergestellt werden.

TF 22 | Welchen Einfluss hat der Kohlenstoffgehalt auf die Schmiedbarkeit des Stahles?

a) Höherer Kohlenstoffgehalt bedingt bessere Schmiedbarkeit.
b) Der C-Gehalt beeinflusst die Schmiedbarkeit nicht.
c) Je niedriger der C-Gehalt, desto höher die Anfangsschmiedetemperatur.
d) Der C-Gehalt muss über 1,5% liegen.
e) Keine der genannten Antworten ist richtig.

Schneiden

TF 23 Welche Aussage zum Schneiden mit Scheren ist *falsch?*

a) Mit Handscheren können nur dünne Bleche geschnitten werden.

b) Mit Durchlaufscheren werden gerundete Formen geschnitten.

c) Nibbelscheren dienen zum Ausschneiden beliebiger Formen in Blechen.

d) Mit Tafelscheren werden Streifen von Blechtafeln abgeschnitten.

e) Beim Schneiden mit Tafelscheren bewegt sich das Obermesser je nach Bauart entweder senkrecht oder schwingend gegen das Untermesser.

TF 24 Weshalb haben die Führungssäulen eines Säulenführungsgestelles unterschiedliche Durchmesser?

a) Sie ergeben eine bessere Führung.

b) Sie haben geringeren Verschleiß.

c) Sie ersparen Werkstoff.

d) Sie verhindern falsches Zusammenstecken.

e) Sie benötigen kein Schmiermittel.

TF 25 Welchen Vorteil besitzt ein Gesamtschneidwerkzeug?

a) Es eignet sich für kleine Stückzahlen.

b) Stempel und Matrize müssen nicht hart sein.

c) Gesamtschneidwerkzeuge sind billig.

d) Alle Schneidarbeiten des Betriebes können mit einem Werkzeug durchgeführt werden.

e) Innen- und Außenform eines Schnittteiles werden in einem Pressenhub hergestellt.

TF 26 Welche Aussage zu Scherschneidwerkzeugen ist *falsch?*

a) Feinschneidwerkzeuge stellen in einem Arbeitshub gratfreie Werkstücke her.

b) Mit Folgeschneidwerkzeugen werden Schneid- und Umformarbeiten in einem Werkzeug durchgeführt.

c) Gesamtschneidwerkzeuge werden bei geringen Stückzahlen eingesetzt.

d) Mit Folgeschneidwerkzeugen werden Werkstücke in einem Werkzeug in mehreren Stufen hergestellt.

e) Folgeverbundwerkzeuge eignen sich zur Herstellung schwieriger kleiner Werkstücke.

TF 27 Welche Aussage zum im Bild gezeigten Schneidwerkzeug ist richtig?

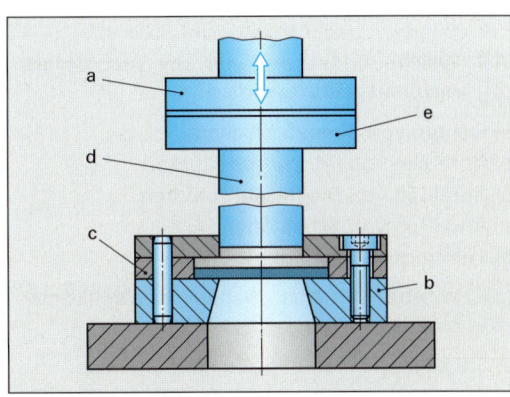

Das mit ...

a) bezeichnete Bauteil heißt Grundplatte.

b) bezeichnete Bauteil heißt Schneidplatte.

c) bezeichnete Bauteil heißt Führungsplatte.

d) bezeichnete Bauteil heißt Stempelhalteplatte.

e) bezeichnete Bauteil heißt Kopfplatte.

TF 28 Welche Aussage zum Wasserstrahl-Schneiden ist *falsch?*

a) Mit Wasserstrahl-Schneiden können Metalle und NE-Metalle, aber keine Kunststoffe getrennt werden.

b) Beim Wasserstrahl-Schneiden wird dem Wasserstrahl meist ein Strahlmittel beigemischt, um die abtragende Wirkung zu erhöhen.

c) Der Durchmesser des Wasserstrahls beträgt 0,1 mm bis 0,5 mm.

d) Die Scheidgeschwindigkeit hängt von der Härte und der Zähigkeit des Werkstoffes sowie von der geforderten Schnittgüte ab.

e) Der beim Wasserstrahl-Schneiden entstehende Lärm kann durch Schneiden unter Wasser vermindert werden.

TF 29 Welche Aussage zum autogenen Brennschneiden ist *falsch?*

Die Oberfläche der Schnittfuge hängt ab ...

a) vom Düsenabstand zur Schnittoberkante.

b) von der Breite der Schnittfuge.

c) von der Größe der Schneiddüse.

d) vom Sauerstoffdruck.

e) von der Vorschubgeschwindigkeit.

Spanende Fertigung

ZP ## Spanende Formgebung von Hand

TF 30 | **Welche Arbeit darf auf der Anreißplatte nicht ausgeführt werden?**

a) Richten von dünnen Blechen
b) Anreißen von Tempergussstücken
c) Anreißen von Magnesiumblechen
d) Anreißen von Schablonen
e) Prüfen mit Messuhren

TF 31 | **Welche Aufgabe haben Kontrollkörnerpunkte?**

a) Sie kennzeichnen Bohrungsmittelpunkte.
b) Sie dienen als Einstichpunkte für den Zirkel.
c) Sie kennzeichnen Biegelinien auf Al-Blechen.
d) Sie erleichtern das Anlegen von Winkeln.
e) Sie kennzeichnen Anrisslinien.

TF 32 | **Welcher Meißel wird im Maschinenbau nicht verwendet?**

a) Flachmeißel   b) Kreuzmeißel
c) Spitzmeißel   d) Nutenmeißel
e) Aushaumeißel

TF 33 | **Nach welchem Gesichtspunkt wird die Größe des Keilwinkels eines Meißels ausgewählt?**

a) Nach der Härte des zu bearbeitenden Werkstoffs
b) Nach der Härte des verwendeten Werkzeugs
c) Nach dem Werkstoff des Werkzeuges
d) Nach der Arbeitszeit
e) Nach der Stückzahl

TF 34 | **Warum muss ein Grat am Meißelkopf unbedingt entfernt werden?**

a) Der Hammer prallt zu sehr durch den Grat ab.
b) Der Hammer wird zu leicht beschädigt.
c) Der Meißel ist zu schwer.
d) Es können Verletzungen entstehen.
e) Der Blick auf die Meißelschneide wird erschwert.

TF 35 | **Wie wird das im Einsatz dargestellte Werkzeug bezeichnet?**

a) Trennstemmer
b) Aushaumeißel
c) Flachmeißel
d) Nutmeißel
e) Kreuzmeißel

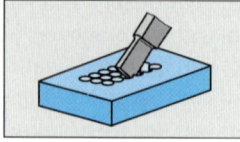

TF 36 | **Welche Zahnteilung verwendet man beim Sägen dünnwandiger Rohre?**

a) Grobe Zahnteilung
b) Mittlere Zahnteilung
c) Raue Zahnteilung
d) Feine Zahnteilung
e) Sehr grobe Zahnteilung

TF 37 | **Welche Behauptung über die Zähnezahl eines Handsägeblattes ist richtig?**

a) Für dünne und harte Werkstücke muss die Zähnezahl groß sein.
b) Für dicke und weiche Werkstücke muss die Zähnezahl groß sein.
c) Für dünne und dünnwandige Werkstücke muss die Zähnezahl klein sein.
d) Für harte Werkstücke muss die Zähnezahl klein sein.
e) Für Werkstücke mit hoher Festigkeit muss die Zähnezahl klein sein.

TF 38 | **Was versteht man bei einem Sägeblatt unter der Zähnezahl?**

a) Die Zähne auf 10 mm Sägeblattlänge
b) Die Zähne auf 24,5 mm Sägeblattlänge
c) Die Zähne auf 25,4 mm Sägeblattlänge
d) Die Zähne auf 32 mm Sägeblattlänge
e) Die Zähne auf 35,4 mm Sägeblattlänge

TF 39 | **Welche Aussage über die Bogenzähne eines Sägeblattes ist richtig?**

a) Bogenzähne werden nur für Handsägeblätter verwendet.
b) Bogenzähne werden vorwiegend für Maschinensägeblätter verwendet.
c) Bogenzähne werden nur für Kreissägeblätter verwendet.
d) Bogenzähne sind immer als Segmente eingesetzt.
e) Bogenzähne sind hohl geschliffen oder gestaucht.

TF 40 | **Welche Bezeichnung führt die Feilenverzahnung?**

a) Raster
b) Hieb
c) Riefen
d) Furchen
e) Zähne

TF 41	Welche Bezeichnung kennt man bei der Unterteilung der Feilen *nicht*?

a) Hiebart

b) Hiebnummer

c) Form des Querschnitts

d) Größe der Feile

e) Härte der Feile

TF 42	Welche Bezeichnung ist *falsch*?

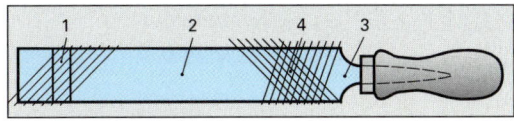

a) 1 ≙ Feilenquerschnitt

b) 2 ≙ Feilenblatt

c) 3 ≙ Feilenheft

d) 4 ≙ Feilenhieb

e) Alle Zuordnungen sind falsch

TF 43	Welche Behauptung über gefräste Feilen ist richtig?

a) Der Spanwinkel der Feilen ist negativ.

b) Gefräste Feilen wirken schabend.

c) Gefräste Feilen wirken schneidend.

d) Gefräste Feilen können nur zum Schlichten verwendet werden.

e) Gefräste Feilen werden nur zum Bearbeiten harter Werkstoffe verwendet.

TF 44	Welche Hiebart ist im Bild dargestellt?

a) Unterhieb

b) Oberhieb

c) Kreuzhieb

d) Finhieb

e) Pocken oder Raspelhieb

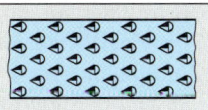

TF 45	Welche Regel gilt für die Auswahl der Feilen für weiche Werkstoffe?

a) Grober Hieb, kleine Hiebnummer

b) Feiner Hieb, große Hiebnummer

c) Grober Hieb, große Hiebnummer

d) Feiner Hieb, kleine Hiebnummer

e) Keine der genannten Antworten ist richtig

TF 46	Die Angabe der Hiebnummer 1 bei einer Feile bedeutet:

a) sehr fein

b) fein

c) halbgrob

d) grob

e) sehr grob

Spanende Fertigung mit Maschinen

Werkzeugschneide

TF 47	Welche Grundregel für die Wahl des Spanwinkels einer Werkzeugschneide ist richtig?

a) Weicher Werkstoff bedingt großen Spanwinkel

b) Harter Werkstoff bedingt großen Spanwinkel

c) Je spröder der Schneidstoff, desto größer der Spanwinkel

d) Der Spanwinkel ist vom Werkstoff unabhängig

e) Der Spanwinkel ist nur vom Schneidstoff abhängig

TF 48	In welchem Falle ist die Reibung zwischen Werkzeugschneide und Werkstück am größten?

a) Wenn der Keilwinkel kleiner als 45° ist.

b) Wenn der Freiwinkel besonders klein ist.

c) Wenn der Freiwinkel besonders groß ist.

d) Wenn der Keilwinkel über 60° beträgt.

e) Wenn der Spanwinkel besonders groß ist.

TF 49	Welcher Winkel an der Werkzeugschneide wird mit β bezeichnet?

a) Freiwinkel

b) Keilwinkel

c) Spanwinkel

d) Einstellwinkel

e) Neigungswinkel

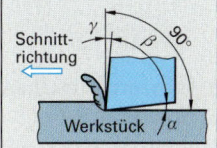

TF 50	In welchen Fällen verwendet man einen negativen Spanwinkel?

a) Wenn ein großer Freiwinkel erforderlich ist.

b) Wenn ein kleiner Keilwinkel gewünscht wird.

c) Zur Bearbeitung weicher Werkstoffe.

d) Zur Bearbeitung besonders harter und spröder Werkstoffe.

e) Wenn die Schnittkraft besonders klein gehalten werden soll.

Schneidstoffe

TF 51 Welche der genannten Eigenschaften ist bei Schneidstoffen *unerwünscht*?

a) Große Warmhärte
b) Große Verschleißfestigkeit
c) Hohe Wärmeleitfähigkeit
d) Temperaturwechselbeständigkeit
e) Große Sprödigkeit

TF 52 Bis zu welcher Temperatur besitzen Schnellarbeitsstähle (HSS) eine ausreichende Warmhärte?

a) 270 °C   b) 400 °C
c) 600 °C   d) 900 °C
e) 1200 °C

TF 53 Wofür ist Schnellarbeitsstahl besonders geeignet?

a) Für Werkzeuge mit Wendeschneidplatten
b) Für Werkzeuge mit negativem Spanwinkel
c) Für Werkzeuge mit kleinem Spanwinkel
d) Für Werkzeuge mit großem Spanwinkel
e) Für Werkzeuge mit Arbeitstemperaturen über 600 °C

TF 54 Welcher der genannten Schneidstoffe besitzt bei einer Temperatur von 600 °C die höchste Warmhärte?

a) Oxidkeramik
b) Kubisches Bornitrid
c) Hartmetall
d) Schnellarbeitsstahl
e) Unlegierter Werkzeugstahl

TF 55 Welche der genannten Eigenschaften spielt bei der Auswahl der Schneidstoffe keine Rolle?

a) Temperaturwechselbeständigkeit
b) Zugfestigkeit
c) Anlassbeständigkeit
d) Verschleißfestigkeit
e) Warmhärte

TF 56 Woraus bestehen Hartmetalle?

a) Aluminiumoxid und Metallcarbide
b) Metallcarbide und Cobalt
c) Siliciumnitrid und Stahl
d) Metalloxide und Cobalt
e) Bornitrid und Aluminiumoxid

TF 57 Was bewirkt die Beschichtung von Schneidstoffen, z.B. mit TiN, TiC oder Al$_2$O$_3$?

Durch die Beschichtung wird...
a) die Standzeit erhöht.
b) die Zähigkeit verbessert.
c) das Nachschleifen erleichtert.
d) die Wirkung des Kühlschmierstoffs verbessert.
e) das Ausbrechen der Schneide verhindert.

TF 58 Welches sind die Zerspanungshauptgruppen der Hartmetalle?

a) P, M, K   b) H, S, T
c) H, K, S   d) A, L, S
e) P, L, S

TF 59 Welche Aussage trifft für einen Schneidstoff mit der Bezeichnung P20 zu?

a) Er ist besonders für die Bearbeitung von Grauguss geeignet.
b) Er hat eine relativ niedrige Verschleißfestigkeit.
c) Er hat eine sehr hohe Zähigkeit.
d) Er ist besonders für die Bearbeitung von Kunststoffen und Hartpapier geeignet.
e) Er hat die Kennfarbe gelb.

TF 60 Für welchen Werkstoff ist ein mit roter Farbe und dem Kurzzeichen K10 gekennzeichneter Drehmeißel geeignet?

a) Stahl   b) Gusseisen
c) PVC   d) Kupfer
e) Aluminium

TF 61 Für welche Zerspanungsarbeiten ist Schneidkeramik geeignet?

a) Spanen mit unterbrochenem Schnitt
b) Schruppen mit großem Vorschub
c) Feinbearbeiten von NE-Metallen
d) Drehen und Fräsen mit fortlaufender oder aussetzender Kühlschmierung
e) Drehen und Fräsen ohne Kühlschmierung

TF 62 Wozu kann polykristalliner Diamant als Schneidstoff verwendet werden?

a) Schruppen von Stahl
b) Schlichten von Stahl
c) Feinbearbeiten von NE-Metallen
d) Drehen mit unterbrochenem Schnitt
e) Feindrehen von Stahl

Kühlschmierstoffe, Trockenbearbeitung

TF 63 Welche der genannten Aufgaben kann *nicht* von Kühlschmierstoffen erfüllt werden?

a) Erhöhen der Standzeit der Werkzeugschneide
b) Erhöhen der Warmhärte eines Schneidstoffes
c) Verringern des Werkzeugverschleißes
d) Verbessern der Oberflächengüte am Werkstück
e) Verringern der Reibung beim Zerspanungsvorgang

TF 64 Welche Aussage über die Kühlschmierung von Hartmetallen ist richtig?

a) Der Kühlschmierstoff darf nur tropfenweise zugeführt werden.
b) Es darf überhaupt nicht gekühlt werden.
c) Es dürfen nur wasserfreie Kühlschmierstoffe verwendet werden.
d) Es kann ohne Kühlschmierung oder mit fortlaufender, intensiver Kühlschmierung gespant werden.
e) Es dürfen nur mineralölfreie Kühlschmierstoffe verwendet werden.

TF 65 Welche der Aussagen zur Auswahl des Bearbeitungsverfahrens trifft *nicht* zu?

a) Die Gesamtkosten für den Einsatz von Kühlschmierstoffen sind teilweise höher als die Werkzeugkosten.
b) Späne dürfen sich nicht im Arbeitsraum anhäufen.
c) Für das Gewindebohren ist die Trockenbearbeitung sehr gut geeignet.
d) Schneidstoffe für die Trockenbearbeitung müssen eine hohe Warmhärte haben.
e) Die Trockenbearbeitung belastet die Umwelt weniger als die Bearbeitung mit Kühlschmierstoffen.

Minimalmengenschmierung

TF 66 Was versteht man unter Minimalmengenschmierung?

Unter Minimalmengenschmierung versteht man:
a) Schmierung eines Gleitlagers mit wenig Öl.
b) Bearbeitung von Werkstücken ohne Kühlschmiermittel.
c) Schmierung einer Werkzeugmaschine einmal im Jahr.
d) Zuführung sehr geringer Mengen eines Schmierstoffs zur Zerspanstelle.
e) Bearbeitung eines Werkstücks unter Einsatz von reichlich Kühlschmiermittel.

Bohren, Senken, Reiben

TF 67 Wie heißt der Winkel, der durch die Schraubenlinie der Nebenschneide mit der Bohrerachse gebildet wird?

a) Freiwinkel
b) Seitenspanwinkel
c) Keilwinkel
d) Spitzenwinkel
e) Winkel an der Querschneide

TF 68 Welcher Begriff ist der Kennziffer im Bild zuzuordnen?

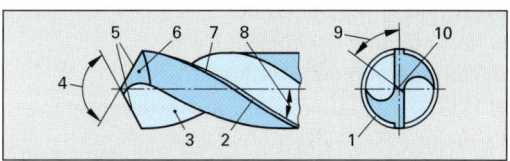

a) 1 ≙ Nebenschneide
b) 2 ≙ Führungsfase
c) 4 ≙ Spanwinkel
d) 7 ≙ Keilwinkel
e) 10 ≙ Hauptschneide

TF 69 Welcher Begriff ist der Kennziffer (Bild Frage TF 68) zuzuordnen?

a) 1 ≙ Hauptschneide
b) 1 ≙ Querschneide
c) 4 ≙ Keilwinkel
d) 6 ≙ Spanfläche
e) 8 ≙ Seitenspanwinkel

TF 70 Wie groß ist der mit 9 gekennzeichnete Winkel beim Spiralbohrer für Stahl (Bild Frage TF 68)?

a) 30°   b) 45°
c) 55°   d) 62°
e) 75°

TF 71 Wie groß ist der Spitzenwinkel am Spiralbohrer für Stahl?

a) 140°   b) 130°
c) 118°   d) 108°
e) 80°

TF 72 Wie groß ist der Spitzenwinkel am Spiralbohrer für Messing?

a) 140°   b) 130°

c) 118°   d) 108°

e)　80°

TF 73 Welchen Zweck hat der besondere Anschliff des abgebildeten Bohrers?

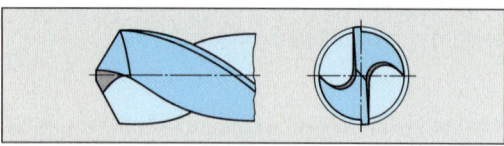

a) Verbesserung der Spanabfuhr

b) Erhöhung der Standzeit

c) Verringerung der Vorschubkraft

d) Verringerung der Schnittkraft

e) Veränderung des Bohrungsdurchmessers

TF 74 Welcher Schleiffehler ist im Bild dargestellt?

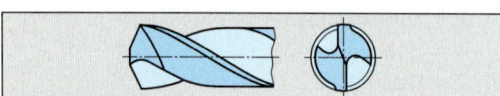

a) Freiwinkel zu groß   b) Freiwinkel zu klein

c) Spanwinkel zu groß   d) Spanwinkel zu klein

e) Spitzenwinkel zu groß

TF 75 Für welche Werkstoffe ist der abgebildete Spiralbohrer geeignet?

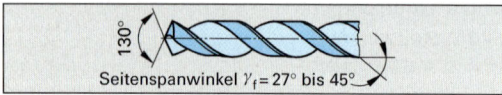

Seitenspanwinkel $\gamma_f = 27°$ bis 45°

a) Stahl und Gusseisen

b) Kunststoffe mit Füllstoffen

c) Kupfer und Aluminium

d) Stahl hoher Festigkeit

e) Automatenmessing

TF 76 Welche Wirkung verursacht ein Spiralbohrer, dessen Schneiden ungleich lang sind?

a) Die Bohrung wird zu klein.

b) Die Bohrung wird zu groß.

c) Nur eine Schneide schneidet, der Bohrer wird schnell stumpf.

d) Die Bohrung wird zu klein, die Schneiden werden zu schnell stumpf.

e) Ungleich lange Schneiden haben keine Auswirkung.

TF 77 Für welchen Werkstoff sind beschichtete HSS-Spiralbohrer *nicht* geeignet?

a) Gusseisen mit Kugelgrafit

b) Aluminium-Knetlegierungen

c) Vergütungsstahl

d) Glasfaserverstärkter Kunststoff

e) Kupfer-Knetlegierungen

TF 78 Welcher der genannten Gründe führt an einem Spiralbohrer *nicht* zum Verschleiß an den Schneidenecken und Fasen?

a) Schnittgeschwindigkeit zu hoch

b) Verschleißfestigkeit des Werkzeugs zu gering

c) Kühlschmierung unzureichend

d) Vorschub zu niedrig

e) Werkstück aus Baustahl

TF 79 Wie wird der Kernlochdurchmesser für metrische ISO-Gewinde berechnet?

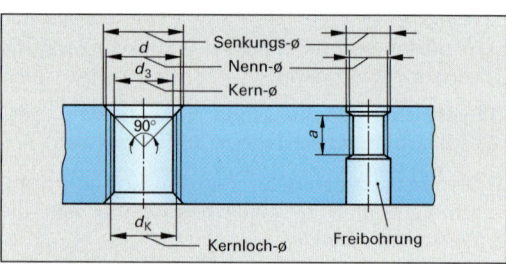

Kernlochdurchmesser = ...

a) Kerndurchmesser

b) Kerndurchmesser + Steigung

c) Außendurchmesser $\times$ 0,7

d) Außendurchmesser − Steigung

e) Kerndurchmesser $\times$ 0,7

TF 80 Wozu dient ein zweiteiliger Handgewindebohrersatz?

Er dient zum Bohren von ...

a) Sondergewinden aller Art

b) metrischen Feingewinden

c) Trapezgewinden

d) Sägengewinden

e) Regelgewinden mit Maschinen

TF 81 Wodurch unterscheiden sich Handreibahlen von Maschinenreibahlen?

Durch ...

a) die Zähnezahl   b) die Teilung

c) den Werkstoff   d) den Spanwinkel

e) die Länge des Anschnitts

TF 82 Warum sollen Kernlöcher angesenkt werden?

Damit ...

a) sich die Späne nicht verklemmen.

b) der Gewindeauslauf kürzer wird.

c) man besser schmieren kann.

d) man Gewinde in Grundlöcher schneiden kann.

e) der Gewindebohrer besser anschneidet.

TF 83 Warum besitzen Reibahlen meist eine ungleiche Zahnteilung?

a) Rattermarken werden vermieden.

b) Sie sind leichter nachzuschleifen.

c) Höhere Schnittgeschwindigkeiten sind möglich.

d) Sie haben eine größere Spanleistung.

e) Höhere Standzeiten werden erzielt.

TF 84 Welches der dargestellten Werkzeuge ist eine Schälreibahle?

a) Bild 1

b) Bild 2

c) Bild 3

d) Bild 4

e) Keines der Werkzeuge

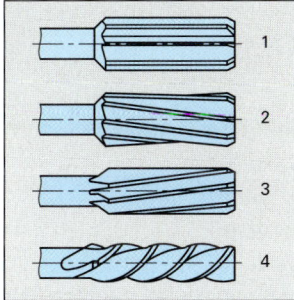

TF 85 Welches der bei Frage TF 84 dargestellten Werkzeuge ist eine Reibahle mit Linksdrall?

a) Nur Bild 2

b) Nur Bild 3

c) Bilder 2 und 3

d) Bilder 3 und 4

e) Bilder 2 und 4

TF 86 Wie muss die Reibahle beschaffen sein, damit man eine Bohrung mit Längsnut reiben kann?

a) Gerade genutet

b) Gerade Zähnezahl

c) Ungerade Zähnezahl

d) Kurzer Anschnitt

e) Schraubenförmig genutet

Drehen

TF 87 Wie werden die Drehverfahren nach der Vorschubrichtung unterteilt?

a) Außendrehen und Innendrehen

b) Längsdrehen und Querdrehen

c) Runddrehen und Plandrehen

d) Runddrehen, Plandrehen, Formdrehen und Profildrehen

e) Wälzdrehen und Schraubdrehen

TF 88 Welchem Drehverfahren ist das Kegeldrehen zuzuordnen?

a) Runddrehen

b) Plandrehen

c) Schraubdrehen

d) Formdrehen

e) Profildrehen

TF 89 Welche Bezeichnung für die im Bild mit x und y eingetragenen Größen ist für das Querplandrehen richtig?

a) x $\triangleq$ Vorschub

   y $\triangleq$ Schnitttiefe

b) x $\triangleq$ Zustellung

   y $\triangleq$ Vorschub

c) x $\triangleq$ Schnitttiefe

   y $\triangleq$ Vorschub

d) x $\triangleq$ Spanungsbreite

   y $\triangleq$ Spanungsdicke

e) x $\triangleq$ Spanungsdicke

   y $\triangleq$ Vorschub

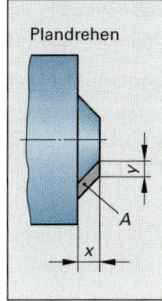

TF 90 Welcher Einstellwinkel ist zum Drehen von dünnen, schlanken Drehteilen erforderlich?

a) 0°   b) 15°

c) 0° ... 45°   d) 30° ... 60°

e) 90°

TF 91 Welche Spanungsgrößen werden durch Veränderung des Einstellwinkels beeinflusst?

a) Schnitttiefe und Vorschub

b) Spanungsdicke und Schnitttiefe

c) Spanungsbreite und Schnitttiefe

d) Größe des Spanungsquerschnitts

e) Form des Spanungsquerschnitts

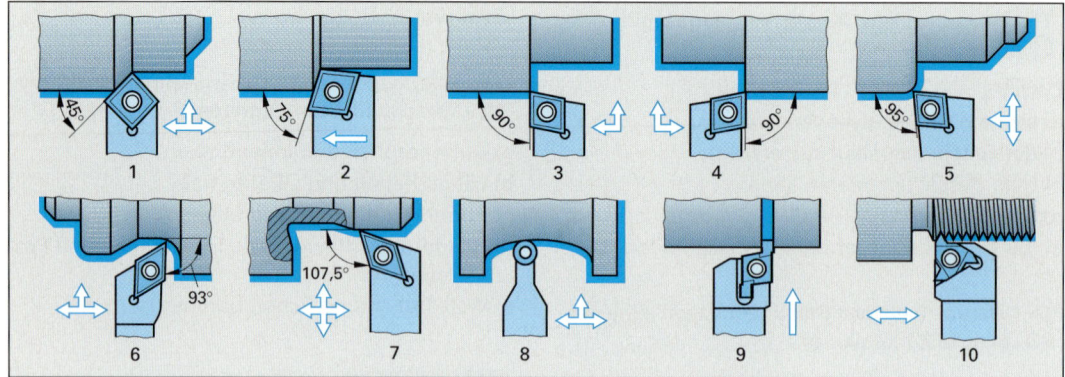

Bild zu den Testaufgaben TF 92 bis TF 99

TF 92 Welche Drehmeißel (Bild oben) sind besonders zum Vordrehen mit großem Zeitspanungsvolumen geeignet?

a) Nr. 1, Nr. 2, Nr. 6, Nr. 7
b) Nr. 1, Nr. 2, Nr. 8
c) Nr. 1, Nr. 2, Nr. 3, Nr. 4, Nr. 5
d) Nr. 6, Nr. 7, Nr. 8
e) Nr. 6, Nr. 7, Nr. 8, Nr. 9

TF 93 Welche Aussage zum Drehmeißel Nr. 2 ist richtig (Bild oben)?

Der Drehmeißel ...
a) ist vorwiegend zum Schlichten (Fertigdrehen) geeignet.
b) erreicht ein sehr großes Zeitspanungsvolumen.
c) ist linksschneidend.
d) ist zum Längs- und Querdrehen geeignet.
e) ist nur zum Querdrehen geeignet.

TF 94 Mit welchen Drehmeißeln (Bild oben) lassen sich Formdreharbeiten ausführen?

Mit den Meißeln ...
a) Nr. 1, Nr. 2, Nr. 6, Nr. 7
b) Nr. 1, Nr. 2, Nr. 8
c) Nr. 5, Nr. 6, Nr. 7, Nr. 8
d) Nr. 6, Nr. 7, Nr. 8, Nr. 9
e) Nr. 1, Nr. 2, Nr. 9, Nr. 10

TF 95 Welcher Drehmeißel (Bild oben) ist besonders zum Formdrehen geeignet?

a) Nr. 1   b) Nr. 2
c) Nr. 3   d) Nr. 4
e) Keiner der genannten Drehmeißel

TF 96 Welche Aussage zum Drehmeißel Nr. 6 (Bild oben) ist richtig?

Der Drehmeißel ...
a) ist vorwiegend rechtsschneidend.
b) ist nur zum Querdrehen geeignet.
c) ist nur zum Längsdrehen geeignet.
d) ist geeignet zum Formdrehen von Konturen.
e) wird meist zum Schruppen (Vordrehen) verwendet.

TF 97 Welcher Drehmeißel (Bild oben) ist besonders zum Breitschlichtdrehen geeignet?

a) Nr. 1
b) Nr. 3
c) Nr. 5
d) Nr. 8
e) Keiner der genannten Drehmeißel

TF 98 Welcher Drehmeißel (Bild oben) ist zum Einstechdrehen geeignet?

a) Nr. 1
b) Nr. 5
c) Nr. 8
d) Nr. 9
e) Keiner der genannten Drehmeißel

TF 99 Welche Aussage zu den Drehmeißeln Nr. 6 und Nr. 7 (Bild oben) ist richtig?

Die Drehmeißel ...
a) sind besonders zum Vordrehen (Schruppen) geeignet.
b) erreichen ein großes Zeitspanungsvolumen.
c) sind besonders zum Konturschruppen geeignet.
d) sind besonders zum Konturschlichten geeignet.
e) sind nur zum Querdrehen geeignet.

TF 100 Was versteht man unter dem Begriff Aufbauschneide?

a) Einen auf die Schneide aufgesetzten Spanformer
b) Eine Verschleißerscheinung an der Schneidkante des Werkzeuges
c) Eine festhaftende Ablagerung von Werkstoffteilchen auf der Spanfläche
d) Eine besondere Form der Spanformstufe
e) Eine aufgesetzte Wendeschneidplatte

TF 101 Welche Aufgabe haben Spanformstufen?

a) Spanformstufen beeinflussen die Spanform und die Spanablaufrichtung.
b) Spanformstufen werden besonders zur Bearbeitung spröder Werkstoffe eingesetzt.
c) Spanformstufen erhöhen die Standzeit der Werkzeugschneide wesentlich.
d) Spanformstufen vergrößern den Keilwinkel der Werkzeugschneide.
e) Spanformstufen werden nur zur Bearbeitung sehr weicher Werkstoffe benutzt.

TF 102 Welche Spanneinrichtung an der Drehmaschine besitzt einzeln verstellbare Stufenbacken und Nuten für Spannschrauben?

a) Dreibackenfutter mit Plangewinde
b) Mitnehmerscheibe
c) Stirnmitnehmer
d) Exzenterdrehkopf
e) Planscheibe

TF 103 Welche Aussage zum Hartdrehen ist *falsch?*

Beim Hartdrehen …
a) werden gehärtete Werkstücke durch Drehen fertig bearbeitet.
b) erwärmt sich das Werkstück sehr stark.
c) bereitet das Bearbeiten von längeren Werkstücken mit kleinem Durchmesser Probleme.
d) kommt u.a. Schneidkeramik zum Einsatz.
e) treten große Zerspankräfte auf.

TF 104 In welchen Fällen ist eine Zentrierbohrung mit Schutzsenkung erforderlich?

a) Bei verschmutzter Zentrierspitze
b) Bei Kegeldreharbeiten
c) Bei Schrupparbeiten
d) Bei Verwendung einer festen Zentrierspitze
e) Bei nicht ebener Stirnfläche

TF 105 Wann ist ein feststehender Setzstock erforderlich?

a) Zum Drehen einer langen Gewindespindel.
b) Zum Kegeldrehen durch Oberschlittenverstellung.
c) Zum Ausdrehen einer Bohrung am Ende eines langen Werkstücks.
d) Zum Drehen scheibenförmiger Werkstücke.
e) Zum Drehen einer kurzen Gewindespindel.

TF 106 Welchen Vorteil hat ein Stirnmitnehmer?

a) Das Werkstück wird nicht beschädigt.
b) Das Werkstück kann ohne Umspannen auf der ganzen Länge überdreht werden.
c) Auch bei schweren Schnitten reicht eine einfache Zentrierspitze in der Reitstockpinole aus.
d) Auf Zentrierbohrungen kann verzichtet werden.
e) Eine halbe Zentrierspitze im Reitstock reicht aus.

TF 107 Welche Behauptung zu dem abgebildeten Spannmittel ist richtig?

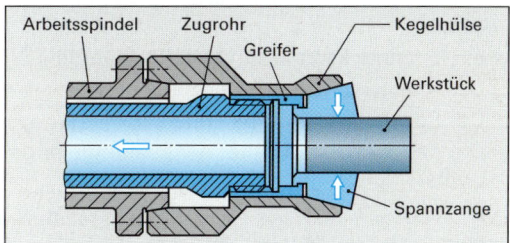

Arbeitsspindel   Zugrohr   Kegelhülse
Greifer
Werkstück
Spannzange

a) Es können runde, drei- und sechseckige Werkstücke gespannt werden.
b) Die Spanneinrichtung ist für blanke und rohe Rundteile geeignet.
c) Der Spannvorgang lässt sich nicht automatisieren.
d) Die Spanneinrichtung ist für sehr hohe Spindeldrehzahlen verwendbar.
e) Die erzielbare Rundlaufgenauigkeit ist gering.

TF 108 Wozu wird die Schlossmutter verwendet?

a) Zum Vorschubantrieb beim Gewindedrehen.
b) Zum Vorschubantrieb beim Längsdrehen.
c) Zum Vorschubantrieb beim Querdrehen.
d) Zur Verriegelung des Revolverkopfs.
e) Zur Sicherung des Vorschubs gegen Überlastung.

TF 109 Wozu dient der Spindelstock einer Drehmaschine?

a) Zur Lagerung der Arbeitsspindel.

b) Zur Lagerung von Leit- und Zugspindel.

c) Zur Unterstützung einer langen Spindel beim Gewindedrehen.

d) Zur Aufnahme einer mitlaufenden Zentrierspitze.

e) Zur Aufnahme von Werkstücken.

TF 110 Welche Aufgabe hat das Wendegetriebe einer Universaldrehmaschine?

a) Umkehr der Spindeldrehrichtung

b) Umkehr der Vorschubrichtung nur beim Längsdrehen

c) Umkehr der Vorschubrichtung nur beim Querdrehen

d) Umkehr der Vorschubrichtung nur beim Gewindedrehen

e) Umkehr der Vorschubrichtung beim Längs-, Quer- und Gewindedrehen

TF 111 Welche Aussage trifft für eine CNC-Drehmaschine mit Schrägbett zu?

a) Ein Revolverkopf kann nicht verwendet werden.

b) Ein Reitstock kann nicht verwendet werden.

c) Der Arbeitsraum ist schwer zugänglich.

d) Der Spanabfluss wird behindert.

e) Die Werkzeuge sind hinter der Drehmitte angeordnet.

TF 112 Welche Aussage über Karusselldrehmaschinen ist richtig?

Karusselldrehmaschinen ...

a) besitzen eine waagerechte Arbeitsspindel.

b) sind besonders für hohe Drehzahlen geeignet.

c) besitzen mehrere Arbeitsspindeln.

d) sind besonders für große, sperrige Werkstücke geeignet.

e) können nicht mit CNC-Steuerungen ausgestattet werden.

TF 113 Welche Aussage über Frontdrehmaschinen ist richtig?

a) Sie dienen zum Drehen langer, schlanker Drehteile.

b) Sie werden von der Planseite der Werkstücke aus bedient.

c) Sie besitzen stets mehrere Arbeitsspindeln.

d) Sie sind besonders lang.

e) Sie sind nur zum Querdrehen geeignet.

Fräsen

TF 114 Es ist eine Passfeder mit einer Stirnrundung von $r = 5$ mm zu fräsen. Welcher Fräser ist zu verwenden?

a) Konvexer Profilfräser mit $r = 5$ mm

b) Scheibenfräser mit $r = 5$ mm

c) Schaftfräser mit $d = 10$ mm

d) Konkaver Profilfräser mit $r = 5$ mm

e) Keine der genannten Antworten ist richtig

TF 115 Wie wird der dargestellte Fräser benannt?

a) Winkelfräser

b) Nutenfräser

c) Prismenfräser

d) Schlitzfräser

e) Profilfräser

TF 116 Mit welchem Fräser kann eine Winkelführung hergestellt werden?

a) Walzenfräser

b) Walzenstirnfräser

c) Prismenfräser

d) Winkelstirnfräser

e) Formscheibenfräser

TF 117 Mit welchem Fräser kann eine Passfedernut hergestellt werden?

a) Walzenfräser

b) Scheibenfräser

c) Prismenfräser

d) Formscheibenfräser

e) Langlochfräser

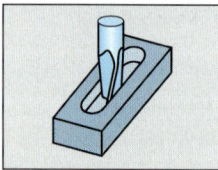

TF 118 Welcher der genannten Fräser wird im allgemeinen *nicht* mit einem Aufsteckdorn gespannt?

a) Walzenfräser   b) Scheibenfräser

c) Prismenfräser   d) Walzenstirnfräser

e) Schaftfräser

TF 119 Welche Schneidstoffe werden bei Schneidplatten für Fräsköpfe verwendet?

a) Einsatzstähle

b) unlegierte Werkzeugstähle

c) hochfeste Vergütungsstähle

d) Hartmetalle

e) Kunststoffe

TF 120 | Welche Behauptung über das Umfangsfräsen ist richtig?

Beim Umfangsfräsen ...
a) steht die Fräserachse senkrecht zur Bearbeitungsfläche.
b) kann nur im Gegenlauf gefräst werden.
c) bewegt sich das Werkstück, der Fräser ist in Ruhe.
d) kann nur im Gleichlauf gefräst werden.
e) verläuft die Fräserachse parallel zur Bearbeitungsfläche.

TF 121 | Welche Form haben die Späne beim Umfangsfräsen?

a) sichelförmig
b) rechteckig
c) quadratisch
d) kommaförmig
e) trapezförmig

TF 122 | Welche Behauptung über das Gegenlauffräsen ist *falsch*?

a) Beim Gegenlauffräsen sind Schneidrichtung des Fräsers und Vorschubrichtung des Werkstücks entgegengesetzt gerichtet.
b) Beim Gegenlauffräsen dringt der Fräserzahn sofort in den Werkstoff ein.
c) Beim Austreten des Fräserzahns aus dem Werkstück hat der Span seine größte Dicke erreicht.
d) Beim Gegenlauffräsen dringt der Fräserzahn allmählich in den Werkstoff ein.
e) Die Schneiden des Fräsers werden schneller stumpf als beim Gleichlauffräsen.

TF 123 | Welche Forderungen werden an Gleichlauffräsmaschinen gestellt?

a) Sie müssen einen Vertikalkopf besitzen.
b) Die Drehrichtung der Frässpindel darf nicht umkehrbar sein.
c) Sie müssen eine spielfreie Tischspindel besitzen.
d) Sie müssen einen zusätzlichen Eilgang besitzen.
e) Sie müssen eine zweigängige Tischspindel besitzen.

TF 124 | Welcher Werkzeugtyp wird zum Fräsen eines Stahles mit 600 N/mm² Mindestzugfestigkeit verwendet?

a) N
b) H
c) W
d) A
e) Z

TF 125 | Wie kann dem Entstehen zu dünner Späne beim Fräsen einer Nut geringer Tiefe mit einem Scheibenfräser entgegen gewirkt werden?

a) Erhöhen der Schnittgeschwindigkeit
b) Erhöhen des Zahnvorschubs
c) Verringern der Schnittgeschwindigkeit
d) Verringern des Zahnvorschubs
e) Wahl eines größeren Scheibenfräsers

TF 126 | Welche Aussage zu einer CNC-Konsolfräsmaschine ist richtig?

a) Die Maschine hat meist 2 gesteuerte Achsen.
b) Die Vorschubantriebe werden von der Hauptspindel abgeleitet.
c) Die Konsole ist um 45° nach beiden Seiten schwenkbar.
d) Bei Verwendung eines NC-gesteuerten Rundtisches sind 4 Achsen erforderlich.
e) Die Maschine wird nur als Vertikalfräsmaschine gebaut.

TF 127 | Welche Aussage bezüglich der Schnittgeschwindigkeit beim Fräsen ist *falsch*?

Mit zunehmender Schnittgeschwindigkeit ...
a) steigt das Zeitspanvolumen.
b) steigt der Werkzeugverschleiß.
c) wird eine bessere Oberfläche erzielt.
d) steigen die Zerspankräfte.
e) nimmt die Maß- und Formgenauigkeit zu.

TF 128 | Welche Aussage über Bettfräsmaschinen trifft *nicht* zu?

a) Fräs-Bohr-Zentren sind eine Sonderform der Bettfräsmaschine.
b) Bettfräsmaschinen werden vornehmlich zur Bearbeitung von großen und schweren Werkstücken eingesetzt.
c) Die Zerspankräfte werden bei einer Bettfräsmaschine vom Maschinenbett aufgenommen.
d) Der Maschinentisch einer Bettfräsmaschine ist höhenverstellbar.
e) Bei Bettfräsmaschinen ergeben sich auch in den Endlagen der Schlittenbewegung keine Lageabweichungen.

TF 129   **Beim Fräsen bilden sich Aufbauschneiden. Welche der folgenden Maßnahmen verhindert dies?**

a) Schnittgeschwindigkeit vermindern

b) Schnitttiefe vermindern

c) Zähere Schneidplatten wählen

d) Keinen Kühlschmierstoff verwenden

e) Vorschub je Zahn f_z erhöhen

TF 130   **Beim Fräsen treten an den Wendeschneidplatten Kammrisse auf. Durch welche Maßnahme kann dies verhindert werden?**

a) Schnittgeschwindigkeit erhöhen

b) Fräser und Werkstück stabiler spannen

c) Zähere Schneidplatten wählen

d) Positiveren Spanwinkel wählen

e) Vorschub je Zahn f_z vermindern

TF 131   **Welche Aussage bezüglich des Hochgeschwindigkeitsfräsens ist *falsch*?**

Beim Hochgeschwindigkeitsfräsen ...

a) lassen sich gut dünnwandige Werkstücke herstellen.

b) wird die Oberflächengüte der gefertigten Werkstücke schlechter.

c) sind die Schnittgeschwindigkeiten fünf- bis zehnmal höher als beim üblichen Fräsen.

d) ist der Vorschub je Fräserzahn f_z höher als beim üblichen Fräsen.

e) lassen sich gut Grafit-Elektroden bearbeiten.

TF 132   **Worin unterscheiden sich eine Hochgeschwindigkeitsfräsmaschine und eine Universalfräsmaschine? Welche Aussage trifft zu?**

a) Sie nutzen unterschiedliche CNC-Programme.

b) Sie haben in jedem Fall unterschiedliche Hochleistungsspindeln.

c) Das Beschleunigungsvermögen der Vorschubachsen ist unterschiedlich.

d) Die Verfahrwege des Maschinentischs sind unterschiedlich.

e) Sie nutzen unterschiedliche Fräs- und Bohrwerkzeuge.

Schleifen

TF 133   **Was geben die Zahlen zur Kennzeichnung der Körnung bei Schleifscheiben an?**

Die Anzahl der Maschen des verwendeten Siebes auf ...

a) 1 Quadratzoll $\hat{=}$ 1 Quadratinch

b) 1 Quadratzentimeter

c) 1 Quadratmillimeter

d) 1 inch Sieblänge

e) 1 Zentimeter Sieblänge

TF 134   **Welche Bindung ist für Schleifscheiben *ungeeignet*?**

a) Gummibindung

b) Kunststoffbindung

c) keramische Bindung

d) metallische Bindung

e) keine der genannten ist ungeeignet

TF 135   **Was ist beim Auswuchten einer Schleifscheibe zu beachten?**

a) Die Wuchtgewichte müssen gleichmäßig verteilt sein.

b) Die Wuchtgewichte müssen in einem Flansch oben, im anderen unten stehen.

c) Die Schleifscheibe muss gleichmäßig pendeln.

d) Die Schleifscheibe muss in jeder Stellung stehen bleiben.

e) Die Schleifscheibe muss in kurzer Zeit zur Ruhe kommen.

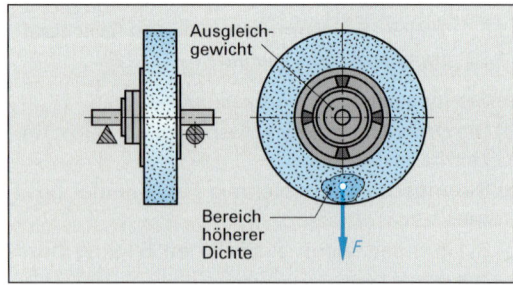

TF 136   **Eine Schleifscheibe trägt folgende Bezeichnung: DIN 69120-450x100x127-A60K8V35. Welche der folgenden Aussagen ist *falsch*?**

a) Außendurchmesser = 450 mm

b) Breite der Scheibe = 100 mm

c) Körnung 60

d) Gefüge K

e) Zulässige Umfangsgeschwindigkeit = 35 m/s

TF 137 Welches Schleifmittel wird zum Schleifen von Stahl meist verwendet?

a) Schmirgel
b) Edelkorund
c) Siliciumcarbid
d) Normalkorund
e) Diamant

TF 138 Welche Aussage zum Schleifen ist richtig?

a) Für harte Werkstoffe verwendet man harte Schleifscheiben.
b) Schleifscheiben mit dem Härtegrad A sind äußerst hart.
c) Für weiche Werkstoffe verwendet man harte Scheiben.
d) Das Gefüge der Schleifscheiben muss umso offener sein, je kleiner die Schnitttiefe ist.
e) Beim Trockenschliff dürfen keine Schutzbrillen getragen werden.

TF 139 Welcher Kühlschmierstoff wird beim Schleifen verwendet?

a) Schleiföl
b) Bohröl
c) Bohrölemulsion
d) Schneidöl
e) Mineralöl

TF 140 Wie groß ist im Allgemeinen die Arbeitsgeschwindigkeit beim Schleifen von Stahl?

a) 18 m/s
b) 25 m/min
c) 35 m/s
d) 40 m/min
e) 60 mm/s

TF 141 Wie werden die Werkstücke beim Spitzenlosschleifen gespannt?

a) Im Dreibackenfutter
b) Mit der Magnetspannplatte
c) In der Spannzange
d) Im Maschinenschraubstock
e) Überhaupt nicht

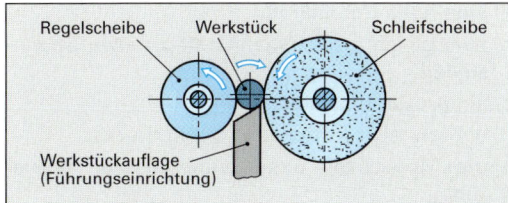

Regelscheibe Werkstück Schleifscheibe

Werkstückauflage (Führungseinrichtung)

TF 142 Wozu wird der Schleifbock verwendet?

a) Zum Einstechschleifen
b) Zum Schleifen von Hand
c) Zum spitzenlosen Schleifen
d) Zum Flächenschleifen
e) Zum Trennschleifen

Feinbearbeitung: Honen und Läppen

TF 143 Welches Arbeitsverfahren zählt *nicht* zur Feinbearbeitung?

a) Langhubhonen
b) Polieren
c) Außenrundläppen
d) Kurzhubhonen
e) Planläppen

TF 144 Welche Schleifkörper verwendet man beim Honen?

a) Feinkörnige Flachscheiben mit kleinem Durchmesser
b) Topfscheiben
c) Tellerscheiben
d) Schleifleisten
e) Schleifstifte

Funkenerosives Abtragen

TF 145 Welches Verfahren zählt *nicht* zu den abtragenden Fertigungsverfahren?

a) Funkenerosion
b) Feinbohren
c) Elektrochemisches Abtragen
d) Thermisches Entgraten
e) Brennschneiden

TF 146 Mit welchem Verfahren können Durchbrüche in Hartmetall hergestellt werden?

a) Läppen unter Zuhilfenahme einer Läppkluppe
b) Honen
c) Funkenerosives Abtragen
d) Feinbohren
e) Räumen

Vorrichtungen und Spannelemente an Werkzeugmaschinen

TF 147 | **Welche Aussage zu Flachspannern (Tiefspannern) ist richtig?**

a) Die Werkstücke können auf der ganzen Fläche bearbeitet werden.

b) Sie dienen zum Spannen von Werkstücken mit Vertiefungen.

c) Eine zusätzliche Spanneinrichtung ist zur Verhinderung von seitlichen Verschiebungen des Werkstücks nötig.

d) Eine zusätzliche Spanneinrichtung ist zum Niederhalten des Werkstücks nötig.

e) Flachspanner sind für alle Werkstückformen gleich gut geeignet.

TF 148 | **Welchen Zweck haben Kugelscheiben und Kegelpfannen bei mechanischen Spannelementen?**

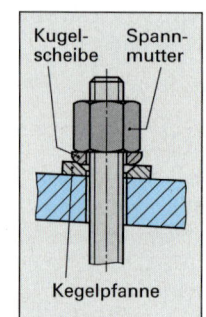

a) Sie erhöhen die Spannkraft.

b) Sie erlauben eine leichte Schrägstellung des Spanneisens.

c) Sie dienen zum Spannen von gewölbten Werkstückflächen.

d) Sie erleichtern das Zentrieren von Rundteilen.

e) Sie dienen als Ersatz für T-Nutenschrauben.

TF 149 | **Für welche Arbeiten ist das dargestellte Spannelement besonders geeignet?**

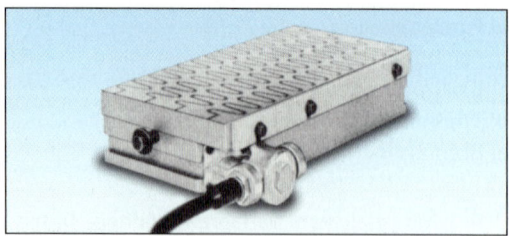

a) Zum Schleifen kleiner Teile aus Stahl

b) Für Planfräsarbeiten mit Fräskopf

c) Zum Gegenlauffräsen mit großer Spanabnahme

d) Zum Feinschleifen von Leichtmetallteilen

e) Für Fräsarbeiten mit geringer Spanabnahme an Messingteilen

TF 150 | **Wie wird das dargestellte Spannelement bezeichnet?**

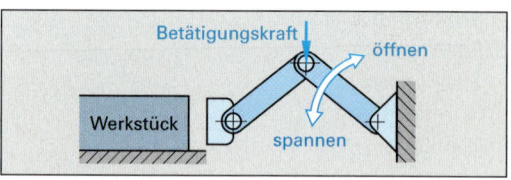

a) Exzenterspanner

b) Kurvenspanner

c) Kniehebelspanner

d) Schnellspannpratze

e) Winkelspanner

TF 151 | **Welche Aussage zur Spanneinrichtung im Bild ist richtig?**

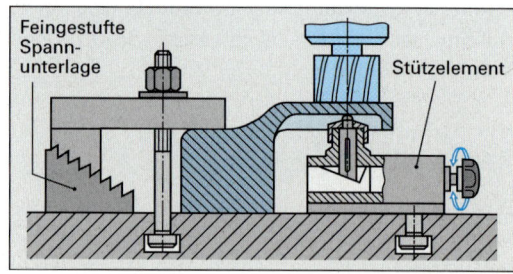

a) Die T-Nutenschraube soll möglichst nah an der Spannunterlage sein.

b) Die Spannunterlage ist stufenlos höhenverstellbar.

c) Das Stützelement ist stufenlos höhenverstellbar.

d) Der Abstand zwischen T-Nutenschraube und Werkstück soll möglichst groß sein.

e) Es ist ein möglichst langes Spanneisen zu wählen.

TF 152 | **Welche Aussage trifft *nicht* für hydraulische Spanneinrichtungen zu?**

Das Merkmal einer hydraulischen Spanneinrichtung ist …

a) eine hohe Spannkraft.

b) eine gleich große Spannkraft an allen Spannstellen.

c) ein großer Platzbedarf.

d) ein schneller Aufbau des Spanndrucks.

e) die Möglichkeit einer automatischen Steuerung.

Fügen

TF 153 | Welche Aussage zu den im Bild gezeigten Fügeverfahren ist richtig?

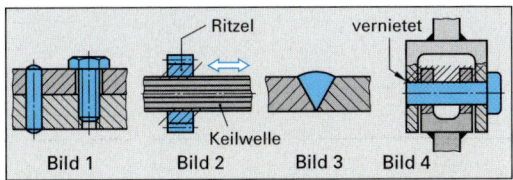

Bild 1   Bild 2   Bild 3   Bild 4

a) Bild 1 zeigt eine bewegliche, lösbare Verbindung.
b) Bild 2 zeigt eine unlösbare, feste Verbindung.
c) Bild 3 zeigt eine bewegliche, feste Verbindung.
d) Bild 4 zeigt eine unlösbare, bewegliche Verbindung.
e) Bild 2 und Bild 4 zeigen feste Verbindungen.

TF 154 | Welche Aussage zum Fügen ist *falsch*?

a) Durch Fügen entstehen ausschließlich feste Verbindungen.
b) Bei lösbaren Verbindungen können die zusammengebauten Teile ohne Zerstörung gelöst werden.
c) Bei festen Verbindungen haben die Werkstücke stets die gleiche Lage zueinander.
d) Bei unlösbaren Verbindungen müssen zum Zerlegen Verbindungsteile oder Bauteile zerstört werden.
e) Bei beweglichen Verbindungen kann sich die Lage der gefügten Teile zueinander ändern.

TF 155 | Welche Antwort zu den Pressverbindungen ist richtig?

a) Pressverbindungen werden z.B. durch Erwärmen des Innenteils hergestellt.
b) Beim Längseinpressen soll die Stirnseite des Innenteils scharfkantig sein, damit vorhandene Rauheitsspitzen eingeebnet werden.
c) Zur Erwärmung der Bauteile werden z.B. induktive Anwärmgeräte und Ölbäder verwendet.
d) Beim hydraulischen Fügen ist die Haftkraft unmittelbar nach Wegnahme des Öldruckes in voller Höhe vorhanden.
e) Pressverbindungen übertragen Kräfte und Drehmomente stoffschlüssig.

TF 156 | Welche Arbeitsregel zu Pressverbindungen ist *falsch*?

a) Vorgeschriebene Anwärmtemperaturen sind genau einzuhalten, um Gefügeänderungen zu vermeiden.
b) Werkstücke aus Gusseisen mit Lamellengrafit dürfen nicht über 200 °C erwärmt werden, weil sich der Lamellengrafit in Temperkohle umwandeln könnte.
c) Große, sperrige Teile sind gleichmäßig zu erwärmen, da sie sich sonst verziehen könnten.
d) Wärmeempfindliche Teile, z.B. Dichtungen, müssen vor dem Erwärmen entfernt werden.
e) Zum Erwärmen können z.B. Gasbrenner verwendet werden.

TF 157 | Wie werden die Kleber für Metalle eingeteilt?

a) In Thermoplaste und Duroplaste
b) In natürliche und synthetische Kleber
c) In Kleber für Stahl und Kleber für Nichteisenmetalle
d) In Warm- und Kaltkleber
e) In Plastomere und Duromere

TF 158 | Welche Aussage über Klebeverbindungen ist *falsch*?

a) Klebeverbindungen sollen vorwiegend auf Abscherung beansprucht werden.
b) Die Überlappungslänge soll höchstens 2-mal so groß wie die Blechdicke sein.
c) Die Fügeflächen sollen sauber und trocken sein.
d) Die Belastbarkeit hängt wesentlich von der Art der Beanspruchung ab.
e) Schälbeanspruchungen führen leicht zum Aufreißen der Klebeverbindungen.

TF 159 | Welchen Vorteil hat das Kleben gegenüber dem Hartlöten?

a) Der Gefügezustand der Werkstücke wird nicht verändert.
b) Klebeverbindungen sind temperaturbeständiger.
c) Es ist weniger Vorarbeit für die Reinigung der Verbindungsstelle erforderlich.
d) Die verbundenen Teile können schneller weiterverarbeitet werden.
e) Es lassen sich höhere Festigkeitswerte erzielen.

TF 160 Welche Aussage zur Beanspruchung einer Klebeverbindung ist richtig?

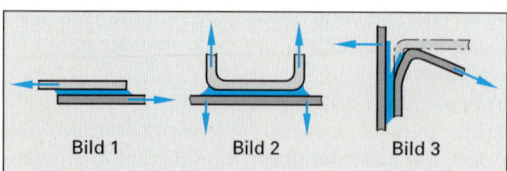

Bild 1   Bild 2   Bild 3

a) Bild 1 zeigt eine ungünstige Beanspruchung auf Zug.
b) Bild 2 zeigt eine günstige Beanspruchung auf Druck.
c) Bild 3 zeigt eine nicht zulässige Beanspruchung auf Abscherung.
d) Bild 2 zeigt eine nicht zulässige Beanspruchung auf Zug.
e) Bild 1 zeigt eine günstige Beanspruchung auf Abscherung.

TF 161 Bis zu welcher Temperatur spricht man von Weichlöten?

a) 182 °C
b) 327 °C
c) 450 °C
d) 560 °C
e) 723 °C

TF 162 Welche Aufgaben haben die Flussmittel beim Löten?

a) Sie verhindern Korrosion an der fertigen Naht.
b) Sie setzen den Schmelzpunkt des Lotes herab.
c) Sie erniedrigen die Arbeitstemperatur des Lotes.
d) Sie lösen Oxide und verhindern deren Bildung.
e) Sie erhöhen die Kapillarwirkung.

TF 163 Welche Aussage über Flussmittel ist richtig?

a) Beim Löten an elektrischen Bauteilen darf kein Flussmittel verwendet werden.
b) Flussmittelreste müssen meist entfernt werden, da sie Korrosion verursachen.
c) Flussmittel verhindern Korrosion, können aber keine Oxidreste lösen.
d) Für die Auswahl der Flussmittel spielt die Art des zu lötenden Werkstoffes keine Rolle.
e) Flussmittel enthalten stets Säuren.

TF 164 Welche Kennfarbe hat eine Acetylengasflasche?

a) blau
b) grau
c) rot
d) grün
e) gelb

TF 165 Welche Arbeitsregel über Gasflaschen ist *falsch*?

a) Sauerstoffflaschen sind frei von Öl und Fett zu halten.
b) Alle Gasflaschen sind vor starker Wärmeeinwirkung zu schützen.
c) Gasflaschen sind vor Umfallen zu sichern.
d) Gasflaschen dürfen nur mit aufgeschraubter Schutzkappe transportiert werden.
e) Die Acetylengasentnahme darf bei einer Einzelflasche nie mehr als 3000 Liter pro Stunde betragen.

TF 166 Welche Aussage zu Schweißelektroden ist *falsch*?

a) Bei allen Schweißverfahren bestehen die Elektroden aus dem Kerndraht und der Umhüllung.
b) Die abschmelzende Umhüllung schwimmt auf der Schweißnaht und verhindert eine Verzunderung der Schweißstelle.
c) Die Umhüllung entwickelt beim Abschmelzen Gase, die den Lichtbogen stabilisieren.
d) Die Umhüllung enthält meist Legierungselemente, welche die Festigkeit und Zähigkeit der Schweißnaht verbessern.
e) Die Schlacke verhindert eine schnelle Abkühlung der Schweißstelle und vermindert dadurch eine Aufhärtung und Versprödung im Schweißnahtbereich.

TF 167 Bei welchem Verfahren des Schutzgasschweißens ist die Elektrode zugleich Zusatzwerkstoff?

a) Beim WSG-Schweißen
b) Beim Wolfram-Plasmaschweißen
c) Beim WIG-Schweißen
d) Beim WP-Schweißen
e) Beim MSG-Schweißen

TF 168 Welche Aussage über das Schweißen ist *falsch?*

a) Beim Schweißen werden die Bauteile stoffschlüssig miteinander verbunden.

b) Alle Metalle eignen sich zum Schweißen.

c) Der Werkstoff wird an der Fügestelle durch Wärme oder Reibung in den plastischen oder flüssigen Zustand gebracht.

d) Bei den meisten Schweißverfahren wird Zusatzwerkstoff zum Füllen der Fugen benötigt.

e) Schweißverbindungen sind unlösbare Verbindungen.

TF 169 Welche Bezeichnung für die Schweißposition (Bild) ist *falsch?*

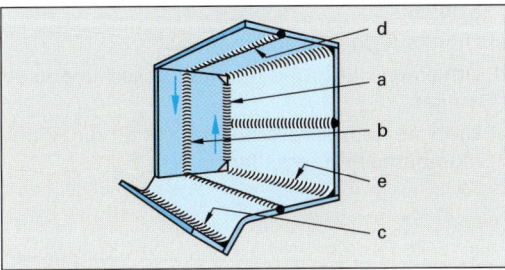

a) Steigposition

b) Fallposition

c) Querposition

d) Überkopfposition

e) Horizontalposition

TF 170 Welches Schweißverfahren eignet sich zum Schweißen von Aluminiumlegierungen?

a) MAG-Schweißen

b) WIG-Schweißen

c) Gasschmelzschweißen

d) Elektronenstrahlschweißen

e) Lichtbogenhandschweißen

TF 171 Welches Schweißverfahren ist *kein* Pressschweißverfahren?

a) Punktschweißen

b) Buckelschweißen

c) Lichtbogenhandschweißen

d) Rollennahtschweißen

e) Reibschweißen

TF 172 Welches der angegebenen Gase, die zum Schweißen verwendet werden, ist brennbar?

a) Wasserstoff

b) Stickstoff

c) Kohlendioxid

d) Argon

e) Helium

TF 173 Welche Arbeitsregel für das Lichtbogenhandschweißen ist *falsch?*

a) Schweißen mit entblößten Armen ist verboten.

b) Die Arbeitsstelle ist so abzuschirmen, dass andere Personen durch die Strahlen nicht geschädigt werden.

c) Zum Schweißen wird ein Schutzschild mit Seitenschutz benötigt.

d) Um das Schrumpfen nicht zu behindern, muss die Schlacke sofort nach dem Erstarren entfernt werden.

e) Beim Entfernen der Schlacke muss ein Schutzschild benutzt werden.

TF 174 Welche Aussage zu den Schutzgasschweißverfahren ist *richtig?*

a) Beim Metall-Schutzgasschweißen wird eine nicht abschmelzende Wolfram-Elektrode verwendet.

b) Beim MAG-Schweißen wird Helium oder Argon als Schutzgas verwendet.

c) Beim WIG-Schweißen wird immer mit Gleichstrom geschweißt.

d) Beim WIG-Schweißen wird eine abschmelzende Drahtelektrode verwendet.

e) Beim Wolfram-Plasmaschweißen stabilisiert ein Schutzgasmantel den Lichtbogen und schützt das Schmelzbad vor Oxidation.

TF 175 Welches Prüfverfahren wird *nicht* zur Prüfung von Schweißverbindungen verwendet?

a) Farbeindringverfahren

b) Dauerschwingversuch

c) Magnetpulververfahren

d) Ultraschallprüfung

e) Röntgenprüfung

Beschichten

TF 176 Wie wird auf einem Stahlblech ein Haftgrund für eine Lackschicht hergestellt?

a) Durch Galvanisieren
b) Durch Metallisieren
c) Durch Phosphatieren
d) Durch Anodisieren
e) Durch CVD-Beschichten

TF 177 Welches Bild zeigt das elektrostatische Pulverbeschichten?

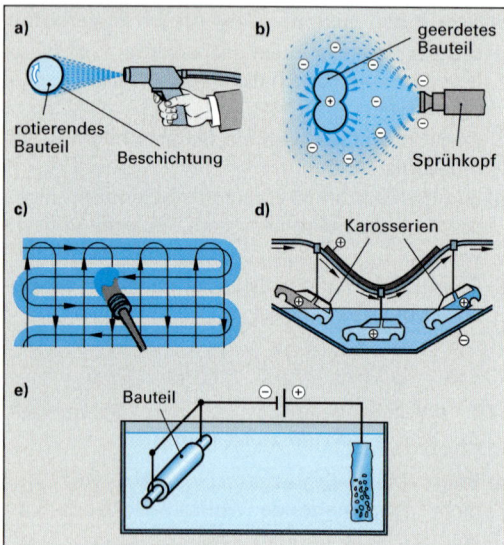

TF 178 Was versteht man unter Thermischem Spritzen?

a) Das Aufspritzen von geschmolzenem Beschichtungswerkstoff.
b) Das Übergießen mit flüssigem Kunststoff.
c) Das Aufspritzen von erwärmten Lacken.
d) Das Schmelztauchen von Metallen.
e) Das Galvanisieren bei erhöhten Temperaturen.

TF 179 Welche Beschichtung wird durch Abscheiden aus dem gasförmigen Zustand hergestellt?

a) Die Lackschicht auf Karosserieblech.
b) Die CVD-Beschichtung auf Schneidplatten.
c) Die Anodisierschicht auf Aluminium-Bauteilen.
d) Die Metallschicht durch Galvanisieren.
e) Die Zinkschicht auf Stahlblech.

TF 180 Bei welchem Verfahren zum Aufbringen einer Korrosionsschutzschicht handelt es sich um ein elektrochemisches Beschichtungsverfahren?

a) Emaillieren
b) Plattieren
c) Thermisches Spritzen
d) Diffundieren
e) Galvanisieren

TF 181 Warum werden Aluminiumbauteile anodisiert?

a) Um die Temperaturbeständigkeit zu verbessern.
b) Um abgetragene Verschleißflächen wieder aufzufüllen.
c) Um die Festigkeit zu erhöhen.
d) Um einen Haftgrund für eine Lackschicht zu erzeugen.
e) Um eine Korrosionsschutzschicht für die Aluminiumbauteile zu erhalten.

Fertigungsbetrieb und Umweltschutz   `ZP`

TF 182 Warum muss der Kühlschmierstoffnebel einer gekapselten Drehmaschine abgesaugt werden?

a) Zur Rückgewinnung des Kühlschmierstoffs.
b) Zur Vermeidung von Gesundheitsschäden durch Einatmen des Kühlschmierstoffnebels.
c) Zum Korrosionsschutz der Drehteile.
d) Zum Schutz der Drehmaschine.
e) Zur Entölung der Drehspäne.

TF 183 Was versteht man unter Recycling?

a) Die Verbilligung der Werkstoffe durch preisgünstigen Großeinkauf.
b) Die Sammlung, Aufarbeitung und Wiederverwendung von gebrauchten Stoffen.
c) Die Verschwendung von Werkstoffen.
d) Die Abtrennung des Kühlschmierstoffs von den Spänen.
e) Die Verwendung einer Umlaufschmierung.

3 Werkstofftechnik

3.1 Übersicht der Werk- und Hilfsstoffe

3.2 Auswahl und Eigenschaften der Werkstoffe

Fragen aus Fachkunde Metall, Seite 235

1 Ordnen Sie die Metalle Kupfer, Eisen, Titan, Zink, Magnesium, Blei und Aluminium in die Gruppen Leichtmetalle und Schwermetalle ein.

Leichtmetalle sind:
Titan, Magnesium, Aluminium.
Schwermetalle sind:
Kupfer, Eisen, Zink und Blei.

Leichtmetalle haben eine Dichte von weniger als $5 \, kg/dm^3$, Schwermetalle von mehr als $5 \, kg/dm^3$.

2 Auf welchen Eigenschaften beruht die vielseitige Verwendung der Kunststoffe?

Die vielseitige Verwendung der Kunststoffe beruht auf ihren besonderen Eigenschaften:

- Geringe Dichte
- Elektrisch isolierend und wärmedämmend
- In Sorten von gummiartig bis formstabil und hart erhältlich.
- Beständig gegen viele Chemikalien

3 Aus welchen Werkstoffen bestehen der Fräser und das bearbeitete Werkstück im gezeigten Bild?
Begründen Sie Ihre Antwort.

Der Fräser besteht aus Werkzeugstahl.
Werkzeugstähle sind im gehärteten Zustand hart und verschleißfest. Sie eignen sich zum Spanen von Werkstoffen.
Das bearbeitete Werkstück besteht aus einem Gusseisenwerkstoff.
Bauteile mit komplizierten geometrischen Formen werden aus Gusseisenwerkstoffen gefertigt.

4 Ein Werkstück hat eine Masse von 6,48 kg und ein Volumen von 2,4 dm^3.
   a) Welche Dichte hat der Werkstoff des Werkstücks?
   b) Um welchen Werkstoff könnte es sich handeln?

a) Aus der Beziehung $\varrho = \dfrac{m}{V}$ folgt:

$$\varrho = \frac{6,48 \, kg}{2,4 \, dm^3} = 2,7 \, kg/dm^3$$

b) Es könnte sich um Aluminium handeln, da Aluminium eine Dichte von $2,7 \, kg/dm^3$ besitzt.

5 Beschreiben Sie das elastisch-plastische Verformungsverhalten eines Stahlstabs.

Biegt man einen Stahlstab nur wenig, so federt er nach Entlastung vollständig in seine Ausgangsform zurück. Er verformt sich rein elastisch.

Biegt man einen Stahlstab hingegen stark, so federt er nicht vollständig, sondern nur teilweise in seine Ausgangsform zurück (Bild). Ein Teil der Verformung bleibt dauerhaft erhalten. Er hat sich teilweise plastisch verformt.

Dieses gemischte Verhalten nennt man ein elastisch-plastisches Verformungsverhalten.

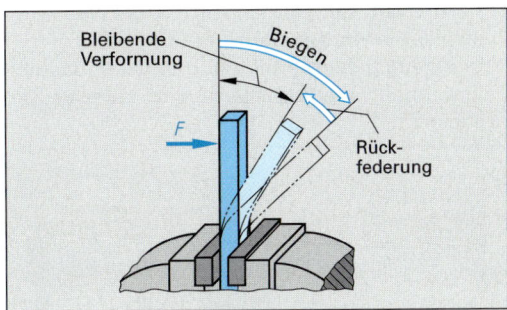

6 Was geben die Streckgrenze R_e und die Zugfestigkeit R_m eines Werkstoffs an?

Die **Streckgrenze R_e** gibt die Zugspannung an, die unmittelbar vor Beginn des Streckens im Werkstoff herrscht. Es ist die Zugspannung, die der Werkstoff ohne wesentliche plastische Verformung tragen kann.

Die Streckgrenze R_e wird in N/mm^2 angegeben, z.B. $R_e = 285 \, N/mm^2$.

Die **Zugfestigkeit** R_m ist die größte Zugspannung, die in einem Werkstoff herrschen kann. Einheit der Zugspannung ist N/mm^2.

Beispiel: $R_m = 520 \, N/mm^2$

Streckgrenze und Zugfestigkeit sind Kenngrößen, um die Belastbarkeit eines Werkstoffs beurteilen zu können. Sie dienen zur Berechnung der Abmessungen der Werkstücke und Bauteile.

7 Nennen Sie drei fertigungstechnische Eigenschaften.

Erläutern Sie diese Eigenschaften an jeweils einem Werkstoff.

a) **Umformbarkeit.** Gut umformbar sind z.B. kohlenstoffarme Stähle. Sie eignen sich daher zum Biegeumformen (Bild).

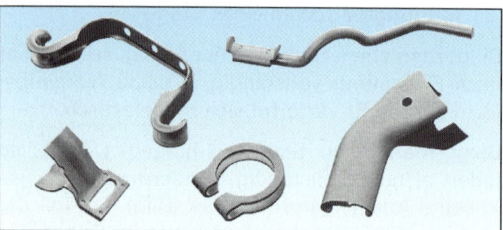

b) **Zerspanbarkeit.** Gut spanbar sind z.B. die Automatenstähle. Sie enthalten einen erhöhten Schwefel- und/oder Bleigehalt, der kurzbrechende Späne bewirkt.

c) **Härtbarkeit.** Gut härtbar sind z.B. die Werkzeugstähle. Sie werden nach der Formgebung zum Werkzeug gehärtet (Bild) und erhalten dadurch ihre hohe Gebrauchshärte und Verschleißfestigkeit.

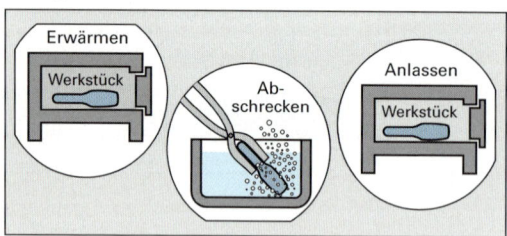

8 Wie kann die Korrosion von Metallteilen vermieden werden?

Die Korrosion von Metallteilen kann vermieden werden:

● Durch Auswahl eines korrosionsbeständigen Werkstoffs.

● Durch einen korrosionsschützenden Anstrich oder eine korrosionsschützende Beschichtung.

Ergänzende Fragen zu Eigenschaften und Auswahl der Werkstoffe

9 In welche drei Hauptgruppen teilt man die Werkstoffe ein?

Die Werkstoffe werden in Metalle, in Nichtmetalle und in Verbundwerkstoffe eingeteilt.

Metalle sind z.B. Eisen, Kupfer, Aluminium. Zu den Nichtmetallen gehören z.B. Kunststoffe, Keramiken, Glas. Verbundwerkstoffe sind z.B. Hartmetalle oder Schleifkörper.

10 Welches sind wichtige, in der Technik verwendete Hilfsstoffe?

Wichtige Hilfsstoffe sind:
Schmier- und Kühlschmierstoffe, Schleif- und Poliermittel, Reinigungs- und Löt-Hilfsmittel, Beschichtungs- und Treibstoffe.

Als Hilfsstoffe bezeichnet man Stoffe, die bei der Herstellung und Verarbeitung der Werkstoffe verbraucht werden oder zum Betreiben von Maschinen notwendig sind.

11 Welche Gesichtspunkte sind bei der Auswahl eines Werkstoffs für ein Bauteil maßgebend?

Die Auswahl eines Werkstoffs für ein bestimmtes Bauteil erfolgt nach mehreren Gesichtspunkten:

● Nach den mechanisch-technologischen, physikalischen und chemisch-technologischen Eigenschaften des Werkstoffs. Sie entscheiden, ob ein Werkstoff die Funktion des Bauteils und die an ihn gestellten Anforderungen erfüllen kann.

● Nach fertigungstechnischen Gesichtspunkten. Sie entscheiden, ob ein Werkstück mit einem bestimmten Fertigungsverfahren hergestellt werden kann.

● Nach wirtschaftlichen Überlegungen, wie z.B. dem Werkstoffpreis, den Fertigungskosten, den Hilfsstoffkosten, den Kosten der Abfallbeseitigung.

● Nach Gesichtspunkten des Umweltschutzes, wie z.B. Ungiftigkeit, umweltverträglicher Herstellung, Fertigung und Entsorgung sowie den Recyclingmöglichkeiten.

12 Nach welchen Formeln berechnet man die thermische Längenausdehnung und die Zugfestigkeit?

Thermische
Längenausdehnung: $\quad \Delta l = l_1 \cdot \alpha \cdot \Delta t$

Zugfestigkeit: $\quad R_m = \dfrac{F_m}{S_o}$

13 Nennen Sie vier physikalische Eigenschaften und erläutern Sie ihre Bedeutung.

Die **Dichte** ϱ eines Stoffes gibt an, welche Masse ein Würfel eines Stoffes von 1 dm Kantenlänge hat. Sie ist ein Maß dafür, wie schwer ein Stoff ist.

$$\text{Dichte } \varrho = \frac{m}{V}$$

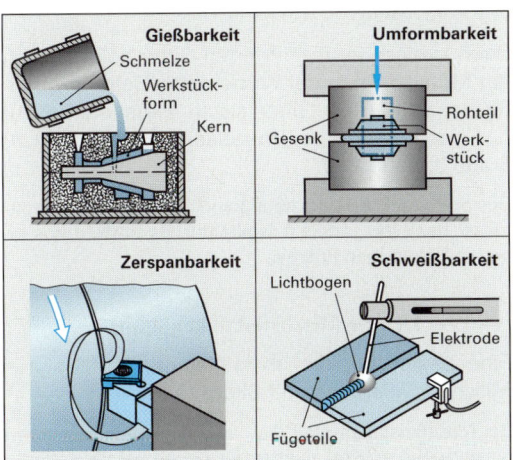

Der **Schmelzpunkt** eines Stoffes ist die Temperatur, bei der er zu schmelzen beginnt.

Die **elektrische Leitfähigkeit** ist ein Maß für die Fähigkeit eines Stoffes, den elektrischen Strom zu leiten.

Die **thermische Längenausdehnung** gibt an, um welchen Betrag sich ein Körper bei Änderung seiner Temperatur verlängert.

14 Welche fertigungstechnischen Eigenschaften sind für die Auswahl der Werkstoffe wichtig?

Wichtige fertigungstechnische Eigenschaften sind: Gießbarkeit, Umformbarkeit, Zerspanbarkeit sowie die Schweißbarkeit.

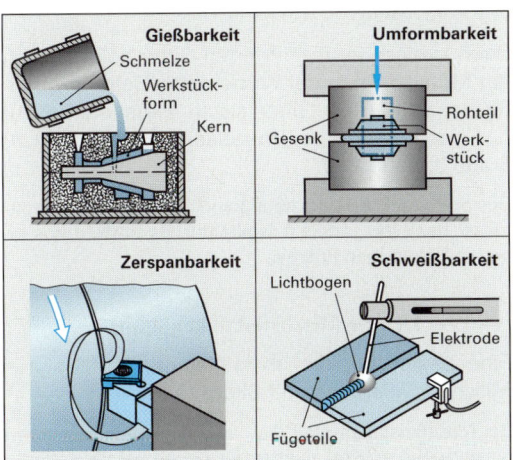

15 Welche gesundheitsschützende Vorsorge sollte beim Löten mit cadmiumhaltigem Weichlot getroffen werden?

Die Abluft muss abgesaugt und der Arbeitsraum muss gut gelüftet werden.

Wenn möglich sollten keine cadmiumhaltigen Weichlote verwendet werden.

3.3 Innerer Aufbau der Metalle   ZP

Fragen aus Fachkunde Metall, Seite 240

1   Was zeigt das Gefüge eines Metalls?

Das Gefüge eines Metalls zeigt (unter dem Metallmikroskop) die Gliederung des Werkstoffs in Körner und die als dünne Linien zwischen den Körnern verlaufenden Korngrenzen (Bild).

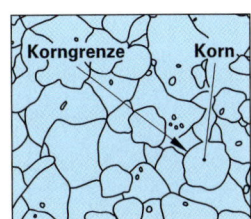

2   Wie sind die Metalle im atomaren Größenbereich aufgebaut?

Im atomaren Größenbereich sind die Metalle aus Metallatomen in regelmäßiger Anordnung aufgebaut (Bild). Sie werden von einer sie umgebenden Elektronenwolke fest zusammengehalten.

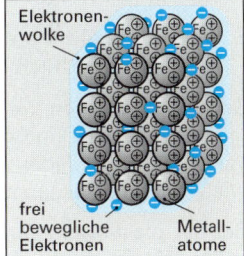

3   Welche drei Kristallgittertypen findet man bei den Metallen?

Bei den Metallen gibt es drei Gittertypen:

Das kubisch-raumzentrierte Kristallgitter

Das kubisch-flächenzentrierte Kristallgitter

Das hexagonale Kristallgitter

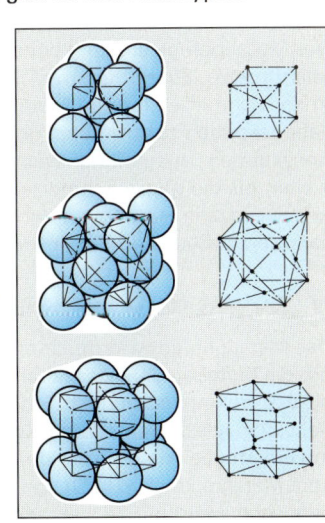

4   Welche Kristallbaufehler gibt es?

Lücken: ein Gitterplatz im Kristallgitter ist unbesetzt.

Versetzungen: eine ganze Lage von Metallionen ist eingeschoben oder fehlt.

Fremdatome: auf einem Gitterplatz oder in einem Zwischenraum sitzt ein artfremdes Metallatom.

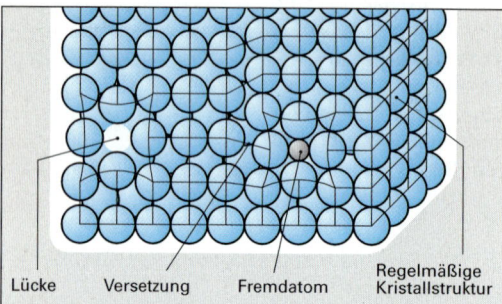

| Lücke | Versetzung | Fremdatom | Regelmäßige Kristallstruktur |

5   Worauf beruht die elastische und die plastische Verformbarkeit der Metalle?

Bei der **elastischen Verformung** werden die Metallionen nur geringfügig von ihrem Gitterplatz verschoben und federn bei Wegnahme der Kraft wieder in ihre Ausgangslage zurück.

Bei der **plastischen Verformung** werden die Metallionenlagen durch eine große Krafteinwirkung in eine andere stabile Anordnung verschoben. Diese Anordnung bleibt erhalten, auch wenn die Kraft weggenommen wird. Der Körper hat sich plastisch (bleibend) verformt.

6   Wie entsteht das Metallgefüge?

Das Metallgefüge entsteht beim Erstarren der Metallschmelze. Zuerst lagern sich an vielen Stellen in der Schmelze einzelne Metallionen zu Kristallisationskeimen zusammen. Von diesen Kristallisationskeimen ausgehend wachsen die Kristalle weiter, bis die ganze Schmelze aufgebraucht, d.h. erstarrt ist. Die Flächen, an denen die Kristalle zusammenstoßen, sind die Korngrenzen.

7   Wie wird das Gefüge sichtbar gemacht?

Das Metallgefüge wird durch eine besondere Technik, die **Metallographie,** sichtbar gemacht. Eine Probe des zu untersuchenden Stoffes wird auf einer Seite plan geschliffen. Diese Fläche wird poliert und mit einem geeigneten Ätzmittel angeätzt. Unter einem Metallmikroskop kann dann das Metallgefüge betrachtet werden (Bild zu Frage 1, Seite 115).

8   Wodurch unterscheiden sich reine Metalle von Legierungen bezüglich Gefüge und Eigenschaften?

Die reinen Metalle haben ein einheitliches (homogenes) Gefüge und besitzen eine relativ geringe Festigkeit.

Legierungen bilden entweder ein einheitliches Mischkristall-Gefüge oder ein uneinheitliches (heterogenes) Kristallgemisch-Gefüge.

Legierungen haben gegenüber den reinen Metallen verbesserte Eigenschaften: höhere Festigkeit, größere Härte, verbessertes Korrosionsverhalten.

Ergänzende Fragen zum inneren Aufbau der Metalle

9   Welchen Feinbau haben die Metalle?

Die Metalle haben einen kristallinen Feinbau.

Die kleinsten Teilchen der Metalle, die Metallatome, sind in regelmäßiger, sich immer wiederholender Anordnung gestapelt. Diese Anordnung nennt man kristallin.

10   Wodurch unterscheidet sich das kubisch-raumzentrierte vom kubisch-flächenzentrierten Gitter?

Beim kubisch-raumzentrierten Gitter befindet sich ein Metallatom in der Würfelmitte. Beim kubisch-flächenzentrierten Gitter sitzen Metallatome auf der Flächenmitte der Würfelseiten (siehe Bild zu Frage 3, Seite 115).

Das dritte, bei Metallen häufig vorkommende Kristallgitter ist das hexagonale Kristallgitter. Es besteht aus einem sechseckigen Prisma.

11   Was ist eine Mischkristall-Legierung?

Eine Legierung, die im kristallinen Aufbau aus Mischkristallen besteht (Bild).

Bei Mischkristallen sind die Legierungselementteilchen gleichmäßig im Kristallgitter des Grundmetalls verteilt.

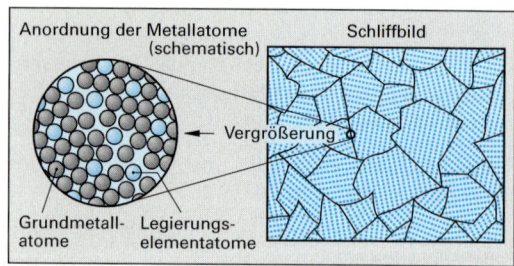

Anordnung der Metallatome (schematisch) — Schliffbild — Vergrößerung — Grundmetall-atome — Legierungs-elementatome

ZP 3.4 **Stähle und Gusseisenwerkstoffe**

Herstellung und Weiterverarbeitung von Stahl

Fragen aus Fachkunde Metall, Seite 244

1 Was versteht man unter dem „Frischen" des Stahls?

Unter Frischen versteht man die Umwandlung von Roheisen in Stahl durch Ausbrennen eines Teils des Kohlenstoffs sowie der unerwünschten Eisenbegleiter.

Gefrischt wird z.B. durch Einblasen von Sauerstoff in die Roheisenschmelze.

2 Nach welchen Verfahren wird Stahl hergestellt?

Stahl wird entweder mit Sauerstoff-Blasverfahren oder mit dem Elektrostahl-Verfahren hergestellt.

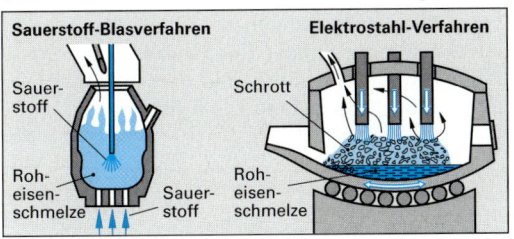

Sauerstoff-Blasverfahren / Elektrostahl-Verfahren

3 Welche Stahlsorten können mit dem Elektrostahl-Verfahren hergestellt werden?

Mit dem Elektrostahl-Verfahren können alle Stahlsorten hergestellt werden.

Besonders geeignet ist das Elektrostahl-Verfahren zur Herstellung hochschmelzender Stahlsorten, wie z.B. der nichtrostenden Stähle.

4 Welchen Zweck hat die Nachbehandlung des Stahls?

Der Zweck der Stahlnachbehandlung ist die Qualitätssteigerung des Stahls.

Verfahren zur Stahlnachbehandlung sind das Desoxidieren, die Spülgasbehandlung, die Vakuumentgasung und das Umschmelzen.

5 Welche Eigenschaft haben beruhigt vergossene Stähle?

Beruhigt vergossene Stähle haben nach dem Vergießen zu Blöcken ein gleichmäßiges Gefüge über den ganzen Blockquerschnitt.

Durch Beruhigen (Desoxidieren) wird den Stählen Sauerstoff entzogen. Daher sind sie alterungsbeständig.

6 Wie wirkt sich die Vakuumbehandlung auf die Qualität des Stahls aus?

Vakuumbehandelte Stähle sind weitgehend frei von gelösten Gasen. Sie besitzen verbesserte Dehnbarkeit und Alterungsbeständigkeit.

Im Gegensatz dazu neigen unbehandelte Stähle, z.B. durch einen hohen Wasserstoffgehalt, zu Sprödigkeit und Alterungsunbeständigkeit.

7 Welche Vorteile hat der Strangguss gegenüber dem Blockguss?

Das Stranggießen hat gegenüber dem Vergießen in Kokillen (Blockguss) mehrere Vorteile:

● Der erzeugte Strang hat einen wesentlich geringeren Querschnitt als der Kokillenblock. Dadurch spart man Arbeitsgänge beim Walzen.

● Durch die rasche Abkühlung in der wassergekühlten Strangguss-Kokille erhält der Stahl ein feineres Gefüge.

● Der Werkstoffverlust durch den „verlorenen Kopf" (Kopflunker) ist wesentlich geringer als beim Kokillenguss.

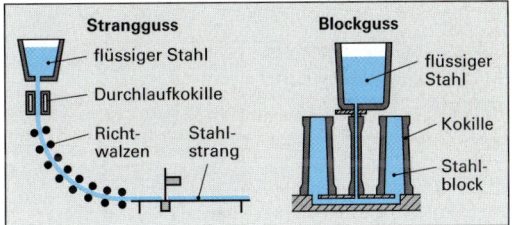

Ergänzende Fragen zur Herstellung von Stahl

8 Wie verändert sich die Zusammensetzung bei der Umwandlung von Roheisen in Stahl?

Der Kohlenstoffgehalt im Roheisen wird stark herabgesetzt, die unerwünschten Eisenbegleiter werden größtenteils entfernt.

Roheisen enthält 3% bis 5% Kohlenstoff und unerwünscht hohe Mengen an Silicium, Mangan, Schwefel und Phosphor.

9 Wie arbeitet das Sauerstoff-Blasverfahren (LD-Verfahren) zur Herstellung von Stahl?

Beim Sauerstoff-Blasverfahren wird auf die im Konverter stehende Roheisenschmelze reiner Sauerstoff mit einem Druck von 8 bar bis 12 bar aufgeblasen (Bild oben). Er verbrennt die Eisenbegleiter Kohlenstoff, Phosphor und Schwefel in der Eisenschmelze. Dadurch wird aus dem Roheisen Stahl.

10 Warum wird bei der Stahlherstellung dem Stahlroheisen zusätzlich Stahlschrott beigemischt?

Bei den Sauerstoff-Blasverfahren dient der am Ende des Blasvorgangs zugegebene Stahlschrott zum Kühlen der Schmelze.

Beim Elektrostahl-Verfahren ist Stahlschrott neben Eisenschwamm und flüssigem Roheisen Ausgangsstoff der Stahlherstellung.

Außerdem werden durch die Wiederverwendung (Recycling) von Stahlschrott Rohstoffe und Energie gespart.

11 Was versteht man unter Desoxidation der Stahlschmelze?

Unter Desoxidation (Stahlberuhigen) versteht man eine geringe Zugabe von Silicium oder Aluminium zur Stahlschmelze vor dem Vergießen zu Blöcken oder Strängen.

Diese Elemente binden den beim Erstarren frei werdenden Sauerstoff. Beruhigte Stähle haben ein gleichmäßiges Gefüge und eine erhöhte Alterungsbeständigkeit.

12 Wie werden aus der flüssigen Stahlschmelze gelöste Gase entfernt?

Gelöste Gase werden durch Vakuumentgasung entfernt.

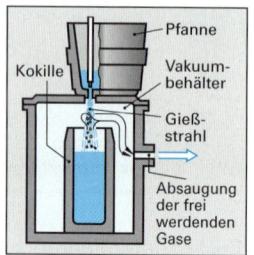

Dazu wird die Stahlschmelze in einem Gefäß unter Vakuum umgegossen (Bild). Die gelösten Gase entweichen dabei aus dem flüssigen Stahl.

13 Wozu dient das Umschmelzverfahren?

Das Umschmelzverfahren dient zum Reinigen des Stahls.

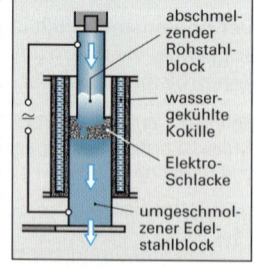

Dazu wird ein Rohstahlblock in einer Kokille abgeschmolzen, tropft durch eine Reinigungsschlacke und erstarrt gereinigt zum Edelstahlblock (Bild).

14 Was geschieht mit dem Stahl nach dem Frischen und der Nachbehandlung?

Er wird entweder in Kokillen zu Blöcken oder in Stranggussanlagen zu Strängen vergossen.

Die Blöcke und Stränge dienen als Vormaterial für die weitere Verarbeitung des Stahls zu Halbzeugen.

Ergänzende Fragen zur Weiterverarbeitung von Stahl und Stahlerzeugnissen

15 Welche Vorteile hat das Warmwalzen gegenüber den Kaltwalzen?

Beim Warmwalzen können in einem Walzgang größere Umformungen des Walzgutes als beim Kaltwalzen erzielt werden.

16 Wie verändert sich das Gefüge beim Warmwalzen und wie beim Kaltwalzen?

Beim Warmwalzen bildet sich nach jedem Walzschritt das Gefüge durch die Walzhitze neu aus (Rekristallisation).

Beim Kaltwalzen wird das Gefüge verformt und bleibt in diesem Zustand.

Kaltgewalzte Halbzeuge sind deshalb durch die Gefügeverformung verfestigt, warmgewalzte nicht.

17 Wie werden geschweißte Rohre hergestellt?

Rohre mit einem Durchmesser bis 500 mm werden durch fortlaufendes Rundwalzen eines Stahlbandes in Bandrichtung und Verschweißen der geraden Schlitznaht hergestellt (Bild).

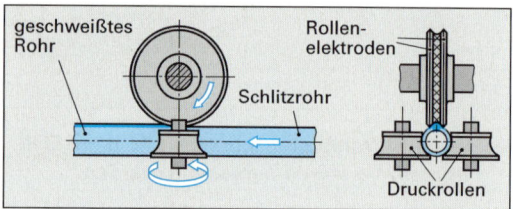

Rohre mit größerem Durchmesser werden aus Breitband entweder zu einem Rohr mit Längsnaht oder schraubenlinienförmiger Naht gebogen und die Fuge anschließend verschweißt (Bild). Abschließend wird die Schweißnaht geschliffen.

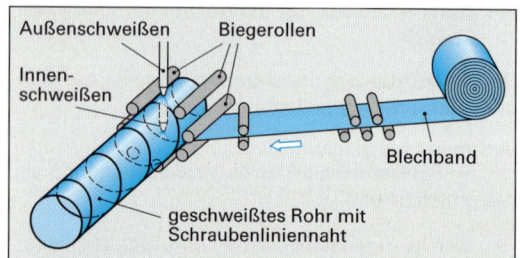

18 Welches sind die wichtigsten Legierungsmetalle für Stahl?

Chrom (Cr), Nickel (Ni), Mangan (Mn), Vanadium (V), Cobalt (Co), Wolfram (W), Molybdän (Mo), Aluminium (Al).

ZP **Gusseisenwerkstoffe**

Fragen aus Fachkunde Metall, Seite 249

1 Welche Eigenschaften verleihen die Grafitausscheidungen dem Gusseisen mit Lamellengraphit?

Der Lamellengrafit verleiht dem Gusseisen gute Gleiteigenschaften, leichte Zerspanbarkeit und hohes Schwingungsdämpfungsvermögen.

Nachteilig ist die Kerbwirkung der Grafitlamellen (Bild). Sie hat niedrige Festigkeitswerte und Sprödigkeit zur Folge.

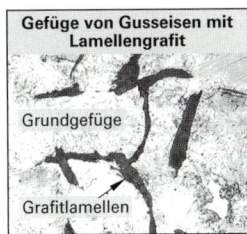

Gefüge von Gusseisen mit Lamellengrafit

Grundgefüge

Grafitlamellen

2 Welche Vorteile hat Gusseisen mit Kugelgrafit gegenüber Gusseisen mit Lamellengrafit?

Gusseisen mit Kugelgrafit (Bild) hat annähernd stahlähnliche Eigenschaften, wie z.B. Zähigkeit, hohe Festigkeit und Härtbarkeit.

Außerdem hat es den Vorteil der Formgebung durch Gießen, d.h. die Herstellung selbst kompliziertest gestalteter Werkstücke ist in einem Arbeitsgang möglich.

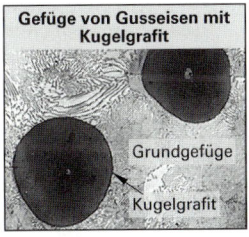

Gefüge von Gusseisen mit Kugelgrafit

Grundgefüge

Kugelgrafit

3 Welche Werkstoffe werden durch die folgenden Bezeichnungen angegeben:
EN-GJL-300 (früher GG-30)
EN-GJL-HB195 (früher GG-190 HB)
EN-GJMW-400-5 (früher GTW-40-05)
GS-45?

EN-GJL-300: Gusseisen mit Lamellengrafit mit einer Mindestzugfestigkeit von $30 \cdot 9{,}81 \approx 290$ N/mm^2.

EN-GJL-HB195: Gusseisen mit Lamellengrafit mit einer maximalen Brinellhärte von HB 190.

EN-GJMW-400-5: Entkohlend geglühter Temperguss (Weißer Temperguss) mit einer Zugfestigkeit von $40 \cdot 9{,}81 \approx 390$ N/mm^2 und einer Bruchdehnung von 5%.

GS-45: Stahlguss mit einer Zugfestigkeit von $45 \cdot 9{,}81 \approx 440$ N/mm^2.

5 Wodurch unterscheidet sich Weißer Temperguss von Schwarzem Temperguss?

Schwarzer Temperguss (EN-GJMB), auch „Nicht entkohlend geglühter Temperguss" genannt, hat eine schwarz-graue Bruchfläche.
Weißer Temperguss (EN-GJMW), auch „Entkohlend geglühter Temperguss" genannt, hat eine metallisch helle Bruchfläche.

Das Gefüge von Schwarzem Temperguss enthält flockenförmige Grafitausscheidungen (Temperkohle).
Weißer Temperguss hat ein stahlähnliches Gefüge (Ferrit-Perlit) ohne Grafitausscheidungen.

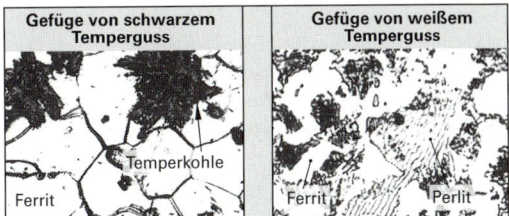

Gefüge von schwarzem Temperguss

Temperkohle

Ferrit

Gefüge von weißem Temperguss

Ferrit   Perlit

5 Welche besonderen Eigenschaften hat Stahlguss?

Stahlguss ist in Formen gegossener Stahl und hat deshalb Stahleigenschaften.
Er besitzt hohe Festigkeit und Zähigkeit (hohe Dehnfähigkeit), ist härt- und vergütbar sowie schweißbar.

Stahlguss wird für kompliziert geformte und stark belastete Werkstücke verwendet.

Ergänzende Fragen zu Gusseisenwerkstoffen

6 Welche Öfen werden zum Erschmelzen der Gusseisenwerkstoffe eingesetzt?

Es kommen verschiedene Öfen zum Einsatz:
Kupolöfen. Es sind Schachtöfen, in denen der Einsatz (Gießereiroheisen, Schrott, Koks, Zuschläge) durch den verbrennenden Koks niedergeschmolzen wird. Kupolöfen sind die am häufigsten eingesetzten Schmelzöfen für Gusseisenwerkstoffe.
Lichtbogenöfen. Hier brennt ein Lichtbogen zwischen Grafitelektroden und dem Einsatz. Die entstehende Wärme schmilzt den Einsatz nieder.
Induktions-Tiegelöfen. Sie bestehen aus einem Tiegelgefäß, in dem sich der Einsatz befindet, und einer den Tiegel umgebenden, Hochfrequenzstrom durchflossenen Kupferspule. Der Hochfrequenzstrom induziert im Einsatz Ströme, die den Einsatz erhitzen und niederschmelzen.

7 Wodurch unterscheiden sich die Gusseisenwerkstoffe von Stahl?

In der Zusammensetzung unterscheiden sie sich durch den Kohlenstoffgehalt, der bei Eisen-Guss-werkstoffen 2,5% bis 3,6% beträgt, während er bei Stahl meist zwischen 0,1% und 1,5% liegt.
Bezüglich der Eigenschaften sind Gusseisenwerkstoffe meist spröd-hart, während die Stähle hart-elastische Werkstoffe sind.

8 Welche Teile werden aus Gusseisen mit Kugelgrafit gefertigt?

Gusseisen mit Kugelgrafit ist geeignet für hoch-belastete Bauteile, die aus einem hochfesten und zähen Werkstoff bestehen müssen und deren schwierige geometrische Form am wirtschaft-lichsten durch Gießen herstellbar ist.

Bauteile, die aus Gusseisen mit Kugelgrafit gefertigt werden, sind z.B. Turbinengehäuse und Kurbelwellen.

9 Wozu wird Temperguss verwendet?

Temperguss wird vor allem für kleine bis mittel-große Massenteile im Maschinen- und Fahrzeug-bau verwendet.

Man fertigt daraus z.B. Hebel, Griffe, Schaltgabeln, Pleuelstangen und Fittings.

10 Ordnen Sie die Werkstoffe
EN-GJS-500-7 (früher GGG-50),
GS-45,
EN-GJMW-400-5 (früher GTW-40-05) und
EN-GJL-250 (früher GG-25)
den Bauteilen Rohrformstück, Getriebe-gehäuse, Werkzeugschlitten und Schraub-stock zu und begründen Sie Ihre Zuordnung.

EN-GJS-500-7 (GGG-50): Getriebegehäuse
Begründung: Gusseisen mit Kugelgrafit besitzt ausreichende Festigkeit und Bruchdehnung.

GS-45: Schraubstock
Begründung: Stahlguss hat eine hohe Festigkeit und Zähigkeit, so dass große Kräfte sowie Schlä-ge ohne Bruch ertragen werden.

EN-GJMW-400-5 (GTW-40-05): Rohrformstück
Begründung: Aus Temperguss können kostengün-stig kleine, dünnwandige Gussteile mit hoher Festigkeit und Zähigkeit hergestellt werden.

EN-GJL-250 (GG-25): Werkzeugschlitten
Begründung: Gusseisen mit Lamellengrafit be-sitzt gute Gleiteigenschaften und dämpft Schwin-gungen.

Kurznamen und Werkstoffnummern der Stähle und Gusseisenwerkstoffe

Fragen aus Fachkunde Metall, Seite 253

1 Wie sind die Kurznamen von Stählen nach dem Verwendungszweck aufgebaut?

Die Kurznamen bestehen aus einem Hauptsym-bol und Zusatzsymbolen.

Das **Hauptsymbol** besteht aus Kennbuchstaben für die Stahlgruppe sowie Zahlen oder Buchsta-ben, z.B. zur Kennzeichnung der Streckgrenze.

Die **Zusatzsymbole** enthalten Buchstaben und Ziffern zur Kennzeichnung von Eigenschaften oder Verwendungen.

Beispiel: S235JRG2

Hauptsymbol		Zusatzsymbole	
Stahlbaustahl (S) mit 235 N/mm^2 Mindeststreckgrenze	JR: Kerbschlag-arbeit 27 J bei + 20 °C	G2: Beruhigt vergossen

2 Wodurch unterscheiden sich die Kurznamen der legierten Stähle, bei denen der Gehalt des Legierungselementes unter 5% liegt, von den Kurznamen der Stähle, bei denen der Gehalt mindestens eines Legierungselemen-tes über 5% liegt?

Der Kurzname der legierten Stähle, bei denen der Gehalt jedes Legierungselementes unter 5% liegt, besteht aus:

- Der Kohlenstoffkennzahl
- Den Symbolen der Legierungselemente
- Den mit Faktoren multiplizierten Gehalten der Legierungselemente.

Beispiel: 34CrMo4 ist ein legierter Vergütungsstahl mit 34 : 100 = 0,34% Kohlenstoff, 4 : 4 = 1% Chrom und nicht angegebenem Molybdängehalt.

Der Kurzname der legierten Stähle, bei denen der Gehalt mindestens eines Legierungselementes größer als 5% ist, besteht aus:

- Dem Kennbuchstaben X
- Der Kohlenstoffkennzahl
- Den Symbolen der Legierungselemente
- Den Gehalten der Legierungselemente in %.

Beispiel: X37CrMoV5-1 ist ein legierter Warm-arbeitsstahl mit 37 : 100 = 0,37% Kohlenstoff, 5% Chrom, 1% Molybdän und nicht angegebe-nem Vanadiumgehalt.

3 Vergleichen Sie die gültigen mit den bisherigen Werkstoffnummern bei den Stählen und den Gusseisenwerkstoffen.

Die Werkstoffnummer für Stähle besteht aus einer 5-ziffrigen Nummer.

Beispiel: 1.0037 für den Stahl S235JR

Sie ist gegenüber der bisherigen Werkstoffnummer unverändert

Die Werkstoffnummer für Gusseisenwerkstoffe besteht aus vier Buchstaben und einer vierstelligen Kennziffer.

Beispiel: EN-JL1030 für Gusseisen mit Lamellengrafit (JL) und der Kennziffer 1030. (Kurzname EN-GJL - 200)

Früher hatten die Gusseisenwerkstoffe eine 5-ziffrige Werkstoffnummer.

4 Ordnen Sie die folgenden Werkstoffbezeichnungen den richtigen Stahlgruppen zu: S355JR, 42CrMo4, X30Cr13.

S355JR:	Stahl für den Stahlbau
42CrMo4:	Legierter Stahl, bei dem der Gehalt jedes Legierungselementes unter 5% bleibt.
X30Cr13:	Legierter Stahl, bei dem der Gehalt mindestens eines Legierungselementes größer als 5% ist.

Ergänzende Fragen zu Kurznamen und Werkstoffnummern der Stähle und Gusseisenwerkstoffe

5 Welchen Zweck haben die genormten Werkstoffbezeichnungen?

Durch die genormten Werkstoffbezeichnungen wird eine klare, eindeutige und kurze Bezeichnung des Werkstoffs erreicht.

Die Werkstoffe werden mit Kurzzeichen (Kurznamen) oder Werkstoffnummern bezeichnet.

6 Was kann aus dem Stahl-Kurznamen S355JO abgelesen werden?

Unlegierter Baustahl mit 355 N/mm² Mindeststreckgrenze, Kerbschlagarbeit 27 J bei 0 °C.

7 Welchen Kurznamen hat ein unlegierter Stahlbaustahl, Mindeststreckgrenze 275 N/mm². Kerbschlagarbeit 27 J bei + 20 °C?

Der Kurzname lautet: S275JR

8 Welcher Stahl wird mit dem Kurznamen DD03T bezeichnet?

Der Kurzname DD03T bezeichnet einen Stahl für Flacherzeugnisse zum Kaltumformen.

Es bedeuten: Warmgewalzter Stahl für Flacherzeugnisse (DD), Eignungszahl 03, für Rohre (T).

9 Welche Stahlsorte und welche Merkmale können aus dem Kurznamen C45R abgelesen werden?

Es kann erkannt werden: Unlegierter Stahl mit einem Kohlenstoffgehalt 45 : 100 = 0,45%, vorgeschriebener Bereich des Schwefelgehaltes (R).

10 Für welche Legierungselemente wird im Kurznamen bei legierten Stählen der Multiplikator 4 verwendet?

Der Multiplikator 4 wird bei den Legierungselementen Chrom (Cr), Cobalt (Co), Mangan (Mn), Nickel (Ni), Silicium (Si) und Wolfram (W) verwendet.

Neben dem Multiplikator 4 gibt es für andere Legierungselemente die Multiplikatoren 10 und 100.

11 Was bedeutet die Werkstoffkurzbezeichnung 36NiCrMo16?

Unlegierter Stahl mit 36 : 100 = 0,36% Kohlenstoff, 16 : 4 = 4% Chrom, geringer Molybdän-Gehalt.

12 Wie ist der Werkstoffkurzname der legierten Stähle zusammengesetzt, bei denen der Gehalt eines Legierungselementes größer 5% ist?

Der Kurzname besteht aus einem vorangestellten X, der Kohlenstoffkennzahl, den chemischen Kurzzeichen der Legierungselemente und den Prozentgehalten der Legierungselemente.

Beispiel: X5CrNiMo17-12-2 ist ein hochlegierter Stahl mit 0,05% Kohlenstoff, 17% Chrom, 12% Nickel und 2% Molybdän.

13 Wie lautet der Kurzname für einen legierten Stahl mit 0,5% Kohlenstoff, 20% Mangan, 14% Chrom und geringem Vanadiumgehalt?

Der Kurzname lautet: X50MnCrV20-14.

Legierungselemente, die nur mit geringen Anteilen vorhanden sind, werden ohne Prozentangabe genannt.

14 Welche Stahlsorte und welche Zusammensetzung kann aus dem Werkstoff-Kurznamen X38CrMoV5-1 abgelesen werden?

Es kann erkannt werden: Legierter Stahl mit 38 : 100 = 0,38% Kohlenstoff, 5% Chrom, 1% Molybdän, geringer Vanadiumgehalt.

15 Wie ist der Kurzname der Schnellarbeitsstähle aufgebaut?

Der Kurzname der Schnellarbeitsstähle wird aus den Kennbuchstaben HS und den Prozentgehalten für die Legierungsmetalle in der Reihenfolge Wolfram, Molybdän, Vanadium und Cobalt gebildet.

Beispiel: HS10-4-3-10 ist ein Schnellarbeitsstahl mit 10 % Wolfram, 4 % Molybdän, 3 % Vanadium und 10 % Cobalt.

Der Chromgehalt beträgt bei den Schnellarbeitsstählen etwa 4%, der Kohlenstoffgehalt liegt zwischen 0,7% und 1,4%. Der Chrom- und der Kohlenstoffgehalt werden im Kurzzeichen nicht angegeben.

16 Wie lautet der Kurzname für Gusseisen mit Lamellengrafit (Grauguss), das eine Mindestzugfestigkeit von 300 N/mm^2 besitzt?

Der Kurzname nach DIN EN lautet:
EN-GJL-300
Der frühere Kurzname war: GG-30

17 Wie setzen sich die Werkstoffnummern für Stähle zusammen?

Die Werkstoffnummern setzen sich zusammen aus der einstelligen Werkstoff-Hautgruppennummer, der vierstelligen Sortennummer und eventuell einer zweistelligen Anhängezahl.

Bei diesem Bezeichnungssystem werden alle Angaben über die Werkstoffe durch Zahlen ausgedrückt. Es ist deshalb besonders für die Datenverarbeitung geeignet.

18 Welche Kennzahl hat die Werkstoffhauptgruppe Stahl und Stahlguss in der Werkstoffnummer?

Die Werkstoffhauptgruppe Stahl und Stahlguss haben die Kennzahl 1.

Roh- und Gusseisen haben die Kennzahl 0,
Schwermetalle und ihre Legierungen die Kennzahl 2,
Leichtmetalle und ihre Legierungen die Kennzahl 3

19 Was bedeuten die folgenden Stahl-Kurznamen:
S235JOW, S460Q, E295, DX51D, C35E, 28Mn6, HS2-9-1-8?

S235JOW Stahlbaustahl mit 235 N/mm^2 Mindeststreckgrenze, 27 J Kerbschlagarbeit bei 0 °C (JO), wetterfest (W).

S460Q Stahlbaustahl mit 460 N/mm^2 Mindeststreckgrenze, vergütet (Q).

E295 Maschinenbaustahl mit 295 N/mm^2 Mindeststreckgrenze.

DX51D Warm- oder kaltgewalzter Stahl für Flacherzeugnisse zum Kaltumformen (DX), Kennzahl 51, für Schmelztauchüberzüge geeignet (D).

C45E Unlegierter Stahl mit 45 : 100 = 0,45% Kohlenstoff (45) und vorgeschriebenem maximalen Schwefelgehalt (E).

28Mn6 Niedrig legierter Stahl mit 28 : 100 = 0,28% Kohlenstoff und 6 : 4 = 1,5% Mangan.

HS2-9-1-8 Schnellarbeitsstahl mit 2% Wolfram, 9% Molybdän, 1% Vanadium, 8% Cobalt.

20 Welche Werkstoffe bezeichnen die nachfolgenden alten Stahl-Kurznamen?
USt37-2, Ck60, GTS-45-06, X6CrMo17, S12-1-4-5.

(Diese Kurznamen sind nicht mehr normgerecht, sie sind aber häufig noch in Büchern und Herstellerkatalogen zu finden)

USt37-2 unberuhigt vergossener allgemeiner Baustahl mit 37 · 9,81 N/mm^2 = 362,97 N/mm^2, gerundet 360 N/mm^2 Mindestzugfestigkeit, Stahlgütegruppe 2.

Ck60 Edelstahl mit niedrigem Phosphor- und Schwefel-Gehalt, 0,60% Kohlenstoff.

GTS-45-06 Schwarzer Temperguss mit 440 N/mm^2 Mindestzugfestigkeit (45 · 9,81 N/mm^2 = 441,45 N/mm^2, ergibt gerundet 440 N/mm^2) und 6% Bruchdehnung.

X6CrMo17 Hochlegierter Stahl mit 0,06% Kohlenstoff, 17% Chrom und geringem Molybdängehalt.

S12-1-4-5 Schnellarbeitsstahl mit 12% Wolfram, 1% Molybdän, 4% Vanadium, 5% Cobalt.

Einteilung, Verwendung und Handelsformen der Stähle

Fragen aus Fachkunde Metall, Seite 257

1 Nach welchen Unterscheidungsmerkmalen werden die Stähle eingeteilt?

Die Stähle können nach unterschiedlichen Merkmalen eingeteilt werden:
- Nach der Zusammensetzung in **unlegierte Stähle, nichtrostende Stähle** und **andere legierte Stähle.**
- Nach der Reinheit und der Toleranz der Zusammensetzung in **Qualitätsstähle** und **Edelstähle.**

2 Wodurch unterscheiden sich die Qualitätsstähle von den Edelstählen?

Qualitätsstähle besitzen eine geringere Reinheit als Edelstähle, d.h. mehr Eisenbegleitstoffe wie Phosphor, Schwefel, gelösten Wasserstoff und Sauerstoff. Außerdem haben sie eine weniger genaue Zusammensetzung als die Edelstähle.

Diese beiden Bedingungen bewirken bei Edelstählen eine geringere Schwankung der Eigenschaftswerte, insbesondere der gewährleisteten Härte- und Festigkeitswerte durch Härten und Vergüten.

3 Welche Hauptgüteklassen unterscheidet man bei den Stählen?

Man unterscheidet vier Hauptgüteklassen:
Unlegierte und legierte Qualitätsstähle sowie unlegierte und legierte Edelstähle.

4 Nennen Sie mindestens vier zu den Baustählen gehörende Stahlgruppen.

Zu den Baustählen gehören: unlegierte Baustähle, schweißgeeignete Feinkornbaustähle, Vergütungsstähle, Automatenstähle.

Weitere Baustähle sind: Einsatzstähle, Nitrierstähle, Nichtrostende Stähle, Druckbehälterstähle, Stahlbleche.

5 Aus welchen Teilen besteht die Bezeichnung eines Stahlerzeugnisses?

Sie besteht aus dem Erzeugnisnamen, der Norm-Nummer, einem Erzeugnis-Kurzzeichen oder Maßangaben und dem Werkstoff-Kurznamen.

Beispiel: L-Profil EN 10 056 – 80 x 40 x 6 – S235JR ist ein ungleichschenkliger Winkelstahl nach DIN EN 10 056 mit folgenden Maßen: Höhe $a = 80$ mm, Breite $b = 40$ mm, Dicke $t = 6$ mm.
Werkstoff: Unlegierter Baustahl S235JR.

6 Gibt es die bei den Stählen üblichen Handelsformen auch für die Nichteisenmetalle?

Ja, es gibt die üblichen Handelsformen auch aus Nichteisenmetallen, wie z.B. aus Aluminium- und Kupferwerkstoffen.

Die Handelsformen der Nichteisenmetalle sind in eigenen Normen festgelegt und haben eigene Maße und Maßabstufungen.

Ergänzende Fragen zur Einteilung, Verwendung und Handelsformen der Stähle

7 Wodurch sind die unlegierten Stähle, die nichtrostenden Stähle und die anderen legierten Stähle festgelegt?

Unlegierte Stähle sind Stahlsorten, bei denen bestimmte Grenzwerte der Gehalte an Legierungselementen nicht erreicht sind.

Nichtrostende Stähle enthalten mindestens 10,5% Chrom (Cr) und höchstens 1,2% Kohlenstoff (C).

Andere legierte Stähle sind Stahlsorten, bei denen wenigstens einer der Grenzwerte der unlegierten Stähle überschritten wird und die keine nichtrostenden Stähle sind.

8 Welche Eigenschaften müssen Baustähle haben?

Baustähle müssen Eigenschaften haben, die ihrem Verwendungszweck angepasst sind.

So ist z.B. für die unlegierten Baustähle die Zugfestigkeit im Anlieferungszustand und der niedrige Preis entscheidend.

Für die Feinkornbaustähle sind die hohe Streckgrenze und die Schweißeignung das Wichtigste.

Für die Vergütungsstähle sind die Vergütbarkeit auf hohe Streckgrenze und eine hohe Zähigkeit erforderlich.

9 Wozu werden die unlegierten Baustähle hauptsächlich verwendet?

Unlegierte Baustähle werden für normal beanspruchte Stahlkonstruktionen, einfache Maschinengestelle, Bleche, Stäbe, Nieten, Schrauben usw. verwendet.

Aus unlegierten Baustählen werden Bauteile hergestellt, die nicht für eine Wärmebehandlung vorgesehen sind.

10 Welche Zusammensetzung haben Einsatzstähle?

Einsatzstähle sind unlegierte oder niedrig legierte Stähle mit einem Kohlenstoffgehalt von weniger als 0,2%.

Beispiele für Einsatzstähle: C10E oder 17Cr3

Durch den niedrigen Kohlenstoffgehalt von weniger als 0,2% sind Einsatzstähle eigentlich nicht härtbar. Sie werden zuerst in der Randzone aufgekohlt und dann gehärtet. Diese Behandlung heißt Einsatzhärten.

11 Welche Legierungselemente bewirken die besondere Eigenschaft der Automatenstähle?

Die Automatenstähle erhalten durch einen erhöhten Schwefelgehalt und/oder einen Bleigehalt ihre vorteilhafte Eigenschaft kurze Bröckelspäne zu bilden.

Beispiele für Automatenstähle: 10S20, 35SPb20.

12 Welche besonderen Eigenschaften haben die Vergütungsstähle?

Vergütungsstähle erhalten durch Vergüten eine Eigenschaftskombination aus hoher Festigkeit bei gleichzeitig hoher Zähigkeit.

Aus Vergütungsstählen werden hauptsächlich dynamisch belastete Bauteile gefertigt, wie z.B. Wellen, Bolzen, Schnecken, Zahnräder.

13 Welche Zusammensetzung haben die nichtrostenden Stähle?

Die nichtrostenden Stähle haben einen Chromgehalt von mindestens 10,5% und einen Kohlenstoffgehalt von höchstens 1,2%.

Beispiel: X39CrMo17-1 ist ein härtbarer, nichtrostender Stahl mit 39 : 100 = 0,39% Kohlenstoff, 17% Chrom und 1% Molybdän.

14 Was versteht man unter Feinblech?

Feinbleche sind Bleche mit einer Dicke von weniger als 3 mm.

Feinbleche sind bevorzugt kaltgewalzt und können aus unlegiertem oder legiertem Stahl bestehen.

15 Auf welche Weise können die Werkzeugstähle unterteilt werden?

Werkzeugstähle können eingeteilt werden:

● Nach ihrer Zusammensetzung in unlegierte, legierte und hochlegierte Werkzeugstähle oder

● Nach ihrer zulässigen Arbeitstemperatur bei der Verwendung in Kaltarbeitsstähle, Warmarbeitsstähle und Schnellarbeitsstähle.

Eine zusätzliche Klassifizierung kann nach dem anzuwendenden Abschreckungsmittel beim Härten in Wasserhärter, Ölhärter und Lufthärter erfolgen.

16 Welche Legierungselemente enthalten die Schnellarbeitsstähle?

Die Schnellarbeitsstähle enthalten Wolfram, Molybdän, Vanadium und Cobalt.

Aus den Kurznamen sind die Gehalte ablesbar.

Beispiel: **HS6-5-2-6** enthält 6% Wolfram, 5% Molybdän, 2% Vanadium und 6% Cobalt.

17 Worum handelt es sich bei folgender Kurzbezeichnung?
80 kg Flach DIN 1017 – 60 x 14 – S235JR

Es handelt sich um eine normgerechte Kurzbezeichnung zur Bestellung von

80 kg Flachstahl nach DIN 1017, Breite 60 mm, Dicke 14 mm, aus unlegiertem Baustahl S235JR.

18 Bestimmen Sie mit Hilfe eines Tabellenbuches den Winkel der Schräge der Flansche eines U-Profils DIN 1026 U120,

In Tabellenbüchern ist der Querschnitt von U-Profilstählen dargestellt (Bild).

Daraus kann abgelesen werden:

Der Winkel eines U-Profilstahls U120 nach DIN 1026 beträgt 8%.

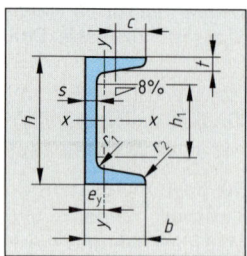

3.5 Nichteisenmetalle (NE-Metalle)

Fragen aus Fachkunde Metall, Seite 259

1 In welche Gruppen werden die NE-Metalle eingeteilt?

Die NE-Metalle unterteilt man nach ihrer Dichte in Leichtmetalle und Schwermetalle.

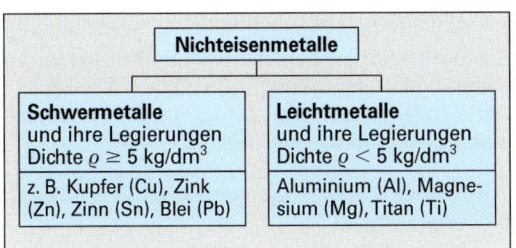

Nichteisenmetalle	
Schwermetalle und ihre Legierungen Dichte $\varrho \geq 5$ kg/dm^3	**Leichtmetalle** und ihre Legierungen Dichte $\varrho < 5$ kg/dm^3
z. B. Kupfer (Cu), Zink (Zn), Zinn (Sn), Blei (Pb)	Aluminium (Al), Magnesium (Mg), Titan (Ti)

2 Welche Vorteile besitzen Legierungen gegenüber den reinen Metallen?

Die Legierungen eines Metalls haben gegenüber dem reinen Basismetall eine erhöhte Festigkeit und je nach den zugegebenen Legierungselementen zusätzlich z.B. eine verbesserte Korrosionsbeständigkeit, Warmfestigkeit und Zähigkeit.

Ergänzende Fragen zu den Leichtmetallen

3 Welche Dichte und welchen Schmelzpunkt hat Aluminium?

Dichte: 2,7 kg/dm^3, Schmelzpunkt: 658 °C.

Aluminium ist ein Leichtbauwerkstoff, seine Dichte beträgt rund 1/3 der Dichte von Stahl. Wegen des niedrigen Schmelzpunktes dürfen Al-Werkstücke nicht zu stark erwärmt werden.

4 Wie ist der Kurzname von Aluminiumwerkstoffen aufgebaut?

Er besteht aus dem Vorzeichen EN AW für Al-Knetwerkstoffe oder EN AC für Al-Gusswerkstoffe. Nach einem Bindestrich folgt das Symbol Al und die Symbole der Legierungselemente und deren Gehalte in Prozent. Nach einem weiteren Bindestrich kann zusätzlich der Behandlungszustand angegeben sein.
Beispiel: EN AW - Al Mg3-H112 ist ein Al-Knetwerkstoff mit 3 % Magnesium, Behandlungszustand H112 (geringfügig kaltverfestigt).

5 In welche Gruppen werden die Aluminiumlegierungen unterteilt?

Aluminiumlegierungen unterteilt man in Knetlegierungen und Gusslegierungen.

Weiter lassen sich noch unterscheiden: aushärtbare und nichtaushärtbare Aluminiumlegierungen. Aushärtbar können sowohl Knet- als auch Gusslegierungen sein.

6 Wozu werden Aluminium-Knetlegierungen und wozu Aluminium-Gusslegierungen verarbeitet?

Al-Knetlegierungen werden zu Stangen, Profilen, Blechen, Drähten und Pressteilen verarbeitet, aus denen durch spanlose oder spanende Formung das fertige Werkstück entsteht.
Al-Gusslegierungen werden durch Gießen zu kompliziert geformten Werkstücken, wie z.B. Gehäusen, verarbeitet.

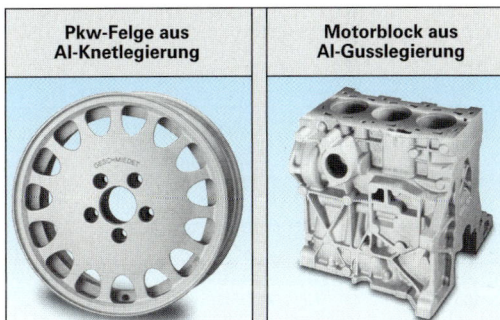

Pkw-Felge aus Al-Knetlegierung	Motorblock aus Al-Gusslegierung

7 Welches sind die wichtigsten Legierungsmetalle für Aluminium?

Die wichtigsten Legierungsmetalle für Aluminium sind: Magnesium, Kupfer, Silicium, Zink, Mangan und Blei.

Durch das Legieren wird vor allem die Festigkeit und die Korrosionsbeständigkeit der Aluminiumlegierungen verbessert. Aber auch andere Eigenschaften, wie z.B. die Gießbarkeit oder die Spanbarkeit, können durch die Zugabe geeigneter Legierungselemente beeinflusst werden.

8 Wie lautet der Kurzname einer Al-Knetlegierung mit 4 % Kupfer und 1 % Magnesium?

Er lautet: EN AW-Al Cu4Mg1.

9 Was kann man aus dem Kurznamen EN AC-Al Si12 ablesen?

Es handelt sich um eine Aluminium-Gusslegierung mit 12 % Silicium.

10 Durch welche Legierungszusätze erhält man aushärtbare Aluminium-Legierungen?

Aushärtbar sind Aluminium-Legierungen mit Kupfergehalt, mit Zinkgehalt sowie mit Silicium-Magnesium-Gehalt.

Zusätzlich können noch geringe Gehalte anderer Legierungselemente vorhanden sein.

11 Welche Legierungselemente bewirken die Aushärtung bei Al-Legierungen?

Kupfer, Zink sowie Magnesium mit Silicium.

Durch das Aushärten kann die Festigkeit um mehr als das Doppelte gesteigert werden.

12 Wie werden Aluminiumlegierungen ausgehärtet?

Sie werden einer Wärmebehandlung aus Lösungsglühen, Abschrecken und Auslagern unterzogen.

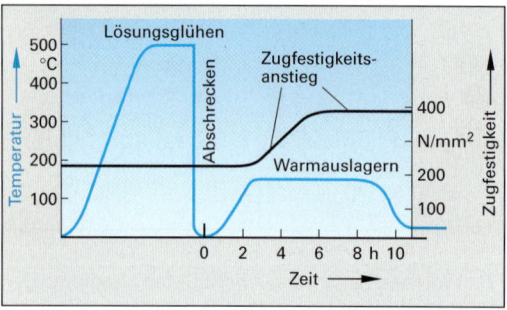

13 Unter welchen Spanungsbedingungen lassen sich Aluminium-Werkstoffe zerspanen?

Es muss mit hoher Schnittgeschwindigkeit (v_c > 90 m/min) gespant werden, die Werkzeuge müssen große Spanwinkel und große Spanlücken sowie große Zahnteilungen haben.

Besonders zum Spanen geeignet sind Automaten-Aluminiumlegierungen mit Zusätzen von Blei (Pb), Zinn (Sn), Cadmium (Cd) und Wismuth (Bi).

14 Wie groß sind die Dichte und die Festigkeit der Magnesiumlegierungen?

Dichte: rund 1,8 kg/dm^3,
Festigkeit: 160 N/mm^2 bis 280 N/mm^2.

Magnesiumlegierungen sind die leichtesten metallischen Konstruktionswerkstoffe.

15 Womit wird Magnesium hauptsächlich legiert?

Magnesium wird meistens mit Aluminium, Zink, Mangan und Silicium legiert.

Man erzielt dadurch Festigkeiten bis 280 N/mm^2 bei Bruchdehnungen von 2% bis 12%.

16 Welche besonderen Eigenschaften haben Titan und Titanlegierungen?

Die Besonderheit der Titanwerkstoffe liegt in der Kombination von geringer Dichte (ϱ = 4,5 kg/dm^3) mit großer Festigkeit, Zähigkeit, Korrosionsbeständigkeit und Warmfestigkeit.

17 Welche Festigkeitseigenschaften haben Titan-Legierungen?

Sie haben Zugfestigkeiten von 540 N/mm^2 bis 1320 N/mm^2 bei Bruchdehnungen von 16% bis 4%.

In Verbindung mit ihrem geringen Gewicht eignen sie sich deshalb für hochbelastete Bauteile von Flugzeugen.

18 Wofür verwendet man Titanwerkstoffe?

Haupteinsatzgebiet der Titanwerkstoffe sind hoch belastete Bauteile von Luft- und Raumfahrzeugen, wie z.B. Rotoren, Fahrgestelle, Triebwerksteile.

Wegen des hohen Materialpreises und der schwierigen Verarbeitung werden Titanwerkstoffe nur für Sonderzwecke eingesetzt.

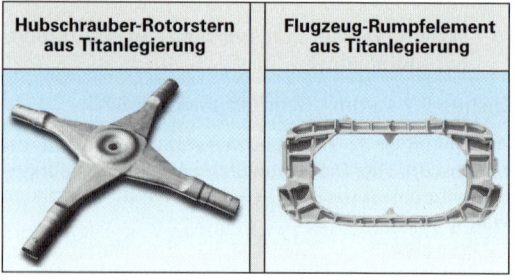

Hubschrauber-Rotorstern aus Titanlegierung — Flugzeug-Rumpfelement aus Titanlegierung

19 Was ist bei der spanenden Bearbeitung von Magnesium- und Titanlegierungen zu beachten?

Magnesium-Legierungen sind mit Werkzeugen mit großem Spanwinkel (15° bis 20°) und hoher Schnittgeschwindigkeit zu spanen.

Titanlegierungen werden mit großer Schnitttiefe, mittleren Vorschüben und niedriger Schnittgeschwindigkeit gespant.

Mg-Legierungen werden wegen der Brandgefahr beim Spanen mit wasserfreien Kühlschmierstoffen gekühlt.

Fragen aus Fachkunde Metall, Seite 262

Ergänzende Fragen zu den Schwermetallen

1 Welche Angaben enthalten die Kurznamen von Kupferlegierungen?

Die Kurznamen der Kupferlegierungen enthalten das chemische Symbol des Kupfers und danach die Symbole der wesentlichen Legierungselemente mit Gehaltsangaben in Prozent.

Beispiel: **CuNi18Zn20** ist eine Kupferlegierung mit 18% Nickel und 20% Zink.

2 Nennen Sie zwei Arten von Kupferlegierungen mit je einer konkreten Legierung und ihren Eigenschaften.

- Kupfer-Zink-Legierungen, z.B. CuZn37.
  Diese Legierungen sind gut kalt und warm verformbar, gut zerspanbar, gut polierbar.

- Kupfer-Zinn-Legierungen, z.B. CuSn8.
  Diese Legierungen haben hohe Festigkeit und Eignung als Federwerkstoff, gute Korrosionsbeständigkeit, gute Gleiteigenschaften.

3 Welche Schwermetalle bzw. Schwermetalllegierungen eignen sich für Gleitlager?

Für **Gleitlager** eignen sich verschiedene Kupferlegierungen wie z.B. CuSn8P, CuPb9Sn5, CuSn12Pb2, CuZn31Si1, CuZn37Mn2Al2Si.

4 Wofür werden die folgenden Schwermetalle eingesetzt: Kupfer, Chrom, Zinn, Wolfram, Platin?

Kupfer: Für elektrische Leitungen, für Wärmetauscherrohre, als Legierungsmetall.

Chrom: Für Chrombeschichtungen, als Legierungsmetall für Stähle.

Zinn: Als Legierungsmetall für Weichlote (Zinn-Blei-Legierungen).

Wolfram: Als Schweißelektroden zum WIG-Schweißen, als Legierungsmetall für Stähle, als Bestandteil der Hartmetalle.

Platin: Als Schutzrohr für Thermoelemente, als Beschichtung für elektrische Kontakte.

5 Welche Eigenschaften besitzt Kupfer?

Kupfer ist weich, dehnbar und hat eine geringe Festigkeit. Es besitzt sehr gute Leitfähigkeit für Elektrizität und Wärme, ist korrosionsbeständig und ergibt mit anderen Metallen technisch wertvolle Legierungen.

6 Was bedeuten die folgenden Kurzzeichen: CuZn38Mn1Al und CuZn40Pb2?

CuZn38Mn1Al ist eine Kupfer-Zink-Legierung (Messing) mit 38% Zink, 1% Mangan und geringem Aluminiumgehalt.
CuZn40Pb2 ist eine Kupfer-Zink-Legierung (Messing) mit 40% Zink und 2% Blei.

7 Durch welche Maßnahmen kann die Härte von Kupfer-Zink-Legierungen (Messing) erhöht werden?

CuZn-Legierungen können durch Kaltumformen (Walzen, Ziehen, Hämmern usw.) kaltverfestigt werden.

Harte Messingbleche können aus derselben Legierung bestehen wie weiche. Sie haben ihre Härte durch das Kaltwalzen erhalten.

8 Wodurch wird hart gewordenes Messing wieder weich?

Durch Glühen bei etwa 600 °C.

Soll hartes Messing z. B. kalt umgeformt werden, so muss es vorher weichgeglüht werden.

9 Durch welche Eigenschaften zeichnen sich Kupfer-Zinn-Legierungen (Bronze) gegenüber Kupfer-Zink-Legierungen (Messing) aus?

Durch höhere Zug- und Verschleißfestigkeit, bessere Gleiteigenschaften und Korrosionsbeständigkeit.

Kupfer-Zinn-Legierungen eignen sich für Gleitteile und Lagerbuchsen sowie für Federn und federnde Elektrokontakte, die korrosionsbeständig sein müssen (Bilder).

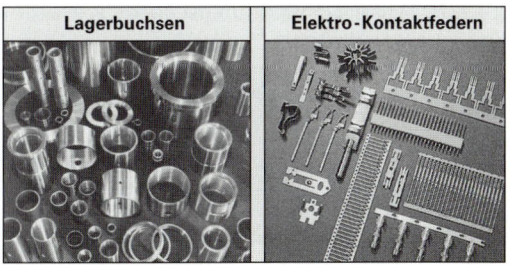

Lagerbuchsen | Elektro-Kontaktfedern

10 Wozu wird Nickel verwendet?

Zur Herstellung von galvanischen Nickelüberzügen sowie als Legierungsbestandteil in nichtrostenden Stählen, Kupfer-Nickel-Legierungen und Kupfer-Nickel-Zink-Legierungen (Neusilber).

Vernickelte Teile sehen dekorativ aus und sind witterungsbeständig.

11 Welche Eigenschaften besitzt Zink?

Zink hat eine Dichte von 7,14 kg/dm^3, eine Schmelztemperatur von 418 °C, ist in warmem Zustand gut dehnbar und besitzt gute Korrosionsbeständigkeit gegen Atmosphäreneinflüsse.

Da Zinkverbindungen giftig sind, dürfen Nahrungsmittel nicht in Zinkgefäßen oder verzinkten Gefäßen aufbewahrt werden.

12 Wozu wird Zink verarbeitet?

Bevorzugte Einsatzgebiete von Zink sind:
- Beschichtungsmetall für Stahlbauteile
- Legierungselement
- Basismetall für Zink-Druckgusslegierungen.

Eine besondere Eigenschaft von Zink ist die Möglichkeit, Stahlbauteile durch Tauchen in flüssigem Zink mit einer dünnen Zinkschicht zu beschichten (Feuerverzinken).

13 Welche Eigenschaften haben Werkstücke aus Zink-Druckgusslegierungen?

Werkstücke aus Zink-Druckgusslegierungen sind korrosionsbeständig sowie maßgenau und haben eine hohe Oberflächengüte sowie eine mittlere Festigkeit.

Durch Druckgießen können sehr dünnwandige und feingliedrige Bauteile aus Zink-Druckgusslegierungen hergestellt werden.

14 Welches sind die wichtigsten Zinnlegierungen?

Wichtige Zinnlegierungen sind die Zinn-Blei-Lote (Weichlote) und die Zinn-Blei-Lagermetalle.

Zinn-Blei-Legierungen (Weißmetalle) mit bis zu 90% Zinn (Lg-Sn90) eignen sich für Gleitlager, die auf Schlag und Stoß beansprucht werden.

15 Welches sind die wichtigsten Legierungs-Schwermetalle?

Wolfram (W), Molybdän (Mo), Chrom (Cr), Mangan (Mn), Vanadium (V) und Cobalt (Co).

Weniger häufig sind Legierungen mit Tantal (Ta), Cadmium (Cd) oder Wismut (Bi).

3.6 Sinterwerkstoffe

Fragen aus Fachkunde Metall, Seite 264

1 Was versteht man unter Sintern?

Sintern ist eine nach Zeit und Temperatur gesteuerte Wärmebehandlung vorgepresster Rohlinge aus Metallpulver.

Dabei Verschweißen die Pulverteilchen an den Berührungsstellen zu einem festen Werkstoff. Aus den Rohlingen, die aus gepressten Pulverteilchen bestehen, werden durch Sintern die Formteile.

2 Wie heißen die Fertigungsstufen zur Herstellung von Sinter-Formteilen?

Die Fertigungsstufen für Sinter - Formteile sind:
1. Pulverherstellung – 2. Pulver mischen – 3. Pressen der Rohlinge – 4. Sintern der Presslinge zu Formteilen.

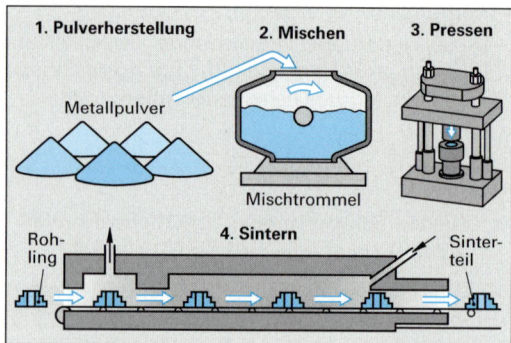

Bei besonders hoher Anforderung an die Maßgenauigkeit und die Oberflächengüte werden die Sinter-Formteile anschließend noch kalibriert.

Werkstücke, die hohe mechanische Belastungen tragen müssen, werden zusätzlich sintergeschmiedet, d.h. bei Rotglut in einem Schmiedegesenk gepresst.

3 Welche Vorteile haben gesinterte Teile?

- Sie sind preisgünstig herzustellen.
- Sie brauchen nach dem Sintern entweder überhaupt nicht oder nur geringfügig nachgearbeitet werden.
- Die gewünschten Werkstoffeigenschaften können durch entsprechende Pulvermischungen eingestellt werden.
- Je nach Anforderung können Bauteile mit dichtem Gefüge (für Sinterformteile, wie Hebel, Zahnräder) oder mit hohem Porenanteil (für Filter oder tränkbare Lager) gefertigt werden.

4 Wie werden pulvermetallurgische Werkzeugstähle hergestellt?

Der Ausgangsstoff für die pulvermetallurgischen Werkzeugstähle, eine Metallpulvermischung mit der gewünschten Zusammensetzung des späteren Werkzeugstahls, wird in Stahlbehälter eingeschweißt. Diese werden evakuiert und bei Temperaturen von 1000 °C bis 1100 °C und Drücken von etwa 1000 bar in Heißpressen zu porenfreien Blöcken verdichtet. Dieses Material wird warmgewalzt und daraus dann die Werkzeuge gefertigt.

Ergänzende Fragen zu Sinterwerkstoffen

5 Bei welchen Temperaturen erfolgt das Sintern?

Das Sintern erfolgt bei 60 bis 80% der Schmelztemperatur des Sinterwerkstoffs. Die Sintertemperaturen betragen bei Sinterstahl 1000 bis 1300 °C, bei Sinterkupferlegierungen 600 bis 800 °C.

6 Welche Teile können *nicht* durch Sintern hergestellt werden?

Es können keine großen Werkstücke und keine Werkstücke mit quer zur Pressrichtung liegenden Bohrungen, Einstichen oder mit Gewinden hergestellt werden.

Durch Sintern werden deshalb vor allem Kleinteile hergestellt. Quer zur Pressrichtung liegende Bohrungen und Einschnitte sowie Gewinde müssen durch spanende Formung nach dem Sintern gefertigt werden.

7 Nennen Sie Bauteile, die aus Sinterwerkstoffen hergestellt werden.

- Massenformteile, wie z.B. Zahnräder, Zahnriemenscheiben, Hebel, Beschläge, aus Sinterstahl
- Hochporöse Metallfilter aus Sintermessing
- Werkzeuge aus Sinter-Werkzeugstahl
- Schmierstoffgetränkte Sintergleitlager aus Kupfer-Zinn Legierungen oder Sinterstahl.

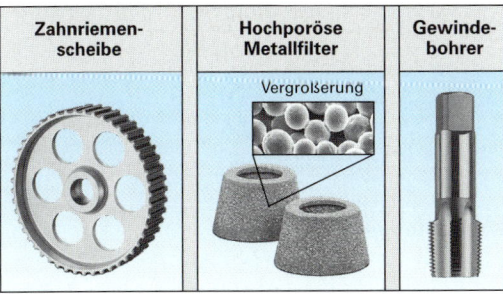

Zahnriemen-scheibe	Hochporöse Metallfilter	Gewinde-bohrer

3.7 Keramische Werkstoffe

Fragen aus Fachkunde Metall, Seite 266

1 Welche besonderen Eigenschaften haben die keramischen Werkstoffe?

Keramische Werkstoffe besitzen eine gleitfähige Oberfläche mit großer Härte und Verschleißfestigkeit, sind temperaturbeständig und korrosionsbeständig. Sie haben außerdem eine geringe Dichte und sind elektrisch isolierend.

2 Wozu verwendet man gesintertes Aluminiumoxid?

Aus Aluminiumoxid-Keramik werden Schneidplatten (Bild), Gleitringdichtungsringe, Biegerollen, Fadenführungen, Dichtscheiben und ähnliche Bauteile gefertigt.

Fräser-Schneidplatten aus Aluminiumoxid-Keramik

Schneidplatten

3 Warum beschichtet man Stahlbauteile mit einer Keramikschicht?

Die Keramikschicht verleiht den Stahlbauteilen die positiven Oberflächeneigenschaften der keramischen Werkstoffe: Große Härte, Druckbelastbarkeit, Verschleißfestigkeit, Chemikalienbeständigkeit, elektrische Isolation.

Dadurch erhält man Bauteile mit den kombinierten Eigenschaften beider Werkstoffe: der Festigkeit und Schlagbelastbarkeit des Stahlkerns sowie der Härte, Verschleißfestigkeit und Korrosionsbeständigkeit der keramischen Beschichtung.

Ergänzende Frage zu den keramischen Werkstoffen

4 Welche Bauteile werden aus Siliciumnitrid-Keramik gefertigt?

Aus Siliciumnitrid-Keramik fertigt man Wälzkörper, Kugeln und Laufringe für Lager (Bild), Gleitringe für Gleitringdichtungen und Werkzeuge für die Gussbearbeitung.

Wälzlager aus Siliciumnitrid-Keramik

3.8 Wärmebehandlung der Stähle

Fe-C-Zustandsdiagramm und Gefügearten

Fragen aus Fachkunde Metall, Seite 269

1 Welches Gefüge hat Stahl mit 0,8% Kohlenstoff bei Temperaturen über bzw. unter 723 °C?

Stahl mit 0,8% Kohlenstoff hat bei Temperaturen unter 723 °C perlitisches Gefüge und bei Temperaturen über 723 °C austenitisches Gefüge.

2 Welche Gefügebestandteile enthält Gusseisen?

Gusseisen enthält die Gefügebestandteile Ferrit und Perlit sowie Grafit in Lamellenform.

3 Was kann man aus dem Eisen-Kohlenstoff-Zustandsdiagramm ablesen?

Aus dem Eisen-Kohlenstoff-Zustandsdiagramm kann man die Gefügeart ablesen, die in einem Eisenwerkstoff mit einem bestimmten Kohlenstoffgehalt bei einer bestimmten Temperatur vorliegt.

4 Welche Gefügeanteile hat Stahl mit 0,4% C?

Stahl mit 0,4% Kohlenstoff hat die Gefügebestandteile Ferrit und Perlit (Bild unten).

5 Wie ändert sich das Gefüge von Stahl mit 1% Kohlenstoff beim Erwärmen von Raumtemperatur auf 1000 °C?

Stahl mit 1% Kohlenstoff hat bei Raumtemperatur ein Gefüge aus Perlit und Korngrenzenzementit.

Bei Erwärmung über 723 °C wird der Perlit in Austenit umgewandelt. Gleichzeitig beginnt die Umwandlung des Korngrenzenzementits in Austenit, die bei rund 800 °C vollständig abgelaufen ist. Bei weiterer Erwärmung bis auf 1000 °C bleibt das Austenitgefüge erhalten.

Ergänzende Fragen zum Fe-C-Zustandsdiagramm und den Gefügearten

6 Welche Gefügearten kommen in ungehärteten Stählen vor?

Ungehärtete, nicht legierte Stähle enthalten Ferrit, Perlit, Zementit sowie Mischungen dieser Gefüge.

Gehärteter Stahl enthält zudem noch Martensit, hocherhitzter oder hochlegierter Stahl Austenit.

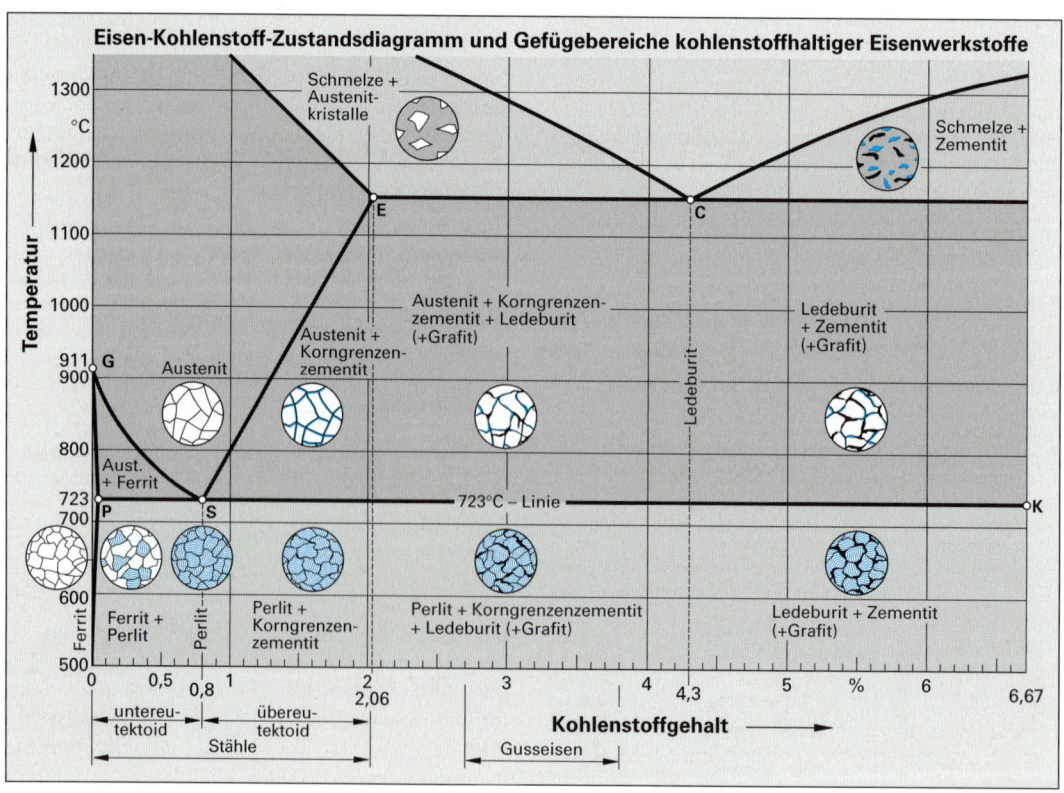

Eisen-Kohlenstoff-Zustandsdiagramm und Gefügebereiche kohlenstoffhaltiger Eisenwerkstoffe

7 Was stellen die Linien im Fe-C-Schaubild dar?

Die Linien im Fe-C-Zustandsschaubild begrenzen die Gefügebereiche.

Beispiel: Die senkrechte Linie von der Diagramm-Basislinie bei 0,8% C bis zum Punkt S trennt den Gefügebereich Ferrit + Perlit vom Gefügebereich Perlit + Korngrenzenzementit.

8 In welcher Form liegt der Kohlenstoff im Stahl vor?

Im Stahl liegt Kohlenstoff in chemisch gebundener Form als Eisenkarbid Fe_3C vor.

Eisenkarbid Fe_3C wird in der Metallkunde Zementit genannt.

9 Aus welchen Bestandteilen setzt sich das Gefüge Perlit zusammen?

Perlitkörner haben eine Ferrit-Grundmasse, die mit feinem Streifenzementit durchzogen ist.

Perlitgefüge hat im Schliffbild ein perlmutartiges Aussehen. Der Kohlenstoffgehalt von Stahl mit rein perlitischem Gefüge beträgt 0,8%.

10 Was bezeichnet man bei Stahl als eutektoide Zusammensetzung?

Als eutektoide Zusammensetzung bezeichnet man einen Kohlenstoffgehalt im Stahl, der zu rein perlitischem Gefüge führt. Dies entspricht einem Kohlenstoffgehalt von 0,8%.

Stahl mit mehr als 0,8% Kohlenstoff nennt man übereutektoid, Stahl mit weniger als 0,8% heißt untereutektoid.

11 Was passiert beim Überschreiten einer Gefügebegrenzungslinie im Eisen-Kohlenstoff-Zustandsdiagramm?

Das Gefüge des Werkstoffs wandelt sich um.

Bei Erwärmung von eutektoidem Stahl z.B. wandelt sich der Perlit bei Überschreiten der 723 °C-Linie in Austenit um.

12 Welche Veränderungen laufen im Kristallgitter von Stahl bei Erwärmung über 723 °C ab?

Das kubisch-raumzentrierte Gitter klappt in das kubisch-flächenzentrierte Gitter um.

Bei anschließender Abkühlung unter 723 °C läuft der Vorgang umgekehrt ab: Das kubisch-flächenzentrierte Gitter wandelt sich wieder in das kubisch-raumzentrierte Gitter zurück.

Glühen, Härten

Fragen aus Fachkunde Metall, Seite 274

1 Welche Glühverfahren gibt es?

Es gibt die Glühverfahren Spannungsarmglühen, Rekristallisationsglühen, Weichglühen, Normalglühen und Diffusionsglühen.

Die einzelnen Glühverfahren unterscheiden sich durch die Glühtemperatur und die Glühdauer.

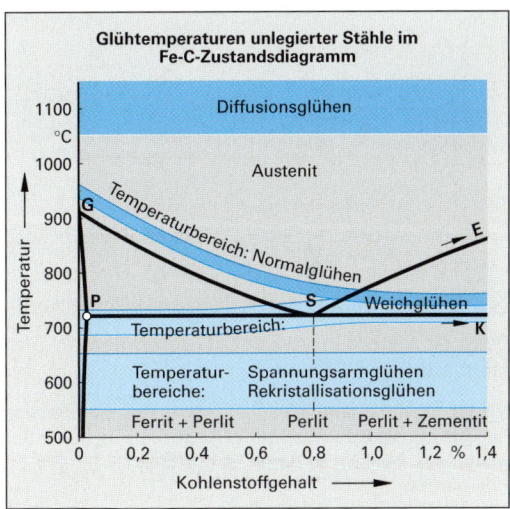

Glühtemperaturen unlegierter Stähle im Fe-C-Zustandsdiagramm

2 Wie beseitigt man grobkörniges Gefüge?

Grobkörniges Gefüge wird durch Normalglühen beseitigt.

In der Fachsprache bezeichnet man diesen Vorgang auch als „Rückfeinen".

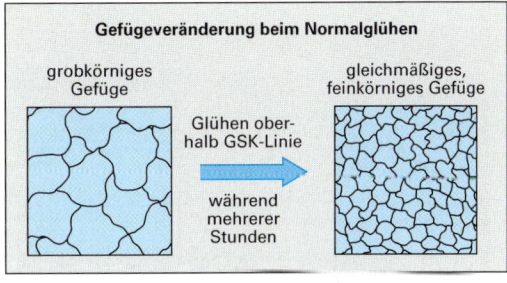

Gefügeveränderung beim Normalglühen

3 Aus welchen Arbeitsgängen besteht das Härten?

Härten besteht aus den Arbeitsgängen Erwärmen, Halten auf Härtetemperatur und Abschrecken sowie dem Anlassen (Bild Seite 132 oben).

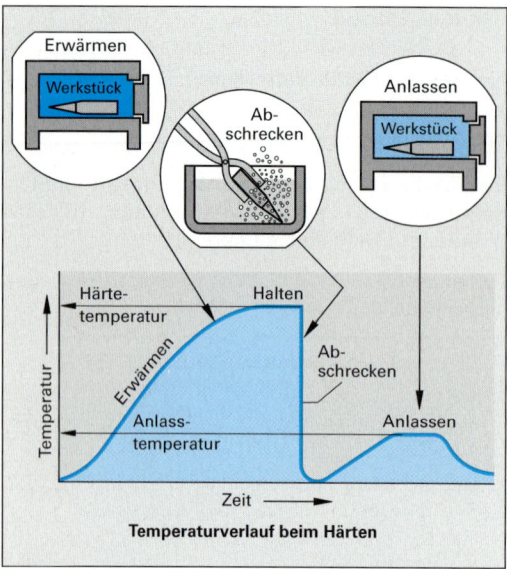

Temperaturverlauf beim Härten

4   Welches Gefüge entsteht beim Abschrecken?

Beim Abschrecken von der Härtetemperatur entsteht Martensit-Gefüge.

Martensit ist ein feinnadeliges, sehr hartes Gefüge, das die Grundmasse des Werkstoffs durchzieht. Je höher der Martensitanteil, um so härter ist der Stahl.

5   Welche Härtetemperatur haben unlegierte Stähle?

Unlegierte Stähle werden bei einer Temperatur gehärtet, die rund 40 °C über der Linie GSK im Eisen-Kohlenstoff-Zustandsdiagramm liegt.

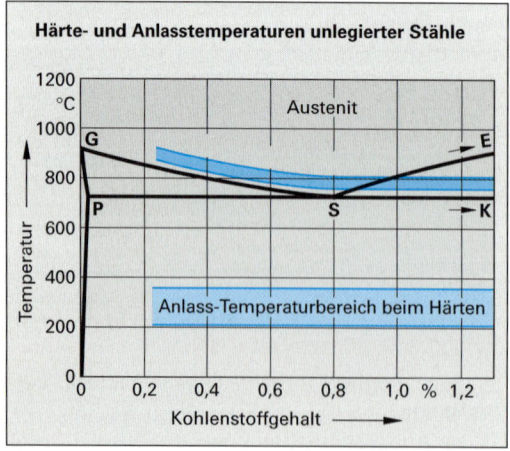

Härte- und Anlasstemperaturen unlegierter Stähle

Legierte Stähle haben höhere Härtetemperaturen. Sie werden von den Stahlherstellern angegeben.

6   Welche Abschreckmittel werden eingesetzt?

Als Abschreckmittel werden verwendet: Wasser, Öle, Wasser-Öl-Emulsionen und Wasser-Polymer-Emulsionen, Warmbad-Abschreckbäder (Salzschmelzen) sowie bewegte Luft.

Die Abschreckwirkung ist bei Wasser am stärksten, bei Luft ist sie am mildesten.

7   Wie entsteht Härteverzug in einem Drehteil?

Härteverzug entsteht durch das schroffe Abkühlen des heißen Werkstücks beim Abschrecken.

Die Entstehung von Härteverzug und der Härterisse läuft in zwei Phasen ab (Bild unten):

Direkt nach dem Eintauchen des Drehteils in das Abschreckbad zieht sich die abgeschreckte Randzone zusammen, während der noch heiße Werkstückkern seine ursprüngliche Größe hat und die Randzone am Schrumpfen behindert. Dies führt zu Spannungen in der Werkstückrandzone.

Dann kühlt der Werkstückkern ab und will schrumpfen, wird aber dabei von der bereits abgekühlten starren Randzone behindert. Es entstehen Verspannungen zwischen der Randschicht und dem Werkstückkern, die Härteverzug oder sogar Härterisse zur Folge haben können.

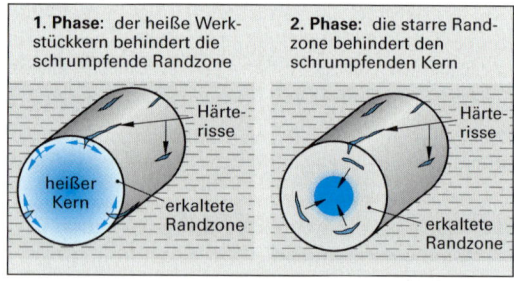

Ergänzende Fragen zum Glühen und Härten

8   Welche Arten der Wärmebehandlung gibt es?

Glühen, Härten, Vergüten, Randschichthärten, Einsatzhärten, Nitrierhärten und Carbonitrieren.

Die einzelnen Wärmebehandlungsverfahren unterscheiden sich durch die Höhe der Temperatur sowie die Behandlungsdauer. Zusätzlich können durch die Art der Umgebung, in der die Behandlung durchgeführt wird, Veränderungen in der chemischen Zusammensetzung erzielt werden.

9 Wodurch unterscheidet sich das Glühen vom Härten?

Glühen und Härten unterscheiden sich durch die Höhe der Temperatur und die Art der Abkühlung. Beim Glühen wird langsam abgekühlt, beim Härten wird abgeschreckt.

10 Welche Vorgänge spielen sich beim Härten im Kristallgitter des Stahls ab?

Beim Abschrecken klappt das kubisch-flächenzentrierte Gitter wieder ins kubisch-raumzentrierte Gitter um (Bild). Das Kohlenstoffatom kann in der kurzen Zeit nicht aus der Gittermitte herauswandern und verspannt das Gitter. Der Stahl wird dadurch hart.

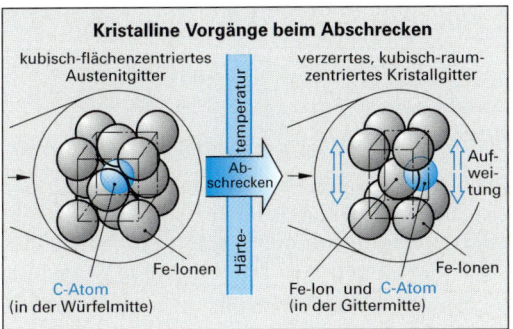

Kristalline Vorgänge beim Abschrecken

kubisch-flächenzentriertes Austenitgitter

verzerrtes, kubisch-raumzentriertes Kristallgitter

Temperatur

Abschrecken

Härte-

Auf-weitung

Fe-Ionen

Fe-Ionen

C-Atom (in der Würfelmitte)

Fe-Ion und C-Atom (in der Gittermitte)

11 Wie erreicht man verzug- und rissfreies Härten?

Man erreicht es je nach Stahlsorte:

- Durch ein mildes Abschreckmittel, z.B. Wasser/Öl-Emulsionen.
- Durch kurzes Abschrecken in Wasser und anschließendes Abkühlen im Ölbad (gebrochenes Härten).
- Durch Abschrecken in einem warmen Salzbad (400 ... 500 °C) und anschließendes Abkühlen an der Luft (Stufenhärten, Warmbadhärten).

12 Was versteht man unter der Einhärtetiefe?

Die Dicke der gehärteten Werkstückrandschicht (Bild).

Durch die unterschiedlich rasche Ableitung der Wärme beim Abschrecken in der Randschicht und im Inneren des Werkstücks wird nur eine äußere Schicht des Werkstücks gehärtet.

Dies gilt nur bei unlegierten Stählen.

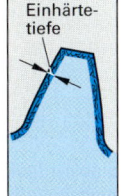

Einhärtetiefe

13 Warum werden beim Abschrecken Werkstücke mit Grundlöchern mit dem Boden voraus eingetaucht (Bild)?

Damit Luft- und Dampfblasen entweichen können.

Luft- und Dampfblasen verhindern eine gleichmäßige, schnelle Wärmeabfuhr und damit die Härtung. Sie verursachen am Werkstück nicht gehärtete, d.h. weiche Stellen.

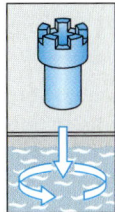

14 Welchen Einfluss haben die Legierungselemente auf das Härten der Stähle?

Viele Legierungselemente, wie z.B. Chrom, Wolfram, Mangan und Nickel bewirken, dass die Stähle auch bei weniger schroffem Abschrecken gehärtet werden.

Ursache ist die Herabsetzung ihrer kritischen Abkühlungsgeschwindigkeit zur Bildung von Martensit. Legierte Stähle brauchen deshalb nur in Öl, im Warmbad oder in bewegter Luft abgekühlt werden.

15 Welche Abschreckmittel werden beim Härten von Werkzeugstählen eingesetzt?

Es werden eingesetzt: Wasser, Öl, Warmbad (Salzschmelze) und Luft.

Unlegierte Werkzeugstähle sind Wasserhärter, niedrig legierte Werkzeugstähle Ölhärter und hoch legierte Werkzeugstähle Lufthärter.

16 Wie unterscheidet sich die Durchhärtung bei unlegierten, niedrig legierten und hoch legierten Werkzeugstählen?

Unlegierte Werkzeugstähle härten nicht durch. Die Einhärtetiefe beträgt 2 mm bis 5 mm. Niedrig legierte und hoch legierte Werkzeugstähle härten überwiegend durch.

17 Wie wirkt sich das Anlassen bei hoch legierten Werkzeugstählen aus?

Durch das Anlassen tritt bei legierten Werkzeugstählen (besonders den Schnellarbeitsstählen) eine geringe Härtesteigerung ein.

Ursache ist die Ausscheidung sehr harter Karbide während des Anlassens (Ausscheidungshärten).

Vergüten, Härten der Randzone

Fragen aus Fachkunde Metall, Seite 279

1 Welche Eigenschaften soll ein Werkstück durch das Vergüten erhalten?

Durch Vergüten sollen die Werkstücke hohe Festigkeit und hohe Streckgrenze sowie ausreichende Zähigkeit erhalten.

2 Aus welchen Arbeitsgängen besteht das Vergüten und wodurch unterscheidet es sich vom Härten?

Vergüten besteht aus den Arbeitsgängen Härten und anschließendem Anlassen.

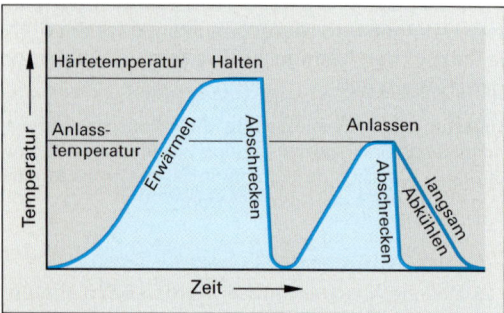

Die Anlasstemperaturen beim Vergüten sind wesentlich höher als beim Anlassen nach dem Härten.

3 Was kann aus dem Vergütungsschaubild eines Stahls abgelesen werden?

Aus dem Vergütungsschaubild (Bild unten) kann abgelesen werden, welche Zugfestigkeit, welche Streck- bzw. Dehngrenze und welche Bruchdehnung ein Werkstoff durch eine bestimmte Anlasstemperatur erhält.

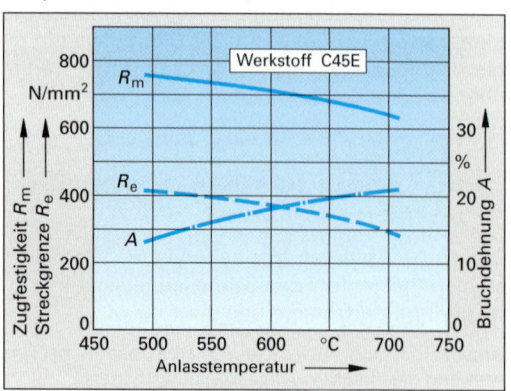

4 Welche Streckgrenze hat ein Werkstück aus dem Stahl 34Cr4, das beim Vergüten auf 550 °C angelassen wurde?

Aus dem Vergütungsschaubild (Anlassschaubild) des Stahls 34Cr4 kann abgelesen werden: Das Werkstück hat nach dem Vergüten auf 550 °C eine Streckgrenze von rund 620 N/mm².

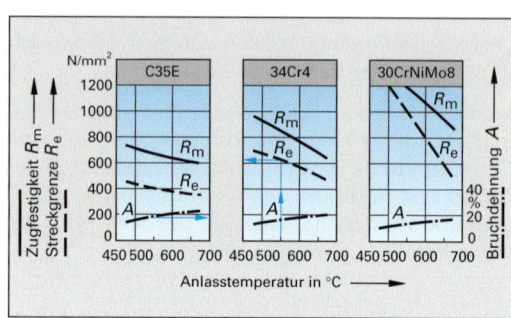

5 Wie wird das Randschichthärten ausgeführt?

Beim Randschichthärten wird eine dünne Außenschicht des Werkstücks durch starke Wärmezufuhr rasch erwärmt und durch sofort anschließendes Abschrecken gehärtet. Tiefer liegende Werkstückbereiche bleiben ungehärtet.

Die Erwärmung kann mit Flammen (Bild), durch Induktionsströme oder durch Tauchen in einem Warmbad erfolgen.

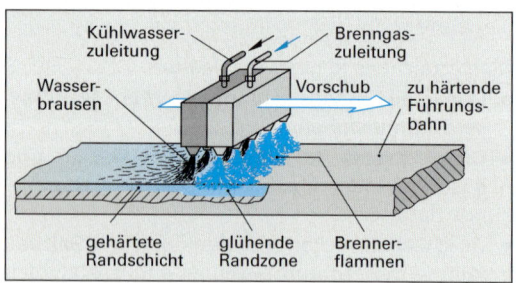

6 Wie wird beim Einsatzhärten die Härtbarkeit der Randschicht erreicht?

Einsatzstähle enthalten nur 0,1 bis 0,2 % Kohlenstoff und sind deshalb eigentlich nicht härtbar. Durch Erhöhen des Kohlenstoffgehalts in der Randzone, Aufkohlen genannt, wird dort Härtbarkeit erreicht (Bild rechts oben).

Einsatzgehärtete Werkstücke haben eine gehärtete Randzone und einen ungehärteten, zähen Werkstückkern.

7 Welche Verfahren des Aufkohlens gibt es?

Es gibt Aufkohlen im festen Einsatzmittel (Pulveraufkohlen), Aufkohlen im flüssigen Einsatzmittel (Salzbadaufkohlen) und Aufkohlen im gasförmigen Einsatzmittel (Gasaufkohlen).

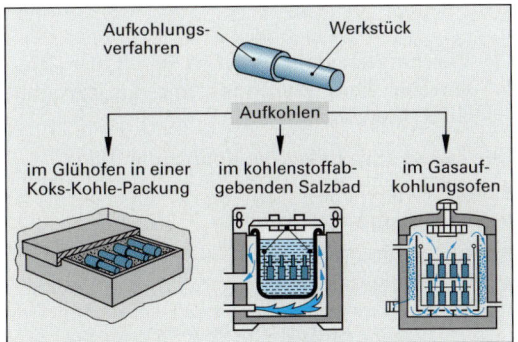

Beim Aufkohlen diffundiert Kohlenstoff in die Randzone des Werkstücks und lagert sich in das Kristallgitter ein.

8 Welche Einsatz-Härteverfahren gibt es?

Für Einsatzstähle gibt es eine Reihe von Einsatz-Härteverfahren, die sich durch unterschiedliche Temperaturführung unterscheiden, z.B.

- das Direkthärten
- das Einfachhärten
- das Härten nach isothermischer Umwandlung im Warmbad.

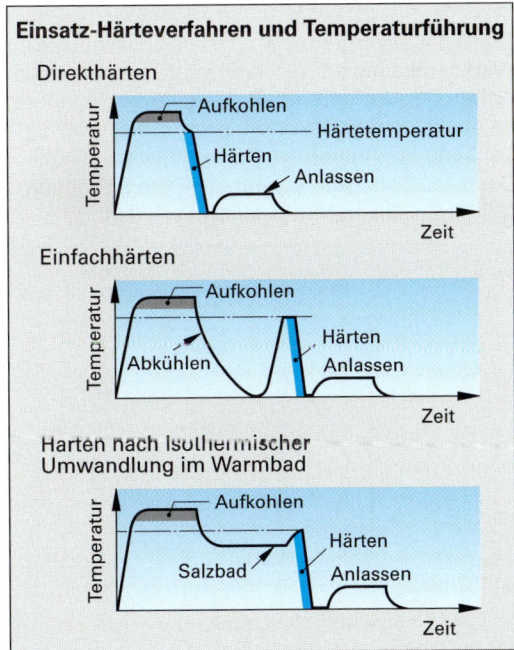

9 Was versteht man unter Nitrieren?

Nitrieren ist ein Verfahren zum Härten der Randzone eines Werkstücks durch Anreicherung mit Stickstoff.

Der Stickstoff diffundiert in die Randzone des Werkstücks und bildet dort sehr harte Nitride (Stickstoffverbindungen).

10 Welche Eigenschaften haben Nitrierschichten?

Nitrier-Härteschichten sind äußerst hart sowie verschleißfest und besitzen gute Gleiteigenschaften. Die Härte der Nitrierschicht bleibt bei Erwärmung bis rund 500 °C erhalten.

Nachteilig ist die geringe Verklammerung der Nitrierschicht mit dem Grundwerkstoff. Bei hoher Flächenpressung besteht die Gefahr des Abplatzens der Nitrierschicht.

11 Ermitteln Sie mit einem Tabellenbuch die Härtebedingungen für einen Hammer aus dem Werkzeugstahl C80U. Seine Oberflächenhärte soll nach dem Anlassen mindestens 60 HRC betragen.

Die Härtebedingungen können aus einer Tabelle ermittelt werden.

Wärmebehandlung von unlegierten Kaltarbeitsstählen							
Stahlsorte		Härten			Oberflächenhärte in HRC ≈		
Kurzname	Werkstoff-Nr.	Temperatur °C	Abkühlmittel	nach dem Härten	nach dem Anlassen bei		
					100 °C	200 °C	300 °C
C45U	1.1730	800...820	Wasser	58	58	54	48
C70U	1.1520	790...810	Wasser	64	63	60	53
C80U	1.1525	780...820	Wasser	64	64	60	54
C90U	1.1535	800...830	Wasser	64	64	61	54
C105U	1.1545	770...800	Wasser	65	64	62	56

Die Härtebedingungen lauten: Härtetemperatur 780 °C bis 820 °C, Abschrecken in Wasser, Anlassen auf 200 °C.

Ergänzende Fragen zum Vergüten und Härten der Randzone

12 Wie kann ein Vergütungsstahl auf eine gewünschte Festigkeit und Zähigkeit vergütet werden?

Durch Vergüten nach seinem Anlassschaubild, auch Vergütungsschaubild genannt (Seite 134).

Das Anlassschaubild eines Vergütungsstahls gibt an, welche Festigkeit, Streckgrenze und Bruchdehnung beim Anlassen mit einer bestimmten Temperatur erreicht werden kann.

13 Was sind Vergütungsstähle?

Vergütungsstähle sind unlegierte sowie legierte Baustähle, die durch Vergüten hohe Festigkeit sowie große Zähigkeit erlangen.

Vergütungsstähle haben meist einen Kohlenstoffgehalt von 0,2 bis 0,6%. Legierte Vergütungsstähle enthalten zusätzlich wenige Prozent an Chrom, Nickel, Molybdän oder Mangan.

14 Was ist Randschichthärten?

Unter Randschichthärten versteht man das auf die Randschicht eines Werkstücks beschränkte Härten durch schnelles Erwärmen und sofort anschließendes Abschrecken.

Dabei wird nur die Randschicht des Werkstückes gehärtet, während der Werkstückkern ungehärtet bleibt.

15 Welche Stähle eignen sich zum Einsatzhärten?

Zum Einsatzhärten eignen sich unlegierte und niedrig legierte Stähle mit einem Kohlenstoffgehalt von 0,1% bis 0,2%.

Einsatzstähle dürfen nicht mehr Kohlenstoff enthalten, da sonst der Kern mithärtet.
Beispiel für Einsatzstähle: Ck10, 17Cr3, 16 MnCr5.

16 Welcher Wärmebehandlung werden die Nitrierstähle unterworfen?

Vor dem Nitrieren werden die Werkstücke aus Nitrierstahl vergütet, um die Festigkeit des Werkstückerns zu verbessern. Dann wird die Oberfläche bei 500 bis 600 °C mit Stickstoff angereichert. Dabei entsteht die harte Nitrierschicht.

17 Was ist Carbonitrieren?

Carbonitrieren ist Härten einer Werkstückrandschicht durch gleichzeitiges Aufkohlen und Nitrieren.

Carbonitrierschichten sind härter als Einsatzhärte-Randschichten und haben eine besonders feste Bindung mit dem nicht gehärteten Werkstückkern.

18 Welche Gusseisensorten sind härtbar?

Härtbar sind Gusseisensorten, die aus einer perlitischen oder perlitisch-ferritischen Grundmasse bestehen und keine grobblättrigen Grafitausscheidungen besitzen. Dies sind die Gusseisensorten Meehanite-Guss (Gusseisen mit feinblättrigen Grafitlamellen), Gusseisen mit Kugelgrafit (Sphäroguss), Temperguss und Stahlguss mit perlitischer oder perlitisch-ferritischer Grundmasse.

Gusseisen wird jedoch meist im ungehärteten Zustand eingesetzt.

3.9 Werkstoffprüfung

Prüfung mechanischer Eigenschaften

Fragen aus Fachkunde Metall, Seite 283

1 Welche Werkstoffkennwerte liefert der Zugversuch eines Werkstoffs mit ausgeprägter Streckgrenze?

Der Zugversuch liefert die Kennwerte (Bild):

- Zugfestigkeit R_m
- Streckgrenze R_e
- Bruchdehnung A
- Elastizitätsmodul E

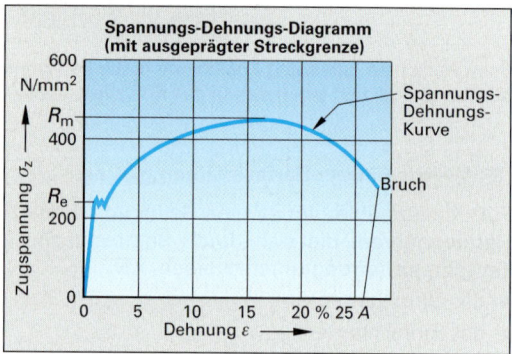

2 Was gibt die 0,2%-Dehngrenze an?

Die 0,2%-Dehngrenze $R_{p0,2}$ ist ein mechanischer Werkstoffkennwert für Werkstoffe ohne ausgeprägte Streckgrenze (Bild). Sie gibt die Spannung an, bei der der Werkstoff nach Entlastung eine bleibende Dehnung von 0,2% aufweist.

Die 0,2%-Dehngrenze kann aus dem Spannungs-Dehnungs-Diagramm bestimmt werden.

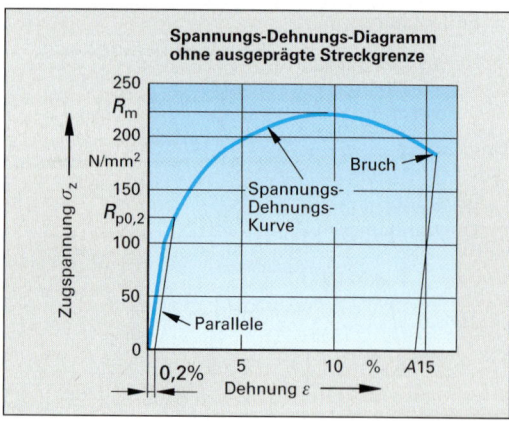

3 Wie wird der Kerbschlagbiegeversuch durchgeführt?

Beim Kerbschlagbiegeversuch fällt ein Pendelhammer auf einer kreisförmigen Bahn herunter und trifft waagerecht auf eine genormte Probe mit Kerbe (Bild). Je nach Werkstoff durchschlägt er die Probe oder verformt sie und zieht sie durch die Widerlager. Die dabei verbrauchte Energie kann an einem Schleppzeiger abgelesen werden.

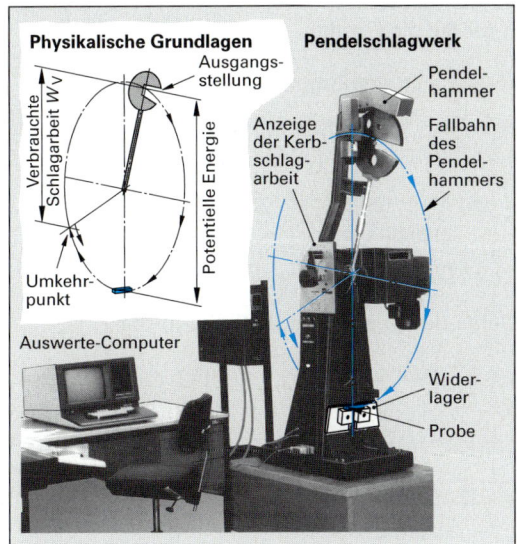

Ergänzende Fragen zur Prüfung mechanischer Eigenschaften

5 Welche Aufgaben hat die Werkstoffprüfung?

Die wesentlichen Aufgaben der Werkstoffprüfung sind:

● Die Bestimmung der technologischen Eigenschaften der Werkstoffe, wie z.B. Festigkeit, Härte, Verarbeitbarkeit

● Die Überprüfung von Werkstücken und Bauteilen auf Fehler und Funktionstüchtigkeit

● Die Ermittlung von Schadensursachen an einem zu Bruch gegangenen Bauteil, z.B. durch Gefügeuntersuchungen.

6 Welche Werkstattprüfungen gibt es?

Werkstattprüfungen sind:
Werkstofferkennung nach dem Aussehen und durch Funkenprobe sowie Eigenschaftsprüfung durch Biege- und Bruchflächen-Prüfung.

Werkstattprüfungen sind einfache Prüfungen, die erste Hinweise auf die Zusammensetzung und die Eigenschaften eines Werkstoffes geben.

7 Wozu dienen technologische Prüfungen?

Technologische Prüfungen dienen zur Prüfung der Eignung eines Werkstoffs für eine bestimmte Anwendung oder ein mögliches Fertigungsverfahren.

Technologische Prüfungen sind z.B. der technologische Biege- und Faltversuch, der Tiefungsversuch und die Schweißnahtprüfung.

4 Der Zugversuch an einer Zugprobe (d_0 = 16 mm, L_0 = 80 mm) liefert folgende Messwerte: Zugkraft bei der Streckgrenze F_e = 55 292 N, Höchstzugkraft F_m = 96 510 N, Messlänge nach dem Bruch L_u = 96,8 mm. Zu berechnen sind die Streckgrenze, Zugfestigkeit und Bruchdehnung.

$$S_0 = \frac{\pi}{4} \cdot d_0^2 = \frac{\pi}{4} \cdot (16 \text{ mm})^2 = 201 \text{ mm}^2$$

Streckgrenze $\quad R_e = \dfrac{F_e}{S_0} = \dfrac{55292 \text{ N}}{201 \text{ mm}^2} = \textbf{275} \; \dfrac{\textbf{N}}{\textbf{mm}^2}$

Zugfestigkeit $\quad R_m = \dfrac{F_m}{S_0} = \dfrac{96510 \text{ N}}{201 \text{ mm}^2} = \textbf{480} \; \dfrac{\textbf{N}}{\textbf{mm}^2}$

Bruchdehnung $\quad A = \dfrac{L_u - L_0}{L_0} \cdot 100\%$

$$A = \frac{96,8 \text{mm} - 80 \text{mm}}{80 \text{ mm}} \cdot 100\% = \textbf{21\%}$$

8 Mit welchem Verfahren wird die Tiefziehfähigkeit von Blechen geprüft?

Mit dem Tiefungsversuch nach Erichsen (Bild).

Als Erichsentiefung *IE* bezeichnet man die Tiefe der Ausbuchtung eines Bleches durch einen kugelförmigen Stempel bis zum Einreißen des Bleches.

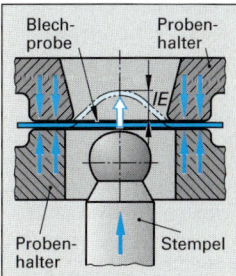

9 Welches Diagramm erhält man beim Zugversuch?

Beim Zugversuch erhält man das Spannungs-Dehnungs-Diagramm.

Fortlaufend gemessen werden beim Zugversuch die Zugkraft und die zugehörige Verlängerung. Daraus werden die Spannungen und die zugehörigen Dehnungen berechnet. In einem Schaubild aufgetragen, ergeben sie das Spannungs-Dehnungs-Diagramm.

10 Welche beiden Werkstofftypen gibt es bezüglich des Verlaufs der Spannungs-Dehnungs-Kurve?

Werkstoffe mit ausgeprägter Streckgrenze (linkes Bild) und Werkstoffe ohne ausgeprägte Streckgrenze (rechtes Bild).

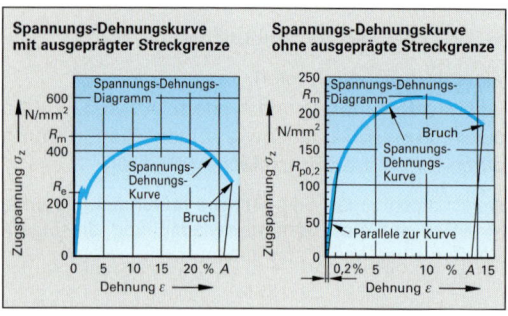

11 Was versteht man unter der Zugfestigkeit R_m?

Die Zugfestigkeit R_m gibt die höchste Zugspannung an, die der Werkstoff ertragen kann.

Die Zugfestigkeit wird berechnet aus der maximalen Zugkraft und dem Probenquerschnitt: $\quad R_m = \dfrac{F_m}{S_0}$

Die Einheit der Zugfestigkeit ist N/mm^2.

12 Was versteht man unter der Bruchdehnung A?

Die Bruchdehnung A ist die prozentuale Verlängerung des Werkstoffs nach Belastung bis zum Bruch.

Sie wird berechnet aus der Verlängerung des gebrochenen Probestabes bezogen auf seine Ausgangslänge: $\quad A = \dfrac{\Delta L}{L_0} \cdot 100\,\%$

Wird z.B. eine Zugprobe mit 100 mm Messlänge durch Zerreißen auf 130 mm verlängert, so beträgt die Bruchdehnung des Werkstoffs

$$A = \frac{130 \text{ mm} - 100 \text{ mm}}{100 \text{ mm}} \cdot 100\% = \mathbf{30\%}$$

13 Bei einem Zugversuch an einer Zugprobe mit 10 mm Anfangsdurchmesser und 50 mm Anfangsmesslänge erhält man bei einer Zugkraft von 5000 N eine Verlängerung der Messlänge von 0,015 mm. Welchen Elastizitätsmodul (E-Modul) hat der untersuchte Werkstoff?

Durch Umformung des Hooke'schen Gesetzes $\qquad \sigma_z = E \cdot \dfrac{\varepsilon}{100\,\%}$

erhält man für den E-Modul die Formel: $\qquad E = \dfrac{\sigma_z \cdot 100\,\%}{\varepsilon}$

Querschnitt der Zugprobe S_0:

$$S_0 = \frac{\pi}{4} \cdot d_0^2 = \frac{\pi}{4} \cdot (10 \text{ mm})^2 = 78,5 \text{ mm}^2$$

Zugspannung in der Zugprobe:

$$\sigma_z = \frac{5000 \text{ N}}{78,5 \text{ mm}^2} = 63,66 \text{ N/mm}^2 \qquad \sigma_z = \frac{F}{S_0}$$

Dehnung der Messlänge der Zugprobe:

$$\varepsilon = \frac{\Delta L}{L_0} \cdot 100\% = \frac{0,015 \text{ mm}}{50 \text{ mm}} \cdot 100\% = 0,03\%$$

Eingesetzt in die Formel für den E-Modul:

$$E = \frac{\sigma_z \cdot 100\,\%}{\varepsilon} = \frac{63,66 \text{ N/mm}^2 \cdot 100\%}{0,03\%}$$

$$= \mathbf{212\,200 \text{ N/mm}^2}$$

14 Wie berechnet man die Scherfestigkeit?

Die Scherfestigkeit τ_{aB} berechnet man aus der maximalen Kraft F_m, die man in einem Scherversuch (Bild) zum Abscheren einer Scherprobe mit der Querschnittsfläche S_0 benötigt.

Die Formel für die Scherfestigkeit lautet:

$$\tau_{aB} = \frac{F_m}{2 \cdot S_0}$$

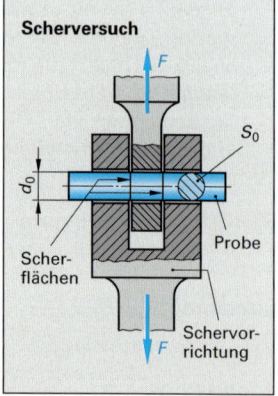

15 Was wird mit dem Kerbschlagbiegeversuch geprüft?

Mit dem Kerbschlagbiegeversuch wird die verbrauchte Schlagarbeit beim Durchschlagen einer Probe gemessen.

Härteprüfungen

Fragen aus Fachkunde Metall, Seite 287

1 Wie wird die Vickershärteprüfung durchgeführt?

Bei der Vickershärteprüfung wird die Spitze einer vierseitigen Pyramide aus Diamant mit einer Prüfkraft F in die Probe eingedrückt und die Diagonalen des entstandenen Pyramideneindrucks gemessen (Bild).

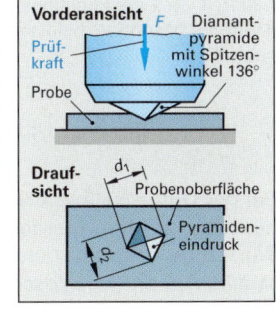

Die Diagonale bestimmt man durch Ausmessen der beiden Diagonalen d_1 und d_2 des Eindrucks und Bildung des Mittelwertes: $d = (d_1 + d_1)/2$.

2 Wozu dient die Mikrohärteprüfung?

Mit der Mikrohärteprüfung wird die Härte kleiner Werkstoffbereiche, z.B. einzelner Gefügekörner, eines Werkstoffs bestimmt.

Die Prüfkörpereindrücke sind so klein, dass sie unter einem am Härteprüfgerät eingebauten Mikroskop ausgemessen werden müssen.

3 Für welche Werkstoffe ist die Brinell- bzw. die Vickershärteprüfung geeignet?

Die Brinellhärteprüfung ist nur zur Prüfung weicher und mittelharter Werkstoffe geeignet.

Mit der Vickershärteprüfung (Bild oben) können sowohl weiche als auch harte Werkstoffe geprüft werden.

4 Welche Vorteile hat die Universalhärteprüfung gegenüber der Härteprüfung nach Brinell?

Der Vorteil der Universalhärteprüfung ist ihre universelle Einsetzbarkeit zum Prüfen von Werkstoffen aller Härtegrade.

Darüber hinaus erhält man bei der Universalhärteprüfung ein Diagramm über das elastisch-plastische Verformungsverhalten des Werkstoffs.

Bei der Prüfung großer Stückzahlen gleicher Bauteile besteht die Möglichkeit der Automatisierung des Prüfvorgangs.

5 Die Vickershärteprüfung HV 50 eines Werkstücks aus gehärtetem Stahl ergibt die Eindruckdiagonalen 0,35 mm und 0,39 mm. Wie groß ist die Vickershärte des Stahls?

Die Prüfkraft bei der Vickershärteprüfung HV 50 beträgt $F = 50 \cdot 9{,}81$ N $= 490{,}5$ N.

Der Mittelwert der Eindruckdiagonalen ist

$$d = \frac{d_1 + d_2}{2} = \frac{0{,}35 \text{ mm} + 0{,}39 \text{ mm}}{2} = 0{,}37 \text{ mm}$$

$$\mathbf{HV} = 0{,}189 \cdot \frac{F}{d^2} = 0{,}189 \cdot \frac{490{,}5}{0{,}37^2} = \mathbf{677}$$

6 In welchen Fällen wird die Härte mit mobilen Härteprüfgeräten geprüft?

Mobile Härteprüfungen werden eingesetzt, wenn die Härte an fertigen, großen Bauteilen oder an schwer zugänglichen Stellen von Bauteilen geprüft werden muss.

Ergänzende Fragen zur Härteprüfung

7 Was versteht man unter Härte?

Härte ist der Widerstand, den ein Werkstoff dem Eindringen eines Prüfkörpers entgegensetzt.

Zur Bestimmung der Härte eines Werkstoffs wird eine Probe des Werkstoffs mit genormten Härteprüfverfahren untersucht.

Die gebräuchlichsten Prüfverfahren sind die Brinell-, die Vickers- und die Rockwellhärteprüfung.

8 Was bedeutet das Kurzzeichen der Härteangabe 120 HBW 5/250/30?

Das Kurzzeichen bedeutet:
Brinellhärte 120 (mit Hartmetallkugel geprüft)
  5 Kugeldurchmesser 5 mm
250 Prüfkraft 2450 N ($\approx 250 \cdot 9{,}81$)
 30 Einwirkdauer 30 Sekunden

Beträgt die Einwirkdauer 10 s bis 15 s, so wird sie im Kurzzeichen weggelassen. Die Härteangabe lautet dann z.B. 180 HBW 10/3000.

9 Was bedeutet das Kurzzeichen der Härteangabe 190 HV 50/30?

Das Kurzzeichen bedeutet: Vickershärte 190
50 Prüfkraft 490 N ($\approx 50 \cdot 9{,}81$)
30 Einwirkdauer 30 s

10 Welche Vorteile hat die Vickershärteprüfung?

- Sowohl weiche als auch harte Werkstoffe werden mit nur einem Prüfkörper geprüft (Bild Seite 139).
- Die Eindringtiefe ist bei der Vickers-Kleinlast-Härteprüfung gering, sodass auch dünne Randschichten und sogar einzelne Gefügebestandteile geprüft werden können.

11 Wie wird die HRC-Prüfung durchgeführt?

Die HRC-Prüfung wird in folgenden Schritten durchgeführt:

1. Diamantkegel auf die Probenoberfläche aufsetzen
2. Mit der Prüfvorkraft (98 N) belasten und das Anzeigegerät auf Zeigerstellung 100 stellen
3. Die Prüfkraft (1373 N) aufgeben
4. Die Prüfkraft abheben und den Härtewert ablesen.

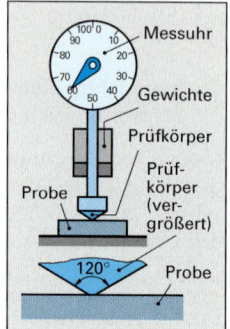

12 Welche Vorteile hat die Härteprüfung nach Rockwell gegenüber der Härteprüfung nach Brinell und Vickers?

Die Vorteile der Rockwell-Härteprüfung sind die rasche Durchführbarkeit der Prüfung und die sofortige Anzeige des Härtewertes.

Die Probe muss nicht blank geschliffen sein und der Härtewert kann direkt am Prüfgerät abgelesen werden.

Dauerfestigkeitsprüfung, Bauteilprüfung

Fragen aus Fachkunde Metall, Seite 290

1 Wie sieht eine Ermüdungsbruchfläche aus?

Ermüdungsbrüche haben ein typisches Aussehen:

Ihre Bruchfläche zeigt einen Anriss am Umfang der Bruchfläche, davon ausgehend konzentrische, halbkreisförmige Rastlinien und eine Gewaltbruch-Restfläche (Bild).

Durch das typische Aussehen können Ermüdungsbrüche von Gewaltbrüchen unterschieden werden.

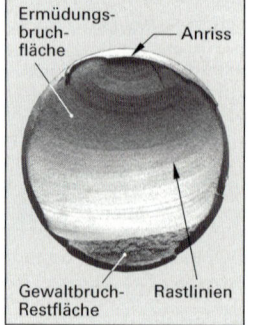

2 Wozu dient die Bauteil-Betriebslasten-Prüfung?

Bei der Bauteil-Betriebslasten-Prüfung werden ganze Maschinen oder Maschinenteile den im späteren Betrieb auftretenden Belastungen ausgesetzt.

Dadurch wird die Funktionstüchtigkeit und die Lebensdauer der besonders belasteten Bauteile einer Maschine geprüft.

3 Wie wird die Ultraschallprüfung durchgeführt?

Bei der Ultraschallprüfung wird der Schallkopf eines Ultraschallprüfgerätes auf das zu prüfende Werkstück aufgesetzt und das Werkstück durchschallt. Auf einem Bildschirm des Gerätes zeigen sich Werkstückfehler als Ausschläge.

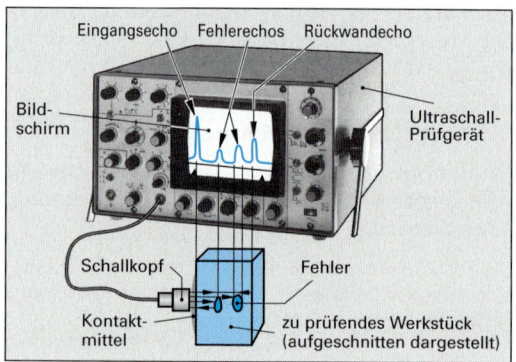

4 Was zeigt ein Faserverlauf bzw. ein Schliffbild?

Der **Faserverlauf** zeigt auf einer polierten und angeätzten Schlifffläche eines Werkstücks die mit dem bloßen Auge sichtbare Ausrichtung der Kristallite im Werkstoff (Bild unten links).

Ein **Schliffbild** zeigt bei Betrachtung einer geschliffenen und angeätzten Metalloberfläche unter dem Metallmikroskop (vergrößert) die einzelnen Gefügebestandteile des Werkstoffs, z.B. ein Ferrit/Perlit-Gefüge (Bild unten rechts).

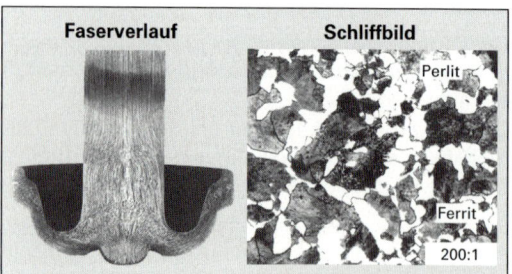

Ergänzende Fragen zur Dauerfestigkeitsprüfung und Bauteilprüfung

5 Wozu dient der Dauerschwingversuch?

Im Dauerschwingversuch wird das Werkstoffverhalten bei lang andauernder, wechselnder Belastung geprüft.

Da viele Bauteile nicht einer konstanten Kraft, sondern wechselnden Kräften ausgesetzt sind, ist der Dauerschwingversuch ein wichtiges Prüfverfahren für wechselbelastete Bauteile.

6 Was kann aus einem Wöhler-Diagramm ermittelt werden?

Aus dem Wöhler-Diagramm (Bild) kann das Dauerfestigkeitsverhalten eines Werkstoffs ermittelt werden. So kann z.B. die Dauerschwingfestigkeit σ_D abgelesen werden.

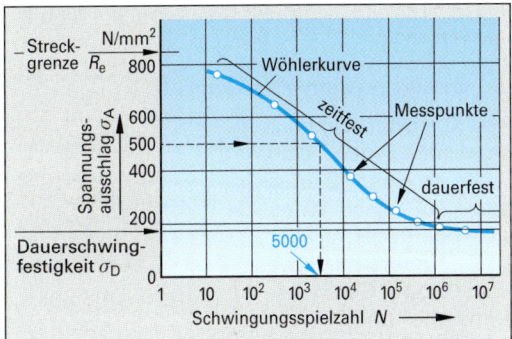

7 Welche Werkstofffehler kann man durch die zerstörungsfreie Werkstoffprüfung feststellen?

Es können festgestellt werden: eingeschlossene Blasen, Lunker und Fremdstoffeinschlüsse im Werkstückinnern und Risse an der Werkstückoberfläche.

Das Werkstück bleibt dabei vollkommen unversehrt. Durch die Prüfung entstehen keine bleibenden Spuren am Werkstück.

8 Welche Verfahren der zerstörungsfreien Prüfung gibt es?

Zerstörungsfreie Prüfverfahren sind:
- Prüfung mit Eindringverfahren, wie z.B. Kapilarverfahren oder dem Met-L-Chek-Verfahren
- Prüfung mit Ultraschall
- Prüfung mit Röntgen- und Gammastrahlen
- Prüfung mit dem Magnetpulververfahren

3.10 Korrosion und Korrosionsschutz

Fragen aus Fachkunde Metall, Seite 296

1 Was geschieht bei der Sauerstoffkorrosion?

Auf der feuchten Stahloberfläche kommt es durch Sauerstoffkorrosion zum Rosten des Stahls.
Es laufen dort folgende Vorgänge ab:
An vielen Stellen löst sich örtlich begrenzt (Lokalanode) das Eisen auf (Fe^{2+}) und reagiert mit dem in der Feuchtigkeit gelösten Sauerstoff zu Rost FeOOH. Er scheidet sich um die Auflösestelle als Rostring ab (Lokalkatode).

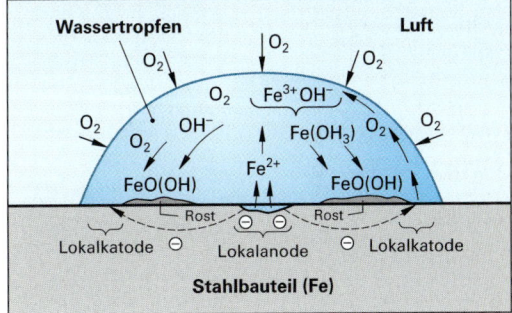

Sauerstoffkorrosion ist die übliche Korrosionsart bei Stahlbauteilen im Freien.

2 Welche elektrochemischen Vorgänge laufen an einem Korrosionselement ab?

Bei einem Korrosionselement geht das unedlere der beiden Metalle, die das Korrosionselement bilden, in Lösung. Am edleren der beiden Werkstoffe bildet sich Wasserstoff.

Durch diese Vorgänge entsteht zwischen den beiden Werkstoffen eine kleine Spannung, ein Potenzial. Die Normalpotenziale der Metalle gegen Wasserstoff sind in der Spannungsreihe der Metalle aufgetragen.

3 Welche Korrosionsarten unterscheidet man?

Es gibt eine Reihe von Korrosionsarten: Gleichmäßige Flächenkorrosion, Muldenkorrosion und Lochfraß, Kontaktkorrosion, Spaltkorrosion, Belüftungskorrosion, die selektiven Korrosionsarten interkristalline und transkristalline Korrosion sowie die Spannungsriss- und Schwingungskorrosion (Bilder: Seite 142 oben).

Jede Korrosionsart hat ein typisches Korrosionsbild, aus dem auf die Korrosionsart rückgeschlossen werden kann.

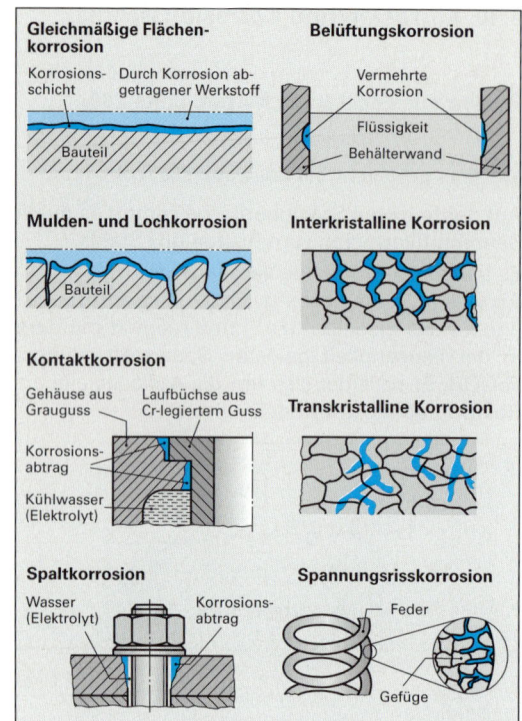

Gleichmäßige Flächen-korrosion

Korrosions-schicht   Durch Korrosion ab-getragener Werkstoff

Bauteil

Belüftungskorrosion

Vermehrte Korrosion

Flüssigkeit

Behälterwand

Mulden- und Lochkorrosion

Bauteil

Interkristalline Korrosion

Kontaktkorrosion

Gehäuse aus Grauguss   Laufbüchse aus Cr-legiertem Guss

Korrosions-abtrag

Kühlwasser (Elektrolyt)

Transkristalline Korrosion

Spaltkorrosion

Wasser (Elektrolyt)   Korrosions-abtrag

Spannungsrisskorrosion

Feder

Gefüge

Ergänzende Fragen zu Korrosion und Korrosionsschutz

6 Worin besteht der Unterschied zwischen elektrochemischer und chemischer Korrosion?

Bei der elektrochemischen Korrosion laufen die Korrosionsvorgänge auf der Metalloberfläche in einer meist dünnen, leitenden Wasserschicht ab. Sie wirkt als Elektrolyt.

Bei der chemischen Korrosion reagiert der Werkstoff direkt mit dem angreifenden Wirkstoff, also ohne die Mitwirkung eines Elektrolyts.

7 Unter welchen Bedingungen kommt es zur elektrochemischen Sauerstoffkorrosion?

Elektrochemische Sauerstoffkorrosion tritt auf, wenn die Oberflächen unlegierter oder niedrig legierter Stähle mit einer Feuchtigkeitsschicht bedeckt sind.

Ein mikroskopisch dünner Feuchtigkeitsfilm ist im Freien und in feuchten Räumen auf Metallteilen praktisch immer vorhanden.

8 Was ist ein Korrosionselement?

Als Korrosionselement bezeichnet man eine Stelle an einem Bauteil oder auf einer Werkstückoberfläche, an der zwei unterschiedliche Metalle oder Gefügebestandteile und Feuchtigkeit vorhanden ist.

Ein Korrosionselement liegt z.B. an der Schadstelle einer Metallbeschichtung (oberes Bild) oder an der Berührungsstelle zweier Bauteile aus verschiedenen Metallen vor (unteres Bild).

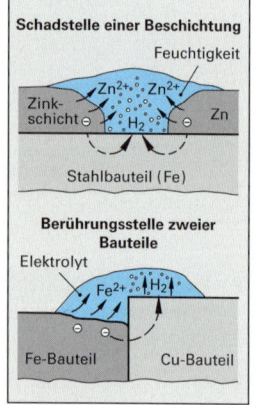

Schadstelle einer Beschichtung

Feuchtigkeit

Zn^{2+} Zn^{2+}

Zink-schicht H_2 Zn

Stahlbauteil (Fe)

Berührungsstelle zweier Bauteile

Elektrolyt

Fe^{2+} H_2

Fe-Bauteil   Cu-Bauteil

4 Durch welche Maßnahmen wird Korrosion während der spanenden Fertigung vermieden?

Die Korrosion während der spanenden Fertigung wird durch Zusatz von Inhibitoren zum Kühlschmierstoff vermieden. Inhibitoren sind passivierend wirkende Öle oder Salze, die einen Schutzfilm auf dem Werkstoff bilden.

Direkt nach der spanenden Fertigung muss das Werkstück durch Trocknen und Tauchen in Korrosionsschutzöl vor Korrosion geschützt werden.

5 Wie wird die Stahloberfläche vor dem Auftrag eines Korrosionsschutzanstriches behandelt?

Die Stahloberfläche muss von Schmutz und Fett gereinigt werden, z.B. durch Waschen in Waschlauge. Eventuell vorhandener Rost wird z.B. durch Strahlen, Bürsten oder Schleifen abgetragen. Entfettet wird durch Tauchen oder Absprühen mit Waschlösungen oder einer Kaltreinigerflüssigkeit.

Ein zusätzlicher Schutz gegen Unterrosten eines Anstrichs wird durch Phosphatieren oder einen Wash-Primer-Anstrich erreicht.

9 Warum wird bei einem Riss in der metallischen Schutzschicht je nach Metallüberzug einmal die Schutzschicht und zum anderen Mal das Grundmetall angegriffen?

Angegriffen wird immer das Metall, das elektrochemisch den Minuspol bildet.

Bei Zink auf Stahl ist Zink der Minuspol, d.h. Zink wird angegriffen.

Bei Nickel auf Stahl ist Stahl der Minuspol, also wird Stahl angegriffen.

Beide Schutzüberzüge wirken korrosionsschützend, solange sie keine Risse aufweisen.

10 Was ist selektive Korrosion?

Bei der selektiven Korrosion werden bevorzugt nur bestimmte Gefügebestandteile des Werkstoffs angegriffen und zerstört.

Verläuft die Korrosion zwischen den Kristallen, so spricht man von interkristalliner Korrosion, verläuft sie innerhalb der Kristalle, so nennt man sie transkristalline Korrosion.

11 Welche Werkstoffe sind gegenüber Reinluftatmosphäre korrosionsbeständig?

Besonders hochlegierte Chrom-Nickel-Stähle, wie z.B. X6CrNiTi18-10 oder Kupfer, Aluminium und Titan sowie deren Legierungen sind in Reinluftatmosphäre korrosionsbeständig.

12 Was versteht man unter korrosionsschutzgerechter Konstruktion?

Die Gestaltung von Bauteilen und Werkstücken nach Gesichtspunkten, die Angriffsmöglichkeiten für Korrosion vermeidet.

Zu vermeiden sind z.B. Kontaktstellen zweier unterschiedlicher Metalle, Spalte, gegliederte Oberflächen, Kerben.

13 Wie sind Korrosionsschutzanstriche aufgebaut?

Einfache Korrosionsschutzanstriche bestehen aus einem Phosphat-Haftgrund, einem Grundanstrich und einem Deckanstrich.

Aufwändige Korrosionsschutzanstriche sind aus bis zu sechs Schichten aufgebaut.

14 Wie wirkt der katodische Korrosionsschutz mit Opferanoden?

Beim Korrosionsschutz mit Opferanoden wird ein zu schützendes Bauteil, z.B. ein Pipelinerohr, leitend mit einer Magnesiumanode verbunden. Das Bauteil ist der positive Pol (Katode) dieses galvanischen Elements und wird deshalb vor Korrosion geschützt.

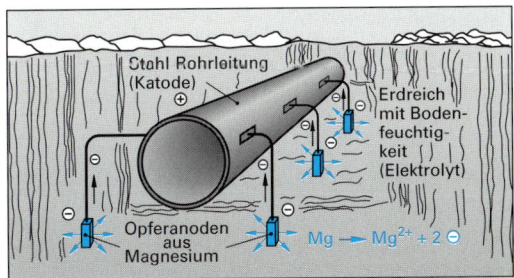

3.11 Kunststoffe

Eigenschaften und Verwendung der Kunststoffe

Fragen aus Fachkunde Metall, Seite 303

1 Welche typischen Eigenschaften haben die Kunststoffe?

Die typischen Eigenschaften der Kunststoffe sind:
- Geringe Dichte
- Elektrisch isolierend und wärmedämmend
- Verschiedene mechanische Eigenschaften von weich oder elastisch bis hart und fest
- Korrosionsfest und chemikalienbeständig
- Gut formbar und bearbeitbar
- Glatte, dekorative Oberfläche

2 Welche Eigenschaften begrenzen die Verwendung der Kunststoffe in der Technik?

- Die geringe Wärmebeständigkeit, zum Teil sogar Brennbarkeit
- Die niedrige bis mittlere Festigkeit
- Die Unbeständigkeit einiger Kunststoffe gegen Lösungsmittel

3 In welche Gruppen teilt man die Kunststoffe ein?

Die Kunststoffe teilt man in der Technik nach ihren mechanischen Eigenschaften in drei Gruppen ein: Thermoplaste, Duroplaste und Elastomere.

In der Chemie unterteilt man sie auch nach ihren Herstellungsverfahren in Polymerisate, Polykondensate und Polyaddukte.

4 Warum sind Thermoplaste schweißbar, Duroplaste nicht?

Thermoplaste erweichen und schmelzen bei Erwärmung. Deshalb können sie durch Erwärmung der Fügestellen zum Schmelzen und Zusammenschweißen gebracht werden.

Duroplaste dagegen erweichen und schmelzen nicht beim Erwärmen, sondern bleiben hart.

Schweißverbindungen sind daher bei Duroplasten nicht möglich.

Werden duroplastische Kunststoffe zu stark erwärmt, so verkohlen sie.

5   Was bedeuten die Kurznamen PE, PA, PUR?

Die Kurznamen sind Abkürzungen für die Kunststoffsorten:

PE   Polyethylen
PA   Polyamide
PUR   Polyurethan

6   Nennen Sie drei Thermoplaste mit Namen, Kurzbezeichnung und typischer Verwendung.

Polyvinylchlorid, Kurzname PVC

Typische Verwendung: Abwasserrohre, Kleinmaschinengehäuse, Kabelummantelungen, Schutzhandschuhe.

Polystyrol, Kurzname PS

Typische Verwendung: In Form von PS-Copolymerisaten (ABS, SAN) als Pkw-Verkleidungen und Gerätegehäuse, in Form von Schaumstoff (Styropor) als Dämmplatten und Verpackungsmaterial.

Polyoxymethylen, Kurzname POM

Typische Verwendung: Kleinteile, wie z.B. Zahnräder, Kettenglieder, Hebel, Schnapphaken.

7   Was versteht man unter Polymerblends?

Polymerblends sind Mischkunststoffe aus mehreren Kunststoffsorten.

Beispiel: Der ASA/PC-Blend ist ein Mischkunststoff aus dem copolymeren Kunststoff Acrylnitril/Styrol/Acrylester und dem Kunststoff Polycarbonat.

8   Warum nennt man die Duroplaste auch aushärtbare Kunststoffe bzw. Harze?

Man nennt sie aushärtbare Kunststoffe, weil die flüssigen Vorprodukte der Duroplaste durch Zugabe eines Härters oder unter Druck und Hitze erst ihre endgültige feste Gestalt als Bauteil erhalten, d.h. aushärten.

Der Name Harze leitet sich von dem baumharzähnlichen Aussehen einiger duroplastischer Kunststoffe ab.

9   Wozu werden Polyurethanharze verwendet?

Die Verwendung der Polyurethanharze (PUR) richtet sich nach ihrer Spezifikation:

Hart-PUR: Hartelastische Lagerschalen, Zahnräder, Rollen.

Mittelhartes PUR: Elastische Zahnriemen, Puffer, Stoßfänger, Dichtungen.

Weiches PUR: Weichelastische Dichtungen, Manschetten, Kabelummantelungen.

10 Welche Vorteile haben thermoplastische Elastomere gegenüber nicht thermoplastischen Elastomeren?

Die thermoplastischen Elastomere lassen sich mit den kostengünstigen Formgebungsverfahren Spritzgießen und Extrudieren zu Formteilen verarbeiten.

Dieser Kostenvorteil macht sie gegenüber den nicht thermoplastischen (duroplastischen) Elastomeren wettbewerbsfähiger.

Ergänzende Fragen zu Eigenschaften und Verwendung der Kunststoffe

11 In welchen Teilschritten erfolgt die Herstellung der Kunststoffe?

Zuerst werden aus den Ausgangsstoffen Erdöl oder Erdgas reaktionsfähige Vorprodukte hergestellt, die dann in einem zweiten Produktionsprozess, z.B. durch Polymerisation, zu den Kunststoffen synthetisiert werden.

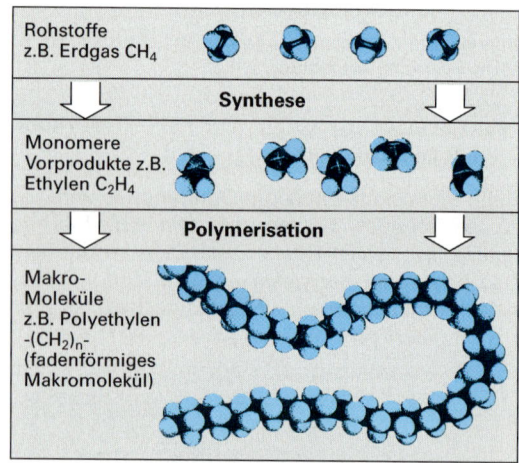

Rohstoffe z.B. Erdgas CH_4

Synthese

Monomere Vorprodukte z.B. Ethylen C_2H_4

Polymerisation

Makro-Moleküle z.B. Polyethylen $-(CH_2)_n-$ (fadenförmiges Makromolekül)

12 Wozu werden Polyamide verwendet?

Aus Polyamiden werden z.B. Zahnräder, Lagerschalen, Kugellagerkäfige, Gleitschienenbeläge, Führungsrollen und Kraftstofftanks gefertigt.

13 Beschreiben Sie die Bildung eines Polyethylen-Makromoleküls aus Ethylen-Molekülen.

Reaktionsfähige Ethylenmoleküle reagieren unter Aufhebung ihrer Doppelbindung miteinander und reihen sich zu Makromolekülen aneinander.

Ethylen Ethylen Ethylen   Polyethylen

14 Was versteht man unter einer Polymerisation?

Eine Polymerisation ist ein chemischer Vorgang, bei dem aus ungesättigten Molekülen einer Monomerart durch Aufhebung der chemischen Doppelbindung Makromoleküle entstehen.

Beispiel: PVC. Aus den ungesättigten Vinylchloridmolekülen entsteht durch Aufhebung der Doppelbindung und Aneinanderreihung das Polyvinylchlorid-Makromolekül.

Vinylchlorid-Moleküle   Polyvinylchlorid-
                               Makromolekül

15 Wie ändert sich die Festigkeit der Kunststoffe beim Erwärmen?

Thermoplaste werden beim Erwärmen weich und sogar flüssig (linkes Bild).
Duroplaste behalten ihre ursprünglichen Festigkeitseigenschaften fast unverändert bei (rechtes Bild).
Elastomere zeigen einen etwas deutlicheren Festigkeitsabfall als Duroplaste; sie werden aber auch nicht flüssig.

Alle Kunststoffe werden beim Überschreiten der Zersetzungstemperatur zerstört.

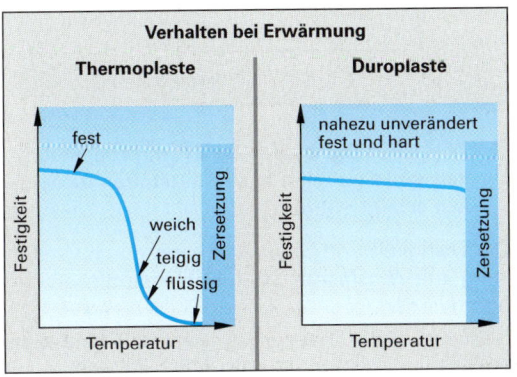

Verhalten bei Erwärmung

Thermoplaste   Duroplaste

fest   nahezu unverändert
                       fest und hart

Festigkeit   weich   Festigkeit
              teigig
              flüssig

Zersetzung   Zersetzung

Temperatur   Temperatur

16 Warum können Thermoplaste leicht verarbeitet werden?

Thermoplaste können leicht verarbeitet werden, weil sie in der Wärme erweichen und damit leicht umformbar und schweißbar sind.

Kunststoffbauteile aus Thermoplasten können durch Extrudieren und Spritzgießen urgeformt werden.

17 Welches sind die gebräuchlichsten Thermoplaste?

Polyethylen (PE), Polypropylen (PP), Polyvinylchlorid (PVC), Polystyrol (PS), Polycarbonat (PC), Polyamide (PA), Acrylglas (PMMA), Polyoxmethylen (POM), Polytetrafluorethylen (PTFE).

Häufig sind die Kunststoffe nur unter ihrem Handelsnamen bekannt, ohne dass ihr eigentlicher chemischer Name genannt wird, wie z.B. Plexiglas für Acrylglas, Teflon oder Hostaflon für PTFE.

18 Welche Eigenschaften hat Polyethylen?

Polyethylen (PE) gibt es als Weich-PE und als Hart-PE. Weich-PE ist weich und flexibel, Hart-PE ist steifer, aber noch flexibel. Beide PE-Sorten sind säure- und laugenbeständig.

Polyethylen wird wegen seiner Chemikalienbeständigkeit und guten Formbarkeit zu Behältern aller Art, zu Rohren und Folien verarbeitet.

19 Welche Bauteile werden aus Polyamiden (PA) gefertigt?

Aus Polyamiden werden Bauteile gefertigt, die hoher Belastung ausgesetzt werden können und eine gleitfähige, abriebfeste Oberfläche haben müssen:
Lagerschalen, Gleitschienen, Steuernocken, Zahnräder, Keilriemenscheiben, Schutzhelme, Lauf- und Führungsrollen.

20 Welche Kunststoffe sind ähnlich wie Glas unverzerrt durchscheinend und werden zu durchsichtigen Bauteilen verarbeitet?

Kunststoffe, die wie Glas eine unverzerrte Durchsicht ermöglichen, sind Polycarbonat und Acrylglas (Polymethylmethacrylat).

Man fertigt aus ihnen z.B. Rückleuchtenabdeckungen, Schutzbrillengläser, durchsichtige Gehäuse, Dachverglasungen und durchsichtige Abdeckungen.

21 Welche besonderen Eigenschaften hat Polytetrafluorethylen (PTFE)?

Es ist temperaturbeständig bis 280 °C, besonders chemikalienfest und hat eine gleitfähige Oberfläche. Auch von Lösungsmitteln wird PTFE nicht angegriffen.

22 Welchen inneren Aufbau haben die Duroplaste?

Duroplaste bestehen aus engmaschig miteinander vernetzten Makromolekülen.

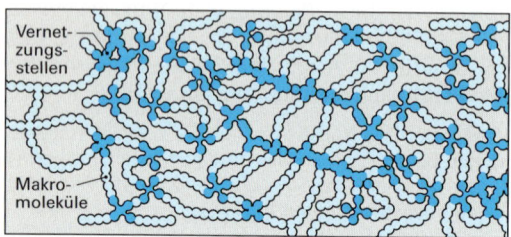

Die Vernetzungsstellen sind unlösbar. Deshalb sind die Duroplaste durch Erwärmen nicht erweichbar sowie nicht schmelzbar und nicht schweißbar.

23 Welche Eigenschaften unterscheiden die Duroplaste von den Thermoplasten?

Duroplaste sind nach dem Aushärten nicht mehr erweichbar, deshalb nicht spanlos umformbar und nicht schweißbar.

Sie werden von Lösungsmitteln nicht angelöst und quellen nur schwach bei langandauernder Lösungsmitteleinwirkung.

24 Welche besonderen Eigenschaften haben die Epoxidharze?

Epoxidharze sind im flüssigen Zustand gut vergießbar und besitzen eine außerordentlich gute Haftfähigkeit mit anderen Stoffen.

Sie werden deshalb zu Klebstoffen verarbeitet sowie als Einbettmasse für Elektroteile und als Bindung für glasfaserverstärkte Kunststoffe verwendet.

25 Welches sind die besonderen Eigenschaften der Elastomere?

Sie sind gummielastisch, d.h. sie lassen sich um mehrere hundert Prozent dehnen und nehmen nach Entlastung ihre ursprüngliche Form wieder an.

Sie sind nicht warm umformbar und nicht schweißbar.

Prüfung der Kunststoffe

Fragen aus Fachkunde Metall, Seite 305

1   Mit welchen Kennwerten misst man die Formbeständigkeit eines Kunststoffs bei Erwärmung?

Kennwerte für die Formbeständigkeit der Kunststoffe sind die Vicat-Erweichungstemperatur für die kurzzeitige maximale Temperatur und die Dauergebrauchstemperatur für die langfristige maximale Temperatur.

2   Welche Zugfestigkeit und Steifigkeit (E-Modul) haben Kunststoffe im Vergleich zu Stahl?

Kunststoffe haben Zugfestigkeiten von 20 N/mm^2 bis 80 N/mm^2. Stähle hingegen besitzen Zugfestigkeiten von 300 N/mm^2 bis 1500 N/mm^2.

Kunststoffe haben bei Raumtemperatur einen E-Modul von rund 1000 N/mm^2 bis 5000 N/mm^2, Stähle hingegen einen E-Modul von rund 210 000 N/mm^2.

Ergänzende Fragen zur Prüfung der Kunststoffe

3   Welche mechanischen Kennwerte beschreiben das mechanische Festigkeitsverhalten der Kunststoffe?

Das mechanische Festigkeitsverhalten beschreiben die Zugfestigkeit σ_B, die Streckspannung σ_S und die Reißdehnung ε_R (Bild).

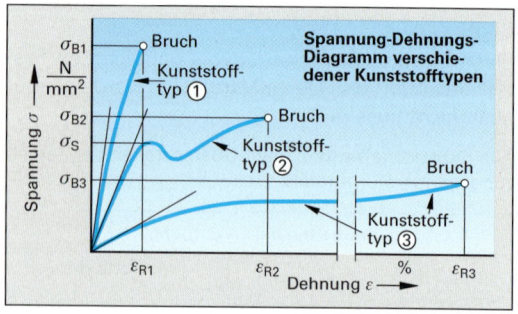

4   Wie kann die Zugfestigkeit und die Steifigkeit von Bauteilen aus Kunststoffen wesentlich erhöht werden?

Die Festigkeit und Steifigkeit kann durch Verstärkung mit Glasfasern oder Kohlenstofffasern erhöht werden.

Glasfaser- und Kohlenstofffaserverstärkte Kunststoffe besitzen die Festigkeit von unlegiertem Baustahl.

Formgebung und Weiterverarbeitung der Kunststoffe

Fragen aus Fachkunde Metall, Seite 312

1 Welche Formgebungsverfahren gibt es für Thermoplaste bzw. für Duroplaste und Elastomere?

Formgebungsverfahren für Thermoplaste sind Extrudieren und Spritzgießen, für thermoplastische Schaumstoffe zusätzlich Schäumen.

Formgebungsverfahren für Duroplaste und Elastomere sind Formpressen, Spritzpressen, Schäumen und in begrenztem Maß auch Spritzgießen.

Besondere Urformverfahren für Thermoplaste sind das Extrusionsblasen für Hohlkörper, z.B. von Fässern oder Tanks, das Folienblasen zur Herstellung von Folien und das Kalandrieren (Warmwalzen) von Kunststoffbahnen.

2 Welche Formteile werden durch Extrudieren hergestellt?

Durch Extrudieren werden Profile, Rohre, Stäbe, Platten und Bänder hergestellt.

3 Aus welchen Maschineneinheiten besteht eine Spritzgießmaschine?

Eine Spritzgießmaschine besteht aus den Maschineneinheiten Plastifizier- und Spritzeinheit sowie Öffnungs- und Schließeinheit (Bild unten).

4 Beschreiben Sie einen Arbeitszyklus einer Spritzgießmaschine.

Das Formwerkzeug wird geschlossen und der herangefahrene Plastifizierzylinder spritzt fließfähige Kunststoffmasse in das Formwerkzeug (Bild unten). Nach dem Erstarren der Kunststoffmasse im gekühlten Formwerkzeug fährt der Spritzzylinder zurück, das Formwerkzeug wird geöffnet und das Werkstück ausgestoßen. Dann wird das Form-werkzeug geschlossen und ein neuer Fertigungzyklus beginnt mit dem Einspritzen der Kunststoffmasse.

5 Welches sind die wichtigsten Prozessparameter beim Spritzgießen?

Die wichtigsten Prozessparameter sind:

- Die Schmelztemperatur der Kunststoffmasse
- Die Temperatur des Formwerkzeugs
- Der Einspritzdruck.

6 Welche Verfahren gibt es zur Fertigung von Bauteilen aus Schaumstoff?

Für die verschiedenen Schaumstoffe gibt es unterschiedliche Fertigungsverfahren:

Bauteile aus Polystyrol-Schaumstoff fertigt man durch Vorschäumen eines treibmittelhaltigen Polystyrolgranulats und Fertigschäumen mit Hilfe von heißem Wasserdampf in einem Formwerkzeug.

Bauteile aus Polyurethan-Schaumstoff werden durch Spritzgießen der gemischten Polyurethan-Vorprodukte in ein Formwerkzeug gefertigt.

7 Welche Kunststoffe können nicht geklebt werden?

Nicht oder schlecht verklebbar sind die Kunststoffe Polyethylen (PE), Polypropylen (PP), Polytetrafluorethylen (PTFE) und die Silikonkunststoffe.

8 Welche Schweißverfahren gibt es für Kunststoffrohre?

Kunststoffrohre können geschweißt werden durch Reibschweißen, Heizelementschweißen oder Heißgasschweißen.

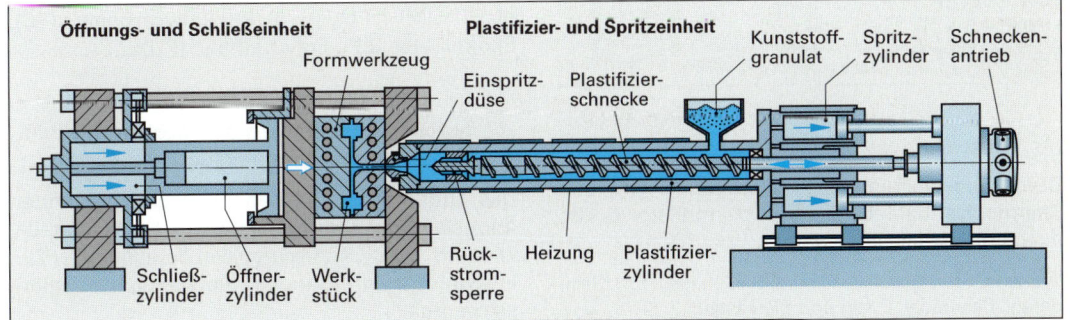

Öffnungs- und Schließeinheit — Formwerkzeug — Einspritzdüse — Plastifizierschnecke — Plastifizier- und Spritzeinheit — Kunststoffgranulat — Spritzzylinder — Schneckenantrieb — Schließzylinder — Öffnerzylinder — Werkstück — Rückstromsperre — Heizung — Plastifizierzylinder

Ergänzende Fragen zur Formgebung und Verarbeitung der Kunststoffe

9 Wie arbeitet ein Extruder?

Der Extruder ist eine stetig arbeitende Schnecken-strangpresse. Sie drückt die plastifizierte Kunst-stoffmasse durch eine Profildüse. Dort tritt die Kunststoffmasse als endloser, weicher Strang aus. Er durchläuft eine Kalibrierstrecke, wo er sei-ne genaue Profilform erhält und erstarrt vollends in einer nachgeschalteten Kühlstrecke.

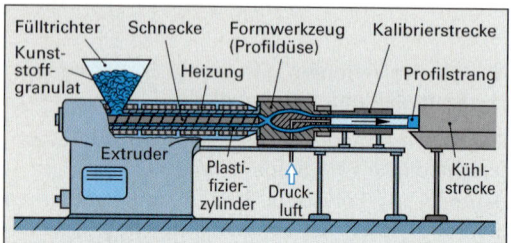

10 Wie werden Hohlkörper aus Kunststoff, wie z.B. Pkw-Tanks, hergestellt?

Hohlkörper werden in einem mehrschrittigen Fer-tigungsverfahren durch Extrusionsblasen herge-stellt (Bild).

Aus einem Extruder mit einem speziellen Düsen-kopf wird ein warmes und formbares Schlauch-stück in ein geöffnetes Hohlformwerkzeug ge-führt. Nach Schließen des Werkzeugs wird das Schlauchstück aufgeblasen und erstarrt in seiner Endform an den gekühlten Wänden des Form-werkzeugs. Dann wird das Bauteil ausgeworfen.

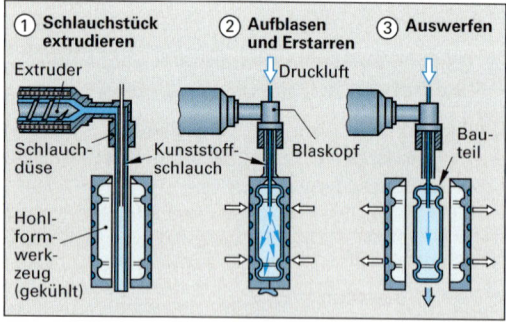

11 Wozu dient das Spritzgießen?

Durch Spritzgießen werden kompliziert geformte Thermoplast-Bauteile geringer bis mittlerer Größe in einem Arbeitsgang gefertigt.

Typische Spritzgussteile sind z.B. Gehäuse für Klein-geräte, Zahnräder, Eimer und Bierkästen.

12 Welche Auswirkungen hat eine zu niedrige Schmelzetemperatur der Kunststoffmasse beim Spritzgießen?

Zu niedrige Schmelzetemperatur führt zu unvoll-ständigem Füllen des Formwerkzeug-Hohlraums und damit zu Ausschuss.

13 Welche Kunststoff-Bauteile werden durch Warmumformen hergestellt?

Durch Warmumformen werden meist großforma-tige, dünnwandige Bauteile aus thermoplasti-schen Kunststoffen hergestellt.

Beispiele: Kühlschrankverkleidungen, Badewannen

14 Was muss bei der maschinellen spanenden Be-arbeitung von Kunststoffen beachtet werden?

Kunststoffe haben eine wesentlich geringere Wär-meleitfähigkeit als Metalle.

Die geeigneten Spanungsbedingungen und Kühl-verfahren, die von den Herstellern angegeben werden, sind anzuwenden. Im Allgemeinen ist mit hoher Schnittgeschwindigkeit und geringem Vor-schub zu arbeiten.

Zu verwenden sind Spanwerkzeuge mit besonde-rer Schneidengeometrie.

15 Welche Fügeverfahren gibt es für Kunststoffe?

Die Kunststoffe können durch Schrauben und Schnappverbindungen sowie durch Nieten, Ein-gießen und teilweise durch Kleben verbunden werden.

Die thermoplastischen Kunststoffe können zusätz-lich geschweißt werden.

16 Welche Kunststoffe lassen sich gut kleben?

Gut verklebbar sind: Polyvinylchlorid (PVC), Acryl-glas (PMMA), Polystyrol (PS), Polycarbonate (PC), Epoxidharze (EP), Polyurethane (PU).

17 Welche Kunststoffbauteile werden mit dem Ultraschallschweißen gefügt?

Das Ultraschallschweißen dient zum Verbinden dünnwandiger thermoplastischer Kunststoffteile, wie z.B. von Kühlschrankverkleidungen, Pkw-Innenraumauskleidungen sowie zum Folien-schweißen.

18 Welches sind die bevorzugten Verbindungstechniken bei Gehäusen aus Kunststoff?

Bauteile in Kunststoffgehäusen oder Teile von Kunststoffgehäusen werden bevorzugt durch **Schnappverbindungen** (oberes Bild) oder durch **Schraubenverbindungen** (unteres Bild) miteinander gefügt.

Schraubenverbindungen sind lösbar, Schnappverbindungen gibt es als lösbare oder nicht lösbare Ausführung.

Fest im Kunststoffbauteil sitzende Metallteile, wie Gewindebuchsen, Lagerschalen und Wellenzapfen, werden durch **Eingießen** unlösbar im Bauteil verankert.

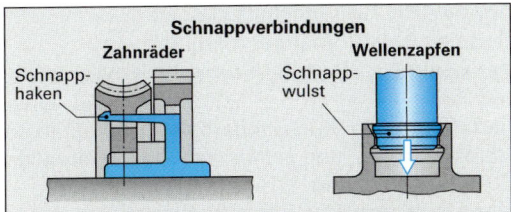

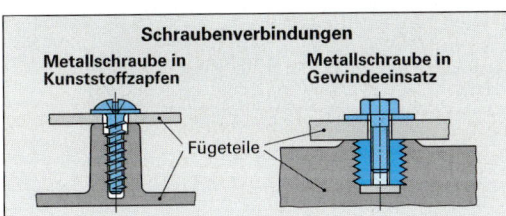

19 Wie wird das Reibschweißen durchgeführt?

Auf einer Reibschweißmaschine werden die zu verbindenden Rundteile eingespannt (Bild).

Ein Teil wird in Rotation versetzt und gegen das stillstehende Gegenstück gedrückt, bis die Reibungswärme die Fügeflächen erwärmt hat.
Dann wird das rotierende Teil abgebremst und an das stillstehende Teil gepresst, bis der Schweißstoß erstarrt ist.

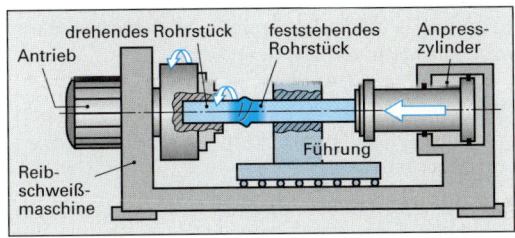

Mit Reibschweißen werden bevorzugt rotationssymmetrische Bauteile verfügt.

3.12 Verbundwerkstoffe

Fragen aus Fachkunde Metall, Seite 316

1 Welche Vorteile haben Verbundwerkstoffe?

Verbundwerkstoffe haben den Vorteil, dass in einem Werkstoff die vorteilhaften Eigenschaften mehrerer Werkstoffe vereinigt sind. Dadurch lassen sich Werkstoffeigenschaften erzielen, die ein Einzelwerkstoff nicht haben kann.

Beispiel: Hartmetalle haben sowohl die große Härte des Wolframcarbids als auch die Zähigkeit des Bindemetalls Cobalt.

2 Was bedeuten die Kurznamen GFK bzw. CFK?

Das Kurzzeichen GFK bedeutet *Glasfaserverstärkte Kunststoffe,* das Kurzzeichen CFK heißt *Kohlenstofffaserverstärkte Kunststoffe.*

Es handelt sich dabei um Verbundwerkstoffe auf Basis Kunststoff, die mit Glasfasern oder Kohlenstofffasern verstärkt sind.

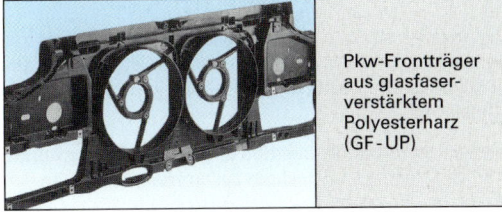

Pkw-Frontträger aus glasfaserverstärktem Polyesterharz (GF-UP)

3 Welche Herstellungsverfahren gibt es für GFK?

Für die Herstellung von GFK-Bauteilen gibt es eine Reihe von Verfahren:

- Laminieren von Hand und mit Maschinen
- Faserharzspritzen
- Nasswickeln von Rohren und Behältern
- Profilziehen
- Schleudern von Rohren und Behältern
- Vorgemischte Verbund-Pressmassen werden durch Formpressen, Spritzpressen und Spritzgießen verarbeitet.
- Vorgefertigte Verbundlaminate werden durch Vakuumtiefziehen geformt.

4 Warum ist Hartmetall ein Verbundwerkstoff?

Hartmetall ist ein Verbundwerkstoff, weil es aus zwei oder mehr Einzelwerkstoff-Bestandteilen zusammengesetzt ist.

Es besteht aus den Hartstoffteilchen (überwiegend Wolframcarbid) sowie einer zähen Bindung aus Cobaltmetall.

5 Beschreiben Sie den Aufbau von zwei Schichtverbundwerkstoffen.

Schichtverbundwerkstoffe sind z.B. plattierte Bleche und Bimetalle.

Plattiertes Blech besteht aus einem preiswerten Grundwerkstoff, z.B. unlegiertem Baustahl, auf den ein dünnes Blech aus einem korrosionsbeständigen Stahl aufgewalzt ist.

Bimetall ist ein Blechstreifen, der aus zwei dünnen Blechen unterschiedlichen Materials durch Aufeinanderwalzen hergestellt wird.

Ergänzende Fragen zu Verbundwerkstoffen

6 Welche Arten von Verbundwerkstoffen gibt es?

Man unterscheidet faserverstärkte und teilchenverstärkte Verbundwerkstoffe sowie Schichtverbundwerkstoffe und Strukturverbunde.

Die faserverstärkten Verbundwerkstoffe enthalten zur Verstärkung Fasern, bei den teilchenverstärkten Verbundwerkstoffen sind unregelmäßig geformte Teilchen eingelagert.

Die Schichtverbundwerkstoffe und die Strukturverbunde sind aus mehreren Schichten zusammengesetzt.

7 Wie wirkt sich die Anordnung der Fasern in einem faserverstärkten Verbundwerkstoff aus?

Faserverstärkte Verbundwerkstoffe mit Ausrichtung der Fasern in nur eine Richtung haben in der Faserrichtung eine sehr große Festigkeit, quer zur Faserrichtung aber eine geringe Festigkeit (Bild).

Faserverstärkte Verbundwerkstoffe mit einer gleichverteilten Faserausrichtung haben eine mittlere Festigkeit in allen Richtungen.

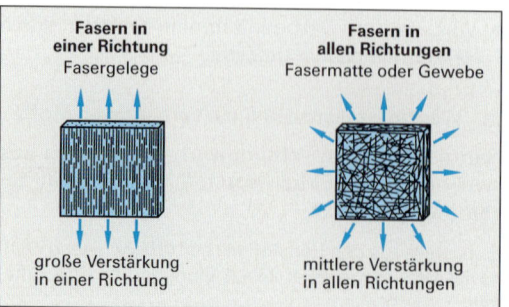

Fasern in einer Richtung — Fasergelege — große Verstärkung in einer Richtung

Fasern in allen Richtungen — Fasermatte oder Gewebe — mittlere Verstärkung in allen Richtungen

8 Welche teilchenverstärkten Verbundwerkstoffe werden in der Technik häufig eingesetzt?

Kunststoff-Pressmassen, Polymerbeton, Schleifkörper und Honsteine, Hartmetalle und oxidkeramische Schneidstoffe.

Die im Verbundwerkstoff eingelagerten Teilchen sind so klein, dass man sie meistens mit dem bloßen Auge nicht sehen kann. Erst unter dem Mikroskop sind diese Werkstoffe als Verbundwerkstoffe erkennbar.

9 Was ist ein Strukturverbund?
Erläutern Sie den Begriff an einem Beispiel.

Ein Strukturverbundbauteil ist aus mehreren Werkstoffen mit der spezifischen Form (Struktur) des Bauteils zusammengesetzt.

Beispiel: Pkw-Stoßfänger (Bild).

Er besteht aus einem hochfesten Stahlblechträger mit Anschlüssen an den Fahrzeugrahmen, einer hart-elastischen Kunststoffschale zur Aufnahme kleiner Stöße und einer stoßabsorbierenden Schaumstofffüllung.

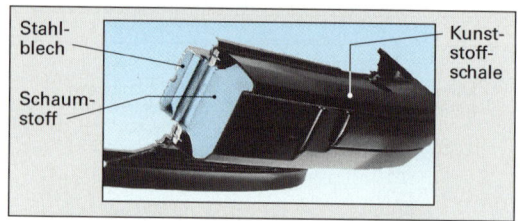

Stahlblech — Schaumstoff — Kunststoffschale

3.13 Umweltproblematik der Werkstoffe und Hilfsstoffe

ZP

1 Nennen Sie fünf Werkstoffe und fünf Hilfsstoffe, von denen gesundheitsschädliche und umweltbelastende Wirkungen ausgehen können.

Gesundheitsschädliche Werkstoffe:
Blei, Cadmium, Asbest, PVC, Quecksilber, Metallstäube

Gesundheitsschädliche Hilfsstoffe:
Kaltreiniger, Kühlschmierstoffe, Härtesalze, Schutzgase zum Schweißen, Acetylen.

2 Worauf sollte bei der Auswahl von Werk- und Hilfsstoffen unter Umweltgesichtspunkten geachtet werden?

Es sollten möglichst nur Werk- und Hilfsstoffe eingesetzt werden, die nicht gesundheitsschädlich sind und die ohne Schädigung der Umwelt zu erzeugen, zu verarbeiten und zu entsorgen sind.

Testfragen zur Werkstofftechnik

ZP ## Übersicht, Auswahl, Eigenschaften

| **TW 1** | In welche zwei Untergruppen teilt man die Eisen-Werkstoffe ein? |

a) In Sintermetalle und Hartmetalle
b) In Stahl und Eisen-Gusswerkstoffe
c) In Schwermetalle und Leichtmetalle
d) In Baustahl und Werkzeugstahl
e) In Natur-Werkstoffe und künstliche Werkstoffe

| **TW 2** | Zu welcher Gruppe der Werkstoffe gehören die Hartmetalle? |

a) Nichtmetalle
b) Eisenmetalle
c) Schwermetalle
d) Synthetischen Werkstoffe
e) Verbundstoffe

| **TW 3** | Wie lautet die Formel für die Berechnung der Zugfestigkeit? |

a) $R_m = F_m \cdot S_0$ b) $R_m = \dfrac{S_0}{F_m}$

c) $R_m = \dfrac{F_m}{S_0}$ d) $R_m = \dfrac{\Delta L}{L_0}$

e) $R_m = \dfrac{F_e}{S_0}$

| **TW 4** | Was beschreiben die fertigungstechnischen Eigenschaften eines Werkstoffs? |

a) Die Veränderung des Werkstoffs bei Erwärmung.
b) Die Wirkung des Werkstoffs auf die Umwelt.
c) Die Eignung und das Verhalten des Werkstoffs bei der Verarbeitung.
d) Die Veränderung des Werkstoffs bei technischen Fehlern am Bauteil.
e) Das technische Verhalten des Werkstoffs bei Korrosion.

| **TW 5** | Welches der folgenden Bilder zeigt eine Biegebeanspruchung? |

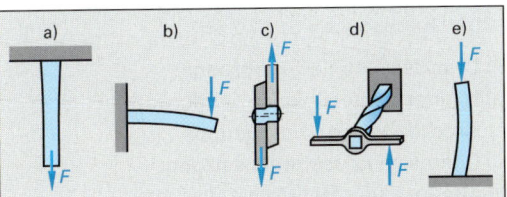

Innerer Aufbau der Metalle **ZP**

| **TW 6** | Welchen Kristallgittertyp hat Eisen bei Raumtemperatur? |

a) kubisch-raumzentriert
b) hexagonal
c) kubisch-flächenzentriert
d) rhombisch
e) hexagonal-raumzentriert

| **TW 7** | Welchen inneren Aufbau haben die Metalle? |

a) Kristallinen Aufbau
b) Amorphen Aufbau
c) Unregelmäßigen Aufbau
d) Ungeordneten Aufbau
e) Flüssigkeitsähnlichen Aufbau

| **TW 8** | Welche beiden Kornformen zeigen die folgenden Bilder? |

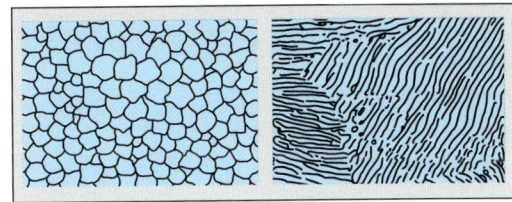

a) links: dendritisch, rechts: lamellar
b) links: globular, rechts: lamellar
c) links: lamellar, rechts: globular
d) links: polyedrisch, rechts: globular
e) links: polyedrisch, rechts: dendritisch

Herstellung von Stahl

| **TW 9** | Welches Element wird den Erzen bei der Roheisengewinnung im Hochofen entzogen? |

a) Stickstoff   b) Sauerstoff
c) Kohlenstoff   d) Phosphor
e) Mangan

| **TW 10** | Welches Element bewirkt bei Stahl-Roheisen das helle Bruchgefüge? |

a) Chrom   b) Nickel
c) Silicium   d) Mangan
e) Phosphor

TW 11 Nach welchem Verfahren wird Stahl hergestellt?

a) Vakuumverfahren
b) Sauerstoffaufblasverfahren
c) Direktreduktionsverfahren
d) Umschmelzverfahren
e) Hochofenverfahren

TW 12 Zu welchem Zweck erfolgt die Desoxidation (Beruhigen) von Stahl?

a) Zur Erniedrigung des Schwefel- und Phosphorgehaltes
b) Zur Beseitigung von Gasblasen und zur Erzielung eines gleichmäßigen Gefüges
c) Zur Zufuhr von Legierungselementen
d) Zur Vermeidung von Spannungen im erstarrten Stahl
e) Zur Verbesserung der Gießbarkeit des Stahls

Gusseisen-Werkstoffe

TW 13 Wie hoch ist der Kohlenstoffgehalt von Gusseisen mit Lamellengrafit?

a) 0,1% bis 0,8%
b) 2,6% bis 3,6%
c) 1,0% bis 2,0%
d) 0,5% bis 1,5%
e) 0,7% bis 2,0%

TW 14 Welches Gefüge zeigt das nebenstehende Bild?

a) Gusseisen mit Kugelgrafit
b) Gusseisen mit Korngrenzenzementit
c) Unlegierten Stahlguss
d) Gusseisen mit Lamellengrafit
e) Nichtentkohlend geglühten Temperguss

TW 15 Was geschieht beim Tempern von Weißem Temperguss?

a) Der Werkstück-Randschicht wird Kohlenstoff entzogen.
b) Der Werkstück-Randschicht wird Kohlenstoff zugeführt.
c) Den Werkstücken wird Sauerstoff entzogen.
d) Der Werkstück-Randschicht wird Stickstoff zugeführt.
e) Es bildet sich Temperkohle.

Kurznamen und Werkstoffnummern   `ZP`

TW 16 Was bedeutet der Kurzname S355JO?

a) Stahlbaustahl mit 355 N/mm² Mindestzugfestigkeit.
b) Schienenstahl mit 355 N/mm² Mindeststreckgrenze.
c) Spannstahl mit 355 N/mm² Mindeststreckgrenze
d) Stahlbaustahl mit 355 N/mm² Mindeststreckgrenze
e) Schienenstahl mit 355 N/mm² Mindestzugfestigkeit

TW 17 Wie lautet der Kurzname für den folgenden Stahl: Unlegierter Stahl mit einem Kohlenstoffgehalt von 0,45%?

a) C45
b) 45C
c) 45CC
d) X45C
e) CX45

TW 18 Welchen Kurznamen hat folgender Werkstoff: Unlegierter Stahl mit 0,25% Kohlenstoff, 1% Chrom sowie geringem Molybdän- und Schwefelgehalt?

a) X25MnCr1-1
b) 25CMnCr1-1
c) 25MnCrMo2-5
d) X25CrMoS1-1
e) 25CrMoS4

TW 19 Welchen Kurznamen hat ein Schnellarbeitsstahl mit 6% Wolfram, 5% Molybdän, 3% Vanadium und 8% Cobalt?

a) XWMoVCo18-1-2-5
b) 18WMoVCo18-1-2-5
c) HS6-5-3-8
d) W18Mo1V2Co5
e) S5-2-1-18

TW 20 Was geben die Zahlen in der alten Kurzbezeichnung St 37-2 an?

a) Druckfestigkeit – Gütegruppe
b) Mindestzugfestigkeit – Gütegruppe
c) Bruchdehnung – Gütegruppe
d) Chemische Zusammensetzung
e) Mindestbiegefestigkeit – Biegezahl

TW 21 Was besagt der vorangestellte Buchstabe X in einem Kurznamen für Stahl?

a) Werkzeugstahl
b) Die Legierungsmetalle sind mit ihrem tatsächlichen Prozentgehalt angegeben
c) Der Stahl ist härtbar
d) Der Stahl ist korrosionsbeständig
e) Der Stahl besitzt hohe Zugfestigkeit

TW 22 Welcher der folgenden Ausdrücke ist eine normgerechte Werkstoffnummer?

a) 1.00.37
b) 100.37
c) 1 0037
d) 1.0037
e) 1.0.0.3.7

TW 23 Welchen Werkstoff und welche Eigenschaften kann man aus dem Kurznamen EN-GJL-200 entnehmen?

a) Gusseisen mit Lamellengrafit und 200 N/mm^2 Mindestzugfestigkeit
b) Gusseisen mit Kugelgrafit und 200 N/mm^2 Zugfestigkeit
c) Gusseisen mit Kugelgrafit und 200 N/mm^2 Streckgrenze
d) Nichtentkohlend geglühter Temperguss mit 2,00% Kohlenstoff
e) Stahlguss mit 200 N/mm^2 Mindestzugfestigkeit

TW 24 Was versteht man unter Edelstahl?

a) Nichtrostenden Stahl
b) Besonders hochfesten Stahl
c) Elektrochemisch stabilen Stahl
d) Besonders rein hergestellten Stahl mit besonderen gewährleisteten Eigenschaften
e) Mit Silber legierten Stahl

TW 25 Welcher der folgenden Kurznamen kennzeichnet einen Einsatzstahl?

a) 35S20
b) C80U
c) 32CrMo12
d) 16MnCr5
e) X100CrWMo4-3

Einteilung, Verwendung und Handelsformen der Stähle   ZP

TW 26 Welche Eigenschaft ist bei den Feinkornstählen für ihre Verwendung entscheidend?

a) Korrosionsbeständigkeit
b) Verschleißfestigkeit
c) hohe Streckgrenze und gute Schweißeignung
d) Härtbarkeit
e) Dehnbarkeit

TW 27 Welche Eigenschaft des Stahls wird durch einen steigenden C-Gehalt vermindert?

a) Zugfestigkeit   b) Scherfestigkeit
c) Zähigkeit   d) Sprödigkeit
e) Biegefestigkeit

TW 28 Welche Stahlsorte enthält bis 0,3 % Schwefel?

a) Automatenstahl   b) Einsatzstahl
c) Vergütungsstahl   d) Federstahl
e) Nitrierstahl

TW 29 Wie hoch ist etwa der Kohlenstoffgehalt der Vergütungsstähle?

a) Unter 0,05 %
b) 0,06 bis 0,18 %
c) 0,2 bis 0,65 %
d) 0,8 bis 1,7 %
e) 1,8 bis 2,1 %

TW 30 Bis zu welcher Arbeitstemperatur dürfen Schnellarbeitsstähle verwendet werden?

a) bis 200 °C   b) bis 400 °C
c) bis 500 °C   d) bis 600 °C
e) bis 900 °C

TW 31 Wie lautet die Kurzbezeichnung für einen Doppel T-Träger gemäß DIN 1025, Werkstoff: Stahl S275JR, Profil-Hauptmaße: Höhe = 340 mm, Länge = 5000 mm?

a) T-Profil DIN 1025 – S275JR –T340 x 5000
b) Z-Profil DIN 1025 – S275JR – Z340 x 5000
c) U-Profil DIN 1025 – S275JR – U340 x 5000
d) I-Profil DIN 1025 – S275JR – I340 x 5000
e) I-Profil S275JR – I340 x 5000

ZP Nichteisenmetalle (NE-Metalle)

TW 32 Was will man bei NE-Metallen hauptsächlich durch Legieren erreichen?

a) Den Schmelzpunkt erhöhen
b) Die elektrische Leitfähigkeit verbessern
c) Die Korrosionsbeständigkeit vermindern
d) Die Zugfestigkeit erhöhen
e) Die Dehnbarkeit herabsetzen

TW 33 Welcher Werkstoff hat die Kurzbezeichnung CuZn40Al2?

a) Zink-Kupfer-Legierung mit 40% Kupfer, 2% Al
b) Kupferlegierung mit 40% Zn, 2% Al
c) Aluminiumlegierung mit 40% Cu und Zn sowie 20% Al
d) Zinnlegierung mit 40% Cu, 2% Al
e) Kupferlegierung mit 40% Zinn, 2% Al

TW 34 Welche Eigenschaft besitzt reines Kupfer im Allgemeinen *nicht*?

a) Hohe Zugfestigkeit
b) Gute Dehnbarkeit
c) Gute elektrische Leitfähigkeit
d) Gute Wärmeleitfähigkeit
e) Gute Korrosionsbeständigkeit

TW 35 Bei welcher Temperatur lässt sich Zink am besten biegen?

a) 20 °C   b) 60 °C
c) 120 °C   d) 250 °C
e) 345 °C

TW 36 Aus welchen Legierungsbestandteilen besteht Messing?

a) Cu und Sn
b) Cu und Zn
c) Cu, Sn und Pb
d) Cu, Sn und Ni
e) Cu, Zn und Ni

TW 37 Wodurch wird bei CuZn-Legierungen eine gute Spanbrüchigkeit erreicht?

a) Durch hohen Cu-Gehalt
b) Durch Zusatz von S
c) Durch Zusatz von Ni
d) Durch Zusatz von Pb
e) Durch Zusatz von Sn

TW 38 Wie kann die Zugfestigkeit von CuZn-Legierungen verbessert werden?

a) Durch hohen Cu-Gehalt
b) Durch Warmumformen
c) Durch Kaltumformen
d) Durch Glühen und Abschrecken in Wasser
e) Durch Glühen und langsames Abkühlen

TW 39 Welche der angegebenen Cu-Legierungen ist für Gleitlager am besten geeignet?

a) G-CuZn35
b) CuZn40Pb2
c) CuNi25
d) CuNi25Zn15
e) G-CuPb15Sn

TW 40 Welche besondere Eigenschaft besitzen Werkstücke aus Feinzink-Druckgusslegierungen?

a) Hohe Festigkeit
b) Gute Zähigkeit
c) Gute Maßgenauigkeit
d) Gute Warmfestigkeit
e) Gute Kaltformbarkeit

TW 41 Wofür werden Blei und Bleilegierungen *nicht* verwendet?

a) Lagermetalle
b) Wälzlagerkörper
c) Abschirmung gegen Röntgenstrahlen
d) Akkumulatorplatten
e) Kabelummantelungen

TW 42 Wie groß ist die Dichte von Aluminium in kg/dm^3?

a) $1{,}7\ kg/dm^3$ b) $2{,}7\ kg/dm^3$
c) $4{,}5\ kg/dm^3$ d) $7{,}2\ kg/dm^3$
e) $7{,}8\ kg/dm^3$

TW 43 Wie lautet der Kurzname einer Al-Knetlegierung mit 1 % Magnesium?

a) Al-Mg-1
b) EN AW-Al Mg1
c) DIN EN Alu-Mag
d) DIN AlMg
e) Al99Mg1

TW 44 Welche Eigenschaften haben kupferhaltige Al-Legierungen?

a) Korrosionsbeständig, gut gießbar
b) Gut anodisch oxidierbar, weich
c) Aushärtbar und hochfest
d) Sehr weich, korrosionsbeständig
e) Besonders gut dehnbar

TW 45 Welcher Werkstoff hat das Kurzzeichen MgAl8Zn?

a) Al-Legierung mit 80 N/mm² Mindestfestigkeit
b) Zink-Knetlegierung mit 8% Al und etwas Magnesium
c) Magnesium-Knetlegierung mit 8% Al und etwas Zink
d) Magnesium-Gusslegierung mit 8% Zink
e) Al-Knetlegierung mit 8% Magnesium und etwas Zink

TW 46 Welche Aussage trifft auf Titan zu?

a) Es ist leicht umformbar.
b) Es ist wenig korrosionsbeständig.
c) Seine Festigkeit ist gering.
d) Sein Schmelzpunkt ist sehr niedrig.
e) Es besitzt hohe Festigkeit und ist zäh.

Sinterwerkstoffe, Keramische Werkstoffe

TW 47 Welche Vorteile hat die Sintertechnik für die Herstellung von Bauteilen?

a) Sie ist besonders für die Fertigung von Einzelteilen geeignet.
b) Die Pressformen sind einfach und preiswert herzustellen.
c) Es können Bauteile aller Größen hergestellt werden.
d) Man erhält einbaufertige, preisgünstige Massenteile.
e) Die Bauteile werden beim Fertigungsvorgang gehärtet.

TW 48 Welche Sinterformteile werden nach dem Sintern zusätzlich kalibriert?

Formteile mit besonders hohen Ansprüchen...
a) an die Festigkeit
b) an die Maßgenauigkeit
c) an die Dehnbarkeit
d) an das Gefüge
e) an die Porosität

TW 49 Welche Eigenschaft haben die keramischen Werkstoffe *nicht*?

a) Große Härte
b) Oberflächenverschleißfestigkeit
c) Schlagzähigkeit
d) Chemikalienbeständigkeit
e) Elektrische Isolierfähigkeit

TW 50 Welche Eigenschaft schränkt den Einsatz keramischer Bauteile ein?

a) Die hohe Druckfestigkeit
b) Die Korrosionsanfälligkeit
c) Die geringe Dichte
d) Die Schlagempfindlichkeit
e) Die gleitfähige Oberfläche

TW 51 Welcher der genannten Werkstoffe ist ein keramischer Werkstoff?

a) Aluminiumoxid
b) Titanzink
c) Kunststoff-Pressmasse
d) Sinterstahl
e) Kohlenstoffdioxid

Wärmebehandlung der Stähle

TW 52 Was kann man aus dem Eisen-Kohlenstoff-Zustandsdiagramm ablesen?

a) Die Härte- und Anlasstemperaturen von Werkzeugstählen.
b) Die Einhärtetiefen von unlegierten Werkzeugstählen.
c) Die Zugfestigkeit und Streckgrenze nach dem Vergüten bei verschiedenen Temperaturen.
d) Die Temperatur-Zeit-Folge beim Härten.
e) Die Gefügearten von Stählen und Gusseisen bei den verschiedenen Temperaturen.

TW 53 Welches Gefüge hat ein Stahl mit 0,8 % Kohlenstoff, der von 750 °C langsam auf 20 °C abgekühlt wurde?

a) Perlit   b) Martensit
c) Ferrit   d) Austenit
e) Zementit

TW 54 Welches Gefüge entsteht beim Erhitzen von Stahl mit 0,8 % Kohlenstoff über eine Temperatur von 723 °C?

a) Perlit   b) Martensit
c) Ferrit   d) Austenit
e) Zementit

TW 55 Bei welchem Kohlenstoffgehalt der Eisenwerkstoffe liegt die Grenze zwischen Gusseisen und Stählen?

a) 2,86%   b) 0,8%
c) 2,06%   d) 4,3%
e) 1,86%

TW 56 Bei welchem Glühverfahren wird ein durch Kraftverformung verzerrtes Gefüge beseitigt und ein neues Gefüge gebildet?

a) Weichglühen
b) Anlassen
c) Spannungsarmglühen
d) Diffusionsglühen
e) Rekristallisationsglühen

TW 57 In welchen Arbeitsgängen erfolgt das Härten von Stahl?

a) Erwärmen, Anlassen, Härten
b) Glühen, Abschrecken, Auslagern
c) Erwärmen, Halten, Abschrecken, Anlassen
d) Erwärmen, Abschrecken, Glühen
e) Glühen, Anlassen, Abschrecken

TW 58 Welches Abschreckmittel hat die schroffste Abschreckwirkung?

a) Wasser-Öl-Emulsion
b) Bewegte Luft
c) Wasser-Polymer-Emulsion
d) Wasser
e) Öl

TW 59 Welcher Stahl wird nach seinem Abschreckmittel beim Härten als Wasserhärter bezeichnet?

a) Unlegierter Werkzeugstahl
b) Niedriglegierter Vergütungsstahl
c) Automatenstahl
d) Hochlegierter Stahl
e) Schnellarbeitsstahl

TW 60 Was ist Einhärtungstiefe?

a) Die Dicke des gehärteten Bauteils
b) Die Tiefe der erwärmten Schicht beim Härten
c) Die Dicke der gehärteten Randschicht
d) Die Tiefe der Aufkohlungsschicht
e) Die Tiefe der Härtetemperatur

TW 61 Welche Eigenschaften erhält Stahl durch das Vergüten?

a) Hohe Festigkeit und Zähigkeit
b) Glatte Oberfläche
c) Korrosionsbeständigkeit
d) Warmfestigkeit
e) Hohe Dehnbarkeit

TW 62 Was versteht man unter Vergüten?

a) Legieren mit anderen Metallen
b) Erwärmen mit langsamen Abkühlen
c) Zuführen von Kohlenstoff
d) Härten mit Anlassen auf hohe Temperaturen
e) Härten der Werkstückrandschicht

TW 63 Welche Eigenschaften erhält Stahl durch Einsatzhärten?

a) Hohe Festigkeit
b) Hohe Dehnbarkeit
c) Harter Kern, weiche Randschicht
d) Er ist durchgehärtet
e) Weicher Kern, harte Randschicht

TW 64 Welcher Stoff wird dem Stahlwerkstück beim Nitrieren zugeführt?

a) Wasserstoff
b) Kohlenstoff
c) Stickstoff
d) Sauerstoff
e) Schwefel

TW 65 Welche Stahlsorte ist *nur* nach der Zufuhr von Kohlenstoff härtbar?

a) Einsatzstahl
b) Kaltarbeitsstahl
c) Federstahl
d) Vergütungsstahl
e) Warmarbeitsstahl

TW 66 Welches Gefüge muss die Eisen-Grundmasse eines Gusseisens haben, damit es härtbar ist?

a) Ferrit
b) Austenit
c) Ferrit und Graphit
d) Perlit bzw. Ferrit-Perlit
e) Zementit

Werkstoffprüfung

TW 67	Worüber gibt die Funkenprobe bei unlegiertem Stahl Aufschluss?

a) Zugfestigkeit

b) Kohlenstoffgehalt

c) Dehnbarkeit

d) Dichte des Stahls

e) Streckgrenze

TW 68	Was wird mit dem Technologischen Biegeversuch (Faltversuch) geprüft?

a) Das Umformvermögen

b) Das Hin- und Herbiegeverhalten

c) Die Rückfederung

d) Das Bruchverhalten

e) Die Biegefestigkeit

TW 69	Was wird durch den Zugversuch ermittelt?

a) Härte und Sprödigkeit

b) Ziehfähigkeit

c) Schlagzähigkeit

d) Zugfestigkeit, Streckgrenze, Bruchdehnung

e) Biegeverhalten

TW 70	Was gibt die Streckgrenze R_e an?

a) Die Festigkeit

b) Die Spannung, ab der der Werkstoff gestreckt wird, ohne dass die Belastung erhöht wird

c) Die Bruchbelastungsgrenze

d) Die Spannung beim Bruch

e) Die Spannung, ab der sich der Werkstoff elastisch verformt

TW 71	Was gibt die Zugfestigkeit R_m an?

a) Die maximale Kraft im Prüfstab

b) Die Spannung, ab der der Werkstoff „fließt"

c) Die Dehngrenze

d) Die höchste Spannung, die ein Werkstoff ertragen kann

e) Die Streckgrenze

TW 72	Mit welcher Formel wird die Zugspannung σ_z berechnet?

a) $\sigma_z = \dfrac{S_0}{F}$ b) $\sigma_z = E \cdot \varepsilon$

c) $\sigma_z = F \cdot S_0$ d) $\sigma_z = E/\varepsilon$

e) $\sigma_z = \dfrac{F}{S_0}$

TW 73	Welcher Werkstoffkennwert wird mit dem Kerbschlagbiegeversuch ermittelt?

a) Die Zugfestigkeit

b) Die Biegefestigkeit

c) Die verbrauchte Schlagarbeit

d) Die Dauerfestigkeit

e) Die Federschlaghärte

TW 74	Welchen Eindrückkörper benutzt man bei der Vickers-Härteprüfung?

a) Diamantkegel 120°

b) Diamantkegel 136°

c) Stahlkugel mit $\varnothing$ 5 mm

d) Diamantpyramide 136°

e) Hartmetallkugel mit $\varnothing$ 1,5 mm

TW 75	Welche Bedeutung hat das Kurzzeichen der Härteangabe 640 HV30?

a) Vickershärte 640, Prüfkraft 30 N, Einwirkdauer der Prüfkraft 10 bis 60 s

b) Vickershärte 640, Prüfkraft 294 N (30 kp), Einwirkdauer der Prüfkraft 10 bis 15 s

c) Vickershärte 640, Prüfkraft 294 N (30 kp), Einwirkdauer der Prüfkraft 10 bis 30 s

d) Vickershärte 30, Prüfkraft 640 N, Einwirkdauer der Prüfkraft 10 bis 15 s

e) Vickershärte 64, Prüfkraft 300 N, Einwirkdauer 10 bis 15 s

TW 76	Welche Bedeutung hat das Kurzzeichen der Härteangabe 260 HBW 2,5/187,5/30?

a) Brinellhärte 187,5, Stahlkugel 2,5 mm Durchmesser, Prüfkraft 260 N, Prüfdauer 30 s

b) Brinellhärte 260, Hartmetallkugel, 2,5 mm Durchmesser, Prüfkraft 1840 N (187,5 kp), Prüfdauer 30 s

c) Brinellhärte 30, Stahlkugel, 2,5 mm Durchmesser, Prüfkraft 187,5 N, Prüfdauer 30 min

d) Brinellhärte 2,5, Hartmetallkugel, 260 mm Durchmesser, Prüfkraft 187,5 N, Prüfdauer 30 s

e) Brinellhärte 260, Prüfkraft 2,5 N, Hartmetallkugel, 187,5 mm Durchmesser, Prüfdauer 30 s

TW 77   **Welchen Vorteil hat die Rockwell-Härteprüfung?**

a) Es gibt nur einen Eindrückkörper für alle HRC-Prüfungen.

b) Werkstoffe jeglicher Härte können mit einem HRC-Verfahren geprüft werden.

c) Der Prüfvorgang erfolgt in einem Arbeitsschritt.

d) Der Härtewert kann direkt an der Messuhr abgelesen werden.

e) Es wird mit nur einer Prüfkraft geprüft.

TW 78   **Woran erkennt man einen Ermüdungsbruch?**

Er hat eine …

a) samtartige Bruchfläche

b) ausgefranste Bruchfläche

c) geneigte Bruchfläche

d) Bruchfläche mit Noppen und Zacken

e) Bruchfläche mit Anriss, Rastlinien und Restgewaltbruch

TW 79   **Welches Verfahren zählt *nicht* zu den zerstörungsfreien Prüfverfahren?**

a) Magnetpulververfahren

b) Farbeindringverfahren

c) Prüfung durch Ultraschall

d) Ölkochprobe

e) Härteprüfung nach Rockwell

TW 80   **Wozu dient die Bauteilprüfung mit Eindringverfahren?**

Zur Prüfung auf

a) Werkstofflunker

b) feine Haarrisse

c) Gefügeveränderungen

d) Werkstoffzusammensetzung

e) Faserverlauf

TW 81   **Was stellt man durch metallografische Untersuchungen fest?**

a) Die Härte des Werkstoffes

b) Die Zugfestigkeit des Werkstoffes

c) Das Gefüge des Werkstoffs

d) Die magnetischen Eigenschaften

e) Die Elastizitätsgrenze

Korrosion und Korrosionsschutz

TW 82   **Was versteht man unter Korrosion?**

a) Das Abtragen von Werkstoff durch Verschleiß

b) Das Abblättern eines Farbanstrichs

c) Die Reaktion mit Sauerstoff

d) Das Auflösen in Säuren

e) Die Zerstörung metallischer Werkstoffe durch chemische oder elektrochemische Reaktionen

TW 83   **Welches der angeführten Metalle bildet in einem galvanischen Element gegenüber Eisen den Pluspol?**

a) Aluminium

b) Zink

c) Magnesium

d) Kupfer

e) Mangan

TW 84   **Bei welcher Werkstoffkombination liegt ein Korrosionselement vor?**

a) An der Schadstelle einer Lackschicht auf einem Stahlbauteil

b) An der Berührungsstelle eines Stahl- und eines Kunststoffteils

c) Zwischen den Gefügekörnern eines reinen Metalls

d) Zwischen zwei Stahlblechen, die verklebt sind

e) An der Berührungsstelle zwischen einem Aluminium- und einem Stahlbauteil

TW 85   **Was versteht man unter transkristalliner Korrosion?**

a) Korrosion zwischen verschiedenen Metallen ohne isolierende Zwischenlage

b) Korrosion zwischen Metallkristallen entlang der Korngrenze

c) Korrosion, die durch die Metallkristalle verläuft

d) Korrosion durch eingepresste Fremdmetalle

e) Keine der genannten Antworten ist richtig

TW 86   **Bei welchen Bedingungen wird ein unlegierter Baustahl *nicht* korrodiert?**

a) In Industrieluft im Freien

b) In Meerluft im Freien

c) In trockener Raumluft

d) In Meerwasser

e) In Landluft im Freien

TW 87	Welcher Legierungsbestandteil ist in allen nichtrostenden Stählen enthalten?

a) Mangan

b) Chrom

c) Aluminium

d) Wolfram

e) Kupfer

TW 88	Wie werden Werkstücke aus unlegiertem Stahl zwischen zwei spanenden Fertigungsschritten vor Korrosion geschützt?

a) Durch Abwaschen mit Wasser

b) Durch Tauchen in Korrosionsschutzöl

c) Durch Lackieren

d) Durch Eloxieren

e) Durch Galvanisieren

TW 89	Was versteht man unter Phosphatieren?

a) Bilden einer Phosphatschicht auf Stahl

b) Bilden einer Phosphorschicht auf Stahl

c) Anstreichen mit Phosphor

d) Galvanisieren aus einer Phosphatlösung

e) Anodisieren

TW 90	Was ist ein Korrosionsschutzsystem?

a) Das systematische Entrosten

b) Ein mehrschichtiger Anstrich aus Grund- und Deckbeschichtungen

c) Ein System von Korrosionsbehandlungen

d) Ein System von besonderen Wirkstoffkombinationen

e) Ein System zum Feuerverzinken

TW 91	Welches Beschichtungsmetall schützt Stahl bei der Verletzung der Schutzschicht am besten vor dem Unterrosten?

a) Kupfer b) Blei

c) Nickel d) Zinn

e) Zink

TW 92	Woraus besteht eine Anodisierschicht auf einem Aluminium-Bauteil?

a) Aus Klarlack

b) Aus Al_2O_3

c) Aus FeOOH

d) Aus Korrosionsschutzöl

e) Aus Aluminium-Phosphat

Kunststoffe

TW 93	Was versteht man unter Polymerisation?

a) Ein Verfahren zur Feinbearbeitung von Kunststoffen

b) Die Korrosion durch elektrochemische Einflüsse

c) Die Zerlegung einer chemischen Verbindung in ihre Elemente

d) Eine Zusammenlagerung gleichartiger Moleküle zu Makromolekülen

e) Das Strangpressen thermoplastischer Kunststoffe

TW 94	Was sind Thermoplaste?

a) Geräte zur Temperatursteuerung

b) Kunststoffe, die beim Erwärmen weich werden

c) Gehärtete Kunststoffe

d) Abdeckpasten beim Einsatzhärten

e) Einsatzmittel beim Warmbadhärten

TW 95	Welcher der genannten Kunststoffe entwickelt beim Überhitzen und Verbrennen das stechend riechende, giftige Chlorgas?

a) Acrylglas (PMMA)

b) Polycarbonat (PC)

c) Polyethylen (PE)

d) Polystyrol (PS)

e) Polyvinylchlorid (PVC)

TW 96	Welche Aussage trifft sowohl für Thermoplaste als auch für Duroplaste zu?

a) Sie werden in der Wärme formbar und sind schweißbar

b) Sie werden von Lösungsmitteln nicht angegriffen

c) Sie zerfallen bei Einwirkungstemperaturen über 300 °C

d) Sie lassen sich gut im Spritzgießverfahren formen

e) Sie erweichen *nicht* in der Wärme

TW 97	Welche Kunststoffe können geschäumt werden?

a) Polycarbonate (PC)

b) Polytetrafluorethylen (PTFE)

c) Polystyrol (PS) und Polyurethan (PU)

d) Epoxidharze (EP) und Formaldehydharze (PF, MF, UF)

e) Silicon-Kunststoffe

TW 98 Aus welchem Kunststoff könnten die gezeigten Bauteile gefertigt sein?

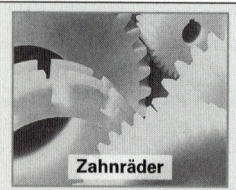
Zahnräder

Pkw-Saugmodul

a) Polystyrol (PS)

b) Epoxidharz (EP)

c) Polyamid (PA) oder Polyoximethylen (POM)

d) Silikonharz

e) Acrylglas (PMMA)

TW 99 Zu welchen Bauteilen lassen sich Polyurethan-Kunststoffe *nicht* verarbeiten?

a) Zu formstabilen Rollen und Lagerschalen

b) Zu temperaturbeständigen Beschichtungen

c) Zu hartelastischen Zahnriemen und Puffern

d) Zu weichen Kabelummantelungen

e) Zu weichen Schaumstoffteilen

TW 100 Welche besonderen Eigenschaften haben Silikon-Kunststoffe?

a) Sie sind Wasser abstoßend und verhältnismäßig hoch temperaturbeständig.

b) Sie sind besonders billig.

c) Sie sind aus Makromolekülen mit einem Grundgerüst aus Kohlenstoffketten aufgebaut.

d) Sie bestehen aus abgewandelten Naturstoffen.

e) Sie sind wenig alterungsbeständig.

TW 101 Welche Kunststoffe eignen sich besonders gut für das Spritzgießen?

a) Überwiegend Thermoplaste

b) Nur Epoxidharze

c) Ausschließlich Duroplaste

d) Hauptsächlich Elastomere

e) Vor allem Siliconharz

Prüfung der Kunststoff-Kennwerte

TW 102 Welcher Kennwert macht eine Aussage über die kurzzeitige Formbeständigkeit eines Kunststoffs bei erhöhter Temperatur?

a) Die Zugfestigkeit

b) Die Dauergebrauchstemperatur

c) Der E-Modul

d) Die Reißdehnung

e) Die Vicat-Erweichungstemperatur

TW 103 Wie kann die Festigkeit eines Kunststoffs wesentlich erhöht werden?

a) Durch Härten

b) Durch Bestrahlen mit UV-Licht

c) Durch Kneten

d) Durch Einlagern von Glasfasern

e) Durch Aufschäumen

TW 104 Welcher der genannten Kunststoffe hat eine hohe Wärmebeständigkeit?

a) Polyethylen (PE)

b) Polypropylen (PP)

c) Polystyrol (PS)

d) Polyvinylchlorid (PVC)

e) Polyamid (PA)

Formgebung und Weiterverarbeitung der Kunststoffe

TW 105 Welche Bauteile können *nicht* durch Extrudieren hergestellt werden?

a) PVC-Fußbodenbeläge

b) Rohre

c) Polystyrol-Profile

d) Polyethylen-Fässer

e) Bohrmaschinengehäuse

TW 106 Wie werden Kunststofffolien gefertigt?

a) Durch Kalandrieren

b) Durch Blasextrudieren

c) Durch Spritzgießen

d) Durch Formpressen

e) Durch Tiefziehen

TW 107 | Welche Vorteile hat das Spritzgießen?

a) Geringer Energieverbrauch gegenüber den anderen Formgebungsverfahren
b) Kostengünstige Fertigung komplizierter Bauteile in einem Arbeitsgang
c) Besonders flexible Fertigung kleiner Losgrößen
d) Kontinuierliche Fertigung von Stangen, Rohren, Profilen und Bändern
e) Fertigung sowohl dünner Folien als auch dicker Bänder und Platten

TW 108 | Welches Formgebungsverfahren zeigt das Bild?

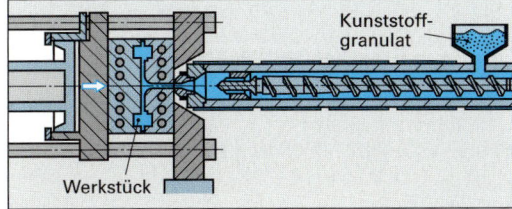

Kunststoff-granulat

Werkstück

a) Extrudieren
b) Spritzgießen
c) Formpressen
d) Schäumen
e) Kalandrieren

TW 109 | Welche der Aussagen trifft für das Spritzgießen von Kunststoffen zu?

a) Mit dem Spritzgießen fertigt man Profile.
b) Mit dem Spritzgießen werden überwiegend duroplastische Kunststoffe verarbeitet.
c) Das Spritzgießen eignet sich zur Fertigung von Rohren.
d) Mit Spritzgießen werden Folien hergestellt.
e) Beim Spritzgießen entsteht ein kompliziert geformtes Bauteil in einem Fertigungsschritt.

TW 110 | Welcher Kunststoff lässt sich gut verkleben?

a) Polyethylen
b) Polytetrafluorethylen
c) Polypropylen
d) Polystyrol
e) Silikon-Kunststoffe

Verbundwerkstoffe

TW 111 | Welche Eigenschaften haben glasfaserverstärkte Kunststoffe?

a) Weich und gummiartig
b) Hart und spröde
c) Gut umformbar
d) Hohe Dichte und große Dehnung
e) Hohe Zugfestigkeit und geringe Dichte

TW 112 | Welcher Stoff ist *kein* Verbundwerkstoff?

a) Polymerbeton   b) Hartmetalle
c) GFK   d) PVC
e) Plattiertes Blech

TW 113 | Welches Verfahren ist kein Fertigungsverfahren für faserverstärkte Verbundwerkstoffe?

a) Handlaminieren
b) Faserharzspritzen
c) Elektrostatisches Beschichten
d) Nasswickeln
e) Kontinuierliches Laminieren

Umweltproblematik der Werk-und Hilfsstoffe ZP

TW 114 | Warum sollten Metallabfälle sortenrein gesammelt werden?

a) Damit es im Betrieb ordentlich aussieht.
b) Damit man die Metallabfälle besser transportieren kann.
c) Damit man noch verwertbare Teile für die Fertigung heraussuchen kann.
d) Damit die Metallabfälle möglichst kostengünstig wiederverwertet werden können.
e) Damit man weiß, welchen Materialverbrauch man hat.

TW 115 | Wie sollte mit verbrauchten Hilfsstoffen, wie z.B. Altöl, umgegangen werden?

Sie sollten ...
a) verbrannt werden.
b) mit Wasser verdünnt in die Kanalisation gekippt werden.
c) mit Sand vermischt vergraben werden.
d) ins Ausland verschifft werden.
e) sortenrein gesammelt und der Herstellerfirma übergeben werden.

4 Maschinen- und Gerätetechnik

ZP 4.1 Einteilung der Maschinen

Fragen aus Fachkunde Metall, Seite 323

1 Welche Hauptfunktion haben Kraftmaschinen bzw. Arbeitsmaschinen?

Die Hauptfunktion von Kraftmaschinen ist die Energieumwandlung, die Hauptfunktion der Arbeitsmaschinen ist der Stoffumsatz.

Kraftmaschinen sind z.B. Elektromotore, Verbrennungsmotore und Hydrozylinder.

Arbeitsmaschinen sind z.B. Fördermittel und Werkzeugmaschinen.

2 Erläutern Sie mit einer Handskizze den Energiefluss an einem Verbrennungsmotor.

Dem Verbrennungsmotor wird Energie in Form der im Kraftstoff chemisch gespeicherten Energie zugeführt. Er wird durch Verbrennen im Zylinder des Motors zuerst in Wärmeenergie umgewandelt und dann über den Motorkolben in Bewegungsenergie umgesetzt.

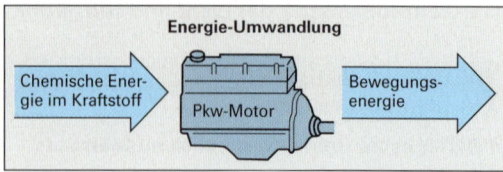

3 Mit welcher physikalischen Größe kann man das Arbeitsvermögen von Maschinen beschreiben?

Das Arbeitsvermögen einer Maschine wird mit der Leistung P beschrieben.

Es ist die pro Zeiteinheit t verrichtete Arbeit W.

$$P = \frac{W}{t}$$

4 Was versteht man unter dem Wirkungsgrad einer Maschine?

Als Wirkungsgrad η bezeichnet man das Verhältnis der von der Maschine technisch nutzbaren Leistung P_2 zur zugeführten Leistung P_1.

$$\eta = \frac{P_2}{P_1}$$

Der Wirkungsgrad η wird entweder als Dezimalbruch oder als Prozentsatz angegeben.

Beispiel: $\eta = 0,72$ entspricht $\eta = 72\%$.

5 Mit welcher Energie prallt ein Gesenkschmiedehammer auf ein Schmiedestück, wenn der Hammer ($m = 1,2$ t) aus 0,8 m Höhe auf das Schmiedestück fällt?

$$W_{pot} = F_G \cdot h = m \cdot g \cdot h$$

$$W_{pot} = 1200 \text{ kg} \cdot 9,81 \frac{m}{s^2} \cdot 0,8 \text{ m} = 9417,6 \frac{kg \cdot m^2}{s^2}$$

$$= 9417,6 \text{ N} \cdot \text{m} = 9417,6 \text{ J} \approx \textbf{9,4 kJ}$$

6 Der Elektromotor eines Hebezeugs entnimmt während des Betriebs aus dem Leitungsnetz eine Leistung von 8,4 kW. Der Motor und das Hebezeuggetriebe haben einen Wirkungsgrad von insgesamt 82 %. Welche Last kann das Hebezeug in 20 Sekunden auf eine Höhe von 4 m anheben?

Geg.: $P_1 = 8,4 \text{ kW} = 8400 \text{ W} = 8400 \frac{\text{N} \cdot \text{m}}{\text{s}}$

$\eta = 0,82; \quad t = 20 \text{ s}; \quad h = 4 \text{ m}$

$$P_2 = \eta \cdot P_1 = 0,82 \cdot 8400 \text{ W} = 6888 \text{ W} = 6888 \frac{\text{N} \cdot \text{m}}{\text{s}}$$

$$P_2 = \frac{W}{t} = \frac{F_G \cdot h}{t}$$

$$\Rightarrow F_G = \frac{P_2 \cdot t}{h} = \frac{6888 \frac{\text{N} \cdot \text{m}}{\text{s}} \cdot 20 \text{ s}}{4 \text{ m}} = 34\,440 \text{ N}$$

$$F_G = m \cdot g \quad \Rightarrow m = \frac{F_G}{g} = \frac{34\,440 \text{ N}}{9,81 \text{ N/kg}} = \textbf{3511 kg}$$

Ergänzende Fragen zur Einteilung der Maschinen

7 Was bezeichnet man als potenzielle Energie und was als Bewegungsenergie?

Potenzielle Energie ist Arbeitsvermögen, das in Körpern oder Flüssigkeiten durch ihre Höhenlage gespeichert ist.

Als Bewegungsenergie (kinetische Energie) bezeichnet man das Arbeitsvermögen, das in bewegten Körpern oder Flüssigkeiten steckt.

Im stehenden Wasser eines hochgelegenen Stausees z.B. ist potenzielle Energie (Lageenergie) gespeichert.

Ein bewegtes Maschinenteil, z.B. das rotierende Spannfutter einer Drehmaschine, besitzt Bewegungsenergie.

8 Mit welcher Formel berechnet man die potentielle Energie?

Die Formel zur Berechnung der potentiellen Energie lautet: $W_{pot} = m \cdot g \cdot h$

9　Mit welcher Formel berechnet man die kinetische Energie eines Körpers?

Die Formel für die Berechnung der kinetischen Energie lautet:

$$W_{kin} = \frac{1}{2} \cdot m \cdot v^2$$

10　Erläutern Sie den Begriff „energieumsetzende Maschine" am Beispiel eines Druckluftzylinders (Bild).

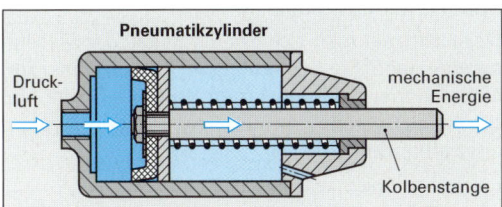

Pneumatikzylinder

Druckluft

mechanische Energie

Kolbenstange

Die Druckluft tritt mit der in ihr gespeicherten Druck- und Strömungsenergie in den Pneumatikzylinder ein, entspannt sich im Zylinder und gibt dabei einen Teil ihrer Druckenergie über Kolben und Kolbenstange als mechanische Energie an die zu bewegenden Maschinenteile ab.

Energetisch betrachtet erfolgt im Pneumatikzylinder eine Umsetzung von Druck- und Strömungsenergie in Bewegungsenergie und einen geringen Anteil Wärmeenergie. Nur die Bewegungsenergie wird im Pneumatikzylinder technisch genutzt, während die Wärmeenergie technisch ungenutzt an die Umgebung abgegeben wird.

11　Was versteht man in der Physik unter Leistung?

Leistung ist die pro Zeiteinheit verrichtete Arbeit. Die Leistung hat die Einheit Watt (W).

$$1\,W = 1\,\frac{J}{s} = 1\,\frac{N \cdot m}{s} \qquad \begin{aligned} 1\,kW &= 1,36\,PS \\ 1\,PS &= 0,736\,kW \end{aligned}$$

12　Was sagt der Wirkungsgrad einer Maschine aus?

Der Wirkungsgrad gibt das Verhältnis der technisch nutzbaren Leistung einer Maschine zu der ihr zugeführten Leistung an.

13　Wie wird der Wirkungsgrad angegeben?

Der Wirkungsgrad wird entweder als Dezimalzahl (z.B. 0,78) oder in Prozenten (z.B. 78 %) angegeben.

In Leistungsberechnungen wird der Wirkungsgrad meist als Dezimalzahl eingesetzt. Er liegt immer zwischen 0 und 1.

Arbeitsmaschinen und EDV-Anlagen

Fragen aus Fachkunde Metall, Seite 328

1　Erklären Sie den Begriff stoffumsetzende Maschine am Beispiel der im Bild gezeigten Fräsmaschine.

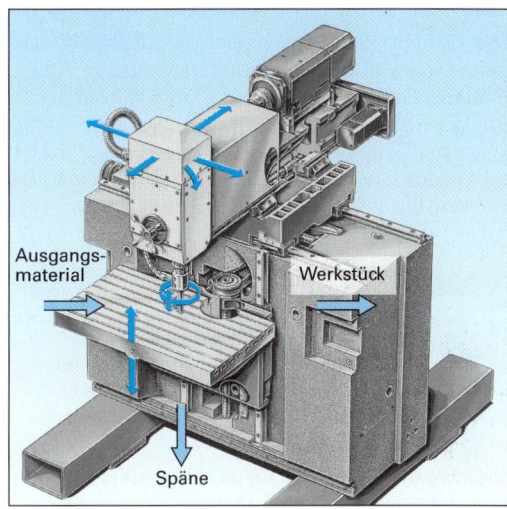

Ausgangsmaterial

Werkstück

Späne

Eine Fräsmaschine ist systemtechnisch betrachtet eine stoffumsetzende Maschine, da der Hauptzweck der Maschine die Stoffumformung ist.

Das Ausgangsmaterial wird auf dem Fräsmaschinentisch eingespannt, dort durch den Fräser spanend umgeformt und verlässt die Maschine in Form des Werkstücks sowie der abgehobenen Späne.

2　Feuchtes Schüttgut läuft zurTrocknung auf einem Gliederförderband durch einen 12 m langen Tunnelofen. Welche Geschwindigkeit muss das Förderband haben, damit eine Trockenzeit von 1,6 Minuten erreicht wird?

$$v = \frac{s}{t} = \frac{12\,m}{1,6\,min} = 7{,}5\,\frac{m}{min} = \frac{7{,}5\,m}{60\,s} = 0{,}125\,\frac{m}{s}$$

3　Wie groß ist die Drehzahl eines Elektromotors in 1/min, wenn er in 3 Sekunden 36 Umdrehungen ausführt?

$$n = \frac{z}{t} = \frac{36}{3\,s} = \frac{36}{3 \cdot \frac{1}{60}\,min} = \frac{36}{0{,}05\,min} = 720\,\frac{1}{min}$$

4   Mit welcher Gleichung berechnet man den Massestrom auf einem Transportband?

Der Massestrom $\dot{m}$ gibt die pro Zeiteinheit t transportierte Masse m an.

$$\dot{m} = \frac{m}{t}$$

5   Was versteht man bei Computern unter dem EVA-Prinzip?

Das EVA-Prinzip beschreibt die grundsätzliche Arbeitsweise von Datenverarbeitungsanlagen: Daten-**E**ingabe, Daten-**V**erarbeitung, Daten-**A**usgabe.

Beispiel Taschenrechner: Die Daten-Eingabe erfolgt durch Eintippen der Zahlen und Rechenbefehle, die Daten-Verarbeitung durch den Chip im Rechner und die Daten-Ausgabe durch die Anzeige auf dem Display.

6   Welche Transportsysteme führen in der Fertigungsanlage (Bild unten) den Stofftransport durch?

Den Transport der Teile von Werkzeugmaschine zu Werkzeugmaschine führt ein schienengebundenes Paletten-Transportsystem aus.

Die Zuführung in die Einspannung der einzelnen Werkzeugmaschinen übernehmen Portallader.

Ergänzende Fragen zu Arbeitsmaschinen und EDV-Anlagen

7   Was kann mit einer Stoffbilanz deutlich gemacht werden?

Mit einer Stoffbilanz werden die Stoffe, die in die Maschine eintreten, und die Stoffe, die die Maschine verlassen, aufgezeigt.

Die Summe der eintretenden Stoffe ist gleich der Summe der austretenden Stoffe.

Dazu zeichnet man sich um die Skizze der Maschine eine gedachte Systemgrenze in Form einer unterbrochenen Linie und trägt dort alle Stoffe ein, die in das System eintreten bzw. aus dem System austreten (Bild).

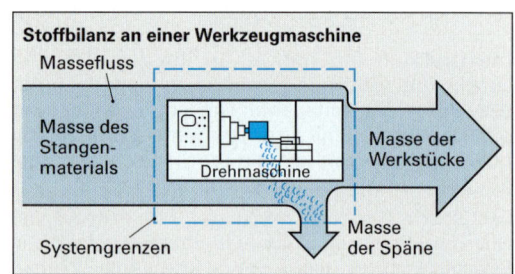

Stoffbilanz an einer Werkzeugmaschine
Massefluss
Masse des Stangenmaterials
Drehmaschine
Masse der Werkstücke
Masse der Späne
Systemgrenzen

Fertigungsanlage

Werkzeugmaschinen
CNC-Steuerung
Fertigteile
CNC-Steuerungen
Fertigungs-Leitstand
Rohteile
Transportsystem

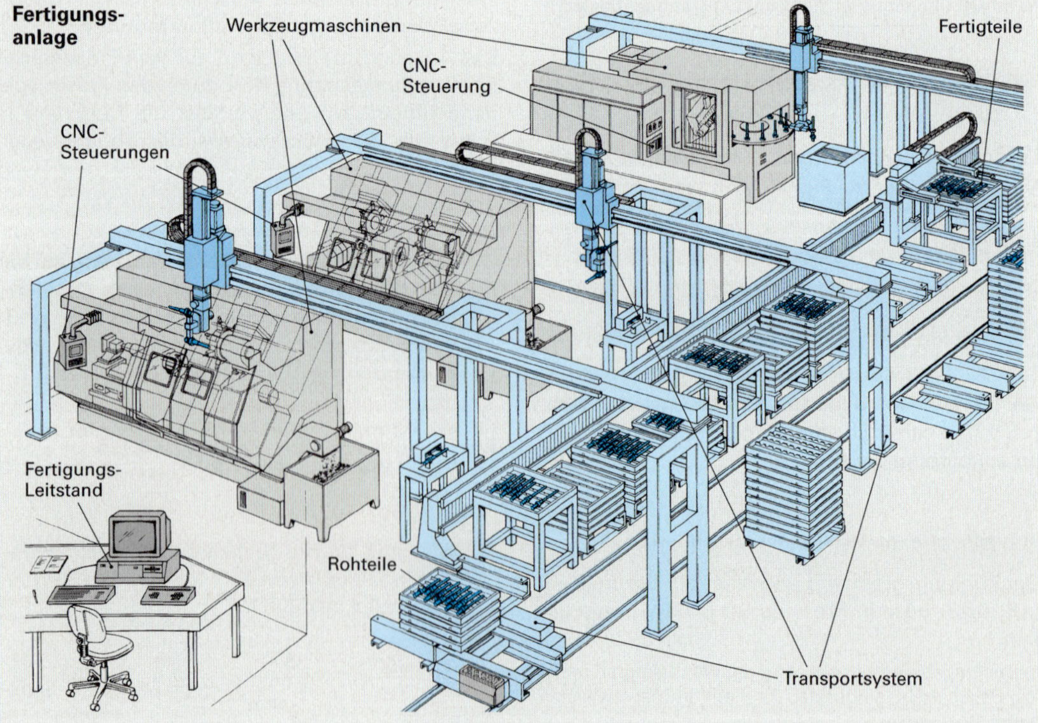

8 Zeigen Sie an einer elektrischen Hebevorrichtung die Stoffumsetzung, die Energieumsetzung und die Informationsumsetzung auf.

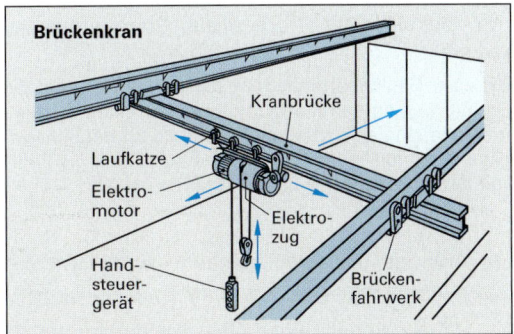

Brückenkran

Kranbrücke

Laufkatze

Elektro-
motor

Elektro-
zug

Hand-
steuer-
gerät

Brücken-
fahrwerk

Die **Stoffumsetzung** erfolgt mit der Hebevorrichtung beim Transport einer Last an einen bestimmten Ort in der Fertigungshalle.

Die dazu erforderliche mechanische Energie wird im Elektromotor des Hebezeugs aus der elektrischen Energie des Stroms durch elektromagnetische Umwandlung (= **Energieumsetzung**) gewonnen.

Die **Informationsübermittlung** erfolgt in der Leitungsbahn vom Handsteuergerät zum Elektromotor. Hierbei werden Knopfdrücke in elektrische Schaltimpulse für den Elektromotor umgesetzt.

9 Warum bezeichnet man eine Werkzeugmaschine als Arbeitsmaschine?

Werkzeugmaschinen sind Arbeitsmaschinen, da deren Hauptzweck die Stoffumsetzung ist.

Mit Werkzeugmaschinen werden aus Rohteilen durch Stoffabtrag oder Stoffumformung Werkstücke gefertigt; es findet Stoffumsetzung statt.

Zum Antrieb einer Werkzeugmaschine wird ebenfalls Energie umgesetzt. Moderne Werkzeugmaschinen besitzen zusätzlich einen informationsumsetzenden Maschinenteil, z.B. die CNC-Steuerung.

10 Welche EDV-Maschinen spielen im Metall verarbeitenden Betrieb eine Rolle?

- Taschenrechner zum Lösen einfacher Rechenaufgaben, z.B. bei der Arbeitsvorbereitung
- Personalcomputer zur Steuerung von Maschinen und Fertigungsanlagen
- CNC-Steuerungen zur Steuerung von Werkzeugmaschinen
- CAD-Anlagen zum Anfertigen von Konstruktionszeichnungen

4.2 Funktionseinheiten von Maschinen und Geräten

Fragen aus Fachkunde Metall, Seite 334

1 Aus welchen Funktionseinheiten besteht eine Säulenbohrmaschine?

Funktionseinheiten einer Säulenbohrmaschine sind:

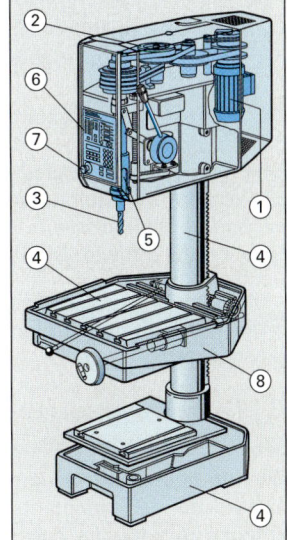

- Antriebseinheit: Elektromotor ①
- Energieübertragungseinheit: Riementrieb ②
- Arbeitseinheit: Bohrer ③
- Stütz- und Trageinheiten: Maschinenfuß und -tisch, Säule ④
- Verbindungseinheit: Bohrfutter ⑤
- Steuereinheit: Schalttafel ⑥
- Funktionseinheit für Arbeitssicherheit: Not-Aus ⑦
- Funktionseinheit für den Umweltschutz: Kühlschmiermittel-Auffangwanne ⑧.

2 Nennen Sie drei Grundfunktionen bei Maschinen und die dazu verwendeten Bauelemente.

Grundfunktionen sind z.B.

Umformen: Die Drehzahlen und Drehmomente werden im Riementrieb umgeformt.

Stützen, Tragen: Das Maschinengestell trägt den Werkzeugschlitten.

Speichern: Schweißgase werden in Druckgasflaschen gespeichert.

3 Welche Aufgaben haben die Mess-, Regel- und Steuereinheiten einer CNC-Drehmaschine?

Die Messeinrichtungen messen Betriebsgrößen, z.B. Verfahrwege und Werkstückabmessungen.

Regeleinheiten gewährleisten die Einhaltung einer gewählten Betriebsgröße, z.B. der Drehzahl oder des Vorschubwegs.

Die Steuereinheiten lassen Arbeitsgänge auf Maschinen automatisch ablaufen, z.B. eine Bearbeitungsfolge.

4 Welche Funktionseinheiten besitzen eine Klimazentrale (Bild unten) und ein Pkw (Bild Seite 167 unten)?

Klimaanlage: Die Funktionseinheiten sind:

Reinigen der Umluft und Zumischen von Reinluft – Erwärmen der Luft – Befeuchten der Luft – Zuführen und Verteilen in der Fertigungshalle (Bild unten).

Pkw: Ein Personenkraftfahrzeug besteht aus einer Vielzahl von Funktionseinheiten, die zusammen die Gesamtfunktion ergeben (Bild Seite 167 unten).

Die zentrale Funktionseinheit eines Pkw's z.B. ist die Antriebseinheit, der Motor. Weitere wichtige Einheiten sind Energie-Übertragungseinheiten, z.B. Wellen und Kupplungen, Stütz- und Trageinheiten wie die Karosserie und Mess-, Regel- und Steuereinheiten wie der Tachometer.

Ergänzende Fragen zu Funktionseinheiten von Maschinen

5 Welche Antriebseinheiten verwendet man bei Werkzeugmaschinen?

Die Antriebe für Werkzeugmaschinen sind Elektromotore für den Hauptantrieb, für die Vorschubantriebe und für die Zusatzaggregate Hydraulikpumpe und Späneförderer.

Zum Einsatz kommen Drehstrommotore und Gleichstrommotore.

6 Welche Aufgabe haben die Energieübertragungseinheiten einer Maschine?

Sie leiten die Energie von der Antriebseinheit zur Arbeitseinheit und formen die Energie dabei so um, dass sie in der erforderlichen Energieform bereit steht.

Bei einer Säulenbohrmaschine (Seite 165) z.B. wird die Drehbewegung des Antriebmotors über einen Riementrieb und ein Zahnrädergetriebe auf die für die Bohraufgabe passende Drehzahl umgeformt und über die Bohrspindel zur Arbeitseinheit, dem Bohrer, geleitet.

7 Was ist die Arbeitseinheit einer Gesenkschmiedepresse?

Die Arbeitseinheit einer Gesenkschmiedepresse ist der Schmiedehammer (Bär) mit dem Schmiedewerkzeug.

In der Arbeitseinheit wird der Hauptzweck der Maschine verrichtet, hier z.B. das Umformen des Rohteils zum Schmiedeteil.

8 Welche Entsorgungsvorrichtungen hat eine CNC-Drehmaschine?

CNC-Drehmaschinen besitzen an Entsorgungsvorrichtungen:

● eine geschlossene Verkleidung mit Absaugvorrichtungen für den Kühlschmierstoffnebel
● eine Auffangwanne für den Kühlschmierstoff
● einen Späneförderer zum Austrag der Späne

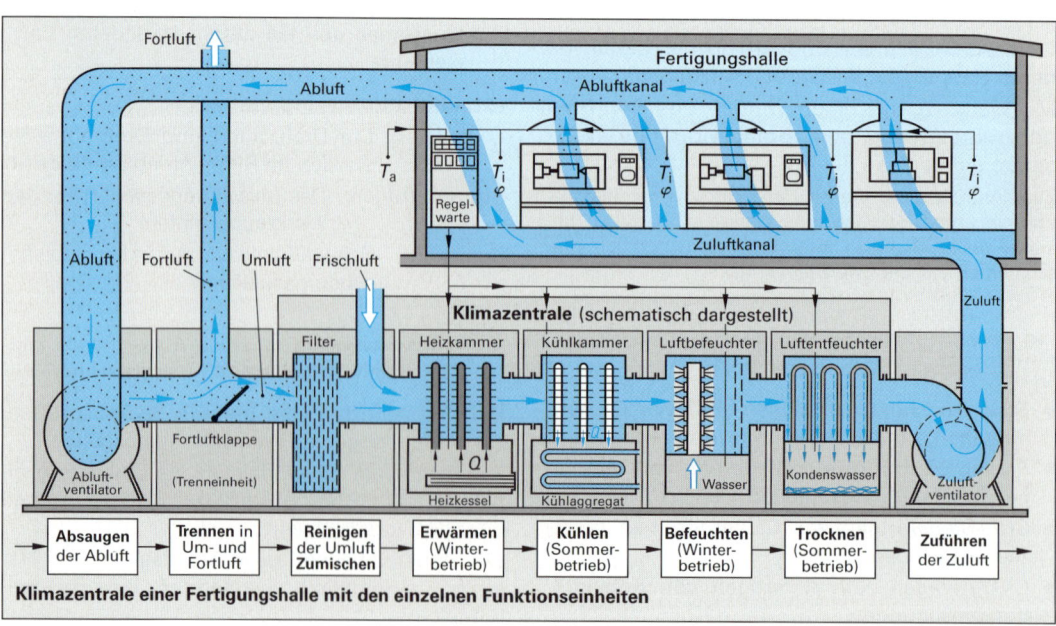

Klimazentrale einer Fertigungshalle mit den einzelnen Funktionseinheiten

| Absaugen der Abluft | Trennen in Um- und Fortluft | Reinigen der Umluft Zumischen | Erwärmen (Winterbetrieb) | Kühlen (Sommerbetrieb) | Befeuchten (Winterbetrieb) | Trocknen (Sommerbetrieb) | Zuführen der Zuluft |

ZP Sicherheitseinrichtungen

Fragen aus Fachkunde Metall, Seite 336

1 Nennen Sie 3 Arten von Sicherheitsschaltern und beschreiben Sie ihre Arbeitsweise.

Der **Schlüsselschalter:** Er ist nur mit einem Schlüssel zu betätigen. Damit verhindert er die Inbetriebnahme einer Maschine durch unbefugte Personen.

Der **Not-Aus-Schalter:** Er ermöglicht im Notfall durch einen Handgriff den sofortigen Stillstand der gesamten Maschine.

Der **Zweihandschalter:** Er muss ununterbrochen gleichzeitig von beiden Händen gedrückt werden. Dadurch wird ein Hineinfassen in eine laufende Maschine verhindert.

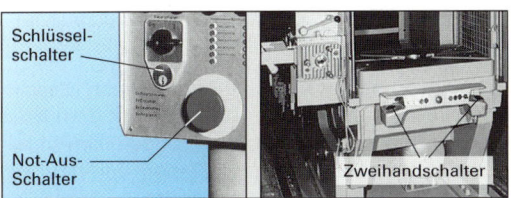

Schlüsselschalter

Not-Aus-Schalter

Zweihandschalter

2 Welche Aufgabe haben Grenztaster?

Grenztaster begrenzen den Verfahrweg eines beweglichen Maschinenteils durch Abschalten des Verfahrantriebs.

Sie verhindern dadurch eine Beschädigung der Maschine durch das gewaltsame Auffahren des Maschinenteils.

3 Wie funktioniert eine Schutzzonen-Sicherung?

Bei der Schutzzonen-Sicherung ist in das Programm der Steuerung eine Schutzzone eingespeichert, die das Spannfutter und den Reitstock umfasst. Beim Verfahren des Werkzeugs in die Schutzzone schaltet die Maschine ab.

Die Schutzzonen-Sicherung verhindert eine Kollision des Werkzeugs mit dem Spannfutter oder dem Reitstock.

Ergänzende Fragen zu Sicherheitseinrichtungen

4 Welche Funktion hat eine Sicherheitskupplung?

Eine Sicherheitskupplung verhindert eine mechanische Überlastung von Antriebs- und Energieübertragungsbauteilen einer Maschine.

Sicherheitskupplungen sind z.B. die mechanisch wirkenden Rutschkupplungen oder die elektronisch wirkende Schleppfehlerkupplung.

5 Wie ist eine Werkzeugmaschine elektrisch abgesichert?

Die Elektromotoren für den Hauptantrieb und die Vorschubantriebe sowie für die Hydraulikpumpe und den Späneförderer sind durch Motorschutzschalter, die anderen elektrischen Bauteile, wie z.B. die CNC-Steuerung und die Beleuchtung, sind mit Überlastungssicherungen abgesichert.

Die elektrische Versorgung und Absicherung befinden sich in einem Schaltschrank der Maschine.

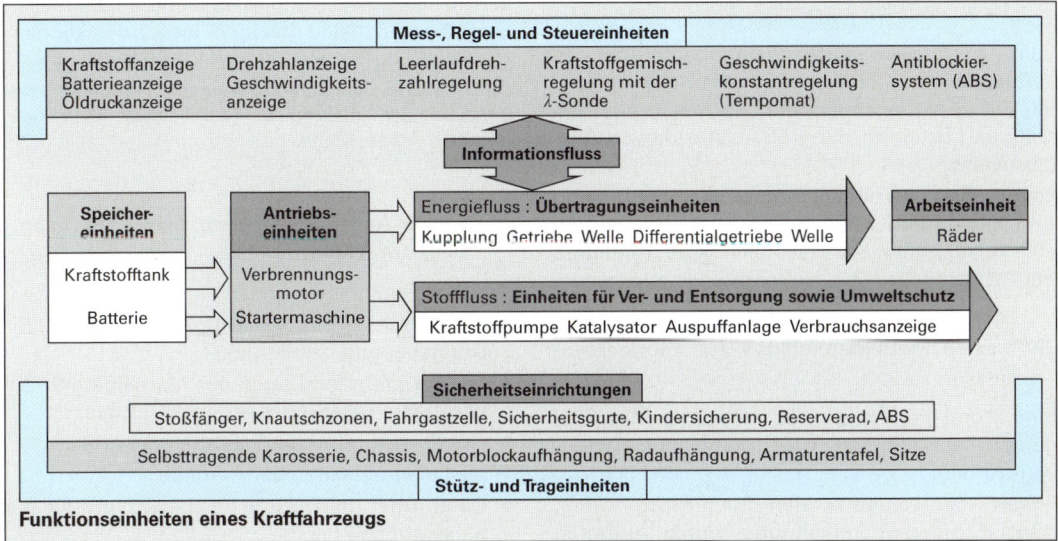

Funktionseinheiten eines Kraftfahrzeugs

Aufstellung, Bedienung und Instandhaltung

Fragen aus Fachkunde Metall, Seite 342

1 Was kann aus dem Wartungs- und Pflegeplan einer Maschine ersehen werden?

Aus dem Wartungs- und Pflegeplan einer Maschine können die durchzuführenden Wartungsarbeiten, die entsprechenden Wartungsstellen an der Maschine und die Wartungsintervalle entnommen werden.

Die Wartungsintervalle sind meist nach Betriebsstunden eingeteilt.

2 Welche Aufgaben haben Inspektionen?

Durch Inspektionen wird der Zustand einer Maschine, insbesondere ihr Abnutzungsgrad, festgestellt und die Fertigungsqualität geprüft.

Man unterscheidet Erstinspektionen nach der Aufstellung der Maschine, Regelinspektionen in Intervallen und Sonderinspektionen bei Störungen.

3 Was versteht man unter vorbeugender Instandhaltung?

Bei der vorbeugenden Instandhaltung werden die Wartungsarbeiten mit Austausch der Verschleißteile in regelmäßigen Zeitabständen durchgeführt.

4 Welche Vorteile bzw. Nachteile haben die vorbeugende und die störungsbedingte Instandhaltung bezüglich der Stillstandszeiten und der Austauschteilekosten?

Vorteil der vorbeugenden Instandhaltung ist das Vermeiden von störungsbedingten Stillstandszeiten der Fertigungsmaschine. Nachteilig sind die höheren Kosten für die größere Anzahl von Austauschteilen.

Vorteil der störungsbedingten Instandhaltung sind niedrigere Kosten für die geringere Anzahl von Austauschteilen. Nachteilig sind häufigere Betriebsstörungen mit größeren Stillstandszeiten.

5 Welche Methoden dienen zur Störstellensuche?

Eine Störstelle, die zum Stillstand der Maschine geführt hat, kann ganz unterschiedlich aufgefunden werden:

Einfache Störstellen können durch Sichtprüfung, durch Störgeräuscherkennung, durch Auftreten von Überhitzung und durch Prüfung von Anzeigewerten gefunden werden.

Schwierige Störursachen müssen durch systematische Eingrenzung und Ausschluss, ggf. unter Zuhilfenahme einer Störstellensuchhilfe des Maschinenherstellers, ermittelt werden.

Moderne Maschinen besitzen ein Störstellen-Diagnosesystem, mit dem der Fehler aufgefunden werden kann. Die Störung wird im Klartext oder mit einer Fehlernummer bzw. einem Sinnbild dargestellt.

Ergänzende Fragen zur Aufstellung, Bedienung und Instandhaltung

6 Was ist beim Transport einer Werkzeugmaschine zu beachten?

Vor dem Transport sind alle beweglichen Maschinenteile zu fixieren. Beim Anheben mit dem Kran sind nur die vorgesehenen Aufhängehaken zu benutzen. Zum Schieben und Ziehen darf nur am Maschinengestell angesetzt werden.

Unsachgemäßer Transport kann zur Beschädigung der Maschine oder zu Unfällen führen.

7 Was soll die Prüfung und Abnahme einer aufgestellten Werkzeugmaschine garantieren?

Prüfung und Abnahme einer Maschine sollen garantieren, dass die Arbeiten auf der Maschine mit den in der Maschinenbeschreibung angegebenen Qualitätsmerkmalen durchgeführt werden können.

Der Prüfbericht enthält z.B. bei einer CNC-Drehmaschine die Messung der Geradlinigkeit der Führungen, des Rundlaufs der Arbeitsspindel und die Positioniergenauigkeit der Achsantriebe.

8 Welche Angaben kann man einer Maschinenkarte entnehmen?

Der Maschinenkarte können entnommen werden:
- die Maschinenbezeichnung und die Type, der Hersteller und das Baujahr
- die Hauptabmessungen der Maschine und die wichtigsten Maße des Arbeitsbereiches
- das Zubehör und die Sondereinrichtungen
- die Leistungsdaten der Antriebe
- Daten über die Fertigungsleistung und für die Kalkulation.

9 Welche Arbeiten umfasst die Instandhaltung einer Werkzeugmaschine?

Die Instandhaltung umfasst:

- Die regelmäßige **Wartung,** d.h. Reinigen, Schmieren, Nachstellen
- Die **Inspektion** der Maschine in regelmäßigen Intervallen z.B. auf Rundlaufgenauigkeit und fehlerhafte oder verschlissene Maschinenteile
- Die **Instandsetzung** bzw. der Austausch fehlerhafter Teile

Wartung	Inspektion	Instandsetzung
Reinigen	Messen	Ausbessern
Schmieren	Prüfen	Reparieren
Nachstellen	Diagnostizieren	Austauschen

Nur durch eine sachgemäße Instandhaltung kann die Betriebssicherheit und die Fertigungsqualität einer Werkzeugmaschine erhalten werden.

10 Welche Arbeitsregeln sind bei der Instandhaltung einer Werkzeugmaschine zu beachten?

- Regelmäßiges Schmieren entsprechend dem Schmierplan
- Verwendung der vorgeschriebenen Schmierstoffe
- Tägliche Reinigung der Maschine von Spänen und Kühlschmierstoffen
- Wöchentliche gründliche Reinigung
- Inspektion und Austausch der mechanischen und elektrischen Verschleißteile gemäß dem Instandhaltungsplan.

11 Womit sollte eine Maschine gereinigt werden?

Die Reinigung ist mit einem fusselfreien Putztuch durchzuführen.

Keine fusselnden Putzlappen, Putzwolle oder Druckluft verwenden!

12 Was versteht man unter störungsbedingter Instandhaltung?

Bei der störungsbedingten Instandhaltung wird erst instandgesetzt, wenn eine Betriebsstörung die Fertigungsmaschine stillgelegt hat.

13 Welches ist die optimale Instandhaltung für einen Fertigungsbetrieb?

Die optimale Instandhaltung besteht aus einer Kombination von vorbeugender Instandhaltung und zustandsabhängiger Instandhaltung.

4.3 Beanspruchung und Festigkeit der Bauelemente

Fragen aus Fachkunde Metall, Seite 344

1 Welche Beanspruchungsarten unterscheidet man?

Nach der Richtung der angreifenden Kräfte unterscheidet man die Beanspruchungsarten Zug, Druck und Flächenpressung, Abscherung, Biegung und Verdrehung (Bild). Zur Beanspruchung auf Druck zählt auch die Knickung.

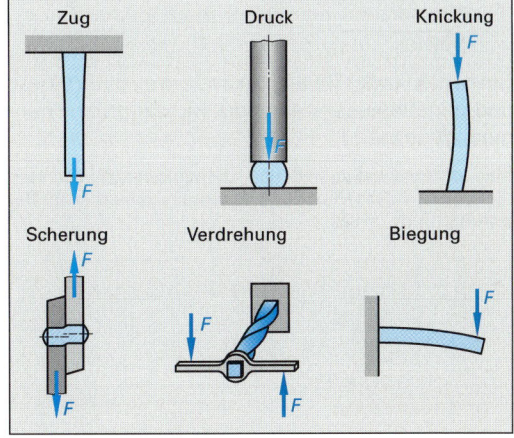

Vielfach treten zwei oder mehr Beanspruchungsarten miteinander auf. So wird z.B. eine Getriebewelle gleichzeitig auf Biegung und Verdrehung beansprucht.

2 Was versteht man unter der Festigkeit eines Werkstoffs?

Unter der Festigkeit versteht man die höchstmögliche Spannung, die im Werkstoff herrschen kann. Sie führt zum Bruch des Werkstoffes.

Jeder Beanspruchungsart wird eine Festigkeit zugeordnet, z.B. der Beanspruchungsart Zug die Zugfestigkeit, der Beanspruchungsart Druck die Druckfestigkeit.

3 Welche Maßnahmen dienen zur Verminderung der Kerbwirkung?

Die Kerbwirkung kann vermindert werden durch Rundungen anstatt scharfer Ecken an Wellenabsätzen, durch Entlastungskerben (Bild) und durch Erhöhen der Oberflächengüte.

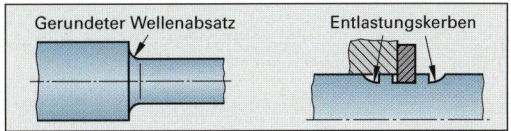

4   Warum ist die zulässige Spannung geringer als die maßgebende Grenzspannung?

Die zulässige Spannung in einem Bauteil muss aus Sicherheitsgründen wesentlich unterhalb der maßgebenden Grenzspannung liegen.

Das Verhältnis von maßgebender Grenzspannung zu zulässiger Spannung wird durch die Sicherheitszahl v angegeben.

Ergänzende Fragen zur Beanspruchung und Festigkeit

5   Was versteht man unter dynamischer Belastung?

Bei dynamischer Belastung ändern sich die Größe und gegebenenfalls auch die Richtung der Spannung dauernd.

Man unterscheidet zwischen dymanisch-schwellender, dynamisch-wechselnder und allgemein-dynamischer Belastung (Bild).

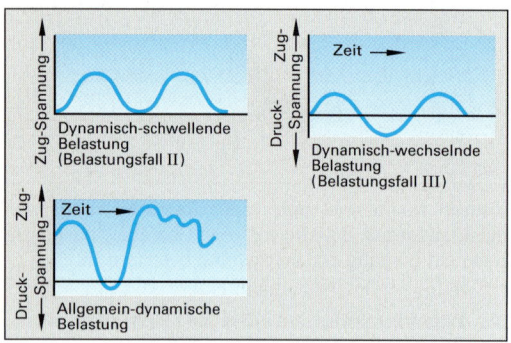

6   Wovon ist die Dauerfestigkeit eines Bauteils mit Kerbe abhängig?

Die Dauerfestigkeit ist von der Form und der Größe der Kerbe abhängig.

Als Kerben wirken vor allem Querschnittsveränderungen an Bauteilen, wie z.B. Wellenabsätze, Nuten, Eindrehungen und raue Oberflächen. Grafitlamellen in Gusseisen wirken wie innere Kerben.

7   Welches ist die maßgebende Grenzspannung für ein Werkstück, das statisch auf Zug beansprucht wird und das aus einem zähen Werkstoff besteht?

Die maßgebende Grenzspannung ist die Streckgrenze R_e oder die 0,2%-Dehngrenze $R_{p\,0,2}$.

Bei dynamischer Beanspruchung ist die Dauerfestigkeit maßgebend.

4.4 Funktioneinheiten zum Verbinden

Gewinde

Fragen aus Fachkunde Metall, Seite 346

1   Welches sind die wichtigsten Gewindemaße?

Die wichtigsten Gewindemaße sind der Außendurchmesser d (Nenndurchmesser), die Steigung P, der Kerndurchmesser d_3, der Flankendurchmesser d_2 und der Flankenwinkel α (Bild).

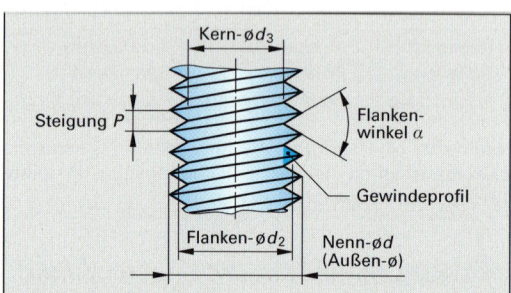

Der Steigungswinkel des Gewindes ist der vom Gewindeumfang (Flankendurchmesser · π) und der Steigung eingeschlossene Winkel (Bild rechts oben).

2   Wie werden Gewinde nach dem Verwendungszweck eingeteilt?

Nach dem Verwendungszweck unterteilt man die Gewinde in Befestigungsgewinde und Bewegungsgewinde.

3   Welche Aufgaben haben Befestigungsgewinde?

Mit Befestigungsgewinden werden Bauteile miteinander verspannt.

Schrauben und Muttern besitzen ein Befestigungsgewinde. Um ein selbstständiges Lösen zu erschweren, verwendet man für Befestigungsgewinde eingängige Spitzgewinde. Solche Gewinde besitzen einen kleinen Steigungswinkel und sind immer selbsthemmend.

Ergänzende Fragen zum Gewinde

4   Welche Gewinde unterscheidet man nach dem Gewindeprofil?

Nach dem Gewindeprofil unterscheidet man Spitz-, Trapez-, Sägen-, Rund- und Sondergewinde.

Sondergewinde sind z.B. Gewinde für Kugelumlaufspindeln an Werkzeugmaschinen.

5 Wie entsteht eine Schraubenlinie?

Eine Schraubenlinie entsteht, wenn auf der Mantelfläche eines Zylinders eine schiefe Ebene aufgewickelt wird (Bild).

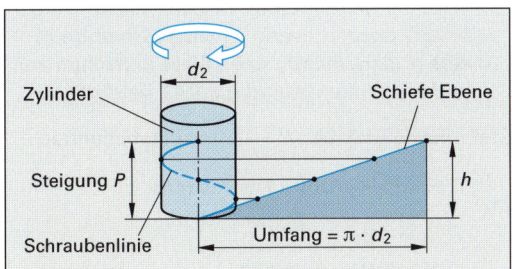

Die Höhe h der schiefen Ebene entspricht der Steigung P des Gewindes.

6 Wie erkennt man ein Linksgewinde?

Wenn eine Schraube senkrecht gehalten wird, so steigen bei einem Linksgewinde die Gewindegänge nach links an.

Linksgewinde werden verwendet, wenn sich die Schraubenverbindung bei Verwendung eines Rechtsgewindes lösen würde oder wenn eine bestimmte Bewegungsrichtung gefordert wird.

7 Warum werden Trapezgewinde meist als Bewegungsgewinde verwendet?

Trapezgewinde besitzen eine große Steigung. Deshalb können mit ihnen kleine Drehbewegungen in große geradlinige Bewegungen umgewandelt werden.

8 Was bedeuten folgende Gewindebezeichnungen:
M 16 , M 24 x 1,5 , M 8 - LH , R $1\frac{1}{4}$,
Tr 36 × 12 ?

M 16	Metrisches Regelgewinde mit 16 mm Außendurchmesser;
M 24 × 1,5	Metrisches Feingewinde mit 24 mm Außendurchmesser und 1,5 mm Steigung;
M 8 - LH	Metrisches Linksgewinde mit 8 mm Außendurchmesser
R 1$\frac{1}{4}$	Whitworth-Rohrgewinde mit 1$\frac{1}{4}$ inch Rohrnennweite;
Tr 36 × 12	Trapezgewinde mit 36 mm Außendurchmesser und 12 mm Steigung.

Schraubenverbindungen

Fragen aus Fachkunde Metall, Seite 354

1 Wie können Schrauben nach der Kopfform eingeteilt werden?

Im Wesentlichen unterscheidet man Sechskantschrauben, Zylinderschrauben mit Innensechskant, Senkschrauben mit Innensechskant, Schlitzschrauben und Schrauben mit Kreuzschlitz.

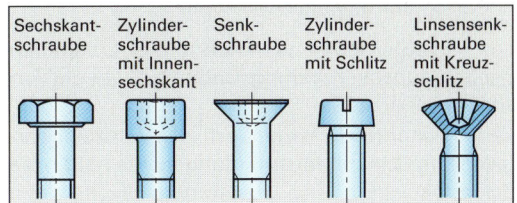

2 Wie kann erreicht werden, dass Innengewinde in Al-Legierungen große Kräfte übertragen können?

Aluminium-Bauteile mit Innengewinde, die große Kräfte übertragen sollen, werden mit einem Gewindeeinsatz versehen.

Dadurch wird die zu übertragende Kraft auf eine größere Fläche verteilt und daher die zulässige Grenzspannung nicht überschritten.

3 Warum darf die Zugspannung in einer Schraube nicht größer sein als R_e bzw. $R_{p0,2}$?

Überschreitet in einer Schraube die Zugspannung die Streckgrenze R_e bzw. die 0,2%-Dehngrenze $R_{p\,0,2}$, dann verlängert sich die Schraube bleibend und nimmt bei Entlastung nicht mehr ihre ursprüngliche Länge an. Die Schraubenverbindung steht dann nicht mehr unter ausreichender Vorspannung und kann sich lockern.

4 Wie groß sind die Mindestzugfestigkeit und die Mindeststreckgrenze einer Schraube der Festigkeitsklasse 8.8 ?

Die Mindestzugfestigkeit R_m der Schraube erhält man durch Multiplizieren der ersten Ziffer der Festigkeitsklasse mit 100: $8 \cdot 100 \Rightarrow R_m = 800$ N/mm².

Die Mindeststreckgrenze R_e bzw. Mindest-0,2%-Dehngrenze $R_{p0,2}$ wird durch Multiplizieren der ersten Zahl mit dem 10fachen Wert der zweiten Zahl ermittelt: $8 \cdot 10 \cdot 8 \Rightarrow R_e = 640$ N/mm².

5 Welche Mindestzugfestigkeit muss eine Mutter besitzen, die zusammen mit einer Schraube der Festigkeitsklasse 10.9 verwendet wird?

Die zu einer Schraube passende Mutter muss mindestens dieselbe Festigkeitsklasse wie die Schraube besitzen. Im vorliegenden Fall muss die Mutter mindestens die Festigkeitsklasse 10 haben. Ihre Mindestzugfestigkeit beträgt

$R_m = 10 \cdot 100$ N/mm^2 = 1000 N/mm^2

6 Worin besteht der Unterschied zwischen Losdreh- und Verliersicherungen?

Losdrehsicherungen verhindern das Losdrehen der Schraubenverbindung. Dadurch bleibt die Vorspannkraft erhalten.

Verliersicherungen verhindern das Auseinanderfallen von Schraubenverbindungen. Sie halten die Schraubenverbindung zusammen, auch wenn keine Vorspannkraft mehr vorhanden ist.

Als Losdrehsicherungen verwendet man Sperrzahnschrauben, Sperrzahnmuttern und Klebstoffe.

Verliersicherungen sind z.B. Sicherungsbleche, Kronenmuttern mit Splint, Muttern mit Kunststoffring, Drahtsicherungen und kunststoffbeschichtete Schrauben.

7 Warum können kleinere Schraubendurchmesser verwendet werden, wenn die Vorspannkraft F_V ganz ausgenützt wird?

Jede Schraube hat eine von ihrem Spannungsquerschnitt abhängige maximale Vorspannkraft F_V. Wird sie voll ausgenutzt, d.h. die Schraube mit der maximalen Vorspannkraft angezogen, dann genügen Schrauben mit einem kleineren Durchmesser zum Aufbringen der Gesamtvorspannkraft einer Schraubenverbindung.

Würde man die Schrauben nur mit einem Bruchteil ihrer Vorspannkraft anziehen, so müssten Schrauben mit größerem Durchmesser zur Aufbringung der erforderlichen Gesamtvorspannkraft der Schraubenverbindung eingesetzt werden.

8 Zwei Platten werden mit einer Schraube M16 der Festigkeitsklasse 12.9 verbunden. Welche Sicherheit gegen R_e ist vorhanden, wenn die Vorspannkraft F_V = 110 kN beträgt?

Die Mindeststreckgrenze der Schraube beträgt:
$R_e = 12 \cdot 10 \cdot 9$ N/mm^2 = 1080 N/mm^2

Die Zugspannung im Schraubenschaft ist $\sigma_z = \dfrac{F_V}{A_s}$;

mit A_s = 157 mm^2 und F_V = 110000 N folgt:

$\sigma_z = \dfrac{110\,000 \text{ N}}{157 \text{ mm}^2} \approx 701$ N/mm^2

Die Sicherheit wird berechnet aus:

$$\sigma_z = \frac{R_e}{\nu} \quad \Rightarrow \quad \nu = \frac{R_e}{\sigma_z} = \frac{1080 \text{ N/mm}^2}{701 \text{ N/mm}^2} \approx \mathbf{1{,}54}$$

9 Welches Anziehdrehmoment muss aufgebracht werden, wenn in einer Schraube M10 eine Vorspannkraft von 70 kN herrschen soll und der Wirkungsgrad $\eta = 0{,}12$ beträgt?

Steigung P für M10 : P = 1,5 mm (Tabellenbuch)

$$M_A = \frac{F_V \cdot P}{2 \cdot \pi \cdot \eta} = \frac{70000 \text{ N} \cdot 1{,}5 \text{ mm}}{2 \cdot \pi \cdot 0{,}12}$$

$$= 139260 \text{ Nmm} \approx \mathbf{139 \text{ N} \cdot \text{m}}$$

Ergänzende Fragen zu Schraubenverbindungen

10 Wie können Schraubenverbindungen ausgeführt werden?

Schraubenverbindungen können mit Durchsteckschrauben, Einziehschrauben und Stiftschrauben ausgeführt werden (Bild).

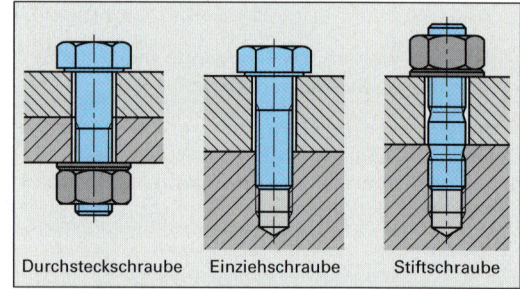

Durchsteckschraube   Einziehschraube   Stiftschraube

11 In welchen Fällen verwendet man Zylinderschrauben mit Innensechskant?

Zylinderschrauben mit Innensechskant werden verwendet, wenn die Schraubenabstände klein sind oder wenn der Schraubenkopf nicht aus dem Werkstück herausragen darf.

Zylinderschrauben mit Innensechskant werden häufig als hochfeste Schrauben ausgeführt.

12 Welche Schraubenarten unterscheidet man nach der Schaftform?

Nach der Schaftform unterscheidet man Stiftschrauben, Dehnschrauben, Passschrauben, Gewindestifte, Blechschrauben und Bohrschrauben.

13 In welchen Fällen verwendet man Stiftschrauben?

Stiftschrauben verwendet man anstelle von Kopfschrauben, wenn die Verbindung häufig gelöst werden muss, ohne dass die Schraube herausgedreht werden soll (Bild).

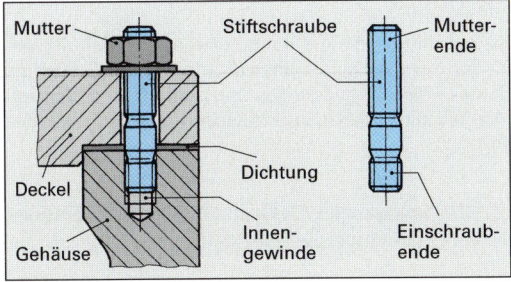

Dadurch werden die Innengewinde der Bauteile, z.B. im Motorengehäuse, geschont.

14 Welchen Vorteil haben spanlos hergestellte Schrauben?

Durch spanlose Umformung hergestellte Schrauben besitzen durch den nicht unterbrochenen Faserverlauf eine höhere Festigkeit.

Bei den durch spanende Umformung hergestellten Schrauben ist der Faserverlauf in den Gewindegängen und am Übergang vom Schaft zum Kopf durchtrennt.

15 Welche Form besitzen Dehnschrauben?

Dehnschrauben besitzen im Unterschied zu den übrigen Schrauben einen langen, dünnen Schaft.

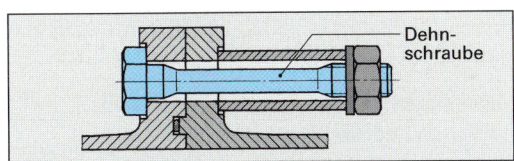

Sie werden mit großer Vorspannkraft montiert. Dabei wird der Schaft der Schraube elastisch gedehnt. Die Klemmkraft ist so groß, dass keine Schraubensicherung benötigt wird.

16 Welchen Vorteil besitzen Dehnschrauben gegenüber anderen Schrauben?

Dehnschrauben können hohe dynamische Belastungen aufnehmen.

Der lange, dünne Schraubenschaft, der unter einer großen Vorspannkraft steht, wirkt wie eine elastische Feder, die wechselnde Belastungen ausgleicht.

17 Welche Anzugsverfahren für Schraubenverbindungen unterscheidet man?

Man unterscheidet das Anziehen von Hand, das Drehmoment-Anzugsverfahren, das streckgrenzengesteuerte Anziehen, das drehwinkelgesteuerte Anziehen und das ultraschallgesteuerte Anziehen.

Mit streckgrenzenkontrolliertem Anziehen und mit dem Winkelanzugsverfahren werden die vorgeschriebenen Vorspannkräfte am genauesten erreicht.

18 Wie groß muss die Klemmkraft einer Schraube mindestens sein?

Die Klemmkraft der Schraube muss so groß sein, dass die zwischen den beiden Werkstücken erzeugte Reibungskraft größer ist als die von außen angreifenden Querkräfte (Bild).

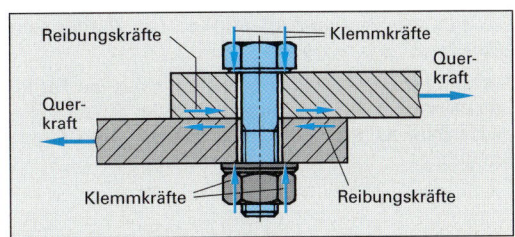

Bei zu geringer Klemmkraft wird der Schraubenschaft zusätzlich auf Abscherung beansprucht.

19 Was besagt folgende Schraubenbezeichnung: Sechskantschraube ISO 4014 - M12 × 50 – 10.9?

Es handelt sich um eine Sechskantschraube, die in DIN EN 24014 (ISO 4014) genormt ist. Die Schraube hat ein Gewinde M12, eine Länge von 50 mm und die Festigkeitsklasse 10.9.

Aus der Festigkeitsklasse 10.9 kann berechnet werden:

Mindestzugfestigkeit $R_m = 10 \cdot 100 = 1000$ N/mm²
Mindeststreckgrenze $R_e = 10 \cdot 10 \cdot 9 = 900$ N/mm²

20 Wozu dienen Überwurfmuttern?

Überwurfmuttern werden für Rohrverschraubungen verwendet.

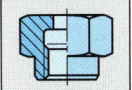

Die Überwurfmutter presst die beiden Rohrverschraubungsteile zusammen. Die Abdichtung kann mit oder ohne eingelegte Dichtungen erfolgen.

21 Wozu werden Nutmuttern und wozu Hutmuttern verwendet?

Nutmuttern (Bild) werden vorwiegend zum Einstellen des axialen Spiels von Wellen und Lagern verwendet. Sie dürfen nur mit passenden Hakenschlüsseln angezogen werden.

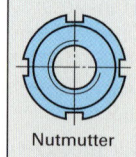
Nutmutter

Hutmuttern (Bild) werden eingesetzt, wenn verhindert werden muss, dass das Gewindeende beschädigt wird oder dass Verletzungen durch das scharfe Schraubenende entstehen.

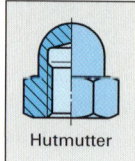
Hutmutter

22 Welche Bedeutung hat die Angabe der Festigkeitsklasse 6 bei Muttern?

Sie gibt die Mindestzugfestigkeit der Mutter von 600 N/mm² an.

Die Mindestzugfestigkeit errechnet man aus der Festigkeitsklasse mal 100. Die Zugfestigkeit der Mutter muss mindestens so groß sein wie die der zugehörigen Schraube.

23 Was versteht man unter einer Setzsicherung?

Eine Setzsicherung ist eine Schraubensicherung, die Verkürzungen der Klemmlänge durch Kriechen und Setzen ausgleicht und so verhindert, dass die Vorspannkräfte zu klein werden.

Als Setzen wird das Einebnen der Oberflächenrauheiten im Gewinde und unter dem Schraubenkopf bezeichnet.

Zu den Setzsicherungen zählen z.B. Spannscheiben und Tellerfedern.

24 Wie wirkt eine Schraubensicherung mit Klebstoff?

Die Klebstoffmasse ist als dünne, leicht formbare Schicht auf dem Schraubengewinde aufgetragen (Bild). Der Klebstoffhärter ist in winzigen Kapseln gebunden. Beim Eindrehen der Schraube platzen die Kapseln und setzen den Härter frei. Er mischt sich mit der Klebstoffgrundmasse und härtet sie aus. Dadurch wird die Schraubenverbindung verklebt und gegen Losdrehen geschützt.

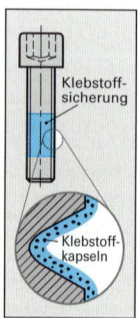
Klebstoffsicherung
Klebstoffkapseln

Stiftverbindungen

Fragen aus Fachkunde Metall, Seite 356

1 Wozu werden Passstifte verwendet?

Passstifte sichern die exakte Lage von Bauteilen zueinander.

Sie werden besonders dann verwendet, wenn die Verbindung großen Querkräften standhalten muss oder die Bauteile nach dem Zerlegen und dem erneuten Zusammenbau die frühere Lage zueinander genau einhalten sollen.

2 Warum werden für Grundlöcher Zylinderstifte mit Längsrillen verwendet?

Damit beim Eintreiben des Zylinderstifts (Bild) die Luft aus dem Grundloch entweichen kann.

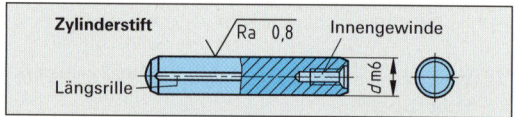
Zylinderstift — Ra 0,8 — Innengewinde — Längsrille — d m6

Zum Ausbau von Stiften aus Grundlöchern besitzen diese Stifte ein Innengewinde.

3 Beim Fügen eines Zylinderstiftes 8h8 mit einer Bohrung 8H7 ergibt sich eine Spielpassung. Wie groß sind Höchst- und Mindestspiel?

Für die Paarung 8H7/h8 ergeben sich nach Tabellenbuch:

Höchstmaß Bohrung: $G_{oB} = 8,015$ mm
Mindestmaß der Welle: $G_{uW} = 7,978$ mm
Höchstspiel $P_{SH} = G_{oB} - G_{uW} = 8,015$ mm $- 7,978$ mm
$= \mathbf{0,037}$ **mm**

Mindestmaß der Bohrung $G_{uB} = 8,000$ mm
Höchstmaß der Welle $G_{oW} = 8,000$ mm
Mindestspiel $P_{SM} = G_{uB} - G_{oW} = 8,000$ mm $- 8,000$ mm
$= \mathbf{0}$ **mm**

4 Wie groß ist die Verjüngung von Kegelstiften?

Die Kegelverjüngung beträgt bei Kegelstiften $C = 1:50$ (Bild).

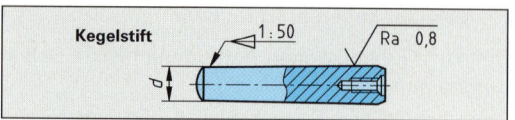
Kegelstift — 1:50 — Ra 0,8 — d

Kegelverjüngung 1:50 bedeutet:
1 mm Durchmesserunterschied auf 50 mm Länge.

Ergänzende Fragen zu Stiftverbindungen

5 Welche Stiftformen unterscheidet man?

Man unterscheidet Zylinderstifte, Kegelstifte, Kerbstifte und Spannstifte (Bild).

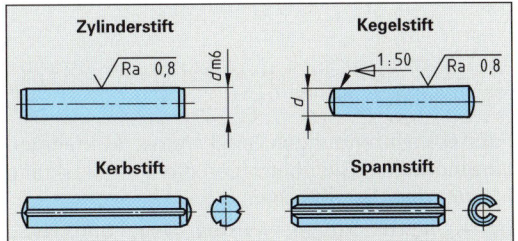

6 Worin unterscheiden sich Kerbstifte von Zylinderstiften?

Kerbstifte besitzen an ihrem Umfang drei Längskerben. Zylinderstifte haben eine glatte Oberfläche.

7 Welche Vorteile besitzen Spannstifte?

Die Aufnahmebohrung für Spannstifte muss nicht gerieben werden, die Stifte lassen sich leicht ein- und austreiben.

Bei Schraubenverbindungen können Spannstifte zur Aufnahme von Querkräften anstelle der teureren Passschrauben verwendet werden, wenn an die Genauigkeit keine großen Ansprüche gestellt werden.

Nietverbindungen

Fragen aus Fachkunde Metall, Seite 358

1 Wie können Nietverbindungen nach den an sie gestellten Anforderungen eingeteilt werden?

Nietverbindungen werden eingeteilt in:
- feste Nietverbindungen
- feste und dichte Nietverbindungen
- dichte Nietverbindungen

2 Welche Vorteile hat das Nieten gegenüber dem Schweißen?

Die Vorteile des Nietens sind:
- Keine Festigkeitsminderung in den zu verbindenden Blechen.

- Bleche aus gänzlich unterschiedlichen Werkstoffen können gefügt werden.
- Durch das Nieten wird die Oberflächenbeschichtung der Bleche nicht zerstört.
- Spezielle Nietverbindungen sind auch bei einseitiger Zugänglichkeit durchführbar.

3 In welchen Fällen verwendet man Blindniete?

Blindniete werden verwendet, wenn die Nietstelle nur von einer Seite aus zugänglich ist.

4 Welche Vorteile bietet das Stanznieten?

Die Vorteile des Stanznietens sind:
- Kurze Nietzeit.
- Der Niet stanzt sich sein Aufnahmeloch und die Werkstoffverklammerung selbst in einem Arbeitsgang (Bild).

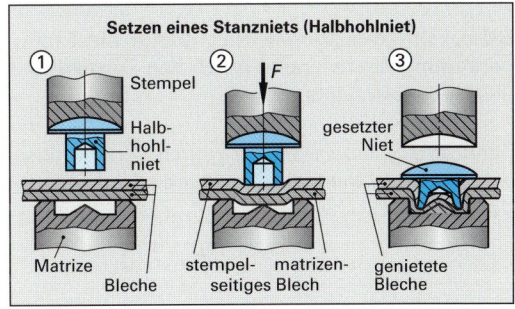

5 Aus welchen Werkstoffen werden Niete hergestellt?

Als Nietwerkstoffe kommen Stahl, Kupfer, CuZn-Legierungen, Aluminiumlegierungen, in Sonderfällen auch Kunststoffe und Titan zum Einsatz.

6 Warum sollen die Bauteile und die zum Fügen verwendeten Niete aus demselben Werkstoff bestehen?

Wenn die Bauteile und die Niete aus unterschiedlichen Werkstoffen bestehen, kann es zu Kontaktkorrosion kommen.

Außerdem kann sich bei Erwärmung die Verbindung lockern, da die verschiedenartigen Werkstoffe unterschiedliche Längenausdehnungskoeffizienten besitzen.

Ergänzende Fragen zu Nietverbindungen

7 Wie wird eine Nietverbindung durch Hammernieten hergestellt?

Die Nietverbindung wird in einem vierschrittigen Herstellungsverfahren erstellt (Bild).

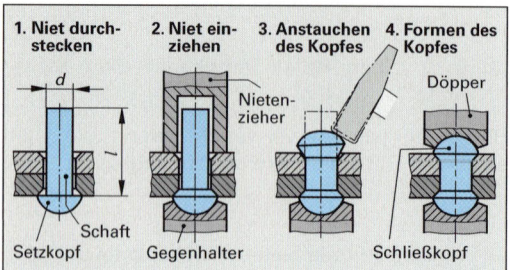

Der fertige Niet besteht aus Setzkopf, Schaft und Schließkopf.

8 Wie erfolgt jeweils die Kraftübertragung beim kalt geschlagenen und beim warm geschlagenen Niet?

Beim kalt geschlagenen Niet erfolgt die Kraftübertragung überwiegend durch den Formschluss des Nietquerschnitts.

Beim warm geschlagenen Niet erfolgt die Kraftübertragung überwiegend durch Kraftschluss, weil der heiße Niet beim Abkühlen schrumpft und dadurch die Bleche aufeinander presst.

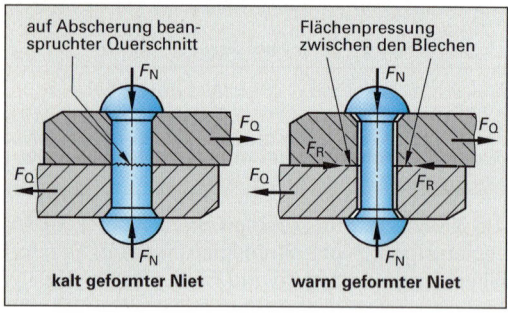

Welle-Nabe-Verbindungen

Fragen aus Fachkunde Metall, Seite 362

1 In welche Gruppen lassen sich die Welle-Nabe-Verbindungen einteilen?

Man unterscheidet Formschluss-, vorgespannte Formschluss-, Kraftschluss- und Stoffschlussverbindungen.

Bei vorgespannten Formschlussverbindungen werden die Kräfte durch Form- und Kraftschluss übertragen.

2 Welche Fügeart liegt bei einer Keilwellen-Verbindung vor?

Nach der Art der Kraftübertragung ist eine Keilwellen-Verbindung eine Formschluss-Verbindung.

Keilwellen-Verbindungen können radial große Kräfte übertragen und sind axial verschiebbar.

3 Worin unterscheiden sich Passfeder- und Keilverbindungen?

Passfederverbindungen sind reine Mitnehmer-Verbindungen. Sie übertragen die Umfangskräfte nur mit den Seitenflächen.

Bei Keilverbindungen werden Welle und Nabe durch den eingetriebenen Keil verspannt.

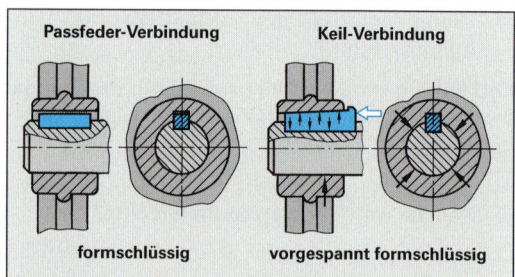

4 Wie erfolgt die Übertragung des Drehmomentes bei einer Passfederverbindung?

Die Passfeder befindet sich teils in der Wellennut, teils in der Nabennut. Das Drehmoment wird über diesen Formschluss z.B. von der Welle über die Passfeder auf die Nabe übertragen.

5 Warum sind Passfederverbindungen für stoßartige Belastungen nicht geeignet?

Für stoßartige Belastungen sind Passfederverbindungen nicht geeignet, weil dabei Passfeder und Seitenflächen der Nut plastisch verformt und damit zerstört werden können.

6 In welchen Fällen verwendet man Zahnwellen-Verbindungen?

Zahnwellen-Verbindungen werden bei großen Drehmomenten, bei stoßartiger Belastung oder wenn die Bauteile bei der Montage geringfügig gegeneinander verdreht werden müssen, verwendet (Bild zu Aufgabe 12, Seite 177).

Bei gleichem Durchmesser können größere Drehmomente als mit Keilwellen übertragen werden.

7 Wie wird das Drehmoment bei einer Ring-feder-Spannverbindung übertragen?

Das Drehmoment wird durch Kraftschluss über-tragen. Ringförmige, kegelige Spannelemente (Ringfedern) werden durch eine Axialkraft radial aufgeweitet bzw. zusammengedrückt und ver-spannen Welle und Nabe miteinander (Bild).

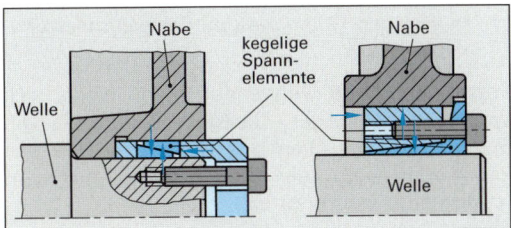

8 Warum können Polygonwellen-Verbindungen größere Drehmomente übertragen als Keil-wellen-Verbindungen?

Polygonwellen-Verbindungen haben keine scharf-kantigen Einschnitte, wie z.B. die Wellen- und die Nabennut bei Keilwellen-Verbindungen. Es treten deshalb keine Belastungseinschränkungen durch Kerbwirkung auf.

9 Auf welche Weise können Naben gegen axiales Verschieben gesichert werden?

Die Sicherung erfolgt meist formschlüssig durch genormte Sicherungselemente wie Stellringe, Kegelstifte, Sicherungsringe (Spannringe) und Sicherungsscheiben (Bild).

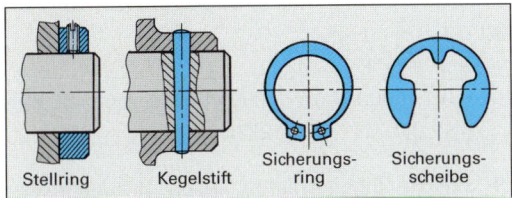

Die aufnehmbaren axialen Kräfte sind von der Bauart des Sicherungselementes und von der konstruktiven Gestaltung der Maschinenteile abhängig.

10 Welche Funktion haben Stützscheiben?

Stützscheiben werden bei angefasten Wellenen-den verwendet, um die Auflagefläche des Siche-rungsrings am zu sichernden Maschinenteil zu vergrößern.

Ergänzende Fragen zu Welle-Nabe-Verbindungen

11 Wie werden Passfedern beansprucht?

Passfedern werden auf Flächenpressung und Ab-scherung beansprucht.

Um die zulässigen Festigkeitswerte nicht zu überschrei-ten, soll die Länge der Passfeder mindestens 1,2 mal Wel-lendurchmesser betragen.

12 Welche Welle-Nabe-Verbindungen sind be-sonders für hohe Drehmomente geeignet?

Zur Übertragung hoher Drehmomente eignen sich besonders Keilwellen, Zahnwellen, Kerbver-zahnungen und Polygonprofile (Bild).

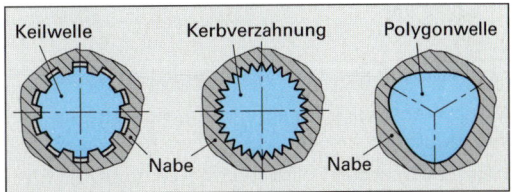

Diese Verbindungen übertragen das Drehmoment über den ganzen Umfang verteilt und erzeugen keine Un-wucht.

13 Wie sind Stirnzahn-Verbindungen aufgebaut?

Stirnzahnverbindungen sind selbstzentrierende Verbindungselemente an den Stirnflächen zweier Wellen (Bild). Sie besitzen an den Planflächen ra-dial angeordnete Zähne, die ineinander greifen.

Ein konzentrischer Zentrierring garantiert die achsenmitti-ge Zentrierung. Eine oder mehrere Schrauben halten die Fügeteile, z.B. eine Welle und ein Kegelrad, zusammen.

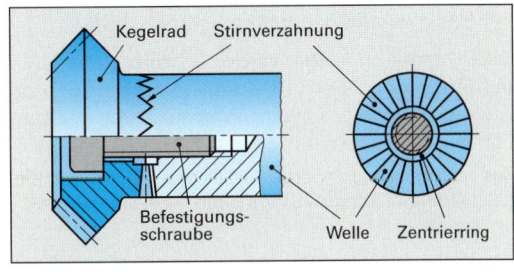

14 Wie groß ist die genormte Neigung von Keilen?

Keile haben eine Neigung von $1:100$, dies ent-spricht 1 % Neigung.

$1:100$ oder 1 % bedeutet: 1 mm Dickenunterschied auf 100 mm Länge.

4.5   Funktionseinheiten zum Stützen und Tragen

Reibung und Schmierstoffe

Fragen aus Fachkunde Metall, Seite 365

1 Wie groß ist die zum Verschieben eines Werkzeugschlittens erforderliche Kraft F, wenn $F_N = 8$ kN ist und die Reibungszahl $\mu = 0{,}09$ beträgt?

Die zum Verschieben erforderliche Reibungskraft F_R berechnet man aus der Normalkraft F_N und der Reibungszahl μ.

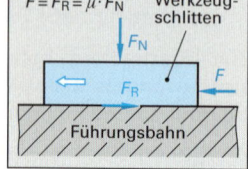

$F_R = \mu \cdot F_N = 0{,}09 \cdot 8$ kN
$\quad = \textbf{0,72 kN}$

2 Welche Reibungsarten unterscheidet man?

Man unterscheidet Gleitreibung, Rollreibung und Wälzreibung.

Wälzreibung ist eine Rollreibung, bei der zusätzlich Gleitreibung auftritt.

3 Welche Reibungsart tritt in einem Rillenkugellager auf?

In einem Rillenkugellager tritt Wälzreibung auf, d.h. eine Kombination aus Roll- und Gleitreibung.

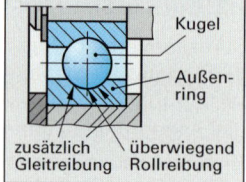

Im Rillengrund überwiegt Rollreibung, an den Rillenflanken kommt noch Gleitreibung dazu.

4 Welche Aufgaben haben Schmierstoffe?

Die wichtigsten Aufgaben der Schmierstoffe sind: Verminderung der Reibung, Dämpfung von Stößen, Korrosionsschutz, Wärmeabfuhr, Austrag von Verschleißteilchen.

Zur Schmierung werden flüssige Schmierstoffe, Schmierfette, Festschmierstoffe und Gase verwendet.

5 Welche Ursachen kann das Verschweißen (Fressen) beim Gleitvorgang haben?

Das Verschweißen kann durch ungünstige Werkstoffpaarung, zu große Flächenpressung, ungeeignete Schmierstoffe und bei Versagen der Schmierung eintreten.

Durch das Verschweißen der Gleitflächen werden diese zerstört.

6 Was versteht man unter der Viskosität von Schmierstoffen?

Die Viskosität (Zähflüssigkeit) ist ein Maß für das Fließverhalten einer Flüssigkeit, z.B. eines flüssigen Schmierstoffes.

Flüssigkeiten mit hoher Viskosität sind zähflüssig, Flüssigkeiten mit niedriger Viskosität sind dünnflüssig.

7 In welchen Fällen werden Festschmierstoffe verwendet?

Festschmierstoffe verwendet man, wenn sich wegen zu geringer Gleitgeschwindigkeit ein Schmierfilm aus Ölen oder Fetten nicht bilden kann oder wenn die Betriebstemperatur sehr niedrig oder sehr hoch ist.

Als Festschmierstoffe werden z.B. Pulver aus Grafit, Molybdändisulfid (MoS_2) und dem Kunststoff PTFE verwendet.

Ergänzende Fragen zu Reibung und Schmierstoffen

8 Der Lagerzapfen einer Getriebewelle ($d = 50$ mm) muss eine Kraft von 5 kN aufnehmen. Wie groß sind Reibungsmoment und Reibungsarbeit bei $n = 350$/min in 7,5 Stunden? ($\mu = 0{,}1$)

Reibungsmoment:

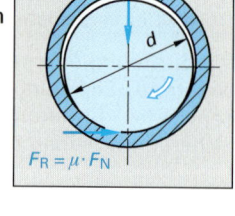

$M_R = F_R \cdot r = \mu \cdot F_N \cdot r$
$\quad = 0{,}1 \cdot 5000 \text{ N} \cdot 0{,}025 \text{ m}$
$\quad = \textbf{12,5 N} \cdot \textbf{m}$

Reibungsarbeit:

$W_R = F_R \cdot v \cdot t$
$\quad$ mit $v = \pi \cdot d \cdot n$

$W_R = F_R \cdot \pi \cdot d \cdot n \cdot t$
$\quad = \mu \cdot F_N \cdot \pi \cdot d \cdot n \cdot t$
$\quad = 0{,}1 \cdot 5000 \text{ N} \cdot \pi \cdot 0{,}050 \text{ m} \cdot 350/\text{min} \cdot 450 \text{ min}$
$\quad \approx 12{,}370 \text{ kN} \cdot \text{m} \approx \textbf{12370 kJ}$

9 Welche Eigenschaften sollen Schmierstoffe besitzen?

Schmierstoffe sollen folgende Eigenschaften besitzen:
- Druckfest, alterungsbeständig
- Frei von Wasser, Säuren und festen Fremdpartikeln
- Geringe innere Reibung
- Geringe Viskositätsänderung bei Temperaturschwankungen
- Hoher Flamm-, Brenn- und Zündpunkt

Gleitlager

Fragen aus Fachkunde Metall, Seite 368

1 Welche Ursache hat das Ruckgleiten (Stick-Slip-Effekt)?

Ruckgleiten tritt auf, wenn durch mangelnde Schmierstoffzufuhr, z.B. beim Anlauf oder beim Abreißen des Schmierfilms, sich Welle und Lager zeitweise berühren.

2 Wie entsteht der Schmierfilm bei Gleitlagern mit hydrodynamischer Schmierung?

Bei Gleitlagern mit hydrodynamischer Schmierung wird das Schmieröl durch die Drehung des Wellenzapfens in den sich verengenden Schmierspalt gezogen. Es baut sich dort ein Druck im Schmierfilm auf, der den Wellenzapfen trägt.

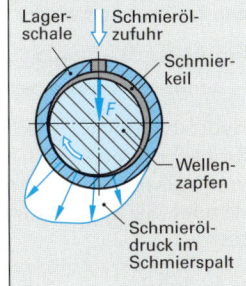

3 Warum laufen hydrostatisch geschmierte Lager verschleißfrei?

Bei hydrostatischer Schmierung wird das Schmieröl von einer Pumpe in den Schmierspalt gepresst. Zapfen und Lagerschale berühren sich weder im Stillstand noch beim Anlaufen.

Ein Ruckgleiten (Stick-Slip) ist deshalb bei hydrostatisch geschmierten Lagern ausgeschlossen.

4 Welche Vor- und Nachteile besitzt eine hydrostatische Schmierung gegenüber einer hydrodynamischen Schmierung?

Vorteile:
- Kein Verschleiß beim Anlauf
- Geringe Erwärmung durch sehr kleine Reibung
- Hohe Rundlaufgenaulgkeit
- Kein Ruckgleiten

Nachteile:
- Teure Herstellung
- Aufwändige Schmiereinrichtung
- Sorgfältige Überwachung der Funktion erforderlich

5 Warum muss bei starker Schmierölerwärmung ein Ölkühler verwendet werden?

Das Schmieröl muss so weit zurückgekühlt werden, dass der Temperatureinsatzbereich des Öls nicht überschritten wird.

Überhitzung würde zu verminderter Schmierwirkung oder sogar zur Zersetzung des Öls und damit zum Ausfall der Schmierung führen.

6 Welche Ursachen kann eine starke Erwärmung des Schmieröles haben?

Ursachen für eine starke Schmierölerwärmung können sein:
- Zu große Lagerkräfte
- Unzureichende Schmierung infolge Schmierölmangel oder zu kleiner Gleitgeschwindigkeit
- Welle und/oder Lager haben eine zu raue Oberfläche
- Die Umlaufgeschwindigkeit der Welle ist zu groß für das gewählte Lager

7 Wie funktioniert eine Ölumlaufschmierung?

Bei der Ölumlaufschmierung wird das Schmieröl von einer Pumpe in den Lagerspalt gepresst. Nach Durchströmen des Lagerspaltes fließt es in den Ölsammelbehälter zurück.

Hat sich das Schmieröl beim Durchströmen des Lagers stark erwärmt, so muss es durch einen Ölkühler geleitet werden.

8 Welche Werkstoffe werden als Lagerwerkstoffe verwendet?

Als Werkstoffe für Gleitlager eignen sich Legierungen aus Kupfer, Zinn, Blei, Zink und Aluminium sowie Gusseisen, einige Sintermetalle und Kunststoffe, wie z.B. Polyamid.

Mehrstoff-Gleitlager bestehen aus einer Stahlstützschale und mehreren dünnen Lagermetallschichten (Bild).

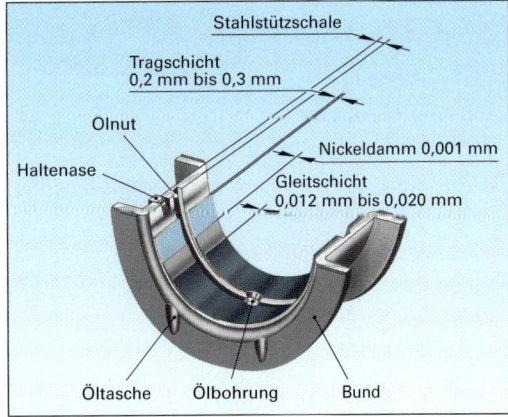

9 Welcher Gleitlagerwerkstoff aus der Tabelle kann verwendet werden, wenn die Abmessungen des Lagerzapfens einer Welle $d = 30$ mm und $l = 25$ mm betragen und die Lagerstelle eine Kraft von 9 kN aufnehmen muss?

Die Flächenpressung im Gleitlager beträgt:

$$p = \frac{F}{A} = \frac{F}{d \cdot l}$$

$$p = \frac{9000 \text{ N}}{30 \text{ mm} \cdot 25 \text{ mm}}$$

$$= 12 \ \frac{\text{N}}{\text{mm}^2}$$

Tabelle: Zulässige Flächenpressung p_{zul}	
Gleitlager-Werkstoffe	p_{zul} N/mm²
SnSb12Cu6Pb	15
PbSb14Sn9CuAs	12,5
G-CuSn12	25
EN-GJL-250	5
PA 66	7

Als Gleitlagerwerkstoffe aus der Tabelle können PbSb14Sn9CuAs, SnSb12Cu6Pb oder G-CuSn12 verwendet werden.

Ergänzende Fragen zu Gleitlagern

10 Ein Wellenzapfen mit einem Durchmesser von 40 mm dreht sich in einer Lagerschale aus Gusseisen (EN-GJL-250). Wie groß muss die Länge l des Zapfens sein, wenn dieser eine Kraft von 7,5 kN aufnehmen muss?

Die zulässige Flächenpressung von EN-GJL-250 beträgt $p_{zul} = 5$ N/mm² (aus Tabelle oben).

Aus der Gleichung für die Flächenpressung $p = F/A$ folgt: $F = p \cdot A$

Die tragende Fläche A ist die Fläche des projizierten Wellenzapfens:

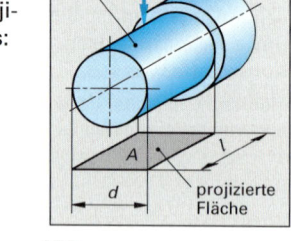

Lagerzapfen, F, A, d, projizierte Fläche

$A = d \cdot l$

$F = p \cdot A = p \cdot d \cdot l$

$$\Rightarrow l = \frac{F}{p \cdot d}$$

$$l = \frac{7500 \text{ N}}{5 \text{ N/mm}^2 \cdot 40 \text{ mm}} = 37,5 \text{ mm}$$

11 Aus welchem Material können wartungsfreie Gleitlager bestehen?

Wartungsfreie Gleitlager bestehen aus:

- gleitfähigem Kunststoff, z.B. Polyamid (PA) oder Polytetrafluorethylen (PTFE)
- Schmierstoff-getränkten Sintermetallen
- porösen Sintermetallen, deren Poren mit festem Schmierstoff (z.B. PFTE oder Grafit) gefüllt sind

12 Was sind Mehrflächengleitlager?

Bei Mehrflächengleitlagern ist die Lauffläche in mehrere Teilflächen mit jeweils eigener Schmierölzufuhr unterteilt (Bild).

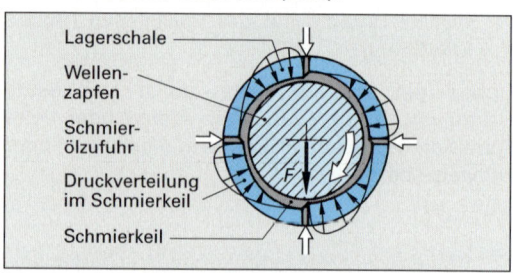

Lagerschale, Wellenzapfen, Schmierölzufuhr, Druckverteilung im Schmierkeil, Schmierkeil, F

Bei exzentrischer Lage des Wellenzapfens werden in den betroffenen Schmierspalten Öldrücke aufgebaut, die den Zapfen sofort wieder zentrieren.

13 Wofür werden Axialgleitlager mit Kippsegmenten verwendet?

Hydrodynamisch geschmierte Axialgleitlager mit Kippsegmenten (Bild) werden z.B. für Spurlager von Wasserturbinen mit senkrechter Welle verwendet. Sie können sehr hohe Axialkräfte aufnehmen.

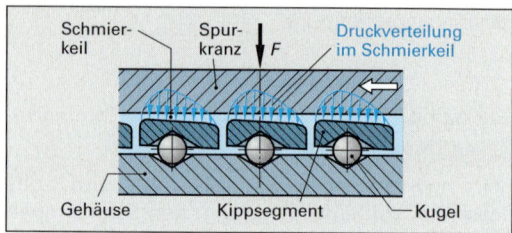

Schmierkeil, Spurkranz, F, Druckverteilung im Schmierkeil, Gehäuse, Kippsegment, Kugel

14 Worin unterscheiden sich wartungsarme Gleitlager von wartungsfreien Gleitlagern?

Wartungsarme Gleitlager besitzen einen Schmierstoffvorrat, der für längere Zeit, z.B. für mehrere Monate, reicht.

Bei wartungsfreien Gleitlagern reicht der vorhandene Schmierstoffvorrat für die gesamte Lebenszeit des Lagers.

Wartungsfreie Verbundgleitlager können auch aus einer Stahlstützschale mit aufgesinterter Bronze-Laufschicht bestehen (Bild). In der Laufschicht ist der Festschmierstoff Grafit fein verteilt enthalten.

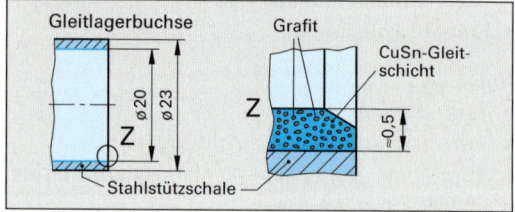

Gleitlagerbuchse, Grafit, CuSn-Gleitschicht, ø20, ø23, Z, ≈0,5, Stahlstützschale

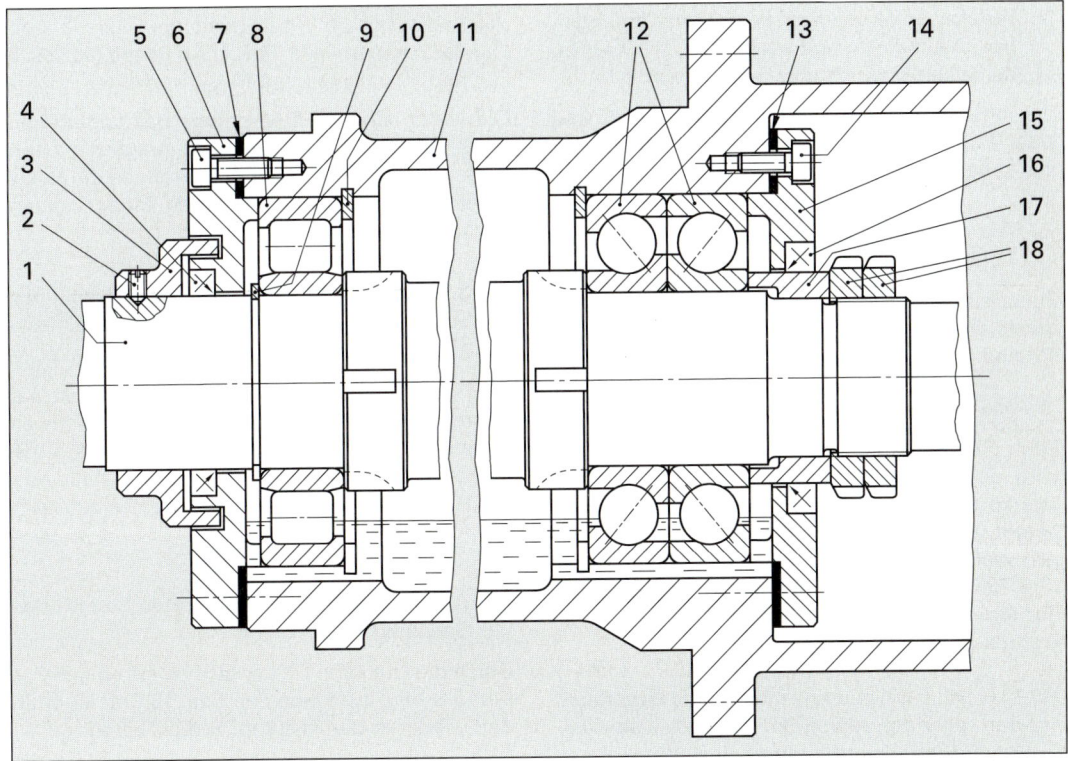

Lagerung einer Pumpenwelle

Wälzlager

Fragen aus Fachkunde Metall, Seite 373

Die Fragen 1 bis 16 beziehen sich auf die in obigem Bild gezeigte Pumpenwellenlagerung.

1 Welche Wälzlagerarten werden bei der Pumpenwellenlagerung verwendet?

Für die Lagerung der Pumpenwelle sind eingebaut:

- Zwei Schrägkugellager (Pos. 12)
- Ein Zylinderrollenlager (Pos. 8)

2 Welches Lager dient als Loslager?

Als Loslager dient das Zylinderrollenlager (Pos. 8).

3 Warum ist bei der Pumpenwellenlagerung ein Loslager erforderlich?

Die Pumpenwelle erwärmt sich im Betriebszustand; im Stillstand kühlt sie sich auf Raumtemperatur ab. Dadurch dehnt sich bzw. schrumpft die Welle. Ohne Ausdehnungsmöglichkeit würden sich die Wälzkörper in den Laufringen verspannen.

4 Welche Art von Schmierung wird verwendet?

Die Lager werden durch eine Ölbadtauchschmierung geschmiert.

Die jeweils unteren Wälzkörper tauchen in das Ölbad ein und werden vom Schmieröl benetzt. Durch die Drehbewegung werden alle Lagerteile ausreichend mit Öl versorgt.

5 Aus welchem Grund ragt Pos. 3 in eine Ausdrehung des Lagerdeckels (Pos. 6)?

Der mit der Welle umlaufende Deckel (Pos. 3) bildet mit der Ausdrehung von Pos. 6 eine Labyrinthdichtung, die das Lager vor eintretendem Staub schützt.

Labyrinthdichtungen dichten berührungsfrei ab.

6 Welche Aufgabe haben die sinnbildlich dargestellten Pos. 4 und 16?

Die Pos. 4 und 16 sind Radial-Wellendichtringe. Sie verhindern, dass Öl aus dem Lagerinnenraum nach außen gelangen kann.

7 Welcher Lagerring von Pos. 8 hat Umfangslast, wenn die Pumpenwelle (Pos. 1) immer in derselben Kraftrichtung belastet wird?

Der Innenring von Pos. 8 trägt Umfangslast, weil jeder Punkt dieses Rings bei einer Umdrehung des Lagers einmal belastet wird.

8 Wie wird erreicht, dass zwischen den Pos. 10, 12 und 15 kein Spiel vorhanden ist?

Spielfreiheit zwischen diesen Positionen wird durch die auf genaue Dicke geschliffene Passscheibe (Pos. 13) erreicht.

9 Wie wird das Lager (Pos. 8) montiert?

Nach dem Einbau des Sicherungsringes (Pos. 10) wird der Außenring des Lagers mit Käfig und Wälzkörpern bis zur Anlage am Sicherungsring gefügt. Der Innenring wird auf den entsprechenden Wellenabsatz der Pumpenwelle (Pos. 1) gefügt. Beim Einbau der Welle in das Gehäuse wird der Innenring in den Hohlraum des Wälzkörperkranzes geschoben.

10 In welcher Reihenfolge müssen die Einzelteile der Lagerung demontiert werden, wenn die Lager (Pos. 12) auszutauschen sind?

Die Demontage kann folgendermaßen erfolgen: Pos. 2 lösen, Pos. 3 nach links abziehen, Pos. 14 abschrauben, Pos. 1 mit allen auf ihr befestigten Teilen nach rechts herausziehen. Anschließend Pos. 18 abschrauben, Pos. 17, 15 und 13 nach rechts abziehen, dann Lager (Pos. 12) ausbauen.

11 Wozu dient der Gewindestift (Pos. 2)?

Er sichert die Lage des Labyrinthringes (Pos. 3).

12 Warum hat die Pumpenwelle (Pos. 1) im Bereich der Distanzbuchse (Pos. 17) einen kleineren Durchmesser als im Bereich der Pos. 12?

Die Montage der Schrägkugellager (Pos. 12) wird bei abgesetzter Welle erleichtert.

13 Welche Forderung muss an die Oberfläche der Pumpenwelle (1) im Bereich von Pos. 4 gestellt werden?

Weil in diesem Bereich die Dichtlippe des Radial-Wellendichtringes (4) auf der Pumpenwelle gleitet, muss die Oberfläche bei einem R_z-Höchstwert von 4 µm drallfrei geschliffen werden. Die Oberflächenhärte der Welle muss außerdem an dieser Stelle mindestens 45 HRC aufweisen.

14 Aus welchem Grund sind die Wellenbunde der Pumpenwelle (Pos. 1), an denen die Pos. 8 und 12 anliegen, mit Nuten versehen?

Die Nuten sind zur Demontage des Lagerinnenrings der Pos. 8 bzw. zur Demontage der Lager (Pos. 12) erforderlich. Durch sie können die Haken einer Abziehvorrichtung an den Innenringplanflächen angreifen.

15 Wie kann die Montage desjenigen Laufringes von Pos. 8, der Umfangslast aufnehmen muss, erleichtert werden?

Weil der Innenring des Lagers Umfangslast aufnehmen muss, ist zwischen ihm und der Welle ein fester Sitz erforderlich. Zur Erleichterung der Montage kann der Innenring in einem Ölbad oder mit Hilfe eines elektrischen Heizgerätes auf ca. 80 bis 100 °C erwärmt werden.

16 Warum befindet sich im unteren Bereich des Gehäuses (Pos. 11) eine Nut?

Durch die Nut kann Öl, das sich zwischen den Pos. 6 und 8 bzw. zwischen den Pos. 15 und 12 befindet, wieder in den Ölsumpf zurückfließen.

17 Welche Vor- und Nachteile besitzen Wälzlager gegenüber Gleitlagern?

Vorteile der Wälzlager sind z.B.:
- Geringere Reibungsverluste und geringere Wärmeentwicklung
- Hohe Tragfähigkeit bei kleinen Drehzahlen
- Geringer Schmierstoffverbrauch
- Austauschbarkeit durch genormte Größen

Nachteile der Wälzlager sind:
- Empfindlichkeit gegen Schmutz, Stoß und hohe Temperaturen
- Höhere Geräuschentwicklung
- Größerer Einbaudurchmesser
- Geringere Schwingungsdämpfung

18 Warum erwärmt sich ein Hybridlager bei gleicher Belastung weniger als ein herkömmliches Wälzlager?

Die bei Hybridlagern verwendeten Keramikwälzkörper haben eine geringere Dichte als Wälzkörper aus Stahl. Deshalb sind die auftretenden Fliehkräfte kleiner und damit die Reibungsarbeit geringer.

Hybridlager lassen höhere Drehzahlen zu.

19 Warum soll der Lagerring eines Wälzlagers, der Umfanglast aufnehmen muss, mit einer Übermaßpassung gefügt werden?

Der Lagerring und die Welle dürfen sich nicht gegeneinander bewegen.

Bei einer Spielpassung zwischen den Teilen würde der Ring in Laufrichtung „wandern"; Laufring und Gegenstück würden dadurch beschädigt (Passungsrost).

20 Was versteht man bei Wälzlagern unter dem Betriebsspiel?

Das Betriebsspiel ist das Spiel zwischen den Wälzkörpern und den Lagerringen, das nach der Montage im betriebswarmen Zustand vorhanden ist.

21 Was versteht man unter Punktlast?

Punktlast liegt vor, wenn die Belastung ständig auf denselben Punkt des Laufringes gerichtet ist.

Dies ist der Fall, wenn

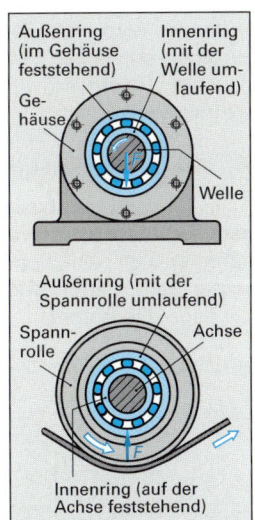

Außenring (im Gehäuse feststehend) — Innenring (mit der Welle umlaufend) — Gehäuse — Welle

Außenring (mit der Spannrolle umlaufend)

Spannrolle — Achse — F — Innenring (auf der Achse feststehend)

- der Außenring im Gehäuse feststeht und der Innenring sich mit der Welle dreht (oberes Bild).
- sich der Innenring auf einer feststehenden Achse befindet und der Außenring mit der Spannrolle umläuft (unteres Bild).

22 Worauf ist beim Einbau von Wälzlagern zu achten?

Beim Wälzlagereinbau muss beachtet werden:

- Die Lager müssen wegen der Empfindlichkeit gegen Schmutz und Korrosion bis zum Einbau in der Originalverpackung aufbewahrt werden.
- Bei der Montage darf die Fügekraft nicht über die Wälzkörper übertragen werden.
- Die Lager sollten entweder mit mechanischen Pressen oder besser mit hydraulischen Pressen eingebaut werden.
- Größere Lagerinnenringe, die Umfangslast aufnehmen müssen, sollten vor dem Einbau erwärmt werden.

23 Welche Auswirkungen auf die Lagerluft hat die Montage eines Wälzlagers, wenn beim Fügen eine Übermaßpassung entsteht?

Die Lagerluft, d.h. das zwischen den Wälzkörpern und den Lagerringen in axialer und radialer Richtung vorhandene Spiel, wird kleiner.

24 Wie können Wälzlager mit Vorspannung montiert werden?

Vorspannung (negatives Betriebsspiel) erreicht man z.B. durch axiales Verschieben einer kegeligen Spannhülse in einem kegeligen Lagerinnenring mit Hilfe einer Einstellmutter oder durch Einlegen von Passscheiben.

25 Worauf ist beim Ausbau eines Wälzlagers zu achten?

Beim Ausbau darf die Abziehkraft nicht über die Wälzkörper übertragen werden.

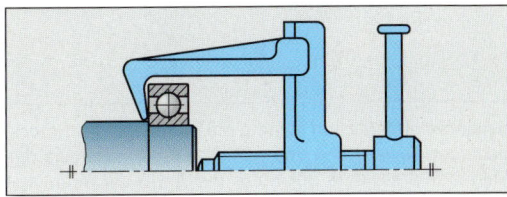

Ergänzende Fragen zu Wälzlagern

26 Welche Wälzkörper werden für Wälzlager verwendet?

Als Wälzkörper werden Kugeln, Zylinderrollen, Kegelrollen, Tonnenrollen und Nadelrollen verwendet.

Die Wälzkörper können ein- oder zweireihig angeordnet sein.

27 Was sind Hybridlager?

Hybridlager sind Wälzlager, deren Laufringe aus Wälzlagerstahl und deren Wälzkörper aus Keramik (Siliziumnitrid Si_3N_4) bestehen.

Hybridlager werden z.B. zur Lagerung von Arbeitsspindeln in Werkzeugmaschinen verwendet.

28 Welche Vorteile besitzen Vollkeramiklager?

Vollkeramiklager sind korrosionsbeständig gegen viele Säuren und Laugen, warmfest bis 800 °C und unmagnetisch.

Magnetlager

Fragen aus Fachkunde Metall, Seite 374

1   Wie funktionieren Magnetlager?

Bei Magnetlagern zentrieren die elektromagnetischen Kräfte der Stator-Erregerwicklungen die zu lagernde Welle (Bild). Der ferromagnetische Rotor, der mit der Welle fest verbunden ist, kann die Statorbohrung nicht berühren, weil er in den Magnetfeldern der paarweise einander gegenüberliegend angeordneten Elektromagneten „schwebt".

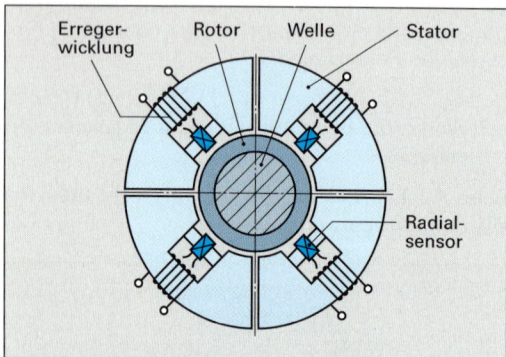

Sensoren überwachen ständig die Mittellage des Rotors. Bei einer Abweichung von der Mittellage regeln sie das Magnetfeld so, dass der Rotor wieder in die Mittellage kommt.

2   Welche Aufgabe haben die Fanglager?

Die Fanglager verhindern bei Magnetlagern, dass sich z.B. bei einem Stromausfall Rotor und Stator berühren und dadurch die Lager beschädigen.

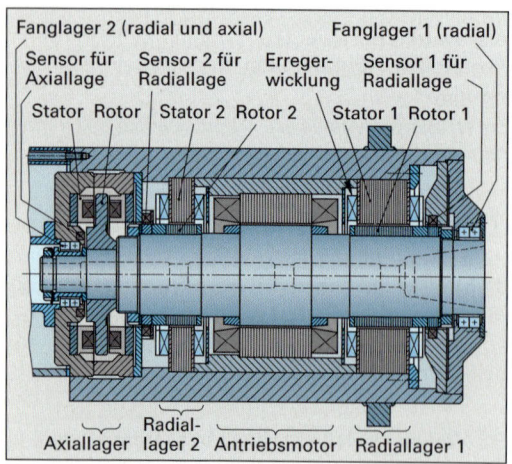

Das zwischen den Fanglagern und dem Rotor vorhandene Spiel ist kleiner als die Lagerluft im Magnetlager.

Ergänzende Fragen zu Magnetlager

3   Welche Vorteile haben Magnetlager gegenüber Wälzlagern?

Vorteile der Magnetlager gegenüber Wälzlagern		
	Magnetlager	Wälzlager
Reibung	sehr gering	gering
Verschleiß	kein Verschleiß	mittel
Laufgeräusch	fast geräuschlos	mittel
Erwärmung	sehr gering	gering
Umfangsgeschwindigkeit	bis 200 m/s	bis 100 m/s
Schmierung	keine	Fett oder Öl

4   Nennen Sie Anwendungsbeispiele für Magnetlager.

Magnetlager werden z.B. zur Lagerung schnelllaufender Rotoren in Zentrifugen, Verdichtern und Turbinen sowie zur Lagerung von Werkzeugspindeln in Hochgeschwindigkeits-Zerspanungsmaschinen verwendet.

5   Wie ist ein Axial-Magnetlager aufgebaut?

Axial-Magnetlager besitzen einen scheibenförmigen Rotor aus massivem Stahl (Bild). Im Stator befinden sich zwei Ringmagnete, die den Rotor in seiner Lage halten. Axial-Sensoren überwachen die Lage des Rotors.

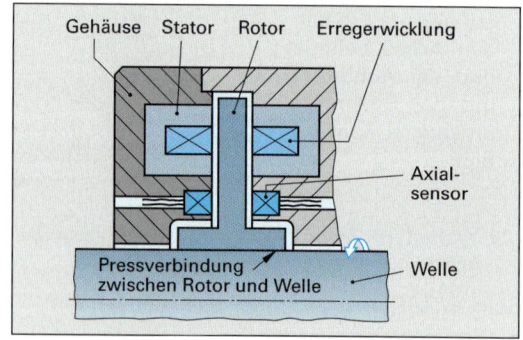

6   Wie funktioniert der Regelkreis eines Magnetlagers?

Die Messsignale der Sensoren werden in einer Auswerteelektronik verarbeitet. Bei Abweichungen des Rotors von der Solllage werden über Leistungsverstärker die Erregerströme in den Feldwicklungen der Elektromagnete verändert. Dadurch nimmt der Rotor wieder die gewünschte Lage ein.

Führungen

Fragen aus Fachkunde Metall, Seite 377

1 Welche Eigenschaften sollen Führungen besitzen?

Führungen sollen folgende Eigenschaften aufweisen:
- Hohe Führungsgenauigkeit
- Nachstellmöglichkeit
- Geringe Reibung und niedriger Verschleiß
- Gute Dämpfungseigenschaften
- Einfache Wartung und Schmierung
- Abdichtung gegen Schmutz und Späne

2 Welche Führungen unterscheidet man nach der Form der Führungsbahn?

Nach der Form der Führungsbahn unterscheidet man:
- Flachführungen
- V-Führungen
- Schwalbenschwanzführungen
- Rundführungen

Weil Flachführungen nur Kräfte senkrecht zur Führungsbahn aufnehmen können, werden sie häufig, wie z.B. bei Führungsbahnen von Drehmaschinen, mit V-Führungen kombiniert.

3 Welche Bewegungen sind mit Rundführungen möglich?

Rundführungen gestatten Dreh- und Längsbewegungen zur Führungsbahn (Bild).

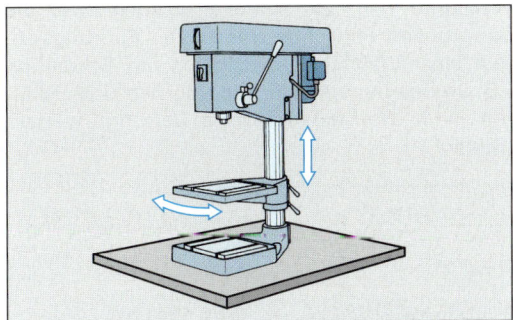

4 Was versteht man unter geschlossenen Führungen?

Bei geschlossenen Führungen umfasst z.B. ein Schlitten die Führungsbahn allseitig.

Dadurch können Kräfte in allen Richtungen quer zur Führungsbahn übertragen werden.

5 Welchen Nachteil besitzen offene Führungen?

Bei offenen Führungen kann der Schlitten nur in bestimmten Richtungen Kräfte aufnehmen.

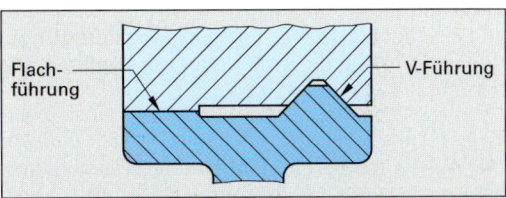

Bei der im Bild gezeigten kombinierten Führung sind z.B. große senkrechte, aber nur kleine Querkräfte möglich. Müsste der Schlitten eine große Kraft senkrecht nach oben aufnehmen, würde er abheben.

6 Warum tritt bei hydrodynamisch geschmierten Führungen häufig Mischreibung auf?

Infolge der meist geringen Gleitgeschwindigkeiten kann sich zwischen den Gleitteilen kein ununterbrochener Schmierfilm bilden. Dies hat zur Folge, dass sich die Gleitflächen an einzelnen Stellen berühren.

7 Warum ist das Ruckgleiten (Stick-Slip-Effekt) bei Führungen unerwünscht?

Durch Ruckgleiten wird z.B. das genaue Positionieren eines Werkzeugschlittens oder eines Handhabungsgerätes erschwert bzw. unmöglich gemacht.

8 Bei welchen Führungen wird das Ruckgleiten vermieden?

Bei Gleitführungen, die hydrostatisch oder aerostatisch gelagert sind, kommt das Ruckgleiten wegen der nur minimalen Reibung nicht vor.

9 Wie funktionieren Wälzführungen für unbegrenzte Verschiebewege?

Wälzführungen für unbegrenzte Verschiebewege besitzen eine Wälzkörperrückführung (Bild). Dadurch kann der Schlitten auf beliebig langen Führungsbahnen verschoben werden.

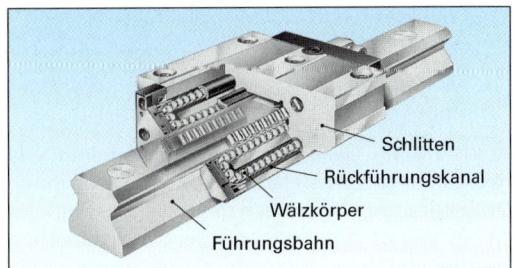

10 Warum ist die Reibung bei aerostatischen Gleitführungen geringer als bei hydrostatischen?

Bei aerostatischen Gleitführungen wirkt ein Druckluftpolster, bei hydrostatischen Gleitführungen ein Ölfilm als Gleitschicht. Wegen der sehr geringen Viskosität der Luft gleitet der Schlitten fast reibungsfrei auf dem Luftpolster.

11 Welche Taschen im Bild sind erforderlich, um den Schlitten bei Belastung durch die Kraft *F* in der richtigen Höhe zu halten?

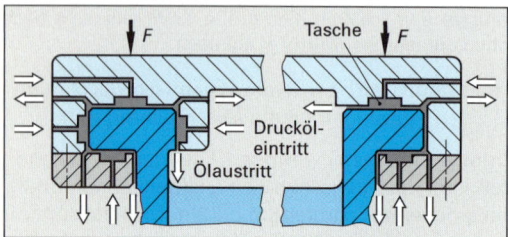

Für die Höhenlage sind die Taschen oben und unten an der Führungsbahn erforderlich.

12 Warum bleibt der Schlitten im obigen Bild in gleicher Höhenlage, auch wenn die Kraft *F* größer wird?

Bei größer werdender Kraft wird der Schlitten geringfügig nach unten gedrückt. Dadurch verengen sich die Spalte der oberen Taschen. Wegen des konstanten Volumenstroms des Drucköls steigt der Druck in diesen Spalten an und drückt den Schlitten wieder in seine Normallage.

13 Welche Taschen im obigen Bild werden benötigt, um den Schlitten bei nicht senkrechten Bearbeitungskräften in seiner Position zu halten?

Bei waagrechten Kraftkomponenten halten die seitlich angeordneten Taschen den Schlitten in seiner Position.

14 Wie funktionieren aerostatische Gleitführungen?

Aerostatische Gleitführungen funktionieren wie hydrostatische. Anstelle von Öl wird bei ihnen Druckluft durch die Taschen gepresst. Die Reibung ist deshalb noch geringer als bei hydrostatischen Führungen.

Ergänzende Fragen zu Führungen

15 Wie werden Gleitführungen geschmiert?

Gleitführungen werden wie Gleitlager entweder hydrodynamisch oder hydrostatisch geschmiert.

Bei hydrodynamisch geschmierten Führungen ist der Öldruck zwischen den gleitenden Teilen wegen der geringen Gleitgeschwindigkeit häufig gering. Dadurch kommt es zu Mischreibung und erhöhtem Verschleiß.

Bei hydrostatisch geschmierten Führungen wird der erforderliche Öldruck außerhalb der Führungen in besonderen Pumpen erzeugt.

16 Wie funktioniert eine verdrehfeste Kugelführung?

Eine verdrehfeste Kugelführung besteht im Wesentlichen aus einer Profilwelle, einer Kugelbuchse und den zwischen der Welle und der Kugelbuchse sich befindenden Wälzkörpern (Bild). Weil die Wälzkörper zwischen Laufbahnrillen von Profilwelle und Kugelbuchse angeordnet sind, sind solche Führungen verdrehfest.

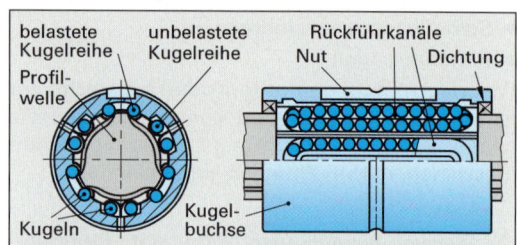

17 Welchen Montage-Vorteil besitzen Wälzführungen gegenüber Gleitführungen?

Wälzführungen sind schneller montiert, weil die Baugruppen Führungsschiene und Führungswagen einer Wälzführung lediglich mit Schrauben z.B. an bearbeiteten Flächen von Bett und Schlitten einer Werkzeugmaschine befestigt werden (Bild).

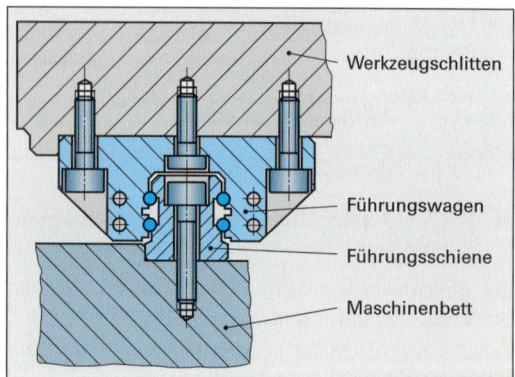

Dichtungen

Fragen aus Fachkunde Metall, Seite 379

1 Welche Dichtungsarten unterscheidet man?

Man unterscheidet ruhende (statische) Dichtungen und Bewegungsdichtungen (dynamische Dichtungen).

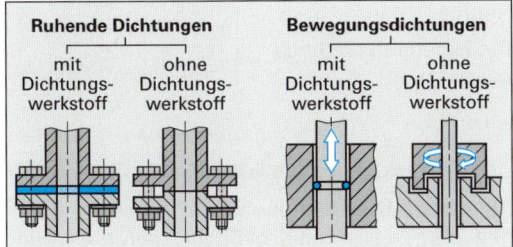

2 Wie wird bei ruhenden Dichtungen die Dichtwirkung erreicht?

Die Dichtwirkung wird durch Aufeinanderpressen der Bauteile an den Dichtflächen erreicht. Dadurch werden Unebenheiten an den Dichtflächen ausgeglichen.

Zwischen die Dichtflächen wird ein Dichtelement aus elastischem Dichtwerkstoff eingelegt.

3 Wozu werden Radial-Wellendichtringe verwendet?

Sie werden zum Abdichten von Wellendurchgängen, z.B. bei Maschinengehäusen, verwendet (Bild). Radial-Wellendichtringe können keine Räume mit großen Druckunterschieden abdichten.

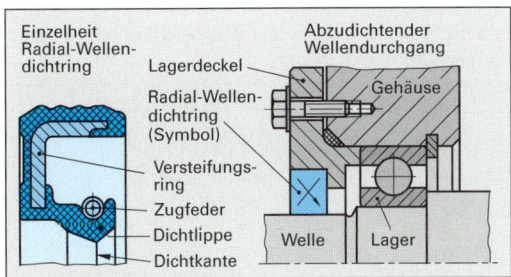

4 Wie dichten Labyrinthdichtungen ab?

Sie dichten durch ineinander greifende Bauteile ab, die einen labyrinthförmigen Spalt zwischen Welle und Gehäuse bilden (Bild).

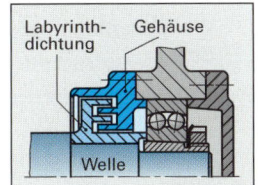

Ergänzende Fragen zu Dichtungen

5 Welche Profildichtungen werden am häufigsten verwendet?

Die am häufigsten verwendeten Profildichtungen sind die Runddichtringe, auch O-Ringe genannt. Sie werden in eine Nut eingelegt und beim Zusammenbau elastisch verformt.

6 Wie wird bei einer Axial-Gleitringdichtung die Dichtwirkung erzielt?

Gegeneinander abdichtende Teile sind zwei aufeinander schleifende Gleitringe (Bild). Der eine Gleitring läuft mit der Welle mit, der andere Gleitring ist fest mit dem Gehäuse verbunden. Dichtfläche ist die Gleitfläche der beiden Gleitringe.

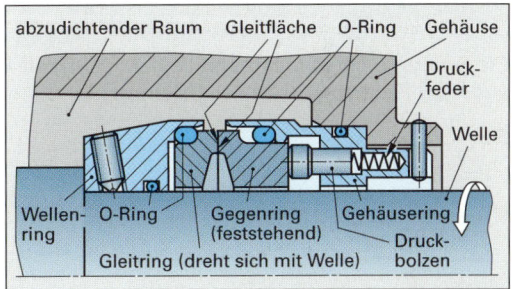

7 Warum können Radial-Wellendichtringe nicht zum Abdichten von Räumen mit hohen Druckunterschieden verwendet werden?

Der flexible Radial-Wellendichtring kann keine großen Druckkräfte aufnehmen. Bei hoher Druckbelastung würde er sich verformen und die Dichtlippe würde schnell verschleißen.

8 Welche Eigenschaften müssen Dichtungswerkstoffe besitzen?

Dichtungswerkstoffe müssen elastisch oder plastisch verformbar sein, um Unebenheiten der Dichtflächen auszugleichen. Außerdem sollen sie chemisch beständig, temperatur- und alterungsbeständig sowie verschleißfest sein. Dichtungswerkstoffe von Bewegungsdichtungen sollen außerdem eine geringe Reibung aufweisen.

9 Welche Werkstoffe werden für die Gleitringe in Gleitringdichtungen verwendet?

Als Werkstoffe für Gleitringe verwendet man Kunststoffe, Keramik, Hartmetall oder Grafit.

Federn

Fragen aus Fachkunde Metall, Seite 381

1 Wozu werden Federn verwendet?

Federn können in Maschinen verschiedene Aufgaben übernehmen:

- Auffangen von Stößen und Schwingungen (Fahrzeuge, Kupplungen)
- Aufeinanderpressen von Maschinenteilen (Kupplung)
- Speichern von Spannenergie (z.B. beim Stirnmitnehmer)
- Rückholen von Maschinenteilen (Pneumatikzylinder)

2 Wie groß ist die Federrate einer Druckfeder, wenn eine Kraft von 400 N erforderlich ist, um die Feder um 5,5 mm zusammenzudrücken?

Die Federrate berechnet man aus der Federkraft F und dem Federweg s mit der Gleichung

$$R = \frac{F}{s}$$

$$R = \frac{400\ \text{N}}{5,5\ \text{mm}} \approx 72,7\ \text{N/mm}$$

3 Welche Federarten unterscheidet man?

- Nach der Art der Beanspruchung unterscheidet man Druckfedern, Zugfedern, Biegefedern und Drehfedern (Bild unten).
- Nach der äußeren Form unterscheidet man Schraubenfedern, Spiralfedern, Blattfedern, Drehstabfedern, Tellerfedern und Ringfedern.
- Nach der Art des federnden Stoffes unterscheidet man Stahlfedern, Gummifedern und pneumatische Federn.

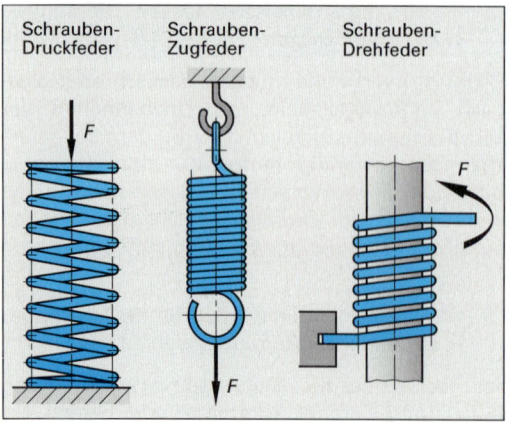

Schrauben-Druckfeder   Schrauben-Zugfeder   Schrauben-Drehfeder

4 Wie kann bei Tellerfedern der Federweg ohne Veränderung der Federkraft vergrößert werden?

Durch wechselsinnige Schichtung von Tellerfedern zu Tellerfederpaketen kann der Federweg vergrößert werden (Bild).

Die Federkraft bleibt dabei konstant.

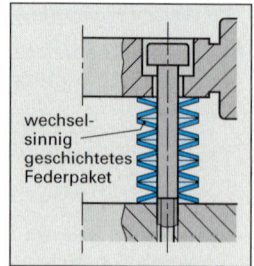

wechselsinnig geschichtetes Federpaket

5 Wie funktioniert die Federung bei Ringfedern?

Ringfedern bestehen aus geschlossenen Stahlringen, die sich an ihren Kegelflächen berühren (Bild). Wirkt auf die Ringfedern eine Kraft in axialer Richtung, werden die Außenringe elastisch geweitet, die Innenringe zusammengedrückt.

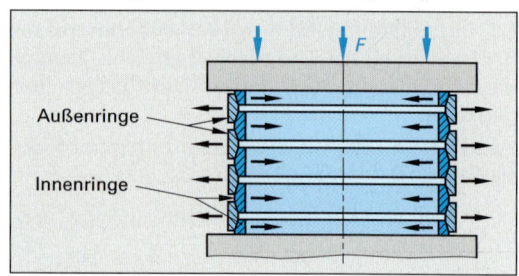

Außenringe

Innenringe

Ergänzende Fragen zu Federn

6 Wozu dienen Federkennlinien?

Federkennlinien dienen zur Beurteilung der Federeigenschaften.

Federkennlinien können linear, progressiv oder degressiv verlaufen (Bild).

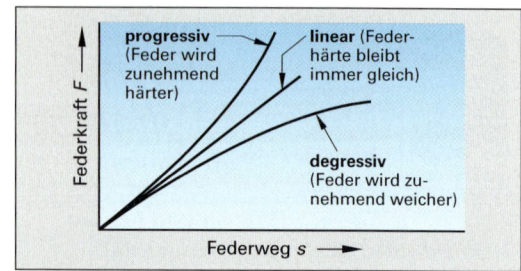

progressiv (Feder wird zunehmend härter)   linear (Federhärte bleibt immer gleich)   degressiv (Feder wird zunehmend weicher)

Federkraft F — Federweg s ⟶

7 Wozu werden pneumatische Federn verwendet?

Pneumatische Federn dienen z.B. zur Federung von Kraftfahrzeugen.

Als Federungselement wird Luft oder ein anderes Gas verwendet.

4.6 Funktionseinheiten zur Energieübertragung

Wellen und Achsen

Fragen aus Fachkunde Metall, Seite 383

1 Wodurch unterscheiden sich Achsen und Wellen?

Achsen und Wellen unterscheiden sich in der Funktion:
- Achsen dienen zum Tragen ruhender, umlaufender oder schwingender Maschinenteile.
- Wellen übertragen Drehmomente, z.B. bei Zahradgetrieben.

Achsen werden vorwiegend auf Biegung, Wellen auf Verdrehung (Torsion) und Biegung beansprucht.

2 Wovon hängt die Größe des Wellendurchmessers ab?

Der Wellendurchmesser muss so groß sein, dass die zulässigen Spannungen für Torsion und Biegung in der Welle nicht überschritten werden.

3 Warum müssen Wellen in mindestens zwei Lagern gelagert werden?

Nur durch eine Lagerung in mindestens zwei Lagern ist die Welle radial fixiert und überträgt die auf sie wirkenden Kräfte auf das Gehäuse (Bild).

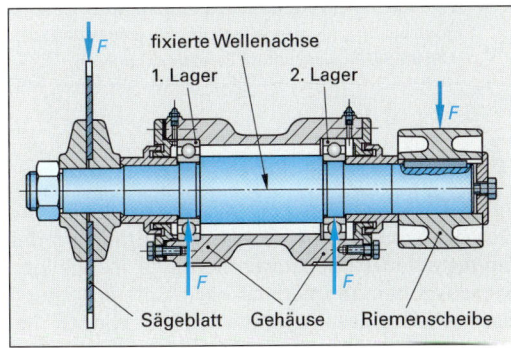

Ergänzende Fragen zu Wellen und Achsen

4 Welche Arten von Wellen gibt es?

Nach ihrer Funktion können Wellen in Antriebswellen, Getriebewellen, Spindeln, Gelenkwellen sowie Kurbel- und Nockenwellen unterteilt werden.

Nach der Bauform unterscheidet man starre Wellen, Gelenkwellen und biegsame Wellen.

5 Warum sind Getriebewellen meist abgesetzt?

Durch Wellenabsätze können andere Maschinenteile, wie z.B. Zahnräder oder Wälzlager, leichter montiert und in axialer Richtung festgelegt werden.

Maschinenteile mit Übermaß, wie z.B. Wälzlager, müssten bei nicht abgesetzten Wellen bis zu ihrem Sitz über die Welle getrieben werden.

6 Welche Zapfenarten gibt es?

Bei den Wellenzapfen unterscheidet man Stirn-, Hals- und Kugelzapfen sowie Spur- und Kurbelzapfen (Bild).

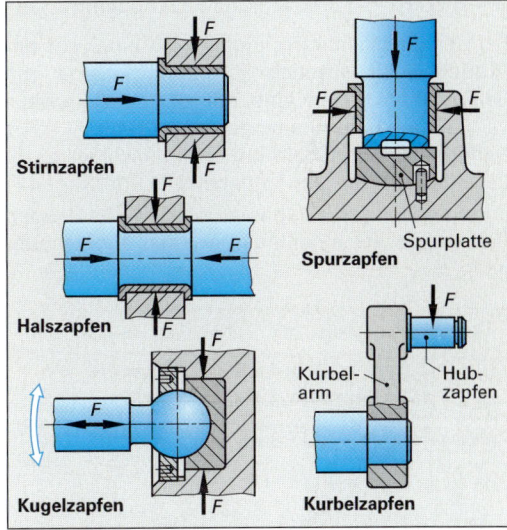

Am Übergang vom Zapfen zur Wellenschulter besteht durch Kerbwirkung Dauerbruchgefahr. Aus diesem Grunde muss der Übergang mit großem Radius oder genormtem Freistich erfolgen.

7 Wozu werden Gelenkwellen verwendet?

Gelenkwellen werden dann zur Drehmomentübertragung verwendet, wenn sich die Lage der Antriebsseite zur Abtriebsseite einer Welle verändern kann.

8 Welche Aufgaben haben Kurbelwellen?

Kurbelwellen wandeln Drehbewegungen in geradlinige Bewegungen oder geradlinige Bewegungen in Drehbewegungen um.

Kurbelwellen werden z.B. bei Kolbenverdichtern und Verbrennungsmotoren verwendet.

Kupplungen

Fragen aus Fachkunde Metall, Seite 388

1 Welche Aufgaben haben Kupplungen?

Kupplungen verbinden zwei Wellen und übertragen das Drehmoment von der einen zur anderen Welle. Zum Teil dienen sie zum Zu- und Abschalten von Baugruppen, z.B. von Getriebewellen.

Manche Kupplungsarten sind in der Lage, Wellenversetzungen auszugleichen.

2 Wie arbeitet eine Einscheibenkupplung?

Bei der Einscheibenkupplung wird eine, auf der Abtriebswelle sitzende Kupplungsscheibe mit Reibbelägen gegen eine mit der Antriebswelle verbundene Reibscheibe gepresst (Bild).
Dadurch wird das Drehmoment kraftschlüssig von den Antriebs- auf die Abtriebswelle übertragen.

Zum Lösen der Kupplung werden die beiden Reibbeläge mit einer Ausrückgabel auseinander gedrückt.

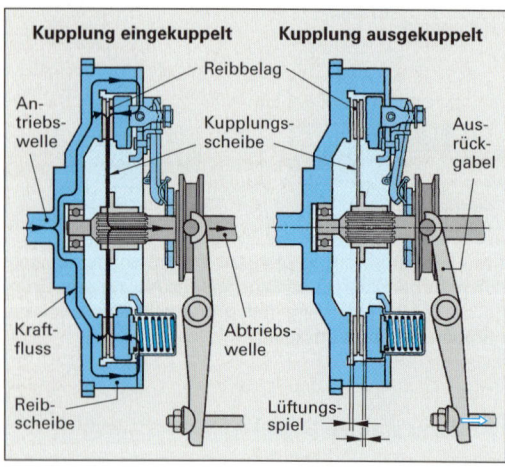

Kupplung eingekuppelt   Kupplung ausgekuppelt

Reibbelag · Antriebswelle · Kupplungsscheibe · Ausrückgabel · Kraftfluss · Abtriebswelle · Reibscheibe · Lüftungsspiel

3 Wo werden elastische Kupplungen eingesetzt?

Elastische Kupplungen werden eingesetzt, wenn stark schwankende Drehmomente übertragen werden müssen und/oder Stöße und Schwingungen sowie kleine radiale, axiale und winklige Wellenversetzungen auszugleichen sind.

Als elastische Elemente werden Formteile aus Gummi sowie Schrauben- und Blattfedern, Metallbälge und druckluftgefüllte Gummibälge eingesetzt.

4 Welche Vorteile bieten Metallbalgkupplungen?

Wichtige Vorteile der Metallbalgkupplungen sind:
- Ausgleich von kleinem radialen, axialen und winkligem Wellenversatz.
- Einfacher, robuster Aufbau mit hoher Verdrehfestigkeit sowie einfache Montage.
- Keine Beeinträchtigung durch erhöhte Betriebstemperaturen.

5 Wie werden Lamellenkupplungen geschaltet?

Beim Schalten der Kupplung werden die Innenlamellen gegen die Außenlamellen gepresst (Bild). Damit wird das Drehmoment kraftschlüssig von der Antriebswelle auf die Abtriebswelle übertragen.

Beim Lösen der Kupplung werden die Lamellen voneinander getrennt, sodass sich die Außenlamellen mit der Antriebswelle und die Innenlamellen mit der Abtriebswelle drehen.

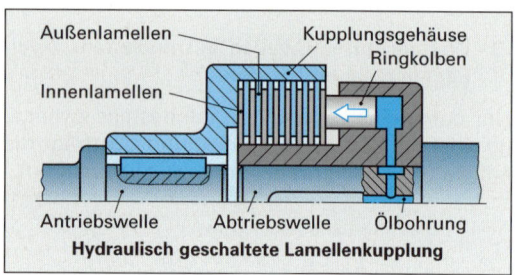

Außenlamellen · Kupplungsgehäuse Ringkolben · Innenlamellen · Antriebswelle · Abtriebswelle · Ölbohrung
Hydraulisch geschaltete Lamellenkupplung

6 Welche Vorteile haben Durchrastkupplungen?

Durchrastkupplungen schalten bei Erreichen des eingestellten Überlastdrehmoments in wenigen Millisekunden ab und sind nach Unterschreitung des Überlastdrehmoments sofort wieder betriebsbereit.

7 Welche Aufgabe erfüllen Freilaufkupplungen?

Freilaufkupplungen schalten die Drehmomentübertragung ab, wenn der Abtriebsteil der Kupplung zeitweise schneller rotiert als der antreibende Kupplungsteil und die schnellere Rotation nicht durch die Antriebsmaschine gebremst werden soll.

Ergänzende Fragen zu Kupplungen

8 Welche Wellenversetzungen können durch Kupplungen ausgeglichen werden?

Es können ausgeglichen werden (Bild):
Radialversetzungen, Axialversetzungen, Winkelversetzungen sowie Kombinationen dieser Versetzungen.

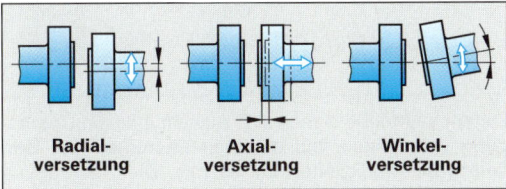

| Radial-
versetzung | Axial-
versetzung | Winkel-
versetzung |

9 Wozu werden starre Kupplungen verwendet?

Starre Kupplungen werden zur Kraftübertragung zwischen zwei fluchtenden Wellen eingesetzt, die auch in axialer Richtung fest miteinander verbunden sind.

Starre Kupplungen können keine Wellenversetzungen ausgleichen.

10 Welche Kupplungen gehören zu den drehstarren Kupplungen?

Zu den drehstarren Kupplungen zählen Bogenzahnkupplungen, Gelenkkupplungen und Gelenkwellen. Diese Kupplungen können Drehbewegungen drehstarr übertragen und gleichzeitig Winkel- und Axialversetzungen ausgleichen.

Mit zwei Gelenken auf einer Welle können auch große radiale Versetzungen ausgeglichen werden.

11 In welchen Fällen werden elastische Kupplungen eingesetzt?

Elastische Kupplungen werden eingesetzt, wenn z.B. eine Maschine weich angefahren werden muss oder wenn in Umfangsrichtung Stöße und Schwingungen gedämpft werden sollen.

Häufig verwendet man elastische Kupplungen zum Antrieb von Arbeitsmaschinen mit stark schwankender oder stoßartiger Belastung, wie z.B. bei Kolbenpumpen und Kolbenverdichtern.

12 Wozu werden Sicherheitskupplungen verwendet?

Sicherheitskupplungen werden verwendet, um z.B. hochwertige Maschinenteile bei Überlastung vor Beschädigung zu schützen.

13 In welchen Fällen verwendet man Lamellenkupplungen?

Lamellenkupplungen werden verwendet, wenn der Kraftfluss der verbundenen Wellen häufig unterbrochen werden muss und große Drehmomente mit einer kompakten Kupplung übertragen werden sollen.

Lamellenkupplungen mit elektromagnetischer Betätigung eignen sich besonders für automatisch gesteuerte Werkzeugmaschinen.

14 Wozu dienen Anlaufkupplungen?

Anlaufkupplungen ermöglichen ein unbelastetes Anlaufen der Kraftmaschine. Sie kuppeln erst ab einer vorgewählten Drehzahl die Arbeitsmaschine zu.

Anlaufkupplungen sind bei Kraftmaschinen erforderlich, die bei niedrigen Drehzahlen ein kleines Drehmoment besitzen, wie z.B. Verbrennungsmotore.

15 Worin besteht der Unterschied zwischen formschlüssigen und kraftschlüssigen Schaltkupplungen?

Bei den formschlüssigen Schaltkupplungen wird die Verbindung der Wellen durch zwei ineinander passende Formteile hergestellt.

Bei kraftschlüssigen Schaltkupplungen erfolgt die Drehmomentübertragung durch Reibungskräfte.

Zu den formschlüssigen Schaltkupplungen gehören die Klauenkupplung und die Zahnkupplung.

Kraftschlüssige Schaltkupplungen sind die Einscheibenkupplung und die Lamellenkupplung.

16 Wie sind Freilaufkupplungen aufgebaut?

Freilauf- bzw. Überholkupplungen enthalten Klemmkörper (z.B. Kugeln), die bei schnellerem Lauf der Antriebswelle die Klemmkörper zwischen Antriebs- und Abtriebswelle einklemmen und dadurch eine formschlüssige Verbindung herstellen (Bild).

Bei langsamerem Lauf der Antriebswelle werden die eingeklemmten Kugeln freigesetzt und die Abtriebswelle überholt die Antriebswelle.

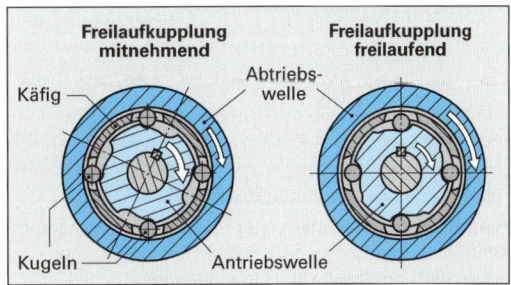

Riementriebe

Fragen aus Fachkunde Metall, Seite 390

1 Welche besonderen Eigenschaften haben Flachriemenantriebe?

Die besonderen Eigenschaften der Flachriemenantriebe sind:

- Geräuscharmer, stoßdämpfender Lauf
- Geringer Wartungsaufwand
- Hohe Riemengeschwindigkeit und große übertragbare Leistungen
- Hohe Spannkraft erforderlich
- Schlupf durch Riemendehnung und Riemengleitung
- Begrenzte Einsatztemperatur

2 Welche Keilriemenprofile gibt es?

Man unterscheidet Schmalkeilriemen, Breitkeilriemen, Verbundkeilriemen und Keilrippenriemen (Bild).

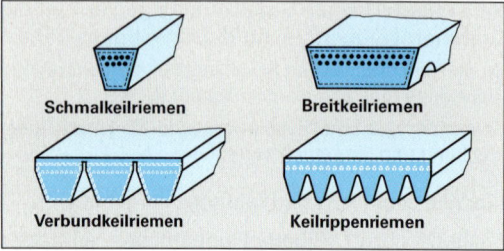

Die verschiedenen Keilriemen werden für unterschiedliche Anwendungsfälle eingesetzt.

3 Was versteht man unter flankenoffenen Keilriemen?

Flankenoffene Keilriemen besitzen kein Umhüllungsgewebe (Bild).

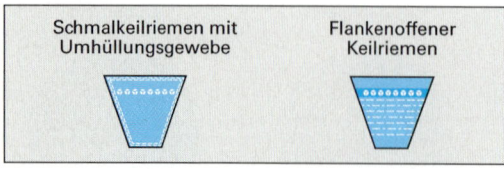

Flankenoffene Keilriemen sind flexibler als ummantelte Keilriemen und dadurch für kleine Riemenscheiben und hohe zu übertragende Leistungen geeignet.

4 Wodurch zeichnen sich Zahnriementriebe aus?

Zahnriementriebe (Bild) laufen schlupffrei. Sie benötigen nur geringe Riemenvorspannungen und verursachen deshalb nur kleine Lagerbelastungen.

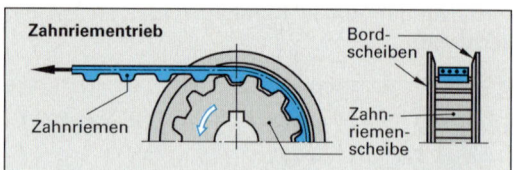

Zahnriementriebe eignen sich zur schlupflosen Übertragung von kleinen und mittleren Leistungen bei Umfangsgeschwindigkeiten bis 80 m/s. Die Übertragung des Drehmomentes erfolgt formschlüssig.

Ergänzende Fragen zu Riementrieben

5 Welche Arten von Riementrieben unterscheidet man?

Man unterscheidet unverzahnte (kraftschlüssige) Riementriebe und verzahnte (formschlüssige) Riementriebe.

Kraftschlüssige Riementriebe übertragen das Drehmoment durch Reibung zwischen Riemenscheibe und Treibriemen. Bei formschlüssigen Riementrieben erfolgt die Drehmomentübertragung durch das formschlüssige ineinander Greifen von Zahnriemen und Zahnriemenscheibe.

6 Was versteht man bei Riementrieben unter dem Schlupf?

Unter Schlupf versteht man den Geschwindigkeitsunterschied zwischen der Umfangsgeschwindigkeit der Riemenscheibe und der Geschwindigkeit des Riemens.

Der Schlupf wird verursacht durch elastische Dehnung des Riemens infolge der Umfangskraft und durch geringfügiges Gleiten des Riemens auf der Riemenscheibe.

Der Schlupf bei Riementrieben beträgt bis zu 2 %.

7 Welche Vor- und Nachteile hat der Keilriementrieb im Vergleich zum Flachriementrieb?

Der Keilriementrieb hat folgende Vorteile:

Hohe Übertragungsleistung bei geringer Baugröße, große Durchzugskraft bei geringem Schlupf, sehr hohe Leistungsübertragung durch mehrere nebeneinander angeordnete Keilriemen (Verbundkeilriemen). Nachteilig sind die höheren Kosten und die begrenzten Achsabstände.

Kettentriebe

Fragen aus Fachkunde Metall, Seite 392

1 Welche Gruppen von Kettenbauarten werden grundsätzlich unterschieden?

Man unterscheidet Gliederketten und Gelenkketten (Bild).

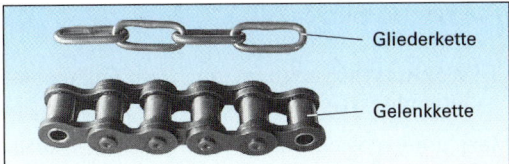

Gliederkette

Gelenkkette

Gliederketten dienen nur als Lastketten, Gelenkketten sind das Zugmittel in Kettentrieben.

2 Erläutern Sie vier Merkmale, durch welche sich die Ketten von den Riemen unterscheiden.

- Nicht empfindlich gegen Feuchtigkeit, Schmutz und höhere Temperaturen
- Schmierung erforderlich
- Kettengeschwindigkeit begrenzt, Schwingen bei stoßartiger Belastung
- Größere Geräuschentwicklung

3 Erklären Sie den Aufbau einer Rollenkette und erläutern Sie ihre Vorteile.

Die Rollenkette hat gegenüber der einfacheren Bolzenkette gehärtete und geschliffene Rollen, die auf den Zahnflanken des Kettenrades abrollen (Bild). Rollenketten besitzen eine kleinere Reibung und deshalb einen geringeren Verschleiß als Bolzenketten.

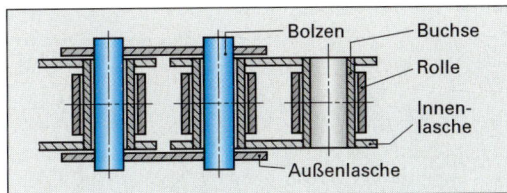

Bolzen

Buchse

Rolle

Innen-lasche

Außenlasche

4 Welche Merkmale kennzeichnen Zahnketten? Nennen Sie einen Einsatzbereich.

Zahnketten (Bild) laufen geräuscharm und können für Kettengeschwindigkeiten bis 30 m/s eingesetzt werden.
Sie werden z.B. als Steuerketten in Motoren verwendet.

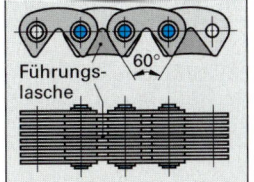

Führungs-lasche

60°

Ergänzende Fragen zu Kettentrieben

5 In welchen Fällen werden Kettentriebe verwendet?

Kettentriebe werden verwendet:
- bei größeren Achsabständen, wenn kein Schlupf auftreten darf
- bei rauem Betrieb oder bei Trieben, die starker Verschmutzung ausgesetzt sind

Kettentriebe haben sich bei Fahrrädern und Motorrädern besonders bewährt. Außerdem werden sie in der Fördertechnik sowie bei Holzbearbeitungs- und Baumaschinen eingesetzt.

6 Wie werden die Kettenräder eines Kettentriebs günstig angeordnet?

Günstig für einen ruhigen Lauf der Kette ist eine waagrechte oder bis 60° geneigte Anordnung der Kettenräder (Bild).

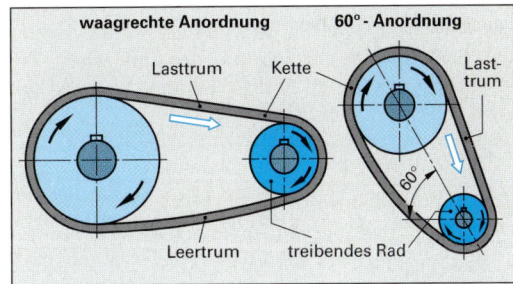

waagrechte Anordnung   60° - Anordnung

Lasttrum   Kette   Lasttrum

60°

Leertrum   treibendes Rad

7 Wozu dient bei Kettentrieben die Spannrolle?

Die Spannrolle soll die Kette immer leicht spannen, sodass Verlängerungen der Kette ausgeglichen und Schwingungen vermieden werden (Bild).
Kettentriebe mit Spannrolle können auch senkrecht angeordnet werden.

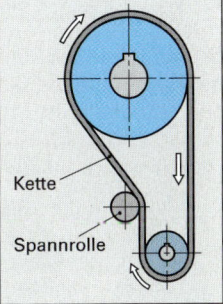

Kette

Spannrolle

8 Welche Arten von Ketten gibt es für Kettentriebe?

Es gibt Rollenketten, Buchsenketten sowie Bolzenketten in den Bauarten Gallketten, Fleyerketten und Zahnketten.

Zahnradtriebe

Fragen aus Fachkunde Metall, Seite 395

1   Welche Aufgaben haben Zahnräder?

Zahnräder übertragen Drehbewegungen formschlüssig von einer Welle auf eine andere Welle.
Dabei können sich die Drehzahl, die Drehrichtung
und das Drehmoment ändern.

2   Was versteht man unter dem Modul eines Zahnrades?

Der Modul m ist eine Kennzahl einer
Verzahnung. Er wird berechnet aus der $m = \dfrac{p}{\pi}$
Teilung p dividiert durch die Zahl π.

Die Werte für den Modul sind genormt und haben die
Einheit einer Länge, z.B. $m = 2$ mm.

3   Wie entsteht eine Evolvente?

Die Kurvenbahn einer Evolvente entsteht, wenn
der Endpunkt eines Fadens, der um einen Zylinder gewickelt ist, vom Zylinder abgewickelt
wird (Bild).

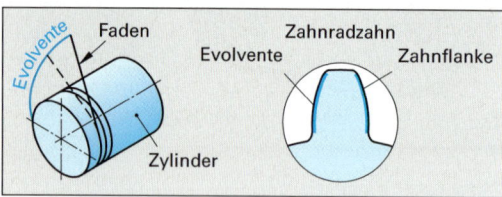

4   Welche Grundformen der Zahnradtriebe unterscheidet man?

Grundformen der Zahnradtriebe sind Stirnradtriebe, Kegelradtriebe, Schneckentriebe und Schraubenradtriebe (Bild).

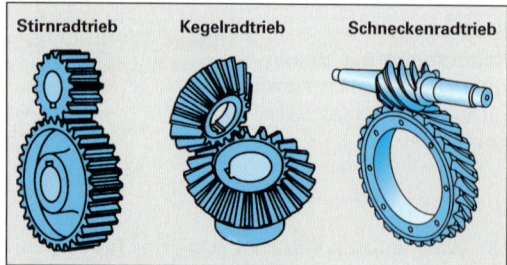

Stirnradtriebe verwendet man bei parallelen Achsen, Kegelradtriebe bei sich schneidenden Achsen und
Schneckenradtriebe sowie Schraubenradtriebe bei sich
kreuzenden Achsen.

5   Welche Vorteile und Nachteile haben schräg-verzahnte Stirnräder?

Bei schrägverzahnten Zahnrädern sind immer
mehrere Zähne gleichzeitig im Eingriff. Sie können deshalb eine höhere Umfangskraft übertragen und laufen ruhiger als geradverzahnte Räder.
Zahnräder mit Schrägverzahnung erzeugen jedoch Axialkräfte, die von den Lagern aufgenommen werden müssen.

6   Welche Wälzverfahren zur Zahnradherstellung unterscheidet man?

Man unterscheidet das Wälzfräsen, das Wälz-
stoßen, das Wälzhobeln und das Wälzschleifen
(Bild).

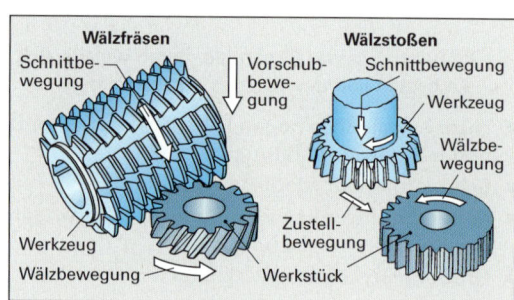

Ergänzende Fragen zu Zahnradtrieben

7   Welche Grundgrößen kennzeichnen einen Zahnradtrieb aus zwei Stirnrädern?

Grundgrößen eines Zahnradtriebs sind die Zähnezahlen, die Teilkreisdurchmesser und die Drehzahlen der beiden Zahnräder (Bild).

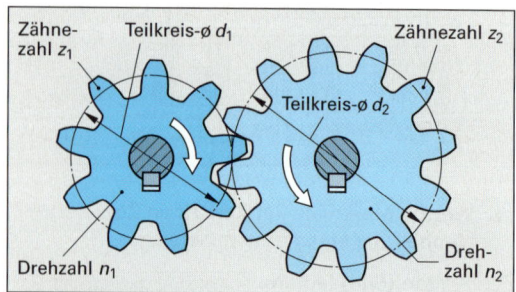

8   Wie berechnet man bei geradverzahnten Stirnrädern und Kegelrädern den Teilkreis-durchmesser?

Aus der Zähnezahl z mal den Modul m:
$d = m \cdot z$

9 Für ein Hebezeug, das ein Zahnräderpaar mit dem Achsabstand $a = 270$ mm enthält (Bild), soll das getriebene Zahnrad hergestellt werden.

Von dem treibenden Zahnrad sind die Zähnezahl $z_1 = 46$ und der Kopfkreisdurchmesser $d_{a1} = 216$ mm bekannt.

Berechnen Sie die folgenden Größen:

a) den Modul m beider Zahnräder

$$d_a = m\,(z + 2) \quad \Rightarrow$$

$$m = \frac{d_a}{z + 2}$$

$$m = \frac{216 \text{ mm}}{46 + 2} = \textbf{4,5 mm}$$

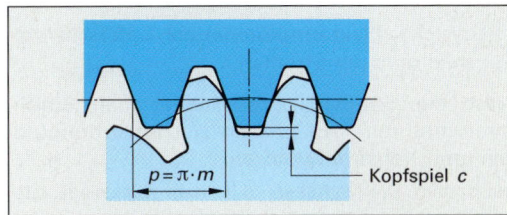

treibendes Zahnrad — $z_1 = 46$ — d_{a1}

getriebenes Zahnrad — z_2 — d_{a2} — 270

Hubgewicht

b) die Zähnezahl z_2 des getriebenen Zahnrades

$$a = \frac{m \cdot (z_1 + z_2)}{2} \quad \Rightarrow$$

$$z_2 = \frac{2a - m \cdot z_1}{m}$$

$$z_2 = \frac{2 \cdot 270 \text{ mm} - 4,5 \text{ mm} \cdot 46}{4,5} = \textbf{74}$$

c) den Kopfkreisdurchmesser d_{a2} des getriebenen Zahnrades

$$d_{a2} = m \cdot (z + 2) = 4,5 \text{ mm} \cdot (74 + 2) = \textbf{342 mm}$$

d) die Teilkreisdurchmesser beider Zahnräder

$d = m \cdot z; \quad d_1 = 4,5$ mm $\cdot 46 = \textbf{207 mm}$
$d_2 = 4,5$ mm $\cdot 74 = \textbf{333 mm}$

e) die Zahnhöhen h beider Zahnräder für ein Kopfspiel $c = 0,167 \cdot m$

$h = 2 \cdot m + c = 2 \cdot 4,5$ mm $+ 0,167 \cdot 4,5$ mm
$= \textbf{9,75 mm}$

10 Worauf ist bei der Montage von Kegelrädern besonders zu achten?

Es ist auf die richtige axiale Lage der Räder zu achten. Ansonsten klemmen die Zähne oder es ist ein zu großes Spiel vorhanden.

In Kegelradtrieben muss daher die Möglichkeit zur axialen Einstellung des Spiels vorgesehen sein.

11 Was versteht man unter dem „Kopfspiel" eines Zahnradpaares?

Das Kopfspiel ist der Abstand zwischen dem Kopfkreis des einen Zahnrades und dem Fußkreis des Gegenzahnrades (Bild).

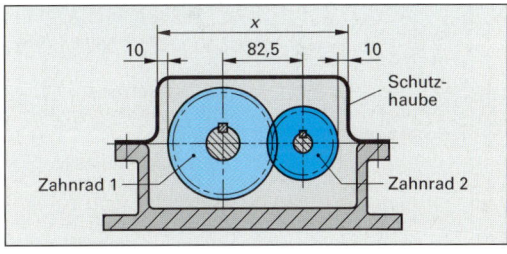

$p = \pi \cdot m$ — Kopfspiel c

Das Kopfspiel soll 0,1 bis 0,3 mal dem Modul des Zahnradpaares betragen: $c = (0,1 \text{ bis } 0,3) \cdot m$

12 Welche geometrische Form hat die Zahnflanke von Zahnrädern?

Der Krümmungsverlauf der Zahnflanke hat meist die Form einer Evolvente.

13 Ein Zahnrädergetriebe soll eine Schutzhaube erhalten (Bild). Bekannt sind:

Achsabstand $a = 82,5$ mm, Modul $m = 2,5$ mm und Zähnezahl $z_2 = 24$.

Wie groß muss die lichte Weite x der Schutzhaube bei einem Abstand von je 10 mm zu den Zahnrädern sein?

x — 10 — 82,5 — 10 — Schutzhaube

Zahnrad 1 — Zahnrad 2

Gegeben:
$a = 82,5$ mm, $m = 2,5$ mm, $z_2 = 24$
$d_2 = m \cdot z_2 = 2,5$ mm $\cdot 24 = 60$ mm

$$a = \frac{d_1 + d_2}{2} \quad \Rightarrow \quad d_1 = 2 \cdot a - d_2$$

$d_1 = 2 \cdot 82,5$ mm $- 60$ mm $= 105$ mm

$d_{a1} = d_1 + 2 \cdot m = 105$ mm $+ 2 \cdot 2,5$ mm $= 110$ mm

$d_{a2} = d_2 + 2 \cdot m = 60$ mm $+ 2 \cdot 2,5$ mm $= 65$ mm

$$x = a + \frac{d_{a1}}{2} + \frac{d_{a2}}{2} + 2 \cdot 10 \text{ mm}$$

$= 82,5$ mm $+ 55$ mm $+ 32,5$ mm $+ 20$ mm $= \textbf{190 mm}$

4.7 Antriebseinheiten

Elektromotoren

Fragen aus Fachkunde Metall, Seite 402

1 Welche Elektromotorenarten unterscheidet man nach der Stromart?

Nach der Stromart unterscheidet man Gleichstrommotoren, Einphasen-Wechselstrommotoren und Drehstrommotoren.

Nach dem Drehverhalten, d.h. dem Gleichlauf oder Nichtgleichlauf mit dem Drehfeld des Stroms, unterscheidet man Synchronmotoren und Asynchronmotoren.

2 Welches sind die kennzeichnenden Eigenschaften des Drehstrom-Asynchronmotors?

- Einfacher, robuster Aufbau, da dem Rotor kein Strom zugeführt werden muss
- Wartungsarm, wenig störungsanfällig
- Anzugsmoment etwa so groß wie das Nennmoment (siehe Motorkennlinie im Bild)
- Hoher Anlaufstrom
- Drehzahl fällt bei Belastung nur wenig ab

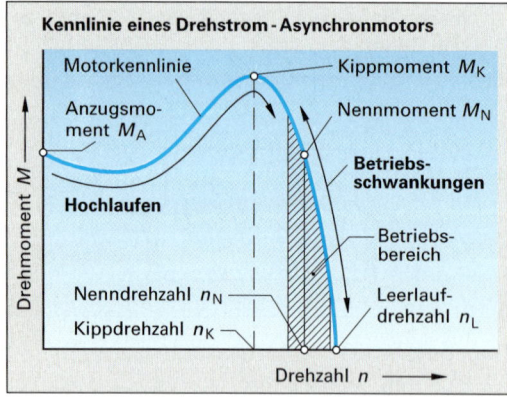

3 Erläutern Sie den Aufbau und die Funktion eines Drehstrom-Asynchronmotors.

Drehstrom-Asynchronmotoren bestehen aus einem feststehenden Stator (Ständer) und dem drehbaren Rotor (Bild rechts oben). Sie haben einen rundkäfigartigen Rotor aus Aluminium-Leiterstäben, die von zwei Endringen (Kurzschlussringen) zusammengehalten werden. Die Rotorzwischenräume sind Blechpakete.

Das umlaufende Statormagnetfeld induziert in den Rotor-Leiterstäben einen Stromfluss und damit ein ebenfalls umlaufendes Magnetfeld. Das Statormagnetfeld nimmt das Rotormagnetfeld mit, sodass sich der Rotor asynchron mit dem Statormagnetfeld dreht.

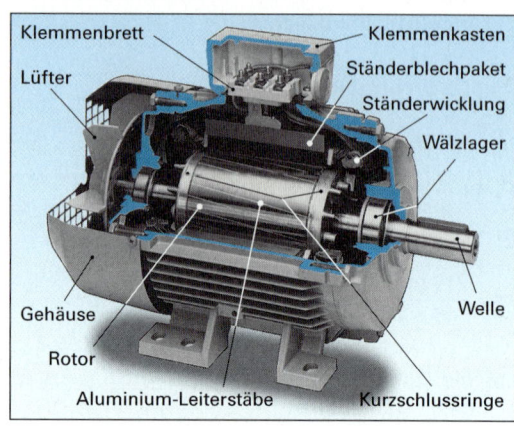

4 Warum benötigen Drehstrom-Asynchronmotoren höherer Leistung eine Anlasssteuerung?

Elektromotoren mit großer Leistung entnehmen beim Anfahren dem Stromnetz große Ströme. Dadurch würde die Spannung im Leitungsnetz abfallen, was für viele am Netz angeschlossene Elektrogeräte schädlich ist.

Große Elektromotoren besitzen deshalb eine Anlasssteuerung. Sie bewirkt ein langsames Anlaufen des Motors und damit eine weniger große Entnahme von Strom aus dem Stromnetz.

5 Erläutern Sie die Anforderungen an Hauptspindelantriebe und Vorschubantriebe von Werkzeugmaschinen.

Anforderungen an **Hauptspindelantriebe**:
- Große Leistung und konstantes Drehmoment über einen weiten Drehzahlbereich
- Stufenlose Drehzahlsteuerung
- Schnelles Anfahren und Bremsen
- Möglichkeit der Winkelpositionierung, z.B. beim Werkzeugwechsel oder beim Bohren.

Anforderungen an **Vorschubantriebe**:
- Schnelles Beschleunigen und Bremsen
- Hohes Haltemoment bei Stillstand
- Überschwingfreies Anfahren der Position
- Zustellung kleiner Weginkremente.

6 Erläutern Sie den Aufbau eines Linearmotors.

Ein Linearmotor entspricht im Grundaufbau einem in die Ebene abgewickelten Drehstrommotor (Bild).

Auf der Bewegungsstrecke ist eine Bahn aus Dauermagneten angeordnet. Sie sind der Ständer des Linearmotors. Der bewegliche Maschinenschlitten enthält linear angeordnete Magnetwicklungen. Werden die Wicklungen an Drehstrom angeschlossen, so entsteht dort ein linear wanderndes Magnetfeld. Es stößt sich vom Magnetfeld der Dauermagnetbahn ab und treibt den Maschinenschlitten vor sich her.

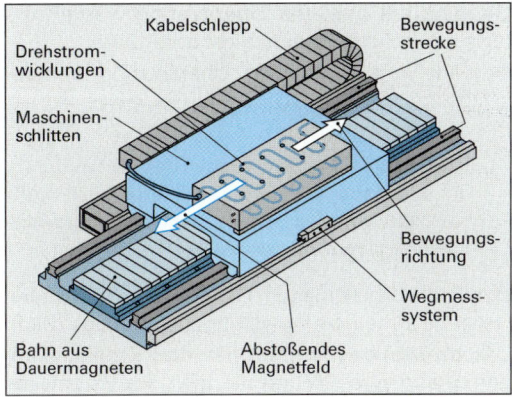

Kabelschlepp · Bewegungsstrecke · Drehstromwicklungen · Maschinenschlitten · Bewegungsrichtung · Wegmesssystem · Bahn aus Dauermagneten · Abstoßendes Magnetfeld

Ergänzende Fragen zu Elektromotoren

7 Welche Vorteile besitzen Elektromotoren?

Wichtige Vorteile der Elektromotoren sind:
- Sie sind geräuscharm, wartungsarm und umweltfreundlich.
- Ihre Leistung steht sofort bereit.
- Sie haben einen hohen Wirkungsgrad.
- Es gibt Elektromotoren in vielen Leistungsgrößen, Bauformen und Betriebsverhaltensweisen.

8 Wie entsteht die elektromagnetische Kraft in einem Elektromotor?

Die elektromagnetische Kraft in einem Elektromotor entsteht durch Zusammenwirken des Magnetfeldes der drehbar gelagerten Leiterspulen im Rotor und des Magnetfeldes des feststehenden Stators.

Die elektromagnetische Kraft bewirkt ein Drehmoment auf den Rotor und führt zur Drehung der Motorwelle.

9 Welches sind die gebräuchlichsten Drehstrommotoren?

Der Synchronmotor sowie der Asynchronmotor mit Schleifringläufer oder Kurzschlussläufer.

Jede Motorart hat spezifische Eigenschaften, so dass sie sich für ganz besondere Antriebsaufgaben eignet.

10 Wie kann die Drehzahl von Drehstrommotoren gesteuert werden?

Bei polumschaltbaren Drehstrommotoren kann die Drehzahl in ein oder zwei Stufen umgeschaltet werden.

Mit Frequenzumrichtern kann die Drehzahl von Drehstrommotoren in einem weiten Drehzahlbereich stufenlos verstellt werden.

11 Wie reagiert ein Drehstrom-Asynchronmotor auf eine Erhöhung der Belastung?

Seine Drehzahl vermindert sich und sein Drehmoment vergrößert sich bis zu einem maximalen Drehmoment, dem Kippmoment. (Siehe Bild des Betriebsverhaltens des Drehstromasynchronmotors, Seite 196, Frage 2).

Der Motor passt sich in diesem Bereich der Belastung an.

Übersteigt die Belastung das Kippmoment, so bleibt der Motor stehen.

12 Welche Eigenschaften haben Synchronmotoren?

Eigenschaften der Synchronmotoren sind:
- Die Motorwelle dreht sich synchron, d.h. drehzahlgleich mit der Drehfelddrehzahl.
- Die Drehzahl bleibt auch bei Lastschwankungen konstant.
- Bei Überlastung bleibt der Motor stehen.
- Synchronmotoren benötigen eine Anlaufhilfe.
- Drehzahlsteuerung ist durch elektronische Steuerung möglich.

13 Wozu werden Universalmotoren verwendet?

Universalmotoren werden zum Antrieb von Haushaltsmaschinen und Kleingeräten, wie z.B. Staubsaugern, Handbohrmaschinen und Mixern, verwendet.

Universalmotoren können mit Gleichstrom oder einphasigem Wechselstrom betrieben werden.

14 Welche Aufgabe hat der Stromwender eines Gleichstrommotors?

Der Stromwender sorgt dafür, dass der Strom in den Leiterschleifen des Motors stets in der richtigen Richtung fließt und ein ununterbrochenes Drehen des Rotors bewirkt.

Um eine fortlaufende Drehbewegung zu erhalten, muss der Strom jeweils auf eine andere Leiterschleife geleitet werden.

15 Welche Vorteile hat ein Direktantrieb der Hauptspindel mit einem Einbaumotor bei einer Werkzeugmaschine?

Die Vorteile sind:
- Hohe Torsionssteifigkeit und Laufruhe.
- Hohe Kreisformgenauigkeit und große Positioniergenauigkeit.
- Geringer Platzbedarf, keine Energieübertragungsbaugruppen zwischen Motor und Spindel (Bild).

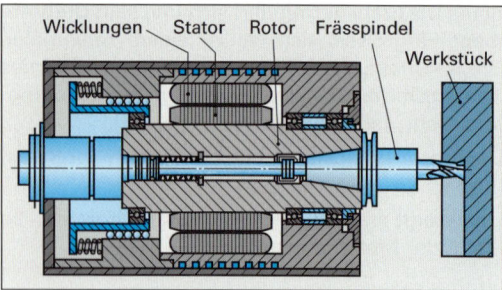

Wicklungen Stator Rotor Frässpindel
Werkstück

16 Welche Elektromotoren verwendet man für Vorschubantriebe?

Für Vorschubantriebe werden meist bürstenlose Drehstrom-Synchronmotoren eingesetzt.

17 Welche Anforderungen muss ein Vorschubantrieb erfüllen?

- Große Dynamik beim Beschleunigen und Bremsen.
- Hohes Haltemoment beim Stillstand.
- Anfahren der Position ohne Überlauf.
- Zustellung kleiner Weginkremente.

18 Wie wird bei Drehstrom-Asynchronmotoren und Drehstrom-Synchronmotoren die Drehzahl gesteuert?

Die Drehzahl wird bei diesen Motoren durch Verstellen der Frequenz des Antriebsstroms mit einem Frequenzumrichter gesteuert.

Getriebe

Fragen aus Fachkunde Metall, Seite 408

1 Welche Aufgaben haben Getriebe?

Getriebe dienen zur Übersetzung von Drehzahlen und Drehmomenten sowie zur Änderung von Drehrichtungen.

2 Welche Bauarten unterscheidet man bei den mechanischen Getrieben?

Man unterscheidet Getriebe mit gestufter und mit stufenloser Übersetzung.

Getriebe mit gestufter Übersetzung werden unterteilt in schaltbare und nicht schaltbare,

Getriebe mit stufenloser Übersetzung in reibschlüssige und formschlüssige Getriebe.

3 Wie können 6 verschiedene Drehzahlen durch ein Getriebe mit Schieberäderblöcken verwirklicht werden, wenn der Antriebsmotor nur eine Drehzahl aufweist?

Durch die Kombination von einem dreistufigen Getriebe mit einem zweistufigen Vorgelege (Bild).

Das dreistufige Getriebe hat drei Schaltstellungen, die in zwei Schaltstellungen des Vorgeleges beaufschlagt werden können. Das ergibt insgesamt $3 \cdot 2 = 6$ Schaltstellungen.

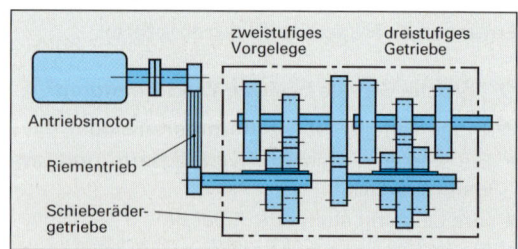

zweistufiges Vorgelege   dreistufiges Getriebe
Antriebsmotor
Riementrieb
Schieberädergetriebe

4 Welche Vorteile haben stufenlose Getriebe?

Bei stufenlosen Getrieben können die Abtriebsdrehzahlen bei konstanter Antriebsdrehzahl stufenlos zwischen einer kleinsten und einer größten Drehzahl eingestellt werden.

5 Welche Getriebe ermöglichen große Übersetzungen ins Langsame?

Große Übersetzungen ins Langsame können mit Schneckengetrieben und mit Harmonic-Drive-Getrieben erzielt werden.

6 Das Schieberäder-Getriebe (Bild) wird mit 40 kW bei 910/min angetrieben. Die Zähnezahlen betragen: $z_1 = 34$; $z_2 = 54$; $z_3 = 44$; $z_4 = 44$; $z_5 = 25$; $z_6 = 63$.

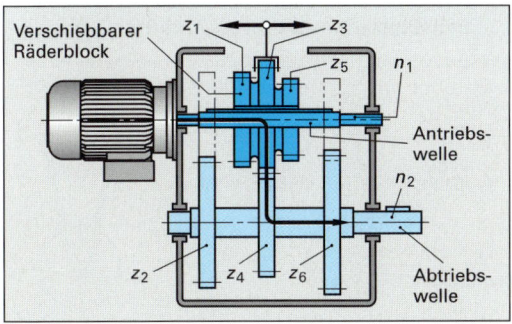

a) Wie groß sind die Übersetzungsverhältnisse der Übersetzungsstufen?

Stufe I (z_1/z_2) : $i = \dfrac{z_2}{z_1} = \dfrac{54}{34} = $ **1,588**

Stufe II (z_3/z_4) : $i = \dfrac{z_4}{z_3} = \dfrac{44}{44} = $ **1**

Stufe III (z_5/z_6) : $i = \dfrac{z_6}{z_5} = \dfrac{63}{25} = $ **2,52**

b) Wie groß sind die Leistung, das Drehmoment und die Drehzahl bei der größten Übersetzung bei einem Getriebewirkungsgrad von 92 %?

$P_2 = \eta \cdot P_1 = 0{,}92 \cdot 40 \text{ kW} = \mathbf{36{,}8 \text{ kW}} = \mathbf{36\,800 \dfrac{N \cdot m}{s}}$

$n_2 = \dfrac{n_1}{i} = \dfrac{910 \,/\text{min}}{2{,}52} = \mathbf{361 \,/\text{min} = 6 \,/\text{s}}$

$M_2 = \dfrac{P_2}{2 \cdot \pi \cdot n_2} = \dfrac{36\,800 \dfrac{N \cdot m}{s}}{2 \cdot \pi \cdot 6 \,/\text{s}} = \mathbf{996 \text{ N} \cdot \text{m}}$

7 Der Hauptspindelantrieb einer Drehmaschine (Bild rechts oben) arbeitet nach der gezeigten Kennlinie (Bild unten).

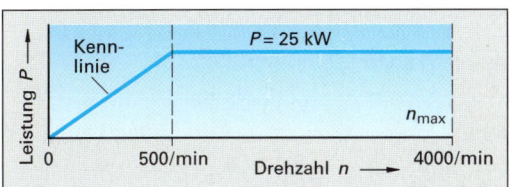

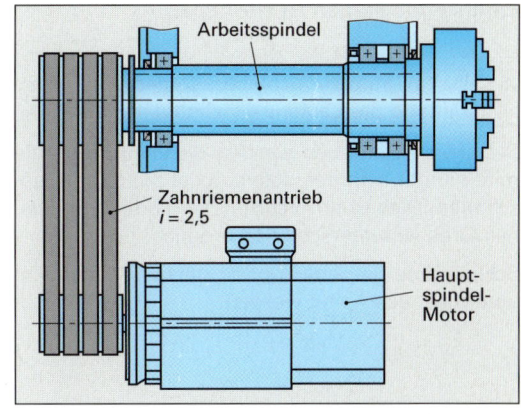

a) Wie groß sind die vom Motor bei den Drehzahlen 500 /min, 2000 /min und 4000 /min abgegebenen Drehmomente?

$M = \dfrac{P}{2 \cdot \pi \cdot n}$

$n = 500/\text{min:}$ $M = \dfrac{25\,000 \dfrac{N \cdot m}{s}}{2 \cdot \pi \cdot 8{,}33/\text{s}} = \mathbf{477 \text{ N} \cdot \text{m}}$
  $= 8{,}33/\text{s}$

$n = 2000/\text{min:}$ $M = \dfrac{25\,000 \dfrac{N \cdot m}{s}}{2 \cdot \pi \cdot 33{,}33/\text{s}} = \mathbf{119 \text{ N} \cdot \text{m}}$
  $= 33{,}33/\text{s}$

$n = 4000/\text{min:}$ $M = \dfrac{25\,000 \dfrac{N \cdot m}{s}}{2 \cdot \pi \cdot 66{,}66/\text{s}} = \mathbf{60 \text{ N} \cdot \text{m}}$
  $= 66{,}66/\text{s}$

b) Der Zahnriementrieb zwischen Motor und Spindel hat ein Übersetzungsverhältnis $i = $ 2,5. Wie wirkt sich dieses auf die Drehmomente und Drehzahlen an der Hauptspindel aus?

Für die Drehmomente gilt: $M_2 = M_1 \cdot i$

z.B. $M_2 = 477 \text{ N} \cdot \text{m} \cdot 2{,}5 = 1193 \text{ N} \cdot \text{m}$

Die Drehmomente an der Spindel sind jeweils 2,5 mal größer als die Drehmomente am Motor.

Für die Drehzahlen gilt: $i = \dfrac{n_1}{n_2} \Rightarrow n_2 = \dfrac{n_1}{i}$

z.B. $n_2 = \dfrac{500 \,/\text{min}}{2{,}5} = 200 \,/\text{min} = 3{,}33 \,/\text{s}$

Die Drehzahlen der Spindel sind jeweils um den Faktor 2,5 kleiner als die Drehzahlen des Motors.

Ergänzende Fragen zu Getrieben

8   Warum können Schieberädergetriebe nicht während des Laufens geschaltet werden?

Bei diesen Getrieben werden die Zahnräder, die miteinander kämmen sollen, axial ineinander geschoben. Dies ist nur bei Stillstand oder sehr kleinen Drehzahlunterschieden möglich.

Schieberädergetriebe können deshalb auch nicht unter Last geschaltet werden.

9   Das einstufige Zahnrädergetriebe (Bild) wird durch einen drehzahlgeregelten Motor angetrieben. Dieser gibt im Drehzahlbereich von 100/min bis 2500/min ein konstantes Drehmoment $M_1 = 65$ N · m ab. Die Zähnezahlen des Zahnrädergetriebes sind $z_1 = 23$ und $z_2 = 81$. Der Wirkungsgrad beträgt $\eta = 0,92$.

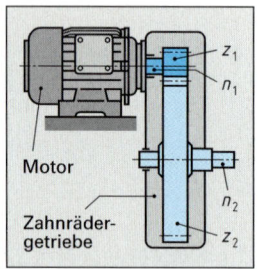

Motor

Zahnräder-getriebe

Wie groß sind die Ausgangsgrößen P_2, M_2 und n_2 bei kleinster und größter Motordrehzahl?

Bei $n = 100/\text{min} = 1,67/\text{s}$

$$P_2 = 2 \cdot \pi \cdot n \cdot M \cdot \eta = 2 \cdot \pi \cdot 1,67 \, \frac{1}{\text{s}} \cdot 65 \, \text{N} \cdot \text{m} \cdot 0,92$$

$$P_2 = 627 \, \frac{\text{N} \cdot \text{m}}{\text{s}} = \mathbf{627\,W}$$

$$M_2 = i \cdot M \cdot \eta; \quad \text{mit } i = \frac{z_2}{z_1} = \frac{81}{23} = 3,52$$

$$M_2 = 3,52 \cdot 65 \, \text{N} \cdot \text{m} \cdot 0,92 = \mathbf{210\,N \cdot m}$$

$$n_2 = \frac{n_1}{i} = \frac{100/\text{min}}{3,52} = \mathbf{28,4/min}$$

Bei $n = 2500/\text{min} = 41,67/\text{s}$

$$P_2 = 2 \cdot \pi \cdot n \cdot M \cdot \eta = 2 \cdot \pi \cdot 41,67 \, \frac{1}{\text{s}} \cdot 65 \, \text{N} \cdot \text{m} \cdot 0,92$$

$$P_2 = 15657 \, \frac{\text{N} \cdot \text{m}}{\text{s}} = \mathbf{15657\,W}$$

$$M_2 = i \cdot M \cdot \eta = 3,52 \cdot 65 \, \text{N} \cdot \text{m} \cdot 0,92 = \mathbf{210\,N \cdot m}$$

$$n_2 = \frac{n_1}{i} = \frac{2500/\text{min}}{3,52} = \mathbf{710/min}$$

10   Bei dem Breitkeilriemen-Getriebe (Bild) können die wirksamen Durchmesser der beiden Kegelscheibenpaare zwischen $d_{\min} = 80$ mm und $d_{\max} = 400$ mm stufenlos eingestellt werden. Der Antriebsmotor leistet 4 kW bei einer konstanten Drehzahl von 2700/min.

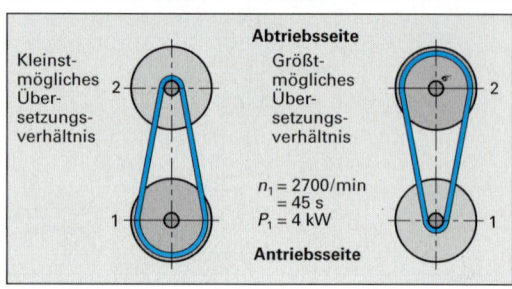

Wie groß sind Drehzahl, Riemengeschwindigkeit, Leistung und Drehmoment der Antriebswelle für ...

a)   das kleinstmögliche Übersetzungsverhältnis?

$$i = \frac{d_2}{d_1} = \frac{80 \text{ mm}}{400 \text{ mm}} = 0,2; \qquad \begin{array}{l} d_1 = 400 \text{ mm} \\ d_2 = 80 \text{ mm} \end{array}$$

$$\frac{n_1}{n_2} = \frac{d_2}{d_1} \quad \Rightarrow \quad n_2 = n_1 \cdot \frac{d_1}{d_2} = 2700/\text{min} \cdot \frac{400 \text{ mm}}{80 \text{ mm}}$$

$$n_2 = \mathbf{13\,500/min} = 225/\text{s}$$

$$v_2 = n_2 \cdot \pi \cdot d_2 = 225 \, \frac{1}{\text{s}} \cdot \pi \cdot 0,08 \text{ m} = \mathbf{56,5\,m/s}$$

$$P_2 = P_1 = \mathbf{4\,kW}$$

$$M_2 = \frac{P_2}{2 \cdot \pi \cdot n_2} = \frac{4000 \, \frac{\text{N} \cdot \text{m}}{\text{s}}}{2 \cdot \pi \cdot 225 \, \frac{1}{\text{s}}} = \mathbf{2,83\,N \cdot m}$$

b)   das größtmögliche Übersetzungsverhältnis?

$$i = \frac{d_2}{d_1} = \frac{400 \text{ mm}}{80 \text{ mm}} = 0,2; \qquad \begin{array}{l} d_1 = 80 \text{ mm} \\ d_2 = 400 \text{ mm} \end{array}$$

$$n_2 = n_1 \cdot \frac{d_1}{d_2} = 2700/\text{min} \cdot \frac{80 \text{ mm}}{400 \text{ mm}} = \mathbf{540/min} = 9/\text{s}$$

$$v_2 = n_2 \cdot \pi \cdot d_2 = 9 \, \frac{1}{\text{s}} \cdot \pi \cdot 0,4 \text{ m} = \mathbf{11,3\,m/s}$$

$$P_2 = P_1 = \mathbf{4\,kW}$$

$$M_2 = \frac{P_2}{2 \cdot \pi \cdot n_2} = \frac{4000 \, \frac{\text{N} \cdot \text{m}}{\text{s}}}{2 \cdot \pi \cdot 9 \, \frac{1}{\text{s}}} = \mathbf{70,74\,N \cdot m}$$

Antriebe für geradlinige Bewegungen

Fragen aus Fachkunde Metall, Seite 410

1 Welche Antriebsarten gibt es für geradlinige Bewegungen?

- Linearantriebe mit Pneumatik- oder Hydraulikzylindern (Bild links)
- Linearantriebe durch Umwandlung der Drehbewegung eines Elektromotors in eine geradlinige Bewegung, z.B. mit einem Riementrieb (Bild rechts) oder durch eine Gewindespindel mit Mutter (Bild unten).
- Linearmotore (Bild Seite 197).

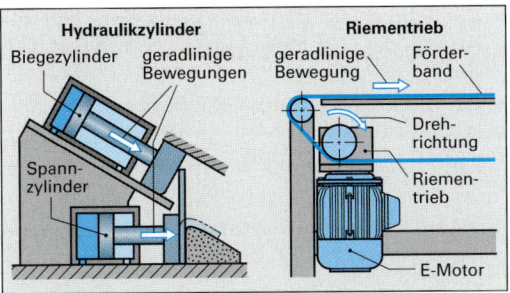

2 Wie kann die Geschwindigkeit eines hydraulischen Vorschubantriebes eingestellt werden?

Die Vorschubgeschwindigkeit v eines Hydrozylinders wird durch Verstellen des zugeführten Volumenstroms Q eingestellt.

3 Welche Vorteile hat ein Kugelgewindetrieb?

Kugelgewindetriebe sind leichtgängig, reibungsarm und praktisch spielfrei positionierbar (Bild). Auch bei geringen Geschwindigkeiten tritt kein Ruckgleiten (Stick-slip) auf. Positionen können deshalb sehr genau angefahren werden. Sie haben einen geringen Verschleiß und eine gleichbleibende Genauigkeit.

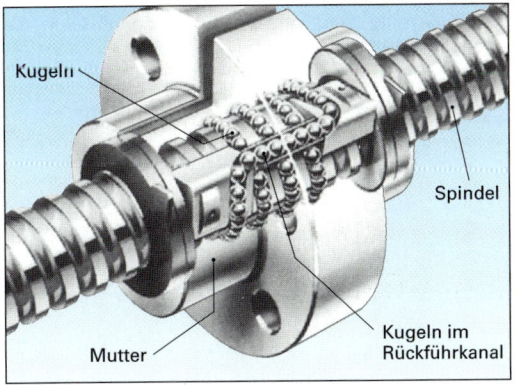

4 Der Schlitten einer Maschine soll mit der Geschwindigkeit v = 4000 mm/min verschoben werden. Der eingebaute Kugelgewindetrieb hat die Steigung P = 4 mm. Welche Spindeldrehzahl ist dazu erforderlich?

$$v = n \cdot P \quad \Rightarrow \quad n = \frac{v}{P}$$

$$n = \frac{4000 \text{ mm/min}}{4 \text{ mm}} = \textbf{1000/min}$$

Ergänzende Fragen zu Linearantrieben

5 Nennen Sie Beispiele für geradlinige Bewegungen an Maschinen.

- Zustell- und Vorschubbewegungen an Werkzeugmaschinen.
- Be- und Entladen von Werkzeugmaschinen durch Handhabungsautomaten.
- Hub- und Arbeitsbewegungen bei Pressen.
- Transport von Werkstücken mit Fördersystemen.

6 Ein Förderband soll Werkstücke mit einer Geschwindigkeit von 4,7 cm/s bewegen (Bild). Der Elektromotor hat eine Drehzahl von 980 /min, die Antriebsriemenscheibe des Förderbandes hat einen Durchmesser von 120 mm.
Wie groß muss das Übersetzungsverhältnis des Getriebes sein?

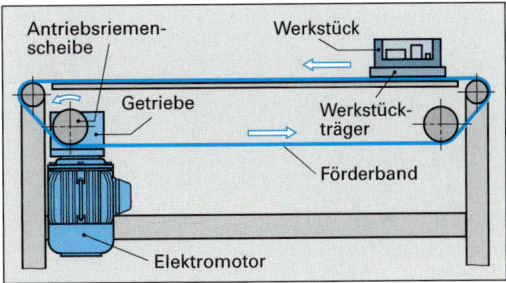

$$v_2 = \pi \cdot d \cdot n_2 \quad \Rightarrow$$

$$n_2 = \frac{v_2}{\pi \cdot d} = \frac{47 \text{ mm/s}}{\pi \cdot 120 \text{ mm}} = 0{,}125/\text{s} = \textbf{7,48/min}$$

$$i = \frac{n_1}{n_2} = \frac{980/\text{min}}{7{,}48/\text{min}} = \textbf{131}$$

4.8 Montagetechnik

Fragen aus Fachkunde Metall, Seite 418

1   Welchen Vorteil hat die Fließmontage?

Bei der Fließmontage (Bild) werden kurze Montagezeiten erreicht.

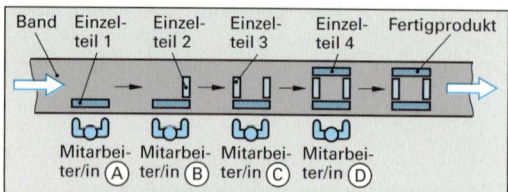

Die Investitionskosten sind bei der Fließmontage im Vergleich zur stationären Montage höher.

2   Was versteht man unter stationärer Montage?

Bei der stationären Montage erfolgt der Zusammenbau einer Maschine an einem festen Standort.

Die stationäre Montage wird vor allem bei großen Bauteilen oder Baugruppen angewandt.

3   Warum werden große Maschinen stationär montiert?

Die stationäre Montage hat den Vorteil, dass dabei z.B. die schweren Ständer und Maschinenbette der Werkzeugmaschinen während der Montage nicht bewegt werden müssen (Bild).

Entscheidend für die Art der Montage ist neben der Größe der zu montierenden Maschine auch die Stückzahl.

4   Welche allgemeinen Regeln sind bei der Getriebemontage zu beachten?

Bei der Getriebemontage sind folgende Regeln zu beachten:

- Bei geschweißten Getriebegehäusen müssen Schweißnähte und innere Gehäuseflächen verputzt werden.
- Nach dem Reinigen sollten innere Gehäuseflächen einen Schutzanstrich erhalten.
- Bearbeitungsgrate müssen entfernt, alle Kanten gebrochen werden.
- Wellen- und Gehäusemaße müssen vor der Montage überprüft werden.
- Die Formtoleranzen der Sitzflächen und die Rauheit der Lagersitze müssen kontrolliert werden.
- Der Montageplatz muss staubfrei sein.
- Das Korrosionsschutzöl an Wälzlagern muss vor der Montage abgewischt werden.

5   Warum müssen Dichtungen sorgfältig montiert werden?

Bei nicht fachgerechter Montage können Dichtungen ihre Aufgabe nicht erfüllen, z.B., wenn sie bei der Montage beschädigt wurden.

Beschädigte Dichtungen beeinträchtigen z.B. die Funktionsfähigkeit einer Maschine. Sie müssen deshalb unter oftmals großem Zeitaufwand ausgewechselt werden.

6   In welchen Fällen muss bei Wälzlagern der Außenring vor dem Innenring montiert werden?

Der Außenring wird dann zuerst montiert, wenn im gefügten Zustand zwischen ihm und der Gehäusebohrung Übermaß vorhanden sein muss. Dies ist der Fall bei Lagern, die am Außenring Umfangslast aufnehmen müssen.

Der Außenring wird mit einer Montagehülse in die Gehäusebohrung gepresst (Bild).

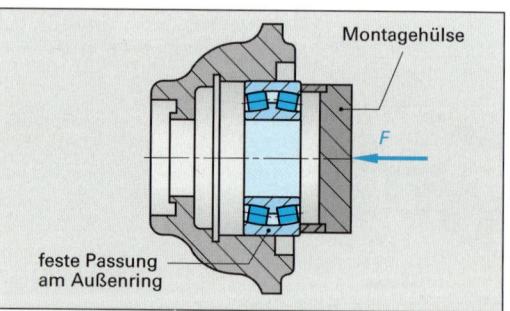

7 Welchen Zweck hat der Probelauf einer Maschine?

Beim Probelauf wird die einwandfreie Funktion einer Maschine unter Last geprüft.

Kontrolliert wird beim Probelauf z.B., ob das Gehäuse einer Maschine dicht ist und ob sich die Temperaturerhöhung, hervorgerufen durch Reibung, innerhalb vorgeschriebener Grenzen hält.

Ergänzende Fragen zur Montagetechnik

8 Wie müssen Einzelteile vor dem Zusammenbau vorbereitet werden?

Die Einzelteile müssen, falls erforderlich, vor dem Zusammenbau entgratet und von Spänen, Kühlschmierstoffen und Schmutz gereinigt werden.

Sorgfältig vorbereitete Einzelteile erleichtern die Montage und sichern die Qualität des Endproduktes.

9 In welchen Organisationsformen kann die Montage erfolgen?

Die Montage kann fließend an Bändern und Hängebahnen oder stationär an einem festen Standort erfolgen.

Auch eine Kombination beider Montagearten ist möglich, wenn z.B. die Baugruppen fließend montiert werden und die Endmontage zum Fertigprodukt stationär erfolgt.

10 Womit werden Wälzlager zur leichteren Montage am zweckmäßigsten erwärmt?

Wälzlager werden am zweckmäßigsten im Ölbad (Bild) oder mit Induktions-Anwärmgeräten erwärmt.

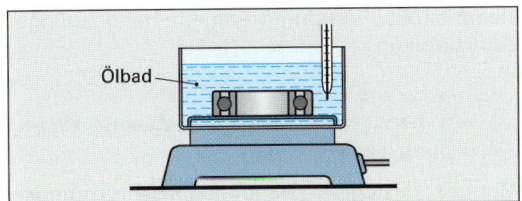

Die Anwärmtemperatur beträgt etwa 80 bis 100 °C.

11 Warum muss bei der Montage von Kegelrädern das Tragbild der Kegelradflanken geprüft werden?

Bei einem nicht einwandfreien Tragbild ist der Verschleiß an den Kegelradflanken groß.

Das Tragbild kann durch geringes axiales Verschieben der Räder verändert werden.

12 Wie werden Radial-Wellendichtringe gefahrlos über Passfedernuten hinweg montiert?

Zur Montage werden Hülsen mit geringer Wanddicke verwendet, die an ihren Enden lange Außenkegel besitzen (Bild).

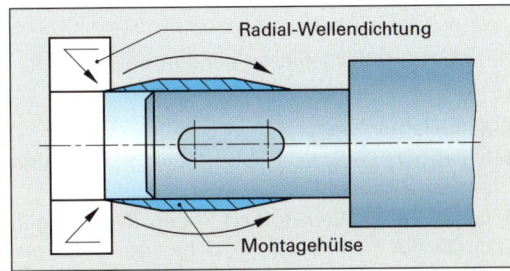

Über diese Hülsen hinweg können die Dichtringe geschoben werden, ohne dass die Gefahr der Beschädigung der Dichtlippen besteht.

13 Warum werden beim Verschrauben eines Maschinenteils die Schrauben über Kreuz angezogen?

Das Anziehen über Kreuz (Bild) gewährleistet, dass das Maschinenteil gleichmäßig an dem Teil, mit dem es gefügt werden soll, anliegt. Dadurch wird ein Verkanten der Bauteile vermieden und z.B. bei Dichtungen eine gleichmäßige Flächenpressung erreicht.

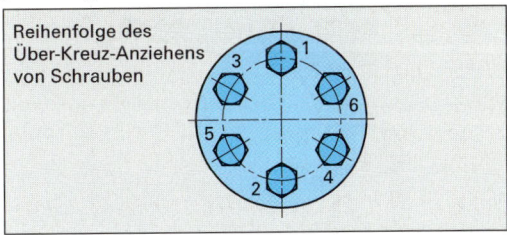

Vor dem endgültigen Anziehen der Schrauben werden diese zunächst leicht angezogen.

14 Was versteht man unter montagegerechter Konstruktion?

Montagegerecht ist eine Konstruktion, wenn die Einzelteile so gestaltet sind, dass sie einfach und schnell zusammengebaut und bei Bedarf wieder demontiert werden können.

Beispielsweise kann das Wälzlager im Bild bei abgesetzter Welle schneller montiert werden als bei glatter Welle.

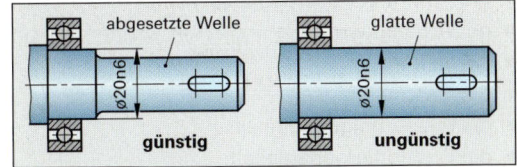

4.9 Fertigungseinrichtungen

Handhabungseinrichtungen

Fragen aus Fachkunde Metall, Seite 422

1   Welche Unfallgefahren können beim Einsatz von Industrierobotern auftreten?

Unfallgefahren sind:
- Unvorhergesehene Roboterbewegungen und bewegte Bauteile
- Lösen von Werkstücken oder Werkzeugen durch die Fliehkraft oder Schwerkraft bei ungenügender Halterung im Greifer
- Angetriebene Werkzeuge, z.B. Schleifscheiben
- Heiße Werkstücke, Strahlung beim Schweißen

2   Welche Vorteile haben Knickarm-Roboter?

Vorteile der Knickarm-Roboter (Bild) sind: ein relativ großer Arbeitsraum im Verhältnis zu ihrer Baugröße sowie schnelle Bewegungen und die beliebige Ausrichtung von Greifern oder Werkzeugen im Raum.

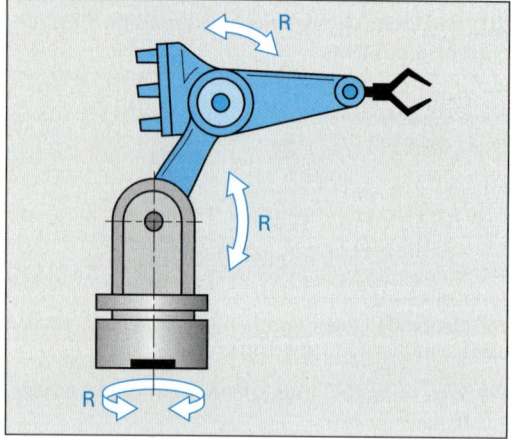

3   Welche Leistungsmerkmale von Industrierobotern ergeben sich aus der Bauart?

Leistungsmerkmale, die sich aus der Bauart ergeben, sind z.B.
- die Anzahl der Bewegungsachsen
- der Arbeitsraum
- die Nennlast
- die Geschwindigkeit
- die Wiederholgenauigkeit
- die Positioniergenauigkeit

4   Welche Aufgaben können Sensoren erfüllen?

Je nach Bauart können Sensoren bei Fertigungseinrichtungen eine Vielzahl von Aufgaben erfüllen:
- Mit der Segmentscheibe bzw. dem Winkelschrittgeber kann die Lage, die Position, die Geschwindigkeit oder die Beschleunigung eines Werkstücks erfasst werden.
- Endschalter und Lichtschranken verhindern Maschinenbeschädigungen oder dienen der Arbeitssicherheit.
- Näherungssensoren bestimmen den Abstand eines Werkstücks oder Bauteils.
- Berührende Sensoren erkennen die Lage und die Bahnführung z.B. von Werkstücken.
- Kamerasysteme erfassen die Lage und den Zustand z.B. von Werkstücken und können Gegenstände identifizieren.
- Kraftsensoren messen Kräfte, Drücke und Drehmomente.

Ergänzende Fragen zu Handhabungseinrichtungen

5   Auf welche Grundfunktionen lassen sich Handhabungsvorgänge zurückführen?

Alle Handhabungsvorgänge lassen sich auf die Grundfunktionen Greifen, Zuteilen, Ordnen, Einlegen, Positionieren und Spannen zurückführen.

6   Welche Arten von Handhabungseinrichtungen unterscheidet man?

Grundsätzlich unterscheidet man manuell gesteuerte und programmgesteuerte Handhabungseinrichtungen.

7   Wie nennt man manuell gesteuerte Handhabungseinrichtungen?

Manuell gesteuerte Handhabungseinrichtungen heißen Manipulatoren (Bild).

8 Nennen Sie Einsatzgebiete für Manipulatoren.

Handgesteuerte Manipulatoren können zum Bewegen schwerer Bauteile und gefährlicher Lasten verwendet werden.

Ferngesteuerte Manipulatoren sind in Räumen einsetzbar, die wegen Hitze, Kälte, Druck oder radioaktiver Strahlung nicht betreten werden dürfen.

9 Wofür verwendet man Einlegegeräte?

Einlegegeräte werden in der Großserienfertigung eingesetzt, wenn eine Punkt-zu-Punkt-Bewegung auszuführen ist, z.B. die Werkstück- oder Werkzeugzuführung aus einem Magazin in die Maschine.

Die einfachen Bewegungsabläufe (Hub- bzw. Schwenkbewegungen) können über Anschläge oder Endschalter eingestellt werden.

10 Welche Handhabungsgeräte zeigen die Bilder?

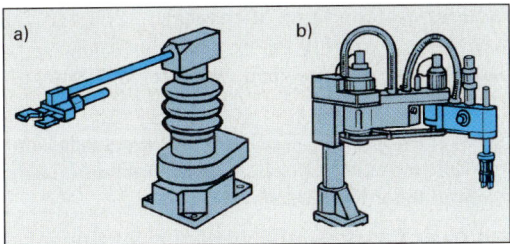

a) Einlegegerät. Sie sind fest programmiert, die Wegbegrenzung ist mechanisch einstellbar.
b) Industrieroboter. Sie sind frei programmierbar und werden durch Rechner (CNC, SPS) gesteuert.

11 Was versteht man bei Robotern unter translatorischen bzw. rotatorischen Achsen?

Um translatorische Achsen werden lineare (geradlinige) Bewegungen, um rotatorische Achsen Drehbewegungen durchgeführt.

12 Wozu dienen Hauptachsen und Nebenachsen?

Über Hauptachsen kann jeder beliebige Punkt im Arbeitsraum des Roboters erreicht werden.

Durch die Nebenachsen erhält ein Greifer oder ein Werkzeug die gewünschte Richtung im Raum.

13 Wie viele Achsen muss ein Industrieroboter besitzen, damit er einen Körper beliebig im Raum verschieben oder drehen kann?

Dazu benötigt er mindestens sechs Bewegungsachsen: drei Hauptachsen des Roboters und drei Nebenachsen des Greifers (Bild).

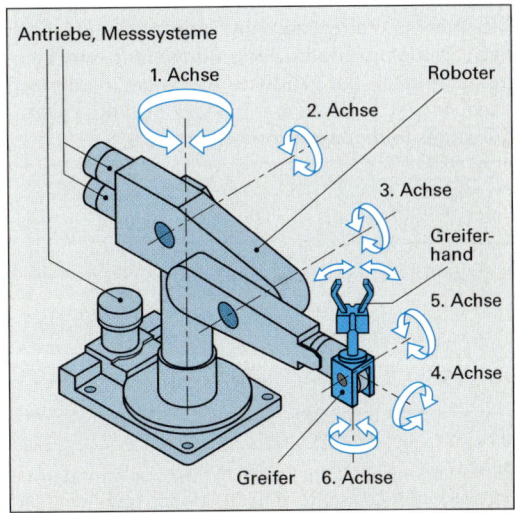

Die Greifbewegung der Greiferhand wird nicht als Bewegungsachse des Roboters gezählt.

14 Was versteht man bei Robotern unter dem Arbeitsraum?

Der Arbeitsraum beschreibt den größtmöglichen Bewegungsraum des Roboters, der aus den Verfahrbereichen aller Achsen gebildet wird.

Der Arbeitsraum stellt gleichzeitig den Gefahrenraum des Roboters dar.

15 Welche geometrische Form hat der Arbeitsraum eines Portalroboters?

Portalroboter besitzen einen kubischen (quaderförmigen) Arbeitsraum (Bild).

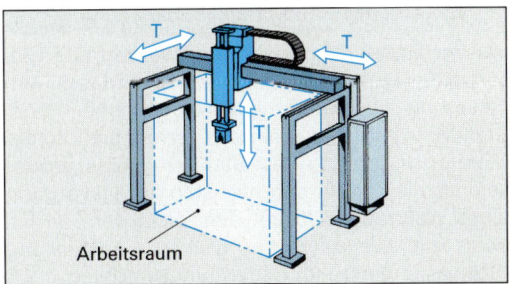

Flexible Fertigungseinrichtungen

Fragen aus Fachkunde Metall, Seite 428

1 Welche Marktbedingungen erfordern eine flexible Fertigung?

Die flexible Fertigung wird durch den Wunsch nach immer größerer Variantenvielfalt und Leistungsfähigkeit der Produkte sowie der Forderung nach kurzen Lieferzeiten bei gleichzeitig kostengünstiger Fertigung erforderlich (Bild).

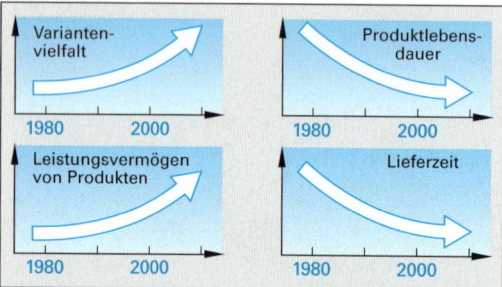

Die Variantenvielfalt der Produkte führt zur Verringerung der Werkstück-Losgröße, d.h. der Menge gleicher Werkstücke.

2 Welche Merkmale kennzeichnen die rechnerintegrierte Fertigung?

Merkmale der rechnerintegrierten Fertigung sind:
- Ein durchgängiger Informationsfluss und Datenzugriff auf alle Fertigungseinrichtungen, Werkzeugmagazine und Informationsspeicher, z.B. für Lagerbestände oder Bestellungen.
- Die Fertigung in flexiblen Fertigungsanlagen mit flexiblem Materialfluss.
- Die automatische Steuerung und der automatische Ablauf der Fertigung.
- Eine sensorgesteuerte Überwachung der Fertigung und der Fertigungsanlagen.

3 Wie arbeitet eine Standzeitüberwachung?

Bei der Standzeitüberwachung werden alle Einsatzzeiten eines Werkzeugs von der Maschinensteuerung erfasst und mit der eingegebenen Soll-Standzeit verglichen. Die noch verfügbare und am Monitor angezeigte Rest-Standzeit muss größer sein als die Zeit für den nächsten Arbeitsvorgang eines Werkzeuges. Wenn dies nicht der Fall ist, wird ein Werkzeug in gleicher Ausführung (Schwesterwerkzeug) Bedarf eingewechselt.

4 Worin besteht der wesentliche Unterschied zwischen einer flexiblen Fertigungszelle und einem Bearbeitungszentrum?

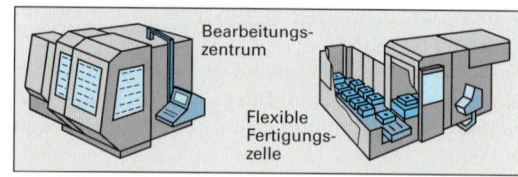

Bearbeitungszentren (Bild) sind CNC-Fräs- oder Bohrmaschinen, die mit einem Werkzeugwechsler und einem Werkzeugmagazin ausgerüstet sind. Sie ermöglichen, die gesamte Bearbeitung eines Werkstückes ohne manuellen Eingriff auszuführen.

Flexible Fertigungszellen (Bild oben) sind wie Bearbeitungszentren aufgebaut. Abweichend von diesen erfolgt der Werkstückwechsel mit einem Paletten-Umlaufspeicher. Der Werkstückspeicher versorgt die Maschine für einen begrenzten Zeitraum, z.B. für eine 8-Stunden-Schicht, mit Rohteilen und nimmt Fertigteile auf. Zusätzlich werden bei flexiblen Fertigungszellen die Werkzeugbereitstellung sowie die Werkstückmaße von einem Rechner gesteuert und überwacht.

Eine noch höhere Stufe der flexiblen Automation ist die flexible Fertigungsinsel und das flexible Fertigungssystem.

5 Warum ist die flexible Fertigungszelle ein Kompromiss zwischen einer Transferstraße und einer NC-Maschine?

Auf einer Transferstraße werden alle Fertigungsschritte immer gleicher Werkstücke mit einem starren Fertigungsablauf automatisch durchgeführt. Dies ist für sehr große Werkstücklose wirtschaftlich. Der Vorteil der Transferstraße ist die hohe Produktivität, ihr Nachteil die fehlende Flexibilität.

Mit einer NC-Maschine wird ein Fertigungsschritt nach einem vom Maschinenführer eingegebenen Programm ausgeführt. Im Anschluss daran kann an einem andersartigen Werkstück ein anderes Fertigungsprogramm gefahren werden. Der Vorteil der NC-Maschine ist die große Flexibilität bei der Fertigung von Einzelwerkstücken oder kleinen Losen. Die Produktivität ist allerdings geringer als bei Transferstraßen.

Bei einer flexiblen Fertigungszelle sind mehrere Maschinen zu einer Gruppe zusammengefasst und mit automatischem Werkzeug- und Werkstücktransport verknüpft. Dadurch ist Flexibilität gegeben und eine ausreichende Produktivität erreicht.

6 Wie kann der Werkzeugverschleiß überwacht werden?

Der Werkzeugzustand kann bei großen Werkzeugen durch die Spindelantriebsleistung oder über die Stromaufnahme des Antriebsmotors erkannt werden (Bild).

Bei bruchempfindlichen Werkzeugen, z.B. bei Bohrern, überwacht ein Infrarotstrahl die Bohrerspitze und meldet einen Bohrerbruch (Bild).

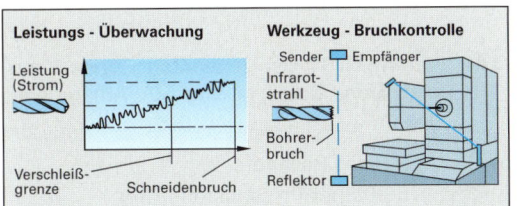

7 Mit welchen Fertigungseinrichtungen kann eine hohe Produktivität, mit welchen eine hohe Flexibilität erreicht werden?

Eine hohe Produktivität wird bei hohen Stückzahlen durch starr automatisierte Transferstraßen, Rundtaktmaschinen oder mechanische Drehautomaten erreicht.

Wird wegen kleiner Stückzahlen eine hohe Flexibilität verlangt, so werden bahngesteuerte NC-Maschinen eingesetzt.

Ergänzende Fragen zu Flexible Fertigungseinrichtungen

8 Welche Überwachungseinrichtungen werden in flexiblen Fertigungseinrichtungen eingesetzt?

Folgende Überwachungseinrichtungen werden verwendet:

- Standzeit-Überwachung
- Leistungs-Oberwachung
- Werkzeug-Bruchkontrolle
- Werkstück-Überwachung

Die Überwachung soll die ständige Verfügbarkeit der Fertigungseinrichtungen und die Qualität der Produkte sicherstellen.

9 Wie wird die Standzeit-Überwachung durchgeführt?

Bei der Standzeit-Überwachung werden alle Einsatzzeiten eines Werkzeugs von der Maschinensteuerung erfasst und mit der eingegebenen Soll-Standzeit verglichen.

10 Wie erfolgt die Werkstück-Überwachung?

Bei der Werkstück-Überwachung erkennt ein in die Arbeitsspindel eingesetzter Messtaster, ob z.B. ein dünnwandiges Werkstück durch zu starkes Spannen verformt wurde (Bild).

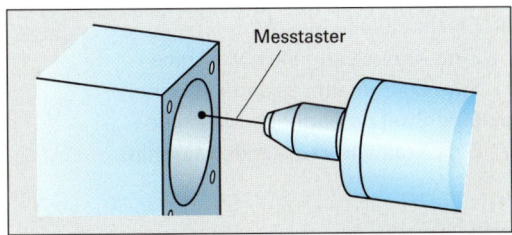

11 Was bewirkt der Informationsfluss in einer Fertigungszelle?

Durch den Informationsfluss werden über das NC-Programm die NC-Achsen und über die speicherprogrammierte Steuerung (SPS) die Schaltvorgänge gesteuert (Bild).

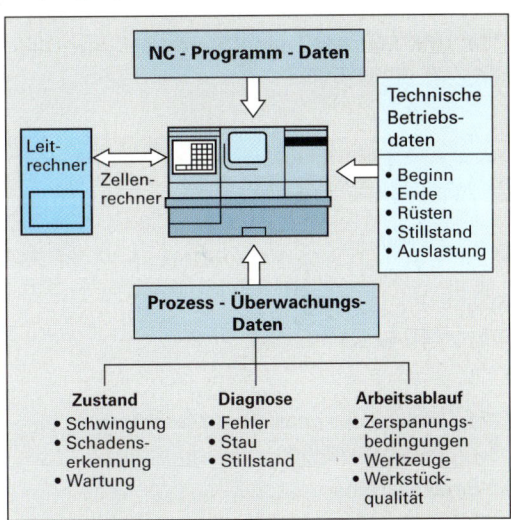

NC-Daten, Betriebsdaten und Überwachungsdaten werden zwischen dem Zellenrechner der Maschine und dem Fertigungs-Leitrechner angefordert oder gesendet.

12 Welche Aufgabe hat das Werkstück-Transportsystem?

Das Werkstück-Transportsystem hat die Aufgabe, die verketteten Maschinen ohne Unterbrechung mit Werkstücken zu versorgen.

Meist werden zur Verkettung schienengebundene Paletten-Transportsysteme oder induktiv gesteuerte Wagen eingesetzt.

Testfragen zur Maschinen und Gerätetechnik

Einteilung der Maschinen

TM 1	Was versteht man in der Technik unter einer Kraftmaschine?

a) Eine kraftvolle Maschine
b) Eine Kraft erzeugende Maschine
c) Eine Energie umsetzende Maschine
d) Eine Stoff umsetzende Maschine
e) Eine Kraft verbrauchende Maschine

TM 2	Welche der genannten Maschinen ist eine Kraftmaschine?

a) Brückenkran
b) Bohrmaschine
c) Härteofen
d) Verbrennungsmotor
e) Kolbenverdichter

TM 3	Mit welcher Formel berechnet man den Wirkungsgrad?

a) $\eta = \dfrac{P_{zugeführt}}{P_{abgegeben}}$

b) $\eta = P_{zugeführt} \cdot P_{abgegeben}$

c) $\eta = \dfrac{P_{abgegeben}}{P_{zugeführt}}$

d) $\eta = P_{zugeführt} + P_{abgegeben}$
e) $\eta = P_{zugeführt} - P_{abgegeben}$

TM 4	Welche der genannten Maschinen ist eine Arbeitsmaschine?

a) Bohrmaschine
b) Elektromotor
c) Druckluftmotor
d) Taschenrechner
e) Hydrozylinder

TM 5	Mit welcher Formel berechnet man die Dichte eines Werkstoffes?

a) $\varrho = \dfrac{s}{V}$ b) $\varrho = m \cdot V$ c) $\varrho = \dfrac{m}{V}$

d) $\varrho = \dfrac{V}{m}$ e) $\varrho = \dfrac{m}{t}$

TM 6	Welche der genannten Maschinen bzw. Geräte ist keine EDV-Anlage?

a) CNC-Steuerung
b) Druckluftschrauber
c) Fertigungs-Leitstand
d) Auswerteeinheit einer Härteprüfmaschine
e) Personalcomputer

TM 7	Mit welchem der genannten Geräte kann man keine Daten in eine EDV-Anlage eingeben?

a) Tastatur eines Rechners
b) Steuerpult einer Pressensteuerung
c) Bedienfeld einer CNC-Steuerung
d) Drucker einer CAD-Anlage
e) Schalttafel einer Bohrmaschine

Funktionseinheiten von Maschinen

TM 8	Welches Bauteil ist eine Energieübertragungseinheit?

a) Der Elektromotor
b) Das Maschinengestell
c) Das Getriebe
d) Die Maschinenverkleidung
e) Die Steuerung

TM 9	Welches Bauteil ist die Arbeitseinheit einer Drehmaschine?

a) Das Maschinengestell
b) Die Arbeitsspindel mit Spannfutter sowie das Werkzeug mit der Einspannung
c) Der Antriebsmotor mit Spindel
d) Das Spannfutter
e) Die CNC-Steuerung mit den Haupt- und Vorschubantrieben

TM 10	Welches der genannten Bauteile ist keine Stütz- und Trageinheit?

a) Wälzlager
b) Maschinenschlitten
c) Elektromotor
d) Maschinengestell
e) Gleitlager

Sicherheitseinrichtungen, Aufstellung, Bedienung und Instandhaltung von Maschinen

TM 11 | Welche Bedingung für den Platz und die Aufstellung ist *nicht* erforderlich, um eine hohe Arbeitsgenauigkeit und einen sicheren Betrieb einer Werkzeugmaschine zu gewährleisten?

a) Der Untergrund der Maschine darf keine Schwingungen und Erschütterungen übertragen.
b) Es darf keine einseitige Erwärmung oder Abkühlung der Maschine auftreten.
c) Die Maschine muss allseitig zugänglich sein
d) Die Maschine darf nicht dem Tageslicht ausgesetzt sein.
e) Um die Maschine muss ein ausreichender Sicherheitsabstand zu Wänden vorhanden sein.

TM 12 | Welche Aussage bezüglich der Bedienung einer Maschine ist *falsch?*

a) Reparaturen an der Elektrik einer Maschine sollten vom Maschinenführer ausgeführt werden.
b) Bei Wartungsarbeiten ist die Maschine durch den Aus-Schalter am Bedienpult und den Hauptschalter außer Betrieb zu setzen.
c) Sicherheitseinrichtungen dürfen im Fertigungsbetrieb nicht außer Kraft gesetzt werden.
d) Undichtigkeiten am Hydraulikstutzen sind sofort zu beseitigen.
e) Kleine Reparaturen an der Mechanik können vom Maschinenführer ausgeführt werden.

TM 13 | Was versteht man unter vorbeugender Instandsetzung?

a) Nach Auftreten eines Schadens wird das beschädigte Bauteil ausgewechselt.
b) Verschleißteile werden in regelmäßigem Rhythmus ausgewechselt.
c) Werkzeuge werden in regelmäßigen Abständen ausgewechselt.
d) Die Schmierstoffe werden in regelmäßigen Abständen erneuert.
e) Die Maschine wird nach einer bestimmten Zeit verschrottet.

TM 14 | Was versteht man bei einer Werkzeugmaschine unter Einrichtebetrieb?

a) Das Ausrichten der Maschine nach den Hauptachsen des Fertigungsbetriebs.
b) Die Installation der Maschine in der Fertigungshalle.
c) Den Betrieb der Maschine kurz nach der Aufstellung der Maschine.
d) Das Anfahren der Maschine nach der Aufstellung.
e) Das Einrichten der Maschine auf einen neuen Fertigungsschritt.

Beanspruchung und Festigkeit

TM 15 | Auf welche Beanspruchungsarten wird ein Fräserdorn beim Fräsen beansprucht?

a) Zug und Verdrehung
b) Druck und Biegung
c) Abscherung und Druck
d) Biegung und Verdrehung
e) Flächenpressung und Druck

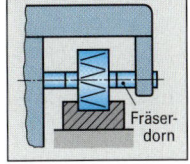
Fräserdorn

TM 16 | Welche Belastungsart ist im Bild dargestellt?

a) Statische Belastung
b) Dynamisch-schwellende Belastung
c) Dynamisch-wechselnde Belastung
d) Allgemein-dynamische Belastung
e) Dynamisch-pendelnde Belastung

TM 17 | Nach welcher Formel berechnet man die zulässige Spannung für Bauteile aus Stahl?

a) $\sigma_{zul} = v \cdot R_e$ b) $\sigma_{zul} = \dfrac{v}{R_e}$

c) $\sigma_{zul} = \dfrac{R_e}{v}$ d) $\sigma_{zul} = R_e \cdot v$

e) $\sigma_{zul} = \dfrac{1}{R_e} \cdot v$

Funktionseinheiten zum Verbinden

TM 18 In einer Stückliste steht die Bezeichnung Sechskantschraube ISO 4014 – M12 × 60 – 10.9.
Was heißt M12 × 60 –10.9?

a) Metrisches Gewinde M12, 60 mm Nennlänge, Zugfestigkeit 900 N/mm²
b) Metrisches Gewinde M12, 60 mm Nennlänge, Streckgrenze 1090 N/mm²
c) Metrisches Gewinde M12, Nennlänge 60 bis 109 mm
d) Metrisches Gewinde M12, 60 mm Nennlänge, Zugfestigkeit 1090 N/mm²
e) Metrisches Gewinde M12, 60 mm Nennlänge, Festigkeitsklasse 10.9

TM 19 Welche Schrauben zeigt das Bild in der Reihenfolge von links nach rechts?

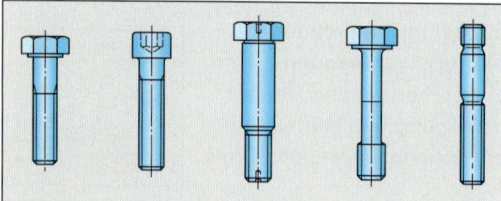

a) Zylinderschraube mit Innensechskant, Dehnschraube, Sechskantschraube, Stiftschraube, Passschraube
b) Sechskantschraube, Stiftschraube, Dehnschraube, Zylinderschraube mit Innensechskant, Passschraube
c) Stiftschraube, Dehnschraube, Sechskantschraube, Zylinderschraube mit Innensechskant, Passschraube
d) Sechskantschraube, Zylinderschraube mit Innensechskant, Passschraube, Dehnschraube, Stiftschraube
e) Stiftschraube, Passschraube, Sechskantschraube, Dehnschraube, Zylinderschraube mit Innensechskant

TM 20 Welcher der genannten Schlüssel kann *nicht* zum Festziehen einer Kronenmutter verwendet werden?

a) Maulschlüssel
b) Steckschlüssel
c) Ringschlüssel
d) Hakenschlüssel
e) Doppelmaulschlüssel

TM 21 Welchen Zweck hat die Verwendung eines Drehmomentschlüssels?

a) Das Eindrehen der Schraube geht schneller als mit anderen Schraubenschlüsseln.
b) Durch die Verwendung des Drehmomentschlüssels wird eine Schraubensicherung eingespart.
c) Die richtige Vorspannkraft der Schraube kann eingestellt werden.
d) Festgefressene Schrauben können leicht gelöst werden.
e) Mit dem Drehmomentschlüssel wird vorwiegend das Axialspiel von Lagerungen eingestellt.

TM 22 Bei welchem Stift ist ein Reiben der Bohrung *nicht* nötig?

a) Zylinderstift
b) Spannstift
c) Gehärteter Zylinderstift
d) Kegelstift mit Innengewinde
e) Zylinderstift mit Längsrille

TM 23 In welchen Fällen werden gehärtete Zylinderstifte ISO 8734 (DIN EN 28734) verwendet?

a) Für gehärtete Aufnahmebohrungen
b) Als Abscherstifte
c) Vorwiegend für nicht durchgehende Aufnahmebohrungen
d) Wenn die Bohrung nicht gerieben werden soll
e) Bei hohen Ansprüchen an die Genauigkeit und Festigkeit

TM 24 Zwei Bleche aus einer Aluminiumlegierung sollen miteinander vernietet werden. Aus welchem der genannten Werkstoffe sollten die eingesetzten Niete bestehen?

a) Rein-Aluminium
b) Rostfreier Stahl
c) Messing
d) Unlegierter Stahl
e) Derselben Aluminiumlegierung wie die Bleche.

TM 25 Welche Nietart verwendet man, wenn die Nietstelle nur von einer Seite zugänglich ist?

a) Flachrundniet
b) Blindniet
c) Halbrundniet
d) Spreizniet
e) Linsensenkniet

TM 26 Welche Aussage über Welle-Nabe-Verbindungen ist *falsch*?

a) Passfeder-Verbindungen übertragen das Drehmoment formschlüssig.
b) Polygonwellen-Verbindungen sind vorgespannte Formschluss-Verbindungen.
c) Ringfeder-Spannverbindungen entstehen durch gegenseitiges Verspannen ringförmiger Spannelemente.
d) Keilwellen-Verbindungen werden für hochbeanspruchte Verbindungen, z.B. bei Getriebewellen, verwendet.
e) Kegelverbindungen übertragen das Drehmoment kraftschlüssig.

TM 27 Für welche Maschinenteile ist die Verbindung mit einer Scheibenfeder vorteilhaft?

a) Für scheibenförmige Teile
b) Für kegelige Wellenansätze
c) Für lange zylindrische Wellen
d) Für Teile, die große Kräfte übertragen
e) Für Teile, die axiale Kräfte in wechselnder Richtung übertragen

TM 28 Welche Welle-Nabe-Verbindung zeigt das Bild?

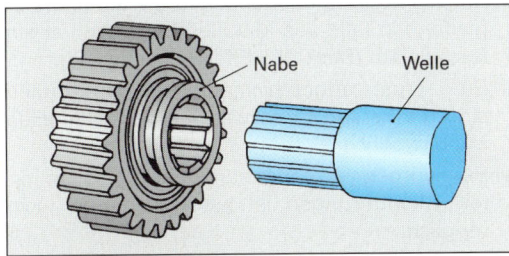

Nabe   Welle

a) Passfederverbindung
b) Keilwellenverbindung
c) Kerbzahnverbindung
d) Stirnzahnverbindung
e) Kreiskeilverbindung

TM 29 Welches der genannten Bauteile ist *keine* Wellensicherung?

a) Unterlegscheibe
b) Sicherungsring
c) Sicherungsscheibe
d) Sprengring
e) Nutmutter

Funktionseinheiten zum Stützen und Tragen

Reibung und Schmierstoffe

TM 30 Wovon hängt die Reibungskraft *nicht* ab?

Von der ...
a) Normalkraft F_N
b) Werkstoffpaarung
c) Größe der Gleitflächen
d) Oberflächenbeschaffenheit der Gleitflächen
c) Reibungsart

TM 31 Welche Eigenschaft muss ein Schmierstoff *nicht* besitzen?

Er muss ...
a) druckfest sein.
b) eine geringe innere Reibung aufweisen.
c) alterungsbeständig sein.
d) durchsichtig sein.
e) haftfähig sein.

Gleitlager

TM 32 Welche Aussage zu den Gleitlagern ist richtig?

a) Die bei der Drehung des Wellenzapfens erzeugte Reibungskraft wirkt in Bewegungsrichtung.
b) Bei Gleitlagern mit hydrostatischer Schmierung wird der Schmierfilm durch die Drehbewegung des Zapfens erzeugt.
c) Schmiertaschen und Schmierbohrungen sollten auf der belasteten Lagerseite liegen.
d) Hochbelastete Wellen werden durch Tropföler mit Schmierstoff versorgt.
e) Bei Gleitlagern mit Ölbadschmierung wird das Öl durch drehende Teile, wie z.B. Tauchringe oder Schmierscheiben, zur Schmierstelle transportiert.

TM 33 Welcher Werkstoff ist als Lagerwerkstoff *nicht* geeignet?

a) Gehärteter Stahl
b) Sinterbronze
c) Bleilegierungen
d) Polyamid-Kunststoff
e) Gusseisen mit Lamellengrafit

TM 34 | Welche Aussage über Mehrschichtgleitlager ist richtig?

Mehrschichtgleitlager ...

a) bestehen meist aus Kunststoff.

b) besitzen eine Gleitschicht, die mindestens 0,5 mm dick sein muss.

c) können nur eingesetzt werden, wenn das Lager keine großen Kräfte aufnehmen muss.

d) besitzen eine Stahlstützschale.

e) benötigen zum Einbau viel Platz.

Wälzlager

TM 35 | Welche Aussage zu Wälzlagern im Vergleich zu Gleitlagern ist richtig?

Wälzlager ...

a) laufen leiser.

b) haben einen größeren Einbaudurchmesser.

c) besitzen bei gleicher Baugröße eine höhere Tragfähigkeit.

d) dämpfen Schwingungen besser.

e) sind unempfindlicher gegen Schmutz.

TM 36 | Welche Werkstoffe eignen sich für die Herstellung folgender Bauteile in Wälzlagern?

a) Aluminiumlegierungen für die Wälzkörper

b) Stahlblech für die Käfige

c) Kugelgrafitguss für die Laufringe

d) Keramik für die Käfige

e) Kupfer für die Wälzkörper

TM 37 | Einzelne Teile eines Wälzlagers oder das ganze Wälzlager können aus Keramik bestehen.
Welche Aussage ist richtig?

a) Hybridlager besitzen Laufringe aus Keramik.

b) Bei Vollkeramiklagern werden alle Einzelteile aus Siliziumkarbid hergestellt.

c) Keramikwälzkörper bestehen aus Siliziumnitrid.

d) Die Fliehkräfte sind bei Keramikwälzkörpern größer als bei Wälzkörpern aus Stahl.

e) Hybridlager bestehen aus Hybrid-Keramik.

Führungen

TM 38 | Welche Aussage zur abgebildeten Führung ist richtig?

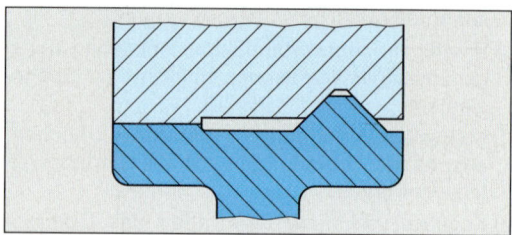

Das Bild zeigt eine ...

a) Wälzführung

b) Schwalbenschwanzführung

c) hydrostatisch geschmierte Führung

d) kombinierte V-Flach-Führung

e) geschlossene Führung

TM 39 | Welche Aussage trifft für Führungen zu?

a) Hydrostatisch geschmierte Führungen besitzen als Wälzkörper meist Kugeln.

b) Bei aerostatisch geschmierten Führungen wird Öl als Schmierstoff verwendet.

c) Bei Gleitführungen, bei denen die aufeinander gleitenden Teile aus Metallen bestehen, ist ein Ruckgleiten (Stick-Slip-Effekt) ausgeschlossen.

d) Bei kunststoffbeschichteten Gleitführungen sind die Beläge stets zwischen den Gleitteilen frei beweglich.

e) Bei hydrostatisch oder aerostatisch geschmierten Gleitführungen ist ein Ruckgleiten nicht möglich.

TM 40 | Welche Aussage über Wälzführungen ist richtig?

a) Die Reibung in einer Wälzführung ist etwa so groß wie die Reibung in einer Gleitführung.

b) Die Kraftübertragung erfolgt über die Schmierkeile der Wälzkörper.

c) Als Wälzkörper werden meist Kegelrollen verwendet.

d) Wälzführungen mit runden Führungsbahnen sind nie verdrehfest.

e) Bei langen Verschiebewegen laufen die Wälzkörper nach dem Verlassen der Lastzone über Rückführkanäle wieder in die Lastzone zurück.

Dichtungen

TM 41 Welche der genannten Dichtungen ist eine ruhende Dichtung?

a) Gleitringdichtung
b) Labyrinthdichtung
c) Flachdichtung
d) Radial-Wellendichtring
e) Nutring

TM 42 Welche Aufgabe können Dichtungen *nicht* erfüllen?

Sie können nicht ...
a) die Reibung vermindern.
b) bewegliche Maschinenteile vor Staub schützen.
c) Druckverluste verhindern.
d) Schmierstoffverluste verhindern.
e) Unebenheiten an Dichtflächen ausgleichen.

Federn

TM 43 Bei welcher Feder liegen die Windungen dicht aneinander?

Bei der ...
a) Scheibenfeder
b) Tellerfeder
c) Druckfeder
d) Zugfeder
e) Blattfeder

TM 44 Wie arbeiten pneumatische Federn?

a) Wasser wird in einen Federbalg gepresst.
b) Luft wird zusammengepresst und dehnt sich wieder aus.
c) Öl fließt unter der Kraft durch eine enge Düse und wieder zurück.
d) Luft strömt unter der Kraft langsam aus einem Balg aus.
e) Wasser und Luft werden gemischt und anschließend entmischt.

TM 45 Bei welcher Federart ist der Federquerschnitt *nicht* rund?

Bei der ...
a) Schrauben-Zugfeder
b) Drehstabfeder
c) Schrauben-Druckfeder
d) Schraubendrehfeder
e) Tellerfeder

Funktionseinheiten zur Energieübertragung

TM 46 Mit welchen Maschinenelementen können Drehmomente übertragen werden?

a) Achsen
b) Wellen
c) Bolzen
d) Schrauben
e) Schubstangen

TM 47 Welche Welle dient zur Umwandlung einer Drehbewegung in eine kurzhubige geradlinige Hin- und Herbewegung?

a) Hohlwelle
b) Keilwelle
c) Profilwelle
d) Kurbelwelle
e) biegsame Welle

TM 48 Warum haben Wellen an Durchmesserübergängen Ausrundungen oder Freistiche?

a) Damit sie besser aussehen.
b) Zur Vermeidung von Schmutzansammlungen.
c) Zur Verminderung der Kerbwirkung.
d) Damit die Lager besser anliegen.
e) Zur Verminderung der Korrosion.

TM 49 Welche Aufgaben können Kupplungen *nicht* übernehmen?

a) Kupplungen verändern die Drehzahl.
b) Kupplungen übertragen ein Drehmoment.
c) Elastische Kupplungen dämpfen Stöße.
d) Kupplungen verbinden zwei Wellen.
e) Gelenkkupplungen können Wellenversetzungen ausgleichen.

TM 50 Mit welcher Kupplung kann die Kraftübertragung kurzfristig unterbrochen werden?

Mit einer ...
a) Schalenkupplung
b) Scheibenkupplung
c) Lamellenkupplung
d) Kreuzgelenkkupplung
e) Bogenzahnkupplung

TM 51 Welche Kupplung zählt *nicht* zu den Reibungskupplungen?

a) Die Einscheibenkupplung
b) Die Lamellenkupplung
c) Die Kegelkupplung
d) Die Klauenkupplung
e) Die elektromagnetische Kupplung

TM 52 | Welche Aufgabe hat eine Sicherheitskupplung?

Mit ihr werden ...
a) Wellen stoffschlüssig miteinander verbunden.
b) Stöße gedämpft.
c) Wellen fest miteinander verbunden.
d) axiale Verschiebungen zweier Wellen ausgeglichen.
e) Maschinenteile vor Beschädigungen geschützt.

TM 53 | Wo muss bei einem Riementrieb die Spannrolle angeordnet werden?

a) Im losen Trum
b) Im ziehenden Trum
c) In der Nähe der großen Scheibe
d) Sie muss auf die Laufflächen des Riemens drücken
e) Sie muss auf der großen Scheibe laufen

TM 54 | Welche Scheibe erhält bei Keilriementrieben den kleineren Rillenwinkel?

a) Die treibende Scheibe
b) Die getriebene Scheibe
c) Die Scheibe mit der kleineren Drehzahl
d) Die Scheibe mit dem größtzulässigen Durchmesser
e) Die Scheibe mit dem kleinstzulässigen Durchmesser

TM 55 | Welche Kette wird eingesetzt, wenn bei einem Antrieb sehr große Kräfte übertragen werden müssen?

a) Buchsenkette
b) Zahnkette
c) Einfachrollenkette
d) Fleyerkette
e) Mehrfachrollenkette

TM 56 | Welche Kette läuft besonders geräuscharm?

a) Zahnkette
b) Rollenkette
c) Mehrfach-Rollenkette
d) Gliederkette
e) Hülsenkette

TM 57 | Bei welchen Zahnrädertrieben schneiden sich die Achsen?

a) Stirnrädern
b) Schraubenrädern
c) Pfeilrädern
d) Kegelrädern
e) Schneckentrieben

TM 58 | Mit welchem Zahnrädertrieb lässt sich bei gleicher Baugröße die größte Übersetzung erreichen?

a) Stirnrädertrieb
b) Schraubenrädertrieb
c) Pfeilrädertrieb
d) Kegelrädertrieb
e) Schneckentrieb

TM 59 | Wie sind die Zähne bei Schrägstirnrädern auf dem Radkörper angeordnet?

a) Gerade im Schrägungswinkel zur Achse
b) Schraubenförmig
c) Kreisbogenförmig
d) Spiralförmig
e) Evolventenförmig

TM 60 | Welches Zahnrad ist im nebenstehenden Bild gezeigt?

a) Geradverzahntes Stirnrad
b) Schrägverzahntes Schneckenrad
c) Pfeilverzahntes Schrägstirnrad
d) Doppelschrägverzahnte Schnecke
e) Schrägverzahntes Kegelrad

TM 61 | Wie bezeichnet man die im Bild oben links mit c benannte Größe?

a) Modul
b) Kopfspiel
c) Zahnkopfhöhe
d) Teilung
e) Kopfkreisdurchmesser

Antriebseinheiten

TM 62 | Welche Aufgabe haben Elektromotore?

a) Sie erzeugen elektrischen Strom
b) Sie wandeln Strom mit hoher Spannung in Strom mit niedriger Spannung um
c) Sie erzeugen elektrische Energie
d) Sie wandeln elektrische Energie in mechanische Energie um
e) Sie wandeln chemische Energie in elektrische Energie um

TM 63 | Ein Motor hat das gezeigte Leistungsschild. Welche Kenndaten hat der Motor?

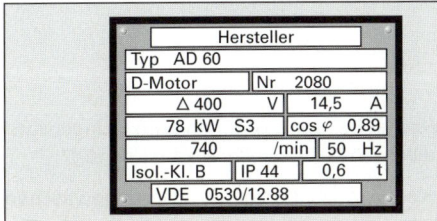

Hersteller				
Typ AD 60				
D-Motor		Nr 2080		
△ 400	V	14,5	A	
78 kW S3		cos φ	0,89	
740		/min	50 Hz	
Isol.-Kl. B	IP 44		0,6	t
VDE 0530/12.88				

a) 740 V Nennspannung, 14,5 A Nennstrom, 78 kW Nenndrehzahl
b) 400 V Nennspannung, 78 A Nennstrom, 14,5 kW Nennleistung
c) 400 V Nennspannung, 14,5 A Nennstrom, 78 1/min Nenndrehzahl
d) 60 AD Nennspannung, 400 A Nennstrom, 78 kW Nennleistung
e) 400 V Nennspannung, 14,5 A Nennstrom, 78 kW Nennleistung

TM 64 | Was versteht man bei Drehstrom-Asynchronmotoren unter dem Schlupf?

a) Eine besondere Wicklungsart der Rotorwicklung
b) Das Induzieren eines Stroms in der Wicklung
c) Das Kurzschließen der Rotorwicklungen
d) Den Unterschied zwischen der Drehfelddrehzahl und der Motordrehzahl
e) Den Abfall des Drehmoments

TM 65 | Wozu besitzen große Elektromotoren eine Anlasssteuerung?

a) Zum schnellen Hochlaufen
b) Um die Stromaufnahme beim Hochlaufen zu vermindern
c) Zum langsamen Hochlaufen
d) Um Energie zu sparen
e) Um Überhitzung zu vermeiden

TM 66 | Welche Betriebsgrößen kann man mit einem Getriebe *nicht* verändern?

a) die Leistung
b) die Drehzahl
c) die Drehrichtung
d) das Drehmoment
e) das Übersetzungsverhältnis

TM 67 | Wie viel Schaltstufen hat ein Schieberädergetriebe, das aus einem 3-stufigen Hauptgetriebe und einem 2-stufigen Vorlegegetriebe besteht?

a) 5   b) 3
c) 4   d) 6
e) 8

TM 68 | Woraus besteht der Spindelantrieb einer modernen Drehmaschine?

a) Aus einem polumschaltbaren Elektromotor und einem Reibradgetriebe
b) Aus einem drehzahlfesten Elektromotor mit nicht-schaltbarem Zahnrädergetriebe
c) Aus einem drehzahlfesten Elektromotor und einem Breitkeilriemengetriebe
d) Aus einem drehzahlgesteuerten Elektromotor und einem Kupplungsgetriebe
e) Aus einem drehzahlfesten Elektromotor mit Schieberädergetriebe

TM 69 | Welches ist *keine* geradlinige Bewegung?

a) Hochfahren des Pressenstempels
b) Zustellung des Drehmeißels
c) Vorschub eines Bohrers
d) Heben einer Last
e) Arbeitsbewegung eines Bohrers

TM 70 | Warum werden die Greif- und Hubbewegungen beim Be- und Entladen mit einem Handhabungsgerät (Portallader) von Pneumatikzylindern durchgeführt?

Weil Pneumatikzylinder ...
a) besonders große Kräfte aufbringen können.
b) drehende Bewegungen ausführen können.
c) für schnelle Bewegungen mit nur kleinen Kräften am besten geeignet sind.
d) besonders geräuscharm arbeiten.
e) besonders energiesparend arbeiten.

Montagetechnik

TM 71 | **Welche Aussage über die Montagetechnik ist richtig?**

a) Der Montageplan enthält die Zeitvorgaben zur Herstellung der Einzelteile.

b) Die Reihenfolge des Zusammenbaus der Einzelteile wird von den Monteuren festgelegt.

c) Unter einer Baugruppe versteht man die Vormontage zweier Einzelteile.

d) Die Endmontage erfolgt wegen der Transportschwierigkeiten stets beim Kunden.

e) Fertig montierte Erzeugnisse werden zur Überprüfung, zum Transport oder zur Reparatur demontiert.

TM 72 | **Welche Aussage zur Organisationsform bei der Montage ist *falsch*?**

a) Bei der Fließmontage werden Baugruppen oder Maschinen z.B. an Bändern oder Hängebahnen gleitend oder stationär montiert.

b) Bei der stationären Montage erfolgt der Zusammenbau z.B. einer Werkzeugmaschine in der Abteilung, die die meisten Einzelteile herstellt.

c) Bei der gleitenden Fließmontage bewegen sich die zu montierenden Erzeugnisse an den Mitarbeitern vorbei.

d) Bei der stationären Montage müssen Einzelteile oder vormontierte Baugruppen sowie Vorrichtungen zum Montageplatz transportiert werden.

e) Bei der stationären Fließmontage bewegen sich die Mitarbeiter zu den einzelnen Montageplätzen.

TM 73 | **Welche Aussage zur Automation der Montage ist *falsch*?**

Die Automation soll ...

a) bei Großpressen Anschlussaufträge sichern.

b) die Qualität der Erzeugnisse steigern.

c) die Arbeitsproduktivität erhöhen.

d) die Montagezeiten verkürzen.

e) die Rentabilität des Betriebes erhöhen.

TM 74 | **Welche Antwort zur Montage von Kegelrädern ist *falsch*?**

a) Bei ineinander kämmenden Kegelrädern wird der richtige Bauabstand durch Probefügen ermittelt.

b) Spiel zwischen den Zähnen der Kegelräder kann durch schnelles Hin- und Herdrehen der Kegelräder festgestellt werden.

c) Mit Spaltlehren kann das richtige Einbaumaß ermittelt werden.

d) Die Kegelräder müssen so montiert werden, dass ihre Zähne mit Vorspannung aneinander liegen.

e) Das Tragbild kann durch geringes axiales Verschieben der Räder verändert werden.

TM 75 | **Was ist bei der Montage von Wälzlagern zu beachten? Welche Antwort ist richtig?**

a) Das Korrosionsschutzöl muss ausgewaschen werden.

b) Die Fügekraft soll grundsätzlich über den Außenring gehen.

c) Die Originalverpackung ist, um Temperaturunterschiede auszugleichen, möglichst 24 Stunden vor der Montage zu entfernen.

d) Wälzlager, die einen festen Sitz erfordern, dürfen höchstens auf 300 °C erwärmt werden.

e) Der Lagerring mit der größeren Fügekraft wird möglichst zuerst montiert.

TM 76 | **Was ist bei der Montage von Dichtelementen zu beachten? Welche Aussage ist *falsch*?**

a) Bauteile und Dichtelemente sind vor der Montage einzufetten bzw. einzuölen.

b) Bei ungünstigen Einbauverhältnissen sind Montagedorne bzw. Montagehülsen zu verwenden.

c) Alle Dichtelemente müssen vor dem Einbau in einem die Oberfläche anlösenden Bad gereinigt werden.

d) Bei der Montage dürfen keine scharfkantigen Werkzeuge verwendet werden.

e) Die Dichtelemente dürfen nicht überdehnt werden.

Fertigungseinrichtungen

TM 77 Um welche Bauart handelt es sich beim abgebildeten Roboter?

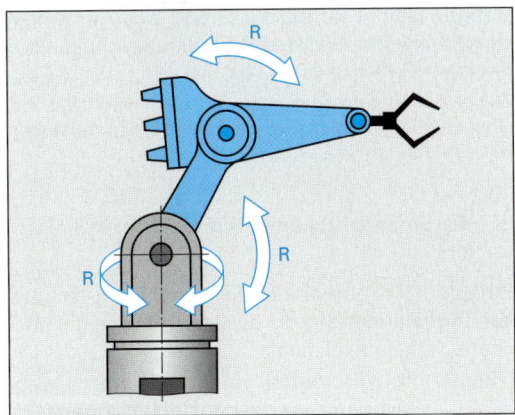

a) Vertikal-Knickarm-Roboter

b) Portalroboter

c) Lineararm-Roboter

d) Horizontal-Schwenkarm-Roboter

e) Positionsroboter

TM 78 Welche Arbeiten können mit Vertikal--Knickarm-Robotern *nicht* durchgeführt werden?

a) Schweißen

b) Montieren

c) Sägen

d) Entgraten

e) Lackieren

TM 79 Welche Aussage über Industrieroboter ist richtig?

a) Linearachsen in kleinen Montagerobotern werden meist hydraulisch angetrieben.

b) Sonsoren haben die Aufgabe, die Roboter bei Überschreiten ihrer Betriebstemperatur abzuschalten.

c) Als Antrieb der Achsen werden häufig Drehstrom-Synchronmotoren verwendet.

d) Das Wegmesssystem misst z.B. bei Vertikal-Knickarm-Robotern die Linearbewegung.

e) Die Steuerung muss über ein gespeichertes Programm den Bewegungsablauf steuern und überwachen.

TM 80 Welche Aussage zu Industrierobotern ist *falsch?*

a) Je mehr Achsen ein Roboter besitzt, desto beweglicher ist er.

b) Alle Roboter sind mit Bahnsteuerungen ausgerüstet.

c) Unter Freiheitsgrad versteht man die Anzahl der Bewegungsachsen.

d) Achsen sind unabhängig voneinander angetriebene Glieder.

e) Roboter mit Bahnsteuerungen können zum Punktschweißen eingesetzt werden.

TM 81 Welche Aussage zu Fertigungseinrichtngen ist richtig?

a) Manipulatoren werden für Schweißarbeiten eingesetzt.

b) Lineararm-Roboter besitzen 2 Linearachsen und 1 Drehachse.

c) Portalroboter können wegen der hohen Positioniergenauigkeit als Messroboter verwendet werden.

d) Horizontal-Schwenkarm-Roboter werden überwiegend als Montage-Roboter eingesetzt .

e) Vertikal-Knickarm-Roboter besitzen einen quaderförmigen Arbeitsraum.

TM 82 Welche Aussage zu den Automatisierungsstufen von Fertigungseinrichtungen ist *falsch?*

a) Bei der flexiblen Fertigungszelle sind Bearbeitungszentren mit einem Umlaufspeicher verbunden.

b) Ein flexibles Fertigungssystem entsteht, wenn mehrere gleichartige oder unterschiedliche Fertigungsmaschinen durch ein Transportsystem untereinander verkettet werden.

c) In einer flexiblen Fertigungsinsel sind in einem begrenzten Werkstattbereich unterschiedliche Werkzeugmaschinen und andere Arbeitsstationen lose verkettet, um ähnliche Werkstücke möglichst vollständig bearbeiten zu können.

d) Bei der flexiblen Fertigungszelle versorgt ein Werkzeugspeicher die Maschinen für einen begrenzten Zeitraum mit Rohteilen und nimmt Fertigteile auf.

e) Flexible Fertigungssysteme sind wegen der hohen Kosten nur selten wirtschaftlich.

5 Automatisierungstechnik

5.1 Steuern und Regeln

Fragen aus Fachkunde Metall, Seite 435

1 Welche Eigenschaften hat eine Verknüpfungssteuerung?

Bei einer Verknüpfungssteuerung erfolgt das Weiterschalten in den nächsten Schritt erst durch das Verknüpfen mehrerer Eingangssignale (Bild).

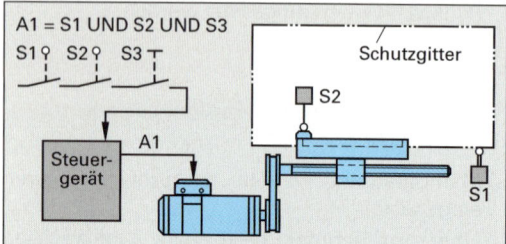

So kann z.B. mit einer UND-Verknüpfung erreicht werden, dass eine Anlage erst in Betrieb genommen wird, wenn das Schutzgitter geschlossen UND ein Werkstück eingelegt UND die Starttaste gedrückt ist.

2 Wodurch unterscheiden sich die beiden Arten der Ablaufsteuerungen voneinander?

Ablaufsteuerungen können zeitabhängig oder prozessabhängig sein. Während bei zeitabhängigen Steuerungen das Weiterschalten in den nächsten Schritt durch einen Taktgeber erfolgt, wird bei prozessabhängigen Steuerungen erst weitergeschaltet, wenn der vorausgehende Vorgang abgeschlossen ist.

Prozessabhängige Steuerungen werden auch als Wegplansteuerungen bezeichnet, wenn die Steuerschritte den abgefahrenen Wegen einer Arbeitsmaschine entsprechen.

3 Wie unterscheidet sich eine verbindungsprogrammierte Steuerung von einer speicherprogrammierten Steuerung?

Bei verbindungsprogrammierten Steuerungen ist der Ablauf durch die Bauteile und deren Verbindungen fest vorgegeben.

Bei speicherprogrammierten Steuerungen wird der Ablauf durch ein gespeichertes Programm festgelegt.

Für eine Programmänderung müssen bei verbindungsprogrammierten Steuerungen Bauteile und Leitungsverbindungen gewechselt werden. Bei speicherprogrammierten Steuerungen ist das Programm durch Umprogrammieren änderbar.

4 Wie unterscheiden sich unstetige und stetige Regler?

Ein unstetiger Regler (Zweipunktregler) besitzt nur die Schaltstellungen EIN und AUS. Bei einem stetigen Regler hängt die Größe des Ausgangssignals von der Größe des Eingangssignals ab.

So wird z.B. bei einem Härteofen durch einen unstetigen Regler der Heizstrom nur ein- oder ausgeschaltet. Bei einem stetigen Regler wird der Heizstrom in Abhängigkeit von der Temperaturdifferenz verstellt.

5 Welche Eigenschaften hat ein P- bzw. I-Regler?

P-Regler (Proportionalregler) reagieren schnell auf Signaländerungen, besitzen aber eine bleibende Regelabweichung.

I-Regler (Integralregler) sind langsamer als P-Regler, beseitigen aber die Regelabweichung vollständig.

Eine Kombination der beiden Reglerarten (PI-Regler) verbindet die Vorteile beider Regelverhalten.

6 Was bewirkt der D-Anteil bei einem stetigen Regler?

Der D-Anteil eines Reglers beschleunigt die Stellgröße und bewirkt damit ein schnelleres Eingreifen des Reglers (Bild).

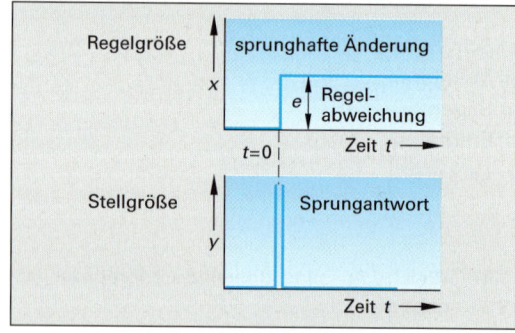

Der D-Anteil kann nur zusammen mit einem P-, I- oder PI-Regler angewendet werden, z.B. in einem PID-Regler.

7 Nennen Sie zwei Anwendungsbeispiele von PID-Reglern.

Mit PID-Reglern kann z.B. die Drehzahl von Motoren oder die Temperatur von Wärmeeinrichtungen unabhängig von der Störgröße konstant gehalten werden.

Auftretende Störungen werden durch eine angepasste Änderung der Stellgröße ausgeglichen.

Ergänzende Fragen zu Grundbegriffe der Steuer- und Regeltechnik

8 Nennen Sie Elemente und Begriffe, aus denen eine Steuerung aufgebaut ist.

- *Signalgeber* erzeugen die Signale für die Steuerbefehle.
- Die *Stellgröße* ist die physikalische Größe, z.B. die elektrische Stromstärke, die von der Steuerung direkt beeinflusst wird.
- Die *Steuergröße*, z.B. die Geschwindigkeit und Bewegungsrichtung eines Maschinentisches, ist die Ausgangsgröße einer Steuerung.
- Die *Steuerstrecke* nennt man den gesamten gesteuerten Bereich einer Anlage.

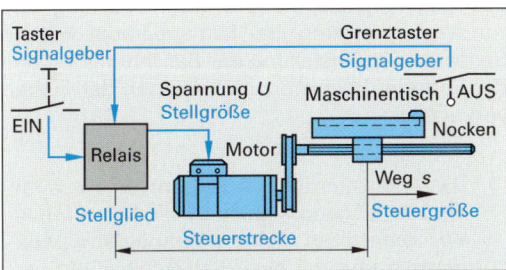

Eine Steuerung stellt einen offenen Wirkungsablauf dar, der durch die Eingabe der Steuersignale über die Änderung der Stellgröße den Wert der Steuergröße beeinflusst.

9 Was wird bei einem Blockschaltplan dargestellt?

Ein Blockschaltplan enthält den vereinfachten Ablauf einer Steuerung oder Regelung.

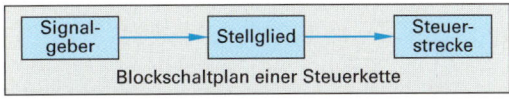

Blockschaltplan einer Steuerkette

Jedes für die Anlage wichtige Element wird als Rechteck dargestellt. Pfeile geben die Wirkungsrichtung an.

10 Welche Vor- und Nachteile haben zeitabhängige Steuerungen?

Vorteilhaft ist der vorausbestimmbare Zeitbedarf, der eine Abstimmung mehrerer Anlagen aufeinander erleichtert.

Nachteilig ist, dass der Taktgeber auch bei Störungen weiterläuft.

Verkehrsampeln werden meist mit einem Taktgeber zeitabhängig gesteuert und können daher nicht auf ein geändertes Verkehrsaufkommen reagieren.

11 Erläutern Sie den Begriff Regeln am Beispiel der Lageregelung eines Maschinentisches.

- Eine Wegmesseinrichtung stellt fortlaufend die momentane Stellung des Maschinentisches fest: Ermitteln des *Istwertes* der Regelgröße (Bild).
- Die Lageregelung vergleicht den gemessenen Istwert mit dem programmierten *Sollwert* der Regelgröße.
- Eine *Regelabweichung* (Differenz zwischen Ist- und Sollwert) bewirkt eine entsprechende Änderung des Vorschubantriebes, bis Istwert und Sollwert übereinstimmen.
- Der Wirkungsablauf findet in einem geschlossenen *Regelkreis* statt.

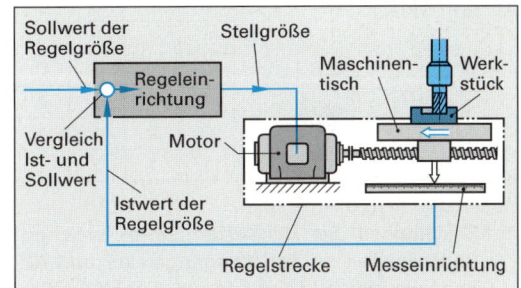

5.2 Grundlagen für die Lösung von Steuerungsaufgaben

Fragen aus Fachkunde Metall, Seite 445

1 Wodurch unterscheiden sich analoge, binäre und digitale Signale?

Analoge Signale ändern sich stetig, abhängig von der Eingangsgröße.

Binäre Signale nehmen nur zwei Werte an:

0 = kein Signal, AUS;   1 = Signal, EIN

Digitale Signale stellen einen Zahlenwert dar, der durch die Summierung und Verarbeitung von einzelnen Signalen entsteht.

2 Nennen Sie aus Ihrem beruflichen Umfeld je zwei Geräte, die binäre oder analoge oder digitale Signale abgeben.

Binäre Signale werden z.B. von Schaltern für Licht und Motoren und von Lichtschranken erzeugt.

Analoge Signale werden von Messgeräten mit Zeigern, z.B. Messuhren, Thermometern, Drehzahlmessern oder Manometern erzeugt.

Digitale Signale (Ziffernanzeigen) findet man häufig bei neueren Messgeräten und Uhren.

3 Wie werden Näherungsschalter nach ihrem Wirkungsprinzip unterteilt?

Näherungsschalter (Sensoren) werden in induktive, kapazitive, optoelektronische, magnetische und Ultraschall-Sensoren unterteilt.

4 Entwickeln Sie den Logikplan und die Wertetabelle für folgende Bedingungen: Der Elektromotor einer Lineareinheit soll von zwei Stellen aus gestartet werden können, wenn ein Werkstück gespannt ist.

Zuordnung:
E1 Starttaster 1
E2 Starttaster 2
E3 Werkstücksensor
A1 zum Motor

E1	E2	E3	A1
0	0	0	0
1	0	0	0
0	1	0	0
1	1	0	0
0	0	1	0
1	0	1	1
0	1	1	1
1	1	1	1

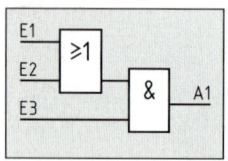

5 Beschreiben Sie in Worten, unter welchen Bedingungen an den Ausgängen A1 und A2 des nachfolgend gezeigten Funktionsdiagramms Signale anstehen.

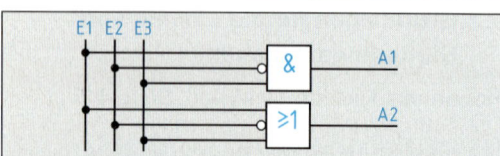

Am Ausgang A1 ist ein Signal vorhanden, wenn an den Eingängen E1 UND E3 UND NICHT E2 ein Signal ansteht.

Am Ausgang A2 ist ein Signal vorhanden, wenn an den Eingängen E1 ODER E3 ODER NICHT E2 ein Signal ansteht.

6 Stellen Sie für das Funktionsdiagramm aus Frage 9 die vollständige Wertetabelle auf.

E1	E2	E3	A1	A2
0	0	0	0	1
1	0	0	0	1
0	1	0	0	0
1	1	0	0	1
0	0	1	0	1
1	0	1	1	1
0	1	1	0	1
1	1	1	0	1

Ergänzende Fragen zu Grundlagen für die Lösung von Steuerungsaufgaben

7 Aus welchen Baugliedern besteht eine Steuerkette?

Eine Steuerkette besteht aus Signalgliedern (z.B. Schalter, Sensoren), Steuergliedern (z.B. Verknüpfungsgliedern, Prozessoren), Stellgliedern (z.B. Schaltgeräten) und Antriebsgliedern (z.B. Motoren, Zylindern).

8 Wofür werden z.B. bei NC-Fräsmaschinen und Fotoapparaten Sensoren verwendet?

In Fräsmaschinen dienen Sensoren zum Lesen des Glasmaßstabes, zur Drehzahlmessung und zur Wegbegrenzung. Bei Fotoapparaten werden Sensoren zur Einstellung der Belichtungszeit und der Entfernung sowie zum Erkennen der Filmart verwendet.

9 Das Ausgangssignal A soll entstehen, wenn die vier Eingangssignale E1 bis E4 anstehen. Wie kann diese logische Verknüpfung pneumatisch und mit einer Relais-Schaltung verwirklicht werden?

Erforderlich ist eine UND-Verknüpfung (Reihenschaltung) von Ventilen bzw. Schließern (Bild).

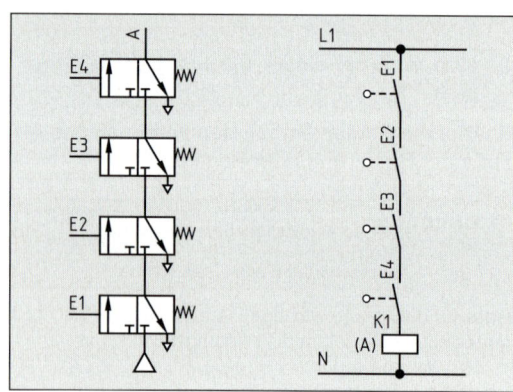

10 Wodurch sind digitale Signale gekennzeichnet?

Digitale Signale stellen Zahlenwerte dar. Sie sind als Binärzahlen oder als dezimale Gruppen von Binärzahlen codiert.

Digitale Signale werden meist zum Übertragen und Auswerten von Messergebnissen, z.B. bei Wegmesssystemen, verwendet.

11 Weshalb erfolgt bei Steuerungen und Regelungen meist eine Trennung in Steuer- und Energieteil?

Im Steuerteil der Anlage...

- können ein kleinerer Druck bzw. eine kleinere Spannung verwendet werden. Dies ermöglicht Energieeinsparungen und erübrigt, z.B. bei elektrischen Steuerungen, Schutzmaßnahmen gegen zu hohe Berührungsspannung.
- können Leitungen und Bauelemente wesentlich kleiner ausgelegt sein. Dadurch ist die Miniaturisierung der Teile möglich.
- ist die mögliche Zahl und Vielfalt, z.B. elektronischer Bauelemente, wesentlich größer.

Steuerteil	Schnittstelle	Energieteil
Eingabe Verarbeitung Ausgabe	Verstärker	Stellglieder Antriebsglieder

Wegen der kleinen Leistungen im Steuerteil und der erforderlichen großen Leistungen im Energieteil ist zwischen beiden vielfach noch eine Signalverstärkung erforderlich.

12 Welche Vor- und Nachteile haben analoge Signale gegenüber binären Signalen?

Vorteile: Bei der Verwendung analoger Signale ist die Steuergröße proportional der Eingangsgröße. Eine stufenlose Verstellung, z.B. eines Ventils über einen Steuernocken, ist dadurch sehr einfach.

Nachteile. Für viele Steuerstrecken ist eine binäre Steuerung erforderlich, z.B. EIN-AUS, RECHTS-LINKS. In diesem Falle ist eine Signalumwandlung nötig. Zur Umwandlung in digitale Signale müssen für analoge Signale Grenzwerte bestimmt werden.

13 Welche Bedeutung haben die abgebildeten Schaltzeichen?

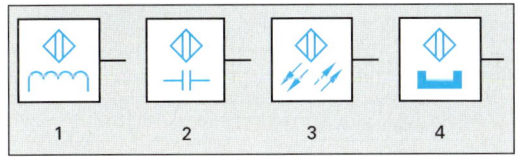

1 *Induktiver Sensor,* reagiert bei Annäherung von Metallen aller Art
2 *Kapazitiver Sensor,* reagiert bei Annäherung von Stoffen aller Art
3 *Optischer Sensor,* reagiert bei Annäherung von Stoffen aller Art
4 *Magnetsensor,* reagiert bei Annäherung eines Dauermagneten

14 Wodurch unterscheiden sich die Funktionspläne von den Funktionsdiagrammen?

Funktionspläne zeigen den Steuerungsablauf in aufeinanderfolgenden Schritten auf übersichtliche Weise. Die Schritte sind untereinander angeordnet. Ihre Funktion und Übergangsbedingung wird eingetragen.

In Funktionsdiagrammen wird der Bewegungsablauf der Arbeitsglieder einer Steuerung und das Zusammenwirken aller Bauteile mit genormten Schaltzeichen dargestellt.

15 Eine Transporteinrichtung kann von zwei Seiten aus durch einen Tastschalter gestartet werden. Stellen Sie die erforderliche Signalverknüpfung durch einen Logikplan, eine Wertetabelle und eine Schaltalgebragleichung dar.

E1	E2	A1
0	0	0
1	0	1
0	1	1
1	1	1

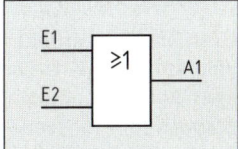

Schaltalgebragleichung: E1 $\vee$ E2 = A1

Die Verknüpfung wird mit ODER (OR) bezeichnet.

16 Eine Anlage darf nur in Betrieb gehen, wenn 2 Taster gleichzeitig gedrückt werden. Stellen Sie die erforderliche Signalverknüpfung durch einen Logikplan, eine Wertetabelle und eine Schaltalgebragleichung dar.

E1	E2	A1
0	0	0
1	0	0
0	1	0
1	1	1

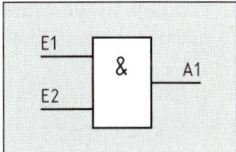

Schaltalgebragleichung: E1 $\wedge$ E2 = A1

Die Verknüpfung wird mit UND (AND) bezeichnet.

17 Was versteht man in der Steuertechnik unter einer Signalverarbeitung?

Die Signalverarbeitung beinhaltet die logische Verknüpfung von Signalen (UND, ODER, NICHT), das Einwirken auf ein Zeitverhalten (Verzögerung, Speicherung) und die Verstärkung von Signalen.

Die Signalverarbeitung kann mit unterschiedlichen Energiearten verwirklicht werden. Die Elektronik bietet dabei die größte Vielfalt an Möglichkeiten.

18 Eine Kontrolllampe soll leuchten, wenn ein Anschluss ohne Signal ist.

Stellen Sie die erforderliche Signalverknüpfung durch einen Logikplan, eine Wertetabelle und eine Schaltalgebragleichung dar.

Wertetabelle

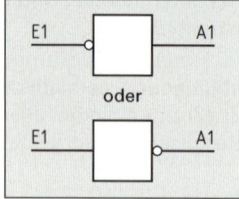

E1	A1
0	1
1	0

Logik-plan   oder

Schaltalgebragleichung: $\overline{E1}$ = A1 oder E1 = $\overline{A1}$

Die Verknüpfung wird mit NICHT (NOT) bezeichnet.

19 Erläutern Sie die Wirkungsweise pneumatischer Sensoren.

Luftschranken arbeiten mit einem Sender und Empfänger. Die Unterbrechung des Luftstrahls führt zu einem Signal.

Staudüsen messen die Druckänderung beim Annähern eines Teiles vor die Düse und wandeln sie in Signale um.

Bei *Reflexionsdüsen* wird ein austretender Luftstrahl durch ein sich näherndes Werkstück zum Empfänger umgelenkt.

Alle Bauarten der pneumatischen Sensoren arbeiten berührungslos.

20 Erstellen Sie eine Funktionstabelle, einen Logikplan und die schaltalgebraische Gleichung zu der Schaltung.

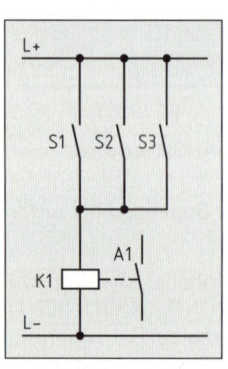

S1	S2	S3	A1
0	0	0	0
1	0	0	1
0	1	0	1
1	1	0	1
0	0	1	1
1	0	1	1
0	1	1	1
1	1	1	1

S1 ∨ S2 ∨ S3 = A1
S1 ODER S2 ODER S3
IST GLEICH A1

21 In welcher Weise können Steuersignale verknüpft werden?

Die Grundfunktionen der Verknüpfung sind UND, ODER und NICHT.

Durch Kombinationen der Grundfunktionen sind beliebige Erweiterungen, z.B. NOR und NAND, möglich.

22 Was kann in Funktionsplänen dargestellt werden?

Funktionspläne dienen der grafischen Darstellung von Verknüpfungs- und Ablaufsteuerungen.

Verknüpfungssteuerungen werden mit den Symbolen der logischen Verknüpfungen, Ablaufsteuerungen mit Schritt- oder Befehlssymbolen dargestellt.

23 Erläutern Sie die in dem teilweise dargestellten Funktionsplan getroffenen Angaben.

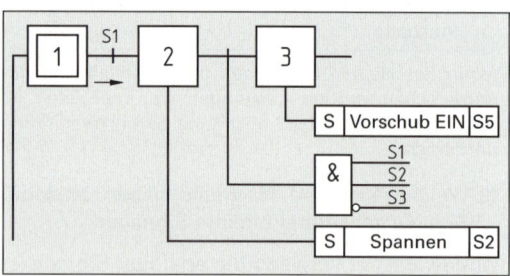

Mit dem Schalter S1 wird der Spannvorgang eingeleitet. Liegen nach dem Abschluss des Spannens die Signale S2 UND S3 UND NICHT S4 an, dann wird der Vorschub eingeschaltet.

24 Erläutern Sie den im Funktionsdiagramm dargestellten Steuerungsablauf.

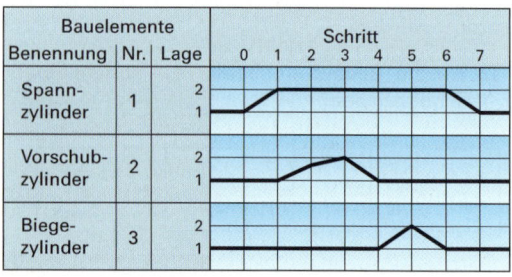

Schritt 1: Zylinder 1.0 fährt aus

Schritt 2: Zylinder 2.0 fährt im Eilgang vor

Schritt 3: Zylinder 2.0 fährt mit Vorschubgeschwindigkeit weiter

Schritt 4: Zylinder 2.0 fährt ein

Schritt 5: Zylinder 3.0 fährt aus

Schritt 6: Zylinder 3.0 fährt ein

Schritt 7: Zylinder 1.0 fährt ein

5.3 Pneumatische Steuerungen

Baugruppen und Bauelemente der Pneumatik

Fragen aus Fachkunde Metall, Seite 454

1 Welche Vorteile hat die Pneumatik?

Die Pneumatik hat folgende Vorteile:
- Kräfte und Geschwindigkeiten der Zylinder und Motore sind stufenlos einstellbar.
- Es können hohe Geschwindigkeiten und Drehzahlen erreicht werden.
- Druckluftgeräte können ohne Schaden bis zum Stillstand überlastet werden.
- Druckluft ist speicherbar.

Nachteilig sind insbesondere die verhältnismäßig geringen Kolbenkräfte, die Zusammendrückbarkeit der Luft und die Geräuschbelästigung durch die ausströmende Abluft.

2 Welche Anforderungen werden an das Druckluftnetz gestellt?

- Das Druckluftnetz ist als geschlossene Ringleitung mit beidseitigen Absperrmöglichkeiten zu errichten, damit im Schadensfall die Versorgung aufrechterhalten werden kann (Bild).
- Die Leitungsquerschnitte müssen ausreichend groß sein, damit der Druckverlust gering bleibt.
- Kondenswasser muss aus der Druckluft abgeschieden und aus dem Druckluftnetz entfernt werden.

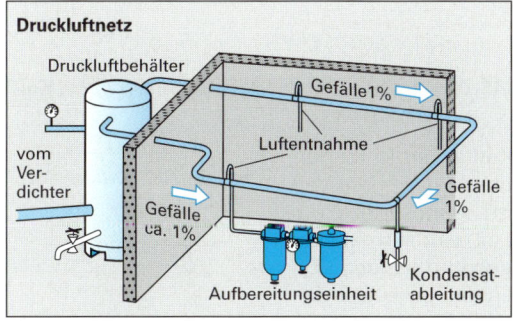

3 Wozu braucht man Aufbereitungseinheiten?

Die Aufbereitungseinheit dient zum Filtern der Druckluft, zum Regeln des Drucks und zum Beimischen von Öl.

Die Aufbereitungseinheit soll möglichst nah vor dem Verbraucher eingebaut werden.

4 Bei welchen pneumatischen Steuerungen wird mit ölfreier Druckluft gearbeitet?

In der Nahrungsmittel- und Computerindustrie ist ölfreie Druckluft zu verwenden.

Zunehmend wird auch zum Schutz der Gesundheit der Mitarbeiter und wegen des Umweltschutzes in anderen Industriezweigen mit ölfreier Luft gearbeitet.

5 Welchen Vorteil haben kolbenstangenlose Zylinder?

Kolbenstangenlose Zylinder benötigen weniger Platz als Zylinder mit Kolbenstangen (Bild).

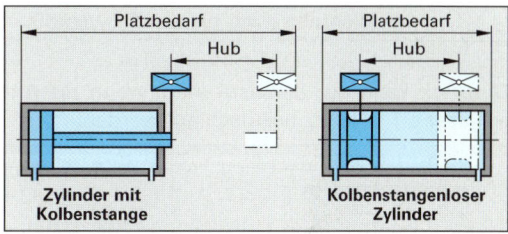

Die Kraftübertragung erfolgt entweder über eine geschlitzte Zylinderwand oder ein Zugband.

6 Mit welchen Bauelementen kann die Geschwindigkeit von Zylindern eingestellt werden?

Mit einem Drosselrückschlagventil (Bild) lässt sich die Kolbengeschwindigkeit stufenlos einstellen.

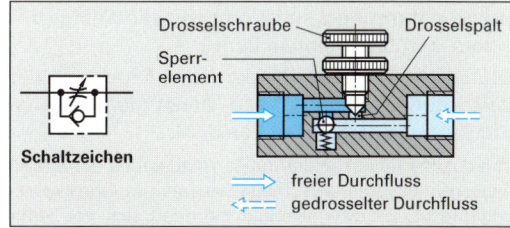

Das Drosselrückschlagventil wird meist in die Abluftleitung des Zylinders eingebaut (Abluftdrosselung).

7 Skizzieren Sie das Schaltzeichen eines 5/3-Wegeventiles, bei dem in der Mittelstellung alle Anschlüsse gesperrt sind und das durch einen Hebel betätigt wird.

Die Leitungsanschlüsse werden an die Ruhelage der Ventile angezeichnet.

8 Welche Signalverknüpfung ist mit Wechselventilen möglich?

Wechselventile (Bild) bewirken eine ODER-Verknüpfung.

Die Druckluft strömt von P1 oder P2 nach A.

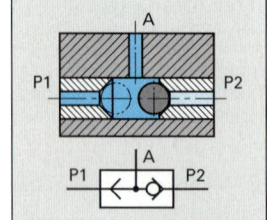

9 Warum bezeichnet man die Funktion von Zweidruckventilen auch als „UND"-Verknüpfung?

Druckluft kann nur durchströmen, wenn die Anschlüsse P1 UND P2 beaufschlagt werden.

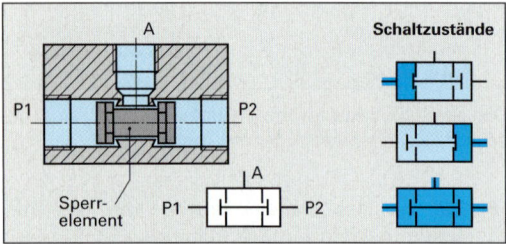

10 Welche Aufgaben haben Druckbegrenzungsventile und Druckregelventile?

Druckbegrenzungsventile schützen die Anlage vor einem unzulässig hohen Druck.

Druckregelventile vermindern den Druck aus der Versorgungsleitung in den benötigten Arbeitsdruck und halten diesen konstant.

In jeder Pneumatikanlage muss mindestens ein Druckbegrenzungsventil sein. Meist wird es am Druckkessel angebracht. Druckregelventile befinden sich vor jeder Entnahmestelle. Sie sind meist in der Aufbereitungseinheit integriert.

Ergänzende Fragen zu Pneumatischen Steuerungen

11 Was versteht man unter Pneumatik?

Unter Pneumatik versteht man die technische Anwendung der Druckluft zum Antrieb und zur Steuerung von Maschinen und Geräten.

Die Druckluft dient dabei z.B. zum Bewegen von Hämmern, Zylindern und Rotoren sowie zur Steuerung dieser Bewegungen.

12 Welche Nachteile hat die Pneumatik?

Nachteile der Pneumatik sind:

- Große Kolbenkräfte sind nur mit sehr großen Zylinderdurchmessern zu erreichen
- Die Kolbengeschwindigkeit ändert sich mit der Gegenkraft
- Genaue Endlagen sind nur mit Festanschlägen möglich
- Die ausströmende Druckluft verursacht Lärm und Ölnebel

13 Welche wirksame Kolbenkraft hat ein Druckluftzylinder von 100 mm Durchmesser und einem Wirkungsgrad von 90 %, der mit $p_e = 7$ bar betrieben wird?

$$F = p_e \cdot A \cdot \eta \quad \text{mit} \quad p_e = 7 \text{ bar} = 70 \ \frac{\text{N}}{\text{cm}^2}$$

$$\boldsymbol{F} = 70 \ \frac{\text{N}}{\text{cm}^2} \cdot \frac{(10 \text{ cm})^2 \cdot \pi}{4} \cdot 0{,}9 = 4948 \text{ N} \approx \boldsymbol{5 \text{ kN}}$$

14 Welche Funktionen erfüllen Stromventile?

Stromventile beeinflussen die Ein- und Ausfahrgeschwindigkeit des Kolbens indem sie die ein- oder ausströmende Luft regulieren.

15 Wozu werden Druckluftmotore verwendet?

Druckluftmotore werden vorwiegend zum Antrieb von leistungsstarken Handgeräten, z.B. Druckluftschraubern, verwendet.

Druckluftmotore sind klein im Verhältnis zu ihrer Leistung und können ohne Schaden bis zum Stillstand überlastet werden.

16 Beschreiben Sie das Arbeitsprinzip eines Kolbenverdichters.

Kolbenverdichter arbeiten nach dem Verdrängungsprinzip: Luft wird aus der Umgebung in den Zylinder gesaugt, eingeschlossen, komprimiert und in das angeschlossene Drucksystem gepresst (Bild).

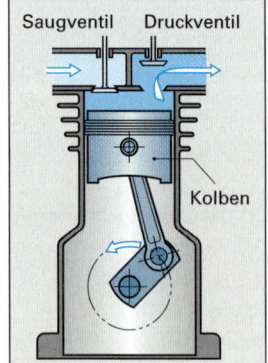

17 Welche Aufgaben haben Druckluftbehälter in pneumatischen Anlagen?

Druckluftbehälter sollen...
- die Druckluft speichern und kühlen.
- die restliche Luftfeuchtigkeit abscheiden.
- Druckschwankungen ausgleichen.

18 Welche zwei Zylinderbauarten kommen in der Pneumatik am häufigsten zum Einsatz und worin unterscheiden sie sich?

Am häufigsten werden einfach- und doppeltwirkende Zylinder verwendet (Bild). Einfachwirkende Zylinder können nur in einer Richtung, doppeltwirkende in beiden Richtungen Kräfte abgeben.

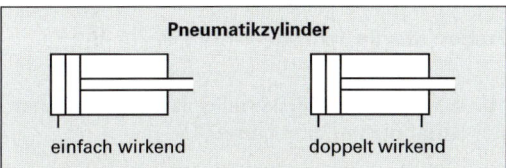

Pneumatikzylinder

einfach wirkend   doppelt wirkend

Einfach wirkende Zylinder haben teilweise eine Feder zur Kolbenrückführung, doppelt wirkende Zylinder werden in beiden Richtungen durch Druckluft bewegt.

19 Welchen Zweck hat die Endlagendämpfung eines Pneumatikzylinders?

Sie verringert die Kolbengeschwindigkeit, sodass der Kolben sanft in seine Endlage fährt.

Die Dämpfung ist besonders beim Bewegen großer Massen wichtig. Sie ist meist einstellbar.

20 In welche Gruppen werden Pneumatikventile unterteilt?

Man unterscheidet Wegeventile, Sperrventile, Stromventile und Druckventile.

Es gibt auch Bauelemente, die mehrere dieser Ventilarten vereinen.

21 Erläutern Sie die Bezeichnung 3/2-Wegeventil.

Das 3/2-Wegeventil ist ein Ventil mit 3 gesteuerten Anschlüssen und 2 Schaltstellungen.

Das Kurzzeichen enthält keine Aussage über die Größe und die Bauart des Ventils.

22 Auf welche Weise werden die Anschlüsse von Pneumatik-Ventilen gekennzeichnet?

Die Anschlüsse werden mit Buchstaben oder Zahlen gekennzeichnet.

Es bedeuten: P ≙ 1   Druckanschluss
A ≙ 2   Arbeitsleitung Nr. 1
B ≙ 4   Arbeitsleitung Nr. 2
R ≙ 3
S ≙ 5   Entlüftungen
Z ≙ 12
Y ≙ 14   Steuerleitungen

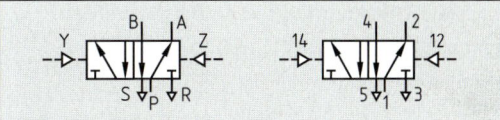

23 Welche Betätigungsarten gibt es für Wegeventile?

Wegeventile können durch Muskelkraft, mechanisch, durch Druck oder elektrisch betätigt werden.

Die elektrische Betätigung wird vielfach mit Druckbetätigung kombiniert, um größere Betätigungskräfte zu erreichen.

24 Welches Ventil wird durch das gezeigte Sinnbild dargestellt?

Ein 3/2-Wegeventil mit elektromagnetischer Betätigung und Federrückstellung.

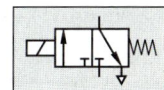

Das Ventil besitzt 3 Anschlüsse und 2 Schaltstellungen. Die Entlüftung mündet direkt ins Freie.

25 Welches Ventil ist zur Steuerung eines einfachwirkenden Zylinders erforderlich?

Erforderlich ist mindestens ein 3/2-Wegeventil (Bild).

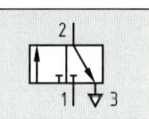

Das Ventil hat einen Anschluss für Druckluft (P ≙ 1), einen für die Arbeitsleitung (A ≙ 2) und einen für die Entlüftung (R ≙ 3).

26 Mit welchem Pneumatikventil kann eine UND-Verknüpfung verwirklicht werden?

Mit einem Zweidruckventil (Bild).

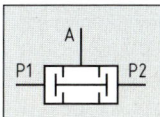

Das Zweidruckventil nimmt nur dann am Arbeitsanschluss A (1) den Zustand 1 an, wenn P1 UND P2 mit Druckluft beaufschlagt sind.

27 Welches Ventil ist zur Steuerung eines doppeltwirkenden Zylinders erforderlich?

Erforderlich ist ein 4/2-Wegeventil oder ein 5/2-Wegeventil (Bild).

Auch Ventile mit 3 Schaltstellungen werden teilweise verwendet.

4/2-Wegeventile haben 1 Entlüftungsanschluss, 5/2-Wegeventile 2 Entlüftungsanschlüsse.

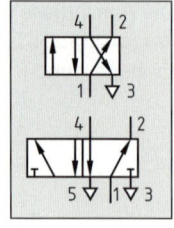

28 Mit welchem Pneumatikventil kann eine ODER-Verknüpfung verwirklicht werden?

Mit einem Wechselventil (Bild).

Bei einem Wechselventil hat der Arbeitsanschluss den Zustand 1, wenn P1 ODER P2 mit Druckluft beaufschlagt ist. Gleichzeitig wird der gegenüberliegende Druckluftanschluss gesperrt.

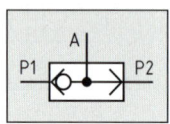

29 Wie arbeitet ein Druckregelventil?

Die aus der Druckleitung über ein Ventil einströmende Luft wirkt auf eine Membrane, die beim Erreichen des eingestellten Druckes das Ventil schließt (Bild). Sinkt der Druck in der Arbeitsleitung, so öffnet das Ventil wieder.

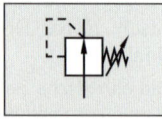

30 Aus welchen Hauptbaugruppen besteht eine Pneumatikanlage?

Eine Pneumatikanlage besteht aus der Verdichteranlage, der Druckluft-Aufbereitung und der eigentlichen Steuerung (Bild).

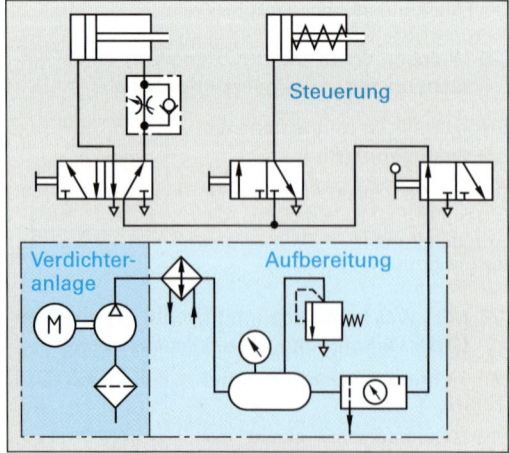

Meist wird eine zentrale Verdichteranlage für viele Verbraucher gemeinsam verwendet.

31 Wie kann die UND-Verknüpfung auch mit zwei 3/2-Wegeventilen allein verwirklicht werden?

Die Ventile werden in Reihe geschaltet (Bild). Damit kann Druckluft nur durchströmen, wenn beide Ventile betätigt sind.

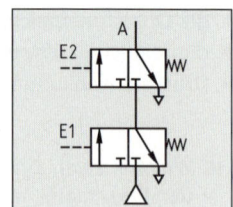

Schaltpläne pneumatischer und elektropneumatischer Steuerungen

Fragen aus Fachkunde Metall, Seite 459

1 Wie werden die Bauteile in pneumatischen Schaltplänen bezeichnet?

Die vollständige Bezeichnung eines Bauteils umfasst vier Positionen, z.B. 3 – 1S2

3 = Anlagennummer

1 = Schaltkreisnummer

S = Kennbuchstabe des Bauteils

2 = Bauteilnummer

Die Anlagennummer wird weggelassen, wenn der Schaltplan eindeutig einer Maschine zugeordnet werden kann.

2 Welche Vorteile hat die einheitliche Bezeichnung der Signalgeber am Zylinder?

Der Schaltplan wird übersichtlich und eine genaue Zuordnung ist möglich. Bei Signalgebern z.B., welche die Endlagen eines Zylinders erfassen, kennzeichnet die Zählnummer „1" die hintere, die Zählnummer "2" die vordere Endlage der Kolbenstange.

3 Wodurch unterscheiden sich Relais- und SPS-Steuerungen?

Bei einer Relaissteuerung ist der Ablauf durch die Leitungsverbindungen und die Art der Bauelemente festgelegt.

Bei speicherprogrammierten Steuerungen wird der Ablauf durch ein vorher erstelltes und in der SPS gespeichertes Programm bestimmt.

Eine Änderung des Ablaufs ist bei Relaissteuerung nur durch die Änderung der Leitungsverbindungen möglich, bei einer SPS durch eine Programmänderung.

4 Entwerfen Sie für die gezeigte Montage- und Bearbeitungsmaschine

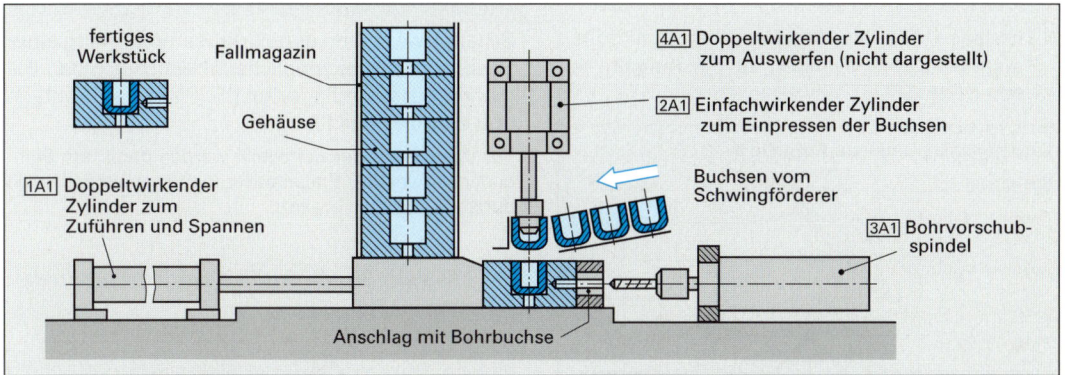

a) den pneumatischen Schaltplan, der auch Wegeventile mit Rollenhebel enthalten darf

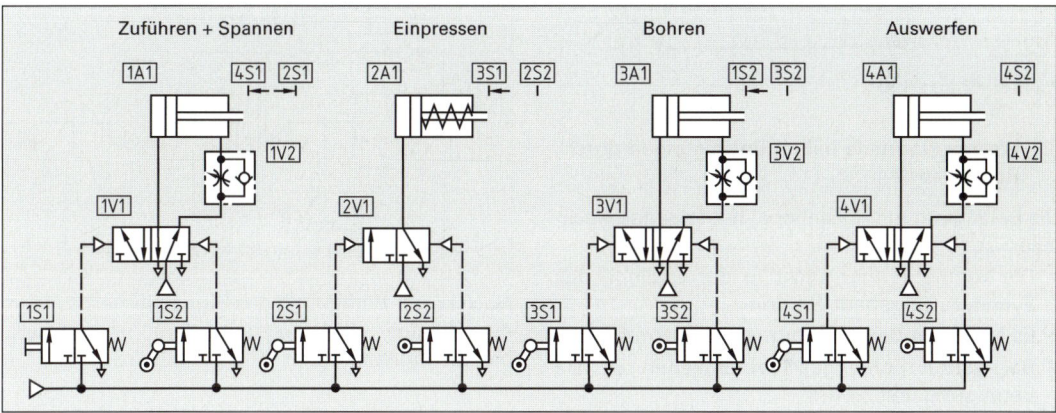

b) den pneumatischen Schaltplan ohne Ventile mit Rollenhebel

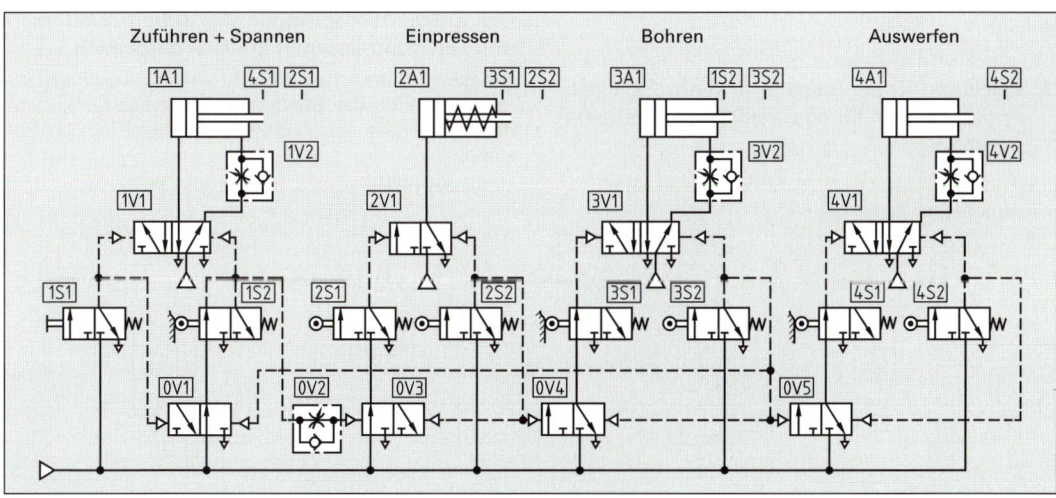

Ergänzende Fragen zu pneumatischen und elektropneumatischen Steuerungen

5　Erstellen Sie ein vereinfachtes Funktionsdiagramm (nur Zylinder) zu der Aufgabe 4a von Seite 227.

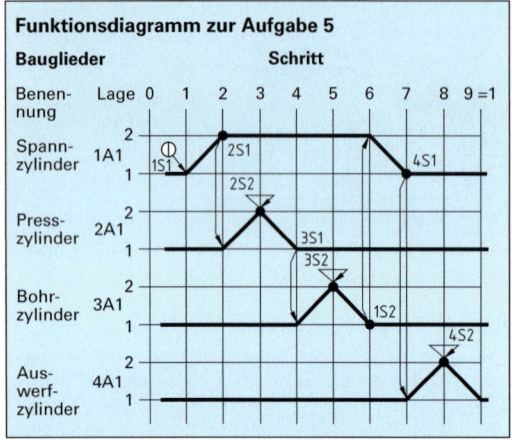

Funktionsdiagramm zur Aufgabe 5

6　Welche Nachteile haben Betätigungen durch Rollenhebel?

Die Betätigung mit Rollenhebel hat folgende Nachteile:

● Die Ventile können nicht in der Endlage des Zylinders eingebaut werden.

● Es ist ein großer Betätigungsweg erforderlich.

● Bei hohen Kolbengeschwindigkeiten ist die Betätigungszeit zu kurz.

● Schmutz, insbesondere Späne, können den Hebel blockieren.

In hochwertigen Steuerungen wird anstelle von einseitig wirkenden Betätigungen eine Signalabschaltung verwendet.

7　Zeichnen Sie zu Aufgabe 4 (Seite 227) den Pneumatikplan für eine elektropneumatische Steuerung.

8　Welche Aufgabe haben pneumatische Schaltpläne?

Schaltpläne stellen den Wirkzusammenhang einer Pneumatikanlage möglichst übersichtlich dar. Sie dienen als Grundlage für die Planung, Montage und Wartung der Anlage.

Zur Darstellung der Einzelteile werden genormte Sinnbilder verwendet. Pneumatikschaltpläne werden noch durch Gerätelisten ergänzt.

9　Erläutern Sie die im Bild dargestellte Steuerung.

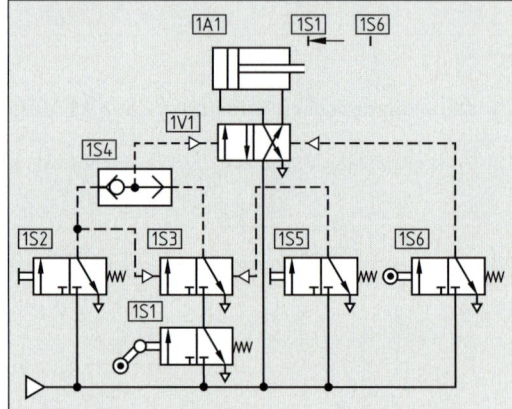

Nach kurzer Betätigung des Signalelementes fährt der Zylinder 1A1 so lange vor und zurück, bis das Signalelement 1S betätigt wird.

10　Welchen Zweck erfüllen Funktionsdiagramme?

In Funktionsdiagrammen werden die Zustände und Zustandsänderungen von Arbeitsmaschinen und Fertigungsanlagen grafisch dargestellt.

Schmale Volllinien bedeuten Ruhe- oder Ausgangsstellung der Bauglieder. Breite Volllinien stehen für alle von der Ruhe- oder Ausgangsstellung abweichenden Zustände.

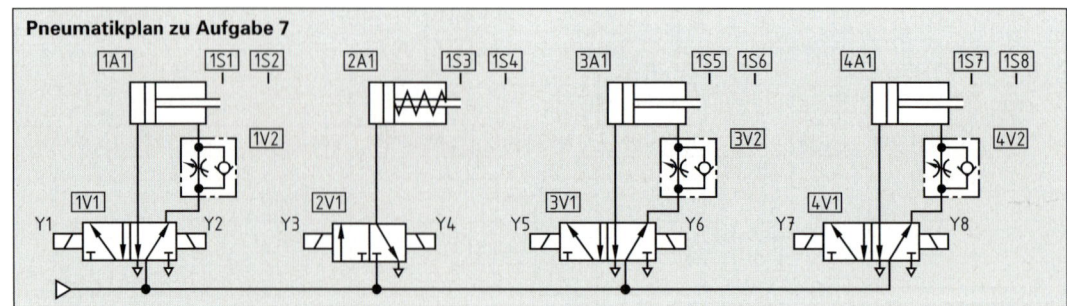

Pneumatikplan zu Aufgabe 7

5.4 Hydraulische Steuerungen

Fragen aus Fachkunde Metall, Seite 470

1 Welche Aufgaben haben Hydraulikflüssigkeiten?

Die Hydraulikflüssigkeit überträgt die Energie von der Pumpe zu den Arbeitselementen und dient gleichzeitig zur Schmierung der bewegten Teile.

Je nach den Betriebsbedingungen der Hydraulikanlage werden Mineralöle mit Zusätzen, wässerige Emulsionen oder Lösungen sowie synthetische Flüssigkeiten verwendet.

2 Worin besteht der Unterschied zwischen Antrieben mit Konstantpumpen und Antrieben mit Verstellpumpen?

Konstantpumpen haben ein gleich bleibendes (nicht verstellbares) Verdrängungsvolumen. Bei Verstellpumpen kann die Fördermenge dem Bedarf angepasst werden.

Antriebe mit Konstantpumpen haben einen höheren Energieverlust als Antriebe mit Verstellpumpen.

3 Wie sind Hydrospeicher aufgebaut?

In Hydrospeichern wird die Hydraulikflüssigkeit gegen eine abgeschlossene Stickstoffmenge gedrückt, wobei der Stickstoff durch eine Blase, eine Membrane oder einen Kolben von der Hydraulikflüssigkeit getrennt ist (Bild).

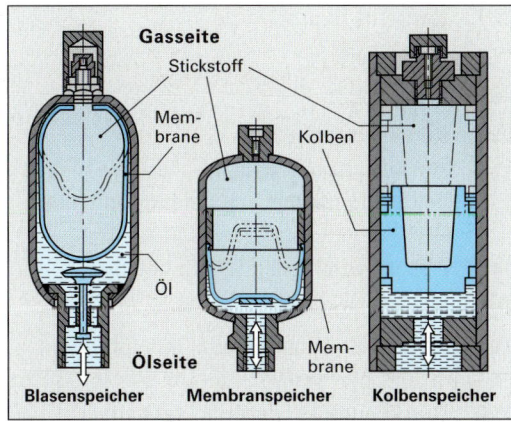

Blasenspeicher   Membranspeicher   Kolbenspeicher

Hydrospeicher nehmen Druckflüssigkeit auf und können bei Ausfall der Pumpe oder bei großem Bedarf diese wieder abgeben. Sie dienen damit als Speicher und auch zur Dämpfung von Stößen oder Schwingungen.

4 In welchen Fällen werden vorgesteuerte Wegeventile eingesetzt?

Vorgesteuerte Wegeventile werden für die elektromagnetische Betätigung größerer Wegeventile verwendet.

Ein kleines Vorsteuerventil wird elektromagnetisch betätigt. Dieses gibt die Druckflüssigkeit für die hydraulische Betätigung des Hauptventils frei.

5 Wofür werden entsperrbare Rückschlagventile eingesetzt?

Mit entsperrbaren Rückschlagventilen können Zylinder in jeder Stellung stillgesetzt werden.

Dies wäre durch Wegeventile allein nicht möglich, da diese stets etwas Leckflüssigkeit durchlassen.

6 Wodurch unterscheidet sich ein Stomregelventil von einem Drosselventil?

Stromregelventile halten im Gegensatz zu Drosselventilen den Volumenstrom konstant.

Beim Drosselventil hängt der Volumenstrom nicht nur vom Durchflussquerschnitt, sondern auch vom Druckunterschied zwischen Zu- und Abfluss ab.

7 Eine hydraulische Presse soll bei einem Öldruck von 80 bar eine nutzbare Kolbenkraft von $F = 100$ kN erzeugen (Bild).

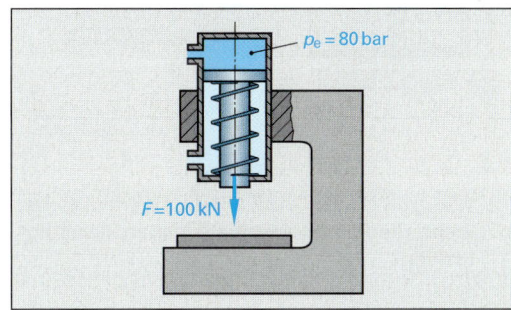

a) Wie groß muss der Kolbendurchmesser sein, wenn als Wirkungsgrad $\eta = 0,92$ beträgt?

$$F = p_e \cdot A_1 \cdot \eta \;\; \Rightarrow \;\; A_1 = \frac{F}{p_e \cdot \eta}; \;\; d = \sqrt{\frac{A_1 \cdot 4}{\pi}}$$

$$A_1 = \frac{100\,000 \text{ N}}{800 \,\dfrac{\text{N}}{\text{cm}^2} \cdot 0,92} = 135,87 \text{ cm}^2$$

$$d = \sqrt{\frac{135,87 \text{ cm}^2 \cdot 4}{\pi}} = 13,15 \text{ cm} = \mathbf{131,5 \text{ mm}}$$

b) Der Zylinder soll aus der folgenden genormten Durchmesserreihe ausgewählt werden: 50, 70, 100, 140, 200, 280, 400 (*d* in mm).

Gewählt wird *d* = 140 mm

c) Wie schnell fährt der Kolben ein, wenn der Durchmesser der Kolbenstange halb so groß wie der Kolbendurchmesser ist und der dem Zylinder zugeführte Volumenstrom 38 500 cm³/min beträgt?

$$A_2 = \frac{d^2 \cdot p}{4} = \frac{(7 \text{ cm})^2 \cdot \pi}{4} = 38{,}5 \text{ cm}^2$$

$$A = A_1 - A_2 = 154 \text{ cm}^2 - 38{,}5 \text{ cm}^2 = 115{,}5 \text{ cm}^2$$

$$v = \frac{Q}{A} = \frac{38500 \dfrac{\text{cm}^3}{\text{min}}}{115{,}5 \text{ cm}^2} = 333{,}3 \frac{\text{cm}}{\text{min}} = \mathbf{3{,}3 \frac{m}{min}}$$

8 Der pneumatisch-hydraulische Druckübersetzer (Bild) wird mit p_{e1} = 6 bar angetrieben.

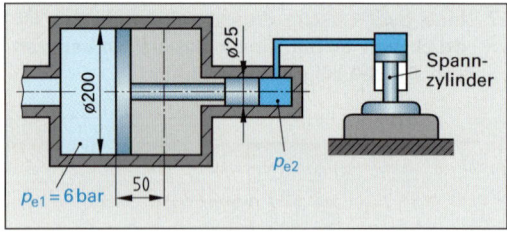

a) Wie groß ist der Druck auf der Hydraulikseite, wenn die Reibungsverluste unberücksichtigt bleiben?

$$p_{e1} \cdot A_1 = p_{e2} \cdot A_2 \quad \Rightarrow \quad p_{e2} = \frac{p_{e1} \cdot A_1}{A_2}$$

$$\mathbf{p_{e2}} = \frac{60 \dfrac{\text{N}}{\text{cm}^2} \cdot \dfrac{(20 \text{ cm})^2 \cdot \pi}{4}}{\dfrac{(2{,}5 \text{ cm})^2 \cdot \pi}{4}} = 3840 \frac{\text{N}}{\text{cm}^2}$$

$$= \mathbf{384 \text{ bar}}$$

b) Wie groß ist dieser Druck bei einem Wirkungsgrad von 85%?

$$p_e = p_{e2} \cdot \eta = 384 \text{ bar} \cdot 0{,}85 = \mathbf{326{,}4 \text{ bar}}$$

c) Welches Flüssigkeitsvolumen gibt der Druckübersetzer bei einem Kolbenhub von 50 mm ab?

$$V = s \cdot A_2 = 5 \text{ cm} \cdot 4{,}9 \text{ cm}^2 = \mathbf{24{,}5 \text{ cm}^3}$$

9 Für die Vorschubsteuerung (Bild) ist eine Liste mit den Namen der Bauelemente zu erstellen.

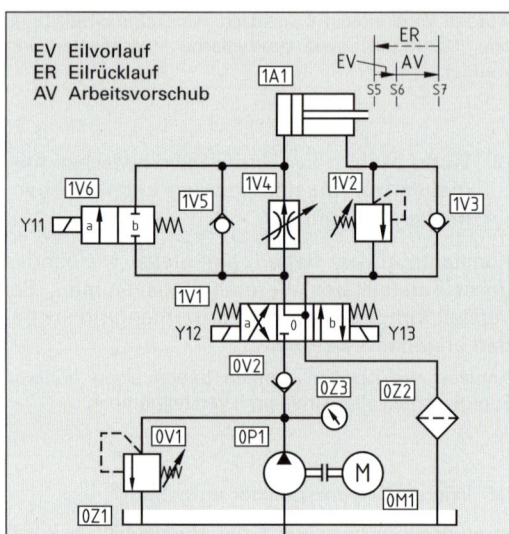

0V1   Druckbegrenzungsventil, verstellbar

0Z1   Behälter

0M1   Elektromotor mit Kupplung

0P1   Konstant-Hydropumpe

0Z3   Manometer

0Z2   Filter

0V2   Rückschlagventil

1V1   4/3-Wegeventil, Schwimm-Mittelstellung, beidseitig magnetisch betätigt und federzentriert

1V6   Absperrventil, magnetisch betätigt

1V5   Rückschlagventil

1V4   2-Wege-Stromregelventil mit veränderlichem Auslassstrom

1V2   Druckbegrenzungsventil, verstellbar

1V3   Rückschlagventil

1A1   doppeltwirkender Zylinder mit einseitiger Kolbenstange

10 Auf einem Rundschalttisch ist ein Hydraulikzylinder mit Drucköl zu versorgen (Bild). Welche Verschraubung braucht man dazu an den Stellen 1, 2 und 3?

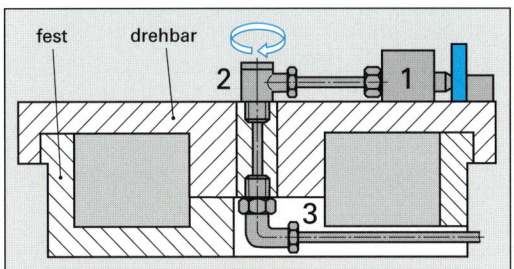

1 Gerade Verschraubung
2 Drehverbindung
3 Winkelverschraubung

11 Welchen Bewegungsablauf hat der Zylinder in nachfolgend gezeigter Hydrauliksteuerung und welche Funktion haben dabei die Ventile?

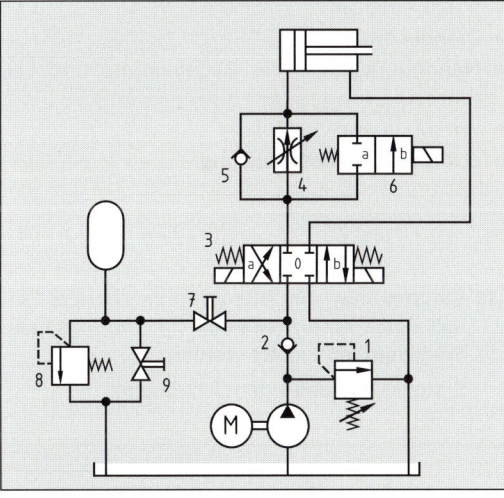

Bewegungszustände des Zylinders:
Stillstand, Eilvorlauf, Arbeitsvorschub und Eilrücklauf.
Ventilfunktionen:
1 begrenzt den Druck in der Anlage
2 verhindert Rücklauf der Hydraulikflüssigkeit
3 steuert den Weg des Hydrauliköls
4 regelt den Volumenstrom
5 sperrt den Durchfluss in einer Richtung
6 umgeht das Stromregelventil im Eilvorlauf
7 schaltet den Hydrospeicher zu oder ab
8 begrenzt den Druck im Hydrospeicher
9 entleert den Hydrospeicher

12 Welche Ventile müssen bei Wartungsarbeiten an der links unten gezeigten Steuerung (Bild zu Frage 11) geschlossen bzw. geöffnet werden?

Für Wartungsarbeiten muss die Anlage drucklos sein. Dazu müssen der Motor abgeschaltet, Ventil 3 in Stellung a oder b gebracht und die Ventile 7 und 9 geöffnet werden.

Betreffen die Wartungsarbeiten nur einen Teil der Anlage, so kann auch nur teilweise drucklos geschaltet werden:

Für Arbeiten im linken Teil der Anlage (Druckspeicher) wird zunächst Ventil 7 geschlossen und danach Ventil 9 geöffnet.

Für Arbeiten im rechten Teil der Anlage (Arbeitsteil) wird zunächst Ventil 7 geschlossen und danach Ventil 3 in Stellung a oder b gebracht.

Ergänzende Fragen zu Hydraulische Steuerungen

13 Welche Vor- und Nachteile hat die Hydraulik gegenüber der Pneumatik?

Vorteile:
● Große Kräfte auf kleinen Raum
● Gleichförmige Kolbengeschwindigkeiten

Nachteile:
● Lärmentwicklung durch Pumpen, Motore und Ventile
● Verschmutzung und Brandgefahr durch Lecköl
● höhere Kosten für Bauelemente
● höherer Energieverlust

14 Welche Anforderungen werden an Hydraulikflüssigkeiten gestellt?

Hydraulikflüssigkeiten müssen möglichst schmierfähig und alterungsbeständig sein. Ihre Viskosität soll sich mit der Temperatur möglichst wenig verändern. Bei Einwirkung höherer Temperaturen müssen sie zusätzlich schwer entflammbar sein. Sie dürfen nicht schäumen und nicht korrodierend wirken.

Verwendet werden Mineralöle mit Zusätzen, Wassermischungen sowie synthetische Flüssigkeiten.

15 Wie werden Hydraulikpumpen nach der Art der Verdrängerelemente unterteilt?

In Zahnrad-, Flügelzellen- und Kolbenpumpen.

Zahnradpumpen haben einen konstanten Volumenstrom, Flügelzellen- und Kolbenpumpen können als Konstant- oder Verstellpumpen gebaut sein.

16 Auf welche Weise kann bei einer Radial-kolbenpumpe der Volumenstrom verstellt werden?

Bei einer Radialkolbenpumpe (Bild) kann der Volumenstrom durch das Exzentermaß des Hubringes, der den Kolbenweg steuert, verstellt werden.

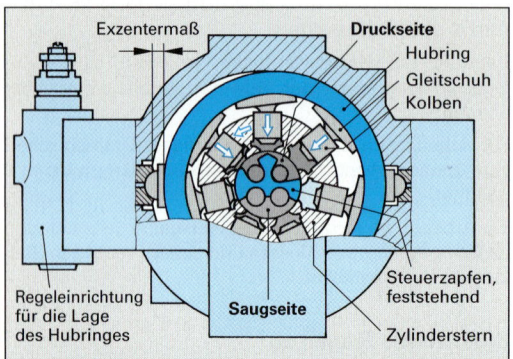

Durch Veränderung des Kolbenweges wird der Volumenstrom stufenlos von Null bis zur maximalen Fördermenge verstellt.

17 Wie arbeiten Proportionalventile?

Ein analoges elektrisches Eingangssignal wird in ein stufenloses hydraulisches Ausgangssignal, z.B. Druck oder Volumenstrom, umgesetzt.

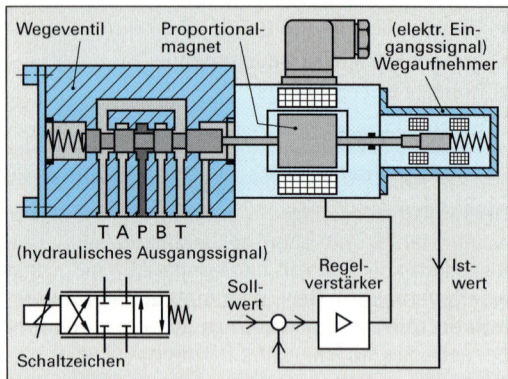

Mit Hilfe eines Regelkreises werden Soll- und Istwert der Ventilstellung verglichen und zur Übereinstimmung gebracht.

18 Welche Kenngrößen sind bei der Auswahl hydraulischer Bauelemente maßgebend? Beantworten Sie die Frage anhand des nachfolgend gezeigten Schaltplanes.

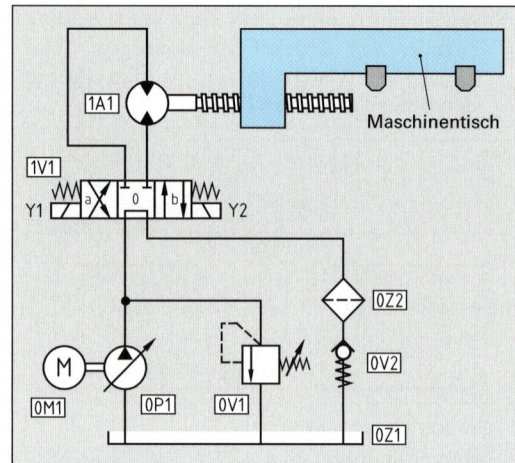

Ausgangswerte sind die gewünschte Vorschubgeschwindigkeit und Vorschubkraft des Maschinentisches. Danach sind zu bestimmen

● Verdrängungsvolumen und Drehzahl von Hydromotor und Pumpe
● Volumenstrom
● Betriebsdruck
● Nennquerschnitte der Bauelemente und Leitungen
● Wirkungsgrad der Anlage
● erforderliche Motorleistung

19 Die Steuerung im Bild zu Frage 11, Seite 231 soll durch eine Steuerung mit Proportional-Wegeventilen ersetzt werden.

Erstellen Sie dafür den Schaltplan.

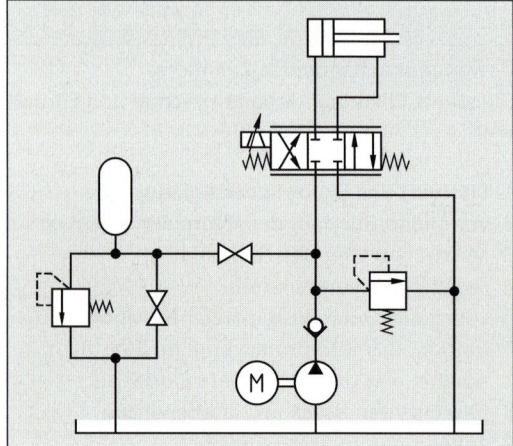

5.5 Elektrische Steuerungen

Fragen aus Fachkunde Metall, Seite 474

1 Welche Aufgaben haben Relais?

Mit Relais können
- fernbetätigte Steuerungen aufgebaut werden
- Signale verknüpft, vervielfacht, umgekehrt oder gespeichert werden
- schwache Steuersignale zum Schalten großer Leistungen verwendet werden

Relais können mehrere Öffner, Schließer oder Wechsler elektromagnetisch betätigen. Der Stromkreis für die Magnetspule ist von den Kontaktstromkreisen getrennt.

2 Wie werden Relais in einem Schaltplan dargestellt und bezeichnet?

Die Relaisspule wird mit einem Rechteck, die Kontakte werden als Öffner, Schließer oder Wechsler in dem jeweiligen Strompfad eingezeichnet (Bild). Die Darstellung erfolgt in der Ausgangsstellung der Steuerung.

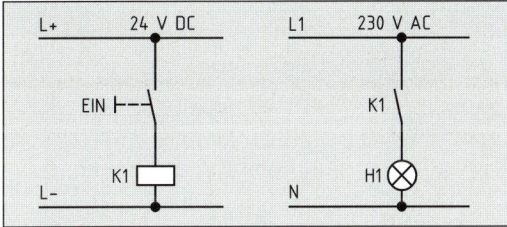

Meist wird eine aufgelöste Darstellung mit getrennten Steuer- und Hauptstromkreisen verwendet.

3 Warum wird zur Steuerung eines Zylinders durch ein Wegeventil mit Federrückstellung eine Selbsthalteschaltung benötigt?

Ein Ventil mit Federrückstellung kann das EIN-Signal nicht speichern. Dies übernimmt die Selbsthaltung des Relais.

Ohne Selbsthaltung würde beim Loslassen des EIN-Tasters das Ventil sofort wieder zurückschalten (Bild).

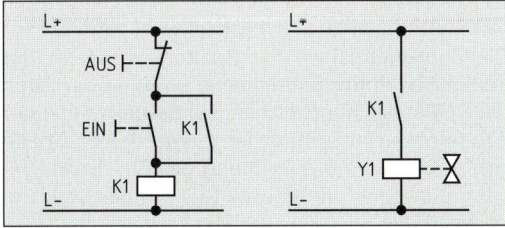

4 Welche Aufgaben hat eine NOT-AUS-Schaltung?

Mit einer NOT-AUS-Schaltung müssen folgende Schritte ausgeführt werden:
- Das Programm muss sofort unterbrochen werden.
- Die Steuerung muss energielos geschaltet werden.
- Die Steuerung wird so gerichtet, dass bei einem Wiedereinschalten der Energie erneut gestartet werden kann.

Vielfach wird zusätzlich mit einer NOT-AUS-Schaltung der Arbeitsteil der Anlage, z.B. ein Zylinder, in eine ungefährliche Lage gefahren.

Ergänzende Fragen zu Elektrische Steuerungen

5 Auf welche Weise können elektrische Signale erzeugt werden?

Durch Öffnen oder Schließen von Kontakten oder durch kontaktlose, elektronische Bauelemente.

Kontakte können z.B. in Schaltern oder Relais enthalten sein, eine Fotozelle liefert ein Signal durch Umwandlung von Licht.

6 Welcher Unterschied besteht zwischen einem Taster und einem Schalter?

Taster werden nach Wegfall der Betätigungskraft durch eine Feder in die Ausgangsstellung zurückgeführt, Schalter behalten die eingenommene Schaltstellung bei.

Das Signal ist bei Tastern nur so lange vorhanden, wie der Taster betätigt wird. Schalter bewirken dagegen ein Dauersignal.

7 Welcher Unterschied besteht zwischen Grenztastern und Näherungsschaltern?

Grenztaster besitzen Springkontakte, die mechanisch oder magnetisch betätigt werden. Näherungsschalter sind kontaktlos. Sie erzeugen durch Induktion oder kapazitive Aufladung ein zum Abstand analoges Signal.

Grenztaster schalten daher bei Erreichen einer bestimmten Stellung schlagartig um, während Näherungsschalter ein allmählich ansteigendes Signal abgeben.

8 Wie werden die elektrischen Kontakte nach ihrer Wirkung unterteilt?

Man unterscheidet Öffner, Schließer und Wechsler.

Die Bezeichnung gibt die Wirkung des Kontaktes im Stromkreis bei Betätigung an. Ein Wechsler vereinigt die Funktion von Öffner und Schließer.

9 Welche Vorteile haben elektronische Bauelemente gegenüber elektromagnetisch betätigten Schaltern?

Die Vorteile elektronischer Bauelemente sind:
- kontaktloses, daher verschleißfreies Schalten
- hohe Schaltgeschwindigkeiten
- kleine Abmessungen der Schaltelemente

Verwendet werden Halbleiterbauelemente, z.B. Transistoren, Thyristoren oder Dioden.

10 Erläutern Sie die im Bild dargestellte Motorsteuerung.

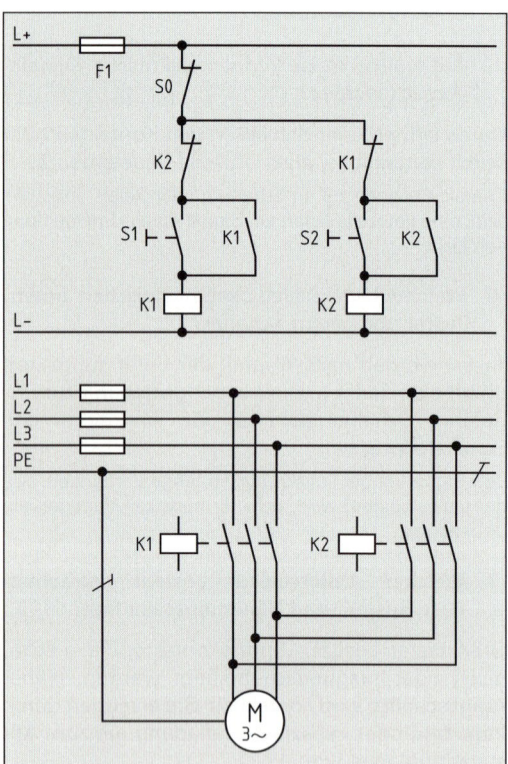

Nach Betätigung des Tasters S1 wird Schütz K1 betätigt. Die Selbsthalteschaltung bewirkt, dass er auch nach Loslassen von S1 weiter betätigt bleibt.

Die elektrische Verriegelung verhindert die Betätigung von Schütz K2. Mit Taster S2 wird derselbe Vorgang für den Schütz K2 eingeleitet. Durch den Taster S0 kann der Motor abgeschaltet werden.

Der Hauptstromkreis zeigt die Anwendung der Steuerung für einen Drehstrommotor mit Rechts- und Linkslauf (Wendeschützschaltung).

5.6 Speicherprogrammierbare Steuerungen (SPS)

Fragen aus Fachkunde Metall, Seite 482

1 Wodurch unterscheiden sich speicherprogrammierbare Steuerungen von verbindungsprogrammierten Steuerungen?

Die Verbindungen der Signaleingänge mit den Signalausgängen der Steuerung geschieht bei SPS über ein Programm. Bei einer Programmänderung muss daher nur die neue Software in die Steuerung eingelesen werden.

SPS sind daher besonders flexibel. Der Programmwechsel kann auch automatisiert werden.

2 Aus welchen Baugruppen sind SPS-Steuerungen aufgebaut?

Die wesentlichen Baugruppen speicherprogrammierbarer Steuerungen sind (Bild):
- Eingabegruppe
- Zentraleinheit mit Programmspeicher
- Ausgabebaugruppe

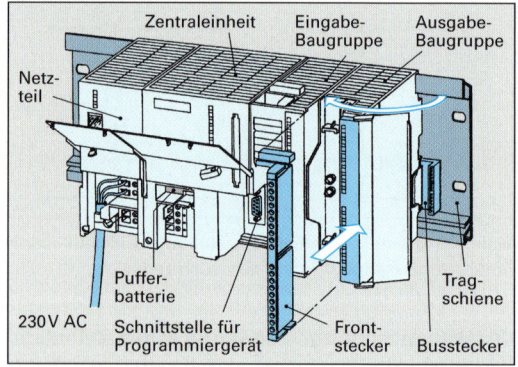

Die Baugruppen sind durch eine gemeinsame Datenleitung (Bus) miteinander verbunden.

3 Warum wird vor dem Programmieren einer SPS eine Zuordnungsliste erstellt?

Die Zuordnungsliste gibt dem Programmierer an, welche Geräte an welchen Ein- bzw. Ausgängen (Zuordnung) der SPS angeschlossen sind.

Die Zuordnungsliste hat Spalten, wobei in der ersten Spalte der Bauteilname steht, in der zweiten Spalte das Kennzeichen des Bauteils mit einer Zählnummer aufgeführt ist. In der dritten Spalte vermerkt man die Zuordnung der Ein- bzw. Ausgänge. In einer vierten Spalte steht der bewirkte Vorgang des Bauteils.

4 Entwerfen Sie für die folgende Verknüpfungssteuerung die Zuordnungsliste, den Funktionsplan und die Anweisungsliste: Der doppelt wirkende Zylinder einer Spannvorrichtung soll durch den Taster S1 oder den Taster S2 ausfahren, wenn der Sensor B1 meldet, dass ein Werkstück eingelegt ist.

Zuordnungsliste		Funktionsplan	Anweisungsliste
Bauteil	Operand		
S1	E1	E1 & E3	
S2	E2		UE1 UE3 O
B1	E3	≥1 A1	UE2 UE3
Y1	A1	E2 & E3	=A1

Ergänzende Fragen zu Speicherprogrammierbare Steuerungen

5 Welche Unterschiede bestehen zwischen einer SPS-Steuerung und einer Relaissteuerung?

Bei einer Relaissteuerung ist der Ablauf durch die Leitungsverbindungen und die Art der Bauelemente festgelegt.

Bei speicherprogrammierten Steuerungen wird der Ablauf durch ein vorher erstelltes und in der SPS gespeichertes Programm bestimmt.

Eine Änderung des Ablaufs ist bei Relaissteuerungen nur durch die Änderung der Leitungsverbindungen möglich, bei einer SPS durch eine Programmänderung.

6 Wodurch unterscheiden sich die Programmiersprachen Funktionsplan und Anweisungsliste?

Ein Funktionsplan zeigt schematisch die Signalverknüpfung und den schrittweisen Ablauf durch genormte Sinnbilder (Bilder rechts).

Bei einer Anweisungsliste werden die einzelnen Steueranweisungen für die SPS in der erforderlichen Reihenfolge geschrieben.

Die Steueranweisungen einer SPS sind teilweise herstellerabhängig.

7 Für die Hubanlage (Bild) sollen der Ablaufplan, die Zuordnungsliste, der Funktionsplan und die Anweisungsliste aufgestellt werden.

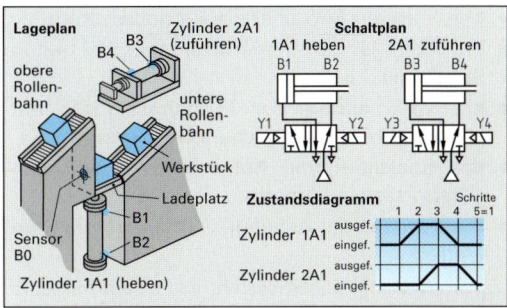

Ablaufplan	Zuordnungsliste	
	Bauteil	Operand
0 — 1.0 eingefahren B1 — 2.0 eingefahren B3 — Werkstück vorhanden B0	B0	E1
	B1	E2
1 — Zylinder 1.0 AUS	B2	E3
— 1.0 ausgefahren B2	B3	E4
2 — Zylinder 2.0 AUS	B4	E5
— 2.0 ausgefahren B4	Y1	A1
3 — Zylinder 1.0 EIN	Y2	A2
— 1.0 eingefahren B1	Y3	A3
4 — Zylinder 2.0 EIN	Y4	A4

Funktionsplan	Anweisungsliste
E1 E2 E4 & A1	UE1 UE2 UE4 =A1
E3 E4 & A3	UE3 UE4 =A3
E3 E5 & A2	UE3 UE5 =A2
E2 E5 & A4	UE2 UE5 =A4
	PE

8 Welche Aufgaben hat die Verarbeitungseinheit einer SPS?

Die Verarbeitungseinheit einer SPS übernimmt

- den Start der SPS über ein Betriebssystem.
- die Abfrage der Eingangssignale bei jedem Steuertakt.
- die Verarbeitung der Eingangssignale entsprechend dem gespeicherten Programm.
- das Speichern und Abfragen von Zwischenergebnissen in Merkern.
- die Ausgabe der Ausgangssignale an die Steuerstrecke.

Die Verarbeitungseinheit besteht aus einem Mikroprozessor mit Taktgeber, Steuer- und Rechenwerk.

9 Welche Aufgaben hat die Ausgabebaugruppe einer SPS?

Von der Ausgabeeinheit werden die Ausgangssignale der SPS über einen Optokoppler an die zu steuernden Geräte ausgegeben.

10 Wozu wird ein Optokoppler in der SPS eingesetzt?

Der Optokoppler ist ein Wandler zwischen optischen und elektrischen Signalen und wird in der SPS als Bauelement zur galvanischen Absicherung der Eingänge gegen zu hohe Eingangsspannungen eingesetzt.

11 Welche Peripheriegeräte gehören zu einer speicherprogrammierten Steuerung?

Erforderlich sind Geräte für die Programmerstellung, z.B. Handprogrammiergeräte oder Personalcomputer, und Geräte für die Programmdokumentation, z.B. Drucker.

Die Speicherung der Programme erfolgt meist in der SPS.

12 Welche Programmiersprachen werden für die Erstellung von SPS-Programmen verwendet?

Die Programmierung kann mit Hilfe einer *Anweisungsliste*, mit einem *Kontaktplan* oder einem *Funktionsplan* erfolgen.

Die Anweisungsliste kann mit Hilfe einer Tastatur oder einem Handprogrammiergerät direkt in die SPS eingegeben werden. Kontaktpläne oder Funktionspläne werden meist mit einem PC erstellt und über einen Postprozessor an die Steuerung übergeben.

13 Welche drei anwenderorientierten Programmiersprachen werden bei einer SPS verwendet?

Bei einer SPS werden Anweisungsliste (AWL), Kontaktplan (KOP) und Funktionsplan (FUP) verwendet.

Bei der Übertragung in den Programmspeicher der SPS wird die Programmiersprache in die Maschinensprache übersetzt (kompiliert).

14 Aus welchen Bestandteilen besteht die Steueranweisung „0E10" in einer Anweisungsliste?

- Aus dem Operationsteil (der angibt, was zu tun ist), hier „0" für eine ODER-Verknüpfung
- und dem Operantenteil (der angibt, womit etwas zu tun ist), hier „E10" für den Eingang 10.

15 Wozu verwendet man in der SPS sogenannte Merker?

Merker werden als interne Speicherbausteine verwendet. Als Operanden im Programm dienen sie zur Ablage von Informationen.

16 Es liegt die im nachfolgenden Bild gezeigte Verknüpfung vor.

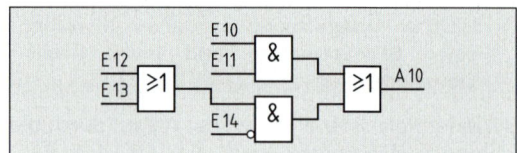

a) Skizzieren Sie den Funktionsplan der einzelnen Verknüpfungen.

b) Schreiben sie die Anweisungsliste der einzelnen Verknüpfungen.

a) Funktionsplan   b) Anweisungsliste

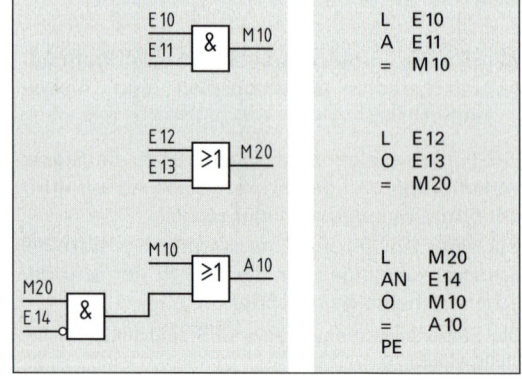

5.7 CNC-Steuerungen

5.7.1 Merkmale NC-gesteuerter Maschinen

Fragen aus Fachkunde Metall, Seite 486

1 Welche Möglichkeiten gibt es, die Drehzahl von Antriebsmotoren zu regeln?

Man verwendet drehzahlgeregelte Gleichstrom- oder Drehstrommotoren.

In beiden Fällen wird die Ist-Drehzahl von einem Tacho-generator erfasst, mit der Soll-Drehzahl verglichen und über die Regeleinrichtung geändert.

2 Welche Anforderungen werden an Vorschub-antriebe gestellt?

Vorschubantriebe sollen
- große Vorschubkräfte erzeugen
- sehr kleine Vorschub- und sehr große Eilgang-geschwindigkeiten ermöglichen
- schnelles Positionieren ermöglichen
- große Positioniergenauigkeit besitzen
- hohe Haltekräfte aufweisen

3 Warum sind bei Vorschubantrieben zwei Regelkreise erforderlich?

Für die Einhaltung der Schlittengeschwindigkeit ist eine Drehzahlregelung des Vorschubmotors, für die Positionierung des Schlittens eine Lage-regelung des Maschinentisches erforderlich.

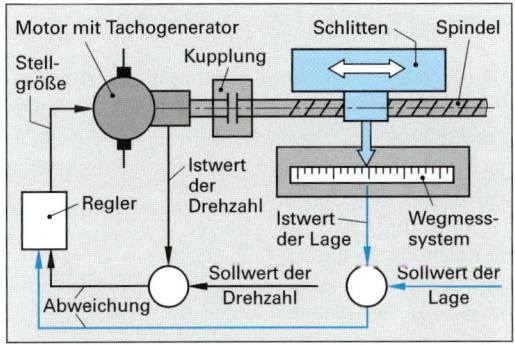

Als Messsysteme werden ein Tachogenerator für die Dreh-zahl und ein Wegmesssystem für die Lage verwendet.

4 Wodurch unterscheidet sich die indirekte von der direkten Wegmessung?

Bei der indirekten Wegmessung wird die Stellung der Vorschubspindel gemessen, bei der direkten Wegmessung die Lage des Maschinentisches.

5 Welchen Vorteil bieten direkte Wegmess-systeme?

Direkte Wegmesssysteme liefern die genauesten Messwerte.

Das Wegmesssystem wird am Maschinentisch und am Gestell befestigt und muss besonders sorgfältig vor Be-schädigung und Verschmutzung gesichert werden.

6 Wie wirkt sich bei einem inkrementalen Weg-messsystem das Abschalten der Maschine aus?

Die Steuerung verliert die gespeicherte Lageinfor-mation.

Nach dem Wiedereinschalten der Maschine muss ein Referenzpunkt angefahren werden, damit das Wegmess-system die Stellung des Schlittens ermitteln kann.

7 Welchen Vorteil bieten absolute Wegmess-systeme?

Jedem Teilstrich ist ein Zahlenwert zugeord-net, der der Lage des Maschinentisches ent-spricht.

Ein Anfahren des Refe-renzpunktes nach Strom-ausfall ist daher nicht nötig.

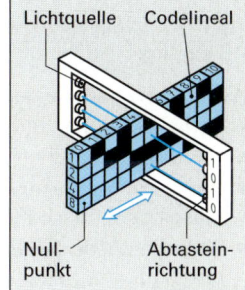

8 In welchen Fällen erfolgt die Dateneingabe in die CNC-Steuerung über eine Schnittstelle?

Eine Schnittstelle dient zur Datenfernübertragung, z.B. von einem Leitrechner oder einem Program-miergerät, zur CNC-Steuerung der Maschine.

9 Welche Aufgabe erfüllt die Anpasssteuerung?

Die Anpasssteuerung verstärkt die Signale der Steuerung und gibt sie an die Stellglieder der Werkzeugmaschine, z.B. Schütze und Ventile, aus.

Die Anpasssteuerung ist die Schnittstelle zwischen der CNC-Steuerung und der Werkzeugmaschine. Die Anpass-steuerung ist von der Bauweise der Werkzeugmaschine abhängig und wird daher vom Maschinenhersteller ge-liefert.

Ergänzende Fragen zu Merkmalen von CNC-Maschinen

10 Erläutern Sie die Kurzzeichen NC, CNC, DNC.

NC   Numerische Steuerung (numerical control)

CNC   NC-Steuerung mit Computer (computerized numerical control)

DNC   NC-Steuerung durch übergeordneten Rechner (direct numerical control)

Numerische Maschinen ohne Computer werden heute kaum noch verwendet. Bei CNC-Maschinen kann über die Schnittstelle eine Datenfernübertragung (DNC) erfolgen.

11 Wozu dient das Bedienfeld einer CNC-Steuerung?

Das Bedienfeld enthält einen Bereich für Programmeingabe (Tastatur) und einen Bereich für die Maschinensteuerung (Tasten, Schalter, Drehknöpfe).

In dem Steuerpult ist außerdem ein Bildschirm integriert.

12 Nennen Sie wesentliche Vorteile der CNC-Fertigung.

Wesentliche Vorteile der CNC-Fertigung sind

- hohe Fertigungs- und Wiederholgenauigkeit
- kurze Fertigungszeiten
- Herstellung schwierig geformter Teile an einer Maschine möglich (Komplettbearbeitung)
- einfache Wiederholung gespeicherter Programme
- hohe Wirtschaftlichkeit und Flexibilität

13 Wozu dient der Referenzpunkt bei CNC-Maschinen?

Der Referenzpunkt ist ein fester Punkt auf den Messeinrichtungen der Maschine, der automatisch angefahren werden kann. Er dient als Bezugspunkt für die Festlegung des Werkstücknullpunktes.

14 Welche Anforderungen sollen Vorschubantriebe bei CNC-Maschinen erfüllen?

Die Vorschubantriebe sollen hohe Beschleunigungen erzielen, sehr große Eilgang- und sehr kleine Vorschubgeschwindigkeiten ermöglichen, große Vorschubkräfte erreichen, eine große Positioniergenauigkeit aufweisen und eine hohe Steifigkeit besitzen.

5.7.2 Koordinaten, Null- und Bezugspunkte

5.7.3 Steuerungsarten, Korrekturen

Fragen aus Fachkunde Metall, Seite 491

1 In welcher Richtung bewegt sich das Werkzeug, wenn bei der Drehmaschine Z -20 programmiert wird (Bild)?

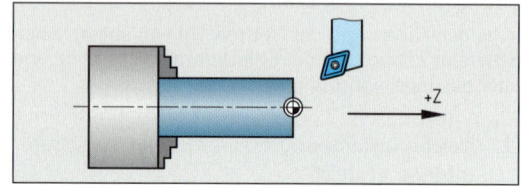

Das Werkzeug bewegt sich nach links.

Bei Drehmaschinen ist die positive Richtung der Achsen so festgelegt, dass sich das Werkzeug vom Werkstück weg bewegt.

2 Die Drehbewegung der Arbeitsspindel einer Drehmaschine kann gesteuert werden.

a) Wie wird diese Drehachse bezeichnet?

Die Drehachse wird mit C bezeichnet.

Die Zuordnung der Drehachsen zu den Linearachsen von NC-Maschinen ist genormt: A zu X, B zu Y, C zu Z. Die Z-Achse entspricht der Achse der Arbeitsspindel.

b) In welcher Richtung dreht sich die Arbeitsspindel, wenn der Drehwinkel mit + 30° angegeben wird?

Die Arbeitsspindel dreht sich gegen den Uhrzeigersinn um 30° bei Blickrichtung in die positive Z-Achse.

Da bei der Programmierung stets angenommen wird, dass sich das Werkzeug bewegt, müsste sich bei Drehung in positiver C-Richtung das Werkzeug im Uhrzeigersinn drehen. Da dies nicht möglich ist, dreht sich die Spindel gegen den Uhrzeigersinn.

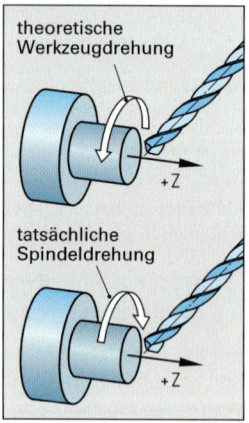

3 Bei einer Senkrechtfräsmaschine führt der Maschinentisch die Verfahrwege in X- und Z-Richtung aus (Bild).

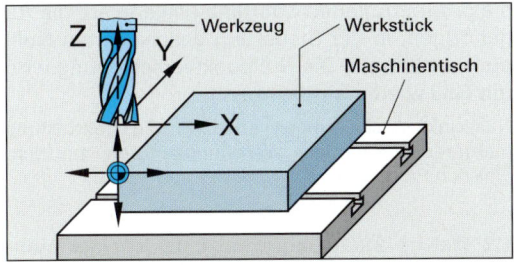

a) In welcher Richtung bewegt sich der Maschinentisch, wenn X100 programmiert wird?

Der Maschinentisch bewegt sich nach links.

b) In welcher Richtung bewegt sich der Maschinentisch, wenn Z-10 programmiert wird?

Der Maschinentisch bewegt sich nach oben.

Bei der Programmierung geht man stets davon aus, dass sich das Werkzeug bewegt. Bewegt sich bei einer Maschine anstelle des Werkzeuges das Werkstück (der Maschinentisch), dann erfolgt dessen Bewegung in der Gegenrichtung.

4 Wozu benötigen NC-Maschinen einen Referenzpunkt?

Bei inkrementalen Wegmesssystemen muss nach dem Einschalten der Steuerung der Maschinennullpunkt angefahren werden. Da dies meist nicht möglich ist, wird auf dem Wegmesssystem ein Referenzpunkt angegeben, der anfahrbar ist.

Das Anfahren des Referenzpunktes geschieht über eine Taste am Bedienfeld. Die Abstände vom Maschinen-Nullpunkt zum Referenzpunkt sind in der Steuerung gespeichert und werden von dieser verrechnet.

5 Bei einer Drehmaschine liegt der Referenzpunkt an der angegebenen Stelle (Bild).

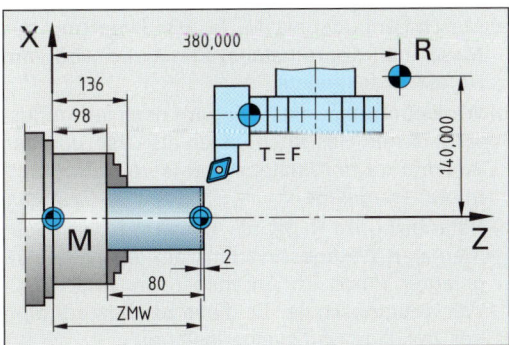

a) Welcher Bezugspunkt der NC-Maschine deckt sich mit dem Referenzpunkt, wenn dieser ohne wirksame Werkzeugkorrekturen angefahren wird?

Bezugspunkt für die Maschinenbewegungen ist der Werkzeugträgerpunkt.

Die Lage des Werkzeugträgerpunktes T ist in der Steuerung gespeichert.

b) Welche Koordinatenwerte werden angezeigt, wenn der Referenzpunkt angefahren ist? Die X-Koordinate wird als Durchmesser angezeigt.

Die angezeigten Werte sind X280 Z380.

6 Auf welchen Nullpunkt beziehen sich die in die Steuerung eingegebenen Koordinatenmaße, wenn keine Nullpunktverschiebung wirksam ist?

Die eingegebenen Werte geben die Lage des Werkzeugträgerpunktes zum Maschinennullpunkt an.

Durch eine Nullpunktverschiebung verrechnet die Steuerung den Unterschied zwischen Maschinennullpunkt und dem Werkstücknullpunkt.

7 Ein Spannfutter hat im Bild von Aufgabe 5 die angegebenen Maße. Bestimmen Sie die Nullpunktverschiebung ZMW, wenn die Rohlänge des Werkstückes 80 mm beträgt. (Für das Plandrehen werden 2 mm benötigt.)

$X = 0$; $Z = 98 + 80 - 2 = 176$

Als Werkstücknullpunkt wird beim Drehen meist die Planfläche des fertigen Werkstücks festgelegt.

8 Welche Steuerungsart ist mindestens erforderlich, wenn ein Kegel gedreht werden soll?

Es ist mindestens eine 2D-Bahnsteuerung nötig.

Die Steuerung muss die X- und Z-Koordinatenwerte für alle Bahnpunkte aus den Start- und Zielpunktkoordinaten errechnen und laufend überwachen.

9 Erklären Sie den Unterschied zwischen interner und externer Werkzeugvermessung.

Bei der internen Vermessung in der Maschine wird der Werkzeugschneidenpunkt unter das Fadenkreuz der Messlupe gefahren. Auf Knopfdruck übernimmt die Steuerung die Korrekturwerte.

Bei der externen Vermessung wird das Werkzeug in einem Adapter der Messeinrichtung vermessen. Die angezeigten Werte müssen in den Werkzeugkorrekturspeicher der Steuerung übertragen werden.

10 Auf dem Werkzeugeinstellgerät wurden die zwei Werkzeuge vermessen (Bild). Ermitteln Sie die Werkzeugkorrekturwerte X und Z für beide Werkzeuge mit dem richtigen Vorzeichen.

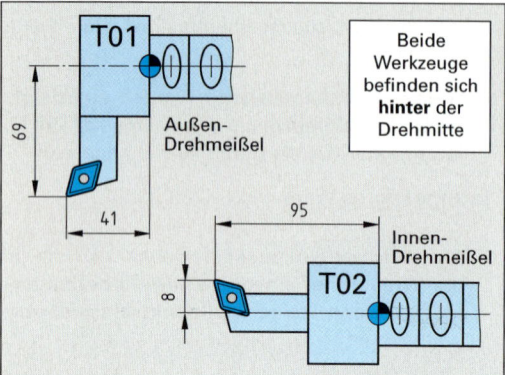

T01: X = 69; Z = 41

T02: X = -8; Z = 95

Die Korrekturwerte geben den notwendigen Verstellweg an, damit anstelle des Werkzeugträgerpunktes T der Werkzeugschneidenpunkt P an der Werkstückkontur ist.

Ergänzende Fragen zu Bezugspunkten und Steuerungsarten bei CNC-Maschinen

11 Mit welchen Wegbedingungen werden die Werkzeugbahnkorrekturen angewählt?

G41: Werkzeug links der Kontur

G42: Werkzeug rechts der Kontur

G40: Aufheben der Werkzeugbahnkorrektur

Die Werkzeugbahnkorrektur gleicht den Unterschied zwischen der programmierten Werkstückkontur und dem tatsächlichen Weg des Werkzeugs aus.

12 Wonach richtet sich der Programmierer bei der Festlegung des Werkstücknullpunktes?

Der Werkstücknullpunkt wird so gelegt, dass möglichst viele Maße ohne Umrechnung aus der Zeichnung übernommen werden können.

13 Wo liegt bei CNC-Maschinen der gemeinsame Nullpunkt der Maschinenkoordinaten?

Bei Drehmaschinen liegt der Maschinennullpunkt meist an der Anschlagfläche des Spannfutters, bei Fräsmaschinen am Rand des Arbeitsraumes.

Die Lage des Maschinennullpunktes wird vom Hersteller festgelegt und kann nicht verändert werden.

14 Wie wird die Nullpunktverschiebung durchgeführt?

Mit den Wegbedingungen G54 bis G59 werden die programmierten Koordinatenwerte auf die zugehörigen, in der Steuerung gespeicherten Nullpunkte bezogen. Die Nullpunktverschiebung wird mit G53 wieder aufgehoben.

Nullpunktverschiebungen erlauben die Bearbeitung mehrerer gleichartiger Werkstückkonturen mit dem gleichen Programm.

15 Welche Steuerungsarten unterscheidet man bei CNC-Maschinen?

Bei CNC-Maschinen unterscheidet man die Steuerungsarten Punktsteuerung, Streckensteuerung und Bahnsteuerung.

Bei Punktsteuerung erfolgt die Bearbeitung nur am Zielpunkt, bei Streckensteuerung nur parallel zu einer Maschinenachse, bei Bahnsteuerung entlang einer beliebigen geraden oder gekrümmten Werkzeugbahn.

16 Für welche Maschinen kann eine Punktsteuerung verwendet werden?

Punktsteuerungen sind für Bohr- und Blechbearbeitungsmaschinen geeignet.

17 Weshalb ist bei einer Bahnsteuerung Einzelantrieb für jede Achse einer NC-Maschine erforderlich?

Die Bewegung in den einzelnen Achsen muss unabhängig voneinander steuerbar sein.

18 Benennen Sie die abgebildeten Bezugspunktsymbole und geben Sie deren Bedeutung an.

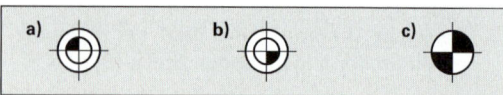

a) Maschinennullpunkt M: Ist der Ursprung des Maschinen-Koordinatensystems und wird vom Hersteller festgelegt.

b) Werkstücknullpunkt W: Er wird nach fertigungstechnischen Gesichtspunkten als Ursprung des Werkstück-Koordinatensystems vom Programmierer festgelegt.

c) Referenzpunkt R: Ist als Ursprung des inkrementalen Wegmesssystems ein je Achse festgelegter Punkt im Arbeitsbereich einer CNC-Werkzeugmaschine. Er dient zur Bestimmung der jeweiligen Ausgangsposition.

5.7.4 Erstellen von CNC-Programmen

Fragen aus Fachkunde Metall, Seite 496

1 Welche Aufgaben haben G-Funktionen in CNC-Programmen?

Die G-Funktionen sind Wegbedingungen, die die Art der Bewegung bestimmen.

Beispiele:

G00 Punktsteuerverhalten
Werkzeuge oder Maschinentisch werden im Eilgang verfahren, bis die Zielpunktkoordinaten erreicht sind

G01 Geradeninterpolation (geradlinige Bewegung)

G02 Kreisbewegung im Uhrzeigersinn

G03 Kreisbewegung gegen den Uhrzeigersinn

G41 Werkzeug-Bahnkorrektur oder Schneidenradiuskompensation:
Werkzeug links von der Kontur

G42 Werkzeug-Bahnkorrektur oder Schneidenradiuskompensation:
Werkzeug rechts von der Kontur

2 Erklären Sie die Wirkung gespeichert wirksamer G-Funktionen.

Gespeicherte (modal wirksame) G-Funktionen sind so lange aktiv, bis sie durch die entgegengerichtete G-Funktion aufgehoben werden.
Beispiel: G00 (Positionierung im Eilgang) wirkt so lange, bis es durch die Programmierung von G01, G02 oder G03 aufgehoben wird.

3 Wie lautet die Programmieranweisung, wenn ein Werkstück mit konstanter Schnittgeschwindigkeit von v_c = 220 m/min gedreht werden soll?

G96 S220
Die Wegbedingung G96 bewirkt, dass die Steuerung die S-Anweisung als Schnittgeschwindigkeit (in m/min) auswertet.

4 Warum werden die Koordinaten von Unterprogrammen meist als Inkrementalmaß eingegeben?

Werden Unterprogramme inkremental eingegeben, dann können sie von jeder beliebigen Stelle aus wiederholt und auch in andere Programme übernommen werden.
Auf diese Weise kann z.B. ein Unterprogramm für einen Gewindefreistich unabhängig vom Werkstückdurchmesser für jedes Gewinde mit der gleichen Steigung eingesetzt werden.

5 Ermitteln Sie für die Punkte 1 bis 5 auf dem Lochkreis im Bild die Polarkoordinaten im Absolutmaß.

Punkt	R	φ
1	40	20
2	40	90
3	40	128
4	40	230
5	40	-35

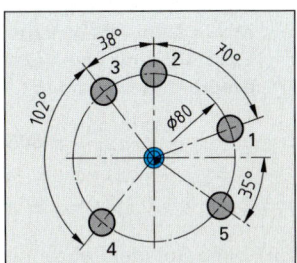

Für Polarkoordinaten wird der Radius mit R bezeichnet. Der Winkel φ ist gegen den Uhrzeigersinn von der rechten Abszisse aus positiv, im Uhrzeigersinn negativ anzugeben.

6 Die Werkstückkontur des Achsbolzens (Bild) soll mit Polarkoordinaten programmiert werden. Ermitteln Sie die Polarwinkel φ_1 bis φ_5.

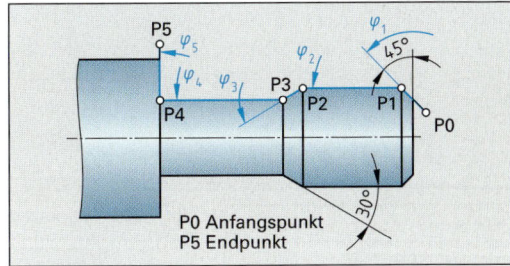

Weg	φ
P0 ⇒ P1	135
P1 ⇒ P2	180
P2 ⇒ P3	210
P3 ⇒ P4	180
P4 ⇒ P5	90

Der Winkel wird im Absolutmaß stets von der waagrechten, rechten Abszisse aus angegeben. Er ist gegen den Uhrzeigersinn positiv.

7 Welche Angaben benötigt eine Steuerung zur Ausführung einer kreisförmigen Bahn?

Die Steuerung benötigt

● die Wegbedingung für die Kreisbewegung
G02 Kreis im Uhrzeigersinn
G03 Kreis im Gegenuhrzeigersinn

● die Koordinaten des Zielpunktes (Kreisendpunktes)

● die Lage des Kreismittelpunktes:
I ≙ Abstand in X-Richtung
J ≙ Abstand in Y-Richtung
K ≙ Abstand in Z-Richtung

Bei DIN-Steuerungen werden I, J und K als Abstände vom Anfangspunkt der Kreisbahn aus angegeben.

8 Eine Stahlplatte soll mit einem Fräskopf mit einem Durchmesser von 63 mm und 9 Schneiden überfräst werden. Die Schnittgeschwindigkeit beträgt 120 m/min, der Vorschub 0,15 mm je Zahn. Mit welchen Wörtern müssen die Drehzahl und die Vorschubgeschwindigkeit programmiert werden?

$$n = \frac{v_c}{\pi \cdot d} = \frac{120 \text{ m/min}}{\pi \cdot 0,063 \text{ m}} = 606/\text{min}$$

$$v_f = f_z \cdot z \cdot n = 0,15 \text{ mm} \cdot 9 \cdot 606/\text{min} = 818 \, \frac{\text{mm}}{\text{min}}$$

G97 S606 Spindeldrehzahl in 1/min
G94 F818 Vorschubgeschwindigkeit in mm/min

9 Bestimmen Sie für die Kreisbögen (Bild) jeweils die G-Funktion und die Mittelpunktsparameter.

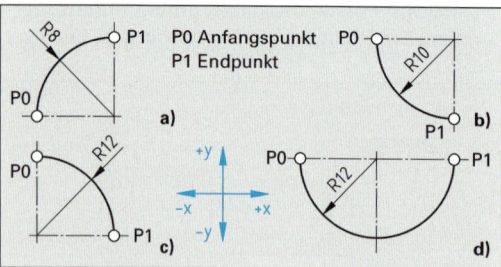

Kreis	G	I	J
a)	G02	I8	J0
b)	G03	I10	J0
c)	G02	I0	J-12
d)	G03	I12	J0

Für die meisten Steuerungen sind die Werte für I, J und K als Entfernungen vom Kreisanfangspunkt aus anzugeben.

10 Programmieren Sie die Sätze für das Schlichten der Werkstückkontur (Bild). Es sind nur die notwendigen Wegbedingungen, Koordinaten und Mittelpunktsparameter zu programmieren.

Weg	G	X	Y	I	J
P0 ⇒ P1	G01	X8	Y24		
P1 ⇒ P2	G01	X24	Y24		
P2 ⇒ P3	G03	X40	Y40	I0	J16
P3 ⇒ P4	G01	X40	Y56		
P4 ⇒ P5	G02	X50	Y66	I10	J0
P5 ⇒ P6	G01	X92	Y66		
P6 ⇒ P7	G01	X92	Y42,209		
P7 ⇒ P8	G01	X46	Y10		
P8 ⇒ P9	G01	X8	Y10		

Die Y-Koordinate für Punkt 7 ist zu berechnen aus

$$\tan \alpha = \frac{a}{b};$$

$$a = b \cdot \tan \alpha = 46 \text{ mm} \cdot 0,7002 = 32,209 \text{ mm}$$

$$Y_7 = a + 10 \text{ mm} = 42,209 \text{ mm}$$

11 Programmieren Sie die Sätze mit den Wegbedingungen, Koordinaten und Mittelpunktsangaben der Radien für das Schlichten des Wellenzapfens (Bild).

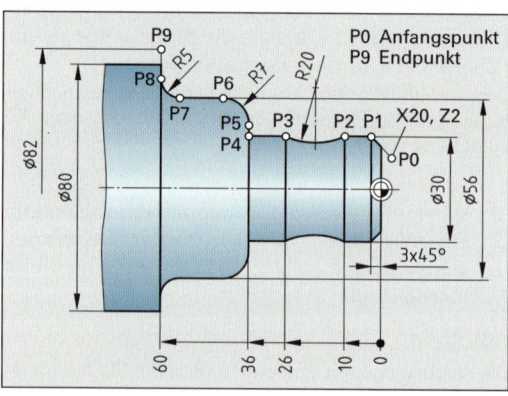

Weg	G	⌀X	Z	I	K
P0 ⇒ P1	G01	X30	-3		
P1 ⇒ P2	G01	X30	Z-10		
P2 ⇒ P3	G02	X30	Z-26	I18,33	K-8
P3 ⇒ P4	G01	X30	Z-36		
P4 ⇒ P5	G01	X42	Z-36		
P5 ⇒ P6	G03	X56	Z-43	I0	K-7
P6 ⇒ P7	G01	X56	Z-55		
P7 ⇒ P8	G02	X66	Z-60	I5	K0
P8 ⇒ P9	G01	X82	Z-60		

Ergänzende Fragen zum Erstellen von CNC-Programmen

12 Was versteht man bei NC-Programmen unter einem Wort?

Unter einem Wort versteht man bei NC-Programmen einen Adressbuchstaben mit einem Zahlenwert.

Das Wort enthält in verschlüsselter Form einen Steuerbefehl für die Maschine, wobei der Buchstabe die Art und die Zahl den Betrag der Anweisungen enthält.

13 Wie werden bei NC-Maschinen die Wegbedingungen gekennzeichnet?

Die Wegbedingungen werden durch den Buchstaben G und eine zweistellige Schlüsselnummer von 00 bis 99 gekennzeichnet.

So bedeutet z.B. G00 Positionieren im Eilgang, G01 Geradeninterpolation und G02 sowie G03 Kreisinterpolation im Uhrzeigersinn bzw. im Gegenuhrzeigersinn.

14 Welche Informationen sind in einem NC-Satz enthalten?

Ein NC-Satz enthält Schaltinformationen, Wegbedingungen und Weginformationen für einen Arbeitsschritt.

Schaltinformationen dienen z.B. zur Wahl von Drehzahl und Vorschub, Weginformationen zur Eingabe der Verfahrwege in den einzelnen Achsen.

15 Welche Bedeutung hat die Wegbedingung G90?

Die Wegbedingung G90 schaltet die Absolutmaßeingabe für die Zielpunktkoordinaten ein.

Alle Maßeingaben beziehen sich auf den festgelegten Werkstücknullpunkt. Beim Einrichten der Maschine wird am Werkstücknullpunkt das Wegmesssystem der Steuerung auf Null gesetzt.

16 Was versteht man unter Inkremental- oder Kettenmaßen?

Bei Inkrementalmaßen (Kettenmaßen) geht die Angabe des Zielpunktes vom jeweils letzten Standpunkt aus.

17 Erläutern Sie den Unterschied zwischen G94 und G95!

G94 legt fest, dass der Zahlenwert hinter F die Vorschubgeschwindigkeit in mm/min ist. Mit G95 wird die Vorschubeingabe in mm/Umdrehung festgelegt.

18 Mit welchen Adressbuchstaben werden Schaltinformationen angegeben?

Die Adressbuchstaben für die Schaltinformationen sind:

F Vorschub   S Spindeldrehzahl
T Werkzeug   M Zusatzfunktion

19 Welche Werte müssen in die Steuerung einer CNC-Fräsmaschine eingegeben werden, damit eine Werkzeugkorrektur möglich ist?

Für die Werkzeug-Längenkorrektur muss der Abstand von der Werkzeugschneide bis zum Werkzeug-Bezugspunkt, für die Bahnkorrektur der Fräsradius gespeichert sein.

20 Bei kreisförmigen Arbeitsbewegungen werden der Kreis „absolut" und die Mittelpunktskoordinaten meistens „inkremental" programmiert. Welche Adressbuchstaben erhalten hierbei die Kreismittelpunktskoordinaten der X-, Y- und Z-Achse?

Die Kreismittelpunktskoordinaten erhalten für den Abstand vom Kreisanfangspunkt zum Kreismittelpunkt folgende Adressbuchstaben:

I auf der X-Achse   J auf der Y-Achse
K auf der Z-Achse

21 Warum wird beim Plan- oder Kegeldrehen die Wegbedingung „G96" aufgerufen?

Bei diesen Drehverfahren ändert sich während des Drehens der Durchmesser. Durch den Aufruf von G96 wird die Drehzahl automatisch verändert und die Schnittgeschwindigkeit bleibt konstant.

22 Was versteht man unter „modal wirksamen" G-Funktionen?

Modal wirksame G-Funktionen, wie G00 oder G01, sind selbsthaltend und müssen nur im Satz ihres Wirkungsbeginns geschrieben werden. Sie sind in allen folgenden Sätzen wirksam, bis sie durch eine andere G-Funktion aufgehoben bzw. gelöscht werden.

23 An welche Stelle wird bei Drehteilen der Werkstücknullpunkt gelegt?

Bei Drehteilen liegt der Werkstücknullpunkt immer auf der Drehachse und meistens an der frei zugänglichen rechten Planfläche, seltener an der linken Planfläche.

5.7.5 Zyklen und Unterprogramme

5.7.6 Programmieren von NC-Drehmaschinen

Fragen aus Fachkunde Metall, Seite 499

1 Welche Größen müssen in den Werkzeugkorrekturspeicher eingegeben werden, damit die SRK durchgeführt werden kann?

Damit die Schneidenradiuskorrektur (SRK) durchgeführt werden kann, müssen jedem Werkzeug zugeordnet werden (Bild):

- Querablage Q der X-Achse (Abstand Werkzeugschneidenpunkt zum Werkzeugeinstellpunkt E in X-Richtung)
- Längenkorrektur L (Abstand Werkzeugschneidenpunkt zum Werkzeugeinstellpunkt E in Z-Richtung)
- Schneidenradius r_ε
- Lage des Werkzeug-Schneidenpunktes P zum Schneidenradiusmittelpunkt M

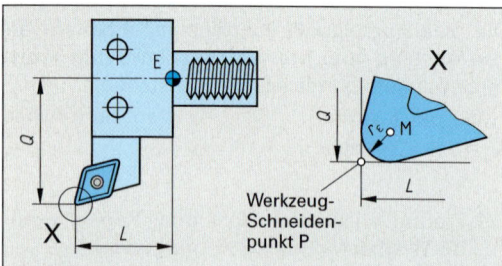

2 Das Anstellen des Werkzeuges erfolgt mit aktiver SRK (Bild).
Bestimmen Sie die zu programmierenden Koordinatenwerte Z für das Längsdrehen und X für das Plandrehen.

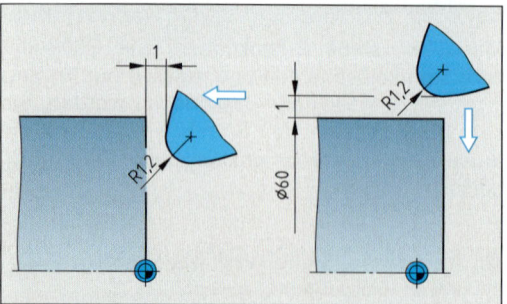

Längsdrehen Z1; Querdrehen X62

Bei aktiver SRK stellt die Steuerung den Schneidenpunkt P auf das programmierte Maß. Der Programmierer muss den Sicherheitsabstand berücksichtigen.

Fragen aus Fachkunde Metall Seite 501

1 Warum werden beim Gewindedrehen Ein- und Auslaufwege benötigt?

Die Wege sind zum Beschleunigen und Abbremsen des Revolverschlittens erforderlich.

Für eine maßgenaue Gewindesteigung müssen die Spindelumdrehung und der Meißelvorschub im richtigen Verhältnis zueinander stehen, bevor der Meißel in das Werkstück eintritt. Den Auslaufweg benötigt der Revolverschlitten zum Abbremsen.

2 Von welchen Größen ist die Länge dieser Wege abhängig?

Die Größe des Ein- und Auslaufweges sind von der Masse des Revolverschlittens und der erforderlichen Vorschubgeschwindigkeit abhängig.

Der erforderliche Einlaufweg Z_E kann aus der Spindeldrehzahl n, der Gewindesteigung P und der Maschinenkenngröße K ermittelt werden.

$$Z_E = \frac{P \cdot n}{K}$$

3 Durch welche Maßnahmen können der Ein- und Auslaufweg beim Gewindedrehen verringert werden?

Die Verringerung der Spindeldrehzahl ergibt kürzere Ein- und Auslaufwege.

Je kleiner die Spindeldrehzahl beim Gewindedrehen ist, desto geringer wird die Vorschubgeschwindigkeit des Revolverschlittens.

4 Erstellen Sie einen Auszug eines Teileprogramms für das Vor- und Fertigdrehen des Achsbolzens (Bild) und das zugehörige Unterprogramm für die Fertigkontur.

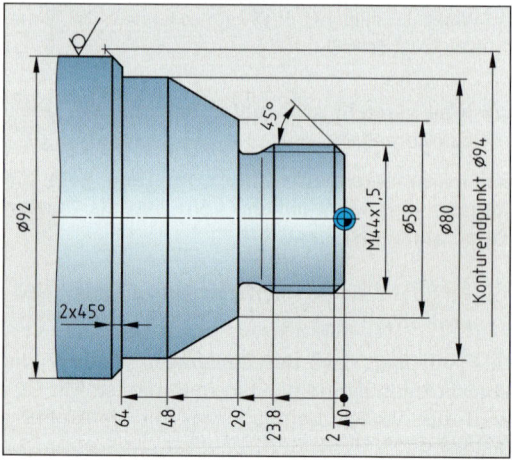

Parameter für den Abspanzyklus	
R20	Unterprogrammnummer der Fertigkontur
R21	Startpunkt X der Fertigkontur (P0)
R22	Startpunkt Z der Fertigkontur (P0)
R24	Schlichtaufmaß X
R25	Schlichtaufmaß Z
R26	Schnitttiefe
R27	Wegbedingung für SRK
R29	Abspanart (31 Schruppen, 21 Schlichten)
L95	Zyklusaufruf

Zyklen

		Unterprogramm	
:		L 10	
:		N5	G01 X44 Z-2
N25	G0 X94 Z5	N10	Z-23.8
N30	G96 S200 F0.4	N15	X41.5 Z-26
N35	R2010 R2140 R222	N20	Z-29
N40	R240.5 R250.1	N25	X58
N45	R265 R2742 R2931	N30	X80 Z-48
N50	L95	N35	Z-64
:		N40	X88
N65	G0 X94 Z5	N45	X94 Z-67
N70	G96 S250 F0.1	N50	M17
N75	R2010 R2140 R222		
N80	R240 R250 R2742		
N85	R2921		
N90	L95		

5 Das Gewinde des Achsbolzens (Bild Frage 4, Seite 244) wird mit v_c = 150 m/min gedreht. Die Maschinenkenngröße K beträgt 600/min. Bestimmen Sie die Parameter für den Gewindedrehzyklus.

Parameter für den Gewindedrehzyklus	
R0	Gewindesteigung
R21	Startpunkt X (absolut)
R22	Startpunkt Z (absolut)
R23	Anzahl der Leerschnitte
R24	Gewindetiefe (inkremental, mit Vorzeichen)
R25	Schlichtspantiefe (inkremental, ohne Vorzeichen)
R26	Einlaufweg Z_E (inkremental, ohne Vorzeichen)
R27	Auslaufweg (0: von Steuerung gewählt)
R28	Anzahl der Schruppschnitte
R29	Zustellwinkel (inkremental, ohne Vorzeichen)
R31	Endpunkt in X
R32	Endpunkt in Z
L97	Zyklusaufruf

$$n - \frac{v_c}{\pi \cdot d} = \frac{150 \text{ m/min}}{\pi \cdot 0{,}044 \text{ m}} = 1085/\text{min}$$

$$Z_E = \frac{P \cdot n}{K} = \frac{1{,}5 \text{ mm} \cdot 1085/\text{min}}{600/\text{min}} = 2{,}7 \text{ mm}$$

Gewindetiefe h_3 = 0,92 mm (Tabellenbuch)
Parameter für Gewindezyklus:
R201.5 R2144 R220 R232 R24-0.92 R250.05 R262.7
R270 R286 R2929 R3144 R32-26

Programmbeispiele für NC-Drehmaschinen

Fragen aus Fachkunde Metall, Seite 504

1 Programmieren Sie die im Bild gezeigte Fertigkontur mit Polarkoordinaten.

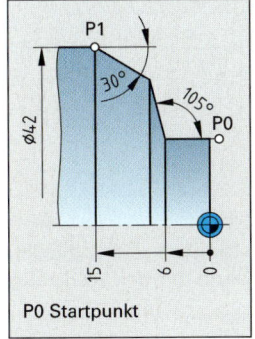

Ein Satz mit Polarkoordinaten enthält den Kennbuchstaben A und den Winkel, gemessen von der positiven Z-Achse aus gegen den Uhrzeigersinn sowie die Koordinaten des Zielpunktes.

N10 G01 Z-6
N20 A105 A150 X42 Z-15

2 Programmieren Sie die im Bild gezeigten-Ansätze mit Polarkoordinaten und Übergangsradius.

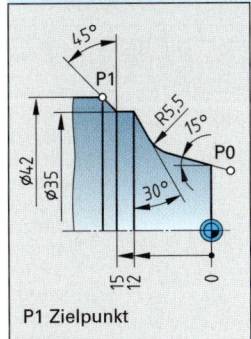

Zwei aufeinander folgende Verfahrwege können mit den beiden Winkelangaben aneinandergehängt werden. Die Steuerung berechnet den Übergangspunkt selbständig. Übergangsradien werden mit dem Kennbuchstaben B und dem Radius angehängt.

N10 G01 A165 A120 X35 Z-12 B5.5
N15 Z-15
N20 A135 X42

3 Warum muss ein Stechdrehmeißel an beiden Schneidenecken vermessen sein, wenn der Einstich Schrägen oder Radien enthält?

Eine Schneidenecke fertigt die rechte, die andere die linke Flanke des Einstichs. Die beiden Ecken haben unterschiedliche Lage zum Mittelpunkt ihres Radius.

Die vermessenen Werte werden im Werkzeugkorrekturspeicher zwei verschiedenen Korrekturnummern zugeordnet.

4   Erstellen Sie ein Unterprogramm für das Drehen der Kontur des Gewindebolzens (Bild).

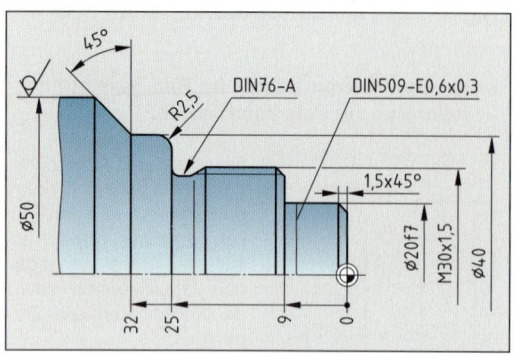

Unterprogramm für Konturzug

L 10
N10   G01 X19.97 Z-1.5
N15   Z-6.5
N20   A195 A180 X19.35 Z-9 B0.6 B0.6
N25   A90 A135 X29.9 Z-10.5
N30   Z-19.8
N35   A210 A180 X27.68 Z-25 B0.8. B0.8
N40   X40 B2.5
N45   Z-32
N50   A135 X52
N55   M17

5   Erstellen Sie das Einrichteblatt und das Teileprogramm für die Herstellung des im Bild von Frage 4 gezeigten Gewindebolzens mit den Werkzeugen von Tabelle 1.

Tabelle 1: Eingesetzte Werkzeuge

Werk-zeug-Nr.	Werkzeug-Benennung	
T606	Plandrehmeißel r_ε 0.8 HC-P20, links	
T707 T808	Seitendrehmeißel r_ε 0.6 Seitendrehmeißel r_ε 0.4 HC-P20, links, 55°	
T1111	Gewindedrehmeißel HC-P20, rechts	über Kopf gespannt

Zusätzliche Parameter für Drehmaschine

R18	Schutzzone (Radius X)
R19	Schutzzone Z
L910	Rückzug auf Werkzeugwechselposition Z-X
L920	Rückzug auf Werkzeugwechselposition X-Z

Einrichteblatt für Gewindebolzen Programm Nr. 100

Nullpunkt X0 Z180		Schutzzone Radius 28 Z5	
Arbeitsgang	Werkz.	v_c m/min	f mm
1 Plandrehen	T0606	200	0,2
2 Kontur vordrehen	T0707	145	0,5
3 Kontur fertigdrehen	T0808	200	0,1
4 Gewindedrehen	T1111	120	1.5

%100
N05	G90 G00 G53 X300 Z400 T0	Absolutmaß, Eilgang, Nullpunktverschiebung AUS, Anfahren des Startpunktes, Werkzeugkorrektur AUS
N10	G59 X0 Z180	Nullpunktverschiebung
N15	R1828 R195	Schutzzone festlegen
N20	G92 S3500	Drehzahlbegrenzung
N25	G96 S200 T0606 M04	Konstante Schnittgeschw. 200 m/min, Werkzeug, Spindel LINKS
N30	X52 Z0 M08	Startpunkt für Plandrehen, Kühlmittel EIN
G35	G01 X-1.6 F0.2	Plandrehen
G40	G0 Z2 M09	Abheben, Kühlmittel AUS
G45	L920	Rückzug auf Werkzeugwechselpunkt
N50	G96 S145 T0707 M04	Werkzeugwechsel, Wiedereinstieg in Programm
N55	G00 X55 Z5 M08	Anfahren des Zyklusstartpunktes
N60	R2010 R2112.97 R222 R240.5	Unterprogr. Nr. 10, Startpunkt X12.97 Z 2, Schlichtaufmaß X 0,5
N65	R250.2 R263 R2742 R2931	Schlichtaufmaß Z 0,2 Schnittiefe 3, G42, Abspanen längs
N70	L95 F0.5	Zyklusaufruf, Vorschub 0,5 mm
N75	L920 M09	Rückzug auf Wechselposition, Kühlmittel AUS
N80	G96 S200 T 0808 M04	Konstante Schnittgeschw. 200 m/min, Werkzeug, Spindel LINKS
N85	G00 X25 Z5 M08	Anfahren des Zyklusstartpunktes, Kühlmittel EIN
N90	R2010 R240 R250 R2742 R2921	Unterprogramm Nr. 10, Schlichtaufmaß X und Z 0, G42, Schlichten
N95	L95 F0.1	Aufruf Zyklus, Vorschub 0,1
N100	L920 M09	Rückzug auf Wechselposition, Kühlmittel AUS
N105	G97 S1273 T0707 M03	Konstante Drehzahl 1273/min, Werkzeug, Spindel RECHTS
N110	G0 X30 Z5 M08	Anfahren Startpunkt Gewindedrehen, Kühlmittel EIN
N115	R201.5 R2130 R220 R232	Gewindesteigung 1,5, Gewindeanfang X30 Z0, 2 Leerschritte
N120	R240.92 R250.05 R265 R270	Gewindetiefe 0,92, Schlichtaufmaß 0,05, Einlauf 5, Auslauf 0
N125	R285 R2929 R3130 R3222	5 Schruppschnitte, Zustellwinkel 29°, Endpunkt X30, Z-22
N130	L97	Zyklusaufruf
N135	G0 G53 X300 Z400 T0 M30	Anfahren Werkzeugwechselpunkt im Eilgang, Nullpunktverschiebung und Werkzeugkorrektur AUS, Programmende

Teileprogramm Nr. 100

5.7.7 Programmieren von NC - Fräsmaschinen

Frage aus Fachkunde Metall, Seite 505

Bestimmen Sie die Koordinatenwerte der Nullpunktverschiebung für die angezeigten Positionen im Bild.

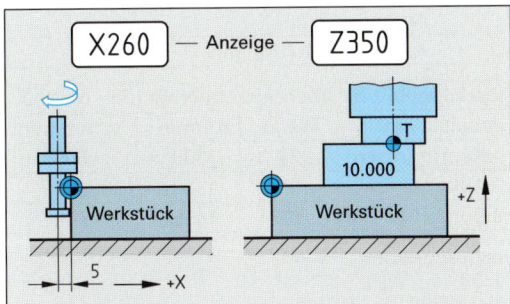

Die Nullpunktverschiebung ist X265 und Z340.

Zu den angezeigten Wegen ist der Abstand von der Werkstückfläche zu berücksichtigen: In X-Richtung müsste die Frässpindel um 5 mm weiter fahren, in Z-Richtung um 10 mm zurück.

Fragen aus Fachkunde Metall, Seite 507

1 An welchem Punkt steht das Werkzeug am Ende eines Bearbeitungszyklus?

Am Zyklusende fährt die Maschine in die Lage zurück, die sie am Zyklusanfang hatte.

2 Die Tasche (Bild) soll im Gleichlauf gefräst werden. Definieren Sie den Taschenzyklus und rufen Sie ihn mit G79 an der angegebenen Position auf.

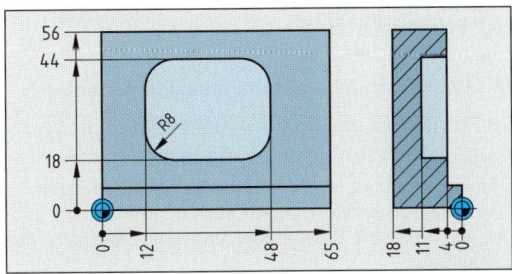

Taschenfräszyklus (steuerungsabhängig)	
G87	Definition des Zyklus
X, Y, Z	
B	Sicherheitsabstand in Z
R	Taschenradius
I	Schnittbreite des Fräsers in %
J1	Gleichlauffräsen
J-1	Gegenlauffräsen
K	Schnitttiefe
G79	Aufruf des Zyklus in Taschenposition

Zyklusdefinition
G87 X36 Y26 Z-11 B2 R8 I65 J1 K4
Zyklusaufruf in Taschenposition
G79 X30 Y31 Z-4

5.7.8 Programmierverfahren

Fragen aus Fachkunde Metall, Seite 510

1 Mit welcher G-Funktion wird die Bahnkorrektur aktiviert, wenn ein rechtsschneidender Fräser im Gleichlauf fräsen soll?

Erforderlich ist die Wegbedingung G41.

G41 bewirkt, dass der Fräser in Vorschubrichtung links von der zu bearbeitenden Kontur geführt wird.

2 Welche Position wird vom Fräsermittelpunkt nach Aktivieren der Bahnkorrektur angefahren?

Der Fräser fährt nach Aktivieren von G41 oder G42 an den Beginn des nächsten Bearbeitungsweges.

Der Fräsermittelpunkt befindet sich damit auf einem Punkt, der um den Fräserradius rechtwinklig vom nächsten Anfangspunkt der Fräserbahn entfernt liegt.

3 Beschreiben Sie zwei Möglichkeiten, beim Schruppfräsen das Schlichtaufmaß zu erzeugen.

- Programmieren der um das Schlichtaufmaß größeren Kontur
- Verringern der Werkzeugkorrekturmaße (Fräserradius und -länge) um das Schlichtaufmaß

Die Änderung der Werkzeugkorrektur erlaubt die Verwendung des gleichen Konturzuges für Schruppen und Schlichten. Dem Fräser werden für das Schruppen und das Schlichten zwei verschiedene Werkzeugnummern zugeteilt, z.B. T01 und T02. Diesen Werkzeugen werden die unterschiedlichen Korrekturmaße zugeordnet.

4 Wie muss der Fräser beim Schlichten die Kontur anfahren, um Konturmarkierungen zu vermeiden?

Das Anfahren soll tangential geschehen (in Richtung der folgenden Bahn)

Beim Anfahren an Ecken wird der Startpunkt in Verlängerung der ersten Bearbeitung gelegt. Muss an einer Fläche angefahren werden, z.B. beim Taschenfräsen, dann erfolgt dies in einem Viertelkreis.

5 Wozu dient die Simulation von CNC-Programmen?

Durch die Simulation werden Programmabläufe grafisch auf dem Monitor sichtbar und damit vor dem Einsatz an der Maschine getestet.

Dadurch können Fehler erkannt und Bearbeitungsabläufe optimiert werden.

6 Welche Vorteile bieten werkstattorientierte Programmiersysteme?

Mit Hilfe von werkstattorientierten Programmierverfahren (WOP) wird nicht mit NC-Anweisungen, sondern mit Hilfe einer grafischen Bedienerführung ein Programm erstellt.

WOP eignet sich sowohl für die Programmierung an der Maschine als auch an besonderen Programmierplätzen.

7 Erstellen Sie das Teileprogramm für das Konturfräsen und Bohren der im Bild gezeigten Abdeckplatte aus Einsatzstahl C15E mit den Werkzeugen von Tabelle 1.

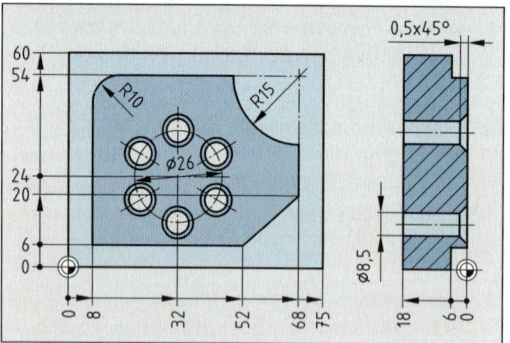

Tabelle 1: Werkzeuge für Aufgabe 7		
Werkzeug-Nr.	Werkzeug-Benennung	
T1	NC-Anbohrer Ø 16 HSS, rechts	
T4	Schaftfräser Ø 25 HC-P20; Z = 3	
T12	Spiralbohrer Ø 8,5 HSS, rechts	

Bohrzyklus (steuerungsabhängig)	
G81	Definition des Zyklus
X	Verweilzeit in Sekunden
Y	Sicherheitsabstand über Werkstück
Z	Bohrungstiefe

Lochkreiszyklus (steuerungsabhängig)	
G77	Lochkreisdefinition
X Y Z	Lage des Lochkreismittelpunktes
R	Lochkreisradius
I	Anfangswinkel
J	Anzahl der Bohrungen

Einrichteblatt für Abdeckplatte Programm Nr. 200			
Arbeitsgang	Werkz.	n 1/min	v_f mm/min
1 Kontur fräsen	T4	2000	600
2 Anbohren	T1	1300	200
3 Bohren	T12	1500	200

Teileprogramm
%200

N1	G17	
N2	G90	
N3	G52	
N4		F600 S2000 T4 M06
N5	G00	X-5 Y-15 M03
N6		Z-6 M08
N7	G41	
N8	G01	X8 Y6
N9		Y44
N10	G02	X17 Y54 I10 J0
N11	G01	X53
N12	G02	X68 Y39 I15 J0
N13	G01	Y20
N14		X52 Y6
N15		X-15
N16	G40	
N17	G00	Z100
N18		F200 S1300 T1 M06
N19	G81	X0,2 Y3 Z-4.75
N20	G77	X32 Y24 Z0 R13 I30 J6
N21		F200 S1500 T12 M06
N22	G81	X0 Y2 Z-21
N23	G77	X32 Y24 Z0 R13 I30 J6
N24	G51	M09
N25		M05
N26		T0 M06
N27		M30

Ergänzende Frage zum Programmieren von NC-Fräsmaschinen

8 Welche Angaben enthält das Einrichteblatt?

Im Einrichteblatt sind die Arbeitsfolgen, die Werkzeuge und deren Schnittwerte festgelegt.

Das Einrichteblatt ist die Grundlage für die Programmerstellung. Es enthält vielfach auch noch Angaben über die verwendeten Spannmittel und das Einrichten des Werkstücks.

Testfragen zur Automatisierungstechnik

Steuern und Regeln

TA 1 Durch welches Merkmal unterscheidet sich eine Regelung von einer Steuerung? Welche Aussage trifft zu?

a) Der Ablauf einer Regelung erfolgt nach einem Programm.

b) Eine Regelung kann nur elektrisch erfolgen.

c) Für eine Regelung sind Lochkarten oder Lochstreifen erforderlich.

d) Bei einer Regelung erfolgt eine Rückwirkung.

e) Eine Regelung kann nur mit Hilfe einer Datenverarbeitungsanlage durchgeführt werden.

TA 2 Welche der folgenden Aussagen zum unstetigen Regler ist richtig?

a) Er besitzt stets einen P-Anteil.

b) Er gibt zu jedem Eingangssignal ein entsprechendes Ausgangssignal ab.

c) Er hat nur zwei Schaltstellungen.

d) Er gleicht eine Regelabweichung vollständig aus.

e) Er kann die Regelgröße genauer einhalten als ein stetiger Regler.

Lösung von Steuerungaufgaben

TA 3 Welche Funktion ist in der Tabelle dargestellt?

a) UND   b) ODER

c) NICHT   d) NOR

e) NAND

E1	E2	A1
0	0	0
0	1	0
1	0	0
1	1	1

TA 4 Welche Schaltalgebragleichung entspricht dem dargestellten Funktionsplan?

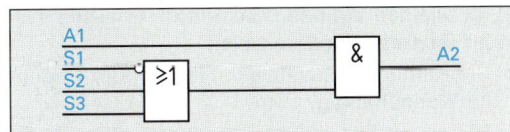

a) $A1 \wedge (\overline{S1} \vee S2 \vee S3) = A2$

b) $A1 \vee (\overline{S1} \wedge S2 \wedge S3) = A2$

c) $A1 \wedge (S1 \vee \overline{S2} \vee \overline{S3}) = A2$

d) $A1 \wedge (S1 \wedge S2 \wedge \overline{S3}) = A2$

e) $A1 \vee (S1 \wedge S2 \wedge S3) = A2$

TA 5 Welche Aussage zu den abgebildeten Schaltzeichen ist richtig?

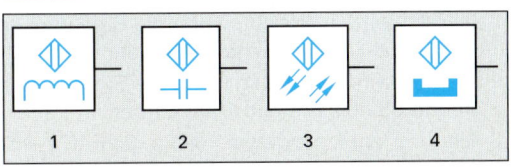

a) Bild 1: Der Sensor reagiert auf Wärme.

b) Bild 2: Der Sensor reagiert auf Annäherung aller Stoffe.

c) Bild 3: Der Sensor reagiert auf Spritzwasser.

d) Bild 4: Der Sensor wird durch Nocken betätigt.

e) Keine der genannten Antworten ist richtig.

TA 6 Welche Aussage zu dem gezeigten Funktionsplan ist richtig?

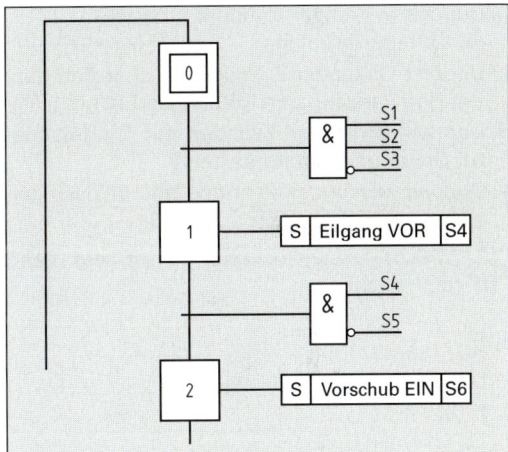

a) Die Schritte 1 und 2 werden in den Speichern S4 und S6 gespeichert.

b) Die Schritte 1 und 2 sind verzögert

c) Schritt 0 ist die Ausgangsstellung der Anlage

d) Schritt 2 wird durch S6 ausgelöst

e) Schritt 1 wird durch S4 ausgelöst

TA 7 Welche Schaltalgebragleichung entspricht der Startbedingung für den Schritt 1 im Funktionsplan von Aufgabe T A6?

a) $S1 \wedge \overline{S2} \wedge S3 = A1$

b) $S1 \vee \overline{S2} \vee S3 = A1$

c) $S1 \wedge S2 \wedge \overline{S3} = A1$

d) $\overline{S1} \vee S2 \vee S3 = A1$

e) $\overline{S1} \wedge S2 \wedge S3 = A1$

TA 8 Welche Aussage zum Funktionsplan von Aufgabe TA6 ist richtig?

a) Der Start der Anlage erfolgt, wenn die Signalgeber S1, S2 und S3 den Zustand 1 annehmen.

b) Schritt 1 wird ausgelöst, wenn die Signalgeber S1, S2 und S3 den Zustand 0 annehmen.

c) Schritt 2 wird ausgelöst, wenn die Signalgeber S4 und S5 den Zustand 1 annehmen.

d) Schritt 2 wird ausgelöst, wenn Schritt 1 abgeschlossen ist und der Signalgeber S5 den Zustand 0 annimmt.

e) Schritt 2 wird ausgelöst, wenn die Signalgeber S4 oder S5 den Zustand 1 annehmen.

Pneumatische Steuerungen

TA 9 Welches Bauelement wird durch das Sinnbild dargestellt?

a) Einfach wirkender Zylinder ohne Rückfeder

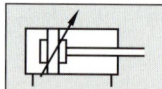

b) Doppelt wirkender Zylinder mit Differenzialkolben

c) Doppelt wirkender Zylinder mit über den ganzen Hub verstellbaren Kolbengeschwindigkeit

d) Doppelt wirkender Zylinder mit Ringmagnet zur Steuerung von Kontakten

e) Doppelt wirkender Zylinder mit beidseitiger, einstellbarer Endlagendämpfung

TA 10 Welche Aussage über das Bauelement (Ventil) ist richtig?

a) Es ist ein 5/2-Wegeventil mit Druckluftzentrierung.

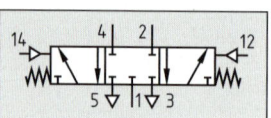

b) Es ist ein 5/2-Wegeventil mit Federzentrierung.

c) Es ist ein 5/3-Wegeventil mit Druckluftzentrierung.

d) Es ist ein 5/3-Wegeventil mit Federzentrierung.

e) Es verbindet bei entlüfteten Steueranschlüssen den Anschluss 1 mit Anschluss 2.

TA 11 Welches Ventil wird durch das Sinnbild dargestellt?

a) 4/2-Wegeventil mit Impulsbetätigung

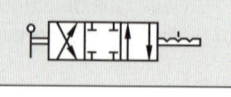

b) 4/3-Wegeventil mit magnetischer Betätigung

c) 4/2-Wegeventil mit magnetischer Betätigung

d) 5/3-Wegeventil mit Handhebelbetätigung

e) 4/3-Wegeventil mit Handhebelbetätigung

TA 12 Welche Aussage über das Bauelement ist richtig?

a) Der Durchfluss wird in einer Richtung gesperrt.

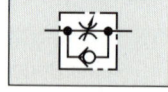

b) Der Durchfluss wird in beiden Richtungen gedrosselt.

c) Der Durchfluss erfolgt in einer Richtung gedrosselt, in der anderen ungehindert.

d) Der Durchfluss erfolgt in beiden Richtungen.

e) Der Durchfluss wird verringert und geregelt.

TA 13 Welche Betätigungsart ist im Bild dargestellt?

a) Elektromagnetische Betätigung mit Vorsteuerung

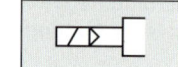

b) Druckluftbetätigung

c) Elektromagnetische Betätigung ohne Vorsteuerung

d) Pedal   e) Hydraulische Betätigung

TA 14 Welche Aussage über das Bauelement (Ventil) ist richtig?

a) Es dient als Überdruckventil.

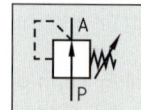

b) Es regelt den Druck in der Leitung mit dem Anschluss P.

c) Es regelt den Druck in der Leitung mit dem Anschluss A.

d) Es erzeugt einen konstanten Volumenstrom.

e) Es begrenzt die Geschwindigkeit des angeschlossenen Arbeitselementes.

TA 15 Welches Bauteil einer Pneumatikanlage stellt das Sinnbild dar?

a) Druckminderventil

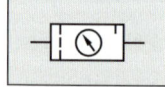

b) Aufbereitungseinheit

c) Kompressor

d) Wegeventil

e) einstellbare Drossel

TA 16 Welche Aussage zur Pneumatik ist richtig?

a) Mit kleinen Zylinderdurchmessern lassen sich große Kolbenkräfte erzielen.

b) Die Kolbengeschwindigkeit ist von der Gegenkraft unabhängig.

c) Mit einem Drosselventil lässt sich eine gleichbleibende Kolbengeschwindigkeit einstellen.

d) Bei niedriger Kolbengeschwindigkeit kann sich der Kolben ruckartig bewegen.

e) Für die Verringerung der Kolbengeschwindigkeit wird stets die Zuluft gedrosselt.

TA 17 Welche Aufgabe wird von einer Aufbereitungseinheit *nicht* erfüllt?

a) Kühlung der Luft

b) Filterung der Luft

c) Druckreduzierung

d) Ölen der Luft

e) Alle genannten Aufgaben werden *nicht* erfüllt

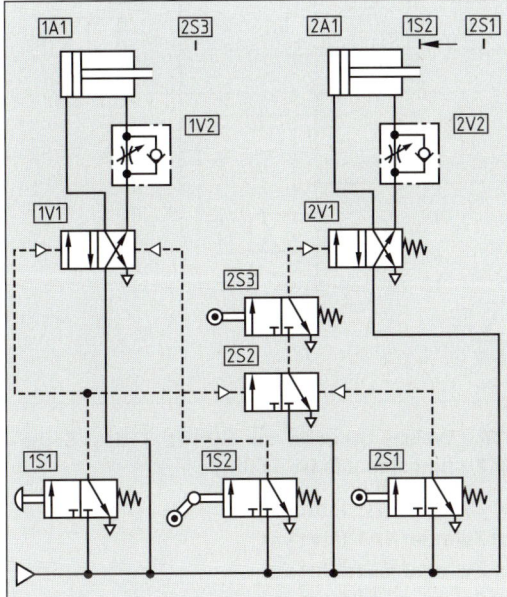

Bild zu den Testaufgaben TA18 bis TA23

TA 18 Wodurch erfolgt die Betätigung von Signalelement 1S2?

a) Hebel

b) Pedal

c) Zweihandsicherheitshebel

d) Schaltnocken und Rolle

e) Rolle, nur in einer Richtung wirkend

TA 19 Was geschieht, wenn während des Programmablaufes der skizzierten Steuerung die Kolbenstange 1A1 gewaltsam zurückgeschoben wird?

a) Die Kolbenstange 2A1 fährt im Eilgang zurück.

b) Die Kolbenstange 2A1 fährt mit gedrosselter Geschwindigkeit zurück.

c) Das Programm läuft ungestört weiter.

d) Nach Rücklauf der Kolbenstange 2A1 läuft das Programm selbsttätig erneut ab.

e) Die Kolbenstange 1A1 fährt sofort ganz zurück.

TA 20 Wann erfolgt die Betätigung von Signalelement 1S2?

a) Beim Vorlauf der Kolbenstange 1A1

b) Beim Rücklauf der Kolbenstange 1A1

c) Beim Vorlauf der Kolbenstange 2A1

d) Beim Rücklauf der Kolbenstange 2A1

e) Beim Vor- und Rücklauf der Kolbenstange 2A1

TA 21 Welche Bezeichnung für Ventil 2V1 ist richtig?

a) 4/2-Wegeventil mit Steuerung durch Druckluftentlastung und Rückstellfeder

b) 5/2-Wegeventil mit Steuerung durch Druckluftbeaufschlagung und Rückstellfeder

c) 4/2-Wegeventil mit Steuerung durch Druckluftbeaufschlagung und Rückstellfeder

d) 3/2-Wegeventil mit Steuerung durch Druckluftbeaufschlagung und Rückstellfeder

e) 5/2-Wegeventil mit Steuerung durch Druckluftentlastung und Rückstellfeder

TA 22 Wann erfolgt die Betätigung von Ventil 2V1 durch Druckluftbeaufschlagung?

a) Bei Betätigung von Signalelement 1S1.

b) Bei Erreichen der Endlage von Kolbenstange 1A1, wenn zuvor Signalelement 1S1 betätigt wurde.

c) Bei Erreichen der Endlage von Kolbenstange 1A1, wenn zuvor Signalelement 2S1 betätigt wurde.

d) Bei Erreichen der Endlage von Kolbenstange 2A1, wenn zuvor Signalelement 2S1 betätigt wurde.

e) Bei Rücklauf der Kolbenstange 2A1.

TA 23 Welche Aussage zu der im Bild links oben gezeigten Steuerung ist richtig?

Nach kurzem Betätigen von Signalelement 1S1...

a) läuft Kolbenstange 1A1 vor und bleibt so lange ausgefahren, bis Kolbenstange 2A1 vor und wieder zurück gelaufen ist.

b) läuft Kolbenstange 1A1 vor und bleibt so lange ausgefahren, bis Kolbenstange 2A1 zweimal vor und wieder zurück gelaufen ist.

c) läuft Kolbenstange 1A1 vor und wieder zurück; sodann läuft Kolbenstange 2A1 vor und zurück.

d) läuft Kolbenstange 1A1 vor. Sodann läuft Kolbenstange 2A1 vor, Kolbenstange 1A1 zurück und darauf auch Kolbenstange 2A1 zurück

e) läuft zunächst Kolbenstange 2A1 vor und wieder zurück.

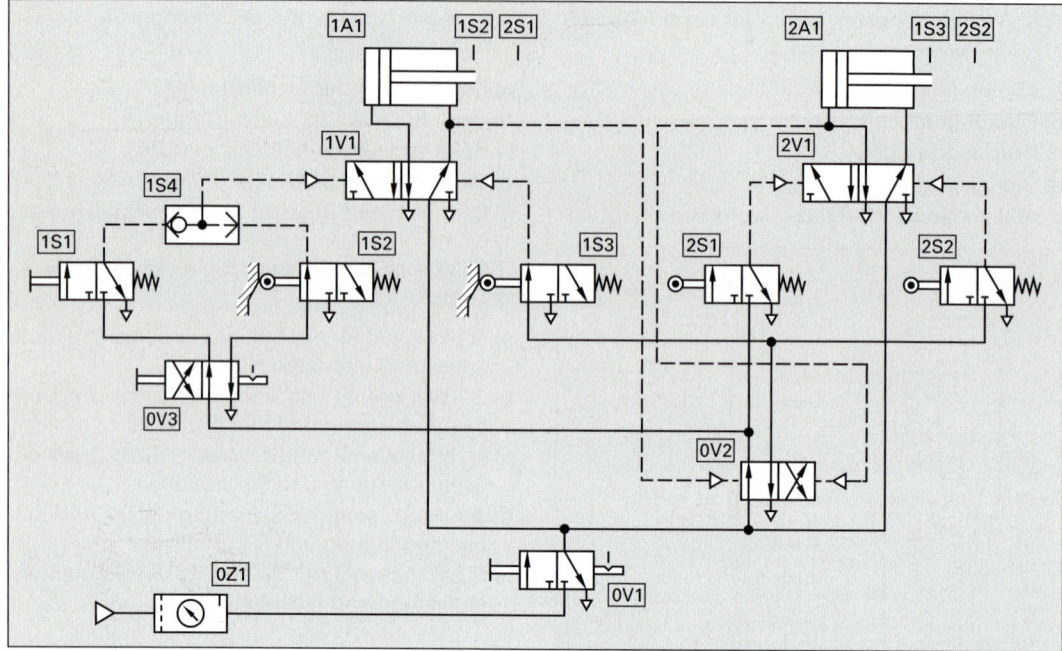

Bild zu den Testfragen TA 24 bis TA 29

TA 24 Welche Aufgabe hat Ventil 0V2 ?

a) Vorhubsteuerung von Zylinder 1A1
b) Rückhubsteuerung von Zylinder 1A1
c) Vorhubsteuerung von Zylinder 2A1
d) Rückhubsteuerung von Zylinder 2A1
e) Signalabschaltung

TA 25 Welche Aufgabe hat Ventil 0V3 ?

a) Es dient als Absperrventil für die Anlage.
b) Es bewirkt die Umschaltung von Einzelhub auf Automatikbetrieb.
c) Es steuert den Rückhub von Zylinder 1A1.
d) Es dient als NOT-AUS-Schalter.
e) Es ist in der Anlage überflüssig.

TA 26 Welche Aussage zur Steuerung ist richtig?

a) Ventil 1S2 bewirkt einen Einzelhub.
b) Bauteil 0Z1 ist ein Absperrventil.
c) Ventil 0V1 dient als Hauptventil.
d) Ventil 0V1 dient als NOT-AUS-Schalter.
e) Ventil 0V2 dient als NOT-AUS-Schalter.

TA 27 Welche Angabe zu Schritt 3 des Steuerungsablaufs ist richtig?

a) Zylinder 1A1 fährt zurück
b) Zylinder 1A1 fährt vor
c) Zylinder 2A1 fährt vor
d) Zylinder 2A1 fährt zurück
e) Zylinder 1A1 und 2A1 fahren zurück

TA 28 Welche Aufgabe hat das Signalelement 1S2?

a) Es steuert den Vorhub von Zylinder 1A1 im Automatikbetrieb.
b) Es steuert den Rückhub von Zylinder 1A1 im Automatikbetrieb.
c) Es steuert den Einzelvorhub von Zylinder 1A1.
d) Es steuert einen Einzelrückhub von Zylinder 1A1.
e) Es dient zur Signalabschaltung.

TA 29 Welche Aussage ist richtig?

a) Signalelement 2S1 müsste eine einseitig wirkende Rolle besitzen.
b) Die Signalelemente 1S2 und 1S3 müssten eine einseitig wirkende Rolle besitzen.
c) Ventil 0V1 müsste eine Rückstellfeder besitzen.
d) Signalelement 1S4 dient zur Signalverknüpfung.
e) Ventil 0V2 wird beim Rückhub von Zylinder 2A1 umgeschaltet.

Hydraulische Steuerungen

TA 30	Worin bestehen die wesentlichen Vorteile einer hydraulischen Anlage gegenüber einer pneumatischen Anlage?

a) Geringere Anschaffungs- und Betriebskosten

b) Größere Kolbenkräfte und genau regelbare Kolbengeschwindigkeiten

c) Geringere Gefahr der Umweltverschmutzung

d) Kleinere Betriebsdrücke und damit einfachere Abdichtung

e) Höhere Kolbengeschwindigkeit

TA 31	Welchen Einfluss hat eine Erhöhung der Temperatur auf die Eigenschaften des Hydrauliköls?

a) Rohrreibungsverluste werden größer

b) Alterungsbeständigkeit nimmt zu

c) Viskosität nimmt ab

d) Viskosität nimmt zu

e) Wirkungsgrad der Pumpen wird verbessert

TA 32	Welche der aufgeführten Pumpen kann *nicht* als Pumpe mit veränderlichem Verdrängungsvolumen gebaut werden?

a) Zahnradpumpe

b) Flügelzellenpumpe

c) Radialkolbenpumpe

d) Axialkolbenpumpe

e) Taumelscheibenpumpe

TA 33	Welche Aussage über eine Pumpe mit konstantem Verdrängungsvolumen ist richtig?

a) Sie hält die Viskosität des Öls konstant.

b) Sie hält den Druck konstant.

c) Sie hält die Drehzahl des angeschlossenen Verstellmotors konstant.

d) Sie liefert einen konstanten Volumenstrom.

e) Sie kann nur mit einer konstanten Drehzahl angetrieben werden.

TA 34	Mit welchem der genannten Bauelemente lässt sich eine von der Gegenkraft unabhängige Arbeitsgeschwindigkeit stufenlos einstellen?

a) Zahnradpumpe

b) Stromventil mit veränderlichem Ausgangsstrom

c) Verstellbare Drossel

d) Blende

e) Drosselrückschlagventil

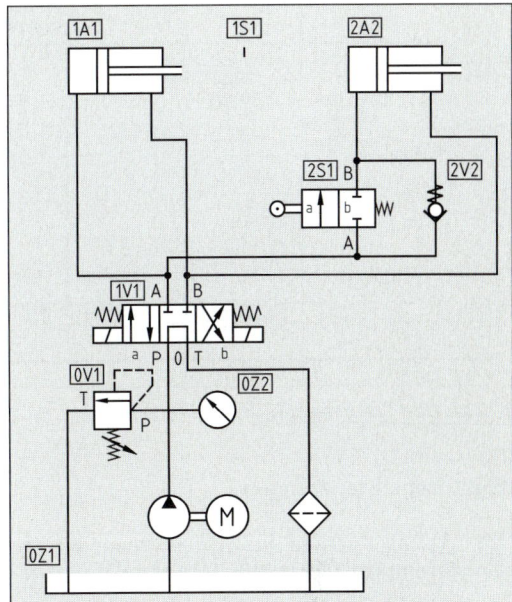

Bild zu den Testfragen TA 35 bis TA 36

TA 35	Die Kolbenstange des Zylinders 2A soll erst ausfahren, nachdem die Kolbenstange des Zylinders 1A die vordere Endlage erreicht hat. Beide Kolbenstangen der Zylinder sollen dann gleichzeitig wieder einfahren. Warum kann die im Schaltplan dargestellte Steuerung nicht wie beschrieben ablaufen?

a) Weil zur Steuerung der beiden Kolbenstangen der Zylinder ein vorgesteuertes 4/3-Wegeventil erforderlich ist.

b) Weil die Ventile 1S und 2V vertauscht sind.

c) Weil beim Ventil 1V die Arbeitsleistungen an den Anschlüssen A und B vertauscht sind.

d) Weil das Ventil 1S in der Ausgangsstellung nicht betätigt ist.

e) Weil die Anschlüsse des Ventils 2V vertauscht sind.

TA 36	Welches der genannten Bauteile ist in der abgebildeten Steuerung nicht enthalten?

a) 4/2 Wegeventil

b) unbelastetes Rückschlagventil

c) 2/2 Wegeventil, durch einen Elektromagnet gesteuert

d) Druckbegrenzungsventil

e) Verstellhydropumpe

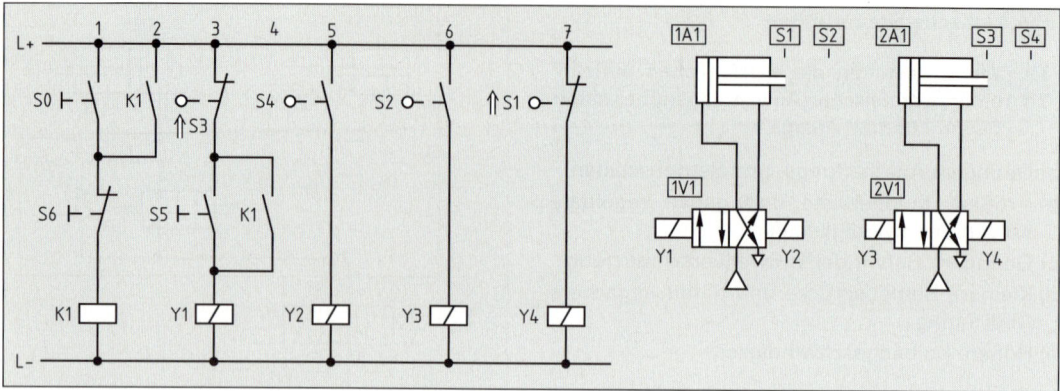

Bild zu den Testfragen TA 37 bis TA 43

Elektrische Steuerungen

TA 37 | Welche Aussage zu Signalelement S1 im Strompfad 7 ist richtig (Bild oben)?

Das Signalelement S1...
a) schaltet Magnet Y1.
b) ist in betätigtem Zustand gezeichnet.
c) steuert den Vorlauf von Zylinder 2A1.
d) steuert den Rücklauf von Zylinder 1A1.
e) bewirkt einen Dauerlauf.

TA 38 | Welche Aussage zu Kontakt K1 im Strompfad 2 ist richtig (Bild oben)?

Der Kontakt K1 ...
a) bewirkt einen Dauerlauf (Automatikbetrieb).
b) bewirkt eine Selbsthaltung von Y1.
c) unterbricht den Programmablauf.
d) startet einen Einzelzyklus.
e) wird von Zylinder 1A1 betätigt.

TA 39 | Mit welchem Schalter kann ein Einzelzyklus gestartet werden (Bild oben)?

a) Schalter S0
b) Schalter S2
c) Schalter S4
d) Schalter S5
e) Schalter S6

TA 40 | Mit welchem Schalter kann die Anlage auf Automatik (Dauerlauf) geschaltet werden (Bild oben)?

a) Schalter S0   b) Schalter S2
c) Schalter S4   d) Schalter S5
e) Schalter S6

TA 41 | Welche Bedingungen für den Start der oben im Bild gezeigten Anlage sind richtig?

Es muss (müssen)...
a) beide Zylinder eingefahren sein und Schalter S6 betätigt werden.
b) beide Zylinder eingefahren sein und Schalter S0 oder S5 betätigt werden.
c) Zylinder 1A1 eingefahren, Zylinder 2A1 ausgefahren sein und Schalter S5 betätigt werden.
d) beide Zylinder eingefahren sein. Nach Betätigung von Schalter S0 muss zusätzlich Schalter S5 betätigt werden.
e) beide Zylinder ausgefahren sein und Schalter S0 betätigt werden.

TA 42 | Wie wird die durch Kontakt K1 in Strompfad 2 bewirkte Schaltung bezeichnet (Bild oben)?

a) NOT-AUS-Schaltung
b) Zweiwegeschaltung
c) Einzelaufschaltung
d) Sicherheitsschaltung
e) Selbsthalteschaltung

TA 43 | Durch welchen Schalter kann ein Dauerlauf der Anlage abgeschaltet werden (Bild oben)?

a) Schalter S0
b) Schalter S2
c) Schalter S4
d) Schalter S5
e) Schalter S6

Speicherprogrammierbare Steuerungen

TA 44 Welche Aussage zu einer speicherprogrammierten Steuerung (SPS) ist richtig?

a) Es können nur analoge Eingangssignale verarbeitet werden.
b) Bei einer Programmänderung müssen die Anschlüsse neu verlegt werden.
c) Die Programmeingabe erfolgt über getrennte Programmiergeräte.
d) Die Steuerung ist nur für elektrische Anlagen verwendbar.
e) Der Programmablauf ist hardwaremäßig festgelegt.

TA 45 In welcher Antwort sind für SPS verwendeten Programmiersprachen angegeben?

a) AWL, KOP, FUP
b) AWF, KOP, FUP
c) AWP, KOL, FUL
d) AOL, KWP, FUL
e) AOF, KOL, FMP

TA 46 Welche Aussage zur Zuordnungsliste für eine SPS ist richtig?

Die Zuordnungsliste ordnet...
a) jedem Eingang einen Ausgang zu.
b) jedem Eingang eine Funktion zu.
c) jeder Funktion einen Ausgang zu.
d) jedem Ein- und Ausgang eine Funktion zu.
e) jedem Ein- und Ausgang ein Schaltglied zu.

TA 47 Welche Aufgabe kann *nicht* von einer SPS übernommen werden?

a) Abfragen der Eingangssignale
b) Ausgabe von Ausgangssignalen
c) Speichern von Zwischenwerten
d) Verknüpfen von Eingangssignalen und zwischengespeicherten Signalen
e) Alle genannten Aufgaben werden übernommen

TA 48 Welche Anweisungsliste entspricht dem dargestellten Funktionsplan?

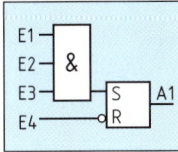

	Anweisungsliste				
	a)	b)	c)	d)	e)
	UE1	UE1	UE1	UNE1	UE1
	UE2	UNE2	UNE2	UE2	UE2
	UE3	UE3	UE3	UE3	UNE3
	SA1	RA1	SA1	RA1	SA1
	ONE4	OE4	OE4	ONE4	ONE4
	RA1	SA1	RA1	SA1	RA1

CNC-Steuerungen

TA 49 Bei einer numerisch gesteuerten Stanzmaschine wird das Werkstück in eine Position gebracht, gestanzt und anschließend wieder positioniert.
Wie bezeichnet man diese Steuerungsart?

a) Bahnsteuerung
b) Streckensteuerung
c) Punktsteuerung
d) Positionssteuerung
e) Führungssteuerung

TA 50 Welche Bedingung muss eine Maschine mit numerischer Bahnsteuerung in jedem Fall erfüllen?

a) Wegmessung durch Linearmaßstab
b) Wegmessung durch Drehmelder
c) Dateneingabe durch Lochstreifen
d) Besondere Führungsbahnen
e) Getrennt regelbare Vorschubantriebe

TA 51 Eine numerisch gesteuerte Drehmaschine besitzt eine Streckensteuerung.
Welche Aussage trifft zu?

a) Es können nur zylindrische Werkstücke und Fasen mit ca. 45 ° gefertigt werden.
b) Die Maschine ist besonders zum Drehen kegeliger Werkstücke ausgerüstet.
c) Auf der Maschine können Kegel und Rundungen jeder Art gedreht werden.
d) Neben Rundungen können auch beliebige Kurven gedreht werden.
e) Es können Kugeln gedreht werden.

TA 52 Welchen Zweck erfüllt bei CNC-Maschinen die Werkzeugvermessung?

a) Die ermittelten Werkzeugmaße sind für die Konturprogrammierung erforderlich.
b) Die Werkzeugmaße werden für den Austausch verschlissener Werkzeuge benötigt.
c) Die Werkzeugmaße dienen zur Ermittlung des Werkzeugverschleißes.
d) Durch die im Maschinenspeicher abgelegten Werkzeugmaße kann die Programmierung der Werkstückkontur unabhängig von den eingesetzten Werkzeugen erfolgen.
e) Keine der genannten Angaben ist richtig.

TA 53 Wie wird bei einer CNC - Maschine die Richtung der Hauptspindel genannt?

a) A
b) B
c) X
d) Y
e) Z

TA 54 Welche Aussage zu einer 2 $^1/_2$ D-Bahnsteuerung ist richtig?

a) Die Steuerung kann keine Kreisbahnen erzeugen.
b) Die Steuerung kann nur in der XY-Ebene interpolieren.
c) Die Steuerung kann in allen Ebenen gleichzeitig interpolieren.
d) Die Steuerung kann nur in der XZ-Ebene interpolieren.
e) Die Steuerung kann wahlweise in jeweils zwei der drei Hauptebenen interpolieren.

TA 55 Welche Aussage zum Referenzpunkt ist richtig?

a) Der Referenzpunkt muss vor jedem Programmstart angefahren werden.
b) Bei absoluten Wegmesssystemen muss der Referenzpunkt nach jedem Einschalten der Maschine angefahren werden.
c) Der Referenzpunkt ist nur bei Maschinen ohne Maschinennullpunkt vorhanden.
d) Bei inkrementalen Wegmesssystemen muss der Referenzpunkt nach jedem Einschalten der Maschine angefahren werden.
e) Der Referenzpunkt ist der Bezugspunkt für die Werkzeugkorrekturen.

TA 56 Welchen Zweck hat der Interpolator einer CNC-Steuerung?

Der Interpolator ...
a) gleicht durch ungenaue Eingaben entstandene Bahnabweichungen aus.
b) berechnet die erforderlichen Bahnpunkte zwischen Start- und Zielpunkt einer Bewegung.
c) berechnet fehlende Übergangspunkte zwischen programmierten Kurventeilen.
d) berechnetQuadrat- und Wurzelzahlen.
e) berechnet aus der programmierten Schnittgeschwindigkeit die Spindeldrehzahl.

TA 57 Worauf beziehen sich die Werkzeugkorrekturmaße?

Auf den Abstand zwischen ...
a) Maschinennullpunkt und Referenzpunkt.
b) Werkzeugbezugspunkt und Schneidenpunkt.
c) Werkzeugbezugspunkt und Referenzpunkt.
d) Werkzeugbezugspunkt und Maschinennullpunkt.
e) Werkzeugbezugspunkt und Werkstücknullpunkt.

TA 58 Welche Aussage über den Werkstücknullpunkt ist richtig?

a) Bei Absolutbemaßung beziehen sich alle Maßangaben auf diesen Punkt.
b) Bei Kettenbemaßung beziehen sich alle Maßangaben auf diesen Punkt.
c) Der Werkstücknullpunkt kann *nicht* verschoben werden.
d) Der Werkstücknullpunkt ist stets der Startpunkt für das NC-Programm.
e) Werkstücknullpunkt und Maschinennullpunkt fallen stets zusammen.

TA 59 Welche Bedeutung besitzen die mit den Buchstaben I, J und K beginnenden Wörter eines NC - Satzes?

a) Sie kennzeichnen den Beginn eines Unterprogramms.
b) Sie sind Bestandteile eines Zyklus.
c) Sie kennzeichnen die Lage eines Kreismittelpunktes.
d) Sie dienen zur Angabe der Spanungstiefe.
e) Sie sind Bestandteil einer Geradeninterpolation.

TA 60 Welche Bedeutungen haben bei numerisch gesteuerten Dreh- und Fräsmaschinen die Wörter G40, G41 und G42?

a) Werkzeugbahn- bzw. Schneidenradiuskorrektur
b) Nullpunktverschiebung
c) Aufruf von Arbeitszyklen
d) Werkzeuglängenkorrektur
e) Wahl konstanter Schnittgeschwindigkeit oder Spindeldrehzahl

TA 61 In welcher Auswahlantwort ist der Satz für die Kreisprogrammierung von P0 nach P1 (Bild) richtig angegeben, wenn sich das Werkzeug vor der Drehmitte befindet?

a) G03 X36 Z-24 I-8 K 0
b) G02 X36 Z-24 I 8 K 0
c) G03 X36 Z-24 I 0 K-8
d) G02 X36 Z-24 I 0 K 8
e) G02 X18 Z-24 I 8 K 0

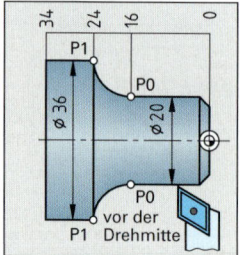

TA 62	Welcher Satz N30 beschreibt den Weg von P4 nach P5 richtig (Bild)? (Werkzeuge hinter Drehmitte)

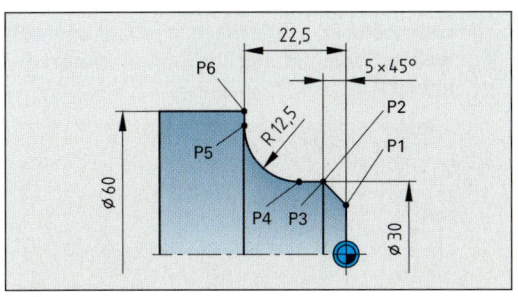

a) G02 X60 Z-22.5 I12.5 K-12.5
b) G03 X60 Z-22.5 I12.5 K-12.5
c) G02 X55 Z-22.5 I12.5 K0
d) G03 X55 Z-22.5 I12.5 K0
e) G02 X55 Z22.5 I0 K-12.5

TA 63	Bei welchen Formelementen ist beim Fertigdrehen eine Schneidenradiuskorrektur erforderlich?

a) Nur bei Zylinder- und Planflächen
b) Bei allen nicht achsparallelen Konturelementen
c) Nur bei Kegelflächen
d) Nur bei Rundungen
e) Bei allen Flächen mit Schleifaufmaß

TA 64	Wo liegt der Werkzeugträgerbezugspunkt bei Drehmaschinen?

a) An der Anschlagfläche des Revolverkopfes
b) Am Drehpunkt des Revolverkopfes
c) Auf der Führungsbahn des Revolverkopfes in X-Richtung
d) Auf der Führungsbahn des Revolverkopfes in Z-Richtung
e) Am Referenzpunkt der Drehmaschine

TA 65	Welche Bedeutung hat die Wegbedingung G96 bei Drehmaschinen?

a) Punktsteuerverhalten
b) Spindel im Uhrzeigersinn
c) Spindel im Gegenuhrzeigersinn
d) Konstante Schnittgeschwindigkeit
e) Drehzahl in 1/min

TA 66	Welcher der Bezugspunkte einer Drehmaschine ist richtig zugeordnet (Bild)?

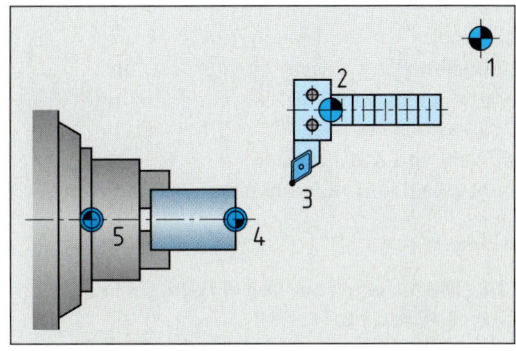

a) 1 ≙ Werkzeugträgerbezugspunkt
b) 2 ≙ Werkzeugschneidenpunkt
c) 3 ≙ Maschinennullpunkt
d) 4 ≙ Werkstücknullpunkt
e) 5 ≙ Referenzpunkt

TA 67	Welches Sinbild für den Referenzpunkt einer CNC-Drehmaschine ist richtig dargestellt?

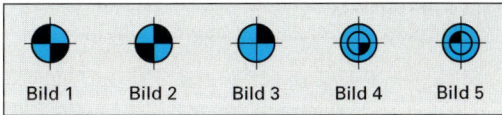

Bild 1   Bild 2   Bild 3   Bild 4   Bild 5

a) Bild 1   b) Bild 2
c) Bild 3   d) Bild 4
e) Bild 5

TA 68	Welche Bedeutung hat die Angabe G92 S2500 bei einem Drehprogramm?

a) Maximale Schnittgeschwindigkeit 2500 m/min
b) Maximale Spindeldrehzahl 2500 min^{-1}
c) Konstante Schnittgeschwindigkeit 2500 m/min
d) Gewählte Spindeldrehzahl 2500 min^{-1}
e) Konstante Drehzahl 2500 min^{-1}

TA 69	Welcher Korrekturwert ist bei Drehwerkzeugen *nicht* erforderlich?

a) Querablage Q zur X-Achse
b) Werkzeuglängenkorrektur L der Z-Achse
c) Einstellwinkel ϰ der Drehmeißelschneide
d) Schneidenradius r
e) Lage des Werkzeugschneidenpunktes P zum Mittelpunkt des Schneidenradius

TA 70 Welche Bedeutung haben bei einer numerisch gesteuerten Fräsmaschine die Worte G17, G18, G19?

a) Angabe von Werkzeugbahnkorrekturen

b) Bestimmung einer Kreisinterpolation

c) Ebenenauswahl für die Geraden- und Kreisinterpolation

d) Wahl von Arbeitszyklen

e) Auswahl von Nullpunktverschiebungen

TA 71 Wozu wird bei NC - Fräsmaschinen eine 4. Achse verwendet?

a) Steuerung eines NC-Rundtisches

b) Antrieb eines Teilapparates

c) Fräsen von Gesenken

d) Antrieb von Nutenstoßwerkzeugen

e) Fräsmaschinen können nicht mehr als 3 Achsen haben

TA 72 Durch welche Wegbedingung wird erreicht, dass sich die Fräserachse nicht auf der Werkstückkontur, sondern auf der parallel verlaufenden Äquidistanten bewegt (Bild)?

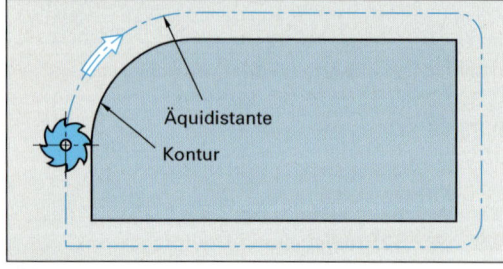

a) G02

b) G03

c) G40

d) G41

e) G42

TA 73 Wie lautet die Wegbedingung für die Auswahl der Interpolation in XY - Richtung?

a) G91

b) G96

c) G17

d) G18

e) G19

TA 74 Ein Werkstück soll entlang der Außenkontur mit einem NC-Anbohrer eine Fase 2,5 × 45° erhalten (Bild).

Welcher Fräserradius muss in dem Werkzeugspeicher eingetragen werden und auf welche Tiefe ist der Fräser zu programmieren?

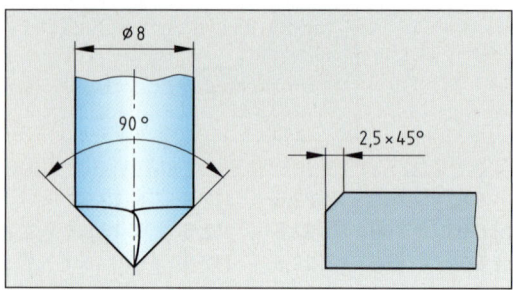

a) R = 4mm;   Z = – 4

b) R = 5 mm;   Z = – 2,5

c) R = 5 mm;   Z = – 4

d) R = 4 mm;   Z = – 2,5

e) R = 2,5 mm;   Z = – 2,5

TA 75 In welchen Fällen ist in Fräsprogrammen die Verwendung von Unterprogrammen vorteilhaft?

a) Wenn an der Kontur ein Schlichtmaß erforderlich ist.

b) Für Werkstückformen, die am Frästeil mehrmals vorkommen.

c) Unterprogramme sind für alle Zyklen empfehlenswert.

d) Wenn mehrere verschiedene Fräser zum Einsatz kommen.

e) Wenn die Fräsmaschine mit einer Horizontalspindel ausgestattet ist.

TA 76 Welche Zuordnung von Spindelrichtung und Z - Achse ist richtig?

a) Horizontal-Konsolfräsmaschine   ≜   Z-Achse senkrecht

b) Horizontal-Bettfräsmaschine   ≜   Z-Achse senkrecht

c) Vertikal-Konsolfräsmaschine   ≜   Z-Achse waagrecht

d) Vertikal-Konsolfräsmaschine   ≜   Z-Achse senkrecht

e) Die Z-Achse ist bei allen Fräsmaschinenarten senkrecht

6 Informationstechnik

6.1 Technische Kommunikation

Fragen aus Fachkunde Metall, Seite 515

1 Was bedeutet die Abkürzung DIN?

DIN ist die Abkürzung für Deutsches Institut für Normung.

Das Deutsche Institut für Normung gibt nationale Normen heraus, die DIN-Normen (gültig für Deutschland) und übernimmt internationale Normen in das Deutsche Normenwerk. Sie heißen z.B. DIN EN-Normen.

2 Welchen Vorteil haben Normen, die international gültig sind?

Der Austausch von Waren und Dienstleistungen zwischen den Ländern wird durch die einheitliche Normung wesentlich erleichtert.

Internationale Normen (ISO-Normen) und Europäische Normen (EN-Normen) werden zunehmend in das deutsche Normenwerk übernommen. Sie heißen dann DIN ISO-, DIN EN- bzw. DIN EN ISO-Normen.

3 Welche Informationen enthält eine Teilzeichnung?

Teilzeichnungen enthalten alle für die Fertigung des Werkstücks notwendigen Angaben.

Dies sind z.B. Angaben über Maße, Oberflächen, Werkstoff und Bearbeitungsverfahren.

4 Welche Angaben enthalten Stücklisten?

Stücklisten ergeben einen Überblick über die in einer Gruppenzeichnung enthaltenen Bauteile.

Pos.	Menge	Benennung	Norm-Kurzbezeichnung
1	1	Laufrolle	C45E
2	1	Abstandsring	S235JR (St 37-2)
3	2	Rillenkugellager	DIN 625-6004-2RS
4	1	Bolzen	E295 (St 50-2)
5	1	Sicherungsring	DIN 471-20 x 1.2
6	1	Lagerdeckel	E295 (St 50-2)
7	3	Zylinderschraube	ISO 4762-M4 x 12-8.8

In der Stückliste sind alle Teile einer Gruppenzeichnung aufgeführt. Sie enthält die Positionsnummer, die Anzahl, die Bezeichnung und den Werkstoff aller Werkstücke und Normteile dieser Zeichnung. Bei Normteilen sind die Norm-Kurzbezeichnungen der Teile aufgeführt.

5 Wie lautet der vollständige Montageplan zum Zusammenbau der im Bild gezeigten Laufrollenlagerung?

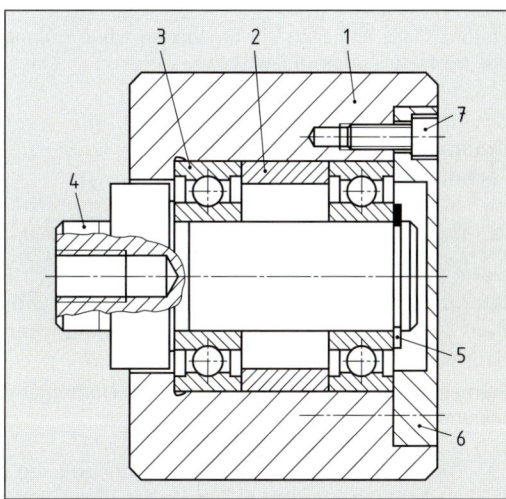

Montageplan	
Auftrag-Nr. 2238	
Bezeichnung: Laufrollenlagerung	
Nr.	Arbeitsgang
1	Einzelteile auf Vollständigkeit prüfen, ggf. reinigen
2	Welle (4) leicht einfetten
3	1. Rillenkugellager (3) mit Presshülse (Fügekraft auf Innenring) auf Bolzen (4) schieben
4	Abstandring (2) einlegen
5	2. Rillenkugellager (3) mit Presshülse auf Bolzen (4) schieben
6	Sicherungsring (5) einsetzen
7	Baugruppe Bolzen mit Lager von rechts in Laufrolle (1) schieben
8	Lagerdeckel (6) einlegen
9	Zylinderschrauben (7) mit Winkelschraubendreher SW 3 anziehen
10	Laufrolle drehen, auf Leichtgängigkeit und zulässiges Spiel prüfen.

6 Wozu werden Wartungspläne erstellt?

Wartungspläne beschreiben die erforderlichen Tätigkeiten zum Erhalt der Funktionsfähigkeit einer Maschine bzw. Anlage.

Ein Wartungsplan einer Werkzeugmaschine gibt z.B. die Schmierstoffe, Schmierstellen und Schmierintervalle an.

7 Wozu dienen Prüfprotokolle?

Prüfprotokolle dienen zur Qualitätssicherung der Fertigung und als Dokumentation beim Verkauf oder bei einer Reklamation.

Prüfprotokolle enthalten die Ergebnisse einer Prüfung und deren statistische Auswertung.

Ergänzende Fragen zur Technischen Kommunikation

8 Was wird in grafischen Darstellungen, z.B. Diagrammen, gezeigt?

Mit grafischen Darstellungen (Diagrammen) werden die Zusammenhänge von veränderlichen Größen bildlich dargestellt.

Formen grafischer Darstellungen sind z.B. Nomogramme und Diagramme.

9 Wie wird die abgebildete Darstellung bezeichnet und welchen Zweck hat diese Darstellungsart?

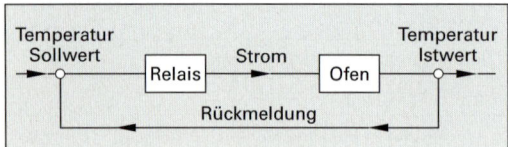

Dargestellt ist ein Blockschaltbild. Blockschaltbilder dienen zur übersichtlichen Darstellung von Wirkungsabläufen.

10 Wozu dienen Montagepläne?

In Montageplänen werden die nacheinander ablaufenden Arbeitsschritte bei der Montage vorgeschrieben. Sie enthalten außerdem Angaben über erforderliche Zeichnungen, Werkzeuge, Vorrichtungen sowie Mess- und Prüfmittel.

11 Welche Sachverhalte können besonders gut in Kreisflächen- und Säulendiagrammen dargestellt werden?

Mit Kreisflächen- und Säulendiagrammen lassen sich besonders Prozentanteile anschaulich darstellen.

12 Was sind Explosionsdarstellungen?

Explosionsdarstellungen sind besondere Formen von Gesamtzeichnungen. Sie zeigen die Teile einer Baugruppe räumlich so angeordnet, dass ihre Zusammengehörigkeit und Ordnungsstruktur besonders anschaulich wird.

6.2 Computertechnik

Fragen aus Fachkunde Metall, Seite 522

1 Beschreiben Sie das Grundprinzip der Arbeitsweise eines Computers.

Der Arbeitsablauf kann in die Schritte
- Eingabe von Daten
- Verarbeitung von Daten
- Ausgabe der Daten

eingeteilt werden.

Nach den Anfangsbuchstaben der Schritte wird dies auch als EVA-Prinzip bezeichnet.

2 Erklären Sie die Begriffe Bit und Byte.

Ein Bit ist die kleinste Informationseinheit. Es besteht aus den Werten 0 und 1 (AUS-EIN). Ein Byte ist eine Dualzahl mit 8 Bit.

Mit einem Byte lassen sich $2^8 = 256$ Werte darstellen.

3 Benennen Sie die wichtigsten Bauteile auf der Hauptplatine (Bild).

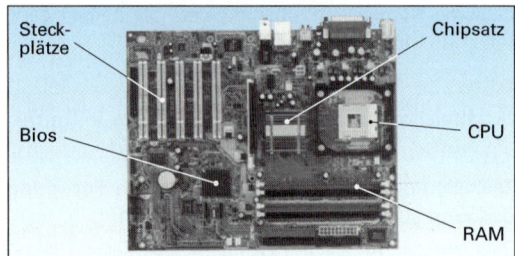

Die wichtigsten Bauteile auf der Hauptplatine sind:
- Der Mikroprozessor, englische Abkürzung: CPU (Central Processing Unit)
- Der Chipsatz
- Der Festwertspeicher ROM mit dem BIOS
- Die Speicherbausteine des Arbeitsspeichers RAM
- Die Steckplätze für Zusatzkarten, z.B. Soundkarte für Tonwiedergabe, Grafikkarte für Bildwiedergabe

4 Erläutern Sie die Hauptbestandteile eines Mikroprozessors und ihre Aufgaben.

Die Hauptbestandteile des Mikroprozessors sind:
- Das Steuerwerk zur Steuerung aller Funktionen des Computers
- Das Rechenwerk zur Durchführung aller arithmetischer und logischer Operationen
- Das Register, ein Zwischenspeicher für das kurzfristige Speichern von Befehlen und Daten

5 In welchen Merkmalen unterscheiden sich der ROM- und der RAM-Speicher?

Der ROM-Speicher (Festwertspeicher) kann nur gelesen und nicht gelöscht werden. Im ROM sind z.B. das Startprogramm des Computers und die Umgebungsvariablen (Bios) enthalten.

Der RAM-Speicher kann gelesen, gelöscht und wieder beschrieben werden. Das RAM nimmt die Arbeitsprogramme und laufenden Daten auf. Seine Daten gehen bei Stromausfall verloren.

6 Wodurch wird die Leistungsfähigkeit eines Computers bestimmt?

Die Leistungsfähigkeit eines Computers wird vor allem durch den Prozessortyp und seine Taktfrequenz sowie die Speichergröße von Arbeitsspeicher und Festplatte bestimmt.

7 Welche Schnittstellenarten unterscheidet man?

Man unterscheidet serielle, parallele und USB-Schnittstellen (Bild). Weitere Schnittstellen sind z.B. für die Tastatur, den Monitor, die Lautsprecher und das Mikrofon vorhanden.

Parallele Schnittstellen übertragen die Signale gleichzeitig in parallelen Leitungen. Sie sind schneller als serielle Schnittstellen. Diese übertragen die Signale einzeln nacheinander, sind aber für längere Übertragungsstrecken besser geeignet.

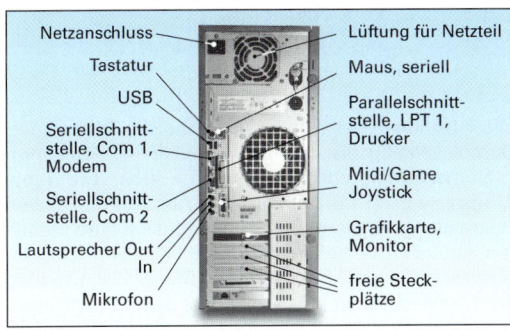

Netzanschluss — Lüftung für Netzteil
Tastatur — Maus, seriell
USB — Parallelschnittstelle, LPT 1, Drucker
Seriellschnittstelle, Com 1, Modem — Midi/Game Joystick
Seriellschnittstelle, Com 2 — Grafikkarte, Monitor
Lautsprecher Out In — freie Steckplätze
Mikrofon

8 Wie werden in Computern Buchstaben verarbeitet?

Die Buchstaben werden mit den Zahlenwerten von 0 bis 255 (1 Byte) verschlüsselt dargestellt (codiert).

ASCII-Wert			ASCII-Wert		
dezi-mal	binär (dual)	Zeichen	dezi-mal	binär (dual)	Zeichen
065	100 0001	A	097	110 0001	a
066	100 0010	B	098	110 0010	b
067	100 0011	C	099	110 0011	c

9 Erläutern Sie den Begriff DVD - Laufwerk.

Ein DVD - Laufwerk dient zum Lesen bzw. Beschreiben von optischen Speichermedien wie DVD (**D**igital **V**ersalite **D**isk).

CD (**C**ompakt **D**isk) können nur gelesen werden.

Ein DVD-Datenträger nimmt bis zu 17 GB Daten auf. Diese großen Datenmengen sind für Spielfilme, Multimedia- und Videoanwendungen nötig.

Das DVD-Laufwerk beschreibt und liest digital mit einem Laser die DVD's. Es sind Plattenscheiben aus dem Kunststoff Polycarbonat.

10 Welche Aufgabe hat das Betriebssystem eines Computers?

Das Betriebssystem besteht aus einer Anzahl von Programmen (Systemprogramme). Sie steuern den Betrieb des Rechners und ermöglichen die Bedienung des Computers und seiner peripheren Geräte. Das Betriebssystem steuert z.B.:

● Die Ein- und Ausgabeeinheiten

● Die Ausführung von Befehlen und Programmen

● Die Datenverwaltung

● Den Ablauf und die Anwendung von Programmen

● Die Fehlermeldungen

Ergänzende Fragen zur Computertechnik

11 Erklären Sie die Begriffe Hardware und Software.

Als Hardware bezeichnet man die verschiedenen Geräte und Bauteile eines Computers, z.B. die Zentraleinheit, die Peripheriegeräte und die Datenträger.

Software ist ein Sammelbegriff für die nicht gegenständlichen Dinge im Computer, wie z.B. die Anwenderprogramme und das Betriebssystem sowie die gespeicherten Daten.

12 Über welche Geräte werden bei einem Computer Daten eingegeben bzw. ausgegeben?

Die wichtigsten *Eingabegeräte* sind die Tastatur, das Grafiktablett, die Maus, ein CD-Laufwerk oder ein Lesegerät (Scanner).

Die wichtigsten *Ausgabegeräte* sind der Bildschirm (Monitor), der Drucker und der Plotter.

Ein- und Ausgabegeräte sind Datenspeichergeräte, z.B. Magnetbandgeräte, Disketten- und Festplattenlaufwerke sowie Lochstreifenleser und -stanzer.

13 Was gibt die Taktfrequenz eines Computers an?

Die Taktfrequenz gibt die Arbeitsgeschwindigkeit des Prozessors eines Computers an. Die Maßeinheit ist Megahertz (MHz) oder Gigahertz (GHz). Die heute üblichen PC's haben eine Taktfrequenz von rund 2 GHz; das bedeutet 2000 Millionen Arbeitstakte des Prozessors in einer Sekunde.

14 Was versteht man unter einem Cache-Speicher?

Der Cachespeicher ist ein kleiner Pufferspeicher (z.B. 512 KB), der meist im Prozessor integriert ist. In ihm werden die letzten Speicherzugriffe gespeichert. Bei erneutem Zugriff auf dieselben Daten werden diese mit der vollen Prozessortaktfrequenz aus dem Cache gelesen.

15 Wie müssen Disketten behandelt werden?

Disketten müssen vor Magnetfeldern, Staub, Feuchtigkeit, übermäßiger Erwärmung und mechanischer Beschädigung geschützt werden. Unsachgemäße Behandlung führt zu Datenverlust.

Ähnliche Vorsichtsmaßnehmen gelten für CD's und DVD's.

16 Welche verschiedenen Betriebssysteme sind aktuell im Einsatz?

Zur Zeit arbeiten die PC's mit den Betriebssystemen Windows (3.1, 95 oder 98, NT, XP oder 2000), Mac OS, OS/2, Unix oder Linux.

Da die Anweisungen des Betriebssystems von der CPU verarbeitet werden, ist es auf das Rechnersystem abgestimmt.

17 Was versteht man unter Multitasking?

Unter Multitasking versteht man die scheinbar gleichzeitige Bearbeitung von Programmen. Dazu werden die Anweisungsfolgen vom Betriebssystem in kleine Stücke unterteilt. Diese werden nacheinander von der CPU mit großer Geschwindigkeit abgearbeitet, sodass der Eindruck einer gleichzeitigen Bearbeitung der Programme entsteht.

18 Welche Vorteile hat die Vernetzung von Computern?

Vernetzte Computer können Daten untereinander austauschen, auf gemeinsame Daten zugreifen und zusammen Geräte, z.B. Drucker, nutzen.

19 Wozu dient ein Modem?

Ein Modem wird zur Fernübertragung von Daten über das Telefonnetz verwendet.

Der Zugang eines Computers zum Internet ist z. B. mit einem Modem möglich.

20 Was bewirkt das Drücken der Tastenkombination „Strg-Alt-Entf" bei einem Computer?

Beim Betriebssystem Windows erscheint das Fenster des Taskmanagers. Hier können Programme, die z.B. einen unkontrollierten Betriebszustand hervorgerufen haben, beendet werden, wobei nicht gespeicherte Daten verloren gehen. Durch erneutes Betätigen wird der Computer heruntergefahren. Ab der Version Windows NT wird diese Tastenkombination auch zur Anmeldung beim Hochfahren des Computers verwendet.

21 Welche Funktion hat die linke Maustaste?

Die linke Taste der Maus (Bild) dient ...

- zur Positionierung des Cursors
- zum Markieren von Elementen
- zum „Ziehen" markierter Elemente
- zur Befehlsbestätigung (ENTER)

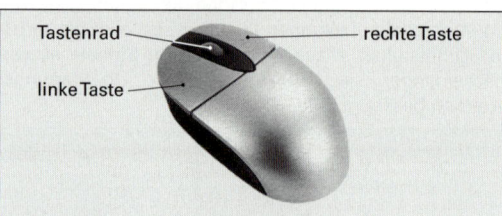

Tastenrad — — rechte Taste

linke Taste —

Die Funktionen der rechten Taste und des Tastenrades, das gleichzeitig als dritte Taste funktioniert, sind programmabhängig oder frei programmierbar. Die rechte Maustaste dient z.B. bei Windows zum Aufruf weiterer Bearbeitungsfenstern. Das Tastenrad dient zum schnellen Scrollen (Durchblättern) von z.B. Tabellen, Listen, Internetseiten oder Dokumenten. Die Mausbewegung wird entweder über eine Kugel oder optisch abgetastet. Die Übertragung der Maussignale an den Computer erfolgt über ein Kabel oder durch Funksignale.

22 Was bezeichnet man als Computervirus?

Ein Computervirus ist ein Zerstörer-Programm, welches z.B. über eine infizierte CD oder meist über das Internet in das PC-System eingeschleust wird und die Funktion des Computers schädigt oder Daten zerstört.

Computerviren können alle Bereiche des Computers schädigen, z.B. das Betriebssystem, Anwenderprogramme oder gespeicherte Daten löschen bzw. unbrauchbar machen.

Software, Auswirkungen der Computertechnik, Arbeits- und Datenschutz

Fragen aus Fachkunde Metall, Seite 526

1 Erklären Sie den Begriff Anwendersoftware und gliedern Sie in Softwarebereiche.

Unter Anwendersoftware versteht man Programme die für eine bestimmte Anwendung konzipiert sind, wie z.B. die Texterfassung, das Berechnen, das Zeichnen usw. Eine weitere Gliederung der Anwendersoftware kann erfolgen in:

- Standardsoftware. Sie ist für alle Anwender geeignet, wie z.B. die Texterfassung.
- Branchensoftware. Sie ist für eine ganze Berufsgruppe geeignet, wie z.B. Konstruktions- und Zeichenprogramme.
- Individuelle Software. Sie dient zur Aufgabenlösung eines Nutzers, wie z.B. ein Programm zur Flächenberechnung eines Bauteiles.

2 Wie ist ein Präsentationsprogramm aufgebaut und wozu wird es eingesetzt?

Die Informationen, z.B. Texte, grafische Objekte, Diagramme oder Formeln in einem Präsentationsprogramm stellt man auf so genannten Folien seitenweise dar (Beispiel).

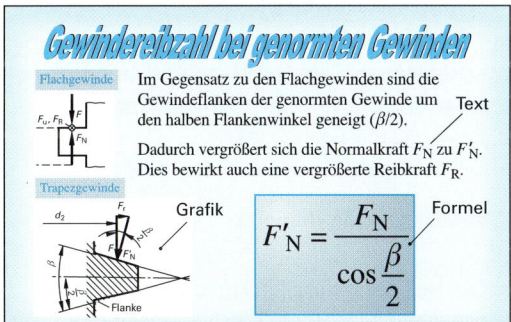

Mit einem Präsentationsprogramm können Informationen übersichtlich und optisch ansprechend dargestellt werden.

3 Welche wirtschaftlichen und sozialen Auswirkungen kann der Einsatz von Computern in der Arbeitswelt haben?

Der Einsatz von Rechnern kann bewirken:

- Günstigere Produktionskosten
- Höhere Fertigungsqualität
- Höhere Flexibilität
- Humanisierung des Arbeitsplatzes
- Verluste veralteter und Schaffung neuer Arbeitsplätze

4 Durch welche Maßnahmen kann gesundheitlichen Schäden durch Computerarbeit vorgebeugt werden?

Vorbeugende Maßnahmen sind z.B. der richtige Abstand und Blickwinkel auf den Bildschirm, die richtige Sitz- und Tastaturhöhe, ein guter Bürostuhl, eine Handballenauflage, keine spiegelnden Lichtquellen im Bildschirm aber auch kein abgedunkelter Raum und eine gut sichtbare Darstellung am Bildschirm. Nach ca. 2 Stunden Arbeit am Bildschirm sollte eine Pause von 15 Minuten von der Bildschirmarbeit eingelegt werden.

5 Welche Maßnahmen müssen für den Datenschutz getroffen werden?

1. Es muss sichergestellt sein, das keine erhobenen Daten ohne Zustimmung des Betroffenen weitergegeben werden, z.B.

   Bankdaten: Eine Bank darf die ihr durch die Kontoführung eines Kunden bekannten Einkommensverhältnisse nicht weiterleiten.

   Versandhausdaten: Das Versandhaus darf das aus der Bestellung des Kunden sich ergebende Einkaufsverhalten nicht an andere Interessenten weitergeben.

2. Es muss sichergestellt sein, dass Unbefugte keinen Zugriff auf Daten erlangen, z.B.

   Gesundheitsdaten: Die persönlichen Daten eines Patienten bei einem Arzt dürfen nicht an Versicherungen weitergeleitet werden.

   Personendaten: Die Gemeindeverwaltung darf die gespeicherten Daten ihrer Einwohner nicht an Werbefirmen weitergeben.

3. Es muss sichergestellt sein, dass gespeicherte Daten von Unbefugten nicht gelesen werden können, z.B.

   Die **Bildschirme** in Behörden müssen so aufgestellt werden, dass die am Bildschirm sichtbaren Daten nicht von Fremden gelesen werden können.

6 Welche Rechte hat der Bürger bei der Erfassung seiner persönlichen Daten?

Jedermann hat grundsätzlich das Recht auf Auskunft über die zu seiner Person gespeicherten Daten einschließlich der Information über die Herkunft dieser Daten. Das Auskunftsrecht erstreckt sich auch auf die Information über den Empfänger der Daten. Das Auskunftsrecht kann nur in Ausnahmefällen versagt werden.

Testfragen zur Informationstechnik

Technische Kommunikation

TI 1 | Welche Aussage ist richtig?

a) Teilzeichnungen enthalten keine Angaben über Werkstoffe.
b) Kreisflächendiagramme sind besonders zur Angabe von Prozentwerten geeignet.
c) Explosionsdarstellungen sind eine besondere Form von Teilzeichnungen.
d) Aus Arbeitsplänen ist die Reihenfolge der Fertigungsschritte nicht zu entnehmen.
e) Wartungspläne erfassen die Dauer von Arbeitsunterbrechungen.

TI 2 | Welche Aussage zu Explosionsdarstellungen ist richtig?

a) Explosionsdarstellungen werden vielfach für Ersatzteilkataloge verwendet.
b) Explosionsdarstellungen zeigen alle Einzelheiten eines Bauteils.
c) Explosionsdarstellungen dienen als Unterlage für die Teilefertigung.
d) Explosionsdarstellungen sind nur von besonders geschulten Fachleuten zu erkennen.
e) Explosionsdarstellungen sind als Überblick zu einer Baugruppe ungeeignet.

TI 3 | Welche Bedeutung gehört zum Kürzel DIN ISO?

a) Deutsche Norm
b) Europäische Norm (EN), die als DIN-Norm übernommen ist
c) Internationale Norm (ISO), die als DIN-Norm übernommen ist
d) Europäische Norm, die eine unveränderte internationale Norm enthält und in deutscher Fassung vorliegt
e) Deutsche Norm in der internationalen Fassung

TI 4 | Für welche Art von technischen Zeichnungen gilt folgende Aussage: Sie enthält alle für die Fertigung des Werkstücks notwendigen Angaben.

a) Die Teilzeichnung
b) Die Gruppenzeichnung
c) Die Gesamtzeichnung
d) Die Explosionszeichnung
e) Die Stückliste

Computertechnik

TI 5 | Was bedeutet bei einem Computer 3.0 GHz Taktfrequenz?

Es handelt sich um einen Computer, der ...
a) bis 10^9 rechnen kann.
b) pro Sekunde $3,0 \cdot 10^9$ Rechenschritte ausführt.
c) bis 10^{12} rechnen kann.
d) eine Rechengenauigkeit von 3,0 GHz hat.
e) pro Minute 10^9 Rechenbefehle ausführen kann.

TI 6 | Welches Bild zeigt ein Gerät zur Dateneingabe?

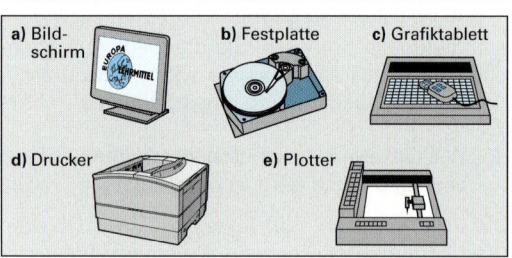

a) Bildschirm   b) Festplatte   c) Grafiktablett
d) Drucker   e) Plotter

TI 7 | Was bedeutet das „EVA"-Prinzip in der Datenverarbeitung?

a) Dateneingabe, -verschiebung und -abbruch
b) Dateneingabe, -überprüfung und -ausgabe
c) Elektronische Verarbeitung von Aufgaben
d) Ein-Ausgabe-Schnittstelle
e) Dateneingabe, -verarbeitung, -ausgabe

TI 8 | Was gibt ein Bit an?

a) Die kleinste binäre Informationseinheit
b) Die kleinste analoge Informationseinheit
c) 1 Billion Informationseinheiten
d) Einen binären Informationstransfer
e) Eine binäre Zeitinformation

TI 9 | Welche Aussage über den RAM-Speicher ist richtig?

a) Der RAM-Speicher ist ein Festwertspeicher.
b) Der Inhalt des RAM-Speichers kann nicht geändert werden.
c) Der RAM-Speicher kann beschrieben, gelesen und gelöscht werden.
d) Der RAM-Speicher ist ein externer Speicher.
e) Der RAM-Speicher ist ein Pufferspeicher, der im Prozessor integriert ist.

TI	**Welches Speichermedium zählt zu den**
10	**optischen Speichern?**

a) CD   b) Festplatte
c) Diskette   d) Magnetband
e) ZIP - Disketten

TI	**Was ist eine CD (Compact disc)?**
11	

Eine CD ist ...
a) ein nur beschreibbarer Zwischenspeicher.
b) eine mit Laser digital beschriebene Kunststoff-
platte.
c) ein nur lesbarer Zwischenspeicher.
d) die Festplatte eines Computers.
e) eine Diskette für Datenmengen bis 250 MB.

TI	**Welche Aufgabe hat ein Plotter?**
12	

Ein Plotter dient zum ...
a) Einlesen von Zeichnungen.
b) Übertragen von Daten zwischen unterschiedlichen CAD-Systemen.
c) Verbund von Rechnern.
d) Speichern von Daten.
e) Erstellen von Zeichnungen auf Papier.

TI	**An welche Schnittstelle wird der Monitor**
13	**angeschlossen (Bild)?**

a)
b)
c)
d)
e)

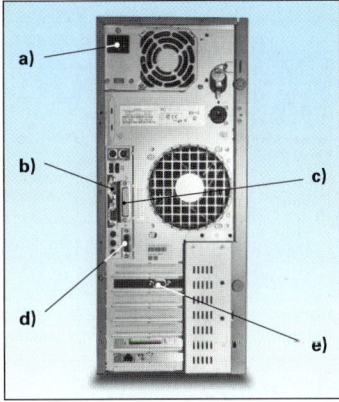

TI	**Was ist das Internet?**
14	

a) Internet ist das Datennetz im Betrieb.
b) Internet ist ein Betriebssystem für Laptop.
c) Internet ist ein weltweites Datennetz.
d) Internet ist die Datenstruktur auf der Festplatte.
e) Internet ist eine Programmiersprache.

TI	**Was versteht man unter Formatieren bei**
15	**einer Textverarbeitung?**

Formatieren ist ...
a) das Einteilen einer Diskette Sektoren.
b) das Festlegen des Dateinamens.
c) das Gestalten der äußeren Form eines Textes.
d) das Einfügen einer Tabelle in einen Text.
e) das Einrichten von Zeilenumbruch und Seiten-
vorschub.

TI	**Welchen Zweck erfüllen die Datenbank-**
16	**systeme?**

a) Speicherung des Betriebssystems
b) Speicherung von Anwenderprogrammen
c) Speicherung unterschiedlicher Texte, z.B. Briefe
d) Speicherung von einheitlich strukturierten Daten,
z.B. Adressen
e) Verknüpfung unterschiedlicher Betriebssysteme
von Rechnern

TI	**Was wird mit dem Kurzzeichen CAD/CAM**
17	**bezeichnet?**

a) Rechnerintegrierte Verwaltung und Steuerung
eines ganzen Betriebes
b) Zeichnen mit Hilfe eines Computers
c) Verbund von rechnerunterstütztem Zeichnen,
Planen und Fertigen
d) Rechnerunterstützte kaufmännische Betriebs-
organisation
e) Rechnerunterstützte Qualitätsplanung

TI	**Welche der genannten Anwendersoftware**
18	**zählt *nicht* zur Standardsoftware?**

a) Textverarbeitung
b) SPS-Programmierung
c) Tabellenkalkulation
d) Datenbank
e) Präsentationssoftware

TI	**Bei der Erfassung und Speicherung per-**
19	**sönlicher Daten hat der Bürger Daten-**
	schutzrechte.
	Welches Recht zählt *nicht* dazu?

a) Auskunftsrecht über seine Daten
b) Berichtigungsrecht bei falschen Daten
c) Recht auf Löschung bei unzulässigen Daten
d) Recht auf Benachrichtigung, wenn Daten vom
Bürger erfasst werden
e) Recht auf Entfernung aller Daten, die der Bürger nicht gespeichert haben möchte

7   Elektrotechnik

7.1   Der elektrische Stromkreis

7.2   Schaltung von Widerständen

Fragen aus Fachkunde Metall, Seite 531

1   Welche Spannungsquelle wird für die Antriebe einer CNC-Maschine, welche zur Pufferung des Datenspeichers verwendet?

Die Spannungsquelle für den Antrieb einer CNC-Maschine ist das Drehstrom-Leitungsnetz.
Die Spannungsquelle zur Pufferung des Datenspeichers in EDV-Anlagen ist eine Knopfzelle mit 5 V Gleichspannung.

2   Welche Wirkungen hat der elektrische Strom? Geben Sie zu den einzelnen Wirkungen jeweils ein Beispiel an.

Der elektrische Strom hat mehrere Wirkungen:
Wärmewirkung; Beispiel: Lötkolben
MagnetischeWirkung; Beispiel: Elektromotor
Lichtwirkung; Beispiel: Laserschweißen
Chemische Wirkung; Beispiel: Verchromen
Physiologische Wirkung; Beispiel: Herzschrittmacher

3   Wie müssen die Messgeräte zum Messen des elektrischen Stroms, wie zum Messen der elektrischen Spannung geschaltet werden?

Strommessgeräte (Amperemeter) werden in Reihe in den zu messenden Stromkreis geschaltet (Bild).
Spannungsmessgeräte (Voltmeter) werden parallel zum zu messenden Stromkreisabschnitt (Verbraucher) geschaltet.

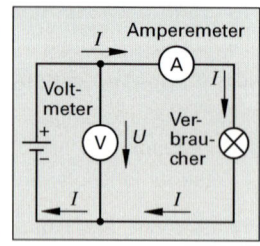

4   Erklären Sie die folgende Angabe: Der spezifischeWiderstand von Kupfer ϱ_{el} beträgt 0,0179 $\Omega \cdot mm^2/m$.

Die Angabe ϱ_{el} = 0,0179 $\Omega \cdot mm^2/m$ bedeutet, dass ein 1 m langer Kupferdraht von 1 mm^2 Querschnittsfläche einen elektrischen Widerstand von 0,0179 Ω besitzt.

5   Welche Auswirkungen hat es, wenn die Zuleitung zu einem Verbraucher
a) bei einer Reihenschaltung (Bild)
b) bei einer Parallelschaltung (Bild)
unterbrochen wird?

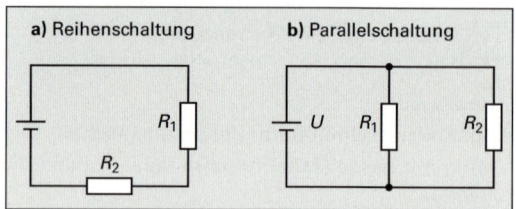

a) Reihenschaltung   b) Parallelschaltung

a) Bei einer Unterbrechung in einem Stromkreis mit Reihenschaltung fließt im gesamten Stromkreis kein Strom mehr.
b) Bei einer Unterbrechung in einem Stromkreis mit Parallelschaltung wird der betroffene Verbraucher im Stromkreis nicht mehr von Strom durchflossen. Der andere Verbraucher wird weiterhin von Strom durchflossen, jedoch mit geringerer Stromstärke.

6   Warum sind in allen Firmen und Haushalten praktisch alle Maschinen parallel geschaltet?

Damit an den Maschinen die volle Netzspannung anliegt (Bild).
Dies ist nur bei Parallelschaltung der Geräte der Fall.

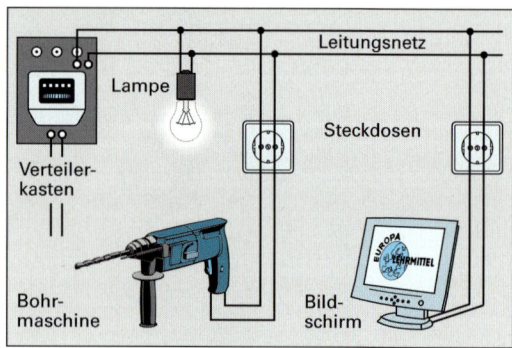

7   Zwei parallel geschaltete Widerstände R_1 = 60 Ω und R_2 = 90 Ω sollen durch einen einzelnen Widerstand ersetzt werden. Wie groß muss dieser Ersatzwiderstand sein?

Der Ersatzwiderstand muss betragen:

$$R = \frac{R_1 \cdot R_2}{R_1 + R_2} = \frac{60 \ \Omega \cdot 90 \ \Omega}{60 \ \Omega + 90 \ \Omega} = \textbf{36 } \Omega$$

ZP **Ergänzende Fragen zum elektrischen Stromkreis**

8 Unter welchen Voraussetzungen fließt elektrischer Strom?

Strom fließt, wenn in einem geschlossenen Stromkreis eine elektrische Spannung vorhanden ist.

Ein Stromkreis besteht aus einer Spannungsquelle, Verbrauchern und Verbindungsleitungen (Bild).

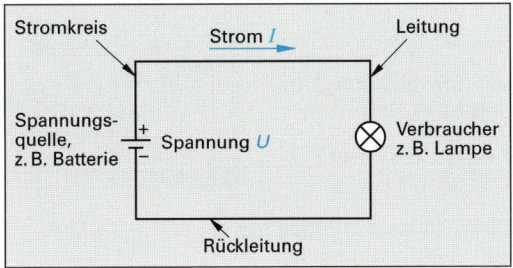

9 Welches sind die drei wichtigsten Größen in einem elektrischen Stromkreis?

Die drei wichtigsten Größen sind:
Elektrische Spannung, elektrische Stromstärke und elektrischer Widerstand.

Bei einem Vergleich des Stromkreises mit einer Wasserleitung entspricht die elektrische Spannung dem Druck des Wassers, die elektrische Stromstärke der Wassermenge und der elektrische Widerstand der Reibung in den Rohrleitungen.

10 In welcher Einheit wird die elektrische Spannung gemessen?

Die elektrische Spannung U wird in Volt (V) gemessen.

Die Licht- und Kraftanlagen haben meist Spannungen von 230 Volt oder 400 Volt. Hochspannungsleitungen führen Spannungen bis zu 400 000 V = 400 kV.

11 Was ist ein Phasenprüfer?

Ein einfaches Prüfgerät, das anzeigt, ob eine Leitung elektrische Spannung führt (Bild).

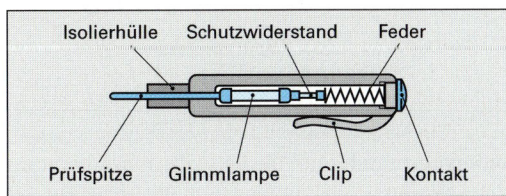

Liegt eine Spannung an der Prüfspitze an, so leuchtet ein Glimmlämpchen auf.

12 Wie lautet das Ohm'sche Gesetz?

Das Ohm'sche Gesetz lautet: $I = \dfrac{U}{R}$

$$\text{Stromstärke} = \frac{\text{Spannung}}{\text{Widerstand}}$$

Es besagt, dass der in einem Stromkreis fließende elektrische Strom umso größer ist, je größer die angelegte Spannung und je kleiner sein elektrischer Widerstand ist.

13 In welcher Einheit wird der elektrische Widerstand gemessen?

Die Einheit des elektrischen Widerstands ist das Ohm (Ω). $\qquad 1\,\Omega = \dfrac{V}{A}$

14 Welchen Widerstand hat ein Tauchsieder, durch den beim Anschluss an 230 V Spannung ein elektrischer Strom von 3 A fließt?

$$I = \frac{U}{R} \ \Rightarrow\ R = \frac{U}{I} = \frac{230\,\text{V}}{3\,\text{A}} = 76{,}7\,\Omega$$

15 Der Draht für eine Heizwicklung ist 6 m lang. Bei einer angelegten Spannung von 230 V fließt ein Strom von 2,9 A. Aus Festigkeitsgründen darf der Drahtdurchmesser nicht kleiner als 0,2 mm sein. Welchen spezifischen elektrischen Widerstand muss der Draht haben?

$$R = \frac{\varrho \cdot l}{A} \ \Rightarrow\ \varrho = \frac{R \cdot A}{l} = \frac{R \cdot \pi \cdot d^2}{l \cdot 4}$$

$$\text{mit}\ R = \frac{U}{I} = \frac{230\,\text{V}}{2{,}9\,\text{A}} = 79{,}3\,\Omega$$

$$\varrho = \frac{79{,}3\,\Omega \cdot \pi \cdot 0{,}2^2\,\text{mm}^2}{6\,\text{m} \cdot 4} = 0{,}415\ \frac{\Omega \cdot \text{mm}^2}{\text{m}}$$

16 Wie ist die technische Stromrichtung festgelegt?

Die technische Stromrichtung ist in einem Stromkreis vom Pluspol (+) zum Minuspol (–) festgelegt (Bild).

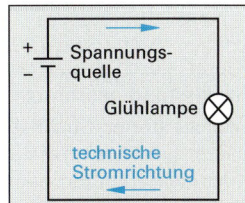

ZP **Ergänzende Fragen zur Schaltung von Widerständen**

17 Wie berechnet man Stromstärke, Spannung und Widerstand bei Reihenschaltungen (Bild)?

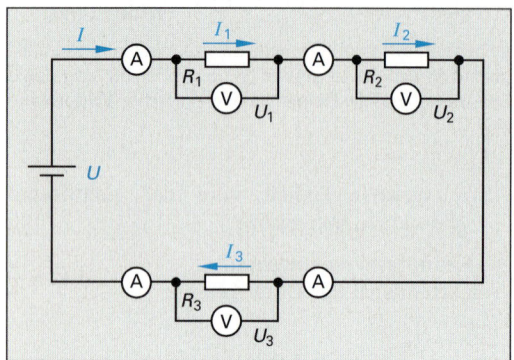

Strom: $I = I_1 = I_2 = I_3 = \ldots$
Spannung: $U = U_1 + U_2 + U_3 + \ldots$
Widerstand: $R = R_1 + R_2 + R_3 + \ldots$

18 Wie berechnet man Stromstärke, Spannung und Widerstand bei Parallelschaltungen (Bild)?

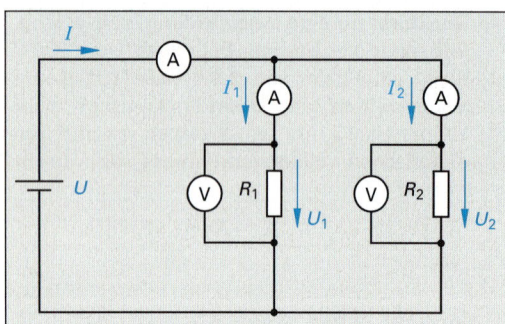

Strom: $I = I_1 + I_2 + I_3 + \ldots$

Spannung: $U = U_1 = U_2 = U_3 = \ldots$

Widerstand: $\dfrac{1}{R} = \dfrac{1}{R_1} + \dfrac{1}{R_2} + \dfrac{1}{R_3} + \ldots$

19 Wie kann man elektrische Geräte vor zu hohen Spannungen und zu hohen Stromstärken schützen?

Vor zu hohen Spannungen kann ein elektrisches Gerät durch einen parallel geschalteten Innenwiderstand geschützt werden.

Vor zu hoher Stromstärke wird ein elektrisches Gerät entweder mit einem in Reihe geschalteten Innenwiderstand oder mit einer Überstrom-Schutzeinrichtung (Sicherung) geschützt.

20 Ein Gerät mit einem Widerstand von $R = 20\ \Omega$ liegt an einer Spannung von 230 V an (Bild). Die elektrische Stromstärke, mit der es betrieben wird, soll stufenlos zwischen 2 A und 6 A einstellbar sein. Dazu wird ein Schiebewiderstand R_S in Reihe geschaltet. Welche Grenzwerte muss dieser Widerstand haben?

Die beiden Widerstände sind in Reihe geschaltet, so dass gilt:

$R_{ges} = R + R_S$

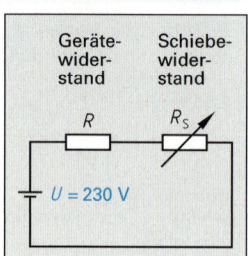

Der Strom beträgt im gesamten Stromkreis:

$I = \dfrac{U}{R_{ges}}$

Durch Umstellen erhält man den Gesamtwiderstand $R_{ges} = \dfrac{U}{I}$

Eingesetzt in die obige Gleichung $R + R_S = \dfrac{U}{I}$

erhält man durch Umstellen: $R_S = \dfrac{U}{I} - R$

Daraus berechnet man die Grenzwerte des Schiebewiderstands:

$R_{S1} = \dfrac{230\ V}{2\ A} - 20\ \Omega = 115\ \Omega - 20\ \Omega = \mathbf{95\ \Omega}$

$R_{S2} = \dfrac{230\ V}{6\ A} - 20\ \Omega = 38,3\ \Omega - 20\ \Omega = \mathbf{18,3\ \Omega}$

21 Wie kann die elektrische Leistung von Verbrauchern direkt und indirekt ermittelt werden?

Die **direkte Leistungsmessung** erfolgt mit einem Leistungsmessgerät (Bild). Hierbei wird die Spannung und die Stromstärke gemessen und daraus intern die Leistung berechnet und angezeigt.

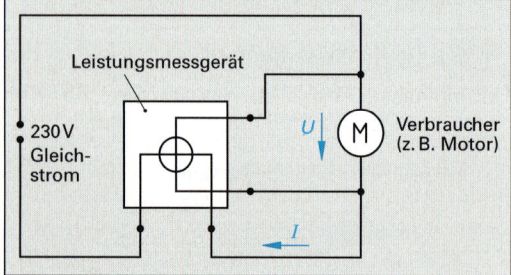

Indirekt ermittelt man die Leistung eines Verbrauchers in einem Stromkreis durch die Messung der Spannung und der Stromstärke und anschließender Berechnung mit $P = U \cdot I$.

Leiter, Isolatoren, Halbleiter, elektronische Bauteile

1 Welche Stoffe leiten den elektrischen Strom gut?

Gute elektrische Leiter sind Kupfer und Aluminium.

Kupfer und Aluminium werden als Leiterwerkstoffe verwendet. Auch die anderen Metalle, wie z.B. die Stähle oder Kohlenstoff leiten den Strom. Ihre Leitfähigkeit ist aber wesentlich geringer als die der Leiterwerkstoffe.

2 Nennen Sie einige Isolierwerkstoffe.

Isolierwerkstoffe sind: Kunststoffe, Gummi, Glas, Porzellan, Öl, Luft und andere Gase.

3 Woraus bestehen Halbleiterwerkstoffe?

Halbleiterwerkstoffe bestehen aus einem hochreinen Grundwerkstoff, z.B. aus Silicium (Si), dem genau dosierte, sehr geringe Gehalte an Antimon (Sb) oder Indium (In) beigemischt sind.

4 Wozu werden Halbleiterdioden hauptsächlich verwendet?

Halbleiterdioden werden eingesetzt:
- als Wechselstrom-Gleichrichter
- zur Verknüpfung und Entkoppelung elektrischer Signale

Dioden können als einzelnes Bauelement oder als Bestandteil integrierter Schaltungen (IC) eingesetzt werden.

5 Welche Aufgaben erfüllen Transistoren?

Transistoren wirken als elektronische Verstärker. Mit ihnen kann mit einem kleinen Steuerstrom ein z.B. 1000fach größerer Arbeitsstrom gesteuert werden.

6 Was sind integrierte Schaltkreise (IC)?

Ein integrierter Schaltkreis (kurz IC genannt) ist ein kleines Siliciumplättchen, auf dem eine Vielzahl von eingeprägten elektronischen Bauelementen mit Leitungen zu einer vollständigen elektronischen Funktionseinheit zusammengefasst sind.

Das Siliciumplättchen ist in ein Kunststoffgehäuse mit Anschlüssen eingeschweißt (Bild).

Auf einem IC können z.B. durch die Kombination von Dioden, Transistoren, Widerständen und Kondensatoren komplette Verstärkerschaltungen, Rechenwerke, Speicherbausteine usw. untergebracht sein.

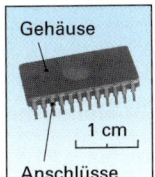

Gehäuse

1 cm

Anschlüsse

Magnetismus

1 Was versteht man unter Magnetismus und Elektromagnetismus?

Als Magnetismus bezeichnet man die Fähigkeit einiger Stoffe, andere Stoffe, wie z.B. Eisenwerkstoffe, Nickel, Cobalt und einige ihrer Legierungen, anzuziehen und festzuhalten.

Elektromagnetismus ist der durch den elektrischen Strom bewirkte Magnetismus.

2 Welche Kräfte wirken zwischen den Polen von zwei Stabmagneten?

Gleichartige Pole stoßen sich ab, ungleichartige Pole ziehen sich an.

3 Welche Richtung haben die Feldlinien um einen stromdurchflossenen Leiter?

Die magnetischen Feldlinien um einen stromdurchflossenen Leiter bilden konzentrische Ringe um den Leiter. In Blickrichtung der technischen Stromrichtung verlaufen die Feldlinien rechtsdrehend (Bild).

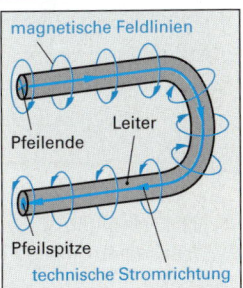

magnetische Feldlinien

Leiter

Pfeilende

Pfeilspitze

technische Stromrichtung

4 Wie ändert sich das Magnetfeld einer Spule, wenn ein Eisenkern eingebracht wird?

Das Magnetfeld verstärkt sich um ein Vielfaches. Ursache ist die Ausrichtung der Elementarmagnete im Weicheisenkern und die dadurch bedingte Verstärkung des Magnetfeldes der Spule.

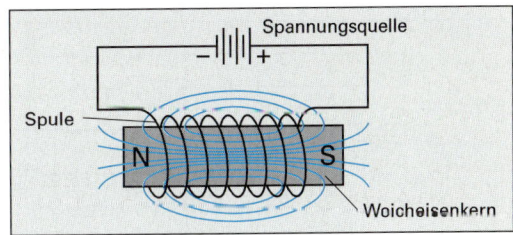

Spannungsquelle

Spule

N　　S

Weicheisenkern

5 Wo werden Elektromagnete eingesetzt?

Elektromagnete werden z.B. in Elektromotoren, in Hubmagneten, in Magnetspannplatten, in Schaltrelais und in Messgeräten eingesetzt.

ZP 7.3   Stromarten

1   Wozu werden die verschiedenen Stromarten eingesetzt?

- Gleichstrom wird z.B. zum Antrieb drehzahlgeregelter Elektromotoren und zum Galvanisieren verwendet.
- Wechselstrom benützt man zum Betrieb von Lichtquellen und elektrischen Kleingeräten.
- Mit Dreiphasen-Wechselstrom werden Maschinen und Apparate mit großem Energiebedarf angetrieben.
- Hochfrequenzstrom dient z.B. zum Betrieb von Induktionsspulen in Anlagen zum Randschichthärten.

2   Wie ist der zeitliche Verlauf der Spannung für Gleichstrom und Wechselstrom?

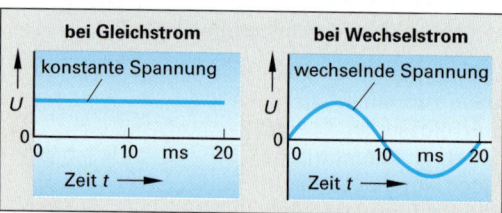

3   Wie sind die Verbraucher am Dreiphasen-Wechselstromnetz angeschlossen?

Leistungsstarke Verbraucher, wie z.B. große Elektromotoren, sind an den drei Phasen L1, L2, L3 des Stromnetzes angeschlossen (Bild).

Leistungsschwache Verbraucher, wie z.B. Lampen, kleine Elektrogeräte und Computer, sind an einer Phase des Stromnetzes angeschlossen, z.B. an L3.

Die Stromrückleitung erfolgt über den Neutralleiter N.

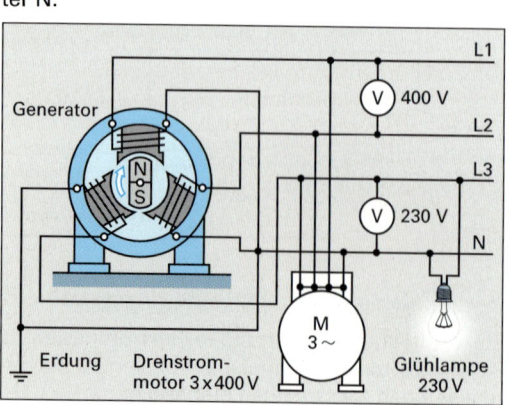

Generator

Erdung   Drehstrom-
motor 3 × 400 V

Glühlampe
230 V

7.4   Elektrische Leistung und Arbeit   **ZP**

1   Auf dem Leistungsschild eines elektrischen Gerätes für Einphasen-Wechselstrom stehen folgende Daten: $P = 60$ W, $\cos \varphi = 0{,}8$, $U = 230$ V.
Wie groß ist die Stromstärke, wenn das Gerät in Betrieb ist?

$$P = U \cdot I \cdot \cos \varphi \; \Rightarrow \; I = \frac{P}{U \cdot \cos \varphi}$$

$$I = \frac{60 \text{ W}}{230 \text{ V} \cdot 0{,}8} = 0{,}326 \text{ A}$$

2   Ein Drehstrommotor nimmt bei der Betriebsspannung $U = 400$ V einen elektrischen Strom von 3,5 A auf. Sein Leistungsfaktor ist $\cos \varphi = 0{,}83$.
Wie groß ist die elektrische Leistung des Motors?

$$P = \sqrt{3} \cdot U \cdot I \cdot \cos \varphi = \sqrt{3} \cdot 400 \text{ V} \cdot 3{,}5 \text{ A} \cdot 0{,}83$$
$$= 2013 \text{ W}$$

3   Ein Wechselstrommotor hat die Leistung $P = 1$ kW. Bei der Betriebsspannung $U = 230$ V beträgt die Stromstärke 5 A.
Wie groß ist der Leistungsfaktor des Motors?

$$P = U \cdot I \cdot \cos \varphi \; \Rightarrow \; \cos \varphi = \frac{P}{U \cdot I}$$

$$\cos \varphi = \frac{1000 \text{ W}}{230 \text{ V} \cdot 5 \text{ A}} = 0{,}87$$

4   Ein Drehstrommotor hat bei der Betriebsspannung $U = 400$ V die Leistung $P = 5{,}5$ kW. Sein Leistungsfaktor beträgt $\cos \varphi = 0{,}83$.
Wie groß ist die elektrische Stromstärke I, die der Motor aufnimmt?

$$P = \sqrt{3} \cdot U \cdot I \cdot \cos \varphi \; \Rightarrow \; I = \frac{P}{\sqrt{3} \cdot U \cdot \cos \varphi}$$

$$I = \frac{5\,500 \text{ W}}{\sqrt{3} \cdot 400 \text{ V} \cdot 0{,}83} = 9{,}56 \text{ A}$$

5   Ein elektrisch betriebener Härteofen mit der Anschlussleistung 25 kW und rein Ohmschem Widerstand ist an 5 Tagen der Woche jeweils 9 Stunden in Betrieb. Was kostet diese elektrische Energie, wenn die Kilowattstunde mit 0,11 € berechnet wird?

Kosten $= P \cdot t \cdot$ Tarif $= 25 \text{ kW} \cdot 5 \cdot 9 \text{ h} \cdot 0{,}11$ €/kWh
$$= 123{,}75 \text{ €}$$

6   Welche Daten können aus dem Leistungsschild des Motors (Bild) abgelesen werden?

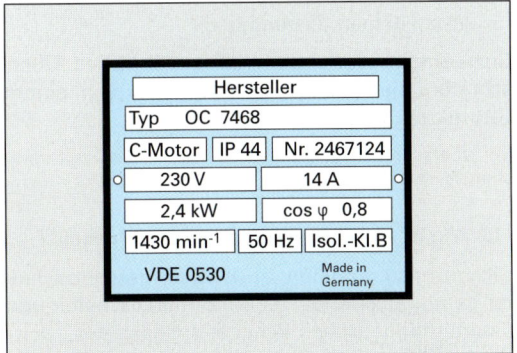

Hersteller		
Typ OC 7468		
C-Motor	IP 44	Nr. 2467124
230 V		14 A
2,4 kW		cos φ 0,8
1430 min⁻¹	50 Hz	Isol.-Kl.B
VDE 0530		Made in Germany

Betriebsspannung: 230 V, Nennstrom: 14 A,
Nennleistung: 2,4 kW,
Leistungsfaktor: $\cos \varphi = 0,8$

ZP Erzeugung elektrischer Energie

1   Welches sind die wichtigsten Geräte bzw. Anlagen zur Erzeugung elektrischer Energie?

Wichtige Erzeuger elektrischer Energie sind:
- Generatoren in Kraftwerken
- Fotovoltaik-Anlagen auf Gebäudedächern
- Trockenbatterien (Zellen) oder Akkumulatoren.

2   Erklären Sie das Prinzip der Drehstromerzeugung in einem Generator.

Bei einem Drehstromgenerator sind um einen Rotor mit Wicklungen im Winkel von 120° drei Ständer-Induktionsspulen angeordnet (Bild).

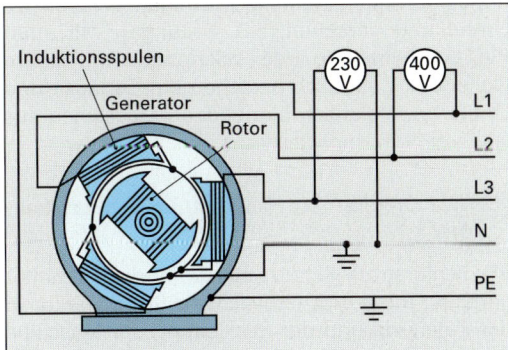

Dreht sich der Rotor, so wird in den drei Induktionsspulen jeweils eine Wechselspannung induziert, die in das Stromnetz eingespeist werden.

7.5 Überstrom-Schutzeinrichtungen

7.6 Fehler an elektrischen Anlagen und Schutzmaßnahmen

Fragen aus Fachkunde Metall, Seite 538

1   Wie können Unfälle durch elektrischen Strom entstehen?

Unfälle durch elektrischen Strom entstehen meist durch technische Mängel an elektrischen Geräten und Anlagen, aber auch durch Unachtsamkeit beim Umgang mit elektrischen Einrichtungen.

2   Welche Wirkungen hat der elektrische Strom auf den menschlichen Körper?

Durch den menschlichen Körper fließender elektrischer Strom hat gesundheitsschädliche Wirkungen:
- Er lähmt die Muskulatur (Nichtloslassenkönnen).
- Er setzt körpereigene Steuerungsvorgänge außer Kraft, wie z.B. die Steuerung des Herzschlags.
- Er führt an den Stromeintritts- und Stromaustrittsstellen zu Verbrennungen.

3   Wie entstehen Kurzschluss, Erdschluss, Leiterschluss und Körperschluss?

Kurzschluss: Zwei unter Spannung stehende elektrische Leiter berühren sich (Bild).
Erdschluss: Ein spannungsführender Leiter hat Kontakt mit der Erde oder geerdeten Geräteteilen.
Leiterschluss: Es liegt, z.B. in einem Schalter, eine schadhafte Isolierung und damit eine Überbrückung vor. Der Schalter kann nicht abgeschaltet werden.
Körperschluss: Maschinenteile (z.B. Gehäuse) haben durch Isolationsfehler elektrischen Kontakt zu einem spannungsführenden Leiter und führen damit eine nicht zulässige Spannung.

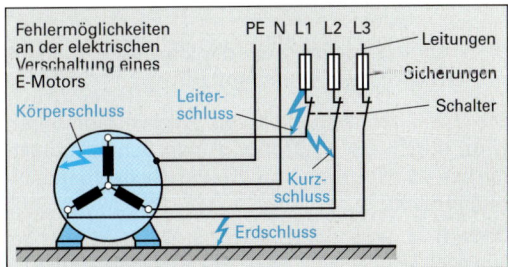

4 Wie erfolgt beim Körperschluss im TN-Netz der Schutz des Menschen?

Beim TN-Netz sind die Gehäuse der angeschlossenen Geräte über den Geräteschutzleiter (Farbe grüngelb) und den PE-Netzleiter geerdet. Kommt es im Falle eines Defektes im Gerät zu einem spannungsführenden Gehäuse (Körperschluss), so wird der Strom über den Geräteschutzleiter und den PE-Netzleiter zur Erde abgeleitet. Hat ein Mensch gleichzeitig mit dem spannungsführenden Gehäuse Kontakt, so fließt nur ein kleiner ungefährlicher Strom durch den menschlichen Körper.

5 Für welche Anlagen sind Schutzmaßnahmen gegen zu hohe Berührungsspannung vorgeschrieben?

Für alle Anlagen mit Betriebsspannungen über 50 V Wechselspannung bzw. 120 V Gleichspannung sind Schutzmaßnahmen vorgeschrieben.

6 Warum dürfen elektrische Leitungen nicht geflickt werden?

Behelfsmäßig geflickte Leitungen sind häufig die Ursache von Unfällen und Bränden.

Nicht sachgemäße Isolation an der Flickstelle führt zu Körperschluss und damit beim Anfassen zu einem gefährlichen Stromschlag.

Die Überbrückung einer unterbrochenen Leitung durch Verdrillen der Leiter kann wegen zu geringer Kontaktfläche zu Funken und Überhitzung an der Flickstelle führen. Dadurch können Brände und Explosionen verursacht werden.

7 Woran erkennt man Elektrogeräte der Schutzklasse I?

Elektrogeräte der Schutzklasse I erkennt man am entsprechenden Kennzeichen (Bild).

Sie haben als Schutzmaßnahme einen geerdeten Schutzleiter.

8 Wodurch erreicht man die Unverwechselbarkeit von Steckverbindungen?

Die Unverwechselbarkeit von Steckverbindungen wird durch die Anordnung der Schutzkontaktbuchse zur Führungsnut (Unverwechselbarkeitsnut) erreicht.

Dadurch ist gewährleistet, dass nur die zueinander gehörenden Leitungen miteinander verbunden werden.

Ergänzende Fragen zu elektrischen Schutzeinrichtungen und Schutzmaßnahmen

9 Wozu dienen Sicherungen?

Sicherungen verhindern ein gefährliches Überschreiten der zulässigen Stromstärke in einem Stromkreis.

Bei Überschreiten der zulässigen Stromstärke unterbrechen sie den Stromkreis.

10 Wie ist ein Sicherungsautomat aufgebaut?

Sicherungsautomaten, auch Leitungsschutzschalter genannt, sind mit einem Bimetallschalter und einem magnetischen Schalter ausgestattet. Der Bimetallschalter schaltet bei langandauernder mittlerer Überlastung ab. Der magnetische Schalter unterbricht den Stromkreis sofort bei stark erhöhten Stromwerten, z.B. bei einem Kurzschluss.

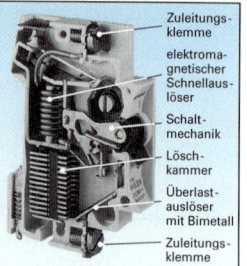

Zuleitungsklemme
elektromagnetischer Schnellauslöser
Schaltmechanik
Löschkammer
Überlastauslöser mit Bimetall
Zuleitungsklemme

11 Welche Aufgaben erfüllt ein Motorschutzschalter?

Ein Motorschutzschalter schaltet bei unzulässig großen Stromstärken die Stromzufuhr ab. Dadurch wird der Elektromotor vor Zerstörung geschützt.

Motorschutzschalter haben prinzipiell den gleichen Aufbau wie Sicherungsautomaten.

12 Was versteht man unter Schutzisolierung?

Bei einer schutzisolierten Maschine sind alle spannungsführenden Bauteile mit einer isolierenden Umhüllung versehen, z.B. Leitungen mit einer PVC-Ummantelung oder Wicklungen mit einem Isolierlack. Zusätzlich bestehen die Gehäuse und Griffe von elektrisch betriebenen Maschinen aus isolierendem Kunststoff.

13 Wie arbeitet ein Fehlerstrom-Schutzschalter?

Ein Fehlerstrom-Schutzschalter (auch FI-Schalter genannt) misst und vergleicht die Stromstärken in der Zuleitung und der Rückleitung der Maschine oder des abzusichernden Bereichs. Sind die beiden Ströme nicht gleich groß (z.B. aufgrund eines Körperschlusses), so schaltet der FI-Schalter die Stromzufuhr sofort ab.

Testfragen zur Elektrotechnik

TE 1 Von welchen Größen hängt der elektrische Widerstand eines metallischen Leiters ab?

a) Querschnitt, Länge, Leiterwerkstoff, Temperatur

b) Masse, Länge, spezifischer Widerstand

c) Spannung, Querschnitt, Länge und Temperatur

d) Stromstärke, Querschnitt, spezifischer Widerstand

e) Länge, Querschnitt, Temperatur

TE 2 Welches der genannten Geräte beruht auf der magnetischen Wirkung des Stromes?

a) Bimetallthermostat

b) Heizspirale

c) Akkumulator

d) Galvanobad

e) Drehstrommotor

TE 3 Bei welchem Vorgang wird die chemische Wirkung des Stromes genutzt?

a) Anodisches Oxidieren (Eloxieren)

b) Induktionshärten

c) Beheizen eines Salzbadofens

d) Betrieb einer Leuchtstofflampe

e) Temperaturmessung mit Widerstandsthermometer

TE 4 Welches der folgenden Zeichen ist das Sinnbild für Drehstrom?

a) $3\sim$ b) $\approx$ c) $\sim$ d) $-$ e) $\approx$

TE 5 Welches Schaltbild zeigt eine reine Reihenschaltung von Widerständen?

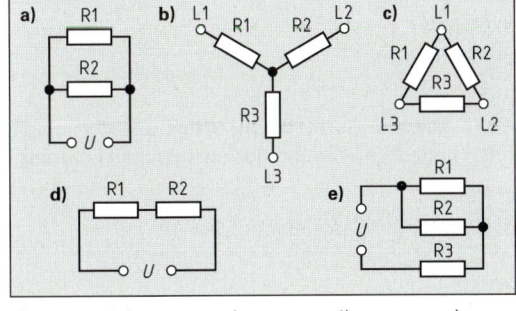

a)   b)   c)   d)   e)

TE 6 Welches Schaltbild in Aufgabe TE 5 zeigt eine reine Parallelschaltung von Widerständen?

a)   b)   c)   d)   e)

TE 7 Welche Stromart wird überwiegend beim Galvanisieren eingesetzt?

a) Wechselstrom

b) Gleichstrom

c) Drehstrom

d) Hochfrequenzstrom

e) Wirbelstrom

TE 8 Durch Umlegen des Schalters S in die Position 2 wird der Widerstand R_2 in den Stromkreis eingeschaltet (Bild).

Mit welcher Gleichung berechnet man den Gesamtwiderstand der Schaltung?

a) $R = \dfrac{1}{R_1} + \dfrac{1}{R_2}$

b) $R = R_1 + R_2$

c) $R = R_1 + \dfrac{1}{R_2}$

d) $R = \dfrac{1}{R_1} + R_2$

e) $R = R_1 = R_2$

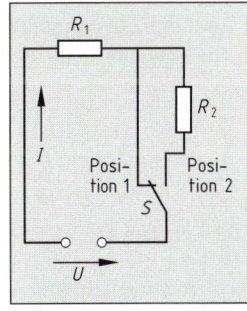

TE 9 Welche Folgen hat es, wenn in der skizzierten Schaltung der Widerstand R1 durchbrennt?

a) Die Gesamtspannung U nimmt zu

b) Die Gesamtspannung U nimmt ab

c) Die Gesamtstromstärke I nimmt zu

d) Die Gesamtstromstärke I nimmt ab

e) Es verändert sich nichts

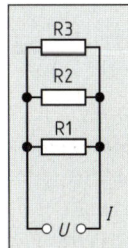

TE 10 Aus dem Leistungsschild eines Wechselstrommotors (Bild) können die Betriebsdaten entnommen werden.
Wie groß ist die Nennleistung des Motors?

a) 3,188 kW

b) 4,518 kW

c) 11,709 kW

d) 16,595 kW

e) 6,027 kW

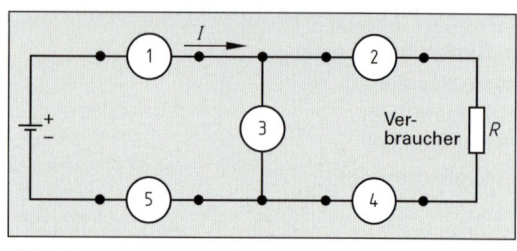

Hersteller		
Typ　OC 7468		
C-Motor	IP 44	Nr. 2467124
230 V		16,5 A
		cos φ 0,8
1430 min⁻¹	50 Hz	Isol.-Kl.B
VDE 0530		Made in Germany

TE 11 Wie kann man die elektrische Leistung eines Gleichstromverbrauchers berechnen?

a) Durch Messung der Spannung und Stromstärke und Berechnung mit $P = \dfrac{U}{I}$

b) Durch Messung der Spannung und Stromstärke und Berechnung mit $P = \dfrac{I}{U}$

c) Durch Messen der Spannung und Stromstärke und Berechnung mit $P = U \cdot I$

d) Durch Messung der Stromstärke und des Leistungsfaktors cos φ und Berechnung mit $P = \dfrac{U \cdot I}{\cos \varphi}$

e) Durch Messung der Stromstärke und des elektrischen Widerstands und Berechnung mit $P = R \cdot I$

TE 12 Welche Größen müssen bekannt sein, um die elektrische Arbeit eines Heizofens berechnen zu können?

a) Spannung und Strom
b) Spannung und Leistung
c) Leistung und Einschaltdauer
d) Spannung und Widerstand
e) Strom und Einschaltdauer

TE 13 In welcher Einheit wird die elektrische Arbeit von einem Zähler gemessen?

a) kW
b) N · m
c) V · A
d) k Ω
e) kWh

TE 14 Wo müssen Motorschutzschalter eingebaut werden?

a) Direkt vor dem Motor
b) Direkt hinter dem Motor
c) Am Anfang der Motorzuleitung
d) Im Motorgehäuse
e) In die Motorwicklung

TE 15 Wo muss ein Spannungsmessgerät zur Messung des Spannungsabfalls am Verbraucher in der gezeigten Schaltung angeschlossen werden?

a) bei 1　　　　b) bei 2　　　　c) bei 3
d) bei 4　　　　e) bei 5

TE 16 Mit welchem Messgerät können die Spannung und die Stromstärke gemessen werden?

a) Voltmeter
b) Amperemeter
c) Ohmmeter
d) Kilowattzähler
e) Vielfachmessgerät

TE 17 Welcher der genannten Werkstoffe ist *nicht* magnetisierbar?

a) Unlegierter Stahl
b) Grauguss
c) Nickel
d) Cobalt
e) Aluminium

TE 18 Welches Gerät beruht *nicht* auf der magnetischen Wirkung des elektrischen Stroms?

a) Relais
b) Hauptspindelantriebsmotor
c) Tauchsieder
d) Generator
e) Fahrraddynamo

Teil II   Aufgaben zur technischen Mathematik

1   Grundlagen der technischen Mathematik

ZP 1.1   Dreisatz, Prozent- und Zinsrechnung

1 Ein Zerspaungsmechaniker benötigt für die Fertigung eines Werkstücks 4,5 Minuten. Wieviele Werkstücke fertigt er in 6 Arbeitsstunden?

Lösung:
4,5 min für 1 Werkstück
360 min für n Werkstücke

$$n = \frac{1 \text{ Werkstück} \cdot 360 \text{ min}}{4,5 \text{ min}} = \textbf{80 Werkstücke}$$

2 Auf einem Bearbeitungszentrum werden pro Stunde 8 Meißelhalter mit einem Gewicht von insgesamt 20 kg gefertigt. Welches Gewicht befindet sich auf einer Palette mit 56 Meißelhaltern?

Lösung:
8 Meißelhalter wiegen 20 kg

56 Meißelhalter wiegen $m = \dfrac{56 \cdot 20 \text{ kg}}{8} = \textbf{140 kg}$

3 Der Werkstoffverbrauch für drei Drehautomaten eines Betriebes beträgt pro Woche 7,5 Tonnen. Wie groß ist der Werkstoffverbrauch in 4 Wochen, wenn die Anzahl der Drehautomaten auf 5 erhöht wurde?

Lösung:
3 Drehautomaten benötigen pro Woche $m = 7,5$ t
5 Drehautomaten benötigen in 4 Wochen

$$m = \frac{7,5 \text{ t} \cdot 5 \cdot 4}{3} = \textbf{50 t}$$

4 Die Fertigungszeit für ein Frästeil beträgt 2 min 30 s. Wieviele Teile werden pro Stunde gefertigt?

Hinweis: 1 min = 60 s; 1 h = 60 min = 3600 s
Lösung:
2 min 30 s = 2 · 60 s + 30 s = 150 s
In 150 s wird $n = 1$ Frästeil gefertigt
In 3600 s werden gefertig:

$$n = \frac{1 \text{ Frästeil} \cdot 3600 \text{ s}}{150 \text{ s}} = \textbf{24 Frästeile}$$

5 Beim Zuschneiden von Blechteilen ergab sich ein Verschnitt von 8,5 %. Wie viel wiegt der Verschnitt, wenn insgesamt 176 kg Blech verarbeitet wurden?

Gegeben: Grundwert = 176 kg
Prozentsatz = 8,5 %

Gesucht: Prozentwert

Lösung:
$$\text{Prozentwert} = \frac{\text{Grundwert} \cdot \text{Prozentsatz}}{100 \text{ \%}} \Rightarrow$$

$$\textbf{Prozentwert} = \frac{176 \text{ kg} \cdot 8,5 \text{ \%}}{100 \text{ \%}} = \textbf{14,96 kg}$$

6 Von 625 Drehteilen wurden durch die Kontrolle 15 Stück an den Zerspanungsmechaniker zur Nacharbeit zurückgegeben. Wie viel % waren das?

Gegeben: Grundwert = 625 Stück
Prozentwert = 15 Stück

Gesucht: Prozentsatz

Lösung:
$$\text{Prozentwert} = \frac{\text{Grundwert} \cdot \text{Prozentsatz}}{100 \text{ \%}} \Rightarrow$$

$$\textbf{Prozentsatz} = \frac{100 \text{ \%} \cdot \text{Prozentwert}}{\text{Grundwert}}$$

$$= \frac{100 \text{ \%} \cdot 15}{625} = \textbf{2,4\%}$$

7 Ein metallverarbeitender Betrieb schafft eine Abkantmaschine zum Preis von 48 000,00 € an. 80 % des Preises finanziert der Betrieb über einen Kredit zu einem Zinssatz von 7,3 %.

a) Wie hoch ist die Kreditsumme?

b) Wie hoch ist die monatliche Zinszahlung?

c) Wie hoch ist die monatliche Tilgungszahlung für den Kredit, wenn eine Laufzeit des Kredits von 5 Jahren vereinbart wurde?

Lösung:
a) **Kreditsumme** = 48 000 € · 80% = **38 400 €**

b) **Monatlicher Zinsbetrag** $= \dfrac{38 \ 400 \ € \cdot 7,3\%}{12} = \textbf{233,60 €}$

c) **Monatliche Tilgung** $= \dfrac{38 \ 400 \ €}{5 \cdot 12} = \textbf{640,00 €}$

ZP 1.2   Umstellen von Gleichungen

1   Stellen Sie die Gleichungen um:

a) $R = \dfrac{\varrho \cdot l}{A}$

   Gesucht ist ϱ

   Lösung:

   $\varrho = \dfrac{R \cdot A}{l}$

c) $W_K = \dfrac{1}{2}\, m \cdot v^2$

   Gesucht ist v

   Lösung:

   $v^2 = \dfrac{2 \cdot W_K}{m} \;\Rightarrow\; v = \sqrt{\dfrac{2 \cdot W_K}{m}}$

b) $U = I \cdot R$

   Gesucht ist I

   Lösung:

   $I = \dfrac{U}{R}$

2   Physikalisch-technische Berechnungen

ZP 2.1   Umrechnung von Größen

1   Rechnen Sie in Meter (m) um:
   6,8 mm;   5 μm;   0,24 cm.

Hinweis: 1 mm = 0,001 m; 1 μm = 0,000 001 m
6,8 mm = 6,8 · 0,001 m = **0,0068 m**
5 μm   = 5 · 0,000 001 m = **0,000 005 m**
0,24 cm = 0,24 · 0,01 m = **0,0024 m**

2   Wie viel Millimeter sind ³/₄ inch?

Hinweis: 1 inch = 25,4 mm
³/₄ inch = ³/₄ · 25,4 mm = **19,05 mm**

3   Rechnen Sie in cm³ um: 0,25 m³; 2360 mm³.

Hinweis: 1 m³ = 1 000 000 cm³;
          1 mm³ = 0,001 cm³.
0,25 m³ = 0,25 · 1 000 000 cm³ = **250 000 cm³**
2360 mm³ = 2360 · 0,001 cm³ = **2,36 cm³**

4   Wie viel Gramm sind 2,5 kg und wie viel Kilogramm sind 3,42 t?

Hinweis: 1 kg = 1000 g;   1 t = 1000 kg
2,5 kg = 2,5 · 1000 g = **2500 g**
3,42 t = 3,42 · 1000 kg = **3420 kg**

5   Wie groß ist die Summe der Winkel 20° 45′ 30″ und 45° 30′ 45″?

$$\begin{array}{r} 20°\ 45′\ 30″ \\ +\ 45°\ 30′\ 45″ \\ \hline 65°\ 75′\ 75″ = 65°\ 76′\ 15″ = \mathbf{66°\ 16′\ 15″} \end{array}$$

6   Von 90° sind 36° 40′ 30″ abzuziehen.

$$\begin{array}{r} 90° = 89°\ 59′\ 60″ \\ -\ 36°\ 40′\ 30″ \\ \hline \mathbf{53°\ 19′\ 30″} \end{array}$$

7   Wie viel Winkelminuten (′) und Winkelsekunden (″) sind 0,18°?

0,18° = 0,18 · 60′ = 10,8′ = 10′ + 0,8′
0,8′ = 0,8 · 60″ = 48″
0,18° = 10′ 48″

8   Wie viel Grad, in einer Dezimalzahl ausgedrückt, sind 12° 36′ 54″?

$36′ = 36′ \cdot \dfrac{1°}{60′} = 0,6°$

$54″ = 54″ \cdot \dfrac{1°}{3600″} = 0,015°$

12°36′54″ = 12,000° + 0,600° + 0,015° = 12,615°

2.2 Längen und Flächen   ZP

1   Eine Grundplatte mit den Abmessungen 840 x 620 x 65 mm soll im Maßstab 1 : 5 gezeichnet werden. Wie groß sind die einzelnen Maße zu zeichnen?

Hinweis: Maßstab 1 : 5 bedeutet, dass 1 mm in der Zeichnung 5 mm am Werkstück entspricht.
840 mm : 5 = **168 mm**
620 mm : 5 = **124 mm**
 65 mm : 5 = **13 mm**

2   Wie groß sind Flächeninhalt A und Umfang U eines Quadrats, dessen Seitenlänge *l* = 36 mm beträgt?

Gegeben: $l = 36$ mm
Gesucht: A und U
Lösung: $A = l^2$
              $A = (36\text{ mm})^2$
                $= \mathbf{1296\ mm^2}$
              $U = 4 \cdot l$
              $U = 4 \cdot 36\text{ mm} = \mathbf{144\ mm}$

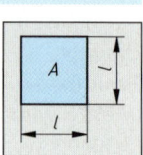

3 Der Flächeninhalt A eines Quadrats beträgt 9082,09 cm². Wie groß ist seine Seitenlänge l in mm?

Gegeben: $A = 9082{,}09 \text{ cm}^2 = 908\,209 \text{ mm}^2$
Gesucht: l

Lösung: $A = l^2 \Rightarrow l = \sqrt{A}$

$l = \sqrt{908209 \text{ mm}^2} = \mathbf{953 \text{ mm}}$

---

4 An einem Rundstab von 34 mm Durchmesser soll ein scharfkantiger Vierkant angefräst werden. Wie groß wird dessen Schlüsselweite s?

Gegeben: $e_1 = 34 \text{ mm}$
Gesucht: s

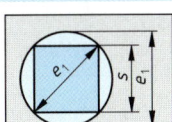

Lösung: $e_1^2 = s^2 + s^2 = 2s^2 \Rightarrow$

$s^2 = \dfrac{e_1^2}{2} \Rightarrow s = \sqrt{\dfrac{e_1^2}{2}} = \dfrac{e_1}{\sqrt{2}}$

$s \approx \dfrac{34 \text{ mm}}{1{,}4142} \approx \mathbf{24{,}04 \text{ mm}}$

---

5 Auf welchen Durchmesser muss ein Ansatz gedreht werden, wenn an ihn ein Sechskant mit einer Schlüsselweite von 32 mm angefräst werden soll?

Gegeben: $s = 32 \text{ mm}$
Gesucht: e_2

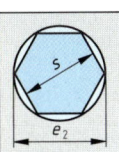

Lösung: $e_2 = 1{,}155 \cdot s$
$e_2 = 1{,}155 \cdot 32 \text{ mm} = \mathbf{36{,}96 \text{ mm}}$

---

6 Wie groß sind Durchmesser und Umfang eines Kreises, dessen Flächeninhalt 2355 mm² ist?

Gegeben: $A = 2355 \text{ mm}^2$
Gesucht: d und U

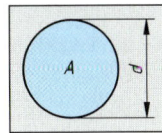

Lösung:

$A = \dfrac{\pi \cdot d^2}{4} \Rightarrow d^2 = \dfrac{4 \cdot A}{\pi} \Rightarrow d = \sqrt{\dfrac{4 \cdot A}{\pi}}$

$d = \sqrt{\dfrac{4 \cdot 2355 \text{ mm}^2}{\pi}} \approx \sqrt{2998{,}48} \approx \mathbf{54{,}76 \text{ mm}}$

$U = \pi \cdot d$
$= \pi \cdot 54{,}76 \text{ mm} \approx \mathbf{172{,}03 \text{ mm}}$

---

7 Eine Stahltür erhält eine Diagonalverstrebung. Wie lang muss diese sein, wenn die Tür die Maße $l = 1{,}10$ m und $b = 2{,}10$ m hat?

Gegeben: $l = 1{,}10 \text{ m};$
$ b = 2{,}10 \text{ m}$
Gesucht: e

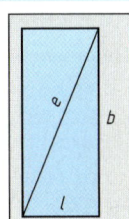

Lösung: $e^2 = l^2 + b^2$

$\Rightarrow e = \sqrt{l^2 + b^2}$

$e = \sqrt{(1100 \text{ mm})^2 + (2100 \text{ mm})^2}$

$= \sqrt{5\,620\,000 \text{ mm}^2} \approx \mathbf{2371 \text{ mm}}$

---

8 In einem rechtwinkligen Dreieck ist die Kathete $a = 27$ mm und die Hypotenuse $c = 45$ mm lang. Die Kathete b und die Winkel α und β sind zu berechnen.

Gegeben: $a = 27 \text{ mm}$
$ c = 45 \text{ mm}$
Gesucht: b, α und β

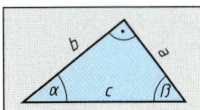

Lösung: $c^2 = a^2 + b^2 \Rightarrow b^2 = c^2 - b^2$

$b = \sqrt{c^2 - a^2} = \sqrt{(45 \text{ mm})^2 - (27 \text{ mm})^2}$

$= \sqrt{2025 \text{ mm}^2 - 729 \text{ mm}^2} = \mathbf{36 \text{ mm}}$

$\sin \alpha = \dfrac{a}{c} = \dfrac{27 \text{ mm}}{45 \text{ mm}} = 0{,}6$

$\alpha = 36{,}869898° = \mathbf{36° \, 52' \, 11''}$

$\cos \beta = \dfrac{a}{c} = \dfrac{27 \text{ mm}}{45 \text{ mm}} = 0{,}6$

$\beta = 53{,}130102° = \mathbf{53° \, 7' \, 48''}$

---

9 Ein Dreieck hat bei einem Flächeninhalt von 17,94 cm² eine Grundlinie von 78 mm. Wie groß ist seine Höhe?

Gegeben: $A = 17{,}94 \text{ cm}^2 = 1794 \text{ mm}^2;$
$ l = 78 \text{ mm}$
Gesucht: b

Lösung: $A = \dfrac{l \cdot b}{2} \Rightarrow b = \dfrac{2 \cdot A}{l}$

$b = \dfrac{2 \cdot 1794 \text{ mm}^2}{78 \text{ mm}} = \mathbf{46 \text{ mm}}$

10 Ein Trapez hat einen Flächeninhalt von 780 mm² und eine Breite von 26 mm. Wie lang ist die zweite seiner parallelen Seiten l_2, wenn die Länge der ersten $l_1 = 37$ mm beträgt?

Gegeben: $A = 780$ mm²
$ b = 26$ mm
$ l_1 = 37$ mm

Gesucht: l_2

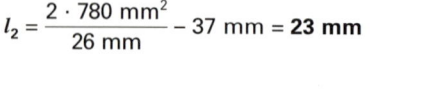

Lösung: $A = \dfrac{l_1 + l_2}{2} \cdot b$

$\Rightarrow \; l_2 = \dfrac{2 \cdot A}{b} - l_1$

$l_2 = \dfrac{2 \cdot 780 \text{ mm}^2}{26 \text{ mm}} - 37 \text{ mm} = \textbf{23 mm}$

11 Wie groß ist bei nebenstehender Dreharbeit der Spanungsquerschnitt?

Gegeben: d_1, d_2, f
Gesucht: A

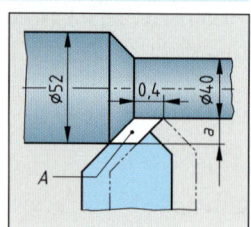

Lösung: $A = f \cdot a$

$a = \dfrac{d_1 - d_2}{2}$

$= \dfrac{52 \text{ mm} - 40 \text{ mm}}{2} = \textbf{6 mm}$

$A = 0{,}4 \text{ mm} \cdot 6 \text{ mm} = \textbf{2,4 mm}^2$

ZP **2.3 Körpervolumen, Dichte, Masse**

1 Es soll ein Werkstück mit der Masse 2 kg aus einem Messingvierkantstab mit der Seitenlänge 40 mm hergestellt werden.
Wie lang muss das Vierkantstück sein?
(Dichte des Messings $\varrho = 8{,}5$ g/cm³)

Gegeben: $a = 40$ mm;
$ m = 2 \text{ kg} = 2000$ g
$ \varrho = 8{,}5$ g/cm³

Lösung: $m = \varrho \cdot V \Rightarrow V = \dfrac{m}{\varrho}$

$V = \dfrac{2000 \text{ g} \cdot \text{cm}^3}{8{,}5 \text{ g}} = 235{,}3 \text{ cm}^3$

$V = a^2 \cdot l \;\Rightarrow\; l = \dfrac{V}{a^2} = \dfrac{235{,}3 \text{ cm}^3}{(4 \text{ cm})^2} = \textbf{14,7 cm}$

2 Ein zylindrisches Gegengewicht aus Blei soll 5 cm lang und dabei 1,8 kg schwer sein. Welchen Durchmesser muss es erhalten, wenn die Dichte des Werkstoffs 11,34 g/cm³ beträgt?

Gegeben:
$m = 1{,}8 \text{ kg}; l = 5 \text{ cm};$
$\varrho = 11{,}34$ g/cm³

Lösung:

$m = \varrho \cdot V; \quad V = \dfrac{\pi \cdot d^2}{4} \cdot l$

$m = \dfrac{\varrho \cdot \pi \cdot d^2}{4} \cdot l \;\Rightarrow$

$d = \sqrt{\dfrac{4 \cdot m}{\pi \cdot \varrho \cdot l}}$

$= \sqrt{\dfrac{4 \cdot 1800 \text{ g}}{\pi \cdot 11{,}34 \text{ g/cm}^3 \cdot 5 \text{ cm}}} \approx \textbf{6,36 cm}$

3 Wie groß ist die Masse eines Rohres aus Gusseisen, wenn seine Länge 3,5 m, sein Außendurchmesser 80 mm und seine Wanddicke 15 mm beträgt? ($\varrho = 7{,}2$ g/cm³)

Gegeben: $D = 80$ mm;
$ s = 15$ mm;
$ l = 350$ cm;
$ \varrho = 7{,}2$ g/cm³

Lösung:
$d = D - 2s = 80 \text{ mm} - 2 \cdot 15 \text{ mm} = 50 \text{ mm}$

$m = \varrho \cdot V = \varrho \cdot \dfrac{\pi \cdot l}{4} \cdot (D^2 - d^2)$

$m = 7{,}2 \; \dfrac{\text{g}}{\text{cm}^3} \cdot \dfrac{\pi \cdot 350 \text{ cm}}{4} \cdot [(8 \text{ cm})^2 - (5 \text{ cm})^2]$

$\approx 77\,188{,}93 \text{ g} \approx \textbf{77,19 kg}$

4 Ein kegelförmiger Messbecher soll ¹/₂ l Wasser fassen. Wie tief muss er sein, wenn seine obere Weite 120 mm beträgt?

Gegeben: $V = 500$ cm³;
$ d = 120$ mm

Gesucht: h

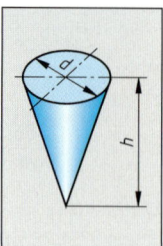

Lösung:

$V = \dfrac{\pi \cdot d^2}{4} \cdot \dfrac{h}{3} \;\Rightarrow\; h = \dfrac{12 \cdot V}{\pi \cdot d^2}$

$h = \dfrac{12 \cdot 500 \text{ cm}^3}{\pi \cdot (12 \text{ cm})^2} \approx \textbf{13,26 cm}$

5 Eine Rolle Stahldraht wiegt 1,85 kg. Wie viel Meter Draht sind auf der Rolle, wenn der Drahtdurchmesser 2 mm und seine Dichte 7,85 g/cm³ beträgt?

Gegeben: $m = 1850$ g; $d = 2$ mm $= 0,2$ cm

$\varrho = 7,85$ g/cm³

Gesucht: l

Lösung: $m = \varrho \cdot V;$ $V = \dfrac{\pi \cdot d^2}{4} \cdot l$

einsetzen und umstellen:

$m = \varrho \cdot \dfrac{\pi \cdot d^2}{4} \cdot l \implies l = \dfrac{4 \cdot m}{\pi \cdot \varrho \cdot d^2}$

$l = \dfrac{4 \cdot 1850 \text{ g}}{\pi \cdot 7,85 \text{ g/cm}^3 \cdot (0,2 \text{ cm})^2} \approx 7501,57$ cm

$l \approx \mathbf{75}$ **m**

6 Ein Gehäuse aus Gusseisen mit einer Dichte von $\varrho_G = 7,25$ g/cm³ hat eine Masse von 21,75 kg. Was würde dasselbe Gehäuse aus einer Leichtmetall-Legierung mit einer Dichte von $\varrho_L = 2,65$ g/cm³ wiegen und wie viel % würde die Gewichtsersparnis betragen?

Gegeben: $m_G = 21,75$ kg; $\varrho_G = 7,25$ g/cm³

$\varrho_L = 2,65$ g/cm³

Gesucht: m_L und Gewichtsersparnis in %

Lösung: $m_G = \varrho_G \cdot V \implies V = \dfrac{m_G}{\varrho_G}$

$m_L = \varrho_L \cdot V$

einsetzen: $m_L = \varrho_L \cdot \dfrac{m_G}{\varrho_G}$

$m_L = 2,65 \text{ g/cm}^3 \cdot \dfrac{21750 \text{ g}}{7,25 \text{ g/cm}^3} = 7950$ g $= \mathbf{7,95}$ **kg**

Gewichtsersparnis $= 21,75$ kg $- 7,95$ kg $= \mathbf{13,8}$ **kg** (in kg)

Gewichtsersparnis $= \dfrac{13,8 \text{ kg} \cdot 100 \text{ \%}}{21,75 \text{ kg}} = \mathbf{63,45 \text{ \%}}$ (in %)

7 Ein Wälzlager hat 18 Kugeln mit einem Durchmesser von 8 mm. Ihre Dichte beträgt 7,85 kg/dm³. Wie groß ist ihre Masse?

Gegeben: $d = 8$ mm; Anzahl $= 18$;

$\varrho = 7,85$ kg/dm³ $= 7,85$ g/cm³

Gesucht: m

Lösung: $V = \dfrac{\pi}{6} \cdot d^3;$ $m = \varrho \cdot V$

$V = \dfrac{\pi}{6} \cdot (8 \text{ mm})^3 \approx 268,08 \text{ mm}^3 \approx 0,26808$ cm³

$m \approx 18 \cdot 7,85 \text{ g/cm}^3 \cdot 0,26808 \text{ cm}^3 \approx \mathbf{37,88}$ **g**

8 Mit Hilfe der längenbezogenen Masse soll die Masse eines 8,2 m langen IPB-Trägers (IPB 220) berechnet werden.

Gegeben: $l = 8,2$ m

$m' = 71,5$ kg/m

Gesucht: m

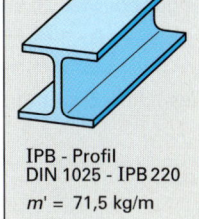

Lösung: $m = m' \cdot l$

$m = 71,5$ kg/m $\cdot 8,2$ m

$= \mathbf{586,3}$ **kg**

IPB - Profil
DIN 1025 - IPB 220
$m' = 71,5$ kg/m

2.4 Geradlinige und kreisförmige Bewegungen

1 Die Vorschubgeschwindigkeit eines Werkzeugmaschinentisches beträgt $v_f = 1100$ mm/min. Wie groß ist die Vorschubgeschwindigkeit in m/s?

Hinweis: 1 mm $= 0,001$ m; 1 min $= 60$ s

$v_f = 1100 \dfrac{\text{mm}}{\text{min}} = 1100 \cdot \dfrac{0,001 \text{ m}}{60 \text{ s}} \approx \mathbf{0,0183} \dfrac{\textbf{m}}{\textbf{s}}$

2 Aus einem Kunststoffextruder tritt das extrudierte Profil mit einer gleich bleibenden Geschwindigkeit von 12 cm/s aus. Wie lange muss der Extruder laufen, um einen Auftrag von 2500 m Profil zu fertigen?

Gegeben: $v = 12$ cm/s; $s = 2500$ m

Gesucht: t

Lösung: $v = \dfrac{s}{t} \implies t = \dfrac{s}{v}$

$t = \dfrac{2500 \text{ m}}{0,12 \text{ m/s}} \approx 20833$ s $\approx \mathbf{5}$ **h** $\mathbf{47}$ **min** $\mathbf{13}$ **s**

3 Eine Schleifscheibe mit einem Außendurchmesser $d = 240$ mm hat eine zulässige Umfangsgeschwindigkeit von 32 m/s. Mit welcher Drehzahl darf der Antriebsmotor maximal laufen?

Gegeben:

$d = 240$ mm $= 0,24$ m

$v_{czul} = 32$ m/s $= 1920$ m/min

Gesucht: n_{max}

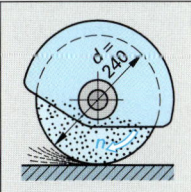

Lösung: $v_c = \pi \cdot d \cdot n$

$n = \dfrac{v_c}{\pi \cdot d} \implies n_{max} = \dfrac{1920 \text{ m/min}}{\pi \cdot 0,24 \text{ m}} \approx \mathbf{2546} \dfrac{\mathbf{1}}{\textbf{min}}$

4   Zwei Kraftwagen fahren sich aus 330 km Entfernung entgegen, der erste mit 90 km/h, der zweite mit 75 km/h.
Nach welcher Zeit und in welcher Entfernung von ihren Startpunkten treffen sie sich?

Gegeben: $v_1 = 90$ km/h;
          $v_2 = 75$ km/h;
          $s = 330$ km

Gesucht: t, s_1 und s_2

Lösung: $v = \dfrac{s}{t} \ \Rightarrow \ t = \dfrac{s}{v}$

mit $v = v_1 + v_2$ folgt: $t = \dfrac{s}{v_1 + v_2}$

$t = \dfrac{330 \text{ km}}{90 \text{ km/h} + 75 \text{ km/h}} = \dfrac{330 \text{ km}}{165 \text{ km/h}} = \mathbf{2\ h}$

$s_1 = t \cdot v_1 = 2 \text{ h} \cdot 90 \text{ km/h} = \mathbf{180\ km}$

$s_2 = t \cdot v_2 = 2 \text{ h} \cdot 75 \text{ km/h} = \mathbf{150\ km}$

5   Zum Bohren des Loches 2 muss der Bohrer einer numerisch gesteuerten Werkzeugmaschine ausgehend von Loch 1 verfahren werden. Er soll nach höchstens 0,8 s die Position 2 erreicht haben.
Wie groß muss die mittlere Verfahrgeschwindigkeit in mm/min mindestens sein?

Gegeben: $\alpha = 30°$;
          $y = 42$ mm;
          $t = 0,8$ s

Gesucht: v

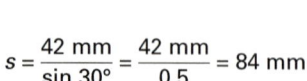

Lösung: $v = \dfrac{s}{t}$

$\sin \alpha = \dfrac{y}{s} \ \Rightarrow \ s = \dfrac{y}{\sin \alpha}$

$s = \dfrac{42 \text{ mm}}{\sin 30°} = \dfrac{42 \text{ mm}}{0,5} = 84 \text{ mm}$

$v = \dfrac{s}{t} = \dfrac{84 \text{ mm}}{0,8 \text{ s}} = 105 \ \dfrac{\text{mm}}{\text{s}} = \mathbf{6300 \ \dfrac{mm}{min}}$

2.5 Kräfte, Drehmomente   `ZP`

1   An einem Punkt greifen die gleichgerichteten Kräfte $F_1 = 40$ N und $F_2 = 80$ N sowie die entgegengesetzt gerichtete Kraft $F_3 = 60$ N an (Bild). Senkrecht zu diesen Kräften wirkt eine weitere Kraft $F_4 = 80$ N.
Wie groß ist die Resultierende F_R?

Gegeben:
$F_1 = 40$ N; $F_2 = 80$ N;
$F_3 = 60$ N; $F_4 = 80$ N

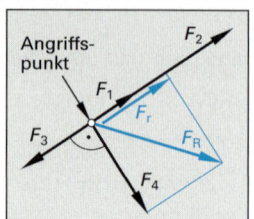

Gesucht: F_R

Lösung: Die Resultierende F_r der Kräfte F_1, F_2 und F_3 kann durch Addieren und Subtrahieren berechnet werden:

$F_r = F_1 + F_2 - F_3$

$F_r = 40 \text{ N} + 80 \text{ N} - 60 \text{ N} = \mathbf{60\ N}$

Die Resultierende F_R wird durch das Kräfteparallelogramm bestimmt.
Dort gilt: $F_R^{\,2} = F_4^{\,2} + F_r^{\,2} \ \Rightarrow \ F_R = \sqrt{F_4^{\,2} + F_r^{\,2}}$

$F_R = \sqrt{(80 \text{ N})^2 + (60 \text{ N})^2} = \sqrt{10000 \text{ N}^2} = \mathbf{100\ N}$

2   Ein Fräsdorn wird im Hauptlager der Arbeitsspindel (A) und im Gegenlager (B) abgestützt. Die beiden Lager sind 420 mm voneinander entfernt. Der Fräser, dessen Mitte vom Hauptlager einen Abstand von 180 mm hat, muss eine Schnittkraft von 4 kN aufnehmen. Wie groß sind die in den Lagern A (Hauptlager) und B (Gegenlager) auftretenden Kräfte?

Gegeben:
$l_{AB} = 420$ mm;
$l \ \ = 180$ mm;
$F_s \ = 4$ kN

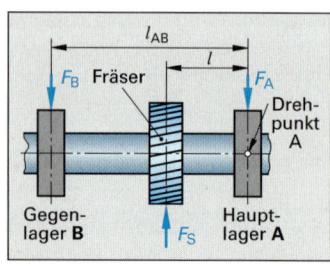

Gesucht: F_A; F_B

Hinweis: Es muss Momenten-Gleichgewicht herrschen.

Lösung:

Momentengleichgewicht im Drehpunkt A: $\overset{\frown}{M} = \overset{\frown}{M}$ $F_B \cdot l_{AB} = F_s \cdot l$

$\Rightarrow \ F_B = \dfrac{F_s \cdot l}{l_{AB}} = \dfrac{4 \text{ kN} \cdot 180 \text{ mm}}{420 \text{ mm}} = \mathbf{1{,}714\ kN}$

$F_A + F_B = F_s \ \Rightarrow \ F_A = F_s - F_B$

$F_A = 4 \text{ kN} - 1{,}714 \text{ kN} = \mathbf{2{,}286\ N}$

2.6 Arbeit, Leistung, Wirkungsgrad

1 Ein Arbeiter zieht innerhalb 20 Sekunden mit einer festen Rolle eine Last von 60 kg um 3 m hoch (Bild). Welche Hubarbeit ist in der Last gespeichert und welche Leistung hat der Arbeiter beim Hochziehen aufgebracht?

Gegeben: m = 60 kg
h = 3 m
t = 20 s

Gesucht: W, P

Lösung:

$$F_G = m \cdot g = 60 \text{ kg} \cdot 9{,}81 \, \frac{m}{s^2}$$

$$= 588{,}6 \, \frac{kg \cdot m}{s^2} = \mathbf{588{,}6 \ N}$$

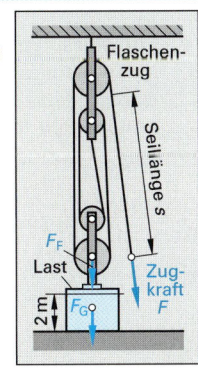

feste Rolle

Last

3 m

$m = $ 60 kg

$$W = F_G \cdot h = 588{,}6 \text{ N} \cdot 3 \text{ m}$$
$$= 1765{,}8 \text{ N} \cdot m = \mathbf{1765{,}8 \ J}$$

$$P = \frac{W}{t} = \frac{1765{,}8 \text{ N} \cdot m}{20 \text{ s}} = 88{,}29 \, \frac{N \cdot m}{s} = \mathbf{88{,}29 \ W}$$

2 Einem Schneckengetriebe wird die Leistung P_1 = 25 kW zugeführt. Wie groß ist sein Wirkungsgrad η, wenn seine abgegebene Leistung P_2 = 18 kW beträgt?

Gegeben: P_1 = 25 kW; P_2 = 18 kW

Gesucht: η

Lösung: $\eta = \dfrac{P_2}{P_1} = \dfrac{18 \text{ kW}}{25 \text{ kW}} = 0{,}72 = \mathbf{72 \ \%}$

2.7 Einfache Machinen

1 Eine Last mit der Gewichtskraft F_G = 2400 N soll mit dem im Bild gezeigten Flaschenzug 2 m hochgezogen werden. Die Unterflasche mit Haken hat eine Gewichtskraft von 250 N.
a) Welche Zugkraft muss aufgebracht werden?
b) Welche Seillänge ist zu ziehen?

Gegeben: F_G = 2400 N
F_F = 250 N; h = 2 m
Anzahl der Rollen: n = 4

Gesucht: F, s

Losung:

a) $F = \dfrac{F_G + F_F}{n}$

$F = \dfrac{2400 \text{ N} + 250 \text{ N}}{4}$

$= \mathbf{662{,}4 \ N}$

b) $s = n \cdot h = 4 \cdot 2 \text{ m} = \mathbf{8 \ m}$

Flaschen-zug

Seillänge s

F_F

Last

Zug-kraft F

2 m

F_G

2 Ein zweiseitiger Hebel, dessen Hebelarme l_1 = 85 mm und l_2 = 1275 mm lang sind, wird am kurzen Hebelarm mit einer Kraft F_1 = 750 N belastet. Welche Kraft F_2 muss am langen Hebelarm wirken, wenn Gleichgewicht herrschen soll?

Gegeben:
l_1 = 85 mm
l_2 = 1275 mm
F_1 = 750 N

Gesucht: F_2

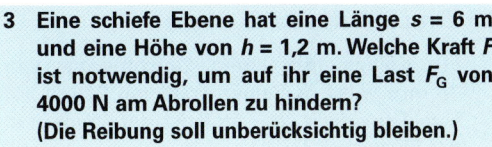

l_1 l_2

F_1 F_2

Drehpunkt

Lösung:

$F_1 \cdot l_1 = F_2 \cdot l_2 \ \Rightarrow \ F_2 = \dfrac{F_1 \cdot l_1}{l_2} = \dfrac{750 \text{ N} \cdot 85 \text{ mm}}{1275 \text{ mm}}$

$F_2 = \mathbf{50 \ N}$

3 Eine schiefe Ebene hat eine Länge s = 6 m und eine Höhe von h = 1,2 m. Welche Kraft F ist notwendig, um auf ihr eine Last F_G von 4000 N am Abrollen zu hindern? (Die Reibung soll unberücksichtigt bleiben.)

Gegeben: s = 6 m
h = 1,2 m, F_G = 4000 N

Gesucht: F

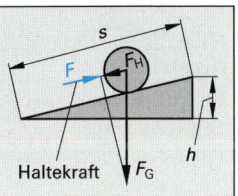

s

F F_H

h

Haltekraft F_G

Lösung:

$F \cdot s = F_G \cdot h \Rightarrow F = \dfrac{F_G \cdot h}{s}$

$F = \dfrac{4000 \text{ N} \cdot 1{,}2 \text{ m}}{6 \text{ m}} = \mathbf{800 \ N}$

4 An einer Gewindespindel mit Trapezgewinde Tr 28 x 5 wirkt an einem 0,6 m langen Hebel eine Kraft F_1 = 250 N. Welche Kraft F_2 übt die Spindel bei einem Wirkungsgrad η = 0,3 aus?

Gegeben: r = 600 mm
P = 5 mm
F_1 = 250 N
η = 0,3

Gesucht: F_2

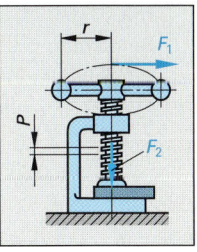

r F_1

P F_2

Lösung:

$\eta \cdot F_1 \cdot \pi \cdot d = F_2 \cdot P \ \Rightarrow$

$F_2 = \dfrac{\eta \cdot F_1 \cdot \pi \cdot d}{P}$

$F_2 = \dfrac{0{,}3 \cdot 250 \text{ N} \cdot \pi \cdot 1200 \text{ mm}}{5 \text{ mm}} \approx \mathbf{56 \ 549 \ N}$

ZP

ZP 2.8 Reibung

1 Ein Lager wird mit einer Kraft $F_N = 2000$ N belastet. Welche Kraft F_R ist zur Überwindung der Reibung notwendig, wenn

a) ein Gleitlager mit einer Gleitreibungszahl $\mu_1 = 0{,}03$,

b) ein Wälzlager mit einer Rollreibungszahl $\mu_2 = 0{,}002$ verwendet wird?

Gegeben: $F_N = 2000$ N;
$\qquad\qquad \mu_1 = 0{,}03$;
$\qquad\qquad \mu_2 = 0{,}002$

Gesucht: F_R

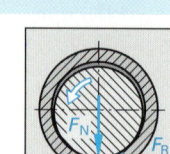

Lösung: $\quad F_R = \mu \cdot F_N$

a) $F_{R1} = \mu_1 \cdot F_N = 0{,}03 \cdot 2000 \text{ N} = \textbf{60 N}$

b) $F_{R2} = \mu_2 \cdot F_N = 0{,}002 \cdot 2000 \text{ N} = \textbf{4 N}$

ZP 2.9 Druck, Auftrieb, Gasinhalt

1 Ein Kolben mit einem Durchmesser von 16 mm wirkt mit einer Kraft von 200 N auf eine Flüssigkeit. Wie groß ist der Druck p in der Flüssigkeit?

Gegeben:
$d = 16$ mm;
$F = 200$ N

Gesucht: p

Lösung:

$A = \dfrac{\pi \cdot d^2}{4}$

$\quad = \dfrac{\pi \cdot (16 \text{ mm})^2}{4} = 201{,}1 \text{ mm}^2 = 2{,}011 \text{ cm}^2$

$p = \dfrac{F}{A} = \dfrac{200 \text{ N}}{2{,}011 \text{ cm}^2} = 99{,}45 \,\dfrac{\text{N}}{\text{cm}^2} \approx \textbf{9,95 bar}$

2 Ein Härtebad mit den Innenmaßen 600 mm Länge und 400 mm Breite ist 500 mm hoch mit Öl gefüllt.
Berechnen Sie den hydrostatischen Druck p am Boden des Härtebads und die Bodenkraft F.   (Dichte des Öls: $\varrho = 0{,}91$ g/cm³)

Gegeben: $l = 60$ cm; $b = 40$ cm; $h = 50$ cm;
$\qquad\qquad \varrho = 0{,}91$ kg/dm³; $g = 9{,}81$ m/s²

Gesucht: p, F

Lösung: $p = g \cdot \varrho \cdot h$

$p = 9{,}81 \text{ m/s}^2 \cdot 910 \text{ kg/m}^3 \cdot 0{,}5 \text{ m} = 4463{,}5 \text{ N/m}^2$
$\qquad\qquad\qquad\qquad\qquad\qquad \approx \textbf{45 mbar}$

$p = \dfrac{A}{F} \;\Rightarrow\; F = p \cdot A$

$F = 4463{,}5 \text{ N/m}^2 \cdot 0{,}6 \text{ m} \cdot 0{,}4 \text{ m} = \textbf{1071,2 N}$

3 Wie groß ist der Auftrieb F_A eines waagrecht liegenden Gießformkernes für eine zu gießende Bohrung mit einem Durchmesser von 92 mm und einer Länge von 220 mm, wenn die Dichte des flüssigen Metalls 7,2 kg/dm³ beträgt?

Gegeben: $d = 92$ mm; $l = 220$ mm;
$\qquad\qquad \varrho = 7{,}2$ kg/dm³; $g = 9{,}81$ m/s²

Gesucht: F_A

Lösung:

$V = \dfrac{\pi \cdot d^2}{4} \cdot l = \dfrac{\pi \cdot (0{,}092 \text{ m})^2}{4} \cdot 0{,}22 \text{ m} = 0{,}001463 \text{ m}^3$

$F_A = g \cdot \varrho \cdot V$

$F_A = g \cdot \varrho \cdot V = 9{,}81 \,\dfrac{\text{m}}{\text{s}^2} \cdot 7200 \,\dfrac{\text{kg}}{\text{m}^3} \cdot 0{,}001463 \text{ m}^3$

$F_A \approx 103{,}3 \,\dfrac{\text{kg} \cdot \text{m}}{\text{s}^2} \approx \textbf{103,3 N}$

4 Eine Druckgasflasche mit 50 l Rauminhalt ist mit Schweißgas von 180 bar Überdruck gefüllt. Welches Gasvolumen kann bei 20 °C und einem Umgebungsdruck von 1 bar entnommen werden?

Gegeben: $V_1 = 50$ l; $p_1 = 181$ bar; $p_2 = 1$ bar

Gesucht: V_2

Lösung:

$p_1 \cdot V_1 = p_2 \cdot V_2 \;\Rightarrow\; V_2 = \dfrac{p_1 \cdot V_1}{p_2}$

$V_2 = \dfrac{181 \text{ bar} \cdot 50 \text{ l}}{1 \text{ bar}} = \textbf{9050 l}$

Da 50 l in der Flasche verbleiben, können **9000 l** entnommen werden.

2.10 Wärmeausdehnung, Wärmemenge   **ZP**

1 Ein Messingring hat bei 20 °C einen Durchmesser von $d_1 = 320$ mm. Wie groß wird sein Durchmesser d_2, wenn er zum Warmaufziehen auf 300 °C erwärmt wird?
($\alpha_{Messing} = 0{,}000\,018$ /K)

Gegeben: $d_1 = 320$ mm; $\Delta\vartheta = 280$ °C $= 280$ K

Gesucht: d_2

Lösung: $d_2 = d_1 + \Delta d$ mit $\Delta d = \alpha \cdot d_1 \cdot \Delta\vartheta$
$\qquad\qquad d_2 = d_1 + \alpha \cdot d_1 \cdot \Delta\vartheta = d_1 \cdot (1 + \alpha \cdot \Delta\vartheta)$

$d_2 = 320 \text{ m} \cdot \left(1 + 0{,}000018 \,\dfrac{1}{\text{K}} \cdot 280 \text{ K}\right) = \textbf{321,6 mm}$

2 Ein Schwungrad aus Stahlguss soll einen Durchmesser von $d = 3{,}2$ m erhalten. Welchen Durchmesser d_1 muss das Gießmodell haben, wenn das Schwindmaß 2% beträgt?

Gegeben: $d = 3200$ mm; Schwindmaß $s = 2\%$
Gesucht: d_1
Hinweis: Der Durchmesser d des Schwungrades beträgt 98% des Modelldurchmessers d_1.

Lösung: $d = 0{,}98 \cdot d_1 \;\Rightarrow\; d_1 = \dfrac{d}{0{,}98}$

$$d_1 = \frac{3200 \text{ mm}}{0{,}98} = \mathbf{3265{,}3 \text{ mm}}$$

3 Welche Wärmemenge muss einem 12,5 kg schweren Stück Stahl zugeführt werden, um es von 20 °C auf 780 °C zu erwärmen?

Die spezifische Wärmekapazität von Stahl beträgt: $c_{\text{Stahl}} = 0{,}5\,\dfrac{\text{kJ}}{\text{kg} \cdot \text{°C}}$

Gegeben: $m = 12{,}5$ kg; $\vartheta_1 = 20$ °C; $\vartheta_2 = 780$ °C
Gesucht: Q
Lösung: $Q = m \cdot c \cdot \Delta\vartheta = m \cdot c \cdot (\vartheta_2 - \vartheta_1)$

$$Q = 12{,}5 \text{ kg} \cdot 0{,}5\,\frac{\text{kJ}}{\text{kg} \cdot \text{°C}} \cdot (780 \text{ °C} - 20 \text{ °C}) = \mathbf{4750 \text{ kJ}}$$

4 Welche Wärmemenge wird bei der Verbrennung von 12 kg Steinkohle in einem Ofen nutzbar, wenn der spezifische Heizwert H der Steinkohle 30 000 kJ/kg und der Wirkungsgrad der Verbrennung im Ofen 65% beträgt?

Gegeben: $m = 12$ kg; $H = 30\,000$ kJ/kg; $\eta = 65\%$
Gesucht: Q
Lösung: $Q = \eta \cdot m \cdot H$
$Q = 0{,}65 \cdot 12 \text{ kg} \cdot 30\,000 \text{ kJ/kg} = \mathbf{234\,000 \text{ kJ}}$

5 Welche Wärmemenge Q muss aufgebracht werden, um 3,2 kg Kupfer von 20 °C so zu erhitzen, dass es schmilzt?

Die Stoffwerte von Kupfer sind:

Schmelztemperatur: $\vartheta_s = 1083$ °C

Spezifische Wärmekapazität: $c = 0{,}39\,\dfrac{\text{kJ}}{\text{kg} \cdot \text{°C}}$

Spezifische Schmelzwärme: $q = 213\,\dfrac{\text{kJ}}{\text{kg}}$

Gegeben: $m = 3{,}2$ kg; $\vartheta_1 = 20$ °C; $\vartheta_s = 1083$ °C;
$c = 0{,}39$ kJ/kg °C; $q = 213$ kJ/kg
Gesucht: Q

Lösung:
Wärmemenge zum Erwärmen von 20 °C auf die Schmelztemperatur $\vartheta_s = 1083$ °C:
$$Q_1 = m \cdot c \cdot \Delta t = m \cdot c \cdot (\vartheta_s - \vartheta_1)$$

$$= 3{,}2 \text{ kg} \cdot 0{,}39\,\frac{\text{kJ}}{\text{kg} \cdot \text{°C}} \cdot (1083 \text{ °C} - 20 \text{ °C})$$

$$= \mathbf{1323{,}6 \text{ kJ}}$$

Wärmemenge zum Schmelzen:
$$Q_2 = m \cdot q$$

$$= 3{,}2 \text{ kg} \cdot 213\,\frac{\text{kJ}}{\text{kg}} = \mathbf{681{,}6 \text{ kJ}}$$

Insgesamt erforderliche Wärmemenge:
$$Q = Q_1 + Q_2 = 1326{,}6 \text{ kJ} + 681{,}6 \text{ kJ}$$

$$= \mathbf{2008{,}2 \text{ kJ}}$$

3 Festigkeitsberechnungen

1 Eine runde Zugstange aus E360 mit einer Streckgrenze von $R_e = 355$ N/mm² soll mit einer Kraft von 98 000 N belastet werden.
Wie groß muss der Durchmesser der Zugstange sein, damit die zulässige Zugspannung $\sigma_{z\,zul}$ nicht überschritten wird?
Es ist 1,6fache Sicherheit vorgeschrieben.

Gegeben: $F = 98\,000$ N; $R_e = 355$ N/mm²; $\nu = 1{,}6$
Gesucht: $\sigma_{z\,zul}$, d
Lösung:

$$\sigma_{z\,zul} = \frac{R_e}{\nu}$$

$$\sigma_{z\,zul} = \frac{355 \text{ N/mm}^2}{1{,}6} \approx 221{,}9 \text{ N/mm}^2$$

$$\sigma_{z\,zul} = \frac{F}{S} \;\Rightarrow\; S = \frac{F}{\sigma_{z\,zul}}$$

$$S \approx \frac{98\,000 \text{ N}}{221{,}9 \text{ N/mm}^2} \approx 441{,}6 \text{ mm}^2$$

$$S = \frac{\pi \cdot d^2}{4} \;\Rightarrow\; d = \sqrt{\frac{4 \cdot S}{\pi}}$$

$$d \approx \sqrt{\frac{4 \cdot 441{,}6 \text{ mm}^2}{\pi}} \approx \mathbf{23{,}7 \text{ mm}}$$

Gewählt wird ein warmgewalzter Rundstahl mit $d = 24$ mm.

2 Mit welcher Zugkraft kann eine Schraube M12 der Festigkeitsklasse 8.8 bei 2-facher Sicherheit belastet werden?

Gegeben: Schraube M12-8.8

$$\nu = 2$$

Aus dem Tabellenbuch kann für eine Schraube M12-8.8 der tragende Querschnitt (Spannungsquerschnitt) $A_s = 84{,}3$ mm^2 und die Streckgrenze $R_e = 640$ N/mm^2 abgelesen werden.

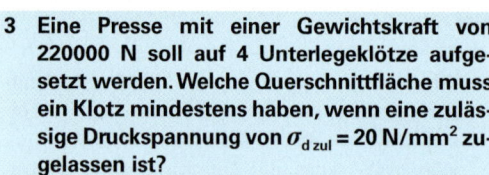

Gesucht: F

Lösung:

$$\sigma_{z\ zul} = \frac{R_e}{\nu} = \frac{640\ \text{N/mm}^2}{2} = 320\ \frac{\text{N}}{\text{mm}^2}$$

$$\sigma_{z\ zul} = \frac{F_{zul}}{A_s} \ \Rightarrow \ F_{zul} = \sigma_{z\ zul} \cdot A_s$$

$$\boldsymbol{F_{zul}} = 320\ \frac{\text{N}}{\text{mm}^2} \cdot 84{,}3\ \text{mm}^2 = \boldsymbol{26\ 976\ N} \approx \boldsymbol{26{,}976\ kN}$$

---

3 Eine Presse mit einer Gewichtskraft von 220000 N soll auf 4 Unterlegeklötze aufgesetzt werden. Welche Querschnittfläche muss ein Klotz mindestens haben, wenn eine zulässige Druckspannung von $\sigma_{d\ zul} = 20$ N/mm^2 zugelassen ist?

Gegeben: $F_{zul} = 220\ 000$ N;　$\sigma_{d\ zul} = 20$ N/mm^2
Gesucht: S

Lösung:　$\sigma_{d\ zul} = \dfrac{F_{zul}}{A} = \dfrac{F_{zul}}{4 \cdot S} \ \Rightarrow \ S = \dfrac{F_{zul}}{4 \cdot \sigma_{d\ zul}}$

$$\boldsymbol{S} = \frac{220\ 000\ \text{N}}{4 \cdot 20\ \text{N/mm}^2} = 2750\ \text{mm}^2 = \boldsymbol{27{,}5\ cm^2}$$

---

4 Ein Zylinderstift im Vorschubgetriebe einer Werkzeugmaschine wird auf Abscherung beansprucht. Welche Kraft kann er übertragen, wenn sein Durchmesser 3 mm und die zulässige Scherspannung 90 N/mm^2 betragen?

Gegeben:
$d = 3$ mm
$\tau_{a\ zul} = 90$ N/mm^2
Gesucht: F_{zul}

Lösung: $\tau_{a\ zul} = \dfrac{F_{zul}}{S} \ \Rightarrow \ F_{zul} = \tau_{a\ zul} \cdot S$

$$\boldsymbol{F_{zul}} = \tau_{a\ zul} \cdot \frac{\pi \cdot d^2}{4} = 90\ \text{N/mm}^2 \cdot \frac{\pi \cdot (3\ \text{mm})^2}{4}$$

$$\approx \boldsymbol{636{,}2\ N}$$

---

5 Eine aus einem Lager herausragende Welle wird im Abstand von 180 mm mit einer Kraft von 9600 N belastet. Welchen Durchmesser muss die Welle erhalten, wenn die in der Welle auftretende Biegespannung 84 N/mm^2 nicht überschreiten darf?

Gegeben:
$F = 9600$ N
$l = 180$ mm
$\sigma_{b\ zul} = 84$ N/mm^2
Gesucht: d

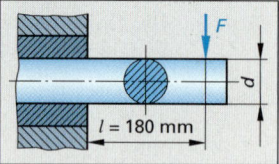

Lösung:

$$M_b = F \cdot l = 9600\ \text{N} \cdot 180\ \text{mm} = 1728000\ \text{N} \cdot \text{mm}$$

$$\sigma_{b\ zul} = \frac{M_b}{W} = \ \Rightarrow \ W = \frac{M_b}{\sigma_{b\ zul}} = \frac{1728000\ \text{N} \cdot \text{mm}}{84\ \text{N/mm}^2}$$

$$W = 20571\ \text{mm}^3$$

$$W = \frac{\pi \cdot d^3}{32} \ \Rightarrow \ d^3 = \frac{32 \cdot W}{\pi} \ \Rightarrow \ d = \sqrt[3]{\frac{32 \cdot W}{\pi}}$$

$$\boldsymbol{d} = \sqrt[3]{\frac{32 \cdot 20\ 571\ \text{mm}^3}{\pi}} = \boldsymbol{59{,}4\ mm}$$

Gewählter Wellendurchmesser $d = 60$ mm

---

6 Der Stutzen eines Druckbehälters hat einen Durchmesser von 40 cm. In ihm herrscht ein Überdruck von 6 bar. Wie viele Schrauben M12 müssen den Verschlussdeckel des Stutzens halten, wenn die auftretende Zugspannung in den Schrauben $\sigma_{z\ zul} = 75$ N/mm^2 nicht überschreiten darf?

Gegeben:
$d = 40$ cm
$p_e = 6$ bar $= 60$ N/cm^2
$\sigma_{z\ zul} = 75$ N/mm^2
$A_s = 84{,}3$ mm

Gesucht:
Druckkraft *F* auf den Stutzendeckel, Anzahl der Schrauben *n*

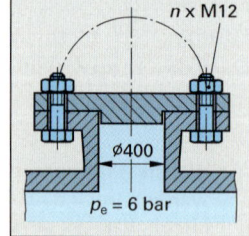

Lösung:　$F_{zul} = A \cdot p_e = \dfrac{\pi \cdot d^2}{4} \cdot p_e$

$$\boldsymbol{F_{zul}} = \frac{\pi \cdot (40\ \text{cm})^2}{4} \cdot 60\ \text{N/cm}^2 \approx \boldsymbol{75\ 398\ N}$$

$$\sigma_{z\ zul} = \frac{F_{zul}}{n \cdot A_s} \ \Rightarrow \ n = \frac{F_{zul}}{\sigma_{z\ zul} \cdot A_s}$$

$$\boldsymbol{n} = \frac{75\ 398\ \text{N}}{75\ \text{N/mm}^2 \cdot 84{,}3\ \text{mm}^2} \approx \boldsymbol{11{,}93}$$

Es werden zwölf Schrauben gewählt.

4 Berechnungen zur Fertigungstechnik

ZP 4.1 Maßtoleranzen und Passungen

1 Eine Bohrung mit dem Nennmaß N = 64 mm hat die Grenzabmaße $ES = -14\,\mu m$ und $EI = -33\,\mu m$. Wie groß sind das Höchstmaß G_{oB}, das Mindestmaß G_{uB} und die Toleranz T_B?

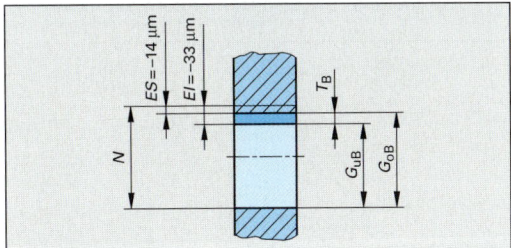

Lösung:

G_{oB} = $N + ES$ = 64,000 mm + (−0,014 mm)
= **63,986 mm**

G_{uB} = $N + EI$ = 64,000 mm + (−0,033 mm)
= **63,967 mm**

T_B = $ES - EI$ = −14 μm − (−33 μm) = **19 μm** oder
T_B = $G_{oB} - G_{uB}$ = 63,986 mm − 63,967 mm
= 0,019 mm = **19 μm**

2 In einer Zeichnung ist die Passung $\varnothing$75H7/n6 eingetragen. Mit Hilfe eines Tabellenbuches sind zu berechnen:
a) die Grenzabmaße
b) das Höchstspiel und das Höchstübermaß

Lösung:

a) aus einem Tabellenbuch:
$\varnothing$75H7: ES: +30 μm, EI: 0 μm
$\varnothing$75n6: es: +39 μm, ei: +20 μm
Grenzabmaße:
Bohrung: G_{oB} = $N + ES$ = 75,000 mm + 0,030 mm
= 75,030 mm
G_{uB} = $N + EI$ = 75,000 mm + 0 μm
= 75,000 mm
Welle: G_{oW} = $N + es$ = 75,000 mm + 0,039 mm
= 75,039 mm
G_{uW} = $N + ei$ = 75,000 mm + 20 μm
= 75,020 mm

b) Höchstspiel: P_{SH} = $G_{oB} - G_{uW}$
P_{SH} = 75,030 mm − 75,020 mm = **10 μm**

Höchstübermaß: $P_{\ddot{U}H}$ = $G_{uB} - G_{oW}$
$P_{\ddot{U}H}$ = 75,000 mm − 75,039 mm = **− 39 μm**

4.2 Umformen ZP

1 Ein Biegeteil aus 2 mm dickem Blech wird im rechten Winkel abgebogen. Der Biegeradius beträgt 4 mm, die Länge des Teiles am langen Schenkel a = 25 mm, am kurzen Schenkel b = 12 mm. Wie groß ist die gestreckte Länge L?

Aus einem Tabellenbuch kann der Ausgleichswert v = 4,5 mm abgelesen werden.

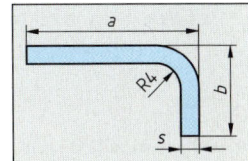

Gesucht: L

Lösung: $L = a + b - v$
L = 25 mm + 12 mm − 4,5 mm = **32,5 mm**

2 Wie groß ist die gestreckte Länge des gezeigten Biegeteils?
(Berechnung ohne den Ausgleichswert v)

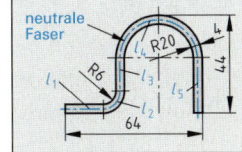

Lösung:

$L = l_1 + l_2 + l_3 + l_4 + l_5$
l_1 = 64 mm − 2
· (20 mm + 4 mm)
− 6 mm = 10 mm

$l_2 = \frac{1}{4} \cdot 2\,r = \frac{1}{2} \cdot \pi \cdot r = \frac{1}{2} \cdot \pi \cdot 8\,mm \approx 12,56\,mm$

l_3 = 44 mm − 20 mm − 4 mm − 6 mm − 2 mm = 12 mm

$l_4 = \frac{1}{2} \cdot \pi \cdot 2\,r = \pi \cdot r = \pi \cdot 22\,mm \approx 69,16\,mm$

l_5 = 44 mm − 20 mm − 4 mm = 20 mm
L ≈ 10 mm + 12,56 mm + 12 mm + 69,16 mm + 20 mm
≈ **123,72 mm**

3 Es soll eine Kappe aus Blech gezogen werden, deren Form einem Kugelabschnitt entspricht. Der innere Kappenrand-Durchmesser d beträgt 100 mm, die Kappenhöhe 30 mm. Wie groß ist der Durchmesser D des kreisförmigen Zuschnitts?

Gegeben:
d = 100 mm; h = 30 mm

Gesucht: D

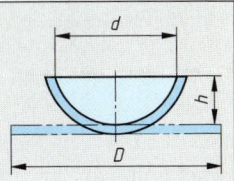

Lösung:

$D = \sqrt{d^2 + 4 \cdot h^2}$

$D = \sqrt{(100\,mm)^2 + 4 \cdot (30\,mm)^2} = \sqrt{13600\,mm^2}$

= **116,6 mm**

4 An einem Flachstahl mit den Maßen 80 mm x 120 mm soll auf einer Länge von 140 mm ein Ansatz von 40 mm x 60 mm angeschmiedet werden (Bild).

  a) Wie lang muss die Zugabe l_1 für diesen Ansatz ohne Berücksichtigung des Abbrandes sein?

  b) Wie lang wird die Rohlänge l_R, wenn der Längenzuschlag l_Z für Abbrand 12% beträgt?

Gegeben:

$A_1 = 80$ mm x 120 mm

$A_2 = 40$ mm x 60 mm

$l_2 = 140$ mm

Abbrand = 12%

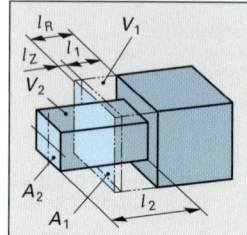

Gesucht:

a) Länge der Zugabe l_1

b) Rohlänge l_R

Lösung:

a) $V_1 = V_2$; $A_1 \cdot l_1 = A_2 \cdot l_2$ $\Rightarrow$

$$l_1 = \frac{A_2}{A_1} \cdot l_2 = \frac{40 \text{ mm} \cdot 60 \text{ mm}}{80 \text{ mm} \cdot 120 \text{ mm}} \cdot 140 = \textbf{35 mm}$$

b) $l_R = l_1 + l_Z = 35 \text{ mm} + \dfrac{12}{100} \cdot 35 \text{ mm}$

    $= 35 \text{ mm} + 4{,}2 \text{ mm} = \textbf{39,2 mm}$

4.3 Schneiden

1 Aus einem 1,5 mm dicken Blech mit einer Scherfestigkeit $\tau_{aB} = 325$ N/mm^2 soll das im Bild gezeigte Schnittteil gefertigt werden.

Wie groß ist

a) der Schneidplattendurchbruch D für das Loch? (Durchbruch mit Freiwinkel)

b) das Stempelmaß d für das Ausschneiden?

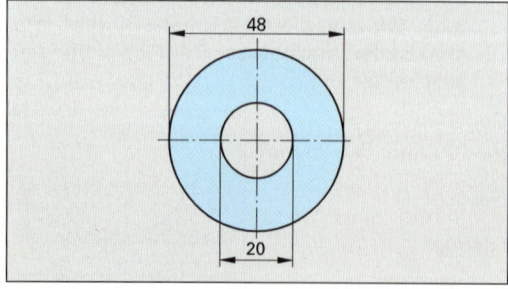

Lösung:

Aus einem Tabellenbuch wird für $s = 1{,}5$ mm und $\tau_{aB} = 325$ N/mm^2 der Schneidspalt zu $u = 0{,}04$ mm ermittelt.

Damit folgt:

a) $D = d + 2 \cdot u = 20 \text{ mm} + 2 \cdot 0{,}04 \text{ mm} = \textbf{20,08 mm}$

b) $d = D - 2 \cdot u = 48 \text{ mm} - 2 \cdot 0{,}04 \text{ mm} = \textbf{47,92 mm}$

2 Auf einer Presse sollen aus 4 mm dickem Stahlblech mit einer Scherfestigkeit von $\tau_{aB} = 360$ N/mm^2 Scheiben mit einem Durchmesser von 320 mm ausgeschnitten werden (Bild). Wie groß ist die erforderliche Pressenkraft F?

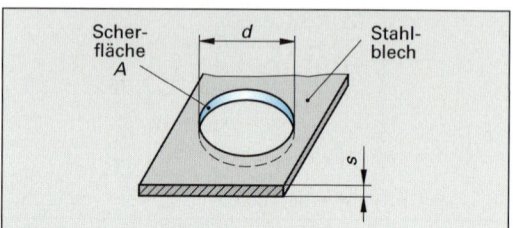

Gegeben: $d = 320$ mm; $s = 4$ mm;

            $\tau_{aB} = 360$ N/mm^2

Gesucht: Pressenkraft F

Lösung: $F = S \cdot \tau_{aB}$

mit $S = \pi \cdot d \cdot s$ folgt $F = \pi \cdot d \cdot s \cdot \tau_{aB}$

$F = \pi \cdot 320 \text{ mm} \cdot 4 \text{ mm} \cdot 360 \text{ N/mm}^2$

    $= 1\,447\,646 \text{ N} \approx \textbf{1,45 MN}$

Es muss mindestens eine 1,5 MN-Presse verwendet werden.

3 Aus einem 0,5 mm dicken Blechstreifen sollen Formstücke ausgeschnitten werden (Bild).

Es sind zu bestimmen:

a) Die Randbreite a und die Stegbreite e aus einem Tabellenbuch.

b) Die Streifenbreite B.

c) Der Streifenvorschub V und der Ausnutzungsgrad η für einreihigen Ausschnitt.

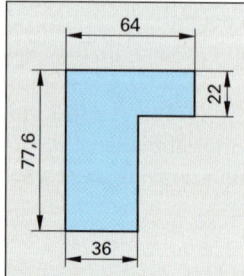

Lösung:

a) Steglänge $l_e = 77{,}6$ mm, Randlänge $l_a = 64$ mm, Blechdicke $s = 0{,}5$ mm; $\Rightarrow$

    $a = \textbf{1,2 mm}$; $e = \textbf{1,0 mm}$

b) $B = b + 2a = 77,6$ mm $+ 2 \cdot 1,2$ mm $= \mathbf{80}$ **mm**

c) Einreihiger Ausschnitt:

$V = l + e$

$\quad = 64$ mm $+ 1$ mm

$\quad = \mathbf{65}$ **mm**

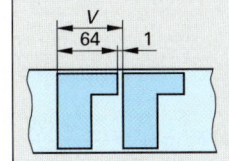

$\eta = \dfrac{R \cdot A}{V \cdot B}$

$A = 77,6$ mm $\cdot 36$ mm $+ 28$ mm $\cdot 22$ mm

$\quad = 3409,6$ mm^2

$\eta = \dfrac{1 \cdot 3409,6 \text{ mm}^2}{65 \text{ mm} \cdot 80 \text{ mm}} = 0,656 = \mathbf{65,6\%}$

ZP ## 4.4 Schnittgeschwindigkeiten und Drehzahlen beim Spanen

1 Eine Welle mit einem Durchmesser von 100 mm soll mit einer Schnittgeschwindigkeit von 18 m/min überdreht werden. Wie groß muss die Drehzahl je Minute sein?

Gegeben: $v_c = 18$ m/min; $d = 100$ mm
Gesucht: n

Lösung: $v_c = \pi \cdot d \cdot n \quad \Rightarrow \quad n = \dfrac{v_c}{\pi \cdot d}$

$n = \dfrac{18 \text{ m/min}}{\pi \cdot 0,1 \text{ m}} \approx \mathbf{57,3/min}$

2 Eine geschmiedete Turbinenwelle soll mit einer Schnittgeschwindigkeit von $v_c = 60$ m/min auf einen Außendurchmesser von $d = 150$ mm abgedreht werden. An der Drehmaschine befindet sich das gezeigte Drehzahl-Schaubild. Wie groß ist die einzustellende Drehzahl?

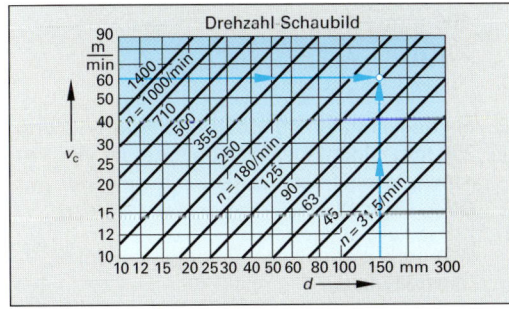

Gegeben: $v_c = 60$ m/min; $d = 150$ mm
Gesucht: n
Lösung: Die einzustellende Drehzahl kann aus dem **Drehzahl-Schaubild** abgelesen werden.

Man geht vom v_c-Wert waagrecht und vom d-Wert senkrecht bis zum Schnittpunkt der Hilfslinien. Dort liest man die Drehzahl auf der Drehzahllinie ab.

$n = \mathbf{125/min}$

3 Ein Walzenfräser mit $d = 60$ mm Durchmesser soll mit einer Schnittgeschwindigkeit von $v_c = 18$ m/min arbeiten. Wie groß muss die Drehzahl n der Frässpindel sein?

Gegeben: $d = 60$ mm; $v_c = 18$ m/min
Gesucht: n
Lösung: $v_c = \pi \cdot d \cdot n$

$n = \dfrac{v_c}{\pi \cdot d} = \dfrac{18 \text{ m/min}}{\pi \cdot 0,06 \text{ m}} \approx \mathbf{95,5/min}$

4 Wie groß darf der Durchmesser eines Kreissägeblattes höchstens sein, wenn bei einer Drehzahl von 20/min die Schnittgeschwindigkeit von 25 m/min nicht überschritten werden soll?

Gegeben: $n = 20$/min; $v_c = 25$ m/min
Gesucht: d

Lösung: $v_c = \pi \cdot d \cdot n \quad \Rightarrow \quad d = \dfrac{v_c}{\pi \cdot n}$

$d = \dfrac{25 \text{ m/min}}{\pi \cdot 20/\text{min}} \approx 0,398 \text{ m} \approx \mathbf{398 \text{ mm}}$

4.5 Schnittkräfte, Leistung beim Zerspanen

1 Es soll eine Welle mit dem Durchmesser $d = 74$ mm aus dem Rundstahl 80-DIN 1013-E295 in einem Schnitt gedreht werden. Der Einstellwinkel soll $\varkappa = 70°$, der Vorschub $f = 0,4$ mm und die Schnittgeschwindigkeit $v_c = 140$ m/min betragen. Die spezifische Schnittkraft k_c ist 2400 N/mm^2. Wie groß sind die Schnitttiefe a, die Spanungsdicke h, die Schnittkraft F_c und die Schnittleistung P_c?

Gegeben:

$d = 74$ mm; $d_1 = 80$ mm;

$\varkappa = 70°$; $f = 0,4$ mm;

$k_c = 2400$ N/mm^2;

$v_c = 140 \dfrac{\text{m}}{\text{min}} = 2,333 \dfrac{\text{m}}{\text{s}}$

Gesucht: a, h, F_c, P_c

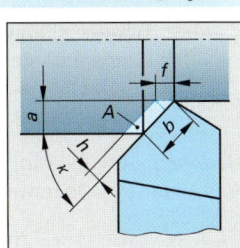

Lösung:

$$a = \frac{d_1 - d}{2} = \frac{80 \text{ mm} - 74 \text{ mm}}{2} = \textbf{3 mm}$$

$$h = f \cdot \sin \varkappa = 0{,}4 \text{ mm} \cdot \sin 70° = \textbf{0,376 mm}$$

$$b = \frac{a}{\sin \varkappa} = \frac{3 \text{ mm}}{\sin 70°} = 3{,}193 \text{ mm}$$

$$A = a \cdot f = 3 \text{ mm} \cdot 0{,}4 \text{ mm} = 1{,}2 \text{ mm}^2$$

$$F_c = A \cdot k_c = 1{,}2 \text{ mm}^2 \cdot 2400 \frac{N}{\text{mm}^2} = \textbf{2880 N}$$

$$P_c = F_c \cdot v_c = 2880 \text{ N} \cdot 2{,}333 \text{ m/s}$$

$$= 6719 \frac{N \cdot m}{s} = \textbf{6,72 kW}$$

Lösungen:

a) $P_c = F_c \cdot v_c = 2450 \text{ N} \cdot 70 \text{ m/min}$

$$= 171\,500 \frac{N \cdot m}{60 \text{ s}} = 2\,858 \text{ W} \approx \textbf{2,86 kW}$$

b) $P_e = \dfrac{P_c}{\eta} = \dfrac{2{,}86 \text{ kW}}{0{,}78} \approx \textbf{3,66 kW}$

c) $Q = A \cdot v_c = 2{,}4 \text{ mm}^2 \cdot 70 \text{ m/min}$

$$Q = 168 \frac{\text{mm}^2 \cdot m}{\text{min}} = 168 \cdot \frac{0{,}01 \text{ cm}^2 \cdot 100 \text{ cm}}{\text{min}}$$

$$= \textbf{168} \frac{\textbf{cm}^3}{\textbf{min}}$$

---

2 Das Drehen der Welle aus Aufgabe 1 wird in einem Betrieb durchgeführt, der Drehmaschinen mit den Antriebsleistungen **8 kW**, **10 kW** und **12 kW** zur Verfügung hat.
Auf welchen der Drehmaschinen kann die Dreharbeit ausgeführt werden, wenn ihr Wirkungsgrad 82% beträgt?

Gegeben: $P_c = 6{,}72 \text{ kW};\ \eta = 0{,}82$

Gesucht: Erforderliche Antriebsleistung P_1

Lösung:

$$P_1 = \frac{P_c}{\eta} = \frac{6{,}72 \text{ kW}}{0{,}82} \approx \textbf{8,2 kW}$$

Die Dreharbeit kann auf den Maschinen mit 10 kW oder 12 kW Antriebsleistung durchgeführt werden.

---

3 Eine Führungsschiene aus C60 soll mit einem Walzenstirnfräser überfräst werden. Der Spanungsquerschnitt beträgt $A = 2{,}4 \text{ mm}^2$, die Schnittkraft $F_c = 2450 \text{ N}$ und die Schnittgeschwindigkeit $v_c = 70 \text{ m/min}$.

a) Welche Leistung wird am Fräser aufgebracht?

b) Wie groß muss die Antriebsleistung des Fräsmaschinenmotors bei einem Wirkungsgrad der Fräsmaschine von 78% mindestens sein?

c) Wie groß ist das Zeitspanungsvolumen?

Gegeben: $A = 2{,}4 \text{ mm}^2$;　$F_c = 2450 \text{ N}$;
　　　　　 $v_c = 70 \text{ m/min}$;　$\eta = 0{,}78$

Gesucht: P_c;　P_e;　Q

4.6 Kegeldrehen

1 Wie groß ist die Kegelverjüngung C, wenn der Kegelansatz einen großen Durchmesser von **400 mm**, einen kleinen Durchmesser von **300 mm** und eine Länge von **200 mm** hat?

Gegeben:
$D = 400 \text{ mm}$;
$d = 300 \text{ mm}$;
$L = 200 \text{ mm}$
Gesucht: C

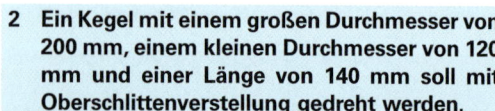

Lösung: $C = \dfrac{D - d}{L}$

$$C = \frac{400 \text{ mm} - 300 \text{ mm}}{200 \text{ mm}}$$

$$= \frac{100 \text{ mm}}{200 \text{ mm}} = \frac{1}{2} = \textbf{1 : 2}$$

2 Ein Kegel mit einem großen Durchmesser von 200 mm, einem kleinen Durchmesser von 120 mm und einer Länge von 140 mm soll mit Oberschlittenverstellung gedreht werden.

Wie groß ist der Kegel-Erzeugungswinkel $\dfrac{\alpha}{2}$? (Einstellwinkel)

Gegeben:
$D = 200 \text{ mm};\quad d = 120 \text{ mm};\quad L = 140 \text{ mm}$

Gesucht: $\dfrac{\alpha}{2}$

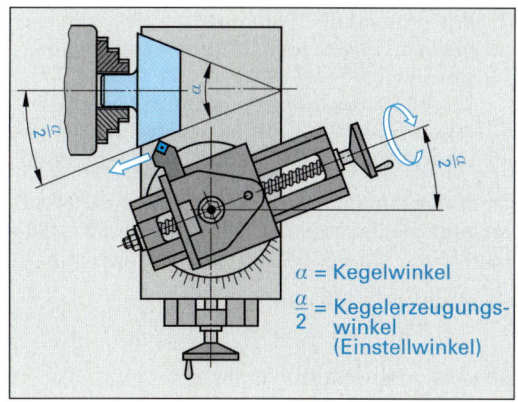

α = Kegelwinkel

$\dfrac{\alpha}{2}$ = Kegelerzeugungs-winkel (Einstellwinkel)

Lösung: $\tan \dfrac{\alpha}{2} = \dfrac{D - d}{2 \cdot L}$

$\tan \dfrac{\alpha}{2} = \dfrac{(200 - 120)\ \text{mm}}{2 \cdot 140\ \text{mm}} \approx 0{,}2857$

$\dfrac{\alpha}{2} \approx \textbf{15,95°}$

---

3 Eine Kegelreibahle hat eine Gesamtlänge von 220 mm, die Länge des kegeligen Teiles beträgt 130 mm, die Durchmesser betragen $D = 34$ mm und $d = 30$ mm.
Wie groß muss die Reitstockverstellung V_R zum Drehen des kegeligen Teiles sein?

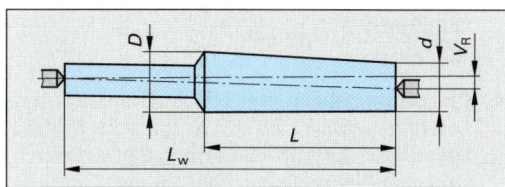

Gegeben: D = 34 mm; d = 30 mm;
L_W = 220 mm; L = 130 mm

Gesucht: V_R

Lösung: $V_R = \dfrac{D - d}{2 \cdot L} \cdot L_W$

$V_R = \dfrac{34\ \text{mm} - 30\ \text{mm}}{2 \cdot 130\ \text{mm}} \cdot 220\ \text{mm} \approx \textbf{3,38 mm}$

4.7 Teilen mit dem Teilkopf

Hinweis:
Bei allen folgenden **Teilkopfberechnungen** wird ein Übersetzungsverhältnis des Teilkopfes von $i = 40$ angenommen.
Die Lochscheiben haben folgende Lochkreise:
Lochscheibe I: 15, 16, 17, 18, 19, 10.
Lochscheibe II: 21, 23, 27, 29, 31, 33.
Lochscheibe III: 37, 39, 41, 43, 47, 49.

---

1 In einer Welle sollen am Umfang gleichmäßig verteilt 8 Nuten durch direktes Teilen gefräst werden. Welcher Teilschritt muss an der Teilscheibe mit 24 Löchern eingestellt werden?

Gegeben:
T = 8
n_L = 24

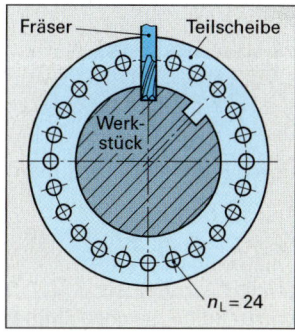

Fräser — Teilscheibe

Werk-stück

$n_L = 24$

Gesucht:
Teilschritt n_i

Lösung:

$n_i = \dfrac{n_L}{T} \quad \Rightarrow$

$n_i = \dfrac{24}{8} = \textbf{3}$

Die Anzahl der weiterzuschaltenden Lochab-stände (Teilschritte) beträgt 3.

---

2 Wie viele Teilkurbelumdrehungen sind notwendig, wenn ein Zahnrad mit 35 Zähnen durch indirektes Teilen gefräst werden soll?

Gegeben: $i = 40$; $T = 35$
Gesucht: n_K

Lösung: $n_K = \dfrac{i}{T}$

$n_K = \dfrac{40}{35} = 1\dfrac{5}{35} = 1\dfrac{1}{7}$

Durch Erweitern erhält man

$n_K = 1\dfrac{1}{7} = 1\dfrac{1 \cdot 3}{7 \cdot 3} = 1\dfrac{3}{21}$ oder

$n_K = 1\dfrac{1}{7} = 1\dfrac{1 \cdot 7}{7 \cdot 7} = 1\dfrac{7}{49}$

Die Kurbel muss um **eine** volle Umdrehung und 3 Lochabstände auf dem **21er** Lochkreis oder um eine volle Umdrehung und **7** Lochabstände auf dem **49er** Lochkreis weitergedreht werden.

3 Durch Differential-Teilen soll eine 67er Teilung (Zahnrad mit 67 Zähnen) hergestellt werden.

Als Hilfsteilzahl wird 70 gewählt.
Vorhandene Wechselräder:
24, 24, 28, 32, 36, 40, 44, 48, 56, 64, 72, 86 und 100.

Gegeben: $i = 40$; $T = 67$; $T' = 70$

Gesucht: n_K und $\dfrac{z_t}{z_g}$

Lösung: $n_K = \dfrac{i}{T'}$ $n_K = \dfrac{40}{70} = \dfrac{4}{7} = \dfrac{12}{21}$

(**12** Lochabstände auf dem **21er** Lochkreis)

$\dfrac{z_t}{z_g} = \dfrac{i}{T'} \cdot (T' - T) = \dfrac{40}{70}(70 - 67) = \dfrac{4}{7} \cdot 3 = \dfrac{12}{7}$

Zerlegen des Bruches:

$\dfrac{z_t}{z_g} = \dfrac{12}{7} = \dfrac{3 \cdot 4}{2 \cdot 3{,}5}$

Durch Erweitern erhält man:

$\dfrac{z_t}{z_g} = \dfrac{z_1 \cdot z_3}{z_2 \cdot z_4} = \dfrac{3 \cdot 24 \cdot 4 \cdot 16}{2 \cdot 24 \cdot 3{,}5 \cdot 16} = \dfrac{72 \cdot 64}{48 \cdot 56}$

(Weil T' größer als T ist, müssen Teilkurbel und Lochscheibe gleichen Drehsinn haben.)

4.8 Hauptnutzungszeiten, Kostenberechnungen

1 Durch eine 34 mm dicke Gusseisenplatte sind 12 Löcher mit einem Durchmesser von 20 mm zu bohren. Die Bohrspindeldrehzahl beträgt 160/min, der Vorschub 0,2 mm. Zu berechnen ist die Hauptnutzungszeit t_h und die Nebennutzungszeit t_n, wenn zum Einstellen für jedes Loch 0,5 min gebraucht werden. Der Anschnitt am Bohrer beträgt $0{,}3 \cdot d$. An- und Überlauf des Bohrers werden nicht berücksichtigt.

Gegeben: $d = 20$ mm; $l = 34$ mm; $n = 160/\text{min}$
$f = 0{,}2$ mm; $i = 12$; $t = 0{,}5$ min
$L = l + 0{,}3 \cdot d = 34 \text{ mm} + 0{,}3 \cdot 20 \text{ mm} = 40 \text{ mm}$
Gesucht: t_h und t_n

Lösung: Hauptnutzungszeit: $t_h = \dfrac{L \cdot i}{f \cdot n}$

$t_h = \dfrac{40 \text{ mm} \cdot 12}{0{,}2 \text{ mm} \cdot 160/\text{min}} = \mathbf{15 \text{ min}}$

Nebennutzungszeit: $t_n = 0{,}5 \text{ min} \cdot 12 = \mathbf{6 \text{ min}}$

2 Wie groß ist die Hauptnutzungszeit zum einmaligen Überdrehen eines Werkstücks, dessen Durchmesser 100 mm und dessen Drehlänge 300 mm betragen, wenn mit einem Vorschub von 0,6 mm und einer Schnittgeschwindigkeit von 30 m/min gearbeitet wird?

An der Drehmaschine können folgende Drehzahlen eingestellt werden: 31,5 – 45 – 63 – 90 – 125 – 180 – 250 – 355 – 500 – 710 – 1000 – 1400/min

Gegeben: $d = 100$ mm; $L = 300$ mm;
$v_c = 30$ m/min; $f = 0{,}6$ mm; $i = 1$

Gesucht: Hauptnutzungszeit t_h

Lösung: Drehzahl $v_c = \pi \cdot d \cdot n$ $\Rightarrow$

$n = \dfrac{v_c}{\pi \cdot d} = \dfrac{30 \text{ m/min}}{\pi \cdot 0{,}1 \text{ m}} \approx \mathbf{95{,}5/\text{min}}$

Eingestellt wird die Drehzahl $n = 90/\text{min}$

Hauptnutzungszeit:

$t_h = \dfrac{L \cdot i}{n \cdot f} = \dfrac{300 \text{ mm} \cdot 1}{90/\text{min} \cdot 0{,}6 \text{ mm}} \approx \mathbf{5{,}56/\text{min}}$

3 Bei einer Fräsarbeit beträgt der Fräsweg 600 mm. Die Vorschubgeschwindigkeit v_f beträgt nach Tabellenbuch 100 mm/min.
Wie groß ist die Hauptnutzungszeit, wenn zwei Schnitte nötig sind?

Gegeben: $L = 600$ mm; $v_f = 100$ mm/min; $i = 2$
Gesucht: t_h
Lösung: Hauptnutzungszeit: $t_h = \dfrac{L \cdot i}{v_f}$

$t_h = \dfrac{600 \text{ mm} \cdot 2}{100 \text{ mm/min}} = \mathbf{12 \text{ min}}$

4 Die Führungsbahn eines Maschinenbetts mit $l = 640$ mm und $b = 80$ mm ist mit einer Schleifzugabe $t = 0{,}1$ mm vorgefräst. Sie soll durch Umfangs-Planschleifen mit einem Querhub von $f = 4$ mm und einer Vorschubgeschwindigkeit von $v_f = 8{,}16$ m/min in einem Schnitt geschliffen werden. Die Schleifscheibenbreite beträgt 24 mm, der An- bzw. Überlauf 20 mm. Es sind zu bestimmen: die Schleifbreite B, der Vorschubweg L, die Hubzahl n und die Hauptnutzungszeit t_h.

Lösung:
Schleifbreite: $B = b - \dfrac{b_s}{3} = 80 \text{ mm} - \dfrac{24 \text{ mm}}{3}$

$= \mathbf{72 \text{ mm}}$

Vorschubweg: $L = l + 2 \cdot l_a = 640 \text{ mm} + 2 \cdot 20 \text{ mm}$

$= \mathbf{680 \text{ mm}}$

Hubzahl: $n = \dfrac{v_f}{L} = \dfrac{8{,}16 \text{ m/min}}{680 \text{ mm}} = \textbf{12/min}$

Hauptnutzungszeit: $t_h = \dfrac{i}{n} \cdot \left(\dfrac{B}{f} + 1 \right)$

$t_h = \dfrac{1}{12\text{/min}} \cdot \left(\dfrac{72 \text{ mm}}{4 \text{ mm}} + 1 \right) \approx \textbf{1,58 min}$

---

5 Auf einer CNC-Drehmaschine soll ein Auftrag von 150 Werkstücken ausgeführt werden. Die Rüstzeit der Maschine beträgt 1,5 Stunden, die Ausführungszeit je Werkstück 3,5 Minuten. Der Maschinenstundensatz beträgt 62 € pro Stunde, die Lohnkosten 18,40 €/Stunde. Die Fertigungs-Gemeinkosten belaufen sich auf 220% der Lohnkosten. Wie groß sind:
a) Die Auftragszeit
b) Die Fertigungskosten je Stück
c) Die Arbeitsplatzkosten je Stunde?

Gegeben:

Rüstzeit .... 1,5 h = 90 min

Ausführungszeit .... 3,5 min je Stück

Werkstückzahl 150

Maschinenstundensatz ...... 62 €/h

Lohnkosten .... 18,40 €/h

Fertigungs-
Gemeinkosten .... 220% der Lohnkosten

Lösungen:
a)
Auftragszeit = Rüstzeit + Ausführungszeit

$T = 90 \text{ min} + 150 \cdot 3{,}5 \text{ min}$

$T = 615 \text{ min} = \textbf{10,25 h}$

b)

Fertigungskosten = Fertigungslöhne
+ Gemeinkosten

Fertigungslöhne = 10,25 h · 18,40 €/h
= 188,60 €

Gemeinkosten = 2,2 · 188,40 € = 414,92 €

Fertigungskosten = 188,60 € + 414,92 €
= 603,52 €

Fertigungskosten je Stück $= \dfrac{603{,}52 \text{ €}}{150} = \textbf{4,02 €}$

c)

Arbeitsplatzkosten je Stunde $=$ Maschinenstundensatz $+$ Fertigungskosten je Stunde

$= 62 \dfrac{\text{€}}{\text{h}} + \dfrac{603{,}52 \text{ €}}{10{,}25 \text{ h}}$

Arbeitsplatzkosten je Stunde $= \textbf{120,88} \dfrac{\text{€}}{\text{h}}$

---

5 Berechnungen an Maschinenelementen

5.1 Gewinde

1 Eine Gummidichtung wird durch einen Deckel, der mit 6 Schrauben M 12 befestigt ist, zusammengepresst. Um welche Länge wird die Gummidichtung bei 1,5 Umdrehungen der Schrauben zusammengedrückt?

Gegeben: Umdrehungen der Schrauben $n = 1{,}5$
$P = 1{,}75 \text{ mm}$ (nach Tabellenbuch)

Gesucht: l

Lösung: $l = n \cdot P = 1{,}5 \cdot 1{,}75 \text{ mm} = \textbf{2,625 mm}$

---

2 Der Werkzeugschlitten eines Bearbeitungszentrums wird mit einem Kugelgewindespindeltrieb verfahren. Die Kugelgewindespindel hat eine Steigung von 10 mm und eine Drehzahl von 60/min.
Welche Vorschubgeschwindigkeit in m/min hat der Werkzeugschlitten?

Gegeben: $P = 10 \text{ mm}$
$n = 60\text{/min}$

Gesucht: v

Lösung:

$v = n \cdot P = \dfrac{60}{\text{min}} \cdot 10 \text{ mm}$

$v = 600 \dfrac{\text{mm}}{\text{min}} = \textbf{0,6} \dfrac{\text{m}}{\text{min}}$

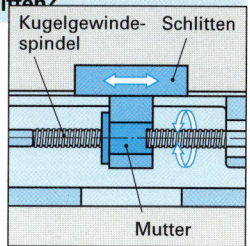

5.2 Riementriebe

1 Der Durchmesser der treibenden Riemenscheibe eines Riementriebs beträgt 270 mm, sie läuft mit einer Drehzahl von 420/min. Wie groß ist das Übersetzungsverhältnis i und wie groß muss der Durchmesser der getriebenen Scheibe sein, wenn deren Drehzahl 1260/min betragen soll?

Gegeben:
$d_1 = 270 \text{ mm}$
$n_1 = 420\text{/min}$
$n_2 = 1260\text{/min}$

Gesucht: i, d_2

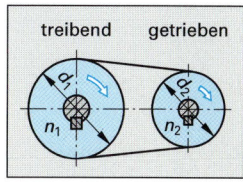

Lösung:

Übersetzungsverhältnis:

$$i = \frac{n_1}{n_2} = \frac{420/\text{min}}{1260/\text{min}} = \frac{1}{3} = 1 : 3 = \textbf{0,333}$$

Durchmesser: $\frac{n_1}{n_2} = \frac{d_2}{d_1} \Rightarrow d_2 = \frac{n_1 \cdot d_1}{n_2}$

$$d_2 = \frac{420/\text{min} \cdot 270\ \text{mm}}{1260/\text{min}} = \textbf{90 mm}$$

---

2 Die Umfangsgeschwindigkeit einer Schleifscheibe soll 30 m/s betragen (Bild). Ihr Durchmesser ist 300 mm. Sie wird von einem Elektromotor mit einer Drehzahl von 1440/min und einer Riemenscheibe mit einem Durchmesser von 70 mm angetrieben.
Wie groß muss die Drehzahl der Schleifscheibe sein und welchen Durchmesser muss die Riemenscheibe auf die Schleifwelle haben?

Gegeben:
v = 30 m/s
d = 300 mm
d_1 = 70 mm
n_1 = 1440/min

Gesucht:
n_2, d_2

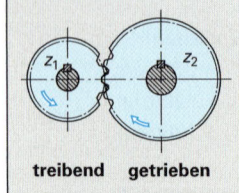

Lösung:

Umfangsgeschwindigkeit: $v = \pi \cdot d \cdot n \Rightarrow$

$$n_2 = \frac{v}{\pi \cdot d} = \frac{1800\ \text{m/min}}{\pi \cdot 0,3\ \text{m}} \approx \textbf{1910/min}$$

Drehzahlen und Durchmesser:

$$d_1 \cdot n_1 = d_2 \cdot n_2 \Rightarrow d_2 = \frac{d_1 \cdot n_1}{n_2}$$

$$d_2 = \frac{70\ \text{mm} \cdot 1440/\text{min}}{1910/\text{min}} \approx \textbf{52,77 mm}$$

5.3 Zahnradtriebe

1 Das Übersetzungsverhältnis eines Zahnradtriebes soll 1,6 betragen. Das getriebene Rad hat 72 Zähne (Bild). Wie viele Zähne muss das treibende Rad haben?

Gegeben: $i = 1,6$; $z_2 = 72$
Gesucht: z_1
Lösung:

$$i = \frac{z_2}{z_1} \Rightarrow z_1 = \frac{z_2}{i}$$

$$z_1 = \frac{72}{1,6} = \textbf{45 Zähne}$$

treibend   getrieben

---

2 Das Übersetzungsverhältnis eines Schneckengetriebes (Bild) soll 24 : 1 sein. Die Schnecke hat 2 Zähne (Gänge) und läuft mit 300/min. Wie viele Zähne muss das Schneckenrad erhalten und wie groß ist seine Drehzahl?

Gegeben: $i = 24$; $z_1 = 2$; $n_1 = 300/\text{min}$
Gesucht: n_2, z_2
Lösung:

$$i = \frac{n_1}{n_2} \Rightarrow n_2 = \frac{n_1}{i}$$

$$n_2 = \frac{300/\text{min}}{24} = \textbf{12,5/min}$$

$$i = \frac{z_2}{z_1} \Rightarrow z_2 = i \cdot z_1$$

$$z_2 = 24 \cdot 2 = \textbf{48 Zähne}$$

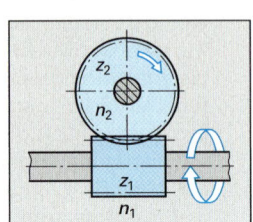

---

3 Der Spindelantrieb einer Drehmaschine besteht aus einem Elektromotor, dem ein Riementrieb und ein Zahnrad-Kupplungsgetriebe vorgeschaltet sind (Bild). Der Elektromotor hat eine Nenndrehzahl von 1440/min. Mit welcher Drehzahl läuft bei Motor-Nenndrehzahl die Arbeitsspindel, wenn die Zahnradpaare z_1/z_2 des Kupplungsgetriebes geschaltet sind?

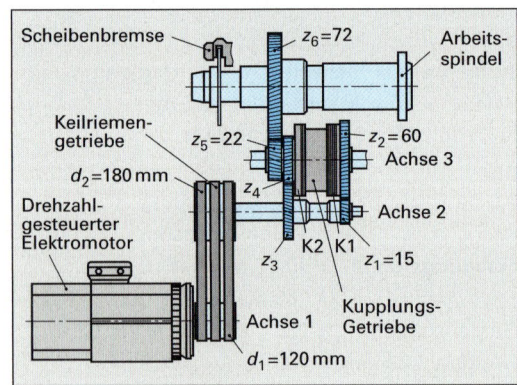

Gegeben: Durchmesser der Riemenscheiben und
Zähnezahlen der Zahnräder n_M = 1440/min

Gesucht: Drehzahl der Arbeitsspindel n_{AS}

Lösung:

Drehzahl Achse 2: $\frac{n_M}{n_2} = \frac{d_2}{d_1} \Rightarrow n_2 = n_M \cdot \frac{d_1}{d_2}$

$$n_2 = 1440/\text{min} \cdot \frac{120\ \text{mm}}{180\ \text{mm}} = 960/\text{min}$$

Drehzahl Achse 3: $\dfrac{n_2}{n_3} = \dfrac{z_2}{z_1}$ $\Rightarrow$ $n_3 = n_2 \cdot \dfrac{z_1}{z_2}$

$n_3 = 960/\text{min} \cdot \dfrac{15}{60} = 240/\text{min}$

Drehzahl Arbeitsspindel: $\dfrac{n_3}{n_{AS}} = \dfrac{z_6}{z_5}$ $\Rightarrow$ $n_{AS} = n_3 \cdot \dfrac{z_5}{z_6}$

$n_{AS} = 240/\text{min} \cdot \dfrac{22}{72} = \mathbf{73{,}3/min}$

5.4 Zahnradmaße

> **1 Ein Zahnrad soll 24 Zähne erhalten und nach Modul 2,5 mm gefräst werden (Bild). Wie groß werden der Teilkreisdurchmesser d, der Kopfkreisdurchmesser d_a und die Zahnhöhe h? Das Kopfspiel soll $c = 0{,}2 \cdot$ m betragen.**

Gegeben:
$z = 24$,
$m = 2{,}5$ mm,
$c = 0{,}2 \cdot$ m

Gesucht: d, d_a, h

Lösung:
Teilkreisdurchmesser:
$d = m \cdot z = 2{,}5 \text{ mm} \cdot 24 = \mathbf{60 \text{ mm}}$

Kopfkreisdurchmesser:
$d_a = m \cdot (z + 2) = 2{,}5 \text{ mm} \cdot (24 + 2) = \mathbf{65 \text{ mm}}$

Zahnhöhe:
$h = 2 \cdot m + c = 2 \cdot m + 0{,}2 \cdot m = 2{,}2 \cdot m$
$h = 2{,}2 \cdot 2{,}5 \text{ mm} = \mathbf{5{,}5 \text{ mm}}$

> **2 Der Achsenabstand a zweier Zahnräder (außenverzahnte Geradstirnräder) beträgt 107,5 mm (Bild). Das eine Zahnrad hat 32 Zähne und ist nach Modul 2,5 mm gefräst. Wie viel Zähne muss das andere Rad erhalten und wie groß werden Teilkreisdurchmesser und Kopfkreisdurchmesser?**

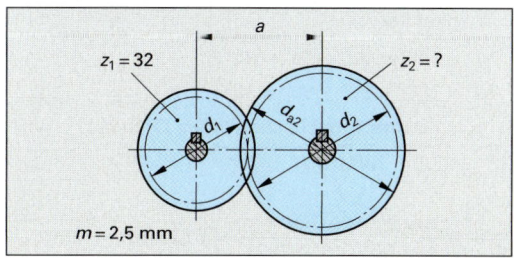

Gegeben: $a = 107{,}5$ mm; $z_1 = 32$; $m = 2{,}5$ mm

Gesucht: z_2, d_2 und d_{a2}

Lösung:

Achsabstand:

$a = \dfrac{m\,(z_1 + z_2)}{2}$ $\Rightarrow$ $z_1 + z_2 = \dfrac{2\,a}{m}$ $\Rightarrow$

$z_2 = \dfrac{2\,a}{m} - z_1 = \dfrac{2 \cdot 107{,}5 \text{ mm}}{2{,}5 \text{ mm}} - 32 = \mathbf{54 \text{ Zähne}}$

Teilkreisdurchmesser:
$d_2 = z_2 \cdot m = 54 \cdot 2{,}5 \text{ mm} = \mathbf{135 \text{ mm}}$

Kopfkreisdurchmesser:
$d_{a2} = d_2 + 2\,m = 135 \text{ mm} + 2 \cdot 2{,}5 \text{ mm} = \mathbf{140 \text{ mm}}$

5.5 Elektromotoren

> **1 Auf dem Leistungsschild eines Drehstromasynchronmotors sind seine Kenndaten angegeben (Bild).**
> **Es ist zu ermitteln:**
> **a) Die vom Motor aus dem Stromnetz aufgenommene Leistung**
> **b) Der Wirkungsgrad des Motors**
> **c) Die Drehzahl des Motors**

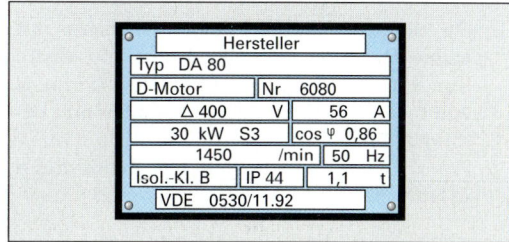

Gegeben: $U = 400$ V; $I = 56$ A; $P_N = 30$ kW;
        $\cos \varphi = 0{,}86$

Gesucht: P_1; η
Lösung:

a) $P_1 = \sqrt{3} \cdot U \cdot I \cdot \cos \varphi$

   $= \sqrt{3} \cdot 400 \text{ V} \cdot 56 \text{ A} \cdot 0{,}86 = \mathbf{33{,}37 \text{ kW}}$

b) $\eta = \dfrac{P_N}{P_1} = \dfrac{30 \text{ kW}}{33{,}37 \text{ kW}} = 0{,}899 \approx \mathbf{90\%}$

c) $n = \mathbf{1450 \text{ 1/min}}$

6 Berechnungen zur Hydraulik und Pneumatik

1 In einem Hydraulikzylinder bewegt sich ein Kolben mit 35 mm Außendurchmesser (Bild). Die Kolbenstange hat einen Durchmesser von 20 mm. Wie groß wird die Kolbengeschwindigkeit im Vor- und Rückhub, wenn der Volumenstrom $Q = 4$ l/min beträgt?

Gegeben:

$D = 35$ mm; $d = 20$ mm;

$Q = 4$ l/min $= 4 \dfrac{dm^3}{min}$

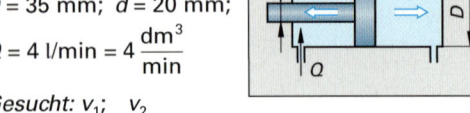

Gesucht: v_1; v_2

Lösung:

$$v = \frac{Q}{A}; \quad A_1 = \frac{\pi \cdot D^2}{4}; \quad A_2 = \frac{\pi \cdot (D^2 - d^2)}{4}$$

$$A_1 = \frac{\pi \cdot (35\ mm^2)}{4} \approx 962\ mm^2 \approx 0,0962\ dm^2$$

$$A_2 = \frac{\pi \cdot (35^2\ mm^2 - 20^2\ mm^2)}{4} \approx 647,95\ mm^2$$

$$\approx 0,0648\ dm^2$$

$$v_1 \approx \frac{4\ dm^3/min}{0,0962\ dm^2} \approx 41,6\ dm/min \approx \mathbf{4,16\ \frac{m}{min}}$$

$$v_2 \approx \frac{4\ dm^3/min}{0,0648\ dm^2} \approx 61,7\ dm/min \approx \mathbf{6,17\ \frac{m}{min}}$$

2 Ein einfachwirkender Pneumatikzylinder mit einem Durchmesser von 50 mm und einem Hub von 115 mm wird mit einem Überdruck von 6 bar und einer Hubzahl von 55/min betätigt.
Wie viel Liter unverdichtete Luft benötigt der Zylinder pro Minute?

Gegeben: $D = 50$ mm; $s = 115$ mm; $p_e = 6$ bar; $n = 55$/min

Gesucht: Q

Lösung: $Q = A \cdot s \cdot n \cdot \dfrac{p_e + p_{amb}}{p_{amb}}$

mit $A = \dfrac{\pi \cdot D^2}{4} = \dfrac{\pi \cdot (50\ mm)^2}{4} \approx 1963,5\ mm^2$

$Q = 1963,5\ mm^2 \cdot 115\ mm \cdot 55\ \dfrac{1}{min} \cdot \dfrac{6\ bar + 1\ bar}{1\ bar}$

$\mathbf{Q} = 86933963\ \dfrac{mm^3}{min} \approx 86,9\ \dfrac{dm^3}{min} \approx \mathbf{86,9\ \dfrac{l}{min}}$

3 Welchen Durchmesser muss ein Hydraulikkolben haben, der bei einem Druck von 100 bar und einem Wirkungsgrad von 80% eine Kraft von 40 kN erzeugen soll?

Gegeben: $p_e = 100$ bar; $F = 40$ kN; $\eta = 0,8$

Gesucht: D

Lösung: $F = p_e \cdot A \cdot \eta$

$$\Rightarrow A = \frac{F}{p_e \cdot \eta} = \frac{40000\ N}{1000\ N/cm^2 \cdot 0,8} = 50\ cm^2$$

mit $A = \dfrac{\pi \cdot D^2}{4} \Rightarrow D = \sqrt{\dfrac{4 \cdot A}{\pi}}$

$$D = \sqrt{\frac{4 \cdot 50\ cm^2}{\pi}} \approx \mathbf{7,98\ cm} \approx \mathbf{79,8\ mm}$$

7 Berechnungen zur CNC-Technik

1 Die im Bild gezeigte Platte soll auf einer numerisch gesteuerten Werkzeugmaschine gefertigt werden.
a) Wie groß sind die fehlenden Winkel und Maße?
b) Wie lauten die rechtwinkligen Koordinaten der Punkte P_1, P_2, P_3, P_4?

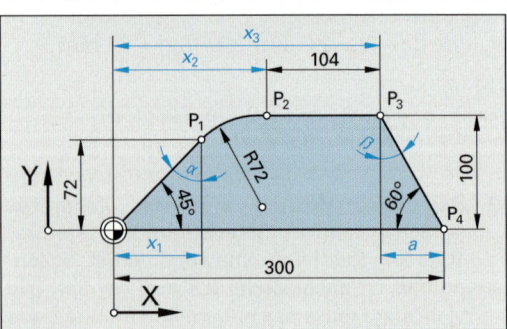

Lösung:
a) *Hinweis:* In einem Dreieck ist die Summe der Winkel 180°.

$\alpha = 180° - 90° - 45° = \mathbf{45°}$

$\beta = 180° - 90° - 60° = \mathbf{30°}$

$x_1 = \mathbf{72\ mm}$ (gleichschenkliges Dreieck)

$\tan 60° = \dfrac{100\ mm}{a} \Rightarrow$

$a = \dfrac{100\ mm}{\tan 60°} \approx \dfrac{100\ mm}{1,732} \approx \mathbf{57,7\ mm}$

x_2 = 300 mm − 104 mm − 57,7 mm

= **138,3 mm**

x_3 = 300 mm − 57,7 mm = **242,3 mm**

b) Rechtwinklige Koordinaten der Punkte gemäß Zeichnung und der Strecken aus a)

Punkte	Absolutmaße	
P_1	X 72	Y 72
P_2	X 138,3	Y 100
P_3	X 242,3	Y 100
P_4	X 300	Y 0

2 Die Punkte der Bodenplatte (Bild) sind in folgenden Koordinaten anzugeben:

   a) **Rechtwinklige Koordinaten im Absolut- und Inkrementalmaß**

   b) **Polarkoordinaten im Absolut- und Inkrementalmaß**

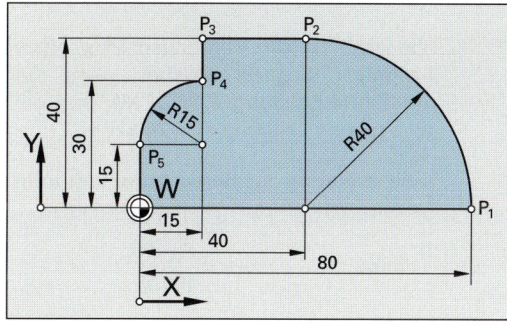

Lösung:

a) Rechtwinklige Koordinaten

Punkte	Absolutmaße		Ikrementalmaße	
P_1	X 80	Y 0	X 80	Y 0
P_2	X 40	Y 40	X − 40	Y 40
P_3	X 15	Y 40	X − 25	Y 0
P_4	X 15	Y 30	X 0	Y − 10
P_5	X 0	Y 15	X − 15	Y − 15

b) Polarkoordinaten
   (als Pol dient der Werkstücknullpunkt)

Punkte	Absolutmaße		Inkrementalmaße	
P_1	R 80	α 0	R 80	α 0
P_2	R 56,6	α 45	R 56,6	α 45
P_3	R 42,7	α 69,4	R 42,7	α 24,4
P_4	R 33,6	α 63,4	R 33,6	α −6
P_5	R 15	α 90	R 15	α 26,6

Erläuterung: Die Polarkoordinaten werden mit den Winkelfunktionen bestimmt. Beispiel Punkt P_2:

$$\tan \alpha = \frac{40 \text{ mm}}{40 \text{ mm}} = 1 \quad \Rightarrow \quad \alpha = \mathbf{45°}$$

$$\sin \alpha = \frac{40 \text{ mm}}{R_2} \quad \Rightarrow \quad R_2 = \frac{40 \text{ mm}}{\sin \alpha} \approx \frac{40 \text{ mm}}{0,707}$$

$$\approx \mathbf{56,6 \text{ mm}}$$

8 Berechnungen zur Elektrotechnik

1 Ein 800 m langer Kupferdraht hat einen elektrischen Widerstand von 5,6 Ω. Welchen Querschnitt hat der Draht?

Gegeben: l = 800 m; R = 5,6 Ω;   *Gesucht: A*

Nach Tabellenbuch ist: $\varrho_{Cu} = 0,00179 \dfrac{\Omega \cdot \text{mm}^2}{\text{m}}$

Lösung: $R = \dfrac{\varrho \cdot l}{A} \quad \Rightarrow \quad A = \dfrac{\varrho \cdot l}{R}$

$$A = \frac{0,0179 \ \Omega \cdot \text{mm}^2/\text{m} \cdot 800 \text{ m}}{5,6 \ \Omega} = \mathbf{2,557 \text{ mm}^2}$$

2 Der elektrische Widerstand der Lampe eines Kraftfahrzeugscheinwerfers beträgt 5 Ω. Welcher Strom fließt durch die Lampe, wenn diese von einer Batterie mit 12 V Spannung gespeist wird?

Gegeben: R = 5 Ω; U = 12 V;   *Gesucht: I*

Lösung: $I = \dfrac{U}{R} = \dfrac{12 \text{ V}}{5 \ \Omega} = \mathbf{2,4 \text{ A}}$

3 An einem Netzstecker mit 230 V Spannung sind mit einer Mehrsteckerleiste 3 Verbraucher mit 40 W, 75 W und 300 W parallel angeschlossen.

   a) **Welche Spannung herrscht an den einzelnen Verbrauchern?**

   b) **Welche Ströme fließen durch die einzelnen Verbraucher?**

Gegeben: U = 230 V; P_1 = 40 W; P_2 = 75 W
P_3 = 300 W

Gesucht: a) U_1, U_2, U_3 b) I_1, I_2, I_3

Lösung:

a) $U = U_1 = U_2 = U_3 = \mathbf{230 \text{ V}}$

b) $P = U \cdot I \quad \Rightarrow \quad I = \dfrac{P}{U}$; $I_1 = \dfrac{40 \text{ W}}{230 \text{ V}} \approx \mathbf{0,17 \text{ A}}$

$I_2 = \dfrac{75 \text{ W}}{230 \text{ V}} \approx \mathbf{0,33 \text{ A}};$ $I_3 = \dfrac{300 \text{ W}}{230 \text{ V}} \approx \mathbf{1,30 \text{ A}}$

4 Das Leistungsschild eines Heizofens enthält die Angaben: $U = 230$ V, $I = 2,4$ A. Wie groß ist die aus dem Netz aufgenommene elektrische Leistung P des Heizofens?

Gegeben: $U = 230$ V; $I = 2,4$ A

Gesucht: P

Grundformel: $P = U \cdot I$

$P = 230$ V $\cdot$ 2,4 A $= 552$ W $= \mathbf{0{,}552\ kW}$

5 Die Heizwicklung eines elektrisch beheizten Ölbads nimmt bei einer Spannung von 230 V einen Strom von 2 A auf. Wie groß ist der elektrische Widerstand der Heizwicklung und welche täglichen Stromkosten entstehen, wenn bei einem Tarif von 0,12 €/kWh täglich 8 Stunden geheizt wird?

Gegeben: $U = 230$ V; $I = 2$ A; Zeit $t = 8$ h
Tarif $= 0{,}12$ €/kWh

Gesucht: Widerstand R und Stromkosten

Lösung: $I = \dfrac{U}{R} \Rightarrow R = \dfrac{U}{I}$

$R = \dfrac{230\ \text{V}}{2\ \text{A}} = \mathbf{115\ \Omega}$

Stromkosten = Tarif x elektr. Leistung x Zeit
= Tarif $\cdot P \cdot t$

$P = U \cdot I = 230$ V $\cdot$ 2 A $= 460$ W $= 0{,}46$ kW

Stromkosten $= 0{,}12\ \dfrac{€}{\text{kWh}} \cdot 0{,}46$ kW $\cdot$ 8 h

$= \mathbf{0{,}44\ €}$

6 Von einem Wechselstrommotor sind folgende Werte bekannt: $U = 230$ V; $I = 16$ A; $\cos \varphi = 0{,}82$; $\eta = 87\%$.
Zu berechnen sind:
a) Die aus dem Stromnetz entnommene Leistung P_1.
b) Die vom Motor abgegebene Leistung P_2.

Lösung:

a) $P_1 = U \cdot I \cdot \cos \varphi$
$P_1 = 230$ V $\cdot$ 16 A $\cdot$ 0,82 $= \mathbf{3017{,}6\ W}$

b) $\eta = \dfrac{P_2}{P_1} \Rightarrow P_2 = \eta \cdot P_1$
$P_2 = 0{,}87 \cdot 3017{,}6$ W $= \mathbf{2625\ W}$

Testfragen zur technischen Mathematik

Dreisatz, Prozent- und Zinsrechnung

T 1 Vier Monteure benötigen für die Montage einer Werkzeugmaschine 9 Tage. Wie lange dauert die Arbeit, wenn ein Monteur ausfällt?

Die Montage dauert dann ...
a) 6,75 Tage   b) 12 Tage
c) 14,4 Tage   d) 15 Tage
e) 18 Tage

T 2 Die Ausbildungsvergütung wird von 320,– € auf 336,25 € erhöht. Wie viel Prozent Steigerung entspricht das?

a) 6,98%   b) 3,61%
c) 5,5%   d) 5,08%
e) 13,33%

T 3 Wie groß ist der Wirkungsgrad η eines 2-zähnigen Schneckentriebes, wenn die zugeführte Leistung $P_1 = 32$ kW und die abgegebene Leistung $P_2 = 24$ kW ist?

T 3.1 Welche Formel zur Berechnung von η (in Prozent) ist richtig?

a) $\eta = \dfrac{P_2}{P_1} \cdot 100\%$ b) $\eta = \dfrac{P_1 \cdot P_2}{100\ \%}$

c) $\eta = \dfrac{100\ \%}{P_1 \cdot P_2}$ d) $\eta = \dfrac{P_1}{100\ \% \cdot P_2}$

e) $\eta = \dfrac{P_1}{P_2} \cdot 100\%$

T 3.2 Welches Ergebnis für η ist richtig?

a) 13,3%   b) 72%
c) 75%   d) 87%
e) 96%

T 4 Wie viel Zinsen bringen 5600,– € Kapital in 9 Monaten, wenn der Zinssatz 6,5% beträgt?

T 4.1 Welche Formel zur Berechnung des Zinswertes ist richtig?

a) Zinswert $= \dfrac{\text{Kapital} \cdot \text{Zeit in Monaten} \cdot 12}{100 \cdot \text{Zinssatz}}$

b) Zinswert = $\dfrac{\text{Kapital} \cdot \text{Zinssatz} \cdot 12}{100 \cdot \text{Zeit in Monaten}}$

c) Zinswert = $\dfrac{\text{Zinssatz} \cdot \text{Zeit in Monaten} \cdot 12 \cdot 100}{\text{Kapital}}$

d) Zinswert = $\dfrac{\text{Zinssatz} \cdot 12 \cdot 100}{\text{Kapital} \cdot \text{Zeit in Monaten}}$

e) Zinswert = $\dfrac{\text{Kapital} \cdot \text{Zinssatz} \cdot \text{Zeit in Monaten}}{100 \cdot 12}$

| **T 4.2** | **Welches Ergebnis ist richtig?** |

a) 125,35 € 　　　b) 154,80 €
c) 273,00 € 　　　d) 485,33 €
e) 929,93 €

Physikalisch-technische Berechnungen

| **T 5** | **Stellen Sie die Formel nach p_2 um. Wie lautet das Ergebnis?** $\Delta V = \dfrac{V \cdot (p_1 - p_2)}{p_{amb}}$ |

a) $p_2 = p_{amb} - \dfrac{\Delta V}{V} \cdot p_1$

b) $p_2 = \dfrac{V \cdot (p_1 - p_{amb})}{\Delta V}$

c) $p_2 = p_1 - \dfrac{\Delta V}{V} \cdot p_{amb}$

d) $p_2 = (\Delta V \cdot p_{amb} - V \cdot p_1)$

e) $p_2 = (\Delta V \cdot p_{amb} - V \cdot p_1) \cdot V$

| **T 6** | **Wie groß ist der verbleibende Winkel, wenn ein Winkel von 16,57° um 9°52′45″ verkleinert wird?** |

| **T 6.1** | **Wie groß ist der Winkel 16,57° in Grad, Minuten und Sekunden ausgedrückt?** |

a) 16° 30′ 27″ 　　　b) 16° 34′ 12″
c) 16° 50′ 0,07″ 　　　d) 16° 50′ 7″
e) 16° 57′ 0″

| **T 6.2** | **Wie groß ist der verbleibende Winkel?** |

a) 6° 37′ 42″ 　　　b) 6° 41′ 27″
c) 6° 57′ 15,07″ 　　　d) 6° 57′ 22″
e) 7° 4′ 15″

| **T 7** | **Welcher Winkel ergibt sich, wenn die zwei Winkelendmaße 45° und 5′ mit ihren dünnen Enden zusammengeschoben und die 3 Winkelendmaße 3°, 40′ und 20″ mit ihren dicken Enden an die dünnen Enden der beiden ersten geschoben werden?** |

| **T 7.1** | **Welchen Winkel ergeben die 2 Endmaße?** |

a) 44° 51′ 　　　b) 45° 10′
c) 45° 5′ 　　　d) 45° 55′
e) 43° 55′

| **T 7.2** | **Welchen Winkel ergeben die 3 Endmaße?** |

a) 3° 20′ 　　　b) 3° 40′ 20″
c) 2° 39′ 44″ 　　　d) 20° 40′ 3″
e) 4°

| **T 7.3** | **Welchen Winkel ergeben die 5 Endmaße?** |

a) 48° 45′ 20″ 　　　b) 47° 15′ 40″
c) 42° 20′ 20″ 　　　d) 41° 24′ 40″
e) 41° 19′ 40″

| **T 8** | **Wie groß ist die Diagonale e eines Rechteckes in mm mit einer Länge $l = 84$ mm und einer Breite $b = 33$ mm?** |

| **T 8.1** | **Welche Formel dient zur Berechnung der Diagonalen e?** |

a) $e = \sqrt{(l + b)^2}$ 　　　b) $e = \sqrt{(l - b)^2}$

c) $e = \sqrt{2 \cdot l \cdot b}$ 　　　d) $e = \sqrt{l^2 - b^2}$

e) $e = \sqrt{l^2 + b^2}$

| **T 8.2** | **Welche eingesetzten Zahlenwerte sind richtig?** |

a) $e = \sqrt{(84 \text{ mm})^2 + (33 \text{ mm})^2}$

b) $e = \sqrt{(84 \text{ mm} + 33 \text{ mm})^2}$

c) $e = \sqrt{2 \cdot 84 \text{ mm} \cdot 33 \text{ mm}}$

d) $e = \sqrt{(84 \text{ mm} - 33 \text{ mm})^2}$

e) $e = \sqrt{(84 \text{ mm})^2 - (33 \text{ mm})^2}$

| **T 8.3** | **Welches gerundete Ergebnis für e ist richtig?** |

a) 71 mm 　　　b) 75 mm
c) 77 mm 　　　d) 90 mm
e) 117 mm

T 9   Die Fläche eines Trapezes beträgt 4080 mm², die kurze Seite $l_2 = 56$ mm und seine Breite $b = 60$ mm.

T 9.1   Welche Formel dient zum Berechnen der Fläche?

a) $A = \dfrac{l_1 + l_2}{b} \cdot 2$ b) $A = \dfrac{l_1 - l_2}{2 \cdot b}$

c) $A = \dfrac{l_1 - l_2}{b} \cdot 2$ d) $A = \dfrac{l_1 + b}{2} \cdot l_2$

e) $A = \dfrac{l_1 + l_2}{2} \cdot b$

T 9.2   Welche umgestellte Formel zum Berechnen von l_1 ist richtig?

a) $l_1 = \dfrac{2\,(l_2 - b)}{A}$ b) $l_1 = \dfrac{2\,(l_2 + b)}{A}$

c) $l_1 = \dfrac{A \cdot b}{2 \cdot l_2}$ d) $l_1 = \dfrac{A \cdot b}{2} - l_2$

e) $l_1 = \dfrac{2 \cdot A}{b} - l_2$

T 9.3   Welcher Wert für l_1 ist richtig?

a) 72 mm b)   80 mm
c) 96 mm d)   104 mm
e) 112 mm

T 10   Der Durchmesser D eines Hydraulikkolbens beträgt 72 mm. Welchen Durchmesser d muss die Kolbenstange erhalten, wenn die wirksame Kolbenringfläche $A = 3267$ mm² sein soll?

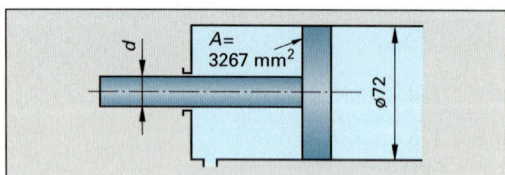

T 10.1   Nach welcher Formel wird die Kolbenringfläche (Kreisringfläche) A berechnet?

a) $A = \dfrac{\pi \cdot D^2}{4} - d^2$ b) $A = \dfrac{\pi \cdot D^2}{4} + d^2$

c) $A = \dfrac{\pi \cdot d^2}{4} - D^2$ d) $A = \dfrac{\pi}{4}\,(D^2 - d^2)$

e) $A = \dfrac{\pi}{4}\,(D^2 + d^2)$

T 10.2   Welche umgestellte Formel zur Berechnung des Kolbenstangendurchmessers d ist richtig?

a) $d = \dfrac{\pi}{4}\,\sqrt{D^2 - A}$ b) $d = \dfrac{4}{\pi}\,\sqrt{D^2 - A}$

c) $d = \sqrt{D^2 - \dfrac{4 \cdot A}{\pi}}$ d) $d = \sqrt{\dfrac{\pi \cdot D^2}{4} - A}$

e) $d = \sqrt{\dfrac{4 \cdot A}{\pi} - D^2}$

T 10.3   Welcher, auf volle mm gerundete Wert ergibt sich für den Durchmesser d der Kolbenstange?

a) 28 mm   b) 32 mm
c) 34 mm   d) 58 mm
e) 56 mm

T 11   Mit welcher Formel berechnet man das Volumen V eines Kegels der Grundfläche A und der Höhe h?

a) $V = 3 \cdot A \cdot h$ b) $V = 6 \cdot A \cdot h$

c) $V = A \cdot h$ d) $V = \dfrac{A \cdot h}{3}$

e) $V = 2 \cdot A \cdot h$

T 12   Eine Kugel aus Kupfer mit einem Durchmesser $d = 30$ mm besitzt in der Mitte eine durchgehende Bohrung mit $d_1 = 8$ mm. Wie groß sind das Volumen V und die Masse m, wenn für die Länge l der Bohrung der Kugeldurchmesser d eingesetzt wird?
(Dichte des Kupfers: $\varrho = 8{,}9$ g/cm³)

T 12.1   Nach welcher Formel wird das Volumen V der durchbohrten Kugel berechnet?

a) $V = \dfrac{\pi \cdot d^3}{4} - \dfrac{\pi \cdot d_1{}^2}{6} \cdot l$

b) $V = \dfrac{6 \cdot d^3}{\pi} - \dfrac{4 \cdot d_1{}^3}{\pi \cdot l}$

c) $V = \dfrac{4 \cdot d^3}{\pi} - \dfrac{d_1{}^2}{\pi \cdot 6} \cdot l$

d) $V = \dfrac{\pi \cdot d^2}{6} - \dfrac{d_1{}^2}{\pi \cdot 4} \cdot l$

e) $V = \dfrac{\pi \cdot d^3}{6} - \dfrac{\pi \cdot d_1{}^2}{4} \cdot l$

| **T 12.2** | **Welches Ergebnis für das Volumen V ist richtig?** |

a) 4,56 cm³

b) 12,63 cm³

c) 34,28 cm³

d) 49,12 cm³

e) 20,2 cm³

| **T 12.3** | **Nach welcher Formel wird die Masse m der Kugel berechnet?** |

a) $m = V + \varrho$

b) $m = V - \varrho$

c) $m = \dfrac{V}{\varrho}$

d) $m = V \cdot \varrho$

e) $m = \dfrac{\varrho}{V}$

| **T 12.4** | **Welcher Wert ergibt sich für die Masse m in g?** |

a) 40,6 g

b) 112,40 g

c) 179,8 g

d) 305,1 g

e) 437,2 g

| **T 13** | **Ein Auto legt eine Strecke $s = 70$ km in der Zeit $t = 35$ min zurück.**
Wie groß ist die Geschwindigkeit v in km/h? |

| **T 13.1** | **Welche Formel dient zur Berechnung der Geschwindigkeit?** |

a) $v = \dfrac{s}{t}$

b) $v = \dfrac{t}{s}$

c) $v = t \cdot s$

d) $v = s - t$

e) $v = s + t$

| **T 13.2** | **Welches Ergebnis ist richtig?** |

a) 100 km/h

b) 110 km/h

c) 120 km/h

d) 130 km/h

e) 140 km/h

| **T 14** | **Ein Verbrennungsmotor mit einem Kolbenhub von 39 mm hat eine Drehzahl von 4200 1/min.** |

| **T 14.1** | **Welche Formel dient zur Berechnung der mittleren Kolbengeschwindigkeit?** |

a) $v_m = s \cdot n$

b) $v_m = \dfrac{s \cdot n}{2}$

c) $v_m = \dfrac{2 \cdot s}{n}$

d) $v_m = 2 \cdot s \cdot n$

e) $v_m = \dfrac{2 \cdot n}{s}$

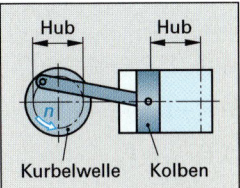

| **T 14.2** | **Wie groß ist die mittlere Kolbengeschwindigkeit v_m in m/s?** |

a) $v_m = 2,73$ m/s   b) $v_m = 1,37$ m/s

c) $v_m = 5,46$ m/s   d) $v_m = 0,001$ m/s

e) $v_m = 3,59$ m/s

| **T 15** | **Ein Kran hebt eine Maschine mit der Gewichtskraft $F_G = 22$ kN in der Zeit $t = 50$ s auf die Höhe $h = 4,5$ m.** |

| **T 15.1** | **Welche Arbeit wird dabei verrichtet?** |

a) 22 000 J   b) 24 450 J

c) 26 500 J   d) 90 000 J

e) 99 000 J

| **T 15.2** | **Wie groß ist die dabei wirksame Leistung am Lasthaken?** |

a) 0,530 kW   b) 1,800 kW

c) 1,900 kW   d) 1,980 kW

e) 20,000 kW

| **T 15.3** | **Welche Leistung muss vom Antriebsmotor abgegeben werden, wenn der Wirkungsgrad η des Krans 0,7 beträgt?** |

a) 0,760 kW   b) 12,2 kW

c) 2,83 kW   d) 1,43 kW

e) 3,2 kW

T 16 Ein zweiseitiger Hebel mit den Hebelarmen l_1 = 65 mm und l_2 = 520 mm wird am kurzen Hebelarm mit F_1 = 8000 N belastet. Welche Kraft F_2 muss am langen Hebelarm wirken, um das Gleichgewicht herzustellen?

T 16.1 Welche Grundformel ist anzuwenden?

a) $F_2 \cdot l_1 = F_1 \cdot l_2$

b) $F_1 - l_1 = F_2 - l_2$

c) $F_1 \cdot l_1 = F_2 \cdot l_2$

d) $F_1 + l_1 = F_2 + l_2$

e) $\dfrac{F_1}{l_1} = \dfrac{F_2}{l_2}$

T 16.2 Welche nach F_2 umgestellte Formel ist richtig?

a) $F_2 = \dfrac{F_1 \cdot l_1}{l_2}$ b) $F_2 = \dfrac{F_1 \cdot l_2}{l_1}$

c) $F_2 = \dfrac{l_1 \cdot l_2}{F_1}$ d) $F_2 = \dfrac{F_1 \cdot l_1}{l_2}$

e) $F_2 = \dfrac{F_1}{l_1 + l_2}$

T 16.3 Welches Ergebnis für die Kraft F_2 ist richtig?

a) 120 N   b) 900 N
c) 1000 N   d) 1150 N
e) 1200 N

T 17 Das Sperrelement eines Druckbegrenzungsventils wird mit einer Federkraft von 184,7 N geschlossen gehalten. Das kreisförmige Sperrelement hat einen beaufschlagten Durchmesser von 14 mm.

T 17.1 Wie groß ist die Querschnittsfläche des Sperrelements?

a) 138 mm²   b) 154 mm²
c) 184 mm²   d) 196 mm²
e) 314 mm²

T 17.2 Bei welchem Druck öffnet das Ventil?

a) 8,3 bar   b) 9,3 bar
c) 11,5 bar   d) 12,0 bar
e) 14,7 bar

T 18 Ein Werkstück aus Stahl mit einer Länge von 100 mm hat kurz nach der Bearbeitung eine Temperatur von 40 °C.
Wie groß ist der Messfehler, wenn es direkt nach der Bearbeitung mit einer Bügelmessschraube gemessen wird, die eine Temperatur von 20 °C hat?
Der thermische Längenausdehnungskoeffizient von Stahl ist: α_{St} = 0,000 012 /°C

a) 0,018 mm   b) 0,024 mm
c) 0,038 mm   d) 0,048 mm
e) 0,056 mm

T 19 Es soll eine Riemenscheibe aus der Legierung EN AW - Al Si12(a) mit einem Durchmesser von 480 mm durch Gießen gefertigt werden.
Welchen Durchmesser muss das Gussmodell der Riemenscheibe haben, wenn das Schwindmaß der verwendeten Al-Legierung 1,25 % beträgt?

a) 470 mm   b) 474 mm
c) 486 mm   d) 494 mm
e) 496 mm

Festigkeitsberechnungen

T 20 Ein Rundstab aus S235JRG2 (St37-2) mit der Streckgrenze R_e = 225 N/mm² und einem Durchmesser von 26 mm soll bei 1,8facher Sicherheit auf Zug belastet werden.
Mit welcher maximalen Zugkraft F_{zul} darf der Rundstab belastet werden?

T 20.1 Welche Formel dient zur Berechnung der zulässigen Zugbelastung?

a) $F_{zul} = S \cdot v$ b) $F_{zul} = \dfrac{\pi \cdot d^2}{4} \cdot R_e$

c) $F_{zul} = \dfrac{S}{R_e}$ d) $F_{zul} = \dfrac{\pi \cdot d^2}{4} \cdot \dfrac{R_e}{v}$

e) $F_{zul} = \dfrac{S \cdot v}{R_e}$

T 20.2 Welches Ergebnis für F_{zul} ist richtig?

a) 25,8 kN   b) 66,4 kN
c) 88,4 kN   d) 180,1 kN
e) 230,7 kN

T 21 | Auf den Kopf eines Schneidstempels mit der Fläche $A = 12$ mm x 18 mm wirkt die Schneidkraft $F = 21\,600$ N.

T 21.1 | Welche Formel dient zur Berechnung der Flächenpressung p?

a) $p = F \cdot A$ b) $p = \dfrac{A}{F}$

c) $p = \dfrac{F}{A}$ d) $p = \dfrac{F \cdot A}{2}$

e) $p = F + A$

T 21.2 | Welches Ergebnis für p ist richtig?

a)   10 N/mm²   b)   21,6 N/mm²
c)   100 N/mm²   d) 216   N/mm²
e) 1000 N/mm²

T 22 | Eine runde Zugstange aus E295 (St 50-2) mit der Streckgrenze $R_e = 285$ N/mm² und einer Breite von 25 mm wird mit 30 kN auf Zug beansprucht. Es soll 2-fache Sicherheit vorliegen.

T 22.1 | Wie lautet die Formel zur Berechnung der zulässigen Zugspannung?

a) $\sigma_{z\,zul} = \dfrac{R_e}{\nu}$ b) $\sigma_{z\,zul} = R_e \cdot \nu$

c) $\sigma_{z\,zul} = \dfrac{\nu}{R_e}$ d) $\sigma_{z\,zul} = \tau \cdot \nu$

e) $\sigma_{z\,zul} = \dfrac{\tau}{\nu}$

T 22.2 | Wie groß ist die zulässige Zugspannung?

a)   80   N/mm²   b) 100 N/mm²
c) 142,5 N/mm²   d) 190 N/mm²
e) 500   N/mm²

T 22.3 | Wie lautet die Formel zur Berechnung des erforderlichen Querschnitts?

a) $S = \dfrac{\sigma_{z\,zul}}{F}$ b) $S = \dfrac{F}{\sigma_{z\,zul} \cdot \nu}$

c) $S = F \cdot \sigma_{z\,zul}$ d) $S = \dfrac{F \cdot \nu}{\sigma_{z\,zul}}$

e) $S = \dfrac{F}{\sigma_{z\,zul}}$

T 22.4 | Wie dick muss die Zugstange sein?

a) 2,5 mm   b) 8,42 mm
c) 9,6 mm   d) 12,30 mm
e) 14,1 mm

Fertigungstechnik

T 23 | Für die Passung 90H7/j6 sind die Grenzabmaße für H7 = 0 μm und +35 μm, für j6 = +13 μm und –9 μm.

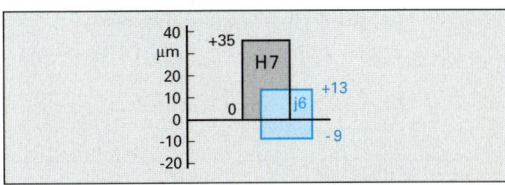

T 23.1 | Wie groß ist das Höchstübermaß?

a) –9 μm   b) –13 μm
c) –22 μm   d) –35 μm
e) –44 μm

T 23.2 | Wie groß ist das Höchstspiel?

a) 0   b) 9 μm
c) 13 μm   d) 44 μm
e) 48 μm

T 24 | Aus einem 2 mm dicken Blech soll das gezeigte Winkelblech gefertigt werden.

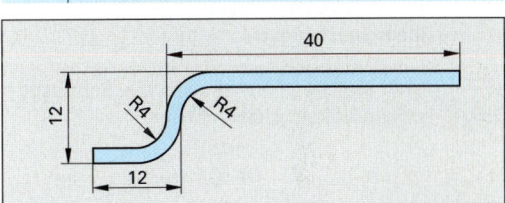

T 24.1 | Wie groß ist der Ausgleichswert v in mm nach DIN 6935? (aus Tabellenbuch)

a) 3,7   b) 4,2
c) 4,5   d) 4,9
e) 5,9

T 24.2 | Wie lautet die Formel zur Berechnung der gestreckten Länge?

a) $L = a + b + c + n \cdot v$ b) $L = a + b - c - n \cdot v$
c) $L = a \cdot b \cdot c - n \cdot v$ d) $L = a - b + c + n \cdot v$
e) $L = a + b + c - n \cdot v$

T 24.3 | Wie groß ist die gestreckte Länge?

a) 44 mm   b) 48,5 mm
c) 51 mm   d) 53,5 mm
e) 55 mm

T 25   Aus einem Blechstreifen sollen die gezeigten Formstücke zweireihig ausgeschnitten werden.

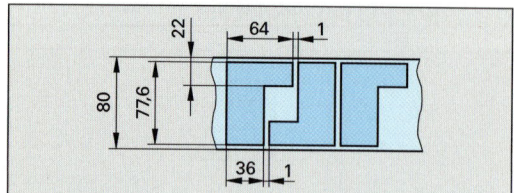

T 25.1   Wie groß ist der Streifenvorschub?

a) 65 mm   b) 102 mm
c) 104 mm   d) 128 mm
e) 130 mm

T 25.2   Wie groß ist der Ausnutzungsgrad?

a) 72,7%   b) 82,8%
c) 75,4%   d) 83,6%
e) 81,3%

T 26   Wie hoch darf die Drehzahl n_s einer Schleifscheibe mit $d_s = 250$ mm sein, wenn die Schnittgeschwindigkeit $v_c = 30$ m/s nicht überschreiten darf?

T 26.1   Nach welcher Formel wird die Schnittgeschwindigkeit v_c berechnet?

a) $v_c = \cdot\, d_s \cdot n_s$ b) $v_c = \dfrac{d_s}{\pi \cdot n_s}$

c) $v_c = \dfrac{\pi \cdot d_s}{n_s}$ d) $v_c = d_s + \pi \cdot n_s$

e) $v_c = \dfrac{\pi \cdot n_s}{d_s}$

T 26.2   Wie ist die Formel nach n_s richtig umgestellt und wo sind die richtigen Zahlen eingesetzt?

a) $n_s = 1800$ m/min $\cdot\, \pi \cdot 0{,}25$ m

b) $n_s = \dfrac{1800 \text{ m/min}}{\pi \cdot 0{,}25 \text{ m}}$ c) $n_s = \dfrac{\pi \cdot 1800 \text{ m/min}}{0{,}25 \text{ m}}$

d) $n_s = \dfrac{1800 \text{ m/min}}{\pi + 0{,}25 \text{ m}}$

e) $n_s = \dfrac{1800 \text{ m/min} \cdot 0{,}25 \text{ m}}{\pi}$

T 26.3   Wie groß ist die gerundete Drehzahl n_s in der Einheit 1/min?

a) 1440/min   b) 2292/min
c) 3920/min   d) 4000/min
e) 6400/min

T 27   Ein Werkstück aus Stahlguss wird auf einer Drehmaschine bei einem Vorschub von 0,6 mm und einer Spanungstiefe von 3 mm mit einer Schnittgeschwindigkeit von 120 m/min gedreht. Der Wirkungsgrad der Maschine beträgt 70%, die spezifische Schnittkraft $k_c = 1800$ N/mm².

T 27.1   Wie groß ist die Schnittleistung?

a) 4830 W   b) 5220 W
c) 5735 W   d) 6216 W
e) 6480 W

T 27.2   Wie groß ist die Antriebsleistung des Motors?

a) 6216 W   b) 8190 W
c) 8822 W   d) 9257 W
e) 9863 W

T 28   Eine kegelige Bohrung hat folgende Maße: $D = 52$ mm, $L = 125$ mm, $C = 1{:}20$.

T 28.1   Welche Grundformel zur Berechnung der Verjüngung C ist richtig?

a) $C = \dfrac{D - L}{d}$ b) $C = \dfrac{D - d}{L}$

c) $C = \dfrac{d - L}{D}$ d) $C = \dfrac{L - d}{D}$

e) $C = \dfrac{D - d}{2 \cdot L}$

T 28.2   Mit welcher Formel berechnet man den Durchmesser d, auf den höchstens vorgebohrt werden darf?

a) $d = \dfrac{D - L}{C}$

b) $d = D - 2 \cdot L \cdot C$
c) $d = D \cdot C + L$
d) $d = L - D \cdot C$
e) $d = D - C \cdot L$

| T 28.3 | Welches Ergebnis für *d* ist richtig? |

a) 51,86 mm   b) 48,8 mm

c) 45,75 mm   d) 42,6 mm

e) 39,5 mm

| T 29 | An eine Welle mit *D* = 24 mm Durchmesser und einer Länge von L_W = 300 mm soll durch Reitstockverstellung ein Kegel mit einer Länge *L* = 120 mm und einem kleinen Durchmesser *d* = 20 mm gedreht werden. |

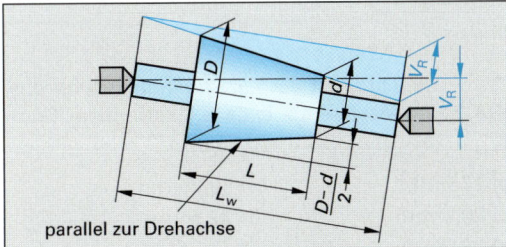

parallel zur Drehachse

| T 29.1 | Wie groß ist die Kegelverjüngung *C*? |

a) 1 : 27,3   b) 1 : 30

c) 1 : 40   d) 1 : 50

e) 1 : 54,5

| T 29.2 | Wie groß ist die Reitstockverstellung? |

a) 0,8 mm   b) 3,2 mm

c) 5 mm   d) 5,5 mm

e) 8,8 mm

| T 29.3 | Wie lautet die Grundformel zur Berechnung der höchstzulässigen Reitstockverstellung $V_{R\,max}$? |

a) $V_{R\,max} = \dfrac{C}{2} \cdot L_W$

b) $V_{R\,max} = \dfrac{L_W}{50}$

c) $V_{R\,max} = \dfrac{L_W}{25}$

d) $V_{R\,max} = \dfrac{C}{2} \cdot L$

e) $V_{R\,max} = \dfrac{C}{2} \cdot L \cdot L_W$

| T 29.4 | Wie groß ist die höchstzulässige Reitstockverstellung? |

a) 4 mm   b) 5 mm

c) 6 mm   d) 7 mm

e) 8 mm

| T 30 | In einer Welle sollen 2 Nuten, die um einen Winkel *α* = 29°15′ zueinander versetzt sind, mit Hilfe des indirekten Teilens gefräst werden. Übersetzungsverhältnis des Teilkopfes *i* = 40 : 1; die Lochscheibe hat 15, 16, 17, 18, 19 und 20 Löcher. |

| T 30.1 | Welche Formel zum Berechnen der Teilkurbelumdrehungen n_K ist richtig? |

a) $n_K = \dfrac{i}{360° \cdot \alpha}$ b) $n_K = \dfrac{360° \cdot \alpha}{i}$

c) $n_K = \dfrac{i}{\alpha}$ d) $n_K = \dfrac{\alpha}{9°}$

e) $n_K = \dfrac{9°}{\alpha}$

| T 30.2 | Durch welchen unechten Bruch lässt sich der Winkel 29° 15′ in Grad ausdrücken? |

a) $\dfrac{82°}{3}$ b) $\dfrac{117°}{4}$

c) $\dfrac{146°}{5}$ d) $\dfrac{175°}{6}$

e) $\dfrac{233°}{8}$

| T 30.3 | Welche beiden Ergebnisse für n_K sind richtig? |

a) $2\dfrac{5}{15}$ und $2\dfrac{6}{18}$

b) $2\dfrac{9}{18}$ und $2\dfrac{10}{20}$

c) $3\dfrac{12}{16}$ und $3\dfrac{15}{20}$

d) $3\dfrac{4}{16}$ und $3\dfrac{5}{20}$

e) $3\dfrac{3}{15}$ und $3\dfrac{4}{20}$

T 31 Eine Welle aus S235JRG2 (St 37-2) mit $d = 40$ mm und $l = 1,2$ m wird mit einer Drehzahl $n = 318$/min überdreht. Der Vorschub f je Umdrehung beträgt 0,8 mm.

T 31.1 Welche Formel dient zur Berechnung der Hauptnutzungszeit t_h?

a) $t_h = \dfrac{L \cdot f}{i \cdot n}$
b) $t_h = \dfrac{i \cdot n}{L \cdot f}$

c) $t_h = \dfrac{L \cdot i}{f \cdot n}$
d) $t_h = \dfrac{f \cdot i}{L \cdot n}$

e) $t_h = \dfrac{f \cdot n}{L \cdot i}$

T 31.2 Welche Hauptnutzungszeit wird für einen Schnitt benötigt?

a) 3 min
b) 4,7 min
c) 6,5 min
d) 8,5 min
e) 8,7 min

T 32 In eine Welle ist eine geschlossene Nut für eine Passfeder (Form A, rundstirnig) von 70 mm Länge und 18 mm Breite zu fräsen. Die Wellennut ist 7 mm tief. Die Zustellung je Schnitt beträgt $a = 0,5$ mm und die Vorschubgeschwindigkeit $v_f = 140$ mm/min.

T 32.1 Wie groß ist der Fräsweg L?

a) 52 mm
b) 61 mm
c) 70 mm
d) 79 mm
e) 88 mm

T 32.2 Welche Formel dient zur Berechnung der Hauptnutzungszeit t_h?

a) $t_h = L \cdot i \cdot v_f$
b) $t_h = \dfrac{L \cdot v_f}{i}$

c) $t_h = \dfrac{i \cdot v_f}{L}$
d) $t_h = \dfrac{v_f}{L \cdot i}$

e) $t_h = \dfrac{L \cdot i}{v_f}$

T 32.3 Welches Ergebnis für t_h ist richtig?

a) 0,2 min
b) 0,37 min
c) 3,2 min
d) 5,2 min
e) 37,7 min

Maschinenelemente

T 33 Für ein Trapezgewinde errechnet sich der Kerndurchmesser d_3 des Bolzengewindes, wenn vom Außendurchmesser d die Steigung P und das doppelte Spitzenspiel a_c subtrahiert werden.

T 33.1 Wie lässt sich diese Aussage durch eine Formel ausdrücken?

a) $d_3 = d - P + 2 \cdot a_c$
b) $d_3 = d - (P + 2 \cdot a_c)$
c) $d_3 = d - 2 \cdot P \cdot a_c$
d) $d_3 = d - (P - 2 \cdot a_c)$
e) $d_3 = d - P - 2 - a_c$

T 33.2 Wie groß ist der Kerndurchmesser für das Trapezgewinde Tr 28 x 5 mit einem Spitzenspiel von $a_c = 0,25$ mm?

a) 17,5 mm
b) 19,25 mm
c) 20,5 mm
d) 22,5 mm
e) 23,5 mm

T 34 Die Gesamtübersetzung eines Riementriebes mit doppelter Übersetzung soll 1 : 15 betragen.

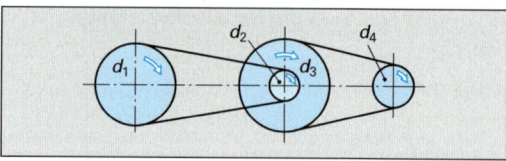

T 34.1 Welche Formel für das Gesamtübersetzungsverhältnis ist richtig?

a) $i = \dfrac{d_2 \cdot d_4}{d_1 \cdot d_3}$
b) $i = \dfrac{d_2 \cdot d_3}{d_1 \cdot d_4}$

c) $i = \dfrac{d_1 \cdot d_2}{d_3 \cdot d_4}$
d) $i = \dfrac{d_1 \cdot d_3}{d_2 \cdot d_4}$

e) $i = \dfrac{d_1 \cdot d_4}{d_2 \cdot d_3}$

T 34.2 Wie groß muss die letzte getriebene Scheibe d_4 sein, wenn $d_1 = 400$ mm, $d_2 = 100$ mm und $d_3 = 450$ mm ist?

a) 60 mm
b) 75 mm
c) 120 mm
d) 180 mm
e) 270 mm

T 35 Ein Zahnrädertrieb soll eine Abtriebsdrehzahl von $n_2 = 60/min$ liefern. Die Drehzahl des treibenden Zahnrades ist $n_1 = 120/min$, seine Zähnezahl $z_1 = 40$.

T 35.1 Wie lautet die Grundformel zur Berechnung des Zahnrädertriebes?

a) $n_1 : z_1 = z_2 : n_2$ b) $n_1 : n_2 = z_1 : z_2$

c) $n_1 \cdot z_2 = n_2 \cdot z_1$ d) $n_1 \cdot n_2 = z_1 \cdot z_2$

e) $n_1 \cdot z_1 = n_2 \cdot z_2$

T 35.2 Nach welcher umgestellten Formel wird z_2 berechnet?

a) $z_2 = \dfrac{n_1 \cdot z_1}{n_2}$ b) $z_2 = \dfrac{n_2 \cdot z_1}{n_1}$

c) $z_2 = \dfrac{n_1 \cdot n_2}{z_1}$ d) $z_2 = \dfrac{z_1}{n_1 \cdot z_2}$

e) $z_2 = \dfrac{n_1}{n_2 \cdot z_1}$

T 35.3 Welche Zähnezahl z_2 muss das Abtriebs-Zahnrad haben?

a) 20   b) 45   c) 60

d) 80   e) 90

T 36 Bei einem Zahnrädertrieb (Bild) mit doppelter Übersetzung läuft das erste treibende Rad mit einer Drehzahl $n_1 = 900 \ /min$, das letzte getriebene Rad mit einer Drehzahl $n_4 = 120 \ /min$. Das Übersetzungsverhältnis i_1 des ersten Räderpaares ist 2,5 : 1.

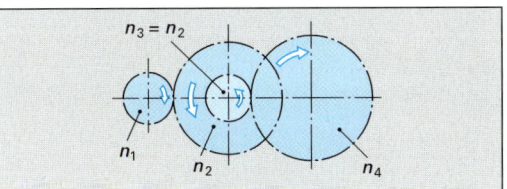

$n_3 = n_2$

n_1 n_2 n_4

T 36.1 Nach welcher Formel wird das Gesamt-Übersetzungsverhältnis i berechnet?

a) $i = \dfrac{n_1}{n_4}$ b) $i = \dfrac{n_4}{n_1}$

c) $i = \dfrac{n_1}{n_4 \cdot i_1}$ d) $i = \dfrac{n_1 \cdot i_1}{n_4}$

e) $i = \dfrac{n_4 \cdot i_1}{n_1}$

T 36.2 Welcher Wert für i ist richtig?

a) 0,333 : 1   b) 3 : 1

c) 0,133 : 1   d) 7,5 : 1

e) 9 : 1

T 36.3 Nach welcher Formel berechnet man das Teilübersetzungsverhältnis i_2?

a) $i_2 = \dfrac{n_1}{n_4 \cdot i}$ b) $i_2 = \dfrac{n_1}{n_4}$

c) $i_2 = \dfrac{n_4}{n_1}$ d) $i_2 = \dfrac{i}{i_1}$

e) $i_2 = \dfrac{i_1}{i}$

T 36.4 Welches Ergebnis für i_2 ist richtig?

a) 0,333 : 1   b) 0,133 : 1

c) 1 : 1   d) 7,5 : 1

e) 3 : 1

T 37 Eine Schnecke mit $z_1 = 3$ Zähnen (Gängen) treibt ein Schneckenrad mit $z_2 = 96$ Zähnen (Bild). Das Schneckenrad soll eine Drehzahl $n_2 = 90/min$ erhalten.

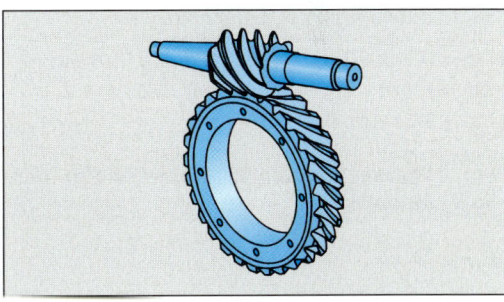

T 37.1 Nach welcher Formel wird die Drehzahl n_1 des Schneckentriebs berechnet?

a) $n_1 = \dfrac{n_2 \cdot z_2}{z_1}$ b) $n_1 = \dfrac{z_1 \cdot z_2}{n_2}$

c) $n_1 = \dfrac{n_2 \cdot z_1}{z_2}$ d) $n_1 = \dfrac{n_2}{z_1 \cdot z_2}$

e) $n_1 = \dfrac{z_2}{n_2 \cdot z_1}$

T 37.2 Wie groß muss die Drehzahl der Schnecke n_1 sein?

a) $2820 \dfrac{1}{\text{min}}$ b) $2880 \dfrac{1}{\text{min}}$

c) $3100 \dfrac{1}{\text{min}}$ d) $3200 \dfrac{1}{\text{min}}$

e) $3520 \dfrac{1}{\text{min}}$

T 37.3 Welche Formel dient zum Berechnen des Übersetzungsverhältnisses i?

a) $i = \dfrac{n_2}{n_1}$ b) $i = \dfrac{z_2}{z_1}$

c) $i = \dfrac{z_1}{z_2}$ d) $i = \dfrac{z_1 \cdot n_1}{z_2}$

e) $i = \dfrac{z_1 \cdot n_2}{z_2}$

T 37.4 Welcher Wert für i ist richtig?

a) $0{,}036 : 1$ b) $0{,}031 : 1$
c) $9 : 1$ d) $28 : 1$
e) $32 : 1$

T 38 Ein Zahnrad mit $z = 48$ Zähnen und einem Kopfkreisdurchmesser von $d_a = 125$ mm soll gefräst werden.

T 38.1 Nach welcher Formel wird der Kopfkreisdurchmesser d_a berechnet?

a) $d_a = m \cdot (z + 2)$ b) $d_a = 2 \cdot (m + z)$
c) $d_a = z \cdot (m + 2)$ d) $d_a = 2 \cdot m + z$
e) $d_a = 2 \cdot z + m$

T 38.2 Welche umgestellte Formel ergibt den Modul m?

a) $m = \dfrac{d_a - 2}{z}$ b) $m = \dfrac{d_a + 2}{z}$

c) $m = \dfrac{d_a - z}{2}$ d) $m = \dfrac{d_a}{z + 2}$

e) $m = \dfrac{d_a}{z - 2}$

T 38.3 Nach welchem Modul ist das Zahnrad gefräst?

a) $m = 1{,}5$ mm   b) $m = 2{,}5$ mm
c) $m = 3$ mm   d) $m = 4$ mm
e) $m = 5$ mm

T 39 Zwei außenverzahnte Geradstirnräder, die nach Modul $m = 3$ mm gefräst sind, haben einen Achsabstand von $a = 135$ mm. Das erste Rad hat $z_1 = 36$ Zähne.

T 39.1 Nach welcher Formel wird der Achsabstand a berechnet?

a) $a = \dfrac{2 \cdot (z_1 + z_2)}{m}$

b) $a = \dfrac{z_1 + z_2}{2\,m}$

c) $a = \dfrac{2 \cdot (z_1 + m)}{z_2}$

d) $a = \dfrac{z_1 \, (z_2 + 2)}{m}$

e) $a = \dfrac{m \, (z_1 + z_2)}{2}$

T 39.2 Welche umgestellte Formel dient zum Berechnen von z_2?

a) $z_2 = \dfrac{2 \cdot a}{m} - z_1$

b) $z_2 = \dfrac{2 \cdot z_1}{m} - a$

c) $z_2 = \dfrac{a - z_1}{2\,m}$

d) $z_2 = \dfrac{2\,a}{z_1} - m$

e) $z_2 = \dfrac{2 \cdot (a - m)}{z_1}$

T 39.3 Welche Zähnezahl für z_2 ist richtig?

a) 27
b) 45
c) 54
d) 63
e) 72

T 40 Ein Elektromotor, der aus dem Stromnetz eine Leistung von $P_1 = 0{,}8$ kW aufnimmt, treibt eine Ölpumpe an.

Der Wirkungsgrad des Elektromotors beträgt $\eta_1 = 85\%$, der Pumpenwirkungsgrad $\eta_2 = 80\%$.

T 40.1 Welche Formel dient zur Berechnung der Abgabeleistung der Ölpumpe?

a) $P_2 = P_1 \cdot \dfrac{\eta_1}{\eta_2}$

b) $P_2 = P_1 \cdot \dfrac{\eta_2}{\eta_1}$

c) $P_2 = P_1 \cdot \dfrac{\eta_1}{P_1 \cdot \eta_2}$

d) $P_2 = P_1 \cdot \eta_1 \cdot \eta_2$

e) $P_2 = \dfrac{\eta_2}{P_1 \cdot \eta_2}$

T 40.2 Wie groß ist die Leistungsabgabe P_2 der Ölpumpe?

a) 0,362 kW
b) 0,544 kW
c) 0,753 kW
d) 0,850 kW
e) 0,986 kW

Hydraulik und Pneumatik

T 41 Ein doppeltwirkender Pneumatikkolben mit einem Außendurchmesser von 50 mm und einem Kolbenstangendurchmesser von 20 mm wird bei einem Überdruck von 6 bar und einem Wirkungsgrad von 80% betrieben.

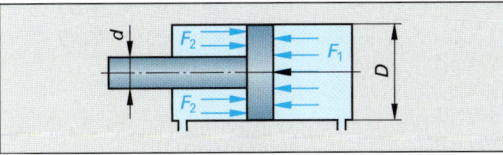

T 41.1 Welche Grundformel dient zur Berechnung der Kolbenkräfte?

a) $F = \dfrac{\eta}{A \cdot p_e}$

b) $F = \dfrac{p_e \cdot A}{\eta}$

c) $F = \dfrac{p_e \cdot \eta}{A}$

d) $F = \dfrac{F}{p_e \cdot \eta}$

e) $F = p_e \cdot A \cdot \eta$

T 41.2 Wie groß ist die Kolbenkraft F_1?

a) 724 N
b) 896 N
c) 942 N
d) 1024 N
e) 1178 N

T 41.3 Wie groß ist die Rückzugskraft F_2?

a) 775 N
b) 792 N
c) 935 N
d) 1025 N
e) 1200 N

T 42 Eine hydraulisrhe Presse hat einen Pumpkolben mit einer Fläche von 6,4 cm² und einen Presskolben mit einer Fläche von 286 cm² (Bild).

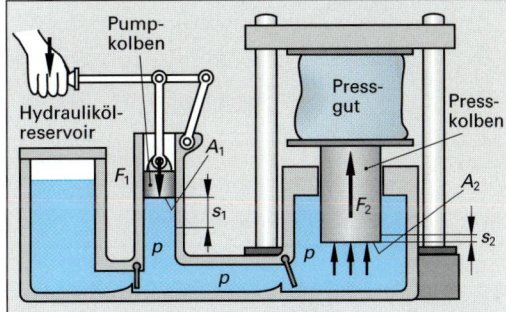

T 42.1 Welche Formel dient zur Berechnung der Kolbenkräfte?

a) $\dfrac{F_1}{F_2} = \dfrac{A_2}{A_1}$

b) $\dfrac{F_2}{F_1} = A_2 \cdot A_1$

c) $F_1 \cdot F_2 = A_1 \cdot A_2$

d) $\dfrac{F_2}{F_1} = \dfrac{A_2}{A_1}$

e) $\dfrac{F_1}{F_2} = A_1 \cdot A_2$

T 42.2 Mit welcher Kraft muss am Pumpkolben gedrückt werden, um am Presskolben eine Kraft von 1400 N zu erzeugen?

a) 31,3 N
b) 62,6 N
c) 24,1 N
d) 56,8 N
e) 82,6 N

CNC-Technik

T 43 An der abgebildeten Welle soll eine Fase vom Punkt P_1 nach P_2 angedreht werden. Wie lauten die Koordinaten im Absolutmaß für den Punkt P_1? (X ≙ Durchmesser)

a) X 0   Z 0
b) X 0   Z – 12
c) X – 36   Z 0
d) X – 24   Z – 12
e) X – 60   Z – 12

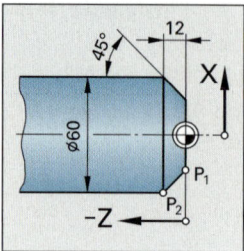

T 44 Das gezeigte Werkstück soll auf einer CNC-Drehmaschine gefertigt werden.

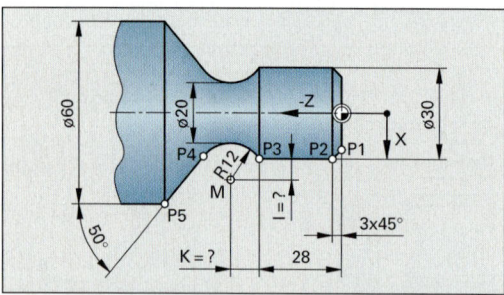

T 44.1 Wie lauten die Koordinaten im Absolutmaß für den Punkt P_4? (X ≙ Durchmesser)

a) X 25   Z – 45,4   b) X 25,6   Z – 447
c) X 28,6   Z – 46,9   d) X 29,3   Z – 44,2
e) X 30   Z – 42,7

T 44.2 Wie lauten die Koordinaten I und K des Mittelpunktes M für den Radius R12?

a) I 5   K – 12   b) I 7   K – 9,7
c) I 7,7   K – 7,7   d) I 9,2   K – 7
e) I 12   K – 5

T 45 Das gezeigte Werkstück (Bild rechts oben) soll auf einer CNC-Drehmaschine gefertigt werden.
Zur Erstellung des Programms sind für die Punkte P1 bis P5 die Koordinatenmaße im Inkrementalmaß anzugeben. Welcher Punkt wurde falsch berechnet?

a) P1: X 19   Z 0
b) P2: X – 4   Z – 20
c) P3: X 0   Z – 22
d) P4: X – 6   Z 0
e) P5: X 0   Z 13

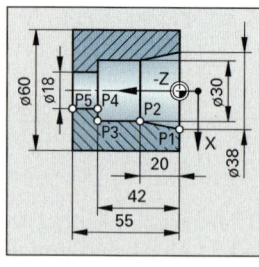

T 46 Das gezeigte Werkstück soll auf einer CNC-Fräsmaschine gefertigt werden.

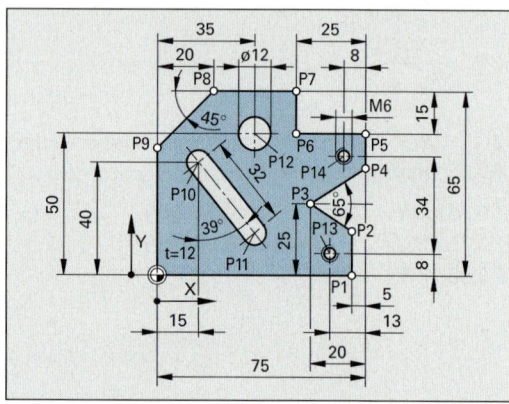

T 46.1 Wie lauten die Koordinaten im Absolutmaß für den Punkt P6?

a) X 25   Y 50   b) X 50   Y 50
c) X 50   Y 55   d) X 55   Y – 15
e) X 30   Y 50

T 46.2 Wie lauten die Koordinaten im Absolutmaß für den Punkt P9?

a) X 0   Y 45   b) X 0   Y 50
c) X 0   Y 55   d) X 20   Y 45
e) X 20   Y 50

T 46.3 Wie lauten die Koordinaten im Absolutmaß für den Punkt P11?

a) X 35,1   Y 15,1   b) X 39,9   Y 14,1
c) X 39,9   Y 19,9   d) X 40,9   Y 14,1
e) X 40,9   Y 15,1

T 46.4 Wie lauten die Koordinaten im Absolutmaß für den Punkt P2?

a) X 70   Y 9,6   b) X 70   Y 12,3
c) X 70   Y 12,7   d) X 70   Y 15,4
e) X 70   Y 16,9

Elektrotechnik

T 47 Im Heizdraht eines Glühofens fließt bei einer Netzspannung von 230 V ein Strom von 10 A.

T 47.1 Wie groß ist der Widerstand?

a) 230 Ω
b) 23 Ω
c) 2,3 Ω
d) 0,23 Ω
e) 0,043 Ω

T 47.2 Welche Leistung nimmt der Heizdraht auf?

a) 2,3 kW
b) 23 kW
c) 0,23 kW
d) 230 kW
e) 2300 kW

T 48 Ein Elektromotor hat das gezeigte Leistungsschild.

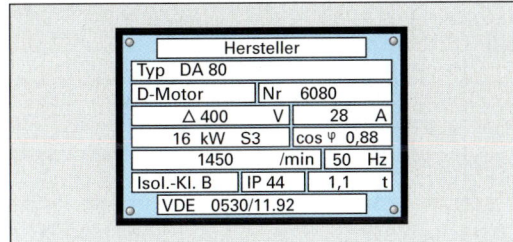

Hersteller			
Typ DA 80			
D-Motor		Nr 6080	
△ 400	V	28	A
16 kW S3		cos φ 0,88	
1450		/min	50 Hz
Isol.-Kl. B	IP 44	1,1	t
VDE 0530/11.92			

T 48.1 Welche Angabe des Leistungsschilds ist falsch übertragen?

a) U = 400 V
b) I = 28 A
c) P = 18 kW
d) cos φ = 0,88
e) n = 1450 /min

T 48.2 Wie groß ist die vom Stromnetz aufgenommene Leistung?

a) 17,07 kW
b) 12,98 kW
c) 9,86 kW
d) 14,86 kW
e) 29,57 kW

T 48.3 Welchen Wirkungsgrad hat der Elektromotor?

a) 84 %
b) 96 %
c) 86 %
d) 90 %
e) 94 %

T 49 In dem gezeigten Stromkreis mit der Spannung U = 230 V und dem Widerstand R_1 = 250 Ω soll ein Strom mit der Stromstärke I = 1,5 A fließen.

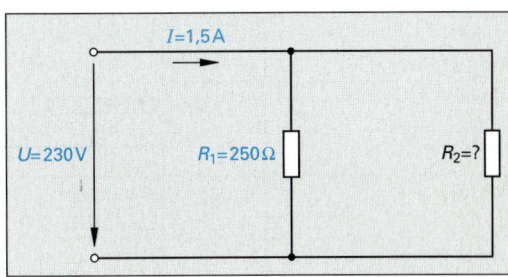

T 49.1 Welchen Gesamtwiderstand haben die parallel geschalteten Widerstände?

a) 6,5 Ω
b) 460 Ω
c) 92 Ω
d) 153,3 Ω
e) 230 Ω

T 49.2 Welchen Widerstand hat R_2?

a) 96 Ω
b) 396 Ω
c) 196 Ω
d) 296 Ω
e) 420 Ω

T 50 In einem Stromkreis mit der anliegenden Spannung 42 V sind zwei Widerstände mit R_1 = 50 Ω und R_2 = 70 Ω in Reihe geschaltet (Bild).
Welche Stromstärke herrscht im Stromkreis?

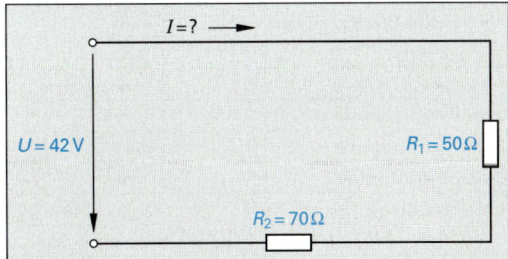

a) 0,84 A
b) 1,24 A
c) 0,35 A
d) 3,50 A
e) 0,60 A

Tabelle: Physikalische Größen und Einheiten im Messwesen (SI-Einheiten)

Basisgrößen abgeleitete Größen	Formel- zeichen nach DIN 1304	SI-Einheiten Basiseinheiten und abgeleitete Einheiten Name	DIN 1301 Einheiten- zeichen	Beziehung
Länge	l	**Meter**	**m**	$1\,m = 10\,dm = 100\,cm = 1000\,mm$
Weglänge (Weg)	s			
Fläche	A, S	Quadratmeter	m^2	$1\,m^2 = 10\,000\,cm^2 = 1\,000\,000\,mm^2$
		Ar	a	$1\,a = 100\,m^2$
		Hektar	ha	$1\,ha = 100\,a = 10\,000\,m^2$
Volumen	V	Kubikmeter	m^3	$1\,m^3 = 1000\,dm^3 = 1\,000\,000\,cm^3$
		Liter	l	$1\,l = 1\,dm^3 = 0{,}001\,m^3$
ebener Winkel	$\alpha, \beta, \gamma \dots$	Grad	°	$1° = 60' = 3600''$
(Winkel)		Minute, Sekunde	$'$; $''$	$1' = 1°/60 = 60''$; $1'' = 1'/60 = 1°/3600$
		Radiant	rad	$1\,rad = \dfrac{180°}{\pi} = 57{,}29578°$
Masse,	m	**Kilogramm**	**kg**	$1\,kg = 1000\,g$
Gewicht als Wägeergebnis		Gramm	g	$1\,g = 0{,}001\,kg$
		Tonne	t	$1\,t = 1000\,kg$
Dichte (volumenbezogene Masse)	ϱ	Kilogramm durch Kubikmeter	kg/m^3	$1000\,kg/m^3 = 1\,t/m^3 = 1\,kg/dm^3$ $= 1\,g/cm^3$
Temperatur	T, Θ	**Kelvin**	**K**	$0\,K \mathrel{\hat{=}} -273\,°C$
	t, ϑ	Grad Celsius	°C	$0\,°C \mathrel{\hat{=}} 273\,K$
Zeit,	t	**Sekunde**	**s**	
Zeitspanne, Dauer		Minute, Stunde, Tag	min, h, d	$1\,min = 60\,s;\ 1\,h = 60\,min = 3600\,s$
Geschwindigkeit	v, u	Meter durch Sekunde	m/s	$1\,m/s = 60\,m/min = 3{,}6\,km/h$
Beschleunigung Fallbeschleunigung	a g	Meter durch Sekunde im Quadrat	m/s^2	$g = 9{,}81\,\dfrac{m}{s^2} = 9{,}81\,\dfrac{N}{kg}$
Frequenz	f, ν	Hertz	Hz	$1\,Hz = 1\,s^{-1} = 1/s$
Umdrehungsfrequenz	n	Sekunde hoch minus 1	s^{-1}	$1\,s^{-1} = 1/s = 60/min$
Drehzahl		Minute hoch minus 1	min^{-1}	$1\,min^{-1} = 1/min = 1/60\,s$
Kraft	F	Newton	N	$1\,N = 1\,kg \cdot \dfrac{1\,m/s}{1\,s} = 1\,\dfrac{kg \cdot m}{s^2}$
Gewichtskraft, Reibungskraft	F_G, G, F_R			
Drehmoment	M	Newton mal Meter	$N \cdot m$	$1\,N \cdot m = 1\,N \cdot 1\,m$
Druck	p	Pascal	Pa, hPa	$1\,Pa = 1\,N/m^2;\ 1\,hPa = 100\,Pa = 1\,mbar$
		Bar	bar	$1\,bar = 100\,000\,N/m^2 = 10\,N/cm^2$
Mechanische Spannung	σ τ	Newton durch Quadrat- millimeter	N/mm^2	$1\,N/mm^2 = 1\,MN/m^2$
Mechanische Energie, Arbeit	E, W	Joule	J	$1\,J = 1\,N \cdot m = 1\,W\,s$
Wärmemenge	Q	Joule	J	
Mechanische Leistung	P	Joule/Sekunde	J/s	$1\,J/s = 1\,N \cdot m/s = 1\,W$
Elektrische Stromstärke	I	**Ampere**	**A**	
Elektrische Spannung	U	Volt	V	$1\,V = 1\,W/1\,A$
Elektrischer Widerstand	R	Ohm	Ω	$1\,\Omega = 1\,V/1\,A$
Elektrische Arbeit	W	Wattsekunde	Ws	$1\,Ws = 0{,}2778 \cdot 10^{-6}\,kWh$
		Kilowattstunde	kWh	$1\,kWh = 3\,600\,000\,Ws = 1\,MJ$
Elektrische Leistung	P	Watt	W	$1\,W = 1\,A \cdot V;\ 1\,kW = 1000\,W$
Stoffmenge (Rechengröße der Chemie)	n	**Mol**	**mol**	1 mol entspricht rund $6 \cdot 10^{23}$ Atome bzw. Moleküle eines Stoffes
Lichtstärke	I_v	**Candela**	**cd**	Entspricht etwa dem Licht einer Kerze

Bemerkung	Formelzeichen nach DIN 1304	Nicht mehr zugelassene Einheiten		
		Einheit	Einheitenzeichen	Umrechnung in SI-Einheiten
	l	Angström	Å	$1\ \text{Å} = 10^{-10}\ \text{m}$
	s	Zoll	″	$1″ \mathrel{\widehat{=}} 25{,}4\ \text{mm}$
Zeichen S nur für Querschnittsflächen	A, S			
Die einheit Ar nur für Flächen von Grundstücken				
	V			
Meist für Flüssigkeiten und Gase				
1 rad ist der Winkel, der in einem Kreis mit 1 m Radius einen Bogen von 1 m Länge besitzt.	$\alpha, \beta, \gamma \ldots$	Neugrad	g	$1^{\text{g}} = \dfrac{\pi}{200}\ \text{rad}$
		Neuminute	c	$1^{\text{c}} = 1^{\text{g}}/100$
		Neusekunde	cc	$1^{\text{cc}} = 1^{\text{c}}/100$
Gewicht im Sinne eines Wägeergebnisses oder eines Wägestückes ist eine Größe von der Art der Masse (Einheit kg).	m	Pfund		1 Pfund = 0,5 kg
		Zentner		1 Zentner = 50 kg
		Doppelzentner		1 Doppelzentner = 100 kg
Die Dichte ist eine vom Ort unabhängige Größe.	ϱ			
Kelvin (K) und Grad Celsius (°C) werden für Temperaturen und Temperaturdifferenzen verwendet.	T, Θ t, ϑ	Grad Grad Kelvin	grd °K	1 grd = 1 K 1 °K = 1 K
3 h bedeutet eine Zeitspanne (3 Stunden)	t			
3^{h} bedeutet einen Zeitpunkt (3 Uhr)				
	v, u			
Formelzeichen g nur für die Fallbeschleunigung	a g			
1 Hz $\mathrel{\widehat{=}}$ 1 Schwingung in 1 Sekunde	f, ν			
	n			
Die Kraft 1 N bewirkt bei Einwirkung auf die Masse 1 kg in 1 s eine Geschwindigkeit von 1 m/s.	F	Kilopond	kp	**1 kg** = 9,81 N $\approx$ **10 N**
	F_{G}, G	Pond	p	1 p = 0,00981 N $\approx$ 0,01 N
	M	Kilopondmeter	kp · m	1 kp · m $\approx$ 10 N · m
Unter Druck versteht man die Kraft je Flächeneinheit. Für Überdruck wird das Formelzeichen p_{e} verwendet, z.B. $p_{\text{e}} = 6$ bar, für den atmosphärischen Luftdruck das Zeichen p_{amb}.	p	techn. Atmosphäre Torr	at Torr	1 at = 0,981 bar **1 at** $\approx$ **1 bar** 1 Torr = 1 mmHg = 1,33 mbar
	σ τ	Kilopond je Millimeter hoch zwei	kp/mm^2	1 kp/mm^2 $\approx$ 10 N/mm^2
Joule für jede Energieart, kWh bevorzugt für elektrische Energie.	W	Kilopondmeter	kp · m	**1 kg · m** = 9,81 J $\approx$ **10 J**
	Q	Kilokalorie	kcal	**1 kcal** = 4186,8 J $\approx$ **4,2 kJ**
	P	Pferdestärke	PS	1 PS = 736 W = 0,736 kW
	I			
	U			
	R			
1 mol Sauerstoff (O_2) wiegt 32 g, 1 mol Eisen (Fe) wiegt 55,847 g	n			
	I_{v}	Kerze (Neue Kerze)	K	1 K $\mathrel{\widehat{=}}$ 1 cd

Teil III   Aufgaben zur technischen Kommunikation

 Fragen zur technischen Kommunikation am Lernprojekt Laufrollenlagerung

Hinweis: Die Fragen der Seiten 313 bis 316 beziehen sich auf die unten dargestellte Laufrollenlagerung.

Lernprojekt: Laufrollenlagerung

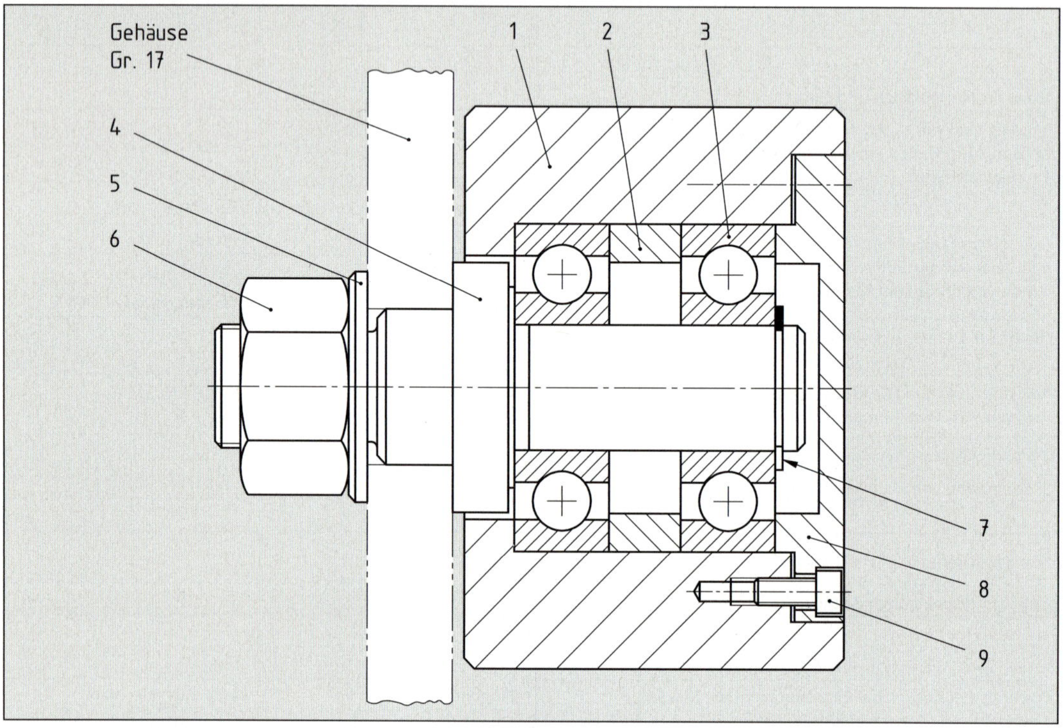

PosNr.	Menge/ Einheit	Benennung	Werkstoff/ Normkurzbezeichnung	Bemerkung/ Rohteilmaße
1	1	Laufrolle	C45E	Rd 95x66
2	1	Abstandsring	S255GT BKS	Rohr DIN 2391 – A – S255GT BKS – 55xID40
3	2	Rillenkugellager	DIN 625 – 6304 – 2RS	–
4	1	Bundbolzen	E295	Rd 50x110
5	1	Scheibe	ISO 7090 – 20 – 200 HV	–
6	1	Sechskantmutter	ISO 8673 – M20x1,5 – 8	–
7	1	Sicherungsring	DIN 471 – 20x1,2	–
8	1	Lagerdeckel	E295	Rd 85x20
9	4	Zylinderschraube	ISO 4762 – M4x10 – 8.8	–

Hinweise: Zum Bearbeiten der Aufgaben zum Lernprojekt können das Fachkundebuch, Informationsbände zur Technischen Kommunikation, das Tabellenbuch und der Taschenrechner verwendet werden.
Die Zeichnungen sind nicht maßstäblich.

Hinweis: Die Fragen der Seiten 313 bis 316 beziehen sich auf das auf der Seite 312 dargestellte Lernprojekt Laufrollenlagerung.

1 Erläutern Sie die Normbezeichnung für die Sechskantmutter Pos. 6 (Stückliste S. 312).

ISO 8673: Normblatt-Nummer

M20x1.5 : Feingewinde mit 20 mm Außendurchmesser und 1,5 mm Steigung

8   : Festigkeitsklasse 8

2 Wie groß sind folgende Abmessungen der Rillenkugellager Pos. 3: Breite, Außendurchmesser, Innendurchmesser?

Die Rillenkugellager haben nach Tabellenbuch folgende Abmessungen:

Breite   : 15 mm
Außendurchmesser : 52 mm
Innendurchmesser : 20 mm

3 Welche Ringe der Rillenkugellager müssen Umfangslast, welche Punktlast aufnehmen? Begründen Sie Ihre Antwort.

Umfangslast liegt vor, wenn bei einer Umdrehung des Lagers jeder Punkt der Laufringbahn einmal belastet wird. Dies ist bei der Laufrollenlagerung der Außenring. Der Innenring muss somit Punktlast aufnehmen.

4 Welche Toleranzklasse erhält die Bohrung der Laufrolle Pos. 1 zur Aufnahme der Lager, wenn der Toleranzgrad 7 betragen soll und die Belastung der Laufrolle „niedrig" ist?

Bei niedriger Belastung und vorgeschriebenem Toleranzgrad 7 erhält die Bohrung die Toleranzklasse J7.

5 Bestimmen Sie Höchstspiel und Höchstübermaß für das Fügen der Laufrolle Pos. 1 mit dem Rillenkugellager Pos. 3, wenn für die Außenringe Pos. 3 das Grundabmaß 0 und die Toleranz 13 µm betragen.

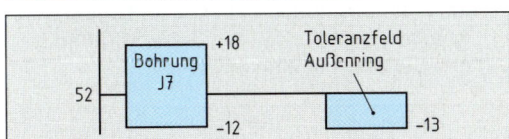

$P_{SH} = G_{oB} - G_{uW} = 52,018$ mm $- 51,987$ mm
$P_{SH} = 0,031$ mm
$P_{ÜH} = G_{uB} - G_{oW} = 51,988$ mm $- 52,000$ mm
$P_{ÜH} = -0,012$ mm

6 Skizzieren Sie den Freistich (Form E) des Bundbolzens im Bereich des linken Rillenkugellagers. Bestimmen Sie die Breite f, die Tiefe t_1 und den Radius r (übliche Beanspruchung). Tragen Sie die Maße und die zugehörigen Toleranzen in die Skizze ein und geben Sie die Normbezeichnung des Freistichs an.

Nach Tabellenbuch betragen:
$f = 2,5 + 0,2$ mm; $r = 0,8$ mm; $t_1 = 0,3 + 0,1$ mm

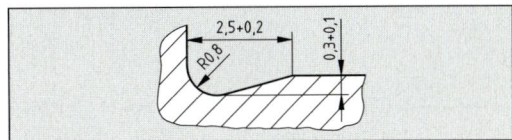

Die Normbezeichnung des Freistichs lautet.
DIN 509 – E0,8x0,3

7 Skizzieren Sie den Bundbolzen Pos. 4 im Bereich des Einstichs für die Nut des Sicherungsrings Pos. 7 und tragen Sie die Nutbreite m, den Nutdurchmesser d_2 und den Mindestabstand der Nut von der rechten Planfläche des Bundbolzens Pos. 4 ein. Die Anfasung der Bundbolzen beträgt 1,5x45°, die Toleranzklasse für den Nutdurchmesser h11.

Nach Tabellenbuch beträgt die Nutbreite $m = 1,3$ H13, der Mindestabstand der Nut bis zur Fase $n = 1,5$ mm.

Damit muss die Nut mindestens 3 mm von der Planfläche entfernt liegen.

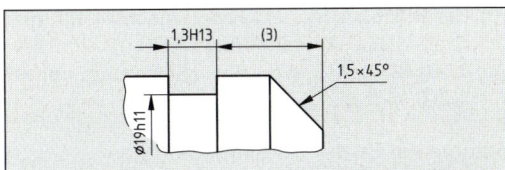

**8 Das Gewinde M20x1,5 am Bundbolzen Pos. 4 besitzt einen Gewindefreistich nach DIN 76-A.
Tragen Sie den Durchmesser und die Länge des Gewindefreistichs in eine Skizze ein.**

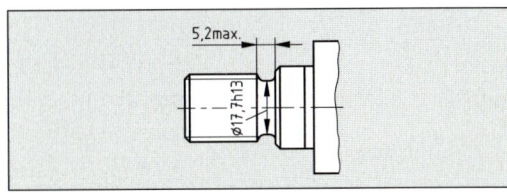

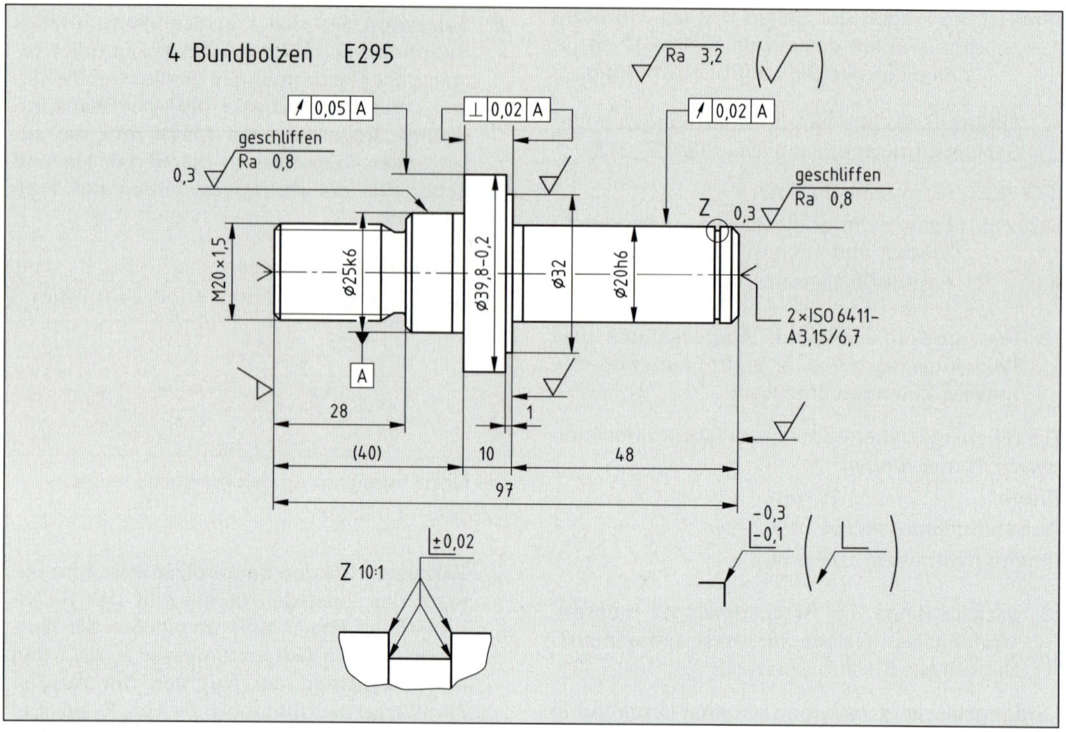

4 Bundbolzen   E295

$\sqrt{\text{Ra } 3{,}2}$ $\left(\sqrt{}\right)$

⟋	0,05	A
⊥	0,02	A
⟋	0,02	A

geschliffen
$\sqrt{\text{Ra } 0{,}8}$
0,3 $\sqrt{}$

geschliffen
$\sqrt{\text{Ra } 0{,}8}$
Z 0,3 $\sqrt{}$

M20×1,5

∅25k6

∅39,8-0,2

∅32

∅20h6

2×ISO 6411–
A3,15/6,7

A

28

1

(40)   10   48

97

$\begin{array}{c} -0{,}3 \\ -0{,}1 \end{array}$ $\left(\llcorner\right)$

| ± 0,02 |

Z 10:1

---

7 Bestimmen Sie das Lagemaß der Nut im Bundbolzen Pos. 4 (von der Anlage des linken Rillenkugellagers Pos. 3 bis zur Lastseite des Sicherungsringes Pos. 7). Tragen Sie dieses Maß in eine Skizze ein. Das Höchstspiel zwischen den Bauteilen beträgt +0,1 mm, das Mindestspiel 0. Die Größe der Toleranz soll 0,1 mm betragen. Die Breitentoleranz der Rillenkugellager wird vernachlässigt, die Breite des Abstandsrings Pos. 2 beträgt 12+0,05 mm, die des Sicherungsringes 1,2–0,06 mm.

Summe der Bauteil-Höchstmaße:
2x15 mm (Pos. 3) + 12,05 mm (Pos. 2) + 1,2 mm (Pos. 7) = 45,25 mm.
In die Zeichnung muss daher eingetragen werden: 45+0,35/+0,25

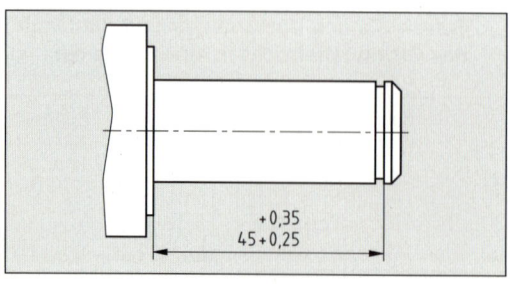

+0,35
45 +0,25

10 Am Durchmesser 20h6 des Bundbolzens Pos. 4 ist eine Lagetoleranz eingetragen (Bild oben). Welche Bedeutung hat der mittlere, welche der rechte Eintrag?

Bezugselement ist jeweils die Achse des Durchmessers 25k6, der vom Gehäuse Gr. 17 aufgenommen wird.

Eintrag Mitte: Rechtwinkligkeit. Die tolerierten Planflächen müssen zwischen zwei zur Bezugsachse A senkrechten Ebenen vom Abstand $t = 0{,}02$ mm liegen.

Eintrag rechts: Rundlauf. Bei einer Drehung des Bundbolzens um die Bezugsachse A darf die Rundlaufabweichung in jeder Messebene senkrecht zur Achse $t = 0{,}02$ mm nicht überschreiten.

11 Ermitteln Sie die Maße der Senkungen für die Zylinderschrauben Pos. 9 im Lagerdeckel Pos. 8 (Gesamtzeichnung Seite 312) und tragen Sie diese in eine Skizze ein.

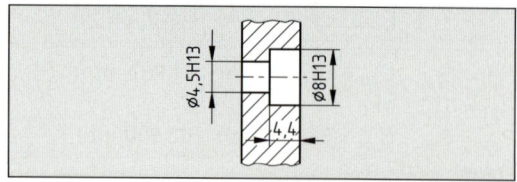

∅4,5H13

∅8H13

4,4

12 Am Bundbolzen Pos. 4 (Bild Seite 314) sind die nachfolgend gezeigten Oberflächenangaben eingetragen.
Erläutern Sie deren Bedeutung.

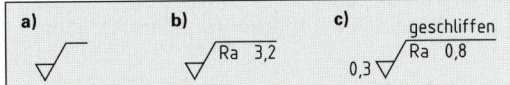

a) Die so gekennzeichneten Flächen sind spanend zu bearbeiten. Ein Rauwert ist nicht vorgeschrieben.

b) Alle nicht besonders gekennzeichneten Oberflächen des Bundbolzens müssen spanend hergestellt werden. Der Ra-Höchstwert beträgt 3,2 μm.

c) Alle so gekennzeichneten Oberflächen müssen durch Schleifen mit einem Ra-Höchstwert von 0,8 μm hergestellt werden. Die Schleifzugabe beträgt 0,3 mm.

13 Erklären Sie die Bedeutung der im Bild Seite 314 eingetragenen und nachstehend gezeigten Sinnbilder.

a) $\begin{array}{|c}-03\\-0,1\end{array}$ b) $\begin{array}{|c}\pm0,02\end{array}$

a) Alle Außenkanten des Bundbolzens Pos. 4, die nicht besonders gekennzeichnet sind, müssen eine Abtragung aufweisen, die zwischen 0,1 mm und 0,3 mm liegt.

b) Die so gekennzeichneten Kanten des Bundbolzens müssen scharfkantig sein. Abtragung bzw. Grat dürfen maximal 0,02 mm betragen.

14 Wie tief müssen die Kernlöcher für die Gewinde M4 in der Rolle Pos. 1 mindestens gebohrt werden, wenn die Gewindetiefe l = 8 mm betragen soll?

Nach Tabellenbuch beträgt der Gewindeauslauf nach DIN 76-C (Regelfall) bei einer Gewindesteigung P = 0,7 mm: e_1 = 3,8 mm.
Damit wird die Mindest-Kernlochtiefe
$t = l + e_1$ = 8 mm + 3,8 mm = 11,8 mm

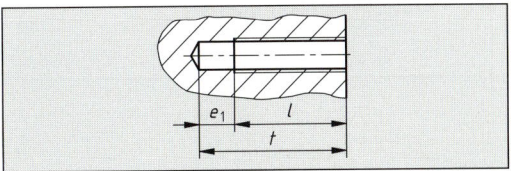

15 Die Länge der Zylinderschrauben Pos. 9 (Bild Seite 312) soll überprüft werden. Der Abstand von der Anlagefläche des Schraubenkopfs am Lagerdeckel Pos. 8 bis zur Planfläche der Eindrehung an der Rolle Pos. 1 beträgt s = 4,4 mm. Welche Länge l müssen die Schrauben mindestens besitzen?

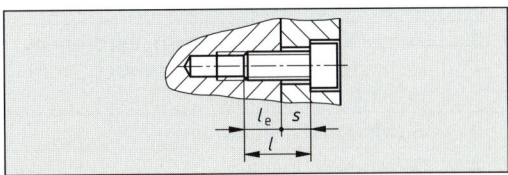

Die Mindesteinschraubtiefe l_e für die Festigkeitsklasse 8.8 beträgt:
$l_e = 0,9 \cdot d = 0,9 \cdot 4$ mm = 3,6 mm
Gewählt (wegen Gewindeanfasung): l_e = 4 mm
Schraubenlänge:
$l = s + l_e$ = 4,4 mm + 4 mm = 8,4 mm
Gewählte (Mindest-)Schraubenlänge: l = 10 mm

16 Bestimmen Sie die Koordinatenpunkte P_1 bis P_3 des Freistichs am Durchmesser 25k6 des Bundbolzens Pos. 4 (Bild Seite 314) und tragen Sie diese in eine Tabelle ein.

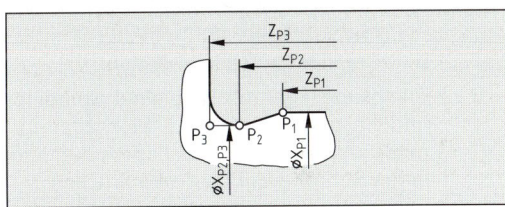

Breite des Freistichs nach Tabellenbuch:
f = 2,5 + 0,2 mm
Mittlere Breite: f = 2,6 mm
Tiefe des Freistichs nach Tabellenbuch:
t_1 = 0,3 + 0,1 mm
Mittlere Tiefe: t_1 = 0,35 mm
Berechnung des Abstandes $P_2 - P_1$:

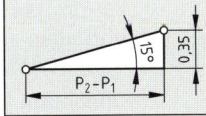

$$\tan 15° = \frac{0,35 \text{ mm}}{P_2 - P_1}$$

$$P_2 - P_1 = \frac{0,35 \text{ mm}}{\tan 15°} = 1,3 \text{ mm}$$

Punkt	X (∅)	Z
P_1	20,009	37,4
P_2	19,3	38,7
P_3	19,3	40

17 Es sollen 10 Laufrollenlagerungen nach Bild Seite 312 gefertigt werden. Nennen Sie in einem Arbeitsplan die Arbeitsschritte für die Herstellung der Bundbolzen Pos. 4 (Bild Seite 314).

Arbeitsplan für die Fertigung der Bundbolzen Pos. 4		
Nr.	Arbeitsschritt	Werkzeuge, Messzeuge, Hilfsmittel
1	Angeliefertes Rundmaterial im Backenfutter spannen, plandrehen, ablängen, auf beiden Seiten zentrieren	Drehmeißel, Zentrierbohrer, Messschieber
2	Zwischen Spitzen spannen, vordrehen (Schnittzugabe: im Durchmesser 1 mm, in der Länge 0,5 mm)	Rechter Seitendrehmeißel, Messschieber
3	Gewindefreistich drehen	Rechter Seitendrehmeißel
4	Gewinde schneiden	Gewindedrehmeißel, Gewindelehrring
5	Fertigdrehen: alle Freistiche, Durchmesser, Längen	Rechter Seitendrehmeißel, Bügelmessschraube, Grenzrachenlehre, Messschieber, Endmaße
6	Einstich für Sicherungsring drehen	Stechdrehmeißel, Endmaße

18 Die Laufrollenlagerung soll montiert werden.
Erstellen Sie einen Montageplan, dem auch die erforderlichen Werkzeuge und Hilfsmittel zu entnehmen sind.

Montageplan zum Zusammenbau der Rollenlagerung		
Nr.	Arbeitsschritt	Werkzeuge, Hilfsmittel
1	Gefertigte Teile nach Stückliste auf Vollständigkeit prüfen; ggf. reinigen und entgraten	
2	Bohrung der Laufrolle einfetten	Schmierfett
3	Rillenkugellager mit Hilfe einer Spindelpresse und eines Montageringes (Montagering muss am Außenring des Lagers aufliegen) in die Bohrung der Laufrolle drücken	Spindelpresse, Montagering
4	Abstandsring Pos. 2 bis zum Anschlag am Außenring des montierten Lagers schieben	
5	Zweites Rillenkugellager Pos. 3 mit Spindelpresse und Montagering bis zum Anschlag am Abstandsring in die Bohrung der Laufrolle drücken	Spindelpresse, Montagering
6	Lagerdeckel Pos. 8 in die Ausdrehung der Laufrolle Pos. 1 schieben, an den Gewindebohrungen ausrichten und mit Zylinderschrauben Pos. 9 anschrauben.	Winkelschraubendreher
7	Bundbolzen Pos. 4 im Bereich der Rillenkugellagersitze einfetten	Schmierfett
8	Bundbolzen Pos. 4 mit Spindelpresse in die Innenringe der Rillenkugellager Pos. 3 schieben (Montagering benutzen)	Spindelpresse, Montagering
9	Scheibe Pos. 5 auf Gewinde des Bundbolzens Pos. 4 stecken, Sechskantmutter Pos. 5 lose auf Gewinde aufschrauben	

2 Testaufgaben zur technischen Kommunikation

(Die Anordnung der Ansichten entspricht der Projektionsmethode 1 gemäß DIN ISO 5456-2, d.h. der in den meisten europäischen Ländern angewandten Darstellungsmethode).

TK 1 | **Welches Schrägbild entspricht dem Werkstück, das in der technischen Zeichnung dargestellt ist?**

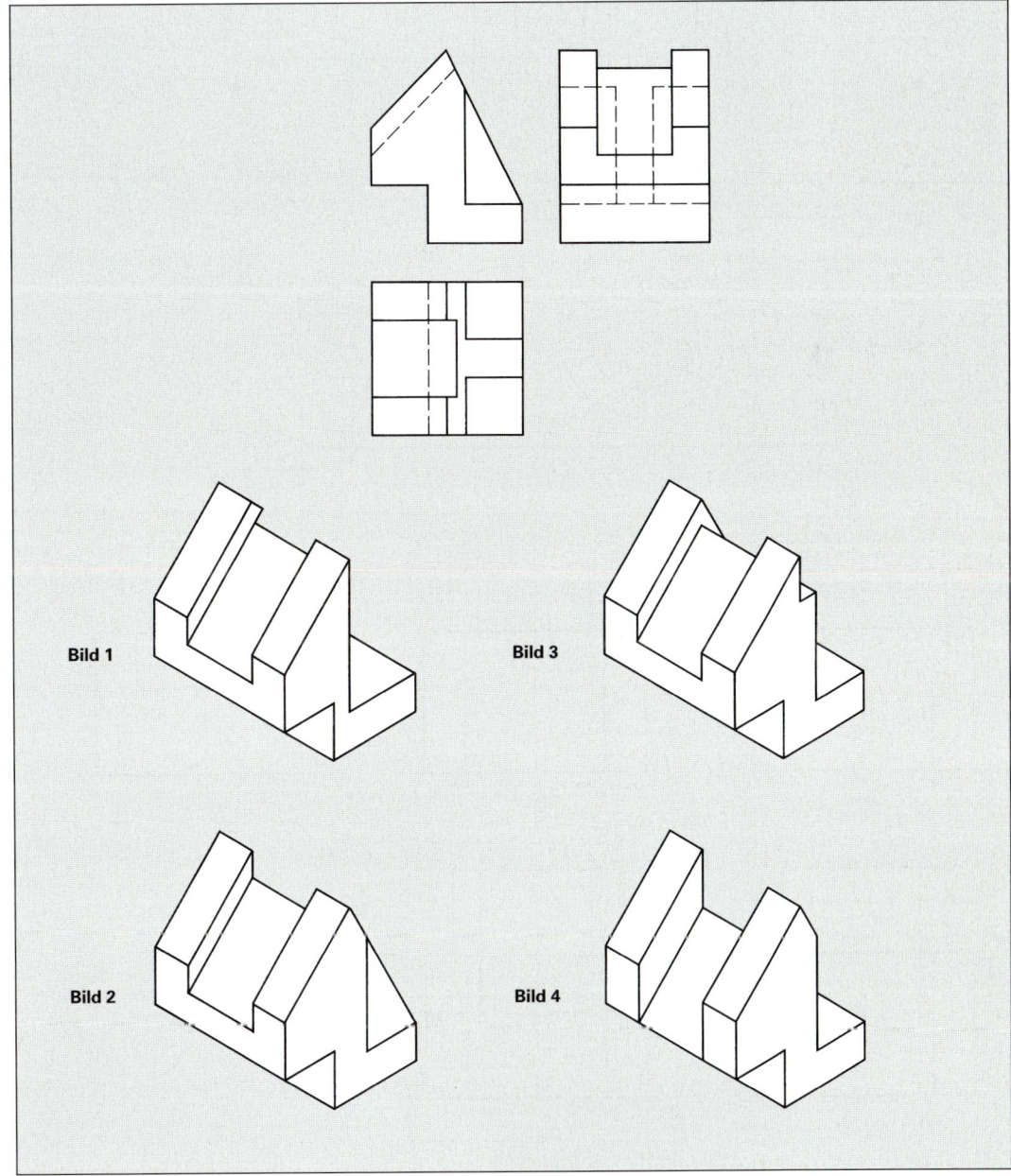

a) Bild 1   b) Bild 2   c) Bild 3   d) Bild 4   e) Keines der gezeigten Bilder

TK 2 | **Welches Bild zeigt die richtige Seitenansicht?**

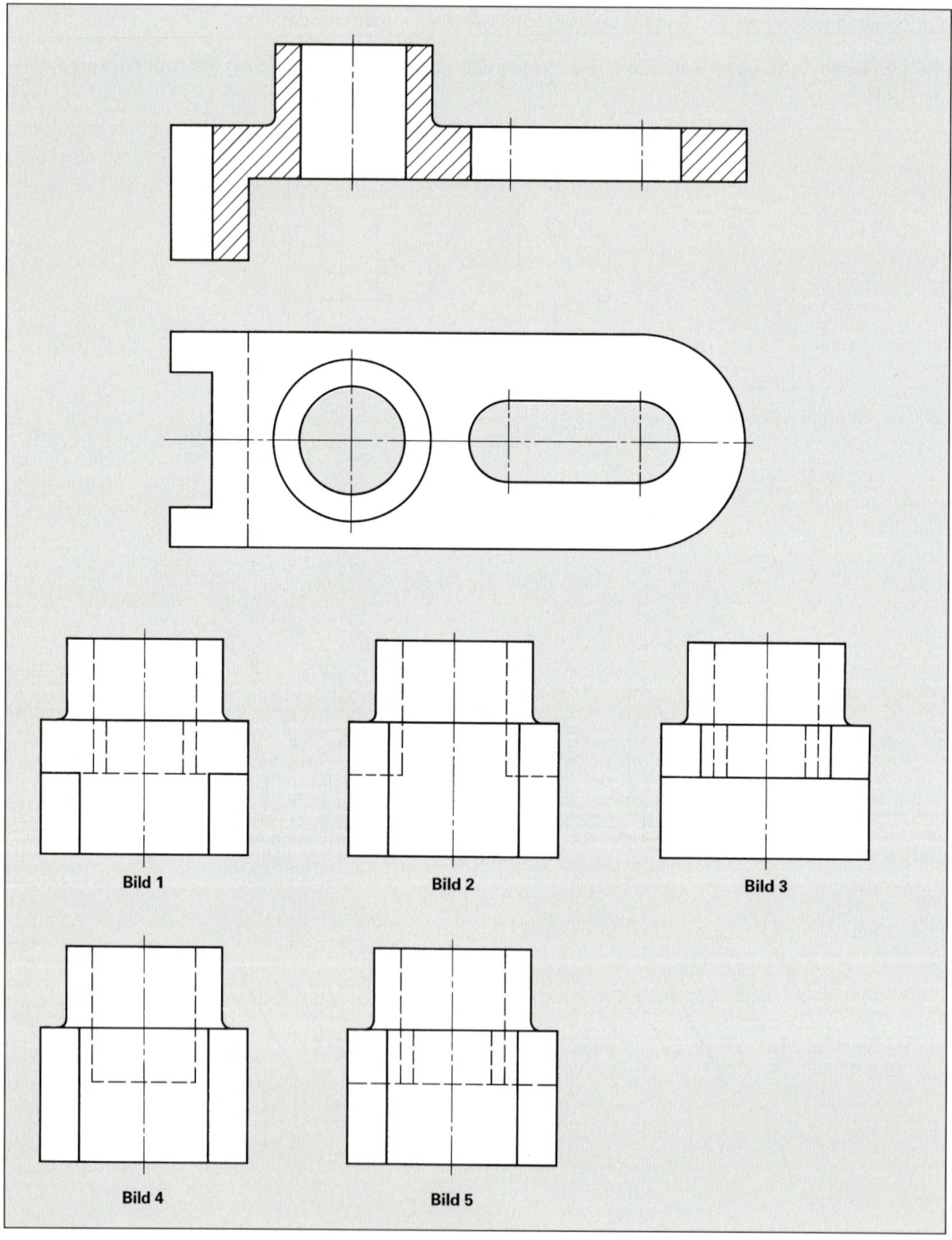

Bild 1   Bild 2   Bild 3

Bild 4   Bild 5

a) Bild 1   b) Bild 2   c) Bild 3   d) Bild 4   e) Bild 5

TK 3 | **Welches Bild zeigt die richtige Draufsicht?**

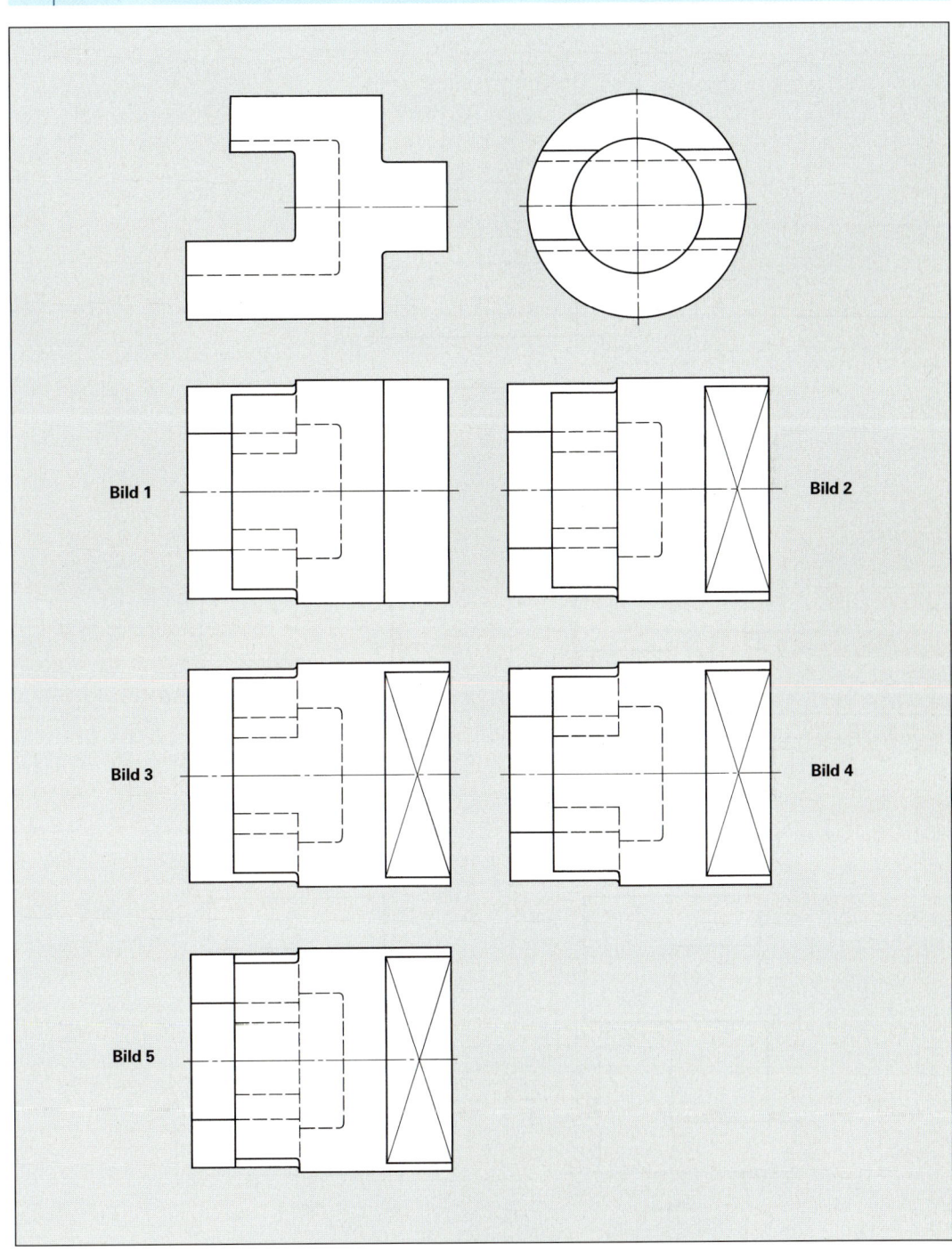

a) Bild 1   b) Bild 2   c) Bild 3   d) Bild 4   e) Bild 5

Welches Bild zeigt die richtige Seitenansicht?

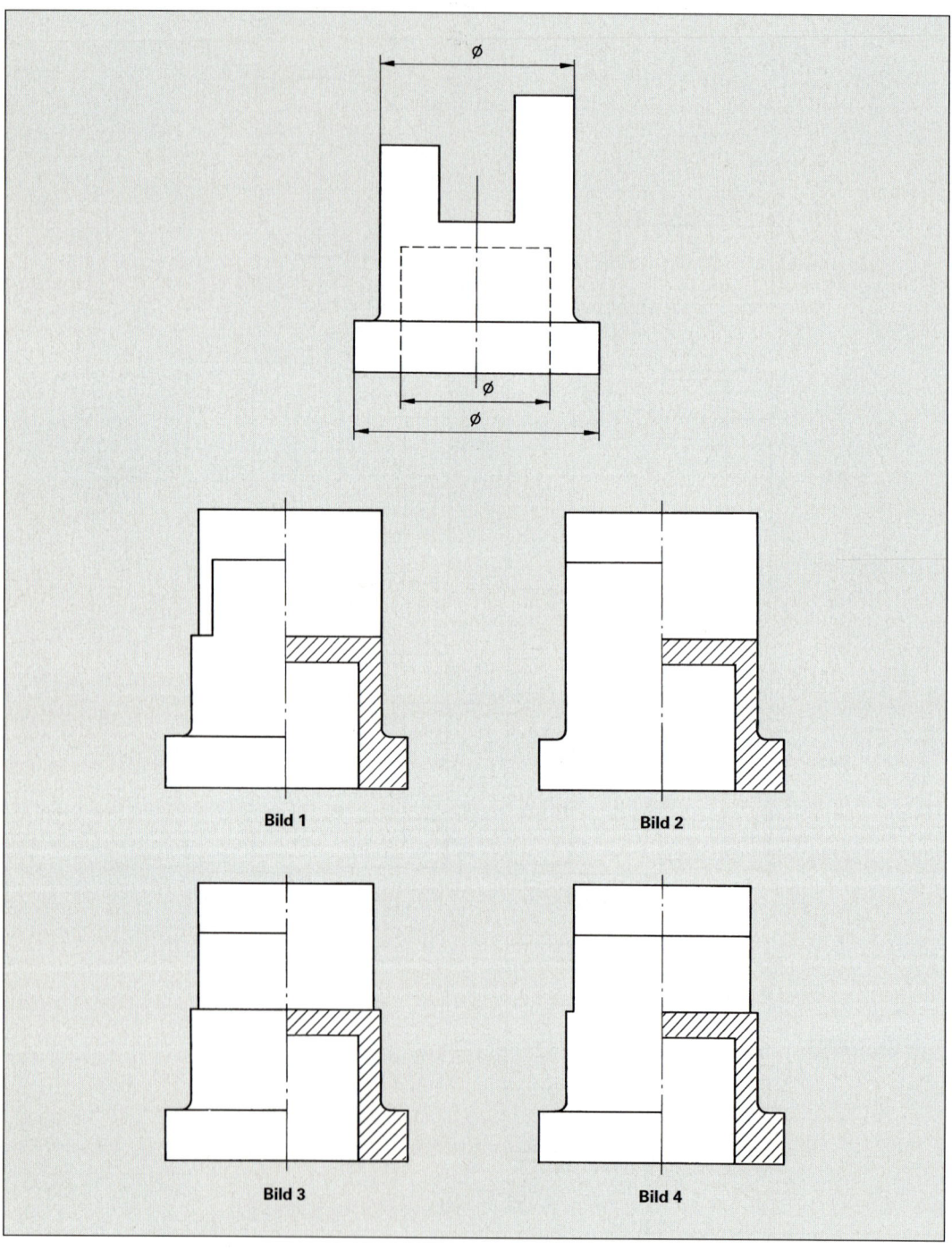

Bild 1

Bild 2

Bild 3

Bild 4

a) Bild 1   b) Bild 2   c) Bild 3   d) Bild 4   e) Keines der gezeigten Bilder

TK 5 | **Welches Bild zeigt die richtige Seitenansicht?**

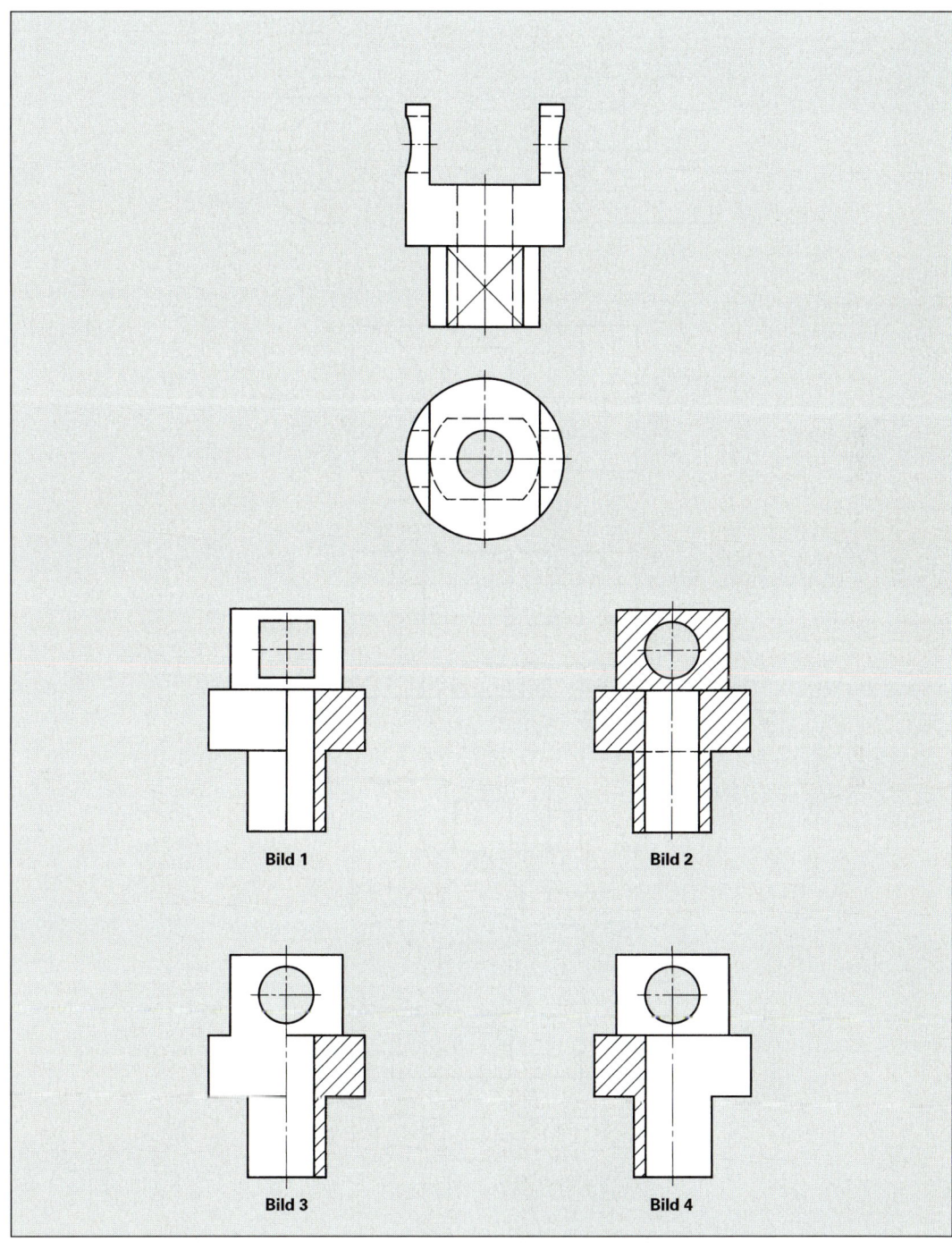

Bild 1   Bild 2

Bild 3   Bild 4

a) Bild 1   b) Bild 2   c) Bild 3   d) Bild 4   e) Keines der gezeigten Bilder

TK 6 | **Welches Bild zeigt die richtige Draufsicht?**

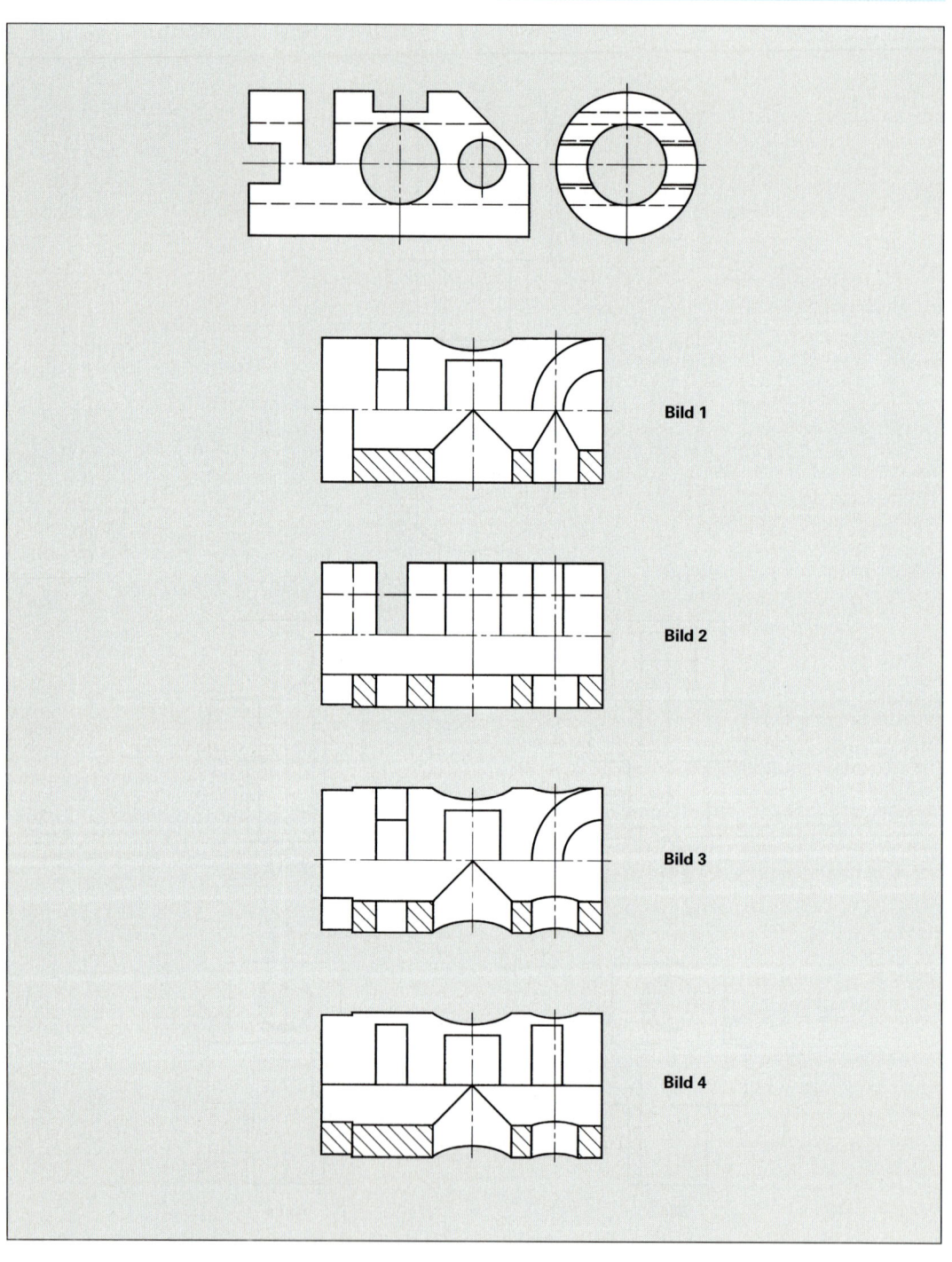

a) Bild 1   b) Bild 2   c) Bild 3   d) Bild 4   e) Keines der gezeigten Bilder

TK 7 | **Welches Bild zeigt die richtige Seitenansicht?**

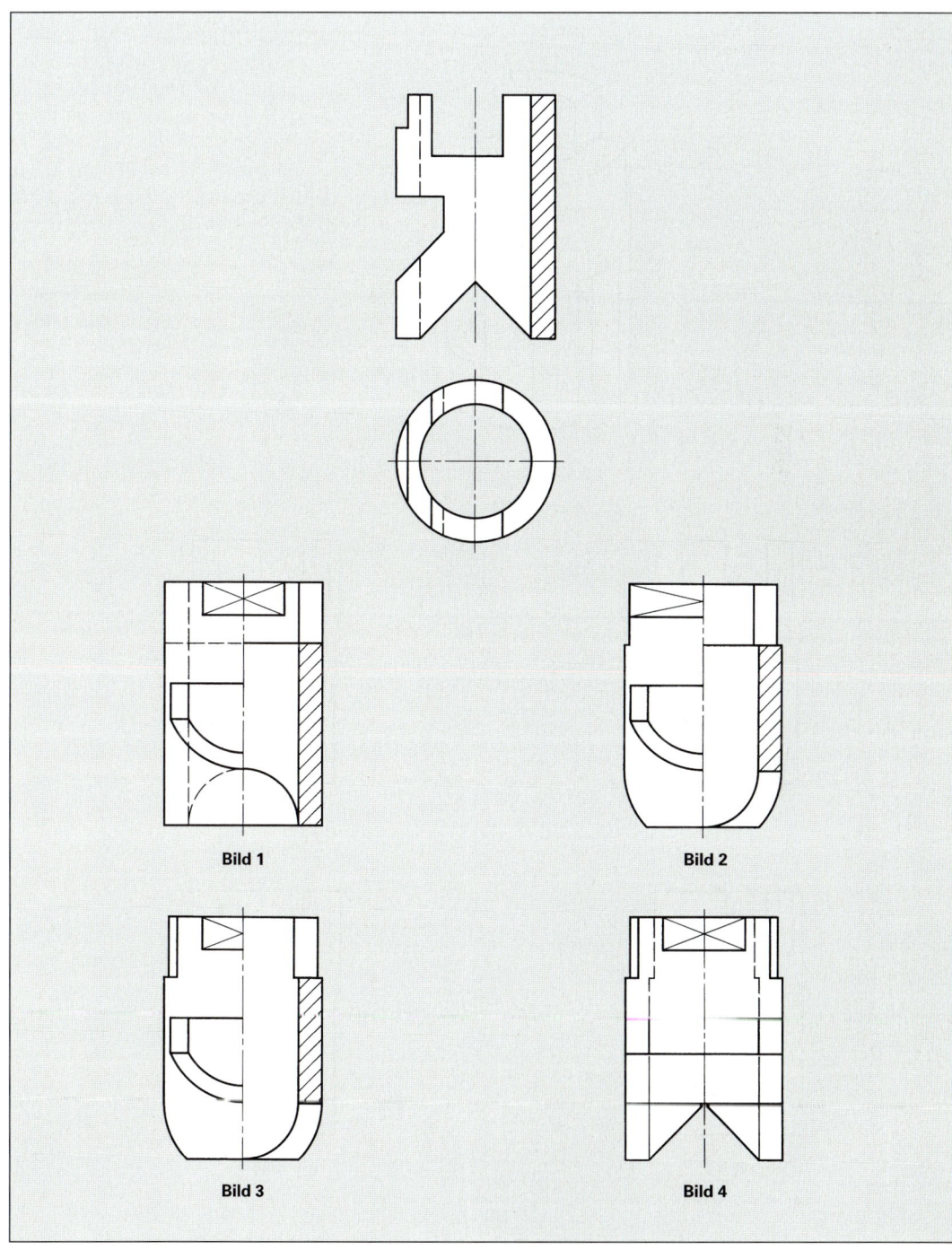

Bild 1

Bild 2

Bild 3

Bild 4

a) Bild 1   b) Bild 2   c) Bild 3   d) Bild 4   e) Keines der gezeigten Bilder

TK 8 In welchem Bild ist die Vorderansicht des im Schrägbild gezeigten Werkstücks richtig dargestellt?

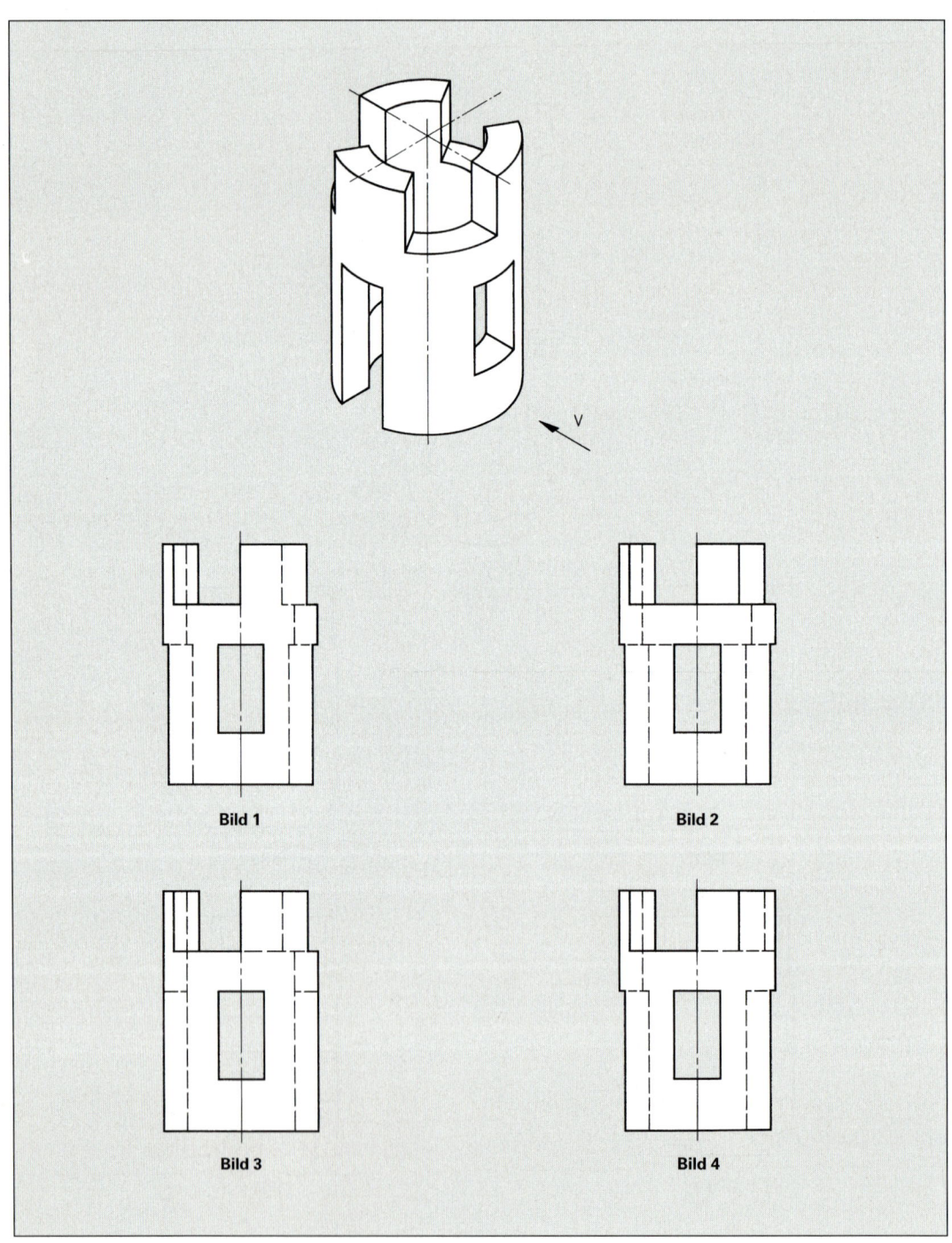

a) Bild 1   b) Bild 2   c) Bild 3   d) Bild 4   e) In keinem der gezeigten Bilder

TK 9	Welche Blattgröße nach DIN 476 besitzt eine beschnittene Zeichnung im DIN-Format A3 (Fertigformat)?

a) 841 mm × 1189 mm

b) 594 mm × 841 mm

c) 420 mm × 594 mm

d) 297 mm × 420 mm

e) 210 mm × 297 mm

TK 10	Welche Aussage ist richtig?

a) Die in der Schnittebene liegende Fläche wird als Schraffurfläche bezeichnet.

b) Schnittflächen werden mit schmalen Volllinien unter 60° zur Achse schraffiert.

c) Die Schraffur ist für Maßzahlen und Beschriftung zu unterbrechen.

d) Fällt bei einem Schnitt eine Körperkante auf die Mittellinie, so darf die Körperkante nicht gezeichnet werden.

e) Der Schnittverlauf muss immer angegeben werden.

TK 11	Wie erfolgt die Darstellung eines Werkstückes in der isometrischen Projektion nach DIN ISO 5456?

a) Seitenverhältnisse 1 : 1 : 1
Winkel 30° und 30°

b) Seitenverhältnisse 1 : 1 : 0,5
Winkel 7° und 42°

c) Seitenverhältnisse 1 : 1 : 2
Winkel 7° und 42°

d) Seitenverhältnisse 1 : 1 : 1
Winkel 0° und 45°

e) Seitenverhältnisse 1 : 1 : 2
Winkel 30° und 30°

TK 12	Welcher Maßstab ist nach DIN ISO 5455 ein genormter Verkleinerungsmaßstab?

a) M 1 : 5

b) M 5 : 1

c) M 2 : 5

d) M 1 : 4

c) M 1 : 2,5

TK 13	Welche Bedeutung hat nach DIN 406 eine Maßzahl, die unterstrichen ist?

a) Das Maß wird besonders gelehrt.

b) Es handelt sich um ein Fertigungsmaß mit einer Toleranz von 0,1 mm.

c) Das Maß wird vom Besteller besonders geprüft.

d) Das Maß ist nicht maßstäblich gezeichnet.

e) Das Maß wird vom Empfänger 100% geprüft.

TK 14	Welche Aussage ist *falsch?*

a) Die Strich-Punktlinie (breit) dient zur Kennzeichnung des Schnittverlaufs.

b) Alle Schnittflächen des gleichen Werkstücks werden in allen Ansichten in gleicher Art schraffiert.

c) Biegelinien werden als breite Volllinien dargestellt.

d) Die Strich-Zweipunktlinie (schmal) dient zur Kennzeichnung von Teilen, die vor der Schnittebene liegen.

e) Oberflächenstrukturen, z.B. Rändel, werden mit breiten Volllinien dargestellt.

TK 15	Welche Aussage ist richtig?

a) Ein eingerahmtes Maß ist ein nicht maßstäblich gezeichnetes Maß.

b) Gewindesenkungen müssen immer gezeichnet und bemaßt werden.

c) Werkstücke werden in Teilzeichnungen vorzugsweise in der Fertigungslage dargestellt.

d) Das Diagonalkreuz (breite Volllinie) kennzeichnet eine Passfläche.

e) Sichtbare Kanten werden in schmalen Volllinien dargestellt.

TK 16	Welche Bereiche werden in einer Zeichnung schraffiert?

a) Volle und hohle Stellen sind zu schraffieren.

b) Schraffiert darf nur dort werden, wo beim Durchschneiden Späne entstehen würden.

c) Das gesamte Werkstück muss schraffiert werden.

d) Eine Schraffur wird nur dort angebracht, wo hohle Stellen sind.

e) Keine der genannten Antworten ist richtig.

Teil IV   Wirtschafts- und Sozialkunde

1 Berufliche Bildung

1 Welche Vorteile bietet eine Berufsausbildung? Zeigen Sie die Vorteile an Beispielen auf.

Beispiele für die Vorteile einer Berufsausbildung:
- Das Einkommen eines Facharbeiters ist meist höher als das eines ungelernten Arbeitnehmers.
- Die von Facharbeitern ausgeführten Tätigkeiten sind in der Regel interessanter und anspruchsvoller.
- Die Aufstiegsmöglichkeiten sind für Facharbeiter größer.
- Die Arbeitslosenquote ist bei Facharbeitern geringer als bei ungelernten Arbeitnehmern.

2 In Deutschland erfolgt die Berufsausbildung nach dem dualen System.
Zeigen Sie anhand von Argumenten die Vorzüge dieses Ausbildungssystems auf.

Die Vorteile des dualen Systems der Berufsausbildung sind:
- Die Berufsausbildung ist stark an der beruflichen Praxis orientiert, da sie überwiegend im Betrieb erfolgt.
- Die praktische Ausbildung im Betrieb wird durch die fachtheoretische Berufsbildung in der Berufsschule ergänzt.
- Die Berufsausbildung in einem Betrieb der Region ermöglicht ein Hineinwachsen in die gewerbliche Arbeitswelt der Region.
- Nach der Ausbildung ist bei einer Übernahme durch den Ausbildungsbetrieb der Facharbeiter meist in die Arbeitsprozesse des Betriebs eingeführt und eine Einarbeitungszeit kann entfallen.

3 Welches sind die hauptsächlichen Gründe für den Wandel in der beruflichen Bildung?

- Die Veränderung der Arbeitswelt durch neue Fertigungstechniken, neue Werkstoffe und die Automatisierungstechnik.
- Die Entwicklung neuer Produkte.
- Der Wegfall nicht mehr benötigter beruflicher Fertigkeiten.
- Die Neuordnung der gewerblichen Berufe.

4 Welche Aufgaben kommen der beruflichen Fortbildung im Rahmen des technischen Wandels zu?

Die berufliche Fortbildung soll helfen …
- mit der Entwicklung der Technik Schritt zu halten.
- mit den geänderten Anforderungen der Arbeitswelt fertig zu werden.
- den Arbeitsplatz zu sichern.

5 Welche Fortbildungsmöglichkeiten kann ein Arbeitnehmer nutzen, wenn er sich für eine berufliche Fortbildung entschließt?

- Die **innerbetriebliche Fortbildung**. Sie wird von den Unternehmen durchgeführt und bezahlt.
- Die **außerbetriebliche Fortbildung**. Sie kann durch die Bundesagentur für Arbeit gefördert werden, wenn sie der Sicherung des Arbeitsplatzes dient.

6 Aus welchen Gründen kann für einen Facharbeiter eine Umschulung notwendig werden?

Eine Umschulung kann erforderlich werden …
- wenn jemand z.B. durch einen Unfall seinen Beruf nicht mehr ausüben kann.
- wenn jemand arbeitslos wird und in seinem erlernten Beruf auf Dauer keine Vermittlungschance besteht.

7 In §5 des Berufsbildungsgesetzes ist festgelegt, dass „eine Vereinbarung, die den Auszubildenden für die Zeit nach Beendigung des Berufsausbildungsverhältnisses in der freien Ausübung seiner beruflichen Tätigkeit beschränkt", nichtig ist.
Unter welchen Bedingungen gilt dies nicht? Nennen Sie Beispiele hierfür.

Diese Bestimmung trifft nicht zu, wenn die Beschränkung mit einer Leistung gekoppelt ist, z.B.
- wenn sich der Auszubildende innerhalb der letzten drei Monate seiner Ausbildung verpflichtet, nach dem Ende seiner Ausbildung ein unbefristetes Arbeitsverhältnis einzugehen.
- wenn der Auszubildende sich unter oben genannten Bedingungen verpflichtet hat, ein Arbeitsverhältnis für die Dauer von höchstens fünf Jahren einzugehen, sofern der Ausbildungsbetrieb für eine weitere Berufsausbildung des Auszubildenden die Kosten übernimmt.

8 Kann ein Auszubildender ein Ausbildungsverhältnis ohne Schadensersatz vorzeitig kündigen?

Ein Auszubildender kann das Berufsausbildungsverhältnis zu jedem Zeitpunkt lösen, ohne dass für ihn Schadensersatzpflicht gegenüber dem Betrieb besteht.

Die Probezeit (1 bis 3 Monate) sollte der Auszubildende nutzen, um herauszufinden, ob die begonnene Berufsausbildung für ihn geeignet ist und ob er sie bis zum Abschluss weiterführen will.

9 Welches Arbeitsverhältnis liegt vor, wenn ein Auszubildender nach Bestehen seiner Berufsabschlussprüfung in seinem Betrieb weiterarbeitet, ohne dass hierfür ausdrücklich etwas vereinbart wurde?

Nach §17 Berufsbildungsgesetz gilt damit ein Arbeitsverhältnis auf unbestimmte Zeit als begründet.

Testfragen zur beruflichen Bildung

TS 1 Um eine umfassende und bundeseinheitliche Grundlage für die berufliche Bildung zu schaffen, beschloss 1969 der Bundestag die entsprechende Rechtsgrundlage. Wie heißt dieses Gesetz?

a) Arbeitnehmerüberlassungsgesetz
b) Arbeitsplatzschutzgesetz
c) Arbeitsförderungsgesetz
d) Beschäftigungsgesetz
e) Berufsbildungsgesetz

TS 2 Welche Aufgabe übernimmt im Rahmen des „Dualen Systems" der Berufsausbildung der Ausbildungsbetrieb?

a) Vermittlung der fachtheoretischen Kenntnisse, die für den Ausbildungsgang erforderlich sind.
b) Vermittlung der notwendigen fachlichen Fertigkeiten und Kenntnisse, die zum Erreichen des Ausbildungszieles erforderlich sind.
c) Vermittlung der fachlichen Fertigkeiten, die zum Bestehen der Zwischenprüfung erforderlich sind.
d) Vermittlung der fachtheoretischen Kenntnisse und einer Fremdsprache.
e) Vermittlung einer umfassenden Allgemeinbildung.

TS 3 Ein Betrieb, der eine Person zur Berufsausbildung einstellt, hat mit dem Auszubildenden eines Berufsausbildungsvertrag zu schließen.
Wer muss den Ausbildungsvertrag unterzeichnen?

a) Der ausbildende Betrieb, der Auszubildende und bei minderjährigen Auszubildenden der gesetzliche Vertreter.
b) Nur der ausbildende Betrieb.
c) Der ausbildende Betrieb und die Industrie- und Handelskammer bzw. Handwerkskammer.
d) Nur der Auszubildende.
e) Nur die Industrie- und Handelskammer bzw. Handwerkskammer.

TS 4 Wann muss ein Ausbildungsvertrag schriftlich niedergelegt werden?

a) Sofort bei Zusage des ausbildenden Betriebs
b) Spätestens vor Beginn der Berufsausbildung
c) Mit dem Schulbeginn der Berufsschule
d) Nach bestandener Probezeit
e) Nach bestandener Zwischenprüfung

TS 5 Welche Vereinbarung ist in einem Ausbildungsvertrag *unzulässig*?

a) Dauer und Probezeit
b) Voraussetzungen, unter denen der Berufsausbildungsvertrag gekündigt werden kann
c) Verpflichtung des Auszubildenden, für die Berufsausbildung eine Entschädigung zu zahlen
d) Dauer des Urlaubs
e) Ausbildungsmaßnahmen außerhalb der Ausbildungsstätte

TS 6 Welche der folgenden Aussagen zum ausbildenden Betrieb ist *falsch*?

Der ausbildende Betrieb übernimmt *nicht* die Verpflichtung ...

a) selbst auszubilden oder einen Ausbilder ausdrücklich damit zu beauftragen.
b) dem Auszubildenden kostenlos die Ausbildungsmittel zur Verfügung zu stellen.
c) den Auszubildenden zum Besuch der Berufsschule anzuhalten.
d) dafür zu sorgen, dass der Auszubildende charakterlich gefördert wird.
e) den Auszubildenden eine ausreichende Verpflegung kostenlos zur Verfügung zu stellen.

TS 7 | In welchem Gesetz bzw. in welcher Verordnung ist die Dauer einer Berufsausbildung festgelegt?

a) Im Berufsbildungsgesetz
b) Im Bürgerlichen Gesetzbuch
c) In der Gewerbeordnung
d) Im Jugendarbeitsschutzgesetz
e) In der Ausbildungsordnung

TS 8 | Welche Verpflichtungen übernimmt ein Auszubildender bei Abschluss eines Berufsausbildungsvertrages *nicht*?

Die Verpflichtung ...
a) die aufgetragenen Arbeiten sorgfältig auszuführen.
b) die Werkzeuge und Werkstoffe, die zum Ablegen der Abschlussprüfung erforderlich sind, selbst zu bezahlen.
c) über Betriebsgeheimnisse Stillschweigen zu wahren.
d) Weisungen vom Ausbildenden im Rahmen der Berufsausbildung zu befolgen.
e) die Betriebsordnung einzuhalten.

TS 9 | Das Berufsausbildungsverhältnis beginnt mit der Probezeit. Welche Zeit muss diese mindestens betragen und wie lange darf sie höchstens sein?

a) Mindestens einen Monat und höchstens sechs Monate
b) Mindestens zwei Wochen und höchstens drei Monate
c) Mindestens eine Woche und höchstens drei Monate
d) Mindestens einen Monat und höchstens drei Monate
e) Mindestens drei Monate und höchstens sechs Monate

TS 10 | Wie wird die Höhe der Ausbildungsvergütung festgelegt?

a) Durch freie Vereinbarung
b) Durch Festlegung des Arbeitgebers
c) Durch Forderung des Auszubildenden
d) Durch Tarifvertrag
e) Durch Festlegung durch die Industrie- und Handelskammer bzw. Handwerkskammer

TS 11 | Was steht im Berufsausbildungsvertrag?

a) Die Inhalte der Ausbildung
b) Die Anzahl der Mindeststunden des Berufsschulunterrichtes
c) Die Pflichten des Auszubildenden
d) Die Pflichten der Berufsschule
e) Das Datum der Abschlussprüfung

TS 12 | Ein Auszubildender will nach Ablauf der Probezeit seine Berufsausbildung aufgeben. Wie kann das Berufsausbildungsverhältnis gekündigt werden?

a) Schriftlich ohne Angabe von Gründen und einer Kündigungsfrist von vier Wochen
b) Mündlich, mit Angabe von Gründen
c) Schriftlich, mit Angabe von Gründen und ohne Kündigungsfrist
d) Mündlich, ohne Angabe von Gründen
e) Schriftlich, mit Angabe von Gründen und mit einer Kündigungsfrist von vier Wochen

TS 13 | Ein Auszubildender besteht die Abschlussprüfung nicht. Welche der folgenden Aussagen ist dazu richtig?

a) Das Ausbildungsverhältnis kann nicht verlängert werden.
b) Das Ausbildungsverhältnis kann auf sein Verlangen bis zur nächstmöglichen Wiederholungsprüfung, höchstens um ein Jahr, verlängert werden.
c) Das Ausbildungsverhältnis kann beliebig oft verlängert werden.
d) Bei Verlängerung der Ausbildungszeit hat der Auszubildende die zusätzlichen Kosten zu übernehmen.
e) Das Ausbildungsverhältnis kann nur nach Genehmigung des Arbeitsamtes verlängert werden.

TS 14 | Dem Auszubildenden ist nach Beendigung des Berufsausbildungsverhältnisses ein Zeugnis auszustellen.
Was wird in dieses Zeugnis nur auf Verlangen des Auszubildenden aufgenommen?

a) Art der Ausbildung
b) Ziel der Ausbildung
c) Dauer der Ausbildung
d) Erworbene Fähigkeiten und Kenntnisse
e) Angaben über Führung, Leistung und besondere fachliche Fähigkeiten

2 Eigenes wirtschaftliches Handeln

1 Wozu dient ein Girokonto?

Das Girokonto ist die Bankadresse eines Bankkunden. Der Geldverkehr für die Bankkunden wird von den Banken nur von Bankadresse zu Bankadresse abgewickelt. Deshalb benötigt man ein Girokonto (Bankadresse), auf das z.B. das Gehalt oder die Ausbildungsvergütung angewiesen werden kann oder von dem aus man eine Überweisung tätigt, z.B. die Miete bezahlt.

2 Mit welchem Alter wird man beschränkt geschäftsfähig bzw. voll geschäftsfähig?

Beschränkt geschäftsfähig sind Personen von 7 bis einschließlich 17 Jahren.
Voll geschäftsfähig sind Personen ab 18 Jahre.
Personen unter 7 Jahren und geistig Behinderte sind nicht geschäftsfähig.

3 Welche Möglichkeiten gibt es, um eine Ware zu bezahlen?

Durch **Barzahlung**, d.h. durch Aushändigen des Warenpreises in Geld nach Erhalt der Ware.

Mit **Scheck**. Der Warenpreis wird vom Scheckinhaber auf den Scheckvordruck geschrieben und durch seine Unterschrift bestätigt. Der Scheckempfänger reicht den Scheck bei seiner Bank ein und bekommt den Warenpreis gutgeschrieben. Er wird vom Girokonto des Scheckausstellers abgebucht.

Mit der **Kreditkarte** durch Leisten einer Unterschrift unter einen speziellen Kassenbeleg, der die Kreditkartennummer und den Rechnungsbetrag trägt. Der Betrag des Kassenbelegs (Warenpreis) wird vom Girokonto des Kreditkarteninhabers abgebucht.

Mit der **Euroscheck-Karte** (ec-Karte). An der Kasse eines Kaufhauses z.B. wird die ec-Karte des Käufers durch ein elektronisches Lesegerät geführt, der Käufer gibt seine Geheimzahl ein und bestätigt den Warenpreis. Der Warenpreis wird vom Girokonto des ec-Karteninhabers abgebucht.

4 Warum sollten die ec-Karte und die Geheimzahl niemals zusammen aufbewahrt werden?

Mit der ec-Karte und der Geheimzahl kann auch ein Unbefugter an jedem Geldautomaten vom Konto des ec-Karteninhabers Geld abheben oder mit der ec-Karte Waren auf Rechnung des ec-Karteninhabers erwerben.

5 Wozu verwendet man Überweisungen?

Eine Überweisung, auch Überweisungsauftrag genannt, dient zur Überweisung eines Geldbetrages von einem Auftraggeber an einen Empfänger.

6 Wie wird eine Überweisung ausgeführt?

Der Überweisungsvordruck wird vom Auftraggeber ausgefüllt und bei der eigenen Bank abgegeben. Der Überweisungsbetrag wird vom Girokonto des Auftraggebers abgebucht und auf dem Girokonto des Empfängers gutgeschrieben.

7 Ein Auszubildender will sich ein Motorrad für 3 480 Euro kaufen.
Welche Möglichkeiten der Bezahlung bzw. Finanzierung gibt es für solch einen Kauf?

- Barzahlung, z.B. mit gespartem Geld.
- Bezahlung gemäß einem Ratenkaufvertrag des Motorradhändlers.
- Aufnahme eines Konsumentenkredits oder Ratenkredits bei einer Bank und Barzahlung mit diesem Geld.

8 Welche Angaben muss der Kaufvertrag bei einem Ratenkauf enthalten?

Der Ratenkaufvertrag muss schriftlich abgeschlossen werden und jede der folgenden Angaben enthalten:

- den Barzahlungspreis
- den Teilzahlungspreis (Summe aus den Teilraten und allen anderen Kosten)
- den Betrag, die Anzahl und die Fälligkeit der Teilzahlungen
- den effektiven Jahreszins, der sich aus der Differenz des Teilzahlungspreises und dem Barzahlungspreis ergibt.

Der Verkäufer schützt sich durch den sogenannten Eigentumsvorbehalt vor Betrug, d.h. die Ware bleibt bis zur vollständigen Bezahlung Eigentum des Verkäufers.

Im Zeitraum der Teilzahlungen ist der Käufer lediglich Besitzer, nicht Eigentümer der Ware.

9   Welche Kosten entstehen bei einem Ratenkaufvertrag zusätzlich zum eigentlichen Warenpreis?

Die Kosten für die Zinsen zur Vorfinanzierung des Warenpreises (10 bis 20% des Warenpreises pro Jahr) sowie eine einmalige Bearbeitungsgebühr (1 bis 3% des Kaufpreises).

10 Jemand hat bei einem Autohändler ein gebrauchtes Auto gekauft. Als Bezahlung ist ein Ratenkaufvertrag mit einer monatlichen Rate von 280 Euro vereinbart.

Welche Zahlungsarten sind für die monatliche Überweisung am besten geeignet?

- Ein Dauerauftrag bei der eigenen Bank mit monatlicher Zahlungsanweisung.

- Eine Einzugsermächtigung zur monatlichen Abbuchung, die man dem Autohändler erteilt.

  Anmerkung: Die durch Einzugsermächtigung getätigte Abbuchung kann bei Beanstandung innerhalb von 6 Wochen nach der Abbuchung rückgängig gemacht werden.

11 Ein Auszubildender hat sich bei einem Discounter ein Fernsehgerät gekauft. Es wurde ihm im Geschäft in der Originalverpackung ausgehändigt. Beim Auspacken zuhause stellt der Auszubildende fest, dass das Gehäuse beschädigt ist.

Welche Regress-Möglichkeiten hat der Auszubildende gegenüber dem Discount-Geschäft?

- Er kann das gekaufte Fernsehgerät zurückbringen und ein einwandfreies Fernsehgerät als Ersatz verlangen.

  (Man nennt dies Umtausch)

- Er kann für das mangelhafte Fernsehgerät einen angemessenen Preisnachlass verlangen.

  (Man nennt dies Kaufpreisminderung).

Wichtig ist es, den Kassenzettel aufzubewahren, um ihn als Kaufnachweis vorweisen zu können. Ansonsten kann das Geschäft den Umtausch bzw. die Kaufpreisminderung verweigern.

12 Welche Ansprüche hat ein Käufer, wenn nach drei Monaten an einem gekauften Fernsehgerät der Ton ausfällt?

Für einen Fehler am gekauften Gerät gilt die uneingeschränkte gesetzliche Gewährleistung während der ersten 6 Monate, d.h. der Käufer hat in dieser Frist Anspruch auf Umtausch, Nachbesserung (Reparatur) oder Kaufpreisminderung.

13 Besteht ein Anspruch, wenn ein Fehler am gekauften Gerät erst nach 1,5 Jahren auftritt?

Tritt der Fehler im Zeitraum vom 7. Monat bis zu 2 Jahren nach dem Kauf auf, so besteht ein Anspruch nur, wenn der Käufer nachweisen kann, dass der Fehler von Anfang an im Gerät vorhanden war und sich erst später gezeigt hat.
Dies muss der Käufer nachweisen, was nur mit einem technischen Gutachten möglich ist.
Man nennt dies in der juristischen Fachsprache Beweislastumkehr.

14 Gibt es noch andere Gewährleistungsarten beim Kauf von Geräten?

Mit der sogenannten **Garantie** kann ein Hersteller die gesetzliche Gewährleistung (6 Monate) freiwillig z.B. auf 12 Monate verlängern.
Diese verlängerte Gewährleistung legt er im Garantieschein fest, der dem neuen Gerät beiliegt.

15 Was versteht man unter Kulanz?

Als **Kulanz** bezeichnet man die Bereitschaft des Herstellers über die gesetzliche Gewährleistung oder die Garantiezeit hinaus, Umtausch oder kostenlose Reparatur zu gewähren.

16 Wofür kann das Einkommen verwendet werden?

- Befriedigung der Existenzbedürfnisse, wie Nahrungsmittel, Kleidung, Wohnen, Information, Unterhaltung.

- Tätigen von größeren Anschaffungen, wie z.B. eines Autos, einer Musikanlage oder Möbeln.

- Rücklagen bilden für Notlagen, Altersvorsorge oder größere Anschaffungen durch Sparen eines Teils des Einkommens.

17 Welche Vorteile hat das Sparen nach dem Vermögensbildungsgesetz?

Zu dem eigenen Sparbetrag von maximal 480 Euro im Jahr auf einen Bausparvertrag gewährt der Staat eine Arbeitnehmer-Sparzulage von 10% des gesparten Betrages.

Zu weiteren (maximal) 408 Euro Sparbetrag in langfristigen Aktien- oder Aktienfonds-Sparverträgen gibt es eine Arbeitnehmer-Sparzulage von 20% in den alten Bundesländern bzw. 25% in den neuen Bundesländern.

Die Arbeitnehmer-Sparzulage wird nur gewährt, wenn das gesparte Geld vertraglich langfristig (mindestens 7 Jahre) festgelegt ist und wenn das zu versteuernde Einkommen des Sparers bestimmte Höchstgrenzen nicht übersteigt:
17 900 Euro im Jahr bei Alleinstehenden,
35 800 Euro im Jahr bei Verheirateten.

18 In welchen Anlageformen kann der Sparbetrag beim vermögenswirksamen Sparen nach dem Vermögensbildungsgesetz angelegt werden?

Er kann angelegt werden:
– als Beiträge zu einem Bausparvertrag (maximal 480 Euro im Jahr).

– als Beiträge zu einem langfristigen Sparvertrag über Wertpapiere aller Art, wie z.B. Aktien, Anteilen an Aktienfonds, GmbH- oder Genossenschaftsanteilen (zusätzlich maximal 408 Euro im Jahr).

19 Was ist das Wesentliche des Bausparens gegenüber der Finanzierung eines Bauvorhabens durch Kontensparen oder einen Hypothekenkredit?

Beim **Bausparen** spart man in 3 bis 5 Jahren rund 30 bis 50% der Bausparsumme an (Ansparphase genannt) und erhält nach der Zuteilung des Bausparvertrages von der Bausparkasse für den Rest der Bausparsumme (50 bis 70%) ein zinsgünstiges Darlehen mit kleiner Tilgungsrate. In dieser Rückzahlphase trägt man das Darlehen ab. Die Gesamtlaufzeit von Bausparverträgen beträgt je nach Vertragstyp 10 bis 25 Jahre.

Beim **Kontensparen und Hypothekenkredit** spart der Sparer rund 30% der Bausumme an (Eigenkapital) und finanziert den Rest mit einem Hypothekenkredit (Fremdkapital).

20 Welche Möglichkeit hat ein Arbeitnehmer, zuviel bezahlte Lohnsteuer vom Finanzamt zurückzubekommen?

Er muss nach Ablauf des Jahres eine ausgefüllte Einkommensteuererklärung mit seiner Lohnsteuerkarte und den Nachweisen seiner absetzbaren Ausgaben beim Finanzamt abgeben.

Er erhält dann nach einigen Monaten einen Einkommens-Steuerbescheid und im Falle zuviel gezahlter Steuern eine Steuerrückzahlung vom Finanzamt.

21 Ein Arbeitnehmer kann Werbungskosten in seiner Steuererklärung geltend machen. Was versteht man unter Werbungskosten? Nennen Sie einige Beispiele.

Werbungskosten sind alle Kosten, die zum Erwerb, zur Sicherung und zur Erhaltung des Arbeitsverhältnisses aufgebracht werden, wie z.B.
• Kosten für die Fahrt zur Arbeitsstätte.
• Kosten für die Mitgliedschaft in einem Berufsverband oder der Gewerkschaft.
• Kosten für Bücher und Kurse für die berufliche Weiterbildung.

22 Ein Arbeitnehmer bekommt von seiner Firma (einer Aktiengesellschaft) jährlich eine begrenzte Anzahl von Aktien zum Vorzugspreis angeboten. Der Nennwert der Aktie beträgt 5 Euro, der Kurs 38,10 Euro und die im letzten Jahr ausgezahlte Dividende 0,35 Euro. Was bedeuten diese Angaben?

Der **Nennwert** ist der auf der Aktie angegebene Anteil am Kapital der Aktiengesellschaft.

Der **Kurs** einer Aktie ist der Wert, zu dem die Aktie an der Börse gehandelt wird. Er ist meist höher als der Nennwert der Aktie.

Die **Dividende** ist der jährlich pro Aktie ausgezahlte Ertrag an die Aktionäre.

23 Warum werden die Steuerpflichtigen in verschiedene Steuerklassen eingeteilt?

Durch die Steuerklasse wird der einzelne Steuerpflichtige gemäß seinem Familienstand einem bestimmten steuerlichen Tarif zugeordnet.

24 Welche Steuerklassen gibt es?

Steuerklasse I:
Nichtverheiratete Personen, Verwitwete oder Geschiedene.

Steuerklasse II:
Nichtverheiratete, Verwitwete und Geschiedene mit mindestens einem Kind.

Steuerklasse III:
Verheiratete, wenn der Ehegatte keinen oder geringen Arbeitslohn bezieht.

Steuerklasse IV:
Verheiratete, wenn beide Ehegatten Arbeitslohn in etwa gleicher Höhe beziehen.

Steuerklasse V:
Verheiratete, die beide Arbeitslohn beziehen, wenn auf Antrag ein Ehegatte in Steuerklasse III eingestuft ist.

Steuerklasse VI:
Arbeitnehmer, die Arbeitslohn aus einem zweiten oder weiteren Arbeitsverhältnissen beziehen.

25 Worin besteht das Wesen eines Mietvertrags?

Durch den Mietvertrag verpflichtet sich der Vermieter, dem Mieter den Gebrauch der vermieteten Sache, z.B. eine Wohnung, während der vereinbarten Mietzeit zu überlassen.
Der Mieter verpflichtet sich, dem Vermieter dafür den vereinbarten Mietpreis zu entrichten, meist in Form einer monatlichen Mietzahlung.

26 Ein Industriemechaniker will nach erfolgreicher Abschlussprüfung eine Wohnung mieten. Wo erhält er einen Mietvertrag und welche wesentlichen Inhalte müssen in dem Mietvertrag für die Wohnung festgelegt sein?

Am besten verwendet man einen sogenannten Mustermietvertrag, den man im Papier- und Bürohandel kaufen kann. Diese Mustermietverträge sind auf dem letzten Stand der Gesetzeslage und entsprechen der gültigen Rechtssprechung.
In diesen Mietverträgen müssen in dafür vorgesehenen Leerfeldern folgende Dinge eingetragen und festgelegt werden:

- Name und Adresse des Vermieters und des Mieters
- Bezeichnung der Mietsache
- Höhe der Miete und Termine der Mietzahlung
- Mietdauer oder zeitlich unbegrenzte Mietdauer
- Instandhalten der Mietsache und sogenannte Schönheitsreparaturen
- Besondere Vereinbarungen (Höhe der Kaution, Kündigungsfristen, Ablösung)
- Übergabeprotoll mit der Beschreibung des Zustands der Mietsache.

Testfragen zum wirtschaftlichen Handeln

TS 15 Ein Auszubildender bekommt seine erste Ausbildungsvergütung angewiesen. Warum benötigt er ein Girokonto?

a) Damit sein Ausbildungsbetrieb die Ausbildungsvergütung anweisen kann.

b) Damit der Auszubildende die im Lohnbüro ausgezahlte Vergütung dort einzahlen kann.

c) Damit von der Ausbildungsvergütung die Sozialbeiträge abgeführt werden können.

d) Damit der Auszubildende die Arbeitnehmer-Sparzulage erhält.

e) Damit der Ausbildungsbetrieb weiß, ob der Auszubildende sein Geld sinnvoll verwendet.

TS 16 Was benötigt man zur Bezahlung mit einem Scheck?

a) Den Personalausweis

b) Den Personalausweis und einen Scheckvordruck der eigenen Bank

c) 50,00 Euro Bargeld zur Anzahlung und den Scheckvordruck

d) Den Scheckvordruck der eigenen Bank

e) Ein Stück Papier, auf das man die Scheckkartennummer und den Namen schreibt.

TS 17	**Wie kann man an einem Geldautomaten mit der ec-Karte Geld abheben?**

Durch Einführen der ec-Karte und ...

a) Eintippen des eigenen Namens.

b) Eintippen des eigenen Namens und der Personalausweisnummer

c) Eintippen der ec-Kartennummer

d) Eintippen des Datums und der Bankleitzahl

e) Eintippen der Geheimzahl

TS 18	**Welchen Vorteil hat das Bezahlen einer Rechnung mit einer ec-Karte oder einer Kreditkarte?**

a) Man bekommt 5% Rabatt auf den Rechnungsbetrag.

b) Man braucht nicht viel Bargeld mit sich herumtragen.

c) Man ist bei den Verkäufern und Geschäftsinhabern besser angesehen.

d) Man braucht die Rechnung erst in 6 Wochen bezahlen.

e) Man erhält eine Prämie von 5% von seiner Bank.

TS 19	**Bei der Jahresabschlussrechnung Ihrer Bank sehen Sie, dass Sie erhebliche Kosten für die Führung Ihres Girokontos hatten. Welche der folgenden Möglichkeiten helfen Ihnen, diese Kosten zu reduzieren?**

a) Sie lassen sich zukünftig die Kontoauszüge per Post zusenden, anstatt sie wie bisher selbst abzuholen.

b) Sie versuchen, mit Ihrer Bank niedrigere Gebühren auszuhandeln.

c) Sie tätigen mehr Überweisungen.

d) Sie wechseln zu einer Bank, die keine Gebühren für das Führen eines Girokontos berechnet.

e) Sie kündigen Ihre Daueraufträge.

TS 20	**Warum ist es sinnvoll einen Teil seines Einkommens zu sparen?**

a) Damit man alle Freunde zu einem Fest einladen kann.

b) Damit man für Notlagen oder größere Anschaffungen Geld hat.

c) Damit man besonders niedrige Zinsen bei der Bank bekommt.

d) Damit man sich keine Sorgen wegen der Geldentwertung (Inflation) machen muss.

e) Damit man einen Ratenkaufvertrag abschließen kann.

TS 21	**Ein Auszubildender will ein Fernsehgerät kaufen und nimmt dazu bei seiner Bank einen Konsumentenkredit von 1200 Euro zu einem effektiven Zinssatz von 12,5 % und einer Laufzeit von einem Jahr auf. Wie hoch sind die Zinskosten für diesen Kredit?**

a) 150 Euro

b) 125 Euro

c) 350 Euro

d) 200 Euro

e) 175 Euro

TS 22	**Ein Industriemechaniker will sich zur beruflichen Weiterbildung einen Computer für 1600 Euro kaufen. Da er nicht genügend gespartes Geld hat, kauft er das Gerät mit einem Ratenkaufvertrag. Welche Aussage über den Ratenkauf ist richtig?**

a) Beim Ratenkauf zahlt man in der Summe weniger als beim Barkauf.

b) Im Ratenkaufvertrag müssen nur der Barzahlungspreis und die Teilzahlungsraten angegeben sein.

c) Bei einem Ratenkaufvertrag wird der gekaufte Gegenstand beim Kauf Eigentum des Käufers.

d) Beim Ratenkaufvertrag zahlt man in der Summe genauso viel wie beim Barkauf.

e) Beim Ratenkaufvertrag zahlt man in der Summe wesentlich mehr als beim Barkauf.

TS 23 Ein 18-jähriger Auszubildender will zum Kauf eines Autos einen Leasingvertrag abschließen. Darf er das?

a) Nein, weil er noch nicht 21 Jahre alt ist.

b) Ja, weil er 18 Jahre alt ist.

c) Nein, weil er zwar 18 Jahre alt ist, aber noch Auszubildender ist.

d) Nein, weil er noch nicht 19 Jahre alt ist.

e) Ja, weil er schon 16 Jahre alt ist und eine Ausbildungsvergütung bezieht.

TS 24 Welche Aussage zum Bausparen ist richtig?

a) Man bekommt die Darlehenssumme sofort ausbezahlt und zahlt dann ab.

b) Man bekommt 50% der Darlehenssumme sofort, den Rest nach einem Jahr.

c) Man spart die vereinbarte Bausparsumme zu einem besonders günstigen Verzinsungssatz an.

d) Man spart ca. 30% bis 50% der vereinbarten Bausparsumme an (in 3 bis 5 Jahren) und erhält dann ein zinsgünstiges Darlehen für den Rest der Bausparsumme.

e) Man spart 3 Jahre lang 10% der vereinbarten Bausparsumme an und erhält dann 90% der Bausparsumme als Bausparkredit.

TS 25 Ein Metallbauer mietet an seinem Arbeitsort eine Zweizimmerwohnung. Welche der folgenden Aussagen zum Mietvertrag ist richtig?

a) Der Mieter kann einen Monat die Miete aussetzen und sie im folgenden Monat nachbezahlen.

b) Der Vermieter darf einmal in der Woche die Wohnung kontrollieren.

c) Wenn er knapp mit dem Geld ist, braucht der Mieter die Miete einen Monat nicht zu bezahlen.

d) Der Mieter muss dem Vermieter den vereinbarten Mietzins monatlich bezahlen.

e) Schäden an der Heizungsanlage muss der Mieter bezahlen.

TS 26 Von welcher Stelle erhält man die Lohnsteuerkarte?

a) Vom Arbeitsamt

b) Von der Gemeinde- bzw. Stadtverwaltung

c) Vom Finanzamt

d) Vom Gewerbeaufsichtsamt

e) Von der zuständigen Handwerkskammer bzw. Industrie- und Handelskammer

TS 27 Welche Steuerklasse hat ein nicht verheirateter, kinderloser Arbeitnehmer?

a) Steuerklasse I

b) Steuerklasse II

c) Steuerklasse III

d) Steuerklasse IV

e) Steuerklasse V

TS 27 Ein Industriemechaniker fährt mit seinem Auto an 220 Tagen im Jahr von seiner Wohnung zu dem 16 km entfernten Arbeitsplatz.
Welchen Betrag kann er dafür als Werbungskosten in seiner Steuererklärung geltend machen?

a) 220 × 2 × 16 × 0,30 € = 2112,00 €

b) 220 × 16 × 0,20 € = 704,00 €

c) 220 × 16 × 0,30 € = 1056,00 €

d) 220 × 16 × 0,40 € = 1408,00 €

e) 220 × 2 × 16 × 0,40 € = 2816,00 €

TS 29 Bis zu welchem maximalen Sparbetrag fördert der Staat das vermögenswirksame Sparen auf einem Bausparvertrag durch eine Arbeitnehmersparzulage?

a) 420 Euro

b) 312 Euro

c) 480 Euro

d) 936 Euro

e) 468 Euro

[3] Grundlagen der Volks- und Betriebswirtschaft

1 Welche wichtigen Aufgaben erfüllt der Markt im Wirtschaftssystem der Bundesrepublik Deutschland?

Wichtige Aufgaben des Marktes sind:
- Die Versorgung der Verbraucher mit Gütern und Dienstleistungen.
- Der Ausgleich zwischen Angebot und Nachfrage über den Preis.
- Die Bildung des Preises für einen Auftrag nach Angebot und Nachfrage.
- Die Lenkung der Herstellung und Verteilung von Gütern und Dienstleistungen.
- Der Zwang für die Betriebe einen Auftrag so kostengünstig wie möglich anzubieten.

2 Welche Voraussetzungen müssen erfüllt sein, damit auf dem Markt Wettbewerb herrscht?

Wettbewerb herrscht, wenn eine möglichst große Zahl von selbstständig entscheidenden Marktteilnehmern (Betrieben) mit den erlaubten Mitteln des Wettbewerbs (Preis, Qualität, Lieferfrist, Serviceleistungen, Zahlungsbedingungen u.a.) um die Aufträge wetteifern.

Kein einzelnes Unternehmen darf eine marktbeherrschende Stellung besitzen.

Der Zutritt zum Markt muss auch neuen Marktteilnehmern möglich sein.

3 Im Marktgeschehen hat der einzelne Verbraucher meist die schwächere Position. Erläutern Sie, wie der Staat durch Verbraucherschutzgesetze den Verbraucher zu schützen versucht.

- Mit dem **Gesetz zur Regelung der allgemeinen Geschäftsbedingungen** soll der Verbraucher vor unangemessenen Geschäftsbedingungen und Klauseln geschützt werden.
- Durch das **Produkthaftungsgesetz** haftet der Hersteller für die durch technische Fehler des Produktes entstandenen Schäden.
- Das **Gewährleistungsgesetz** verpflichtet die Hersteller für eine bestimmte Zeit (6 Monate) fehlerhafte Waren zu ersetzen, zu reparieren oder deren Preis zu mindern.

4 Welche Vorteile hat der Verbraucher vom Leistungswettbewerb?

Der Wettbewerb zwischen vielen Anbietern von Waren und Dienstleistungen führt in einem funktionierenden Markt für die Verbraucher zu günstigeren Preisen, zu besserer Produktqualität und zu größerem Warenangebot.

5 Was unternimmt der Staat, um den Wettbewerb zu schützen?

Der Staat überwacht das Marktgeschehen auf Einhaltung der Regeln des Wettbewerbs und ahndet Verstöße gegen den lauteren Wettbewerb. Er versucht dies mit dem **Gesetz gegen Wettbewerbsbeschränkungen** und dem **Gesetz gegen den unlauteren Wettbewerb** zu erreichen.

6 Um gemeinsame Aufgaben zu bewältigen oder größere Aufträge zu erhalten, kooperieren häufig mehrere kleinere Betriebe. Nennen Sie Beispiele und erläutern Sie, welche Ziele dabei verfolgt werden.

Beispiele für die Kooperation von Betrieben sind:
- Die Bildung von Arbeitsgemeinschaften bei Großprojekten, um Aufträge zu erhalten, die die Leistungsfähigkeit des einzelnen Betriebs übersteigen.
- Die gemeinsame Werbung eines Industrieverbandes für Auszubildende.
- Die Standardisierung oder Normung häufig gebrauchter Bauteile durch einen Fachverband.
- Das gemeinsame Ausstellen mehrerer Betriebe auf einem gemeinsamen Messestand.

7 Welche gesamtwirtschaftlichen Nachteile können große Unternehmenszusammenschlüsse haben? Erläutern Sie solche Nachteile anhand von Beispielen.

- Die Preise können überhöht sein, wenn ein Großunternehmen eine marktbeherrschende Stellung hat und kein ausreichender Wettbewerb mehr gegeben ist.
- Die Vielfalt des Angebots der Waren und Dienstleistungen wird vermindert.
- Großbetriebe können sich nicht so schnell und flexibel auf Marktveränderungen einstellen.
- Die Auslese unwirtschaftlich arbeitender Betriebe wird verzögert.

**8 Jeder Mensch hat eine Vielzahl von Bedürfnissen. Diese werden z.B. in Existenzbedürfnisse, in Kulturbedürfnisse und in Luxusbedürfnisse unterteilt.
Nennen Sie Beispiele.**

- Existenzbedürfnisse sind: Nahrung, Kleidung, Wohnen
- Kulturbedürfnisse sind:
  zur Information: Zeitung, Fernsehen, Radio,
  zur Unterhaltung: Kino, Theater, Besuch von Sportveranstaltungen, Konzerte.
- Luxusbedürfnisse sind: Genussmittel, Sportwagen, Schmuck, Reisen.

9 Erklären Sie den Unterschied zwischen Konsumgütern und Investitionsgütern.

Konsumgüter sind Güter, die der Verbraucher zur Befriedigung seiner Bedürfnisse benötigt, wie z.B. Nahrungsmittel, Kleidung, Möbel, Zeitschriften.

Investitionsgüter sind Güter, die ein Betrieb zur Fertigung, Montage und Verteilung von Werkstücken und Bauteilen benötigt, wie z.B. Werkzeugmaschinen, Werkzeuge, Transporter.

10 Zeigen Sie an Beispielen, dass das gleiche Gut sowohl als Konsumgut als auch als Investitionsgut verwendet werden kann.

Handbohrmaschine: Konsumgut im eigenen Haushalt, Investitionsgut für einen Handwerksbetrieb.

Computer: Konsumgut fürs Internet-Surfen, Investitionsgut in der Konstruktionsabteilung eines Betriebs.

Fotoapparat: Konsumgut bei privater Verwendung, Investitionsgut für einen Fotojournalisten.

Auto: Konsumgut für Reisen mit der Familie, Investitionsgut für ein Taxiunternehmen.

11 Was versteht man unter dem Bruttoinlandsprodukt?

Das Bruttoinlandsprodukt (Abkürzung: BIP) ist der Wert (z.B. in Euro) aller produzierten Güter und erbrachten Dienstleistungen eines Landes in einem Jahr. Im Jahr 2003 betrug das BIP der Bundesrepublik Deutschland rund 1900 Milliarden Euro.

Das Bruttoinlandsprodukt ist eine Maßgröße für die wirtschaftliche Leistungsfähigkeit eines Landes.

12 Was gibt die Inflationsrate an?

Die Inflationsrate gibt die Preissteigerung in Prozent für ein standardisiertes Waren- und Dienstleistungssortiment (Standard-Warenkorb) gegenüber dem Vorjahr an.

Die Inflationsrate betrug in Deutschland im Jahr 2003 rund 1,5 %.

Bei einer Inflationsrate unter 2 % spricht man von annähernder Preisstabilität.

13 Was versteht man in der Wirtschaft unter dem ökonomischen Prinzip?

Das ökonomische Prinzip bedeutet ein wirtschaftliches Handeln nach sparsamen und erfolgsorientierten Grundsätzen.

Dabei unterscheidet man zwei Möglichkeiten:

- Nach dem **Maximalprinzip** soll mit vorgegebenen Mitteln ein höchstmöglicher Ertrag erzielt werden.
- Nach dem **Mininialprinzip** soll ein vorgegebenes Produktionsziel mit niedrigsten Kosten erreicht werden.

14 Nennen Sie Beispiele für das Handeln nach dem ökonomischen Prinzip.

- Aus einer Blechtafel werden durch möglichst günstige Anordnung der Zuschnitte eine möglichst große Anzahl von Zuschnitten gefertigt.
- Bei einem erteilten Fertigungsauftrag für Werkstücke wird durch Auswahl des preisgünstigsten, dafür geeigneten Werkstoffs und Fertigung mit dem kostengünstigsten, dafür geeigneten Fertigungsverfahren der Auftrag kostengünstig abgewickelt.

15 Unter welchen Bedingungen könnte es, abweichend vom ökonomischen Prinzip, in Betrieben zur Unwirtschaftlichkeit kommen? Nennen Sie Beispiele.

Ein Abweichen vom ökonomischen Prinzip ist z.B. gegeben, wenn …

- es durch Nachlässigkeit zu unnötigen Kosten kommt, z.B. durch Werkstoffverschwendung.
- es zu Fehlplanungen gekommen ist, z.B. zur Anschaffung einer teuren Maschine, die nur selten gebraucht wird.

16 Erklären Sie anhand eines Beispiels, wie in einem Betrieb der Produktionsfaktor Arbeit durch den Produktionsfaktor Kapital ersetzt wird.

In einem metallverarbeitenden Betrieb wird ein Teil der Handschweißarbeiten durch die Maschinenarbeit eines CNC-gesteuerten Schweißroboters ersetzt.

17 Worin unterscheiden sich in der Aufgabenstellung ein Betrieb der öffentlichen Hand, ein gemeinwirtschaftlicher Betrieb und ein Privatbetrieb?

Öffentliche Betriebe, wie z.B. das Wasserwerk einer Stadt, orientieren sich an den Bedürfnissen der Gemeinschaft. Sie sollen eine Versorgung mit einem Gut übernehmen, deren Bereitstellung oder Produktion man privaten Unternehmen nicht überlassen möchte oder für deren Erzeugung private Unternehmen wegen mangelnder Gewinnaussichten kein Interesse haben.

Gemeinwirtschaftliche Betriebe, wie z.B. die Raiffeisenbanken, sind historisch aus der Notwendigkeit entstanden, ein wichtiges Bedürfnis einer finanzschwachen Kundschaft zu befriedigen, das sie sich unter rein marktwirtschaftlichen Bedingungen nicht leisten können, wie z.B. die Versorgung mit billigen Krediten oder billigem Wohnraum. Gemeinwirtschaftliche Betriebe streben keinen Gewinn an, sondern arbeiten lediglich auf Kostendeckung.

Privatbetriebe werden von Privatpersonen oder Gesellschaften betrieben, um den Wert des betriebes zu steigern und einen möglichst großen Gewinn zu erwirtschaften.

18 Welche Probleme entstehen, wenn ein Betrieb nicht ausreichend moderne Maschinen und Werkzeuge anschafft? Nennen Sie mögliche Folgen.

- Der Betrieb arbeitet nicht mehr konkurrenzfähig. Infolgedessen erhält er keine Aufträge mehr. Er muss Arbeitskräfte entlassen und bei andauerndem Ausbleiben von Investitionen geschlossen werden.
- Trifft dieses auf mehrere Betriebe in einer Region zu, steigt dort die Arbeitslosigkeit. Die Folgen sind ein Rückgang der Steuereinnahmen für den Staat und die Gemeinden, Einnahmeverluste der Sozialversicherungsträger sowie ein Anstieg der Arbeitslosen- und Sozialhilfekosten.

19 Wie würden die Betriebe reagieren, wenn das Betriebsmittel Energie zum Schutze der Umwelt bewusst durch zusätzliche Steuern verteuert würde? Zeigen Sie an Beispielen, wie die Betriebe diese Belastung auffangen könnten.

Wenn die Energie teurer wird, würden von den Betrieben verstärkt Anstrengungen unternommen, um die Energiekosten zu senken. Dazu gäbe es eine Vielzahl von Möglichkeiten:

- Entwicklung und Umstellung auf energiesparende Maschinen und Produktionsverfahren.
- Investitionen zur Energieeinsparung und Energierückgewinnung.
- Kostensenkung in anderen Bereichen, um die höheren Energiekosten auszugleichen.

Bei Existenzbedrohung des Betriebs durch zu hohe Energiekosten droht die Verlagerung des Betriebs an einen Standort mit niedrigeren Energiekosten, z.B. ins Ausland.

20 Erklären Sie die Begriffe Rentabilität und Wirtschaftlichkeit.

Rentabilität ist das prozentuale Verhältnis aus dem erzielten Reingewinn eines Betriebes und dem eingesetzten Kapital.
Die Rentabilität gibt die Höhe der Verzinsung des eingesetzten Kapitals an.

Wirtschaftlichkeit ist das Verhältnis der erzielten Gesamteinnahmen zu den Gesamtaufwendungen eines Betriebs. Ein Betrieb arbeitet wirtschaftlich, wenn die erzielten Einnahmen die Gesamtaufwendungen übersteigen.

21 Wie wird in einem metallverarbeitenden Betrieb die betriebswirtschaftliche Kenngröße Produktivität gemessen?

Produktivität misst man, indem man eine Verhältniszahl aus dem Geldwert der erzeugten Produkte oder geleisteten Serviceleistungen und der dafür benötigten Arbeitszeit bildet.

Beispiel: 300 Stück eines Bauteils werden von einem Facharbeiter mit einer alten Werkzeugmaschine in 15 Arbeitstagen zu einem Herstellungspreis von 18 600 € gefertigt. Die Produktivität beträgt:
P_1 = 18 600 €/15 Tage = 1240 €/Tag.
Nach Anschaffung einer modernen Maschine fertigt der Facharbeiter in derselben Zeit Bauteile im Wert von 24 900 €. Die Produktivität beträgt dann:
P_2 = 24 900 €/15 Tage = 1660 €/Tag.
Sie ist um $\dfrac{1660 - 1240}{1240}$ = 33,9% gestiegen.

22 Wie kann sich in einem Betrieb eine Steigerung der Produktivität auf die Zahl der Mitarbeiter auswirken?

Wenn die Produktivität in einem Betrieb gestiegen ist, wird ein gleich großer Auftrag von weniger Arbeitskräften bewältigt. Bei gleich großem Auftragsvolumen eines Betriebes kann eine Erhöhung der Produktivität ein Grund für den Abbau von Arbeitsplätzen sein.

Andererseits kann bei erhöhter Produktivität ein Betrieb wegen seiner verbesserten Konkurrenzfähigkeit eine größere Anzahl von Aufträgen erhalten. Um diese zu bearbeiten, kann es sogar erforderlich sein, zusätzliche Mitarbeiter einzustellen.

23 Der starke Konkurrenzdruck zwingt viele Firmen dazu, alle Rationalisierungsmöglichkeiten in ihrem Betrieb zu nutzen.
Beschreiben Sie Maßnahmen, die eine Rationalisierung der Produktion zum Ziel haben.

Automation:
Einsatz von Maschinen und Fertigungsautomaten zur rationelleren Durchführung von Arbeitsvorgängen.

Normierung und Typisierung:
Bevorzugte Verarbeitung von in großer Zahl gefertigten Normteilen und Baugruppen. Sie sind kostengünstig.

Spezialisierung:
Konzentration auf Aufträge, für die der Betrieb besonders gut ausgerüstet ist und besonders qualifizierte Mitarbeiter besitzt.

24 In der Betriebswirtschaft wird zwischen „fixen Kosten" und „variablen Kosten" unterschieden.
Was versteht man unter diesen Begriffen und nennen Sie jeweils eine typische Kostenart.

Fixe Kosten fallen in gleichbleibender Höhe an und sind unabhängig von der Höhe der Produktion. Fixe Kosten sind z.B. Mieten für Betriebsgebäude und Zinsen für langfristige Investitionskredite.

Variable Kosten sind abhängig von der Anzahl der gefertigten Güter bzw. der erledigten Aufträge. Variable Kosten sind z.B. die Kosten für Stahlerzeugnisse, Werkzeuge, Schweißgase und Energie.

25 Welche Probleme bringt ein hoher Fixkostenanteil bei einem deutlichen Rückgang des Auslastungsgrads? Zeigen Sie die Auswirkungen an einem Beispiel auf.

Bei einem Rückgang der Auslastung werden weniger Produkte hergestellt. Die fixen Kosten müssen auf eine geringere Zahl von produzierten Gütern verteilt werden. Damit steigen die Kosten pro Stück. Wenn die am Markt erzielten Erlöse dies nicht mehr decken, entstehen Verluste.

26 Viele Betriebe sehen in der Ausstattung mit automatisch arbeitenden Maschinen eine Möglichkeit für die Rationalisierung ihrer Fertigung.
Nennen Sie Vorteile, die sich aus der Automatisierung für einen Betrieb ergeben können.

- Der Einsatz teurer aber leistungsfähiger Maschinen macht eine kostengünstigere Fertigung möglich.
- Spezielle Bearbeitung- oder Behandlungsverfahren werden durch die Anschaffung einer teuren Spezialmaschine ermöglicht, z.B. eines Bearbeitungszentrums.
- Durch die Maschinenausstattung wird eine höhere Qualität der gefertigten Bauteile erzielt.

27 Nennen Sie die Besonderheiten der Fließfertigung und führen Sie Beispiele an, bei denen die Fließfertigung typisch ist.

Besonderheiten der Fließfertigung:
- Hohe Produktivität
- Übersichtlicher Produktionsprozess
- Nur für Massengüter geeignet
- Schneller Durchlauf der Werkstücke

Beispiele für Fließfertigung:
- Automobilproduktion
- Computerproduktion
- Herstellung von Geräten der Unterhaltungselektronik

28 Was bringt die Einführung der Gruppenarbeit? Nennen Sie Vorteile.

- Die Gruppendynamik führt zu besserer Produktqualität und weniger Fehlern.
- Auch kleinere Stückzahlen können wirtschaftlich gefertigt werden.
- Es besteht eine größere Flexibilität des zu bewältigenden Arbeitsvolumens.

29 Was versteht man unter einer Einzelunternehmung?

Eine Einzelunternehmung ist ein Gewerbebetrieb, dessen Eigenkapital von einer Person aufgebracht wird, die den Betrieb eigenverantwortlich führt und das geschäftliche Risiko für Gewinn und Verlust allein trägt. Kleine Handwerksbetriebe sind häufig Einzelunternehmen.

30 Erklären Sie die wesentlichen Unterschiede zwischen einer Personengesellschaft und einer Kapitalgesellschaft.

Bei einer *Personengesellschaft* steht die persönliche Mitarbeit und die Haftung der Gesellschafter (Personen) im Vordergrund. Es gibt wenigstens einen Gesellschafter, der voll haftet. Die Geschäftsführung wird durch einen oder mehrere der Gesellschafter ausgeübt.

Personengesellschaften sind z.B. die Offene Handelsgesellschaft (OHG), die Kommanditgesellschaft (KG) und die Gesellschaft bürgerlichen Rechts (BGB-Gesellschaft).

Bei *Kapitalgesellschaften* haften die Gesellschafter nur mit ihren Kapitaleinlagen, nicht mit ihrem Privatvermögen. Die Geschäftsführung wird bei Kapitalgesellschaften durch einen bestellten Geschäftsführer oder Vorstand ausgeübt.

Kapitalgesellschaften sind z.B. Aktiengesellschaften (AG) oder eine Gesellschaft mit beschränkter Haftung (GmbH).

31 Viele metallverarbeitende Betriebe haben in ihrem Firmennamen den Zusatz GmbH. Was bedeutet dies?

GmbH ist die Abkürzung für „Gesellschaft mit beschränkter Haftung" und bedeutet, dass der Betrieb die Unternehmens-Rechtsform einer GmbH besitzt.

Eine GmbH gehört einem oder mehreren Gesellschaftern, die mit Geldeinlagen am Stammkapital der GmbH beteiligt sind. Das Stammkapital einer GmbH beträgt mindestens 25 000 €.

Die GmbH haftet mit ihrem Stammkapital. Die Gesellschafter haften nicht mit ihrem Privatvermögen.

32 Nennen Sie Gründe, eine Einzelunternehmung in eine GmbH umzuwandeln.

● Erweiterung der Eigenkapitalbasis eines wachsenden Betriebs durch die Aufnahme weiterer Gesellschafter.

● Begrenzung des wirtschaftlichen Risikos auf das Stammkapital der GmbH.

● Langfristige Bindung oder Beteiligung von wichtigen Mitarbeitern als Gesellschafter.

33 Warum ist die Rechtsform der Aktiengesellschaft (AG) bei einem großen metallverarbeitenden Betrieb mit hohem Kapitalbedarf die geeignete Gesellschaftform?

Der hohe Kapitalbedarf bei großen Betrieben, z.B. zur Anschaffung teurer Maschinen, kann häufig nicht von einem oder wenigen Gesellschaftern aufgebracht werden.

Bei der Aktiengesellschaft kann durch die Ausgabe von Aktien, die jedermann zeichnen kann, eine große Kapitalmenge beschafft werden.

Die Aktionäre nehmen über die Dividende und Kurssteigerungen der Aktien am Gewinn der AG teil. Bei Verlusten haften sie nur mit ihren Einlagen (Aktien) und nicht mit ihrem Privatvermögen.

Testfragen zu Grundlagen der Volks- und Betriebswirtschaft

TS 30 Welche Wirtschaftsordnung hat die Bundesrepublik Deutschland?

a) Zentralgelenkte Wirtschaft

b) Kapitalismus

c) Soziale Marktwirtschaft

d) Freie Kapitalwirtschaft

e) Sozialistische Planwirtschaft

TS 31 Welche Aussage trifft auf die Marktwirtschaft zu?

a) Die Betriebe produzieren nach einem staatlichen Plan die benötigten Waren und Produkte.

b) Die Regierung legt die Preise für die produzierten Waren und Aufträge fest.

c) Angebot und Nachfrage bestimmen, was produziert wird und welcher Preis erzielt wird.

d) Die Handwerkskammern und Industrie- und Handelskammern bestimmen, welche Waren produziert werden.

e) Das Wirtschaftsministerium legt die Menge der zu produzierenden Waren und ihre Preise fest.

TS 32 | **Welche Aussage über den Wettbewerb ist falsch?**

a) Der Wettbewerb zwingt die Betriebe, ihre Angebote ständig an die Marktbedingungen anzupassen.

b) Um wettbewerbsfähig zu bleiben, müssen die Betriebe ständig rationalisieren.

c) Je mehr Betriebe sich um einen Auftrag bemühen, desto niedriger ist der erzielte Preis.

d) Um den Wettbewerb zu steigern, setzt der Staat die Preise fest.

e) Der Wettbewerb führt dazu, dass der preisgünstigste Betrieb den Auftrag erhält.

TS 33 | **Was bestimmt die Rentabilität eines Betriebes?**

a) Die Lohnkosten und der Ertrag

b) Die Lohnquote

c) Die Produktivität

d) Die Höhe des Gewinns und des eingesetzten Kapitals

e) Allein der wirtschaftliche Ertrag

TS 34 | **Welche Maßnahme eines Betriebes ist eine Investition?**

a) Die Umwandlung des bisher als Einzelunternehmen geführten Betriebs in eine GmbH.

b) Der Kauf einer halbautomatischen Brennschneidmaschine.

c) Das Einholen staatlicher Zuschüsse zu den Lohnkosten eines Betriebes.

d) Die Rückgabe der von einem Betrieb erhaltenen Aufträge.

e) Die Verlängerung der Arbeitszeit aufgrund der guten Auftragslage eines Betriebs.

TS 35 | **Welche der folgenden Bauteile eignen sich für die Fließfertigung?**

a) Getriebe für eine Spezialmaschine

b) Getriebe für ein Serienauto

c) Hydraulikantrieb einer Presse

d) Werkzeugschlitten einer Drehmaschine

e) Maschinenbett eines Bearbeitungszentrums

TS 36 | **Welche der genannten Maßnahmen eines Betriebes dient der Steigerung der Arbeitsproduktivität?**

a) Die Erhöhung der Arbeitszeit

b) Eine Arbeitszeitverkürzung

c) Die Neueinstellung von Mitarbeitern

d) Die Anschaffung neuer Maschinen

e) Die Minderung der Materialkosten

TS 37 | **Mit welcher Gleichung lässt sich die Produktivität P eines Unternehmens ermitteln?**

a) Produktivität $P = \dfrac{\text{Produktionsleistung}}{\text{Arbeitszeit}}$

b) Produktivität $P = \dfrac{\text{Gesamtaufwand}}{\text{Verkaufserlöse}}$

c) Produktivität $P = \dfrac{\text{Produktionsleistung}}{\text{Gesamtaufwand}}$

d) Produktivität $P = \dfrac{\text{Gewinn}}{\text{Arbeitszeit}}$

e) Produktivität $P = \dfrac{\text{Produktionsleistung}}{\text{Kapitaleinsatz}}$

TS 38 | **Ein Betrieb ist einem starken Preisdruck ausgesetzt. Er kann seine Aufträge nur noch zu einem niedrigeren Preis hereinholen.**
Welche Aussage zur Situation des Betriebs ist richtig?

a) Die Wirtschaftlichkeit des Betriebs steigt.

b) Die Rentabilität des Betriebs wird größer.

c) Die Produktivität des Betriebs sinkt.

d) Die Rentabilität des Betriebs wird geringer.

e) Die Rentabilität des Betriebs wird größer.

TS 39 | **Welcher Faktor hat keinen Einfluss auf die Fertigungskapazität eines Betriebs?**

a) Die Leistungsfähigkeit der Maschinen

b) Die zeitliche Ausnutzung der Maschinen

c) Die Geschwindigkeit der Bauteilmontage

d) Die Leistungsfähigkeit der Mitarbeiter

e) Die Eigenkapitalausstattung

TS 40 | **Warum dürfen mehrere Betriebe bei einem Gebot für einen Auftrag keine Preisabsprachen treffen?**

a) Die Zuordnung zu einem Betrieb muss sichergestellt sein.

b) Der Ruf des einzelnen Betriebs soll erhalten bleiben.

c) Es sollen keine Verwechslungen möglich sein.

d) Die Preisbildung im freien Wettbewerb soll gewährleistet sein.

e) Der Preis für die erbrachte Leistung muss einem Betrieb überwiesen werden können.

| TS 41 | **Auf einem Firmenschild steht:**
      Michael Schröder
      Maschinenbau GmbH
Welche Rechtsform hat dieser Betrieb? |

a) Aktiengesellschaft

b) Kommanditgesellschaft

c) Einzelunternehmung

d) Genossenschaft mit beschränkter Haftung

e) Gesellschaft mit beschränkter Haftung

| TS 42 | **Welche Unternehmensform eignet sich am besten, um auf dem freien Kapitalmarkt eine große Geldsumme für Investitionen zu beschaffen?** |

a) Genossenschaft   b) Aktiengesellschaft

c) Einzelunternehmung d) Kommanditgesellschaft

e) Gesellschaft mit beschränkter Haftung

| TS 43 | **Welche Aussage über die Gesellschaft mit beschränkter Haftung (GmbH) ist *falsch*?** |

a) Die GmbH ist eine Personengesellschaft.

b) Die GmbH ist eine Gesellschaft, deren Gesellschafter mit ihrer Stammeinlage am Stammkapital beteiligt sind, ohne persönlich für die Verbindlichkeiten der Gesellschaft zu haften.

c) Das Stammkapital muss mindestens 25 000 € betragen.

d) Die Gesellschafter haben Anspruch auf den Jahresüberschuss im Verhältnis ihrer Geschäftsanteile.

e) Die GmbH ist eine juristische Person des privaten Rechts.

| TS 44 | **Bei welcher Unternehmensform gibt es mindestens einen Gesellschafter, der unbeschränkt haftet, und einen Gesellschafter, der beschränkt haftet?** |

a) KG   b) AG

c) OHG   d) Genossenschaft

e) GmbH

| TS 45 | **Mehrere Unternehmen vereinbaren nicht erlaubte Preisabsprachen für die von ihnen gefertigten Produkte. Wie nennt man eine solche Unternehmenszusammenarbeit?** |

a) Stiftung   b) Kartell

c) Konzern   d) Konsortium

e) Arbeitsgemeinschaft

4 Sozialpartner im Betrieb

1 Welche Aufgaben übernehmen die Gewerkschaften im Rahmen der Interessenvertretung der Arbeitnehmer?
Nennen Sie Beispiele.

Aufgaben der Gewerkschaften sind z.B.:
- Verhandlung und Abschluss von Tarifverträgen, um die Arbeitnehmer am wirtschaftlichen Fortschritt teilnehmen zu lassen.
- Verbesserung der Lohn- und Arbeitsbedingungen, z.B. Lohnfortzahlung bei Krankheit.
- Beratung von Arbeitnehmern in arbeitsrechtlichen Fragen.
- Durchführung von beruflichen und gewerkschaftlichen Fortbildungsmaßnahmen für Arbeitnehmer.
- Vertretung der Arbeitnehmer in Ausschüssen und Aufsichtsratsgremien.
- Abgabe von Stellungnahmen im Rahmen der Gesetzgebung.

2 Erklären Sie das Prinzip der Einheitsgewerkschaft und nennen Sie Argumente, die für dieses Prinzip sprechen.

Das Prinzip der Einheitsgewerkschaft bedeutet, dass es für die Arbeitnehmer einer Branche nur eine Gewerkschaft gibt, die die Interessen aller Arbeitnehmer dieser Branche vertritt.

Argumente für die Einheitsgewerkschaft sind:
- Die Gewerkschaften können sich unabhängig von den politischen Parteien und Religionsgemeinschaften für die Interessen ihrer Mitglieder einsetzen.
- Es gibt keine Konkurrenz zwischen verschiedenen Gewerkschaften und damit keinen Zwang zu sich überbietenden Forderungen.
- Den Arbeitgebern steht bei Tarifverhandlungen nur ein Verhandlungspartner gegenüber.
- Vereinbarte Verhandlungsergebnisse sind für alle Arbeitnehmer einer Branche verbindlich.

3 Welche erlaubten Kampfmittel haben die Gewerkschaften bzw. die Arbeitgeber in einem Arbeitskampf?

- Das Kampfmittel der organisierten Arbeitnehmer (unter Führung der Gewerkschaften) zum Erreichen arbeitsrechtlicher Ziele ist der Streik.
- Das Kampfmittel der Arbeitgeber gegen einen Streik ist die Aussperrung.

4 Wer vertritt die Interessen der Arbeitgeber bei Verhandlungen mit den Gewerkschaften?

Verhandlungspartner der Gewerkschaften sind die Arbeitgeberverbände, z.B. der Bundesverband der deutschen Industrie (BDI).

5 Welche Ziele verfolgen die Arbeitgeberverbände? Nennen Sie Beispiele.

Die Arbeitgeberverbände verfolgen u.a. folgende Ziele:

- Die Flexibilisierung und Ausdehnung der Regelarbeitszeiten, um die Maschinenlaufzeiten zu erhöhen.
- Den Abschluss von Tarifabschlüssen mit möglichst angemessenen Lohnkosten.
- Die Senkung der Lohnnebenkosten, wie z.B. den Arbeitgeberanteil an der Kranken- und Rentenversicherung.
- Die Verringerung der Unternehmenssteuern.
- Die Kürzung der Lohnfortzahlung bei Krankheit.
- Den Ausbau der betrieblichen Berufsausbildung und die teilweise Reduzierung der Ausbildung in der Berufsschule.

6 Nennen Sie wichtige Aufgaben der Handwerkskammern (HK) sowie der Industrie- und Handelskammern (IHK) im Rahmen der Berufsausbildung.

- Die Handwerkskammern und IHK's überwachen die Berufsausbildung in den Betrieben.
- Sie nehmen die Abschlussprüfungen ab.
- Sie führen das Verzeichnis der Ausbildungsbetriebe.
- Sie entscheiden auf Antrag des Auszubildenden über die Verlängerung der Ausbildungszeit, wenn dies zum Erreichen des Ausbildungsziels erforderlich ist.
- Sie fördern die Berufsausbildung durch Beratung der Auszubildenden und der ausbildenden Betriebe.

7 Durch welche Einrichtung erhalten die Arbeitnehmer in einem Betrieb ein Mitspracherecht?

Die gemeinsame Vertretung der Arbeitnehmer gegenüber der Betriebsleitung ist der Betriebsrat.

Über den Betriebsrat erhalten die Arbeitnehmer in sie betreffenden Angelegenheiten ein Mitspracherecht.

Testfragen zu den Sozialpartnern

TS 46 | Welcher Vorteil ist mit der Mitgliedschaft in einer Gewerkschaft verbunden?

a) Besserer Kündigungsschutz

b) Längerer Urlaub

c) Geringerer Krankenkassenbeitrag

d) Anspruch auf übertarifliche Entlohnung

e) Rechtsschutz bei arbeitsrechtlichen Auseinandersetzungen mit dem Arbeitgeber

TS 47 | Was ist die wichtigste Finanzquelle der Gewerkschaften?

a) Beiträge von der Bundesagentur für Arbeit

b) Beiträge der Gewerkschaftsmitglieder

c) Einkünfte aus Betriebsbeteiligungen

d) Abgaben von Betriebsratsmitgliedern

e) Zuschüsse aus dem Bundeshaushalt

TS 48 | Welche Aufgaben können *nicht* vom Deutschen Gewerkschaftsbund (Dachverband der Einzelgewerkschaften) wahrgenommen werden?

a) Einflussnahme auf das Gesetzgebungsverfahren im Bereich des Arbeitsrechts

b) Abschluss von Tarifverträgen

c) Vertretung gesamtgewerkschaftlicher Interessen

d) Aus- und Fortbildung von Gewerkschaftsmitgliedern

e) Abstimmung der Aktionen der Einzelgewerkschaften

TS 49 | Herr Stahlmann ist als Industriemechaniker in einem metallverarbeitenden Betrieb beschäftigt. Welcher Gewerkschaft kann er beitreten?

a) Jeder beliebigen Einzelgewerkschaft

b) Dem Deutschen Gewerkschaftsbund

c) Der Industriegewerkschaft Chemie, Papier, Keramik

d) Der Gewerkschaft Holz und Kunststoff

e) Der Industriegewerkschaft Metall

TS 50 | Bei welcher Organisation der Betriebe gibt es eine Zwangsmitgliedschaft?

a) Bundesvereinigung der Deutschen Arbeitgeberverbände

b) Handwerkskammern sowie Industrie- und Handelskammern

c) Bundesverband der Deutschen Industrie

d) Deutscher Stahlbauverband

e) Deutsches Institut für Normung

TS 51 Welche der folgenden Aufgaben gehört *nicht* zum Zuständigkeitsbereich von Arbeitgeber- und Arbeitnehmerorganisationen?

a) Beratung der Mitglieder in Arbeitsrechtsfragen
b) Abschluss von Tarifverträgen
c) Einflussnahme bei der sozialpolitischen Gesetzgebung
d) Vertretung der Mitglieder bei Streitfällen vor Arbeits- und Sozialgerichten
e) Auswahl der hauptamtlichen Richter an Arbeitsgerichten

TS 52 Welche Forderung könnte von den Arbeitgeberverbänden aufgestellt sein?

a) Ausbau der betrieblichen Mitbestimmung
b) Kopplung der Löhne an die Leistungsfähigkeit der Betriebe
c) Abbau der Subventionen für Betriebe, die Schwerbehinderte beschäftigen
d) Verkürzung der Arbeitszeit bei vollem Lohnausgleich
e) Verlängerung der Ausbildungszeit von Auszubildenden

TS 53 Was ist *nicht* die Aufgabe der Handwerkskammern und der Industrie- und Handelskammern?

a) Förderung der gewerblichen Wirtschaft
b) Unterstützung von Behörden durch Gutachten
c) Beratung bei Existenzgründungen
d) Finanzielle Unterstützung von bestreikten Betrieben
e) Durchführung der Gesellen- und Facharbeiterprüfung

TS 54 Welche Aussage über die Handwerkskammern ist richtig?

a) Sie wirken bei Tarifverhandlungen mit.
b) Sie vertreten die Interessen der Handwerksbetriebe.
c) Sie schreiben den Berufsschulen die Lerninhalte der Handwerksberufe vor.
d) Sie nehmen die sozialen Interessen ihrer Mitglieder wahr.
e) Sie vertreten die Mitarbeiter der Betriebe bei arbeitsrechtlichen Streitfällen.

5 Arbeits- und Tarifrecht

1 Im Arbeitsvertrag wird das Rechtsverhältnis zwischen Arbeitgeber und Arbeitnehmer geregelt. Nennen Sie wichtige Punkte, die in einem Arbeitsvertrag festgeschrieben werden sollten.

- Beginn und Dauer des Arbeitsverhältnisses
- Dauer der Probezeit und Kündigungsfristen
- Art und Höhe der Entlohnung
- Anzahl der Urlaubstage
- Bezeichnung der Tätigkeit und Beschreibung des Aufgabengebietes
- Benennung des regelmäßigen Arbeitsortes

2 Die Bedeutung des Tarifvertrages für die betriebliche Praxis zeigt sich darin, dass rund 90 % sämtlicher Arbeitsverhältnisse durch Tarifverträge geregelt werden.
Welche drei wesentlichen Funktionen soll der Tarifvertrag erfüllen?

- Schutzfunktion: Der Tarifvertrag soll den Arbeitnehmer davor schützen, dass der wirtschaftlich stärkere Arbeitgeber sich bei der Festlegung der Arbeitsbedingungen einseitig durchsetzt.
- Ordnungsfunktion: Die Tarifverträge führen zu einer Vereinheitlichung und Überschaubarkeit der Personalkosten für alle Betriebe einer Branche.
- Friedensfunktion: Während der Laufzeit des Tarifvertrags herrscht Friedenspflicht, d.h. es dürfen keine Arbeitskämpfe stattfinden.

3 Nur die Arbeitnehmer, die Mitglied der tarifvertragschließenden Gewerkschaft sind, haben einen unmittelbaren Anspruch auf den vereinbarten Tariflohn.
Warum zahlen die Arbeitgeber in der Regel auch den nicht gewerkschaftlich organisierten Arbeitnehmern den Tariflohn?
Begründen Sie Ihre Aussage.

Wenn die nicht gewerkschaftlich organisierten Arbeitnehmer nicht den Tariflohn bekämen, würden sie in die Gewerkschaft eintreten. Dadurch würde sich der Organisationsgrad der Arbeitnehmerschaft stark erhöhen und die Position der Gewerkschaft bei einem Arbeitskampf stärken. Da dies die Arbeitgeber nicht wollen, zahlen sie auch den nicht gewerkschaftlich organisierten Arbeitnehmern den mit den Gewerkschaften vereinbarten Tariflohn.

4   Gesetzt den Fall:
Der Bundeswirtschaftsminister sieht in einer bestimmten wirtschaftlichen Situation bei einem anstehenden Tarifabschluss über der Preissteigerungsrate eine Gefahr für die Beschäftigung.
Kann er den Tarifparteien die höchstzulässige Lohnerhöhung vorschreiben?
Begründen Sie Ihre Auffassung.

Der Wirtschaftsminister kann eine politische und wirtschaftliche Meinung äußern. Er darf aber nicht in die Tarifautonomie der Sozialpartner eingreifen und Vorschriften machen.
Es gehört zum verfassungsrechtlichen Betätigungsrecht der Tarifparteien, die Arbeits- und Wirtschaftsbedingungen durch den Abschluss von Tarifverträgen zu regeln.

5   Es gibt mehrere Arten von Tarifverträgen, z.B. den Lohn- und Gehaltstarifvertrag sowie den Manteltarifvertrag.
Erläutern Sie den Unterschied.

Der **Lohn- und Gehaltstarifvertrag** regelt vorwiegend die Bedingungen der Entlohnung der Arbeit, z.B. den Stundenlohn, den Monatslohn, die Ausbildungsvergütung.
Er hat meist eine Laufzeit von 1 bis 2 Jahren.
Im **Manteltarifvertrag** sind die allgemeinen Arbeitsbedingungen festgelegt, z.B. die Anzahl der wöchentlichen Arbeitsstunden, die Anzahl der Urlaubstage, die Höhe des Weihnachts- und Urlaubsgeldes, Zuschläge für Nacht- und Sonntagsarbeit, Kündigungsfristen.
Der Manteltarifvertrag hat meist eine Laufzeit von mehreren Jahren oder eine unbestimmte Laufzeit.

6   Ein Metallbauer arbeitet in einem Handwerksbetrieb und will sein Einkommen durch eine geringfügige Nebenbeschäftigung als Hausmeister bei einer Hausverwaltung verbessern.
Ist dies zulässig? Wenn ja, begründen Sie Ihre Meinung.

Die geringfügige Nebentätigkeit ist zulässig.
Mit der Nebenbeschäftigung wird das Arbeitsverhältnis mit dem Arbeitgeber nicht gestört und dem Arbeitgeber keine unlautere Konkurrenz gemacht.
Bedingung ist jedoch, dass die Pflichten aus dem Arbeitsverhältnis als Metallbauer ordnungsgemäß erfüllt werden.

7   In einem Betrieb der Chemieindustrie sind auch mehrere Arbeitnehmer als Industriemechaniker, Rohrleitungsbauer und Zerspanungsmechaniker beschäftigt. Nach welchem Tarifvertrag werden diese Arbeitnehmer entlohnt? Begründen Sie Ihre Aussage.

Im allgemeinen kommt in einem Betrieb nach dem Willen der Tarifvertragsparteien nur ein Tarifvertrag zur Anwendung. Deshalb werden auch die Industriemechaniker, Rohrleitungsbauer und Zerspanungsmechaniker nach dem Tarif der Industriegewerkschaft Chemie, Papier, Keramik bezahlt.

8   Kann von den geltenden Tarifverträgen abgewichen werden?

In einer schwierigen, für den Betrieb existenzbedrohenden Situation kann ein Betrieb in Absprache mit dem Betriebsrat von dem vereinbarten Tarifvertrag abweichen und einen geringeren Arbeitslohn und eine höhere Arbeitszeit vereinbaren.
Diese Möglichkeit ist in den sogenannten **Öffnungsklauseln** des Tarifvertages geregelt.

9   Ein Betrieb bietet seinen Beschäftigten eine Arbeitsplatzgarantie an, wenn sie sich mit einem Jahresurlaub von 18 Werktagen begnügen. Ist dies zulässig?
Begründen Sie Ihre Meinung.

Nach § 3 des Bundesurlaubsgesetzes beträgt der jährliche Mindesturlaub 24 Werktage. Eine vertragliche Festlegung, die gegen das Gesetz verstößt, ist deshalb nicht zulässig.
(Als Werktage gelten alle Kalendertage, die nicht Sonn- oder gesetzliche Feiertage sind.)

10 Ein Arbeitnehmer hat im September bereits seinen ganzen Jahresurlaub genommen und wechselt zum 1. Oktober seinen Arbeitgeber. Steht ihm für die letzten drei Monate des Kalenderjahres noch Urlaub zu?

Ein Anspruch auf Urlaub besteht nicht, wenn dem Arbeitnehmer für das laufende Kalenderjahr bereits der volle Urlaub von einem früheren Arbeitgeber gewährt worden ist. Zum Nachweis eines noch vorhandenen Urlaubsanspruches ist vom Arbeitnehmer eine Bestätigung des früheren Arbeitgebers vorzulegen.

11 Ein Arbeitnehmer erkrankt während seines Urlaubs. Nach Rückkehr von seinem Urlaub weist er dies durch ein ärztliches Attest mit Angabe der Krankheitstage nach.
Werden die Krankheitstage auf seinen Jahresurlaub angerechnet?
Begründen Sie Ihre Aussage.

Nach § 9 Bundesurlaubsgesetz werden durch ärztliches Zeugnis nachgewiesene Krankheitstage nicht auf den Jahresurlaub angerechnet. Der Zeitpunkt für den restlichen Jahresurlaub ist mit dem Arbeitgeber zu vereinbaren.

12 Neben dem Zeitlohn gibt es die Entlohnung im Akkord. Nennen Sie jeweils Argumente, die für bzw. gegen eine Entlohnung im Akkord sprechen.

Vorteile des Akkordlohnes:
- Leistungsanreiz durch Lohnsteigerung bei höherem Arbeitstempo
- Lohnkosten pro gefertigtem Teil sind vom Betrieb genau kalkulierbar.

Nachteile des Akkordlohnes:
- Gefahr der Überforderung von Mensch und Maschine
- Gefahr der Qualitätsminderung durch Zeitdruck
- Größerer Aufwand für die Kalkulation der Vorgabezeiten

13 Ein Arbeitnehmer hält bei der Ermittlung der Zeiten für den Akkordlohn seine Arbeitsleistung bewusst zurück. Er will dadurch eine niedrigere Leistungsnorm erreichen.
Ist dies zulässig? Begründen Sie Ihre Aussage.

Der Arbeitnehmer darf seine Arbeitsleistung nicht bewusst zurückhalten. Er muss unter angemessener Anspannung seiner Kräfte und Fähigkeiten arbeiten.
Er sollte aber nicht kurzfristigen Raubbau mit seinen Kräften treiben, da dadurch seine Arbeitsfähigkeit langfristig geschädigt wird.

14 Welche Möglichkeiten hat ein Arbeitnehmer, sich gegen eine ungerechtfertigte Kündigung zu wehren?

- Er kann beim Arbeitgeber oder beim Betriebsrat binnen einer Woche Einspruch einlegen.
- Er kann beim Arbeitsgericht binnen drei Wochen Klage gegen die Kündigung erheben.

15 In welchen Fällen ist eine außerordentliche Kündigung (fristlose Kündigung) möglich?

Sie ist bei schwerem persönlichem Fehlverhalten möglich, wie z.B. bei Arbeitsverweigerung, unentschuldigtem Fernbleiben von der Arbeit, Tätlichkeiten, Diebstahl, Unterschlagung und schweren Beleidigungen am Arbeitsplatz, Schwarzarbeit nach Feierabend und am Wochenende sowie grob betriebsschädigendem Verhalten.

16 Die im Arbeitsvertrag vereinbarte Vergütung ist der Bruttoarbeitslohn. Wodurch unterscheidet er sich vom Nettolohn?

Der Bruttolohn ist höher als der ausgezahlte Nettolohn.
Vom Bruttoarbeitslohn wird ein Teil vom Arbeitgeber eingehalten und an die entsprechenden Einrichtungen abgeführt:
- Der Arbeitnehmeranteil zur Kranken- und Pflegeversicherung
- Der Arbeitnehmeranteil zur gesetzlichen Rentenversicherung
- Der Arbeitnehmeranteil der Arbeitslosenversicherung
- Die Lohnsteuer und der Solidaritätszuschlag
- Bei Zugehörigkeit zur katholischen oder evangelischen Kirche die Kirchensteuer.

17 Welche Personen werden vom Jugendarbeitsschutzgesetz (JArbSchG) als Kinder und welche als Jugendliche bezeichnet?

Kinder sind nach dem JArbSchG Personen, die noch nicht 14 Jahre alt sind.
Als Jugendliche werden nach dem JarbSchG alle Personen im Alter von 14 bis 18 Jahren bezeichnet.

18 Was versteht man unter Lohnnebenkosten?

Lohnnebenkosten sind die vom Arbeitgeber zu tragenden gesetzlichen, tariflichen und betrieblichen Sozialleistungen.
Lohnnebenkosten sind die Arbeitgeberanteile zu den Sozialversicherungen (Kranken- und Pflegeversicherung, Rentenversicherung, Arbeitslosenversicherung), die Kosten der Unfallversicherung, die Lohnfortzahlung im Krankheitsfall, bezahlte Feier- und Urlaubstage, der Mutterschutz, Sonderzahlungen wie z. B. Urlaubs- und Weihnachtsgeld sowie vermögenswirksame Leistungen.

19 Erklären Sie den Begriff „technischer Arbeitsschutz" und zeigen Sie an Beispielen die Schwerpunkte des geforderten Schutzes auf.

Der technische Arbeitsschutz soll die Arbeitnehmer vor gesundheitlichen Gefährdungen durch gefährliche Maschinen und Arbeitsstoffe sowie durch eine überzogene Arbeitsbelastung schützen.

Beispiele für den technischen Arbeitsschutz sind:

- Schutz vor Verletzungen durch Befolgen der Unfallverhütungsvorschriften.
- Schutz vor Erkrankungen beim Umgang mit gefährlichen Arbeitsstoffen durch Beachten der Schutzmaßnahmen.
- Schutz vor körperlichen Schäden wegen zu starker körperlicher Belastung durch Lastenminderung.

20 Welche Behörde überwacht die ordnungsgemäße Anwendung und Ausführung des Jugendarbeitsschutzgesetzes und der Arbeitszeitverordnung?

Das Gewerbeaufsichtsamt.

21 Welche Ruhepausen müssen einem jugendlichen Arbeitnehmer gewährt werden?

Ein jugendlicher Arbeitnehmer hat Anspruch auf folgende Ruhepausen:

- Bei einer Arbeitszeit von 4 $\frac{1}{2}$ Sunden bis 6 Stunden: 30 Minuten Ruhepause.
- Bei mehr als 6 Stunden Arbeitszeit: 60 Minuten Ruhepause.

22 Wie ist die Arbeitszeit für Jugendliche geregelt?

- Die tägliche Arbeitszeit ohne Ruhepause darf 8 Stunden nicht überschreiten.
- Die Wochenarbeitszeit darf 40 Stunden nicht überschreiten.
- Die Unterrichtszeit in der Berufsschule zählt als Arbeitszeit.
- In der Regel sollten Jugendliche nicht an Samstagen beschäftigt werden. (Ausnahmen: Gaststätten, Hotels, Bäckereien, Friseure, Verkehrsbetriebe, Krankenhäuser).

23 Welchen Urlaubsanspruch haben Jugendliche?

Jugendliche Arbeitnehmer, die zu Beginn des Kalenderjahres ...

- noch nicht 16 Jahre alt sind, haben Anspruch auf 30 Werktage Urlaub. (6 Werktage = 1 Woche)
- noch nicht 17 Jahre alt sind, haben Anspruch auf 27 Werktage Urlaub.
- noch nicht 18 Jahre alt sind, haben Anspruch auf 25 Werktage Urlaub.

Der Urlaub sollte zusammenhängend zu mehreren Wochen und möglichst in der Zeit der Berufsschulferien genommen werden.

24 Welche Personenkreise genießen einen besonderen Kündigungsschutz?

Einen besonderen Kündigungsschutz haben:

- Auszubildende (Das Ausbildungsverhältnis ist vom ausbildenden Betrieb nur bei schwerwiegenden Gründen kündbar)
- Schwerbehinderte
- Wehrdienstleistende
- Betriebsratsmitglieder
- Werdende Mütter in der Schwangerschaft und Mütter während 4 Monaten nach der Entbindung und während des Erziehungsurlaubs.

25 Die Eingliederung der Schwerbehinderten in das Arbeitsleben regelt das Schwerbehindertengesetz.
   Welche wesentlichen Elemente enthält dieses Gesetz?

- Betriebe mit mehr als 16 Arbeitskräften müssen Schwerbehinderte beschäftigen. Ersatzweise ist eine Ausgleichszahlung zu entrichten.
- Die Schwerbehinderten sind gemäß ihren Fähigkeiten zu beschäftigen.
- Die Betriebsmittel sind so einzurichten, dass der Schwerbehinderte seine Arbeit unter zumutbaren Bedingungen ausführen kann.
- Schwerbehinderte haben Anspruch auf einen zusätzlichen bezahlten Urlaub von 5 Arbeitstagen im Jahr.

Testfragen zum Arbeit- und Tarifrecht

TS 55 Wer kann Tarifverträge abschließen? Welche Aussage ist richtig?

a) Der Deutsche Gewerkschaftsbund mit der Bundesagentur für Arbeit.
b) Der Bundesminister für Arbeit und Sozialordnung mit dem Arbeitgeberverband.
c) Der einzelne Arbeitnehmer mit dem Betriebsinhaber.
d) Die Handwerkskammer oder Industrie- und Handelskammer mit dem Sozialamt.
e) Die Einzelgewerkschaft mit dem zuständigen Arbeitgeberverband.

TS 56 Welche Aussage über den Streik bei einer Tarifauseinandersetzung ist richtig?

a) Für die Dauer des Streiks zahlt die Gewerkschaft allen Arbeitnehmern ein Streikgeld.
b) Für die Dauer des Streiks erhalten die streikenden Arbeitnehmer vom Arbeitsamt eine Unterstützung.
c) Die Lohnzahlungspflicht des Arbeitgebers besteht für die Dauer des Streiks.
d) Für die Dauer des Streiks zahlt die Gewerkschaft ihren Mitgliedern Streikgeld.
e) Bei einem Streik erhalten die Arbeitnehmer keine finanzielle Unterstützung.

TS 57 Wie ist in einem Tarifvertrag die Arbeitszeit geregelt?

a) Der Beginn und das Ende der täglichen Arbeitszeit sind festgelegt.
b) Der Beginn der täglichen Arbeitszeit ist festgelegt, das Ende ist offen gelassen.
c) Die Gesamtheit der wöchentliche Arbeitszeit ist festgelegt.
d Die Gesamtheit der jährlichen Arbeitsstunden ist festgelegt.
e) Die Arbeitszeit kann vom Arbeitgeber beliebig festgelegt werden.

TS 58 Wie bezeichnet man die Verpflichtung, während der Laufzeit des Tarifvertrags keine Arbeitskampfmaßnahmen zu ergreifen?

a) Ordnungspflicht   b) Ruhepflicht
c) Friedenspflicht   d) Tarifpflicht
e) Arbeitspflicht

TS 59 Welche Aussage stimmt mit dem Tarifvertragsgesetz überein?

a) Tarifverträge bedürfen keiner Schriftform.
b) Tarifverträge gelten bundesweit für alle Betriebe.
c) Tarifvertragsparteien sind die Arbeitgeber und das Arbeitsministerium.
d) Tarifvertragliche Öffnungsklauseln erlauben Abweichungen vom Tarifvertrag in wirtschaftlich schwierigen Zeiten.
e) Tarifverträge müssen vom Arbeitsministerium geprüft und für gültig erklärt werden.

TS 60 Was versteht man unter einem Arbeitsvertrag auf unbestimmte Zeit?

Es ist ein Arbeitsverhältnis, …
a) das so lange fortbesteht, bis ein Vertragspartner kündigt.
b) das bis zur Pensionierung fortgesetzt werden muss.
c) das nur durch fristlose Kündigung beendet werden kann.
d) das überhaupt nicht gekündigt werden kann.
e) das länger als ein Jahr dauern muss.

TS 61 Ein Industriemechaniker bewirbt sich bei einem neuen Arbeitgeber. Der Arbeitnehmer muss gegenüber dem Arbeitgeber alle Umstände wahrheitsgemäß darlegen, die für die Erfüllung der arbeitsvertraglichen Leistungsverpflichtung wesentlich sind. Welche Frage des Arbeitgebers gehört *nicht* dazu und ist deshalb *nicht* gestattet?

Nicht gestattet ist eine Frage nach …
a) der Gewerkschaftszugehörigkeit.
b) einer Körperbehinderung, wenn sie eine Beeinträchtigung der Eignung des Bewerbers für die vorgesehene Tätigkeit wäre.
c) Berufserfahrungen und Zeugnissen darüber.
d) dem letzten Monatseinkommen.
e) dem Familienstand.

TS 62 Ein Auszubildender will prüfen, ob die in seinem Ausbildungsvertrag vereinbarte Vergütung der garantierten Mindesthöhe entspricht. Wo kann er dies nachsehen?

a) In der Handwerksordnung
b) Im Tarifvertrag
c) In der Lohnsteuertabelle
d) Im bürgerlichen Gesetzbuch
e) In der Innungssatzung

TS 63 Was versteht man im Arbeitsrecht unter Friedenspflicht?

a) Die Arbeitnehmer sind angehalten, an Friedensdemonstrationen teilzunehmen.
b) Nach dem Streik müssen alle Arbeitnehmer wieder beschäftigt werden.
c) Arbeitswillige Arbeitnehmer sollten den Arbeitsfrieden wieder herstellen.
d) Bei einem Streik darf niemand am Betreten des Betriebes gehindert werden.
e) Während der Laufzeit des Tarifvertrags dürfen keine Arbeitskampfmaßnahmen ergriffen werden.

TS 64 Welche der Aussagen zu den Pflichten eines Arbeitnehmers stimmt *nicht*?

a) Er muss die Arbeitspflicht höchstpersönlich erfüllen.
b) Er muss die vereinbarte Arbeitszeit einhalten.
c) Er muss bei Erkrankung einen Ersatzmann schicken.
d) Er darf nicht über geschäftliche Belange des Arbeitgebers berichten, wenn dadurch dessen Interessen nachteilig betroffen werden.
e) Er ist in dringenden Fällen verpflichtet, über den Rahmen seiner arbeitsvertraglichen Wochenstundenzahl hinaus zu arbeiten.

TS 65 Gewerkschaften und Arbeitgeber verfolgen im allgemeinen unterschiedliche Interessen.
Welches Anliegen liegt in beiderseitigem Interesse?

a) Arbeitszeitverkürzung bei vollem Lohnausgleich
b) Verkürzung der Berufsschulzeiten
c) Verringerung der Arbeitslosigkeit
d) Mehr Mitbestimmungsrechte für den Betriebsrat
e) Verringerung der wöchentlichen Arbeitszeit

TS 66 Was muss der Betrieb vom Bruttolohn des Arbeitnehmers einbehalten und an die entsprechenden Einrichtungen abführen?

Lohnsteuer und ...
a) Arbeitgeberanteil zur Krankenversicherung
b) Beiträge zur privaten Haftpflichtversicherung
c) Arbeitnehmeranteil zur Rentenversicherung
d) Kindergeld
e) Beitrag zur gesetzlichen Unfallversicherung

TS 67 Was gehört *nicht* zu den Lohnnebenkosten?

a) Beiträge zur Krankenversicherung
b) Lohnsteuer
c) Urlaubsgeld
d) Arbeitgeberanteil zur Arbeitslosenversicherung
e) Kosten für die Lohnfortzahlung im Krankheitsfall

TS 68 Welche Feststellung über Zeitlohn trifft zu?

a) Der Zeitlohn bietet dem Betrieb eine genauere Kalkulationsgrundlage bei der Berechnung der Stückkosten.
b) Der Zeitlohn erfordert eine umfangreichere Lohnbuchhaltung.
c) Durch den Zeitdruck beim Zeitlohn kann die Qualität der Arbeit leiden.
d) Der Betrieb ist durch den Zeitlohn vom Arbeitswillen des Einzelnen stark abhängig.
e) Bei Zeitlohn können die Qualitätskontrollen entfallen.

TS 69 Welche der nachfolgenden Aussagen über den Akkordlohn ist richtig?

a) Er berücksichtigt mehr als der Zeitlohn das Leistungsprinzip.
b) Die Lohnberechnung ist einfacher als beim Zeitlohn.
c) Der Akkordlohn ist von der Leistung des Arbeitnehmers unabhängig.
d) Dem Arbeitnehmer fehlt beim Akkordlohn der Anreiz zur Steigerung des Arbeitstempos.
e) Dem Arbeitnehmer ist ein festes Einkommen gesichert.

TS 70 Bis zu welchem Lebensalter schützt den Jugendlichen das Jugendarbeitsschutzgesetz?

Bis zur Vollendung des ...
a) 15. Lebensjahres   b) 16. Lebensjahres
c) 17. Lebensjahres   d) 21. Lebensjahres
e) 24. Lebensjahres

TS 71 Wie lange darf die tägliche Arbeitszeit für Jugendliche im Durchschnitt höchstens sein?

a) 6 Stunden   b) 7,5 Stunden
c) 8 Stunden   d) 9 Stunden
e) 10 Stunden

TS 72 Jugendliche Arbeitnehmer haben Anspruch auf eine im voraus festgelegte Ruhepause.
Wie lange muss eine Arbeitsunterbrechung mindestens sein, um als Ruhepause zu gelten?

a) 5 Minuten b) 10 Minuten
c) 15 Minuten d) 30 Minuten
e) 45 Minuten

TS 73 Welche der genannten Personen wird *nicht* durch das Jugendarbeitsschutzgesetz geschützt?

a) Ein 19-jähriger Auszubildender eines Handwerksbetriebes
b) Eine 16-jährige Heimarbeiterin
c) Ein 16-jähriger Auszubildender in der Niederlassung einer ausländischen Firma
d) Ein 17-jähriger Schüler bei einem Berufspraktikum
e) Ein 17-jähriger Teilnehmer an einem überbetrieblichen Ausbildungslehrgang

TS 74 Das Jugendarbeitsschutzgesetz regelt den Mindesturlaubsanspruch jugendlicher Arbeitnehmer.
Welche Aussage ist richtig?

Der Urlaub beträgt jährlich mindestens ...
a) 30 Werktage, wenn der Jugendliche zu Beginn des Kalenderjahres noch nicht 18 Jahre alt ist.
b) 27 Werktage, wenn der Jugendliche zu Beginn des Kalenderjahres noch nicht 16 Jahre alt ist.
c) 30 Werktage, wenn der Jugendliche zu Beginn des Kalenderjahres noch nicht 16 Jahre alt ist.
d) 24 Werktage, wenn der Jugendliche zu Beginn des Kalenderjahres noch nicht 18 Jahre alt ist.
e) 25 Werktage, wenn der Jugendliche zu Beginn des Kalenderjahres noch nicht 17 Jahre alt ist.

TS 75 Welche Behörde übt die Aufsicht über die Anwendung und Ausführung des Jugendarbeitsschutzgesetzes aus?

a) Das Arbeitsamt
b) Die Industrie- und Handelskammer
c) Die Berufsgenossenschaft
d) Das Gewerbeaufsichtsamt
e) Das Jugendamt

TS 76 Welche Zeit für Ruhepausen müssen einem 27-jährigen Arbeitnehmer bei einer regelmäßigen täglichen Arbeitszeit von 7,5 Stunden gewährt werden?

a) Eine Pause von 45 Minuten
b) Drei Pausen von 15 Minuten
c) Eine Pause von 30 Minuten oder zwei Pausen von 15 Minuten
d) Zwei Pausen von 30 Minuten
e) Eine Pause von 60 Minuten

TS 77 Ein Auszubildender wird auf Grund der Wehrpflicht von der Erfassungsbehörde zur Musterung vorgeladen. Wer hat für die dadurch ausfallende Arbeitszeit das Arbeitsentgelt zu zahlen?

a) Das Bundesministerium für Arbeit
b) Die Erfassungsbehörde
c) Die Bundesanstalt für Arbeit
d) Die Wohnortgemeinde
e) Der Arbeitgeber

TS 78 Welche Aussage stimmt *nicht* mit dem Schwerbehindertengesetz überein?

a) Jeder Betrieb mit mindestens 16 Arbeitsplätzen muss Schwerbehinderte einstellen oder eine Ausgleichsabgabe leisten.
b) Der Betrieb hat Schwerbehinderte so zu beschäftigen, dass ihre Fähigkeiten voll verwertet und entwickelt werden.
c) Betriebe sind verpflichtet, Schwerbehindertenarbeitsplätze mit erforderlichen technischen Arbeitshilfen auszustatten.
d) Arbeitgeber haben Schwerbehinderten zusätzlichen bezahlten Urlaub von einer Woche im Jahr zu gewähren.
e) Jeder behinderte Arbeitnehmer hat einen persönlichen Einstellungsanspruch.

TS 79 In welchem Fall ist das Arbeitsgericht zuständig?

Bei Streitigkeiten ...
a) eines Arbeitslosengeldempfängers mit der Bundesagentur für Arbeit.
b) über die Kostenübernahme bei einem Unfall auf dem Weg zur Arbeit.
c) mit dem Finanzamt über die Anerkennung von Werbungskosten.
d) wegen der Kündigung eines Arbeitsverhältnisses.
e) mit der Krankenkasse über Selbstkostenbeteiligung bei einer Zahnarztrechnung.

6 Betriebliche Mitbestimmung

1 Welches Gesetz regelt das Mitwirkungs- und Mitbestimmungsrecht des Betriebsrates, des Betriebsausschusses und des Wirtschaftsausschusses in einem Unternehmen?

Das Betriebsverfassunsgesetz
(Abkürzung: BetrVG)

2 Welche Aufgaben hat der Betriebsrat in sozialen Angelegenheiten der Arbeitnehmer?

Er bestimmt mit …
- bei Entlohnungsgrundsätzen und Einführung neuer Entlohnungsmethoden.
- bei der Festlegung von Arbeitszeiten, Pausen und Urlaubsregelungen.
- bei der Nutzung sozialer Einrichtungen des Betriebs
- bei der Durchführung der Berufsausbildung.
- bei Fragen der Ordnung und Disziplin im Betrieb.

3 Wie viel Mitglieder hat der Betriebsrat eines Unternehmens?

Die Anzahl der Betriebsräte hängt von der Anzahl der wahlberechtigten Arbeitnehmer des Betriebs ab:

5 bis 20 Arbeitnehmer:	1 Betriebsobmann
21 bis 50 Arbeitnehmer:	3 Betriebsräte
51 bis 1000 Arbeitnehmer:	11 Betriebsräte
1001 bis 9000 Arbeitnehmer:	bis zu 31 Betriebsräte

4 Sie arbeiten in einem Kleinbetrieb, in dem neben dem Chef, dessen Ehefrau und Ihnen noch weitere drei Personen beschäftigt sind. Kann in Ihrem Betrieb ein Betriebsrat eingerichtet werden?
Wie ist die Rechtslage? Begründen Sie Ihre Aussage.

Ein Betriebsrat kann in Betrieben mit in der Regel mindestens fünf ständigen wahlberechtigten Arbeitnehmern eingerichtet werden.
In oben genanntem Betrieb wird die Zahl nicht erreicht, weil die Ehefrau des Chefs nicht als Arbeitnehmer gilt (§ 5 Betriebsverfassungsgesetz).

5 Wer ist bei der Betriebsratswahl wahlberechtigt und wer ist wählbar?

Wahlberechtigt sind alle Arbeitnehmer ab 18 Jahren.
Wählbar sind alle Wahlberechtigten, die dem Betrieb mindestens 6 Monate angehören.

6 Wie und für wie lange wird der Betriebsrat gewählt?

Der Betriebsrat wird in geheimer und unmittelbarer Wahl für 4 Jahre gewählt.

7 Der Personalchef einer Maschinenbaufirma mit 150 Mitarbeitern möchte die tägliche Arbeitszeit von 6.00 – 14.00 h in 6.30 h bis 14.30 h ändern. Kann er dies nach freiem Ermessen tun, oder braucht er dafür die Zustimmung des Betriebsrats? Begründen Sie Ihre Aussage.

Der Betriebsrat hat nach § 87 ein Mitbestimmungsrecht bei der Festlegung der täglichen Arbeitszeit. Der Personalchef kann also nicht nach eigenem Ermessen die Arbeitszeit verlegen.

8 In einer Maschinenfabrik mit 300 Mitarbeitern soll das Produktionsprogramm verändert werden. Hat der Betriebsrat in diesem Zusammenhang ein Mitbestimmungsrecht? Begründen Sie Ihre Auffassung.

Der Betriebsrat hat kein Mitbestimmungsrecht.
In wirtschaftlichen Angelegenheiten hat der Betriebsrat nur ein Informationsrecht.

7 In Unternehmen mit in der Regel mehr als einhundert ständig beschäftigten Arbeitnehmern ist ein Wirtschaftsausschuss zu bilden. Erläutern Sie die Aufgabe des Wirtschaftsausschusses anhand von Beispielen.

Der Wirtschaftsausschuss hat die Aufgabe, wirtschaftliche Angelegenheiten mit dem Unternehmer zu beraten und den Betriebsrat zu informieren. Zu den wirtschaftlichen Angelegenheiten gehören insbesondere …
- die wirtschaftliche Lage des Unternehmens,
- die Produktions- und Absatzlage,
- das Produktions- und Investitionsprogramm,
- die Verlegung von Betriebsteilen,
- die Einschränkung oder Stilllegung von Betrieben oder Betriebsteilen.

8 Erklären Sie den Begriff „Einigungsstelle" gemäß dem Betriebsverfassungsgesetz und zeigen Sie anhand von Beispielen auf, in welchen Angelegenheiten dieses Organ tätig werden kann.

Die Einigungsstelle dient zur Beilegung von Meinungsverschiedenheiten zwischen dem Betriebsrat und dem Arbeitgeber im Rahmen des Mitbestimmungsrechts des Betriebsrats.

Die Einigungsstelle ist im Bedarfsfall zu gründen und paritätisch mit Beisitzern der Arbeitgeberseite und des Betriebsrats sowie mit einem unparteiischen Vorsitzenden besetzt.

Sie wird vor allem in folgenden Angelegenheiten tätig:
- Mitbestimmung in sozialen Angelegenheiten
- Ausgleichsmaßnahmen wegen Arbeitsplatzänderungen
- Schaffung von personellen Auswahlkriterien
- Aufstellung eines Sozialplans

11 Wozu dient die Betriebsversammlung?

Die Betriebsversammlung dient zur Information der Arbeitnehmer über betriebliche Angelegenheiten. Sie wird vom Betriebsrat in der Regel ein Mal pro Kalendervierteljahr einberufen und von ihm durchgeführt.

12 Welche Aufgabe hat die gemäß Betriebsverfassungsgesetz vorgesehene Jugend- und Auszubildendenvertretung?

Die Jugend- und Auszubildendenvertretung ist die Vertretung der Jugendlichen und Auszubildenden eines Betriebes beim Betriebsrat in allen sie betreffenden Abgelegenheiten, z.B. bezüglich des Jugendarbeitsschutzgesetzes, der Ausbildungsvergütung oder Maßnahmen zur Förderung der Jugendlichen.

13 Verstößt ein Arbeitgeber gegen das Betriebsverfassungsgesetz, wenn er ohne Zustimmung des Betriebsrates allgemeine Beurteilungsgrundsätze festlegt? Begründen Sie Ihre Aussage.

Es liegt ein Verstoß vor.
Das Betriebsverfassungsgesetz bestimmt in § 94, dass die Aufstellung allgemeiner Beurteilungsgrundsätze der Zustimmung des Betriebsrats bedarf.

14 Der Betriebsrat kann der ordentlichen Kündigung eines Arbeitnehmers widersprechen, wenn bestimmte Gründe vorliegen. Nennen Sie solche Gründe.

- Der Arbeitnehmer kann an einem anderen Arbeitsplatz im selben Betrieb weiterbeschäftigt werden.
- Eine Weiterbeschäftigung des Arbeitnehmers ist nach einer zumutbaren Umschulungs- oder Fortbildungsmaßnahme möglich.
- Der Arbeitgeber hat bei der Auswahl des zu kündigenden Arbeitnehmers soziale Gründe nicht ausreichend berücksichtigt.

15 Was kann z.B. in freiwilligen Betriebsvereinbarungen geregelt werden? Nennen Sie Beispiele.

In Betriebsvereinbarungen können geregelt werden:

- Die Verringerung der Vergütungen und Erhöhung der Arbeitszeit zur Rettung des Betriebs in wirtschaftlich schwierigen Zeiten.
- Die Verlegung von Betriebsteilen an andere Standorte.
- Maßnahmen zur Förderung der Vermögensbildung bei den Arbeitnehmern.
- Zusätzliche Maßnahmen zur Unfallverhütung.

16 Welche Aufgaben hat ein Sozialplan? Erläutern Sie diese anhand von Beispielen.

Ein Sozialplan soll einen Ausgleich oder die Milderung von wirtschaftlichen Nachteilen schaffen, die den Arbeitnehmern bei Betriebsänderungen, wie Betriebsverlegungen oder Betriebsschließungen entstehen.

Ein Sozialplan kann u.a. vorsehen:
- Abfindungen bei betriebsbedingten Kündigungen.
- Lohnausgleich bei Zuweisung einer geringer bezahlten Arbeit im Betrieb.
- Bezahlte Umschulungsmaßnahmen bei Wegfall der alten Arbeit und Qualifizierung für eine neue Arbeit.
- Fahrgeldzuschüsse für Fahrten zu einer weiter entfernt liegenden Arbeitsstätte.
- Ausgleichszahlungen bei durch eine Betriebsschließung wegfallenden Ansprüchen für die Altersversorgung.

Testfragen zur betrieblichen Mitbestimmung

TS 80 In welchem Gesetz wird die Zusammenarbeit zwischen dem Arbeitgeber und den Arbeitnehmern eines Betriebes geregelt?

a) Arbeitsgerichtsgesetz

b) Arbeitsplatzschutzgesetz

c) Betriebsverfassungsgesetz

d) Sozialgesetzbuch

e) Beschäftigungsförderungsgesetz

TS 81 Welche Betriebe werden vom Betriebsverfassungsgesetz erfasst?

a) Betriebe mit mindestens fünf ständig wahlberechtigten Arbeitnehmern, von denen drei wählbar sind

b) Betriebe deutscher Unternehmen im Ausland

c) Gemeindeverwaltungen

d) Betriebe von Religionsgemeinschaften

e) Kommunale Verkehrs- und Versorgungsbetriebe

TS 82 Wer kann bei der Wahl zum Betriebsrat gewählt werden?

Wählbar sind …

a) alle im Betrieb tätigen Arbeitnehmer.

b) alle Beschäftigen des Betriebs einschließlich der dort als Leiharbeitnehmer Beschäftigten.

c) alle Beschäftigten, die 12 Monate dem Betrieb angehören.

d) alle Beschäftigten, die das 24. Lebensjahr vollendet haben.

e) alle Arbeitnehmer, die das 18. Lebensjahr vollendet haben und sechs Monate dem Betrieb angehören.

TS 83 Welche Personen können an der Betriebsratswahl teilnehmen?

Wählen können …

a) alle Arbeitnehmer, die das 15. Lebensjahr vollendet haben.

b) alle Arbeitnehmer, die sechs Monate dem Betrieb angehören.

c) nur Arbeitnehmer, die das 21. Lebensjahr vollendet haben.

d) alle Arbeitnehmer, die das 18. Lebensjahr vollendet haben.

e) nur Arbeitnehmer, die das 18. Lebensjahr vollendet haben und 6 Monate dem Betrieb angehören.

TS 84 Wer hat die Kosten und den Sachaufwand für die Betriebsratstätigkeit zu tragen?

a) Alle wahlberechtigten Arbeitnehmer

b) Die gewerkschaftlich organisierten Arbeitnehmer des Betriebs

c) Die Arbeitnehmer und der Arbeitgeber je zur Hälfte

d) Die Gewerkschaften

e) Der Arbeitgeber

TS 85 Welche Aussage über die Wahl des Betriebsrats ist richtig?

a) Die Kosten der Betriebsratswahl trägt der Arbeitgeber.

b) Eine Betriebsratswahl kann nur mit Einwilligung des Arbeitgebers stattfinden.

c) Die Arbeitszeit, die zur Ausübung des Wahlrechts erforderlich ist, berechtigt den Arbeitgeber zur Minderung des Arbeitsentgelts.

d) Bei der Betriebsratswahl können nur Gewerkschaftsmitglieder kandidieren.

e) Der Arbeitgeber darf dem Wahlvorstand die erforderlichen Unterlagen zur Aufstellung der Wählerliste verweigern.

TS 86 Wie werden nach dem Betriebsverfassungsgesetz die Entscheidungen des Betriebsrats gefasst?

Die Entscheidungen werden gefasst …

a) mit der Mehrheit der Stimmen der anwesenden Mitglieder. Bei Stimmengleichheit ist ein Antrag angenommen.

b) mit der absoluten Mehrheit seiner gesetzlich vorgeschriebenen Mitgliederzahl.

c) mit der Mehrheit der Stimmen der anwesenden Mitglieder. Bei Stimmengleichheit ist ein Antrag abgelehnt.

d) mit der absoluten Mehrheit seiner gesetzlich vorgeschriebenen Mitgliederzahl. Bei Stimmengleichheit entscheiden die Stimmen der teilnehmenden Jugend- und Auszubildenden-Vertretung.

e) nur mit Einstimmigkeit.

TS 87 Für welche Dauer wird der Betriebsrat regelmäßig gewählt?

a) 2 Jahre   b) 3 Jahre

c) 4 Jahre   d) 5 Jahre

e) 6 Jahre

TS 88 | **Welche der genannten Tätigkeiten ist *nicht* Aufgabe des Betriebsrats?**

a) Den Anteil der in einer Gewerkschaft organisierten Arbeitnehmer zu erhöhen.

b) Darüber zu wachen, dass die zugunsten der Arbeitnehmer geltenden Rechte und Unfallverhütungsvorschriften durchgeführt werden.

c) Die Beschäftigung älterer Arbeitnehmer zu fördern.

d) Maßnahmen beim Arbeitgeber zu beantragen, die dem Betrieb und der Belegschaft dienen.

e) Die Wahl einer Jugend- und Auszubildendenvertretung vorzubereiten und durchzuführen.

TS 89 | **Welche Aussage über die Sitzungen des Betriebsrats ist *falsch*?**

a) Die Sitzungen werden vom Vorsitzenden einberufen und geleitet.

b) Die Sitzungen des Betriebsrats sind öffentlich.

c) Die Sitzungen des Betriebsrats finden in der Regel während der Arbeitszeit statt.

d) Der Arbeitgeber nimmt an den Sitzungen teil, die auf sein Verlangen anberaumt sind, und an den Sitzungen, zu denen er ausdrücklich eingeladen ist.

e) Der Betriebsrat hat bei der Ansetzung von Betriebsratssitzungen auf die betrieblichen Notwendigkeiten Rücksicht zu nehmen.

TS 90 | **In welchem Fall hat der Betriebsrat *kein* Mitbestimmungsrecht?**

a) Bei Einführung von Betriebsbußen im Rahmen der Betriebsordnung.

b) Bei Errichtung von Erweiterungsbauten für die Verwaltung.

c) Bei Änderung der Art der Auszahlung der Arbeitsentgelte.

d) Bei Erstellung von allgemeinen Urlaubsgrundsätzen.

e) Bei der Entscheidung, ob im Zeitlohn oder im Akkordlohn gearbeitet werden soll.

TS 91 | **Welches Vorhaben eines Unternehmers unterliegt *nicht* dem Mitbestimmungsrecht des Betriebsrats?**

a) Änderung von Beginn und Ende der täglichen Arbeitszeit

b) Einführung eines Prämienlohnsystems

c) Einführung eines betrieblichen Vorschlagswesens

d) Gewinnbeteiligung für leitende Angestellte

e) Einführung von Rauchverboten

TS 92 | **In welchem Fall hat der Betriebsrat nur ein Recht auf Unterrichtung und Beratung, aber kein Mitbestimmungsrecht?**

Unterrichtungs- und Beratungsrecht besteht ...

a) bei der Planung des künftigen Personalbedarfs durch eine anstehende Erweiterung der Produktion.

b) bei der Durchführung von Maßnahmen der betrieblichen Berufsbildung.

c) bei der Zuweisung und Kündigung von Werksmietwohnungen.

d) bei der Einführung bargeldloser Lohnzahlung.

e) bei der Verteilung der Arbeitszeit auf die einzelnen Wochentage.

TS 93 | **Welche Möglichkeiten eröffnet das Betriebsverfassungsgesetz einer Jugend- und Auszubildendenvertretung?**

a) Sie kann zu allen Betriebsratssitzungen einen Vertreter entsenden.

b) Sie hat bei allen vom Betriebsrat zu fassenden Beschlüssen volles Stimmrecht.

c) Verletzt nach Auffassung der Mehrheit der Jugend- und Auszubildendenvertreter ein Beschluss des Betriebsrats wichtige Interessen der Jugendlichen, kann sie diesen aufheben.

d) Sie kann ohne Abstimmung mit Betriebsrat und Arbeitgeber jederzeit eine Jugend- und Auszubildendenversammlung einberufen.

e) Sie kann ohne Rücksprache mit Betriebsrat und Arbeitgeber Sprechstunden während der Arbeitszeit einrichten.

TS 94 | **Wieviel Jahre beträgt die regelmäßige Amtszeit der Jugend- und Auszubildendenvertretung im Betriebsrat?**

a) 1 Jahr

b) 2 Jahre

c) 3 Jahre

d) 4 Jahre

e) 6 Jahre

TS 95   **Welche der genannten Personengruppen sind bei der Wahl einer Jugend- und Auszubildendenvertretung wahlberechtigt?**

Wahlberechtigt sind ...

a) alle Arbeitnehmer eines Betriebs, die das 18. Lebensjahr noch nicht vollendet haben.

b) alle Arbeitnehmer, die das 18. Lebensjahr noch nicht vollendet haben oder zu ihrer Berufsausbildung beschäftigt sind und das 25. Lebensjahr noch nicht vollendet haben.

c) alle Auszubildenden eines Betriebes, unabhängig vom Lebensalter.

d) alle Arbeitnehmer, die das 18. Lebensjahr noch nicht vollendet haben und sechs Monate dem Betrieb angehören.

e) alle Arbeitnehmer, die das 25. Lebensjahr noch nicht vollendet haben und Mitglied einer Gewerkschaft sind.

TS 96   **Wer kann in die Jugend- und Auszubildendenvertretung gewählt werden?**

Wählbar sind ...

a) Mitglieder des Betriebsrates, die das 24. Lebensjahr noch nicht vollendet haben.

b) nur die Arbeitnehmer, die das 18. Lebensjahr noch nicht vollendet haben.

c) alle Arbeitnehmer des Betriebs, die das 25. Lebensjahr noch nicht vollendet haben und sechs Monate dem Betrieb angehören.

d) alle Arbeitnehmer des Betriebs, die das 21. Lebensjahr noch nicht vollendet haben.

e) nur die Auszubildenden, die das 25. Lebensjahr noch nicht vollendet haben.

TS 97   **Der Arbeitgeber kann über seine Beschäftigten Personalakten führen.**
Welche Aussage hierzu entspricht den gesetzlichen Bestimmungen?

a) Der Arbeitnehmer kann seine Personalakte generell nicht einsehen.

b) Der Arbeitnehmer darf nur in Anwesenheit eines Betriebsrats eine Personalakte einsehen.

c) Der Arbeitnehmer muss seinen Wunsch auf Einsicht einen Monat vorher beantragen.

d) Die Personalakte darf der zum Stillschweigen verpflichtete Betriebsrat einsehen.

e) Der Arbeitnehmer hat das Recht, in seine Personalakte Einsicht zu nehmen und Erklärungen zum Inhalt seiner Akte beifügen zu lassen.

TS 98   **Ein Arbeitnehmer fühlt sich im Betrieb ungerecht behandelt und möchte sich beschweren.**
Wo ist das Recht des Arbeitnehmers auf eine Beschwerde verankert?

a) Im Arbeitsgerichtsgesetz

b) Im Arbeitsplatzschutzgesetz

c) Im Arbeitszeitgesetz

d) In der Arbeitsstättenverordnung

e) Im Betriebsverfassungsgesetz

TS 99   **Welche Aussage entspricht *nicht* den gesetzlichen Vorgaben über das Beschwerderecht?**

a) Über die Berechtigung der Beschwerde eines Arbeitnehmers hat nur der Betriebsrat zu entscheiden.

b) Jeder Arbeitnehmer hat das Recht, sich zu beschweren, wenn er sich vom Arbeitgeber oder von einem Arbeitnehmer des Betriebs benachteiligt oder in sonstiger Weise beeinträchtigt fühlt.

c) Der Arbeitgeber muss dem Arbeitnehmer über die Behandlung der Beschwerde einen Bescheid erteilen.

d) Der Betriebsrat hat Beschwerden von Arbeitnehmern entgegenzunehmen.

e) Wegen der Erhebung einer Beschwerde dürfen dem Arbeitnehmer keine Nachteile entstehen.

TS 100   **Welche Aussage über die Mitbestimmung des Betriebsrates bei Kündigungen entspricht *nicht* dem Betriebsverfassungsgesetz?**

a) Der Betriebsrat ist vor jeder Kündigung zu hören.

b) Der Arbeitgeber ist nicht verpflichtet, dem Betriebsrat die Gründe für eine Kündigung mitzuteilen.

c) Eine ohne Anhörung des Betriebsrats ausgesprochene Kündigung ist unwirksam.

d) Der Betriebsrat kann einer ordentlichen Kündigung widersprechen, wenn der Arbeitnehmer an einem anderen Arbeitsplatz im selben Betrieb weiterbeschäftigt werden kann.

e) Legt der Betriebsrat gegen die Kündigung eines Arbeitnehmers innerhalb einer Woche keinen Widerspruch ein, so gilt die Zustimmung als erteilt.

TS 101 Wer sind die beiden Vertragsparteien beim Abschluss einer freiwilligen Betriebsvereinbarung?

Vertragsparteien sind ...

a) die im Betrieb vertretenen Gewerkschaften und der Arbeitgeber.

b) die Arbeitnehmer eines Betriebs und der Betriebsrat.

c) Die Arbeitgeber und der Betriebsrat.

d) die Gewerkschaft und der Arbeitgeberverband.

e) die Berufsgenossenschaft und der Betriebsrat.

TS 102 Der Betriebsrat kann über freiwillige Betriebsvereinbarungen viele soziale Fragen regeln.
Welche Anliegen können *nicht* mit einer Betriebsvereinbarung geregelt werden?

a) Maßnahmen zur Verhütung von Gesundheitsschäden, die über die gesetzlichen Vorschriften hinausgehen.

b) Richtlinien für die Vergabe von Werkswohnungen.

c) Kürzung des bezahlten Jahresurlaubs auf 18 Werktage.

d) Fahrtkostenerstattung für die Arbeitnehmer.

e) Zuschüsse zur Vermögensbildung der Arbeitnehmer.

TS 103 Der Unternehmer hat in Betrieben mit in der Regel mehr als 20 wahlberechtigten Arbeitnehmern bei bestimmten Betriebsänderungen mit dem Betriebsrat einen Sozialplan zu vereinbaren.

Ein Sozialplan ist auszuarbeiten ...

a) bei Betriebserweiterung.

b) bei Stilllegung des ganzen Betriebs.

c) bei Einführung eines Drei-Schicht-Betriebs.

d) bei Anmeldung von Kurzarbeit.

e) bei Stilllegung eines unwesentlichen Betriebsteils.

TS 104 Was kann *nicht* Inhalt eines Sozialplans sein?

a) Abfindungen bei Entlassungen

b) Abfindungen bei Entlassung nur für Gewerkschaftsmitglieder

c) Lohnausgleich bei der Zuweisung einer anderen Arbeit

d) Fahrgeldzuschuss zu einer neuen Arbeitsstelle

e) Bezahlte Umschulungsmaßnahmen

7 Soziale Absicherung

1 Warum sind die Sozialversicherungen als Pflichtversicherung gesetzlich vorgeschrieben?

Die Sozialversicherungen sind als Pflichtversicherung festgelegt,

- damit alle Arbeitnehmer und ihre Angehörigen vor wirtschaftlicher Not bei Krankheit geschützt sind und bei unfallbedingter Arbeitsunfähigkeit, bei Pflegebedürftigkeit und im Alter versorgt sind.

- damit alle Arbeitnehmer, ob jung oder alt, krank oder gesund, zur Finanzierung der Sozialversicherungsleistungen beitragen und die Sozialversicherungen damit auf eine breite Finanzierungsbasis gestellt sind.

2 Welche Versicherungen zählen zu den gesetzlichen Sozialversicherungen?

- Die Krankenversicherung
- Die Pflegeversicherung
- Die Rentenversicherung
- Die Arbeitslosenversicherung
- Die betriebliche Unfallversicherung.

3 Wer finanziert die Sozialversicherungen?

Die Beiträge zur Kranken- und Pflegeversicherung, zur Arbeitslosenversicherung sowie zur Rentenversicherung werden je zur Hälfte vom Arbeitnehmer und vom Arbeitgeber aufgebracht.

Die Beiträge zur Unfallversicherung bezahlt der Arbeitgeber allein.

4 Welche Leistungen werden im Krankheitsfall von der Krankenversicherung getragen?

- Krankheitsbehandlungen und Vorsorgeuntersuchungen
- Zahnbehandlungen und Anteile am Zahnersatz
- Rehabilitationsmaßnahmen
- Krankengeld

4   Welche Krankenkassen gibt es?

● Die gesetzlichen Krankenkassen (GKK).

Dazu gehören die allgemeinen Ortskrankenkassen (AOK), die Ersatzkassen (z.B. Barmer Ersatzkasse oder Techniker Krankenkasse) und die Betriebskrankenkassen.

● Die privaten Krankenversicherungen (PKV).

5   In welcher Krankenkasse kann sich ein Arbeitnehmer krankenversichern?

Jeder Arbeitnehmer muss krankenversichert sein.

Er kann sich in einer der gesetzlichen Krankenkassen seiner Wahl krankenversichern.

Eine Versicherung in einer privaten Krankenversicherung ist nur möglich, wenn sein monatliches Einkommen 3862,50 Euro übersteigt (gemäß Stand 2004).

6   Nennen Sie Argumente, die für die Auswahlmöglichkeit der Krankenversicherung sprechen.

Der Versicherte kann die für ihn kostengünstigste Krankenkasse auswählen.

Die gesetzlichen Krankenkassen sind durch die Konkurrenzsituation gezwungen, wirtschaftlich zu arbeiten und günstige Honorare mit der kassenärztlichen Vereinigung auszuhandeln, um niedrige Beitragssätze anbieten zu können.

Durch die Wahlmöglichkeit erhalten die kostengünstigsten Krankenversicherungen mehr Mitglieder.

7   Erklären Sie anhand von zwei Argumenten die Gründe für die Selbstbeteiligung der Versicherten an den Kosten der von den Krankenkassen zugelassenen Arzneimitteln.

Zuzahlungen bei Arzneimitteln sollen …

● die Krankenkassen finanziell entlasten.

● den Versicherten zum sparsamen Gebrauch von Arzneimitteln veranlassen.

8   Wer muss die Praxisgebühr von 10 Euro bezahlen?

Jeder, in einer gesetzlichen Krankenkasse Versicherte muss beim 1. Arztbesuch im Quartal die Praxisgebühr von 10 Euro in der Arztpraxis bezahlen. Ausgenommen sind davon chronisch Kranke, wie z.B. Dialysepatienten.

9   Wer ist in der gesetzlichen Rentenversicherung pflichtversichert?

Versicherungspflichtig sind alle Auszubildenden, sowie alle Arbeiter und Angestellte, die aufgrund eines Berufsausbildungs-, Arbeits- oder Dienstverhältnisses beschäftigt sind.

Dazu kommen Wehr- und Zivildienstleistende sowie Personen, die ein freiwilliges soziales Jahr leisten.

10   Warum ist das Versicherungsnachweisheft der Rentenversicherung und die Ausweiskarte für den Versicherten von großer Wichtigkeit?

In das Versicherungsnachweisheft werden vom Arbeitgeber die Jahresverdienste und die an die Rentenanstalt abgeführten Beiträge eingetragen. Sie sind die Basis für die Berechnung und die Höhe des Rentenanspruchs im Alter.

Die Ausweiskarte weist den Arbeitnehmer als den Berechtigten seines Versicherungsnachweisheftes aus und sichert ihm die Ansprüche auf die Rentenzahlung.

11   Was versteht man unter der Dynamisierung der Altersrente?

Die Höhe der Renten wird regelmäßig der allgemeinen Einkommensentwicklung angepasst, z.B. gemäß dem Anstieg der Nettolöhne oder der Inflationsrate.

Dadurch nehmen auch die Rentenbezieher an der allgemeinen Wirtschaftsentwicklung teil.

12   Bislang galten Jahr für Jahr steigende Altersrenten als sicher.
In welchen wirtschaftlichen Situationen ist dieses politische Versprechen der dynamischen Altersrente finanziell nicht mehr einzuhalten?

Finanzierungsprobleme mit der Dynamisierung der Rente treten auf:

● Bei stagnierenden oder abnehmenden Arbeitnehmereinkommen.

● Bei rückläufiger Beschäftigungszahl.

● Bei Verringerung der Beitragszahler durch geburtenschwache Jahrgänge.

● Bei steigender Zahl und höherer Lebenserwartung der Rentner.

13 Welche Aufgaben hat die gesetzliche Unfall-versicherung?

Die Aufgaben der gesetzlichen Unfallversicherung sind:

- Unfälle verhüten (durch Aufklärung, Herausgabe von Vorschriften usw.)
- Finanzielle Absicherung der Verunfallten und ihrer Familien
- Wiederherstellung der Erwerbsfähigkeit.

14 Vier Beschäftigte eines metallverarbeitenden Betriebes fahren gemeinsam mit dem Pkw zur Arbeit und erleiden dabei einen schweren Verkehrsunfall.
Welche Sozialversicherung muss in diesem Fall leisten?
Begründen Sie Ihre Meinung und nennen Sie Leistungen, die von der Versicherung zu bezahlen sind.

Ein Unfall auf dem Weg von und zur Arbeitsstätte gilt als Arbeitsunfall. Damit muss die gesetzliche Unfallversicherung die Kosten übernehmen.

Nach Eintritt eines Arbeitsunfalls gewährt der Träger der Unfallversicherung je nach Art und Schwere folgende Leistungen: Heilbehandlungen, Übergangsgeld, bei Bedarf Berufshilfe wie z.B. eine Umschulung, gegebenenfalls auch Verletztenrente, Rente an Hinterbliebene oder Sterbegeld.

15 Unter welchen Bedingungen zählt ein Unfall eines Arbeitnehmers auf dem Wege zur Arbeitsstätte als Arbeitsunfall, obwohl von seinem unmittelbaren Weg zwischen Wohnung und Arbeitsstätte abgewichen wurde?
Nennen Sie mögliche Fälle.

Beispiele für die Anerkennung eines Wegeunfalles bei Abweichung vom unmittelbaren Weg zur Arbeit liegen vor, …

- wenn der Versicherte mit anderen versicherten Personen gemeinsam ein Fahrzeug für den Weg von und zur Arbeitsstelle benutzt (Fahrgemeinschaft) und sich auf dem Weg zu den anderen Versicherten befindet.
- wenn der Versicherte wegen seiner Berufstätigkeit z.B. ein Kind in den Kindergarten bringen muss.

Es liegt kein Arbeitsunfall vor, wenn der Versicherte auf dem Weg zur Arbeit wegen einer privaten Besorgung vom Weg zur Arbeit abweicht und der Unfall dabei passiert.

16 Welche Leistungen werden von der Arbeitslosenversicherung getragen?

- Finanzielle Unterstützung durch Arbeitslosengeld bzw. Arbeitslosenhilfe bei unverschuldeter Arbeitslosigkeit
- Kurzarbeitergeld, Schlechtwettergeld, Konkursausfallgeld
- Arbeitsvermittlung bei Arbeitslosigkeit
- Finanzierung einer Berufsumschulung bei Chancenlosigkeit im alten Beruf auf dem Arbeitsmarkt.

Die ausführende Stelle der Leistungen der Arbeitslosenversicherung sind die Arbeitsämter.

17 Die berufliche Mobilität und Weiterbildung der Arbeitnehmer wird immer wichtiger. Die Arbeitsagenturen fördern deshalb berufliche Fortbildungsmaßnahmen.
Unter welchen Bedingungen unterstützen die Arbeitsagenturen die Teilnahme an diese Maßnahmen?
Nennen Sie solche Fortbildungsziele.

Die Arbeitsagenturen fördert die Teilnahme, wenn die Fortbildungsmaßnahmen folgendes zum Ziel haben:

- Die Anpassung der Kenntnisse und Fähigkeiten an die beruflichen Anforderungen
- Den Abschluss einer fehlenden Berufsausbildung
- Die Heranbildung und Fortbildung von Arbeitskräften
- Einen beruflichen Aufstieg mit besseren Chancen am Arbeitsmarkt.

18 Die Arbeitsagenturen fördern die Wiedereingliederung von Arbeitslosen in das Berufsleben und die Anschluss-Vermittlung von Arbeitnehmern, die von Arbeitslosigkeit unmittelbar bedroht sind.
Nennen Sie Leistungen, die die Arbeitsagenturen diesem Personenkreis gewähren.

- Zuschuss zu den Bewerbungskosten
- Zuschuss zu den Umzugskosten, falls die Aufnahme der Arbeit einen Umzug erforderlich macht.
- Familienheimfahrten, falls eine tägliche Fahrt zur Arbeit unmöglich und ein Umzug unzumutbar ist.
- Anschaffung einer benötigten Arbeitsausrüstung.
- Bei Härtefällen eine Überbrückungshilfe.

19 Welche besondere Hilfe erfährt ein junger Mensch (unter 25 Jahren), der seinen Ausbildungs- oder Arbeitsplatz verloren hat?

Jungen Menschen unter 25 Jahren wird nach Verlust des Ausbildungs- oder Arbeitsplatzes sofort nach der Beantragung des Arbeitslosengeldes von der Agentur für Arbeit entweder ein Ausbildungsplatz, eine berufliche Fortbildungsmaßnahme oder eine Arbeit angeboten.

20 Welche Pflichten hat ein junger Arbeitsloser (unter 25 Jahren), dem von der Agentur für Arbeit besonders geholfen wird.

Der junge Arbeitslose muss die ihm angebotene Ausbildungs- oder Arbeitsstelle annehmen und sie gewissenhaft ausführen.

21 Welche Folgen hat es, wenn er seine Verpflichtungen gegenüber der Agentur für Arbeit nicht einhält?

Kommt er seinen Verpflichtungen nicht nach, insbesondere wenn er die angebotene Ausbildung oder Arbeit nicht annimmt und gewissenhaft ausführt, so bekommt er den Großteil des Arbeitslosengeldes II gestrichen.

Er erhält bei einem Verstoß nur noch die Kosten für Wohnung und Heizung, die aber nicht an ihn ausbezahlt werden, sondern direkt dem Vermieter überwiesen werden.

22 Welche Leistungen erhält ein Arbeitnehmer, wenn er arbeitslos wird?

Bei eingetretener Arbeitslosigkeit erhält der Arbeitslose für die Dauer von maximal 12 Monaten Arbeitslosengeld (auch Arbeitslosengeld I genannt). Dies sind bei einem alleinstehenden Arbeitslosen ohne Kinder 60 % des letzten Nettolohns bzw. bei einem Arbeitslosen mit Kindern 67 % vom letzten Nettolohn.

Das Arbeitslosengeld I ist eine Versicherungsleistung aus der vom Arbeitnehmer und Arbeitgeber jeweils zur Hälfte bezahlten Arbeitslosenversicherung.

23 Welche Pflichten haben die Empfänger von Arbeitslosengeld?

Empfänger von Arbeitslosengeld müssen jeden zumutbaren Job annehmen, der ihnen von der Agentur für Arbeit angeboten wird.

Nehmen sie den Job nicht an, wird ihnen das Arbeitslosengeld um bis zu 30 % gekürzt.

24 Sind die Bezieher von Arbeitslosengeld sozialversichert?

Die Bezieher von Arbeitslosengeld sind kranken-, pflege- und rentenversichert.

Die Versicherungsbeiträge werden vom Bund bezahlt.

25 Welche Leistungen erhält ein Arbeitsloser, der länger als 1 Jahr arbeitslos ist?

Dauert die Arbeitslosigkeit länger als 1 Jahr, so erhält der Arbeitslose Arbeitslosengeld II (Alg. II).

Es ist zum überwiegenden Teil unabhängig vom früheren Einkommen und orientiert sich am sozialen Versorgungsbedarf des Arbeitslosen.

Das Arbeitslosengeld II ist eine steuerfinanzierte Fürsorgeleistung des Staates.

26 Wie hoch ist das Arbeitslosengeld II eines alleinstehenden Arbeitslosen, der vorher ein Bruttoeinkomen von 2000 € hatte?

Das Arbeitslosengeld II setzt sich aus mehreren Bestandteilen zusammen. Es sinkt im Laufe von 2 Jahren auf den Sozialhilfebetrag ab (siehe Bild auf Seite 359). Außerdem ist es in den alten und neuen Bundesländern geringfügig unterschiedlich.

Es beträgt:

In den alten Bundesländern und Berlin	In den neuen Bundesländern:
für den Lebensunterhalt: 345 €	für den Lebensunterhalt: 331 €
für Miete und Heizung 306 €	für Miete und Heizung 306 €

Dazu kommt ein Übergangszuschlag

Im 1. Jahr Alg II: 90 €	Im 1. Jahr Alg II: 99 €
Im 2. Jahr Alg II: 45 €	Im 2. Jahr Alg II: 50 €

Insgesamt beträgt das Arbeitslosengeld II im 1. Jahr:

345 € + 306 € + 90 € = 741 € / Monat	331 € + 306 € + 99 € = 736 € / Monat

Insgesamt beträgt das Arbeitslosengeld II im 2. Jahr:

345 € + 306 € + 45 € = 696 € / Monat	331 € + 306 € + 50 € = 687 € / Monat

Insgesamt beträgt das Arbeitslosengeld II ab dem 3. Jahr:

345 € + 306 € = 651 € / Monat	331 € + 306 € = 637 € / Monat

Das geringfügig niedrigere Arbeitslosengeld II in den neuen Bundesländern trägt den dortigen geringeren Lebenshaltungskosten Rechnung.

Das nachfolgende Bild zeigt die Höhe des Arbeitslosengeldes am Beispiel eines alleinlebenden Arbeitslosen in Abhängigkeit von der Anspruchsdauer.

Beispiel: Alleinlebender Arbeitsloser, früherer Bruttoverdienst 2000 Euro

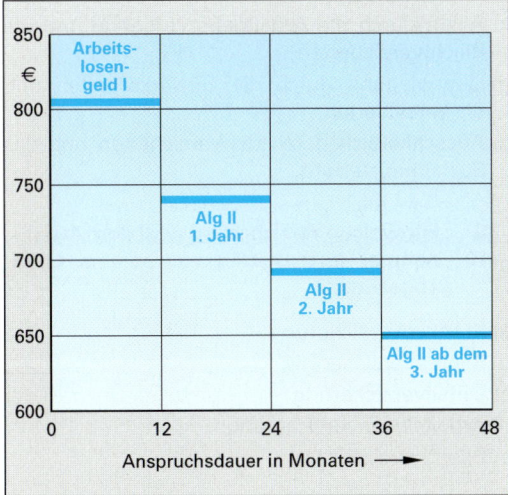

Anspruchsdauer in Monaten →

27 Was versteht man unter den sogenannten 1 Euro-Jobs?

1 Euro-Jobs sind von den Städten und Gemeinden sowie anderen öffentlichen Einrichtungen geschaffene Arbeitsgelegenheiten für Bezieher von Arbeitslosengeld II. Für diese Arbeiten wird eine Vergütung von 1 bis 2 Euro pro Stunde gezahlt. Diese Vergütung dürfen die Bezieher zusätzlich zu ihrem Arbeitslosengeld II in voller Höhe behalten. Es wird nicht als Einkommen auf das Arbeitslosengeld II angerechnet.

Bezieher von Arbeitslosengeld II sind verpflichtet diese 1 Euro-Jobs anzunehmen. Sie gelten als Wiedereinstiegshilfe in den Arbeitsmarkt.

28 Ein Betrieb hat das Insolvenzverfahren beantragt. Die Beschäftigten des Betriebs haben in den zurückliegenden zwei Monaten keinen Lohn erhalten.

Welche Möglichkeit haben sie, den rückständigen Lohn zu erhalten?

Die Arbeitnehmer müssen bei der zuständigen Arbeitsagentur einen Antrag auf Insolvenzgeld beantragen. Es wird zum Ausgleich von Ansprüchen auf rückständigen Lohn für die letzten drei vorausgehenden Monate vor Eröffnung des Insolvenzverfahrens gezahlt.

29 Wie kann man sich zusätzlich zu den gesetzlichen Sozialversicherungen gegen Notlagen durch frühzeitigen Tod, gegen Berufsunfähigkeit oder gegen wirtschaftliche Not im Alter versichern?

Durch Abschluss privater Versicherungen.

Gegen Notlagen bei frühzeitigem Tod des Hauptverdieners einer Familie: Durch Abschluss einer **Privaten Risiko-Lebensversicherung.**
Während der Beitragsdauer sind monatliche Versicherungsbeiträge (Versicherungsprämien) zu bezahlen. Der Tod der versicherten Person ist der Versicherungsfall. Es kommt dann die vereinbarte Versicherungssumme an die Hinterbliebenen zur Auszahlung. Tritt der Versicherungsfall (Tod des Versicherten) im Laufe der Versicherungsdauer nicht ein, so sind die gezahlten Versicherungsbeiträge verloren.

Gegen Berufsunfähigkeit: Durch Abschluss einer **Privaten Berufsunfähigkeits-Versicherung.**
Während der Beitragsdauer der Versicherung sind regelmäßige Versicherungsprämien zu bezahlen. Bei eingetretener und von der Berufsgenossenschaft bestätigter Berufsunfähigkeit zahlt die Versicherung entweder die vereinbarte Versicherungssumme oder eine gleichwertige monatliche Privatrente aus.

Gegen Unterversorgung im Alter: Durch Abschluss einer **Privaten Kapital Lebensversicherung.**
Eine Kapital-Lebensversicherung ist vor allem eine Versicherung auf den Erlebensfall. Auch hierbei sind während der Beitragsdauer regelmäßige Versicherungsbeiträge zu leisten. Nach Ablauf der Versicherungsdauer zahlt die Versicherung entweder eine einmalige Geldsumme oder einen monatlichen Privatrentenbetrag an den Versicherten. Stirbt der Versicherte während der Laufzeit der Versicherung, so wird die Versicherungssumme an die Hinterbliebenen ausgezahlt.

Erfüllt die private Rentenversicherung bestimmte Bedingungen, so wird sie durch Steuervorteile und Zulagen vom Staat unterstützt. Sie wird Riester-Rente genannt.

Der Abschluss einer privaten Risiko-Lebensversicherung oder einer privaten Berufsunfähigkeits-Versicherung ist vor allem für Berufsanfänger und den Hauptverdiener einer Familie zu empfehlen, insbesondere, wenn Kredite zur Existenzgründung oder für eine Wohnung oder ein Haus aufgenommen wurden. Dadurch sind der Versicherte bzw. die Familie im Versicherungsfall (Berufsunfähigkeit oder Tod) gegen wirtschaftliche Not geschützt.

Testfragen zur sozialen Absicherung

TS 105   Welche der folgenden Versicherungen gehört zu den Sozialversicherungen?

a) Hausratversicherung
b) Rechtsschutzversicherung
c) Arbeitslosenversicherung
d) Pkw - Insassenversicherung
e) Krankenhaus-Tagegeldversicherung

TS 106   Welche der genannten Versicherungen ist *nicht* Teil der Sozialversicherung?

a) Haftpflichtversicherung
b) Pflegeversicherung
c) Berufsunfallversicherung
d) Krankenversicherung
e) Rentenversicherung

TS 107   Welche Risiken werden *nicht* durch die Sozialversicherungen abgedeckt? Welche Antwort ist richtig?

a) Verlust der Rücklagen durch eine Inflation
b) Arbeitslosigkeit
c) Kosten für einen Krankenhausaufenthalt
d) Längere Arbeitsunfähigkeit durch einen Abeitsunfall
e) Frühinvalidität

TS 108   Das System der Sozialversicherungen basiert auf dem Grundprinzip der Solidarität. Welche der nachfolgenden Aussagen entspricht diesem Solidaritätsprinzip?

a) Jedes Versicherungsmitglied ist verpflichtet, mit seinem Privatvermögen in Not geratene Mitglieder zu unterstützen.
b) Jedes Mitglied hat den gleichen Beitrag zur Risikoabdeckung zu zahlen.
c) Die Sozialversicherung hilft jedem Mitglied, das durch Krankheit, Unfall oder Arbeitslosigkeit in Not gerät, durch Zahlungen aus der Versicherungskasse.
d) Die einzelne Person muss sich zunächst einmal selbst helfen.
e) Staat, Arbeitnehmer und Arbeitgeber teilen sich zu gleichen Teilen die finanzielle Last der Sozialversicherungen.

TS 109   Wie werden die meisten Sozialversicherungen finanziert?

a) Allein durch den Etat des Sozialministeriums des Bundes.
b) Hauptsächlich aus den Beiträgen der Versicherten und deren Arbeitgeber.
c) Allein durch die Arbeitgeberverbände und die Pflichtversicherten.
d) Überwiegend durch die Gewerkschaften und die Versicherten.
e) Ausschließlich durch die Versicherten und das Sozialministerium.

TS 110   Für welche Versicherung wird dem Arbeitnehmer *kein* Beitrag von seinem Lohn abgezogen?

a) Krankenversicherung
b) Rentenversicherung
c) Unfallversicherung
d) Arbeitslosenversicherung
e) Pflegeversicherung

TS 111   Welche Leistung kann *nicht* von den gesetzlichen Krankenkassen in Anspruch genommen werden?

a) Vorsorgeuntersuchungen
b) Krankengeld
c) Kosten für den Krankentransport
d) Kostenzuschüsse bei Zahnersatz
e) Kosten für einen Arztbesuch im Ausland

TS 112   Welche der nachfolgend genannten Krankenkassen gehören *nicht* den gesetzlichen Krankenversicherungen an?

a) Allgemeine Ortskrankenkassen (AOK)
b) Barmer Ersatzkasse
c) Techniker Krankenkasse
d) Private Krankenkassen
e) Betriebskrankenkassen

TS 113   Wovon ist die Beitragshöhe zur gesetzlichen Krankenversicherung abhängig?

a) Von den gewünschten Leistungen.
b) Vom Bruttoverdienst des Arbeitnehmers.
c) Von der Anzahl der mitversicherten Familienmitglieder.
d) Vom Familienstand.
e) Vom Kostenrisiko durch bei dem Versicherten festgestellte Krankheiten.

TS 114 Welche Beitragsregelung gilt für einen pflichtversicherten Arbeitnehmer in der Krankenversicherung?

a) Der Arbeitnehmer zahlt den gesamten Beitrag.

b) Der Arbeitgeber zahlt einen mit dem Arbeitnehmer zu vereinbarenden Betrag.

c) Der Arbeitgeber zahlt den gesamten Beitrag.

d) Der Arbeitnehmer hat immer den gleichen Festbetrag zu entrichten.

e) Arbeitgeber und Arbeitnehmer zahlen jeweils die Hälfte des am Bruttolohn orientierten Beitrages.

TS 115 Welche der folgenden Aussagen zum Beitrag an gesetzliche Krankenkassen ist *falsch*?

a) Die Beitragssätze werden von der jeweiligen Krankenkasse festgelegt.

b) Die Festlegung eines einheitlichen Beitragssatzes für alle gesetzlichen Krankenkassen ist Aufgabe des Bundesministers für Arbeit und Sozialordnung.

c) Arbeitgeber und beitragspflichtige Arbeitnehmer tragen die Beiträge je zur Hälfte. Die Berechnung erfolgt vom Bruttoverdienst, aber nur bis zur Bemessungsgrenze.

d) Für Arbeitslose übernimmt das Arbeitsamt die Beiträge.

e) Für Wehr- und Zivildienstleistende hat der Bund die Beiträge aufzubringen.

TS 116 Welche Aussage über das von den gesetzlichen Krankenkassen zu zahlende Krankengeld ist richtig?

a) Versicherte haben Anspruch auf Krankengeld, wenn die Krankheit sie arbeitsunfähig macht. Der Anspruch auf Fortzahlung des Arbeitsentgelts bei Arbeitsunfähigkeit richtet sich nach den arbeitsrechtlichen Vorschriften.

b) Das Krankengeld beträgt 60 % des erzielten regelmäßigen Arbeitsentgelts.

c) Das Krankengeld darf das Nettoarbeitsentgelt übersteigen.

d) Versicherte erhalten bei Arbeitsunfähigkeit wegen derselben Krankheit Krankengeld ohne zeitliche Begrenzung.

e) Der Anspruch auf Krankengeld ruht, wenn der Versicherte zur Behandlung in ein Krankenhaus eingewiesen wird.

TS 117 Wer hat die Beiträge für die gesetzliche Unfallversicherung von gewerblichen Arbeitnehmern zu erbringen?

a) Der Arbeitnehmer allein

b) Die Berufsgenossenschaften

c) Die Unfallversicherung der Gemeinden

d) Der Arbeitgeber und Arbeitnehmer je zur Hälfte

e) Der Arbeitgeber allein

TS 118 Welche Unfälle werden durch die gesetzliche Unfallversicherung *nicht* abgedeckt?

a) Unfälle auf dem Weg zum Betrieb

b) Unfälle beim Freizeitsport

c) Unfälle auf dem Weg zur Berufsschule

d) Unfälle im Betrieb

e) Unfälle auf der Heimfahrt vom Betrieb

TS 119 Welche Leistung kann nach dem geltenden Recht *nicht* von der gesetzlichen Unfallversicherung in Anspruch genommen werden?

a) Maßnahmen zur Verhütung und zur Ersten Hilfe bei Arbeitsunfällen

b) Altersrente

c) Renten wegen Minderung der Erwerbsunfähigkeit

d) Maßnahmen zur Wiederherstellung der Erwerbsfähigkeit

e) Verletztengeld

TS 120 Welche Aussage über die Aufgaben der gesetzlichen Unfallversicherung ist *falsch*?

a) Die wichtigste Aufgabe der Berufsgenossenschaften ist die Verhütung von Unfällen.

b) Die Berufsgenossenschaften überwachen die Einhaltung der Unfallverhütungsvorschriften.

c) Für Verstöße gegen die Unfallverhütungsvorschriften können die Berufsgenossenschaften Bußgelder bis zu 10 226 € verhängen.

d) Die Berufsgenossenschaften erlassen Unfallverhütungsvorschriften.

e) Den Berufsgenossenschaften obliegt die Überwachung des Jugendarbeitsschutzgesetzes.

TS 121 Welche Aussage über die Mitgliedschaft in der gesetzlichen Rentenversicherung ist richtig?

Versicherungspflichtig sind ...

a) Personen, die eine Altersrente beziehen.

b) Beamte, Berufssoldaten und Soldaten auf Zeit.

c) Personen, die gegen Arbeitsentgelt oder zu ihrer Berufsausbildung beschäftigt sind.

d) Personen, die eine geringfügige Beschäftigung (weniger als 15 Stunden in der Woche) ausüben.

e) Deutsche, die für unbegrenzte Zeit im Ausland bei einer ausländischen Firma beschäftigt sind.

TS 122 Wer sind für die Arbeitnehmer in Metallbau- und Stahlbaubetrieben die Träger der gesetzlichen Rentenversicherung?

a) Für Arbeiter die Landesversicherungsanstalten und für Angestellte die Bundesversicherungsanstalt in Berlin.

b) Die Bundesanstalt für Arbeit

c) Das Bundessozialministerium

d) Die Sozialämter der Kommunen

e) Die Bundesversicherungskammer

TS 123 Was versteht man bei der Rentenversicherung unter der Beitragsbemessungsgrenze?

a) Die Gehaltsobergrenze, ab der man Beiträge zur Rentenversicherung bezahlen muss.

b) Die Obergrenze des monatlichen Einkommens, von dem prozentual Rentenversicherungsbeiträge erhoben werden.

c) Die Gehaltsuntergrenze, ab der man Rentenversicherungsbeiträge zahlen muss.

d) Der Grenzbetrag der Rentenversicherungsbeiträge.

e) Der prozentuale Grenzsatz der Rentenbeiträge.

TS 124 Wer bestimmt den Beitrag und die Bemessungsgrenze für die gesetzliche Rentenversicherung?

a) Die Bundesversichertenanstalt in Berlin

b) Der Aufsichtsrat der Rentenversicherung

c) Der Bundestag

d) Der Vorstand der Rentenversicherung

e) Die Vertreterversammlung der Rentenversicherung

TS 125 Wie werden die Leistungen der gesetzlichen Rentenversicherung finanziert?

a) Allein durch die Arbeitnehmer

b) Durch Arbeitnehmer und Arbeitgeber über Beiträge und einen Zuschuss des Bundes

c) Allein durch den Bund

d) Allein durch die Arbeitgeber

e) Durch die Arbeitnehmer mit einem Zuschuss des Bundes

TS 126 Welche Wartezeit gilt für den Anspruch auf Altersrente für langjährig Versicherte?

a) 25 Jahre   b) 30 Jahre

c) 35 Jahre   d) 40 Jahre

e) 45 Jahre

TS 127 Welche Aussage über den Anspruch auf Rente von der gesetzlichen Rentenversicherung ist *falsch*?

a) Versicherte haben Anspruch auf Regelaltersrente, wenn sie das 65. Lebensjahr vollendet und die Wartezeit von 35 Jahren erfüllt haben.

b) Versicherte haben Anspruch auf Altersrente, wenn sie das 55. Lebensjahr vollendet haben.

c) Versicherte haben Anspruch auf Altersrente, wenn sie das 60. Lebensjahr vollendet haben, arbeitslos sind und innerhalb der letzten eineinhalb Jahre vor Beginn der Rente insgesamt 52 Wochen arbeitslos waren.

d) Versicherte haben bis zur Vollendung des 65. Lebensjahres Anspruch auf Rente wegen Erwerbsunfähigkeit, wenn sie erwerbsunfähig sind und die allgemeine Wartezeit erfüllt haben.

e) Die Erfüllung der allgemeinen Wartezeit von fünf Jahren ist Voraussetzung für einen Anspruch auf Rente wegen Todes.

**TS 128 Jeder Beschäftigte erhält einen Sozialversicherungsausweis.
Wozu soll unter anderem der Sozialversicherungsausweis dienen?**

a) Bei Kontrollen zur Aufdeckung von illegalen Beschäftigungsverhältnissen.

b) Zum automatischen Abruf personenbezogener Daten.

c) Zur Aufdeckung von nicht genehmigten Nebenbeschäftigungen.

d) Zur Verhinderung von Steuerhinterziehung.

e) Zur Erleichterung einer Arbeitsaufnahme in einem EU-Mitgliedstaat.

TS 129 Welche Personengruppe ist in der Arbeitslosenversicherung pflichtversichert?

a) Beamte

b) Schüler an allgemeinbildenden Schulen

c) Auszubildende und Arbeitnehmer

d) Berufssoldaten

e) Selbstständige Unternehmer

TS 130 Arbeitslosengeld erhält nur, wer die geforderten Voraussetzungen erfüllt.
Wo ist das Arbeitslosengeld zu beantragten?

Das Arbeitslosengeld ist zu beantragen...

a) beim Sozialamt

b) beim letzten Arbeitgeber

c) beim Finanzamt

d) bei der Arbeitsagentur

d) bei der Landesversicherungsanstalt

TS 131 Ein Auszubildender hat die Abschlussprüfung bestanden und wird nach einer dreieinhalbjährigen Ausbildung vom Ausbildungsbetrieb *nicht* übernommen. Er wird arbeitslos.
Was ist die Bemessungsgrundlage für sein Arbeitslosengeld?

a) Das durchschnittliche Nettoeinkommen in den letzten 6 Beschäftigungsmonaten.

b) 100 % des Bruttotariflohnes eines Facharbeiters.

c) 100 % des Nettotariflohns eines Facharbeiters mit der Lohnsteuerklasse 1.

d) 50 % des erreichbaren Tariflohns eines Facharbeiters.

e) 150 % der letzten Ausbildungsvergütung.

TS 132 Der Anspruch auf Arbeitslosengeld ist an bestimmte Bedingungen geknüpft.
Welche der nachfolgenden Voraussetzungen muss *nicht* erfüllt sein, um Arbeitslosengeld zu erhalten?

Anspruch auf Arbeitslosengeld hat nur, wer ...

a) die Agentur für Arbeit täglich aufsuchen kann und für sie erreichbar ist.

b) der Arbeitsvermittlung zur Verfügung steht.

c) sich bereit erklärt, jede Beschäftigung anzunehmen.

d) sich persönlich bei der zuständigen Agentur für Arbeit arbeitslos gemeldet hat.

e) die Anwartschaftszeit erfüllt hat.

TS 133 Wenn ein Arbeitnehmer sein Beschäftigungsverhältnis selbst gelöst hat und dadurch vorsätzlich seine Arbeitslosigkeit herbeiführt, so hat dies für die Gewährung des Arbeitslosengeldes Folgen.
Welche der folgenden Aussagen ist richtig?

Der Arbeitslose ...

a) erhält ein um die Hälfte reduziertes Arbeitslosengeld.

b) erhält nur Arbeitslosenhilfe.

c) erhält für die Dauer seiner Arbeitslosigkeit keine Leistung der Bundesagentur für Arbeit.

d) eine Ermahnung, aber trotzdem sofort Arbeitslosengeld.

e) erhält erst nach einer Sperrzeit von 12 Wochen Arbeitslosengeld.

TS 134 Wieviel Prozent des Nettoverdienstes erhält ein verheirateter Arbeitsloser, der mindestens ein Kind hat, in den ersten 12 Monaten der Arbeitslosigkeit?

Das Arbeitslosengeld beträgt vom Nettoverdienst ...

a) 100 % b) 75 %

c) 70 % d) 67 %

e) 60 %

TS 135 Was versteht man unter Arbeitslosengeld II ?

Das Arbeitslosengeld, dass man ...

a) nach einer Wartezeit von 2 Monaten erhält.

b) zusätzlich zum Arbeitslosengeld I erhält.

c) nach 2 Monaten Arbeitslosigkeit erhält.

d) in den ersten 2 Monaten Arbeitslosigkeit erhält.

e) nach 12 Monaten Arbeitslosigkeit und dem Ende des Arbeitslosengeldes I erhält.

TS 136 Arbeitnehmer haben bei Zahlungsunfähigkeit ihres Arbeitgebers Anspruch auf Ausgleich ihres ausgefallenen Arbeitslohns. (Diese Zahlung wird Insolvenzgeld genannt, früher: Konkursausfallgeld).
Bei welcher Institution müssen sie ihren Antrag auf Insolvenzgeld stellen?

a) Arbeitgeberverband

b) Bundesagentur für Arbeit

c) Industrie- und Handelskammer

d) Arbeitsgericht

e) Sozialamt der Gemeinde

Teil V   Prüfungseinheiten

Hinweise für die Bearbeitung

Die Prüfungseinheiten ab Seite 365 dienen zur unmittelbaren Vorbereitung auf die Abschlussprüfungen. Sie sollen mit der Prüfungssituation vertraut machen, eventuell bestehende Lücken aufzeigen und eine gezielte Beseitigung dieser Lücken ermöglichen.

Die bei jeder Prüfungseinheit angegebene **Bearbeitungszeit** ist eine **Richtzeit**. Sie sollte am Ende der Prüfungsvorbereitung eingehalten werden.

Die Prüfungseinheiten bestehen aus jeweils 2 Teilen, die unabhängig voneinander bearbeitet werden können:

Teil 1:   Testaufgaben mit Auswahlantworten
Teil 2:   An einem **Lernprojekt** gestellte Aufgaben mit selbst zu formulierenden Antworten.
(ungebundene Aufgaben)

Bei den Testaufgaben mit Auswahlantworten in Teil 1 der Prüfungseinheiten ist jeweils **nur eine Lösung** richtig. Sie ist durch Ankreuzen oder durch Aufschreiben des richtigen Antwortbuchstabens zu kennzeichnen. Die Lösungen zu den Testaufgaben mit Auswahlantworten befinden sich im Teil VI des Buches (ab Seite 451).
Die Lösungen der ungebundenen Aufgaben aus Teil 2 der Prüfungseinheiten sind **schriftlich auf getrennten Blättern** zu erarbeiten. Zur Korrektur können die in Teil VI des Buches aufgeführten Lösungen als Richtlinie dienen. Andere Formulierungen und auch andere Lösungswege sind durchaus möglich. Für die Leistungsbewertung der Aufgaben aus Teil 2 der Prüfungseinheiten sind je nach Schwierigkeitsgrad der Aufgabe und Umfang der Lösung Punkte von 0 bis zur Höchstpunktzahl der jeweiligen Aufgabe zu vergeben.

Nach Ermittlung der Gesamtpunktzahl der bearbeiteten Prüfungseinheit wird der Prozentsatz der erreichten Punkte mit nebenstehender Gleichung berechnet:

$$\text{Prozentsatz} = \frac{\text{erreichte Punktzahl}}{\text{Gesamtpunktzahl}} \cdot 100\%$$

Mit Hilfe des Bewertungsschlüssels auf der hinteren inneren Umschlagseite kann der Prozentsatz in eine Note umgerechnet werden.

Verwendung der Prüfungseinheiten bei lernfeldorientiertem Unterricht

Die Prüfungseinheiten können zur Vorbereitung auf die Abschlussprüfung nach lernfeldorientiertem Unterricht eingesetzt werden.

Teil 1 der jeweiligen Prüfungseinheit mit Testfragen und Auswahlantworten prüft die Kenntnisse in der Breite des technischen Wissens.

Teil 2 der jeweiligen Prüfungseinheit mit den ungebundenen Fragen zu einem Lernprojekt prüft die projektbezogene Sach- und Handlungskompetenz.

Verwendung des Buches im Klassenverband

Falls der Lehrer (die Lehrerin) das PRÜFUNGSBUCH METALL im Laufe der Ausbildungszeit begleitend zum Unterricht verwenden will, sollten vor Ausgabe des Prüfungsbuches an die Schüler die Teile V und VI mit den Prüfungseinheiten und den Lösungen herausgetrennt werden. Zu diesem Zweck haben diese Seiten der Buchteile V und VI eine Perforierung, sodass sie leicht aus dem Buch herausgetrennt werden können.

Der Lehrer (die Lehrerin) kann die jeweils zu bearbeitende Prüfungseinheit zum Zeitpunkt der Leistungskontrolle ausgeben. Dadurch lassen sich vergleichbare Bedingungen wie bei einer Abschlussprüfung schaffen. Die Bewertung der bearbeiteten Prüfungseinheiten kann anhand der Lösungen und des Lösungsschlüssels erfolgen.

Prüfungseinheit Technologie 1, Teil 1

Bearbeitungszeit: 60 min
Erlaubte Hilfsmittel: Tabellenbuch, Taschenrechner

1 Welche Einheit hat die Masse?

a) Watt (W)   b) Kubikdezimeter (dm^3)
c) Kubikmeter (m^3)   d) Kilogramm (kg)
e) Newton (N)

2 Was versteht man unter dem Begriff Kohäsion?

a) Die Haftung eines Klebstoffes auf einer Oberfläche
b) Das Einziehen des Lotes in den Lötspalt
c) Die Zusammenhangskraft der Teilchen eines Stoffes
d) Die Zähflüssigkeit eines Schmiermittels
e) Das Erstarren einer Schmelze

3 Welche Größe hat in der Skizze die aus den Kräften F_1 und F_2 resultierende Kraft F_R? (Hinweis: Ermitteln Sie zeichnerisch)

a) 6 N
b) 17,5 N
c) 175 N
d) 350 N
e) 1750 N

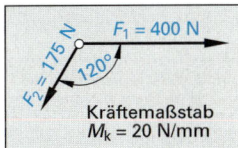

$F_2 = 175$ N $120°$ $F_1 = 400$ N
Kräftemaßstab
$M_k = 20$ N/mm

4 In welcher Skizze ist die Richtung der Fliehkraft (Zentrifugalkraft) F_Z richtig eingezeichnet?

a)
b)
c)
d)
e)

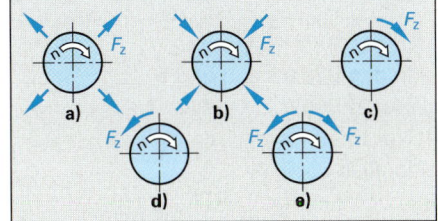

5 Welcher Bestandteil ist bei Gießereiroheisen für die Ausscheidung des Grafits in Lamellenform wesentlich?

a) Silicium
b) Phosphor
c) Mangan
d) Schwefel
e) Sauerstoff

6 In welcher Skizze ist ein Lichtbogenofen dargestellt?

a)
b)
c)
d)
e)

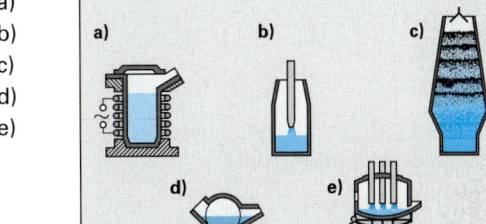

7 Welche Kurzbezeichnung gehört zu einem Werkzeugstahl?

a) 35S20   b) C70U
c) 32CrMo12   d) 16MnCr5
e) Ck10

8 Welcher der angegebenen Aluminiumwerkstoffe ist am beständigsten gegen Korrosion?

a) EN AW-Al Cu4PbMgMn   (AlCuMgPb)
b) EN AW-Al Cu4MgSi(A)   (AlCuMg1)
c) EN AC-Al Si6Cu4   (GD-AlSi6Cu4)
d) EN AW-Al Zn5,5MgCu   (AlZnMgCu1,5)
e) EN AW-Al 99,5   (Al99,5H)

9 In welcher Skizze ist das Sauerstoff-Aufblasverfahren zur Stahlgewinnung dargestellt?

a)
b)
c)
d)
e)

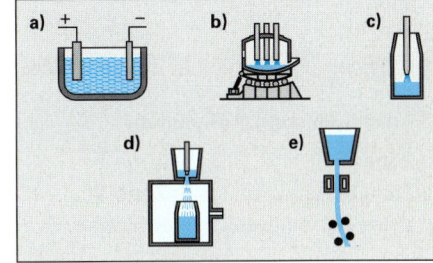

10 Wie werden Hartmetalle hergestellt?

a) Druckgießen
b) Kokillengießen
c) Strangpressen
d) Vakuumgießen
e) Pressen und Sintern

11 Welcher der genannten Stoffe ist *nicht* als Schleifmittel geeignet?

a) Calziumkarbid

b) Siliciumkarbid

c) Korund

d) Diamant

e) Bornitrid

12 Wie wird das im Bild dargestellte Diagramm (Schaubild) bezeichnet?

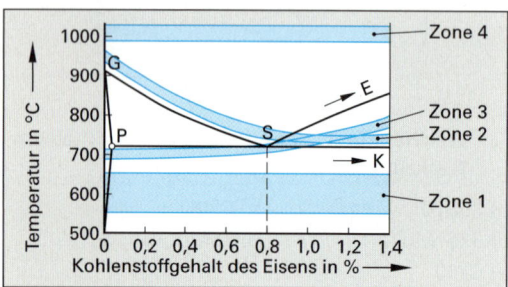

a) Stahlschaubild

b) Roheisenschaubild

c) Eisen-Kohlenstoff-Zustandsdiagramm

d) Eisenschaubild

e) Kohlenstoff-Schaubild

13 Welches Gefüge besitzt Stahl oberhalb der Linie GSE in obigem Bild von Aufgabe 12?

a) Perlit　　　　　　b) Ferrit

c) Zementit　　　　d) Austenit

e) Nur eutektisches Gefüge

14 Welche der Zonen in obigem Bild (Aufgabe 12) entspricht dem Temperaturbereich für das Spannungsarmglühen?

a) Zone 1　　　　　b) Zone 2

c) Zone 3　　　　　d) Zone 4

e) Keine der eingezeichneten Zonen

15 Welche Linie in obigem Bild (Aufgabe 12) zeigt die Temperatur an, bei der beim langsamen Erwärmen eines unlegierten Stahles die erste Gefügeumwandlung erfolgt?

a) Linie PSK　　　　b) Linie GS

c) Linie SE　　　　　d) Linie GSE

e) senkrechte Linie unter Punkt S

16 Welcher der genannten Kunststoffe ist für das Spritzgießen besonders geeignet?

a) Phenolharz

b) Polystyrol

c) Polytetrafluorethylen

d) Epoxydharz

e) Polyesterharz

17 In welcher Skizze ist die Struktur eines duroplastischen Kunststoffs dargestellt?

a)

b)

c)

d)

e)

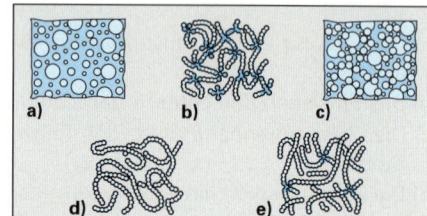

18 In welchen Bildern laufen elektrochemische Vorgänge ab?

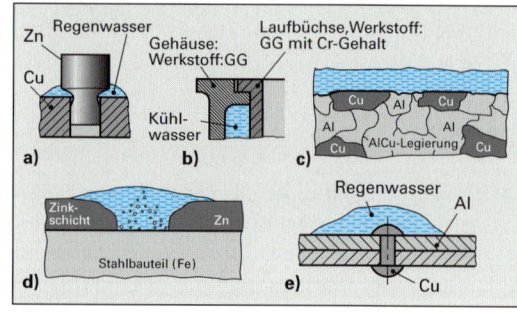

a) In den Bildern a und e

b) In den Bildern a, b und e

c) Nur in Bild c

d) Nur in Bild d

e) In allen Bildern

19 Welcher Ablesewert für die Messschraube ist richtig?

a) 35,45 mm

b) 38,45 mm

c) 38,95 mm

d) 39,45 mm

e) 39,95 mm

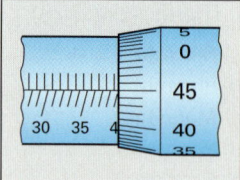

20 Welche Verwendung finden die im Bild mit X bezeichneten Teile?

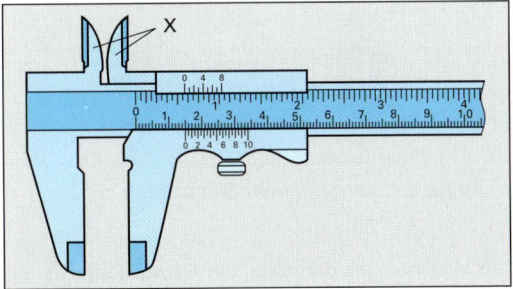

Sie dienen ...

a) als fest einstellbare Lehre

b) zum Messen von Nutbreiten

c) zum Messen von Gewinden

d) zum Messen von Außenmaßen

e) zum Schutz des Messschiebers

21 Welche Aussage über das abgebildete Gerät ist richtig?

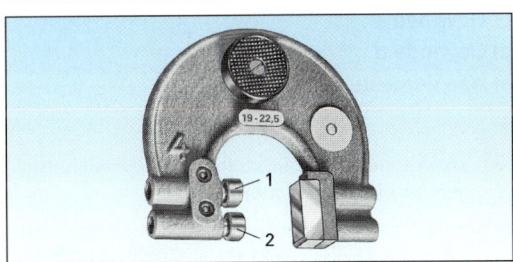

a) Mit ihm wird das Istmaß eines Werkstücks ermittelt.

b) Es dient zum Prüfen von Innenmaßen.

c) Teil 2 ist auf das Maß 22,5 mm, Teil 1 auf das Maß 19,0 mm fest eingestellt.

d) Teil 1 wird auf das Größtmaß, Teil 2 auf das Kleinstmaß einer Passwelle eingestellt.

e) Keine der genannten Antworten ist richtig.

22 Was versteht man unter Läppen?

a) Polieren mit Stoffscheiben

b) Feinschleifen mit losem Schleifmittel

c) Reinigung von Messzeugen mit Stofflappen

d) Verfahren zum Korrosionsschutz

e) Elektrochemisches Abtrageverfahren

23 Bei welchen der dargestellten Passungen kann Spiel auftreten?

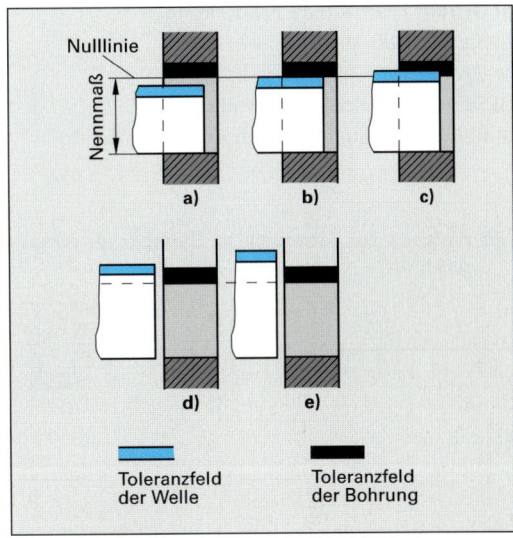

a) Nur in Bild a

b) In den Bildern a und b

c) Nur in Bild c

d) In den Bildern a, b, c, d

e) Nur in Bild e

24 Welche Aussage zu dem dargestellten Schneidkeil ist richtig?

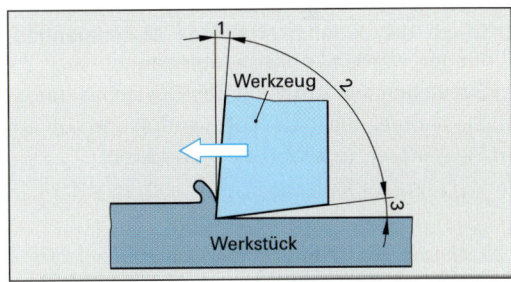

a) Zur Bearbeitung harter Werkstoffe muss der Winkel 1 vergrößert werden

b) Je härter der zu bearbeitende Werkstoff, desto größer muss der Winkel 2 sein

c) Je härter der zu bearbeitende Werkstoff, desto größer muss der Winkel 3 sein

d) Je weicher der zu bearbeitende Werkstoff, desto kleiner müssen die Winkel 1 und 3 sein

e) Die Größe der Winkel hängt nicht vom Werkstück, sondern nur vom Schneidstoff ab

25 Welche Regel gilt für die Auswahl der Feilen für harte Werkstoffe?

a) Grober Hieb, kleine Hiebteilung
b) Feiner Hieb, große Hiebteilung
c) Grober Hieb, große Hiebteilung
d) Feiner Hieb, kleine Hiebteilung
e) Keine der genannten Antworten ist richtig

26 Welches der dargestellten Sägeblätter ist geschränkt?

a)
b)
c)
d)
e)

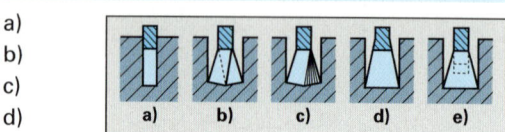

27 Im Bild ist ein in Sand geformtes Gießmodell dargestellt. Welche Aufgabe haben die mit X gekennzeichneten Stellen?

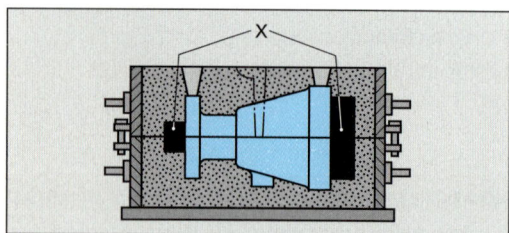

a) Sie dienen als Auflagestellen für den Kern
b) Durch die dadurch erreichten Materialanhäufungen werden Lunker vermieden
c) Sie stellen den Anschnitt des Gussteiles dar
d) Sie nehmen die in der Form enthaltene Luft auf
e) Sie gehören zum Werkstück (Gussteil)

28 Welche der dargestellten Schrauben ist besonders für dynamische Beanspruchung geeignet?

a)
b)
c)
d)

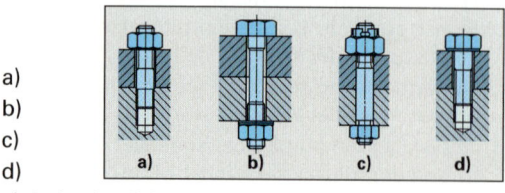

e) Jede der Schrauben a bis d ist gleich gut geeignet

29 Welche der dargestellten Schrauben ist eine Vierkantschraube mit Bund?

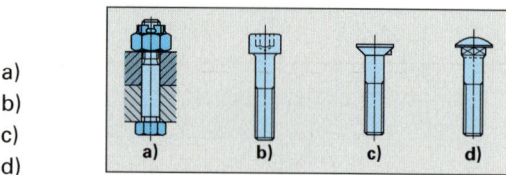

a)
b)
c)
d)
e) Keine der dargestellten Schrauben

30 Welches der dargestellten Gewindeprofile ist besonders für eine Bewegung mit einseitiger Belastung geeignet?

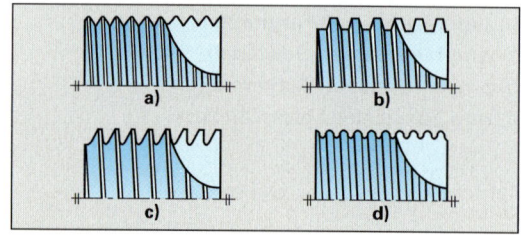

a) Gewinde a
b) Gewinde b
c) Gewinde c
d) Gewinde d
e) Alle dargestellten Gewinde

31 Welche der abgebildeten Schraubensicherungen ist eine Setzsicherung?

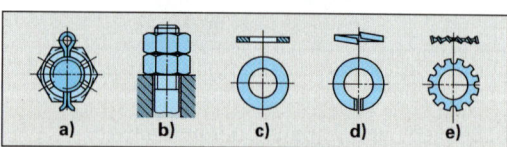

a) Nur Teil a
b) Nur Teil b
c) Teile a, b und c
d) Nur Teil d
e) Teile d und e

32 Welches der abgebildeten Verbindungselemente stellt *keine* Schraubensicherung dar?

a)
b)
c)
d)
e)

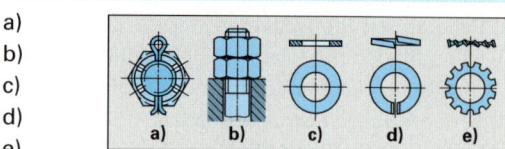

33 Welcher Schlüssel ist zum Anziehen der dargestellten Schraube erforderlich?

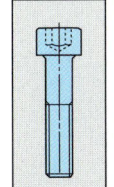

a) Maulschlüssel

b) Gabelschlüssel

c) Winkelschraubendreher mit Sechskantprofil

d) Ringschlüssel

e) Hakenschlüssel

34 Wodurch entsteht die Kapillarwirkung beim Löten?

a) Kohäsionskräfte im flüssigen Lot

b) Kohäsionskräfte im erwärmten Werkstück

c) Adhäsionskräfte im flüssigen Lot

d) Adhäsionskräfte zwischen Lot und Werkstückoberfläche

e) Desoxidation durch das Flussmittel

35 Welche Aussage zu der Injektordüse eines Schweißbrenners trifft zu?

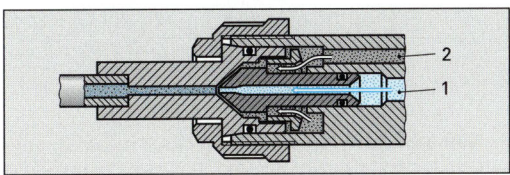

a) Bei 1 strömt Sauerstoff mit hohem Druck zu und saugt Brenngas an.

b) Bei 1 strömt Brenngas mit hohem Druck zu und saugt Sauerstoff an.

c) Bei 2 strömt Sauerstoff mit hohem Druck zu und saugt Brenngas an.

d) Bei 2 strömt Brenngas mit hohem Druck zu und saugt Sauerstoff an.

e) Brenngas und Sauerstoff strömen mit gleichem Druck zu.

36 Welche Skizze stellt einen Schneckentrieb dar?

a)
b)
c)
d)
e)

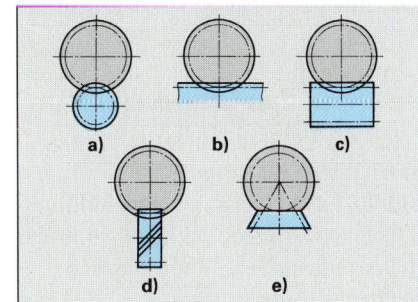

37 Welches Wälzlager ist _nur_ in axialer Richtung belastbar?

a)
b)
c)
d)
e)

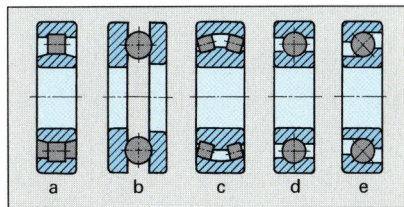

38 Was versteht man unter Funkenerosion?

a) Abtragen von Werkstoff durch elektrisch erzeugte Funken

b) Einbrand beim Lichtbogenschweißen

c) Korrosionserscheinung an elektrischen Kontakten

d) Verfahren zur Werkstoffprüfung

e) Verfahren zum Metallspritzen

39 Welcher Wert wird durch das Kurzzeichen R_e im dargestellten Spannungs-Dehnungs-Diagramm gekennzeichnet?

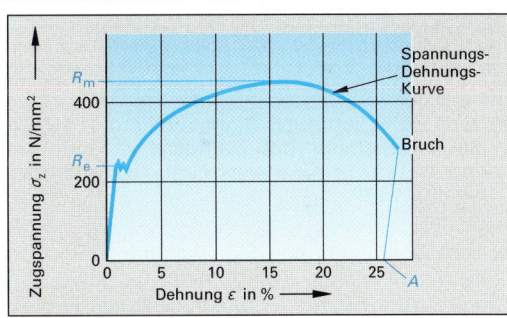

a) Bruchgrenze

b) Dehngrenze

c) Streckgrenze

d) Zulässige Spannung

e) Proportionalitätsgrenze

40 Bei welchem Speicher wird der Inhalt beim Abschalten des Computers gelöscht?

a) Festwertspeicher (ROM, EPROM)

b) Festplatte

c) Compact-Disk (CD-ROM)

d) Arbeitsspeicher (RAM)

e) 3,5"-Diskette (Floppy-Disk)

41 Welche Aussage zu dem skizzierten Schalt-plan ist richtig?

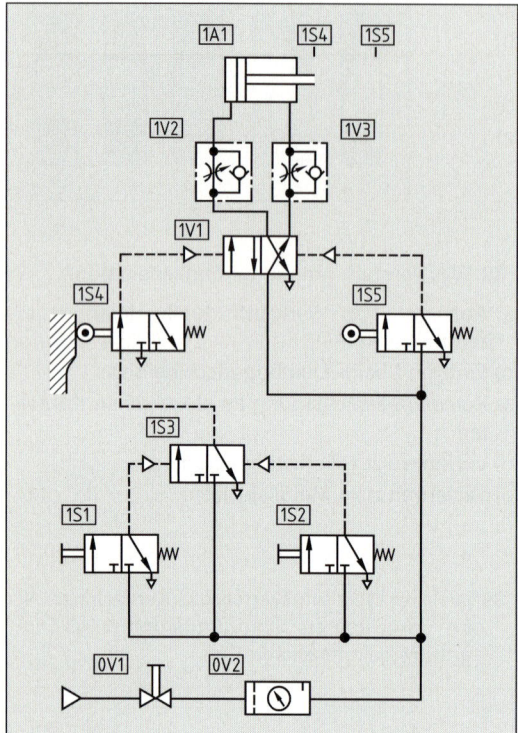

a) Nach Betätigung von Signalelement 1S1 läuft die Kolbenstange des Zylinders so lange hin und zurück, bis Signalelement 1S1 abermals betätigt wird.

b) Nach Betätigung von Signalelement 1S1 läuft die Kolbenstange des Zylinders so lange hin und zurück, bis wieder Signalelement 1S1 oder Signalelement 1S2 betätigt werden.

c) Nach Betätigung von Signalelement 1S1 läuft die Kolbenstange des Zylinders einmal vor und wieder zurück in die Ausgangslage, in der sie dann stehen bleibt.

d) Nach Betätigung von Signalelement 1S1 läuft die Kolbenstange des Zylinders so lange vor und wieder zurück, bis Signalelement 1S2 betätigt wird.

e) Nach Betätigung von Signalelement 1S1 oder 1S2 läuft die Kolbenstange des Zylinders vor und wieder in die Ausgangslage zurück, in der sie bis zur erneuten Betätigung von Signalele-ment 1S1 oder 1S2 verbleibt.

42 Welches der Sinnbilder kennzeichnet einen Universalmotor?

a)
b)
c)
d)
e)

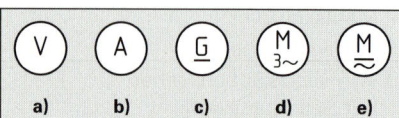

43 In einem NC-Programm ist der Fräsweg von Punkt P2 nach Punkt P3 der gezeichneten Platte zu programmieren.
Welcher Satz N80 ist richtig (Einschaltbedin-gung G90)?

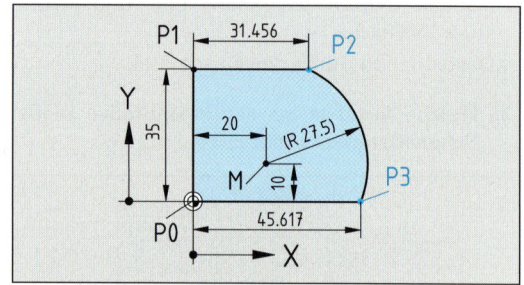

a) N80   G02   X45.617   Y0   I20   J10

b) N80   G03   X45.617   Y0   I14.161   J7,5

c) N80   G02   X45.617   Y0   I11.456   K25

d) N80   G02   X45.617   Y0   I-11.456   J-25

e) N80   G02   X45.617   Y0   I11.456   J25

44 Wie wird das dargestellte Schneidwerkzeug bezeichnet?

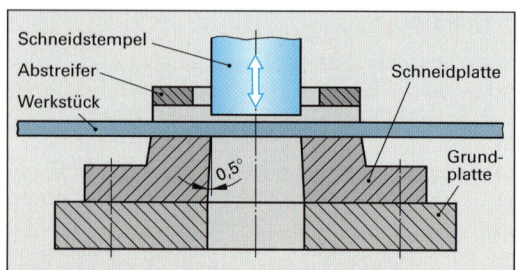

a) Folgeschneidwerkzeug
b) Schneidwerkzeug mit Plattenführung
c) Schneidwerkzeug mit Säulenführung
d) Schneidwerkzeug ohne Führung
e) Plattenführungslocher

45 Ein Spiralbohrer ist mit gleich langen Schneiden, aber ungleichem Schneidenwinkel angeschliffen (Bild). Welche Folgen hat dies?

a) Der Bohrer bohrt nicht in Achsrichtung, er „verläuft".

b) Die Bohrung wird zu groß.

c) Die Schneiden haken ein und brechen aus oder stumpfen frühzeitig ab.

d) Der Bohrer drückt, da der Freiwinkel zu klein ist.

e) Eine Schneide nützt sich stärker ab als die andere, da sie alleine die gesamte Schneidarbeit verrichten muss.

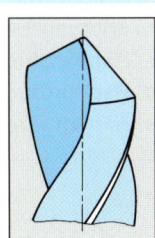

46 In welchem Bild ist ein Walzenstirnfräser dargestellt?

a)
b)
c)
d)
e)

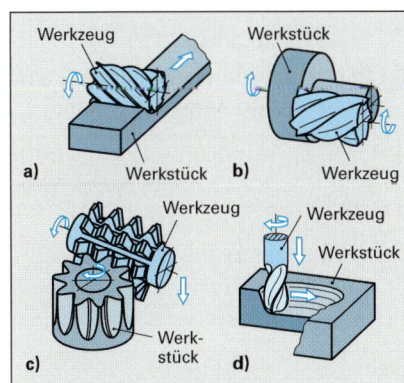

47 In welchem Bild ist das Wälzfräsen dargestellt?

a)
b)
c)
d)

48 Welche Aufgabe hat die Schlossmutter beim Drehen?

a) Sie führt den Planschlitten.

b) Sie dient zum Festklemmen des Bettschlittens auf dem Drehmaschinenbett beim Plandrehen (Querdrehen).

c) Sie schließt den Kraftfluss für den Vorschub beim Längsdrehen.

d) Sie schließt den Kraftfluss für den Vorschub beim Gewindedrehen.

e) Sie verschließt den Wechselräderkasten.

49 Welche Behauptung zu einer speicherprogrammierten Steuerung ist richtig?

Bei einer SPS ...

a) werden die Eingänge abgefragt und die Ausgänge nach Programm geschaltet.

b) werden die Ausgänge nach Programm abgefragt.

c) werden die Eingänge nach Programm angesteuert.

d) ist bei Programmänderungen eine Änderung der Verdrahtung nötig.

e) sind maximal 8 Ein- und Ausgänge möglich.

50 Wie wird das dargestellte Werkzeug normgerecht bezeichnet?

a) Führungssenker

b) Flachsenker

c) Aufsteck-Aufbohrer

d) Pendelreibahle

e) spiralgenutete Reibahle

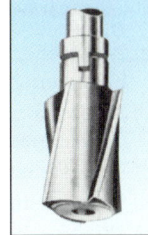

51 Welcher Arbeitsvorgang ist in der Skizze dargestellt?

a) Läppen

b) Einstechschleifen

c) Schwingschleifen

d) Innen-Rundschleifen

e) Honen

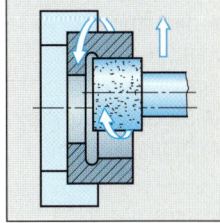

52 Welches Werkzeug ist im Bild dargestellt?

a) Formfräser
b) Walzenfräser
c) Metallkreissäge
d) Schlitzfräser
e) Scheibenfräser

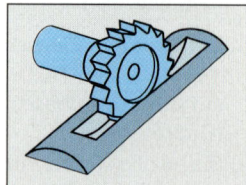

53 Wie wird die abgebildete Schere bezeichnet?

a) Hebeltafelschere
b) Durchlaufschere
c) Lochschere
d) Gerade Handschere
e) Hebelschere

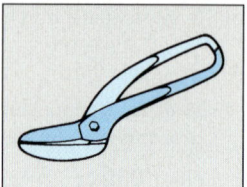

54 Welches Fertigungsverfahren ist im Bild dargestellt?

a) Strangpressen
b) Tiefziehen
c) Warmkammer-Druckgießen
d) Drücken
e) Gleitziehen

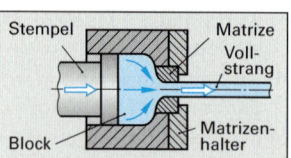

55 Welche Steuerungsart ist bei einer NC-Maschine wirksam, wenn Bearbeitungsstellen im Eilgang ohne Werkzeugeingriff angesteuert werden?

a) 2-Achsen-Bahnsteuerung
b) 3-Achsen-Bahnsteuerung
c) Punktsteuerung
d) Streckensteuerung
e) $2^1/_2$-D-Bahnsteuerung

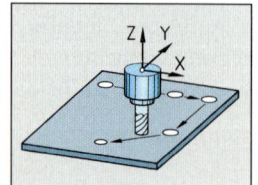

56 Welches Gerät kann bei einem Computer für Dateneingabe und Datenausgabe verwendet werden?

a) Tastatur
b) Bildschirm
c) Maus
d) Diskettenlaufwerk
e) Digitalisiertablett

57 Ein Prüfkörper hat in einer Werkstückoberfläche den dargestellten Eindruck verursacht. Um welches Prüfverfahren handelt es sich?

a) Druckprobe
b) Erichsen-Tiefungsversuch
c) Härteprüfung nach Brinell
d) Härteprüfung nach Rockwell
e) Härteprüfung nach Vickers

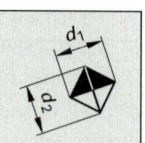

58 Welche Zusammensetzung hat ein Werkstoff mit dem Kurzzeichen X6CrNiTi18-10?

a) Chrom-Nickellegierung mit 6% Chrom, 18% Nickel 10 Titan, Rest Eisen
b) Hochlegierter Stahl mit 0,6% Kohlenstoff, 18% Chrom, 10% Nickel, Rest Titan
c) Hochlegierter Stahl mit 0,6% Kohlenstoff, 1,8% Chrom, 0,1% Nickel und einem nicht genannten Gehalt an Titan
d) Hochlegierter Stahl mit 0,6% Kohlenstoff, 18% Chrom, 10% Nickel und einem nicht genannten Gehalt an Titan
e) Hochlegierter Stahl mit 0,06% Kohlenstoff, 18% Chrom, 10% Nickel und einem nicht genannten Gehalt an Titan

59 Welcher der genannten Schneidstoffe hat die höchste Warmhärte?

a) Schneidkeramik
b) Schnellarbeitsstahl
c) Hartmetall
d) Unlegierter Werkzeugstahl
e) Niedrig legierter Werkzeugstahl

60 Wie lautet die Wegbedingung einer NC-Maschine für die dargestellte Bahn?

a) G 00
b) G 01
c) G 02
d) G 03
e) G 90

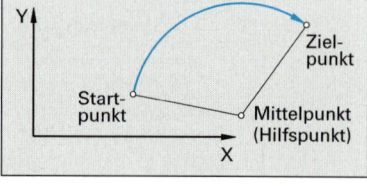

Anzahl der Aufgaben: 60. Davon richtig gelöst: . . . . (≙ Note . . . .)

Prüfungseinheit   Technologie 1, Teil 2

Bearbeitungszeit: 90 min
Erlaubte Hilfsmittel: Tabellenbuch, Formelsammlung, Taschenrechner

Lernprojekt: Lagerung einer Welle mit Kegelrad

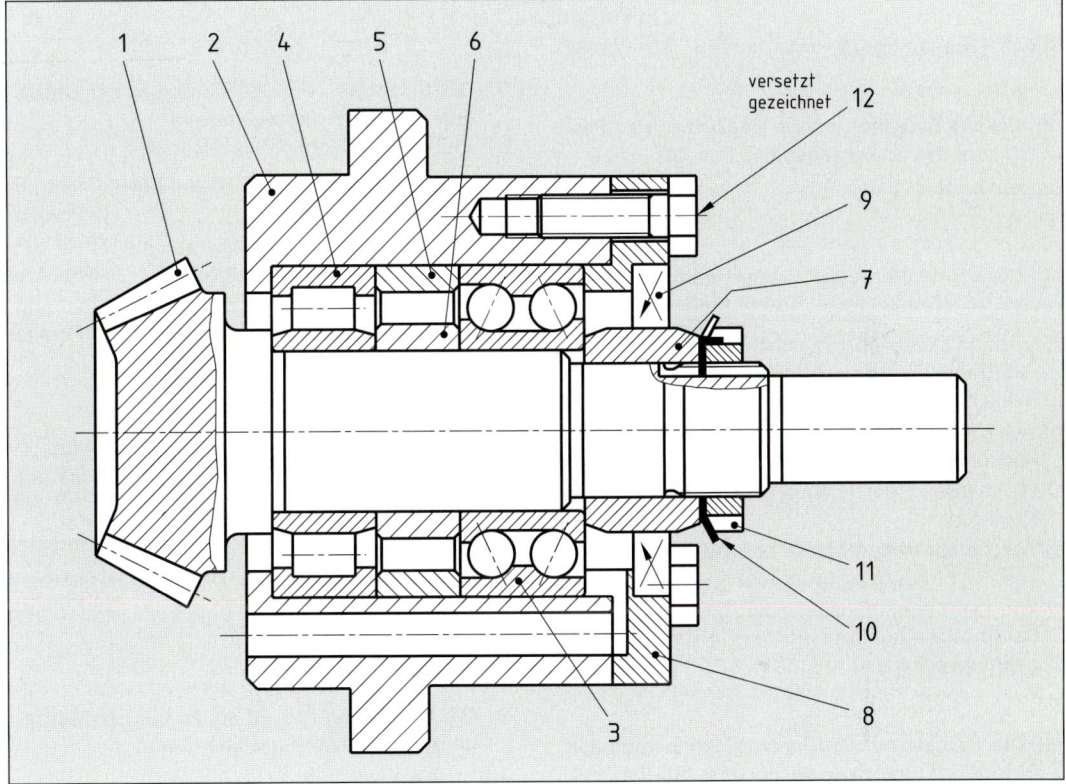

Stückliste			
Pos.	Men-ge	Benennung	Werkstoff Norm-Kurzzeichen
1	1	Kegelradwelle	16MnCr5
2	1	Lagergehäuse	S235J2G3
3	1		DIN 628-3206
4	1		DIN 5412-NU2206
5	1	Distanzring	S235J2G3
6	1	Distanzring	S235J2G3
7	1	Buchse	S235J2G3
8	1	Lagerdeckel	S235J2G3
9	1		DIN 3760-AS38 x 62 x 7
10	1	Sicherungsblech	DIN 5406-MB5
11	1	Nutmutter	DIN 981-KM5
12	4	Sechskantschraube	ISO 4017-M8 x 20-8.8

Hinweis: Die Fragen 1 bis 10 beziehen sich auf oben stehende Gruppenzeichnung des Lernprojekts.

1 Für die Kegelradwelle Pos. 1 ist in der Stückliste die Werkstoffangabe 16MnCr5 eingetragen.

a) Um welchen Werkstoff handelt es sich dabei? (Stahlsorte, Zusammensetzung)   (3 Punkte)

b) Welche Wärmebehandlung ist für die Zahnradflanken erforderlich?   (4 Punkte)

c) Welche Vorteile bietet dieses Wärmebehandlungsverfahren?   (5 Punkte)

d) Ein Verfahren für diese Wärmebehandlung ist zu erläutern.   (8 Punkte)

2 **Die Lagerung der Kegelradwelle Pos. 1 erfolgt durch die Lager Pos. 3 und Pos. 4.**

a) Wie werden diese Lager bezeichnet?

(4 Punkte)

b) Welche Aufgaben erfüllt das Lager Pos. 3?

(6 Punkte)

c) Welche Aufgabe erfüllt das Lager Pos. 4?

(6 Punkte)

d) Wozu dienen Pos. 5 und Pos. 6?   (6 Punkte)

3 **Welche Aufgaben haben die Nutmutter Pos. 11 und das Sicherungsblech Pos. 10?**

(10 Punkte)

4 **Die auf der Vorderseite dargestellte Baugruppe ist Teil eines Kegelrädergetriebes.**

a) In einer Skizze sind Paare verschiedener Zahnradarten darzustellen und die Anordnung der Achsen einzutragen.   (4 Punkte)

b) Wie können bei Kegelrädern die Zähne auf dem Radkörper angeordnet sein?   (3 Punkte)

c) Welche Besonderheit besitzen hypoidverzahnte Kegelräder?   (2 Punkte)

d) Welche Einstellarbeit ist beim Zusammenbau von Kegelrädern erforderlich?   (3 Punkte)

e) Wie kann diese Einstellarbeit beim Einbau der Baugruppe Kegelradlagerung in das Getriebegehäuse erfolgen?   (5 Punkte)

5 **Die Baugruppe wird in ein Getriebegehäuse montiert, das teilweise mit Öl gefüllt ist.**

a) Welche Eigenschaften muss der für Pos. 9 verwendete Kunststoff besitzen?   (3 Punkte)

b) Welche Oberflächengüte ist für Pos. 7 an der Berührungsfläche zu Pos. 9 vorgeschrieben?

(3 Punkte)

c) Wie kann das Austreten von Öl an der Anlagefläche zwischen Pos. 2 und Pos. 8 verhindert werden?   (3 Punkte)

d) Wie ist gewährleistet, dass durch Abrieb verschmutztes Öl aus den Lagern abfließen kann?

(3 Punkte)

e) Welche besonderen Anforderungen müssen Schmieröle für hochbelastete Kegelrädergetriebe erfüllen?   (3 Punkte)

6 **An den Absätzen der Kegelradwelle (Pos. 1) sind in der Zeichnung breite Volllinien eingetragen.**

a) Was wird durch diese Linien dargestellt?

(3 Punkte)

b) Welche Aufgabe haben diese Formelemente bei der Fertigung?   (8 Punkte)

7 **Die Schrauben Pos. 12 werden in der Stückliste mit der Kurzbezeichnung ISO 4017 - M8x20-8.8 bezeichnet.**

a) Aus welchem Werkstoff bestehen die Schrauben?   (2 Punkte)

b) Der Bereich des Kohlenstoffgehalts ist für den Schraubenwerkstoff anzugeben.   (4 Punkte)

c) In welchen Stufen erfolgt die Wärmebehandlung des Schraubenwerkstoffes?   (4 Punkte)

8 **Für die Lageraufnahme im Gehäuse (Pos. 2) ist ein maximaler Mittenrauwert von 0,8 μm vorgeschrieben.**

a) Welchen Grund hat dies?   (6 Punkte)

b) Durch welches Fertigungsverfahren ist der Rauheitswert zu erreichen?   (4 Punkte)

9 **Die Schrauben Pos. 12 sollen bei der Montage durch Klebstoff gesichert werden.**

a) In welche Gruppen werden die Schraubensicherungen eingeteilt?   (8 Punkte)

b) In welche Gruppen werden Reaktionsklebstoffe für Metalle eingeteilt?   (4 Punkte)

c) Welche Arbeitsregeln sind beim Kleben von Metallen zu beachten?   (10 Punkte)

d) Welche Vorteile haben Klebeverbindungen gegenüber anderen Fügeverfahren?   (6 Punkte)

10 **Durch welche Maßnahmen kann Korrosion in den Lagern Pos. 3 und Pos. 4 verhindert werden?**

(7 Punkte)

Gesamtpunktzahl: 150. Davon erreicht: . . . . Punkte ≙ . . . .% ≙ Note . . . .

Prüfungseinheit Technologie 2, Teil 1

Bearbeitungszeit: 60 min
Erlaubte Hilfsmittel: Tabellenbuch, Taschenrechner

1　Mit welcher Formel berechnet man den Wirkungsgrad einer Maschine?

a) $\eta = \dfrac{P_{zu}}{P_{ab}}$　　　　b) $\eta = P_{zu} \cdot P_{ab}$

c) $\eta = P_{zu} - P_{ab}$　　　d) $\eta = \dfrac{P_{ab}}{P_{zu}}$

e) $\eta = P_{zu} + P_{ab}$

2　In welchem Bild wird eine Beanspruchung auf Knickung dargestellt?

a)
b)
c)
d)
e)

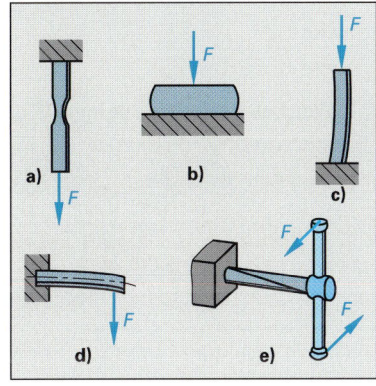

3　Welche Schutzmaßnahme gegen zu hohe Berührungsspannung ist im Bild dargestellt?

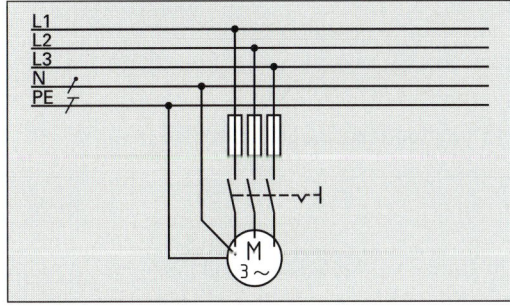

a) Schutz durch Sicherungen
b) Fehlerstromschutzschaltung
c) Schutzisolierung
d) Schutztrennung
e) Schutzkleinspannung

4　Welcher Fehler an elektrischen Anlagen ist im Bild bei X dargestellt?

a) Kurzschluss
b) Körperschluss
c) Magnetschluss
d) Windungs-
　schluss
e) Überstrom-
　schluss

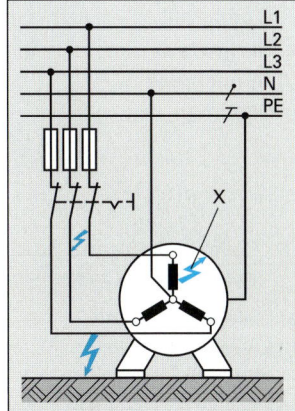

5　Welche Aussage zu den Kunststoffen ist richtig?

a) Thermoplaste schmelzen ohne weich zu werden, wenn sie über die Grenztemperatur erwärmt werden.
b) Duroplaste bestehen aus fadenförmigen Makromolekülen, die keine gegenseitigen Vernetzungsstellen besitzen.
c) Thermoplaste sind warmumformbar und schweißbar.
d) Elastomere sind bei Raumtemperatur hart.
e) Duroplaste lassen sich durch äußere Krafteinwirkung um mehrere hundert Prozent elastisch verformen.

6　Welche Aussage zu den Werkstoffbezeichnungen ist *falsch*?

a) C15E ist ein Einsatzstahl mit einem vorgeschriebenen maximalen Schwefelgehalt.
b) Der unlegierte Baustahl S275JRG3 besitzt eine Zugfestigkeit von 275 N/mm².
c) X6CrNi18-10 ist ein nichtrostender Stahl mit 0,06 % Kohlenstoff, 18 % Chrom und 10 % Nickel.
d) Der Schnellarbeitsstahl HS10-4-3-10 besitzt folgende Legierungsanteile: 10 % Wolfram, 4 % Molybdän, 3 % Vanadium und 10 % Cobalt.
e) Beim Werkstoff EN-GJL-100 handelt es sich um Gusseisen mit Lamellengrafit. Der Werkstoff besitzt eine Zugfestigkeit von 100 N/mm².

7   Das abgebildete Schema zeigt die Weiterverarbeitung des Roheisens zu ...

a) Gusseisen mit Lamellengrafit

b) Gusseisen mit Kugelgrafit

c) Hartguss

d) Temperguss

e) Stahlguss

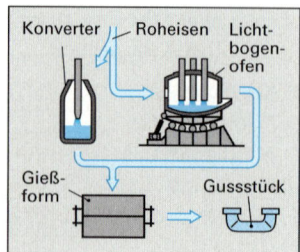

8   Welche Stahlsorte wird durch den Kurznamen 11SMn37 gekennzeichnet?

a) Unlegierter Stahl

b) Kesselblech

c) Automatenstahl

d) Niedrig legierter Werkzeugstahl

e) Nicht rostender Stahl

9   Welche Gefügebestandteile besitzt unlegierter Stahl im Bereich zwischen den Linien PS und GS des Fe-C-Zustandsdiagramms?

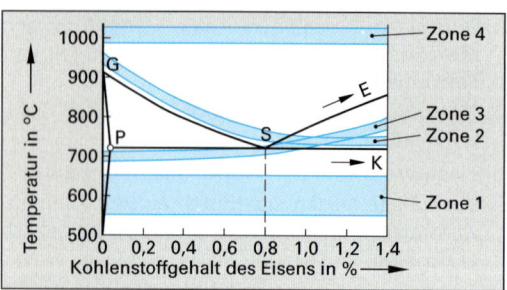

a) Perlit

b) Ferrit und Perlit

c) Ferrit und Austenit

d) Austenit

e) Austenit und Zementit

10 Welche Zone in obigem Bild entspricht den Härtetemperaturen für einen unlegierten Stahl?

a) Zone 1

b) Zone 2

c) Zone 3

d) Zone 4

e) Keine der eingezeichneten Zonen

11 Wie wird das mit X gekennzeichnete Teil fachgerecht benannt?

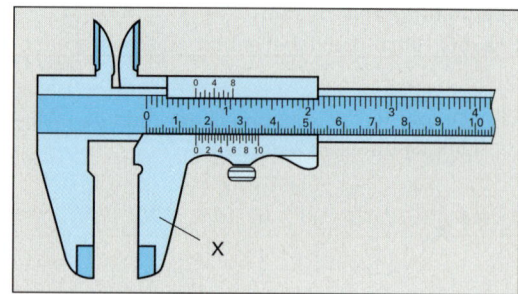

a) Messschneide

b) Fester Messschenkel

c) Beweglicher Messschenkel

d) Tiefenmaß

e) Messspitze

12 Welches Prüfmittel ist im Bild dargestellt?

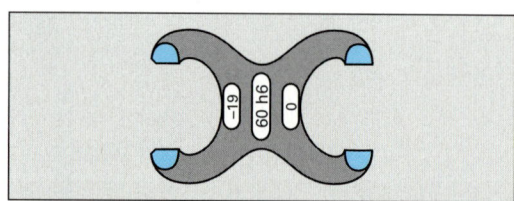

a) Grenzrachenlehre mit Gut- und Ausschussseite

b) Gutseite einer zweiteiligen Grenzrachenlehre

c) Ausschussseite einer zweiteiligen Grenzrachenlehre

d) Grenzlehrdorn

e) Wellenmessgerät

13 Wie wird das dargestellte Teil benannt?

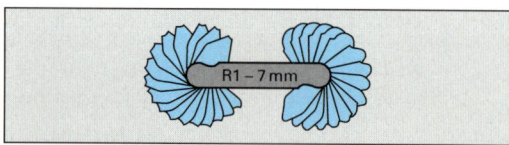

a) Fühlerlehre

b) Gewindelehre

c) Profillehre

d) Rundungslehre

e) Gewindemeißellehre

14 Welches Werkzeug ist dargestellt?

a) Läppkluppe
b) Halter für Außenhonsteine
c) Gewindeschneidkluppe
d) Schneideisenhalter
e) Windeisen, verstellbar

15 Welches Gewindemaß wird mit der dargestellten Methode gemessen?

a) Außendurchmesser
b) Kerndurchmesser
c) Flankendurchmesser
d) Flankenwinkel
e) Steigung

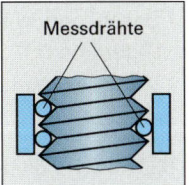

Messdrähte

16 Welche Methode zur Gewindeherstellung ist dargestellt?

a) Gewindedrehen
b) Gewindewalzen
c) Kurzgewindefräsen
d) Gewindeschneiden
   mit Schneideisen
e) Gewindebohren

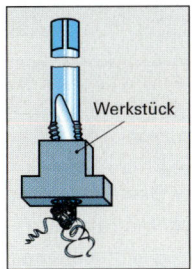

Werkstück

17 Welches Verfahren zur Werkstoffprüfung wirkt zerstörungsfrei?

a) Härteprüfung nach Brinell
b) Tiefungsversuch
c) Spektralanalyse
d) Zugversuch
e) Magnetpulverprüfung

18 Bei welchem Härteprüfverfahren wird die bleibende Eindringtiefe einer Stahlkugel gemessen?

a) Brinellprüfung HBW
b) Prüfung nach HRB
c) Prüfung nach HRC
d) Brinellprüfung HBS
e) Vickersprobe HV

19 Welche Aussage zur Kontaktkorrosion ist richtig?

Kontaktkorrosion kann auftreten ...
a) an der Berührungsstelle von 2 verschiedenen Metallen.
b) beim Zutritt von Luft an eine Stahloberfläche.
c) an der Berührungsstelle von Metallen und Kunststoffen.
d) durch elektrische Schaltvorgänge.
e) durch Berühren eines Metalls mit feuchten Händen.

20 Welche Behauptung zum Korrosionsschutz ist richtig?

a) Beim Phosphatieren wird ein metallischer Überzug erzeugt.
b) Eloxieren (Anodisieren) lassen sich nur Aluminium und seine Legierungen.
c) Kunststoffüberzüge sind besonders widerstandsfähig gegen mechanische Beschädigungen.
d) Bei einer Beschädigung der Chromschicht auf Stahl wird das Überzugsmetall Chrom elektrochemisch zerstört.
e) Nickelschichten werden vorzugsweise im Schmelztauchverfahren aufgetragen.

21 Wie wird die mit X gekennzeichnete Fläche benannt?

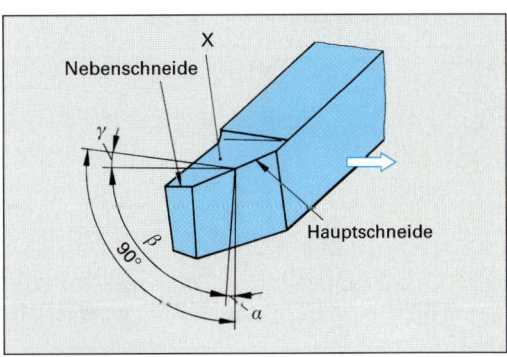

a) Schnittfläche
b) Spanfläche
c) Hauptfreifläche
d) Nebenfreifläche
e) Keilfläche

22 Welche Behauptung über die mit X gekennzeichnete Stelle eines Drehmeißels ist richtig?

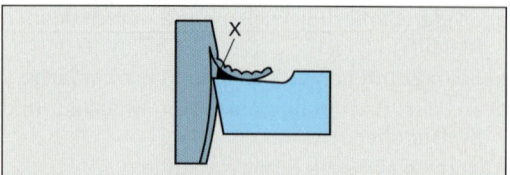

a) Zum Verschleißschutz wurde Hartmetall aufgeschweißt
b) Diese Formveränderung eines Schneidwerkzeuges wird als Kolk bezeichnet
c) Es ist eine durch den ablaufenden Span gebildete Verschleißmulde
d) Es handelt sich um eine durch Werkstoffablagerung gebildete Aufbauschneide
e) Dargestellt ist der Schneidenanschliff zur Bearbeitung sehr weicher Werkstoffe

23 In welchem Bild ist ein Kreuzmeißel dargestellt?

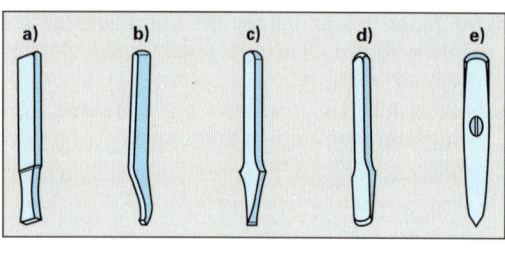

a)   b)   c)   d)   e)

24 Welches Werkzeug ist dargestellt?

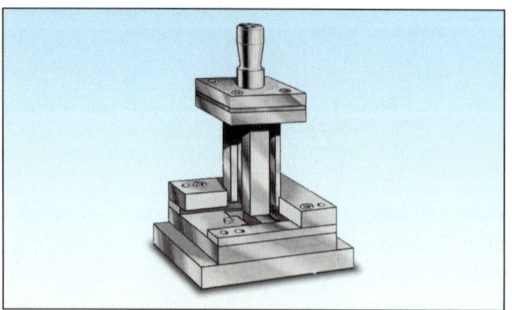

a) Schneidwerkzeug ohne Führung
b) Säulenführungsschneidwerkzeug
c) Schneidwerkzeug mit Plattenführung
d) Gesamtschneidwerkzeug
e) Rollwerkzeug

25 Welcher Umformvorgang ist im Bild dargestellt?

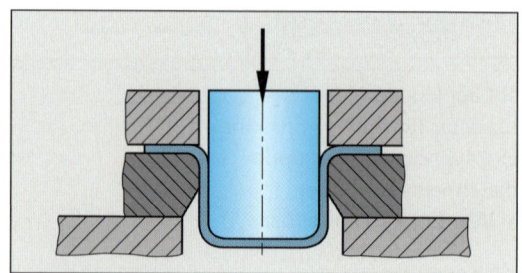

a) Tiefziehen
b) Strangpressen
c) Gesenkumformen
d) Gleitziehen
e) Verschieben

26 Wie wird die mit X gekennzeichnete Linie im Biegeteil bezeichnet?

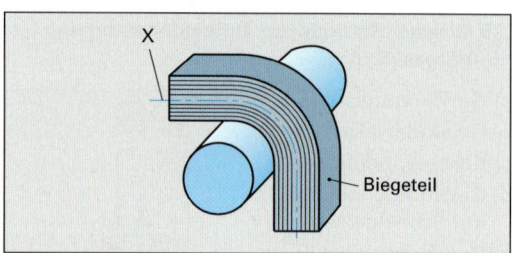

a) Gestreckte Faser
b) Neutrale Faser
c) Gestauchte Faser
d) Biegelinie
e) Biegeradius

27 In welchen Fällen werden die dargestellten Teile vorzugsweise verwendet?

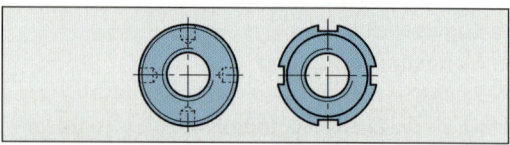

a) Für Schraubenverbindungen.
b) In Fällen, in denen die Mutter von Hand angezogen werden soll.
c) Zur Sicherung gegen axiale Verschiebung auf Wellen.
d) Für Gewinde mit großen Steigungswinkeln.
e) Als Gegenmuttern bei Schraubenverbindungen.

28 Welche der genannten Maschinen zählt zu den Arbeitsmaschinen?

a) Verbrennungsmotor
b) Gasturbine
c) Strömungsverdichter
d) Druckluftmotor
e) Elektromotor

29 In welchem Bild ist ein Gewindestift dargestellt?

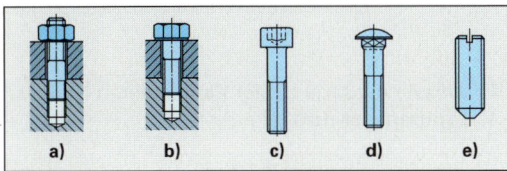

a) Bild a   b) Bild b
c) Bild c   d) Bild d
e) Bild e

30 Welches Teil gehört zu den Verliersicherungen?

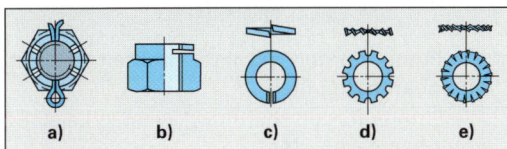

a) Nur Teil a
b) Nur Teil b
c) Nur Teil c
d) Die Teile a und b
e) Keines der dargestellten Teile

31 Welches Verbindungselement ist zwischen dem linken und dem rechten Getriebeteil im Bild dargestellt?

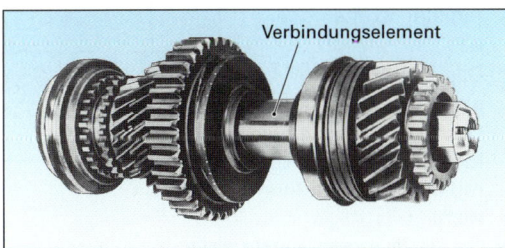

Verbindungselement

a) Querkeil   b) Treibkeil
c) Keilwelle   d) Polygonwelle
e) Kerbverzahnung

32 Wie wird der dargestellte Schraubenschlüssel bezeichnet?

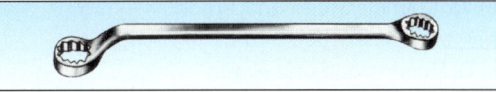

a) Ringschlüssel
b) Steckschlüssel
c) Maulschlüssel
d) Gabelschlüssel
e) Innen-Zwölfkant-Schlüssel

33 Welchen Vorteil haben Zahnradtriebe gegenüber Keilriementrieben?

a) Zahnradtriebe laufen leiser.
b) Zahnradtriebe können höhere Drehmomente übertragen.
c) Zahnradtriebe sind weniger temperaturanfällig.
d) Zahnradtriebe wirken bei Überlastung als Rutschkupplung.
e) Zahnradtriebe übertragen die Drehzahlen ohne Schlupf.

34 In dem unten abgebildeten Schaubild ist das Schmelzverhalten von Zinn-Blei-Legierungen dargestellt. Bei welchem Zinngehalt geht eine Sn-Pb-Legierung unmittelbar vom festen in den flüssigen Zustand über?

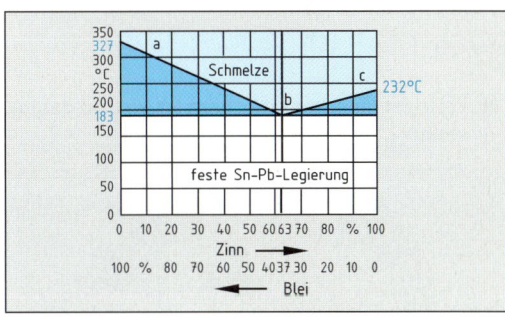

a) 10 % Zinn   b) 35 % Zinn
c) 50 % Zinn   d) 63 % Zinn
e) 85 % Zinn

35 Welches der genannten Lote ist ein Weichlot?

a) AG207   b) S-Sn63Pb37
c) L-CuZn40   d) B-Cu100(P)-1085
e) CU303

36 Durch welche Elektroden und Schutzgasart ist das MAG-Schweißen gekennzeichnet?

a) Wolframelektrode und Argon

b) Wolframelektrode und CO_2-Mischgas

c) Drahtelektrode und Argon

d) Drahtelektrode und CO_2-Mischgas

e) Drahtelektrode und Stickstoff

37 Bei welchen Bildern ergibt sich nach dem Fügen eine Übergangs- bzw. Übermaßpassung?

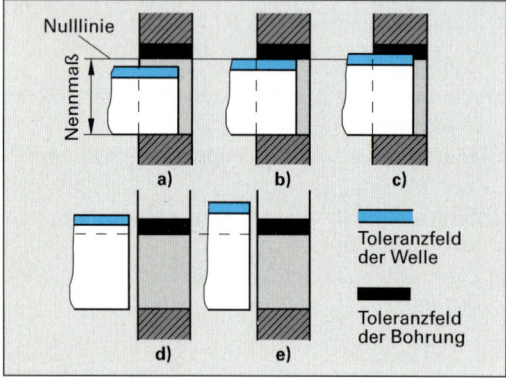

a) Bilder a und d

b) Bilder b und d

c) Bilder b und e

d) Bilder a und e

e) Bilder c, d und e

38 Welches Maschinenelement ist im Bild dargestellt?

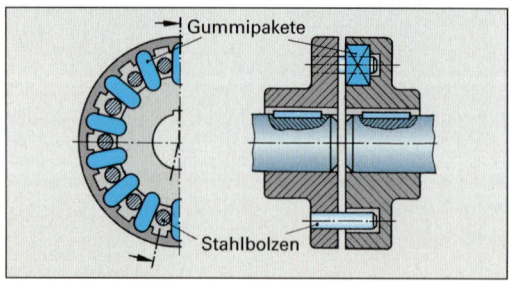

a) Kreuzgelenk

b) Elektromagnetkupplung

c) Nadelgelenk

d) Elastische Kupplung

e) Ausrückbare Kupplung

39 Welches der Sinnbilder stellt eine Hydropumpe mit konstantem Verdrängungsvolumen und einer Drehrichtung dar?

a)

b)

c)

d)

e)

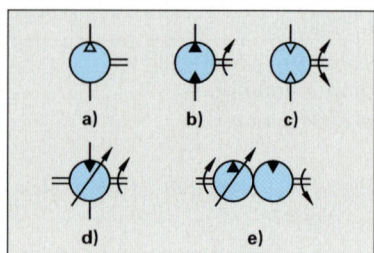

40 Welche Aussage zu der dargestellten Hydraulikpumpe ist richtig?

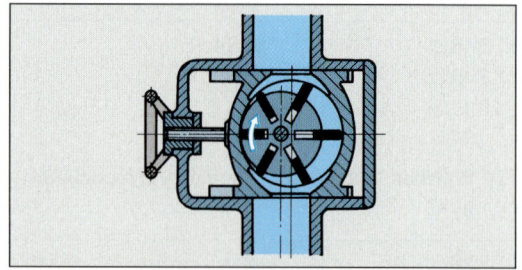

a) Die Pumpe fördert mit ihrer größten Leistung von oben nach unten.

b) Die Pumpe fördert mit ihrer kleinsten Leistung von oben nach unten.

c) Die Pumpe fördert mit ihrer größten Leistung von unten nach oben.

d) Die Pumpe fördert mit ihrer kleinsten Leistung von unten nach oben.

e) Die Pumpe ist eine Konstantpumpe.

41 Welche Aussage über das dargestellte Wälzlager ist richtig?

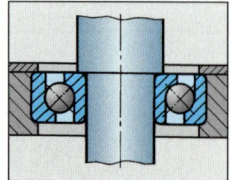

a) Das Lager ist nur für radiale Kräfte geeignet.

b) Das Lager ist nur für axiale Kräfte geeignet.

c) Das Lager kann axiale Kräfte von oben und radiale Kräfte aufnehmen.

d) Das Lager kann axiale Kräfte von unten und radiale Kräfte aufnehmen.

e) Das Lager kann axiale und radiale Kräfte von allen Richtungen aufnehmen.

42 Wie heißt das mit X gekennzeichnete Bauteil der im Bild dargestellten Drehmaschine?

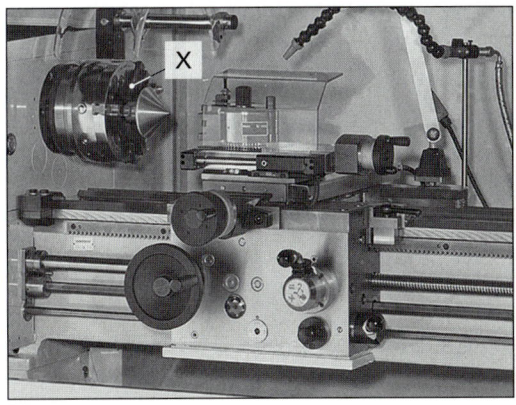

a) Planschlitten
b) Spindelstock
c) Drehmaschinenfutter
d) Werkzeughalter
e) Zugspindel

43 Welche der dargestellten Drehmeißel eignen sich zum Längs- und Querdrehen?

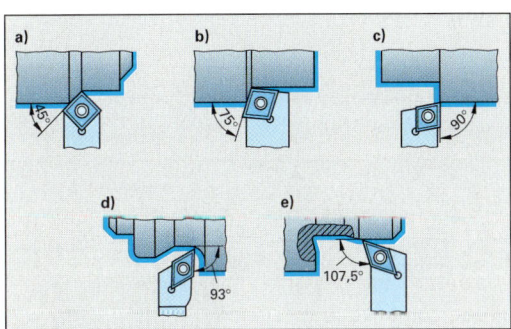

Die Drehmeißel der ...
a) Bilder a, b und c
b) Bilder b, d und e
c) Bilder a, b und d
d) Bilder a, b und e
e) Bilder a, c und e

44 Wie heißt das abgebildete Fräswerkzeug?

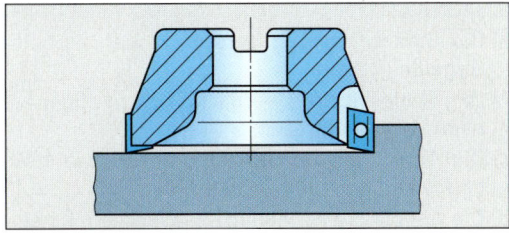

a) Eckfräskopf
b) Winkelfräser
c) Planfräskopf
d) Scheibenfräser
e) Walzenstirnfräser

45 Welche Behauptung zu dem dargestellten Bohrer ist richtig?

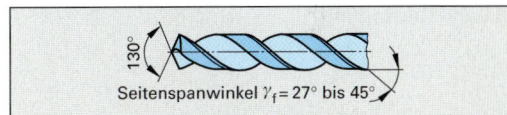

Der Bohrer ist besonders zum Bohren von ...
a) Stahl und Gusseisen geeignet.
b) CuZn42 (Messing) geeignet.
c) Aluminium geeignet.
d) harten Werkstoffen geeignet.
e) Duromeren geeignet.

46 Bei welchem Fertigungsverfahren werden leistenförmige Schleifelemente an die Werkstückoberfläche gepresst und drehend hin und her bewegt?

a) Läppen　　　　　　b) Polieren
c) Rollieren　　　　　d) Honen
e) Feinschleifen

47 Wie wird das dargestellte Werkzeug normgerecht bezeichnet?

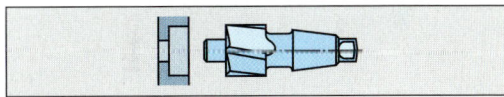

a) Flachsenker mit Zapfen
b) Stirnsenker mit Zapfen
c) Walzenstirnfräser mit Führungszapfen
d) Aufbohrer (Aufsenker) mit Führung
e) Führungssenker

48 Welche Behauptung über das Gleichlauffräsen ist *falsch*?

a) Die Standzeit des Fräsers ist länger als beim Gegenlauffräsen

b) Die Welligkeit der Oberflächen ist geringer als beim Gegenlauffräsen

c) Die Werkstücke werden auf den Aufspanntisch gedrückt

d) Die Werkstücke können in das Werkzeug hineingezogen werden

e) Die Späne haben Sichelform

49 Wie wird beim Längsdrehen die mit X gekennzeichnete Bewegung genannt?

a) Hauptbewegung

b) Schnittbewegung

c) Vorschubbewegung

d) Zustellbewegung

e) Längsbewegung

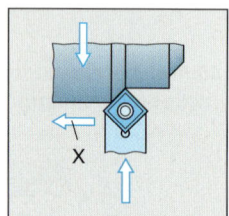

50 In welchen Bildern sind V-Führungen dargestellt?

In den Bildern …

a) a und b

b) b und d

c) b und c

d) c und e

e) c und d

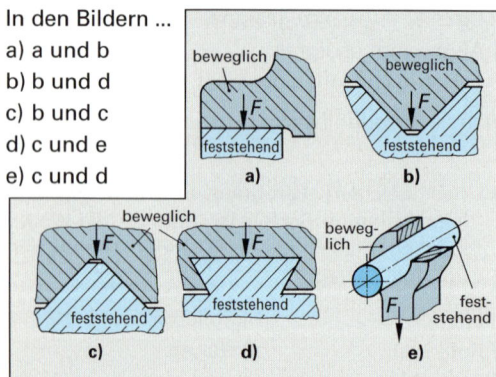

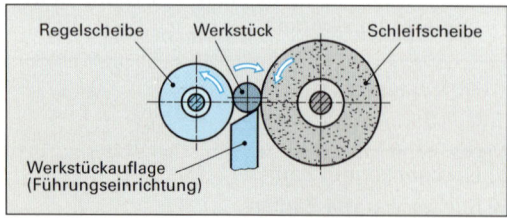

51 Welches Schleifverfahren ist dargestellt?

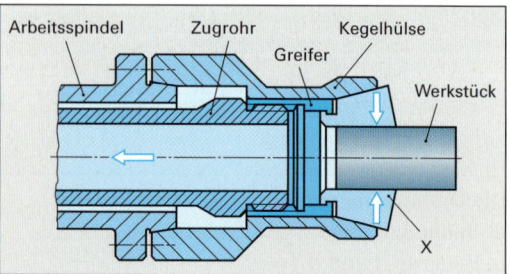

a) Profilschleifen   b) Gewindeschleifen

c) Einstechschleifen   d) Außenhonen

e) Spitzenloses Rundschleifen

52 Wie wird die im Bild dargestellte Fügetechnik bezeichnet?

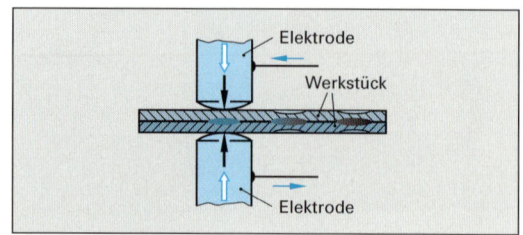

a) Reibschweißen

b) Druckschweißen

c) Punktschweißen

d) Blindnieten

e) Hochtemperatur-
löten

53 Welchen Vorteil bietet die dargestellte Niettechnik?

a) Das verwendete Verbindungselement ist billiger als andere Niete

b) Die Verbindung ist gasdicht

c) Die Verbindung ist fester als andere Nietverbindungen

d) Die Korrosionsgefahr ist bei dieser Verbindung geringer als bei anderen Nietverfahren

e) Die Verbindung lässt sich auch fertigen, wenn die Nietstelle nur von einer Seite zugänglich ist

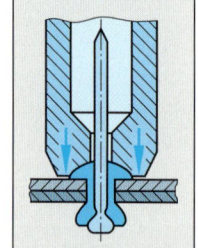

54 Wie heißt das mit X bezeichnete Spannelement?

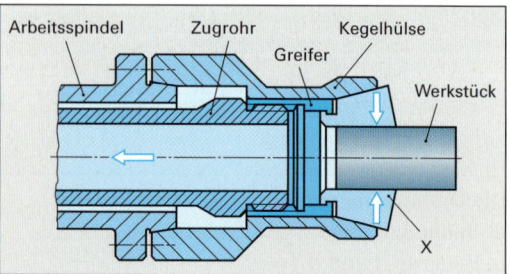

a) Spanneisen   b) Drehdorn

c) Spannzange   d) Spanndorn

e) Spannbuchse

55 Welcher Wert wird durch das dargestellte Prüfverfahren auf dem Teststreifen aufgezeichnet?

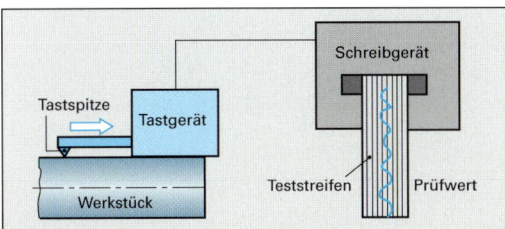

a) Rauheit

b) Brinellhärte

c) Rockwellhärte

d) Einhärtungstiefe

e) Gefügeart

56 Was gilt für die Auswahl einer Feile?

a) Weicher Werkstoff – feiner Hieb

b) Harter Werkstoff – grober Hieb

c) Kleine Feilfläche – kleine Hiebnummer

d) Große Feilfläche – große Hiebnummer

e) Weicher Werkstoff – kleine Hiebnummer

57 Bei dem dargestellten Werkstück soll der Fräser im Eilgang von der Mitte der Bohrung zu dem linken Mittelpunkt des Langloches verfahren werden (Absolutmaßangabe G 90). Welcher NC-Satz ist richtig?

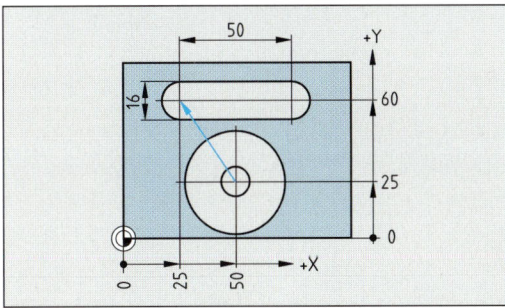

a) N10 G00 X–25   Y35

b) N10 G01 X–35   Y85

c) N10 G00 X25   Y60

d) N10 G00 X–25   Y60

e) N10 G00 X25   Y85

58 Welche Aussage über die dargestellte Welle-Nabe-Verbindung ist richtig?

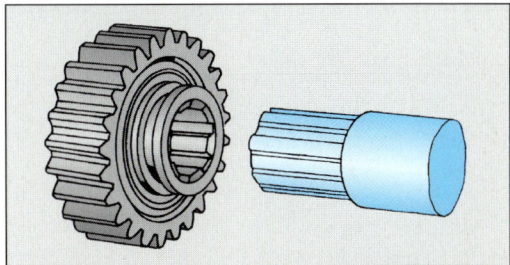

a) Die Verbindung kann nur geringe Kräfte übertragen.

b) Die Verbindung genügt nur geringen Anforderungen an den Rundlauf.

c) Die Verbindung kann große Drehmomente übertragen und ist axial verschiebbar.

d) Diese Verbindung verhindert ein axiales Verschieben der Welle.

e) Diese Verbindungsart ist nur für die Übertragung kleiner Drehmomente bei niedrigen Drehzahlen geeignet.

59 Welche Regel für die Behandlung von Disketten ist *falsch*?

Disketten müssen geschützt werden vor ...

a) starkem Licht, insbesondere UV-Strahlen.

b) Feuchtigkeit.

c) starken Magnetfeldern.

d) hohen Temperaturen.

e) Staub- und Fingerabdrücken.

60 Auf einer NC-Drehmaschine soll das dargestellte Werkstück gefertigt werden. Welche Steuerungsart ist dafür geeignet?

a) Punkt- oder Streckensteuerung

b) Strecken- oder Bahnsteuerung

c) Nur Bahnsteuerung

d) Nur Streckensteuerung

e) Punkt-, Strecken- oder Bahnsteuerung

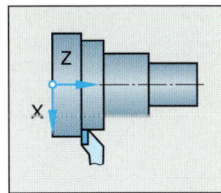

Anzahl der Aufgaben: 60. Davon richtig gelöst: . . . . (≙ Note . . . .)

Prüfungseinheit Technologie 2, Teil 2

Bearbeitungszeit: 90 min
Erlaubte Hilfsmittel: Tabellenbuch, Taschenrechner

Lernprojekt: Laufrollenlagerung

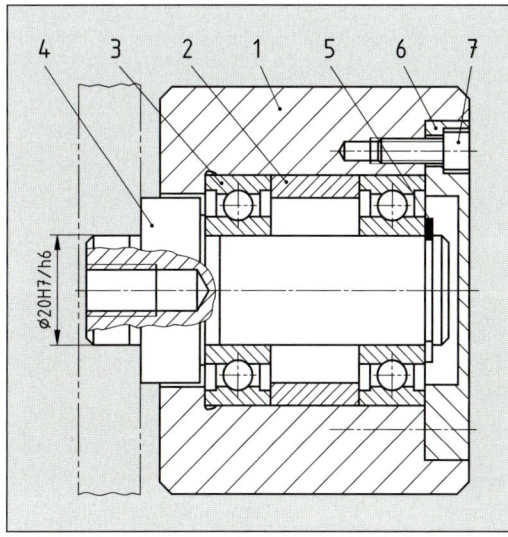

Stückliste			
Pos.	Men-ge	Benennung	Werkstoff Norm-Kurzzeichen
1	1	Laufrolle	38Cr2
2	1	Abstandring	S235JR
3	2	Rillenkugellager	DIN 625-6004.2 RSR
4	1	Bolzen	E295
5	1	Sicherungsring	DIN 471-20x1.2
6	1	Lagerdeckel	E295
7	3	Zylinderschraube	ISO 4762-M4x12-8.8

Hinweis: Die Fragen beziehen sich teilweise auf obenstehende Gesamtzeichnung.

1　In der Gesamtzeichnung steht die Maßangabe ⌀ 20H7/h6.

a) Mit welchen Prüfmitteln werden diese Werkstückmaße üblicherweise geprüft? (4 Punkte)

b) Welche Maße werden von der Gutseite und der Ausschussseite eines Grenzlehrdornes verkörpert? (3 Punkte)

c) Welche Maße werden von der Gutseite und der Ausschussseite einer Grenzrachenlehre verkörpert? (3 Punkte)

d) Welche Passung ergibt sich beim Fügen der Bohrung ⌀ 20H7 und der Welle ⌀ 20h6? (3 Punkte)

e) Warum ist es nicht sinnvoll, die Oberflächen der angegebenen Maße nach der dargestellten Oberflächenangabe zu fertigen? (5 Punkte)

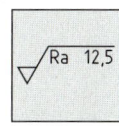

2　Auf den Bolzen (Pos. 4) ist ein Sicherungsring montiert.

a) Welche Aufgabe hat der Sicherungsring (Pos. 5)? (4 Punkte)

b) Welche Bedeutung hat die Bezeichnung 20 x 1,2 in der Stückliste bei Pos. 5? (4 Punkte)

c) Wie kann bei der Montage ein zu großes Längsspiel zwischen den Pos. 2 und 3 ausgeglichen werden? (6 Punkte)

3　Der Bolzen (Pos. 4) wird an den Durchmessern, die einen Freistich aufweisen, geschliffen.

a) Welches Schleifmittel ist zu verwenden? (5 Punkte)

b) Welche Körnung sollte die Schleifscheibe besitzen, wenn die Oberflächen eine gemittelte Rautiefe von höchstens 5 µm erhalten sollen? (6 Punkte)

c) Wie hoch darf die Umfangsgeschwindigkeit einer Schleifscheibe sein, wenn diese einen blauen Farbstreifen aufweist? (5 Punkte)

4 Die Laufrolle (Pos. 1) wurde nach dem Rand-schichthärten angelassen.

a) Welche Eigenschaften besitzt ein randschicht-gehärtetes Werkstück?   (5 Punkte)

b) Welche Härteverfahren werden hauptsächlich zur Randschichthärtung angewendet?
          (4 Punkte)

c) Ein mögliches Härteverfahren ist zu beschrei-ben.   (6 Punkte)

d) Warum wird ein Werkstück nach dem Härten angelassen?   (5 Punkte)

5 Die Laufrolle (Pos. 1) soll an den Laufflächen auf 48 + 4 HRC randschichtgehärtet werden.

a) Mit welchem Verfahren wird die Härteprüfung durchgeführt?   (5 Punkte)

b) Die Durchführung dieser Härteprüfung ist zu er-läutern.   (8 Punkte)

6 Zum Fügen des Lagerdeckels (Pos. 6) mit der Laufrolle (Pos. 1) werden Zylinderschrauben ISO 4762 verwendet.

Welche Bedeutung hat die Angabe M4 x 12-8.8?
          (12 Punkte)

7 Zur Lagerung der Laufrolle (Pos. 1) sind 2 Ril-lenkugellager (Pos. 3) eingebaut.

a) Was muss bei der Montage der Lager beachtet werden?   (6 Punkte)

b) Welche Vor- und Nachteile hätte es, wenn statt der Rillenkugellager einreihige Zylinderrollen-lager der Bauart N oder NU (ohne Borde an den Innen- bzw. Außenringen) verwendet würden?
          (8 Punkte)

8 Die Schrauben (Pos. 7) weisen keine beson-dere Schraubensicherung auf.

a) Warum ist beim kontrollierten Anziehen keine Schraubensicherung erforderlich?   (5 Punkte)

b) Welche Arten von Schraubensicherungen un-terscheidet man?   (6 Punkte)

c) Was versteht man unter dem streckgrenzenge-steuerten Anziehen von Schrauben?
          (5 Punkte)

9 Welche Bedeutung haben die Werkstoffbe-zeichnungen für die Positionen 1 und 4?

          (12 Punkte)

10 Die Außenkontur einer Erodier-Elektrode (Skizze) soll gefräst werden. Dazu soll ein CNC-Programm nach DIN 66025 bei folgen-den Vorgaben erstellt werden:

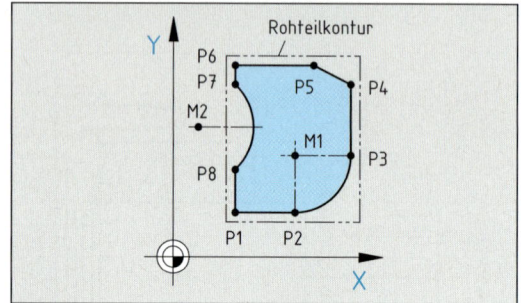

Elektroden-Werkstoff:	Cu99,99
Werkzeug:	Schaftfräser, Durchmesser 10 mm, 3 Schneiden (T1)
Frästiefe:	8 mm
Fräsart:	Gegenlauffräsen mit Fräserradiuskorrektur
Ausgangspunkt:	X0, Y0, Z100
Einschaltzustand:	G90; G94; G17
Drehzahl:	n = 3550/min
Vorschub-geschwindigkeit:	v_f = 550 mm/min

Koordinatenmaße:

	P_1	P_2	P_3	P_4	P_5
X	10	22	34,5	34,5	24,474
Y	10	10	22,5	34,5	40

	P_6	P_7	P_8	M_1	M_2
X	10	10	10	22	3,5
Y	40	36,246	19,754	22,5	28

          (15 Punkte)

Gesamtpunktzahl: 150. Davon erreicht: . . . .   Punkte ≙ . . . .%   ≙ Note . . . .

Prüfungseinheit Technologie 3, Teil 1

Bearbeitungszeit: 90 min
Erlaubte Hilfsmittel: Tabellenbuch, Taschenrechner

1 In welcher Einheit wird eine Beschleunigung angegeben?

a) m/s
b) km/h
c) m/s^2
d) m/min
e) km/s

2 Welche Nahtart zeigen die Bilder?

a) Hohlnaht
b) V-Naht
c) X-Naht
d) Kehlnaht
e) Bördelnaht

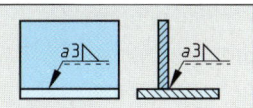

3 Welche Aussage über die Kraft ist *falsch*?

a) Kraft = Masse $\times$ Beschleunigung
b) Die Einheit der Kraft ist das Newton
c) Gewichtskraft = Masse $\times$ Erdbeschleunigung
d) Die Gewichtskräfte sind an jedem Ort gleich
e) Die Masse von 1 kg hat auf dem Mond eine Gewichtskraft von rund 1,7 N

4 Welche Voraussetzungen müssen gegeben sein, damit der Winkelhebel im Gleichgewicht ist?

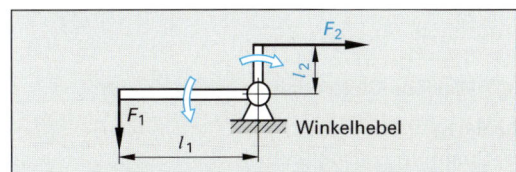

a) Die Summe der linksdrehenden Momente muss kleiner sein als die Summe der rechtsdrehenden Momente
b) $\Sigma M_r < \Sigma M_l$
c) $F_1 \cdot l_1 = F_2 \cdot l_2$
d) $F_1 + l_1 = F_2 + l_2$
e) $\Sigma M_r > \Sigma M_l$

5 Welche Beanspruchungsart ist im Bild dargestellt?

a) Zug
b) Druck
c) Verdrehung
d) Biegung
e) Abscherung

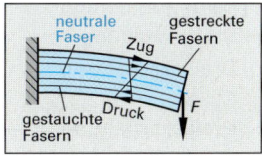

6 Welche Art der Spannungserzeugung zeigt das Bild?

a) Deduktion
b) ein galvanisches Element
c) Reduktion
d) Induktion
e) Spulenreduktion

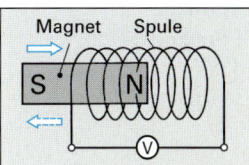

7 Zu welchem Elektromotor passt der abgebildete Läufer?

a) Gleichstrommotor
b) Universalmotor
c) Schleifringmotor
d) Kurzschluss-läufermotor
e) Schrittmotor

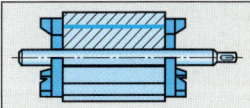

8 Welches Stahlgewinnungsverfahren ist im Bild dargestellt?

a) Sauerstoff-Aufblas-Verfahren
b) Siemens-Martin-Verfahren
c) Lichtbogen-Verfahren
d) Direktreduktions-Verfahren
e) OBM-Verfahren

9 Welcher der angegebenen Stähle ist ein Automatenstahl?

a) S235JR
b) 10S20
c) C60
d) 34CrNiMo6
e) 50CrV4

10 Welcher der angegebenen Stähle ist ein Werkzeugstahl?

a) 100Cr6
b) X6Cr13
c) 16MnCr5
d) 42CrMo4
e) E335

11 Welcher Werkstoff eignet sich zur Herstellung einer Schrauben-Druckfeder aus Stahl?

a) S235JRG2
b) C10E
c) 15Cr3
d) EN AW-Al Mg2
e) 55Si7

12 Bei welchem Punkt im Spannungs-Deh-nungs-Schaubild beginnt der Werkstoff zu fließen?

a) Punkt 1
b) Punkt 2
c) Punkt 3
d) Punkt 4
e) Punkt 5

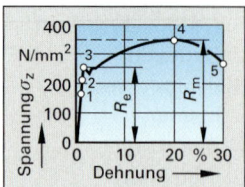

13 Bei welchem Punkt im Spannungs-Deh-nungs-Schaubild (Bild oben) bricht der Werk-stoff?

a) Punkt 1   b) Punkt 2
c) Punkt 3   d) Punkt 4
e) Punkt 5

14 Bis zu welcher Spannung darf der Werkstoff im Spannungs-Dehnungs-Schaubild (Bild oben) höchstens belastet werden?

a) 20 N/mm^2 b) 170 N/mm^2
c) 205 N/mm^2 d) 250 N/mm^2
e) 350 N/mm^2

15 Welche Härteprüfung zeigt das Bild?

a) Brinell HBW
b) Rockwell HRC
c) Rockwell HRA
d) Brinell HBS
e) Vickers HV

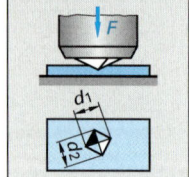

16 Welches Metall wird in dem gezeigten galva-nischen Element aufgelöst?

a) die Zuleitung
b) das Zink
c) das Kupfer
d) der Elektrolyt
e) Kupfer und Zink gleichzeitig

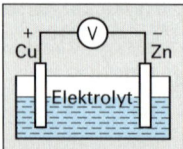

17 Welches Korrosionsschutzverfahren erzeugt einen nichtmetallischen Überzug?

a) Galvanisieren   b) Phosphatieren
c) Plattieren   d) Schmelztauchen
e) Diffundieren

18 Welche Aussage über das Bild ist *falsch*?

a) Es handelt sich um eine elektro-chemi-sche Korrosion
b) Zink wird zerstört
c) Das Bild zeigt eine Kontaktkorrosion
d) Kupfer als Pluspol wird zerstört
e) Das Zink bildet den Minuspol

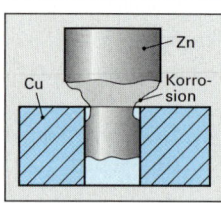

19 Welches Korrosionsschutzverfahren ist im Bild dargestellt?

a) Emaillieren
b) Phosphatieren
c) Chromieren
d) Galvanisieren
e) Anodisieren

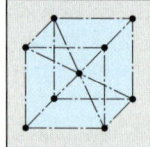

20 Welcher Kristallgittertyp ist im Bild darge-stellt?

a) Kubisch-flächenzentriertes Gitter
b) Kubisch-raumzentriertes Gitter
c) Verspanntes flächenzentriertes Gitter
d) Kugelzentriertes Gitter
e) Hexagonales Gitter

21 Welches Glühverfahren gibt es *nicht*?

a) Hartglühen
b) Spannungsarmglühen
c) Weichglühen
d) Normalglühen
e) Normalisieren

22 Welche Schaltung von Widerständen ist im Bild dargestellt?

a) Reihenschaltung
b) Parallelschaltung
c) Sternschaltung
d) Dreieckschaltung
e) Stern-Dreieckschaltung

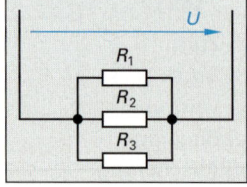
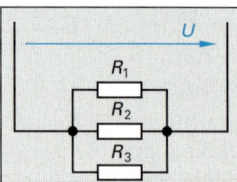

23 Welches Messergebnis zeigt der dargestellte Messschieberausschnitt?

a) 35,0 mm
b) 32,3 mm
c) 32,4 mm
d) 32,5 mm
e) 41,2 mm

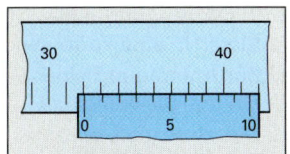

24 Welches Messergebnis zeigt die dargestellte Messschraube?

a) 65,36 mm
b) 65,84 mm
c) 65,34 mm
d) 63,84 mm
e) 63,36 mm

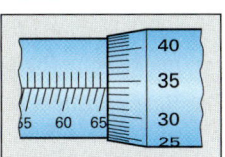

25 Wie groß wird im Bild das Höchstspiel?

a) 0,01 mm
b) 0,04 mm
c) 0,06 mm
d) 0,05 mm
e) 0,07 mm

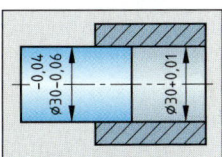

26 Wie groß ist bei dem Passmaß 28f7 die Toleranz?

a) 0,020 mm
b) 0,021 mm
c) 0,041 mm
d) 0,061 mm
e) – 0,041 mm

Passmaß	Abmaße
56js12	0,150
30H7	+0,021 0
28f7	–0,020 –0,041

27 Welche Passungsart zeigt das Bild?

a) Spielpassung
b) Übergangspassung
c) Übermaßpassung
d) Einheitsbohrung
e) Einheitswelle

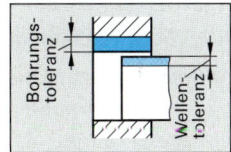

28 Welche Aussage über eine digitale Messwertanzeige ist *falsch*?

Die Anzeige ...
a) erlaubt ein leichtes Verfolgen von Maßänderungen
b) erlaubt das Ablesen von Zwischenwerten
c) kann auf Datenträger gespeichert werden
d) verringert die Zahl der Ablesefehler
e) erfolgt sprunghaft

29 Das dargestellte Bild zeigt ein ...

a) Spitzgewinde
b) Sägengewinde
c) Trapezgewinde
d) Rundgewinde
e) Flachgewinde

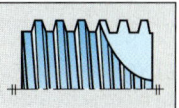

30 Bei einem dreigängigen Gewinde entspricht die Steigung ...

a) der Teilung
b) $\frac{1}{3}$ mal der Teilung
c) 3 mal der Teilung
d) 6 mal der Teilung
e) $\frac{1}{6}$ mal der Teilung

31 Welche Aussage ist *falsch*?

a) Die Maßeinheit des Winkels ist der Grad.
b) Ein Grad ist der 360. Teil des Vollkreises.
c) Ein Grad hat 60 Minuten bzw. 3600 Sekunden.
d) Unter Prüfen versteht man das Messen und das Lehren.
e) Beim Zehntel-Nonius sind 10 mm am Lineal in 9 gleiche Teile am Schieber eingeteilt.

32 Welche Aussage zum Bild ist richtig?

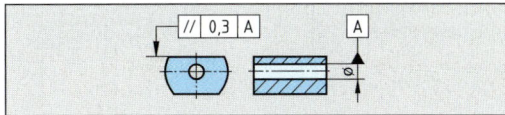

a) Bezugselement ist die obere Werkstückfläche.
b) Das tolerierte Element ist die Bohrung.
c) Die Toleranzzone befindet sich zwischen zwei zueinander parallelen Ebenen.
d) Der Toleranzwert beträgt 0,3 µm.
e) Die tolerierte Eigenschaft ist die Ebenheit der oberen Werkstückfläche.

33 Welches Prüfgerät wird im Bild gezeigt?

a) Gewindelehrring
b) Gewinde-grenzlehrdorn
c) Rachenlehre
d) Steigungslehre
e) Gewinde-Grenzrollenlehre

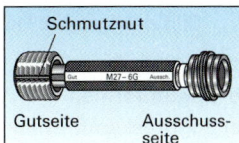

34 Welche Bezeichnung hat der mit X (3 Ringe oder kein Ring) gekennzeichnete Gewindebohrer im Bild?

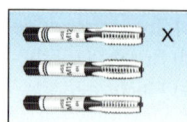

a) Vorschneider
b) Nachschneider
c) Mittelschneider
d) Fertigschneider
e) Maschinengewindebohrer

35 Welche Aussage über das Gewindewalzen ist richtig?

a) Die Gewinde werden spanend gefertigt.
b) Es eignet sich nur für Innengewinde.
c) Gewalzte Gewinde haben eine geringere Festigkeit als geschnittene Gewinde.
d) Durch das Gewindewalzen wird der Werkstoff verfestigt und die Werkstofffasern werden nicht durchschnitten.
e) Es sind nur Werkstoffe geeignet, deren Dehnung kleiner als 2% ist.

36 Wie wird der mit 2 bezeichnete Winkel genannt?

a) Drallwinkel
b) Freiwinkel
c) Keilwinkel
d) Scherwinkel
e) Spanwinkel

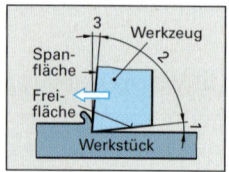

37 Wie wurde der im Bild gezeigte Feilenzahn hergestellt?

Durch ...
a) Fräsen
b) Sägen
c) Räumen
d) Hauen
e) Hobeln

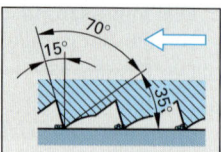

38 Zu welchem Umformverfahren zählt das im Bild dargestellte Tiefziehen?

a) Druckumformen
b) Zugumformen
c) Zugdruckumformen
d) Biegeumformen
e) Schubumformen

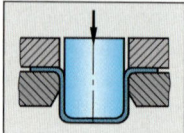

39 Welche Aussage über das Gießen ist richtig?

a) Gießen gehört zur spanenden Fertigung.
b) Zur Erzeugung eines Gussstückes wird festes Metall in eine Form gegossen.
c) Zur Anfertigung einer Sandform benötigt man ein fertiges Werkstück.
d) Das Gussstück wird um das Schwindmaß kleiner als das Modell.
e) Beim Warmkammerverfahren steht das Metallbad neben der Maschine.

40 Welche Aussage über den Referenzpunkt einer NC-Maschine ist richtig?

Der Referenzpunkt ...
a) liegt im Schnittpunkt der Maschinenachsen.
b) kann vom Programmierer frei gewählt werden.
c) ist Bezugspunkt für die Werkzeugbahnkorrektur.
d) ist Bezugspunkt für die Werkstückmaße.
e) muss beim Wiedereinschalten einer Maschine angefahren werden.

41 Warum haben die Säulen bei einem Schneidwerkzeug mit Säulenführung unterschiedliche Durchmesser?

a) Um ein falsches Zusammenstecken des Werkzeuges zu verhindern.
b) Damit man größere Werkstücke schneiden kann.
c) Damit das Oberteil auch um 180° gedreht werden kann.
d) Damit das Oberteil um 90° gedreht werden kann.
e) Um den Schneidstempel an der Schneidplatte befestigen zu können.

42 Wie wird die dargestellte Schraube genannt?

a) Sechskantschraube
b) Zylinderschraube
c) Passschraube
d) Dehnschraube
e) Kronenschraube

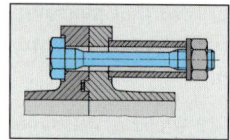

43 Welche Mutter ist im Bild dargestellt?

a) Vierkantmutter
b) Kronenmutter
c) Flügelmutter
d) Rändelmutter
e) Hutmutter

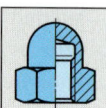

44 Welches der Bilder zeigt eine Überwurfmutter?

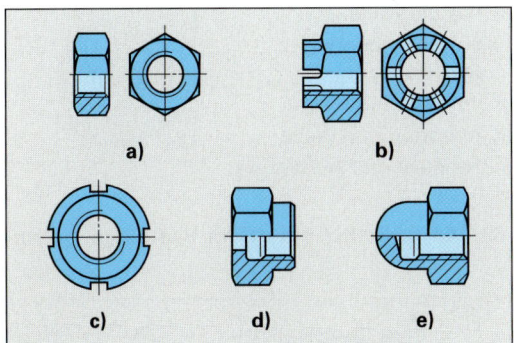

a) Bild a
b) Bild b
c) Bild c
d) Bild d
e) Bild e

45 Welche Sicherung wird in der dargestellten Schraubenverbindung verwendet?

a) Sicherungsblech
b) Federring
c) Spannscheibe
d) Sperrzahnmutter
e) Fächerscheibe

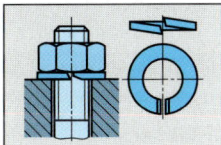

46 Welches Fertigungsverfahren ist im Bild dargestellt?

a) Profilfräsen
b) Stirn-Planfräsen
c) Umfangs-
   Planfräsen
d) Formfräsen
e) Stirn-Umfangs-
   Planfräsen

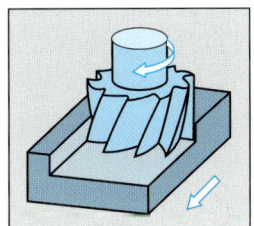

47 Welche Bezeichnung muss für X gesetzt werden?

a) Spitzenwinkel
b) Nebenschneide
c) Hauptschneide
d) Querschneide
e) Spiralwinkel

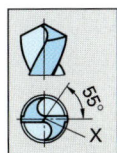

48 Welches Werkzeug ist im Bild dargestellt?

a) Kegelsenker
b) Aufstecksenker mit Zapfen
c) Zapfenbohrer
d) Spiralsenker
e) Flachsenker

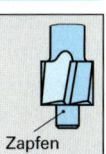

49 Welche schaltalgebraische Gleichung passt zu dem abgebildeten Funktionsplan?

a) $E1 \lor E2 = A1$
b) $E1 \land E2 = A1$
c) $E1 \land \overline{E2} = A1$
d) $E1 \lor \overline{E2} = A1$
e) $\overline{E1} \lor \overline{E2} = A1$

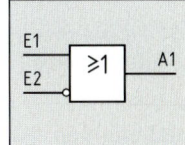

50 Welche Verbindungsart zeigt das Bild?

a) Formschluss-Verbindung
b) Vorgespannte
   Formschluss-Verbindung
c) Kraftschluss-Verbindung
d) Stoffschluss-Verbindung
e) Stirnzahn-Verbindung

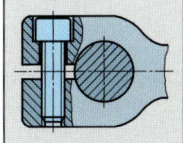

51 Für welche Dreharbeit wird der dargestellte Zentrierbohrer verwendet?

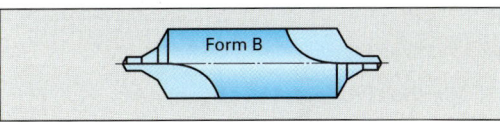

Für …
a) Zentrierbohrungen ohne Schutzsenkung
b) Zentrierbohrungen mit Schutzsenkung
c) Zentrierbohrungen mit Rundung (ohne Schutzsenkung)
d) Zentrierbohrungen mit Rundung (mit Schutzsenkung)
e) Radiuszentrierbohrungen

52 Was bedeutet das abgebildete Sinnbild

a) Verbandszeichen der
   Deutschen Elektroingenieure
b) Prüfzeichen des Verbandes
   Deutscher Elektrotechniker
c) Kennzeichen für
   energiesparende Geräte
d) Verein Deutscher Elektroniker
e) Vereinigung der Elektrofachgeschäfte

53 Was bedeutet das in den Farben blau und weiß angelegte Zeichen?

a) Schutzhandschuhe tragen
b) Rechte Hand schützen
c) Zutritt nur für Rechtshänder
d) In der kalten Jahreszeit Handschuhe tragen
e) Wegen Unfallgefahr sind keine Handschuhe zu tragen

54 Zu welcher Hauptgruppe zählt das im Bild dargestellte Fertigungsverfahren?

a) Urformen
b) Umformen
c) Trennen
d) Fügen
e) Beschichten

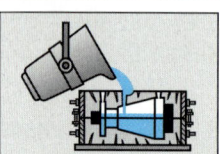

55 Zu welcher Hauptgruppe zählt das im Bild dargestellte Fertigungsverfahren?

a) Trennen
b) Fügen
c) Stoffeigenschaft ändern
d) Umformen
e) Urformen

56 Welches Prüfmittel ist abgebildet?

a) Grenzlehrdorn
b) Grenzrachenlehre
c) Schraubenschlüssellehre
d) Formlehre
e) Radiuslehre

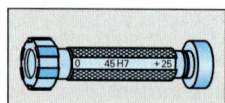

57 Welches Symbol nach DIN ISO 1101 ist angegeben?

a) Parallelität
b) Ebenheit
c) Winkeltoleranz
d) Rechtwinkligkeit
e) Schiefwinkligkeit

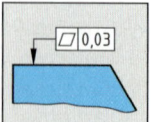

58 Welches Bauteil hat in dem gezeichneten Bild Umfangslast?

a) Nur die Welle
b) Nur der Innenring des Wälzlagers
c) Nur das Gehäuse
d) Innenring und Welle
e) Gehäuse und Außenring

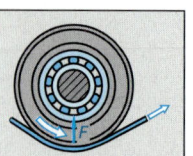

59 Wie heißt der mit ⊕ im Bild eingetragene Punkt?

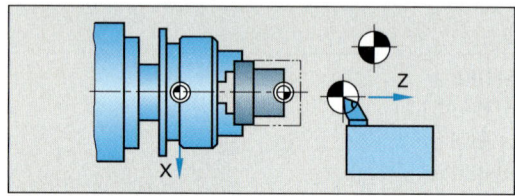

a) Werkzeugnullpunkt
b) Referenzpunkt
c) Maschinennullpunkt
d) Werkstücknullpunkt
e) Programmnullpunkt

60 Welcher Begriff bezeichnet die System-Software eines Computers?

a) Tastatur
b) Bildschirm
c) Diskettenlaufwerk
d) Zentraleinheit
e) Betriebssystem

Anzahl der Aufgaben: 60. Davon richtig gelöst: . . . . (≙ Note . . . .)

Prüfungseinheit　Technologie 3, Teil 2

Bearbeitungszeit: 90 min
Erlaubte Hilfsmittel: Tabellenbuch, Formelsammlung, Taschenrechner

Lernprojekt: Mitlaufende Zentrierspitze

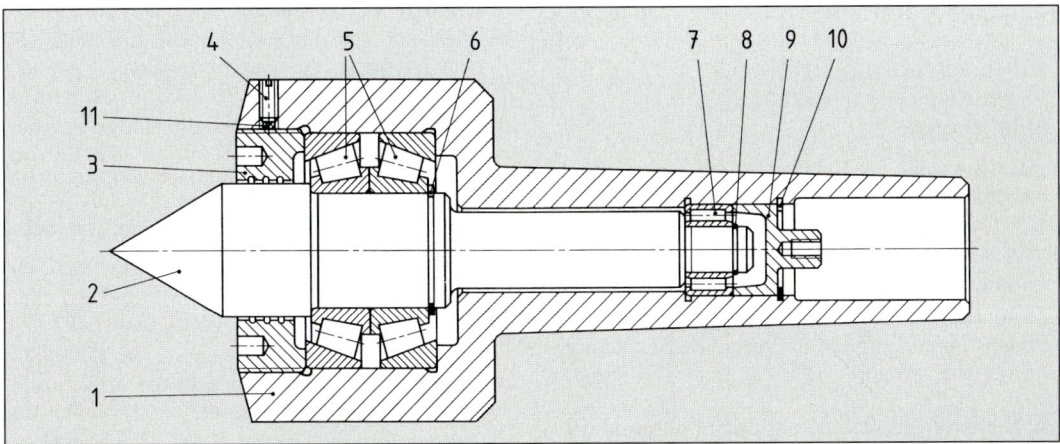

Stückliste							
Pos.	Menge	Benennung	Werkstoff Norm-Kurzzeichen	Pos.	Menge	Benennung	Werkstoff Norm-Kurzzeichen
1	1	Gehäuse	46Cr2	7	1		DIN 617-Na 4901
2	1	Zentrierspitze	17CrNi6-6	8	1	Sprengring	DIN 9045-12
3	1	Zweilochschraube	M64 x 1,5-St	9	1	Abstandstück	E295
4	1	Gewindestift	ISO 4766-M5 x 10-5.8	10	1	Sicherungsring	DIN 472-25 x 1,2
5	2		DIN 720-30206	11	1	Druckstück	Vulkanfiber $\varnothing$ 4 x 4
6	1	Sicherungsring	DIN 471-30 x 15				

Hinweis: Die folgenden Fragen beziehen sich teilweise auf obige Gesamtzeichnung.

1 Für die Zentrierspitze (Pos. 2) ist in der Stückliste das Werkstoffkurzzeichen 17CrNi6-6 enthalten.

a) Welche Bedeutung hat dieses Kurzzeichen?
(4 Punkte)

b) Welchen Vorteil würde die Bestückung der Zentrierspitze mit einer Hartmetallspitze bringen?
(4 Punkte)

c) Aus welchen Ausgangsstoffen und mit welchem Fertigungsverfahren werden Hartmetalle hergestellt?
(6 Punkte)

2 Für das Gehäuse (Pos. 1) ist in der Stückliste das Werkstoffkurzzeichen 46Cr2 enthalten.

a) Welche Bedeutung hat dieses Kurzzeichen?
(4 Punkte)

b) Für welches Wärmebehandlungsverfahren ist der Werkstoff geeignet?
(4 Punkte)

c) Aus welchen Arbeitsschritten besteht dieses Wärmebehandlungsverfahren?
(4 Punkte)

d) Welche besonderen Eigenschaften erhält der Werkstoff durch die Wärmebehandlung?
(4 Punkte)

e) Welche Zugfestigkeit erreicht der Werkstoff durch die Wärmebehandlung?
(4 Punkte)

3 Die Lagerung der Zentrierspitze erfolgt durch die Pos. 5 und 7.

a) Wie wird Pos. 5 bezeichnet?
(3 Punkte)

b) Wie wird Pos. 7 bezeichnet?
(3 Punkte)

c) Welche besonderen Vorteile hat das Lager Pos. 5?
(6 Punkte)

d) Welche besonderen Vorteile hat das Lager Pos. 7? (6 Punkte)

e) Welches Lager nimmt die axiale Spannkraft der Zentrierspitze auf? (4 Punkte)

f) Welche Folgen hätte es, wenn eines der beiden Lager Pos. 5 umgekehrt eingebaut würde? (4 Punkte)

g) Wie kann die Zentrierspitze Pos. 2 ausgebaut werden? (8 Punkte)

4   Pos. 6 ist in der Stückliste mit Sicherungsring DIN 471-30 x 1,5 bezeichnet.

a) Welche Maße muss der Einstich in Pos. 2 zur Aufnahme des Sicherungsringes haben? (6 Punkte)

b) Welche Regeln sind beim Spannen von Stechdrehmeißeln zu beachten? (6 Punkte)

c) Wie sind Schnittgeschwindigkeit und Vorschub beim Einstechdrehen im Vergleich zum Längsdrehen zu wählen? (4 Punkte)

5   Die Zentrierspitze ist ein Spannmittel an der Drehmaschine.

a) In welche Baugruppe der Drehmaschine wird die Zentrierspitze eingesetzt? (3 Punkte)

b) Für welche Dreharbeiten wird die Zentrierspitze verwendet? (4 Punkte)

c) Welche Formen von Werkstückzentrierungen gibt es und wozu werden sie verwendet? (6 Punkte)

d) Welche Arbeitsregeln gelten für das Zentrieren? (4 Punkte)

6   Bei einer Umrüstung der Drehmaschine wird die mechanische Betätigung der Zentrierspitze durch eine pneumatische ersetzt.

a) Zu erstellen ist ein Pneumatikplan für einen doppelt wirkenden Zylinder und ein elektromagnetisch betätigtes 5/2-Wegeventil mit Federrückstellung. (6 Punkte)

b) Für die Steuerung des Pneumatikventils sind die Taster EIN und AUS sowie ein Relais für 24 V DC vorhanden. Zu zeichnen ist der erforderliche elektrische Schaltplan. (8 Punkte)

c) Welches Automatisierungsgerät wäre erforderlich, wenn die elektropneumatische Betätigung der Zentrierspitze von einem CNC-Programm aus erfolgen soll? (4 Punkte)

7   Die Bauteile der Zentrierspitze sollen nach der Wärmebehandlung auf ihre Werkstoffeigenschaften geprüft werden.

a) Welche Härteprüfverfahren sind für die Prüfung gehärteter Stahlteile einsetzbar? (6 Punkte)

b) Das Härteprüfverfahren, das die fertig geschliffene Zentrierspitze Pos. 2 möglichst wenig beschädigt, ist zu erläutern. (8 Punkte)

c) Wie lässt sich die Zugfestigkeit ermitteln, die beim Vergüten des Gehäuses (Pos. 1) erreicht wurde? (5 Punkte)

d) Wie lassen sich eventuell beim Härten entstandene Risse ermitteln? (6 Punkte)

8   An der abgebildeten Zentrierspitze sind mehrere Kegelformen dargestellt.

a) Mit welchen Verfahren können Kegel auf einer Universaldrehmaschine gefertigt werden? (6 Punkte)

b) Für welche Kegelformen sind die unter a) genannten Verfahren geeignet? (6 Punkte)

c) Welche Vorteile bieten CNC-Drehmaschinen beim Kegeldrehen? (4 Punkte)

9   Welche Unfallverhütungsmaßnahmen sind beim Arbeiten an Drehmaschinen zu beachten?

(10 Punkte)

10 Moderne Drehmaschinen sind mit einer CNC-Steuerung ausgerüstet. Ihre Konstruktion unterscheidet sich von konventionellen Drehmaschinen.

a) Welche Motoren dienen zum Antrieb der Arbeitsspindel? (4 Punkte)

b) Welche Besonderheit besitzen die Spindeln zum Vorschubantrieb? (6 Punkte)

c) Welche Eigenschaften besitzt das Maschinenbett? (6 Punkte)

d) Welche Steuerungsart ist für das Drehen von Kegeln und Rundungen erforderlich? (4 Punkte)

e) Wie sind die Achsen einer CNC-Drehmaschine festgelegt? (6 Punkte)

f) Welche Vorteile bietet eine zusätzliche C-Achse an einer Drehmaschine? (4 Punkte)

Gesamtpunktzahl: 200. Davon erreicht: . . . . Punkte ≙ . . . .% ≙ Note . . . .

Prüfungseinheit   Technologie 4, Teil 1

Bearbeitungszeit: 60 min
Erlaubte Hilfsmittel: Tabellenbuch, Taschenrechner

1   In welchem Satz N120 ist das Drehen des Radius R5 richtig programmiert? (Hinweis: Werkzeug hinter Drehmitte)

a) N120 G3 X40 Z-15 I5 K0
b) N120 G2 X40 Z-15 I5 K0
c) N120 G3 X40 Z-15 I0 K-5
d) N120 G2 X35 Z15   I0 K5
e) N120 G3 X35 Z15   I0 K5

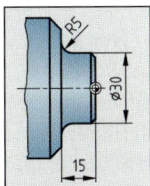

2   Welches Verbindungselement wird im Bild verwendet?

a) Scheibenfeder
b) Zapfenfeder
c) Gleitfeder
d) Passfeder
e) Einlegekeil

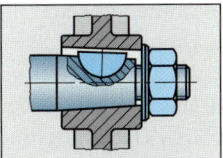

3   Welches Schweißverfahren ist abgebildet?

a) UP-Schweißung
b) WP-Schweißung
c) MIG-Schweißung
d) WIG-Schweißung
e) MAG-Schweißung

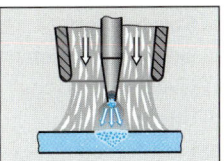

4   Wie groß ist der Flankenwinkel beim metrischen ISO-Gewinde?

a) 55°   b) 3°   c) 30°   d) 60°   e) 33°

5   Wie groß ist der Winkel α für die einfache Zentrierspitze?

a) $\alpha = 30°$ b) $\alpha = 45°$
c) $\alpha = 50°$ d) $\alpha = 60°$
e) $\alpha = 75°$

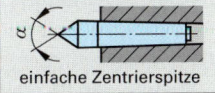

einfache Zentrierspitze

6   Welche Funktion wird bei einem Computer durch die Taste Alt Gr ausgelöst?

a) Die Eingabe wird bestätigt
b) Das Programm wird abgebrochen
c) Eine Programmpause wird begonnen
d) Es werden Grafikzeichen erzeugt
e) Der Bildschirminhalt wird ausgedruckt

7   Welche Kupplung zeigt das Bild?

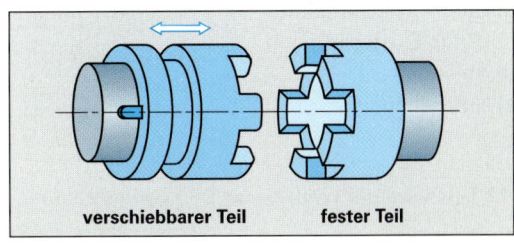

verschiebbarer Teil   fester Teil

a) Schalenkupplung
b) Scheibenkupplung
c) Kreuzgelenkkupplung
d) Klauenkupplung
e) Kegelkupplung

8   Wie wird die dargestellte Feder bezeichnet?

a) Spiralfeder
b) Wendelfeder
c) Schraubendrehfeder
d) Kegelstumpffeder
e) Tellerfeder

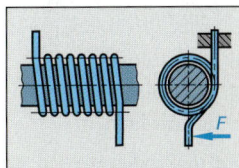

9   Welcher Zahnrädertrieb ist im Bild dargestellt?

a) Stirnrädertrieb mit Außenverzahnung
b) Schraubenrädertrieb
c) Schneckentrieb
d) Kegelrädertrieb
e) Stirnrädertrieb mit Innenverzahnung

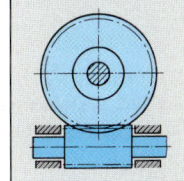

10 Welche geometrische Kurve haben die Zahnflanken eines Zahnrades?

a) Evolvente   b) Zykloide
c) Parabel   d) Hyberbel
e) Ellipse

11 Welches Zahnradmaß wird im Bild mit c bezeichnet?

a) Außendurchmesser
b) Zahnhöhe
c) Zahnkopfhöhe
d) Kopfspiel
e) Teilung

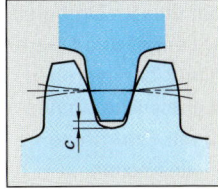

12 Wie wird das im Bild gezeigte Drehverfahren bezeichnet?

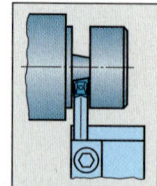

a) Quer-Einstechdrehen

b) Quer-Abstechdrehen

c) Längs-Einstechdrehen

d) Ablängen

e) Nutdrehen

13 Wie wird der Winkel ϰ im Bild genannt?

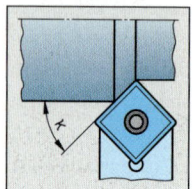

a) Freiwinkel

b) Keilwinkel

c) Einstellwinkel

d) Neigungswinkel

e) Spanwinkel

14 Welches Verfahren zählt *nicht* zu den Fräsverfahren?

a) Formfräsen   b) Planfräsen

c) Wälzfräsen   d) Vorfräsen

e) Rundfräsen

15 In welchem Bild ist die Querschnittsform einer Messer-Werkstattfeile dargestellt?

a)   b)

c)   d)

e)

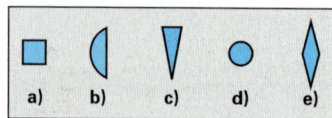

16 Mit welchem Werkzeug erfolgt die Bearbeitung des abgebildeten Werkstückes?

a) Schaftfräser

b) Walzenstirnfräser

c) Winkelstirnfräser

d) Messerkopf

e) Formfräser

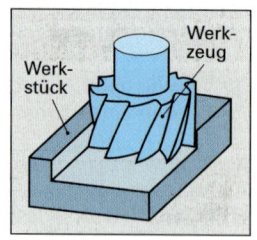

17 Wozu wird der abgebildete Drehmeißel verwendet?

Mit diesem Drehmeißel kann man ...

a) Längs- und Querdrehen

b) nur Längsdrehen

c) Freistiche drehen

d) nur Querdrehen

e) einstechen

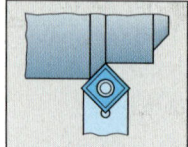

18 In welchem Bild ist eine Fräserschneidplatte abgebildet, die zum Fertigfräsen (Schlichten) geeignet ist?

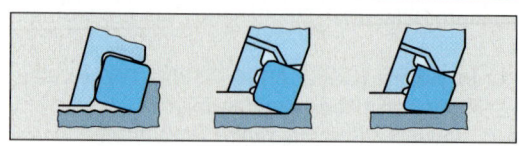

     Bild 1   Bild 2   Bild 3

a) Nur Bild 1

b) Nur Bild 2

c) Nur Bild 3

d) Bilder 1 und 2

e) Bilder 2 und 3

19 Was versteht man unter Plandrehen (Querdrehen)?

a) Drehen der Stirnflächen

b) Drehen der Mantelfläche parallel zur Achse

c) Nach Plan (Zeichnung) drehen

d) Das Werkstück kegelig drehen

e) Das Werkstück zentrieren

20 Das Bild zeigt den Arbeitsvorgang des ...

a) Stirnfräsens

b) Gegenlauffräsens

c) Gleichlauffräsens

d) Stirnens

e) Formfräsens

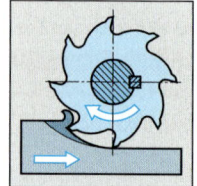

21 Welches der genannten Lager ist für große Kräfte in radialer und einseitig axialer Richtung besonders geeignet?

a) Rillenkugellager

b) Kegelrollenlager

c) Zylinderrollenlager

d) Pendelkugellager

e) Nadellager

22 Wie wird der dargestellte Fräser bezeichnet?

a) Langlochfräser

b) Schaftfräser

c) Nutenfräser

d) Schlitzfräser

e) Formfräser

23 Wie wird die abgebildete Schleifscheibe bezeichnet?

a) Flachscheibe
b) Tellerscheibe
c) Topfscheibe
d) Deckelscheibe
e) Rundscheibe

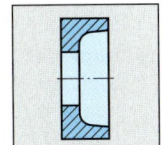

24 Welcher Stoff wird *nicht* als Schleifmittel verwendet?

a) Siliciumkarbid   b) Edelkorund
c) Diamant   d) Bornitrid
e) Dolomit

25 Auf welches Bearbeitungsverfahren weisen die Bearbeitungsriefen im Bild hin?

a) Langhubhonen
b) Stirn-Umfangsfräsen
c) Querplandrehen
d) Bohren
e) Läppen

26 Der dargestellte Schraubenschlüssel ist ein ...

a) Doppelmaulschlüssel
b) Ringschlüssel
c) Gabelsteckschlüssel
d) Drehmomentschlüssel
e) Inbusschlüssel

27 Wie heißt das Drehverfahren zur Herstellung kegeliger Werkstücke?

a) Runddrehen
b) Formdrehen
c) Einstechdrehen
d) Plandrehen
e) Profildrehen

29 Welches Bild zeigt eine Zylinderschraube mit Schlitz nach ISO 1207?

a)
b)
c)
d)
e)

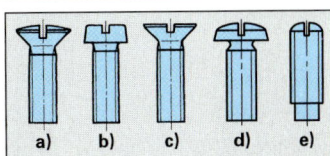

30 Welcher Bearbeitungsvorgang wird im Bild dargestellt?

a) Schleifen eines Stirnfräsers mittels Tellerscheibe
b) Schleifen eines Stirnfräsers mittels Topfscheibe
c) Schleifen eines Walzenfräsers mittels Tellerscheibe
d) Schleifen eines Walzenfräsers mittels Topfscheibe
e) Schlichtfräsen einer Schleifscheibe

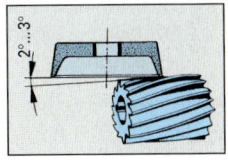

31 Das dargestellte Werkstück besitzt einen ...

a) Rändel mit achsparallelen Riefen
b) Kreuzrändel
c) Links-Rechts-Rändel
d) Keilrändel
e) Schrägungsrändel

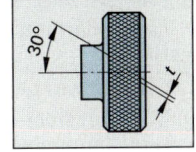

32 Wie unterscheiden sich funkenerosives Senken und funkenerosives Schneiden?

Beim funkenerosiven Schneiden ...
a) ist kein Funkenspalt erforderlich.
b) wird mit einer Drahtelektrode gearbeitet.
c) wird kein Dielektrikum benötigt.
d) können nichtleitende Werkstoffe bearbeitet werden.
e) werden kleine Späne abgehoben.

28 Bei welchem Bild ist der Spanungsquerschnitt hinsichtlich der Standzeit am günstigsten, wenn alle Bilder dieselbe Größe des Spanungsquerschnittes zeigen?

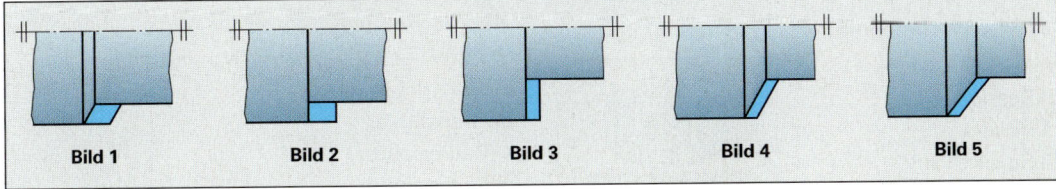

Bild 1   Bild 2   Bild 3   Bild 4   Bild 5

a) Bild 1   b) Bild 2   c) Bild 3   d) Bild 4   e) Bild 5

33 Nach welcher Formel kann der Strom I für die im Bild gezeigte Schaltung berechnet werden?

a) $I = U \cdot R$
b) $I = R : U$
c) $I = U + R$
d) $I = U : R$
e) $I = U - R$

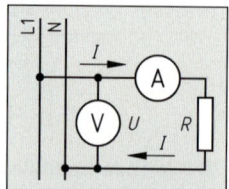

34 Nach welcher Formel berechnet sich der Gesamtwiderstand für die im Schaltbild gezeigte Anordnung?

a) $R = R_1 + R_2 + R_3$
b) $R = R_1 - R_2 - R_3$
c) $R = R_1 \cdot R_2 \cdot R_3$
d) $1/R = 1/R_1 + 1/R_2 + 1/R_3$
e) $1/R = 1/R_1 - 1/R_2 - 1/R_3$

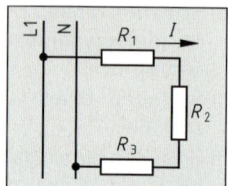

35 Welche Aussage trifft für das gezeichnete Bild zu?

a) Das Bild zeigt eine Flammhärtung
b) Durch die Schleife wird Gleichstrom geführt
c) Das Werkstück wird durch Deduktion gehärtet
d) Das Bild zeigt eine Erwärmung durch Induktion
e) Das Bild zeigt einen Nitrierhärtevorgang

36 Welche Werkstoffeigenschaft kann mit dem im Bild dargestellten Versuch ermittelt werden?

a) Tiefziehfähigkeit
b) Härte nach Brinell
c) Härte nach Rockwell HRC
d) Kerbschlagzähigkeit
e) Mindestzugfestigkeit

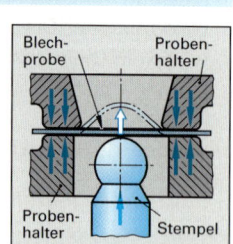

37 Welche Härteprüfung zeigt das Bild?

a) Brinell
b) Rockwell HRA
c) Vickers
d) Rockwell HRC
e) Knoop

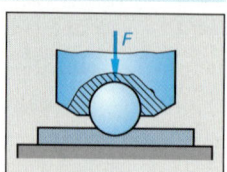

**38 Zwei Bleche aus Zink (Zn) und Kupfer (Cu) werden ungeschützt miteinander verbunden. Es kommt ein Elektrolyt dazu.
(Normalpotential der Metalle:
Kupfer +0,34 V, Zink –0,76 V).
Welcher Werkstoff wird zerstört und wie hoch ist die entstehende galvanische Spannung U?**

a) Zink; $U = 1{,}1$ V
b) Zink; $U = 0{,}48$ V
c) Kupfer; $U = 0{,}48$ V
d) Kupfer; $U = -0{,}42$ V
e) Zink; $U = -0{,}42$ V

39 Wozu kann das dargestellte Messmittel verwendet werden?

Zum ...
a) Übertragen des Messwertes
b) Prüfen eines Bohrungsdurchmessers
c) direkten Messen des Bohrungsdurchmessers eines Grundloches
d) Messen der Breite einer Innennut
e) direkten Messen einer Innennutlänge

40 Welches Maß zeigt der Messschieberausschnitt an?

a) 6,33 mm
b) 60,3 mm
c) 63,25 mm
d) 63,35 mm
e) 68,00 mm

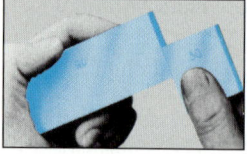

41 Wodurch haften die Endmaße aneinander?

a) Kohäsion
b) Adhäsion
c) Expansion
d) Explosion
e) Klebstoff

42 Wie wird das dargestellte Prüfmittel bezeichnet?

a) Fühlerlehre
b) Grenzfühler
c) Radiuslehre
d) Längenlehre
e) Spalt-Schieblehre

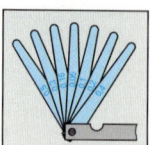

43 Welches Prüfmittel ist im Bild dargestellt?

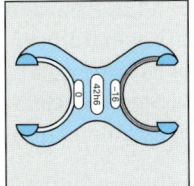

a) Grenzrachenlehre
b) Grenzlehrdorn
c) Lehre für Sechskantschlüsselweiten
d) Anschlagwinkel
e) Gehrungswinkel

44 Welche Zuordnung der Null- und Bezugspunkte einer CNC-Drehmaschine ist richtig?

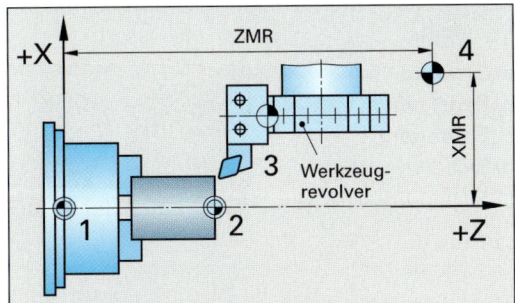

a) 1 ≙ Werkstücknullpunkt W
b) 2 ≙ Werkzeugträger-Bezugspunkt T
c) 3 ≙ Maschinennullpunkt M
d) 4 ≙ Referenzpunkt R
e) Keine der genannten Zuordnungen

45 Wie wird die dargestellte Säge bezeichnet?

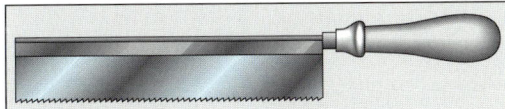

a) Wolfschwanz   b) Bügelsäge
c) Nutensäge   d) Schlitzsäge
e) Einstreichsäge

46 Welches Bild zeigt einen Prismenfräser?

a)
b)
c)
d)
e)

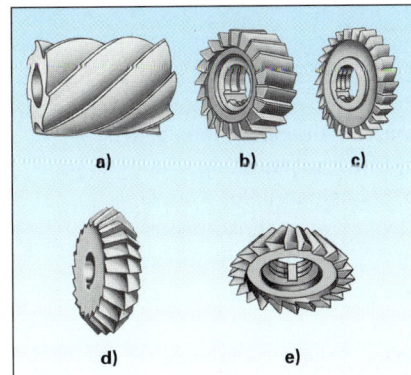

47 Das dargestellte Ventil ist ein ...

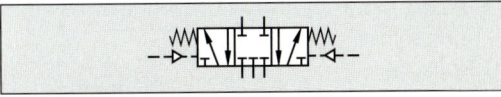

a) handbetätigtes 5/3-Wegeventil
b) druckbetätigtes 5/3-Wegeventil
c) mechanisch betätigtes 5/3-Sperrventil
d) elektrisch betätigtes 5/3-Druckventil
e) druckbetätigtes 5/3-Sperrventil

48 Welches Sinnbild kennzeichnet eine I-Naht?

a)
b)
c)
d)
e)

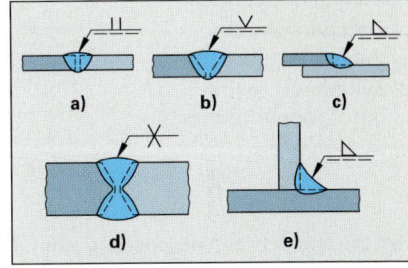

49 Welches Gas wird als Schutzgas beim MAG-Schweißen verwendet?

a) Argon   b) Helium
c) Wasserstoff   d) Kohlendioxid
e) Stickstoff

50 Welche Aussage trifft auf einen Drehstrom-Asynchronmotor zu?

a) Er hat einen niedrigen Anlaufstrom.
b) Er ist robust und einfach im Aufbau.
c) Er benötigt einen Schleifring für die Stromzufuhr zum Läufer.
d) Er hat ein niedriges Anzugsmoment.
e) Er benötigt eine Anlaufhilfe.

51 Wodurch wird das Freischneiden des abgebildeten Sägeblattes erzielt?

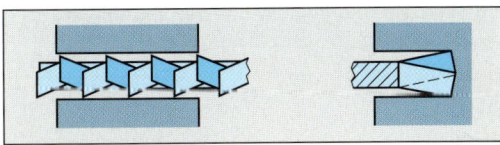

a) Wellen des Blattes
b) Schränken der Zähne
c) Hohlschleifen des Blattes
d) Stauchen des Blattes
e) Einsetzen von Zahnsegmenten

52 Auf welche Art wird im Bild die Kraft übertragen?

a) Kraftschluss
b) Stoffschluss
c) Masseschluss
d) Formschluss
e) Kurzschluss

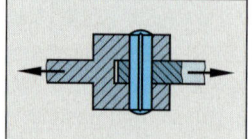

53 Wie heißt die Schraube, die in der gezeigten Verbindung verwendet wird?

a) Kopfschraube
b) Durchsteckschraube
c) Zylinderschraube
   mit Innensechskant
d) Zylinderschraube
   mit Überwurfmutter
e) Stiftschraube

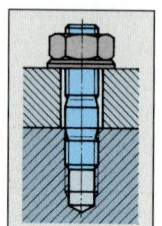

54 Welche Schraubensicherung zeigt das Bild?

a) Kronenmutter
   mit Splint
b) Überwurfmutter
   mit Steckbolzen
c) Sechskantmutter
   mit Stift
d) Sechskantmutter mit Drahtsicherung
e) Sechskantmutter mit Quersicherung

55 Welcher Schraubenschlüssel ist abgebildet?

a) Überwurfschlüssel
b) Sechskantschlüssel
c) Maulschlüssel
d) Steckschlüssel
e) Hakenschlüssel

56 Welches Toleranzfeld hat der abgebildete Zylinderstift?

a) H8
b) h11
c) d7
d) m6
e) H7

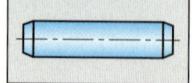

57 Wie bezeichnet man den abgebildeten Stift?

a) Kegelspannstift
b) Knebelkerbstift
c) Passkerbstift
d) Steckkerbstift
e) Zylinderkerbstift

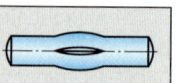

58 Welche Wellensicherung ist im Bild dargestellt?

a) Stellring
b) Kegelstift
c) Sprengring
d) Sicherungsring
e) Sicherungsscheibe

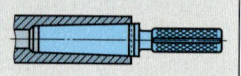

59 Welches Prüfmittel ist im Bild dargestellt?

a) Grenzlehrdorn
b) Grenzlehrhülse
c) Grenzlehrring
d) Kegellehrhülse
e) Kegellehrdorn

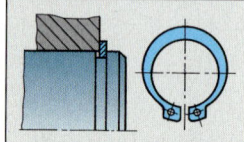

60 Welche Antwort zur Herstellung des dargestellten Kegels ist richtig?

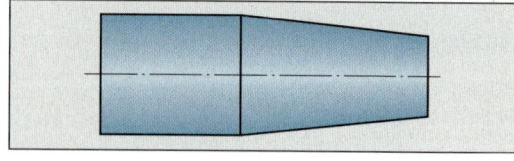

Zur Herstellung des Kegels auf einer CNC-Drehmaschine benötigt man eine ...

a) Streckensteuerung
b) Schneidenradius-Korrektur
c) Werkzeugbahnkorrektur
d) Werkzeuglängenkorrektur
e) Punktsteuerung

Anzahl der Aufgaben: 60. Davon richtig gelöst: . . . . (≙ Note . . . .)

Prüfungseinheit Technologie 4, Teil 2

Bearbeitungszeit: 90 min

Erlaubte Hilfsmittel: Tabellenbuch, Taschenrechner

Lernprojekt: Kreissägewelle mit Lagerung

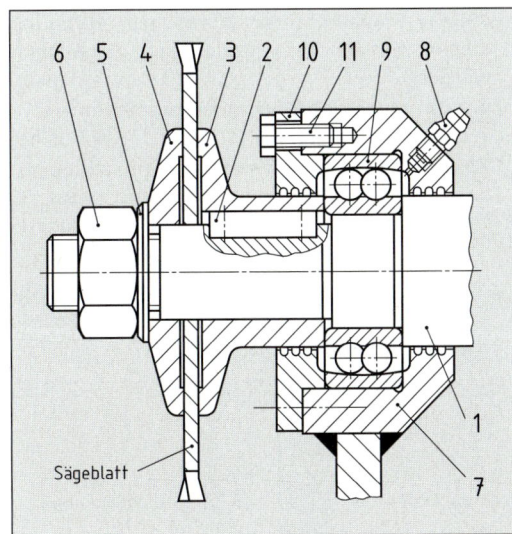

Sägeblatt

Stückliste			
Pos.	Men-ge	Benennung	Werkstoff Norm-Kurzzeichen
1	1	Welle	E295
2	1	Passfeder	DIN 6885-A-8x7 x 30
3	1	Anlage	S275JR
4	1	Spannscheibe	S275JR
5	1	Scheibe	ISO 7090-20-300 HV
6	1	Sechskantmutter	ISO 4032-M20x1,5-8-LH
7	1	Lagergehäuse	S235J2G3 (St 44-3N)
8	1	Schmiernippel	DIN 71412-AM6
9	1	Pendelkugellager	DIN 630-2206 TV
10	1	Deckel	S275JR
11	6	Sechskantschraube	ISO 4017-M6x16-8.8

Hinweis: Die Fragen 1 bis 8 beziehen sich teilweise auf obenstehende Gesamtzeichnung.

---

1 Bei der Kreissägewelle wird das Drehmoment von der Welle (Pos. 1) über die Anlage (Pos. 3) auf das Kreissägeblatt übertragen.

a) Welche Arten der Kraftübertragung unterscheidet man bei Welle-Nabe-Verbindungen?
(8 Punkte)

b) Zu welcher Art der Kraftübertragung gehört die Welle-Nabe-Verbindung bei der Kreissäge (Pos. 1, 2 und 3)?   (4 Punkte)

---

2 Das Pendelkugellager (Pos. 9) wird über den Schmiernippel (Pos. 8) mit Schmierstoff versorgt.

a) Welche Schmierstoffart wird für diese Lager verwendet?   (3 Punkte)

b) Welche Aufgaben hat der Schmierstoff?
(6 Punkte)

c) Wie werden schnell laufende Wälzlager geschmiert?   (6 Punkte)

---

3 Die Übertragung des Drehmoments von Pos. 1 zu Pos. 3 erfolgt mit einer Passfeder.

a) Welche Bedeutung hat die in der Stückliste angegebene Bezeichnung der Passfeder (Pos. 2)?   (8 Punkte)

b) Bestimmen Sie
die Wellennuttiefe t_1
die Nabennuttiefe t_2
die Höhe der Passfeder h (Toleranzgrad h9)
das Höchstspiel P_{SH} und das Mindestspiel P_{SM} zwischen dem Rücken der Passfeder und dem Grund der Nabennut   (10 Punkte)

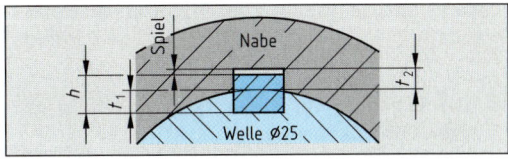

---

4 Mit der Sechskantmutter (Pos. 6) wird das Sägeblatt zwischen Anlage (Pos. 3) und Spannscheibe (Pos. 4) gespannt.

a) Aus welchem Grund wird für die Mutter kein Regelgewinde verwendet?   (5 Punkte)

b) Was bedeutet in der Gewindebezeichnung die Abkürzung „LH" und aus welchem Grund wird ein „LH"-Gewinde verwendet?   (5 Punkte)

c) Warum wird zum Festspannen des Sägeblattes keine Rändelmutter verwendet?   (3 Punkte)

5 Beim Sägen besteht die Gefahr, dass sich das Sägeblatt im Werkstück verklemmt.

a) Wie kann bei einem Sägeblatt für eine Bügelsäge ein Freischneiden erreicht werden?
(4 Punkte)

b) Welche Zahnform besitzen Metallkreissägeblätter und welchen Vorteil haben solche Zähne?
(5 Punkte)

c) Warum werden zum Sägen von S235JR, bei langen Schnitten auch zum Sägen von E360, Sägeblätter mit grober Zahnteilung verwendet?
(6 Punkte)

6 Das Lagergehäuse (Pos. 7) wird durch Schweißen mit dem angedeuteten Lagerträger verbunden.

a) Zu welcher Hauptgruppe der Fertigungsverfahren zählt das Schweißen? (4 Punkte)

b) Das Metall-Lichtbogenschweißen ist zu erläutern.
(5 Punkte)

c) Warum darf das Lagergehäuse (Pos. 7) erst nach dem Anschweißen an den Lagerträger fertigbearbeitet werden? (6 Punkte)

7 Der Innenring des Pendelkugellagers (Pos. 9) muss bei Sägebetrieb Umfangslast aufnehmen.

a) Warum muss zwischen der Welle (Pos. 1) und dem Lagerinnenring Übermaß vorhanden sein? (5 Punkte)

b) Welche Grundabmaße wären bei mittlerer Belastung möglich? (3 Punkte)

c) Welche Montagemöglichkeiten gibt es, wenn das Pendelkugellager (Pos. 9) ohne Kraftaufwand auf die Welle (Pos. 1) montiert werden soll? (5 Punkte)

8 Die Lagerung der Kreissägewelle erfolgt mit dem Pendelkugellager (Pos. 9).

a) Welcher Unterschied besteht zwischen einem Pendelkugellager und einem zweireihigen Rillenkugellager? (5 Punkte)

b) Weshalb ist bei der Lagerung der Kreissägewelle ein Pendelkugellager erforderlich?
(5 Punkte)

c) Wie ist das Pendelkugellager (Pos. 9) gegen das Eindringen von Sägespänen geschützt?
(5 Punkte)

9 Für eine Schweißkonstruktion werden gebogene Stahlbleche (Skizze) benötigt.

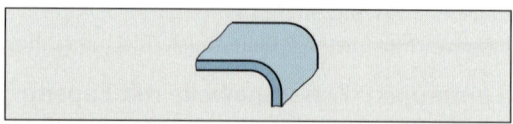

a) Welche Biegeverfahren können zur Fertigung dieser Werkstücke grundsätzlich angewandt werden? (5 Punkte)

b) Warum muss das Blech überbogen werden?
(4 Punkte)

c) Warum darf ein bestimmter Mindestbiegeradius nicht unterschritten werden und wovon ist der Mindestbiegeradius abhängig? (5 Punkte)

10 Das Spannen und Biegen der Stahlbleche von Aufgabe 9 soll pneumatisch mit der skizzierten Anordnung erfolgen.

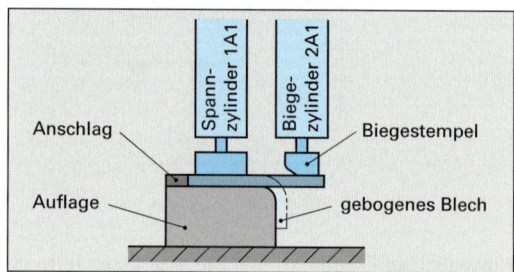

Zu diesem Zweck soll ein Schaltplan für eine pneumatische Steuerung nach folgenden Bedingungen entworfen werden: Bei Erreichen der Endlage soll der Spannzylinder 1A1 ein 3/2-Wegeventil 2S1 betätigen, welches die Umsteuerung des 4/2-Wegeventils 2V1 bewirkt und so den Biegezylinder 2A1 zum Ausfahren veranlasst. Zum abluftgedrosselten Ausfahren soll ein Drosselrückschlagventil 2V2 verwendet werden. Der Biegezylinder 2A1 soll in seiner Ausfahr-Endlage das 3/2-Wegeventil 2S2 betätigen, welches das 4/2-Wegeventil 2V1 umsteuert und den Biegezylinder einfahren lässt. In der Einfahr-Endlage soll durch die Betätigung des 3/2-Wegeventils 1S3 das 4/2-Wegeventil 1V2 umgesteuert und dadurch der Spannzylinder 1A1 zum Einfahren veranlasst werden. Um der Unfallgefahr vorzubeugen, sind zum Ausfahren des Spannzylinders 1A1 zwei 3/2-Wegeventile 1S1 und 1S2 von Hand gleichzeitig zu betätigen, die über ein Zweidruckventil 1V1 das 4/2-Wegeventil 1V2 umsteuern.
(20 Punkte)

Gesamtpunktzahl: 150. Davon erreicht: . . . .   Punkte ≙ . . . .% ≙ Note . . . .

Prüfungseinheit Technische Mathematik 1, Teil 1

Bearbeitungszeit: 60 min
Erlaubte Hilfsmittel: Taschenrechner, Formelsammlung, Tabellenbuch

1   Wie groß ist die gestreckte Länge des skizzierten Ringes?

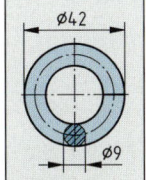

a) 57,3 mm   b) 70,8 mm
c) 84,0 mm   d) 103,7 mm
e) 125,2 mm

2   Für die Passung ⌀ 40 H7/j6 sind das Höchstübermaß und das Höchstspiel zu bestimmen.

Pas-sung	oberes Abmaß μm	unteres Abmaß μm
⌀ 40H7	+25	0
⌀ 40j6	+11	−5

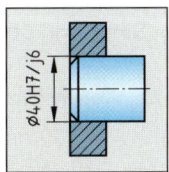

2.1 Wie groß ist das Höchstübermaß?

a) 0,005 mm   b) 0,011 mm
c) 0,016 mm   d) 0,030 mm
e) 0,036 mm

2.2 Wie groß ist das Höchstspiel?

a) 0   b) 0,011 mm
c) 0,016 mm   d) 0,030 mm
e) 0,036 mm

3   Die Diagonale e des skizzierten Rechtecks ist zu bestimmen.

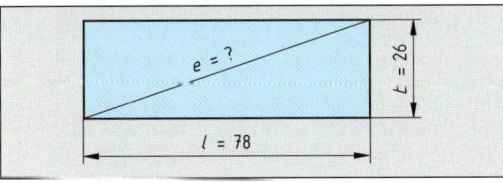

3.1 Welche Formel dient zur Berechnung der Diagonalen e ?

a) $e = \sqrt{(l + b)^2}$ b) $e = \sqrt{(l - b)^2}$
c) $e = \sqrt{2\,l \cdot b}$ d) $e = \sqrt{l^2 - b^2}$
e) $e = \sqrt{l^2 + b^2}$

3.2 Welches gerundete Ergebnis für die Diagonale e ist richtig?

a) 68 mm   b) 73 mm
c) 76 mm   d) 82 mm
e) 98 mm

4   Der Einstellwinkel $\frac{\alpha}{2}$ zum Drehen des skizzierten Kegels und die Kegelverjüngung C sollen berechnet werden.

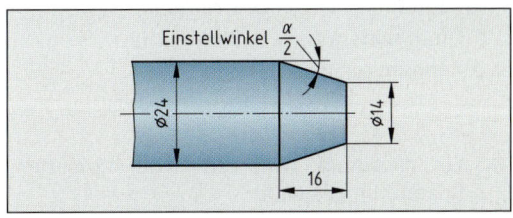

4.1 Nach welcher Formel wird der Einstellwinkel $\frac{\alpha}{2}$ berechnet?

a) $\tan \dfrac{\alpha}{2} = \dfrac{D - d}{2 \cdot L}$

b) $\tan \dfrac{\alpha}{2} = \dfrac{D + d}{2 \cdot L}$

c) $\tan \dfrac{\alpha}{2} = \dfrac{2 \cdot L}{D + d}$

d) $\tan \dfrac{\alpha}{2} = \dfrac{2 \cdot L}{D - d}$

a) $\tan \dfrac{\alpha}{2} = \dfrac{D - d}{D - d}$

4.2 Welches Ergebnis für $\frac{\alpha}{2}$ ist richtig?

a) 10,62°   b) 17,35°
c) 32,00°   d) 40,10°
e) 49,90°

4.3 Wie groß ist die Kegelverjüngung C des skizzierten Kegels?

a) $C = 16 : 1$
b) $C = 1,6 : 1$
c) $C = 1 : 1,6$
d) $C = 1 : 10$
e) $C = 1 : 16$

5 Der Werkzeugschlitten einer Fräsmaschine legt die Vorschubstrecke von 0,24 m in einer Zeit von 35 s zurück.

5.1 Welche Formel dient zur Berechnung der Vorschubgeschwindigkeit?

a) $v = \dfrac{t}{s}$ b) $v = s - t$

c) $v = t \cdot s$ d) $v = \dfrac{s}{t}$

e) $v = s + t$

5.2 Wie groß ist die Geschwindigkeit des Werkzeugschlittens in mm/min?

a) 627 mm/min   b) 7 mm/min

c) 411 mm/min   d) 84 mm/min

e) 204 mm/min

6 Ein Werkstück wird mit dem skizzierten Spannzeug gespannt.

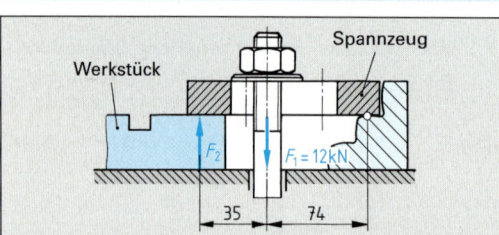

6.1 Welche Formel ist zur Berechnung der Spannkraft F_2 anzuwenden?

a) $F_1 \cdot l_1 = F_2 \cdot l_2$

b) $F_1 \cdot l_2 = F_2 \cdot l_1$

c) $F_2 - l_1 = F_1 - l_2$

d) $F_1 + l_1 = F_2 + l_2$

e) $\dfrac{F_1}{l_1} = \dfrac{F_2}{l_2}$

6.2 Welches Ergebnis für die Spannkraft F_2 ist richtig?

a) 8,1 kN

b) 16,2 kN

c) 25,4 kN

d) 35 kN

e) 74 kN

7 Für den gezeigten Flansch sind die Koordinatenwerte X und Y der Bohrung 1 zu bestimmen.

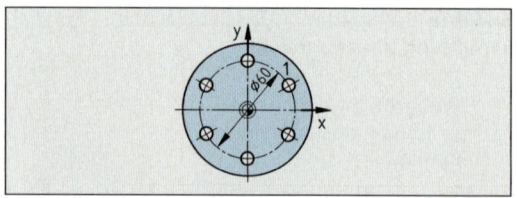

7.1 Welche Winkelfunktionen können zur Berechnung verwendet werden?

a) Sinus und Tangens

b) Sinus und Cosinus

c) Tangens und Cosinus

d) Tangens und Cotangens

e) Sinus und Cotangens

7.2 Welche Ergebnisse sind richtig?

a) X = 30,00 mm,   Y = 15,00 mm

b) X = 25,98 mm,   Y = 30,00 mm

c) X = 15,00 mm,   Y = 25,98 mm

d) X = 25,98 mm,   Y = 15,00 mm

e) X = 30,00 mm,   Y = 25,98 mm

8 Der Achsabstand a des skizzierten Stirnrädertriebes ist zu berechnen.

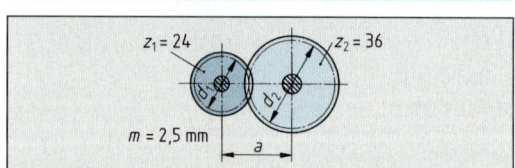

8.1 Nach welcher Formel wird der Achsabstand a berechnet?

a) $a = \dfrac{2 \cdot (z_1 + z_2)}{m}$ b) $a = \dfrac{z_1 + z_2}{2 \cdot m}$

c) $a = \dfrac{2 \cdot (z_1 + m)}{z_2}$ d) $a = \dfrac{z_1 \cdot (z_2 + 2)}{m}$

e) $a = \dfrac{m \cdot (z_1 + z_2)}{2}$

8.2 Welches Ergebnis für a ist richtig?

a) 30 mm   b) 60 mm

c) 75 mm   d) 90 mm

e) 150 mm

9 Eine Flachstahl-Zugstange aus E335 (St 60-2) mit einer Streckgrenze R_e = 325 N/mm² und einer Breite von 30 mm wird mit 30 kN auf Zug beansprucht.

9.1 Wie groß ist die zulässige Zugspannung bei 1,3facher Sicherheit?

a) 100 N/mm²   b) 150 N/mm²
c) 200 N/mm²   d) 250 N/mm²
e) 300 N/mm²

9.2 Wie groß muss der Querschnitt der Zugstange sein?

a) 80 mm²   b) 100 mm²
c) 120 mm²   d) 140 mm²
e) 160 mm²

9.3 Wie dick muss der Flachstahl sein?

a) 3 mm   b) 4 mm
c) 5 mm   d) 6 mm
e) 8 mm

10 Wie hoch muss der Nennstrom einer Sicherung für einen elektrischen Heizstrahler mit einer Leistung von 2000 W bei einer Spannung von 230 V mindestens sein?

a) 6 A
b) 10 A
c) 16 A
d) 20 A
e) 25 A

11 Ein Werkstück aus Stahl mit einer Länge von 120 mm hat kurz nach der Bearbeitung eine Temperatur von 42 °C.
Wie groß ist der Messfehler, wenn es mit einer Bügelmessschraube gemessen wird, die eine Temperatur von 20 °C hat?
(Der thermische Längenausdehnungskoeffizient von Stahl ist α_{St} = 0,000 012 1/°C.)

a) 0,012 mm
b) 0,029 mm
c) 0,032 mm
d) 0,044 mm
e) 0,060 mm

12 Wie groß ist die Masse des gezeichneten Werkstücks aus EN AC-Al Mg5? (ϱ = 2,6 kg/dm³)

a) 400 g
b) 416 g
c) 500 g
d) 512 g
e) 516 g

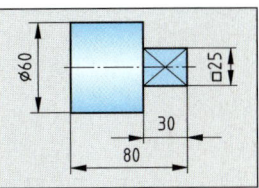

13 Der Arbeitskolben der skizzierten hydraulischen Presse wird um die Strecke s_2 angehoben, wenn der Druckkolben um die Strecke s_1 = 32 mm nach unten verfahren wird.

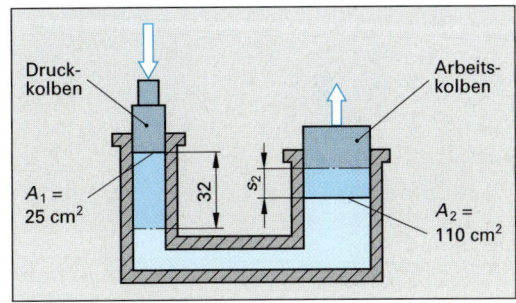

13.1 Nach welcher Formel wird die Berechnung der Strecke s_2 durchgeführt?

a) $\dfrac{s_2}{s_1} = \dfrac{A_2}{A_1}$

b) $\dfrac{s_1}{s_2} = \dfrac{A_1}{A_2}$

c) $\dfrac{s_1}{s_2} = A_2 \cdot A_1$

d) $s_2 \cdot s_1 = \dfrac{A_2}{A_1}$

e) $\dfrac{s_1}{s_2} = \dfrac{A_2}{A_1}$

13.2 Welches Ergebnis für s_2 ist richtig?

a) 7,3 mm
b) 8 mm
c) 9,4 mm
d) 10 mm
e) 11 mm

14 Mit dem skizzierten Keilriementrieb soll ein Gesamtübersetzungsverhältnis von 0,1 (1 : 10) erzielt werden.

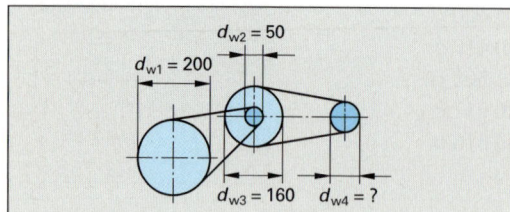

$d_{w2} = 50$
$d_{w1} = 200$
$d_{w3} = 160$ $d_{w4} = ?$

14.1 Welche Formel für das Gesamtübersetzungsverhältnis ist richtig?

a) $i = \dfrac{d_{W2} \cdot d_{W3}}{d_{W1} \cdot d_{W4}}$

b) $i = \dfrac{d_{W1} \cdot d_{W4}}{d_{W2} \cdot d_{W3}}$

c) $i = \dfrac{d_{W1} \cdot d_{W2}}{d_{W3} \cdot d_{W4}}$

d) $i = \dfrac{d_{W2} \cdot d_{W4}}{d_{W1} \cdot d_{W3}}$

e) $i = \dfrac{d_{W1} \cdot d_{W3}}{d_{W2} \cdot d_{W4}}$

14.2 Welchen Wirkdurchmesser d_{W4} muss das letzte Keilriemenrad haben?

a) 32 mm
b) 48 mm
c) 64 mm
d) 80 mm
e) 96 mm

15 Wie viel Lochabstände sind bei einem Teilkopf mit einem Übersetzungsverhältnis $i = 40 : 1$ auf dem 49er Lochkreis weiterzukurbeln, wenn ein Zahnrad mit 56 Zähnen gefräst wird?

a) 35
b) 40
c) 45
d) 49
e) 56

16 Ein Fräskopf zum Fräsen von Leichtmetall besitzt $z = 22$ Zähne und einen Durchmesser $d = 420$ mm. Er arbeitet mit einer Schnittgeschwindigkeit $v_c = 950$ m/min und einer Vorschubgeschwindigkeit $v_f = 1100$ mm/min.

16.1 Nach welcher Formel wird die Drehzahl n des Fräskopfs berechnet?

a) $n = \dfrac{d}{\pi \cdot v_c}$

b) $n = \dfrac{\pi}{d \cdot v_c}$

c) $n = \dfrac{v_c}{\pi \cdot d}$

d) $n = v_c \cdot \pi \cdot d$

e) $n = \dfrac{v_c \cdot d}{\pi}$

16.2 Welche Formel ergibt sich, wenn in die Formel $f_z = \dfrac{v_f}{z \cdot n}$, die zum Berechnen des Vorschubes je Fräserzahn dient, die Formel für die Drehzahl n eingesetzt wird?

a) $f_z = \dfrac{v_f \cdot d \cdot z}{\pi \cdot v_c}$

b) $f_z = \dfrac{v_f \cdot \pi \cdot v_c}{d \cdot z}$

c) $f_z = \dfrac{v_f \cdot \pi}{z \cdot d \cdot v_c}$

d) $f_z = \dfrac{v_f}{z \cdot v_c \cdot \pi \cdot d}$

e) $f_z = \dfrac{v_f \cdot \pi \cdot d}{z \cdot v_c}$

16.3 Wie groß ist der gerundete Wert für den Vorschub f_z je Fräserzahn?

a) 0,035 mm
b) 0,07 mm
c) 0,28 mm
d) 0,36 mm
e) 0,44 mm

Anzahl der Aufgaben: 30.   Davon richtig gelöst: . . . . (≙ Note . . . .)

Prüfungseinheit   Technische Mathematik 1, Teil 2

Bearbeitungszeit: 90 min
Erlaubte Hilfsmittel: Taschenrechner, Tabellenbuch, Formelsammlung

Lernprojekt: Kreissägewelle mit Lagerung

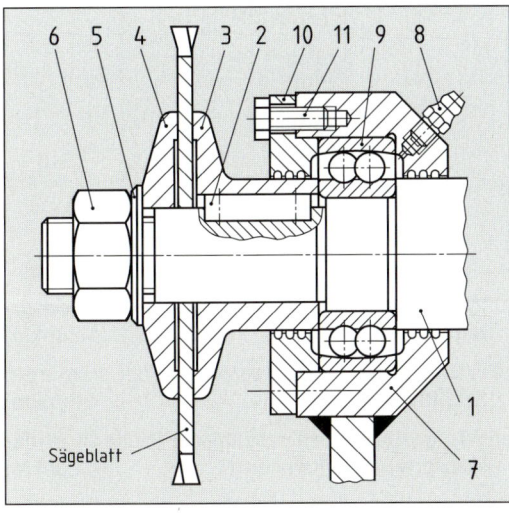

Sägeblatt

Stückliste			
Pos.	Menge	Benennung	Werkstoff Norm-Kurzzeichen
1	1	Welle	E295 (St50-2)
2	1	Passfeder	DIN 6885-A-8 x 7 x 32
3	1	Anlage	S275JR (St44-2)
4	1	Spannscheibe	S275JR (St44-2)
5	1	Scheibe	ISO 7090-21-300 HV
6	1	Sechskantmutter	ISO 4032-M20 x 1,5-8-LH
7	1	Lagergehäuse	S235J2G3 (St44-3N)
8	1	Schmiernippel	DIN 71412-AM6
9	1	Pendelkugellager	DIN 630-2206 TV
10	1	Deckel	S275JR (St44-2)
11	6	Sechskantschraube	ISO 4017-M6 x 16-8.8

Hinweis: Die Aufgaben 1 bis 4 beziehen sich auf die oben gezeigte Kreissägewelle.

1 Das Nenndrehmoment des Kreissägemotors beträgt $M_N = 25$ N · m. Es wird über die Passfeder (Pos. 2) auf die Anlage (Pos. 3) übertragen. Der Wellenzapfen mit der Passfedernut hat den Durchmesser 32 mm.

Welche Scherspannung herrscht in der Passfeder bei Nennbetrieb (Bild)?   (10 Punkte)

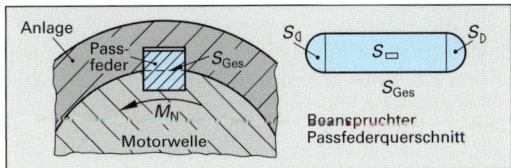

2 Das Sägeblatt wird von der Anpresskraft der Spannscheibe (Pos. 4) auf die Anlage (Pos. 3) gespannt. Der innere Durchmesser der Anpressfläche der Spannscheibe beträgt 70 mm, der äußere Durchmesser 86 mm.

Wie groß ist die Anpressfläche der Spannscheibe? (4 Punkte)

3 Die Feststellmutter (Pos. 6) wird mit einem Schraubenschlüssel mit einer wirksamen Hebellänge von 262 mm und einer Handkraft von 100 N angezogen.

Wie groß ist die Spannkraft auf die Spannscheibe, wenn 85% Reibungsverluste angenommen werden? (6 Punkte)

4 Wie groß ist die Flächenpressung der Spannscheibe (Pos. 4) auf das Sägeblatt?

(4 Punkte)

5 Aus einem kaltgewalzten Stahlband DIN EN 10130-DC 03B m-45 x 1,5 werden durch Ausschneiden die skizzierten Laschen gefertigt (Bild).
Die längenbezogene Masse m' des Stahlbandes beträgt 0,53 kg/m, seine Dichte ist $\varrho = 7,85$ kg/dm^3.

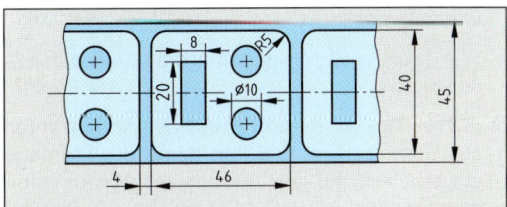

a) Wie viel wiegt eine Lasche? (8 Punkte)
b) Wie groß ist der Streifenvorschub? (2 Punkte)
c) Wie viel Prozent beträgt der Ausnutzungsgrad? (6 Punkte)

6 Die Lasche von Aufgabe 5 wird mit einem Folge-Schneidwerkzeug hergestellt, wobei im 1. Schnitt die Durchbrüche gelocht werden und im 2. Schnitt das Werkstück ausgeschnitten wird.

a) Wie groß ist die maximale Scherfestigkeit des Werkstoffs S235JO? (4 Punkte)

b) Wie groß ist die Schneidkraft für das Lochen? (4 Punkte)

c) Wie groß ist die Schneidkraft für das Ausschneiden des Werkstücks? (4 Punkte)

7 Die im Bild gezeigte Radnabe soll auf einer CNC-Drehmaschine gefertigt werden.

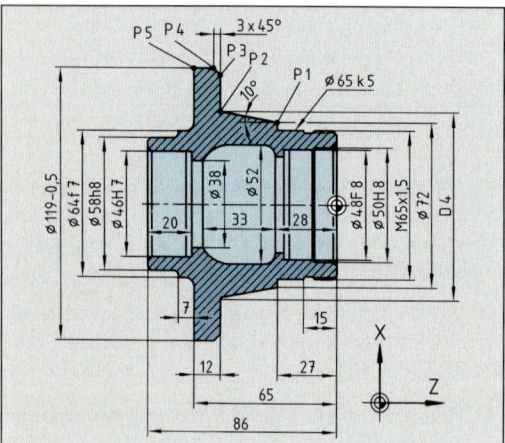

a) Wie groß ist das fehlende Maß D_4? (5 Punkte)

b) Welche Koordinatenmaße haben die Punkte P1 bis P5 (Wegbedingung G90)? (5 Punkte)

8 Die Radnabe (Bild oben) soll in die Bohrung $\varnothing$ 46 H7 einen Wellenzapfen $\varnothing$ 46 s6 aufnehmen.

a) Wie groß sind die Grenzabmaße für Bohrung und Welle? (4 Punkte)

b) Wie groß sind Mindestübermaß und Höchstübermaß? (4 Punkte)

c) Auf welche Temperatur muss der Wellenzapfen aus Stahl gekühlt werden, damit die Montage mit einem Spiel von mindestens 10 μm erfolgen kann? (6 Punkte)
(Ausgangstemperatur: 20 °C)

9 Das skizzierte Getriebe dient zum Antrieb einer Werkzeugmaschine.

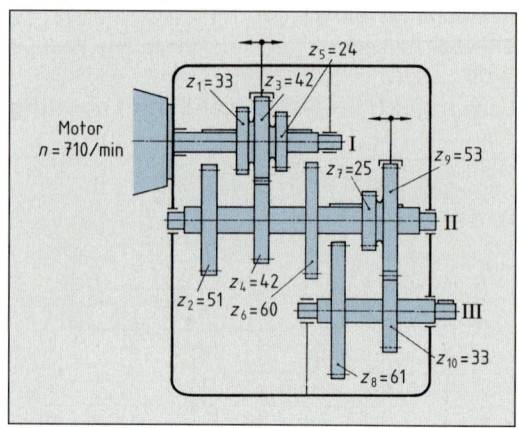

a) Wie viel verschiedene Drehzahlen sind schaltbar? (4 Punkte)

b) Wie groß ist die Übersetzung in der skizzierten Schaltstellung? (4 Punkte)

c) Wie groß ist die Drehzahl der Welle III in der skizzierten Schaltstellung? (4 Punkte)

10 Eine glatte Welle aus dem Stahl C60 mit einem Außendurchmesser von 60 mm und einer Länge von 462 mm soll mit einer unbeschichteten Schneidplatte (P10) in einem Schnitt längs abgedreht werden. Der Vorschub beträgt 0,4 mm.

a) Mit welchem Richtwert der Schnittgeschwindigkeit sollte gedreht werden? (3 Punkte)

b) Welche Drehzahl ist an einer Drehmaschine mit den Drehzahlstufen 280/min, 355/min, 450/min, 560/min, 710/min, 900/min, 1120/min einzustellen? (3 Punkte)

c) Wie groß ist die Hauptnutzungszeit, wenn An- und Überlauf je 3 mm betragen? (6 Punkte)

Prüfungseinheit Technische Mathematik 2, Teil 1

Bearbeitungszeit: 90 min
Erlaubte Hilfsmittel: Taschenrechner, Formelsammlung, Tabellenbuch

1 Von dem Winkel 18,53° soll der Winkel 8° 47′ 30″ abgezogen werden.

1.1 Wie viel Grad, Minuten und Sekunden hat der Winkel 18,53°?

a) 18° 30′ 23″   b) 18° 31′ 48″

c) 18° 50′ 3″   d) 18° 50′ 0,3″

e) 18° 53′

1.2 Wie groß ist der verbleibende Winkel nach der Subtraktion der beiden Winkel?

a) 9° 43′ 37″   b) 9° 44′ 18″

c) 10° 3′ 27″   d) 10° 30′ 33″

e) 10° 6′ 30″

2 Bei dem skizzierten Hydraulikzylinder soll die Kolbenkraft F berechnet werden. Der Reibungsverlust beträgt 15%.

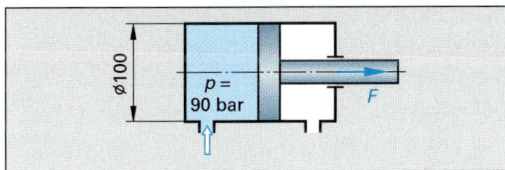

2.1 Nach welcher Formel wird die Kolbenkraft F berechnet?

a) $F = \dfrac{p \cdot \eta}{A}$ b) $F = p \cdot \eta + A$

c) $F = p + A \cdot \eta$ d) $F = p \cdot A \cdot \eta$

e) $F = \dfrac{A \cdot p}{\eta}$

2.2 Welches gerundete Ergebnis für F ist richtig?

a) 46 kN   b) 60 kN

c) 70 kN   d) 80 kN

e) 92 kN

3 Der Wirkungsgrad η eines 2-zähnigen Schneckentriebes ist zu berechnen. Die dem Getriebe zugeführte Leistung beträgt 35,7 kW, die abgegebene Leistung 25 kW.

3.1 Welche Formel zur Berechnung des Wirkungsgrades in Prozent ist richtig?

a) $\eta = \dfrac{P_2 \cdot 100}{P_1}\,\%$ b) $\eta = \dfrac{P_1 \cdot P_2}{100}\,\%$

c) $\eta = \dfrac{100}{P_1 \cdot P_2}\,\%$ d) $\eta = \dfrac{P_1}{100 \cdot P_2}\,\%$

e) $\eta = \dfrac{P_1 \cdot 100}{P_2}\,\%$

3.2 Wie groß ist der Wirkungsgrad?

a) 10,7%   b) 25%

c) 35,7%   d) 60,7%

e) 70%

4 Auf einer Bohrmaschine sollen in ein 47 mm dickes Stahlwerkstück fünfzehn Durchgangslöcher mit 10 mm Durchmesser gebohrt werden. Der Vorschub beträgt 0,18 mm, die Drehzahl 560/min. Der An- und Überlauf betragen jeweils 2 mm.

4.1 Mit welcher Formel wird die Hauptnutzungszeit berechnet?

a) $t_h = \dfrac{n \cdot i}{L \cdot f}$ b) $t_h = \dfrac{i \cdot f}{n \cdot L}$

c) $t_h = \dfrac{L \cdot i}{n}$ d) $t_h = \dfrac{L}{n}$

e) $t_h = \dfrac{L \cdot i}{n \cdot f}$

4.2 Welche Ergebnisse für den Vorschubweg L und den Anschnitt l_s sind richtig?

a) $L = 47$ mm, $l_s = 4$ mm

b) $L = 40$ mm, $l_s = 3$ mm

c) $L = 54$ mm, $l_s = 3$ mm

d) $L = 44$ mm, $l_s = 4$ mm

e) $L = 50$ mm, $l_0 = 2$ mm

4.3 Welches Ergebnis für die Hauptnutzungszeit ist richtig?

a) 29,09 min   b) 8,04 min

c) 12,62 min   d) 5,96 min

e) 7,44 min

5 Ein Kran hebt eine Werkzeugmaschine mit der Masse 2,45 t in 40 Sekunden 3,5 m hoch ($g = 9,81$ m/s²).

5.1 Welche mechanische Arbeit wird dabei verrichtet?

a) 24,73 kJ   b) 26,40 kJ
c) 48,04 kJ   d) 60,00 kJ
e) 84,12 kJ

5.2 Wie groß ist die mechanische Hubleistung?

a) 0,63 kW   b) 0,66 kW
c) 1,28 kW   d) 2,10 kW
e) 9,61 kW

6 Die Flächenpressung am Kopf eines Schneidstempels mit der Fläche $A = 14$ mm x 22 mm soll bei einer Schneidkraft $F = 26\ 200$ N berechnet werden.

6.1 Welche Formel dient zur Berechnung der Flächenpressung p?

a) $p = F \cdot A$ b) $p = \dfrac{A}{F}$

c) $p = \dfrac{F \cdot A}{2}$ d) $p = \dfrac{F}{A}$

e) $p = F + A$

6.2 Welches Ergebnis für p ist richtig?

a)   36 N/mm²
b)   85 N/mm²
c)   92 N/mm²
d) 262 N/mm²
e) 308 N/mm²

7 Bei der skizzierten geneigten Ebene verhindert eine Kraft F das Abrollen der Last.

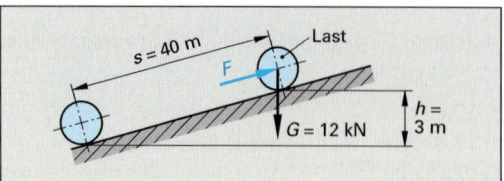

7.1 Wie lautet die Formel zur Berechnung der Kräfte und Strecken bei der schiefen Ebene? (Reibung bleibt unberücksichtigt)

a) $F \cdot h = G \cdot s$ b) $F \cdot G = h \cdot s$
c) $F + s = G + h$ d) $F \cdot s = G \cdot h$
e) $F : s = G : h$

7.2 Welches Ergebnis für F ist richtig?

a)   600 N   b) 1450 N
c)   900 N   d) 9000 N
e) 1020 N

8 Durch den Heizdraht eines Glühofens, der an eine Netzspannung von 400 V angeschlossen ist, fließt ein Strom von 10 A.

8.1 Wie groß ist der Widerstand des Heizdrahts?

a) 4000 Ω   b) 400 Ω
c) 40 Ω   d) 27,3 Ω
e) 0,027 Ω

8.2 Welche elektrische Leistung nimmt der Heizdraht auf?

a) 0,027 kW   b) 0,40 kW
c) 4,0 kW   d) 40,0 kW
e) 4000 kW

9 Bei einer Schleifscheibe mit dem Durchmesser $d = 300$ mm darf die Umfangsgeschwindigkeit $v = 35$ m/s nicht überschritten werden.

9.1 Mit welcher Formel wird die maximal zulässige Drehzahl der Schleifscheibe berechnet?

a) $v = \pi \cdot d \cdot n$ b) $v = \dfrac{\pi \cdot d}{n}$

c) $v = \dfrac{\pi \cdot n}{d}$ d) $v = \pi \cdot d^2 \cdot n$

e) $v = \dfrac{\pi \cdot d^2}{n}$

9.2 Wie groß ist die zulässige Drehzahl?

a) 1440/min   b) 2230/min
c) 3000/min   d) 3500/min
e) 4460/min

10   Für den skizzierten Zahnrädertrieb ist die Zähnezahl z_2 zu berechnen.

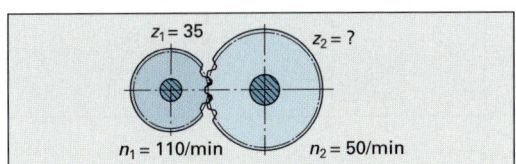

10.1 Wie lautet die Formel zur Berechnung eines einfachen Zahnrädertriebes?

a) $n_1 : z_1 \;=\; z_2 : n_2$

b) $n_1 : n_2 \;=\; z_1 : z_2$

c) $n_1 \cdot z_2 \;=\; n_2 \cdot z_1$

d) $n_1 \cdot n_2 \;=\; z_1 \cdot z_2$

e) $n_1 \cdot z_1 \;=\; n_2 \cdot z_2$

10.2 Welche Zähnezahl ergibt sich für z_2?

a)   77

b)   85

c)   110

d)   145

e)   160

11   Zur Vorbereitung des Kegeldrehens der skizzierten kegeligen Bohrung soll der Durchmesser d bestimmt werden.

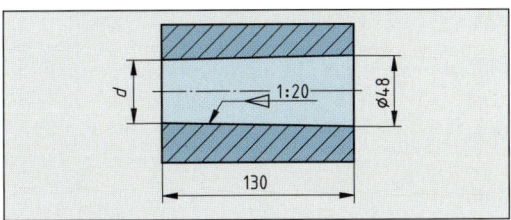

11.1 Welche Formel zur Berechnung der Kegelverjüngung ist richtig?

a) $C \;=\; \dfrac{D-L}{d}$

b) $C \;=\; \dfrac{D-d}{2\cdot L}$

c) $C \;=\; \dfrac{d-L}{D}$

d) $C \;=\; \dfrac{L-d}{D}$

e) $C \;=\; \dfrac{D-d}{L}$

11.2 Welches Ergebnis für d ist richtig?

a) 41,5 mm

b) 42,5 mm

c) 43,5 mm

d) 44,0 mm

e) 48,0 mm

12   Die Seite l_1 des skizzierten Trapezes ist zu berechnen.

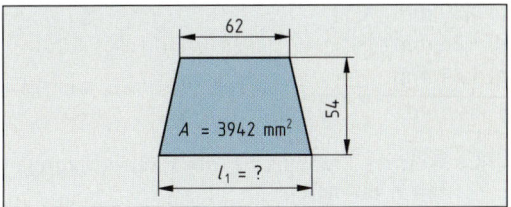

12.1 Welche Formel dient zum Berechnen des Flächeninhaltes des Trapezes?

a) $A \;=\; \dfrac{l_1 + l_2}{b} \cdot 2$

b) $A \;=\; \dfrac{l_1 - l_2}{2} \cdot b$

c) $A \;=\; \dfrac{l_1 - l_2}{b} \cdot 2$

d) $A \;=\; \dfrac{l_1 + b}{2} \cdot l_2$

e) $A \;=\; \dfrac{l_1 + l_2}{2} \cdot b$

12.2 Welcher Wert für l_1 ist richtig?

a)   84 mm

b)   88 mm

c)   92 mm

d) 102 mm

e) 108 mm

13   Wie groß ist das Maß l des skizzierten Werkstücks?

a) 37,5 mm

b) 55,0 mm

c) 68,5 mm

d) 75,5 mm

e) 95,0 mm

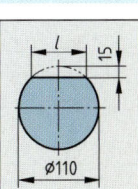

14 Eine Welle wird auf 1,1 m Länge mit einer Drehzahl von 355/min überdreht. Der Spanungsquerschnitt A beträgt 2,4 mm², die Schnitttiefe $a = 3$ mm

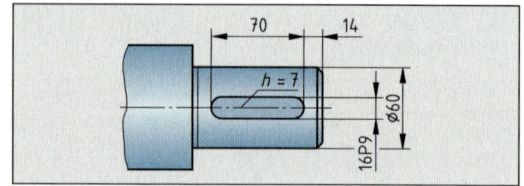

14.1 Wie groß sollte der eingestellte Vorschub sein?

a) 0,08 mm
b) 0,72 mm
c) 0,80 mm
d) 1,25 mm
e) 1,62 mm

16.1 Wie groß ist die Fräslänge L?

a) 84 mm
b) 70 mm
c) 62 mm
d) 56 mm
e) 54 mm

14.2 Welches Ergebnis für die Hauptnutzungszeit t_h ist richtig?
(An- und Überlauf werden nicht berücksichtigt.)

a) 3,5 min
b) 3,9 min
c) 4,2 min
d) 4,8 min
e) 7,2 min

16.2 Wie groß ist die Anzahl der Schnitte i bei einem Anlauf von 0,5 mm?

a) 10
b) 11
c) 12
d) 13
e) 14

15 Wie groß ist die Masse des skizzierten Ringes aus legiertem Stahl?
$(\varrho = 8,1$ kg/dm³)

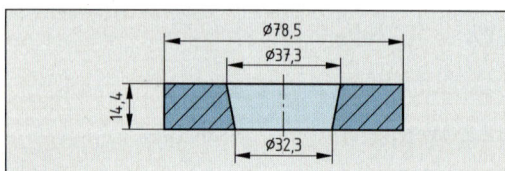

a) 453 g
b) 552 g
c) 591 g
d) 620 g
e) 904 g

16.3 Nach welcher Formel wird die Hauptnutzungszeit t_h berechnet?

a) $t_h = L \cdot i \cdot v_f$

b) $t_h = \dfrac{L \cdot v_f}{i}$

c) $t_h = \dfrac{v_f \cdot i}{L}$

d) $t_h = \dfrac{v_f}{L \cdot i}$

e) $t_h = \dfrac{L \cdot i}{v_f}$

16.4 Welches Ergebnis für t_h ist richtig?

a) 10 min
b) 12 min
c) 15 min
d) 18 min
e) 22 min

16 In die rechts oben gezeigte Welle aus C45E soll eine Passfedernut gefräst werden. Die Vorschubgeschwindigkeit des Fräsers beträgt 70 mm/min, die Zustellung je Schnitt 0,6 mm.

Anzahl der Aufgaben: 34.   Davon richtig gelöst: . . . . ($\triangleq$ Note . . . .)

Prüfungseinheit   Technische Mathematik 2, Teil 2

Bearbeitungszeit: 90 min
Erlaubte Hilfsmittel: Taschenrechner, Formelsammlung, Tabellenbuch

Lernprojekt: Kegelradgetriebe

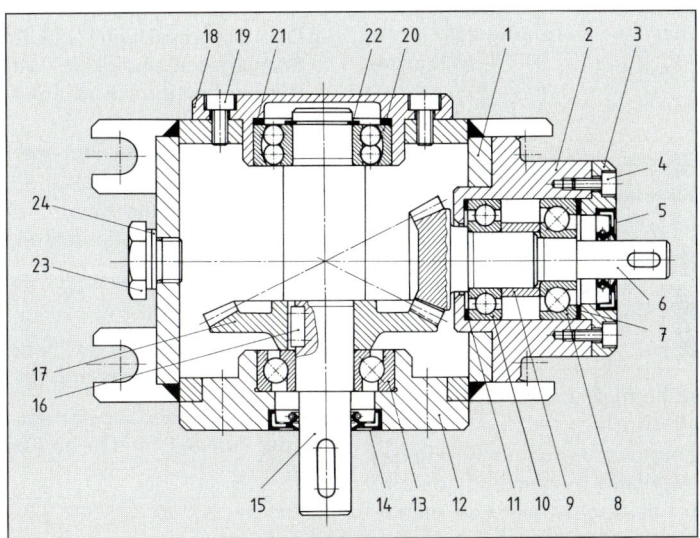

Pos.	Menge	Benennung	Pos.	Menge	Benennung	Pos.	Menge	Benennung
		Stückliste: Kegelradgetriebe						
1	1	Getriebegehäuse	9	1	Abstandsring	17	1	Kegelrad
2	1	Lagergehäuse	10	1	Rillenkugellager	18	1	Lagergehäuse
3	1	Lagerdeckel	11	1	Passscheibe	19	12	Zylinderschraube
4	6	Zylinderschraube	12	1	Lagergehäuse	20	1	Pendelkugellager
5	1	Radial-Wellendichtring	13	1	Schrägkugellager	21	1	Abstandsscheibe
6	1	Kegelradritzel	14	1	Radial-Wellendichtring	22	1	Sicherungsring
7	1	Passscheibe	15	1	Welle	23	1	Verschlussschraube
8	1	Schrägkugellager	16	1	Passfeder	24	1	Flachdichtring

Hinweis: Die Aufgaben 1 bis 3 beziehen sich auf das oben gezeigte Kegelradgetriebe.

1 Mit dem Kegelradgetriebe soll eine Mischtrommel angetrieben werden. Das von einem Elektromotor mit Nenndrehmoment $M_N =$ 124 N·m bei einer Nenndrehzahl $n = 470/$min angetriebene Kegelradritzel (Pos. 6) hat 18 Zähne, das Kegelrad (Pos. 17) der getriebenen Welle (Pos. 15) hat 63 Zähne.

a) Wie groß ist das Übersetzungsverhältnis des Kegelradgetriebes? (2 Punkte)

b) Welche Drehzahl hat die Mischtrommel?
(3 Punkte)

c) Welches Drehmoment liegt an der Welle der Mischtrommel (Pos. 15) an?   (2 Punkte)

d) Welche Leistung wird vom Elektromotor auf die Ritzelwelle (Pos. 6) übertragen?   (3 Punkte)

e) Welche Leistung steht an der Mischtrommel zur Verfügung, wenn der Wirkungsgrad des Kegelradgetriebes 87% beträgt?   (3 Punkte)

2 Im Getriebegehäuse befindet sich eine Öl-füllung von 3,6 Liter. Sie erwärmt sich bei Nennbetrieb des Kegelradgetriebes von 20 °C auf 46 °C.
($\varrho_{Öl}$ = 0,91 kg/dm³, $c_{Öl}$ = 2,09 kJ/kg · K)

a) Welche Wärmemenge wurde dabei auf die Öl-füllung übertragen? (3 Punkte)

b) Um welches Maß dehnt sich die getriebene Welle (Pos. 15) mit einer Anfangslänge von 468 mm (20 °C) bei der Erwärmung aus? (3 Punkte)

3 Der Innenring des Schrägkugellagers (Pos. 13) ist mit einer Übermaßpassung auf dem Wellenzapfen (Pos. 15) montiert.

Bauteil	Grenzabmaße in μm	
Lagerinnenring ⌀ 20 P6	0	– 10
Wellenzapfen ⌀ 20 k6	+ 15	+ 2

a) Welches Mindestübermaß und welches Höchst-übermaß liegen vor? (4 Punkte)

b) Auf welche Temperatur muss der Innenring des Lagers bei der Montage mindestens erwärmt werden, um ihn mit einem Spiel von mindestens 10 μm über den Wellenzapfen zu schieben? (Ausgangstemperatur: 20 °C) (6 Punkte)

4 Eine gelieferte Werkzeugmaschine (m = 2,6 t) soll mit einer Laufkatze an einem Stahldraht-Rundlitzenseil (aus 6 x 7 = 42 Einzeldrähten mit 0,7 mm Durchmesser, Bild) an ihren Standplatz gehoben werden. Der Stahldraht hat eine Nennfestigkeit (Dehngrenze $R_{p0,2}$) von 1770 N/mm², der Sicherheitsfaktor be-trägt 2.

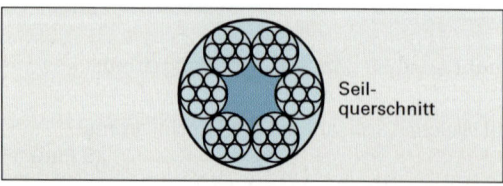

Seil-querschnitt

a) Wie groß ist die zulässige Zugspannung im Stahlseil? (2 Punkte)

b) Wie groß ist der tragende Seilquerschnitt? (4 Punkte)

c) Kann die Werkzeugmaschine mit dem Stahl-drahtseil transportiert werden? (4 Punkte)

5 Ein Stahlflansch aus 42CrMo4 mit einem Außendurchmesser von 360 mm und einem Innendurchmesser von 160 mm soll beidsei-tig plangedreht werden.

Es wird mit einem beschichteten Hartmetallwerk-zeug HC-P25 gespant; der Vorschub beträgt 0,3 mm.

a) Welche Schnittgeschwindigkeit sollte verwen-det werden? (2 Punkte)

b) Die Drehmaschine arbeitet mit konstanter Schnittgeschwindigkeit (Wegbedingung G96). Welche Drehzahl wird am Außendurchmesser erreicht? (3 Punkte)

c) Welche Drehzahl wird am Innendurchmesser erreicht? (2 Punkte)

d) Wie groß ist die Hauptnutzungszeit für diese Dreharbeit, wenn der An- und Überlauf je 4 mm betragen? (6 Punkte)

6 Der gezeigte Umlenkhebel soll auf einem CNC-Bearbeitungszentrum gefertigt werden.

Zur Erstellung des Programms sind die Koordina-ten der Punkte P1 bis P7 im Absolutmaß zu ermit-teln. (10 Punkte)

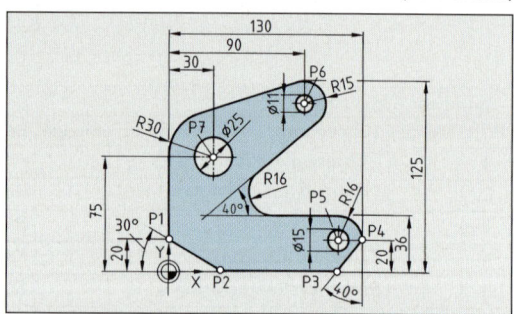

7 Aus Stahlband DC 03 (RRSt13) mit 3 mm Banddicke soll das skizzierte Biegeteil ge-formt werden.

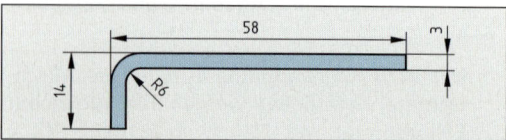

a) Wie lang ist das vom Stahlband abzuschnei-dende Stück? (3 Punkte)

b) Um welchen Winkel muss überbogen werden, um die Rückfederung auszugleichen? (3 Punkte)

c) Ist der Biegeradius R6 zulässig? (3 Punkte)

8 Der Hauptantriebsmotor einer Werkzeugmaschine hat das gezeigte Leistungsschild.

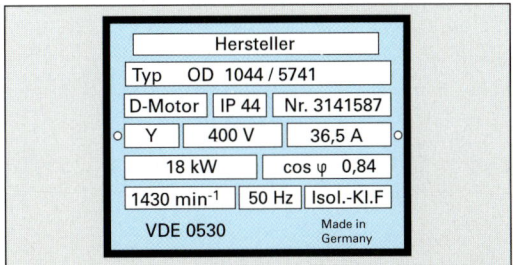

Hersteller		
Typ OD 1044 / 5741		
D-Motor	IP 44	Nr. 3141587
Y	400 V	36,5 A
18 kW		cos φ 0,84
1430 min^{-1}	50 Hz	Isol.-Kl.F
VDE 0530		Made in Germany

a) Wie groß ist die bei Nennbetrieb aus dem Leitungsnetz entnommene elektrische Leistung?
(3 Punkte)

b) Welchen Wirkungsgrad hat der Elektromotor?
(3 Punkte)

c) Welche Energiekosten fallen pro Tag an, wenn
die reine Laufzeit des Motors 6 h 45 min und
der Energiepreis 0,09 €/kWh beträgt?
(3 Punkte)

9 Der Stößel der gezeigten hydraulischen Presse wird von einem Hydraulikkolben bewegt.
Der Wirkungsgrad des Hydraulikzylinders beträgt 88%. Die Masse des Stößels und des
Kolbens beträgt zusammen 450 kg.

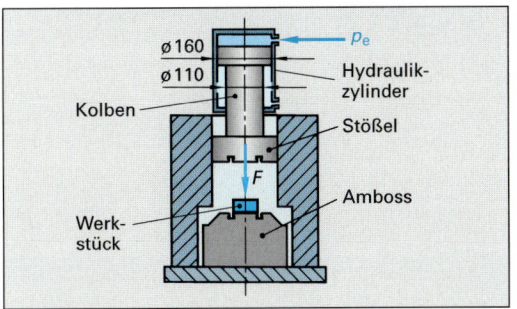

a) Mit welchem Druck muss der Hydraulikkolben
beaufschlagt werden, wenn der Stößel eine
Kraft von 48 000 N auf ein Werkstück ausüben
soll? (8 Punkte)

b) Welcher Druck muss auf der Kolbenstangensei-
te des Zylinders aufgegeben werden, um den
Stößel hochzuheben? (6 Punkte)

10 Der Hydraulikzylinder von Aufgabe 9 wird von
einer Zahnradpumpe mit dem konstanten Volumenstrom 50 l/min angetrieben.

a) Mit welcher Geschwindigkeit fährt der Stößel
nach unten? (3 Punkte)

b) Mit welcher Geschwindigkeit wird der Stößel
angehoben? (3 Punkte)

Gesamtpunktzahl: 100. Davon erreicht: . . . . Punkte ≙ . . . .% ≙ Note . . . .

Prüfungseinheit Technische Kommunikation 1, Teil 1

Bearbeitungszeit: 60 min
Erlaubte Hilfsmittel: Tabellenbuch, Taschenrechner

1 Welche Linie ist nach DIN ISO 128 für die Angabe des Schnittverlaufes vorgeschrieben?

a)
b)
c)
d)
e)

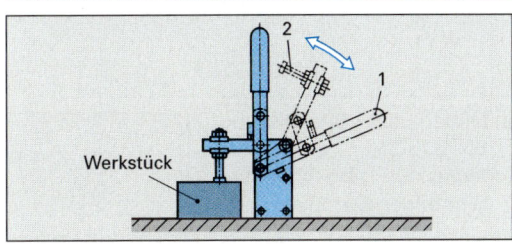

2 In welcher Linienbreite ist eine Maßlinie zu zeichnen, wenn die Zeichnung in der Liniengruppe 0,5 gefertigt wird?

a) 0,7 mm
b) 0,5 mm
c) 0,35 mm
d) 0,25 mm
e) 0,18 mm

3 Welche Aussage zu der dargestellten Spanneinrichtung ist richtig?

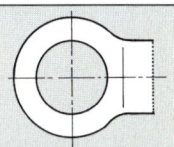

a) Das mit 1 bezeichnete Teil müsste mit einer breiten Volllinie gezeichnet werden
b) Das mit 2 gekennzeichnete Teil müsste mit einer schmalen Volllinie gezeichnet werden
c) Die mit schmalen Strich-Zweipunktlinien gezeichneten Teile stellen eine beliebige Zwischenlage der Spannvorrichtung dar
d) Die mit schmalen Strich-Zweipunktlinien gezeichneten Teile stellen die Endlage der geöffneten Spannvorrichtung dar
e) Keine der genannten Antworten ist richtig

4 In welcher Linienart muss in Maschinenbau-Zeichnungen die mit Punkten dargestellte Abbruchlinie gezeichnet werden?

a) Freihandlinie
b) Schmale Strichpunktlinie
c) Breite Strichpunktlinie
d) Breite Volllinie
e) Schmale Volllinie

5 Welcher der genannten Maßstäbe ist nach DIN ISO 5455 *nicht* genormt?

a) 2 : 1   b) 1 : 2   c) 1 : 5
d) 1 : 10   e) 1 : 25

6 Welche Bedeutung hat der Punkt hinter der Maßzahl 9?

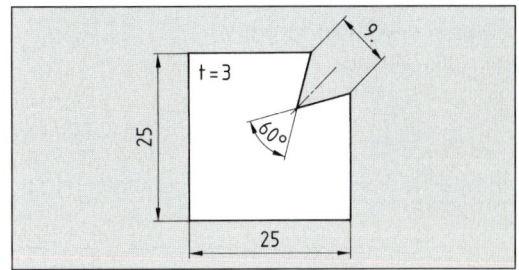

a) Das Maß wird besonders geprüft
b) Eine Verwechslung mit der Zahl 6 soll vermieden werden
c) Der Punkt kennzeichnet die symmetrische Lage der Kerbe
d) Die Kerbe ist nicht maßstäblich dargestellt
e) An die Lagetoleranz der Kerbe werden besondere Anforderungen gestellt

7 Welche Aussage zu dem Sinnbild ist richtig?

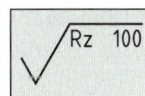

a) Das Bearbeitungsverfahren ist freigestellt, die zulässige gemittelte Rautiefe darf 100 μm nicht überschreiten
b) Spanende Fertigung ist vorgeschrieben, die zulässige gemittelte Rautiefe darf 100 μm nicht überschreiten
c) Spanlose Fertigung ist vorgeschrieben, die zulässige gemittelte Rautiefe darf 100 μm nicht überschreiten
d) Der zulässige Biegeradius ist 100 mm
e) Die höchstzulässige Rücklaufgeschwindigkeit ist 100 m/min

8 In welchem der Bilder ist das Durchmesser-maß normgerecht eingetragen?

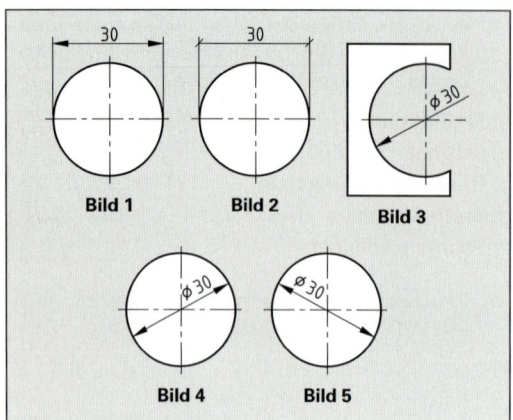

Bild 1   Bild 2

Bild 3

Bild 4   Bild 5

a) Nur in den Bildern 1 und 2
b) Nur in den Bildern 3, 4 und 5
c) Nur in Bild 3
d) Nur in den Bildern 3 und 4
e) In allen Bildern

9 Welche Aussage zu dem dargestellten Teil ist richtig?

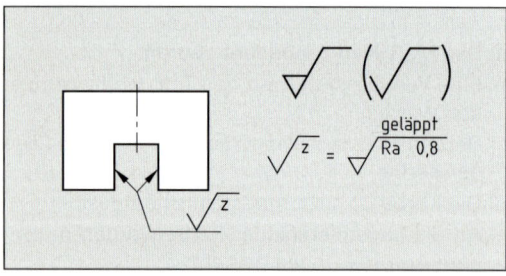

a) Alle Flächen müssen spanend gefertigt werden; die Seitenflächen der Nut werden geläppt, Läppzugabe 0,8 μm
b) Die Bearbeitung ist freigestellt; die Seitenflächen der Nut werden geläppt, zulässiger Mittenrauwert 0,8 mm
c) Alle Flächen müssen spanend gefertigt werden; die Seitenflächen der Nut werden mit einem maximalen Mittenrauwert von 0,8 μm geläppt
d) Alle Flächen mit Ausnahme der Seitenflächen der Nut werden geläppt; zulässiger Mittenrauwert 0,8 μm
e) Diese Art der Eintragung von Oberflächenangaben entspricht nicht DIN ISO 1302

10 Welche Aussage zu dem Sinnbild ist richtig?

a) Die Bearbeitungszugabe beträgt 0,8 μm.
b) Der zulässige Mittenrauwert Ra beträgt 0,8 μm.
c) Die zulässige gemittelte Rautiefe Rz beträgt 0,8 μm.
d) Die zulässige Rautiefe Rt beträgt 0,8 μm.
e) Der Vorschub darf bis 0,8 μm betragen.

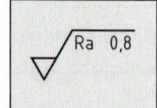

**11 Bei der gezeichneten Laufrolle soll die Bohrung mit einem höchstzulässigen Mittenrauwert von 1,6 μm bearbeitet werden. Die übrigen Flächen bleiben entweder unbearbeitet oder es genügt die durch die üblichen Fertigungsverfahren erzielbare Rauheit.
Welche Behauptung ist hierzu richtig?**

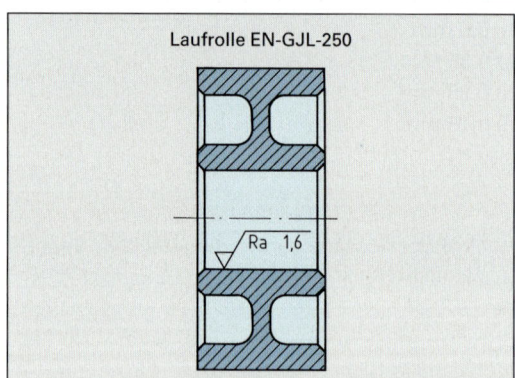

Laufrolle EN-GJL-250

a) Neben der Bezeichnung EN-GJL-250 sind die rechts abgebildeten Sinnbilder einzutragen.

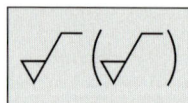

b) Neben der Bezeichnung EN-GJL-250 sind die rechts abgebildeten Sinnbilder einzutragen.

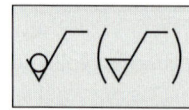

c) Zusätzlich zum Eintrag wie bei a) sind alle Bearbeitungsflächen mit Oberflächenangaben zu versehen.
d) Zusätzlich zum Eintrag wie bei b) sind alle Bearbeitungsflächen mit Oberflächenangaben zu versehen.
e) Es ist kein zusätzlicher Eintrag erforderlich.

12 Welche Behauptung zu nebenstehender Zeichnung ist richtig?

a) Zeichnung und Maßeintragung sind normgerecht

b) Die Maßeintragung ist unvollständig; das Teil kann nicht gefertigt werden

c) Die Maßeintragung 5 x 45° ist nicht normgerecht

d) Die Länge 30 des zylindrischen Ansatzes ist nicht normgerecht eingetragen

e) Für den Eintrag der Nutbreite 30 darf die Mittellinie nicht unterbrochen werden

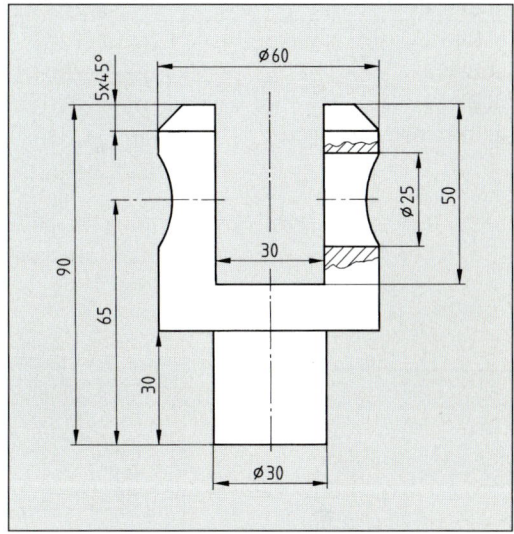

13 In welchem Bild ist eine Verschraubung normgerecht dargestellt?

a) Nur in Bild 1

b) Nur in Bild 2

c) Nur in Bild 3

d) In keinem der 4 Bilder

e) In allen 4 Bildern

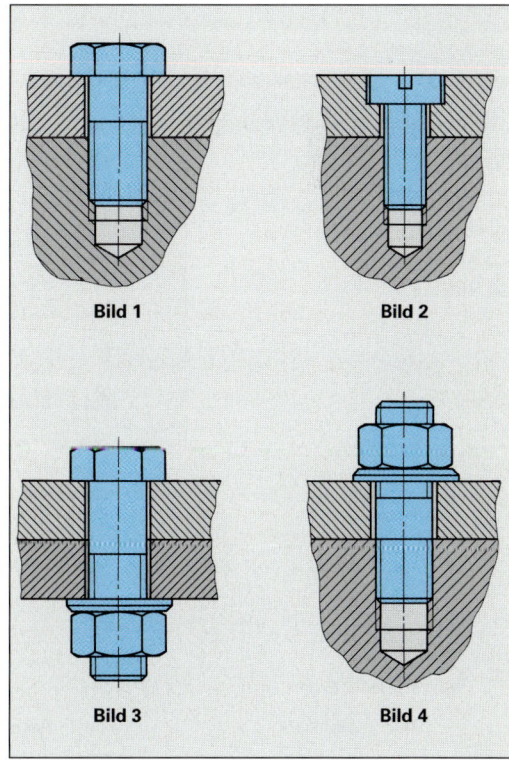

Bild 1　　　　Bild 2

Bild 3　　　　Bild 4

14 In welchem der Bilder ist die Verbindung normgerecht dargestellt?

a) Bild 1
b) Bild 2
c) Bild 3
d) Bild 4
e) In keinem der Bilder

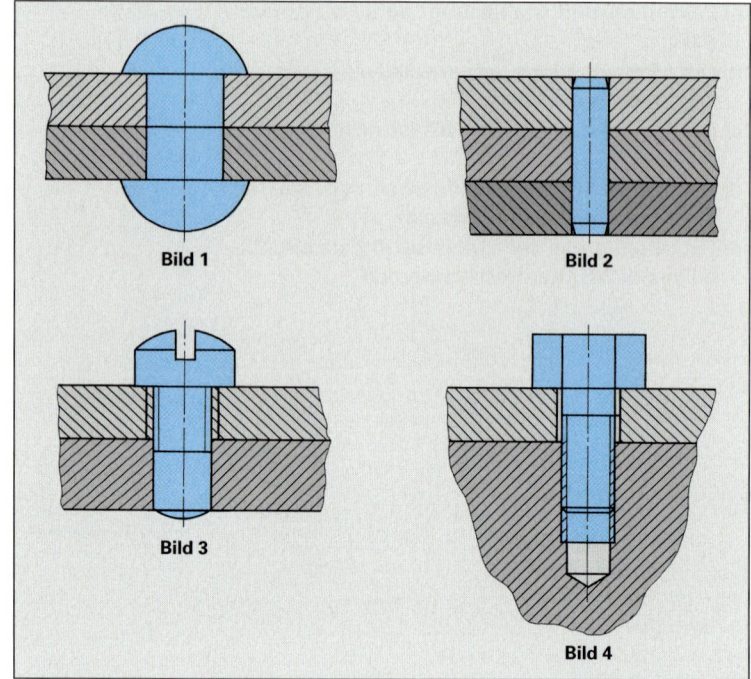

Bild 1

Bild 2

Bild 3

Bild 4

15 In welchem Bild stimmen Darstellung und Benennung überein?

a) Bild 1
b) Bild 2
c) Bild 3
d) Bild 4
e) Bild 5

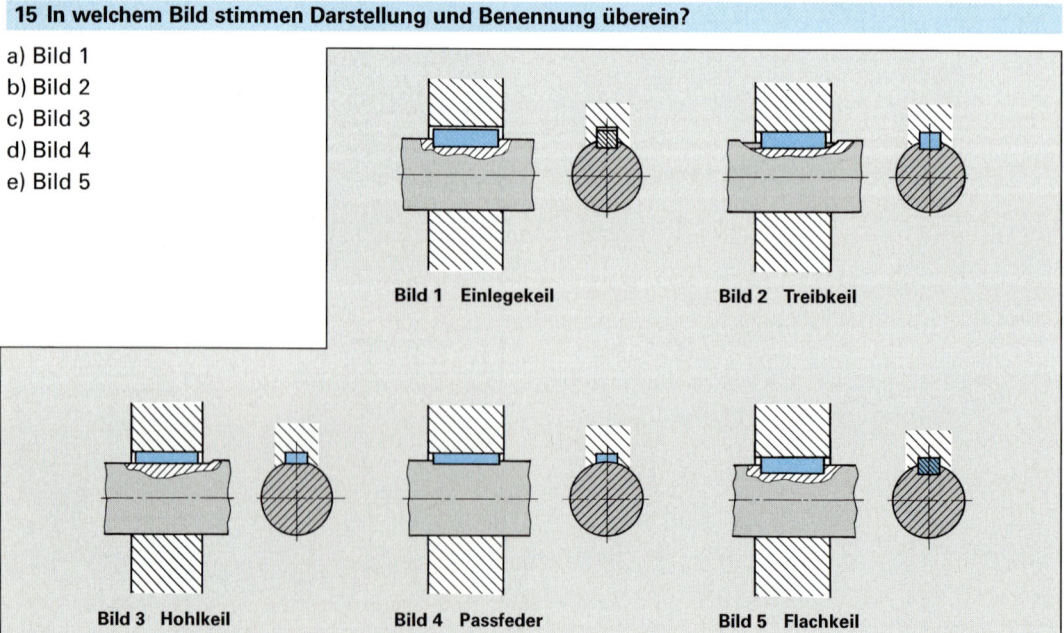

Bild 1   Einlegekeil

Bild 2   Treibkeil

Bild 3   Hohlkeil

Bild 4   Passfeder

Bild 5   Flachkeil

16 Welche Bedeutung hat der Zeichnungseintrag?

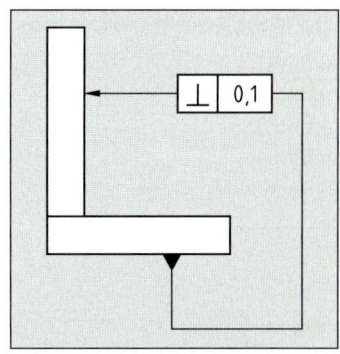

a) Die mit dem Pfeil versehene senkrechte Fläche darf um 0,1 mm vom rechten Winkel zur Unterseite des Werkstückes abweichen

b) Die mit dem Pfeil versehene senkrechte Fläche darf um 0,1 Grad vom rechten Winkel zur Unterseite des Werkstückes abweichen

c) Die rechte und die linke Seite des Steges dürfen um 0,1 mm vom rechten Winkel zur Unterseite des Werkstückes abweichen

d) Die Lage des senkrechten Steges muss auf 0,1 mm mit der Position in der Zeichnung übereinstimmen

e) Die Höhe des senkrechten Steges darf um 0,1 mm von den Maßen in der Zeichnung abweichen.

17 Welche Bedeutung hat das abgebildete Sinnbild?

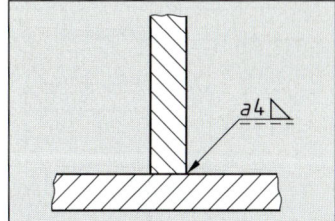

a) Ecknaht, Schweißfuge 4 mm

b) Kehlnaht, Bewertungsgruppe 4

c) Kehlnaht, Nahtdicke 4 mm

d) Kehlnaht, Nahtlänge 4 mm

e) Ecknaht, Nahtlänge 4 mm

18 In welchem Bild ist eine Stirnräderpaarung normgerecht dargestellt?

a) Bild 1
b) Bild 2
c) Bild 3
d) Bild 4
e) Bild 5

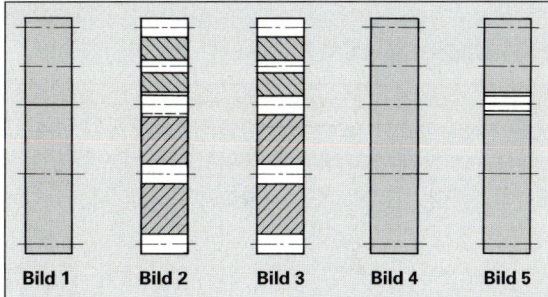

19 In welchem Bild ist das Drehteil normgerecht dargestellt?

a) Bild 1
b) Bild 2
c) Bild 3
d) Bild 4
e) Bild 5

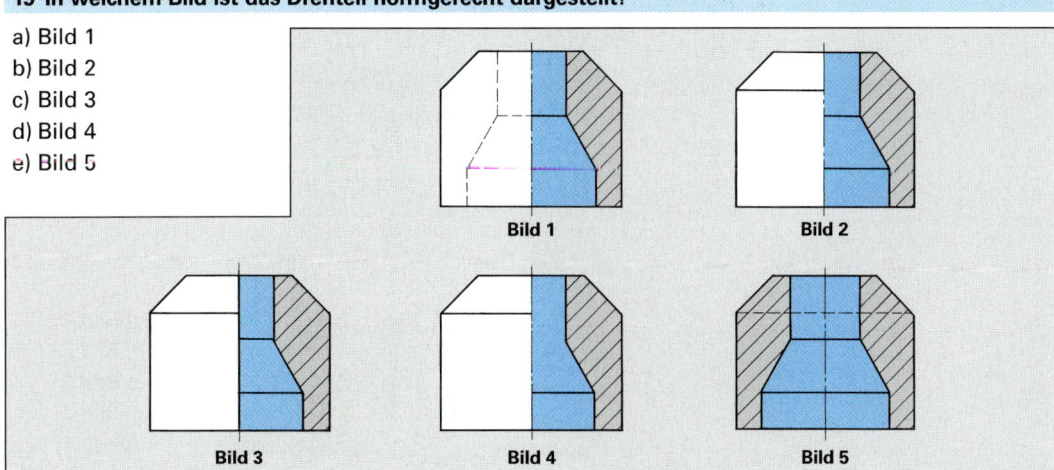

20 Welche Ansicht in Pfeilrichtung ist richtig? (Verdeckte Kanten sind nicht gezeichnet.)

a) Bild 1
b) Bild 2
c) Bild 3
d) Bild 4
e) Keines der Bilder

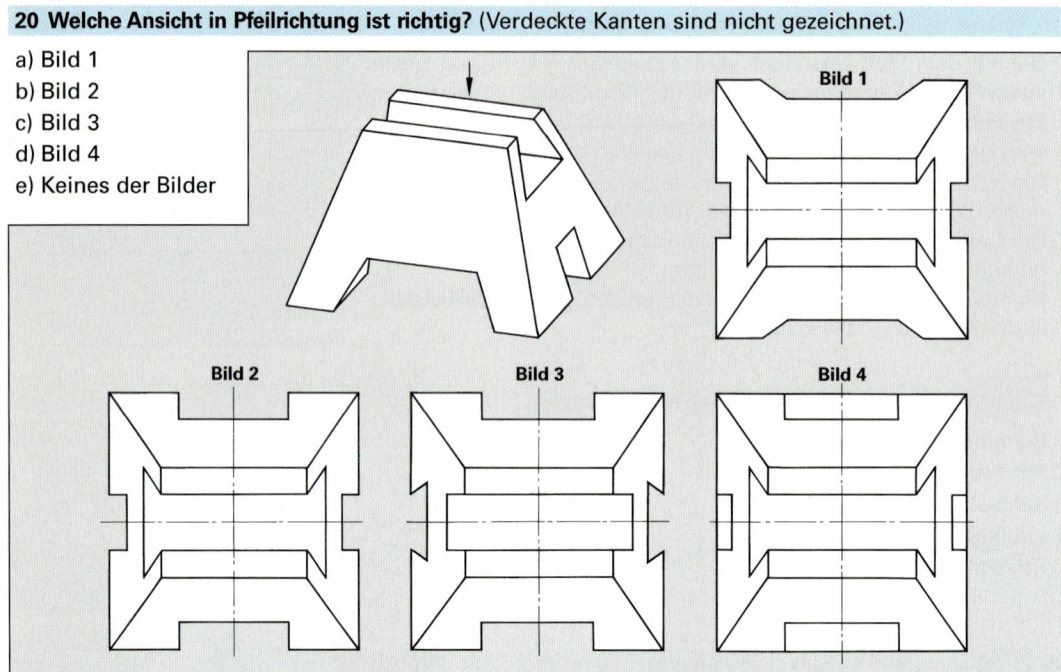

21 Welcher Schnitt C-C ist richtig?

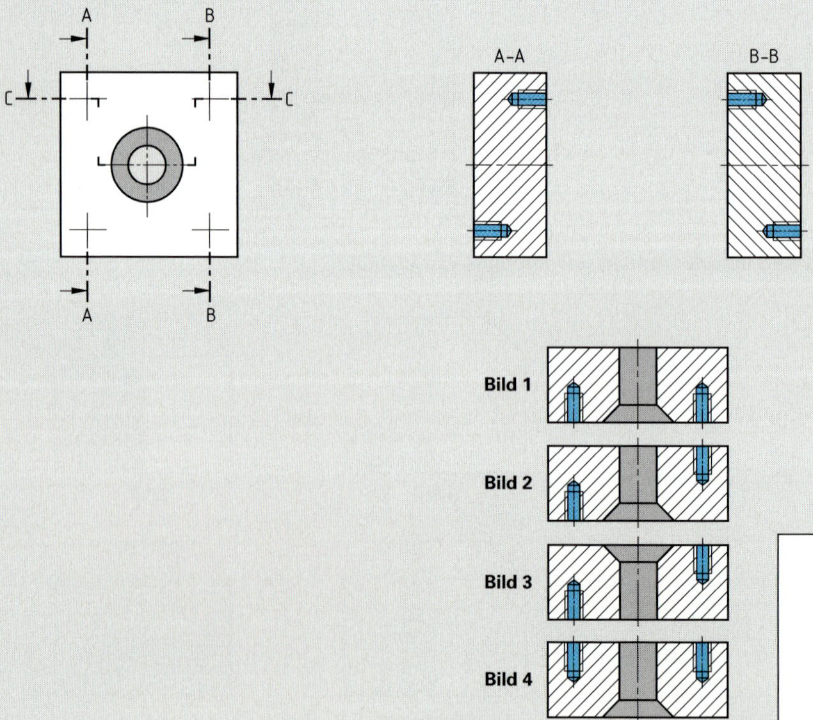

a) Bild 1
b) Bild 2
c) Bild 3
d) Bild 4
e) Keiner der 4 Schnitte

22 Welche Seitenansicht von links ist richtig?

a) Bild 1
b) Bild 2
c) Bild 3
d) Bild 4
e) Bild 5

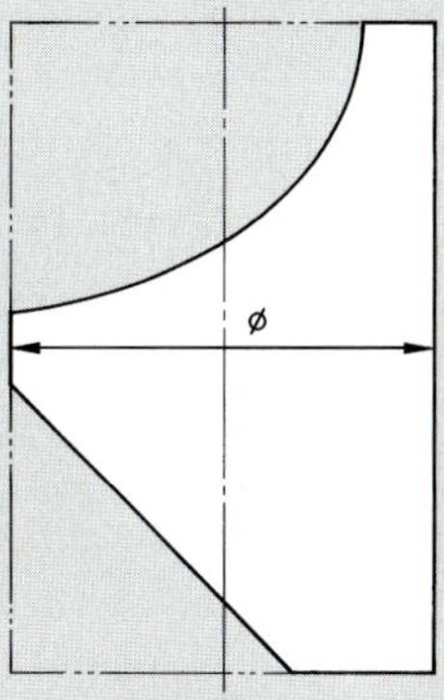

Vorderansicht

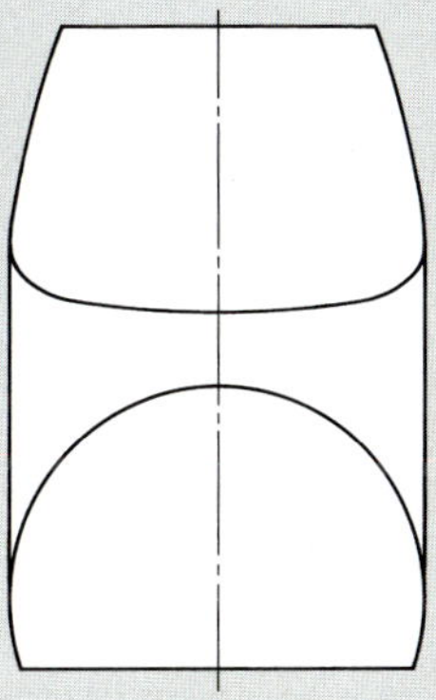

Bild 1 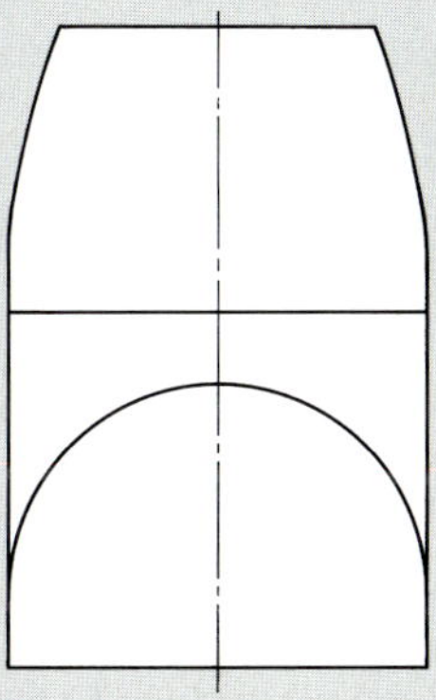   Bild 2 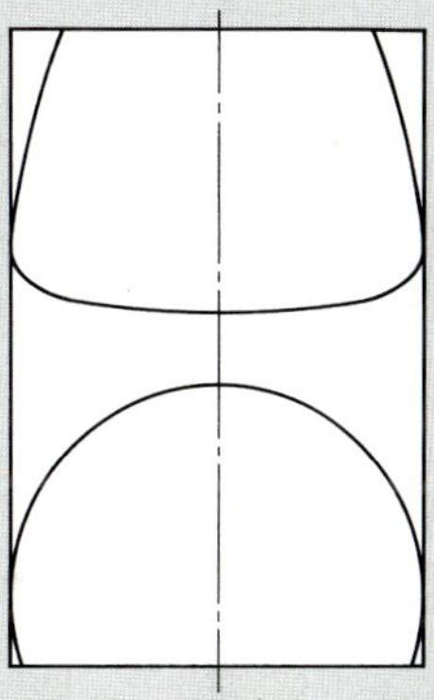   Bild 3

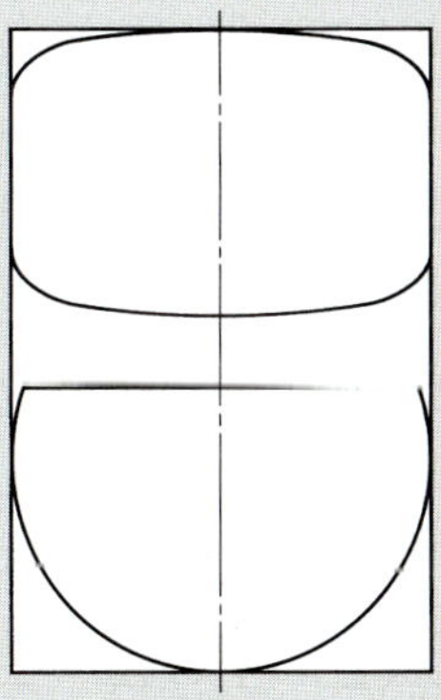

Bild 4 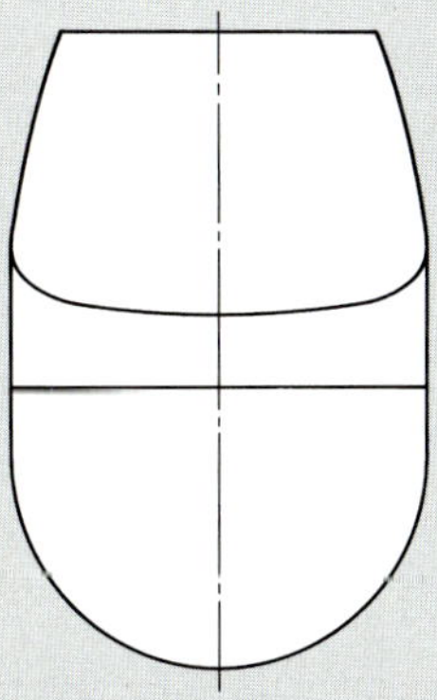   Bild 5

23 Welche Seitenansicht von links (im Schnitt) ist richtig?

a) Bild 1
b) Bild 2
c) Bild 3
d) Bild 4
e) Bild 5

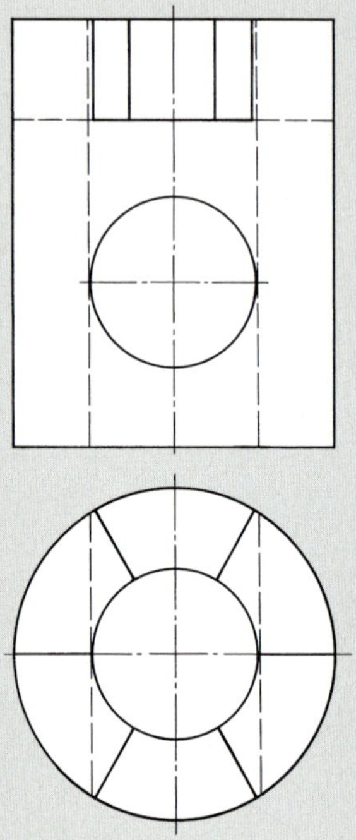

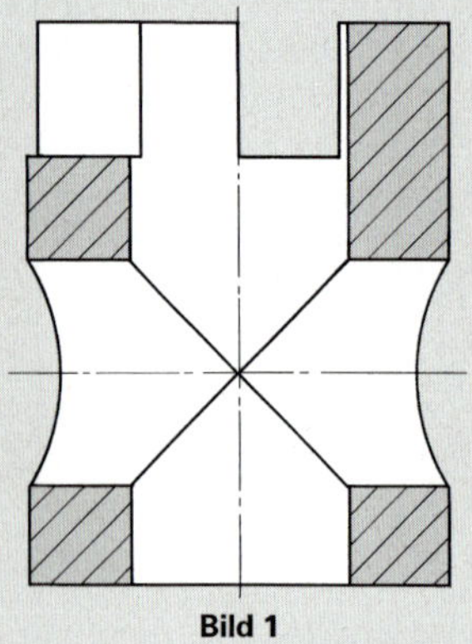

Bild 1

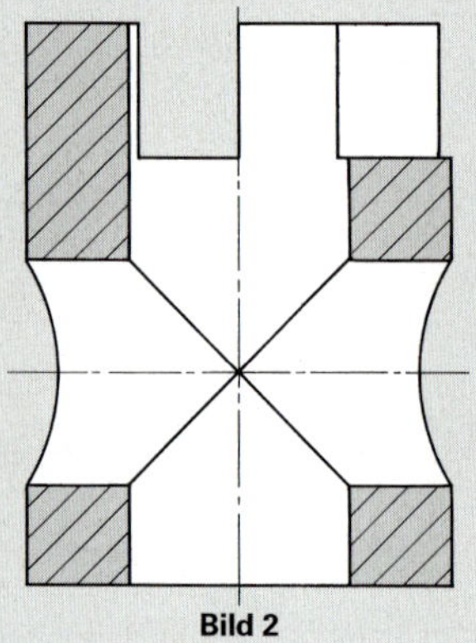

Bild 2

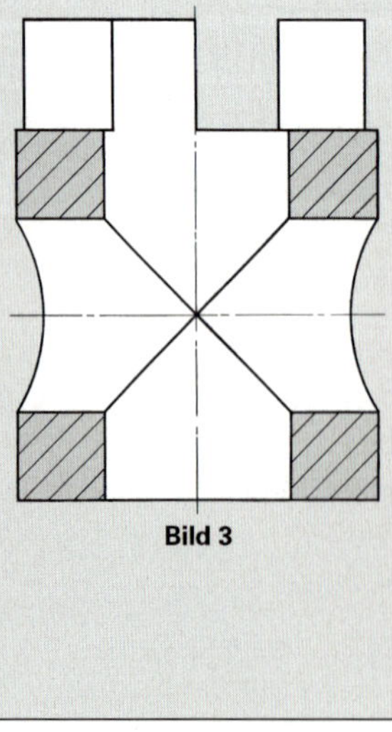

Bild 3

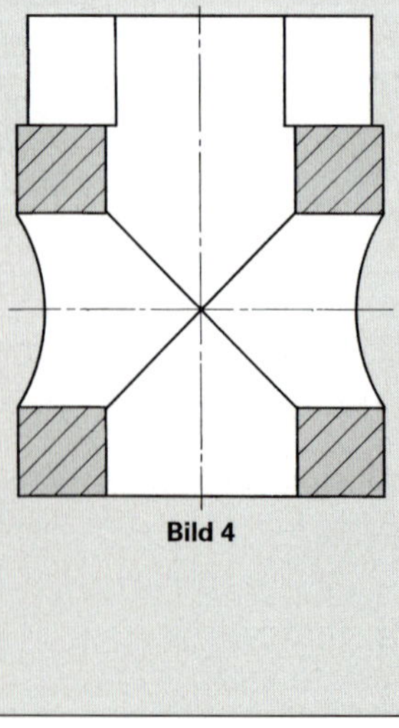

Bild 4

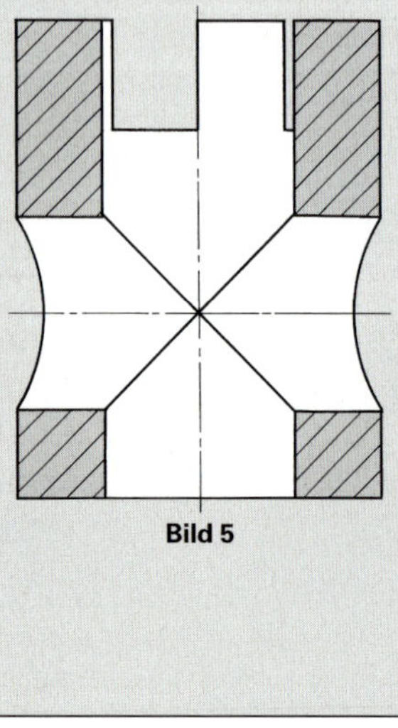

Bild 5

24 Welche Draufsicht ist richtig?

a) Bild 1
b) Bild 2
c) Bild 3
d) Bild 4
e) Bild 5

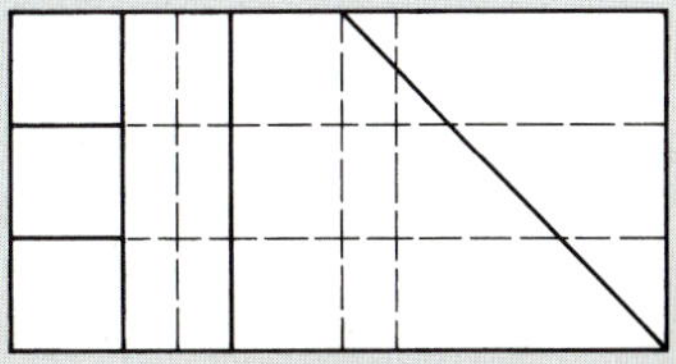

Bild 1

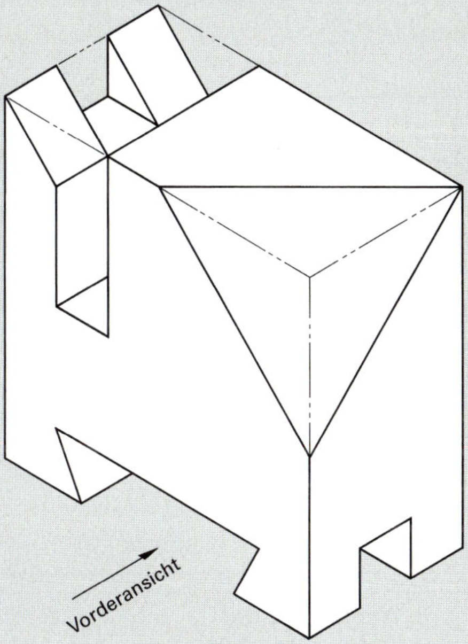

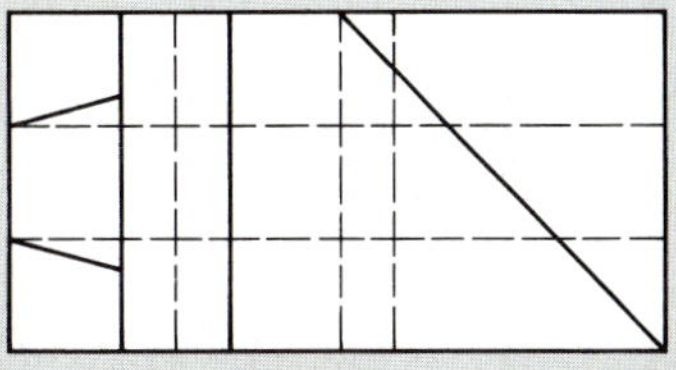

Bild 2

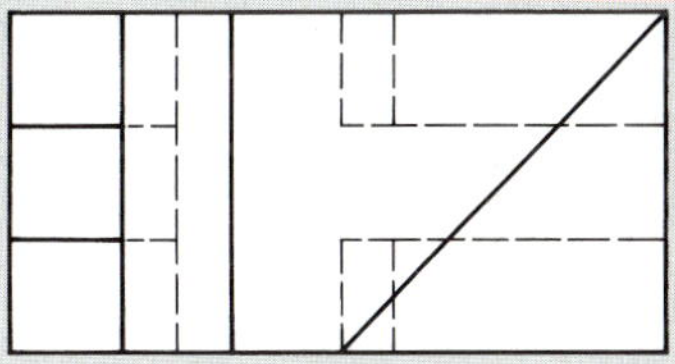

Bild 3

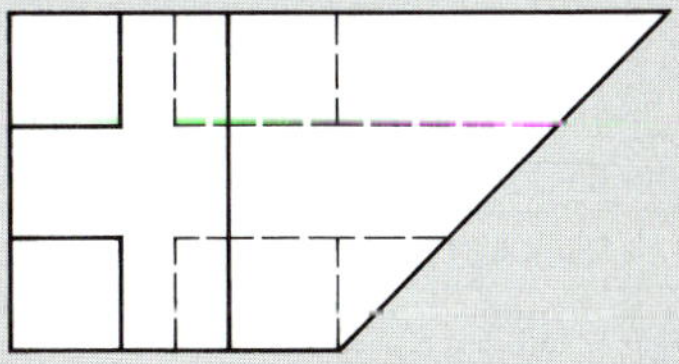

Vorderansicht

Bild 4

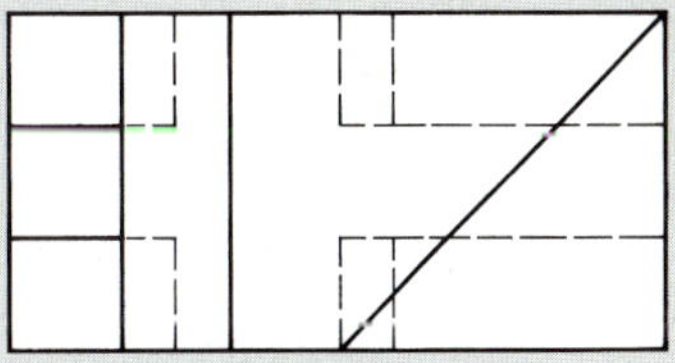

Bild 5

Hinweis: Die Fragen 25 bis 30 beziehen sich aus diese Zeichnung.

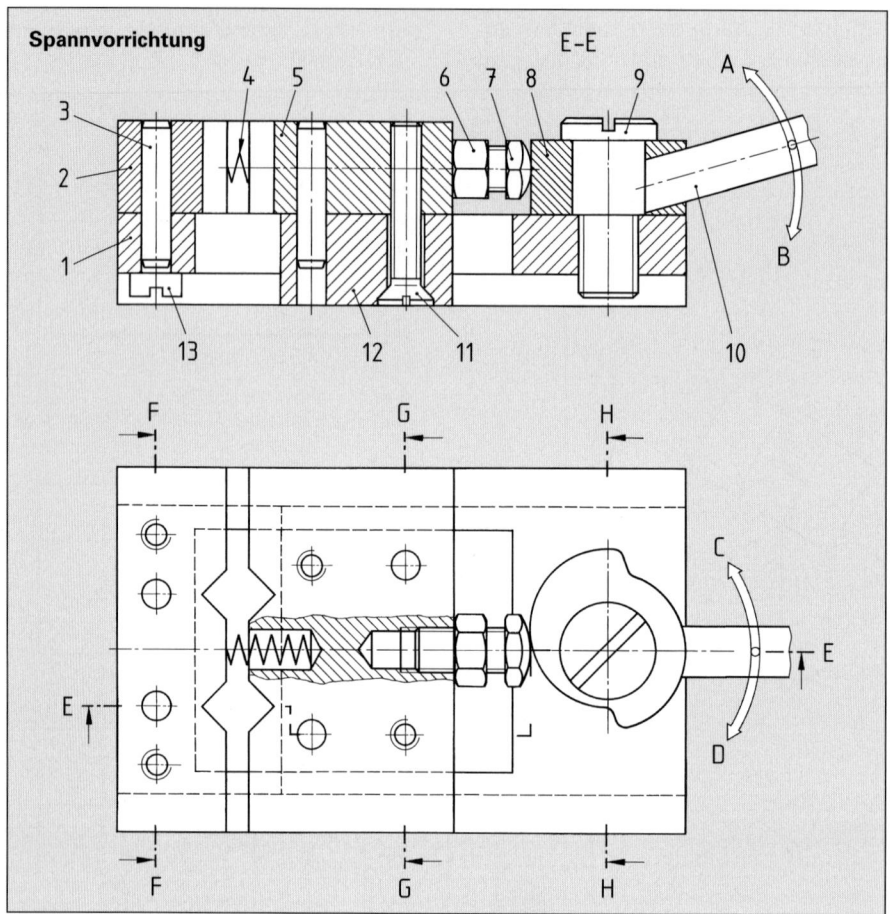

Pos. Nr.	Menge Einheit	Benennung	Werkstoff- oder Norm-Kurzzeichen	Bemerkung
1	1	Grundplatte	S235JR	
2	1	Fester Spannbacken	C70U	gehärtet
3	4	Zylinderstift	ISO 2338-A-4x20	
4	1	Druckfeder	DIN 2098-0,5x4x15	
5	1	Beweglicher Spannbacken	C70U	gehärtet
6	1	Sechskantmutter	ISO 4032-M6-8	
7	1	Sechskantschraube	ISO 4017-M6x12-8.8	
8	1	Kurvenscheibe	C70U	gehärtet
9	1	Flachkopfschraube	DIN 923-M8x10	
10	1	Hebel	DIN 670-E295-8	
11	2	Senkschraube	ISO 2009-M4x25-5.8	
12	1	Führungsteil	S235JR	
13	2	Zylinderschraube	ISO 1207-M4x20-5.8	

Hinweis: die Fragen 25 bis 30 beziehen sich auf die Zeichnung der Spannvorrichtung auf Seite 426.

25 In welche Richtung muss der Hebel (Pos. 10) gedreht werden, um die Spannvorrichtung zu schließen?

a) Richtung A

b) Richtung B

c) Richtung C

d) Richtung D

e) Richtung C oder D

26 Welchen Zweck hat die Schraube (Pos. 7)?

a) Sie begrenzt die Drehbewegung der Kurvenscheibe (Pos. 8)

b) Sie dient zum Einstellen der Spannvorrichtung auf verschiedene Werkstückdurchmesser

c) Sie dient zur Veränderung der Hublänge der Spannvorrichtung

d) Sie dient zum Einstellen der Federkraft

e) Sie dient zum Festspannen der Werkstücke

27 Welche Behauptung zu der Spannvorrichtung ist richtig?

a) In den prismatischen Aussparungen der Spannbacken können 1 oder 2 runde Werkstücke gespannt werden

b) Es kann stets nur 1 Teil gespannt werden, da sonst der bewegliche Spannbacken klemmt

c) Beim Drehen des Hebels (Pos. 10) in Richtung D schließt die Vorrichtung

d) Dreht man den Hebel in Richtung D, so öffnet die Vorrichtung nicht mehr weiter, da die Feder entspannt ist

e) Die Flachkopfschraube (Pos. 9) muss stets locker sein, da sonst die Kurvenscheibe klemmt

28 In welchem Bild ist der Schnitt F-F durch Pos. 1 richtig dargestellt?

a) Bild 1

b) Bild 2

c) Bild 3

d) Bild 4

e) Bild 5

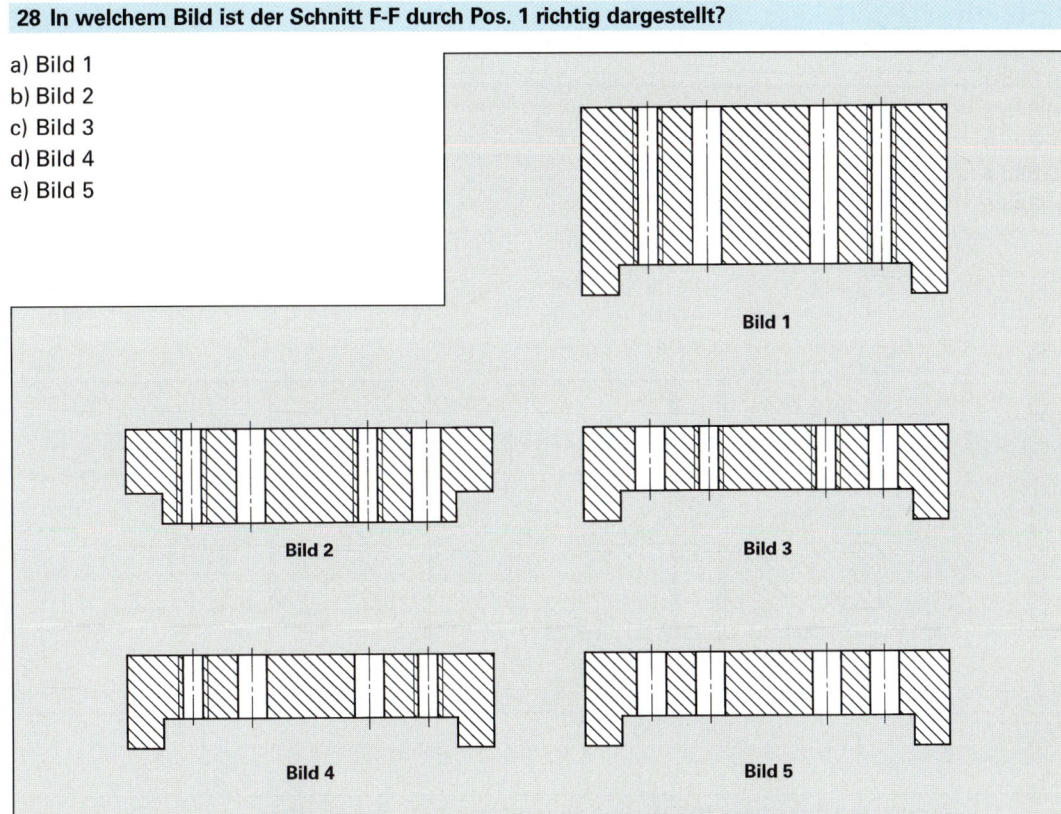

Bild 1

Bild 2

Bild 3

Bild 4

Bild 5

Hinweis: Die Fragen 29 und 30 beziehen sich auf die Zeichnung von Seite 426.

29 In welchem Bild ist der Schnitt G-G durch das Führungsteil (Pos. 12) richtig dargestellt?

a) Bild 1
b) Bild 2
c) Bild 3
d) Bild 4
e) Bild 5

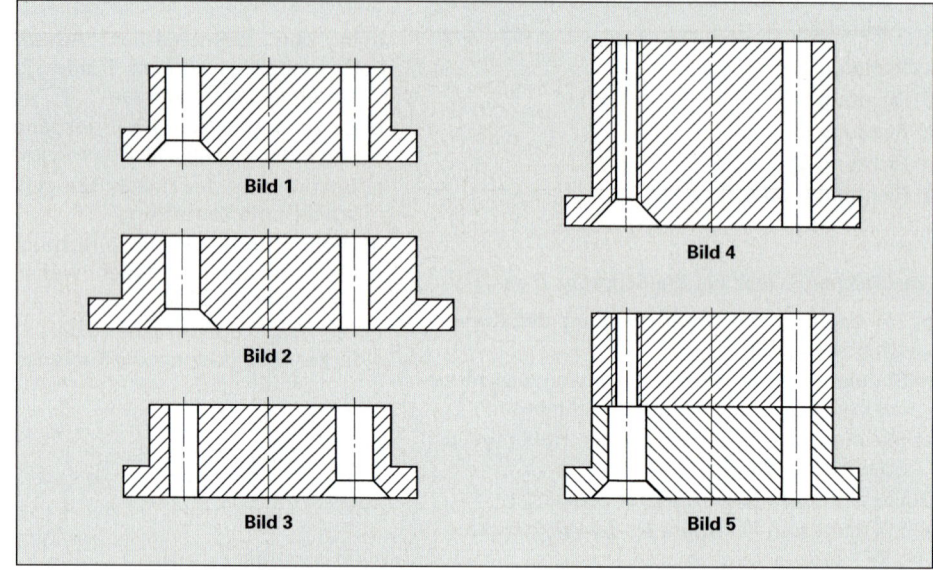

30 In welchem Bild ist der Schnitt H-H durch die Grundplatte (Pos. 1) richtig dargestellt?

a) Bild 1
b) Bild 2
c) Bild 3
d) Bild 4
e) Bild 5

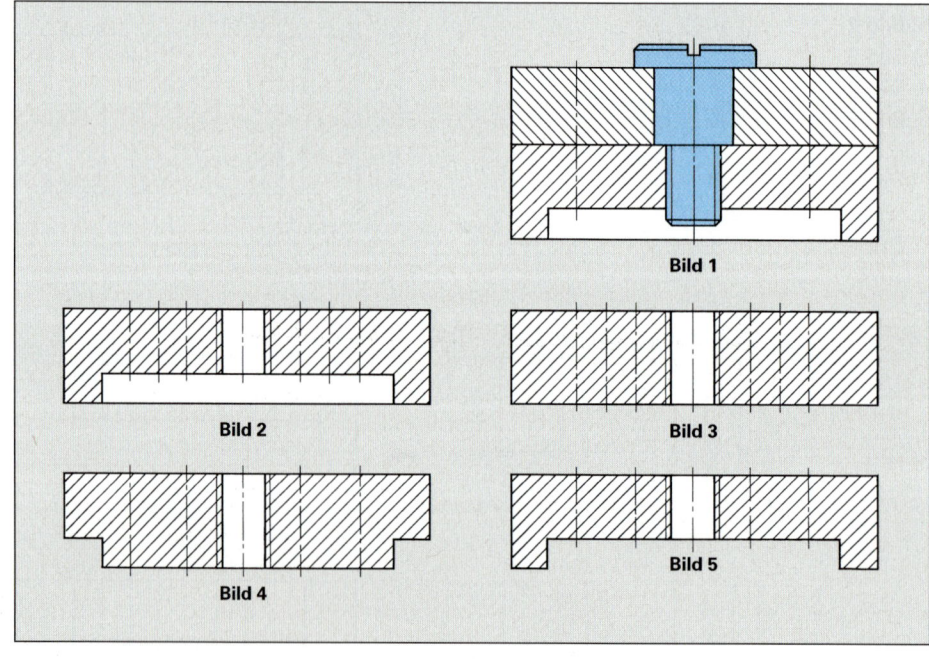

Anzahl der Aufgaben: 30. Davon richtig gelöst: . . . . (≙ Note . . . .)

Prüfungseinheit Technische Kommunikation 1, Teil 2

Hinweis: Die Fragen auf den Seiten 430 und 431 beziehen sich auf diese Zeichnung.

Lernprojekt: Lagerung einer Kegelradwelle

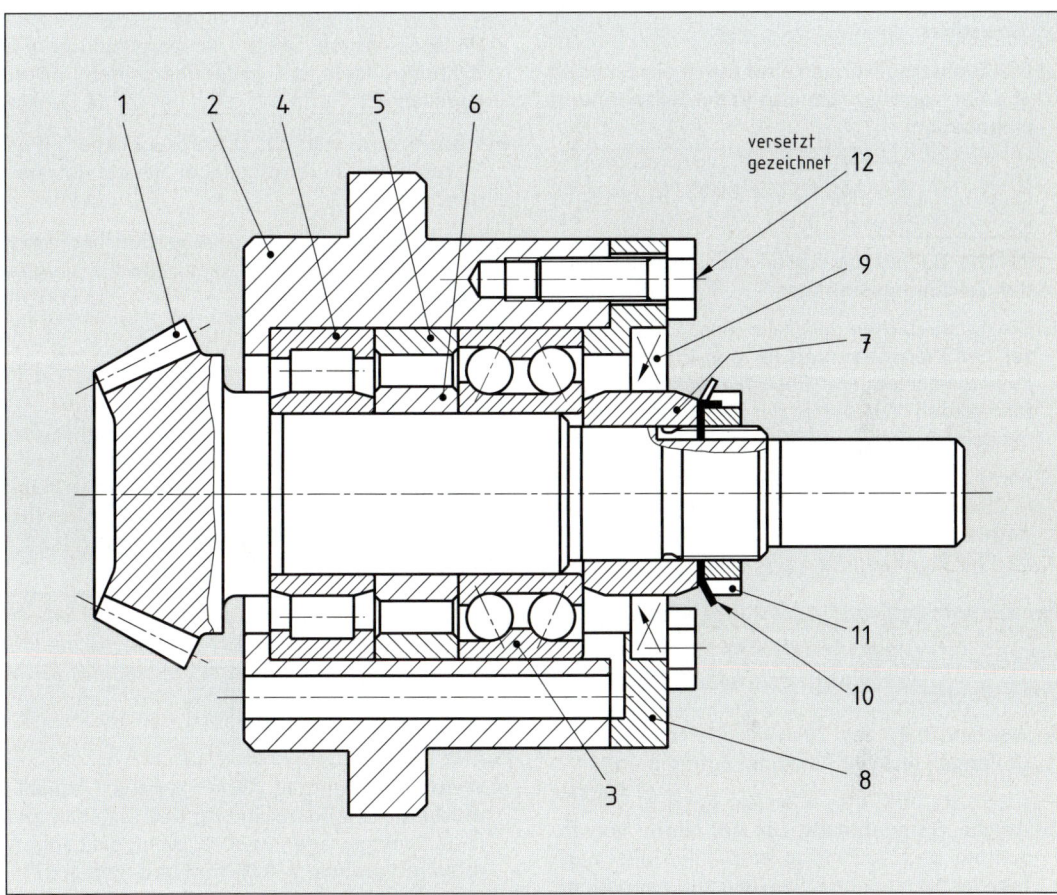

Position	Menge	Benennung	Werkstoff/Norm-Kurzzeichen
1	1	Kegelradwelle	34CrMo4
2	1	Lagergehäuse	S275JR
3	1	Schrägkugellager	DIN 628-3206
4	1	Zylinderrollenlager	DIN 5412-NU 2206
5	1	Distanzring	S275JR
6	1	Distanzring	S275JR
7	1	Buchse	S275JR
8	1	Lagerdeckel	S275JR
9	1		DIN 3760-AS38x62x7-NB
10	1	Sicherungsblech	DIN 5406-MB5
11	1		DIN 981-KM5
12	4	Sechskantschraube	ISO 4017-M8x20-8.8

Bearbeitungszeit: 150 min
Erlaubte Hilfsmittel: Tabellenbuch, Taschenrechner
Hinweis: Alle Fragen beziehen sich auf die Zeichnung auf Seite 429.

1 Um die Kegelradwelle (Pos. 1) bearbeiten zu können, erhält diese Zentrierbohrungen und Freistiche.

a) Die Zentrierbohrungen sind durch ein Sinnbild und die Normbezeichnung in der Teilzeichnung eingetragen:

ISO 6411–B4/8,5

Welche Bedeutung haben die einzelnen Teile des Zeichnungseintrages?   (8 Punkte)

b) Die Anlageflächen der Welle (Pos. 1, Durchmesser und Wellenschulter) für den Innenring des Zylinderrollenlagers (Pos. 4) müssen geschliffen werden. Wie lautet der Zeichnungseintrag für den Freistich?   (4 Punkte)

c) Form und Maße des Gewindefreistichs für M 25 x 1,5 (Regelfall) sind in einer Skizze einzutragen.   (8 Punkte)

2 Zur Aufnahme der Lager müssen die entsprechenden Durchmesser von Kegelradwelle (Pos. 1) und Lagergehäuse (Pos. 2) Passungen aufweisen.

a) Welcher Ring des Zylinderrollenlagers muss Umfangs-, welcher Punktlast aufnehmen?   (4 Punkte)

b) Welche Grundabmaße zur Aufnahme von Innenring und Außenring empfehlen sich nach Tabellenbuch, wenn hohe Belastung angenommen wird?   (6 Punkte)

c) Welche Passungsart entsteht beim Fügen des Außenrings des Zylinderrollenlagers (∅ 62–0,015) mit dem Lagergehäuse (∅ 62H7)?   (3 Punkte)

d) Wie groß sind dabei Höchst- und Mindestübermaß bzw. Höchst- und Mindestspiel?   (4 Punkte)

e) Welche Passungsart entsteht beim Fügen des Innenrings des Zylinderrollenlagers (∅ 30–0,010) mit der Welle (∅ 30r6)?   (3 Punkte)

f) Wie groß sind dabei Höchst- und Mindestübermaß bzw. Höchst- und Mindestspiel?   (4 Punkte)

3 Die Lagerung der Kegelradwelle (Pos. 1) erfolgt mit den Lagern Pos. 4 und Pos. 3.

a) Welchen Vorteil bringt die Verwendung des Zylinderrollenlagers gegenüber einem Rillenkugellager?   (4 Punkte)

b) Warum kann statt des Schrägkugellagers (Pos. 3) kein Axial-Rillenkugellager verwendet werden?   (4 Punkte)

c) Welches Lager kann die temperaturbedingten Längenänderungen der Kegelradwelle ausgleichen?   (3 Punkte)

4 Um die Wälzlager in axialer Richtung in der Bohrung des Lagergehäuses (Pos. 2) festspannen zu können, muss zwischen den Planflächen von Pos. 2 und Pos. 8 mindestens 0,05 mm Spiel vorhanden sein (Bild).

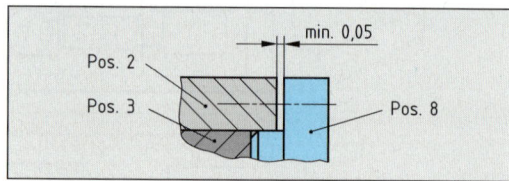

a) Welches Nennmaß und welche Abmaße müssen in die Teilzeichnung des Distanzringes (Pos. 5) eingetragen werden, wenn die Längentoleranz von Pos. 5 0,05 mm betragen soll?

Folgende Maße sind gegeben:
Lagerdeckel ∅ 62:   Länge 5–0,05
Zylinderrollenlager: Breite 20,000
Schrägkugellager: Breite 23,800
Lagerbohrung: Länge 65–0,05
        (4 Punkte)

b) Welche Bedeutung hat das in der Teilzeichnung von Pos. 5 eingetragene Sinnbild für die Lagetoleranz (Bild)?   (3 Punkte)

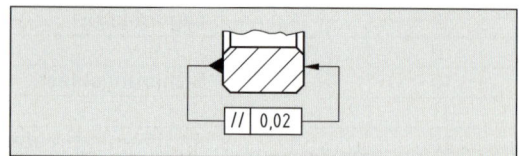

// 0,02

Hinweis: Alle Fragen beziehen sich auf die Zeichnung auf Seite 429.

5 Das Normteil Pos. 9 in der Zeichnung „Kegelradlagerung" ist vereinfacht dargestellt.

a) Welche Bezeichnung ist in der Stückliste für Pos. 9 einzutragen?   (4 Punkte)

b) Welche Bedeutung haben die Pfeile in dem Sinnbild?   (4 Punkte)

c) Worauf ist bei der Montage von Pos. 9 mit Pos. 7 und Pos. 8 besonders zu achten?
(6 Punkte)

6 Für eine Variante soll der Lagerdeckel (Pos. 8) statt mit Sechskantschrauben nunmehr mit Schrauben nach ISO 4762 (gleicher Gewindedurchmesser; Festigkeitsklasse 8.8) mit dem Lagergehäuse (Pos. 2) verbunden werden.

a) Die Maße für die erforderlichen Senkungen in Pos. 8 (Ausführung mittel) sind in einer Skizze einzutragen (Schnitt).   (8 Punkte)

b) Welche Flanschdicke ist erforderlich, wenn zwischen Pos. 2 und der Auflagefläche des Schraubenkopfes 7 mm Werkstoff verbleiben sollen?
(3 Punkte)

c) Welche Schraubenlänge ist erforderlich (Einschraublänge nach Tabellenbuch)?   (4 Punkte)

d) Die Mindestmaße der Grundlochbohrung in Pos. 2 für die ermittelte Schraubenlänge nach Aufgabe 6c) sind in eine Skizze einzutragen.
(4 Punkte)

e) Wie lautet die Normbezeichnung der erforderlichen Schrauben?   (3 Punkte)

7 Die Einzelteile Pos. 4, 5, 6 und 3 werden mit den Pos. 11 und 10 auf der Kegelradwelle befestigt.

a) Wie lautet die Normbezeichnung für Pos. 11?
(3 Punkte)

b) Warum besitzt Pos. 11 ein Feingewinde?
(3 Punkte)

c) Welche Aufgabe hat Pos. 10?   (3 Punkte)

d) Warum befindet sich im Gewindebereich der Kegelradwelle (Pos. 1) eine Längsnut?
(3 Punkte)

8 Der Lagerdeckel (Pos. 8) ist im Maßstab 2 : 1 im Schnitt zu zeichnen. In die Zeichnung sind alle erforderlichen Maße und Oberflächenangaben sowie eine Abmaßtabelle einzutragen.

Grundmaße: $\varnothing$ 95 – 0,2 x $\varnothing$ 52 x 16 mm

Fasen: 1 x 45°

Absatzmaße: $\varnothing$ 62g6 x 5 – 0,05

Ausdrehung für Pos. 9: Maße nach Stückliste, Längentoleranz + 0,2 mm, Passung nach Tabellenbuch, Anfasung 1,5 x 10°

Lochkreis für Schraubenbohrungen $\varnothing$ 80 ± 0,2

Allgemeintoleranzen ISO 2768-m

Oberflächen: Ra – Höchstwert 3,2 µm
(30 Punkte)

9 Für die Innenbearbeitung von Pos. 8 ist ein CNC-Programm zu erstellen.

a) Anhand einer Skizze ist der Durchmesser der Fase 1,5 x 10° zu errechnen.   (6 Punkte)

b) Das CNC-Programm für die Fertigbearbeitung der Innenkontur ist zu schreiben:

Werkzeug: Innendrehmeißel T06 mit Wendeschneidplatte P10, $\varkappa$ = 95°

Werkzeug hinter Drehmitte

Spannmittel: Spannzange $\varnothing$ 62 mm

Werkstücknullpunkt: vordere Planfläche

Einschaltzustand: G90, G95

Werkzeugwechselpunkt: X100, Z100
(20 Punkte)

10 Für die Drehbearbeitung des Lagerdeckels (Pos. 8) auf einer Universaldrehmaschine ist ein Arbeitsplan zu erstellen.

Rohteilabmessungen: $\varnothing$ 100 x 20 lang

Erforderliche Werkzeuge, Spann- und Prüfmittel sind anzugeben.   (40 Punkte)

Gesamtpunktzahl: 200. Davon erreicht: . . . . Punkte ≙ . . . .% ≙ Note . . . .

Integrierte Prüfungseinheit Lernprojekt Klappbohrvorrichtung

Die integrierte Prüfungseinheit Lernprojekt Klappbohrvorrichtung umfasst die Lerngebiete Technologie, Technische Mathematik und Technische Kommunikation.

Alle Aufgaben aus diesen Lerngebieten beziehen sich auf die Gesamtzeichnung des Lernprojekts Klappbohrvorrichtung (Seiten 434 und 435) und die zugehörige Stückliste (auf dieser Seite).

Die Aufgaben können insgesamt oder nach Lerngebieten getrennt gelöst werden.
Als Hilfsmittel sind Tabellenbuch, Formelsammlung und Taschenrechner erforderlich.

\multicolumn{4}{l}{**Stückliste: Lernprojekt Klappbohrvorrichtung**}			
Pos.	Menge	Benennung	Werkstoff/ Norm-Kurzzeichen
1	1	Grundkörper	S235JR
2	1	Seitenplatte	S235JR
3	2	Deckel	S235JR
4	2	Kolben	20MnCr5
5	2	Druckfeder	DIN 2098-2x10x55
6	2	Runddichtring	DIN 3770-25x3,15 B-NB70
7	1	Zylinderstift	ISO 8734-8x130-A-St
8	2	Runddichtring	DIN 3770-16x2,5 B-NB70
9	1	Bohrklappe	S235JR
10	6	Auflagebolzen	DIN 6321-A16x8
11	1	Spannstück	Hartgummi
12	2	Bohrbuchse	DIN 179-A18x16
13	1	Steckbohrbuchse	DIN 173-K6x18x20
14	1	Steckbohrbuchse	DIN 173-K11,8x18x20
15	2	Zylinderschraube	ISO 4762-M6x20-10.9
16	2	Spannbuchse	DIN 173-10,1x16
17	1	Auflage	C70U
18	1	Auflage	C70U
19	1	Schnapper	S355JR
20	1	Ballengriff	DIN 98-E20-FS
21	1	Druckfeder	DIN 2098-1,6x10x40,5
22	1	Seitenplatte, mit Pos. 23 verschweißt	S235JR
23	1	Lager, mit Pos. 22 verschweißt	S235JR
24	1	Zylinderstift	ISO 8734-6x35-A-St
25	1	Druckfeder	DIN 2098-1,6x8x45
26	4	Fuß	DIN 6320-15xM8
27	2	Senkschraube	ISO 2009-M5x10-St
28	10	Senkschraube	ISO 2009-M4x10-St
29	1	Runddichtring	DIN 3770-5,6x1,6 B-NB70
30	1	Scheibe	C70U

Lernprojekt Klappbohrvorrichtung

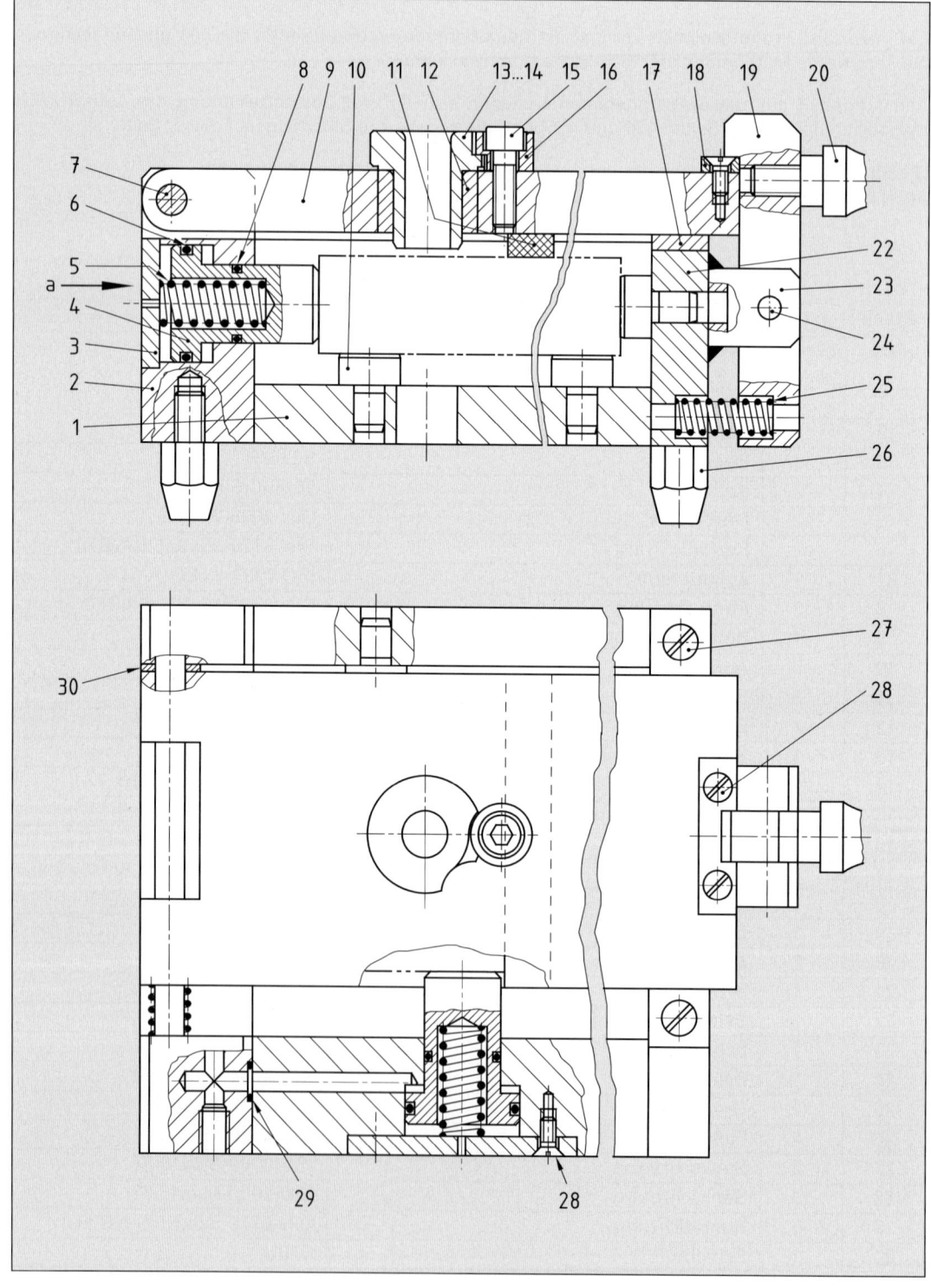

Lernprojekt Klappbohrvorrichtung

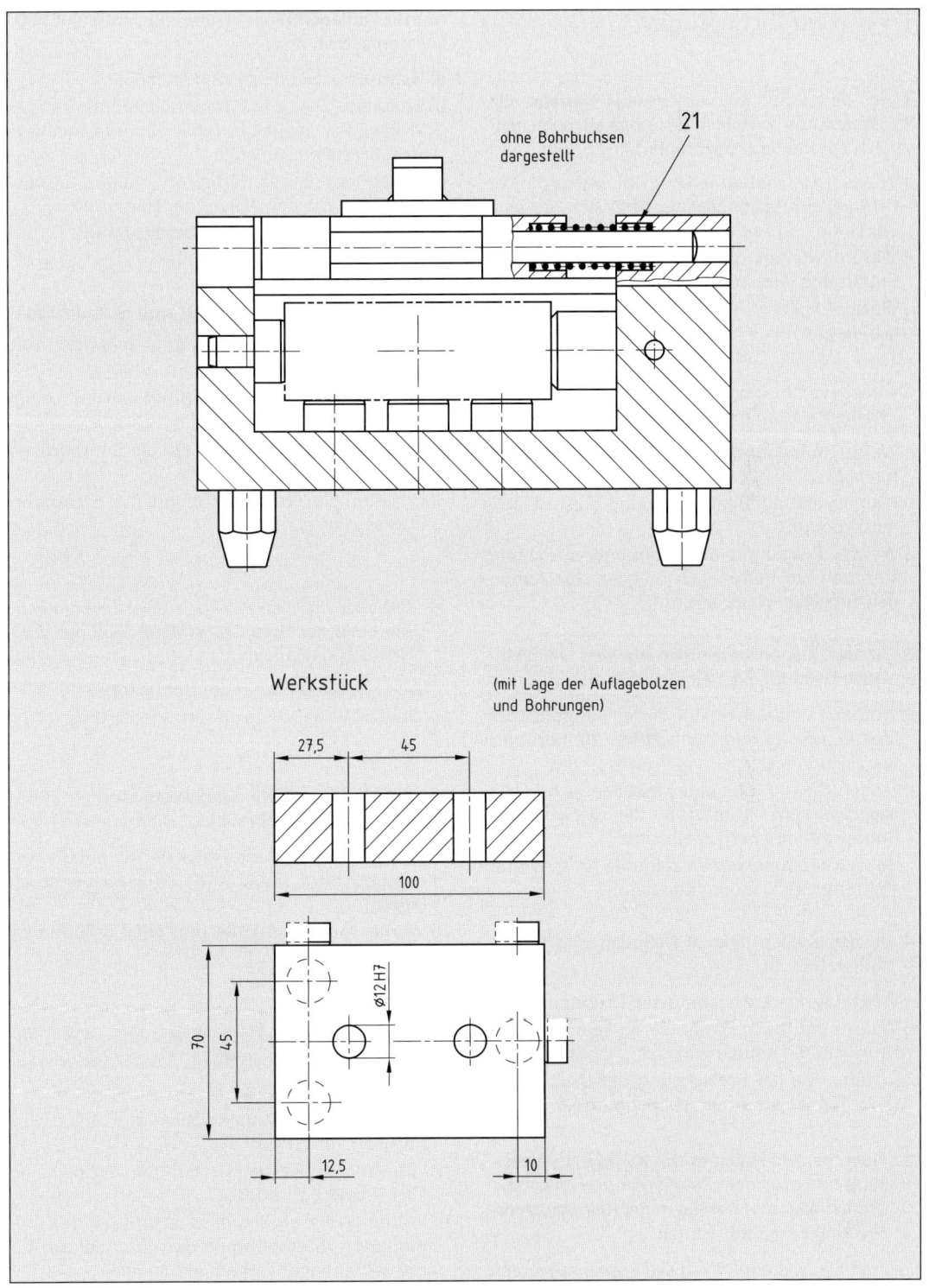

ohne Bohrbuchsen
dargestellt

21

Werkstück   (mit Lage der Auflagebolzen
und Bohrungen)

Ø12 H7

Hinweis: Alle Fragen der Seiten 436 bis 440 beziehen sich auf die Zeichnung auf den Seiten 434 und 435.

Fragen zur Technologie

1 In der Klappbohrvorrichtung werden die Werkstücke sowohl in der Höhe als auch seitlich automatisch positioniert.

a) Wie viel Auflagebolzen (Pos. 10) besitzt die Vorrichtung zur Positionierung des Werkstückes in der Höhe und seitlich?

b) Warum werden die Auflagebolzen in großer Entfernung voneinander angeordnet?

c) Welche Lagebestimmung (in der Höhe und seitlich) liegt vor?

2 Vor dem Einlegen der Werkstücke werden die Kolben (Pos. 4) mit Druckluft beaufschlagt.

a) Welche Kolbenfläche wird mit Druckluft beaufschlagt?

b) Was bewirkt die Beaufschlagung dieser Fläche mit Druckluft?

c) Welche Positionen der Klappbohrvorrichtung kommen der Reihe nach mit der einströmenden Druckluft in Berührung?

3 In der Klappbohrvorrichtung sind verschiedene Dichtringe eingebaut.

a) Wodurch unterscheidet sich der Runddichtring (Pos. 6) vom Runddichtring (Pos. 29) bezüglich der Dichtungsart?

b) Stellen Sie mit Hilfe eines Tabellenbuches fest, aus welchem Kunststoff die verwendeten Runddichtringe hergestellt sind.

c) Zu welcher Kunststoffart zählt der für die Runddichtringe verwendete Kunststoff?

4 In den Kolben (Pos. 4) befinden sich Druckfedern (Pos. 5).

a) Welche Aufgaben haben diese Druckfedern?

b) Warum darf beim Positionieren kein Druckluft-Druck auf die Kolben wirken?

c) Erklären Sie die Bezeichnung der Druckfedern (Pos. 5) mit Hilfe eines Tabellenbuches.

5 Nach dem Einlegen in die Klappbohrvorrichtung und nach dem Positionieren müssen die Werkstücke zum Bohren in der Klappbohrvorrichtung gespannt werden.

Erklären Sie, wie die Werkstücke gespannt werden.

6 Die Auflagen (Pos. 17 und 18) sind aus C70U hergestellt.

a) Begründen Sie diese Werkstoffwahl.

b) Erläutern Sie die Wärmebehandlung dieses Werkstoffs, wenn er eine Oberflächenhärte HRC 58 aufweisen soll.

c) Benennen Sie das Härteprüfverfahren und beschreiben Sie den Ablauf der Härteprüfung.

d) Erklären Sie die Werkstoffbezeichnung.

7 In die Bohrklappe (Pos. 9) sind Bohrbuchsen eingebaut.

a) Welche Aufgabe haben Bohrbuchsen?

b) Zu welcher Gruppe von Bohrbuchsen zählen die beiden Bohrbuchsen (Pos. 12)?

c) Aus welchem Grund besitzen die Bohrbuchsen Einlaufradien?

d) Erklären Sie die Bezeichnung der Steckbohrbuchse (Pos. 13).

8 Die Lage der Werkstückbohrungen wird durch die Lage der Bohrklappe (Pos. 9) in der Vorrichtung beeinflusst.

a) Welches Bauteil führt die Bohrklappe?

b) Welche Aufgabe hat die Druckfeder (Pos. 21)?

9 In die Klappbohrvorrichtung sind 4 Füße (Pos. 26) eingeschraubt.

a) Warum wird die Unterseite der Klappbohrvorrichtung nicht direkt auf den Maschinentisch gelegt?

b) Warum werden 4 Füße und nicht 3 Füße verwendet?

10 In der Stückliste zur Klappbohrvorrichtung sind unter 2 Positionen Steckbohrbuchsen aufgeführt.

a) Warum werden 2 unterschiedliche Steckbohrbuchsen verwendet?

b) Warum benötigt man zur Führung der Reibahle 12H7 keine Bohrbuchse?

c) Woran erkennen Sie, dass es sich bei den aufgeführten Steckbohrbuchsen um solche für rechtsdrehende Werkzeuge handelt?

11 Seitenplatte (Pos. 22) und Lager (Pos. 23) sind miteinander verschweißt.

a) Wie beeinflusst der C-Gehalt die Schweißbarkeit des Stahles?

b) Aus welcher Stahlart sind Seitenplatte und Lager hergestellt?

c) Erklären Sie die Werkstoffbezeichnung S235JR.

12 Zur Befestigung der Spannbuchse (Pos. 16) auf der Bohrklappe (Pos. 9) werden Zylinderschrauben (Pos. 15) verwendet.

a) Erklären Sie die Schraubenbezeichnung.

b) Woran erkennt man die Festigkeitsklasse der verwendeten Zylinderschraube?

13 Die Kolben (Pos. 4) sind einfach wirkende Zylinder.

a) Was versteht man unter einfach wirkenden Zylindern?

b) Mit welcher Wegeventil-Bauart können einfach wirkende Zylinder gesteuert werden?

14 Bei geschlossener Bohrklappe beträgt der Abstand zwischen der Werkstückoberfläche und der Bohrbuchse (Pos. 13) etwa 2 mm.

a) Welche Gefahr bestünde, wenn dieser Abstand zu groß wäre?

b) Warum soll der Abstand bei langspanenden Werkstoffen größer sein als bei normalspanenden?

c) Wie wird verhindert, dass Späne die Bohrbuchsen (Pos. 13 und 14) nach oben drücken?

15 Auf dem Zylinderstift (Pos. 24) ist der Schnapper (Pos. 19) drehbar gelagert.

a) Stellen Sie mit Hilfe eines Tabellenbuches fest, welche Oberflächengüte der Zylinderstift besitzt.

b) Skizzieren Sie die Form des Zylinderstiftes.

c) Wodurch unterscheidet sich ein Zylinderstift ISO 8734 von einem Zylinderstift ISO 2338?

d) Warum wurde für die Klappbohrvorrichtung ein Zylinderstift ISO 8734 gewählt?

16 In die Klappbohrvorrichtung ist die Druckfeder (Pos. 21) eingebaut.

a) Welche Aufgabe hat diese Druckfeder?

b) Erklären Sie die in der Stückliste angegebene Federbezeichnung.

c) Aus welchen Werkstoffen werden Federn hergestellt?

17 In verschiedenen Bauteilen der Klappbohrvorrichtung befinden sich Innengewinde.

a) Nennen Sie die Pos.-Nummern aller Bauteile, die Innengewinde enthalten.

b) Aus welchen Werkstoffen werden Gewindebohrer hergestellt?

c) Wofür werden Gewindebohrer mit Linksdrall verwendet? Begründen Sie Ihre Antwort.

18 Der Schnapper (Pos. 19) muss auf dem Zylinderstift (Pos. 24) drehbar sein. Der Zylinderstift soll im Lager (Pos. 23) festgehalten werden.

a) Welche Toleranzklasse besitzt der Zylinderstift?

b) Welche Toleranzklasse schlagen Sie vor für die Bohrung im Schnapper bzw. die Bohrung im Lager?

c) Skizzieren Sie das Toleranzfeld des Zylinderstiftes und die Toleranzfelder der von Ihnen vorgeschlagenen Toleranzklassen von Schnapper und Lagerbohrung.

d) Welche Passungsarten ergeben die Paarungen von Zylinderstift und Schnapperbohrung bzw. Zylinderstift und Lagerbohrung?

e) Berechnen Sie für die jeweilige Paarung Höchst-/Mindestspiel bzw. Höchst-/Mindestübermaß.

19 Die Auflagen (Pos. 17 und 18) müssen jeweils gebohrt und eingesenkt werden.

a) Welchen Kühlschmierstoff verwenden Sie für diese Bearbeitung?

b) Warum ist die Standzeit der Bohrwerkzeuge höher, wenn ein geeigneter Kühlschmierstoff verwendet wird?

20 Die Aufnahmebohrungen für die Auflagebolzen (Pos. 10) werden nach dem Aufbohren gerieben.

a) Aus welchem Grund müssen diese Bohrungen gerieben werden?

b) Welche Reibahlen-Schneidrichtung schlagen Sie vor? Begründen Sie Ihre Antwort.

21 Die für die Klappbohrvorrichtung verwendeten Druckfedern besitzen unterschiedliche Federraten. Für die Pos. 5 und 25 beträgt die Federrate $R = 10{,}4$ N/mm, für die Pos. 21 ist $R = 7{,}88$ N/mm.

a) Was versteht man unter der Federrate R?

b) Zeichnen Sie ein Diagramm mit den Achsen „Federkraft F" und „Federweg s" und tragen Sie in dieses die Federkennlinien der verwendeten Druckfedern ein, die alle einen linearen Kennlinienverlauf besitzen.

c) Entnehmen Sie aus dem von Ihnen gezeichneten Diagramm die Größe der Kraft, die notwendig ist, um die härtere der beiden Federn vom unbelasteten Zustand um 7 mm zusammenzudrücken.

2 Das Werkstück wird mit Hilfe eines Spannstückes (Pos. 11) gespannt.

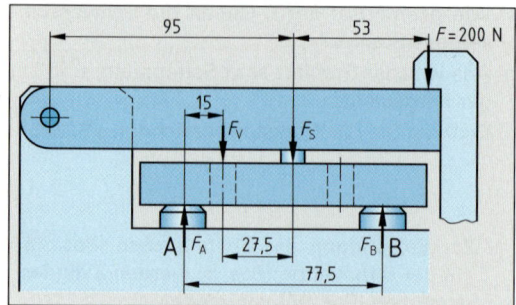

a) Berechnen Sie die Spannkraft F_S, wenn der Schnapper (Pos. 19) eine Kraft von $F = 200$ N über die Auflage (Pos. 18) auf die Bohrklappe (Pos. 9) ausübt und die in der Skizze angegebenen Abstände an der Bohrklappe vorhanden sind.

b) Welche Auflagekräfte F_A und F_B wirken auf die unteren 3 Auflagebolzen (Pos. 10) beim Bohren der linken 11,8 mm-Bohrung, wenn außer der Spannkraft beim Aufbohren eine Vorschubkraft $F_V = 65$ N wirkt?

Fragen zur Mathematik

1 Die Druckfeder (Pos. 25) drückt den Schnapper (Pos. 19) gegen die geschlossene Bohrklappe (Pos. 9).

a) Berechnen Sie mit Hilfe eines Tabellenbuches die Größe der Federkraft, wenn die Feder im unbelasteten Zustand 45 mm lang ist, 12,5 federnde Windungen besitzt und im eingebauten Zustand auf 32 mm Länge zusammengedrückt ist (Reibung wird vernachlässigt).

b) Welche maximale Handkraft F_H (nebenstehendes Bild) muss am Ballengriff aufgebracht werden, wenn zum Schließen der Bohrklappe der Schnapper um den Zylinderstift (Pos. 24) gedreht wird und dabei die Feder um 4 mm gegenüber dem gezeichneten Zustand verkürzt wird? (Reibung wird vernachlässigt).

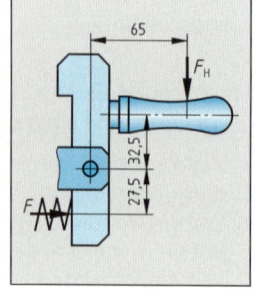

3 Zum Einlegen der Werkstücke in die Klappbohrvorrichtung müssen die Kolben (Pos. 4) zurückfahren.

a) Berechnen Sie die Federkraft der Druckfedern (Pos. 5), wenn die Kolben am Deckel (Pos. 3) anliegen und folgende Werte gegeben sind: Federlänge $L_2 = 25$ mm; Anzahl der federnden Windungen $i_f = 12{,}5$.

b) Wie groß muss der Luftdruck im Zylinder sein, wenn außer der Federkraft eine Reibungskraft $F_R = 20$ N überwunden werden muss? Die Durchmesser des Kolbens sind dem folgenden Bild zu entnehmen.

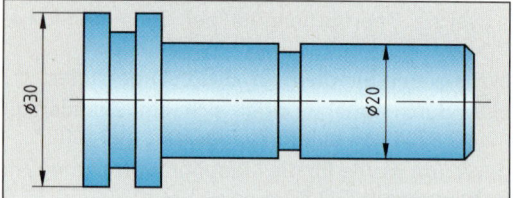

4 Der Abstand der Werkstückbohrungen soll überprüft werden.

Berechnen Sie das Höchstmaß a_H und das Mindestmaß a_M (Bild), wenn Bohrungen und Abstand

a) Höchstmaß aufweisen

b) Mindestmaß aufweisen.

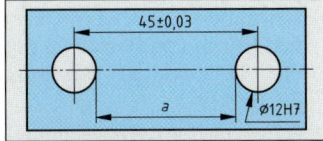

5 Zum Bohren der Werkstücke werden die Steckbohrbuchsen (Pos. 13 und 14) in die Bohrbuchsen (Pos. 12) gesteckt.

a) Stellen Sie fest, welche Nennmaße und Toleranzklassen die entsprechenden Durchmesser der Buchsen besitzen.

b) Skizzieren Sie die Toleranzfelder dieser Toleranzklassen und tragen Sie die Abmaße in die Skizze ein.

c) Welche Passungsart ergibt sich bei dieser Paarung?

d) Wie groß sind Höchst-/Mindestspiel bzw. Höchst-/Mindestübermaß?

6 Die Bohrungen 8H7 für die Auflagebolzen müssen gebohrt und gerieben werden.

a) Ermitteln Sie mit Hilfe eines Tabellenbuches die Schnittgeschwindigkeit v_c für HSS-Spiralbohrer.

b) Mit welchen Drehzahlen sind die Vorbohrungen $d_1 = 6$ mm und die Aufbohrungen $d_2 = 7{,}9$ mm an einer stufenlos einstellbaren Bohrmaschine zu bohren?

c) Berechnen Sie die Hauptnutzungszeit zum Bohren und Reiben der Auflagebolzen-Bohrungen. Die zu durchbohrenden Werkstückwandungen sind 15 mm dick. Alle erforderlichen Werte sind dem Tabellenbuch oder einem Fachkundebuch zu entnehmen.

7 Die Masse der Klappbohrvorrichtung beträgt $m = 7{,}5$ kg. Die Werkstückabmessungen betragen 70 mm x 100 mm x 25 mm. Beim Bohren wirkt eine Vorschubkraft von 65 N.

a) Berechnen Sie die Masse des Werkstückes ohne Berücksichtigung der Bohrungen.

b) Welche Kraft müssen die Füße (Pos. 26) beim Bohren auf den Maschinentisch übertragen?

c) Welche Flächenpressung tritt beim Bohren zwischen den Auflageflächen der Füße und dem Maschinentisch auf, wenn der Fuß-Durchmesser 10 mm beträgt?

Fragen zur Arbeitsplanung

1 Zur Abstützung der Federn (Pos. 5) dienen die Deckel (Pos. 3), deren genaue Form in der Gesamtzeichnung nicht ersichtlich ist.

a) Skizzieren Sie einen Deckel so, dass er in die entsprechenden Ausfräsungen von Grundkörper (Pos. 1) und Seitenplatte (Pos. 2) eingebaut werden kann.

b) Aus welchem Grund befindet sich im Schnitt der Deckel-Symmetrielinien eine kleine Bohrung?

c) Mit welchem Fräser (beachten Sie Ihre Skizze) stellen Sie die Ausfräsungen für die Deckel her? Geben Sie auch den Fräser-Durchmesser an, den Sie verwenden.

2 Beim Prüfen wird festgestellt, dass die Lage der Werkstückbohrungen nicht stimmt.

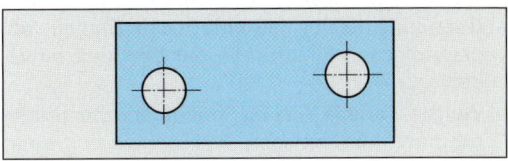

a) Welche Ursachen wären denkbar, wenn die Bohrungen wie im Bild (übertrieben dargestellt) vorliegen?

b) Was würden Sie an der Klappbohrvorrichtung ändern, wenn die Werkstückbohrungen wie in der folgenden Skizze vorliegen?

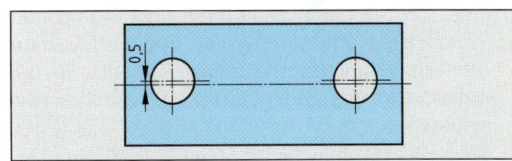

3 Nach dem Lösen des Schnappers (Pos. 19) kann die Bohrklappe (Pos. 9) geöffnet werden.

a) Warum ist die Bohrklappe auf der linken Seite abgerundet?

b) Schätzen Sie den Öffnungswinkel, um den die Bohrklappe um den Zylinderstift (Pos. 7) bis zur Anlage am Seitenteil (Pos. 2) und Deckel (Pos. 3) gedreht werden kann.

c) Wie beurteilen Sie diesen Öffnungswinkel?

d) Durch eine möglichst einfache und billige konstruktive Änderung soll der Öffnungswinkel der Bohrklappe auf etwa 110° beschränkt werden. Skizzieren Sie Ihren Änderungsvorschlag.

4 Zur Fertigung von Innengewinden müssen Werkzeugabmessungen und Hilfsmittel festgelegt werden.

a) Ermitteln Sie mit Hilfe eines Tabellenbuches die Größe des Kerndurchmessers derjenigen Gewinde, in die die Füße (Pos. 26) eingeschraubt werden.

b) Bestimmen Sie den Durchmesser des erforderlichen Kernlochbohrers.

c) Nennen Sie ein Kühlschmiermittel, das beim Schneiden dieser Gewinde verwendet werden kann.

d) In der Werkzeugausgabe wurden Gewindebohrer für Stahl und solche für Leichtmetalle durcheinander gebracht. Worin unterscheiden sich Gewindebohrer für Stahl von Gewindebohrern für Leichtmetalle?

5 Vor dem Einlegen eines Werkstücks strömt Druckluft in die Klappbohrvorrichtung.

a) Geben Sie die Pos.-Nummern aller Bauteile an, die sich beim Einströmen der Druckluft bewegen.

b) Welche Vorteile hat die pneumatische Steuerung im vorliegenden Fall gegenüber einer hydraulischen Steuerung?

6 Zur Steuerung der Kolben ist ein pneumatischer Schaltplan erforderlich.

a) Wählen Sie die notwendigen Bauelemente, erstellen Sie einen Schaltplan und bezeichnen Sie die Bauelemente. Der Vor- und der Rücklauf der Kolben soll unterschiedlich schnell sein; die Betätigung des Stellgliedes soll durch Pedal erfolgen.

b) Zeichnen Sie zum Schaltplan ein Funktionsdiagramm.

7 Infolge einer Konstruktionsänderung sollen in der Klappbohrvorrichtung nunmehr 80 mm (statt bisher 70 mm) breite Werkstücke so gebohrt werden, dass sich die Bohrungen 12 H7 wieder auf der Mittelachse befinden.

a) Welches Bauteil der Vorrichtung müsste dazu geändert werden?

b) Welche Bauteile müssten durch andere ersetzt werden?

c) Nennen Sie das entsprechende neue Maß desjenigen Bauteiles, das zu ändern ist.

8 In der Stückliste ist kein Eintrag für die Sechskantschrauben und die Zylinderstifte zum Verschrauben der Seitenplatte (Pos. 2) am Grundkörper (Pos. 1) vorhanden.

a) Legen Sie die Mindestlänge für die Zylinderschrauben ISO 4762-M6, Festigkeitsklasse 10.9, fest (Dicke von Pos. 2: 25 mm) und nennen Sie die vollständige Normbezeichnung dieser Schrauben.

b) Aus welchem Grund sind für höhere Festigkeitsklassen größere Mindesteinschraubtiefen erforderlich?

9 Das Lager (Pos. 23) ist mit der Seitenplatte (Pos. 22) verschweißt.

a) Warum werden Lager und Seitenplatte nicht aus einem Stück hergestellt?

b) Die Schweißnaht ist mit folgendem Sinnbild gekennzeichnet. Erklären Sie die Bedeutung der Angaben im Sinnbild.

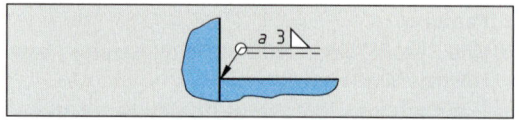

10 Die Seitenplatte (Pos. 2) wird mit 4 Zylinderschrauben ISO 4762-M6 und mit 2 Zylinderstiften ISO 8734-6 am Grundkörper (Pos. 1) befestigt.

Zeichnen Sie von der Seitenplatte eine normgerechte Einzelteilzeichnung mit allen Maßen und Oberflächenangaben. Ordnen Sie dabei Sechskantschrauben und Zylinderstifte sinnvoll an.
Es sollen gezeichnet werden
a) Vorderansicht (= Ansicht aus Richtung a)
b) Draufsicht   c) Seitenansicht von rechts
Erforderliche Schnitte, Toleranzklassen, Lagetoleranzen und Oberflächenangaben legen Sie bitte selbst fest.

11 Erstellen Sie einen Fertigungsplan zur Herstellung der Kolben (Pos. 4) und geben Sie die erforderlichen Werkzeuge und Prüfmittel an.

12 Zur Montage der Klappbohrvorrichtung stehen alle Teile einbaufertig zur Verfügung. Die Bohrungen für die Zylinderstifte zum Verstiften der Seitenplatten (Pos. 2 und 22 mit 23) sind bereits gefertigt.

Erstellen Sie einen Montageplan, in dem die benötigten Werkzeuge und Hilfsmittel aufgeführt sind.

Prüfungseinheit Wirtschafts- und Sozialkunde 1, Teil 1

1 Grundsätzlich besteht in Deutschland das Recht, den Beruf und die Ausbildungsstätte frei zu wählen. Auf welche Rechtsgrundlage gründet sich dieses Recht?

a) Berufsbildungsgesetz

b) Grundgesetz

c) Jugendarbeitsschutzgesetz

d) Sozialgesetzbuch

e) Beschäftigungsförderungsgesetz

2 Wann endet das Berufsausbildungsverhältnis, wenn der letzte Prüfungsteil der Abschlussprüfung vor Vertragsende abgelegt wird?

Das Ausbildungsverhältnis endet ...

a) mit dem Bestehen der schriftlichen Prüfung.

b) mit Ablauf des Monats nach dem Bestehen der Abschlussprüfung.

c) mit dem Bestehen der Abschlussprüfung.

d) mit dem Ablauf der Ausbildungszeit.

e) mit Ablauf der Woche nach dem Bestehen der praktischen Prüfung.

3 Wer stellt das Ergebnis der Abschlussprüfung in einem anerkannten Ausbildungsberuf fest?

a) Der Vertreter der berufsbildenden Schule

b) Die Industrie- und Handelskammer

c) Der Beauftragte der Arbeitgeber im Prüfungsausschuss

d) Der Prüfungsausschuss

e) Das Wirtschaftsministerium

4 Welche Aussage über die Arbeitsproduktivität ist richtig?

a) Sie ist ein Maß für die Wirtschaftlichkeit eines Unternehmens.

b) Eine hohe Arbeitsproduktivität ist immer eine Voraussetzung für die Erzielung eines Gewinns.

c) Sie ist das Verhältnis von eingesetztem Kapital zur bezahlten Lohnsumme.

d) Liegt die Steigerung der Arbeitsproduktivität deutlich unter der Nachfragesteigerung, ist mit einem Anstieg der Arbeitslosigkeit zu rechnen.

e) Der Geldwert der produzierten Bauteile je Arbeitsstunde ist die Arbeitsproduktivität.

5 Ein Unternehmen weist in seiner Bilanz „rote Zahlen" aus. Was wird damit zum Ausdruck gebracht?

a) Das Unternehmen ist nicht mehr zahlungsfähig.

b) Das Unternehmen erzielt zu geringe Gewinne.

c) Die Auslastung des Unternehmens ist unbefriedigend.

d) Das Unternehmen arbeitet mit Verlust.

e) Die Umsatzrentabilität ist bedenklich gestiegen.

6 Mit welchem Begriff müsste das mit 1 gekennzeichnete Feld in der Unternehmungsformübersicht ergänzt werden?

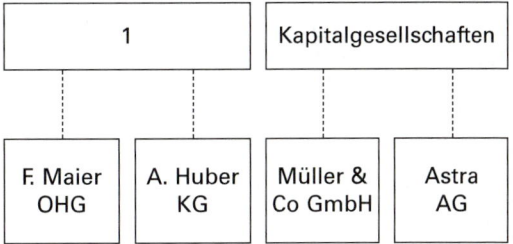

a) Juristische Personen

b) Personengesellschaften

c) Handelsgesellschaften

d) Aktiengesellschaften

e) Genossenschaften

7 Bei welcher Unternehmensform haften alle Gesellschafter mit ihrem Geschäftsvermögen und ihrem Privatvermögen?

a) AG

b) KG

c) OHG

d) GmbH

e) Genossenschaft

8 Welche der folgenden Arbeitnehmerorganisationen gehört *nicht* dem Deutschen Gewerkschaftsbund an?

a) IG Metall

b) Gewerkschaft der Polizei

c) Ver.di

d) Christlicher Gewerkschaftsbund

e) Gewerkschaft Erziehung und Wissenschaft

9 Welche Aussage über die Haftung bei einer Aktiengesellschaft ist richtig?

a) Der Vorstand haftet für die Verbindlichkeiten der AG.
b) Die Aktionäre haften mit ihrem Privatvermögen für die Verbindlichkeiten.
c) Der Aufsichtsrat haftet für die Verbindlichkeiten.
d) Für die Verbindlichkeiten haften Vorstand und Aktionäre auch mit ihrem Privatvermögen.
e) Die Aktionäre haften mit ihrem Kapitaleinsatz.

10 Bei welchem Interessenverband gibt es eine Zwangsmitgliedschaft?

a) Bundesvereinigung der Deutschen Arbeitgeberverbände
b) Christlicher Gewerkschaftsbund
c) Deutscher Gewerkschaftsbund
d) Industrie- und Handelskammer
e) Bundesverband der Deutschen Industrie

11 In welcher Antwort sind die Tarifvertragsparteien richtig zugeordnet?

a) Industrie- und Handelskammern – Betriebsräte
b) Arbeitgeberverbände – Betriebsräte
c) Industrie- und Handelskammern – Gewerkschaften
d) Sozialministerien – Gewerkschaften
e) Arbeitgeberverbände – Gewerkschaften

12 Welche Aussage über die Akkordarbeit von Jugendlichen ist richtig?

a) Jugendliche dürfen mit ihrer Zustimmung mit Akkordarbeiten beschäftigt werden.
b) Jugendliche dürfen Akkordarbeiten verrichten, wenn dadurch ihre Ausbildungsvergütung erhöht wird.
c) Jugendliche dürfen auf keinen Fall Akkordarbeiten verrichten.
d) Die Beschäftigung Jugendlicher in einer Akkordgruppe mit erwachsenen Arbeitnehmern ist zulässig, wenn dies zur Erreichung ihres Ausbildungszieles erforderlich ist.
e) Jugendliche dürfen grundsätzlich Akkordarbeiten verrichten, wenn dies nicht in einer Arbeitsgruppe geschieht.

13 Welche Vereinbarung ist in einem Arbeitsvertrag rechtlich *nicht* zulässig?

a) Die tägliche Arbeitszeit beträgt 8 Stunden.
b) Dem Arbeitnehmer wird eine Nebenbeschäftigung grundsätzlich nicht erlaubt.
c) Der Urlaubsanspruch beträgt abweichend vom Tarifvertrag 35 Tage im Jahr.
d) Die Vertragsparteien verzichten auf die Vereinbarung eines Probearbeitsverhältnisses.
e) Der Arbeitnehmer ist zur Arbeitsleistung höchstpersönlich verpflichtet und darf deshalb keinen Ersatzmann schicken.

14 Was ist der „Nettolohn"?

a) Der Lohn nach Abzug der Steuern.
b) Der Verdienst nach Abzug der Steuern und Sozialversicherungsabgaben.
c) Die Summe der Abzüge vom Bruttolohn.
d) Der Verdienst nach Abzug der Steuerfreibeträge.
e) Der Lohn vor Abzug von Steuern und Sozialversicherungsabgaben.

15 Welche Aussage über die Lohnsteuer ist richtig?

a) Die Lohnsteuer wird vom Arbeitgeber einbehalten und an das Finanzamt abgeführt.
b) Die Lohnsteuer hat unabhängig von der Lohnhöhe den gleichen Steuersatz.
c) Die Lohnsteuer berücksichtigt den Familienstand nicht.
d) Die Lohnsteuer wird je zur Hälfte vom Arbeitgeber und vom Arbeitnehmer entrichtet.
e) Bei der Berechnung der Lohnsteuer wird nur der Tariflohn zugrunde gelegt.

16 Welche der folgenden Aussagen entspricht dem Jugendarbeitsschutzgesetz?

a) Das Jugendarbeitsschutzgesetz gilt für Personen, die noch nicht 21 Jahre sind.
b) Kind im Sinne des Gesetzes ist, wer noch nicht 13 Jahre alt ist.
c) Jugendlicher ist, wer 15, aber noch nicht 18 Jahre alt ist.
d) Jugendliche dürfen nicht mehr als 40 Stunden wöchentlich beschäftigt werden.
e) Beginnt der Berufsschulunterricht erst um 8.30 Uhr, darf der Arbeitgeber den Jugendlichen vorher beschäftigen.

17 Was versteht man unter Tarifautonomie?

a) Das Recht der Tarifparteien, ohne Eingriffe des Staates Tarifverträge abzuschließen.

b) Das Recht des Staates, ohne Rücksicht auf Gewerkschaften und Arbeitgeber die Lohn- und Gehaltsbedingungen zu bestimmen.

c) Das Recht der Gewerkschaften, jederzeit für Lohnerhöhungen streiken zu können.

d) Die Unverbindlichkeit der Tarifverträge für alle Arbeitgeber.

e) Das Recht der Arbeitgeber, übertarifliche Löhne zahlen zu können.

18 Was ist in einem Lohntarif geregelt?

a) Die tägliche Arbeitszeit

b) Die Höhe des Ecklohns

c) Zuschläge für Mehr-, Sonntags-, Feiertags- und Nachtarbeit

d) Lohngruppeneinteilung

e) Lohnabrechnung und -auszahlung

19 Welche Aussage über die Betriebsversammlung *widerspricht* dem Betriebsverfassungsgesetz?

a) Die Betriebsversammlung besteht aus den Arbeitnehmern des Betriebs.

b) Der Betriebsrat hat einmal in jedem Kalendervierteljahr eine Betriebsversammlung einzuberufen und ihr einen Tätigkeitsbericht zu erstatten.

c) Die Betriebsversammlungen sind öffentlich.

d) Beauftragte der im Betrieb vertretenen Gewerkschaften haben Anspruch darauf, an allen Betriebsversammlungen beratend teilzunehmen.

e) Der Betriebsratsvorsitzende leitet die Betriebsversammlung.

20 In welcher Antwort ist die Beitragsaufteilung zwischen Arbeitgeber und Arbeitnehmer richtig?

a) Arbeitslosenversicherung
Arbeitnehmer 0%; Arbeitgeber 100%

b) Rentenversicherung
Arbeitnehmer 100%; Arbeitgeber 0%

c) Krankenversicherung
Arbeitnehmer 70%; Arbeitgeber 30%

d) Unfallversicherung
Arbeitnehmer 50%; Arbeitgeber 50%

e) Krankenversicherung
Arbeitnehmer 50%; Arbeitgeber 50%

21 Welche Voraussetzungen müssen erfüllt sein, damit ein Betriebsrat eingerichtet werden kann?

a) Es müssen wenigstens 50% der Arbeitnehmer des Betriebs gewerkschaftlich organisiert sein

b) Der Betrieb muss im Besitz der öffentlichen Hand sein.

c) Im Betrieb müssen mindestens 10 Arbeitnehmer mit deutscher Staatsangehörigkeit ständig beschäftigt sein.

d) Der Betrieb muss einem Arbeitgeberverband angeschlossen sein.

e) Der Betrieb muss 5 ständige wahlberechtigte Arbeitnehmer, von denen drei wählbar sind, beschäftigen.

22 Welche Aussage über die Wahl des Betriebsrats stimmt *nicht* mit dem Betriebsverfassungsgesetz überein?

a) Der Betriebsrat wird in geheimer und unmittelbarer Wahl gewählt.

b) Die regelmäßigen Betriebsratswahlen finden alle 4 Jahre statt.

c) Zur Wahl können nur die im Betrieb vertretenen Gewerkschaften Wahlvorschläge machen.

d) Die Geschlechter sollen im Betriebsrat entsprechend ihrem zahlenmäßigen Verhältnis im Betrieb vertreten sein.

e) In Betrieben, deren Betriebsrat nur aus einer Person besteht, wird dieser mit einfacher Stimmenmehrheit gewählt.

23 Die gesetzliche Unfallversicherung gewährt auch Schutz für so genannte Wegeunfälle. In welchem der genannten Fälle wird dennoch keine Leistung durch die gesetzliche Unfallversicherung gewährt?

a) Ein Arbeitnehmer verursacht auf dem Weg zur Arbeit durch eine Unachtsamkeit einen Unfall und verletzt sich schwer.

b) Nach einer Betriebsfeier erleidet ein Arbeitnehmer unter starkem Alkoholeinfluss auf dem Heimweg einen Autounfall.

c) Ein Auszubildender verunglückt durch eigenes Verschulden auf dem Weg zur Berufsschule.

d) Ein Angestellter verletzt sich in der Mittagspause auf dem Weg zur Kantine.

e) Ein Arbeiter nimmt regelmäßig einen Arbeitskollegen mit und muss dadurch einen Umweg fahren. Auf diesem Umweg verunglückt er und wird verletzt.

24 Welche Versicherung gehört zur gesetzlichen Sozialversicherung?

a) Haftpflichtversicherung

b) Hausratsversicherung

c) Rechtschutzversicherung

d) Risiko-Lebensversicherung

e) Arbeitslosenversicherung

25 Ein Arbeitnehmer war in der Zeit vom 9. Januar bis zum 20. Januar des folgenden Jahres infolge derselben Krankheit mit Unterbrechungen insgesamt 10 Wochen unverschuldet arbeitsunfähig erkrankt.

Für wie viele Krankheitswochen muss der Arbeitgeber Lohnfortzahlung leisten?

a) 14 Wochen   b) 12 Wochen

c) 10 Wochen   d) 6 Wochen

e) 4 Wochen

26 Welche Vertragsparteien müssen bei Volljährigkeit des Auszubildenden den Ausbildungsvertrag unterschreiben?

a) Der Ausbildende, der Auszubildende und der Vertreter der Industrie- und Handelskammer oder Handwerkskammer

b) Der Ausbildende, der Auszubildende und dessen gesetzlicher Vertreter

c) Nur der Ausbildende und der Auszubildende

d) Der Ausbildende, der Auszubildende und der Klassenlehrer der Berufsschule

e) Nur der Auszubildende und der gesetzliche Vertreter des Auszubildenden

27 Wer ist für die Überwachung der Berufsausbildung zuständig?

a) Gewerbeaufsichtsamt

b) Berufsgenossenschaft

c) Agentur für Arbeit

d) Industrie- und Handelskammer oder Handwerkskammer

e) Kultusministerium des Bundeslandes

28 Welche Ausgaben können bei der jährlichen Lohnsteuererklärung *nicht* als steuermindernd geltend gemacht werden?

a) Die Kosten für die Fahrt zum Arbeitsplatz

b) Der Gewerkschaftsbeitrag

c) Spenden an eine wohltätige Organisation

d) Die Zinsen für einen Konsumentenkredit

e) Der Krankenversicherung

29 Ein Betriebsrat und ein ausländischer Arbeitnehmer unterhalten sich.

Welche Aussage ist richtig?

a) Betriebsrat: Ihr ausländischen Mitbürger könnt an unseren allgemeinen Wahlen zum Bundestag teilnehmen.

b) Arbeitnehmer: Nichts da, nicht einmal den Betriebsrat können wir mitwählen.

c) Betriebsrat: Doch, ihr könnt den Betriebsrat wählen und wir vertreten auch eure Interessen.

d) Arbeitnehmer: Aber keiner von uns kann in den Betriebsrat gewählt werden.

e) Betriebsrat: Der Betriebsrat muss paritätisch aus allen Nationalitäten im Betrieb zusammengesetzt sein.

30 Nach wie viel Monaten, nachdem ein Arbeitnehmer arbeitslos wurde, bekommt er Arbeitslosengeld II?

a) Nach 3 Monaten Arbeitslosigkeit

b) Nach 6 Monaten Arbeitslosigkeit

c) Nach 12 Monaten Arbeitslosigkeit

d) Nach 24 Monaten Arbeitslosigkeit

e) Nach 36 Monaten Arbeitslosigkeit

Anzahl der Aufgaben: 29, davon zu bearbeiten: 25. Richtig gelöst: . . . .   (≙ Note . . . .)

Prüfungseinheit Wirtschafts- und Sozialkunde 1, Teil 2

1 Ein Auszubildender hat seine Ausbildung mit
   der Abschlussprüfung beendet und hat damit
   einen Anspruch auf ein Zeugnis des Arbeits-
   gebers.
   Welche Angaben muss das Zeugnis enthalten
   und welche Angaben kann das Zeugnis auf
   Verlangen des Auszubildenden enthalten?

                                    (10 Punkte)

2 Nennen Sie mindestens drei wichtige Merkmale einer Einzelunternehmung.

                                    (10 Punkte)

3 Nennen Sie jeweils mindestens zwei Pflichten, die Arbeitgeber und Arbeitnehmer aus
   dem Arbeitsvertrag übernehmen.

                                    (10 Punkte)

4 Man unterscheidet zwei verschiedene Kündi-
   gungsarten: die ordentliche und die außerordentliche (fristlose) Kündigung. Nennen Sie
   drei Gründe, die zu einer außerordentlichen
   Kündigung führen können.

                                    (10 Punkte)

5 Das Mitbestimmungsgesetz gibt dem Betriebsrat in sozialen Angelegenheiten ein Mitbestimmungsrecht.
   Führen Sie drei Beispiele an, bei denen der
   Betriebsrat ein Mitspracherecht hat.

                                    (10 Punkte)

6 Ein wesentliches Merkmal der gesetzlichen
   Krankenversicherungen ist das Solidaritätsprinzip.
   Erläutern Sie dieses Prinzip anhand eines Beispiels.

                                    (10 Punkte)

Gesamtpunktzahl: 60. Davon erreicht: . . . . Punkte △ . . . .% △ Note . . . .

Teil VI   Lösungen

1 | Lösungen der Testaufgaben

Testaufgaben zu Teil I Technologie

Lösungen zu **1 Längenprüftechnik**   Testaufgaben ab Seite 25

TL 1	TL 2	TL 3	TL 4	TL 5	TL 6	TL 7	TL 8	TL 9	TL 10	TL 11	TL 12	TL 13	TL 14	TL 15
d	c	b	b	d	d	a	c	e	b	c	a	b	d	e

TL 16	TL 17	TL 18	TL 19	TL 20	TL 21	TL 22	TL 23	TL 24	TL 25	TL 26	TL 27	TL 28	TL 29	TL 30
b	c	e	d	d	c	a	d	a	a	a	b	e	d	e

TL 31	TL 32	TL 33	TL 34	TL 35	TL 36	TL 37	TL 38	TL 39	TL 40	TL 41	TL 42			
c	d	c	d	e	d	d	c	b	c	b	e			

Lösungen zu **2 Fertigungstechnik**   Testaufgaben ab Seite 92

TF 1	TF 2	TF 3	TF 4	TF 5	TF 6	TF 7	TF 8	TF 9	TF 10	TF 11	TF 12	TF 13	TF 14	TF 15
e	b	b	b	c	c	b	d	e	e	e	b	b	d	c

TF 16	TF 17	TF 18	TF 19	TF 20	TF 21	TF 22	TF 23	TF 24	TF 25	TF 26	TF 27	TF 28	TF 29	TF 30
e	b	b	b	a	c	c	b	d	e	c	b	a	b	a

TF 31	TF 32	TF 33	TF 34	TF 35	TF 36	TF 37	TF 38	TF 39	TF 40	TF 41	TF 42	TF 43	TF 44	TF 45
e	c	a	d	a	d	a	c	b	b	e	c	c	e	a

TF 46	TF 47	TF 48	TF 49	TF 50	TF 51	TF 52	TF 53	TF 54	TF 55	TF 56	TF 57	TF 58	TF 59	TF 60
e	a	b	b	d	e	c	d	b	b	b	a	a	b	b

TF 61	TF 62	TF 63	TF 64	TF 65	TF 66	TF 67	TF 68	TF 69	TF 70	TF 71	TF 72	TF 73	TF 74	TF 75
c	c	b	d	c	d	b	b	e	c	c	c	c	a	c

TF 76	TF 77	TF 78	TF 79	TF 80	TF 81	TF 82	TF 83	TF 84	TF 85	TF 86	TF 87	TF 88	TF 89	TF 90
b	d	d	d	b	e	e	a	d	d	e	b	d	b	e

TF 91	TF 92	TF 93	TF 94	TF 95	TF 96	TF 97	TF 98	TF 99	TF 100	TF 101	TF 102	TF 103	TF 104	TF 105
e	c	b	c	e	d	d	d	d	c	a	e	b	e	c

TF 106	TF 107	TF 108	TF 109	TF 110	TF 111	TF 112	TF 113	TF 114	TF 115	TF 116	TF 117	TF 118	TF 119	TF 120
b	d	a	a	e	e	d	b	d	c	d	e	e	d	e

TF 121	TF 122	TF 123	TF 124	TF 125	TF 126	TF 127	TF 128	TF 129	TF 130	TF 131	TF 132	TF 133	TF 134	TF 135
d	b	c	a	b	d	d	d	e	c	b	c	d	e	d

TF 136	TF 137	TF 138	TF 139	TF 140	TF 141	TF 142	TF 143	TF 144	TF 145	TF 146	TF 147	TF 148	TF 149	TF 150
d	b	c	a	c	e	b	b	d	b	c	a	b	a	c

TF 151	TF 152	TF 153	TF 154	TF 155	TF 156	TF 157	TF 158	TF 159	TF 160	TF 161	TF 162	TF 163	TF 164	TF 165
c	c	d	a	c	b	d	b	a	e	c	d	b	e	e

TF 166	TF 167	TF 168	TF 169	TF 170	TF 171	TF 172	TF 173	TF 174	TF 175	TF 176	TF 177	TF 178	TF 179	TF 180
a	e	b	c	d	c	a	d	e	b	c	b	a	b	e

TF 181	TF 182	TF 183												
e	b	b												

Testaufgaben zu Teil I Technologie (Fortsetzung)

Lösungen zu 3 Werkstofftechnik   Testaufgaben ab Seite 151

TW1	TW2	TW3	TW4	TW5	TW6	TW7	TW8	TW9	TW10	TW11	TW12	TW13	TW14	TW15
b	e	c	c	b	a	a	b	b	d	b	b	b	d	a

TW16	TW17	TW18	TW19	TW20	TW21	TW22	TW23	TW24	TW25	TW26	TW27	TW28	TW29	TW30
a	a	e	c	b	b	d	a	d	d	c	c	a	c	d

TW31	TW32	TW33	TW34	TW35	TW36	TW37	TW38	TW39	TW40	TW41	TW42	TW43	TW44	TW45
d	d	b	a	c	b	d	c	e	c	b	b	b	c	c

TW46	TW47	TW48	TW49	TW50	TW51	TW52	TW53	TW54	TW55	TW56	TW57	TW58	TW59	TW60
e	d	b	c	d	a	e	a	d	c	e	c	d	a	c

TW61	TW62	TW63	TW64	TW65	TW66	TW67	TW68	TW69	TW70	TW71	TW72	TW73	TW74	TW75
a	d	e	c	a	d	b	a	d	b	d	e	c	d	b

TW76	TW77	TW78	TW79	TW80	TW81	TW82	TW83	TW84	TW85	TW86	TW87	TW88	TW89	TW90
b	d	e	e	b	c	e	d	e	c	c	b	b	a	b

TW91	TW92	TW93	TW94	TW95	TW96	TW97	TW98	TW99	TW100	TW101	TW102	TW103	TW104	TW105
e	b	d	b	e	c	c	c	b	a	a	e	d	e	e

TW106	TW107	TW108	TW109	TW110	TW111	TW112	TW113	TW114	TW115
b	b	b	e	d	e	d	c	d	e

Lösungen zu 4 Maschinen- und Gerätetechnik   Testaufgaben ab Seite 208

TM1	TM2	TM3	TM4	TM5	TM6	TM7	TM8	TM9	TM10	TM11	TM12	TM13	TM14	TM15
c	d	c	a	c	b	d	c	b	c	d	a	b	e	d

TM16	TM17	TM18	TM19	TM20	TM21	TM22	TM23	TM24	TM25	TM26	TM27	TM28	TM29	TM30
a	c	e	d	d	c	b	e	e	d	b	b	b	a	c

TM31	TM32	TM33	TM34	TM35	TM36	TM37	TM38	TM39	TM40	TM41	TM42	TM43	TM44	TM45
d	e	a	d	b	b	c	d	e	e	c	a	d	b	e

TM46	TM47	TM48	TM49	TM50	TM51	TM52	TM53	TM54	TM55	TM56	TM57	TM58	TM59	TM60
b	d	c	a	c	d	e	a	e	e	a	d	e	a	c

TM61	TM62	TM63	TM64	TM65	TM66	TM67	TM68	TM69	TM70	TM71	TM72	TM73	TM74	TM75
b	d	e	d	b	a	d	d	e	c	e	b	a	d	e

TM76	TM77	TM78	TM79	TM80	TM81	TM82
c	a	c	e	b	d	d

Lösungen zu 5 Automatisierungstechnik   Testaufgaben ab Seite 249

TA1	TA2	TA3	TA4	TA5	TA6	TA7	TA8	TA9	TA10	TA11	TA12	TA13	TA14	TA15
d	c	a	a	b	c	c	d	e	d	e	c	a	c	b

TA16	TA17	TA18	TA19	TA20	TA21	TA22	TA23	TA24	TA25	TA26	TA27	TA28	TA29	TA30
d	a	e	a	d	c	b	a	e	b	c	d	a	d	b

Testaufgaben zu Teil I Technologie (Fortsetzung)

TA31	TA32	TA33	TA34	TA35	TA36	TA37	TA38	TA39	TA40	TA41	TA42	TA43	TA44	TA45
c	a	d	b	e	d	b	a	d	a	b	e	e	c	a

TA46	TA47	TA48	TA49	TA50	TA51	TA52	TA53	TA54	TA55	TA56	TA57	TA58	TA59	TA60
e	e	a	c	e	a	d	e	e	d	b	b	a	c	a

TA61	TA62	TA63	TA64	TA65	TA66	TA67	TA68	TA69	TA70	TA71	TA72	TA73	TA74	TA75
b	c	b	a	d	d	b	b	c	c	a	d	c	e	b

TA76
d

Lösungen zu 6 Informationstechnik Testaufgaben ab Seite 264

TI1	TI2	TI3	TI4	TI5	TI6	TI7	TI8	TI9	TI10	TI11	TI12	TI13	TI14	TI15
b	a	c	a	b	c	e	a	c	a	b	e	e	c	c

TI16	TI17	TI18	TI19
d	c	b	e

Lösungen zu 7 Elektrotechnik Testaufgaben ab Seite 273

TE1	TE2	TE3	TE4	TE5	TE6	TE7	TE8	TE9	TE10	TE11	TE12	TE13	TE14	TE15
a	e	a	a	d	a	b	b	d	a	c	c	e	c	c

TE16	TE17	TE18
e	e	c

Testaufgaben zu Teil II Technische Mathematik ab Seite 296

T1	T2	T3.1	T3.2	T4.1	T4.2	T5	T6.1	T6.2	T7.1	T7.2	T7.3	T8.1	T8.2	T8.3
b	d	a	c	e	c	c	b	b	c	b	d	e	a	d

T9.1	T9.2	T9.3	T10.1	T10.2	T10.3	T11	T12.1	T12.2	T12.3	T12.	T13.1	T13.2	T14.1	T14.2
e	e	b	d	c	b	d	e	b	d	b	a	c	d	c

T15.1	T15.2	T15.3	T16.1	T16.2	T16.3	T17.1	T17.2	T18	T19	T20.1	T20.2	T21.1	T21.2	T22.1
e	d	c	c	a	c	b	d	b	c	d	b	c	c	a

T22.2	T22.3	T22.4	T23.1	T23.2	T24.1	T24.2	T24.3	T25.1	T25.2	T26.1	T26.2	T26.3	T27.1	T27.2
c	e	b	b	d	c	e	e	b	d	a	b	b	e	d

T28.1	T28.2	T28.3	T29.1	T29.2	T29.3	T29.4	T30.1	T30.2	T30.3	T31.1	T31.2	T32.1	T32.2	T32.3
b	e	c	b	c	b	c	d	b	d	c	b	a	e	d

T33.1	T33.2	T34.1	T34.2	T35.1	T35.2	T35.3	T36.1	T36.2	T36.3	T36.4	T37.1	T37.2	T37.3	T37.4
b	d	a	c	e	a	d	a	d	d	e	a	b	b	e

T38.1	T38.2	T38.3	T39.1	T39.2	T39.3	T40.1	T40.2	T41.1	T41.2	T41.3	T42.1	T42.2	T43	T44.1
a	d	b	e	a	c	d	b	e	c	b	d	a	b	c

T44.2	T45	T46.1	T46.2	T46.3	T46.4	T47.1	T47.2	T48.1	T48.2	T48.3	T49.1	T49.2	T50
b	e	b	a	a	d	b	a	c	a	e	d	b	c

Testaufgaben zu Teil III Technische Kommunikation — ab Seite 317

TK 1	TK 2	TK 3	TK 4	TK 5	TK 6	TK 7	TK 8	TK 9	TK 10	TK 11	TK 12	TK 13	TK 14	TK 15
e	e	d	e	c	c	c	a	d	c	a	a	d	c	c

TK 16
b

Testaufgaben zu Teil IV Wirtschafts- und Sozialkunde

Lösungen zu 1 Berufliche Bildung — Testaufgaben ab Seite 327

TS 1	TS 2	TS 3	TS 4	TS 5	TS 6	TS 7	TS 8	TS 9	TS 10	TS 11	TS 12	TS 13	TS 14
e	b	a	b	c	e	e	b	d	d	c	e	b	e

Lösungen zu 2 Eigenem wirtschaftlichem Handeln — Testaufgaben ab Seite 332

TS 15	TS 16	TS 17	TS 18	TS 19	TS 20	TS 21	TS 22	TS 23	TS 24	TS 25	TS 26	TS 27	TS 28	TS 29
a	d	e	b	d	b	a	e	b	d	d	b	a	c	c

Lösungen zu 3 Grundlagen der Volks- und Betriebswirtschaft — Testaufgaben ab Seite 339

TS 30	TS 31	TS 32	TS 33	TS 34	TS 35	TS 36	TS 37	TS 38	TS 39	TS 40	TS 41	TS 42	TS 43	TS 44
c	c	d	d	b	b	d	a	d	e	d	e	b	d	a

TS 45
b

Lösungen zu 4 Sozialpartner — Testaufgaben ab Seite 342

TS 46	TS 47	TS 48	TS 49	TS 50	TS 51	TS 52	TS 53	TS 54
e	b	b	e	b	e	b	d	b

Lösungen zu 5 Arbeits- und Tarifrecht — Testaufgaben ab Seite 347

TS 55	TS 56	TS 57	TS 58	TS 59	TS 60	TS 61	TS 62	TS 63	TS 64	TS 65	TS 66	TS 67	TS 68	TS 69
e	d	c	c	d	a	a	b	e	c	c	c	b	c	a

TS 70	TS 71	TS 72	TS 73	TS 74	TS 75	TS 76	TS 77	TS 78	TS 79
c	c	c	a	c	d	c	e	e	d

Lösungen zu 6 Betriebliche Mitbestimmung — Testaufgaben ab Seite 352

TS 80	TS 81	TS 82	TS 83	TS 84	TS 85	TS 86	TS 87	TS 88	TS 89	TS 90	TS 91	TS 92	TS 93	TS 94
c	a	e	d	e	a	c	c	a	b	b	d	a	a	b

TS 95	TS 96	TS 97	TS 98	TS 99	TS 100	TS 101	TS 102	TS 103	TS 104
b	c	e	e	a	b	c	c	b	b

Lösungen zu 7 Soziale Absicherung — Testaufgaben ab Seite 359

TS 105	TS 106	TS 107	TS 108	TS 109	TS 110	TS 111	TS 112	TS 113	TS 114	TS 115	TS 116	TS 117	TS 118	TS 119
c	a	a	c	b	c	e	d	b	e	b	a	e	b	b

TS 120	TS 121	TS 122	TS 123	TS 124	TS 125	TS 126	TS 127	TS 128	TS 129	TS 130	TS 131	TS 132	TS 133	TS 134
e	c	a	b	c	b	c	b	a	c	d	a	a	e	d

TS 135	TS 136
e	b

2   Lösungen der Prüfungseinheiten

Lösungen der Prüfungseinheit Technologie 1, Teil 1													Seiten 365 bis 372	
1	2	3	4	5	6	7	8	9	10	11	12	13	14	15
d	c	d	a	a	e	b	e	c	e	a	c	d	a	a
16	17	18	19	20	21	22	23	24	25	26	27	28	29	30
b	b	e	c	b	e	b	d	b	d	b	a	b	e	c
31	32	33	34	35	36	37	38	39	40	41	42	43	44	45
e	c	c	d	a	c	b	a	c	d	d	e	d	d	e
46	47	48	49	50	51	52	53	54	55	56	57	58	59	60
a	c	d	a	c	d	d	b	a	c	d	e	e	a	c

Lösungen der Prüfungseinheit Technologie 1, Teil 2	Seiten 373 und 374

1   a) Einsatzstahl mit 0,16% C, 1,25% Mn und geringer Menge Chrom

    b) Einsatzhärtung

    c) Die Außenschicht der Zahnflanken wird hart und verschleißfest, der Kern bleibt zäh.

    d) Die Zahnradflanken werden im Kasteneinsatz (oder Bad- oder Gaseinsatz) in kohlenstoffabspaltenden Stoffen aufgekohlt, anschließend gehärtet und angelassen. Nur die kohlenstoffreichere Randschicht wird hart.

2   a) Pos. 3: zweireihiges Schrägkugellager
       Pos. 4: Zylinder-Rollenlager

    b) Das Schrägkugellager nimmt radiale und beidseitige axiale Kräfte auf.

    c) Das Zylinderrollenlager nimmt die großen Radialkräfte in der Nähe des Kegelrades auf.

    d) Die Distanz- oder Abstandsringe sichern den Abstand zwischen den beiden Lagerstellen.

3   Die Nutmutter (Pos. 11) ermöglicht ein spielfreies Einstellen der Lager. Sie wird mit dem Sicherungsblech (Pos. 10) auf der Welle formschlüssig gesichert.

4   a)

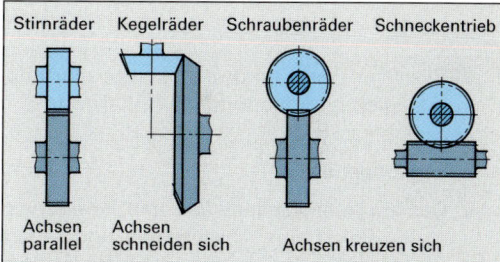

b) Kegelräder können geradverzahnt, schrägverzahnt und bogenförmig verzahnt sein.

c) Bei Hypoidverzahnungen schneiden sich die Achsen nicht in einem Punkt.

d) Bei der Montage von Kegelrädern ist das Spiel an den Zahnflanken einzustellen.

e) Zwischen dem Lagergehäuse (Pos. 2) und dem Getriebegehäuse werden Passringe beigelegt. Durch rasches Drehen der Kegelradwelle kann das Spiel kontrolliert werden.

5 a) Der Kunststoff für den Radial-Wellendichtring muss formstabil, abriebfest und ölbeständig sein und muss gute Gleitfähigkeit auf Metall besitzen.

b) Die Buchse (Pos. 7) muss drallfrei geschliffen werden mit einer maximalen gemittelten Rautiefe $Rz = 4$ µm.

c) Vor dem Zusammenbau der Pos. 2 mit Pos. 8 muss auf der Anlagefläche Dichtungspaste (flüssige Dichtung) aufgetragen werden.

d) Das Lagergehäuse (Pos. 2) enthält unten eine Bohrung zur Ölrückführung.

e) Wegen der hohen Flächenpressung an den Flanken muss, besonders bei hypoidverzahnten Kegelrädern, ein Schmierstoff mit erhöhter Druckfestigkeit (Zusatzbezeichnung EP) verwendet werden.

6 a) Die Linien stellen sinnbildlich Freistiche nach DIN 509 dar.

b) Die Freistiche sind zur Erleichterung beim Rundschleifen der Welle und zur Verminderung der Kerbwirkung am Wellenabsatz erforderlich.

7 a) Die Schrauben sind aus Vergütungsstahl (unlegiert oder niedrig legiert) hergestellt.

b) Vergütungsstähle besitzen 0,2 bis 0,6% Kohlenstoffgehalt.

c) Das Vergüten besteht aus den Fertigungsstufen Erwärmen, Abschrecken und Anlassen auf verhältnismäßig hohe Temperaturen.

8 a) Bei zu großer Rauheit werden die Werkstoffspitzen beim Fügen eingeebnet. Die gewünschte Lagerpassung wird nicht erreicht.

b) Die Rauheit kann durch Innen-Rundschleifen eingehalten werden.

9 a) Schraubensicherungen werden eingeteilt in Setzsicherungen, Losdrehsicherungen und Verliersicherungen.

b) Klebstoffe für Metalle werden in Warm- und Kaltkleber eingeteilt.

c) Arbeitsregeln für das Kleben:

Die Fügeflächen müssen sorgfältig gereinigt werden und leicht aufgeraut sein.

Der Kleber ist nach Herstellungsvorschrift zu verarbeiten, z.B. aus 2 Komponenten zu mischen.

Die Berührung des Klebstoffs mit der Haut oder den Augen ist zu vermeiden.

Es ist für ausreichende Lüftung am Arbeitsplatz zu sorgen.

Nach dem Fügen muss der Klebstoff genügend lange aushärten.

d) Beim Kleben tritt keine Gefügeänderung ein. Die Verarbeitung ist relativ einfach. Die Klebstellen sind flüssigkeits- und gasdicht. Es können unterschiedliche Werkstoffe gefügt werden.

10 Die Lagerstellen müssen durch Dichtungen gegen das Eindringen von Wasser und Schmutz gesichert sein.

Das verwendete Schmieröl muss frei von korrosiven Stoffen sein.

Durch regelmäßigen Ölwechsel entsprechend der Betriebsanleitung werden Verschmutzungen und Kondenswasser aus dem Getriebe beseitigt.

Lösungen der Prüfungseinheit Technologie 2, Teil 1												Seiten 375 bis 383		
1	2	3	4	5	6	7	8	9	10	11	12	13	14	15
d	c	a	b	c	b	e	c	c	b	c	a	d	d	c
16	17	18	19	20	21	22	23	24	25	26	27	28	29	30
e	e	b	a	b	b	d	c	c	a	b	c	c	e	d
31	32	33	34	35	36	37	38	39	40	41	42	43	44	45
d	a	e	d	b	d	e	d	b	a	c	c	e	a	c
46	47	48	49	50	51	52	53	54	55	56	57	58	59	60
d	a	e	c	c	e	c	e	c	a	e	c	c	a	b

Lösungen der Prüfungseinheit Technologie 2, Teil 2	Seiten 385 und 386

1　a) 20H7: Grenzlehrdorn oder Innenmessschraube

　　　20h6: Bügelmessschraube oder Grenzrachenlehre

　　b) Die Gutseite des Grenzlehrdorns verkörpert das Mindestmaß

　　　Die Ausschussseite des Grenzlehrdorns verkörpert das Höchstmaß

　　c) Gutseite verkörpert das Höchstmaß

　　　Ausschussseite verkörpert das Mindestmaß

　　d) Spielpassung

　　e) Die Oberflächen sind zu rau. Beim Fügen werden die Oberflächen eingeebnet; Maße und Passung stimmen nicht mehr.

2　a) Er verhindert, dass sich die Pos. 1 bis 3 sowie die Pos. 6 und 7 nach rechts verschieben.

　　b) 20: Nennmaß (Bolzendurchmesser in mm)

　　　1,2: Dicke des Sicherungsrings in mm

　　c) Durch die Verwendung von Passscheiben zwischen Lager (Pos. 3) und Sicherungsring (Pos. 5).

3　a) Edelkorund

　　b) Körnung 60 ... 80

　　c) Die Umfangsgeschwindigkeit darf maximal 45 m/s betragen.

4　a) Das Werkstück besitzt eine harte, verschleißfeste Oberfläche und einen zähen, elastischen Kern.

　　b) Induktionshärten und Flammhärten

　　c) **Induktionshärten:** Wirbelströme, hervorgerufen durch hochfrequenten Wechselstrom, erwärmen das Werkstück in der Randschicht auf Härtetemperatur. Anschließend wird mit einer Brause abgeschreckt.

　　　Flammhärten: Die Randschicht wird durch Brennerflammen auf Härtetemperatur erwärmt und mit einer Wasserbrause abgeschreckt.

　　d) Durch das Anlassen werden Sprödigkeit und Spannungen vermindert; die Härte nimmt dabei nur geringfügig ab.

5　a) Mit dem Rockwell C-Härteprüfverfahren (Kurzzeichen HRC)

　　b) Ein Prüfkegel aus Diamant mit einem Spitzenwinkel von 120° wird in die Oberfläche godrückt. Die bleibende Findringtiefe wird gemessen und direkt als Rockwellhärte am Prüfgerät abgelesen.

6　M4: Metrisches ISO-Regelgewinde mit 4 mm Nenndurchmesser

　　12: Länge des Schraubenschaftes in mm

　　8.8: Der Schraubenwerkstoff besitzt eine Mindestzugfestigkeit R_m = 800 N/mm^2 und eine Mindeststreckgrenze R_e = 0,8 · 800 N/mm^2 = 640 N/mm^2

7 a) Lager bis zum Einbau in der Originalverpackung aufbewahren.

Bei der Montage auf peinliche Sauberkeit achten.

Korrosionsschutzöl nicht abwaschen.

Die Fügekraft darf nicht durch die Wälzkörper übertragen werden.

  b) Vorteile:

Höhere Belastung möglich

Größere Steifigkeit

Nachteile:

Größerer Einbau-Durchmesser

Größere Lagerbreite

Zylinderrollenlager der Bauart N oder NU können keine Axialkräfte aufnehmen.

Die Laufrolle muss zusätzlich gegen axiale Verschiebung gesichert werden.

8 a) Im Schraubenschaft wird beim kontrollierten Anziehen eine so hohe Vorspannkraft erzeugt, dass eine zusätzliche Sicherung nicht nötig ist.

  b) Setzsicherungen
Losdrehsicherungen
Verliersicherungen

  c) Beim streckgrenzengesteuerten Anziehen wird die Schraube so stark angezogen, bis im Schraubenschaft die Streckgrenze erreicht ist.

9 Pos. 1: 38Cr2: Legierter Vergütungsstahl (Edelstahl) mit 0,38% Kohlenstoff und 2/4 = 0,5% Chrom

  Pos. 4: E295: Unlegierter Baustahl, Mindeststreckgrenze R_e = 295 N/mm^2

10

N1	G00	F550	S3350	T01	M3
N2	G00	X0	Y0	Z-8	
N3	G42				
N4	G01	X10	Y10		
N5	G01	X22			
N6	G03	X34,5	Y22,5	I0	J12,5
N7	G01	Y34,5			
N8	G01	X24,474	Y40		
N9	G01	X10			
N10	G01	Y36,246			
N11	G02	X10	Y19,754	I-6,5	J-8,246
N12	G01	Y8			
N13	G40				
N14	G00	X0	Y0	Z100	M30

Lösungen der Prüfungseinheit Technologie 3, Teil 1 — Seiten 387 bis 392

1	2	3	4	5	6	7	8	9	10	11	12	13	14	15
c	d	d	c	d	d	d	d	a	b	a	e	c	e	d	e

16	17	18	19	20	21	22	23	24	25	26	27	28	29	30
b	b	d	d	b	a	b	b	c	e	b	a	a	c	c

31	32	33	34	35	36	37	38	39	40	41	42	43	44	45
e	c	b	d	d	c	d	c	d	e	a	d	e	d	b

46	47	48	49	50	51	52	53	54	55	56	57	58	59	60
e	d	e	d	c	b	b	a	a	c	a	b	e	d	e

Lösungen der Prüfungseinheit Technologie 3, Teil 2 — Seiten 393 und 394

1
a) Einsatzstahl mit 0,17% C, 6 : 4 = 1,5% Cr und 6 : 4 = 1,5% Ni

b) Geringere Abnutzung und höhere Warmfestigkeit

c) Ausgangsstoffe für Hartmetalle sind Metallcarbide, z.B. TiC und WC sowie Cobalt als Bindemetall.
Die Herstellung geschieht durch Pressen der pulverförmigen Mischung der Ausgangsstoffe und anschließendes Sintern.

2
a) Vergütungsstahl mit 0,46% C und 2 : 4 = 0,5% Cr

b) Der Werkstoff kann vergütet werden.

c) Vergüten besteht aus Härten mit nachfolgendem Anlassen auf hohe Temperatur.

d) Vergütete Werkstücke besitzen hohe Zugfestigkeit und hohe Zähigkeit.

e) 800 bis 950 N/mm^2

3
a) Kegelrollenlager

b) Nadellager

c) Kegelrollenlager nehmen große radiale und einseitig axiale Kräfte auf. Sie sind nachstellbar.

d) Der Platzbedarf ist wegen der kleinen Durchmesser der Nadeln sehr gering.

e) Das rechte der beiden Kegelrollenlager

f) Die Zentrierspitze Pos. 2 wäre axial nicht mehr gesichert.

g) Nach Lösen der Teile 4, 11 und 3 lässt sich die Zentrierspitze Pos. 2 nach links herausziehen.

4
a) Einstichdurchmesser 28,6 mm; Einstichbreite mindestens 1,6 mm

b) Einstellung genau auf Werkstückmitte und rechtwinklig zur Drehachse, Einspannlänge möglichst kurz

c) Schnittgeschwindigkeit und Vorschub sind wesentlich kleiner als beim Längsdrehen zu wählen.

5
a) Die Zentrierspitze wird in die Pinole des Reitstocks eingesetzt.

b) Zum Drehen zwischen Spitzen und zum Abstützen langer Drehteile bei allen Einspannungen

c) Form A: ohne Schutzsenkung, für allgemeine Dreharbeiten
Form B: mit Schutzsenkung 120° bei nicht ebener Planfläche
Form R: Zum Kugeldrehen mit Reitstockverstellung

d) Zentriert wird mit hoher Drehzahl und kleinem Vorschub.

6 a)   b)

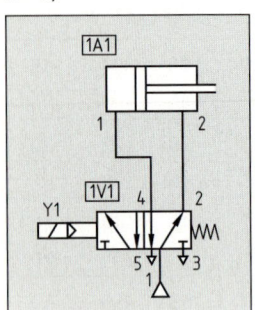 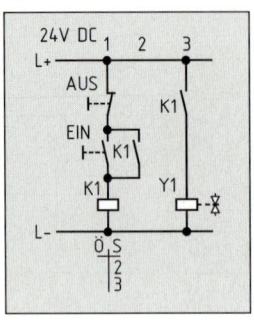

c) Eine speicherprogrammierbare Steuerung (SPS)

7 a) Härteprüfung nach Rockwell C und Vickers

b) Bei der Vickersprüfung wird eine viereckige Diamantpyramide mit 136° Spitzenwinkel in das Prüfteil gedrückt. Aus Prüfkraft und Eindruckdiagonale wird die Vickershärte HV ermittelt.

c) Aus den Ergebnissen der Härteprüfung kann mit einer Umwertungstabelle nach DIN 50 150 (Tabellenbuch) die Zugfestigkeit ermittelt werden.

d) Durch das Magnetpulververfahren, das Ultraschallverfahren oder die Farbeindringprüfung

8 a) Kegeldrehen durch Verstellen des Oberschlittens, durch Reitstockverstellung oder mit Hilfe eines Leitlineals

b) Oberschlittenverstellung: kurze Kegel mit beliebigem Kegelwinkel
Reitstockverstellung: schlanke Kegel bis zu einer Kegelverjüngung $C = 1 : 50$
Leitlineal: schlanke Kegel bis ca. 20° Kegelwinkel

c) Bei CNC-Maschinen mit Bahnsteuerung ist keine Umrüstung zum Kegeldrehen erforderlich.

9 Spannbacken dürfen nicht weit vorstehen.
Der Schlüssel des Futters muss immer abgezogen werden.
Die Werkstücke und Werkzeuge müssen ausreichend fest gespannt werden.
Weite Kleidung und offene lange Haare sind nicht zulässig.
Die Späne dürfen nur mit einem Spanhaken entfernt werden.

Bei kurzspanenden Werkstoffen ist eine Schutzbrille zu tragen.

10 a) Stufenlos regelbare Gleichstrommotore oder frequenzgesteuerte Drehstrommotore hoher Leistung

b) Es werden spielfreie, leichtgängige Kugelumlaufspindeln verwendet.

c) Das Maschinenbett ist besonders starr und schwingungsarm gebaut.

d) Es ist mindestens eine 2D-Bahnsteuerung erforderlich.

e) Die positive Z-Achse entspricht der Achse Arbeitsspindel-Reitstock. Die positive X-Achse ist rechtwinklig von der Z-Achse (Drehmitte) zum Drehwerkzeug gerichtet.

f) An der Drehmaschine können Teilungen ähnlich wie an einem Teilapparat vorgenommen werden. Außerdem ist das Unrunddrehen möglich.

Lösungen der Prüfungseinheit Technologie 4, Teil 1   Seiten 395 bis 400

1	2	3	4	5	6	7	8	9	10	11	12	13	14	15
b	a	d	d	d	d	d	c	c	a	d	b	c	d	c

16	17	18	19	20	21	22	23	24	25	26	27	28	29	30
b	a	e	a	b	b	b	c	e	a	a	b	e	b	d

31	32	33	34	35	36	37	38	39	40	41	42	43	44	45
c	b	d	a	d	a	a	a	a	c	b	a	a	d	e

46	47	48	49	50	51	52	53	54	55	56	57	58	59	60
d	b	a	d	b	b	d	e	a	d	d	b	d	e	b

Lösungen der Prüfungseinheit Technologie 4, Teil 2   Seiten 401 und 402

1 a) Formschluss-Verbindungen
Vorgespannte Formschluss-Verbindungen
Kraftschluss-Verbindungen
Stoffschluss-Verbindungen

b) Formschluss-Verbindungen

2 a) Wälzlagerfett

b) Verminderung der Reibung
Korrosionsschutz
Verhinderung des Eindringens von Staub, Schmutz usw.

c) Ölnebelschmierung
Öl-Luft-Schmierung

3 a) DIN 6885: Normblatt
A: Form A; d.h., die Passfeder ist rundstirnig
8: Breite der Passfeder
7: Höhe der Passfeder
30: Passfederlänge

b) t_1 = 4 + 0,2 mm
t_2 = 3,3 + 0,2 mm
h = 7h9
P_{SH} = 0,730 mm
P_{SM} = 0,3 mm

4 a) Feingewinde ergeben eine größere Vorspannkraft.

b) Mit LH (Left Hand) werden Linksgewinde gekennzeichnet.
Durch die Reibung wird das Drehmoment vom Sägeblatt über die Pos. 4 und 5 auf die Mutter übertragen. Bei Verwendung eines Rechtsgewindes könnte sich die Mutter geringfügig losschrauben. Die Klemmung des Sägeblatts wäre dadurch aufgehoben.

c) Rändelmuttern werden von Hand angezogen. Die erreichbare Vorspannkraft ist viel niedriger als die Vorspannkraft, die beim Anziehen einer Sechskantmutter mit dem Schraubenschlüssel zu erreichen ist.

5 a) Das Freischneiden kann durch eine Rechts-Links-Schränkung oder durch eine Wellenschränkung erreicht werden.

b) Maschinensägeblätter besitzen meist Bogenzähne, die widerstandsfähiger sind als Winkelzähne.

c) Bei weichen Stählen, z.B. bei S235JR, muss der Spanraum wegen des größeren Vorschubs mehr Spanvolumen aufnehmen.
Bei Stählen mit höherer Festigkeit, z.B. bei E360, ist der Vorschub geringer. Wegen des langen Schnittes ist dennoch ein großer Spanraum, d.h. eine große Zahnteilung, erforderlich.

6 a) Schweißen gehört zur Hauptgruppe Fügen.

b) Ein elektrischer Lichtbogen zwischen einer Elektrode und den zu verbindenden Werkstücken dient als Wärmequelle. Durch die hohe Temperatur des Lichtbogens werden die Werkstoffe der zu verbindenden Werkstücke aufgeschmolzen. Gleichzeitig schmilzt die Elektrode als Zusatzwerkstoff ab und bildet die Schweißraupe. Die Ummantelung der Elektrode bewirkt einen gleichmäßigen Stromfluss in der Lichtbogenstrecke, erzeugt eine Schutzgashülle und bildet an der Schweißstelle eine Schlacke zum Schutz des Schweiß-Schmelz-

c) Durch das Schweißen verzieht sich das Lagergehäuse. Außerdem würde durch die groben Toleranzen beim Schweißen das Lagergehäuse nicht mehr fluchten.

7 a) Gefahr des Wanderns des Lager-Innenrings auf der Welle

b) Grundabmaße für Kugellager bei mittlerer Belastung: j; k; m

c) Erwärmen des Pendelkugellagers im Ölbad oder mit Hilfe eines Induktionsanwärmgerätes auf ca. 80 ... 100 °C bzw. Kühlen der Welle mit Trockeneis auf ca. – 50 °C.

8 a) Pendelkugellager sind im Gegensatz zu Rillenkugellagern winkelbeweglich und eignen sich deshalb besonders für Lagerungsfälle, bei denen mit größeren Wellendurchbiegungen oder Fluchtungsfehlern zu rechnen ist.

b) Pendelkugellager erlauben höhere Drehzahlen als zweireihige Rillenkugellager.

c) Durch die mit Wälzlagerfett gefüllten Rillendichtungen des Lagerdeckels (Pos. 10) und des Lagergehäuses (Pos. 7).

9 a) Freies Biegen, Gesenkbiegen und Schwenkbiegen

b) Der Werkstoff federt um die Größe der elastischen Verformung zurück.

c) Um Rissbildung und eine unzulässige Querschnittsveränderung in der Biegezone zu verhindern, darf der Mindestbiegeradius, der hauptsächlich von der Werkstoffdehnung und der Blechdicke abhängt, nicht unterschritten werden.

10

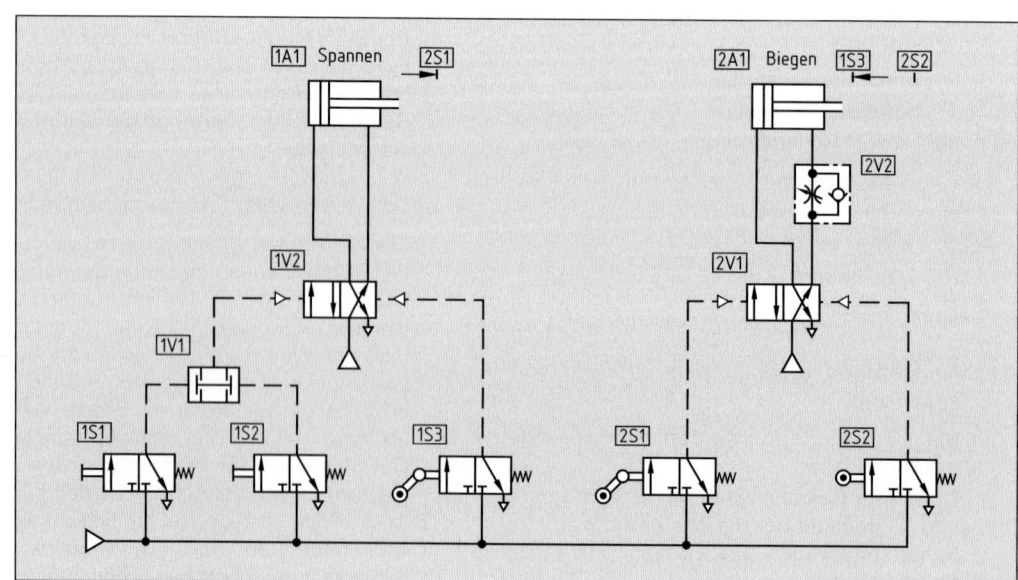

Lösungen der Prüfungseinheit Technische Mathematik 1, Teil 1													Seiten 403 bis 406
1	2.1	2.2	3.1	3.2	4.1	4.2	4.3	5.1	5.2	6.1	6.2	7.1	7.2	8.1
d	b	d	e	d	a	b	c	d	c	a	a	b	d	e

8.2	9.1	9.2	9.3	10	11	12	13.1	13.2	14.1	14.2	15	16.1	16.2	16.3
c	d	c	b	b	c	b	e	a	d	c	a	c	e	b

Lösungen der Prüfungseinheit Technische Mathematik 1, Teil 2	Seiten 407 und 408

1

Gegeben: $M_N = 25\ N \cdot m;\quad d = 32\ mm$
$\qquad\quad b = 8\ mm;\ l = 32\ mm$

Lösung:

$$M_N = \frac{F_U \cdot d}{2} \quad \Rightarrow \quad F_U = \frac{2\,M_N}{d}$$

$$F_U = \frac{2 \cdot 25\ N \cdot m}{0,032\ m} = 1562,5\ N$$

$$S_{Ges} = S_{\square} + 2 \cdot S_{◖} = b \cdot (l - b) + 2 \cdot \frac{\pi}{8}\,b^2$$

$$= 8\ mm \cdot 24\ mm + 2 \cdot \frac{\pi}{8} \cdot (8\ mm)^2$$

$$\approx 242,3\ mm^2$$

$$\tau_a = \frac{F_U}{S_{Ges}} \approx \frac{1562,5\ N}{242,3\ mm^2} \approx \mathbf{6{,}45\ N/mm^2}$$

2

Gegeben: $d = 70\ mm,\quad D = 86\ mm$
Lösung:

$$A = \frac{\pi}{4} \cdot (D^2 - d^2) = \frac{\pi}{4}\,[(86\ mm)^2 - (70\ mm)^2]$$

$$\approx \mathbf{1960{,}35\ mm^2}$$

3

Gegeben: $d = 2 \cdot 262\ mm = 524\ mm,$
$\qquad\quad F_H = 100\ N,\quad \eta = 15\%,\quad P = 1,5$
Lösung:

$$\eta \cdot F_H \cdot \pi \cdot d = F_{Sp} \cdot P$$

$$F_{Sp} = \frac{\eta \cdot F_H \cdot \pi \cdot d}{P}$$

$$F_{Sp} = \frac{0,15 \cdot 100\ N \cdot \pi \cdot 524\ mm}{1,5\ mm} \approx \mathbf{16\,462\ N}$$

4

Lösung:
Aus Aufgabe 2: $A = 1960,35\ mm^2$

$$p = F_{Sp} \backslash A = \frac{16\,462\ N}{1960,35\ mm^2} \approx \mathbf{13{,}80\ N/mm^2}$$

5

Gegeben: $m' = 1,26\ kg/m;\quad \varrho = 7,85\ kg/dm^3;$
$\qquad\quad$ Maße gemäß Skizze;　$s = 1,5\ mm;$
$\qquad\quad b = 45\ mm$

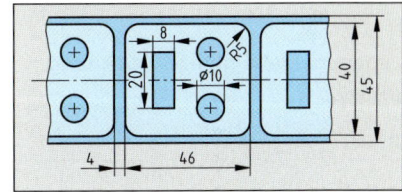

Lösung:

a) $A_{Lasche} = A_{Ges} - A_{\square} - 2A_{○} - 4 \cdot A$
$\qquad = 46\ mm \cdot 40\ mm - 20\ mm \cdot 8\ mm$

$$- 2 \cdot \frac{\pi}{4} \cdot (10\ mm)^2$$

$$- 4\,[5\ mm \cdot 5\ mm\ \frac{1}{4} \cdot \frac{\pi}{4}\,(10\ mm)^2]$$

$$= \mathbf{1501{,}44\ mm^2}$$

$$m = \varrho \cdot V = \varrho \cdot s \cdot A$$

$$m = 7,85\ \frac{g}{cm^3} \cdot 0,15\ cm \cdot 15,01\ cm^2 = \mathbf{17{,}67\ g}$$

b) $V = l + e = 46\ mm + 4\ mm = \mathbf{50\ mm}$

c) A = Fläche der Lasche mit Lochungen
$\quad A = 46\ m \cdot 40\ mm - 4 \cdot [5\ mm \cdot 5\ mm$

$$- \frac{1}{4} \cdot \frac{\pi}{4}\,(10\ mm)^2] = 1818,52\ mm^2$$

$$\eta = \frac{R \cdot A}{V \cdot B} = \frac{R \cdot A}{(l + e) \cdot B} \cdot 100\%$$

$$\eta - 1 \cdot \frac{1818,52\ mm^2}{(46\ mm \cdot 4\ mm) \cdot 45\ mm} \cdot 100\%$$

$$= \mathbf{80{,}8\%}$$

6 *Lösung:*

a) Hinweis: Die maximale Zugfestigkeit des Stahls ist aus einem Tabellenbuch zu entnehmen: $R_{m\,max} = 470\ N/mm^2$. Daraus berechnet man mit der Gleichung $\tau_{a\,B\,max} = 0,8 \cdot R_{m\,max}$ die maximale Scherfestigkeit.

$$\tau_{a\,B\,max} = 0,8 \cdot 470\ N/mm^2 = \mathbf{376\ N/mm^2}$$

b) $F = S \cdot \tau_{aB\,max}$

$S = U_{\text{Löcher}} \cdot s = (U_{\square} + 2 \cdot U_{\bigcirc}) \cdot s$

$= [(2 \cdot 20 \text{ mm} + 2 \cdot 8 \text{ mm}) + 2 \cdot \pi \cdot 10 \text{ mm}]$

$\cdot 1{,}5 \text{ mm} \approx 178 \text{ mm}^2$

$F \approx 178 \text{ mm}^2 \cdot 376 \text{ N/mm}^2 \approx \textbf{66 928 N}$

c) $F = S \cdot \tau_{aB\,max}$

$S = U_{\text{außen}} \cdot s$

$= (2 \cdot 36 \text{ mm} + 2 \cdot 30 \text{ mm}$

$+ 4 \cdot \dfrac{1}{4} \cdot \pi \cdot 10 \text{ mm}) \cdot 1{,}5 \text{ mm} \approx 245 \text{ mm}^2$

$F \approx 245 \text{ mm}^2 \cdot 376 \text{ N/mm}^2 \approx \textbf{92 120 N}$

7

Gegeben: Maße gemäß Zeichnung

Lösung:

a) $\tan \dfrac{\alpha}{2} = \dfrac{D - d}{2 \cdot L}$

$D = 2 \cdot L \cdot \tan \dfrac{\alpha}{2} + d$

$\dfrac{\alpha}{2} = 10°, \quad d = 72 \text{ mm}$

$L = 65 \text{ mm} - 27 \text{ mm} - 12 \text{ mm} = 26 \text{ mm}$

$D_4 = 2 \cdot 26 \text{ mm} \cdot \tan 10° + 72 \text{ mm}$

$\approx \textbf{81,169 mm}$

b)

P1	X 72	Z -27
P2	X 81,169	Z -53
P3	X 113	Z -53
P4	X 118,75	Z -56
P5	X 118,75	Z -65

Anmerkung zu P4 und P5: X 118,75
Programmiert wird Mitte der Toleranz

8

Gegeben: $\varnothing$ 46 H7/s6

Lösung:

a) $\varnothing$ 46 H7: $ES = +25 \text{ µm}; \quad EI = 0 \text{ µm}$

$\varnothing$ 46 s6: $es = +59 \text{ µm}; \quad ei = +43 \text{ µm}$

b) $P_{\text{ÜM}} = ES - ei = 25 \text{ µm} - 43 \text{ µm} = \textbf{-18 µm}$

$P_{\text{ÜH}} = EI - es = 0 \text{ µm} - 59 \text{ µm} = \textbf{-59 µm}$

c) Damit die Montage mindestens mit einem Spiel von 10 µm erfolgen kann, muss der Wellendurchmesser $d = 46 \text{ mm}$ um

$\Delta l = 59 \text{ µm} + 10 \text{ µm} = 69 \text{ µm}$ schrumpfen.

$\alpha_{\text{Stahl}} = 0{,}000012 \, \dfrac{1}{°C}$

$\Delta l = \alpha \cdot l_1 \cdot \Delta t \quad \Rightarrow \quad \Delta t = \dfrac{\Delta l}{\alpha \cdot l_1}$

$\Delta t = \dfrac{0{,}069 \text{ mm}}{0{,}000012 \, \dfrac{1}{°C} \cdot 46 \text{ mm}} = 125 \text{ °C}$

$t = 20 \text{ °C} - 125 \text{ °C} = \textbf{-105 °C}$

9

Gegeben: $z_3 = 42; \quad z_4 = 42; \quad z_9 = 53; \quad z_{10} = 33$

$n_1 = 710/\text{min}$

Lösung:

a) Anzahl der schaltbaren Drehzahlen: 6

b) $i = i_1 \cdot i_2$

$i_1 = \dfrac{z_4}{z_3} = \dfrac{42}{42} = 1$

$i_2 = \dfrac{z_{10}}{z_9} = \dfrac{33}{53} = 0{,}6226$

$i = i_1 \cdot i_2 \approx 1 \cdot 0{,}6226 \approx \textbf{0,6226}$

c) $i = \dfrac{n_{\text{I}}}{n_{\text{III}}}$

$n_{\text{III}} = \dfrac{n_{\text{I}}}{i} \approx \dfrac{710/\text{min}}{0{,}6226} \approx \textbf{1140/min}$

10

Gegeben: $d = 60 \text{ mm}; \quad l = 462 \text{ mm}; \quad f = 0{,}4 \text{ mm}$

Werkstoff: C60

Schneidwerkstoff: P 10

Lösung:

a) aus Tabellenbuch: $v_c = 145 \text{ m/min}$

b) aus Tabellenbuch: $n = 710/\text{min}$

c) $L = l + l_d + l_a$

$= 462 \text{ mm} + 3 \text{ mm} + 3 \text{ mm} = 468 \text{ mm}$

$t_h = \dfrac{L \cdot i}{n \cdot f} = \dfrac{468 \text{ mm} \cdot 1}{710/\text{min} \cdot 0{,}4 \text{ mm}} = \textbf{1,65 min}$

Lösungen der Prüfungseinheit Technische Mathematik 2, Teil 1													Seiten 409 bis 412			
1.1	1.2	2.1	2.2	3.1	3.2	4.1	4.2	4.3	5.1	5.2	6.1	6.2	7.1	7.2	8.1	8.2
b	b	d	b	a	e	e	c	b	e	d	d	b	d	c	c	c

9.1	9.2	10.1	10.2	11.1	11.2	12.1	12.2	13	14.1	14.2	15	16.1	16.2	16.3	16.4
a	b	e	a	e	a	e	a	d	c	b	a	e	d	e	a

Lösungen der Prüfungseinheit Technische Mathematik 2, Teil 2	Seiten 413 bis 415

1 *Gegeben:* $M_N = 124\ \text{N} \cdot \text{m}$, $\quad n_N = 470/\text{min}$
$\qquad\quad z_1 = 18$, $\quad z = 63$

Lösung:

a) $i = \dfrac{z_2}{z_1} = \dfrac{63}{18} = \mathbf{3{,}5}$

b) $i = \dfrac{n_1}{n_2}$; $\quad \Rightarrow \quad n_2 = \dfrac{n_1}{i}$

$n_2 = \dfrac{470/\text{min}}{3{,}5} \approx \mathbf{134/min}$

c) $M_2 = i \cdot M_1 = 3{,}5 \cdot 124\ \text{N} \cdot \text{m} = \mathbf{434\ N \cdot m}$

d) $P = 2\pi \cdot n \cdot M = 2\pi \cdot \dfrac{470}{60\ \text{s}} \cdot 124\ \text{N} \cdot \text{m}$

$\qquad \approx 6103\ \dfrac{\text{N} \cdot \text{m}}{\text{s}} \approx \mathbf{6{,}103\ kW}$

e) $\eta = \dfrac{P_2}{P_1} \quad \Rightarrow \quad P_2 = \eta \cdot P_1$

$P_2 \approx 0{,}87 \cdot 6{,}103\ \text{kW} \approx \mathbf{5{,}31\ kW}$

2 *Gegeben:* $V_{\ddot{\text{O}}l} = 3{,}6\ \text{l}$, $\Delta t = 26\ °\text{C}$
$\qquad\qquad \varrho_{\ddot{\text{O}}l} = 0{,}91\ \text{kg/dm}^3$, $c_{\ddot{\text{O}}l} = 2{,}09\ \text{kJ/kg} \cdot \text{K}$

Lösung:

a) $Q = c \cdot m \cdot \Delta t$

$m_{\ddot{\text{O}}l} = \varrho_{\ddot{\text{O}}l} \cdot V_{\ddot{\text{O}}l} = 0{,}91\ \text{kg/dm}^3 \cdot 3{,}6\ \text{dm}^3$

$\qquad = 3{,}276\ \text{kg}$

$Q = 2{,}09\ \dfrac{\text{kJ}}{\text{kg} \cdot \text{K}} \cdot 3{,}276\ \text{kg} \cdot 26\ \text{K} \approx \mathbf{178\ kJ}$

b) *Gegeben:* $l_1 = 468\ \text{mm}$,

$\qquad\qquad \alpha_{\text{Stahl}} = 0{,}000012\ \dfrac{1}{°\text{C}}$

$\Delta l = \alpha \cdot l_1 \cdot \Delta t$

$\qquad = 0{,}000012\ \dfrac{1}{°\text{C}} \cdot 468\ \text{mm} \cdot 26\ °\text{C} \approx \mathbf{0{,}146\ mm}$

3 *Gegeben:*
Lagerinnenring $\varnothing\ 20\text{P6}$;
$ES = 0\ \mu\text{m}$; $\quad EI = -10\ \mu\text{m}$
Wellenzapfen $\varnothing\ 20\text{k6}$;
$es = +15\ \mu\text{m}$; $\quad ei = +2\ \mu\text{m}$

Lösung:

a)

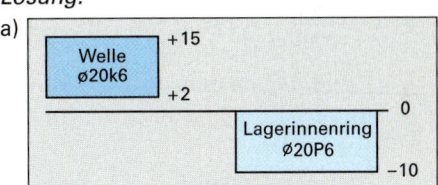

$P_{\ddot{\text{U}}M} = ES - ei = 0\ \mu\text{m} - 2\ \mu\text{m} = \mathbf{-2\ \mu m}$
$P_{\ddot{\text{U}}H} = EI - es = -10\ \mu\text{m} - 15\ \mu\text{m} = \mathbf{-25\ \mu m}$

b) Damit die Montage mindestens mit einem Spiel von 10 μm (= 0,010 mm) erfolgen kann, muss der innere Durchmesser des Lagerinnenrings sich um
$\Delta l = 25\ \mu\text{m} + 10\ \mu\text{m} = 35\ \mu\text{m}$ dehnen.

$\alpha_{\text{Stahl}} = 0{,}000012\ \dfrac{1}{°\text{C}}$

$\Delta l = \alpha \cdot l_1 \cdot \Delta t \quad \Rightarrow \quad \Delta t = \dfrac{\Delta l}{\alpha \cdot l_1}$

$\Delta t = \dfrac{0{,}035\ \text{mm}}{0{,}000012\ \dfrac{1}{°\text{C}} \cdot 20\ \text{mm}} \approx \mathbf{146\ °C}$

$t = 20\ °\text{C} + 146\ °\text{C} = \mathbf{166\ °C}$

4 *Gegeben:* $m = 2600\ \text{kg}$; $R_{\text{p}\,0{,}2} = 1770\ \text{N/mm}^2$
$\qquad\qquad n = 42$; $d = 0{,}7\ \text{mm}$

Lösung:

a) $\sigma_{\text{zul}} = \dfrac{R_{\text{p}\,0{,}2}}{\nu} = \dfrac{1770\ \text{N/mm}^2}{2} = \mathbf{885\ N/mm^2}$

b) $F_G = g \cdot m = 9{,}81\ \dfrac{\text{m}}{\text{s}^2} \cdot 2600\ \text{kg} = \mathbf{25\ 506\ N}$

c) $S = n \cdot \dfrac{\pi}{4} \cdot d^2 = 42 \cdot \dfrac{\pi}{4} \cdot (0{,}7\ \text{mm})^2$

$\qquad \approx \mathbf{16{,}16\ mm}$

d) $\sigma_z = \dfrac{F_G}{S} = \dfrac{25\ 506\ \text{N}}{16{,}16\ \text{mm}^2} \approx \mathbf{1578\ N/mm^2}$

Die Werkzeugmaschine darf mit dem Seil nicht hochgehoben werden, da $\sigma_z > \sigma_{\text{zul}}$.

5 *Gegeben:* $D = 360$ mm; $d = 160$ mm

$\qquad\qquad$ $f = 0,3$ mm

Werkstoff: 42CrMo4

Schneidstoff: HC-P25

Lösung:

a) aus Tabellenbuch: $v_c = 105$ m/min

b) $v_c = \pi \cdot D \cdot n \;\Rightarrow\; n = \dfrac{v_c}{\pi \cdot D}$

$n = \dfrac{105 \text{ m/min}}{\pi \cdot 0,36 \text{ m}} = 92,8/\text{min}$

c) $n = \dfrac{105 \text{ m/min}}{\pi \cdot 0,16 \text{ m}} = 208,9/\text{min}$

d) $l_a = 4$ mm, $\quad l_u = 4$ mm

$L = \dfrac{D - d}{2} + l_a + l_u$

$\quad = \dfrac{360 \text{ mm} - 160 \text{ mm}}{2} + 4 \text{ mm} + 4 \text{ mm}$

$\quad = \textbf{108 mm}$

$n = \dfrac{v_c}{\pi \cdot d_m} = \dfrac{105 \text{ m/min}}{\pi \cdot 0,26 \text{ m}} = 128,5/\text{min}$

$t_h = \dfrac{L \cdot i}{n \cdot f} = \dfrac{108 \text{ mm} \cdot 2}{128,5/\text{min} \cdot 0,3 \text{ mm}} = \textbf{5,6 min}$

6 *Lösung:*

P1	X 0	Y 20
P2	X 34,641	Y 0
P3	X 113,218	Y 0
P4	X 130	Y 20
P5	X 114	Y 20
P6	X 90	Y 110
P7	X 30	Y 75

zu P2:

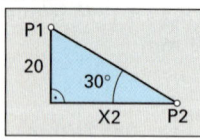

$\tan\alpha = \dfrac{20 \text{ mm}}{X2}$

$X2 = \dfrac{20 \text{ mm}}{\tan 30°}$

$\quad = 34,641$ mm

zu P3:

$X3 = 130 - X3'$

$\tan 40° = \dfrac{X3'}{20 \text{ mm}}$

$X3' = 20 \text{ mm} \cdot \tan 40°$

$\quad = 16,782$ mm

$X3 = 130 \text{ mm} - 16,782 \text{ mm}$

$\quad = 113,218$ mm

zu P5: X5 = 130 mm − 16 mm = 114 mm

zu P6: Y6 = 125 mm − 15 mm = 110 mm

7 *Gegeben:* Maße in Zeichnung, DC 03

Lösung:

a) $L = a + b - n \cdot v = 14 \text{ mm} + 58 \text{ mm}$

$\qquad - 1 \cdot 6,7 \text{ mm} = \textbf{65,3 mm}$

b) $\alpha_1 = \dfrac{\alpha_2}{k_r}; \qquad \dfrac{r_2}{s} = \dfrac{6}{3} = 2 \;\Rightarrow\; k_r = 0,99$

$\qquad\qquad\qquad\qquad\qquad\qquad$ (aus Tabel-

$\alpha_1 = \dfrac{90°}{0,99} + 90,91°$ $\qquad$ lenbuch)

$\Delta\alpha = \alpha_1 - \alpha_2 \approx 90,91° - 90° \approx \textbf{0,91°}$

c) aus Tabellenbuch: $r_{min} = 3$ mm

Der Biegeradius R6 ist zulässig.

8 *Gegeben:* $U = 400$ V; $I = 36,5$ A

$\qquad\qquad \cos\varphi = 0,84$; $P_2 = 18$ kW

Lösung:

a) $P = \sqrt{3} \cdot U \cdot I \cdot \cos\varphi$

$\quad = \sqrt{3} \cdot 400 \text{ V} \cdot 36,5 \text{ A} \cdot 0,84 = \textbf{21,24 kW}$

b) $\eta = \dfrac{P_2}{P_1} = \dfrac{18 \text{ kW}}{21,24 \text{ kW}} = \textbf{85\%}$

c) $W = P \cdot t = 21,24 \text{ kW} \cdot 6,75 \text{ h} = 143,4$ kWh

$K = W \cdot \text{Tarif} = 143,4 \text{ kWh} \cdot 0,09 \text{ €/kWh}$

$\quad = \textbf{12,91 €}$

9 *Gegeben:* $m = 450$ kg; $F = 48\,000$ N, $\eta = 88\%$

$\qquad\qquad A_1 = 201,06$ cm^2; $A_2 = 95,03$ cm^2

$\qquad\qquad$ (Tabellenbuch)

Lösung:

a) $F_G = m \cdot g = 450 \text{ kg} \cdot 9,81 \dfrac{\text{N}}{\text{kg}} = 4414$ N

$F_{Hydr} = F - F_G = 48\,000 \text{ N} - 4414,5 \text{ N}$

$\quad\quad = 43\,585,5$ N

$p_e = \dfrac{F_{Hydr}}{A_1 \cdot \eta} = \dfrac{43\,585,5 \text{ N}}{201,06 \text{ cm}^2 \cdot 0,88} \approx 246,3 \dfrac{\text{N}}{\text{cm}^2}$

$\quad \approx \textbf{24,63 bar}$

b) $A = A_1 - A_2 = 201,06 \text{ cm}^2 - 95,03 \text{ cm}^2$

$\quad = 106,03$ cm^2

$p_e = \dfrac{F_G}{A \cdot \eta} = \dfrac{4414,5 \text{ N}}{106,03 \text{ cm}^2 \cdot 0,88} \approx 47,31 \dfrac{\text{N}}{\text{cm}^2}$

$\quad \approx \textbf{4,731 bar}$

10 *Gegeben:* $Q = 50$ l/min $= 50\,000 \dfrac{\text{cm}^3}{\text{min}}$

Lösung:

a) $v = \dfrac{Q}{A} = \dfrac{50\,000 \text{ cm}^3/\text{min}}{201,06 \text{ cm}^2} = \textbf{248,7} \dfrac{\text{cm}}{\text{min}}$

b) $v = \dfrac{Q}{A} = \dfrac{50\,000 \text{ cm}^3/\text{min}}{106,03 \text{ cm}^2} = \textbf{471,6} \dfrac{\text{cm}}{\text{min}}$

Lösungen der Prüfungseinheit Technische Kommunikation 1, Teil 1												Seiten 417 bis 428		
1	2	3	4	5	6	7	8	9	10	11	12	13	14	15
b	d	d	a	e	b	a	b	c	b	e	d	e	e	b
16	17	18	19	20	21	22	23	24	25	26	27	28	29	30
a	c	b	b	a	b	a	b	e	c	b	a	e	a	e

Lösungen der Prüfungseinheit Technische Kommunikation 1, Teil 2	Seiten 429 bis 431

1 a) Sinnbild: Zentrierbohrung muss am Fertig-
teil verbleiben
ISO 6411: Normblatt
B: Form: gerade Laufflächen, kegelförmi-
ge Schutzsenkung
4: Durchmesser der Zentrierung
8,5: Senkdurchmesser

b) DIN 509-F0,8 x 0,3

c)

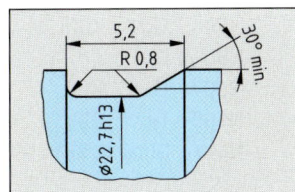

2 a) Umfangslast: Innenring
Punktlast: Außenring

b) Innenring: mögliche Grundabmaße:
n, p, r
Außenring: mögliche Grundabmaße:
J, H, G, F

c) Außenring
Spielpassung

d) Höchstspiel: 45 µm
Mindestspiel: 0

e) Innenring
Übermaßpassung

f) Höchstübermaß −51 µm
Mindestübermaß −28 µm

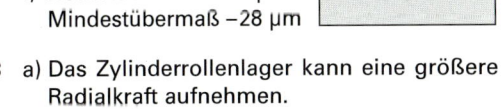

3 a) Das Zylinderrollenlager kann eine größere
Radialkraft aufnehmen.

b) Durch den Eingriff der Zähne entsteht im
Betrieb auch ein Drehmoment in Längsrich-
tung. Der Drehpunkt befindet sich auf der
Achse von Pos. 1 im Bereich des Lagers
(Pos. 4). Deshalb muss das zweite Lager
neben der Axialkraft eine Radialkraft aufnehmen. Axial-Rillenkugellager können
aber keine radialen Kräfte übertragen.

c) Das Zylinderrollenlager, weil sich die Zylinderrollen auf dem bordlosen Innenring in
axialer Richtung verschieben können.

4 a) 16,3 + 0,05

b) Parallelität der beiden Planflächen
$t \leq 0,02$ mm

5 a) Radial-Wellendichtring mit Schutzlippe

b) Die Pfeile geben die Dichtrichtung an.

c) Die Dichtlippe muss nach innen zeigen. Einpressen in Bohrung ohne Verkanten. Bei
der Montage ist die Buchse (Pos. 7) einzufetten, damit die Dichtlippe beim Fügen
nicht verletzt wird.

6 a)

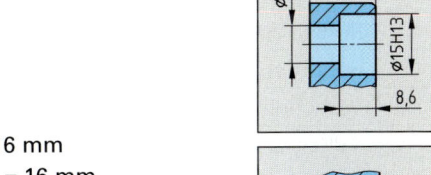

b) 16 mm

c) $l = 16$ mm

d)

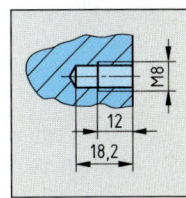

e) Zylinderschraube mit Innensechskant
ISO 4762-M8 x 16 8.8

7 a) Nutmutter (Wellenmutter)

b) Mit Feingewinden können größere Axialkräfte und feiner gestufte Einstellwege als
mit Regelgewinden erzielt werden.

c) Pos. 10 sichert die Nutmutter (Pos. 11) formschlüssig.

d) In die Längsnut greift die Nase des Siche-
rungsblechs (Pos. 10) ein; dieses kann sich
dadurch nicht verdrehen.

8

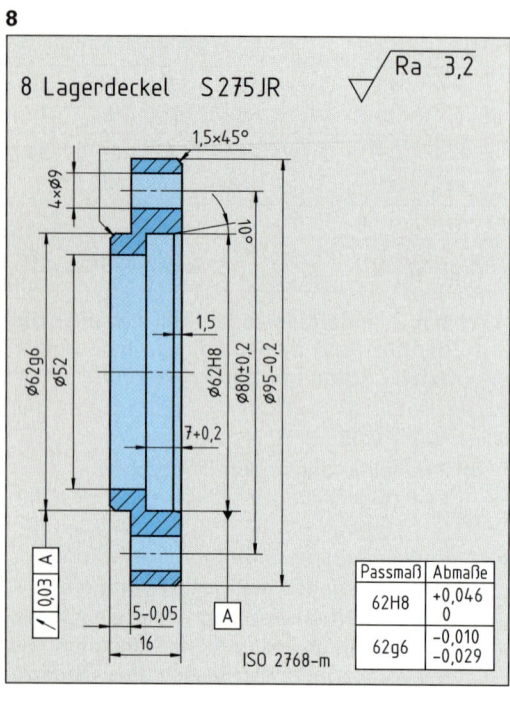

8 Lagerdeckel S 275 JR

Ra 3,2

Passmaß	Abmaße
62H8	+0,046 / 0
62g6	−0,010 / −0,029

ISO 2768-m

9 a)

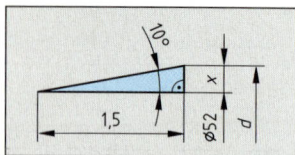

$x = 1,5 \text{ mm} \cdot \tan 10°$

$x = 1,5 \text{ mm} \cdot 0,176$

$x = 0,264 \text{ mm}$

$d = 62 \text{ mm} + 2 \cdot 0,264 \text{ mm}$

$d = 62,528 \text{ mm}$

b) %9

N10	T06	M06		
N20	G96	F0,1	S745	M04
N30	G00	X62,528	Z2	
N40	G01	Z0		
N50	G01	X62,023	Z-1,5	
N60	G01	Z-7		
N70	G01	X52		
N80	G01	Z-17		
N90	G00	X50		
N100	G00	Z2		
N110	G00	X100	Z100	M30

10 Arbeitsplan für Lagerdeckel		
Nr.	Arbeitsschritt	Werkzeuge/Prüfmittel/Spannmittel
1	Rohteil absägen Rd 100 x 20 lang	Maschinenbügelsäge, Stahlmaßstab
2	Rohteil spannen am ⌀ 100, ungefähr 8 mm lang	Backenfutter
3	Vorbohren und aufbohren	Spiralbohrer ⌀ 8 und ⌀ 50
4	Außen-⌀ und Planfläche schruppen	Außendrehmeißel, hartmetallbestückt; Messschieber
5	Beide Innen-⌀ vordrehen	Innendrehmeißel, hartmetallbestückt; Messschieber
6	Werkstück ausspannen, kühlen und wieder einspannen (Werkstück darf sich beim Einspannen nicht verformen)	Kühlflüssigkeit; Backenfutter
7	Außen-⌀, Planfläche und Fase fertigdrehen	Außendrehmeißel; Messschieber
8	Innen-⌀ 62H8 und 52 sowie Fase fertigdrehen	Innendrehmeißel; Messschieber; Innen-messschraube; Grenzlehrdorn
9	Werkstück umspannen: am ⌀ 95 ungefähr 10 mm lang spannen	Weiche, ausgedrehte Backenfutterbacken
10	Planfläche und ⌀ 62 vordrehen	Außendrehmeißel; Messschieber
11	Länge 16 und ⌀ 62 fertigdrehen; anfasen	Messschieber; Messschraube; Grenzrachenlehre
12	Werkstück ausspannen	
13	Qualitätskontrolle	Messzeuge

Lösungen der integrierten Prüfungseinheit Klappbohrvorrichtung	Seiten 433 bis 440

Lösungen der Fragen zur Technologie

1 a) Die Klappbohrvorrichtung besitzt zur Höhenpositionierung und zur seitlichen Positionierung jeweils 3 Auflagebolzen.

b) Die Bestimmgenauigkeit ist umso größer, je weiter die Bestimmelemente auseinanderliegen.

c) Das Werkstück ist jeweils vollbestimmt.

2 a) Die Kolbenringfläche wird mit Druckluft beaufschlagt.

b) Der Kolben wird, entgegen der Druckfederkraft von Pos. 5, in Richtung Deckel (Pos. 3) verschoben. Dadurch wird Platz geschaffen zur Einlage des Werkstücks in die Vorrichtung.

c) Es sind dies die Positionen 2, 29, 1 und 4.

3 a) Der Dichtring (Pos. 6) dichtet ab bei der Kolbenbewegung (Bewegungsdichtung), während sich der Dichtring (Pos. 29) nicht bewegt (ruhende Dichtung).

b) Die Runddichtringe bestehen aus Nitril-Butadien-Kautschuk mit Shore-A-Härte 70.

c) Nitril-Butadien-Kautschuk ist ein Elastomer.

4 a) Die Druckfedern drücken die Kolben gegen das Werkstück und dieses gegen die Auflagebolzen (Pos. 10). Dadurch wird das Werkstück positioniert.

b) Die Druckfedern können die Kolben nicht gegen die Kraft, die die Druckluft bewirkt, verschieben.

c)
```
                    DIN 2098-2 x 10 x 55
DIN-Nr. ─────────────────┘  │   │    │
Drahtdurchmesser ───────────┘   │    │
Mittl. Windungsdurchmesser ─────┘    │
Länge der unbelasteten Feder ────────┘
```

5 Die geöffnete Bohrklappe (Pos. 9) wird nach unten geschwenkt, bis das Spannstück (Pos. 11) auf der Werkstückoberfläche aufliegt. Dabei muss der Schnapper (Pos. 19) mit dem Ballengriff (Pos. 20) gegen die Kraft der Feder (Pos. 25) etwas nach rechts gedreht werden. Durch Handkrafteinwirkung auf die Bohrklappe wird das Spannstück aus Hartgummi so weit zusammengedrückt, bis die Bohrklappe die Auflage (Pos. 17) berührt. Jetzt kann der Schnapper über die Auflage (Pos. 18) gedreht werden. Die Druckfeder (Pos. 25) sichert die Lage des Schnappers.

6 a) Der Werkstoff C70U ist ein Werkzeugstahl und kann gehärtet werden.

b) Der Werkstoff wird auf 800...830 °C erwärmt, anschließend in Öl abgeschreckt und bei 100 °C angelassen.

c) Die Härte wird nach dem Rockwellverfahren geprüft. Dabei dringt ein Diamantkegel unter einer Prüfvorkraft in die zu prüfende Oberfläche ein. Die Skale wird danach auf Null gestellt. Anschließend wird der Prüfkörper mit der eigentlichen Prüfkraft belastet; er drückt dadurch weiter in die Werkstückoberfläche ein. Durch das anschließende Abheben der Prüfkraft geht der Messzeiger wieder etwas zurück; diese Zeigerstellung zeigt den Härtewert an.

d) Unlegierter Werkzeugstahl mit 0,7% C-Gehalt.

7 a) Bohrbuchsen führen Werkzeuge und bestimmen die Lage der Werkstückbohrungen.

b) Bei den Bohrbuchsen (Pos. 12) handelt es sich um feste Bohrbuchsen.

c) Durch die Einlaufradien werden die Bohrwerkzeuge geschont.

d)
```
                              DIN 173-K6 x 18 x 16
DIN-Nr. ──────────────────────────┘  │    │    │
für rechtsschneid. Werkzeuge ────────┘    │    │
Innendurchmesser ─────────────────────────┘    │
Außendurchmesser ──────────────────────────────┤
Länge ─────────────────────────────────────────┘
```

8 a) Die Bohrklappe (Pos. 9) wird durch den Zylinderstift (Pos. 7) geführt.

b) Die Druckfeder (Pos. 21) bewirkt, dass die Bohrklappe immer an der Scheibe (Pos. 30) anliegt. Dadurch ist gewährleistet, dass die Werkstückbohrungen 35 mm von der Auflagefläche entfernt liegen.

9 a) Wenn sich Schmutz oder Späne zwischen dem Maschinentisch und der Vorrichtung befinden, liegt die Vorrichtung nicht richtig auf: sie wackelt. Außerdem könnten durch das Verschieben der Vorrichtung Schmutz oder Späne unter die Vorrichtung gelangen.

b) Bei 4 Füßen ist die Standsicherheit größer. Außerdem wackelt die Vorrichtung auf dem Maschinentisch, wenn sich unter einem der Füße z.B. ein Span befindet. Bei 3 Füßen wackelt die Vorrichtung auch dann nicht, wenn sie auf Spänen oder in einer Vertiefung des Maschinentisches steht.

10 a) Mit Hilfe der Steckbohrbuchse (Pos. 13) wird mit einem 6-mm-Bohrer vorgebohrt. Zum Aufbohren auf 11,8 mm wird die Steckbohrbuchse (Pos. 14) benützt.

b) Selbstzentrierende Werkzeuge, wie z.B. Reibahlen, müssen nicht geführt werden.

c) Rechtsschneidende Werkzeuge drehen sich bei der Draufsicht auf das Werkstück im Uhrzeigersinn. Durch die Reibung zwischen Bohrer-Führungsfasen und Bohrbuchsen-Innendurchmesser wird die Steckbohrbuchse immer in der gezeichneten Stellung (Draufsicht der Gesamtzeichnung) gehalten. Beim Herausfahren des Bohrers kann die Steck-Bohrbuchse nicht aus der Bohrbuchse (Pos. 12) herausgezogen werden.

11 a) Je niedriger der C-Gehalt, desto besser die Schweißbarkeit.

b) Seitenplatte und Lager sind aus unlegiertem Baustahl hergestellt.

c) Unlegierter Baustahl, $\qquad$ S235JR
Mindeststreckgrenze in N/mm² $\underline{\qquad}$
Kerbschlagarbeit 27 Joule bei 20 °C $\underline{\qquad}$

12 a) $\qquad$ ISO 4762-M6 × 20-10.9
Norm-Nr. $\underline{\qquad}$
Gewinde-Nenndurchmesser $\underline{\qquad}$
Schraubenlänge $\underline{\qquad}$
Festigkeitsklasse $\underline{\qquad}$
    10: Mindestzugfestigkeit
      R_m = 1000 N/mm²
    9: Mindeststreckgrenze
      R_e = 0,9 · 1000 N/mm² = 900 N/mm²

b) Die Festigkeitsklasse ist am Kopfumfang der Schraube eingeprägt.

13 a) Der Kolben wird nur auf einer Seite mit Druckluft beaufschlagt; die Rückstellung erfolgt durch Federkraft.

b) Einfachwirkende Zylinder können mit 3/2-Wegeventilen gesteuert werden.

14 a) Die Führung des Werkzeugs ist nicht mehr so gut; der Bohrer kann evtl. ausweichen.

b) Der Abstand soll bei langspanenden Werkstoffen größer sein, weil dann die Späne besser abfließen können.

c) Steckbohrbuchsen besitzen seitliche Ausfräsungen. Die Steckbohrbuchsen werden in die Bohrungen eingeführt und verdreht. Durch den Anschlag an der Schraube ist eine axiale Bewegung dann nicht mehr möglich.

15 a) Der größte Mittenrauwert des Zylinderstiftes darf Ra = 0,8 µm betragen.

b)
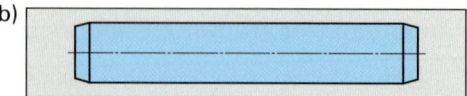

c) Zylinderstifte ISO 8734 sind gehärtet, Zylinderstifte ISO 2338 sind nicht gehärtet.

d) Durch die dauernde Drehbewegung des Schnappers (Pos. 19) würde ein ungehärteter Zylinderstift schnell verschleißen.

16 a) Die Druckfeder gewährleistet, dass die Bohrklappe (Pos. 9) immer an der Scheibe (Pos. 30) anliegt. Dadurch ist der Abstand der Werkstückbohrungen von den seitlichen Anlagebolzen immer gleich groß.

b) $\qquad$ DIN 2098-1,6 × 10 × 40,5
DIN-Nr. $\underline{\qquad}$
Drahtdurchmesser $\underline{\qquad}$
Mittl. Windungsdurchmesser $\underline{\qquad}$
Länge der unbelasteten Feder $\underline{\qquad}$

c) Federn werden aus Federstählen hergestellt. Dies sind meist unlegierte oder mit Silicium und Chrom legierte Stähle.

17 a) Innengewinde enthalten die Pos. 1, 2, 9, 19 und 22.

b) Als Werkstoffe werden verwendet: HSS, Hartmetalle und pulvermetallurgisch hergestellte Schnellarbeitsstähle.

c) Gewindebohrer mit Linksdrall können für Durchgangsbohrungen verwendet werden. Durch den Linksdrall werden die anfallenden Späne vor dem Gewindebohrer her aus dem Bohrloch geschoben.

18 a) Der Zylinderstift besitzt die Toleranzklasse m6.

b) Bohrung im Schnapper: $\qquad$ 8 H7
Bohrung im Lager: $\qquad$ 8 E9

c)
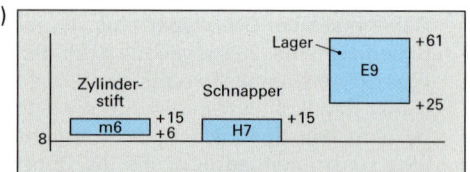

d) Die Paarung Zylinderstift/Schnapperbohrung ergibt eine Übergangspassung, die Paarung Zylinderstift/Lagerbohrung ergibt eine Spielpassung.

e) Zylinderstift/Schnapperbohrung

Höchstspiel:

$P_{SH} = G_{oB} - G_{uW} = 8{,}015$ mm $- 8{,}006$ mm
$= 0{,}009$ mm

Höchstübermaß:

$P_{ÜH} = G_{uB} - G_{oW} = 8{,}000$ mm $- 8{,}015$ mm
$= -0{,}015$ mm

Zylinderstift/Lagerbohrung

Höchstspiel:

$P_{SH} = G_{oB} - G_{uW} = 8{,}061$ mm $- 8{,}006$ mm
$= 0{,}055$ mm

Mindestspiel:

$P_{SM} = G_{uB} - G_{oW} = 8{,}025$ mm $- 8{,}015$ mm
$= 0{,}010$ mm

19 a) Geeignet ist ein wassermischbarer Kühl-schmierstoff.

b) Durch die Schmierwirkung des Kühl-schmierstoffes wird die Reibung herabge-setzt. Es entstehen keine hohen Bearbei-tungstemperaturen. Außerdem wird ent-standene Wärme durch die Kühlwirkung des Kühlschmierstoffes abgeführt.

20 a) Durch das Reiben werden passgenaue Boh-rungen mit hoher Oberflächengüte erzeugt. Die geschliffenen Durchmesser der Aufnah-mebolzen würden in mit Spiralbohrern erzeugten Bohrungen, die eine raue Ober-fläche aufweisen, nicht festsitzen.

b) Bei Durchgangsbohrungen kann die Reib-ahle linksdrallgenutet sein. Die Späne wer-den dabei in Vorschubrichtung aus der Boh-rung geschoben.

21 a) Die Federrate R ist das Verhältnis der Feder-kraft F zum Federweg s. $R = \dfrac{F}{s}$

b)

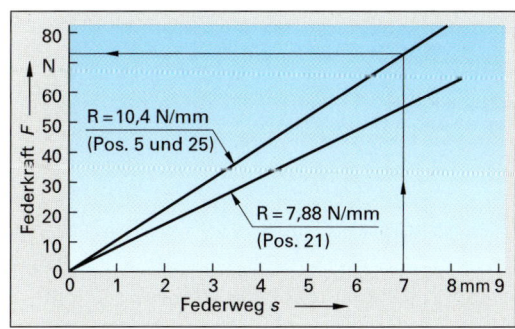

c) Nach 7 mm Federweg beträgt die Kraft $F \approx 73$ N.

Lösungen zu Fragen der Mathematik

1 a) $s = 45$ mm $- 32$ mm $= 13$ mm
$R = 10{,}4$ N/mm (nach Tabellenbuch)
$\boldsymbol{F} = R \cdot s = 10{,}4$ N/mm $\cdot 13$ mm $= \mathbf{135{,}2\ N}$

b) $s = 13$ mm $+ 4$ mm $= 17$ mm
$F = R \cdot s = 10{,}4$ N/mm $\cdot 17$ mm $= 176{,}8$ N
$F_H \cdot 65$ mm $= F \cdot 27{,}5$ mm
$\boldsymbol{F_H} = \dfrac{F \cdot 27{,}5 \text{ mm}}{65 \text{ mm}} = \dfrac{176{,}8 \text{ N} \cdot 27{,}5 \text{ mm}}{65 \text{ mm}}$
$= \mathbf{74{,}8\ N}$

2 a) $F_S \cdot 95$ mm $= F \cdot 148$ mm
$F_S = \dfrac{F \cdot 148 \text{ mm}}{95 \text{ mm}}$
$F_S = \dfrac{200 \text{ N} \cdot 148 \text{ mm}}{95 \text{ mm}}$
$= \mathbf{312\ N}$

b) (Drehpunkt in A angenommen)
$F_B \cdot 77{,}5$ mm $= F_V \cdot 15$ mm $+ F_S \cdot 42{,}5$ mm
$F_B = \dfrac{F_V \cdot 15 \text{ mm} + F_S \cdot 42{,}5 \text{ mm}}{77{,}5 \text{ mm}}$
$\boldsymbol{F_B} = \dfrac{65 \text{ N} \cdot 15 \text{ mm} + 312 \text{ N} \cdot 42{,}5 \text{ mm}}{77{,}5 \text{ mm}}$
$= \mathbf{184\ N}$
$2 \cdot F_A = F_S + F_V - F_B$
$F_A = \dfrac{F_S + F_V - F_B}{2}$
$\boldsymbol{F_A} = \dfrac{312 \text{ N} + 65 \text{ N} - 184 \text{ N}}{2}$
$= \mathbf{96{,}5\ N}$

Auf den rechten Auflagebolzen wirkt eine Kraft von 184 N, auf die beiden linken Auf-lagebolzen eine Kraft von je 96,5 N.

3 a) $s = 45$ mm $- 25$ mm $= 20$ mm
$R = 10{,}4$ N/mm (nach Tabellenbuch)
$\boldsymbol{F} = R \cdot s = 10{,}4$ N/mm $\cdot 20$ mm $= \mathbf{208\ N}$

b) $A - \dfrac{\pi}{4}(D^2 - d^2)$
$A = \dfrac{\pi}{4} \cdot \left((30 \text{ mm}^2) - (20 \text{ mm}^2)\right)$
$A = 392{,}7 \text{ mm}^2 = 3{,}927 \text{ cm}^2$
$F_{ges} = F + F_R = 208 \text{ N} + 20 \text{ N} = 228 \text{ N}$
$\boldsymbol{p} = \dfrac{F_{ges}}{A} = \dfrac{228 \text{ N}}{3{,}927 \text{ cm}^2} = 58 \text{ N/cm}^2 = \mathbf{5{,}8\ bar}$

4 a) a_H = 45,03 mm − 12,00 mm = **33,03 mm**

b) a_M = 44,970 mm − 12,018 mm = **32,952 mm**

5 a) Bohrbuchse (Pos. 12):
Bohrung 18F7
Steckbohrbuchsen (Pos. 13 und 14):
Außendurchmesser 18m6

b)

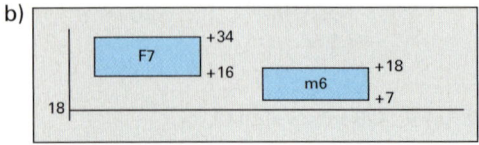

c) Übergangspassung

d) Höchstspiel:
$$P_{SH} = G_{oB} - G_{uW}$$
$$= 18,034 \text{ mm} - 18,007 \text{ mm} = \textbf{0,027 mm}$$

Höchstübermaß:
$$P_{ÜH} = G_{uB} - G_{oW}$$
$$= 18,016 \text{ mm} - 18,018 \text{ mm} = \textbf{− 0,002 mm}$$

6 a) v_c = 35 m/min

b) $v_c = \pi \cdot d \cdot n$

$$n_1 = \frac{v_c}{\pi \cdot d_1} = \frac{35 \text{ m/min}}{\pi \cdot 0,006 \text{ m}} = \textbf{1857/min}$$

$$n_2 = \frac{v_c}{\pi \cdot d_2} = \frac{35 \text{ m/min}}{\pi \cdot 0,0079 \text{ m}} = \textbf{1410/min}$$

c) $t_h = \dfrac{L \cdot i}{n \cdot f}$

$L_1 = l_u + l + l_a + l_s$

$l_a + l_u$ = 1 mm; $l_s = 0,3 \cdot d$

L_1 = 1 mm + 15 mm + 1 mm + 0,3 · 6 mm

   = 18,8 mm

f_1 = 0,12 mm; f_2 = 0,15 mm

$$t_{h1} = \frac{18,8 \text{ mm} \cdot 6 \cdot \text{min}}{1856 \cdot 0,12 \text{ mm}} = 0,51 \text{ min}$$

L_2 = 1 mm + 15 mm + 1 mm + 0,3 · 7,8 mm

   = 19,4 mm

$$t_{h2} = \frac{19,4 \text{ mm} \cdot 6 \cdot \text{min}}{1856 \cdot 0,15 \text{ mm}} = 0,54 \text{ min}$$

$L_{\text{Reiben}} = l_u + l + l_a + l_s$

v_{Reiben} = 10 m/min; f_{Reiben} = 0,15 mm

$$n_{\text{Reiben}} = \frac{v_{\text{Reiben}}}{\pi \cdot d} = \frac{10 \text{ m/min}}{\pi \cdot 0,008 \text{ m}} = 398/\text{min}$$

$$t_{h\text{Reiben}} = \frac{19 \text{ mm} \cdot 6 \cdot \text{min}}{398 \cdot 0,15 \text{ mm}} = 1,91 \text{ min}$$

t_h = $t_{h1} + t_{h2} + t_{h\text{Reiben}}$
   = 0,51 min + 0,54 min + 1,91 min
   = 2,96 min
   ≈ **3 min**

7 a) $V = l \cdot b \cdot h$
   = 100 mm · 70 mm · 25 mm
   = 175000 mm³ = 175 cm³
$m = V \cdot \varrho$ = 175 cm³ · 7,85 g/cm³ ≈ **1374 g**

b) 1. Gewichtskraft der Bohrvorrichtung:
$F_B = m \cdot g$ = 7,5 kg · 9,81 m/s² ≈ 73,6 N

2. Gewichtskraft des Werkstücks:
$F_W = m \cdot g$ = 1,374 kg · 9,81 m/s² ≈ 13,5 N

3. Vorschubkraft:
F_V = 65 N

Gesamtkraft:
$F_{ges} = F_B + F_W + F_V$
   = 73,6 N + 13,5 N + 65 N
   ≈ **152 N**

c) $p = \dfrac{F_{ges}}{A}$

$$A = 4 \cdot \frac{\pi \cdot d^2}{4} = 4 \cdot \frac{\pi \cdot (10 \text{ mm})^2}{4} = 314 \text{ mm}^2$$

$$p = \frac{152 \text{ N}}{314 \text{ mm}^2} = \textbf{0,48 N/mm}^2$$

Lösungen der Fragen zur technischen Kommunikation

1 a)

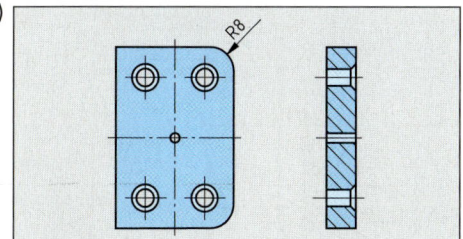

b) Die Bohrung bewirkt, dass Luft in den Zylinderraum nachströmen kann, wenn der Kolben (Pos. 4) durch die Federkraft an das Werkstück gedrückt wird. Ohne Bohrung würde im Zylinderraum ein Vakuum entstehen.

c) Schaftfräser mit 15 mm Durchmesser.

2 a) Als Ursache könnte in Frage kommen:
  1. eine zu große Bohrung für den Zylinderstift (Pos. 7).
  2. eine falsche Lage der Bohrungen für die Bohrbuchsen in der Bohrklappe (Pos. 9).
  3. eine unterschiedliche Größe der seitlichen Auflagebolzen.

  b) In diesem Fall müsste die Scheibe (Pos. 30) ausgetauscht und durch eine um 0,5 mm dickere ersetzt werden.

3 a) Ohne Abrundung könnte die Bohrklappe nicht ganz geöffnet werden.

  b) Der Öffnungswinkel beträgt etwa 200°

  c) Ein unnötig großer Öffnungswinkel bedeutet Zeitverlust. Außerdem liegt die Bohrklappe an den Kanten von Seitenteil und Deckel auf; dadurch werden diese gequetscht.

  d)

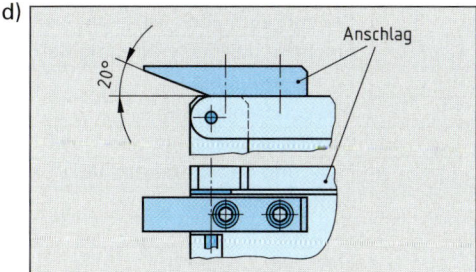

4 a) Für Gewinde M8 beträgt $D_1 = 6{,}65$ mm
  b) Der Kernlochbohrer muss einen Durchmesser von $d = 6{,}8$ mm aufweisen.
  c) Als Kühlschmiermittel eignet sich Schneidöl.
  d) Gewindebohrer für Stahl besitzen kleinere Spanwinkel und kleinere Spannuten.

5 a) Beim Einströmen der Druckluft bewegen sich die Pos.-Nummern 4, 5, 6 und 8.

  b) ● Keine Rückleitung erforderlich
    ● Druckluftnetz steht überall zur Verfügung
    ● Kein Lecköl

6 a)

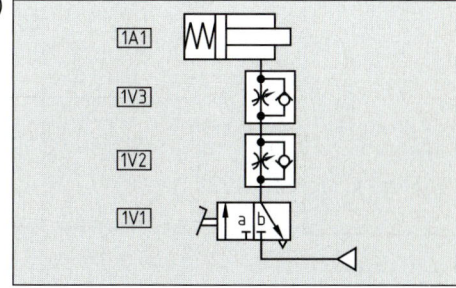

  b)

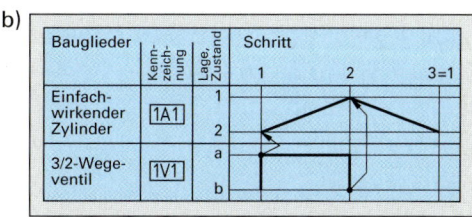

Bauglieder	Kenn-zeich-nung	Lage, Zustand	Schritt		
			1	2	3=1
Einfach-wirkender Zylinder	1A1	1			
		2			
3/2-Wege-ventil	1V1	a			
		b			

7 a) Der seitliche Kolben (Pos. 4).
  b) Die seitlichen Auflagebolzen (Pos. 10).
  c) Der Kolben (Pos. 4) muss durch Abdrehen des kleinen Außendurchmessers um 10 mm verkürzt werden.

8 a) Zylinderschraube ISO 4762-M6x35-10.9
  b) Bei Schrauben mit höheren Festigkeitsklassen ist die maximale Vorspannkraft größer. Damit das Muttergewinde nicht ausreißt, ist eine größere Einschraubtiefe erforderlich.

9 a) Wenn Lager und Seitenplatte aus einem Teil bestünden, müsste dieses Bauteil aus dem Vollen gefräst werden. Dazu müsste wesentlich mehr Werkstoff zerspant werden. Somit wäre das Teil teurer.

  b)

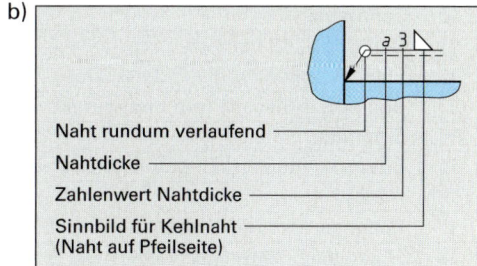

Naht rundum verlaufend
Nahtdicke
Zahlenwert Nahtdicke
Sinnbild für Kehlnaht (Naht auf Pfeilseite)

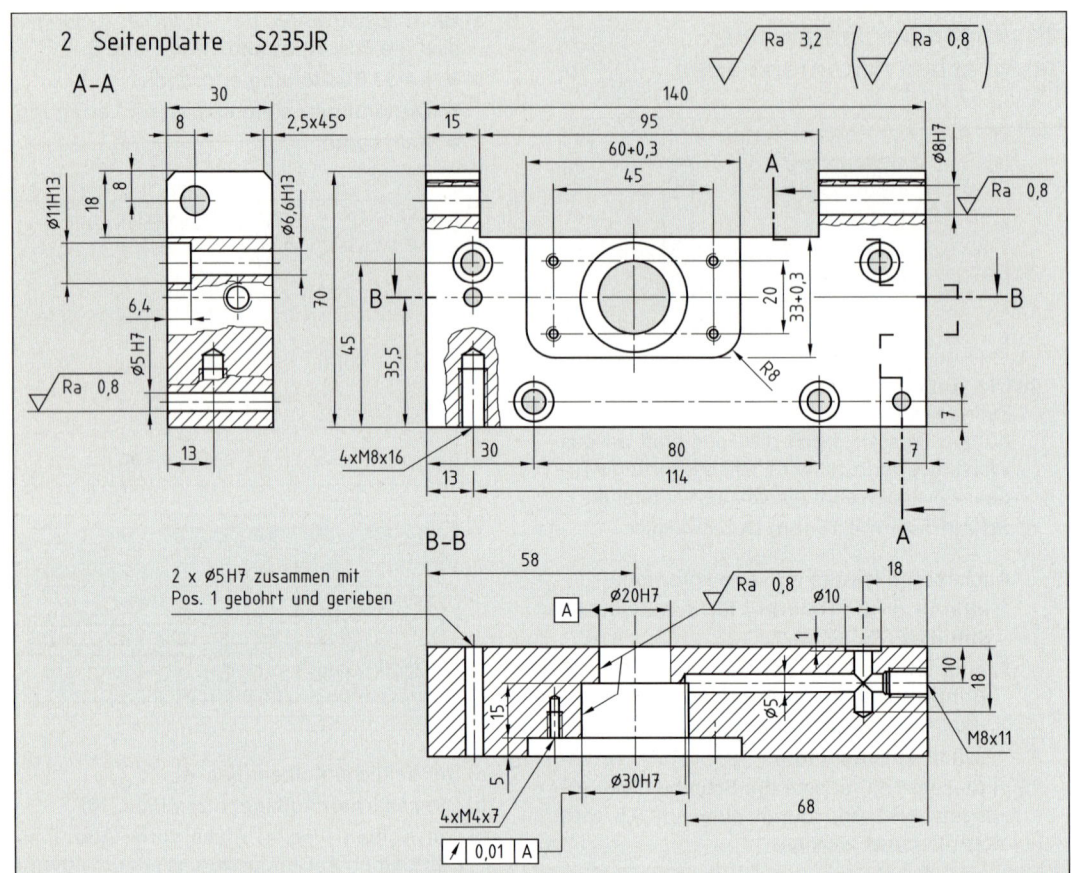

2 Seitenplatte   S235JR

11	**Arbeitsplan** für Kolben	
Nr.	Arbeitsschritt	Werkzeuge/Prüfmittel
1	Stangenmaterial Ø 35 bereitstellen	
2	Stangenmaterial im Dreibackenfutter spannen, 50 mm vorstehend	Maßstab
3	Plandrehen, zentrieren	Plandrehmeißel, Zentrierbohrer
4	Ø 30 und Ø 20 vordrehen, Schlichtzugabe 0,3 mm	Seitendrehmeißel, Messschieber
5	Nutendrehen und anfasen	Einstech- und Seitendrehmeißel
6	Freistich DIN 509 drehen	Profildrehmeißel
7	Abstechen	Abstechdrehmeißel
8	Spannen am vorgedrehten Ø 20	weiche, ausgedrehte Spannbacken
9	Kolben auf Länge drehen; außen anfasen	Plan- und Seitendrehmeißel
10	Zentrieren	Zentrierbohrer
11	Bohrung Ø 13 bohren	Spiralbohrer Ø 13
12	Planeinsenken für die Federauflage	Flachsenker Ø 13
13	Bohrung Ø 13 ca. 1 mm breit auf 60° ansenken	Innenseitendrehmeißel
14	Entgraten	
15	Einsetzen (beide Außendurchmesser und die Planfläche)	
16	Härten	
17	Spannen zwischen Spitzen der Schleifmaschine	
18	Ø 20 und Ø 30 fertigschleifen	Messschraube, Rachenlehren

Nr.	Arbeitsgang	Betriebsmittel	Montagehinweis
12	**Montageplan** für Klappbohrvorrichtung		
1	Einzelteile ggf. entgraten und reinigen, auf Vollständigkeit sowie auf Maß- und Formgenauigkeit prüfen		
2	5 Auflagebolzen (Pos. 10) in Grundkörper (Pos. 1) und 1 Auflagebolzen in Seitenplatte (Pos. 22) pressen		Für seitliche Auflagebolzen Abstützzung verwenden
3	Auflage (Pos. 17) mit Senkschrauben (Pos. 27) an Seitenteil (Pos. 22) schrauben	Schraubendreher	
4	Bohrbuchse (Pos. 12) in Bohrklappe (Pos. 9) pressen	Hydraulische Presse	
5	Spannstück (Pos. 11) mit Bohrklappe (Pos. 9) verkleben	Zweikomponenten-Kleber	Zur rechtwinkligen Verklebung Anschlag mit Schraubzwingen an Pos. 9 anbringen
6	Auflage (Pos. 18) mit Senkschrauben (Pos. 28) an Bohrklappe (Pos. 9) schrauben	Schraubendreher	
7	Ballengriff (Pos. 20) mit Schnapper (Pos. 19) verschrauben		
8	Runddichtung (Pos. 29) in Ansenkung der Seitenplatte (Pos. 2) legen; anschließend Pos. 2 mit dem Grundkörper (Pos. 1) verschrauben und verstiften	Schlosserhammer, Winkelschraubendreher SW5	Runddichtring durch Einfetten in Ansenkung „kleben"
9	Runddichtringe (Pos. 6 und 8) in die Nuten der Kolben (Pos. 4) montieren		Durchmesser der Kolben einfetten
10	Kolben (Pos. 4) in die entsprechenden Bohrungen von Grundkörper (Pos. 1) und Seitenplatte (Pos. 2) einführen		
11	Druckfedern (Pos. 5) in die Kolbenbohrungen legen; mit Deckel (Pos. 3) Federn zusammendrücken, bis Deckel in den entsprechenden Ausfräsungen anliegt. Deckel mit Senkschrauben (Pos. 28) an Grundkörper bzw. Seitenteil schrauben		Schraubendreher
12	Druckfeder (Pos. 25) in entsprechende Bohrung des Seitenteils (Pos. 22) legen		
13	Zylinderstift (Pos. 24) von einer Seite her ca. 4 mm weit in Bohrung des Lagers (Pos. 23) einführen		Bohrungen leicht einfetten
14	Schnapper mit Ballengriff (Pos. 19 und 20) in Nut von Lager (Pos. 23) führen; gleichzeitig Druckfeder (Pos. 25) in Bohrung des Schnappers zentrieren und zusammendrücken. Zylinderstift (Pos. 24) durch die Bohrung des Schnappers schlagen	Schlosserhammer	Bohrung leicht einfetten
15	Zylinderstift (Pos. 7) ca. 15 mm in die längere der beiden Bohrungen der Seitenplatte (Pos. 2) einschlagen	Schlosserhammer	Bohrung leicht einfetten
16	Druckfeder (Pos. 21) in die Bohrung der Bohrklappe (Pos. 9) stecken. Feder zusammendrücken und mit Bohrklappe in die Nut der Seitenplatte (Pos. 2) einführen, bis Druckfeder in die entsprechende Bohrung der Seitenplatte einfedert.		

12	**Montageplan** für Klappbohrvorrichtung (Fortsetzung)		
Nr.	Arbeitsgang	Betriebsmittel	Montagehinweis
17	Zylinderstift (Pos. 7) vorsichtig bis kurz vor Austritt aus der zweiten Bohrung in der Bohrklappe (Pos. 9) durchschlagen	Schlosser-hammer	
18	Bohrklappe (Pos. 9) gegen Druckfeder (Pos. 21) drücken; Scheibe (Pos. 30) in der richtigen Lage zwischen Bohrklappe und Ausfräsung im Seitenteil (Pos. 2) spannen		
19	Zylinderstift (Pos. 7) vorsichtig durch die Bohrung der Scheibe (Pos. 30) in die zweite Zylinderstift-bohrung des Seitenteils (Pos. 2) schlagen	Schlosser-hammer	
20	Füße (Pos. 26) einschrauben	Maulschlüssel SW 13	
21	Spannbuchse (Pos. 16) mit Zylinderschraube (Pos. 15) und Bohrbuchse (Pos. 13) an Bohrklappe (Pos. 9) schrauben		
22	Funktionen der Klappbohrvorrichtung einschließlich Gängigkeit der Kolben durch Anschluss an die pneumatische Steuerung bzw. das Druckluftnetz überprüfen		

Lösungen zur **Prüfungseinheit Wirtschafts- und Sozialkunde 1, Teil 1**												Seiten 441 bis 444		
1	2	3	4	5	6	7	8	9	10	11	12	13	14	15
b	c	d	e	d	b	c	d	e	d	e	d	b	b	a
16	17	18	19	20	21	22	23	24	25	26	27	28	29	30
d	a	b	c	e	e	c	b	e	d	c	d	d	c	c

Lösungen zur **Prüfungseinheit Wirtschafts- und Sozialkunde 1, Teil 2**	Seite 445

1 Das **Pflichtzeugnis** (einfaches Zeugnis) enthält Art, Dauer, Ziel der Berufsausbildung und die erworbenen Fertigkeiten und Kenntnisse des Auszubildenden.

Das **qualifizierte Zeugnis** enthält auf Verlangen des Auszubildenden Angaben über Führung, Leistung und besondere fachliche Fähigkeiten.

2 Merkmale eines Einzelunternehmers sind:
- Alle Rechte und Pflichten sind in der Person des alleinigen Eigentümers vereinigt.
- Er hat das alleinige Recht der Geschäftsführung und aller Entscheidungen.
- Er ist der alleinige Eigentümer des Betriebes.
- Er haftet für Verluste mit seinem Geschäfts- und Privatvermögen.
- Er ist der alleinige Nutznießer des Gewinns.

3 Pflichten des Arbeitnehmers:
- Dienstleistungspflicht
- Treuepflicht
- Wahrung von Betriebsgeheimnissen
- Weisungsrecht des Arbeitgebers anerkennen

Pflichten des Arbeitgebers:
- Pünktliche Zahlung des Lohns
- Fürsorgepflicht
- Gewährung von Urlaub
- Pflicht zur Ausstellung eines Zeugnisses
- Pflicht, die vorgeschriebenen Sozialversicherungsbeiträge abzuführen

4 Mögliche Gründe für eine außerordentliche Kündigung sind folgende Verfehlungen des Arbeitnehmers:
- Arbeitsverweigerung
- Verrat von Betriebsgeheimnissen
- Diebstahl im Betrieb
- Tätlichkeiten im Betrieb
- Schwarzarbeit

5 Der Betriebsrat hat u.a. in folgenden sozialen Angelegenheiten ein Mitbestimmungsrecht:
- Fragen der Betriebsordnung
- Beginn und Ende der täglichen Arbeitszeit
- Zeit, Ort und Art der Auszahlung der Arbeitsentgelte
- Form, Ausgestaltung und Verwaltung von Sozialeinrichtungen
- Fragen der betrieblichen Lohngestaltung
- Grundsätze über das betriebliche Vorschlagswesen

6 Grundlage des Solidaritätsprinzips ist der Ausgleich zwischen den finanziell stärkeren und schwächeren Versicherten. Dies geschieht da durch, dass die Versicherten nach der Höhe ihres Einkommens unterschiedlich hohe Beiträge zahlen müssen, alle aber den gleichen Versicherungsschutz haben.

Beispiel: Ein Auszubildender hat einen geringeren Beitrag zur Krankenkasse zu zahlen als ein voll verdienender Facharbeiter, besitzt aber bei Krankheit denselben Anspruch auf gesundheitliche Leistungen.